btb

N:o 73. År 1897 den 5 Februari uppvist vid vittnesförhör inför Stockholms Rådstufvurätts Sjette Afdelning; betygar ex officio.

Lösen En krona ant. å prot.

Jacob Kinders.

Testament

Jag undertecknad Alfred Bernhard Nobel förklarar härmed efter moget betänkande min yttersta vilja i afseende å den egendom jag vid min död kan efterlemna vara följande:

Mina brorssöner Hjalmar och Ludvig Nobel, söner af min Broder Robert Nobel, erhålla hvardera en summa af Två Hundra Tusen Kronor;

Min Brorson Emmanuel Nobel erhåller Tre Hundra Tusen och min Brorsdotter Mina Nobel Ett Hundra Tusen Kronor;

Min Broder Robert Nobels döttrar Ingeborg och Tyra erhålla hvardera Ett Hundra Tusen Kronor;

Fröken Olga Boettger, för närvarande boende hos Fru Brand, 10 Rue St Florentin i Paris, erhåller Ett Hundra Tusen Francs;

Fru Sofie Kapy von Kapivar, hvars adress är känd af Anglo-Oesterreichische Bank i Wien är berättigad till en lifränta af 6000 Florins Ö.W. som betalas henne af sagde Bank och hvarföre jag i denna Bank deponerat 150,000 Fl. i Ungerska Statspapper.

Herr Alarik Liedbeck, boende 26 Sturegatan, Stockholm, erhåller Ett Hundra Tusen Kronor;

Fröken Elise Antun, boende 32 Rue de Lubeck, Paris, är berättigad till en lifränta af Två Tusen Fem Hundra Francs. Dessutom innestår hos mig för närvarande Fyratio åtta Tusen Francs henne tillhörigt Kapital som äger att till henne återbetalas;

Herr Alfred Hammond, Waterford, Texas, United States, erhåller Tio Tusen Dollars;

Fröknarne Emmy Winkelmann och Marie Win-

S. d. År 1897 den 30 September, å lagtima hösttinget med Karlskoga tingslag, [illegible] detta testamente, för Ingeniören Alfred Nobel [illegible] ändamål af till Häradsrätten [illegible] protokollet framgår; betygar på Häradsrättens vägnar: Abraham Hager.

Kelmann, Potsdamerstrasse 51, Berlin, erhålla hvardera Femtio Tusen Mark;

Fru Gaucher, 2 bis Boulevard du Viaduc, Nimes, Frankrike, erhåller Ett Hundra Tusen Francs;

Mina tjenare Auguste Oswald, hans hustru, Alphonse Tournand, anstäld vid mitt laboratorium i Sanremo, erhålla hvardera en lifränta af Ett Tusen Francs;

Mina förra tjenare Joseph Girardot 5 Place St Laurent, Châlons sur Saône, Frankrike, äro berättigade till en lifränta af Fem Hundra Francs samt min förra trädgårdsmästare Jean Lecof, hos Fru Desoutter, receveur Curaliste, Mesnil, Aubry pour Ecouen, S. & O. Frankrike, till en lifränta af Tre Hundra Francs.

Herr Georges Fehrenbach, 2 Rue Compiègne, Paris har rätt att lyfta en pension af Fem Tusen Francs årligen f. 1 Januari till och med 1 Januari 1899 då den upphör.

Mina Brorsbarn Hjalmar, Ludvig, Ingeborg och Tyra hafva hvardera hos mig mot quitto innestående Tjugo Tusen Kronor som till dem återbetalas;

Öfver hela min återstående realiserbara förmögenhet förfogas på följande sätt: Kapitalet, af utredningsmännen realiseradt till säkra värdepapper, skall utgöra en fond hvars ränta årligen utdelas som prisbelöning åt dem som under det förlupne året hafva gjort menskligheten den största nytta. Räntan delas i fem lika delar som tillfalla: en del den som inom fysikens område har gjort den vigtigaste upptäckt eller uppfinning; en del den som har gjort den vigtigaste kemiska upptäckt eller förbättring; en del den som har gjort den vigtigaste upptäckt inom fysiologiens eller medicinens domän; en del den som inom literaturen har producerat

Ingrid Carlberg

ALFRED NOBEL

Die Biografie

Aus dem Schwedischen
von Susanne Dahmann

btb

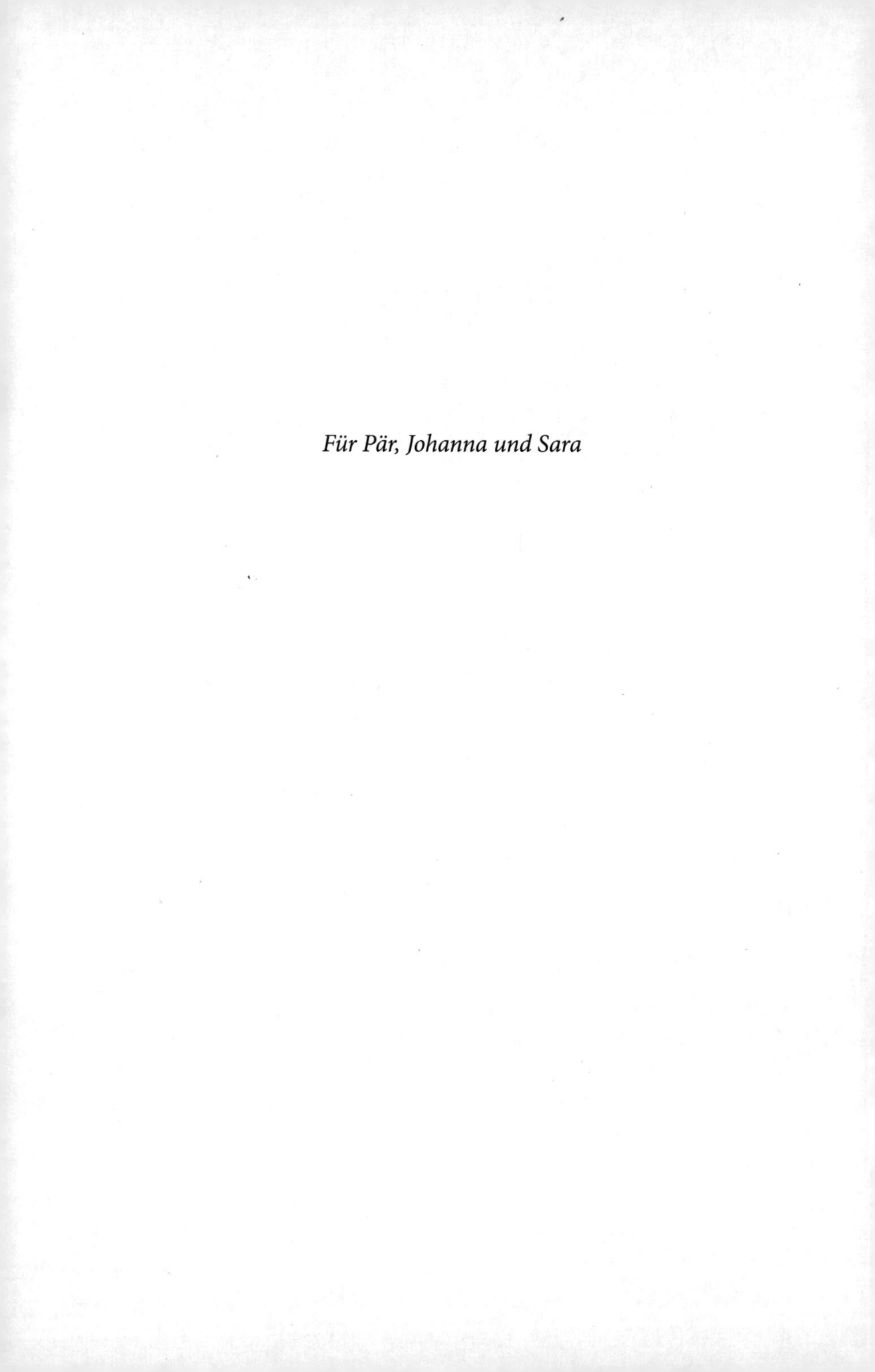

Für Pär, Johanna und Sara

Inhalt

Prolog

Das Telegramm trifft am Vormittag des 10. Dezember 1896 in Schweden ein. In der Nacht zum Donnerstag, genauer gesagt um zwei Uhr morgens, war der dreiundsechzigjährige Alfred Nobel plötzlich und überraschend in seiner Villa im italienischen San Remo verstorben. Der *Aftonbladet* gelingt es, die Nachricht noch am selben Tag zu bringen. »Jeder gebildete Schwede beklagt den Verlust eines seiner größten Landsleute«, schreibt die Zeitung, vermeidet jedoch noch die Frage, die allen auf der Zunge liegt: Wer wird nun seine Reichtümer erben?

Tags darauf nehmen die Spekulationen in den Zeitungsspalten dann Fahrt auf und blitzen wie eine Art Laternen der Gier in der Druckerschwärze zwischen den Gedenkworten auf. Das Vermögen sei, so wurde behauptet, »nach unserem Ermessen kolossal«. Allein schon die jährlichen Einkünfte würden in Millionen gerechnet.

Die Journalisten überschlagen mal rasch. Alfred Nobel, der berühmte Erfinder, ist unverheiratet und kinderlos. Seine beiden wohlbekannten Brüder Robert und Ludvig leben nicht mehr. Manche Autoren lassen alle Zurückhaltung fahren und verbreiten die Nachricht, das »unermessliche« Erbe würde deshalb unter den Kindern von Robert und Ludvig aufgeteilt. Der Ingenieur Salomon August Andrée hingegen weist eiligst darauf hin, dass Alfred Nobel ihm kürzlich noch 26 000 Kronen für seinen nächsten Versuch, den Nordpol mit einem Ballon zu erreichen, versprochen habe. Davon, betont Andrée, seien bisher erst 10 000 ausgezahlt.

Die Zahl der erwähnten Nichten und Neffen beläuft sich auf vierzehn. Die Erstgeborenen, Ludvigs Sohn Emanuel und Roberts Sohn Hjalmar, waren, sowie sie von der plötzlichen Gehirnblutung des Onkels gehört hatten, schon am 8. Dezember eiligst nach Italien gereist. Emanuel ist siebenunddreißig Jahre alt und wohnt in Sankt Petersburg. Er stand Alfred Nobel von allen Neffen am nächsten. Doch auch der dreiunddreißigjährige Hjalmar hatte recht engen Kontakt zu seinem Onkel. Beide Neffen haben schon persönlich die Großzügigkeit ihres Onkels erfahren dürfen. Im November noch hatte Emanuel versucht, Alfred bei der Suche nach einem guten Krankengymnasten zu helfen, der seine Blutzirkulation in Gang bringen und seine Herzbeschwerden lindern sollte. Leider schafft keiner der beiden Cousins es rechtzeitig, ebenso wenig wie Alfred Nobels Mitarbeiter, der sechsundzwanzigjährige Ragnar Sohlman, der sich ebenfalls sofort nach der Schocknachricht auf den Weg gemacht hatte.

So stehen sie erst am Abend des 10. Dezember alle drei am Bett des Toten, von Trauer niedergedrückt und verzweifelt darüber, dass Alfred sein Leben so beenden musste, wie er es meist gelebt hatte.

Einsam.

*

Das Testament ist bei der Stockholms Enskilda Bank deponiert. Alfred Nobel hat es genau ein Jahr zuvor, Ende November 1895, in Gegenwart von Zeugen unterzeichnet. Die Neffen wissen von seiner Existenz.

Am Dienstag, dem 15. Dezember, wird in den Räumen der Bank an der Lilla Nygatan in Gamla stan in Stockholm das Siegel erbrochen. Ausgewählte Teile des Inhalts werden an Emanuel und Hjalmar in San Remo telegrafiert, die Ragnar Sohlman die knappen Informationen weitergeben, die sie über den letzten Willen des Onkels erhalten haben: Alfred hat gewünscht, dass seine Pulsadern aufgeschnitten würden, damit er sicher sein kann, dass er tot ist, und er hat Ragnar zu einem von zwei Testamentsvollstreckern auserkoren.

Sie sind alle erstaunt. In den Papierstapeln in der italienischen Villa haben sie ein anderes Testament gefunden, das 1893 unterzeichnet und somit offensichtlich älter und damit aufgehoben war. Worin können nun also die Änderungen bestehen?

Ende der Woche erreicht eine vollständige Abschrift San Remo, und die Stimmung im Raum ist deutlich gedrückt. Der Anteil der Nichten und Neffen ist kleiner geworden. Der Onkel hat nur mehr einen Splitter seines gesamten Vermögens für die Verwandten vorgesehen. Im Testament steht schwarz auf weiß, dass sämtliche Aktien und Immobilien von Alfred Nobel verkauft und fast das gesamte auf diese Weise frei gewordene Kapital in einen besonderen Fonds eingebracht werden soll. Alfreds letzter Wille ist, dass die Zinsen, die dieses Geld erwirtschaftet, als jährlicher Preis diejenigen erhalten sollen, »die im verflossenen Jahr der Menschheit den größten Nutzen geleistet haben«, und zwar ganz gleich, wo in der Welt sie leben.

Diese Beschreibung gefiel keinem der Neffen und Nichten Nobels, wie sehr sie Alfred auch mochten.

Den Kindern der Brüder war nicht klar, wie sich ihr Onkel das mit der Übertragung der Gelder genau gedacht hatte. Bei der Erklärung, welche Preise er ins Leben rufen wollte, war Alfred hingegen deutlicher gewesen: einen für Physik, einen für Chemie, einen für Physiologie oder Medizin, einen für Literatur und einen für denjenigen, »der am meisten oder am besten auf die Verbrüderung der Völker und die Abschaffung oder Verminderung stehender Heere, sowie das Abhalten oder die Förderung von Friedenskongressen hingewirkt« habe.[1]

Ein Preis für den Frieden also. Den Weltfrieden, genauer gesagt. Die Zeitgenossen werden bald einen Krieg erleben.

Später, während des vier Jahre langen Tauziehens um die Gelder, wird sich König Oskar II. selbst einmischen, sich sarkastisch über Alfred Nobels Testament äußern und verkünden, der Alte habe sich von »Friedensfantasten, vor allem Frauenzimmern« beeinflussen lassen. Die Presse wird über den Mangel an Vaterlandsliebe schimpfen, und der zukünftige Ministerpräsident Hjalmar Branting wird die Stiftung einen »großen Missgriff« nennen.

Die vierzehn jetzt eindeutig noch traurigeren Nichten und Neffen haben eine lange, schmerzhafte Zeit vor sich. Was wird mit der russischen Ölgesellschaft der Familie geschehen, wenn ihr die Aktienmehrheit entzogen wird? Was wird aus den Vettern Nobel und ihren Familien?

Eine Woche später sind sie nur noch dreizehn. Hjalmar und seine Geschwister haben nur wenige Monate zuvor ihren Vater Robert verloren. Ihre jüngste Schwester, die dreiundzwanzigjährige Thyra, befindet sich nun auf dem Hof der Familie in Getå bei Norrköping. Am Montagmorgen klagt sie, dass es ihr schlecht geht. Wenige Stunden später sackt sie bei der Weihnachtsbäckerei tot auf dem Boden zusammen.

In den Zeitungen steht, sie habe wahrscheinlich einen Herzschlag erlitten.

*

In seiner stattlichen Villa in San Remo mit betörendem Blick auf das Mittelmeer wird eine einfache Trauerfeier für Alfred Nobel abgehalten. Dann geleiten die nächsten Angehörigen und eine Reihe von Würdenträgern der Stadt seinen Sarg an dichten Reihen Neugieriger vorbei zum Bahnhof. Die Prozession wird von der örtlichen Musikkapelle angeführt, die Chopins Trauermarsch spielt, während der Eichensarg vom Leichenwagen in den Waggon des Zuges gehoben wird. Es folgt ein Berg von Blumenkränzen, von denen viele Trauerschleifen in den Farben der Flaggen der Länder, in denen das Dynamitunternehmen tätig war, gehalten sind: Italien, Spanien, Schottland – und die schwedische Flagge und die französische Trikolore dürfen natürlich auch nicht fehlen.

Der Sarg wird, versehen mit allen für die Grenzpassagen notwendigen Papieren, auf direktem Weg nach Schweden transportiert. Im Blumenmeer, das den Wagen ausfüllt, erkennt man das zärtliche Adieu der

Verwandten, die letzten Grüße von engen Freunden und ein hübsches, von Ingenieur Andrée gesandtes Bukett: »Danke und Adieu! Von den Mitgliedern der Polarexpedition«.[2]

Während der fünf Tage, in denen der Sarg durch Europa gefahren wird, strömen die Gedenkworte weiterhin in die Zeitungsredaktionen. Jemand nennt Alfred Nobels Arbeitseifer und seine Verachtung für jede Eitelkeit, ein anderer seine anspruchslose Kleidung und sein Mitgefühl mit Bettlern. Die Schwedisch-Norwegische Gesellschaft in Paris schreibt, dass sein Ton manchmal hart sein konnte, vor allem wenn er eine gewisse Scheinheiligkeit erahnte, dass hinter allem aber immer eine wahre Menschenliebe gestanden habe. Wie einer der jüngeren von ihm geförderten Erfinder es später ausdrückte: »Ich denke mit tiefer Wehmut daran, wie viel zu geben er bereit war und wie wenig er bekommen hat.«

Ein britischer Mitarbeiter von Nobel sollte sich später zu einer vierzehn Seiten langen Betrachtung über seinen verstorbenen Freund aufraffen, in der er die Intensität und die ebenso unvorhersehbaren wie geistreichen Gespräche betonte. Er schrieb, Nobel habe sich bedenkenlos auf die allerunterschiedlichsten Themen gestürzt, manchmal auch in den verschiedensten Sprachen. Er beschrieb ihn als einen originellen Menschen – nervös, ja fast überspannt und außergewöhnlich empfindsam veranlagt. Gleichzeitig »war er mit grenzenloser Energie und unvergleichlicher Zähigkeit begabt; er fürchtete keine Gefahr und ergab sich niemals Widerständen […] Ein impulsiver Mut, gepaart mit empfindsamer Schüchternheit waren die am stärksten ausgeprägten Züge seiner Persönlichkeit […] Die kleinen hellen Augen, von dicken Augenbrauen überschattet, waren ausdrucksvoll und verrieten seine außerordentliche Intelligenz.«

Er schrieb dann auch, dass es in vieler Hinsicht Alfreds Vater Immanuel gewesen sei, der dem Sohn den Weg wies.

In jenen Tagen machten mehrere Autoren von Gedenktexten auf die faszinierende Reise aufmerksam, die die Familie zurückgelegt habe, seit Immanuel Nobel, »eine der größten Ingenieursbegabungen seiner

Zeit«, sich zu Beginn des Jahrhunderts in Stockholm durchkämpfte. Es wird behauptet, Alfred und seine Brüder hätten es geschafft, das Große zu verwirklichen, was schon Immanuel Nobel in sich hatte, dessen Verwirklichung mitzuerleben ihm aber nie vergönnt gewesen sei.

Am Morgen des 22. Dezember 1896 rollt der Waggon langsam durch die winterweiße schwedische Hauptstadt. Die Lok hält unter dem Satteldach des Stockholmer Hauptbahnhofs, wo die Lagerräume mit der größten Anzahl ankommender und ausgehender Weihnachtspakete seit der Öffnung der staatlichen Eisenbahn überfüllt sind.

Glöckchen klingen. Pferde schnauben. Alfred Nobel ist nach Hause zurückgekehrt.

NAT·
MDCCC
XXXIII
OB·
MDCCC
XCVI
ALFR·
NOBEL

TEIL 1

»Alles das stand in meiner Gedankenblase: dann zerplatzte sie.«

ALFRED NOBEL UM 1860

Die geheimen Träume

Alfred Nobel ging als der Erfinder des Dynamits in die Geschichte ein, doch er träumte sein ganzes Leben lang von einer anderen Laufbahn. Nach seinem Tod fand man in seinen Verstecken lange, schwülstige Liebesgedichte und mehrere angefangene Romane. Doch nichts von alldem, woran er insgeheim feilte, fand je den Weg zu einem lesenden Publikum. Den Druck des einzigen seiner belletristischen Werke, das publiziert wurde, – ein Theaterstück, das wenige Wochen vor seinem Tod erschien – finanzierte er selbst. Die Bücher dazu jedoch verschwanden, denn die Verwandten ließen, abgesehen von drei Exemplaren, die gesamte Auflage makulieren. Der Nachruhm des Großen sollte nicht »von einem derart schwachen Drama« beschmutzt werden.

In seinen starken Stunden sah Alfred Nobel das anders. Er hörte niemals auf, von literarischer Anerkennung zu träumen. Aber er hörte auch nie auf, sich so zu schämen, dass er alles, was er schrieb, versteckte.

Und als er es schließlich wagte, war es zu spät.

Fast sechzig Jahre sollte es dauern, bis eines seiner besten Verstecke entdeckt wurde. Eines Donnerstagmorgens Anfang Oktober 2017 bin ich auf dem Weg dorthin. Und es ist kein gewöhnlicher Donnerstag. Seit Wochen sind die Wettfirmen schon aktiv, in den sozialen Medien springen die Namen der Topkandidaten der letzten Jahre auf und ab, und im Frühstücksfernsehen versuchen die Experten wie üblich die Zeichen des Himmels zu lesen. Erzähler oder Dichter? Schock oder Gähnen?

Als ich den Norr Mälarstrand in Stockholm entlangspaziere, sind es nur noch wenige Stunden, bis die Ständige Sekretärin der Svenska Akademien die Rokokotüren des Börsensaals öffnen, über das Meer von Journalisten blicken und mit ein paar kargen Sätzen einmal mehr einen noch unwissenden Autor mit der größten Auszeichnung der Welt glücklich machen wird: dem Nobelpreis.

Eine unerwartet starke Sonne lässt das Wasser auf dem Riddarfjärden glitzern. Mein Blick wandert über das Wasser hin zur belaubten Långholmen, wo die Familie Nobel wohnte, ehe Alfred zu Beginn der 1830er-Jahre geboren wurde. Dahinter kann man Heleneborg erahnen – für mich in erster Linie ein Straßenname, aber für die Familie Nobel, die in den 1860er-Jahren auf dem Gut wohnte, ein ländlich gelegenes Herrenhaus und Ort der großen Familientragödie.

Ich gehe weiter am Wasser entlang. Das Versteck, nach dem ich suche, soll sich im Kellergewölbe unter dem Riksarkivet, dem »Reichsarchiv«, befinden, das am Ende der gewaltigen Västerbron liegt. Ich gönne mir noch einen Moment oben auf der Brücke, von wo aus der Blick über Stockholm so unnatürlich schön ist. Die Sonne flutet über Riddarholmen und die Hügel von Södermalm. Hinter den Masten einiger älterer Segelschiffe schaut das Stadshuset mit seiner vergoldeten Turmspitze heraus. Dort wird im Dezember das Nobelbankett abgehalten werden.

Alfred Nobel bekam das berühmte ziegelsteinrote Rathaus Stockholms nie zu sehen, denn das Meisterwerk ist erst 1923 fertiggestellt worden. Zu Alfreds Zeit war die Halbinsel von der Eldkvarn, der »Feuermühle«, bestimmt, einer dampfgetriebenen Getreidemühle, in der man bis zum großen Brand im Jahre 1878 Mehl herstellte.

*

Das Riksarkivet liegt ein Stück den Hügel hinauf. Ich habe einen Wegweiser zu Alfreds Versteck dabei, einen Brief aus den 1950er-Jahren, der, seit ich ihn im Keller der Nobelstiftung gefunden habe, meine Neugier angestachelt hat. Der Schreiber des Briefes möchte die Nobelstiftung von einem sensationellen Archivfund in Kenntnis setzen. Das, was er gefunden hat, sei »aufgrund der minimalen Größe der Stücke und des besonderen Verstecks überhaupt von niemandem gesehen worden, seit Alfred es selbst niedergeschrieben habe, zum Teil in seiner Jugend und zum Teil in seinen mittleren Jahren«.[3]

Ein Archivar begrüßt mich bei den Fahrstühlen. Ich reiche ihm eine Kopie des Briefes.

»Funde, die bisherige Archivsucher und Nobelbiografen niemals in Händen hatten«, liest der Archivar und sieht mich fragend an.

»Minimale Größe«, was meint er damit wohl?

Wir fahren hinunter in das Berggewölbe. Erst in den 1970er-Jahren, zwanzig Jahre nach dem Fund, ist alles Material von Alfred Nobel von der Nobelstiftung hierher ins Riksarkivet umgelagert worden. Vierzehn Regalmeter Dokumente und Briefe sind nach einer neuen Nummerierung umsortiert worden. Niemand weiß, was mit Zetteln von minimaler Größe und in falschen Kartons passiert ist.

Wonach wir suchen, sind einige schwarze Wachstuchhefte im Format siebzehn mal zwanzig Zentimeter, Notizbücher, die auf den ersten Seiten wirken, als würden sie Skizzen über chemische Experimente enthalten. Nach mehreren Jahrzehnten im feuchten Keller der Nobelstiftung waren die übrigen Seiten der Hefte zusammengeklebt. Wahrscheinlich leer, dachten alle. Doch dann hat ein gründlicher Archivfuchs die Hefte mal umgedreht und die letzten Seiten voneinander getrennt.

Und sie waren nicht leer.

Aufgeregt schrieb der Wissenschaftler an die Nobelstiftung, dass »Alfred – wahrscheinlich, um sich Abwechslung von der wissenschaftlichen Arbeit zu verschaffen […] – ganz einfach die Hefte umgedreht und auf den letzten Seiten manchmal mit dunkler Tinte, manchmal mit Bleistift, kleine poetische Entwürfe, Gedanken und philosophische Überlegungen von nicht geringem Wert notiert hatte.«[4]

Seit ich diese Zeilen gelesen hatte, brannte ich darauf, diese schwarzen Wachstuchhefte einmal im Original zu sehen.

Im Berggewölbe des Archivs wird die Wärme gut gehalten. Wir kommen an einer Wand mit aufgerollten Karten aus dem 18. Jahrhundert vorbei. Auf einem Tisch stehen zwei designte Porzellantassen mit der alten schwedisch-norwegischen Unionsflagge darauf, die offensichtlich in keinen Karton gepasst haben.

Die kostbaren Nobelakten sind unter Verschluss. Der Archivar holt die Boxen und zeigt mir, wo ich sie einsehen kann. Leider liegen in fast jeder von ihnen schwarze Wachstuchhefte. Ich finde handgeschriebene Entwürfe zu zwei Romanen, auch Theaterstücke, alle mit Streichungen und Tintenflecken versehen. Von diesen Werken wussten die ersten Nobel-Biografen auch schon. Trotzdem ist es etwas Besonderes, die Originale in Händen zu halten. Hie und da erkenne ich Spuren von nachlässig, wie verzweifelt ausgerissenen Seiten, und an den ausgefransten zurückgebliebenen Fetzen kann ich sehen, dass diese Blätter mindestens ebenso eng beschrieben waren.

Und dass es nicht um chemische Experimente ging.

In einem der Kartons stolpere ich über die Entwürfe zu Alfreds wütender Auseinandersetzung in den 1860er-Jahren mit seinem Vater Immanuel über das Nitroglyzerin. Die Briefkladde liegt dort im Original. Die knorrige Handschrift strahlt starke Emotionen aus, ganz anders als die stark zensierte, »für keine Seite demütigende« Version, welche die Nobelstiftung einst veröffentlichte.

Es sollte bis zum Jahr 1991 dauern, ehe auch diese heiklen Teile des Briefs publiziert wurden.[5]

Schließlich liegen noch ein paar Wachstuchhefte da, die mit der Fundbeschreibung übereinstimmen. Ich drehe eines von ihnen herum. Und tatsächlich, ganz hinten im »Laboratoriumsbuch« finde ich ein mit flüchtig hellem Bleistift niedergeschriebenes, romantisches Gedicht in zwölf Zeilen. Das Gedicht beginnt wie folgt: »Da die Nacht flieht und des Tages Dämmerung zerstreut / eines fiebrigen Schlafeslebens wilde Fantasie, / verschwunden ist das schöne Venusbild / das stundenlang seufzte in schlaflosem Rausch …«

Auch einer der »minimal kleinen« Zettel liegt in der Box, anscheinend von einem Papier mit mathematischen Rechnungen abgerissen. Derselbe Bleistift? Ein Zusatz?

»Da wird entblößt des Lebens Wirklichkeit und hinterlässt
Vom Traumes Glück der Erinnerung Gespenster bloß«

So hat er das also gemacht, in all den Jahren. Von Patentanträgen einmal abgesehen hat Alfred Nobel niemals auch nur entfernt so viele technische Texte geschrieben wie literarische. Wissenschaftliche Werke aus seiner Feder würde es nie geben.[6]

*

Es schlägt ein Uhr, und in der ganzen Welt blitzen auf den Handys die Newsflashs auf. Den Nobelpreis für Literatur 2017 erhält der britische Schriftsteller Kazuo Ishiguro. In raschen Updates werden wir darüber informiert, dass der Glückliche in Japan geboren wurde, sein Heimatland aber bereits im Alter von sechs Jahren verließ.

Vor einem Wald von Mikrofonen erklärt Sara Danius, die Ständige Sekretärin der Schwedischen Akademie, dass Ishiguros Autorenschaft stark um das Verhältnis zwischen Gegenwart und Vergangenheit kreist, um das, »was Individuum und Gesellschaft vergessen müssen, um zu überleben«.

Eine Kulturjournalistin mit japanischen Wurzeln spricht warmherzig und ausführlich darüber, wie schön ihrer Meinung nach Ishiguro das einfängt, was sie das »vergeudete Leben« nennt, das Leben, das mehr hätte sein können, es aber nicht wurde.

»Welche Erinnerungen hat man zum Beispiel an ein Land, das man als Kind verlassen hat?«, fragt sie.

KAPITEL 1

»Ich habe mit dem Zaren über die Versuche von Nobel gesprochen«

Der große Krieg war nur noch wenige Monate entfernt, als Alfred Nobel zum ersten Mal Bekanntschaft mit dem Sprengstoff Nitroglyzerin machte. Man schrieb das Jahr 1854, und die schwedische Familie Nobel lebte da schon über zehn Jahre in der russischen Hauptstadt Sankt Petersburg.

Alfred war das dritte Kind in der Geschwisterschar und zwanzig Jahre alt. Er trug das dunkle Haar zum Seitenscheitel gekämmt, liebte das Lesen und träumte insgeheim davon, Schriftsteller zu werden. In seiner Kammer brachte er, von Lord Byron und Percy Bysshe Shelley inspiriert – die britischen romantischen Dichter waren seine Hausgötter –, lange philosophische Gedichte zu Papier. Gleichzeitig war Alfred zufällig derjenige der Brüder Nobel, der sich am meisten für Chemie interessierte. Er hatte sogar ein paar Monate bei einem berühmten Professor für Chemie in Paris studiert, und hier in Sankt Petersburg war sein Lehrer Nikolaj Zinin, einer der bekanntesten.

Dem jungen Alfred mangelte es nicht an naturwissenschaftlicher Begabung, wenngleich er es niemals zu einem Universitätsexamen bringen sollte. Glücklicherweise war der joviale Zinin nicht von der formellen Art, sondern pflegte einen entspannten Umgang mit den

Studenten und kannte zudem Alfreds Vater, Immanuel Nobel, was sicher eine Rolle spielte. Der vielfältig beschäftigte Immanuel Nobel hatte sich in der russischen Hauptstadt einen Namen als energischer Konstrukteur, ja eine Zeit lang auch als Erfinder einer neuen Art von Seeminen gemacht. Zwar hatten Immanuels Minen ihre Kinderkrankheiten gehabt und waren in den schwarzen Löchern der Bürokratie der russischen Marine stecken geblieben, aber Nikolaj Zinin hatte sie nicht vergessen.

Eines Tages Anfang 1854 lud der Chemieprofessor Immanuel und seinen begabten Sohn Alfred in seine Schmiede ein Stück vor den Toren von Sankt Petersburg ein. Er wollte ihnen das Nitroglyzerin vorführen, den neuen spannenden Sprengstoff, den der Italiener Ascanio Sobrero ein paar Jahre zuvor hergestellt hatte.

Das Nitroglyzerin war eine seltsame Sache, eine ölige und besonders launenhafte Flüssigkeit. Die zur Detonation zu bringen war keine leichte Aufgabe, und wenn es einem denn gelang, wurde die Explosion so heftig, dass der Erfinder selbst Panik bekommen und freiwillig davon Abstand genommen hatte, sein Produkt weiter zu erforschen. Ein chemisch interessantes Element, aber viel zu gefährlich, lautet Sobreros Schluss.

Vor Ort in der Schmiede wollte Nikolaj Zinin Vater und Sohn Nobel das Nitroglyzerinproblem demonstrieren. Den Traum, einen effektiveren Sprengstoff als das tausend Jahre alte Schwarzpulver zu erfinden, hegten damals viele europäische Chemiker, und Sobreros neues »Sprengöl« war vielversprechend – wenn es einem nur gelingen würde, es zu zähmen. Es wie das Schwarzpulver mit einer Zündschnur zu zünden funktionierte nicht. Das Nitroglyzerin brauchte zur Detonation einen kräftigen Schlag, doch auch das half nicht immer.

Professor Zinin strich Sprengöl auf einen Amboss und schlug fest mit seinem Hammer darauf. Erstaunt sahen Immanuel und Alfred, wie nur der kleine Teil der Flüssigkeit, die vom Schlag getroffen worden war, explodierte – der Rest blieb still auf dem Amboss.

Das Rätsel beschäftigte Vater und Sohn Nobel, aber da und dort konnte noch keiner von ihnen ahnen, welch große Bedeutung das seltsame Öl in ihrem Leben einnehmen sollte.

*

Alfred Nobels Leben hatte sich gewisslich zum Besseren gewendet seit der elenden Kindheit im Stockholm der 1830er-Jahre. Familie Nobel wusste, was wirtschaftliche Misere bedeutete. Einige Monate vor der Geburt des Sohnes Alfred Bernhard brannte das Haus der Familie bis auf die Grundmauern nieder. Der Baumeister und Mechaniker Immanuel Nobel, der schon zuvor schwer verschuldet war, musste Konkurs beantragen. Nur wenige Wochen nach Alfreds Geburt am 21. Oktober 1833 wurde der frischgebackene Vater im Armenhaus von Stockholm eingetragen.

Die Schulden hingen Immanuel weiter nach, und schließlich waren sowohl die Behörden als auch die zahlreichen Gläubiger es leid. Ende 1837 wurde entschieden, dass Immanuel Nobel festgenommen und in Beugehaft genommen werden sollte, wenn er nicht binnen zwei Wochen bezahlen würde. Leider fehlte es ihm immer noch an Geld. So sah sich Immanuel gezwungen, der sicheren Inhaftierung zu entfliehen. Noch vor Ablauf der Frist verließ er das Land, und seine Ehefrau Andrietta blieb mit den drei Söhnen, dem achtjährigen Robert, dem sechsjährigen Ludvig und dem vierjährigen Alfred, allein zurück. Eine einjährige kleine Tochter starb kurz darauf.

Nach einem kurzen Gastspiel im finnischen Åbo hatte Immanuel beschlossen, sein Glück in der russischen Hauptstadt Sankt Petersburg zu suchen. Das brauchte seine Zeit. Fünf schwere Jahre lang mussten Andrietta und die Kinder sich allein in Stockholm durchschlagen. In einer Schrift von Verwandten wird behauptet, dass die Brüder Nobel, um die Familie zu ernähren, gezwungen waren, auf der Straße Schwefelhölzer zu verkaufen. Doch zumindest konnten sie es sich leisten, in die Schule zu gehen, und mussten nicht wie viele andere Armenkinder in ihrem Alter von morgens bis abends in schäbigen Fabriken schuften.

Die Seeminen brachten die Wende. Immanuel Nobel war mit einem gut geschmierten Mundwerk, einem niemals versiegenden Strom von Ideen und trotz seiner problematischen Situation mit einer beeindruckenden Fähigkeit begabt, Kontakte zu knüpfen. In Sankt Petersburg hatte ihn dieses Talent in die Kreise um einen der wichtigsten Vertrauten des Zaren Nikolaus I. geführt, den Befehlshaber der russischen Marine Fürst Alexander Sergejewitsch Menschikow. Auf einem Empfang in Menschikows schickem Palast belauschte Immanuel zufällig eine Diskussion zwischen zwei Experten der Marine in Sachen Seeminen. Sie hatten Probleme mit der Fernsteuerung. Immanuel dachte schnell nach und schlug eine Lösung vor. Kurz darauf hatte er eine mit Schwarzpulver gefüllte Seemine konstruiert, die sowohl die russischen Marineexperten wie auch den Fürsten Menschikow und den Zaren jubeln ließ. Immanuels Mine benötigte keine Fernsteuerung, sie explodierte, wenn das Schiff auf sie traf.

So kam es, dass die Familie Nobel zum Sprengstoff kam, »wie der Zufall oft die Hand des Menschen leitet«, wie Immanuel später feststellen sollte. Hinterher behauptete er, dass er sich vor dem Schritt gefürchtet habe, aber zu dem Schluss gekommen sei, das Wagnis sei gerechtfertigt. »Als die Idee zu dieser Waffe in mir reifte, war mein Ziel nicht, den Krieg blutiger oder zerstörerischer zu machen, sondern vielmehr, Kriege zu erschweren und in ihren gegenwärtigen Dimensionen unmöglich zu machen. Dergestalt, dass man das Vorrücken eines Feindes mit so großen Opfern verknüpfte, dass eine Kriegserklärung gleichbedeutend mit der Ankündigung des eigenen totalen Untergangs wäre.«

Diese Gedanken sollte Alfred Nobel viele Jahre später wiederholen.

Zar Nikolaus I. zahlte dem Ausländer Immanuel Nobel unter der Bedingung, dass er »sein Geheimnis keinem anderen Staat offenbarte«, 25 000 Silberrubel für seine Erfindung.

An Alfred Nobels neuntem Geburtstag, dem 21. Oktober 1842,

konnte Mutter Andrietta endlich für sich selbst und die Kinder einen Reisepass nach Sankt Petersburg abholen. Sie reisten ab.

*

Die schwedischen Reisepässe der Familie Nobel galten bisher als für die Nachwelt verloren. Doch das historische Archiv des russischen Geheimdienstes in Moskau ist eine Goldgrube. Einhundertfünfundsiebzig Jahre später finde ich sie dort mithilfe eines russischen Researchers. Die Pässe sind gut erhalten, Stempel und rote Siegel sind intakt. Der Sammelpass von Andrietta und den Kindern hat große gelbe Flecken. Aus den handschriftlichen Notizen auf der Rückseite geht hervor, dass sie am 27. Oktober 1842 auf der Polizeistation von Åbo registriert wurden. Da enden die Notizen.

Im selben Archiv findet sich ein umfangreiches Register über alle Ausländer, die in Sankt Petersburg ankamen. Schon damals war der russische Geheimdienst gründlich. Es dauert eine Weile, Andrietta und die Söhne zu finden. Erst am 26. Februar 1843 wird ihre Ankunft in der russischen Hauptstadt registriert.

Wie sie sich gesehnt haben müssen, wie sie die Tage gezählt haben müssen! Was war passiert? Ob jemand krank wurde? Wir können nur raten. Als sie schließlich ankommen, hinterlässt Andrietta bei der russischen Polizei nicht mehr Informationen, als von ihr verlangt werden. Sie gibt an, die Ehefrau des Fabrikbesitzers Immanuel Nobel zu sein und dass sie mit ihren gemeinsamen Kindern nach Sankt Petersburg gekommen sei, um sich in seinem Zuhause auf der »Lit. 4 Nr. 400« (heute Litejnyi Prospekt 34) niederzulassen.

*

Immanuel Nobel hatte seine mechanische Werkstatt vom neu renovierten Winterpalast aus gesehen auf der anderen Seite der Newa, am Ufer des Nebenflusses Große Newka. Der Stadtteil hieß Peterburgskaya

Storona (die Petrograder Seite, heute Petrogradskaya) nach der ungefähr einen Kilometer entfernten Peter-und-Paul-Festung.

Die Familie wuchs. Während der ersten Jahre in Sankt Petersburg brachte Andrietta zwei weitere Söhne, Emil und Rolf, zur Welt und später noch ein kleines Mädchen, das im Alter von nur zwei Jahren starb. Nach einiger Zeit zogen die Nobels in ein Haus direkt neben der Werkstatt an der Großen Newka, ein neoklassizistisches Holzhaus aus dem späten 18. Jahrhundert, das von einer Witwe vermietet wurde. Das stilechte eingeschossige Haus unterschied sich laut der Familie »beträchtlich von der ärmlichen Tristesse der Umgebung«. Zum Ufer hin war die Fassade des Hauses mit vier mächtigen weißen Pfeilern geschmückt, und auf beiden Seiten des Eingangs thronte ein weißer Löwe.

In dieser Villa sollte Alfred Nobel die größte Zeit seiner zwanzig Jahre in Russland verbringen. (Das Haus, das heute die Adresse Petrogradskaya Naberezjnaya 20 tragen würde, wurde im Zweiten Weltkrieg abgerissen.)

Der Stadtteil Peterburgskaya Storona war eigentlich eine Insel und zu jener Zeit der Stadtrand. Das Viertel, in dem die Familie Nobel wohnte, war von Gemüseplantagen, Fabriken und Arbeiterwohnungen geprägt. Hier war kaum etwas vom mondänen Gesellschaftstrubel der Innenstadt zu merken, und es gab definitiv keine Theater und kaum irgendwelche Lokale. In einem zeitgenössischen Essay wird die Petrograder Seite als die Gegend bezeichnet, wo sogar arme Beamte fast gratis ein Stück Sumpfboden erstehen, sich dann nach und nach ein Holzhaus aus billigen Materialien bauen und schließlich, wenn sie mit grauen Haaren in Rente gingen, für den Rest ihres Lebens dort einziehen konnten. »Auf diese Weise wuchs dieser seltsame Stadtteil heran, der überwiegend aus kleinen Häusern bestand […] mit grünen Fensterläden, immer mit einem Garten und einem Kettenhund im Hof. Hinter den Baumwollgardinen in den Fenstern konnte man Töpfe mit Pelargonien, Kakteen oder Reseda erkennen und einen Käfig mit einem Kanarienvogel oder Zeisig darin. Kurz gesagt, eine patriarchalische, idyllische und ländliche Welt«, heißt es in einer anderen zeitgenössischen Schilderung des Peterburgskaya Storona.

Während des dunklen Teils des Jahres war die Petrograder Seite abgeschnitten, denn es gab keine festen Brücken über die Newa. Wenn das Eis sich endlich hob, warteten alle darauf, dass der Kommandant der Peter-und-Paul-Festung als erster Mann die Newa mit seinem Boot überqueren würde. Danach fanden sich Segelschiffe und Jollen auf dem Wasser ein. Bewegliche Pontonbrücken wurden ausgelegt, und Straßenhändler, Musikanten und Künstler bevölkerten die labyrinthischen Straßen und Gassen von Peterburgskaya. Innenstädter, die Gärten anschauen und etwas Landleben genießen wollten, kamen mit ihren Droschken angefahren. Zumindest diejenigen, die keine eigenen Datschen hatten.

Im Sommer konnte man das Vieh sehen, das hier graste. Am Karpowka-Bach, gleich nördlich vom Haus der Nobels, waren Gänsekämpfe ein beliebtes Volksvergnügen, und auf dem etwas entfernten Markt bei Sytnyi konnte man gut Fisch und Honig kaufen. Da wurde schwarzer Kaviar in großen Tonnen verschachert und »russische Trauben« (Moosbeeren) und Pilze, wenn die Saison dafür kam. Man musste nicht reich sein, um zu einem Kurzen einen anständigen Löffel russischen Kaviars angeboten zu bekommen.

Peterburgskaya lebte auf, doch brachte der Sommer auch seine Prüfungen mit sich. Mit Schrecken werden die Staubwolken beschrieben, die an den Straßen entlangwirbelten, und die quälenden Mückeninvasionen. Die magischen »Weißen Nächte« des Sankt Petersburger Sommers entschädigten für das meiste, doch sie währten nicht ewig. Kaum hatte das Laub begonnen, sich zu verfärben, nahmen auch Licht wie Trubel langsam ab. Das Volkstreiben erstarb. Der Herbst kam und mit ihm die Überschwemmungen, die die Häuser ruinierten und manchmal auch Menschenleben forderten. Da verwandelten sich große Teile der Petrograder Seite in einen schwer zu begehenden Lehmsumpf, und es gab keine Droschken, die bereit waren, in die dunklen Gassen dieses »Reichs aus dickem und unendlichem Schmutz, die niemals trocknen,« zu fahren.

Glücklicherweise gehörte das Ufer der Großen Newka, an dem die Familie Nobel jetzt wohnte, zu den verschonten Gebieten. Je näher man zur Newka kam, desto mehr Aristokraten begegnete man und desto weniger abgehalfterten Schauspielern, faulen Beamten, verkannten Dichtern und unglücklichen reichen Witwen, die ansonsten den Stadtteil auszumachen schienen.

Danach kam der Winter, der alle ohne Unterschied traf, der Winter mit seiner rauen Feuchtigkeit, den schneidenden Ostwinden und der zunehmenden Dunkelheit. Das war eine Zeit, in der die geduldigen Bewohner der Petrograder Seite in eine Art Winterschlaf versanken, sich zurückzogen und sich die Zeit damit vertrieben, reihum kleine Feste zu organisieren.

Die Stadt, in der Alfred Nobel aufwuchs, wurde damals als ein Ort beschrieben, an dem man »von 365 Tagen des Jahres mit 162 rechnen muss, an denen es unausgesetzt friert, 59, an denen es nur morgens und abends friert, und 144 Tagen ohne Frost«. Es war eine Stadt, in der das Geräusch klappernder Hufe ständig von den Militärparaden des Zaren übertönt wurde, die zeitweilig so häufig stattfanden, dass sie die Grundstimmung der Stadt beeinflussten. »Dieser Granit, diese Kettenbrücken, dieses ausdauernde Getrommel, alles das hat einen bedrückenden und niederschmetternden Einfluss«, seufzte ein zeitgenössischer oppositioneller Schriftsteller.

*

Immanuel Nobel betrieb seine mechanische Werkstatt zunächst mit einem russischen Kompagnon, dem Oberst Nikolaus Alexandrowitsch Ogarjow. Als dieser Anfang der 1850er-Jahre zum kaiserlichen Generaladjutanten befördert wurde, holte Immanuel an dessen Stelle nun seine erwachsenen Söhne Robert, Ludvig und Alfred in das Unternehmen. Der Betrieb wurde in »Nobel & Söhne Gießereien und mechanische Werkstätten« umbenannt (Fonderies et Ateliers Mécaniques Nobel et Fils).

Familie Nobel war in einer ungewöhnlich dynamischen Zeit nach Russland gekommen. Die industrielle Revolution hatte sich von England über Westeuropa ausgebreitet und war jetzt Mitte des 19. Jahrhunderts auch bis in das Russland Nikolaus I. vorgedrungen. Der Puls stieg, und die Entfernungen wurden kleiner. Die meisten Länder betrieben schon einige Eisenbahnlinien, und in Russland war 1851 die wichtige Strecke zwischen Sankt Petersburg und Moskau in Betrieb genommen worden.

Auch die Kommunikation zwischen den Ländern veränderte sich auf ganz neue Weise. In den USA hatte ein paar Jahre zuvor Samuel Morse einen ersten elektrischen Telegrafen zwischen Washington und Baltimore eingerichtet. Auch wenn dieses Gerät zunächst mehr als Kuriosität betrachtet wurde, stand doch eine Revolution im schnellen Informationsaustausch unmittelbar bevor. Als der Holländer Paul Reuter allerdings 1850 ein Nachrichtenbüro zur Vermittlung von Börsenkursen gründete, verließ er sich doch lieber noch auf eine Armada von Brieftauben.

Die Dampfmaschinen wurden immer zahlreicher, und sie wurden besser. Auf der anderen Seite des Atlantiks hatte ein schwedischer Emigrant, der Ingenieur John Ericsson, gewisse Erfolge mit einer selbst konstruierten Maschine zur Nutzung des Dampfes, dem sogenannten Heißluftmotor. Der Apparat klang so vielversprechend, dass Immanuel Nobel seinen Sohn Alfred über den Atlantik in die USA schickte, damit er versuchen sollte, Zeichnungen davon zu bekommen.

Nicht alle waren vom Heißluftmotor gleichermaßen beeindruckt. Der zeitgenössische Wissenschaftler, der die Entwicklung der Technik im 19. Jahrhundert am meisten beeinflussen sollte, der Brite Michael Faraday, hatte Ericssons Erfindung schon früh aussortiert. Nach Meinung von Faraday war nicht die Heißluft die Technik der Zukunft, sondern die Elektrizität.

Seit Urzeiten hatte der Mensch elektrische Phänomene bemerkt und sie als spannende Naturkräfte betrachtet – Blitze am Himmel oder statische elektrische Reaktionen. Als der Italiener Alessandro Volta

1798 die erste stabile elektrische Batterie entwickelte, begann man zu ahnen, was das bedeuten könnte, wusste aber immer noch nicht mehr, als was Volta gezeigt hatte: »dass, wenn zwei Metalle nahe beieinander platziert wurden, es geschah, dass sie in einem Draht, der sie verband, einen knisternden Strom produzierten«. Es sollte noch bis in die 1890er-Jahre dauern, ehe die Elektronen identifiziert wurden, eine Leistung, für die übrigens der britische Wissenschaftler J. J. Thomson 1906 mit dem Nobelpreis belohnt wurde.

Michael Faraday hatte sich für die neue Wahrnehmung interessiert, die eine Verbindung zwischen Elektrizität und Magnetismus vermuten ließ. Er war dann auch derjenige, dem es gelang, die Verbindung zu ergründen. In verschiedenen Experimenten zeigte er, dass eine mit stromleitendem Draht umwickelte Spule magnetisch wurde, wenn der Strom eingeschaltet wurde. Im umgekehrten Fall funktionierte es auch: Wenn er in der Nähe des Drahtes einen Magneten hin und her führte, leitete er Strom. Magnetische Wellen wurden in Bewegung gesetzt und erzeugten einen elektrischen Strom, ohne dass man einen Draht zur Überführung benötigte. Seine Erkenntnis stellte einen gigantischen Schritt nach vorn dar. Faraday hatte die unsichtbaren elektromagnetischen Felder entdeckt und den Grundstein für den elektrischen Motor gelegt. Doch in der wissenschaftlichen Welt begegnete man ihm immer noch mit Skepsis. Er musste jemanden finden, der ihm dabei half, die elektromagnetischen Felder mathematisch zu beweisen.

In Sankt Petersburg entschied sich Immanuel Nobel dafür, auf den Heißluftmotor zu setzen und zu versuchen, ihn mithilfe der Zeichnung, die Alfred hatte besorgen können, weiterzuentwickeln. Ein paar Monate vor dem spannenden Nitroglyzerinexperiment in Professor Zinins Schmiede hatte Immanuel um eine Audienz bei Großfürst Konstantin, dem Sohn von Zar Nikolaus I., gebeten. Laut einer Petersburger Zeitung stellte er ihm eine »bemerkenswerte Verbesserung« des sagenumwobenen Heißluftmotors vor.

Zar Nikolaus I. sah nach wie vor mit wohlwollendem Blick auf den erfinderischen Schweden, dessen mechanische Werkstatt, *Nobel &*

Söhne, blühte und dem man alles anvertrauen konnte, von geschmiedeten Treppengeländern und gegossenen Wagenrädern bis zur Installation moderner Heizkamine in den Militäranlagen des Zaren und so fort. Die drei erwachsenen Söhne, Robert (vierundzwanzig), Ludvig (zweiundzwanzig) und Alfred (zwanzig), schienen mindestens ebenso umtriebig zu sein. Immanuel war stolz auf sie. Wie er in jener Zeit seinem Schwager in Schweden schrieb: »Wovon die Vorsehung dem einen weniger mitgegeben hat, scheint der andere umso mehr zu besitzen. Nach meiner Einschätzung besitzt Ludvig den meisten Erfindungsreichtum, Alfred den größten Arbeitsfleiß und Robert den umfassendsten Spekulationsgeist, mit einer Hartnäckigkeit, die mich schon oft erstaunt hat [...].«

Das Militär des Zaren hatte bis dato noch keinen Nutzen aus Immanuel Nobels Seeminen gezogen. Das spielte keine große Rolle. Mit dem drohenden Krieg, der schon länger wie eine dichte Nebelwolke über Europa hing, hatte das Interesse des Winterpalastes an Nobel & Söhne kaum abgenommen.

Schon bald würden die Minen wieder ins Gespräch kommen, und da würde Immanuel Nobel dem Zaren eine ganz neue Idee präsentieren können, diesmal inspiriert von dem russischen Chemieprofessor Nikolaus Zinin.

*

Zar Nikolaus I. hatte gleich von Beginn seiner Regentschaft an den milden Westwinden, die das politische Klima in der Regierungszeit seines Vorgängers, seines mehr reformorientierten und liberalen Bruders Alexander I., ein Ende gemacht. Nach Amtsantritt des neuen Zaren 1825 war rasch wieder die Zensur eingeführt worden, und Nikolaus I. setzte eine gefürchtete Sicherheitspolizei, die so genannte Dritte Abteilung ein, deren Aufgabe es war, alles zu unterdrücken, was nach Opposition roch. Die Ministerien wurden beordert, eine stärker nationalistische Ideologie zu verbreiten. Im öffentlichen Russland bekamen drei Schlüsselbegriffe höchste Priorität: »Alleinherrschaft, Orthodoxie und Nationalität.«

Oppositionelle, die Karikaturen von der Unterdrückung entwarfen, wurden gemaßregelt. Es ging nicht an, dass der vielleicht schärfste Verkünder der Wahrheit, Nikolaus Gogol, die Hauptstadt Sankt Petersburg mit dem Reich des Todes verglich. Der Chef der Dritten Abteilung verkündete neue Richtlinien: »Russlands Vergangenheit war erstaunlich, seine Gegenwart ist mehr als großartig, und was die Zukunft angeht, so ist sie größer, als man es sich in seinen wildesten Fantasien vorstellen kann. Aus diesem Gesichtswinkel soll russische Geschichte studiert und aufgeschrieben werden.«

Doch in einem Punkt machte das Regime Nikolaus I. dennoch Hoffnung. Abgesehen von einer Reihe militärischer Eskapaden im Kaukasus hatte Russland eine lange Periode des Friedens und relativ erfolgreicher Sicherheitspolitik verbracht.

Der zwanzigjährige Alfred Nobel machte gute Miene zu den Geschäften des Familienunternehmens, doch innerlich empfand er nichts als Ekel für die russische Zarenfamilie. Oder wie er über den Zaren und seine Ehefrau in einem seiner Schreibtischgedichte aus jener Zeit schreibt: »Die Vordersten von ihnen, ein Mörder und eine Dirne, passen gut in das Gefängnis und Bordell eines Verrückten – ein wahrhaft fürstliches Gefolge, mögen Narren und Huren applaudieren. Die Hoffnung einer Nation? Seht ihr denn nicht? Heraus mit der Wahrheit! Weg mit dem Schleier!«

Mit seiner wachsenden Skepsis war er nicht allein. Diplomaten vor Ort in Sankt Petersburg berichteten nach Hause von dem arroganten und aufgeblasenen Alleinherrscher, der binnen kurzer Zeit um zehn Jahre gealtert und sowohl moralisch wie physisch tief gesunken zu sein schien. Nach Worten des Ideenhistorikers Isaiah Berlin war die Zeit zwischen 1848 und 1855 »die dunkelste Stunde während der Nacht des russischen Obskurantismus im 19. Jahrhundert«.

Sonderlich friedliebend war der Zar auch nicht mehr. Die Spannungen in Europa hatten die Obergrenze erreicht, und die Frage war nicht mehr, ob, sondern nur wann der Krieg ausbrechen würde.

Offiziell ging es bei den Unstimmigkeiten um den Schlüssel zur Geburtskirche Christi in Bethlehem und den Zugang zu einer Reihe anderer heiliger Plätze in Palästina, das seit mehreren Hundert Jahren zum Osmanischen Reich gehörte. Im Epizentrum des Konflikts standen Russland und Frankreich, selbst ernannte Beschützer der Tausenden orthodoxen respektive katholischen Gläubigen in der muslimischen Welt. Beide Länder erhoben Anspruch darauf, die Interessen aller Christen zu vertreten. Es war ein Kampf zwischen zwei Kaisern: zwischen Zar Nikolaus und dem selbst ernannten Napoleon III. (zuvor französischer Präsident unter dem Namen Louis Napoleon Bonaparte).

Die Sultane in Konstantinopel pflegten über die Jahre die unglückselige Neigung, beiden Parteien gleichzeitig den Schutz der begehrten Orte zu versprechen, und zwar zuletzt 1852. Im Februar jenes Jahres hatte die osmanische Führung zunächst den katholischen Anspruch Napoleons III. bestätigt, um nur wenige Monate später den Drohungen des orthodoxen russischen Zaren nachzugeben. Napoleon III. hatte als Antwort darauf ein Kriegsschiff in Gefechtsbereitschaft versetzt, woraufhin der Sultan erneut ins Schwanken geriet und rechtzeitig zu Weihnachten den Franzosen die Schlüssel zur Geburtskirche in Bethlehem überreichte.

Zar Nikolaus war außer sich vor Wut. Im Frühjahr 1853 schickte er einen Gesandten nach Konstantinopel, der den Sultan entweder überzeugen oder so weit einschüchtern sollte, dass er die christlichen Privilegien Russland überließe. Der Name des Gesandten war in der Familie Nobel wohlbekannt. Er hieß Fürst Alexander Sergejewitsch Menschikow und war der Oberbefehlshaber der russischen Marine. Es war der Mann, der während eines Empfangs in seinem Palast Immanuel Nobel dazu ermuntert hatte, von seiner Idee der Seeminen zu berichten.

Der inzwischen fünfundsechzigjährige Menschikow war fünfundzwanzig Jahre zuvor von einer türkischen Kanonenkugel entmannt worden und so vielleicht nicht der ausgewogenste Sendbote. Während seines Besuchs in Konstantinopel verschärfte er die Tonlage mit einem unnötigen Ultimatum, das der Sultan ablehnte. Nikolaus I. sah keinen anderen Ausweg als eine Antwort mit Waffen. Er wählte einen vorsichtigen Ansatz und ließ russische Streitkräfte lediglich in zwei kleinere osmanische Fürstentümer – Moldawien und die Walachei – einmarschieren, um Reaktionen der anderen Großmächte zu vermeiden.

Diese Vorsicht war nicht unberechtigt, denn hinter den schönen Worten der rivalisierenden Kaiser über die Wahrung ihrer christlichen Interessen lauerten Nationalismus, Expansionsträume und ein dreistes weltpolitisches Machtspiel, das selbst das damals mächtigste Land der Welt, Großbritannien, berührte. Das Osmanische Reich war im Zerfall begriffen, und es war kein Geheimnis, dass der Zar die Kontrolle über Konstantinopel und damit über das gesamte Schwarze Meer gewinnen wollte. Seine Ambitionen schreckten Großbritannien auf, das darin eine akute Bedrohung seiner Handelsverbindungen in die Kronkolonie Indien sah. Aus striktem Eigeninteresse übernahm nun die Londoner Regierung die Rolle der Verteidigerin des osmanischen Konstantinopel.

Zar Nikolaus I. hatte allerdings damit gerechnet, dass die anderen europäischen Großmächte seine mickrigen Truppenbewegungen in Moldawien und der Walachei unbeantwortet lassen würden. Doch da täuschte er sich. Nach dem russischen Einmarsch im Frühjahr 1853 schickte England sofort sechs Kriegsschiffe ins Mittelmeer, wo sie, ebenso wie die französischen, bei den Dardanellen in Bereitschaft lagen.

Am Sonntag, dem 2. Oktober 1853, wurde Sankt Petersburg von einem schrecklichen Sturm heimgesucht. Zwei Tage später stellte der Sultan von Konstantinopel sein Ultimatum und erklärte nach dem Ablauf den russischen Eindringlingen den Krieg, und schon bald tobten die Kämpfe zwischen russischen und osmanischen Truppen.

Ende November führte Admiral Menschikow die russische Flotte zu einem ersten größeren Sieg an der Schwarzmeerküste des Osmanischen Reiches. Die übrigen Großmächte hielten bis dahin noch still.

*

Die russische Armee hatte ihre großen Zeiten hinter sich. Schlecht ausgebildete Soldaten schleppten immer noch uralte Musketen mit Steinschloss herum. Das technische Entwicklungsniveau der Flotte sah kaum besser aus. Großbritannien und Frankreich besaßen zusammen siebzehn hypermoderne, dampfgetriebene Propellerschiffe, Russland kein einziges. Nach Ansicht des russischen Militärhistorikers Wladimir Lapin taugten die russischen Segelschiffe, die man damals noch hatte, allenfalls dazu, versenkt zu werden, um Fahrwege zu blockieren.

Die russische Marineführung hatte Probleme, und es eilte. In dieser Situation waren findige Entwickler wie Immanuel Nobel von unschätzbarem Wert. Nur eine Woche nach dem Ultimatum des Sultans erhielt Immanuel Nobel, ebenso wie viele andere Fabrikanten in Russland, ein Schreiben von der russischen Regierung. Sie wurden ermahnt, schnell die Produktion von dampfgetriebenen Schiffsantrieben nach dem britischen Modell für die russische Flotte zu starten. Das Angebot war verlockend, da die russische Marine gleich von Anfang an fortlaufende Bestellungen versprach. Wer schnell auf diesen Zug aufsprang, konnte damit rechnen, eine langfristige und umfangreiche Motorproduktion für russische Kriegsschiffe aufbauen zu können.

Die Firma Nobel & Söhne ließ sich das nicht zweimal sagen. Schon im Dezember unterschrieb das Unternehmen einen Vertrag über Dampfmotoren für drei große 84-Kanonenschiffe, die *Gangut*, die *Wolga* und die *Retwizan*. Vielleicht hatten die Nobels schlicht einen Vorteil vor anderen: Immanuel und seine Söhne bewegten sich vertraut im militärindustriellen Umfeld, und der Familienbetrieb war zudem bereits in die Kriegsvorbereitungen involviert. Im April 1853 hatte Nobel & Söhne einen Vertrag für den Bau von drei Lagerhäusern für Artillerie und Lebensmittel am russischen Flottenstützpunkt Kronstadt unterschrieben, der wie eine Festung auf einer Insel in der Einfahrt nach Sankt Petersburg lag.

Krieg bedeutete nicht für alle schlechte Zeiten, im Gegenteil. Immanuel Nobel nutzte die Gelegenheit, auch seine alten Zeichnungen für Seeminen wieder hervorzuholen. Im Marinehistorischen Archiv Russlands findet sich ein bisher unbekannter Briefwechsel zwischen dem Schweden und der russischen Militärführung, der zeigt, dass Immanuel, von Zinins Experiment inspiriert, plante, sein Produkt zu verfeinern. Ende März 1854 schrieb Immanuel Nobel an den Generalingenieur der Verteidigungsanlage Kronstadt und bot über Dampfmotoren und Lagergebäude hinaus auch seine Seeminen an. Er schlug zwei verschiedene Typen vor: zum einen Minen mit Schwarzpulver, zum anderen Minen mit »der explosiven Kraft des Nitroglyzerins«.(Immanuel schrieb *Proglyzerin,* eine frühe Bezeichnung für Nitroglyzerin.)

Ein neuer Sprengstoff? Der Generalingenieur in Kronstadt wendete sich sofort an den neuen Flottenminister und Sohn von Zar Nikolaus, den jungen Großfürsten Konstantin. In einem auf den 27. März 1854 datierten Brief schrieb der Oberbefehlshaber von Kronstadt:

»Nachdem Eure Kaiserliche Hoheit von Kronstadt abgereist war, erhielt ich vom Ausländer Nobel einen Brief über schwimmende Minen, die er der Verteidigung von Kronstadt anbietet, und ich betrachte es als meine Pflicht, Eure Kaiserliche Hoheit zu bitten, an dieser Information teilzuhaben, da Nobels Angebot meiner Meinung nach beachtenswert ist.

Im Falle es sich ereignen sollte, dass Eure Hoheit die Sache mit Nobel diskutieren möchte, ist er beordert worden, Eure Hoheit in Sankt Petersburg aufzusuchen.«

Tags darauf befand sich Russland im ersten europäischen Krieg seit dem Fall Napoleons im Jahre 1815.

*

Großbritannien und Frankreich hatten sich so lange wie möglich aus den russisch-osmanischen Streitigkeiten herausgehalten. Im Januar 1854 hatten die britische und die französische Flotte sich allerdings ins Schwarze Meer begeben, um den Druck auf Oberbefehlshaber Menschikow zu verstärken, der sich im russischen Stützpunkt Sewastopol auf der Krim aufhielt. Dennoch zog sich die ersten Wochen der Zwischenzustand gegenseitiger Abschreckung hin, der in der britischen Oberhausdebatte »weder Krieg noch Frieden« genannt wurde.

Erst zum Monatswechsel Februar/März formulierten Großbritannien und Frankreich schließlich ihr Ultimatum: Russland sollte schnellstmöglich seine Truppen aus den osmanischen Fürstentümern abziehen. Eine Weigerung oder Schweigen würde »gleichbedeutend mit einer Kriegserklärung« aufgefasst. Zar Nikolaus I. wählte das Schweigen, und am 28. März erklärten auch Großbritannien und Frankreich Russland den Krieg.

Nun machten sich weitere britische und französische Schiffe mit Soldaten auf die mühevolle Reise zur Krim, während gleichzeitig eine weitere Front im Norden vorbereitet wurde. Der britische Vizeadmiral Charles Napier war bereits mit seiner großen Flotte Richtung Ostsee unterwegs. Königin Victoria von England, die sich so lange wie möglich einem Krieg widersetzt hatte, war am Kai von Portsmouth zugegen gewesen und hatte Napiers *Duke of Wellington* verabschiedet. Kriegslüsterne britische Journalisten sagten Napier und seiner Flotte, die bald durch neunzehn französische Schiffe verstärkt werden sollte, »unerhörte Siege« voraus.

Der Befehlshaber Charles Napier war ein achtundsechzigjähriger hitzköpfiger Schotte mit einer langen Liste an Meriten, unter anderem aus dem Napoleonischen Krieg. Im Laufe der Jahre hatte er sich als abenteuerlicher Prahler, stolz und streitlustig, einen Namen gemacht. In seinem Buch *Crimea* über den Krimkrieg beschreibt der Autor Trevor Royle den gealterten Napier als zügellosen Whiskeykonsumenten und seltsame Doppelnatur: »Der gepriesene Krieger, der in seinem Innern an seiner Kriegstauglichkeit zweifelte, in der Öffentlichkeit der Held, der privat ein Aufschneider war. Bei Napier gab es keinen Mittelweg [...].«

Mitte April traf die britische Flotte in der Ostsee ein. Erste Sondierungen ergaben, dass immer noch russische Schiffe im zugefrorenen Finnischen Meerbusen festsaßen. Admiral Napier beschloss, nichts zu unternehmen und vor der schwedischen Insel Älvsnabben auf Tauwetter zu warten. »Noch vor Ende des Sommers kann ich in Kronstadt oder im Himmel sein«, soll der überdramatisch veranlagte Befehlshaber vor der Abreise aus Großbritannien schwadroniert haben. Doch diejenigen, die sich mit ihm in der Ostsee befanden, schrieben besorgte Briefe nach Hause, dass Napier nervös wirken würde.

Wie auch immer es um die Sache stand, in Sankt Petersburg hatte derweil Immanuel Nobels Angebot höchste Priorität bekommen.

Der Brief aus Kronstadt über die Nobel-Minen erreichte die Zarenfamilie ungefähr zeitgleich wie die Kriegserklärung Großbritanniens und Frankreichs. Das Angebot hätte nicht passender kommen können, und jetzt ging es durch. Schon am 3. April hatte Zar Nikolaus I. den Brief gelesen und der Beurteilung der Kronstädter Führung zugestimmt, dass man diese Gelegenheit »nicht verpassen« dürfe, auch wenn niemand sicher wissen konnte, wie gut die Minen funktionieren würden.

Der Zar signierte den Brief persönlich mit seiner Entscheidung: Herstellen!

Zwei Wochen später machte die Firma Nobel & Söhne einen Vertrag mit dem russischen Verteidigungsministerium über die Herstellung und Platzierung von vierhundert Seeminen »mit dem Ziel, große feindliche Schiffe im Finnischen Meerbusen zu zerstören und zu versenken«.

Das Honorar war ungeheuer hoch: 60 000 Rubel oder etwa vier Millionen Kronen (400 000 Euro) in heutiger Währung. Es war eilig, und die Nobels versprachen, die ersten hundert Minen bereits Mitte Mai fertiggestellt zu haben.

Gleichzeitig ging die intensive Arbeit an den Dampfmotoren weiter. Die Firma Nobel & Söhne musste ihre gesamte Tätigkeit umorganisieren, und um das zu schaffen, mussten alle Bauarbeiten und einfacheren Schmiedeaufträge gestoppt werden. Trotzdem wurde rund um die Uhr geschuftet. Ludvig Nobel beschreibt es so, dass die Kriegsjahre für sie alle vier von »ununterbrochener fieberhafter Arbeit« gekennzeichnet waren. Bald sollten sie über tausend Angestellte haben – und doch war es notorisch schwer, ausreichend kompetentes Personal zu finden.

In der russischen Verwaltung wurde ziemlich gemurrt, weil den Schweden ein ungewöhnliches Sahnehäubchen geschenkt wurde. Im Marineministerium war man fassungslos über den schnell gemachten Minenvertrag und die gedankenlos großzügigen Bedingungen, die rausgehauen worden waren, ohne dass einer ihrer Experten die Möglichkeit bekommen hatte, seine Meinung dazu zu sagen. Sogar der Großfürst Konstantin Nikolajewitsch, der Sohn des Zaren, war besorgt: »Ich habe mit dem Zaren über Nobels Versuch gesprochen. Meiner Meinung nach ist er [Nobel] offenkundig begabt, doch oft erhitzt er sich über seine Erfindungen, und deshalb muss man mit ihm äußerst vorsichtig sein«, schrieb er in einem persönlichen Brief an die Führung in Kronstadt. »Sollte Nobel irgendwelche unvernünftigen Direktiven verlangen, dann ist es erforderlich, kraftvoll zu protestieren und uns dadurch vor Elend zu schützen.«

Nicht einmal in Kronstadt waren alle dem Projekt gegenüber positiv eingestellt. »Soweit ich es nach dem, was ich bisher gehört habe, beurteilen kann, sind Nobels Minen reine Dummheit, ebenso ungefährlich für uns wie für andere«, schrieb einer der Generalgouverneure an den Großfürsten Konstantin.

Aber der Zar setzte auf den Schweden. Nichts durfte »Fabrikant Nobels« Einsatz für die russische Kriegsmacht behindern. Die Sonderbehandlung wurde fortgesetzt. Im Mai 1854 sah es zum Beispiel so aus, als würde eine längst beschlossene Verbreiterung der Straße den notwendigen Ausbau von Immanuel Nobels Fabrik stoppen. Da griff Zar Nikolaus schnell ein und nahm den Beschluss zum Straßenbau zurück. »Fabrikant Nobel soll seinen Flügel bauen«, schrieb der Zar in seiner Begründung.

Das Kriegsfrühjahr 1854 bedeutete für Immanuel Nobel und seine ältesten Söhne ständige Fahrten zur Festung Kronstadt. Erst sollten sie notwendige Experimente durchführen und dann die Minen auslegen. Die Eile brachte es mit sich, dass sie die Idee, Nitroglyzerin zu verwenden, aufgeben mussten, denn sie schafften es nicht, die Explosionen in den Griff zu kriegen. Binnen kurzer Zeit vierhundert Schwarzpulverminen zu besorgen war nun einmal alles andere als einfach. Sie waren im Stress.

Die neuen Archivfunde zeigen, dass Alfred Nobel einen Großteil der Korrespondenz des Familienunternehmens mit den Behörden übernehmen musste. Normalerweise schrieb er auf Französisch, doch einige der Briefe sind auch auf Russisch geschrieben. Alfred war es auch, der parallel zum Minenprojekt den Transport von 123 000 Rubel (ungefähr acht Millionen Kronen/800 000 Euro) aus Russland heraus organisieren musste – kein leichtes Unterfangen mitten in einem lodernden Krieg. Das Geld war für den Import von Material für die Dampfmotoren vorgesehen. Alfred schickte den Antrag auf Genehmigung weg, hätte aber fast die rechtzeitige Antwort verpasst. Seine Entschuldigung auf Russisch lautete: »Ich war in Kronstadt.«

Ludvig widmete sich hauptsächlich den Dampfmotoren, während Robert den schweren Auftrag haben sollte, die Minen auszulegen. »Es ist noch nie mehr Energie und größere Vielfalt bei einem mechanischen Werk aufgeboten worden«, war Ludvigs Beschreibung dieser Jahre.

Die neue Nobel-Mine war aus Zink gefertigt und hatte eine konische Form. Immanuel und seine Söhne ließen sie mit vier Kilo Schwarzpulver füllen und platzierten darauf ein Glasröhrchen mit leicht entzündlichen Chemikalien. Die Mine sollte direkt unter der Wasserlinie ausgelegt werden und mit Senkblei und Ketten am Platz gehalten werden. Wenn sie einem Stoß ausgesetzt wurde, zum Beispiel durch ein feindliches Schiff, dann würde das Glasröhrchen zerbrechen, die Chemikalien würden vermischt und die Pulverladung gezündet.

Die Produktion zog sich hin. Anfang Juni war in der Korrespondenz zwischen den russischen Verteidigungsbehörden die Verärgerung darüber deutlich spürbar. Admiral Napier hatte begonnen, sich mit seiner Flotte zum Finnischen Meerbusen zu bewegen, und hatte jetzt auch noch Gesellschaft von französischen Schiffen. Was trieben eigentlich die Nobels?

Nicht vor dem 19. Juni begann Robert mit dem Auslegen der Minen vor Kronstadt. Da waren Napiers britische Schiffe bereits sowohl für die Bewohner der Insel als auch für die Zarenfamilie im Sommerpalast Peterhof in Sichtweite. »Ihre Segel und Rauchfahnen am Horizont wurden zu einer Mittsommer-Kuriosität«, schreibt Trevor Royle in *Crimea*. Aus Sicherheitsgründen musste Ludvig auf den Schornstein von Nobels Lagerhaus klettern, um Ausschau zu halten, während die Arbeiten vor sich gingen.

Sie versprachen hoch und heilig, am nächsten Tag fertig zu sein.[7]

*

Der Militärhistoriker Wladimir Lapin trägt ein kariertes Hemd mit schwarzer Lederweste und besitzt ein ungewöhnlich ansteckendes Lachen. Er ist Professor an der Russischen Akademie der Wissenschaften und hat schon viele Preise bekommen. Ich bin mit ihm in einem Hotel in Sankt Petersburg verabredet, um ein paar Details über jene Jahre zu erfragen.

Wladimir Lapin berichtet, dass Nobels Minen bis heute im russischen Bewusstsein zugegen sind, nicht zuletzt am »Tag der Minenauslegung«, der jedes Jahr am 20. Juni in den betroffenen Berufsgruppen begangen wird. Da prostet man sich fröhlich zu und tut so, als würde man britische Schiffe hochgehen lassen.

Hintergrund für die Feierlichkeiten ist ein Ereignis, das an ebendiesem 20. Juni 1854 angeblich stattgefunden haben soll: Ein britisches Sondierungsschiff fischte eine der von Robert Nobel frisch ausgelegten Minen auf, die sich gelöst hatte und auf der Wasseroberfläche schaukelte. Die britische Version: Die Nobel-Mine explodierte, als ein Konteradmiral sie näher betrachten wollte, woraufhin der Konteradmiral ein Auge verlor. Die russische Version: Das gesamte britische Schiff explodierte und versank.

»Das ist ungefähr wie in der Propaganda heute ... Die Wahrheit ist das erste Opfer des Krieges«, kommentiert Wladimir Lapin lächelnd.

»Aber vom patriotischen Gesichtspunkt aus gesehen wurde dies zu einem ungeheuer wichtigen Ereignis, das in den Massenmedien der Zeit hervorgehoben wurde. Und das nicht nur, weil sich die Russen als stärker erwiesen und die Stadt geschützt hatten, sondern vor allem, weil wir die technisch überlegenen Engländer mit etwas herausgefordert hatten, was sie selbst nicht besaßen.«

Wladimir Lapin hat ausgerechnet, dass die Familie Nobel während des Krimkriegs insgesamt 1391 Kontaktminen in der Ostsee ausgelegt hat.

Zurück in meinem Hotelzimmer, suche ich Robert Nobels Buchführung vom Minenprojekt aus diesen Frühsommerwochen 1854 heraus. Dieses Dokument habe ich im Landesarchiv in Lund abfotografiert, vier Seiten, Tag für Tag mit sauberer Handschrift notiert. Es scheinen unterhaltsame Ausflüge gewesen zu sein. Hier ein Auszug aus Robert Nobels Ausgabenliste:

»Schnaps und Brot für die Leute: 5,00 Rubel. Abendessen für mich, den Kutscher und zwei Arbeiter: 1,50. Angeheuerter Kutscher in Kronstadt: 2,50. Zwei Ruderer für drei Tage: 8,50. Essengroschen für 15 Mann: 3,00. Abendessen mit den Offizieren und Papa: 8,00. Schnaps für die Leute: 4,00. Limonade für Papa: 0,40. Rum und Logis für mich und den Major: 5,25. Frühstück mit den Offizieren: 4,70. Nachtquartier und Abendbrot im Sommergarten: 2,60. Weine: 5,00. Essen und Schnaps für die Leute: 4,00.«

Offensichtlich prosteten die russischen Minenausleger sich schon damals recht fröhlich zu.

*

Der britische Admiral Charles Napier quälte sich. Sein Schiff, die *Duke of Wellington,* war endlich im Fahrwasser vor Kronstadt angekommen, aber er war stark verspätet und stressgeplagt. Aus London kamen Signale wachsenden Unmuts in den Reihen der Lords in der britischen Regierung: Schon bald Juli und immer noch kein Angriff in der Ostsee?

Napier versuchte zu erklären, aber was scherte es die Politiker, dass er über zehn Tage in dichtem Nebel vor der schwedischen Ostküste hatte ausharren müssen?

Die britischen Sondierungsboote kehrten mit niederschmetternden Informationen aus Kronstadt zurück. Das flache Wasser, die vielen Untiefen und Felsen machten die Sache wie erwartet kompliziert. Für einen Angriff auf die Festung, von dem man wusste, dass sie schwer bewaffnet war, konnten nur kleinere und schlechter ausgerüstete Boote eingesetzt werden.

Napier reute sein bombastisches Theater. Vor seiner Abreise aus Portsmouth hatte er ausdrückliche Order erhalten, nicht dummdreist zu agieren und nicht unnötig britische Schiffe zu riskieren. Aber jetzt hörte er nur noch die Forderung nach Siegen. Und dann waren da noch die »Höllenmaschinen«. Napier wusste schon vor dem Vorfall mit dem Auge des Konteradmirals von Nobels Minen. Ein in Helsinki wohnhafter Schwede hatte Kontakt mit der britischen Flotte gesucht und das beunruhigende Gerücht bestätigt. Der Schwede verriet, dass die Russen eine Art explosiver Kisten unter Wasser ausgelegt hätten, die bei erstem Kontakt alle angreifenden Schiffe versenken würden. Der Mann schien zu wissen, wovon er sprach, und behauptete sogar, den Mechaniker zu kennen, der die Minen ausgelegt habe.

Seeminen in diesem seichten Gewässer? Da schien eine Annäherung wie der reinste Selbstmord. Drei Tage lang grübelte Napier, und am Ende berichtete er nach Hause, dass ein Angriff auf Kronstadt »völlig unmöglich« sei. Denselben Schluss würde er für die mindestens ebenso gut bepanzerte, auf mehreren Inseln liegende Festung Sveaborg vor Helsinki ziehen. Niedergeschlagen gab er Order, die Flotte solle sich aus dem Finnischen Meerbusen zurückziehen.

Es half nichts, dass es den Alliierten einige Wochen später gelang, Åland einzunehmen. Der großmäulige Charles Napier war gescheitert. Sein letzter wichtiger Auftrag als Admiral endete damit, dass er für das Fiasko verhöhnt nach Großbritannien zurückkehren musste. Sowie er an Land ging, wurde er de facto von seinem Posten abgesetzt.

Der russische Verteidigungsminister hingegen konnte zufrieden direkt an Zar Nikolaus I. vom »Erfolg der Aufgaben, derer Kaufmann Nobel sich angenommen hatte«, berichten.

KAPITEL 2

Auf der Jagd nach einem höheren Sinn

Immanuel Nobel war von seinem jungen Alfred beeindruckt. Der Sohn war erst zwanzig Jahre alt, aber schon erstaunlich kenntnisreich und ehrgeizig. Alfred konnte scheinbar rund um die Uhr arbeiten, wie es sonst kein anderer in der Familie auch nur annähernd vermochte.

Doch nicht einmal an ihm gingen die Kraftanstrengungen des Kriegsfrühjahrs 1854 unbemerkt vorüber. Im Sommer, als der britische Admiral Napier den Anker gelichtet hatte und sie vorübergehend Atem schöpfen konnten, wurde Alfred krank. Das war im Grunde nichts Ungewöhnliches. Seine ganze Jugend lang war er schon kränklich gewesen. Auch sein großer Bruder Ludvig war von schwankender Gesundheit und wurde, sowie der Herbst mit seiner rauen Feuchtigkeit über Sankt Petersburg zog, regelmäßig von hartnäckigem Husten heimgesucht. Doch nun hatte es Alfred schlimmer erwischt. Gegen Ende seines Lebens behauptete er sogar, damals, im Alter von zwanzig Jahren, dem Tode nahe gewesen und ihm nur entkommen zu sein, indem er sich selbst mit »Licht- und Wärmestrahlen« kuriert habe.

Woran genau Alfred Nobel in jenem Sommer litt, ist nirgends präzisiert. Ältere Quellen sagen etwas von Überanstrengung, und aus einem zeitgenössischen Brief kann man herauslesen, dass er oft trübsinnig war. Ungefähr ein Jahr später soll er Probleme mit Verstopfung gehabt und unter ständig wiederkehrenden Schmerzen gelitten haben. Wir wissen, dass ihn sein ganzes Leben lang Magenprobleme verfolgten, und in der Aufzählung seiner frühen Krankheiten ist auch Skorbut erwähnt. Die Brüder Nobel waren ständig krank, und die Liste möglicher Diagnosen nahm kein Ende.

Die Eltern, die dank der Kriegsgeschäfte gerade ungewöhnlich viel Geld hatten, beschlossen jedenfalls, dem jungen Alfred im September den Besuch eines der berühmten Kurorte Europas zu gönnen. Die Wahl fiel auf Franzensbad in Böhmen, dem heutigen Tschechien, einem eher ruhigeren Emporkömmling im Vergleich zu den mondänen und naturschön gelegenen Brunnenorten Karlsbad und Marienbad. In Franzensbad gab es, abgesehen vom angeblich gesundheitsfördernden Brunnen, auch Europas erstes medizinisches Moorbad. Eine normale Kur dauerte achtundzwanzig Tage.

Alfred Nobel hatte schnell genug davon. Er sah weder im Wassergeplätscher noch im Bad oder dem gesellschaftlichen Small Talk irgendeinen Sinn. Auf dem Weg nach Franzensbad hatte er in Stockholm seinen Onkel mütterlicherseits und seine Cousins besucht. Jetzt schrieb er ihnen, dass dieser Besuch seiner Gesundheit mehr Gutes getan habe »als das ganze Franzensbad«. Das galt auch für die Gesellschaft. »Man sieht schnell ein, wie viel man beim Tausch verliert, wenn man anstelle von Verwandten und Freunden nur zufällige Bekanntschaften hat, mit denen man wohl ein paar nette Stündchen verbringen kann, aber von denen man sich mit derselben Sehnsucht trennt wie von einem alten, zerschlissenen Rock.«

Er sehnte sich »mehr, als ich sagen kann« nach Hause, verabscheute es, seinen Eltern zur Last zu liegen, und wollte definitiv vor seinem einundzwanzigsten Geburtstag Ende Oktober wieder in Sankt Petersburg sein, gesund oder nicht.

Dennoch sollte er später im Leben ein fleißiger Besucher von Kurorten werden.

*

Die Kurbäder kamen nicht weit, was die großen medizinischen Herausforderungen der Zeit anging. Wenn die Pockenpandemien die großen Plagen des 18. Jahrhunderts gewesen waren, so konkurrierten Cholera und Typhus darum, im 19. Jahrhundert diesen Platz einzunehmen, mit Syphilis und Tuberkulose als unberechenbaren Konkurrenten. Mitte des Jahrhunderts sah es ganz so aus, als wäre der Cholera hier der Sieg sicher. Binnen kurzer Zeit hatte eine dritte Epidemie die Welt heimgesucht. Zwischen 1847 und 1861 starben allein in Russland über eine Million Menschen an der Cholera.

Die Pocken hatte man am Ende mit einem neuen Impfstoff, entwickelt von dem britischen Arzt Edward Jenner, einigermaßen gezähmt. Der Impfstoff baute auf einer jahrhundertealten asiatischen Tradition auf, Gesunden zum Schutz winzig kleine Mengen Sekret und Gewebe von den Körpern Kranker einzugeben. Dann wurden die Gesunden meist nur schwächer krank (manche starben auch). Das Risiko wurde als hinnehmbar angesehen, da sie danach immun waren. Jenners Idee war gewesen, dieselbe Immunität zu erzeugen, indem man stattdessen Kuhpocken impfte. Das glückte und war entschieden weniger gefährlich, als mit Pockengewebe zu hantieren. Es war ein Welterfolg.

Die kommenden Jahrzehnte, die ersten des 19. Jahrhunderts, werden gern die Wiege der modernen Medizin genannt. Alte populäre Behandlungsmethoden wie Aderlass oder Abführmittel wurden allmählich infrage gestellt und die ärztliche Wissenschaft stattdessen zu weiten Teilen in die Laboratorien verlegt. Die Medizin erhielt einen immer höheren Status in den größer werdenden Universitäten.

Man ging jetzt vom Erraten der Ursachen einer Krankheit dazu über zu versuchen, sie zu analysieren und zu erklären. Anfang des 19. Jahrhunderts wurde das Stethoskop erfunden. Die Ärzte lernten, der Atmung des Patienten zu lauschen und auf erstaunlich sichere Weise zu hören, ob die Diagnose Bronchitis, Lungenentzündung oder Tuberkulose war. Als der preußische Optiker Carl Zeiss schärfere und billigere Mikroskope entwickelte, explodierte das Interesse an medizinischen Gewebestudien.

Die Chemiker sollten diese Entwicklung noch beschleunigen – es war die Zeit für den Durchbruch der organischen Chemie. 1828 war es dem deutschen Chemiker Friedrich Wöhler gelungen, »lebendigen« Harnstoff herzustellen und damit die Grenze zwischen den Reagenzgläsern und den Prozessen in lebenden Organismen zu überschreiten. Das, so hatte die Kirche bis dahin behauptet, sei unmöglich, denn nur Gott habe sozusagen das Recht an allem Lebendigen.

Die Entdeckung war bahnbrechend und eröffnete ein ganz neues Forschungsfeld. Chemiker begannen mit verschiedenen chemischen Reaktionen zu experimentieren, um auf dieselbe künstliche Weise, durch Synthetisieren, auch andere »lebendige« Stoffe herzustellen. Auf diesem Gebiet der neuen, heißen organischen Chemie bewegte sich der Chemiestudent Alfred Nobel. Sein Lehrer Nikolaj Zinin hatte bei einem der großen Pioniere auf diesem Gebiet, Professor Justus von Liebig, in Gießen studiert, der auch in der neuen Fachrichtung der mikroskopischen Studien führend war. Liebigs Studenten durften die Chemie des Körpers untersuchen, Muskelgewebe von Tieren oder Harnstoff- und Schweißsekrete unter ihre Mikroskope legen. Liebig war auch einer der Ersten, denen es gelang, Chloroform herzustellen, ein Betäubungsmittel, das neben Äther Gebrauch fand und dem Traum von einem völlig schmerzfreien chirurgischen Eingriff Aufwind gab.

Medizin und Chemie begannen ineinander überzugehen, wie Alfred Nobel es später ausdrückte.

Parallel dazu ging es bei einer anderen medizinischen Revolution um Schmutz. Ende der 1840er-Jahre hatte sich der ungarische Arzt Ignaz Semmelweis in Wien über die hohen Sterberaten durch Kindbettfieber entsetzt. Er bemerkte, dass die Ärzte oft direkt aus dem Obduktionsraum in den Kreißsaal kamen. Als er das Händewaschen mit chlorierter Kalklösung zur Verpflichtung machte, sanken die Todeszahlen in der Geburtsklinik drastisch.

Im Jahr 1854 hatte ein anderer kreativer Arzt, der Brite John Snow, versucht, in der laufenden Choleraepidemie in London die Ansteckungsquellen zu lokalisieren. Er entschied sich, die bekannten Krankheitsfälle auf einer Karte zu markieren. Ein Volltreffer. Die Kranken nutzten nämlich alle denselben Brunnen. Snow führte seine Karte weiter und sammelte immer mehr Beweise dafür, dass das Wasser die Ursache für die Ansteckung war.

Snows Beobachtung hatte zumindest Einfluss auf den städtischen Ehrgeiz zur Sanierung, während Semmelweis niemals die Anerkennung der Autoritäten erhielt. Er starb zehn Jahre später unverstanden und zerbrochen in einem psychiatrischen Krankenhaus – für viele einer der großen Märtyrer der Medizingeschichte.

*

Als der Krimkrieg ausbrach, war seit Langem bekannt, dass Krankheitsepidemien für die kämpfenden Soldaten eine größere Bedrohung darstellen konnten als Waffen. Das stellte sich auch diesmal rasch als richtig heraus. Am 13. September gingen französische und britische Truppen einige Kilometer nördlich von Sewastopol auf der Krim an Land. Sie führten am Fluss Alma einen ersten größeren Schlag gegen die russische Armee und errangen kaum eine Woche später einen Sieg, doch zu einem hohen Preis. Am Ende sollten auf der Rechnung mehrere Tausend verlorene Menschenleben stehen.

Entsetzlich viele von ihnen, über 70 Prozent, starben an Cholera, unbemerkten Infektionen oder anderen Krankheiten.

Die Nachricht vom Sieg an der Alma erreichte London und Paris nicht vor dem 1. Oktober. An dieser Verzögerung konnte man nicht viel ändern. Die Telegrafendrähte waren erst in einigen Teilen der Welt gezogen worden, und bis dahin brauchte man für die internationale Nachrichtenübermittlung Dampfschiffe und berittene Boten. Dennoch bedeutete die vorhandene Technik eine Revolution und brachte es mit sich, dass der stattfindende Krieg zum ersten in der Geschichte wurde, über den durch die Presse direkt vom Kriegsschauplatz berichtet wurde, und zusätzlich der erste, aus dem Fotografien gezeigt wurden. Die britische

Presse hielt eine beeindruckend unabhängige Linie, während Napoleon III. die französische mit strenger Zensur beschränkte.

Die Berichterstattung durch die Presse sollte von entscheidender Bedeutung sein. Zwei Wochen nach dem Siegerjubel schockierte *The Times* ihre 40 000 Leser mit der Enthüllung des tödlichen Elends im Nachgang zur Schlacht an der Alma. Schwer verletzte britische Soldaten würden in ihren Exkrementen auf mit Mist vermischtem Stroh liegen. In überfüllten und schmutzigen türkischen Lazarettbaracken steckten sich Tausende mit Cholera an. Es fehlte an Ärzten wie an Krankenschwestern, und niemand hatte daran gedacht, schmerzstillendes Chloroform oder Äther für all die notwendigen Amputationen einzupacken. Nicht einmal Verbandsmaterial gab es.

Eine Kampagne wurde gestartet, um Geld für die Kriegsverletzten zu sammeln. Gab es in Großbritannien wirklich keine Barmherzigen Schwestern?, fragte am 14. Oktober ein »betroffener Soldat« in der *Times*. Doch, dachte sich eine vierunddreißigjährige britische Dame, die zu dem Zeitpunkt in London Leiterin eines Pflegeheims für ältere Frauen war.

Drei Tage später hatte Florence Nightingale sowohl einen Auftrag als auch ein Budget. Sie reiste mit einer Gruppe »Barmherziger Schwestern« nach Konstantinopel, um den furchtbaren sanitären Verhältnissen ein Ende zu bereiten. Nach und nach sollte ihr das gelingen. Unter Nightingales strenger Leitung verringerten sich die Sterbezahlen in den jeweiligen Militärkrankenhäusern drastisch. Zweieinhalb Jahre später sollte sie als Heldin nach London zurückkehren, wo sie bejubelt und zu einer britischen Jeanne d'Arc erhoben wurde. Der Beruf der Krankenschwester war geboren.

All das lag noch vor ihr. Als Florence Nightingale am Samstag, dem 21. Oktober 1854, Großbritannien in Richtung Krimkrieg verließ, wusste sie nicht mehr, als dass eine ungewöhnlich schwere Arbeit auf sie wartete.

*

Am selben Tag, Samstag, dem 21. Oktober, wurde Alfred Nobel einundzwanzig Jahre alt. Er kehrte rechtzeitig aus Franzensbad zurück und verbrachte seinen Volljährigkeitstag mit Immanuel, Andrietta und seinen vier Brüdern in dem hübschen grauen Holzhaus am Ufer der Großen Newka. Die Familie hatte viel zu feiern, denn tags darauf wurde Rolf, der Jüngste, neun Jahre alt, und eine Woche später Emil, der vierte, elf Jahre.

Nach den russischen Verlusten auf der Krim war Sankt Petersburg eine Stadt im Schock. Oberbefehlshaber Menschikow war überrumpelt, hatte er doch damit gerechnet, dass der Angriff der Alliierten im Frühjahr kommen würde. Nun musste seine Armee Hals über Kopf die Flucht antreten, und es schien nur noch wenige Tage zu dauern, bis auch der russische Hauptstützpunkt Sewastopol fallen würde.

Fürst Menschikow, der so wichtig für die Familie Nobel gewesen war, wurde als inkompetent verurteilt. Er musste persönlich die Schuld für den Rückschlag tragen. Die Lorbeeren für die Verstärkung von Sewastopol, die im letzten Moment die Niederlage in eine langwierige Belagerung verwandelte, durften andere einheimsen.

Zar Nikolaus I. versank in eine tiefe Depression. Er schlief und aß nicht mehr, und obwohl er ansonsten derartige männliche Schwäche verachtete, geschah es, dass man ihn weinend antraf. »Der Anblick des Souveräns genügt, einem das Herz zu brechen«, stellte eine Hofdame fest. Bei anderen fand sich noch Kampfeswillen. Hatte Russland nicht auch gegen Napoleon damals einen drohenden Rückschlag in einen Sieg verwandelt?

Die russische Aufrüstung ging weiter, und wieder einmal wurde Familie Nobel hinzugezogen. Im Januar 1855 schloss Nobel & Söhne einen Vertrag mit dem russischen Verteidigungsministerium für weitere 1160 Seeminen für die Gewässer vor Åbo und um Sveaborg vor Helsinki. Die Einnahmen waren schwindelerregend hoch: 116 000 Rubel. Gleichzeitig kämpfte man mit den Dampfmotoren für die drei neuen Kriegsschiffe. Ein Jahr war bereits vergangen, und es würde wohl noch bis zum Herbst dauern, ehe sie fertig waren.

Alfred Nobel fiel die wenig beneidenswerte Aufgabe zu, der Marine zu schreiben, die Probleme mit den Motoren zu erklären und es dennoch nach einer Erfolgsgeschichte klingen zu lassen. Und sie hatten inzwischen ja auch mehrere Tausend Angestellte, viele von ihnen in Preußen rekrutiert. Sie hatten die Fabrik ausgebaut, alle kleineren Schmiedeaufträge erledigt und für die ausstehenden gröberen Arbeiten in einen großen Dampfhammer investiert. Der stand inzwischen an seinem Ort, die Hammerschläge dröhnten, und die Häuser im Viertel bebten (was die Nachbarn dazu veranlasste, Beschwerdebriefe zu schreiben).

Alfreds Brief klang, richtig gelesen, optimistisch: Das russische Militär war kurzfristig vielleicht geschlagen, aber definitiv am Leben.

Dasselbe galt nicht für Zar Nikolaus I. Nach einer Soldatenmusterung bei minus 20 Grad zog sich der deprimierte Regent eine schwere Lungenentzündung zu. Am 3. März 1855 entschlief er für immer in seinem Zimmer im Winterpalast, nachdem er den ältesten Sohn Alexander mit den Worten »Diene Russland!« zu seinem Nachfolger ernannt hatte.

Unter den allerletzten Dokumenten, die Zar Nikolaus I. unterzeichnete, war der Beschluss, den Wohltäter der Familie Nobel, den Oberbefehlshaber in Sewastopol auf der Krim, Fürst Alexander Sergejewitsch Menschikow, abzusetzen.

*

Mit Zar Alexander II. kamen hellere Zeiten. »Lang lebe der gegenwärtige Zar!«, brach es aus Alfred Nobel einige Jahre später in einem Gedicht bewundernd heraus. Er beschrieb Alexander als einen »ehrlichen Menschen«, eine Lichtgestalt, die (im Unterschied zu Nikolaus I.) ein Gewissen besäße. Der neu angetretene Zar sollte während seines ersten Jahres auf dem Thron dem Fabrikanten Immanuel Nobel eine kaiserliche Goldmedaille »für Fleiß und Geschicklichkeit« verehren. Außerdem sollte er ihn zum »Ritter Unseres Kaiserlich Russischen St.-Stanislaus-Orden Dritter Klasse« machen.

Anfänglich sah es so aus, als würde 1855 ein Jahr in Dur für die Familie Nobel werden. Ludvig hatte schließlich den Mut gefasst und um die Hand der Cousine der Brüder in Schweden angehalten, die von allen »Mina« genannte Wilhelmina Ahlsell. »Mama ist im siebten Himmel und sieht so zutiefst erfreut und glücklich aus, als wäre sie selbst achtzehn Jahre und in Begriff, ihre eigene Hochzeit zu feiern, und Papa ebenso«, schrieb Alfred an seinen Onkel.

Endlich würden sie ein Mädchen in der Familie haben, dachten Immanuel und Andrietta. Wenn nur der Frieden bald käme und Minas Lunge kräftiger und gesund würde, denn vorher konnte die Hochzeit nicht stattfinden.

Der Winter war kalt gewesen. Diesmal mussten Robert und seine Männer Löcher ins Eis schneiden, als sie Ende März begannen, die tausend Minen bei Åbo und der Festung Sveaborg vor Helsinki auszulegen. Der Auftrag sollte bald noch ausgeweitet werden. Zar Alexander besuchte kurz darauf Kronstadt und entschied, auch diese Festung noch mit zusätzlichen dreihundert Nobel-Minen zu sichern.

Das war auch höchste Zeit. Großbritannien und Frankreich hatten bereits einen zweiten Angriff in der Ostsee mit Kronstadt und Sveaborg als Hauptziele beschlossen. Die britischen Schiffe waren schon unterwegs.

Diesmal verpasste Alfred die angespannte Zeit. Er war zu einer mehrere Wochen dauernden Fahrt zu Lieferanten »im Innern Russlands« aufgebrochen. Die Reise war eine Prüfung, auf der Alfred, wie er es hinterher beschrieb, genötigt war, Orte zu besuchen, an denen »alles erstarrte« und wo er weder Zugang zu »Tinte noch Stiften oder Gedanken« hatte.

Als er Ende Mai nach Sankt Petersburg zurückkehrte, war für Nobel & Söhne die Hölle ausgebrochen. In den Gewässern um die Festung Kronstadt waren einige der Minen vom Vorjahr zurückgeblieben. Als das Eis nun aufbrach, lösten sie sich und fingen an umherzutreiben. Ein russischer Feldwebel beging den Fehler, eine Mine aufzunehmen, die an Land gespült worden war, und die erste Katastrophe geschah, als sie in seiner Hand explodierte. Der Feldwebel schwebte zwischen Leben und Tod, zehn Soldaten in seiner Nähe verloren das Augenlicht, und weitere zehn wurden verletzt und trugen Brandwunden davon.

Immer mehr Meldungen über treibende Minen kamen herein. Nach einer Weile änderte der Alarm seine Ausrichtung. Viele andere Minen waren nämlich zerstört und somit für den Feind völlig ungefährlich – eine, wenn möglich, noch größere Katastrophe. Als auch bei Sveaborg treibende kaputte Minen aufgefischt wurden, hatte der russische Generalmajor genug und verlangte, dass der Fabrikant Nobel sich persönlich einstellen und seine Minen kontrollieren möge.

Zu dem Zeitpunkt lag die versammelte britisch-französische Flotte wieder an der Einfahrt nach Kronstadt vor Anker, ihre Masten waren für die Einwohner der Hauptstadt deutlich sichtbar. In Sankt Petersburg begann man, die alliierten Schiffe als ein wiederkehrendes Sommervergnügen zu betrachten. Ein russischer Kapitän organisierte sogar auf seinem Schiff einen Ball, um die beste Aussicht auf die Feinde anzubieten.

In Alfred Nobels Augen war die Festung Kronstadt ein Ort, »wo keine Erinnerungen die Seele erfreuen können«. Er verabscheute es, dort hinfahren zu müssen. »In Wirklichkeit kenne ich keinen öderen und langweiligeren Ort, aber hier in Russland muss man sich immer an die Redewendung halten, dass der Dienst an der Krone über den Gottesdienst geht.«

Die Alliierten zögerten. Die Briten hatten Informationen erhalten, dass die Russen ihre Verteidigung mit Dampfschiffen und fast tausend Seeminen verstärkt hätten. In den Berichten nach England beschrieb man, wie diese Minen auf chemische Weise durch nur einen einzigen einfachen Kontakt ausgelöst wurden. Sie betrachteten es als viel zu gefährlich zu versuchen, sie wegzuschaffen. Der neue Befehlshaber Dundas schrieb, dass er in Anbetracht der Lage einen Angriff nicht länger empfehlen könne. Diesmal wurde die Vorsichtsmaßnahme ohne Einwände gekauft. Die Flotte drehte erneut ab.

Einige Wochen später gelang es den Alliierten als kleiner Trost, den gesamten Stützpunkt der russischen Flotte in Sveaborg vor der Küste von Helsinki zu vernichten.

*

In Sankt Petersburg litt die Bevölkerung an dem Mangel an sicherer Information von der wichtigsten Front auf der Krim. Kriegsreporter gab es nicht. Die kurz angebundenen und streng zensierten Nachrichten, die publiziert wurden, waren oft zwei bis drei Wochen alt und sorgfältig durch die Sprachmangel des Winterpalastes gedreht worden, wo sogar klare Verluste zu »taktischen Rückzügen« wurden.

Zum Ende hin gab es zwar einen militärischen elektrischen Telegrafen zwischen Petersburg und Sewastopol, aber die Briten waren die ganze Zeit einen Schritt voraus. Im Frühjahr hatten sie ein Unterwasserkabel durch das Schwarze Meer gelegt und konnten nun binnen weniger Stunden Neuigkeiten aus dem Feld an die Oberbefehlshaber in London telegrafieren.

Unter den russischen Soldaten im belagerten Sewastopol war ein junger Schriftsteller, der versuchte, die Informationslücke mit erzählerischen Kriegsnovellen zu füllen. Er war achtundzwanzig Jahre alt und hieß Lew Tolstoi. Viele Jahre später sollte er ein großer Favorit für den ersten Nobelpreis in Literatur (1901) sein.

Im Juni 1855 wurde die erste und immer noch sehr optimistische Kriegsnovelle von Tolstoi mit dem Titel *Sewastopol im Dezember* veröffentlicht. Sie weckte eine enorme Aufmerksamkeit, denn noch niemals waren russische Leser dem echten Alltag eines Krieges so nahegekommen. Sogar der Zar war zufrieden. Doch als Tolstoi weiterging und die Schlachtfelder des Frühjahrs beschrieb, war der Ton schon düsterer:

»Hunderte von verbluteten, leichenstarren Menschenleibern, die vor ein paar Stunden noch von wechselnden, himmelhohen oder armseligen Hoffnungen und Wünschen beseelt waren, lagen nun in der taufeuchten, blühenden Talsohle – welche die Bastion vom Laufgraben

trennte – und auf dem harten Boden in der Grabkapelle von Sewastopol. Hunderte von Menschen mit Flüchen oder Gebeten auf ihren ausgedörrten Lippen – wälzten sich und stöhnten, manche zwischen den Leichen auf der blühenden Talsohle, andere auf Tragen, Pritschen und auf dem blutbedeckten Fußboden des Verbandsplatzes. Ganz genau wie an allen Tagen zuvor stand ein Wetterleuchten über dem Sapunberg, ließ die funkelnden Sterne erbleichen, stieg weißer Nebel vom rauschenden dunklen Meer auf, wurde die Morgenröte im Osten entzündet, breiteten sich purpurfarbene Wolkenschleier über dem himmelblauen Horizont aus. Ganz genau wie an allen Tagen zuvor erhob sich das mächtige, herrliche Himmelslicht, der ganzen wiedererweckten Welt Freude, Liebe und Glück verheißend.«

In seiner neuen Novelle verurteilte Tolstoi den Krieg als Wahnsinn. Er erdreistete sich, eine alternative Konfliktlösung vorzuschlagen, die die Todeszahlen radikal verringern würde. Warum ließ man nicht jede Armee sukzessive einen Soldaten nach dem anderen wegnehmen, bis nur noch zwei übrig blieben – ein Verteidiger und ein Angreifer –, die man dann miteinander kämpfen ließ.

Er schloss mit der Frage, wer von den tapferen Soldaten in seiner Schilderung nun echtes Heldentum zeigen würde. Die Antwort gab er selbst:

»Die Heldin in meiner Erzählung, die ich mit meiner ganzen Seele liebe und die ich in aller ihrer Schönheit wiederzugeben versucht habe und die immer wunderbar war, ist und sein wird – das ist die Wahrheit.«

*

Im Herbst 1855 kam der Rückschlag, sowohl im Krieg als auch für die Familie Nobel. Plötzlich folgte ein Misserfolg nach dem anderen. Es begann um die Mittagszeit am 8. September. Nach einjähriger Belagerung rückten zehn französische Divisionen gegen die Festung Malakoff bei der Stadt Sewastopol vor, die russische Basis auf der Krim. Während die Armeekapelle die Marseillaise spielte, rannten neuntausend Soldaten auf das Fort und überraschten die Russen, die in Panik flohen. Wenige Minuten später war die französische Flagge gehisst. Die Stadt Sewastopol, die nach schwerem Beschuss bereits aussah wie nach einem Erdbeben, fiel tags darauf. Der Krimkrieg ging auf sein Ende zu, und keine noch so beschönigende Formulierung konnte die russische Demütigung bemänteln.

In Paris sollten später zwei Straßen nach dem großen Triumph benannt werden: der Boulevard de Sébastopol und die Avenue de Malakoff (wo sich Alfred Nobel zwanzig Jahre später ein Haus kaufte).

Auch in der Fabrik Nobel & Söhne in Sankt Petersburg begann das richtige Elend im September 1855. Die Klagen des russischen Militärs über die Nobel-Minen wollten kein Ende nehmen. Nicht genug, dass einige von ihnen kaputtgegangen waren. Diejenigen, die noch unversehrt waren, schienen auch nicht zu funktionieren, weil das Schwarzpulver in ihnen nass geworden war. Nach und nach zeigte sich, dass von zweihundertsechzig Minen bei zweihunderteinunddreißig das Pulver durchnässt war.

Gleichzeitig brach unter den Gießern und Kupferschmieden, die die Nobels unter großen Mühen aus Preußen hatten rekrutieren können, ein kleinerer Aufstand aus. Die Preußen erschienen nicht zur Arbeit, redeten grob und lehnten sich gegen alle Regeln auf. Einmal musste Immanuel sogar die Polizei rufen, um einen der schlimmsten Streithähne rauszuwerfen.

Schon aus diesem Grund war die Endproduktion der Dampfmotoren in Gefahr. Doch es sollte noch schlimmer kommen. Eines Nachts Mitte Oktober brach in der Gießerei von Nobel & Söhne ein größerer Brand aus. Sämtliche Arbeit musste eingestellt werden, weil der neue Dampfhammer teilweise Opfer der Flammen geworden war. Es würde mindestens drei Monate dauern, ihn wieder zu reparieren.

Ludvig Nobel fing an, darüber nachzudenken, ob nicht die Nachteile der Pioniereinsätze des Vaters bei Weitem die Vorteile überwogen. »Neue Erfindungen sind sicherlich äußerst nützlich für das Land, doch nur wenige haben dabei ernten können«, schrieb er um diese Zeit in einem Brief. »Will man Geld verdienen, muss man sich an Dinge halten, die bereits machbar sind, [...] solche Dinge produzieren, die bereits in Mengen benutzt werden und bei deren Absatz man sich sicher sein kann.«

Alfred Nobel scheint den Rückschlägen für die Familie damit begegnet zu sein, dass er den Takt erhöhte. Das bedeutete, früh aufzustehen und spät ins Bett zu gehen, und den meisten in seiner Umgebung fiel es schwer, da mitzuhalten. Die Brüder begannen, sich über seinen extremen Arbeitstakt Sorgen zu machen, denn es war offensichtlich, dass Alfreds zerbrechliche Gesundheit dabei Schaden nahm.

Dann am Mittwoch, dem 28. November, kam alles zum Erliegen. An jenem Mittwoch, dem 28. November 1855, legte sich pechschwarze Winternacht über sie alle, und für Mutter Andrietta sollte es auch nie wieder richtig hell werden. An diesem Tag starb der jüngste Sohn, der zehnjährige Rolf Nobel. Das ist alles, was wir wissen. Eine Krankheit wird in den Briefen nicht erwähnt, ebenso wenig wie ein Unglücksfall. Nur grenzenlose Trauer.

Immanuel würde bald fünfundfünfzig Jahre alt werden und war jetzt, wie er es ausdrückte, »auf dem Kopf weiß wie eine Taube«. Zu Weihnachten schrieb er an den Schwager über die tiefe Verzweiflung seiner geliebten Andrietta. Sie habe sich langsam ein wenig erholt, doch über den Verlust eines Kindes hinwegzukommen sei schwer, wenn nicht unmöglich. Immanuel beruhigte aber Andriettas Bruder damit, dass sie allem zum Trotz schöner denn je sei.

*

Die verbleibende Zeit der Eheleute Nobel in Sankt Petersburg war arm an Sternstunden. Russlands Kapitulation und der Friedensvertrag von Paris im März 1856 gehörten, was den Familienbetrieb betraf, nicht dazu. Zar Alexander II. hatte die gewaltige Militärbürokratie umgebaut. Familie Nobel traf jetzt auf neue, unbekannte Beamte, die von keinen Versprechen aus alten Verträgen wussten. Warum sollte man teure Dampfmotoren bei einer Sankt Petersburger Firma bestellen, wenn der Frieden es doch möglich machte, wieder im Ausland einzukaufen?

Gleichzeitig gingen bei den Behörden immer mehr Klagen der Nachbarn über die lauten Hammerschläge aus Nobels Fabrik ein. Der neue Dampfhammer brachte das Viertel zum Erbeben, wurde behauptet, was sowohl die Häuser als auch die Gesundheit der Nachbarn bedrohte.

Wenn es den Nobels früher kaum möglich gewesen war, all die staatlichen Aufträge auszuführen, war ihnen nun das zweifelhafte Vergnügen gegönnt zu erleben, wie die Order völlig ausblieben. Sie waren schockiert. Die Familie hatte alles darauf gesetzt. Sie waren dem Zaren in einer akuten Situation zu Hilfe gekommen, mit dem Versprechen über fortlaufende Bestellungen als einzige Sicherheit. Sie hatten die Fabrik ausgebaut, tausend Menschen eingestellt und teure Maschinen angeschafft. Die Motoren, die sie dann schließlich lieferten, bekamen überdies bei den Kontrollen höchste Bewertungen.

Aber was half es? Vom Marineministerium kam jetzt nur noch Schweigen. Das Geld rann der Firma Nobel & Söhne förmlich aus der Kasse, und bald wurden auch die aufgenommenen Hypotheken und Kredite fällig, und nicht zuletzt der ehemalige Kompagnon Ogarjow meldete Ansprüche an. Die Sorgen wuchsen zuhauf. Im August 1856 reisten Immanuel, Andrietta und der jüngste Sohn Emil nach Schweden, um zu Hause beim Schwager und Bruder Ludvig Ahlsell neue Kräfte zu schöpfen. Sie blieben mehrere Wochen, und Immanuel schaffte es, darüber nachzudenken, als Notlösung das Loch in der Kasse mit Exporten von Dingen wie russischen Kalbssteaks, Puten, Auerhähnen und Feldhühnern nach Schweden zu füllen.

Nach einer besonders stürmischen und schwierigen Überfahrt über die Ostsee kehrten sie im September mit zittrigen Knien zurück. Die

Situation hatte sich kaum aufgehellt, im Gegenteil. Die Firma Nobel & Söhne ersuchte beim Finanzministerium um einen dringenden Notkredit, bekam aber nur ein Drittel davon bewilligt. Irgendwelche neuen Aufträge waren immer noch nicht in Sicht, und die alten waren bald abgearbeitet. Im Oktober stand die Arbeit in der gewaltigen Fabrik fast still. Gleichzeitig kamen ihnen Gerüchte zu Ohren, die Regierung hätte einen größeren Auftrag ins Ausland vergeben.

Die Nobels machten den Ernst ihrer Situation nun in einem Brief an das Marineministerium deutlich. Der Vertrauensbruch drohte der Familie Nobel die Existenzgrundlage zu entziehen. Immanuel erinnerte an die Versprechen in der zu Beginn des Krieges verschickten Auflistung. Ohne Kredit und ohne die versprochenen Aufträge gab es für die große Fabrik, in die sie 700 000 Rubel investiert und die sie auf Begehren der Regierung errichtet hatten, nur eine Lösung: Konkurs!

»Es wäre nur natürlich, wenn die Anstrengungen, eine völlig neue Industrie aufzubauen, in jedem Fall mit Privilegien vergolten würden, die den Mühen entsprechen«, erklärte Immanuel Nobel in einem persönlichen Folgebrief ebenso säuerlich wie verzweifelt. »Im Moment macht die Fabrik jeden Monat 30 000 Rubel Verlust [...] Ich werde mich bald gezwungen sehen, alle meine Arbeiter zu entlassen und das gesamte Unternehmen zu verkaufen, zu welchem Preis auch immer.«

Immanuel ließ nichts unversucht. Zweimal schrieb er direkt an den Großfürsten Konstantin, Alexanders II. jüngeren Bruder, und bat ihn, mit dem Zaren zu sprechen. Damit die Nobels die Situation bereinigen könnten, wäre ein Kredit von 300 000 Rubel nötig. Die Antwort des Großfürsten lautete schnell und knapp: »Aufgrund der ungeheuren Zuwendung, die bereits bewilligt worden ist, kann ich darum nicht bitten.«

Die abschlägige Antwort des Großfürsten blieb scheinbar in der Bürokratie hängen, denn im Januar 1857 hatte Immanuel Nobel immer noch keinen klaren Bescheid erhalten. Da ging er direkt zur Sache und machte in einem Schreiben klar, dass die Versprechungen der Regierung über fortlaufende Aufträge als bindend betrachtet werden müssten. Die Frage sei deshalb nicht ob, sondern nur wann sie kommen würden und in welchem Umfang, meinte Immanuel. »Ich muss das wissen, um entscheiden zu können, ob die Fabrik weiterbetrieben oder geschlossen werden soll«, schrieb er.

Daraufhin kam der Bescheid. Das Marineministerium antwortete, dass sein Anspruch auf Sonderbehandlung jeder Grundlage entbehre, dass die Auflistung, von der er immer reden würde, keineswegs nur an ihn geschickt worden sei und dass die russische Regierung niemals etwas anderes versprochen habe, als »das Beste und das Billigste« zu kaufen. Nobel & Söhne sei ganz einfach nicht mehr am besten und am billigsten.

Aber, fügte das Ministerium als freundliche Geste hinzu: Nobel sei trotz allem der Erste gewesen, der nach dem Aufruf der Regierung bei der Kriegserklärung 1853 sofort Einsatz gezeigt habe. Wenn er sich nun gezwungen sähe, die Fabrik stillzulegen, dann würde das Ministerium ihm unter die Arme greifen und all sein Werkzeug aufkaufen. Das könne jetzt ja für andere Lieferanten von Nutzen sein.

Der Bescheid war ein Schlag für Immanuel Nobel; es »hätte mich beinahe das wenige meiner Lebenskraft, das ich noch besaß, gekostet«, wie er es später formulierte. Der Schock lähmte ihn auf ganzer Linie. Er wurde in »einen vollkommenen Erschlaffungszustand« versetzt, der drei Monate währte.

*

Im modernen Sprachgebrauch würde man wohl sagen, dass Immanuel Nobel einen Zusammenbruch hatte oder möglicherweise von einer Erschöpfungsdepression befallen wurde. Das war in höchstem Maße verständlich, aber, wie so oft, nicht sonderlich günstig. Die Krise war akut. Wenn Nobel & Söhne überleben sollte, dann nur durch außergewöhnliche Arbeitseinsätze.

Ich grübele darüber nach, was wohl die Familie dachte. Wie sollten sie den Hals aus der Schlinge ziehen, wenn der vornehmste Vertreter der Firma außer Gefecht war? Es sah den Nobels nicht ähnlich, einfach aufzugeben.

Im Marinehistorischen Archiv von Sankt Petersburg taucht zwischen ein paar Dokumenten, bei denen es um den Umbau eines Eisenzauns auf Kronstadt geht, die Andeutung einer Antwort auf. Immanuel schaffte es, sich so weit zu fassen, dass er eine Vollmacht schreiben konnte. Sie ist auf den 12. Februar 1857 datiert und gilt für den dritten Sohn Alfred Nobel. Geschrieben ist sie auf Russisch, und sie lautet wie folgt:

Mein geliebter Sohn Alfred Emanuilowitsch! Da meine Geschäfte so umfangreich sind, erteile ich Euch eine Vollmacht, sowohl während meiner Abwesenheit als auch während meines Aufenthalts hier in St. Petersburg, in meinen Angelegenheiten zu walten und zu entscheiden, und zwar überall, wo ich selbst das gesetzliche Recht dazu besitze, zu repräsentieren, Pfand und Geld zu empfangen und zu gewähren, staatliche Bestellungen und private Aufträge entgegenzunehmen, Bedingungen und Verträge in meinem Namen (---) zu beschließen, durch Einkauf und andere Arten von Geschäften bewegliches Eigentum und Immobilien überall zu kaufen oder zu erwerben, wo es Euch behagt, sowie diese zu veräußern (---). Insgesamt bis zum 1. Februar 1858 so zu handeln, wie Ihr es als nützlich für meine Interessen anseht. Alles, was Ihr von diesem Datum an und bis zu dem oben genannten Datum auf gesetzliche Weise tut, werde ich so anerkennen, als wäre es von mir selbst erwirkt, und werde nicht dagegen agieren oder handeln.

Allzeit in Wohlwollen
Für Euch
Euer Vater
Emanuil Nobel, Kaufmann der Ersten Gilde von St. Petersburg

Aus dem Dokument geht hervor, dass es Ludvig war, der dem Vater bei der Formulierung der Vollmacht geholfen hat. Ich sehe in meinen Notizen, dass die älteren Brüder in diesem Frühjahr immer wieder verreist waren. Das bedeutete, dass der dreiundzwanzigjährige Alfred Nobel das verbindende Glied war, in der Praxis der Geschäftsführer des Unternehmens, und das in der kritischsten Zeit für den Familienbetrieb. Welche unglaubliche Verantwortung auf den jungen, schwachen Schultern.

*

Ludvig Nobel erkannte, wie der Druck an seinem jüngeren Bruder zehrte, sodass er schließlich wirklich beunruhigt war. Ehe er selbst Petersburg verließ, schrieb er an Robert und bat ihn, so schnell wie möglich von seiner Reise zurückzukehren. Alfred »arbeitet und überanstrengt sich, und das greift ihn derart an, dass ich wirklich in größter Sorge um ihn bin. Seine alten Beschwerden kehren allzu oft zurück, und das schwächt ihn ungeheuer, ebenso der Magen, der immer wieder verstopft und in Unordnung ist.«

Die an Alfred gestellten Anforderungen wurden nicht gerade dadurch erleichtert, dass der verzweifelte Vater der Brüder sich bei den meisten Stellen mit seinen ständigen Ausfällen und Beschuldigungen unmöglich gemacht hatte. In den Ministerien wurde unzählige Male über Immanuels anstrengendes Wesen und seine quälenden Vorwürfe gestöhnt. Ein Staatssekretär sollte später sagen, dass Immanuels Handeln und seine Ausdrucksweise von der Art seien, dass das betroffene Ministerium nicht »ohne seine Würde zu verlieren überhaupt irgendein Geschäft mit ihm« eingehen konnte.

Im Mai 1857 schrieb ein resignierter Alfred mehrere Briefe an Robert und klagte darüber, dass der Vater mit seinen »Problemen und Einwänden« einen weiteren vielversprechenden Regierungsauftrag »verdorben« habe. Andere Arbeiten in Auftrag zu bekommen war aus Alfreds Sicht nunmehr ebenso wahrscheinlich, wie dass einem »gebratene Tauben direkt in den Mund fliegen«. Wieder und wieder flehte er den ältesten Bruder an, nicht zu lange fortzubleiben, vor allem da man mit dem Bruder Ludvig offenbar nicht voll und ganz rechnen konnte. Auch Ludvigs Gesundheit schwächelte, und darüber hinaus fand Alfred, dass ihm »die Fähigkeit, die Leute anzutreiben« fehle.

Soweit bekannt, sind Roberts Briefe aus jenem Frühjahr nicht erhalten. Aus Alfreds Klage ist abzulesen, dass der Bruder entweder kurz und geschäftsmäßig oder gar nicht geantwortet hat. Man ahnt eine Konkurrenz. War es den älteren Brüdern vielleicht nicht sonderlich angenehm, dass der junge Alfred den Taktstock über sie schwang?

Glücklicherweise erholte sich Immanuel nach und nach, wenn auch offenbar nicht von seiner seelischen Stimmung her. Nobel & Söhne versuchte, die Situation zu retten, indem man sich dem privaten Sektor zuwandte, und es gelang auch, ein paar Aufträge zu ergattern, die den Absturz zwischenzeitlich stoppten. Dazu gehörte eine Lieferung Dampfmotoren für die zwanzig Linienschiffe, die auf der Wolga und dem Kaspischen Meer pendelten. Als Sankt Petersburg einen regelmäßigen Dampfschiffverkehr auf Newa und Newka eröffnete, hatte das Familienunternehmen Nobel die Boote gebaut.

Alfred hatte auch sein Glück mit eigenen Erfindungen probiert. Im September 1857 erhielt er sein erstes Patent auf einen »Gasmessapparat«, der doch keinen größeren Eindruck hinterlassen zu haben scheint, weder auf dem Markt noch bei Alfred persönlich. Er fuhr fort, einen Apparat zu entwickeln, der Flüssigkeiten maß, sowie ein portables Barometer. Es gibt auch Informationen, dass er nach Paris und London geschickt worden ist, um Investoren für Nobel & Söhne zu gewinnen. Doch keiner der Bankiers biss an. Kein Projekt schien geeignet.

Als Ludvig Nobel und seine Mina endlich am 7. Oktober 1858 in Stockholm getraut wurden, waren die Tage für Nobel & Söhne definitiv gezählt. Im Jahr darauf musste das Familienunternehmen Konkurs anmelden, und Immanuel und Andrietta sahen keine andere Möglichkeit, als den Umzug zurück nach Schweden zu planen.

Sie blieben den Sommer über noch in Petersburg, lange genug, um die Geburt des ersten Enkelkindes zu erleben. Ludvig und Mina, die sich in Sankt Petersburg niedergelassen hatten, ehrten den Vater damit, dass sie ihren Sohn Emanuel nannten. Das Neugeborene scheint in der ersten Zeit wie eine zerbrechliche Porzellanpuppe behandelt worden zu sein. Ludvig wusste, was es hieß, im ungesunden Klima der sumpfigen Stadt ein Kind in die Welt zu setzen. Den Familienerzählungen zufolge wurde der kleine Emanuel in Baumwolle gebettet, in Bouillon gebadet und »in einer Zigarrenkiste auf den Kachelofen« gelegt.

Die Konkursverwalter erteilten dem frischgebackenen Vater, dem achtundzwanzigjährigen Ludvig Nobel, die Aufgabe, die Fabrik während der Liquidation zu verwalten. Robert blieb und half ihm, und das tat auch Alfred, der allerdings im Sommer 1859 so krank gewesen sein soll, dass zumindest Immanuel unsicher war, ob er überleben würde.

Immanuels zwanzig Jahre in Russland gingen nun langsam ihrem Ende zu. Dann jedoch scheint die Entscheidung abzureisen recht eilig getroffen worden zu sein. Der bald sechsundzwanzigjährige, eben noch todkrank geglaubte Alfred fühlte sich in seinem Krankenbett allein gelassen. War die Liebe des Vaters nicht größer als das? War der Vater so ängstlich?

Immanuel, Andrietta und der nun sechzehnjährige Bruder Emil verließen Sankt Petersburg für immer. Sie taten es schweren Herzens. Von ihren acht Kindern war jetzt nur noch die Hälfte am Leben. Von den Kindern, die in Sankt Petersburg geboren worden waren, lebte nur noch Emil.

So kehrte ein trauriger Immanuel Nobel im Herbst 1859 nach Schweden zurück, von der Konkurrenz verdrängt, lächerlich gemacht und wieder einmal ruiniert. Er war achtundfünfzig Jahre alt, Andrietta würde sechsundfünfzig werden. Am Neujahrsabend würde Ludvig in Sankt Petersburg das erste Schreiben im Liquidationsprozess unterzeichnen. Danach versammelten sich drei traurige Brüder im Haus der Eltern am Ufer der Großen Newka, aßen Haferbrei und tranken ein Glas Champagner, mit dem sie auf alle Abwesenden anstießen.

Sie waren an den Rand der Gesellschaft gedrängt worden, weigerten sich aber stur, ihr Unglück als den natürlichen Untergang des Schwächeren im Kampf ums Überleben zu betrachten. Sie hatten noch keine Zeit gehabt, das neue Buch zu diesem Thema, über das alle gerade redeten, zu lesen. Die Familie Nobel würde zurückkommen.

Das Buch, von dem alle sprachen, war das 1859 gerade erschienene *Die Entstehung der Arten* des britischen Biologen Charles Darwin. Es handelte vom Tierreich, doch Darwins Theorie über die Evolution und die »natürliche Auslese« sollte das Denken der Menschen auf mehr als nur diesem Gebiet revolutionieren. Dieser Bestseller wurde das wichtigste wissenschaftliche Werk des 19. Jahrhunderts und war ein klarer Angriff auf die Schöpfungserzählung. Alfred Nobel sollte rasch in diesen Darwin-Trubel der Gesellschaft hineingezogen werden.

Die natürliche Auslese war nach Darwins Evolutionstheorie die alles entscheidende Triebkraft in der Entwicklung der Arten. Darwin beschrieb sie als einen Kampf ums Überleben, in dem immer die am besten Geeigneten den Sieg davontrugen. Auf diese Weise wurden schwächere Eigenschaften kontinuierlich ausgesondert und die Art entwickelt.

Darwin wies darauf hin, dass der Kampf ums Überleben innerhalb der Arten heftiger war als zwischen ihnen. Die natürliche Auslese wurde immer zwischen Wesen, die unter denselben Bedingungen lebten, am heftigsten ausgetragen.

*

Als Immanuel und Andrietta Petersburg verließen, übernahmen Ludvig und Mina zeitweilig das Haus an der Großen Newka. Minas Schwester Lotten, die im Jahr zuvor mit ihr aus Stockholm gekommen war, wohnte auch bei ihnen. Aber die Junggesellen Robert, dreißig, und Alfred, sechsundzwanzig, mieteten sich jetzt bei einem Geschäftsfreund in eine Vierzimmerwohnung mit Küche ein, die nicht weit von der ersten Behausung der Familie auf der anderen Seite der Newa lag.

Eine zweischneidige Angelegenheit.

Die Brüder waren nicht so pleite, dass sie sich nicht einen Bediensteten, Stepan, leisten konnten. Anfänglich gingen sie auch regelmäßig gemeinsam in der Stadt in die Sauna und tranken »Met« (wobei es sich wahrscheinlich um Kwas handelte, eine Art Brottrunk). Ansonsten schien, wenn man sich Roberts Kassenbücher aus jener Zeit anschaut, der Raum für Vergnügungen eher begrenzt gewesen zu sein. Robert gönnte sich ein paar Tabakblätter, »Papirossa« (russische Zigaretten) und »Havanna-Zigarren«. Ab und zu kam mal Kaviar vor ebenso wie vereinzelte Bälle oder Besuche von Musikcafés (»caffè chantant«). Was Alfred betrifft, so scheint ein Großteil des Geldes für Arztbesuche, Behandlungen und besondere Ernährung aufgewandt worden zu sein. Er kaufte Blutegel, Fliedertee, Rhabarberwurzel und Bitterwasser zum Gurgeln. Ein »Doktor Bartsch« berechnete fünfundzwanzig (!) Besuche.

Die Stimmung zwischen den beiden Brüdern muss angespannt gewesen sein. Grund dafür war ein süßes neunzehnjähriges Mädchen aus Helsinki, Pauline Lenngren, die Tochter eines reichen Ziegelsteinfabrikanten und Immobilienbesitzers, der Immanuel Nobels allererste Abenteuer in Russland finanziert hatte und seither zum engeren Freundeskreis der Familie gehörte.

Die Umstände sind nicht ganz klar. Auf jeden Fall war Pauline im August 1859 zu Besuch in Sankt Petersburg. Vielleicht spielte sich das Drama während ihrer Abschiedsvisiten bei Immanuel und Andrietta ab, möglicherweise geschah es auch eher in Ludvigs und Minas Haushalt, wo die Tür wahrscheinlich auch für Robert und Alfred offen stand.

Am Montag, dem 29. August, hatte sich jedenfalls etwas ereignet, das Robert bis vier Uhr in der Frühe sitzen und einen Brief an Pauline schreiben ließ. Dieses »Etwas« war, dass Alfred um ein Gespräch mit Pauline gebeten hatte, welches am Dienstag stattfinden sollte. Aus dem Brief geht hervor, dass Pauline bis dahin Alfreds Kontaktversuche nicht abgewiesen hatte, sondern dass sie ihn sogar ermutigt haben könnte oder zumindest ihr Verhalten so interpretiert worden war. Wir wissen auch, dass die beiden das Thema Liebe zur Sprache gebracht hatten.

Robert war verzweifelt, als ihm dies klar wurde, hatte er doch eigene Pläne, was Pauline anging. Im letzten Moment hatte er der neunzehnjährigen Finnlandschwedin erklärt, dass Alfred mit seinem Interesse nicht allein war. Diese Erkenntnis hatte die junge Pauline sowohl berührt als auch verwirrt. Jetzt wollte Robert ihr helfen, seinem Bruder Alfred einen Korb zu geben, am besten gleich in dem für Dienstag geplanten Gespräch.

In dem Brief, den er in jener Nacht schrieb, ging er so weit, ihr Antworten zu diktieren und Gefühlsausdrücke vorzuschreiben. Pauline sollte froh aussehen, fand Robert, aber Alfred doch klarmachen, dass dieses Gespräch das letzte sein würde und sie den Fehler begangen hätte, ihm gegenüber nicht aufrichtig gewesen zu sein. Der Fortgang des Gesprächs könnte so klingen, schlug Robert vor: »Ich hätte sofort sagen sollen, dass ich Ihren Bruder oder einen anderen liebe, aber man hatte mir eine solche Furcht vor Ihrem schweren Gemüt und Ihrer Melancholie, die immer Ihre Gesundheit untergraben hat, eingejagt, dass mir die Courage mangelte, Ihnen die Wahrheit zu sagen.«

Nach Roberts Regie sollte Pauline danach Alfred erklären, etwas sei geschehen. Sie dürfe nicht sagen, was. Sie sollte nur erzählen, sie habe jetzt den Mut gefunden, Alfred die Wahrheit zu sagen, um auf diese Weise zu vermeiden, »für mein ganzes Leben zu einem unglücklichen Opfer zu werden, ohne Sie doch glücklich machen zu können«.

Robert schrieb sich ordentlich in Rage. Danach empfahl er Pauline eine Folgeantwort, von der er natürlich wusste, dass sie den Bruder wie ein Messerstich treffen würde. Folgendes sollte sie sagen: »Ich habe niemals auch nur die kleinste Liebe für Sie empfunden, und Sie würden sie auch nie erwerben können, weil wir nicht zueinander passen [...] Noch ehe ich Sie kennenlernte, liebte ich schon Robert, und ich wusste und weiß, dass er auch mich liebt.«

Hier hielt Robert inne. Sollte er Alfred vielleicht doch eine Handlungsalternative bieten? Er musste alles in eine letzte Antwort aus Paulines Mund legen: »Da die Vorsehung uns nun davor bewahrt hat, unglücklich zu werden, würde ich Herrn Alfred gern einen guten Rat geben […]: sich so schnell wie möglich mit einem schönen Mädchen von fröhlicher Gesinnung zu verheiraten, zum Beispiel Lotten. Sie wird Sie glücklich machen, das glaube ich sicher.«

Robert beendete seinen Brief mit der Bitte an Pauline, doch »ein paar Zeilen« zu schreiben, wie es gelaufen war, und ihm die beim Abendessen zu geben. In einem PS fügte er hinzu, wenn sie nicht wagte, seinen Vorschlägen zu folgen, wäre die beste Lösung, das Gespräch mit Alfred ganz zu vermeiden.

Pauline war erst neunzehn Jahre alt und weit weg von zu Hause. Vieles spricht dafür, dass sie die letztere Alternative wählte. Was sie empfand und wie sie sich damit fühlte, dass plötzlich alles so schnell ging, bleibt im Dunkel. Doch Robert bekam sein Ja.

Fünf Tage später hatte Robert sich die Zustimmung von Vater Carl Lenngren eingeholt und mit demselben Anliegen an Paulines Mutter geschrieben. Er bat Pauline, Alfred nichts von seinem Heiratsantrag zu erzählen, noch nicht, sondern ihm nur »… so gut die kalte Schulter zu zeigen, wie Du kannst; das ist die beste Art, ihn zu Verstand zu bringen«.

*

Alfred versank in seinen Büchern. Die europäische Literatur befand sich in deutlicher Bewegung weg von der schwülstigen Hochromantik zu Realismus und Gesellschaftskritik. In Großbritannien hatten Charles Dickens' zuvor erschienene Schilderungen des sozialen Elends in Schriftstellerinnen wie Mary Ann Evans, bekannt unter dem männlichen Pseudonym George Eliot, radikale Nachfolgerinnen. In Frankreich gab es den hochproduktiven Honoré de Balzac, der unter anderem in dem Erfolgsroman *Le Père Goriot* [dt.: *Vater Goriot*] die Wirklichkeit in all ihren scharfkantigen Details geschildert hatte. Fast ebenso früh mit ihrem Realismus war Aurore Dupin, die unter dem männlichen Pseudonym George Sand schrieb. Ende der 1850er-Jahre erfolgte Gustave Flauberts Durchbruch mit dem kontrovers beurteilten

Roman *Madame Bovary*, und sogar die Hauptfigur der französischen Hochromantik, Victor Hugo, sollte sich in diese Richtung bewegen.

Später einmal würde Alfred Nobel für seine Bibliothek Bücher von nahezu allen diesen Autoren anschaffen, doch bis dahin hielt der Sechsundzwanzigjährige streng an den alten Romantikern fest. Anfang des 21. Jahrhunderts ging der Bibliothekar der Schwedischen Akademie, Åke Erlandsson, sämtliche fast zweitausend Bücher von Alfred Nobels Bibliothek durch. Unter anderem versuchte er herauszufinden, was Alfred während seiner letzten Russland-Jahre gelesen hatte. Laut Erlandsson verschlang Alfred damals seine Lieblingsschriftsteller wie Shakespeare, Lord Byron oder Shelley aus einer in Sankt Petersburg erstandenen Sammelausgabe mit britischen Schriftstellern. Zu der Serie gehörten auch *Ivanhoe* und vierzehn weitere Werke von Walter Scott. Laut Erlandsson suchte Alfred seine Bücher nach »Gedankenstoff, Formulierungskunst und poetischem Glanz« aus.

Mit den russischen Büchern musste Alfred ziemlich kämpfen, wenn man die vielen Unterstreichungen und übersetzten Vokabeln am Rand betrachtet. Er besaß Puschkins gesammelte Werke in sechs Bänden und arbeitete sich zum Beispiel mit dem Stift in der Hand durch *Eugen Onegin*. Sein Exemplar der Elegien und Balladen des russischen Dichters Zukowski von 1849 ist zerlesen und sein Russisch-Französisch-Deutsch-Englisch-Lexikon von 1845 viel benutzt. (Es wird behauptet, er habe sich Französisch beigebracht, indem er Voltaire ins Schwedische und dann wieder zurück ins Französische übersetzt habe.)

Das Regime Alexanders II. hatte nicht zuletzt für die russischen Schriftsteller ein milderes Klima mit sich gebracht. Aufständische wurden begnadigt. Die Zensur wurde gelockert. Mehr Menschen wagten, gesellschaftskritisch zu sein. Fjodor Dostojewski, der bereits 1854 aus der Gefangenschaft in Sibirien freigelassen worden war, kehrte genau 1859 nach Sankt Petersburg zurück. Er hatte wieder begonnen zu schreiben, und im Jahr darauf sollte er die ersten Teile der Serie, die dann später zum Roman *Verbrechen und Strafe* wurde, publizieren. Auch Lew Tolstoi war in den Jahren nach dem Krimkrieg in der Hauptstadt unterwegs, doch sollte es noch zehn Jahre dauern, bis sein nächstes großes Werk *Krieg und Frieden* in den Buchhandlungen stand.

Im Jahr 1859 waren es vor allem zwei neu veröffentlichte russische Romane, die Aufmerksamkeit erregten: Iwan Gontscharows *Oblomow* (über einen tagträumerischen reichen Jüngling, der die Tage im Bett verbringt und nichts zustande bringt) und *Das Adelsnest* (über das traurige Liebesleben eines betrogenen Adelsmanns) des international berühmten Iwan Turgenjew. Alfred Nobel kaufte Turgenjew.

*

Der große Bruder Robert konnte es nicht lassen, sich über Alfreds literarische und sprachliche Freizeitinteressen lustig zu machen, vor allem nicht, als er entdeckte, dass Alfred den Teestunden ferngeblieben war, um nachmittags Englischunterricht zu nehmen. Er hörte Alfred etwas darüber sagen, dass er »der Einzige in der Familie sein würde, der einmal reich heiraten würde«. Der Groschen fiel, als Robert erkannte, dass der Englischkurs auch Damen anlockte. Als er Alfred danach fragte, berichtete dieser stolz, die angetroffenen Damen seien von seinen Fortschritten und von all den Gedichten, die er ihnen zu Ehren schrieb, sehr beeindruckt.

»Der arme Alfred!«, schrieb Robert kurz vor Weihnachten 1859 an seine Verlobte Pauline, die nach Helsinki zurückgekehrt war. »Er ist bereit, Tag und Nacht für ein paar schmalzige Phrasen, die seiner Eitelkeit schmeicheln, zu arbeiten [...] In der letzten Zeit habe ich ihn allerdings nicht mehr von der reichen Heirat reden hören, was mich glauben lässt, dass sich die Mädchen doch nicht so leicht fangen lassen wie seine Eitelkeit.«

Als Robert das nächste Mal die Englischstudien des Bruders und seine literarischen Bemühungen Pauline gegenüber erwähnte, berichtete er, Alfred habe gesagt, er würde das tun, um »notfalls für seine Dichtung berühmt werden zu können«.

Nach Roberts und Paulines Verlobung bekam der jüngere Bruder noch mehr Zeit für die Poesie, denn da zog Robert in eine Wohnung ein Stockwerk tiefer und begann, sich auf die Hochzeit vorzubereiten, kaufte Seidendecken und einen Pelz für seine zukünftige Frau.

Alfred wanderte allein durch Sankt Petersburg und schrieb in seiner Kammer Gedichte. Eines der Werke, das er nicht aus Schamgefühl vernichtete, umfasste am Ende einundfünfzig handgeschriebene Seiten und fast tausend Verszeilen voller Streichungen und Korrekturen. Das Gedicht trug den Titel »Canto« und muss in dieser Zeit begonnen worden sein. An »Canto« sollte Alfred viele Jahre schreiben. Es ist wie ein langes episches Gedicht angelegt, im Stil der Werke von Dichtern, die er verehrte, wie Shelley oder Byron.

In diesen Jahren pflegte das Dichter-Ich Alfred Nobel zu einer Brücke in Sankt Petersburg zu spazieren, sich an das Geländer zu lehnen und in die dunklen Wasser der gewaltigen Newa zu starren. Am liebsten ging er nachts dorthin und spürte, wie die Ruhe der Stadt sich wie Balsam in seiner gequälten Seele ausbreitete. »Die Zitadelle Petersberg steht streng und drohend dort; und das Silberlicht des Mondes verleiht den Granitmauern eine gespenstische Nuance, die der stärksten Brust ein Beben einjagt […] Die taktfesten Schritte des Wachpostens, das ersterbende Echo einer entfernten Stimme und der wimmernde Laut eines vorbeiwischenden Windes.« Alfred sah sich um und betrachtete mit Abscheu die Wohnungen der Mächtigen: »Vor mir erhebt sich der Palast des Zaren, vor mir liegen die Kais: Der Winterpalast, eine Schule für Speichellecker und Prostituierte, sogenannte Kurtisanen, Hofdamen und dergleichen.«

Zwar hatte Alfred das mildere Regiment von Alexander II. geschätzt, doch nach diesem Gedicht zu urteilen empfand er Verzweiflung über die Behandlung seines Vaters und des Familienunternehmens durch die Zarenfamilie. Er tobte innerlich, wenn er an das gewaltige Unrecht dachte, das seinen »alternden Vater« so schwer getroffen hatte. »Noch schlimmer war es, dass ein ehrenhafter Name gebrandmarkt wurde. Aber die Zeit wird die Flecken von diesem Namen waschen, wird die Gerechten reinwaschen und den Schuldigen erröten lassen.«

Von Romantik und philosophischem Idealismus erfüllt, suchte Alfred einen höheren Sinn im Leben. Er war das oberflächliche, falsche Spiel der Menschen und ihre sinnlose Jagd nach Titeln und Reichtümern leid. »Ich kann die Maske des Egoismus wegreißen, sei sie auch als Freundschaft verkleidet, erkenne die Fäulnis hinter Schöntuerei und Schminke, die Unzucht hinter geheuchelter Keuschheit, die Niedrigkeit in einem geehrten Leben.«

Die Wahrheit und die absolute Schönheit, so meinte Alfred, gab es stattdessen im Land der Idee, in der Fantasie und den Träumen, den Gedanken und Gefühlen. Es gab sie in der Liebe, hätte Alfred sicherlich schreiben mögen, wenn er sich nicht so zurückgewiesen, verbrannt und verletzt gefühlt hätte. »Wo gibt es schon Sympathie für mich? […] Ich kann die Kammern des Herzens nicht schließen und meine Sinne in erniedrigenden Vergnügungen ertränken. Ich kann meinen klaren Sinn nicht verdecken und mir einbilden, in jeder zukünftigen Dirne eine Jungfrau zu sehen. […] Nein, obwohl mein Herz von der zärtlicheren Art ist und nach Liebe verlangt wie Hunger nach Essen, kann ich mich doch nicht herablassen, solche Dinge zu schätzen.«

Alfred Nobel war für die Prostitution auf den Straßen von Sankt Petersburg nicht blind. Sie ekelte ihn an. Im Gedicht schreibt er von einem Mädchen, das die Schulden seiner Mutter mit seinem Körper bezahlen musste. Er schreibt von einer Bettlerin, die ihm auf der Straße begegnete, die, wie sich herausstellte, Tochter eines leibeigenen Bauern war. Der Graf hatte als Zehnt vom Vater ein paar Nächte mit dem süßen Mädchen begehrt. Sie wurde schwanger und war jetzt auf ein Hungerleben auf der Straße angewiesen. Wenn man dem Gedicht glauben kann, dann hat Alfred ihr Essen gegeben und sich ihre Geschichte angehört. An seinem Schreibtisch stellte er dann das Leiden dieser beiden Frauen dem Glück frischvermählter bürgerlicher Paare gegenüber. Wo waren Mitleid und Menschenliebe geblieben?, fragte er sich. »Jede Stadt quillt über vor Elend, das durch Mitgefühl gelindert werden könnte. In der letzten Zeit haben wir eine Reihe von Argumenten gegen das Geben von Almosen gehört, doch gibt es eines, das dafür spricht – das Herz.«

Selbst hatte der bald dreißigjährige Hobbypoet den Glauben daran verloren, dass es für ihn eine erwiderte Liebe geben könnte. Er war zutiefst betrübt, und man kann kaum umhin, in den Gedichtzeilen auch Roberts Verhalten wiederzufinden. »Während ich schreibe, rollt eine Träne, ungebeten, und fällt auf meine Wange, was mir nur sehr selten geschieht: meine Gefühle haben versiegen müssen, um zu dem Egozentriker zu passen, mit dem ich lebe.«

Auf der Suche nach dem höheren Sinn des Lebens wandte sich Alfred an die Poesie, die in seinem hochgestimmten Dichten fast zu einer Religion wächst: »Du [die Poesie] bist der innere Stern, der unsere innere Welt erleuchtet. Dir müssen wir danken für die schönste Freude des Lebens […] Du bist es, die alles hier auf Erden schön macht, der Tag selbst erhält seine Klarheit durch dein Prisma.«

Er bekennt, wie schön er es findet, seine geheimen Träume aufzuschreiben, die erotischen (»gratis küssen« und Frauen »ihre Kleider und ihre Jungfräulichkeit« nehmen) wie auch die mehr geerdeten und handfesten. Er nennt eine Fantasie, die er geschaffen hat, in der es um eine geträumte Zukunft geht. Alfred sah sein älteres Ich in einem einfachen Haus (»mir gefiel der protzige Überfluss der Stadt noch nie«), ein Zuhause, das mehr von Zärtlichkeit als von Gegenständen erfüllt war. In dem Traum hatte er »wenige, aber zuverlässige Freunde«, eine Frau, die »ein Engel« war, und ein Kind, »seiner Mutter schmeichelhaft ähnlich: ebenso himmlisch wie eine knospende Rose«. Aber damit nicht genug. In dieser Fantasie hatte Alfred Nobel auch einen Namen, und zwar keinen ererbten Titel oder eine Position – solch leeres Prahlen verachtete Alfred. In diesem Traum hatte er – und das war wichtig – seinen Namen und seinen Ruf selbst erworben, wie eine »Anerkennung der Begabung«.

Alfred ließ es dabei nicht bewenden. Er wollte seine erträumte hohe Stellung noch mehr präzisieren und fügte dem Gedicht hinzu, der Ruhm solle sich aus einer »Bewunderung vor einer erhöhten Seele«

begründen, eine Bewunderung, die so groß war, dass sie in die Herzen der Menschen eingeschrieben werden sollte, »zum Nutzen der Menschheit«.[8]

Irgendwo da beschleichen Alfred Nobel wohl Zweifel. »Zum Nutzen der Menschheit«?

Dann streicht er genau diese vier Wörter und fährt fort:

»Alles das stand in meiner Gedankenblase: dann zerplatzte sie [...].«

KAPITEL 3

Allmählicher Abschied von Russland

Alfred Nobel scheint den Plan gehabt zu haben, in Russland zu bleiben. In den erhaltenen Briefen aus der Anfangszeit der 1860er-Jahre verwendet er nicht einen einzigen Gedanken darauf, seinen Eltern nach Schweden zu folgen. Da erschien ein Umzug nach Finnland schon wahrscheinlicher. Außerdem war Alfred eher geneigt, sich mit der Eisenfabrikation zu beschäftigen, als den Vater mit seinen Waffen und Sprengstoffen zu unterstützen.

Bis zuletzt lebten die Brüder in der Hoffnung, die große Fabrik von *Nobel & Söhne* in Sankt Petersburg könnte vielleicht doch noch gerettet werden. In den ersten Tagen des Januar 1860 suchte Ludvig den Großfürsten Konstantin persönlich mit einer Bitte um finanzielle Unterstützung auf. Robert und Alfred hatten ihm beim Rechnen geholfen. Nach Meinung der Brüder hatte das Vorgehen des Marineministeriums sie um über 900 000 Rubel gebracht. Dafür verlangten sie nun Schadensersatz vom russischen Staat, entweder in Geld oder in neuen Aufträgen, sodass Nobel & Söhne aus dem Liquidationssumpf herauskommen und weiterbetrieben werden könnte.

Anfänglich erhielten sie auch eine Reihe von positiven Signalen, nicht zuletzt vom Großfürsten selbst. Konstantin teilte seinen Ministerien mit, dass Nobels Ersuchen »wert [sei], bewilligt zu werden«. Leider aber waren die Worte des Großfürsten nicht in Stein gemeißelt. Das Nobel-Ersuchen wurde von der damaligen Mammutbürokratie des zaristischen Russlands verschluckt, und mit jedem Austausch von Schriftstücken wurden die Einwände zahlreicher. Bald eskalierten die Kommentare zu reinen Verhöhnungen. Alte Rechnungen aus dem Streit mit dem cholerischen Immanuel wurden herausgekramt ebenso wie angebliche Schulden. Als dann schließlich die Forderungen der Nobels als »eingebildete Rechte« beiseitegewischt wurden, brachte auch Großfürst Konstantin keine weiteren Einwände dagegen vor.[1]

Die Brüder wurden hingehalten, doch konnte keiner übersehen, wie sich die Stimmung allmählich veränderte. Ludvig, der die Hauptverantwortung trug, stöhnte unter der Bürde der Eingaben. Ein Misserfolg folgte dem anderen. Im März 1861 starb die drei Monate alte Tochter von Ludvig und Mina, und kurz darauf erkrankte Mina schwer an einem »besonders strengen rheumatischen Fieber«. Ludvig war zeitweilig »so niedergeschlagen, dass es mir weh tut, den Armen anzusehen«, schrieb Robert.[2]

Robert und Alfred hatten sich so weit versöhnt, dass Alfred eine Weile nach Roberts und Paulines Verlobung sogar zugeben konnte, es sei schön, vom häuslichen Glück des Bruders zu hören. Es blieb ihm nichts anderes übrig, als zu akzeptieren, dass es Robert war, der Paulines Herz gewonnen hatte. Und die Brüder brauchten einander, nicht zuletzt Robert, der verzweifelt eine Möglichkeit suchte, eigenes Geld zu verdienen, damit er heiraten konnte.[3]

Das war ein steiler Berg. Robert hatte damit begonnen, ein Bugsierboot zur Passagierfähre umzubauen. Doch das Boot wurde mehr und mehr zu einem »Kreuz«, weil er es weder dazu bringen konnte, regelmäßig zu fahren, noch es verkauft bekam. Er versuchte auch, in die Fußstapfen seines Vaters zu treten und auf Wärmesysteme für Häuser auf Wasserbasis zu setzen. Da erinnerte ihn Ludvig an all die Probleme, die sie mit den Rohrleitungen des Vaters gehabt hatten. Diese Technik würde niemals zum »allgemeinen Gebrauch« kommen, stellte Ludvig fest. Ein ums andere Mal musste die Hochzeit aufgeschoben werden, entweder weil es Robert an Geld mangelte oder weil er, wie so oft, ganz einfach krank war.[4]

Sie waren allesamt kränklich und litten schwer unter der Feuchtigkeit in Sankt Petersburg. Die Klagen über Halsschmerzen und Rheumatismus rissen nicht ab. Und das war auch kein Wunder, die Kachelöfen wärmten nie ausreichend, und aus den Briefen geht hervor, dass in der Wohnung, die Alfred und Robert gemeinsam bewohnten, Pilze in den Wänden wuchsen. Mit Fieber im Leib fuhren sie in eiskalten, klapprigen Droschken auf von Schlaglöchern übersäten Straßen herum.

Der Mangel an Geld wird stets und ständig erwähnt, und vor allem Robert befürchtete ernsthaft ein Leben in Armut für sie alle. Trotzdem war es noch nicht so schlimm, dass die beiden nicht im Sommer zusammen eine Datscha anmieten konnten, als der Arzt ihnen eine Luftveränderung verschrieben hatte.

Krampfhaft hielten sie die Hoffnung auf eine rettende Geste vom Marineministerium hoch. Robert meinte, vielversprechende Anzeichen für eine Aufrüstung zu erkennen. Ein neuer Krieg war genau, was die Brüder brauchten. Dann würden die Bestellungen wieder auf das ehemalige Großunternehmen Nobel & Söhne niederregnen.

So geschah es nicht, und im Oktober 1861 kam der finale Schlag. Die kalte Absage vonseiten des russischen Staates war in Ludvigs Augen »niedrig, verschlagen, hinterhältig und auf alle mögliche Weise verdreht – ein echtes Meisterstück russischer Beamtenkunst«.[5]

Sie versuchten zu klagen. Immanuel gelang es in der Zwischenzeit sogar, das schwedische Außenministerium für seine Zwecke einzuspannen. Doch nichts half. Wie Alfred es ausdrückte, war die garstige Wahrheit, dass sie jeder für sich noch mal ganz von vorn anfangen mussten.

Zwischen den Zeilen der Briefe ahnt man ein stillschweigendes Übereinkommen der älteren Brüder Nobel: Wer als Erster Erfolg haben sollte, würde die anderen mitnehmen. Wer eine Niete zog, würde nicht alleingelassen werden.

Der achtundzwanzigjährige Alfred Nobel war wohl der von den Geschwistern, der am besten gerüstet war, als die russische Regierung das Fallbeil heruntersausen ließ. Ludvig hatte es schwerer. Er trug die Hauptverantwortung für die abgewickelte Fabrik, bis ein neuer Besitzer sie übernahm, eine Aufgabe, die ihm schon bald wie ein schwerer »Klotz am Bein« vorkam. An anderen Angeboten hatte es nicht gemangelt, aber Ludvig saß wie angekettet »bis über beide Ohren voll Unbehagen« und war nicht bereit, irgendeines davon anzunehmen.[6]

Zu Weihnachten 1861 heiratete der älteste Bruder Robert endlich seine Pauline. Einige Monate später zog das Paar zu Paulines Familie nach Finnland. Dort wurde Robert zeitweilig in der Ziegelsteinproduktion des Schwiegervaters beschäftigt. Paulines Vater hatte seine Enttäuschung über die vielen missglückten Geschäftsideen des Schwiegersohnes nicht verborgen. Ein zunehmend frustrierter Robert hatte es wieder und wieder versucht. Seine jüngste Idee war es, eine Bierbrauerei aufzumachen.

Alfred hingegen hatte sich erholt und war in ungewöhnlich guter Form. Ludvig freute sich an seiner Energie und beschrieb in seinen Briefen, wie Alfreds Gesundheit sich immer mehr festigte und wie er »mit seinem Vollbart« jetzt »besonders tatkräftig« aussah. Nun trugen alle drei Brüder einen Bart.[7]

Alfred hatte in Finnland ein interessantes Projekt an Land gezogen, einen kleinen Hochofen mit Gießerei und mechanischer Werkstatt auf der Karelischen Landenge, nicht weit vom Ladogasee entfernt. Die Sumpula-Hütte, wie es hieß, produzierte Roheisen und Eisenwaren aus Sumpfeisenerz. Die Hütte war nicht gerade wegweisend, was das technische Niveau anging, und hatte einige schwierige Jahre hinter sich. Jetzt kämpfte der Besitzer, der knapp vierzigjährige Kapitän Alexander Fock, darum, aufzurüsten und die Produktion zu modernisieren. Der Beschluss, Alfred Nobel als Kompagnon hineinzunehmen, gehörte vermutlich zu dieser Initiative. Sie entschieden, dass Alexander Fock für das Kapital einstehen sollte und Alfred Nobel für den Betrieb. Den Gewinn würden sie später gerecht teilen.

Die Sumpula-Hütte stellte Dinge wie Rohre für Wasserleitungen, Kamingitter und Eisenpfosten her. Alfred kam mit seiner Energie und seinem Fleiß dazu, und bereits nach einem halben Jahr war es ihm gelungen, die Produktion von Sumpula zu verdoppeln. Er gab damit an, dass die Waren sich nun »in ihrer Qualität den Gießereiwaren von Petersburg« annäherten. Ludvig war beeindruckt und dankbar, dass der Bruder etwas Vernünftiges gefunden hatte, womit er sich neben den Sorgen um den Familienbetrieb beschäftigen konnte.

Schon im Frühjahr 1862 konnte Alfred Nobel sich selbst mit der kleinen Eisenhütte versorgen. Nur wenige Kilometer entfernt lag der schöne Gutshof, wo die Fabrikanten wohnen durften, wenn sie wollten. Alfred zog nun Teile von seinen Siebensachen um, ständig pendelte er die sechs- bis siebenhundert Kilometer zwischen der Sumpula-Hütte und Sankt Petersburg hin und her. Er verspürte Wind in den Segeln, hatte aber dafür die Poesie keineswegs aufgegeben.

Eines Tages erfuhr er, dass auf der Karelischen Landenge gemeine Gerüchte über ihn in Umlauf waren. Jemand hatte behauptet, Alfred Nobel sei so einer, der seine Tage damit zubrachte, Gedichte zu schreiben. Die Kritik ging dem unermüdlichen Arbeiter durch Mark und Bein. Am schlimmsten war, dass ihm das Gerücht in einem Brief von Alexander Focks vierundzwanzigjähriger Schwester zugetragen wurde. Olga de Fock, wie sie sich nannte, ohne adlig zu sein, war in Sumpula geboren und aufgewachsen. Inzwischen wohnte sie auf einem anderen karelischen Gut der Fockschen Sippe, dem ein paar Kilometer entfernten Hof Maanselkä. In ihrem Brief neckte ihn Olga damit, dass sie feststellte, es könnte sich wahrhaftig nicht jeder leisten, seine Zeit mit dem Schriftstellern zu verschwenden.

Alfred schickte postwendend einen Brief auf Französisch zurück, in dem er das entschieden von sich wies. Ein leicht echauffierter Alfred erklärte, dass er sich nichts Betrüblicheres vorstellen könne als mittelmäßige Schriftsteller. In diesem Bewusstsein habe er seit seinen Zwanzigerjahren keine Zeile, »nicht einmal in einem Album geschrieben«. Das alles sei ein Missverständnis, insistierte er, das daher rühren müsse, dass er irgendwann einmal habe verlauten lassen, es fiele ihm »leichter, sich mit dem Stift auszudrücken«. Offensichtlich wäre sein Kommentar als Angeberei aufgefasst worden, was ihn quälte und belastete. Nichts könne mehr falsch sein. »Mein Gebiet ist die Physik, nicht das Schreiben«, versicherte Alfred Nobel.

Im Übrigen sei es sehr schwer, in einer anderen Sprache zu schreiben, betonte er. Er würde ihr ein Beispiel geben. Hatte Olga ihn nicht einmal »ein Rätsel« genannt? Wollte sie ein paar Zeilen auf Englisch lesen?

Alfred legte die jüngste Überarbeitung seines Gedichts »A Riddle« (»Ein Rätsel«) bei, das er acht Jahre zuvor begonnen hatte. Und er schickte einen Bildungsroman mit, den er sehr mochte. Es handelte sich um *Ranthorpe* des Engländers G. H. Lewes (1845). Wie zufällig handelt es von einem melancholischen und leidenschaftlichen jungen Mann, der das Leben mit allergrößtem Ernst betrachtet und »von romantischen Schriftstelleridealen beseelt« ist.[8]

Es war, als wollte sich Alfred in seinem Ehrgeiz, Eindruck zu machen, doppelt versichern. Auf der einen Seite dementierte er kraftvoll, dass er Zeit auf das Schreiben verschwende. Er war nicht »mehr ein Reimender als jeder andere auch«. Auf der anderen Seite versuchte er, Olga mit den Ergebnissen seiner schriftstellerischen Bemühungen zu beeindrucken. Diese zweischneidige Strategie scheint nicht sehr erfolgreich gewesen zu sein, denn auch Madame de Fock sollte aus seinem Leben verschwinden.

Es traf Alfred sehr, hinter seinem Rücken als fauler Poet bezeichnet worden zu sein, wo er doch im Gegenteil mit Überzeugung alle Ideale der Pflicht lebte. Er meinte zu wissen, wer das Gerücht verbreitet hatte: eine gewisse Mademoiselle Lizogub.

Vierunddreißig Jahre später, als Alfred Nobel ein wohlhabender Mann in Paris war, nahm eine nun bedeutend ältere Frau Lizogub Kontakt zu ihm auf. Sich einschmeichelnd, erinnerte sie ihn an seinen Aufenthalt in Karelien zu Beginn der 1860er-Jahre. Die Frau Lizogub der 1890er-Jahre nun hatte einen kaum verborgenen Hintergedanken mit ihrem Brief. Nach einer ausgedehnten Klage über alle Unglücksfälle der Familie endet sie damit, dass sie Alfred um Geld bittet. Zuckersüß schreibt sie von ihren leuchtenden Erinnerungen an Alfred Nobel. Sie erinnert ihn daran, wie er damals, in den 1860er-Jahren in Sumpula, schon immer seinen Gefühlen der Güte und des Mitleids Ausdruck verliehen hatte. »In meinen Erinnerungen sehe ich Euch immer noch so, wie Ihr in Finnland wart, erfüllt von großartigen Ideen voller Poesie und erleuchtet von einer großen Intelligenz.«

Sie nahm auch die Gelegenheit wahr, um Entschuldigung zu bitten, weil sie wusste, dass sie ihn damals, vor vierunddreißig Jahren, mit ihrem Tratsch verletzt hatte.

Der zweiundsechzigjährige Alfred Nobel, der Heuchelei verachtete, antwortete in gereiztem Ton. Er machte Madame Lizogub klar, dass er nichts vergessen habe und es auch jetzt nicht zu tun gedenke.[9]

*

Das Verantwortungsgefühl der Brüder Nobel füreinander schloss auch die Eltern ein. Aus der Entfernung konnten sie die ersten vorsichtigen Versuche des Vaters verfolgen, in Stockholm wieder auf die Füße zu kommen. Immanuel setzte auf Waffen. Zum ersten Mal tauchte sein Name in schwedischen Zeitungen in Suchanzeigen nach alten Gewehrläufen auf. Immanuel wollte eine »Kugelspritzwaffe« bauen, ein Gewehr mit acht Läufen, das in einer einzigen schmetternden Salve über hundert Kugeln abschießen konnte. In den Spalten gleich danach tauchten seine Seeminen auf. Immanuel versuchte, sowohl die Minen als auch das Maschinengewehr ans schwedische Heer zu verkaufen (und sprach gleichzeitig auch bei den Franzosen wie bei den Briten vor). Er kämpfte hart um das Überleben der Familie.

Besondere Aufmerksamkeit durch die Presse sollten Immanuel Nobels erste Minenversuche in Djurgårdsbrunnsviken im Sommer 1862 erhalten. Sechstausend Zuschauer mussten zwei Stunden in strömendem Regen ausharren, bis das Probeschiff endlich die Minen berührte und explodierte. Trotzdem nannten die Journalisten das Experiment geglückt, und der Respekt für Ingenieur Nobel aus Heleneborg wuchs.

Gleichzeitig ging Immanuel das explosive Öl – Nitroglyzerin – nicht aus dem Kopf, das Professor Zinin ihm und Alfred während des Krimkrieges gezeigt hatte.[10]

Bisher hatte noch niemand das Geheimnis um das schwer zu bändigende Nitroglyzerin zu lösen vermocht. Es schien vollkommen unmöglich, das Öl dazu zu bringen, unter geordneten Umständen zu explodieren. Sobreros Schöpfung hatte bereits fünfzehn Jahre auf dem Buckel, war aber noch immer nur eine spannende Kuriosität ohne praktischen Nutzen. Immanuel dachte darüber nach, ob die Lösung nicht darin läge, das Nitroglyzerin mit gewöhnlichem Schwarzpulver zu mischen.

Später im Leben behauptete Alfred Nobel, Zinins Demonstration 1854 habe auch ihm den Anstoß gegeben, das Rätsel mit dem Nitroglyzerin zu lösen. Er sagte auch, es wäre von Anfang an ganz selbstverständlich für ihn gewesen, sein Leben dem Sprengstoff zu widmen. Er hatte ja schließlich einen Vater, der Seeminen erfand. Doch das ist eine nachträgliche Konstruktion. Zu jener Zeit nämlich schrieb Alfred an Robert, er sehe das neue »Schwarzpulvergeschäft« seines Vaters mit Skepsis.[11]

Die Brüder hatten sich Sorgen gemacht, wie das letztendliche Scheitern von Nobel & Söhne in Sankt Petersburg aufgenommen würde. Doch das war kein größeres Problem. »Was diese Katastrophe betrifft, muss ich allgemein sagen, dass die Leute sich sowohl auf dem Lande als auch in der Stadt uns gegenüber höchst anständig verhalten. Wenn man nicht wüsste, was passiert ist, dann würde man es aus der Haltung, mit der man uns begegnet, nicht einmal ahnen«, schrieb Alfred Nobel im Frühjahr 1862 an Robert.

Nicht einmal für Ludvig sah alles finster aus. In Sankt Petersburg hatten viele Industrien nach dem Krieg stillgestanden. An den meisten Orten in Russland herrschte akuter Geldmangel, nicht nur in der

Familie Nobel. Ludvig meinte, auch die Anzeichen einer Wende zu erkennen. »Für die Zukunft mache ich mir keine Sorgen, denn ich glaube, dass nunmehr die Zeit nicht mehr fern ist, in der der Wind dreht, und vielleicht bekommen wir doch noch einmal volle Segel. Die Krise in Russland nähert sich ihrem Kulminationspunkt und [nicht lesbar] und es werden ohne Zweifel glücklichere Zeiten kommen, in denen sowohl Menschen wie auch Intelligenz von Nutzen sein können. Doch die Kunst zurzeit besteht darin, aushalten zu können und die schwere Zeit zu überleben.«[12]

Die Fabrik von Nobel & Söhne wurde schließlich an einen Ingenieur Golubjew verkauft, und Ludvig war endlich von »dem Sauerteig« befreit. Er nahm von seinem ersparten Geld und erstand stattdessen eine Fabrik mit Stahl- und Roheisengießerei auf der Seite der Großen Newka, im Viertel Viborgskaja Storona. Bald schon sollte seine Vorhersage über die Wirtschaft eintreffen.[13]

Alexander II. hatte die Augen vor Russlands Problemen nicht verschlossen. Der Friedensvertrag nach dem Krimkrieg war für ihn ein harter Brocken zu schlucken gewesen. Russland musste zuallererst einmal von dem Anspruch einer Beschützerrolle für das Christentum im Heiligen Land Abstand nehmen. Gleichzeitig verlor es Gebiete an die Türken, und die russische Flotte durfte in keinen Hafen des Schwarzes Meers mehr einlaufen.[14]

Der Zar zog den klaren Schluss daraus. Es war offenkundig, dass die Misserfolge des Krieges zum großen Teil auf dem niedrigen moralischen Niveau einer Armee beruhten, die hauptsächlich aus leibeigenen Bauern bestand. Selbst die herrschende Wirtschaftskrise im Land konnte mit der Leibeigenschaft verknüpft werden. Die Fabriken in den Städten schrien nach Arbeitskräften, aber es gab keine Arbeiter, die man hätte rekrutieren können, weil mehrere Millionen Russen in einem veralteten System der Sklaverei angekettet waren.

Im Jahre 1861 war der Beschluss schließlich gefallen. Zwanzig Millionen leibeigene Russen erhielten ihre Freiheit, und in den kommenden Jahren wimmelte es von Arbeitskräften in Sankt Petersburg. Das sollte große Bedeutung haben, nicht zuletzt für Ludvig Nobels neu eröffnete mechanische Werkstatt. Ein neu eingesetzter Verteidigungsminister hatte gleichzeitig dafür gesorgt, die ganze betrübliche russische Kriegsmacht einmal durchzuforsten und umzuorganisieren. Wahrscheinlich waren das die Umtriebe, die Robert Nobel als Kriegsvorbereitung und damit als ein neues goldenes Zeitalter für die Familie interpretiert hatte. Doch das war eine Fehleinschätzung. Ein neuer Krieg in Europa mit russischer Beteiligung stand nicht auf der Tagesordnung.

Die Brüder Nobel verspürten eine wachsende Verantwortung für die Versorgung der Eltern. Wo gab es den nächsten großen Markt für die Minen des Vaters? Es war kaum ein Zufall, dass Alfred und Robert jetzt unabhängig voneinander anfingen, über den Atlantik zu schielen.

*

Als Robert Nobel im April 1862 seinen Brüdern gegenüber zum ersten Mal die Idee aufbrachte, herrschte der Amerikanische Bürgerkrieg seit ziemlich genau einem Jahr. Anfang 1861 hatten sieben der damals vierunddreißig Staaten der USA verlangt, aus Protest gegen den neu gewählten Präsidenten – den Republikaner, Gegner der Sklaverei und »Nordstaatler« Abraham Lincoln – die Union verlassen zu können. Am Freitag, dem 12. April, rief die neue Föderation Confederate States of America zum Angriff gegen ein Fort der Nordstaaten außerhalb von Charleston in South Carolina auf. Der Bürgerkrieg hatte begonnen. Kurz darauf brachen vier weitere Staaten aus der Union aus.

Die Nordstaaten waren besser ausgerüstet, doch die ersten blutigen Kämpfe des Jahres brachten trotzdem viele schmerzhafte Niederlagen für Lincoln. Zum Jahreswechsel 1861/62, als der schwedisch-amerikanische Unternehmer John Ericsson den Nordstaaten sein neu gebautes Panzerboot *Monitor* anbot, sah es für die Union nicht sonderlich gut aus. Mit der *Monitor* kam dann aber der ersehnte Erfolg zur See. Bei der Schlacht von Hampton Roads am 8. März 1862 konnte das Schiff von Ericsson das gefürchtete Panzerschiff *CSS Virginia (Merrimac)* dazu zwingen abzudrehen – ein bedeutender Triumph für Lincoln.

Die Kämpfe sollten noch mehrere Jahre weitergehen, doch die Schlacht von Hampton Roads blieb aus mehreren Gründen ein wichtiger Wendepunkt. Die neuen Panzerboote erlebten ihren großen Durchbruch, und Kriegsschiffe aus Holz wurden damit in die Mottenkiste der Geschichte verbannt.[15]

Was würde dieser Quantensprung für die Pioniere der Kriegsindustrie bedeuten?

Wochen nach dem Triumph der *Monitor* schrieb Robert an Ludvig und fragte ihn, ob er irgendetwas darüber wisse, wie die Seeminen des Vaters bei Panzerbooten funktionierten. Robert hatte einen Vorschlag. Er fand, Immanuel und Alfred sollten in die vom Bürgerkrieg betroffenen USA reisen und versuchen, die Waffe auf diesem neuen, spannenden Markt zu verkaufen.

Der Dichter Alfred Nobel müsste dieser Idee gegenüber eigentlich Skepsis gehabt haben. Seine Auffassung war klar. Wenn er allein mit seinen Gedanken in der Kammer in Sankt Petersburg saß, war Alfred ganz entschieden gegen alle Kriege, die in seinen Augen nur sinnloses Blutvergießen für unbekannte Ziele waren. »Sehen wir nicht heute, wie unsere Brüder auf der anderen Seite des Atlantiks geschlachtet werden. Wofür?«, schrieb er zu dieser Zeit in einem Gedicht. »Kann Lincoln sagen, wofür? Das Blut des Landes und seine Reichtümer vergeuden und Ketten schmieden, um die Hände der Freiheit zu fesseln: Denn dorthin wird es führen, wenn nicht du und alle sich wie ein Mann erheben und verlangen, dass dieses Böse aufhört.«[16]

Doch im praktischen Alltag war Alfred Nobels Haltung nicht so eindeutig. An Robert schrieb er nun, auch er habe lange darüber nachgedacht, ob man nicht die Kriegführenden in Amerika für Immanuels Minen interessieren könnte. Doch gleichzeitig erkannte er viele Probleme. Die Wahrscheinlichkeit, dass ihnen das gelänge, ginge in Richtung auf Fantasieprojekte wie »die Belagerung des Mondes«.

Der Mangel an Geld sei das erste Problem, schrieb Alfred. Weder

Immanuel noch Alfred konnten es sich leisten, weiter als möglicherweise nach Stockholm (Immanuel) oder zum Hochofen in Sumpula (Alfred) zu kommen. »In unserer Einbildung können wir zum Sirius reisen und Engel in die Luft sprengen anstelle von Amerikanern, doch in Wirklichkeit sitzen wir stockstill. Mangel an vielem ist wie Gicht, fesselt die Menschen ans Haus und bringt uns bei, Pläne für die Zukunft zu schmieden [...].«

Doch nicht einmal, wenn sie die benötigten fünf-, sechstausend Rubel losmachen könnten, wäre das USA-Projekt sicher durchführbar, fuhr Alfred fort. »In die Südstaaten kommt man schwer. Die Minen an den Norden zu verkaufen wird schwer werden, da der Präsident [Lincoln] eine Art Maulwurf ist, der erst nach Jahr und Tag Antwort gibt.«

Außerdem, so behauptete Alfred, seien Minen auf lange Sicht keine Trumpfkarte im Kampf zwischen Panzerbooten. Eine Mine zu konstruieren sei schließlich »eine schmale Sache«. Wenn die erste explodierte, würden sich die Feinde schnell etwas Ähnliches zulegen. »Welchen Vorteil hätte dann irgendeine Seite?«, fragte sich Alfred.

»Sag mir, guter Robert, was du davon hältst; ob ich in der Sache nicht einen Anflug von Recht habe. Es verlangt gute Überlegung, ehe wir unsere Pilgerfahrt mit leeren Händen antreten, unsicher, ob es uns gelingen wird, unseren Mitkreaturen in der anderen Welt zu helfen – in eine noch bessere Welt.

Ich für mein Teil hege nur wenig Hoffnung für diese Art Minen, Papas Landminen hingegen, soweit sie praktisch sind, was Leitungen und Zünder angeht, könnten von enormer Bedeutung für die Südstaaten sein und würden ungeheuer bezahlt werden, wenn sie ihren Nutzen zur Verteidigung der Grenzen erkennen – und wie sollten sie das nicht? Keine Art von Mine ist [...] für den Angriff geeignet, und dann taugen sie bloß, bis der Widerpart die Sekrete [das Geheimnis] erlernt hat, doch zur Verteidigung sind sie nec plus ultra.«[17]

Im Grunde war Alfred Nobel, was die Exportpläne für die Seeminen des Vaters anging, ebenso zwiegespalten wie in seiner Einstellung gegenüber dem Krieg. Als Immanuel kurz darauf vorschlug, Alfred solle mit ihm nach England reisen, um ein Angebot weiterzuverfolgen, das er der britischen Regierung geschickt hatte, lehnte er ab. Da wäre es doch eine bedeutend bessere Idee, dem russischen Verteidigungsministerium eine neue Chance zu geben, meinte Alfred.

Er war damals von dem russischen General Eduard Totleben beeindruckt. Während des Krimkrieges war Totleben das große Ingenieursgenie hinter der ausgedehnten Verteidigung des Stützpunkts Sewastopol durch die russische Armee gewesen. Dass die Sache später doch schiefgegangen war, hatte Totlebens Karriere nicht geschadet, sondern im Gegenteil. Nach dem Krieg wurde er zum General befördert und war jetzt verantwortlich für die Ingenieursabteilung des Verteidigungsministeriums.

Alfred meinte, man sollte sich lieber Totleben annähern, als nach England zu fahren. Der General sei ein »vernünftiger Mensch« und habe außerdem gesagt, dass er Minen für die beste denkbare Verteidigung halte. Vielleicht würden die Nobels ja dort etwas ausrichten können.[18]

Weder Immanuel Nobel noch seine Söhne scheinen darüber nachgedacht haben, wie heikel es militärisch gesehen war, mehrere Länder gleichzeitig mit Angeboten für das exklusive Recht an dem »Geheimnis« der Nobel-Minen zu versorgen. Vermutlich war der Wunsch der Söhne, dem inzwischen einundsechzigjährigen Vater für den Rest seines Lebens ein gesichertes Einkommen zu sichern, stärker als ihre etwaigen nationalen Loyalitäten. Sie waren immer noch sämtlich schwedische Bürger, doch wenn man nun über Patriotismus sprach, stellte sich die Frage: Wo waren sie eigentlich zu Hause?

Was empfanden sie nach zwanzig Jahren im Ausland für Schweden? Was wussten sie von dem Land, das sie verlassen hatten, lange bevor Dampfschiffe zwischen den Stockholmer Inseln in Betrieb genommen worden waren und lange bevor die ersten Wasserleitungen Hoffnung auf einen Weg aus Elend und hoher Sterblichkeit gemacht hatten.

Und was empfanden sie für Russland? Wie stark war ihr Wunsch, ihren Namen und ihre Ehre in einem Land wiederherzustellen, in dem sie zwei Jahrzehnte lang gewohnt und gearbeitet hatten?

*

Zu Beginn der 1860er-Jahre war Schweden immer noch nur ein bleicher Schatten der Großmacht, die einmal mächtig genug gewesen war, die russischen Zaren in Angst und Schrecken zu versetzen. Nun zählte das Land schon lange zu den ärmsten Europas. Zu guter Letzt aber hatte sich sogar in dem kalten Reich des Nordens etwas bewegt. Im Herbst 1862 wurde die erste schwedische Eisenbahnlinie zwischen Stockholm und Göteborg eröffnet. Mit einem Mal fielen immer mehr Bausteine an ihren Platz. Schweden würde auch durch die Energiekrise, die auf dem Kontinent im Zuge der Urbanisierung entstanden war, einen unerwarteten Aufschwung erhalten. Das Eisenbahnnetz in allen Ehren, doch in den europäischen Städten setzte man immer noch auf Pferd und Wagen oder von Pferden gezogene Omnibusse. Je mehr Menschen in die Städte zogen, desto mehr Pferde drängten sich auf den Straßen. Da dauerte es nicht lange, bis der Mangel an Treibstoff, nämlich: Futter, akut wurde. In nur wenigen Jahren gelang es Schweden dadurch, seinen Export an Hafer zu verdreifachen.

Der Motor lief. Der Bedarf an mechanischen Werkstätten wuchs, die uralte Eisenverhüttung stand vor einer technischen Revolution, und immer mehr dampfgetriebene Sägewerke reihten sich entlang der norrländischen Küste. Binnen kurzer Zeit wurde Schweden durch neue Baumwollwebereien und eine erste moderne Fabrik für Papiermasse bereichert. Der späte Sprint des Landes hinein in die Industrialisierung war beeindruckend.

Kreative Auslandsschweden, die nach Hause zurückkehren und ihr Glück als Unternehmer im Heimatland versuchen wollten, hätten kaum einen besseren Zeitpunkt wählen können. Doch wirtschaftlich war das Polster immer noch nicht dick genug, als dass nicht eine einzige Missernte wenige Jahre später eine regelrechte Hungersnot verursachte und Hunderttausende Schweden über den Atlantik nach Amerika trieb.

Auch politisch gab es Umwälzungen in Schweden. Der regierende König Karl XV. hatte viel weniger von der Autorität seines Großvaters Karl XIV. Johann geerbt als sein Vater Oskar I., der 1859 nach Jahren der Krankheit starb. Viele sollten sagen, der neue König sei ganz in den Händen der intelligentesten Köpfe der Regierung, mit Justizminister Louis De Geer und Finanzminister Johan August Gripenstedt an der Spitze. Zwar gewann Karl XV. weitreichende Sympathien für seine volksnahe Art und seinen schönen, freundlichen Augenaufschlag, doch um ehrlich zu sein, war er entschieden mehr am Feiern und an erotischen Ausschweifungen interessiert denn an ernsthafter Arbeit. Als dem König liberale Reformideen, die er eigentlich verachtete, vorgelegt wurden, wusste er wenig damit anzufangen und tat einfach gar nichts.

So entstand ein interessantes Machtvakuum, das die liberal eingestellten Minister auszunutzen verstanden. In den folgenden Jahren sollten sie sowohl Wirtschaftsfreiheit als auch den Freihandel in Schweden durchsetzen. Vor allem sah man die Zeit gekommen, endlich einmal die antiquierte Regierungsform in Angriff zu nehmen. Jahrzehntelang hatten die Liberalen schon versucht, den schwedischen Ständereichstag abzuschaffen, oder – wie sie es ausdrückten – versucht, dem unverhältnismäßig großen Einfluss des Adels in seinen goldenen Hosen und der Priester in ihren schwarzen Talaren ein Ende zu bereiten.

Es war innerhalb kurzer Zeit viel geschehen. Ende 1860 hatten sich zwei der vier Stände im Reichstag, die Bürger und die Bauern, zusammengeschlossen und verlangt, dass die Regierung (der König und seine Staatsräte) einen Vorschlag erarbeiten sollten, die Ständeherrschaft über Bord zu werfen. Louis De Geer drohte mit seinem Rücktritt, sollte der König nicht auf diese Forderung eingehen, und nach vielen Versuchen gelang es ihm, den Regenten zu überzeugen. Im Januar 1863, direkt nach einem Dreikönigsball im Schloss, lag ein Vorschlag über einen neuen Zweikammer-Reichstag auf dem Tisch der Versammlung.

Reformfreunde feierten den Triumph mit Banketten, hielten Reden und prosteten sich mit Punsch zu. Dennoch handelte es sich kaum um einen großen Schritt in Richtung auf eine schwedische Demokratie, sondern mehr um ein strategisches Scheinmanöver De Geers, das zudem bis zu seiner Umsetzung noch zwei Jahre beanspruchen sollte. Es war, als wolle die Obrigkeit den Wölfen einen Knochen hinwerfen, um die Stimmung zu beruhigen und etwas noch Schlimmeres zu verhindern: echte, radikale Forderungen nach Demokratie, neue blutige Aufstände oder womöglich schlicht eine Revolution.

Zwar sollten die vier Kammern nach diesem Vorschlag verschwinden, doch stattdessen wurden die Einkommensgrenzen für Wahlrecht und Wählbarkeit so hoch angesetzt, dass reiche schwedische Grundbesitzer und Unternehmer in der Praxis ihre Machtstellung eher noch ausbauten. Nur zehn Prozent von Schwedens erwachsener Bevölkerung sollte bei der Reichstagswahl stimmberechtigt sein, und nicht einmal im Unterhaus würden Arbeiter und Arme die geringste Chance bekommen. Und die Frauen? Die kamen in der Diskussion überhaupt nicht vor.

Es verhielt sich so wie mit dem Orkan, der zwei Wochen später über Stockholm hinwegfuhr, Dächer abhob und »sämtliche Frauen in Krinolinen, die auf der Norrbro unterwegs waren, umkehrte«. Er zog vorbei, und dann war alles wieder wie immer. Zwei Tage später sollten die Stockholmer zu Tausenden auf die Straßen strömen, um in freundlichem Tauwetter den Namenstag des beliebten Königs Karl XV. zu feiern.[19]

*

Robert Nobel hatte im Spätherbst 1862 seine inzwischen schwangere Ehefrau in Finnland zurückgelassen und war für einige Zeit nach Schweden gezogen. Er war mit seinem Plan, eine Bierbrauerei zu starten, weitergekommen. Mit Alfreds Hilfe hatte er Fabrikräume in Russland gesucht und den Markt für den Import von Korn sondiert. Jetzt wollte Robert in einer der besten Brauereien Stockholms die Braukunst erlernen.

Die Brauerei lag im Stadtteil Kungsholmen. Eigentümer und Betreiber war der neununddreißigjährige Johan Wilhelm Smitt, bekannt als einer der wohlhabendsten Stockholmer Bürger. Eine Tante väterlicherseits der Brüder, Betty Elde, war mit einem Cousin des reichen Brauers bekannt. Möglicherweise war der Kontakt auf diese Weise zustande gekommen, aber vielleicht kannte Robert Nobel den sieben Jahre älteren Smitt auch aus seiner Zeit auf See zu Beginn der 1840er-Jahre.

Im Unterschied zu Robert Nobel war der Matrose Smitt nach seinem ersten Dienst abgesprungen und fünfzehn Jahre in Südamerika geblieben. Dort hatte er sich das Vermögen erworben, das er nun nach der Rückkehr nach Schweden in verschiedene finanzielle und industrielle Projekte investierte. Unter anderem war er zusammen mit seinem Freund André Oscar Wallenberg auch 1856 an der Gründung der Stockholmer Enskilda Bank beteiligt gewesen.

Robert Nobel scheint seine Karten bei der Kungsholmsbryggeriet gut ausgespielt zu haben, wenngleich er selbst mit seiner Zeit dort nicht zufrieden war. Nichtsdestotrotz muss Smitts Eindruck von der Familie Nobel insgesamt gut gewesen sein, denn schon bald sollte der Millionär es sein, der trotz einer anhaltenden Negativkampagne den alles entscheidenden Grundstock zu Alfred Nobels erstem Sprengstoffunternehmen legte.[20] Johan Wilhelm Smitts Bedeutung für den Nobelpreis kann kaum überschätzt werden. In der Familie Nobel wurde er Wilhelm genannt.

Vor Ort in Stockholm war die Sorge des ältesten Bruders um die wirtschaftliche Situation der Eltern eher noch größer geworden. Mit dem achtzehnjährigen Bruder Emil konnte man nicht groß rechnen, wie Robert feststellte, und er selbst konnte nicht sonderlich lange in Stockholm bleiben. »Es schaudert mich, wenn ich denke, dass meinen armen Eltern fürderhin das Auskommen fehlen wird«, schrieb er an seine Pauline.

Robert mietete ein Zimmer in der Brauerei, fuhr aber sonntags nach

Heleneborg hinaus, um mit den Eltern zu Abend zu essen. Da konnte er nicht umhin zu hören, wie besorgt sie über Emil waren. Der kleine Bruder besaß wohl »einen klingenden Kopf«, doch er war faul und nachlässig und machte oft Schulden, die er dann nicht zurückzahlte. Robert selbst fand, Emil sähe mit seinen widerspenstigen Koteletten flegelhaft aus, und war das plappernde Mundwerk seines kleinen Bruders schnell leid. Außerdem wusste er, dass Emil hin und wieder die Mamsellen in Stockholms Zigarrenkiosken besuchte. An seine Frau schrieb er, dass Emil ein »leichtsinniges Ungeziefer« sei, ein Urteil, das man jedoch mit dem Wissen lesen muss, dass Robert seinen Bruder in Verdacht hatte, insgeheim seiner Ehefrau Pauline Avancen zu machen.

In der Familie war man allgemein der Ansicht, es würde schon etwas Rechtes aus Emil, wenn er erst einmal in Uppsala sein Abitur gemacht haben würde.[21]

Um den Jahreswechsel geschah etwas Positives. Ein Generalstabsoffizier nahm Kontakt zu Immanuel Nobel auf und lud ihn ein, vor Freunden der Militärwissenschaft einen Vortrag über seine Seeminen zu halten.[22] Das war eine große Sache, verbunden mit der Hoffnung auf die Wende, und Robert investierte nun viel Zeit, dem Vater bei seinem Vortrag zu helfen. In den Stockholmer Zeitungen standen Vorankündigungen, das Interesse wuchs, und am Abend des 27. Februar 1863 strömten über hundert Personen in den Saal der Militärgesellschaft am Brunkebergstorg. Sogar der Bruder des Königs, Kronprinz Oscar, sowie die wichtigsten Minister waren zugegen.

Immanuel berichtete von den Erfolgen mit den Minen während es Krimkriegs und betonte, wie viel Zeit und Geld er schon in die Weiterentwicklung seiner Minen investiert habe, seit er nach Schweden zurückgekommen war. Am Ende verkündete er die Neuigkeit von dem neuen Pulver mit stärkerer Sprengkraft, das er verwendet habe. Das sei ein Pulver, das stark genug sei, um als Angriffswaffe gegen die neuen Panzerschiffe eingesetzt zu werden, erklärte er.

Immanuel lud die Zuhörer zu einem Experiment ein. Er hatte etwas Schwarzpulver mit Nitroglyzerin gemischt und sprengte nun vor den

Augen der staunenden Menge ein Brett in die Luft. Die Zuschauer erstarrten, und dann jubelten sie. Diese Kraft war etwas völlig Neues.

Hinterher nannte das *Aftonbladet* den Auftritt trickreich und besonders geglückt. Es wurde behauptet, dass der Seefahrtsminister für die Verteidigung der schwedischen Küsten auf die Nobel-Minen setzen wolle. Einen knappen Monat später hatte seine königliche Majestät ein besonderes Expertenkomitee einberufen, um sie zu studieren. In allen Zeitschriften wurde in der Folgezeit über Immanuels Minen berichtet.

Robert beschrieb seiner Pauline den Effekt von Immanuels Durchbruch: »Unser Name ist […] durch seine Erfindungen so bekannt geworden, dass jeder Mann uns kennt […] und man oft auf ein Glas eingeladen wird.«[23]

Doch im April hatte alle Berühmtheit immer noch kein Geld eingebracht.

Vielleicht war das der Grund, dass Immanuel an Alfred in Sankt Petersburg schrieb und ihn bat, unmittelbar General Totleben von der Ingenieursabteilung des russischen Militärs aufzusuchen. Alfred erhielt den Auftrag, von Immanuels neuem Sprengpulver zu berichten und die Sensation zu verraten, nämlich dass es zwanzigmal stärker war als gewöhnliches Schwarzpulver. Diese Information würde hoffentlich greifen und etwas Geld bringen.

Alfred tat, worum Immanuel ihn bat. Doch er kannte seinen Vater. Zwanzigmal stärker? Das klang wie eine seiner üblichen Übertreibungen. Während des Besuchs bei Totleben schraubte er sicherheitshalber die Erwartungen etwas herunter und begnügte sich damit, dem russischen General eine achtmal größere Sprengkraft zu versprechen.

Totleben biss an. Am 5. Mai schrieb der General an Alfred Nobel und bat ihn, auf Kosten der russischen Regierung vier Probeexemplare dieser Minen herzustellen. Auf Kosten der russischen Regierung! Das waren frohe Neuigkeiten. Alfred dachte nach. Er setzte einen hohen, aber seiner Meinung nach angemessenen Preis für die vier Minen an: tausend Rubel (circa 200 000 Kronen/20 000 Euro).[24] Bereits am nächsten Tag suchte er den General auf, um die Summe schriftlich bestätigt zu bekommen, da er eiligst nach Schweden abreisen wollte, um die Lieferung zu organisieren.

Totleben war nicht vor Ort, doch der nächste Stabsmitarbeiter des Generals versicherte ihm, tausend Rubel seien kein Problem. Sollte die Forderung aus irgendeinem Grund auf Schwierigkeiten stoßen, versprach er, Alfred sofort per Telegramm nach Helsinki, Åbo oder Stockholm an die Adressen, mit denen Alfred ihn versah, zu benachrichtigen.[25]

Alfred Nobel war beruhigt. Er packte und reiste ab.[26]

*

In Stockholm hatte der Mai mit lang anhaltender Kälte begonnen, doch zur Mitte des Monats hin konnten die Stockholmer endlich Temperaturen genießen, die auf einen Frühling hoffen ließen. Die Geräuschkulisse in der Stadt war eine andere als während der Jahre, als Alfred Nobel dort aufgewachsen war, nicht nur weil die von Pferden gezogenen Omnibusse zahlreicher geworden waren. Von fern auf dem Ladugårdslandet, einer Vorstadt mit sehr einfacher Bebauung, die Ende des 19. Jahrhunderts abgerissen wurde und heute Östermalm heißt, war ständig das dumpfe Knallen von den Sprengungen an den Tyskbagarbergen zu hören. Dort schuftete man, um eine Passage durch den Berg – später Karls-XV.-Tor genannt – zu eröffnen, zwischen dem, was heute die Verkehrsadern des Karlavägen und des Valhallavägen sind.

Die Arbeit dauerte ewig. Man bohrte kleine Löcher, füllte Schwarzpulver hinein und zündete es mit einer Zündschnur. Peng!, und dann konnte etwas Steinstaub weggefegt werden – unzählige Bohrlöcher, haushohe Schwarzpulverkosten und unendliche Arbeitsstunden. So war es überall. Es gab Gruselgeschichten vom Tunnelbau in den Alpen, wo man an manchen Stellen pro Tag nicht weiter als vierundzwanzig Zentimeter gekommen war.

Ganz so schlimm war es an den Tyskbagarbergen nicht, aber die

Sprengungen dauerten jetzt schon zwei Jahre, und man hatte immer noch den größeren Teil vor sich. Nicht selten tauchten Notizen über tödlich verunglückte Sprengarbeiter in den Zeitungen auf. An den Tagen, als Alfred Nobel in Stockholm ankam, debattierte der Reichstag zudem über den angedachten Tunnel unter Södermalm hindurch, der die Eisenbahnlinie nach Göteborg mit der neuen Strecke, die im Norden geplant war, verbinden sollte. Das bedeutete noch mehr teure, zähe und riskante Sprengarbeiten. Immanuel hegte die Hoffnung, dass sein neues Produkt vielleicht auch dort zur Anwendung kommen könnte.

Alfred begab sich zunächst nach Uppsala. Er wollte den neunzehnjährigen Emil auffischen, der nun sein Abitur gemacht hatte. Alfred hatte einen bedeutend besseren Eindruck von seinem kleinen Bruder, als Robert ihn bekommen hatte. »Quicker Junge, fehlt nur ein Bart, etwas Erfahrung und Zärtlichkeit, aber das wird mit den Jahren schon kommen. [...] Scheint mit halb Schweden bekannt zu sein«, schrieb Alfred anerkennend in einem Brief.[27]

Draußen auf Heleneborg warteten Immanuel und Andrietta und – nachdem der Austausch von Freundlichkeiten erledigt war – das neue fantastische Sprengpulver, der Hauptgrund für Alfreds eiligen Besuch. Doch Immanuels Demonstration war niederschmetternd. Alfred war zutiefst enttäuscht. Er stöhnte, als ihm klar wurde, dass der Vater wie üblich impulsiv gehandelt und geschlampt hatte und zudem übereilt gewesen war. Als er begriff, dass die Aufregung wegen des Sprengstoffes lediglich auf einem wenig durchdachten Versuch in einem Bleirohr beruhte, wurde er richtig böse. Alfred erkannte ein Fiasko, wenn er eines sah. Die gesamte explosive Kraft im Sprengpulver des Vaters verschwand nach nur wenigen Stunden, weil das Pulver bis dahin alles Nitroglyzerinöl absorbiert hatte. Das funktionierte nicht.

Robert war zu seiner inzwischen hochschwangeren Ehefrau nach Finnland zurückgekehrt. Gegen Ende des Monats verbesserte sich die Stimmung in der Familie Nobel durch frohe Nachrichten aus Helsinki. Pauline hatte einen Sohn geboren, der den Namen Hjalmar Nobel tragen würde. »Glaube wohl, dass wir mit Ungeduld auf Neuigkeiten dieser Art gewartet haben. Du hast wirklich Glück, einen Sohn bekommen zu haben, denn mit Töchtern hat die Nobelsche Familie kein Glück«, schrieb Alfred in seinem Gratulationsbrief an Robert.[28]

Alfred Nobel blieb ungefähr eine Woche länger in Stockholm als geplant und tat, was er konnte, um dem Vater zu helfen, das neue Sprengpulver hinzukriegen. Und zufälligerweise fielen diese ersten gemeinsamen Experimente der beiden auf Heleneborg mit einer dramatischen Periode in den schwedisch-russischen Beziehungen zusammen.

Zu Beginn des Jahres hatten die Polen gegen die russische Herrschaft aufbegehrt und in den Lagern des schwedischen Volkes breite Sympathien für ihren Mut erhalten. Die polnische Frage wurde im Verlauf des Frühjahrs intensiv diskutiert und verursachte bis in die höchsten Führungskreise hinein starke Spannungen, weil König Karls XV. Herz stärker für die polnischen Nationalisten zu schlagen schien, als gegenüber Russland diplomatisch tragbar war. Justizminister Louis De Geer musste alle Kraft aufwenden, um ihn zurückzuhalten.

Die Situation wurde nicht gerade dadurch erleichtert, dass der bekannte exilrussische Kommunist und Berufsrevolutionär Michail Bakunin, später als Begründer des Anarchismus bekannt, nach Stockholm gekommen war. Bakunin war für die Mitwirkung an Revolten in seinem Heimatland zweimal zum Tode verurteilt, aber dann begnadigt worden. Eine russische Begnadigung bedeutete normalerweise Gefangenenlager in Sibirien, aber Bakunin war es gelungen zu fliehen, und er war jetzt eine Art Handlungsreisender in Sachen Aufruhr. Louis De Geer wurde schlecht, als er sah, wie einflussreiche schwedische Liberale, wie zum Beispiel der Begründer des *Aftonbladet* Lars Johan Hierta und der Schriftstellerstar August Blanche, Bakunin in die Arme schlossen, ihn publizierten und sein Freiheitspathos priesen. »In meinen Augen sah er aus wie der übelste Bandit«, sollte Louis De Geer später in seinen Memoiren festhalten.[29]

Am Donnerstag, dem 28. Mai 1863, wurde im Hotel Fenix in Stockholm ein Huldigungsdiner für Bakunin abgehalten. Es ist nicht bekannt, ob Alfred Nobel und sein Vater auch dort waren, doch konnten sie zumindest in den Zeitungen über den Volksauflauf in der Drottninggatan lesen. Zweihundert Personen waren zugegen gewesen, »Angestellte und Beamte, Pfarrer, Militärs, Händler, Fabrikanten, Künstler, Literaten«.

Der Schriftsteller August Blanche hielt eine Rede auf Bakunin und nannte den Exilrussen einen »Apostel des Lichts und der Freiheit«, der in Russland die »Dornenkrone des Märtyrers« hatte tragen müssen.

»Der Name Russland klingt in unseren Ohren unangenehm, nicht nur wegen der Verluste, die es uns selbst bereitet hat, sondern und insbesondere wegen all des Bösen, das es der gesamten neuen europäischen Kultur zugefügt hat, hat es doch ein Volk nach dem anderen aus dem Schoße der Zivilisation gerissen und an sich gekettet. Außerdem denken wir uns Russland als eine einzige ungeheure Festung mit dem Schwarzen Meer und der Ostsee als Schützengräben und mit sechzig Millionen zu lebenslanger Haft Verurteilten innerhalb seiner Mauern«, donnerte August Blanche.[30]

Zu dieser »ungeheuren Festung« kehrte Alfred Nobel eine knappe Woche später zurück. Auf der Reise hatte er in einer Eisenflasche ein neues Schwarzpulver dabei, das für den erfolgreichen russischen General Eduard Totleben gedacht war. Alfred hatte eine Alternative zu Immanuels wertlosem Nitroglyzerinpulver erarbeitet, einen banalen Sprengstoff aus Kaliumchlorid, das einem Giganten wie Totleben zu präsentieren nach Alfreds Meinung eigentlich nachgerade peinlich war. Aber wenigstens war es ein Sprengstoff.

Ein Gerücht verbreitete sich, wurde angeheizt und tauchte in Notizform auf, allerdings zum Glück nur in einzelnen schwedischen Ortsblättern:

»Hr. Nobel – der geschickte Ingenieur, der die neue Art Seeminen erfunden hat – soll sich nach Russland begeben haben, um dessen Regierung seine neuen Erfindungen zu präsentieren. Wahrlich bedauerlich, wenn das wahr sein sollte!«[31]

*

Es wurde nichts aus einem neuen Besuch bei Totleben. In Sankt Petersburg angekommen, besprach Alfred die Sache mit Ludvig, der auch der Meinung war, dass es peinlich sei, dem russischen General ein derartig schlechtes Produkt anzubieten. Stattdessen entschied Alfred, auf eigene Faust zu versuchen, mit dem Nitroglyzerin weiterzukommen.

Er hatte eine Idee. Und zwar hatte er über das Problem nachgedacht, dass das Nitroglyzerin erst detonierte, wenn man es auf 180 Grad erhitzte. Wenn man ein paar Kilo Nitroglyzerin brauchte, um ein Schiff zu sprengen, dann wäre es, so Alfreds Einschätzung, unmöglich, alles gleichzeitig auf diese hohe Temperatur zu erhitzen.

Er unternahm ein paar Versuche, das Nitroglyzerin zu erhitzen, doch es kam genauso wie in Zinins Werkstatt. Der erste Teil des Öls, der die nötige Temperatur erreichte, explodierte, aber nur der. Der Rest löste sich ohne größeren Effekt in Luft auf. Aber was, wenn man das Nitroglyzerin in einer verschlossenen Glasflasche einfing?

Eines Tages im Juni 1863 beschloss Alfred, auf Ludvigs neuem Fabrikgelände gegenüber von ihrem ehemaligen Elternhaus auf der anderen Seite der Newka ein Experiment zu starten. Robert war über den Sommer mit seiner Familie in der Stadt, also bat Alfred beide Brüder mitzukommen. Sie suchten einen Graben auf dem Fabrikgelände aus, um Alfreds neue Idee unter Wasser testen zu können. Alfred füllte ein Glasröhrchen mit Nitroglyzerin und korkte es zu. Dann steckte er das Glasröhrchen in ein Zinngefäß, das er mit Schwarzpulver füllte. Er legte eine Zündschnur in das Schwarzpulver und ließ sie herausschauen, ehe er auch dieses Gefäß verschloss.

Dann zündete Alfred die Zündschnur an und warf das Zinngefäß in das Wasser im Graben.

Der Boden bebte heftig beim Knall. Eine Wassersäule stieg aus dem Graben auf. Den Brüdern wurde klar, dass Alfred die Lösung des Problems geglückt war. Er hatte einen Sprengstoff – Schwarzpulver – benutzt, um einen anderen zu entzünden: das schwer zu bändigende Nitroglyzerin. Diese Lösung war etwas, was man Totleben vorführen könnte.

Der General kam ihm zuvor. Ende Juni musste Alfred Nobel erfahren, dass die russische Regierung seine Hilfe nicht benötigte. Sie arbeiteten bereits mit einem stärkeren Pulver für die Seeminen. Der Stoff hieß Nitroglyzerin.

Alfred fühlte sich überfahren. Er hatte schließlich einen Auftrag angenommen, und ihm waren mündlich tausend Rubel Kostenerstattung versprochen worden. Nun wollte er zum einen klarmachen, dass er mit der Bezahlung rechnete, und zum anderen auf die zahlreichen Probleme mit dem Nitroglyzerin hinweisen, die ihm während seiner eigenen Experimente begegnet waren. Er begann einen Brief an den Assistenten von General Totleben zu entwerfen. Wie die Situation nun sei, schrieb er in leicht säuerlichem Ton, sei er nicht bereit, der russischen Regierung die Lösung für die Probleme anzubieten, die er entdeckt hatte. Doch wenn sie sich festgefahren hätten, dürften sie sich gern wieder an ihn wenden. Auf das versprochene Geld hingegen habe er seiner Ansicht nach schon jetzt ein Anrecht.

Den Brief unterzeichnete er mit: »Eurer Exzellenz demütiger Diener A. Nobel«.[32]

*

In Stockholm war Immanuel Nobel wie üblich schon wieder vorgeprescht. In einem Brief an Alfred von Anfang Juli strahlte er denselben Sensationseifer aus wie beim letzten Mal. Immanuel und Emil hatten draußen in der Nähe von Heleneborg weiterexperimentiert und jetzt ein »Schießpulver« für Gewehre und Kanonen entwickelt, das, wie Immanuel behauptete, doppelt so wirkungsvoll sei wie das gewöhnliche Gewehrpulver. Außerdem verschmutzte es auch die Waffen nicht, oder jedenfalls viel weniger als anderes Pulver. Triumphierend schrieb Immanuel, dass die russische Regierung bereit sein müsste, »eine ungeheure Summe« für diese Erfindung zu zahlen, welche die Kraft in den Hunderttausenden bereits existierenden Waffen der Russen vervielfachen würde.

Der Vater hatte einige eilige Nachrichten für Alfred. Sie mussten schnell handeln und sich die Arbeitslast teilen. Immanuel dachte daran, Robert anzuweisen, den Verkauf des neuen Pulvers an die russische Regierung zu regeln. Was Alfred betraf, so hoffte er, der Sohn könne »so schnell wie möglich« nach Schweden zurückkehren, um seinem alten Vater zu helfen, »die Sache hier und im Ausland« zu betreiben. Bereits Mitte Juli wollten sie eine Reihe wichtiger Experimente in Stockholm durchführen.

Immanuel leitete Alfred auch die frohe Neuigkeit weiter, dass Major Anton Ludvig Fahnehjelm in das Expertenkomitee um die Seeminen berufen worden war, eben jener Fahnehjelm, der den Telegrafen in Schweden eingeführt und einst Immanuels Gummifabrik übernommen hatte. Der Major sei kurzfristig verreist, würde aber bald nach Hause kommen und die Dinge in Gang bringen, versicherte Immanuel.

Das Ganze bekam noch ein Sahnehäubchen durch eine besonders erfreuliche Information, die Immanuel unter der Hand bekommen hatte: Der schwedische König wollte ihm bald 6000 Reichstaler für sein Experiment bewilligen. Jetzt würde sich alles ordnen, lautete die Botschaft.[33]

Alfred kann diesen Brief nicht ohne eine gewisse Skepsis gelesen haben. Doch 6000 Reichstaler waren viel Geld (ungefähr 40 000 Euro), und er lehnte sich nicht gegen seinen Vater auf. Am Montag, dem 13. Juli 1863, ging er deshalb wieder in Stockholm an Land.[34]

Die schwedische Hauptstadt begrüßte ihre Besucher mit einem bewegten Großstadtleben. Auf Kungsholmen hielt das Karolinska Institutet ein großes Treffen von skandinavischen Naturwissenschaftlern ab, das über dreihundert Forscher aus Schweden, Dänemark, Finnland und Norwegen angelockt hatte. Wichtigste Punkte auf der Tagesordnung der Wissenschaftlerkonferenz an diesem Montag waren eine Diskussion über das metrische System, das ein paar Länder schon eingeführt hatten, sowie ein Vortrag über die Eisbildung in den Meeren, der angeblich neues Licht auf die Entstehung von Eisbergen werfen würde.

Es war ein bewölkter und windstiller, aber verhältnismäßig kühler Hochsommertag. Alfred Nobel nahm von Riddarholmen das Dampfschiff hinaus nach Heleneborg und bezog bei den Eltern Quartier. Er wurde als »Reisender auf kurzfristigem Besuch, eigentlich gemeldet in Sankt Petersburg«, registriert.

Diesmal sollte er nicht so schnell zurückkehren. Es ist unklar, wie bewusst ihm das an jenem Julitag war, doch in der nächsten Zeit sollte so viel passieren, dass schließlich klar war, der bald dreißigjährige Alfred Nobel hatte Sankt Petersburg und Russland für immer verlassen.[35]

KAPITEL 4

Der Vateraufstand

Heleneborg war einer von Stockholms zahlreichen »Malmgårdar«. Auf Schären (»Malm«) gebaut, waren die Höfe einst als Sommerfrische für die wohlsituierte Elite der Hauptstadt gedacht gewesen, grüne Lungen für Familien, die es sich leisten konnten, dem Gestank und Gedränge in der Stadtmitte zu entfliehen. Im Laufe der Jahre hatte die Ferienstimmung abgenommen und die Zahl der Fabriken in der Umgebung zugenommen. Inzwischen konnten sich auch weniger Wohlhabende günstig in einem Malmgård einmieten.

Immanuel und Andrietta verfügten über die Erdgeschosswohnung im Hauptgebäude von Heleneborg, und dort zog Alfred nun ein. Das einem Herrensitz ähnelnde zweistöckige Gebäude aus Stein hatte Blick auf Långholmen. Zwischen den Flügeln ging es in dicht belaubten Terrassen hinunter zum Sund, und auf den schönen Äckern ringsum wurde sowohl Obst als auch Gemüse angebaut. Ganz unten am Ende des Abhangs standen zwei Fachwerkhäuser und diverse andere Gartenhäuser und Hütten.

Der Hof gehörte dem wohlhabenden Großhändler Wilhelm Burmester. Er hatte Heleneborg drei Jahre zuvor aus dem Erbe eines Fabrikanten erworben, welcher dort eine Weberei betrieben hatte. Davor wiederum hatte man dort Tabak angebaut und Rohre hergestellt.[1] Die Fabriktradition wurde nun von Familie Nobel fortgesetzt.

Immanuel und Alfred begannen ziemlich unmittelbar mit ihren Schwarzpulverexperimenten. Aus Sicherheitsgründen taten sie das außer Haus bei den Hütten unten am Wasser. Sie errichteten einen hohen Zaun, um ihre Arbeiten von den anderen Wohnhäusern in der Gegend abzuschirmen. Dahinter begannen sie, ihr eigenes Nitroglyzerin herzustellen. Immanuel und Alfred folgten Sobreros Rezept: Sie mischten Schwefelsäure mit Salpetersäure und gossen dann behutsam das Glyzerin hinein, das sie sich aus den Abfällen der Stearinfabrik auf Liljeholmen besorgten.

Später, als das Unternehmen wuchs und sie Lager und ein Labor benötigten, vermietete Burmester auch einige Materialhütten und eines der Fachwerkhäuser an die Nobels. Immanuel Nobel beteuerte seinem Vermieter gegenüber, die einfachen chemischen Versuche, mit denen sie sich dort beschäftigen wollten, seien »nicht mit der geringsten Gefahr« für die Bewohner ringsum verbunden. Deshalb sah Burmester keinen Grund, eine besondere Genehmigung für die Fabrik einzuholen. Er machte sich nicht einmal die Mühe, seine Gebäudebrandversicherung anzupassen.[2]

Was die Arbeit anging, wurde der erste Sommer auf Heleneborg für Alfred Nobel zur Qual. Immanuel schaltete und waltete mit seinem neuen mit Nitroglyzerin versetzten Gewehrpulver. Ein Versuch folgte auf den nächsten, ohne nennenswerten Erfolg. Ein frustrierter Alfred musste feststellen, dass sie Wochen auf Dinge verschwendeten, die eine kompetente Person in einem Tag hätte lösen können.

Mitten in all dem sollte Immanuels verbesserte Seemine vor dem Expertenkomitee getestet werden. Ein ausgedienter Schoner der Flotte, die *L'Aigle,* war am Kiel mit Panzerplatten verstärkt worden, um an John Ericssons *Monitor* und andere moderne Kriegsschiffe zu erinnern. An den Platten war eine von Immanuels Minen befestigt worden, die nach Aussage der Journalisten mit zehn Kilo von Nobels Schwarzpulver befüllt war. Danach hatte man die ganze Equipage von Djurgården in den Värtan, eine Bucht im Schärengarten nördlich von Stockholm, geschleppt.

Die Übung wurde in den Zeitungen angekündigt. Als der Tag gekommen war, fuhren sowohl der Verteidigungsminister als auch der Marineminister zusammen mit Immanuel und Alfred in der Dampfschaluppe zum Versuchsort. Die halbherzig bepanzerte *L'Aigle* lag südlich von Lidingö vor Anker. Es war windig und regnete, als Immanuel hinüberruderte und seine Mine zündete, die kurz darauf mit einem dumpfen Knall explodierte. Vom Ufer aus konnte man sehen, wie Decksluken und leere Fässer in die Luft geschleudert wurden. Viel mehr passierte nicht. Eine spärliche Ansammlung enttäuschter Zuschauer bemerkte, dass der alte Seelenverkäufer nur ein wenig hüpfte, »ohne dass man irgendeine Veränderung in seinem Aussehen hätte feststellen können«. Gesunken ist er jedenfalls nicht. Die von den Hauptstadtzeitungen ausgesandten Reporter nutzten dennoch die Gelegenheit, sich im Wirtshaus Lidingöbro hinterher einen zu genehmigen.

Alfred beschloss, den Sprengstoff des Vaters zu verstärken. Zur Wahrung des Familienfriedens entschied er sich für die Art und Weise, die Immanuel wollte, also nicht so, wie er es selbst in Sankt Petersburg getan hatte. Während der Arbeit musste er viele höhnische Kommentare von Immanuel und Emil aushalten. Doch Alfred ignorierte sie und machte weiter, veränderte die Konsistenz des Pulvers, erhöhte den Anteil des Nitroglyzerins und versuchte, Fortschritte zu machen. Im September schrieb er an Robert und klagte, wie langsam es ginge, doch am Ende gelang es ihm. Er entwickelte eine Mischung aus Nitroglyzerin und Schwarzpulver, die bedeutend stärker war als gewöhnliches Schwarzpulver und die für Schusswaffen geeignet schien. Dann schickte Alfred eine Patentanmeldung in seinem eigenen Namen an die Außenhandelsbehörde. Kurz vor seinem dreißigsten Geburtstag im Oktober erfolgte die Erteilung. Alfred Nobel hatte nun einen Patentbrief mit zehn Jahren Laufzeit und einem hübschen Siegel in der Hand. Sein erstes schwedisches Patent. Das muss ein großer Augenblick gewesen sein.

So wie Alfred es später, einige Jahre nach dem Tod des Vaters, erzählte, war es Immanuel, der demütig der Ansicht war, dass dem Sohn die ganze Anerkennung der Erfindung gebühre, und der darauf gedrängt habe, dass Alfred das Patent für die Schwarzpulvermischung auf seinen eigenen Namen anmelden sollte.[3] Das wäre dann allerdings eine plötzliche, man kann sagen ungewöhnliche Persönlichkeitsveränderung bei Immanuel gewesen. Wenn man bedenkt, was später passierte, können wir davon ausgehen, dass diese Version sehr weit von der Wirklichkeit entfernt war.

*

An den Abenden zog sich Alfred mit Papier und Stift zurück. Er hatte seine Schriftstellerträume nicht aufgegeben und schrieb nun weiter an dem langen epischen Gedicht, dass er in Sankt Petersburg begonnen hatte. »Canto I« sollte ein tausend Zeilen langes, nicht gereimtes, euphorisches Poem werden, in dem er nicht nur seine Vorbilder Byron und Shelley benannte und pries, sondern auch bemüht war, ihnen nachzueifern.

Alfred hatte seine britischen Idole auf Englisch gelesen und besaß mehrere ältere und auch neuere Ausgaben ihrer Dichtung. Lord Byron gab es auch ins Schwedische übersetzt, und das satirische Gedicht »Don Juan«, das nach Byrons Tod 1824 unvollendet gefunden wurde, war soeben neu auf Schwedisch erschienen. Gedichtsammlungen von Shelley auf Schwedisch hingegen konnte Alfred Nobel in den zahlreichen Buchhandlungen, die es zu jener Zeit in Stockholm gab, nicht finden.[4]

Die Geschäfte im »Bazaren« auf der Norrbro, Stockholms lebendigste Einkaufsmeile, können ihm kaum entgangen sein. In der Ecke unterhalb des Schlosses, neben Del Montes Zigarrengeschäft, lag Adolf Bonniers berühmte Buchhandlung mit ihren bunten Schaufenstern. Dort konnte man in den Neuerscheinungen blättern, lustvoll die Buchrücken lesen und die spontanen Debatten belauschen, die ständig unter den Gelehrten, die sich zwischen den Bücherregalen drängten, ausbrachen. Auf der Regeringsgatan war es Huldbergs großes Buch- und Papiergeschäft, in dem man das meiste bekommen konnte: Gänsekiele und Tintenfässer, Lineale aus Ebenholz und Anspitzmesser mit Perlmuttgriff und »Annotations«-Bücher mit Verschluss in Wäscheband- oder Moleskinbindung (Alfred bevorzugte Moleskin). Bei Huldbergs konnte Alfred auch die beliebten Kopierbücher für das Briefeschreiben kaufen, mit hartem Rücken und Seidenpapierblättern. Die waren praktisch. Wenn der Briefschreiber nur die richtige Tinte benutzte, dann entstand automatisch ein Abdruck des Geschriebenen. Solche Briefbücher sollte er sein ganzes Leben lang benutzen. Im Laufe der Zeit sollte Alfred Nobel es zu einer Produktion von dreißig bis fünfzig Briefen täglich bringen.

Zu Beginn der 1860er-Jahre hatten sich auch schwedische Schriftsteller in ihrem Stil mehr in Richtung Realismus, Alltagsschilderungen und gesellschaftlichem Engagement bewegt. Alfred fühlte sich hingegen mehr zu der älteren schwedischen Garde hingezogen, zu verstorbenen spätromantischen Stars wie Erik Johan Stagnelius oder Esaias Tegnér. Als Erwachsener beherrschte Alfred Nobel auswendig große Teile von Tegnérs Gedichtepos *Frithiofs Saga*.

Der größte literarische Skandal im Schweden der frühen 1860er-Jahre war jedoch Viktor Rydbergs *Bibelns Lära om Kristus* (»Die Lehre der Bibel von Christus«) von 1862, das der Literaturwissenschaftler Göran Hägg »eines der schockierendsten Bücher, die auf Schwedisch erschienen sind« genannt hat. »Die Lehre der Bibel von Christus« wurde als ein heftiger Angriff auf das Christentum betrachtet und löste eine aufgeregte Religionsdebatte in Schweden aus, eine Fehde, die über Alfred Nobels ganze Zeit im Heimatland hinweg wütete. Wir wissen nicht, ob er das Buch bereits damals kaufte (das Exemplar in seiner Bibliothek ist eine spätere Auflage), doch die Debatte wird ihm kaum entgangen sein. Der Autor Viktor Rydberg, auch »der letzte große schwedische Idealist« genannt, sollte eine Sonderstellung in Alfred Nobels Leben erhalten. Nobel füllte später seine Bücherregale mit Rydbergs Werken, darunter nicht nur die unsterblichen schwedischen Weihnachtsgedichte »Tomten« und »Gläns över sjö och strand« (»Glanz über See und Ufer«), und verlieh seiner großen Bewunderung für die »hinreißende Sprache«, den »Seelenadel« und die »Formschönheit« des Autors Ausdruck.

Als Alfred 1863 nach Schweden zurückkam, war Rydberg fünfunddreißig Jahre alt und Journalist bei der *Göteborgs Handels- och Sjöfartstidning* (GHT). Er war als linksliberal mit moralistischem Pathos bekannt und pflegte historische Feuilletons in der Zeitung zu schreiben (das erste hieß »Vampyren«). Aus den Feuilletons waren in manchen Fällen erfolgreiche Romane geworden. Mit »Lehre der Bibel von Christus« verhielt es sich ganz anders, das war eine theologische Streitschrift. Unter anderem schleuderte Rydberg eine Brandfackel mit seiner Behauptung, es sei falsch von der Kirche zu behaupten, dass Jesus göttlich sein sollte. Der GHT-Journalist hatte die Bibel gründlich durchkämmt und festgestellt, dass Jesus niemals als etwas anderes beschrieben wurde denn als Mensch, wenn auch als ein ungewöhnlich vorbildlicher Mensch – ein Idealmensch.

Der ehemalige Chef der Nobel-Bibliothek, Åke Erlandsson, meint, es seien wahrscheinlich Rydbergs »solide Bildung, die kosmopolitischen Ausblicke, der moderne Liberalismus und das starke Freiheitspathos« gewesen, was Alfred Nobel beeindruckte. Erlandsson ist nicht der einzige Vertreter der Hypothese, dass es Viktor Rydbergs Idealismus gewesen sei, den Alfred im Kopf hatte, als er in seinem Testament schrieb, der Literaturpreis solle an denjenigen gehen, der »das Beste in idealistischer Richtung geschaffen« habe.

Alfred Nobels Begeisterung für Viktor Rydberg ist nicht schwer zu verstehen, schwankte er doch selbst in seinem inneren Streit zwischen Vernunft und Gefühl. Rydberg umfasste beides und zeigte, dass es durchaus möglich war, an die Vernunft und den Rationalismus zu glauben, ja sogar die Kirche und die Religion anzugreifen, ohne die Überzeugung von einer höheren geistigen Dimension im Dasein aufzugeben. Das war für Alfred Nobel auf den Punkt getroffen. Ihn verwirrte das sogenannte rydbergsche Paradox nicht, wonach der Mann, der in seiner Poesie »den Stern von Bethlehem mit seiner ganzen wunderbaren Mystik hatte strahlen lassen« gleichzeitig »mehr als jeder andere dazu getan hatte, das schwedische Volk davon zu überzeugen, dass dies ein gewöhnlicher Stern war, der nicht vom Herrn entzündet worden war«.[5]

Alfred Nobel suchte sich gern Schriftsteller, die konstruktive Ideen vermittelten, und Romane, die mehr davon handelten, wie das Leben sein sollte, und weniger davon, wie es war. Alfred schätzte zum Beispiel Erzählungen von Menschen, die sich vom geistlosen Materialismus abwendeten und sich stattdessen den höheren Werten des Lebens widmeten. Eitelkeit, Gier und Scheinheiligkeit fand er am schlimmsten, ganz gleich, ob er diese Eigenschaften bei anderen bemerkte oder ins sich selbst. Er wollte, dass die Literatur so etwas aufspießte, am besten mit einem lehrreichen Einschlag. Die moderne realistische Literatur verherrlichte seiner Ansicht nach oft nur eine verwerfliche Lebensart, ohne den Weg zu einem besseren Leben zu weisen.

Gleichzeitig hegte der dreißigjährige Alfred Nobel genau wie Rydberg linksliberale Sympathien. Beide verachteten Tand und Privilegien der Oberschicht und wollten gern die Macht des Königs und die Stellung des Adels brechen. Auch Viktor Rydbergs gewaltsamer Angriff auf Priesterschaft und Kirche war ganz nach Alfred Nobels Geschmack, das kann man an seinen eigenen Gedichtversuchen auf Heleneborg aus jener Zeit erkennen.

»Der nachdenklich Gesinnte möchte seine Andacht am liebsten nicht in vollbesetzten Kirchen verrichten, während ein Pfarrer einer leicht zu betörenden Versammlung, die gähnt oder schläft, seinen Blödsinn predigt«, schrieb Alfred Nobel. »Der Weise sucht nicht im Himmel Beweise für Gott, sondern wendet sich den Menschen zu – in der Welt des Denkens passt das unendlich Große ins unendlich Kleine.«[6]

*

Auf dem Patent für die neue Schwarzpulvermischung stand der Name von Alfred Nobel. Das verhinderte jedoch nicht, dass Immanuel seine 6000 Kronen für weitere Versuche mit dem »Doppelpulver« bewilligt bekam. König Karl XV. wollte selbst zugegen sein, wenn das Nobel-Pulver Anfang November bei einem großen militärischen Versuchsschießen auf der Festung Karlsborg erprobt würde.

Der König und sein jüngerer Bruder, der Thronfolger Oscar, kamen, sekundiert von einem Haufen Adjutanten und Kammerherren, mit dem Snälltåget, wie die Bahnverbindung in Anlehnung an den deutschen »Schnellzug« noch heute heißt, nach Töreboda. Von dort begaben sie sich mit Pferd und Wagen zur Karlsborg. Alle Zeichen standen auf Triumph, doch als Immanuel und Alfred an der Reihe waren, ihr Schwarzpulver in den Kanonen zu demonstrieren, ging etwas schief. Es knallte überhaupt nicht so wie erwartet, vermutlich weil die Mischung zu lange gelegen hatte. Ein Fiasko drohte.

Alfred versuchte, die Situation zu retten, indem er vor Ort stattdessen eine Bombe aus Roheisenpulver zu bauen versuchte. Er steigerte den Anteil des Nitroglyzerins im Pulver und bat die vornehmen Zuschauer, sich etwas weiter zu entfernen. Der Knall war gewaltig, viel stärker, als die meisten ertragen konnten. Alfreds Granate flog mindestens achtzig Meter weit. Es wurde behauptet, dass die anwesenden Militärexperten von der Kraft so erschreckt, ja erschüttert gewesen seien, dass die schwedische Armee sich hütete, noch einmal etwas mit Alfred Nobel zu tun haben zu wollen.[7]

Sie mussten sich andere Anwendungsgebiete suchen. Immanuel hatte bereits während des Sommers eine Reihe von Kontakten zu Sprengmeistern gesucht, die bei all den laufenden und kommenden Tunnelbauten dringend einen effektiveren Sprengstoff brauchten. Die Bergbaugruben waren ein weiterer denkbarer Markt. Allerdings wagten nur wenige Grubenbesitzer, die Nobels für ein Experiment einzuladen. Eine Ausnahme war die Zinkgrube von Åmmeberg, die belgische Besitzer hatte, und sich damals in einer wirtschaftlichen Krise befand.[8]

Im Dezember waren Immanuel und Alfred vor Ort in Åmmeberg.

Die zwanzig Grubenarbeiter, die zuschauten, waren sehr zufrieden. Die Nobels sprengten bedeutend mehr Berg pro Ladung weg, als sie selbst es leisten konnten. Ein Erfolg wurde es trotzdem nicht, und Alfred war enttäuscht. Es war einfach nicht länger möglich, den Vater alles bestimmen zu lassen. Er erinnerte sich an seine eigenen Versuche in Sankt Petersburg. Das Potenzial war doch so viel größer.

Das Jahr 1863 ging auf sein Ende zu. Alfred hatte mehrere Monate unter der Leitung seines Vaters verschwendet, ohne dass sie einer sicheren Versorgung der Familie auch nur ein Stück näher gekommen wären. Er hatte genug. Er war nun dreißig Jahre alt und wollte sich nicht länger damit abfinden, vom Vater wie ein Schuljunge behandelt zu werden. Alfred fasste einen Entschluss: Von jetzt an würde er nach seinem eigenen Kopf handeln.[9]

Eigentlich war es nicht so dramatisch. Immanuel hatte immer noch seine vielversprechenden Minen, und er hatte sich einen Namen in Stockholm gemacht. Im Guten wie im Schlechten, wie sie herausfinden sollten.

Ende Dezember wurde ein Abschiedsfest für den populären Schriftsteller August Blanche organisiert, der nach Italien reiste. Zweihundertfünfzig Personen nahmen an der Party im Konzertsalon des Berns teil. Blanche wurde zu einem bekannten Marsch herumgetragen, und Sänger des Königlichen Theaters führten ein dramatisiertes Gedicht auf, in dem sie sich über die Anlässe zur Reise des Schriftstellers lustig machten. Einer der Verse lautete wie folgt:

Ob von Waxholm oder Carlsborg ihm schlägt der Blitz,
Nobel und seine Minen, die nimmt er als Witz.
Ein Punkt weg vom Norden es nun für ihn werde
Zu retten die liebste Heimaterde.[10]

*

Die Entscheidung über Nobels Minen wurde täglich erwartet. Alles deutete darauf hin, dass das Expertenkomitee der Regierung den Daumen hochheben und die Zukunft des Vaters absichern würde. Kurz vor Weihnachten hatte der Marineminister im Riddarhuset, wo die Häuser zusammentraten, eine Eingabe gemacht, dass der Staat das Geheimnis der Nobelschen Minen im Austausch gegen eine Lebensrente kaufen sollte. Zudem plante der Staatsrat eine größere Bestellung solcher Minen zur Sicherung der Einfahrt nach Stockholm.

Das war genau die Nachricht, auf welche die Söhne hofften. Wenn nur die finanziellen Verhältnisse der Eltern abgesichert wären, dann könnten die Brüder sich entspannen und in ruhigerem Tempo beginnen, ihr eigenes Leben aufzubauen.

Vielleicht hätten sie Unrat wittern können. Einer derjenigen, die sich in der Debatte im Riddarhuset gegen eine Lebensrente aussprachen, war nämlich Major Anton Ludvig Fahnehjelm. Er mahnte die Adelsleute, nicht vorzupreschen, sondern erst einmal das abschließende Urteil des Minenkomitees abzuwarten.

Es gab nämlich ein Detail, das den alten Geschäftspartner von Nobel und Pionier der Telegrafie betraf und das Immanuel zu dieser Zeit hätte aufmerksam werden lassen müssen. Auch Anton Ludvig Fahnehjelm war nämlich einer, der viele Eisen im Feuer hatte, und das war auch schon so gewesen, lange bevor er Immanuel Nobels Gummifabrik vor dessen Umzug nach Finnland 1837 übernahm. Bereits Anfang der 1830er-Jahre hatte er selbstzündende Minen konstruiert, die er dem damaligen König vorgeführt hatte. Aus diesen Minen war nichts geworden, doch der Ehrlichkeit halber muss man sagen, dass Fahnehjelm die Idee der Selbstzündung zuerst gehabt hatte. Es konnten durchaus Fahnehjelms Minen gewesen sein, die in Immanuels Hinterkopf umhertrieben, als er 1838 bei Fürst Menschikow in Sankt Petersburg vorsprach.

Fahnehjelm jedenfalls hatte diese Geschichte wohl nicht vergessen.

Das Urteil krachte Anfang Januar auf Heleneborg nieder. Es war noch nicht offiziell, doch das Expertenkomitee für Minen hatte die überraschende Entscheidung getroffen, Immanuel Nobels Vorschlag abschlägig zu bescheiden. Grund dafür war, dass ein Mitglied im Komitee eine eigene Mine entworfen hatte, die dem König vorgeführt und genehmigt worden war. Als Pflaster auf die Wunde sollte Nobel in jedem Fall seine entstandenen Kosten geltend machen dürfen.

Immanuel war außer sich. Fahnehjelm, dieser Hund. Da hatte er den Major im Vertrauen mit allen seinen Geheimnissen versorgt, und dann war der Lohn dieser Verrat.

Als die Entscheidung bekannt wurde, erhielt Nobel durchaus Unterstützung in der Presse. Das Komitee wurde beschuldigt, Immanuels Erfindung gestohlen und sich zu eigen gemacht zu haben, um dann Nobel ein »Spottgeld« hinzuwerfen. Das *Aftonbladet* schrieb von einem »bemerkenswerten Rechtskonflikt«, der hier vorliege. »In Sachen Diskretion erscheint es doch seltsam, wenn ein Komitee, das den Auftrag erhalten hat, Untersuchungen zu gewissen Erfindungen anzustellen, selbst als Konkurrent zu ebendiesen Erfindungen auftritt«, stellte das *Aftonbladet* fest. Die Zeitung hatte gehört, dass Immanuel Aufklärung und mindestens 20 000 Reichstaler (knapp 1,5 Millionen Kronen/150 000 Euro) als Ausgleich für den Diebstahl an seiner Erfindung forderte, was das *Aftonbladet* für angemessen erachtete.[11]

König Karl XV. antwortete in derselben Zeitung, in einem mit »CARL« unterzeichneten Artikel. Die Mine, die er ausgewählt habe, würde sich vollkommen von der durch Immanuel Nobel vorgestellten unterscheiden, machte der König deutlich. Deshalb entbehre Nobels Forderung jedes sachlichen Grundes. Das Ersuchen wurde negativ beschieden.

Möglicherweise machte der König nicht alle Gründe für die Entscheidung öffentlich. In der Presse ging gleichzeitig die Nachricht um, dass russisches Militär mit dem Auftrag nach Stockholm gekommen sei, insgeheim herauszufinden, wie weit die Schweden mit den Seeminen gekommen waren. Die russische Verteidigungsmacht wollte wissen, wie viele Minen die Schweden planten, wo sie platziert werden sollten und – am wichtigsten von allem – ob die Konstruktion »seit

Russland […] sie von Ingenieur Nobel erhalten hatte, verändert worden sei«.[12]

*

Nach dem negativen Bescheid des Minenkomitees reiste Ludvig Nobel zu einer Blitzvisite nach Stockholm. Er sah sorgenvoll in die Zukunft. Seinem Eindruck nach hing jetzt viel an ihm. Dieses Gefühl hatte er auch schon im Herbst gehabt, als das vermeintliche Interesse der russischen Investoren für Roberts Bierbrauerpläne allmählich erstarb.[13]

Stattdessen hatte Robert jetzt eine völlig neue Richtung eingeschlagen. Er hatte begonnen, das neue Lampenöl auf Petroleumbasis, Kerosin oder Fotogen genannt, zu verkaufen. Fotogen war bereits zehn Jahre zuvor erfunden worden, hatte aber nach einigen großen Ölfunden in den USA in den letzten Jahren einen echten Aufschwung erhalten. Mit einem Schlag war Fotogen für Lampen ein Produkt für die großen Massen geworden. Jetzt wurden große Mengen des Öls nach Europa geschifft und von dort über den Kontinent verkauft.

Roberts neue Lampenfirma, die »Aurora« hieß, benötigte natürlich auch Kapital. Ludvig hatte dem Bruder geholfen und einen Großteil des amerikanischen Fotogen und der Brenner und Lampen bezahlt, die Robert zu importieren begonnen hatte. Die Großzügigkeit hatte ihren Preis, und die umfänglichen Ausgaben brachten Ludvig in eine schwierige Lage. Er hatte nicht unbegrenzt Geld zur Verfügung und bekam Probleme, das Roheisen zu bezahlen, das er für seine Werkstatt brauchte. Egal wie sehr ihm das widerstrebte, war er doch gezwungen, eine absolute Grenze für seine Unterstützung von Robert zu ziehen. Das war kein Fall von Egoismus, wie er in einem Brief an Robert unterstrich. Im Gegenteil liege es im Interesse der gesamten Familie, dass Ludvig erst einmal für sein eigenes Haus sorge. »Wie es auch immer um Papas und Alfreds Aussichten bestellt sein mag, so kann man doch nicht bestreiten, dass mein kleines Geschäft das einzig sichere ist, und wird es zerstört oder beraube ich mich selbst des unbedingt notwendigen, wenn auch kleinen beweglichen Kapitals, sodass die Dinge zum Stillstand kommen, dann wird bestimmt unser aller Schicksal höchst bedauerlich.«[14]

Robert nannte seine Investition in Lampenöl gern scherzhaft ein »leuchtendes« Vorbild, musste jedoch, als der Rückschlag mit den Minen des Vaters kam, zugeben, dass dies bisher noch nicht wirtschaftlich gemeint war. Die Konkurrenz war härter, als er gedacht hatte. »Mit zwei leeren Händen hält man sich nicht lang auf dem stürmischen Meer, da kann der Wille noch so gut sein [...] Wer zum T. hätte in vergangenen Tagen, als unser Stern uns so milde im östlichen Lande beschien, an solche düstre Aussicht und Unbill gedacht; gewiss war ich darauf gefasst, dass es nicht immer so weitergehen würde, doch dass es so schlecht werden würde, wie es nun auszusehen scheint, davon hätte ich nicht einmal träumen können«, schrieb er um diese Zeit in einem Brief an Alfred.[15]

Ludvig versuchte, Robert aufzumuntern. Er hatte unlängst gehört, dass man im Innern Russlands, genauer gesagt in der kaukasischen Stadt Baku, begonnen hatte, russisches Bergöl zu verkaufen. Das russische Öl war zwar immer noch zu teuer, doch waren die verfügbaren Mengen mindestens ebenso groß wie die in den USA, sodass es vielversprechend aussah. »Im Allgemeinen hat Petroleum eine [...] leuchtende Zukunft«, stellte Ludvig fest.[16]

Ludvig selbst hatte vor, in die Fußstapfen des Vaters zu treten und sich auf die Waffenindustrie zu konzentrieren. Vorrangig wollte er sich der Produktion von Gewehren, Kanonen und Lafetten widmen. Während seines Blitzbesuchs in Stockholm reichte er unter anderem eine Patentanmeldung für eine Idee, wie man Kanonen mit Stahlband verstärken könne, ein – eine Erfindung, die eigentlich Vater Immanuel zuerst gemacht hatte. Dieses Detail zu erwähnen machte sich Ludvig nicht die Mühe. Er war überzeugt davon, dass Immanuel akzeptieren würde, dass er die alte Idee »für unser gemeinsames Bestes« nutzte.[17]

Für dieses Mal ließ Immanuel »den Diebstahl« wohl tatsächlich durchgehen. Aber es sollte noch schlimmer kommen.

*

Nach einer Weile zog Alfred bei den Eltern aus und mietete ein Zimmer in der Karduansmakargatan 7, die an der Ecke zur Drottninggatan mitten in der Stadt lag. Doch experimentierte er weiterhin draußen auf Heleneborg. Im Frühjahr 1864 hielt er sich oft in dem Fachwerkhaus unten am Wasser auf, das sie von Burmester als Labor gemietet hatten.[18]

Die Beziehung zwischen dem dreißigjährigen Alfred und seinem sechzigjährigen Vater war allmählich immer komplizierter geworden. Immanuels mentale Unausgeglichenheit nach dem Rückschlag mit den Minen und der Pension verbesserte dann auch kaum die Stimmung. Vater Nobel, ohnehin für seine hitzigen Launen bekannt, trudelte in seiner bitteren Demütigung wie eine ziellose Granate herum. Begriffen die vom Minenkomitee denn nicht, was für ein Star er war? War denen nicht klar, dass Immanuel Nobel vielleicht sogar dem »bekannten Landsmann« John Ericsson in den USA überlegen war? »Hätte Eriksson [sic] das Prinzip und den Effekt der Nobelschen Minen gekannt, dann hätte er sicherlich niemals irgendwelche *Monitor*-Schiffe vorgeschlagen«, behauptete ein verletzter Immanuel Nobel in einer der vielen Litaneien, die er in diesem Frühjahr an das Minenkomitee, die Staatsräte und Zeitungen verfasste.

Man weiß nicht, wie viele Briefe er auf den Weg brachte.

Zu allem Überfluss hörte auch Alfred nicht mehr auf ihn. Das machte Immanuel wahnsinnig. Der Sohn glaubte nicht mehr an Immanuels Idee, Schwarzpulver und Nitroglyzerin zu mischen. Stattdessen hatte sich Alfred stur wieder seinem früheren Verfahren zugewandt, die Substanzen zu trennen, ungefähr so, wie er es ein Jahr zuvor bei den ersten Versuchen mit Ludvig und Robert in Sankt Petersburg getan hatte.

Alfred ließ sich von seinem jüngeren Bruder Emil helfen und hielt den Vater auf Abstand. Er probierte mehrere Varianten aus. Unter anderem tat er das Schwarzpulver in ein Glasröhrchen, das er ins Nitroglyzerinöl legte – und nicht andersherum wie in Petersburg. Daraufhin zündete er das Schwarzpulver über eine Zündschnur. Die Methode erwies sich als bedeutend besser als die verschiedenen Mischungen seines Vaters. Mit der Detonation des Schwarzpulvers zersprang das Glasrohr mit einem Knall, der so stark war, dass kurz darauf auch das ganze Nitroglyzerin drum herum explodierte.

Endlich ein Erfolg. Alfred wurde klar, dass er vermutlich eine Lösung für das Rätsel gefunden hatte, das Professor Zinin ihnen in den 1850er-Jahren in Petersburg gezeigt hatte. Zinin hatte mit einem Hammer auf ein paar Tropfen Nitroglyzerin geschlagen und gezeigt, wie paradox es war, dass nur der Teil des Öls, der direkt getroffen wurde, explodierte. Mit dem heftigen Schwarzpulverknall war es Alfred gelungen, alles Nitroglyzerin auf einen Schlag zur Explosion zu bringen.

Er benutzte einen Sprengstoff als Zündhütchen, um einen anderen zur Explosion zu bringen. Das war eine ganz neue und ziemlich geniale Entdeckung.

Doch Immanuel hänselte ihn. Das mit dem Glasröhrchen, das hatte er weiß Gott auch ausprobiert, und das waren alles Dummheiten, schnaubte er, und er tat das leider nicht nur innerhalb der vier Wände zu Hause. Immanuel tratschte des Langen und des Breiten über den »Kinderkram«, mit dem sich sein Sohn auf Heleneborg beschäftigte. Schließlich bekam Alfred auch in der Stadt von den herablassenden Äußerungen seines Vaters zu hören.

Er wappnete sich. Immanuel hatte sein Lebensmotto vererbt. Alfred hatte beschlossen, »an sein eigenes kleines Ich« zu glauben und sich nicht darum zu scheren, dass der Vater ihn lächerlich machte. Er war sich seiner Sache so sicher, dass er anfing, eine Patentanmeldung für seine neue Entdeckung zu schreiben. Als Immanuel das herausbekam, ging er an die Decke. Er erging sich in derart schlimmen Tiraden, dass Alfred das nur schwer ertragen konnte. Immanuel schrie und tobte und warf seinem Sohn vor, er würde ein Patent für eine Sache, die doch er erfunden habe, beantragen. Ein fassungsloser Alfred hörte, wie der Vater Geschichten über frühere Experimente erfand, von denen sie beide wussten, dass sie nicht wahr waren. Für Alfred war das ein »offener Betrug«.

Der Eklat kam ungefähr um den 1. Mai 1864 herum. Vom Streit ist nur Alfreds Version erhalten. Wir müssen uns einen wütenden Alfred vorstellen, der die Tür hinter sich zuschlug und die Dampfschaluppe in die Stadt nahm. Noch am nächsten Tag war er so empört, dass er einen langen Brief begann, in dem er vor Wut schäumend alle seiner Meinung nach ungerechten und unwahren Beschuldigungen seines Vaters widerlegte.

Die harten Worte Immanuels verletzten Alfred zutiefst. Im Brief erinnert er daran, wie der Vater ihn im Stich gelassen hatte, als er 1859 schwer krank in Sankt Petersburg lag. Eine schmerzhafte Erinnerung. Alfreds Schluss war damals derselbe wie jetzt, dass ein Vater, der seinen Sohn liebt, kaum den Kommentar äußert: »Du siehst aus, als lägst du auf den Tod«, um daraufhin den Kranken sofort zu verlassen und sich in ein anderes Land zu begeben. Das war ganz einfach keine Liebe. Ein betrübter Alfred fügte diese Einschätzung dem Brief hinzu und fuhr in resigniertem Ton fort: »Die einzige Ursache für mich nachzugeben, wäre somit die Liebe eines Sohnes, doch diese müsste auf Gegenliebe stoßen, sollte sie erhalten bleiben [...] Bei ihm geht die Vaterliebe beim kleinsten Auftauchen von Eigenliebe oder Eitelkeit verloren.«

Er las durch, was er geschrieben hatte. Vielleicht war das zu viel. Er beschloss, einen Teil der härtesten Anklagen und Gefühlsausbrüche zu streichen.

Die Briefentwürfe sind erhalten, und sie wurden lange als zu heikel angesehen, um veröffentlicht zu werden. In den frühen Büchern über Alfred Nobel zensierte die Nobelstiftung sie stark. Keine Entwürfe, die für irgendeine Seite erniedrigend wären, durften publiziert werden.

Es ist behauptet worden, diese ehrlichen Zeilen von Alfred hätten die Luft zwischen Vater und Sohn geklärt, doch gibt es keine Beweise dafür, dass der Brief je abgeschickt oder dem Vater überreicht worden ist. Man kann auch keine Andeutungen für eine plötzliche Verbesserung der Stimmung zwischen den beiden finden. Im Gegenteil: Die Missstimmung zwischen ihnen scheint sich sehr lange gehalten zu haben.[19]

*

Das Gerücht vom großen Eklat erreichte die Brüder in Sankt Petersburg und Helsinki. Robert schrieb an Alfred, tröstete ihn und gab ihm einen guten Rat:

»Mein guter Alfred, verlasse so schnell wie möglich die verfluchte Erfinderlaufbahn; sie bringt nur Unglück mit sich. Du besitzt so große Fähigkeiten und so viele herausragende Eigenschaften, dass du dir einen ernsteren Weg bahnen musst. Besäße ich deine Fähigkeiten und deine Eigenschaften, dann würde ich sogar hier in dem mickrigen Finnland hoch mit den Flügeln schlagen, aber so darf ich nur niedrig schlagen.«

Robert musste noch ein paar aufmunternde Worte von seiner Frau Pauline mitgeschickt haben, denn Alfred antwortete:

»Mein guter Robert, in deinem Brief finde ich eine neue Bestätigung für meine Überzeugung, dass Frauenzimmer klüger sind als wir, denn da findet ein Kapital an Hoffnungen seine Zinsen an Trost, während unsere eitle Eile oft genug nur wenig Ertrag bringt, sondern vielmehr Seifenblasen und Verdruss. Ich würde lieber Luftschlösser bauen, die stehen, als Häuser, die zusammenfallen, und deshalb sitze ich oft während der lieblichen Maiabende (mit dem Thermometer auf 0) am Kaminfeuer und verknüpfe meine Einbildung mit meiner Zukunft, bis die beiden mit den schönsten Aussichten niederkommen. […] Deshalb küsse deine kleine Gattin und sag ihr, dass die Liebe die beste Vernunft ist […].«[20]

Das Maiwetter war mit heftigem Wind und echter Winterkälte tatsächlich übel gewesen. Obwohl es schon auf Juni zuging, ertrank der Norden Gotlands in Schnee. In Stockholm froren jede Nacht die Wasserleitungen ein. Das bedeutete viele Abende am Kaminfeuer für Alfred, viele Stunden zum Lesen und Schreiben.

Alfred fügte noch ein paar Zeilen zu seinem langen Gedicht hinzu, die an den Maibrief an Robert erinnern und von der Gefahr handeln, märchenhafte Seifenblasen über seine Zukunft zu blasen, und wie schön es doch sei, stattdessen »seine Luftschlösser auf dichterischem Boden zu bauen«.[21]

Sein Interesse für die begabten Gedanken der Frauen war kein Lippenbekenntnis. Es ist nicht möglich zu beweisen, welche Bücher Alfred Nobel während seiner kurzen Zeit in Schweden kaufte, denn in der Bibliothek, die er hinterließ, sind nur noch neun in den 1860er-Jahren publizierte schwedische belletristische Werke erhalten. Doch sagt es viel, dass vier von diesen von Schriftstellerinnen verfasst wurden: Fredrika Bremer, Anna Maria Lenngren (eine Neuausgabe), Emilie Flygare-Carlén und Marie Sophie Schwartz.

Der Roman *Börd och bildning* (»Geburt und Bildung«) ist wahrscheinlich 1863 oder 1864 in Stockholm gekauft worden. Schwartz schrieb ideengetragene Populärromane und gehörte zu den seinerzeit am meisten gelesenen und übersetzten schwedischen Autorinnen und Autoren. Sie war bekannt dafür, dass sie die Frauenfrage stellte. Genau wie die damals schon ältere Fredrika Bremer war Marie Sophie Schwartz von großer Bedeutung für die neue liberale Bewegung, die über Schweden wehte und die kurz zuvor einen widerstrebenden Ständereichstag zu dem Beschluss genötigt hatte, wenigstens unverheiratete Frauen über fünfundzwanzig Jahre automatisch für mündig zu erklären. Als Schweden wenige Wochen später, im Juni 1864, die vollständige Freiheit des Wirtschaftswesens einführte, umfasste die sowohl mündige Frauen als auch Männer.[22]

Obwohl Alfred Nobel in seinen Fantasien hoch über der Erde schweben konnte, stand er doch stets mit einem Fuß in der Wirklichkeit. Er verfolgte, was in der Gesellschaft geschah, sog die Gedanken und Ideen seiner Zeit ein. Nicht einmal was die eigenen Pläne und Hoffnungen anging, war er unrealistisch. Als Robert zum Beispiel glaubte, sein Bruder sei bestimmt bald wieder auf dem Weg zurück nach Sankt Petersburg, erfuhr er, dass Alfred »erst eine ganze Reihe Luftschlösser realisieren« müsse.[23]

In diesem Fall handelte es sich bei den Luftschlössern keineswegs um Einbildungen. Vielmehr waren sie in höchstem Maße reell und hatten mit dem Sprengöl zu tun und seinem Patent auf den neuen, ausgeklügelten Anzünder. Als er Anfang Juni 1864 seinen Patentantrag einreichte, ging er davon aus, dass die Zukunft seiner Erfindung hauptsächlich im Sprengen von Felsen liege. Das neue Sprengöl sei bei Weitem zu kraftvoll für die Kanonen und Gewehre der schwedischen Armee, meinte Alfred Nobel.[24]

*

Otto Schwarzmann war der Chef der Zinkgrube in Åmmeberg am Nordufer des Vättern. Schwarzmann stammte aus Deutschland und war für seine grünen Anzüge und seine Begeisterungsfähigkeit bekannt. Er betrieb die schwedische Grube, seit sie Ende der 1850er-Jahre von dem belgischen Unternehmen Vieille Montagne aufgekauft worden war. In den letzten Jahren hatten sich dunkle Wolken zusammengebraut. Es wurde von Krise gesprochen und davon, dass das schwedische Mineral nicht richtig funktionieren würde.

Diese Probleme hatten allerdings nichts mit den Arbeitsmethoden zu tun. Das Sprengen verlief hier ebenso trostlos zäh wie an anderen Orten. Die Grubenarbeiter mussten die Löcher, in die das Schwarzpulver gelegt wurde, mit Handbohrern und Vorschlaghammer bohren. Wenn sie in einer Stunde zehn Zentimeter schafften, dann war das gut. Um ein kleines Stück der Felswand wegzusprengen, brauchten sie achtzig Zentimeter und eine ganze Menge Löcher, die sie dann mit Schwarzpulver füllten.

Otto Schwarzmann war im Dezember bei dem nach Alfreds Meinung weniger glücklichen Versuch mit dem Nitroglyzerinpulver selbst nicht zugegen gewesen. Doch seine Grubenarbeiter hatte die Vorführung beeindruckt, und angesichts der herrschenden Krise war der Optimist Schwarzmann jemand, der keine Chance ungeprüft verstreichen ließ. Als Alfred Nobel Kontakt aufnahm und bat, noch einmal wiederkommen und seinen verbesserten Sprengstoff vorführen zu dürfen, hatte Schwarzmann postwendend mit Ja geantwortet. Und jetzt waren sie dort.

Alfred hatte gewünscht, zwei Wochen bleiben zu dürfen. Im Juni ließ Schwarzmann ihn in die Gruben unter Tage, und endlich ging es, wie Alfred erhofft hatte. Dieser Zünder war keine Seifenblase. Zum ersten Mal, seit er nach Schweden zurückgekommen war, konnte er das Wort Erfolg in den Mund nehmen. »Mit Erstaunen sah man, wie fast der gesamte Felsblock mit einem einzigen Schuss sozusagen zersplittert wurde«, war hinterher im *Aftonbladet* zu lesen. Mehrere Zeitungen sahen voraus, dass Nobels neues Sprengöl das alte Fels-Schwarzpulver verdrängen würde. Von ungeheuerlichen Einsparungen war die Rede, da Grubenarbeiter und Tunnelbauer nicht mehr für jede Sprengung so viele Löcher bohren müssten. Außerdem würde man Leben schützen. Nobels fließendes Schwarzpulver war in der Handhabung viel weniger riskant, hieß es in der Presse.[25]

Als Alfred am 7. Juli nach Stockholm zurückkam, war der Erfolg manifest. Eine Woche später erhielt er sein Patent. Die stolze Formulierung aus der Anmeldung, er sei »der Erste, der diese Stoffe von der Wissenschaft in die Nutzung durch die Industrie« gebracht habe, wirkte nun nicht mehr übertrieben. Er hatte Zinins Problem gelöst, und er hatte Sobreros spannende Erfindung zu etwas gemacht, wovon die Menschheit Nutzen würde haben können.

Lediglich seine Versicherung, dass Unglücksfälle »so gut wie unmöglich seien«, war möglicherweise etwas voreilig.

Nun ließen mehrere Grubenbesitzer von sich hören. Alfred und Emil mussten die Produktionsmenge des Nitroglyzerins auf Heleneborg hochschrauben und mehr Personal einstellen. Unter anderem holte Emil seinen gleichaltrigen Freund Carl Eric Hertzman zu Hilfe, der Technologie studierte und sich für chemische Experimente interessierte. Hertzman durfte zu seiner Freude viel mit Alfred arbeiten, manchmal als sein einziger Assistent.

Alfred reiste in die Grube Dannemora, nach Vigelsbo und Herräng. Der Sommer wurde zu einer kleinen Präsentationstour, und Emil musste mit Pferdewagen hin und her rumpeln, auf denen das spannende Sprengöl in Champagnerflaschen verwahrt lagerte.[26]

Wie Immanuel reagierte, wissen wir nicht. Aber wir wissen, dass er immer noch keinen Anlass sah, den Großhändler Burmester wegen der Feuerversicherung von Heleneborg zu benachrichtigen.

*

Alfred Nobel scheint sich seinen Weg mithilfe von Experimenten gebahnt zu haben. In seiner Patentanmeldung zu Sprengöl und Zünder von 1864 schreibt er die Worte »auf theoretischer Grundlage«, doch in den von ihm hinterlassenen Papieren aus dieser Zeit finden sich keine Spuren, weder von chemischen Formeln noch von wissenschaftlichen Überlegungen. Falls systematische Beobachtungen stattfanden, sind sie nicht aufgezeichnet. Alfred stand an seinen Töpfen, rührte sein Nitroglyzerin zusammen und schickte Emil mit dem Sprengöl in Champagnerflaschen los. Das ganze Projekt erinnert mehr an ein Ausprobieren als an Wissenschaft.

War dieser außergewöhnliche Wohltäter der Wissenschaft schlichtweg unwissenschaftlich?

Ich leite diese Frage an Anders Lundgren weiter, Professor emeritus in Ideen- und Geistesgeschichte an der Universität Uppsala und Autor des Buches *Kunskap och kemisk industri i 1800-talets Sverige* (»Wissenschaft und chemische Industrie im Schweden des 19. Jahrhunderts«). Wir treffen uns Ende 2017 auf einen Kaffee in Stockholm, während der schönen Dezembertage, in denen das Luciafest und der Glanz der frisch mit Medaillen versehenen Nobelpreisträger ein ansonsten stockdunkles Schweden erleuchten.

»Wir wissen sehr wenig darüber, was Alfred Nobel bei seinen Experimenten dachte«, sagt Professor Lundgren. »Er war mehr der Handwerker, der sich praktisch zum besten Ergebnis vorarbeitete. Dazu muss man wissen, dass dies zu jener Zeit in vieler Hinsicht der bessere

Weg war. Die wissenschaftlichen Theorien reichten nicht richtig aus, um die komplizierte praktische Wirklichkeit zu erklären. ›Fakten bestehen, Theorien vergehen‹, pflegte man damals unter schwedischen Chemikern zu sagen. Alfred Nobel war sehr gelehrt, das reichte weit.«

Ich muss an John Dalton denken, den britischen Forscher, der bereits 1803 die Atome theoretisch beschrieb, dem es aber nie gelang, ihre Existenz wissenschaftlich zu belegen. Es sollte weitere hundert Jahre dauern, ehe die Beweise gefunden wurden. Als Alfred Nobel 1896 starb, war die Existenz von Atomen und Molekülen immer noch nur eine Hypothese.

Anders Lundgren gesteht Handwerkern und Erneuerern, ohne zu zögern, den größten Verdienst bei den Erfolgen in der chemischen Industrie des 19. Jahrhunderts zu. Alfred Nobel war nicht der Einzige von ihnen, der eine unregelmäßige Schulausbildung hatte, betont er. Man wird nicht durch ein paar Monate Laborübungen zum Wissenschaftler, nicht einmal, wenn das Labor, wie im Fall von Alfred Nobel, nach Paris und Sankt Petersburg verlegt wird. Wie ein Sprengstoffexperte später feststellte: »Wenn man die Informationen chemischer Natur, die in den Patentbeschreibungen enthalten sind, betrachtet, dann ist es fraglos schwer, darin ein größeres Maß an chemischem Wissen zu finden.«[27]

»Wichtig war damals vor allem viel praktische Fertigkeit. Aber die ist ja viel schwerer zu erobern und mindestens ebenso wertvoll wie die wissenschaftliche«, sagt Anders Lundgren.

»Ist Alfred Nobel zu große Risiken eingegangen?«, frage ich.

»Man könnte sagen, dass sie damals verwegener waren.«

*

Alfred Nobel hatte die Waffenambitionen seines Vaters fürs Erste losgelassen. Er konzentrierte sich ganz darauf, seinen neuen Sprengstoff an Gruben und Tunnelbauer zu verkaufen. Ironischerweise fiel seine Umorientierung mit einem dramatischen Krieg in der näheren Umgebung zusammen, in den Schweden um Haaresbreite hineingezogen worden wäre. Man darf annehmen, dass Immanuel Nobel über vertane Marktchancen klagte, vor allem als er erfuhr, dass der herumschnüffelnde Amerikaner, auf den sie einst in Sankt Petersburg gestoßen waren, sich nun in die entgegengesetzte Richtung bewegte. Jetzt tauchte der außergewöhnliche Telegrafenunternehmer Taliaferro Preston Shaffner plötzlich im Krieg führenden Nachbarland Dänemark als Erfinder von Seeminen auf.

Der Krieg zwischen Dänemark und Preußen war im Januar 1864 über die Frage ausgebrochen, wer über die Grenzprovinzen Schleswig und Holstein herrschen sollte, in denen ebenso viele Deutsche wie Dänen lebten. Die Preußen hatten den Dänen in den Kämpfen schwer zugesetzt, und viele Schweden wären den Nachbarn gern mit Truppen zu Hilfe gekommen, ja Karl XV. hatte dem dänischen König Frederik VII. sogar militärische Unterstützung angeboten – all das in der Hoffnung, auch die dänische Krone an sich reißen zu können. Karl XV. wollte gern die Taten des bewunderten Garibaldi von 1860 kopieren: Kopenhagen einnehmen und unter Jubel nicht die Einigung Italiens, aber doch die von Skandinavien verwirklichen.

Der Skandinavismus hatte in der Debatte viele starke Unterstützer, doch der schwedische Staatsrat hatte sich geweigert, und Karl XV. musste zurückrudern. Also kämpften die Dänen allein gegen die übermächtigen preußischen Kräfte. In dieser Situation erschien ein gewisser Taliaferro Preston Shaffner auf der Bühne. Anfang Juli 1864, als Alfreds Versuchssprengungen in Åmmeberg gerade Fahrt aufnahmen, stand die entscheidende Schlacht zwischen dänischen und preußischen Truppen bei der Insel Als im Kleinen Belt kurz bevor. Da war Oberst Shaffner, nach eigener Aussage, Chef des »Minendepartements« der dänischen Armee. Shaffner legte für die Dänen auf der Südseite von Als Seeminen aus, von denen er behauptete, sie selbst erfunden zu haben.[28]

Als Shaffner 1855 das letzte Mal gesichtet worden war, hatte er eine Rundreise durch Skandinavien gemacht und mit seiner Rolle bei dem groß angelegten Projekt, eine Unterwasser-Telegrafenleitung zwischen

Europa und Amerika zu errichten, geprahlt. Er war in den Zeitungen zu sehen gewesen und hatte königliche Konzessionen für die Auslegung von Anschlusskabeln durch Norwegen, Dänemark und Schweden erhalten. Schließlich war er mit demselben Anliegen nach Sankt Petersburg gekommen, hatte unter anderem Immanuel Nobel getroffen und natürlich eine Menge über die damals so beliebten Seeminen des Schweden gehört.

Shaffner hatte in seinen Verkaufsgesprächen über das Atlantikkabel ziemlich aufgeschnitten. Tatsächlich hatte man ihn zu dem Zeitpunkt nämlich bereits aus dem Projekt entfernt. Wieder zurück in den USA, begann er sofort, schlecht über das Atlantikkabel zu reden. Das war eine raffinierte Kehrtwendung, in jeder Hinsicht eines Zockers würdig. Wie sich herausstellen sollte, waren nämlich diejenigen, die das Kabel legten, mindestens ebenso große Dilettanten wie er selbst.[29]

Im August 1858 war das erste Atlantikkabel ausgelegt worden. Das Lobpreisen wollte kein Ende nehmen, als das Gratulationstelegramm der britischen Königin den ganzen Weg unter dem Meer hindurch zum amerikanischen Präsidenten zurückgelegt hatte. Man zündete Feuerwerke und läutete die Kirchenglocken. Es wurde behauptet, das Atlantikkabel – das Wichtigste, was der Welt seit der Entdeckung Amerikas durch Kolumbus widerfahren sei – würde den internationalen Frieden für alle Zukunft sichern.

Doch irgendwas stimmte nicht. Es hatte sechzehn Stunden gedauert, das Telegramm der Königin von mageren neunundneunzig Wörtern zu übersenden, und es hatte ständige Abbrüche gegeben, weil die Signale nicht korrekt übertragen wurden. Diese Probleme nahmen stetig zu, und einen Monat später konnte man gar keinen Kontakt mehr herstellen.

Das erste Atlantikkabel war ein klassisches Beispiel dafür, wohin mangelnder Respekt vor praktischer Erfahrung und theoretischem Wissen führen kann. Man hatte sich nicht um die Experimente des britischen Physikers Michael Faraday mit Elektrizität und Magneten geschert, hatte seine Beobachtung ignoriert, dass man mit Elektrizität nicht nur Impulse durch einen Draht schicken konnte, sondern dass sie auch unsichtbare elektromagnetische Felder erzeugen konnte. Die Isolierung im Atlantikkabel reichte ganz einfach nicht aus. Die Elektrizität verbreitete sich überall hin und verursachte Kurzschlüsse.

Faraday fiel es ebenso schwer, seine Theorien zu formulieren, wie bei seiner Umwelt Gehör zu finden. Doch Ende der 1850er-Jahre hatte er sich um Hilfe mit den Formeln an den schottischen Physiker James Maxwell gewandt. James Clerk Maxwell war es dann, dem es ausgerechnet 1864 gelang, die notwendigen Gleichungen für den Elektromagnetismus zu formulieren. Das Wissen um das elektromagnetische Feld sollte die Beschaffenheit des nächsten Atlantikkabels beeinflussen, das unter anderem auch deshalb von seiner Inbetriebnahme 1866 an wie ein Uhrwerk funktionierte.

Doch weder Michael Faraday (gestorben 1867) noch James Clerk Maxwell (gestorben 1879) erfuhr wirkliche Anerkennung. Bis 1902 sollte es dauern, ehe die großen Ehrerbietungen kamen. Als der zweite Nobelpreis für Physik der Forschung zum Elektromagnetismus zugesprochen wurde, standen die aktuellen Preisträger im Schatten. Größere Teile der Preisreden handelten von den verstorbenen Pionieren Faraday und Maxwell.

Der Sohn eines Grubenarbeiters, der von seinen Wissenschaftskollegen so geringschätzig behandelte Michael Faraday, wurde »der große Begründer der modernen Elektrizitätswissenschaft« genannt.[30]

Oberst Taliaferro Preston Shaffner hingegen hatte keine eigenen Forschungsergebnisse über die Prinzipien der Signalübermittlung in Telegrafenkabeln vorzuweisen. Man könnte zwar das Gegenteil annehmen, wenn man die vielen bereits 1864 vorliegenden Präsentationen über Shaffners einzigartige Laufbahn, seine Genialität und seine eifrige Wissenssuche liest. Doch es sagt einiges über Shaffners Person aus, dass die meisten dieser Huldigungstexte von ihm selbst verfasst worden waren. Die sachliche Begründung für seinen behaupteten militärischen Rang eines Obersts verblieb ebenso im Dunkeln wie die Berechtigung zum Tragen eines Professorentitels, den er später im Leben benutzte, als er sich im Übrigen als den »am besten informierten Elektrizitätsexperten der Vereinigten Staaten« vorstellte.[31]

Shaffner lebte in Kentucky, hatte Jura studiert, als freier Journalist gearbeitet und einen örtlichen Telegrafen betrieben sowie eine Reihe von Zeitungen, Zeitschriften und Büchern publiziert, unter anderem über die Geschichte der Telegrafie und den amerikanischen Bürgerkrieg. Im Sommer 1864 war er um die fünfzig und wieder auf Reisen durch Europa, jetzt als frischgebackener Experte für Seeminen. Wie er in die entscheidende Schlacht der dänischen Armee auf der Insel Als geriet, darüber schweigt sich die Geschichte aus. Doch Mitte August, als der dänische General Steinmann zur Kapitulation gezwungen wurde (und Dänemark Schleswig und Holstein verlor), konnte man in schwedischen Zeitungen eine interessante Notiz lesen: »General Steinmann hat vom Obersten T. P. Shaffner aus Nordamerika einen schön gearbeiteten Degen sowie ein Zeugnis über das Geschick, mit dem der General die Wiedereinnahme von Als am 29. Juni vollbrachte, bei der Oberst Shaffner zugegen war, erhalten.«

Am Freitag, dem 2. September, findet man den amerikanischen Minenexperten unter den angemeldeten Reisenden in Stockholms Zeitungen. »Oberst Shaffner aus Amerika« bezog im Laufe des Tages im Hotel Rydberg am Gustav Adolfs torg Quartier. Das bedeutete, dass er gerade rechtzeitig nach Stockholm kam, um vor Ort die große Katastrophe auf Heleneborg mitzuerleben. Wie der Volksmund sagt: Ein Unglück kommt selten allein.[32]

KAPITEL 5

Der Nobelsche Knall

Der 3. September 1864 schien ein ruhiger Samstag in Stockholm zu werden. Am Morgen gab es auf der Insel Kastellholmen in Gegenwart der Königin und Prinzessin Louise eine Vorführung der Schwimmschule. Am Abend bot das Restaurant Hasselbacken Tafelmusik von Strauß im Garten. Dazwischen gab es für alle, die es sich leisten konnten und Zeit hatten, immer noch den Ausverkauf von Seidenstoffen im Magasin Lyonnais auf der Västerlånggatan.

Die Presse berichtete über die Friedensverhandlungen zwischen Dänemark und Preußen. Das Große Königliche Theater annoncierte für die Sonntagsvorstellung von *Der Barbier von Sevilla oder Die nutzlose Vorsicht*.

Draußen auf Heleneborg war man früh auf. Alfred Nobel hatte Besuch von einem Ingenieur Blom vom benachbarten Långholmen. Sie saßen in der Wohnung im Erdgeschoss des Hauptgebäudes und unterhielten sich, während Andrietta ein Stück weiter herumwerkelte. Emil und sein Freund, der Chemiestudent Carl Eric Hertzman, waren bereits zusammen mit Vater Immanuel unten im Labor.

In der letzten Zeit war unter den Bewohnern in der Umgebung viel geredet worden. Erst am letzten Dienstag, als noch eine Fuhre von Flaschen mit Säure bei den Nobels abgeladen wurde, hatte die Frau von Schmied Andersson ausgesprochen, was viele dachten: »Jetzt schleppt der Herr Nobel wieder irgendwelche Höllenmaschinen rauf. Gott weiß, wie das noch enden soll!« Mehrere Nachbarn hatten sich bereits beim Großhändler Burmester, dem Besitzer von Heleneborg, über die Experimente beklagt. »Wenn der Nobel nur nicht auch eine Mine unters Haus gesetzt hat!« Burmester hatte sie beruhigt. Es gäbe keinen Grund zur Sorge, das habe Herr Nobel versichert.

Kurz nach elf geschah es. Die Explosion war ungeheuerlich, der Knall »weitaus stärker als ein Kanonenschuss«. Bis hin nach Kungsholmen hinüber zersprangen Fensterscheiben, und den Hökerinnen auf der Munkbron flogen die Waren von den Ständen. Ein leuchtend roter Feuerschein stieg zum Himmel empor, gefolgt von einer riesigen gelben Flamme und einer enormen Rauchsäule.

Alfred Nobel und Ingenieur Blom wurden zu Boden geworfen. Glassplitter von den Fenstern bedeckten sie, und sie verletzten sich beide am Kopf, Blom sogar ziemlich schlimm. Andrietta kam mit einer leichteren Gehirnerschütterung davon, und Immanuel, ja der hatte einen Schutzengel: Er war auf dem Weg zwischen Labor und Wohnung gewesen, um einen Brief in Empfang zu nehmen. Zwar geriet er mitten in den Regen aus Steinen und Splittern, blieb aber unverletzt.[1]

Wie war es den anderen ergangen?

Die Reporter waren schnell vor Ort, und ihnen bot sich ein schreckliches Bild. Vom Labor standen nur noch rußige Reste. Verstümmelte Leichen lagen verstreut. »Nicht genug damit, dass die Kleider heruntergerissen waren, sondern bei einigen fehlte auch der Kopf und das Fleisch auf den Beinknochen war abgerissen – mit einem Wort, es waren nicht gewöhnliche Leichen, die man zu sehen bekam, sondern formlose Massen von Fleisch und Knochen, die nur wenig oder keine Ähnlichkeit mit einem menschlichen Körper hatten«, schrieb einer der Entsandten.

Die Frau des Schmieds Helena Andersson hatte in einem Steinhaus nebenan Essen gekocht, als plötzlich die Wände barsten. Ihr wurde ein Teil des Kopfes zerschlagen und der eine Arm abgerissen; sie wurde »auf einem Bankdeckel« per Boot ins Serafimer-Lazarett gebracht. Es hieß, sie sei »womöglich bereits verstorben, als das hier geschrieben wird«.

Bei vielen Häusern in der Nähe, sogar auf Långholmen, waren die Dächer eingebrochen, die Fenster zersprungen und die Möbel zerstört. Es wurde notiert, dass ein Dampfschiff zum Glück bereits an der Stelle vorbeigefahren war, als die Explosion erfolgte.

Das *Aftonbladet* konnte, noch ehe die erste Auflage in Druck ging, die Namen von einigen der Todesopfer auflisten. Die Zeitung schrieb, dass man unter »den bisher angetroffenen Überresten von Menschenkörpern« die Leiche des jungen Technologen Hertzman, eines dreizehnjährigen Jungen, der neunzehnjährigen Tochter der Nachtwache am Bergsund und eines Tischlers, der an einem der Häuser von Nobel gearbeitet hatte, identifizieren konnte.

»Von Ingenieur Nobels jüngstem Sohn, der sich zum Zeitpunkt der Explosion in der Fabrik befand, hat man immer noch keine Spur finden können. (Andere meinen aber, in einer der Leichen den jüngsten Nobel erkannt zu haben.)«

Mehrere Zeitungen erzürnten sich über die Unvorsichtigkeit und fragten, wie eine solche gefährliche Produktion mitten zwischen Wohnhäusern stattfinden durfte. »Eine schwere Verantwortung lastet auf denen oder dem, der hierzu seine Genehmigung erteilt hat«, schrieb das *Aftonbladet*.[2] Die *Nya Dagligt Allehanda* wies darauf hin, dass nun jemand den Witwen oder Waisen Unterhalt schuldig sei.

Auf der Hornsgatan wimmelte es von Menschen, die sich nach Heleneborg begeben und mit eigenen Augen sehen wollten, was passiert war. Auch auf den Dampfschiffen, die halbstündlich von Riddarholmen zu dem betroffenen Malmgård abgingen, war das Gedränge groß. Es mussten Sonderfahrten eingesetzt werden, weil mehrere Hundert sich zum Unglücksort begeben wollten. Neugierige konnten in zerstörte Gebäude hineinschauen und aufgehängte, zerrissene Kleider sehen. Gardinen flatterten in Fetzen, und Laub, das von den Bäumen gerissen worden war, lag wie Konfetti auf dem Boden verstreut. Der Geruch von Salpetersäure war durchdringend.

Am Nachmittag waren alle Leichen abtransportiert. Was man schon früh befürchtet hatte, war zur schlimmsten Gewissheit geworden: Einer der bei dem Unglück auf Heleneborg Getöteten war der zwanzigjährige Emil Nobel. Seine verstümmelte Leiche war einige Stunden nach der Explosion aus den Ruinen geborgen worden.

Die Frau von Schmied Andersson war immer noch am Leben.

In den Zeitungen kollidierte die weitere Berichterstattung über den sogenannten »Nobelschen Knall« unglücklicherweise mit der offiziellen Bekanntgabe von Alfred Nobels Patent auf das neue Sprengöl und das Zündhütchen. Am Unglückstag selbst brachte das *Aftonbladet* zufällig einen langen Artikel über den neuen, »ganz und gar ungefährlichen« Sprengstoff, der fürderhin »die großen Unglücke, die so oft [...] bei gewöhnlichem Berg-Schwarzpulver vorkommen« unmöglich machen würde. Die Zeitung entschuldigte sich damit, dass der Artikel bereits tags zuvor geschrieben worden sei.

*

Bereits am Montag, dem 5. September, rief die Polizei zum Verhör. Sowohl Immanuel Nobel als auch der Großhändler Wilhelm Burmester mussten sich auf dem Polizeirevier an der Myntgatan 4 zwischen Schloss und Riddarhuset einfinden. Das Verhör wurde von Stockholms Polizeichef geleitet.

Burmester wurde gefragt, ob er eine Genehmigung für den Betrieb einer Sprengstofffabrikation auf Heleneborg besitze. Die Antwort lautete: Nein. Burmester entschuldigte sich damit, dass Nobel beteuert habe, es seien keine gefährlichen Dinge, mit denen er da arbeiten würde. Der Großhändler erklärte, dass er zumindest eine Brandschutzversicherung besitze, von der er sich Entschädigung erhoffe.

Der Polizeichef fragte, ob die Liegenschaften denn auch gegen Explosionen versichert seien und ob er die Versicherung darüber aufgeklärt habe, dass dort Nitroglyzerin hergestellt würde. Nein, gab Burmester peinlich berührt zu.

Man zählte fünf Tote. Vier von ihnen hatten im Labor gearbeitet. Neben Emil und seinem Freund Carl Eric waren das auch der dreizehnjährige Botenjunge Herman Nord, der auf Långholmen wohnte, und die neunzehnjährige Laborassistentin Maria Nordqvist. Der Schreiner Johan Peter Nyman, fünfundvierzig Jahre alt, war auf dem Weg ins Krankenhaus gestorben.

Mehrere der Angehörigen verfolgten die Vernehmung, darunter der Vater des dreizehnjährigen Herman, Marias Vater und die Witwe Nyman, die sich nach dem plötzlichen Tod ihres Mannes in »äußerst bedauernswerten Umständen« befand.

Als der Polizeichef daraufhin den Blick auf Immanuel Nobel richtete, war die Stimmung im Saal äußerst angespannt. Vermutlich musste Immanuel sich erheben, ein untersetzter Mann von gut sechzig Jahren mit wallend weißem Haar, Kinnbart und flinken braunen Augen hinter den Brillengläsern, die auf der Nase steckten. Man kann sich seine nervöse Suada vorstellen.

Immanuel widersprach sich schon gleich zu Anfang selbst. Erst behauptete er, sie hätten niemals in Gebäuden Nitroglyzerin hergestellt, sondern immer draußen auf dem Hof. Danach machte er klar, dass es eben die Herstellung von Nitroglyzerin gewesen sei, mit der Emil und sein Freund an jenem Vormittag experimentiert hätten. Sie hatten den Prozess vereinfachen wollen. Als der Polizeichef sich erkundigte, wie es zu der Explosion gekommen sei, antwortete Immanuel, dass Emil und Carl Eric entweder zu viel Salpetersäure zugesetzt oder mit dem Thermometer geschlampt und das Nitroglyzerin versehentlich über den Detonationspunkt hinaus erhitzt hätten.

Er sagte geradeheraus, dass es die Unvorsichtigkeit seines Sohnes Emil gewesen sei, die das schwere Unglück verursacht habe. Er selbst habe das Labor wenige Minuten vor der Explosion verlassen.

Daraufhin verlas Immanuel ein Papier, das er im Vorfeld geschrieben hatte. Er offenbarte, dass sie auf Heleneborg hundertdreißig Kilo (dreihundert »skålpund«)[3] fertiges Nitroglyzerin in Tonkrügen besaßen, die teils im Labor und teils auf dem Hof standen. Sie hatten keinen Grund gesehen, die Herstellung anzumelden, da es sich nur um Experimente handelte. Sie hätten ja noch nicht einmal in den Zeitungen annonciert.

Er gab an, seine Besitztümer nicht versichert zu haben, weder die im Wohnhaus noch die im Labor.

Im Anschluss daran brach der Polizeichef die Vernehmung ab. Die Anwesenden würden sich nach Heleneborg begeben, um den Unglücksort in Augenschein zu nehmen.

*

Die Trauer um Emil sollte mit der Zeit ihren Tribut fordern, doch in diesen ersten Tagen scheinen zumindest Immanuel und Alfred sämtliche Gefühle verdrängt zu haben. Sie waren in einer verzweifelten Lage und gezwungen, kühlen Kopf zu bewahren. Vor allem galt es, trotz der Tragödie so viel wie möglich von der Zukunft, die eben noch so verheißungsvoll ausgesehen hatte, zu retten. Sie mussten deutlich machen, dass das Unglück ein einmaliges Ereignis war. Sie mussten erklären und beruhigen.

Immanuels Aussagen während der Vernehmung waren nicht sonderlich überzeugend gewesen. Alfred musste verärgert zur Kenntnis nehmen, dass die Zeitungen falsche Tatsachen verbreiteten. Er reagierte mit einem Leserbrief an das *Aftonbladet.* »[Da] die Zeitungsberichte einige Fehleinschätzungen enthielten, möchte ich deutlich machen, was ich über die Ursache der Explosion weiß«, begann er. Alfred gab zu, dass es natürlich als unvorsichtig betrachtet werden könne, einen derartig starken Sprengstoff mitten zwischen Wohngebäuden herzustellen. Doch das Nitroglyzerin sei speziell, erklärte er. Wenn ein Schwarzpulverlager Feuer fange, dann würde alles explodieren. Das Nitroglyzerin hingegen sei überhaupt nicht feuergefährlich. Man könne Nitroglyzerin schlicht nicht mit Feuer zur Explosion bringen, es nicht einmal entzünden, behauptete er. Deshalb hätten sie es als gefahrlos beurteilt. Das Öl explodiere erst bei einer Temperatur von

180 Grad Celsius, und auf Heleneborg hätten sie es niemals auf mehr als »harmlose« 60 Grad aufgeheizt.

Was war also passiert? Auch Alfred gab Emil die Schuld. Nicht nur dass der Bruder das Thermometer vergessen hatte, er hatte auch übersehen, dass chemische Flüssigkeiten, wenn sie miteinander reagieren, eine starke Wärmeentwicklung erzeugen können, ja dass sie sehr gut die Temperatur auf über 180 Grad hochtreiben konnten. Außerdem hatte Emil sich nicht die Mühe gemacht, die Mischung sofort mit kaltem Wasser herunterzukühlen, was man immer tun musste.

»Ich hatte gehofft, dass die Einführung des neuen Sprengstoffs, abgesehen von seinen anderen großen Vorteilen, der traurigen Reihe von Opfern der Felssprengungen ein Ende machen würde. Dazu ist er immer noch bestimmt, wie die nahe Zukunft beweisen möge, doch sein Nutzen für die Allgemeinheit kann doch nicht die Trauer von Verwandten und Freunden über die erlittenen Verluste ungeschehen machen«, schrieb Alfred. »Von der Perspektive der Humanität und der Staatsökonomie im Hinblick auf die Schonung von Leben und Arbeit aus betrachtet, stehen doch im Vergleich mit dem Schwarzpulver alle Vorteile unleugbar auf der Seite des Sprengöls.«

Er unterzeichnete den Artikel mit »A. Nobel«.[4]

Zwei Tage später stand Emils Todesanzeige in derselben Zeitung:

Daß der Student
OSCAR EMIL NOBEL
durch gewaltsame Ereignisse
bei Heleneborg den 3. September 1864,
um ½ vor 11 vorm. umgekommen ist,
in einem Alter von 20 Jahren, 10 Monaten und 4 Tagen;
zutiefst betrauert von Eltern und Geschwistern samt Angehörigen
und Freunden;
sei allein auf diesem Wege bekannt gemacht.

Auf der privaten Traueranzeige, die die Familie im Bekanntenkreis verschickte, fügte man die gebräuchliche Verkürzung SBÖS für »Sorgens Beklagande Ökar Saknaden« hinzu, was so viel bedeutete wie »Es wird gebeten, von Beileidsbezeugungen Abstand zu nehmen«.[5]

Man kann nicht mit Sicherheit sagen, wo sich Ludvig und Robert Nobel zur Zeit des Unglücks und des Begräbnisses ihres jüngsten Bruders eine Woche später befanden. Aus einem erhaltenen Brief an Robert geht hervor, dass Ludvig, Mina und die Kinder sich Anfang August zumindest in Schweden aufhielten, und zwar im Sommerhaus der Familie Ahlsell auf Dalarö draußen im Schärengarten. Nach den Reisenotizen des *Aftonbladet* kam ein weiterer Ingenieur Nobel am 24. August 1864 aus Sankt Petersburg in Stockholm an. Das muss dann Robert gewesen sein, der sich oft in Petersburg aufhielt und von dem wir wissen, dass er im Herbst 1864 nach Stockholm reiste, um zu sehen, ob Alfreds neues, erfolgreiches Patent etwas war, mit dem auch er Geschäfte machen könnte.[6]

Es spricht einiges dafür, dass sie alle zum Zeitpunkt der großen Familientragödie in Schweden und Stockholm versammelt waren. Das würde zumindest auch erklären, warum es keine Familienbriefe über die Explosion und den schweren Verlust von Emil gibt. Sie mussten nicht schreiben. Sie konnten vor Ort über das Schreckliche sprechen und einander hoffentlich umarmen.

Am Samstag, dem 10. September, eine Woche nach der Katastrophe, wurden Emil Nobel und sein Freund Carl Eric Hertzman zur letzten Ruhe gebettet. Es war ein ebenso trauriger wie windiger Altweibersommertag. Die gemeinsame Beerdigung fand um die Mittagszeit auf dem Maria-Friedhof statt. Die Freunde durften im selben Grab ruhen.[7]

*

Oberst Taliaferro Preston Shaffner hatte keine Zeit vergeudet. Er nannte sich nunmehr den »größten Experten der Gegenwart für militärisches Minenwesen«, und in dieser Rolle suchte er auch an einem der ersten Tage in Stockholm den amerikanischen Gesandten in Schweden, James Campbell, auf. Campbell erfuhr, dass Shaffners Minen einen Angriff von 15 000 preußischen Soldaten auf die Dänen verhindert hätten. Schnell hatte der amerikanische Oberst – »Diese kolorierte Blüte auf dem Kaktus unseres Herrn«, wie der Nobel-Experte Erik Bergman ihn später nennen sollte – alle nötigen Kontakte in der schwedischen Hauptstadt geknüpft.

Natürlich war ihm die Explosion auf Heleneborg nicht entgangen. Es wird behauptet, Shaffner habe sich schon früh für den neuen Sprengstoff interessiert und den Envoyé Campbell gebeten, danach zu spionieren. Der Name Nobel war dem amerikanischen Besucher in jedem Fall wohlbekannt. Schließlich war Shaffner Immanuel Nobel (und möglicherweise auch Alfred) in den 1850er-Jahren in Sankt Petersburg begegnet, als der Amerikaner seine Telegrafenverbindung und Nobel seine Unterwasserminen an die russische Regierung zu verkaufen suchte.

Oberst Shaffner hatte dunkles, wallendes Haar und einen gepflegten Bart, sein Blick war intensiv, aber freundlich. Er trug gut geschneiderte schwarze Anzüge und einen glänzenden hohen Hut, und selbstverständlich empfing er seine Kontakte in Stockholms einzigem Hotel, das diesen Namen verdiente, dem Rydbergs am Gustav Adolfs torg.

Schon in der ersten Woche hatte Shaffner den Chef der schwedischen Seeverteidigungsabteilung aufgesucht und sich angeboten, die Unterwasserminen, die er erfunden habe, kostenlos vorzuführen. Am Dienstag nach Emils Begräbnis erhielt er die Erlaubnis vom selben Experten im Minenkomitee, der zuvor im Jahr das Angebot von Immanuel Nobel zurückgewiesen hatte. Shaffner wurde die Menge Schwarzpulver, die er benötigte, zur Verfügung gestellt und dazu zwei ausgemusterte Schaluppen der königlichen Flotte. Der Sprengversuch mit den Minen, die in Shaffners Modell mithilfe von Elektrizität ferngesteuert wurden, fand kurz darauf im Mälaren statt.

Es wäre falsch, Shaffners Demonstration einen Erfolg zu nennen. In seinem nachfolgenden Bericht an den Außenminister in Washington schwärmte der Gesandte Campbell zwar in höchsten Tönen von Shaffners Minen, doch in der schwedischen Verteidigungsakademie war schon gemunkelt worden, die Schöpfungen des Amerikaners wären nun wirklich nicht besser als andere. Campbell sollte seine voreilige Begeisterung auch bald bereuen. Die Antwort aus Washington war eine scharfe Zurückweisung. Der amerikanische Bürgerkrieg tobte in seinem ganzen Ausmaß, und bei den Nordstaaten war Shaffner *persona non grata*, machte man dem Envoyé klar. Shaffner hatte ein paar Jahre zuvor in London ein Buch veröffentlicht, in dem er ganz klar für die Südstaaten Stellung bezogen hatte. Außerdem hatte er sich auf dem Titelblatt fälschlicherweise als Mitglied des höchsten Gerichts der USA bezeichnet, was seine Aktien in Washington kaum verbesserte.

Campbell, der ganz neu auf seinem Posten saß, musste bald einsehen, dass Shaffner nichts anderes als eine Plage war.[8]

Während er auf den Bescheid des Minenkomitees wartete, versuchte Shaffner sich auf eigene Faust mehr Informationen über Nobels neues Sprengöl zu beschaffen. Er hatte Glück. Robert Nobel wohnte im selben Hotel wie er, und Stockholm war nicht so groß, dass Oberst Shaffner und Immanuel Nobel nicht eines Abends zufällig nebeneinander im beliebten Restaurant des Rydbergs landeten, das seit einigen Jahren von dem französischen Koch Régis Cadier betrieben wurde, der übrigens in den 1850ern auch einige Jahre in Sankt Petersburg tätig gewesen war.[9]

Kurz nach diesem ersten Treffen nahm Shaffner das Dampfschiff hinaus nach Heleneborg. Es wurde ein seltsamer Besuch, denn Immanuel sprach kein Englisch und Shaffner kein Schwedisch, und diesmal waren weder Alfred noch Robert zugegen. Zum Glück stand kurz darauf der Eisenbahnunternehmer Adolf Eugène von Rosen, John Ericssons Agent, in der Tür. Er hatte zufällig etwas mit Immanuel zu erledigen und konnte den beiden behilflich sein, einander zu verstehen.

Laut Graf von Rosen erklärte Shaffner, er wäre nach Heleneborg gekommen, um die Rechte an Nobels Sprengöl zu kaufen. Immanuel antwortete, dass er sich derzeit mit dieser Frage weder befassen wolle noch könne. Er war gesundheitlich angeschlagen, fühlte sich mit Arbeit überhäuft und steckte vor allem tief in Trauer und Sorgen. Wenn Shaffner darauf bestehen wolle, dann müsse er das mit Immanuels Sohn Alfred Nobel besprechen.

Hinterher nahmen Graf von Rosen und Oberst Shaffner zusammen das Schiff zurück nach Stockholm. Da beteuerte Shaffner ein weiteres Mal, wie wichtig ihm dieses Geschäft sei und dass er willens sei, in »jeder Weise Herrn Nobels Interessen zu fördern«. Ein Jahr später, als es auf einen Prozess zuging, war von Rosen aufgefordert, in einer Zeugenaussage die Ereignisse dieses Tages wiederzugeben. Der Graf sollte aussagen, es sei vollkommen klar gewesen, dass Shaffner »vorher kein irgendwie geartetes Wissen über die Anwendung des Nitroglyzerins gehabt habe, sondern dass die ganze Sache für ihn vollkommen neu war«.[10]

Die Experten des Minenkomitees, so zeigte sich, waren über Shaffners Unterwasserminen deutlich begeisterter, als sie es über die von Nobel gewesen waren. Am Dienstag, dem 4. Oktober, beschloss seine Königliche Majestät, dem Oberst Taliaferro Preston Shaffner für die Erfindung eine Prämie von tausend Reichstalern zu zahlen. Am selben Tag wurde der Amerikaner zum Kommandeur des schwedischen Schwertordens ernannt, eine Auszeichnung, welche er vom König persönlich entgegennehmen durfte. Shaffner durfte sogar mit Karl XV. im Schloss zu Abend essen, ehe er kurz darauf das Land verließ.

Nichtsdestotrotz verschwand die Shaffner-Mine ebenso schnell aus dem Blick, wie sie gekommen war. Die plötzliche Ehrerbietung dem Amerikaner gegenüber scheint mehr mit dem Wunsch des schwedischen Königs zu tun gehabt zu haben, eine Vermittlerrolle in dem sich hinziehenden Amerikanischen Bürgerkrieg einnehmen zu wollen. Seit Beginn des Krieges hatte Schweden deutlich gemacht, dass die Sympathien des Landes bei den Nordstaaten lagen. Präsident Abraham Lincoln hatte Karl XV. als Dank für die Unterstützung zwei reich verzierte Colts mit persönlichen Inschriften geschenkt. Es war bekannt, dass Karl XV. Waffen sammelte, das Geschenk war also bewusst gewählt und machte den König glücklich wie ein Kind. Als Antwort schenkte er Präsident Lincoln einen Katalog seiner Waffensammlung.

Im Herbst 1864 allerdings begann sich an manchen Stellen in Schweden die Haltung gegenüber dem amerikanischen Krieg zu verändern. Vor allem in aristokratischen Kreisen begann man zunehmend daran zu zweifeln, ob es den Nordstaaten gelingen würde, die Kämpfe zu beenden. Waren die Südstaaten nicht einfach genauso stark? Waren nicht die Parolen der Nordstaaten ein wenig zu liberal?

Der impulsive Karl XV. pflegte eine gewisse Neigung zu privaten Solo-Dribblings in Sachen Außenpolitik. Angeblich war der Monarch von der südstaatlich gefärbten Schilderung der Ursachen des Krieges durch den amerikanischen Gast zutiefst beeindruckt gewesen. Darf man Shaffner glauben, dann hatten die beiden nach dem Abendessen ein Gespräch unter vier Augen in der Bibliothek des Königs. Da soll der König eine Karte der USA hervorgeholt haben, um sich von Shaffner nacheinander die Geschichte der verschiedenen Staaten erklären zu lassen.

Einige Jahre später behauptete der Amerikaner in einem Brief, er habe da und dort dem schwedischen König erklärt, dass es bei dem Krieg ganz und gar nicht um die Sklaverei ginge, wie ja alle glaubten, sondern darum, dass die Nordstaaten die Rechte der Südstaaten einschränken wollten, um sie so ihres Wohlstands zu berauben. Daraufhin soll Karl XV. als Geschenk an Jefferson Davis, den Präsidenten der abtrünnigen Staaten, ein Foto signiert haben. Er bat Shaffner, das Foto eigenhändig an Davis zu übergeben. »Richten Sie ihm aus, dass dies für mich wichtig ist und dass ich bereit bin, jederzeit zur Tat zu schreiten«, soll Karl XV. laut Shaffner gesagt haben.

Ein halbes Jahr später kapitulierten die Südstaaten. Jefferson Davis sollte erst nach Karls XV. Tod acht Jahre später das Foto und den Brief von Shaffner erhalten.

Im Laufe seiner Rückreise in die USA im Oktober schrieb der königlich dekorierte Oberst Shaffner einen fordernden Brief an den Gesandten in Stockholm, James Campbell. Er bat ihn, Kontakt zu den

Experten im Minenkomitee aufzunehmen und ihm dadurch Zugang zum Geheimnis von Nobels Sprengöl zu verschaffen.

Campbells Antwort fiel streng abweisend aus. Auf dergleichen Industriespionage würde er sich nicht einlassen.[11]

*

Alfred Nobels Artikel zur Verteidigung des Nitroglyzerins war nicht bei allen gut angekommen. In einem anonym eingesandten Leserbrief in der *Nya Dagligt Allehanda* wurde er beschuldigt, »auf Kosten der Wahrheit« die »vielen vortrefflichen Eigenschaften seines Glyzerinpulvers« aufzublasen. Der Leserbriefschreiber warf Alfred vor, er würde verschweigen, dass Glyzerin giftig sei. »Laut gesicherter Analysen enthält Glyzerin eines der stärksten Gifte; ein Tropfen allein [...] reicht schon aus, um Schwindel zu verursachen«, behauptete der Schreiber und sagte voraus, dass Nobels Nitroglyzerin unbemerkt viel mehr Arbeiter töten würde, als das Schwarzpulver es je getan hatte.

In seiner Antwort dementierte Alfred alles, inklusive des »Aufblasens« und der Markteinführung (ein »Humbug«, mit dem er sich angeblich nie beschäftigen würde). Er begann mit den Worten: »Der Briefschreiber scheint vieles gegen mich zu haben, aber noch mehr gegen die Wahrheit. [...] In der Überzeugung, dass die Allgemeinheit bereits seinen überheblichen Ton beurteilt haben wird, wie er es verdient, möchte ich nur in aller Kürze [...] die gröberen Fehler aufdecken, die er gemacht hat.« Dazu gehörte, laut Alfred, die Behauptung, die Nobels versuchten, etwas zu verbergen. Alfred beteuerte, das Problem mit dem Schwindel sei nichts, was man nicht lösen könnte.[12]

Zwei Wochen später, am 10. Oktober, wurde im Rathaus das Gerichtsverfahren gegen Immanuel Nobel und den Großhändler Burmester eröffnet. Die Kläger – Angehörige der Getöteten und Einwohner der zerstörten Häuser – waren im Saal zugegen. Sie mussten wie die Journalisten auch die traurige Neuigkeit vernehmen, dass nun auch die Frau von Schmied Andersson verstorben war.

Der Staatsanwalt Silfversparre beantragte in seiner einleitenden Rede, sowohl Nobel als auch Burmester sollten wegen der Verursachung eines Unglücks und damit des Todes von insgesamt sechs Menschen schuldig gesprochen werden. Schadensersatzforderungen in ansehnlicher Höhe wurden vorgelesen.

Immanuel erklärte sich für an dem Unglück unschuldig. Deshalb sah er sich nicht juristisch, sondern lediglich moralisch verpflichtet, den Betroffenen Schadensersatz zu zahlen. Er habe nicht vor, sich zu drücken, versicherte er, doch leider habe er selbst so viel verloren, dass es ihm im Moment an Geld mangele. Der Besitzer von Heleneborg, der wohlhabende Großhändler Burmester, wählte eine andere Verteidigungsstrategie und wies jede Verantwortung, sowohl juristisch als auch moralisch, zurück. Es behauptete, keine Ahnung davon gehabt zu haben, dass sein Mieter Nobel Nitroglyzerin herstellte, und deshalb habe er auch nicht vor, irgendwelchen Schadensersatz zu zahlen.[13]

Das Gerichtsverfahren sollte sich ein knappes Jahr hinziehen. Das war länger als das Durchhaltevermögen der Stockholmer Journalisten. Nach nur wenigen Wochen glitt das Drama in die Schattenbereiche der Medien ab. Doch der Staatsanwalt gab nicht auf. Die Emotionen im Gerichtssaal kochten nach wie vor hoch, Zorn wie Trauer waren bodenlos. Nur spielte sich das meiste ab, ohne dass die Allgemeinheit einen Blick darauf gehabt hätte.

*

Was ging eigentlich im Stockholmer Rådhus, dem Amtsgericht, das die erste Gerichtsinstanz bildete, vor sich? Diese Frage reizt mich, denn bisher ist mir noch kein Buch über Alfred Nobel begegnet, in dem das Gerichtsverfahren um die Explosion in Stockholm berührt wird. Wurde Immanuel jemals für die Verursachung des Todes eines anderen verurteilt? Hätte nicht zumindest Alfred mitangeklagt sein müssen?

In der Nobel-Literatur kommen höchstens mal ein paar Zitate aus den polizeilichen Vernehmungen vor. Man bekommt den Eindruck,

Frau Justitia habe sich damit zufriedengegeben und danach einen Strich unter alles gezogen. Kaum glaubhaft, ruft die investigative Journalistin in mir, und ich fahre ins Stockholmer Stadtarchiv.

Die gebundenen Urteilsprotokolle aus der dritten Abteilung der Rådhus-Gerichtsbarkeit 1864 sind dick wie mittelalterliche Bibeln. Die harten Buchdeckel werden leidlich von ausgefransten Schnüren zusammengehalten, die gut und gerne hundertfünfzig Jahre alt sein können. Die Datenaufreihung in den Akten wirkt leicht impressionistisch. Ich ziehe Handschuhe über und blättere aufs Geratewohl durch die Handgemenge jener Zeit, fühle mit dem Müller, dem sein Nachtsack entwendet worden war, und bleibe eine Weile an einem Einbruch auf der Stora Nygatan hängen, bei dem drei Wollschals erbeutet wurden.

Doch das Verfahren gegen Nobel ist nur schwerlich zu übersehen, es ist eines, das sich über hundert Seiten inklusive Anhänge erstreckt. Ich kopiere sie und nehme sie mit nach Hause, wo ich sie an einem Samstagnachmittag wie einen Krimi bei einer Tasse Tee lese. Anfänglich ist das schnörkelige altertümliche Schwedisch schwer zu deuten, doch schon bald bin ich gefesselt. Allein vor dem Jahreswechsel hält man schon neun Sitzungen ab.

Eine Reihe von Fakten im Verfahren wird nachträglich revidiert. Emil stand nicht im Labor, sondern draußen auf dem Hof an einem Tisch. Er hatte eine Dose mit Glyzerin in der Hand, die er reinigen wollte. Immanuel hatte ihm gesagt, er solle die Dose auf die Erde schlagen, um die Konsistenz des Glyzerins zu verbessern, und das war die Dose, die dann explodierte. Beweis: Emils beide Hände und sein Gesicht waren weggesprengt. Und er war nach dem Knall über zehn Meter weit geflogen.

Hier macht Immanuel, soweit ich es beurteilen kann, einen fiesen Schachzug. Er lässt durch das Gericht seinen Freund Ingenieur Blom als Zeugen aufrufen. Blom ist krank, empfängt das Gericht aber draußen auf Långholmen. Wie einprogrammiert sagt er in der Schuldfrage aus, was Immanuel möchte. Ein offensichtlich parteiischer Blom behauptet, er habe mehrmals gehört, wie Herr Nobel strengstmöglich zu seinem Sohn Emil sagte, er solle endlich aufhören zu experimentieren.

Ich verziehe das Gesicht. Unter den gegebenen Umständen keine überzeugende Zeugenaussage.

»Gibt Nobel zu, dass das Sprengöl giftig ist und sich selbst entzündet?«, fragt der Staatsanwalt, der offensichtlich auf der Hut ist.

»Ich weiß nicht, ob Glyzerin Gift ist oder nicht, aber ich habe schon selbst Sprengöl im Mund gehabt, ohne hernach irgendeine Übelkeit verspürt zu haben, und überdies lebe ich ja auch noch«, antwortet Immanuel. »Und ich habe Sprengöl seit 1854 in einer Flasche gehabt, ohne dass es sich entzündet hätte.«

Am traurigsten sind die Einwendungen der Angehörigen. Der Schmied Andersson, der seine Frau verloren hat, weist leise darauf hin, auch wenn alle Wissenschaft der Welt beweisen würde, dass die Explosion nicht geschehen könne, so bliebe doch die Tatsache, »dass die Explosion wirklich geschehen ist und sowohl mir als auch anderen bedeutende, ja unersetzliche Verluste und Schäden verursacht hat«. Andersson verlangt Schadensersatz für den Leichenwagen vom Serafimer-Lazarett, den Sarg, das Tuch und die Trauerkarten. Er will Ersatz für einen zerstörten Mahagonischrank, eine vergoldete Teekanne, sieben Dutzend Porzellanteller und zwei Leintücher mit Hohlsaum. Und weiteres. Summe: fünfhundertdreiundsechzig Reichstaler.

Die Forderungen gehen weiter. Die Verwaltung des Gefängnisses auf Långholmen verlangt das Geld für zweihundertsechzig zerborstene Fensterscheiben. Die Witwe des Tischlers fordert sechshundert Reichstaler, die Väter von Hermann und Maria hundertfünfundsiebzig respektive zweihundertfünfzig. Das Klavier ist zerstört, Silberzeug ist verschwunden, und Arbeitsverdienste sind verloren gegangen. Bei Anhang Z höre ich auf zu zählen. Ich schreibe die Schadensersatzsumme auf, die ich bis dahin zusammengerechnet habe: 4368 Reichstaler. Das entspricht sieben Jahresmieten für die Wohnung auf Heleneborg.

Da fällt mein Blick auf den Brief von Vater Hertzman, und mir bricht das Herz. So schreibt der Küster aus Motala, der seinen vielversprechenden fünfundzwanzigjährigen Sohn Carl Eric verloren hat:

»Hochwohlgeborener Herr Stadtfiskale! Als Antwort auf das verehrte

Schreiben [...] darf [ich] mitteilen, dass ich für das aufwühlende Ereignis keinen Schadensersatz begehre, noch irgendeine Verantwortlichkeit aussprechen möchte, da die tiefe Trauer von jener Beschaffenheit ist, dass sie von nichts Irdischem vergolten werden kann.«

Nachdem ich mich durch die restlichen Dokumente gearbeitet habe, ziehe ich zwei Schlüsse: 1) dass im Januar 1865 etwas Dramatisches passiert sein muss, das dazu führte, dass sich das Gerichtsverfahren in die Länge zog; 2) dass Alfred Nobel nicht ein einziges Mal während des gesamten Verfahrens genannt wird, nicht einmal indirekt, obwohl doch das Patent und die ganze Produktionsidee seine war.

Hat Immanuel den Kopf für seinen Sohn hingehalten?

Ein einziges Mal habe ich einen Schatten von Alfred erahnt. In einem unerwarteten Streit mit dem Vater der umgekommenen Maria Nordqvist taucht er auf. Bei meiner Lektüre habe ich mich bis dahin darüber gefreut, dass Immanuel sich zu bemühen scheint, seine Versprechen zu bezahlen auch zu halten. Einige der Kläger geben an, dass sie von ihren Forderungen Abstand nehmen, weil Immanuel Nobel ihnen bereits etwas gezahlt habe (als »Geschenk«, da er sich nicht für schuldig hält).

Der Vater der neunzehnjährigen Maria Nordqvist gehört nicht zu ihnen. Ihn mit irgendwelchen Zuwendungen zum Schweigen zu bringen ist Immanuel nicht gelungen. Am Ende reißt der Geduldsfaden – formell betrachtet der von Immanuel, doch der zornige Beitrag muss von Alfred geschrieben worden sein. Ich erkenne seine schräg liegenden, halb fertigen Buchstaben, die schnell über die Seite laufen. Der Ausbruch ist nicht gerade schmeichelhaft. Von Nordqvist heißt es, dass er »mir mit Undankbarkeit begegnet und trotz meines ihm gegenüber gezeigten Wohlwollens mich verfolgt, mich der Herzlosigkeit bezichtigt und versucht, gegen mich besser gesagt unbegrenzte Ansprüche geltend zu machen«.

Als das Urteil dann kommt, wird es in eben diesem Punkt sehr deutlich sein. Nobel muss Nordqvist alles bezahlen, was dieser verlangt.

*

Es kam durchaus vor, dass der eine oder andere, auch öffentlich, seine Anteilnahme ausdrückte und bedauerte, dass Immanuel Nobel immer wieder Pech hatte. Doch zugleich gab es viele, die für eine strenge Bestrafung der experimentierenden Familie waren. Die Nobels bekamen Drohbriefe. Und einmal wurde Immanuel sogar überfallen und die Treppe hinuntergeworfen.

Eine Sorge blieb: Würde Alfreds Triumph, das neue Sprengöl, das alles überleben?

In Sankt Petersburg quälte sich Ludvig. Wie die anderen Brüder machte auch er sich große Sorgen um die Gesundheit der Eltern, vor allem darum, wie Andrietta ihre Trauer verarbeiten würde. Und dann waren da noch die Finanzen. Sie wussten, dass sie nicht einmal aufatmen konnten, wenn sie ungeachtet der hasserfüllten Attacken die Sache mit dem Sprengöl zum Erfolg bringen könnten. Denn dann war die Gefahr groß, dass alles Geld in die Schadensersatzzahlungen gehen würde. Ludvig bedauerte, dass er selbst keine große Hilfe war. Er hatte gerade in Sankt Petersburg eine Niete gezogen und stand nun für den Winter ohne Bestellungen und ohne Arbeit da. Und auch Roberts Fotogenlampen schienen immer noch kein Geld einzubringen.

Ludvig hatte einen Vorschlag. Wenn der Sturm sich gelegt hatte, sollte Vater Immanuel eine Aktiengesellschaft gründen, »denn dann dürften die Mittel nicht ausgehen«.[14]

Doch die Beurteilung des neuen Stoffes war gar nicht so schlecht. Unter Grubenbesitzern und Eisenbahnkonstrukteuren teilten viele die Auffassung, dass es eine Katastrophe wäre, wenn das Unglück auf Heleneborg das Ende des Nitroglyzerins wäre. Alfreds Lösung mit dem Zünder war in ihren Augen genial. Mithilfe von Nobels Erfindung gingen die Sprengungen doppelt so schnell voran wie mit dem gewöhnlichen Schwarzpulver. Grundsätzlich konnten Schwarzpulver und Nitroglyzerin einfach nicht miteinander verglichen werden. Der Unterschied im Sprengeffekt war wie der, »von einem Fahrradfahrer überfahren oder von einem Expresszug platt gemacht zu werden«, wie der Schriftsteller George Brown in seinem Buch *Explosives. History with a Bang* (2010) schreibt.[15] Die Bestellungen jedenfalls strömten weiter herein.

Eine entscheidende Wendung kam bereits im Oktober 1864. Da beschloss die staatliche Eisenbahnleitung trotz des Heleneborg-Unglücks für die Sprengung des langen Eisenbahntunnels unter Södermalm in Stockholm, der nun begonnen werden sollte, Alfred Nobels Erfindung zu verwenden. Andere Auftraggeber folgten. Bei den sich zäh hinziehenden Sprengarbeiten am Tyskbagarbergen auf Östermalm war man seit mehreren Monaten fast vollkommen zu Nobels Sprengöl übergegangen. Ein Leiter der Arbeiten am Tyskbagarbergen veröffentlichte sogar einen Artikel in den *Post- och Inrikes Tidningar*, in dem er die Vortrefflichkeit des Nitroglyzerins preist. Zwar stimme das Gerücht, dass die Arbeiter manchmal Kopfschmerzen bekämen, doch damit könne man umgehen, hieß es.

Nichtsdestoweniger verfolgten Alfred und Immanuel jetzt gegen alle Widerstände die Strategie von Ludvig und begannen, eine Aktiengesellschaft zu gründen. Das Geld für das ganze Projekt musste von außen kommen, das war von Anfang an klar. Zunächst wollte Immanuel dem Gründer des *Aftonbladet*, Lars Johan Hierta, dem die Stearinfabrik auf Liljeholmen gehörte, anbieten, für einen Spottpreis die Hälfte der Anteile zu übernehmen, doch Alfred gelang es, ihn von dieser seiner Meinung nach unvernünftigen Großzügigkeit abzubringen. Da glaubte er selbst doch mehr an einen anderen Interessenten, einen Kapitän Carl Wennerström, der während des Sommers die Sprengarbeiten in Uppland geleitet hatte. Im August hatte Alfred Nobel zudem den Kapitän ebenfalls für Sprengarbeiten nach Norwegen geschickt, in der Hoffnung, ein norwegisches Patent auf seine Erfindung erteilt zu bekommen.[16]

Kapitän Wennerström lebte von den Nobels aus gesehen auf der anderen Seite des Sundes auf Långholmen, wo er in der Strafanstalt eine kleine Handwerksindustrie betrieb, in der er dreihundert Gefangene mit Schuster-, Schneider- und Tischlerarbeiten beschäftigte. Jetzt sah sich Wennerström nach einem neuen Bereich um, in den er investieren könnte, deshalb interessierte ihn das Sprengöl. Doch sie brauchten noch weitere Investoren. Andriettas Bruder Ludvig Ahlsell, der ihnen zuvor schon geholfen hatte, wenn mal das Geld ausging, besaß kein Vermögen dieser Größenordnung. Doch Immanuels Schwester, Betty Elde, hatte im Rahmen ihrer Tätigkeit in Wohltätigkeitsorganisationen die Cousine eines der wohlhabendsten Menschen Stockholms kennengelernt, des sogenannten »Kungsholmskönigs« Wilhelm Smitt. In der Bierbrauerei eben jenes Smitt hatte Robert Nobel einige Jahre zuvor als Lehrling gearbeitet.

Die Cousine des Kungsholmskönigs, die Bettys Freundin geworden war, hieß Hulda Sohlman und war mit August Sohlman verheiratet, dem Chefredakteur des *Aftonbladet*. Das ist in diesem Zusammenhang durchaus eine interessante Information. August und Hulda würden nämlich einige Jahre später einen Sohn bekommen, den sie Ragnar nannten. Und dieser Ragnar Sohlman sollte als Dreiundzwanzigjähriger eine Anstellung bei dem gealterten und dann vermögenden Alfred Nobel bekommen. Und der junge Ragnar wurde dann auch derjenige, dem nach Alfreds Tod 1896 die undankbare Aufgabe zukam, als Testamentsvollstrecker seinen letzten Willen durchzusetzen: den Nobelpreis.

Offensichtlich gelang es Hulda Sohlman und Immanuels Schwester Betty, Wilhelm Smitt für die Investition in das umstrittene Nitroglyzerin zu interessieren. Smitt, damals einer der größten schwedischen Risikokapitalisten, war in Stockholm als schräge Persönlichkeit bekannt. Ihm gehörte inzwischen beinahe halb Kungsholmen, und kurz zuvor war er zum Generalkonsul Argentiniens in Schweden ernannt worden. Ansonsten verbrachte er viel Zeit mit seinem großen Hobby: Pilze. Smitts in Farbe bebildertes Werk *Skandinaviens förnämsta ätliga och giftiga Svampar* (»Skandinaviens vornehmlichste essbare und giftige Pilze«) hatte 1864 im Buchhandel einen durchschlagenden Erfolg.

Der Mäzen Smitt und der zwölf Jahre jüngere Alfred Nobel hatten viele Gemeinsamkeiten. Beide waren als Kinder in ärmlichen Verhältnissen aufgewachsen. Grundsätzlich pflegten sie beide eine anspruchslose Haltung und zeigten sich – zumindest nach außen – uninteressiert an Medaillen und Orden. Was über Wilhelm Smitt im Schwedischen biografischen Lexikon geschrieben steht, würde im Laufe der Zeit auch sehr gut auf Alfred Nobel passen: »Hinter einem scheinbar strengen und reservierten Äußeren verbarg sich eine warmherzige und rücksichtsvolle Person. Seine im Verborgenen gezeigte Wohltätigkeit war bedeutend.«[17]

Mit den Investitionen von Smitt und Wennerström war genug Geld im Kasten. Noch vor dem Ende des Monats Oktober war die neue Nitroglyzerin-Aktiengesellschaft gegründet. Alfred Nobel, dem es an Kapital mangelte, brachte sein Patent ein, das mit dem schwindelerregenden Betrag von 100 000 Reichstalern (circa 700 000 Euro) bewertet wurde. Von diesem Wert versprachen Smitt und Wennerström, im Laufe der Zeit 38 000 Kronen in bar zu bezahlen. Den Rest des Betrags sollte Alfred in Form von Aktien, und zwar zweiundsechzig Stück, erhalten. Smitt und Wennerström erhöhten ihren Einsatz durch weitere 25 000 Reichstaler und erhielten auf diese Weise gemeinsam die Aktienmehrheit. Alfred beschloss, die Hälfte seiner Aktien seinem Vater Immanuel zu schenken. Dadurch wurde Smitt, der eine Aktie mehr als Wennerström besaß, zum größten Aktionär der neuen Gesellschaft.

Vor der Gesellschaftsgründung hatte Alfred einen Prospekt verfasst, der das Blaue vom Himmel herunter versprach. Unbescheiden kalkulierte er, dass alles Schwarzpulver, das derzeit in der schwedischen Felsbearbeitung eingesetzt wurde, voll und ganz durch sein Sprengöl ersetzt werden würde. Seine Gewinnprognosen waren traumhaft: 300 000 Reichstaler nach nur einem Jahr.[18] Es wirkt so, als hätten sie alle das Gefühl gehabt, Teil etwas ganz Großen zu sein – im Fall der Familie Nobel vielleicht die Lösung aller wirtschaftlichen Probleme. Oder war es nur Kampfeslust?

Ganz so einfach war es auf jeden Fall nicht.

Anfang November kehrte Robert Nobel aus Hamburg, wo er versucht hatte, das ein oder andere in Sachen Import von Lampenöl zu klären, nach Stockholm zurück.[19] Er kam in eine Hauptstadt im Galagewand. Die Schwedisch-Norwegische Union feierte fünfzigjähriges Jubiläum, und ganz Stockholm war kunstvoll mit Gaslampen dekoriert. Auf Riddarholmen, wo der König mit den Würdenträgern aus beiden Nationen feierte, brannten bengalische Feuer. Es wurde zu Rindersteak, Kirschgebäck und drei Glas Punsch für jeden geladen.[20]

Ein paar Tage zuvor war der endgültige Friedensvertrag zwischen Dänemark und Preußen unterzeichnet worden und Schleswig-Holstein endgültig für die Dänen verloren gegangen. Der ausgebliebene schwedische Hilfseinsatz im Krieg wurde zum Todesstoß für die Träume von einem geeinten Skandinavien. Nun blieb nur noch die Union zwischen Schweden und Norwegen. Die allerdings sollte zwar ihren Hundertsten nicht erleben, aber allem Gezänk zum Trotz doch so lange halten, dass Alfred Nobel niemals eine andere Staatsform erleben sollte.

Das Ganze erinnerte stark an die Situation in Alfreds eigener Familie. Robert hatte das zweifelhafte Vergnügen, mitten in einen bitteren Machtkampf zwischen Immanuel und Alfred wegen der ersten Gesellschafterversammlung der neuen Aktiengesellschaft hineinzugeraten. Der ältere Bruder sah sich gezwungen, einzugreifen und zu versuchen, zwischen den unversöhnlichen Kontrahenten zu vermitteln. Hinterher schrieb Robert an Ludvig:

»Ich habe meine ganze Kunst aufgeboten, den Alten zu überreden, sich jedes Auftretens als Direktor zu enthalten. Ich habe ihm seine geringen Fähigkeiten sowohl als Schreiber wie als Redner und Chemiker aufgezeigt, und er musste zugeben, dass ich recht hatte, und mir zudem versprechen, diesen Platz Alfred zu überlassen.

Papa ist schauderhaft, wenn er es darauf anlegt; er kann Steine vor Wut zum Tanzen bringen, und ich könnte das niemals so lange ertragen wie Alfred. Doch davon abgesehen gefällt mir Alfreds Verhaltensweise auch nicht wirklich. Er ist zu hitzig und zu despotisch, und eines schönen Tages werden die beiden einander an die Kehle gehen.

Dem Alten voll und ganz nachzugeben, geht auch nicht an, zumal er in finanzieller Hinsicht die ganze gute Sache verderben würde. Alfreds Stellung ist wahrhaftig schwer, aber dennoch ist Mutter am meisten zu beklagen, denn sie musste der Gerechtigkeit halber zu Alfreds Verteidigung auftreten und bekommt deshalb von Papa alle möglichen unangenehmen Dinge zu hören.«[21]

Robert hatte alles Interesse der Welt, die Situation zu retten. Seine Lampengeschäfte wollten nicht richtig in Schwung kommen. Der Plan war nun, dass er, sowie er wieder in Helsinki wäre, versuchen würde, ein Patent auf das Sprengöl mit Zündhut in Finnland zu erwirken und dort eine eigene Nitroglyzerinfabrik aufzubauen. Behutsam lotste er den Familienstreit in einen Kompromiss. Kapitän Wennerström wurde zum Geschäftsführer bestimmt, Wilhelm Smitt zum Vorstandsvorsitzenden und Alfred Nobel zum gewöhnlichen Vorstandsmitglied. Immanuel musste sich mit einem Stellvertreterposten begnügen.

Das war natürlich ein Wagnis. Immanuel war immer noch wegen Totschlags angeklagt, und während der immer noch stattfindenden Gerichtsverhandlungen wurde so viel Misstrauen gegenüber dem Nitroglyzerin ausgesprochen, dass ein zukünftiges Totalverbot nicht ausgeschlossen werden konnte. Die Polizeibehörde in Stockholm hatte bereits alle Herstellung von Sprengöl im Stadtbereich untersagt.

Gleichzeitig gab es die vielversprechenden Bestellungen – für den Tunnelbau auf Söder, den Schacht im Tyskbagarbergen und mehrere Gruben draußen im Land. Das Eingreifen der Polizeibehörde führte dazu, dass sie, um die Herstellung fortsetzen zu können, aus der Stadt herausziehen mussten. Alles, was noch von Nobels Laborausrüstung übrig geblieben war, wurde nun auf einen Kahn verladen, der im Bockholmssund im östlichen Mälaren vertäut lag.[22]

Alles stand auf der Kippe, und es gab viele unbeantwortete Fragen. Wie gefährlich war Nitroglyzerin eigentlich? Was sagte die Wissenschaft? Was konnte man beweisen? In einer der letzten Verhandlungen vor Weihnachten kam Immanuel Nobel auf die Idee, ein wissenschaftliches Urteil über das Sprengöl vom Technologischen Institut zu verlangen. Vermutlich ahnte er, dass dies alles entscheidend sein würde – aber in welche Richtung?[23]

*

Im Frühjahr 2018 hält der pensionierte Sprengstoffchemiker Lars-Erik Paulsson einen Vortrag mit der provokanten Überschrift »Was Alfred Nobel alles nicht über Nitroglyzerin wusste«. Ich entdecke das zu spät und ärgere mich. Diesen Nebel würde ich wirklich gern durchdringen.

Also verabreden wir uns ein paar Wochen später beim alten Hauptkontor der Sprengstofffabrik Bofors vor Karlskoga. Es ist ein fantastischer Frühsommertag, der Himmel ist klarblau, die Birken schlagen aus. Eine laue Brise zieht durch das historische Industrie-Idyll. Hier ließ sich Alfred Nobel in den letzten beiden Jahren seines Lebens nieder. Er kaufte eine Kanonenfabrik, um ganz groß einzusteigen, doch der Tod kam ihm dazwischen. Laut Lars-Erik Paulsson ging Alfred Nobel ins Grab, ohne die eigentlichen Probleme mit dem Nitroglyzerin zu verstehen. Denen hat man nämlich erst in den letzten Jahrzehnten auf den Grund gehen können.

Heute gibt es in der Gegend wieder den Schwarzpulverproduzenten Eurenco Bofors mit Schwedens einziger Nitroglyzerinfabrik. Die Chefin der Fabrik, Charlotta Boström, berichtet, es sei inzwischen sogar innerhalb des Stacheldrahtzauns verboten, mit reinem Nitroglyzerin zu hantieren. Das Öl wird als so gefährlich betrachtet, dass es mehrere Kilometer entfernt in von Wällen umgebenen Bunkern, hinter gepanzerten Türen und dicken Betonwänden hergestellt wird – aus sicherem Abstand von Arbeitern ferngesteuert.

Damals 1864 wussten sie so vieles nicht.

Plötzlich ist ein kräftiger Knall zu hören. Mir bleibt fast das Herz stehen, bis man mich mit der Information beruhigt, dass es nur eine Bombe war – Probefeuerungen im Labor am Fluss.

Lars-Erik Paulsson hat fünfunddreißig Jahre in dieser Gegend gearbeitet. Das Nitroglyzerin wurde zu seinem Spezialgebiet, als neue chemische Messinstrumente es möglich machten, die Geheimnisse des »Sprengöls«, die sehr spezielle spontane Teilung, die den Stoff auszeichnet, in den Blick zu nehmen. Er hält seinen Arm waagerecht vor sich, als er Alfred Nobels unbewusste Fehleinschätzung erklären will. In Zimmertemperatur kann Nitroglyzerin ein ganzes Jahr gelagert werden, ohne dass etwas passiert. Aber dann ganz plötzlich – Lars-Erik dreht den Arm abrupt nach oben – überschreitet die ansteigende Teilung eine Grenze, und schon entzündet es sich von selbst.

»Das wussten sie zu Alfred Nobels Zeit nicht. Bei 70 Grad Wärme kann die Explosion nach nur wenigen Tagen kommen«, sagt er.

Diese plötzliche galoppierende Teilung baue sich sukzessive aus der Feuchtigkeit auf, die es immer im Nitroglyzerin gebe, erklärt Lars-Erik. Die Feuchtigkeit trennt die Moleküle voneinander. Es entsteht Säure, die reagiert und oxidiert und die Temperatur steigen lässt. Dabei bilden sich nitrose Gase, die ihrerseits wieder die Temperatur anheizen, neue Gase entstehen lassen und schließlich eine selbstzündende Explosion verursachen.

»Wenn es um das Nitroglyzerin herum zu rauchen und zu schäumen beginnt, ja, dann ist Schluss mit lustig. Ist das Sprengöl dann in irgendetwas eingeschlossen, dann will es sich freikämpfen«, erklärt Lars-Erik.

»War es eben noch lammfromm, ist es plötzlich gefährlich wie ein Wolf.«

Da gab es viel, was Alfred Nobel über das Nitroglyzerin nicht wusste und nicht wissen konnte.

*

Immanuel Nobel wollte Expertenwissen einholen, doch Mitte der 1860er-Jahre hatte die Wissenschaft nicht viel zu bieten, was die Explosionsgefahr von Nitroglyzerin anging. Natürlich konnte man die Komponenten in der Erfindung des Italieners Ascanio Sobrero aufzählen, doch wenn es darum ging, das Element zu einem anwendbaren Sprengstoff zu zähmen, waren die Nobels Pioniere. Als das Technologische Institut sich nach einer Weile zu einem Gutachten über die Eigenschaften von Nitroglyzerin aufschwang, sollten die Sätze voller Vorsichtsmaßnahmen wie »noch nicht ausreichend untersucht« und »soweit bisher bekannt« sein.

Nun interessierten sich aber in den 1860er-Jahren nicht nur Sprengtechniker für das Nitroglyzerin. Auch einige Mediziner und Homöopathen hatten ein Auge auf dieses Element geworfen, das so schwere Kopfschmerzen verursachte. Die Homöopathen, der Devise folgend, dass, was verursacht, auch heilen kann, hatten schon früh Nitroglyzerin eben gegen Kopfschmerz eingesetzt. Einige britische Ärzte und Pharmakologen hatten es gegen Brustschmerzen versucht, doch sollte es noch einige weitere Jahre dauern, bis Sobreros Sprengöl seinen großen Durchbruch als Medikament gegen Gefäßkrämpfe hatte.[24]

In seinen letzten Lebenswochen sollte übrigens Alfred Nobel selbst wegen seiner Herzprobleme mit Nitroglyzerin behandelt werden. »Ironie des Schicksals«, nannte er das selbst.[25]

Mitte der 1860er-Jahre hatte die Medizinforschung viele Fortschritte gemacht. Die Geburt der organischen Chemie – die Erkenntnis, dass es rein chemisch kein großer Unterschied war, ob man totes Material oder lebendige Organismen studierte – hatte großen Einfluss auf diese Entwicklung gehabt. Das Interesse an einer ernsthaften Betrachtung auch der chemischen Prozesse im menschlichen Körper wuchs, spekulative Naturphilosophien mussten handfesteren wissenschaftlichen Experimenten weichen. Neue verfeinerte Mikroskope trugen dazu bei. Man lernte, menschliches Gewebe so dünn zu schneiden, dass man hindurchsehen konnte, wenn man es auf die Objektträger legte. Schon in den 1830er-Jahren hatten zwei deutsche Wissenschaftler dank des Mikroskops feststellen können, dass alle lebendigen Organismen aus winzig kleinen Zellen aufgebaut sind – den kleinsten Bestandteilen des Lebens.

Die Zahl der Physiologen – der Wissenschaftler, die studieren, wie der menschliche Körper funktioniert – nahm immer mehr zu. Alles, was man messen konnte, wurde gemessen. Das Ziel war klar: Wenn die Wissenschaft besser darin wurde, die Physiologie des Menschen zu erklären, dann würde es auch leichter werden, die Abweichungen davon – Krankheiten – zu bekämpfen. Schweden bekam tatsächlich seinen ersten Professor in Physiologie just in dem für die Familie Nobel so dramatischen Jahr 1864. Das hohe Ansehen dieser Disziplin in der zweiten Hälfte des 19. Jahrhunderts ist natürlich die Erklärung dafür, dass Alfred Nobel auch einen Preis ausschrieb »für den, der die wichtigste Entdeckung in der Domäne der Physiologie oder der Medizin gemacht hat«.

Es gibt keinen Nobelpreis allein für Medizin, wie die meisten glauben. Alfred nannte die Physiologie zuerst.

Die Physiologen (und die Anatomen) waren wie frühlingswilde Kühe auf der Weide. Wie funktionierte der menschliche Körper? Wie sah er im Detail aus? Von der neuen Lehre über die Zellen inspiriert wagten sie sich sogar auf Gebiete, an die sich bisher noch niemand herangetraut hatte, und schauten sich unter dem Mikroskop Gewebe des menschlichen Gehirns an. Doch von dort bis zur Erklärung dessen, was Immanuel Nobel im Januar 1865 zustieß, war es noch ein langer Weg, auch wenn zufällige klinische Beobachtungen die Gedanken allmählich in die richtige Richtung lenkten. Eine solche Geschichte hat mythologische Formen angenommen: Im September 1848 stieß dem amerikanischen Sprengtechniker Phineas Gage bei einem Eisenbahnbau ein Unglück zu, und er bekam einen Eisensplitter durch den linken Frontallappen. Er überlebte, doch berichtete sein Arzt, er habe infolge der Gehirnschäden eine Persönlichkeitsveränderung durchgemacht. Gage verlor jegliche Hemmung, sprach unflätig, verschwendete all sein Geld und verlor die Kontrolle über die Organisation seines Tages. Der Fall gab den Zeitgenossen einen Hinweis darauf, dass Verletzungen der Frontallappen des Gehirns das Verhalten eines Menschen beeinträchtigen können.

Zu Beginn der 1860er-Jahre konnte der französische Neurologe Paul Broca eine weitere Erkenntnis beitragen. Er war auf einen Patienten gestoßen, der nach und nach von großen Sprachschwierigkeiten heimgesucht worden war. Als sie sich kennenlernten, konnte der Mann nur noch das Wort »tan« formulieren und starb kurz darauf. Broca obduzierte ihn und fand eine Schädigung des hinteren linken Stirnlappens. Es sammelte noch weitere Beispiele und zog den Schluss, dass diese Umgebung das Sprachzentrum des Gehirns sei – das Broca-Areal, wie es heute noch heißt.[26]

Alfred Nobel sollte bald aus nächster Nähe Zeuge werden, wie deutlich die Verbindung zwischen den verschiedenen Teilen des Gehirns und den Körperfunktionen sein konnte.

*

Bis Weihnachten 1865 waren Alfred und Immanuel wieder einigermaßen versöhnt. Die Gesellschafterversammlung war erledigt, und Immanuel hatte sich mit seinem Stellvertreterplatz angefreundet. »Der Alte ist wirklich nett und tut alles, um alte Schäden zu reparieren«, schrieb Alfred in seinem Weihnachtsbrief an Robert. »Momentan sehe ich keinen Grund zu weiteren Konfrontationen am Horizont.«

Da machte er sich mehr Sorgen um Andrietta. »Mama ist etwas kränklich, aber es ist schon ohne all die anderen Unannehmlichkeiten schauerlich, in dieser Jahreszeit da draußen auf Heleneborg zu wohnen.«

Alfred selbst war krank und abgearbeitet. Die Behörden machten weiterhin Schwierigkeiten. Der Kahn, den sie besorgt hatten, würde nicht als Dauerlösung taugen, und sie waren gezwungen, sich nach einem anderen Ort für die Nitroglyzerinherstellung umzusehen, »fünf Kilometer von der Stadt entfernt – oder mit anderen Worten ›zur H-e mit euch, meine Freunde‹«, beklagte sich Alfred bei Robert.[27]

Es waren nur noch wenige Tage bis Weihnachten. Robert und Ludvig hatten ihre Familien, um die sie sich kümmern mussten. Ludvigs Jungs, Emanuel und Carl, waren fünf beziehungsweise drei Jahre alt, und Mina erwartete nun jeden Tag Zuwachs. Roberts kleiner Hjalmar war schon zweieinhalb, und auch Pauline war schwanger und erwartete zum Frühjahr ihr Kind.[28]

Alfred selbst hatte vor, Weihnachten allein in seiner Wohnung an der Karduansmakargatan zu verbringen, »in einer gesundheitsfördernden Wärme für Seele und Körper«. Er hatte Grund, sich Sorgen über seine Gesundheit zu machen. Seit einiger Zeit quälte ihn ein entzündetes Auge, um das er sich wegen der andauernden Geschäfte nicht hatte kümmern können. Nun hatte er von dem Arzt, der es untersuchte, einen beunruhigenden Bescheid erhalten. Die Beule am Auge, die ihm Beschwerden machte, sei dem Arzt zufolge »die alte Venus«, die sich zu erkennen gegeben habe. »Er hält es für erforderlich, eine Bekanntschaft für sie mit Merkurius zu stiften. Alles das ist sehr unangenehm«, schrieb Alfred an Robert.[29]

Diesen Satz schrieb Alfred sicherheitshalber auf Russisch. Seine kryptische Formulierung enthüllte nämlich, dass der Doktor meinte, die Beule am Auge sei ein Symptom der Syphilis. Zu jener Zeit behandelte man Geschlechtskrankheiten wie Syphilis und chronische Gonorrhö mit Quecksilber (auf Französisch *mercure*). Es hieß, eine Nacht mit der Liebesgöttin Venus könnte ein Leben mit Merkurius zur Folge haben.

Litt Alfred an Syphilis und war nun an die Existenz der Krankheit erinnert worden? Das weiß niemand. Vielleicht war es auch eine Geschlechtskrankheit gewesen, von der Alfred berichtet hatte, dass er im Sommer 1854 in Sankt Petersburg fast daran gestorben sei, und die er nach eigenem Bekunden mit »Licht und Wärmestrahlen« geheilt hatte. Syphilis war eine schambesetzte Krankheit, über die man nicht offen sprach. Außerdem endete sie oft mit verfrühtem Tod. Doch bleibt die Krankheit zumindest in den kommenden Jahrzehnten erstaunlich unerwähnt, taucht weder als bekanntes Symptom noch als Geheimnistuerei auf. In dem tragischen Tumult, in dem Alfred sich nun befand, und mit all dem Neuen, in das er bald geraten sollte, scheint er zudem seine Sorge zu einer Nebensache abgetan zu haben.

Das ändert nichts daran, dass er sich in diesen Weihnachtsfeiertagen gequält haben muss. Aber man darf nicht vergessen, dass sich das in einer Zeit abspielte, als es, wie der Medizinhistoriker Nils Uddenberg schreibt, »gefährlicher war, zum Arzt zu gehen, als es bleiben zu lassen«.

Nicht alles war finster. Alfred betrachtete, wie er dem Bruder Robert schrieb, die Bekümmernisse im Leben eher als »kleine Wolken an einem zumeist klaren Himmel«. Trotz allem ging es mit den Geschäften bergauf. Viele waren interessiert, die Bestellungen strömten herein, und nach Neujahr würden sie eine neue Probesprengung abhalten, diesmal am Tyskbagarbergen. Robert hatte kürzlich das Patent in Finnland erhalten, Norwegen war schon bereit, und Alfred dachte über Dependancen in mehreren anderen Ländern nach.[30]

Die Zukunftsträume erhielten davon Aufwind, dass die schwedische Presse sich nicht länger so einhellig negativ verhielt. Mitte Dezember hatte der Korrespondent für Stockholm der *Göteborgs-Posten* eine kritische Betrachtung des jüngsten Vorstoßes der Behörden gegen die Nobels verfasst. Er begann mit den Worten: »Dass neue Erfindungen, selbst und vielleicht vor allem die, welche mehr als andere zum Fortschritt der Menschheit beigetragen haben, es schwer haben, sich durchzusetzen – das ist nun eine Erfahrung, die ebenso alt ist wie die menschliche Sippe selbst. Und wenn der Widerstand und die Schwierigkeiten, die eine neue Entdeckung besiegen muss, um wiederum Anerkennung zu gewinnen, den Maßstab für den künftigen Wert der Entdeckung im großen Ganzen ausmachen würde, dann ist [...] die Erfindung des Nitroglyzerins eine unter denen, welche die Geschichte unter die vornehmsten der Siege des praktischen Menschenlebens einreihen möchte.«[31]

Die Zeitung übersah, wie viele andere, den kleinen Haken, dass es Ascanio Sobrero und nicht Alfred Nobel gewesen war, der das Nitroglyzerin erfunden hatte. Doch für die frischgebackenen Aktionäre war es der Tonfall, der die Musik machte. Mehr Bewunderung als Hass.

Wilhelm Smitt fand schließlich einen guten und geschützten Ort für eine Fabrik, und zwar in Vinterviken im Westen von Stockholm. An einem der ersten Tage des Jahres 1865 kaufte er das Grundstück, das ganz am Ende einer tiefen Bucht des Mälaren lag und von hohen schützenden Felsen umgeben war. Er ließ die Nachbarn unterschreiben, dass sie nichts dagegen einzuwenden hatten, dass die kontrovers betrachtete Produktion von Nitroglyzerin dorthin verlegt wurde.[32]

Es sollte noch dauern, bis die Tätigkeit aufgenommen werden konnte, aber man empfand den Kauf dennoch als Neubeginn. In den ersten Tagen des neuen Jahres wurde der Sprengversuch in Tyskbagarbergen durchgeführt, und die Berichterstattung in den Zeitungen geriet unerwartet lyrisch. Das *Aftonbladet* schrieb, wie erfahrene Felssprenger stumm vor Erstaunen über den Effekt dastanden, den nur ein einziger Schuss mit dem Sprengöl hatte. »Man konnte eine ungeheure Felsmasse, in mehrere große Blöcke aufgeteilt [...] niederstürzen sehen. Um eine solche Wirkung zustande zu bringen, müsste man eine bedeutende Menge Schwarzpulvers aufbringen.«

Alles hätte rosig ausgesehen, wären da nicht der Prozess und der Großhändler Burmester gewesen, welcher zu dieser Zeit wegen Schadensersatz »wie ein Blutegel« an Immanuel Nobel klebte. Nicht einen einzigen Reichstaler gedachte der Großhändler nachzulassen. Alfred war besorgt. Es entging ihm nicht, wie die Androhung eines neuerlichen finanziellen Scheiterns den Vater quälte.

Als der Schlaganfall kam, ging Alfred Nobel so weit, dass er Burmester bezichtigte, zum Teil schuld daran zu sein. Der Arzt sollte da nicht zustimmen, aber Alfred persönlich war voll und ganz überzeugt, dass das, was Immanuel Nobel am 6. Januar 1865 widerfuhr, in direktem Zusammenhang mit dem Stress des Vaters über Burmester und die schwerwiegenden Schadensersatzforderungen stand.

Der Schlag, der Immanuel Nobel traf, eine Blutung oder eine Thrombose in der rechten Gehirnhälfte, war laut Alfred »gelinder« Art. Doch war Immanuels ganze linke Seite gelähmt, und er hatte nach dem Schlaganfall auch kein Gefühl mehr in diesem Teil des Körpers. Er blieb ans Bett gefesselt und hatte, so der Arztbericht, Probleme, sich längere Zeit wach zu halten und an anspruchsvolleren Diskussionen teilzunehmen.

Die Komplikationen blieben. Der Angeklagte Immanuel Nobel sollte nie wieder vor dem Gericht im Rådhus erscheinen.[33]

KAPITEL 6

»Es knallt an allen Ecken«

Alfred wartete ungefähr eine Woche damit, seinen Brüdern von Immanuels Schlaganfall zu berichten. Er hätte sie so gern mit der Nachricht beruhigt, dass die Lähmung zurückgegangen sei und alles wieder gut wäre. Doch Immanuel konnte nicht aufstehen. Seine geistigen Fähigkeiten erhielt er allmählich wieder zurück, doch er blieb ans Bett gefesselt, unfähig, sich ohne Hilfe zu rühren. Ungefähr einen Monat nach dem Schlaganfall wurde er zudem von einer weiteren Krise mit Durchfall und schweren Darmblutungen heimgesucht. Einmal war Immanuel derart geschwächt, dass Andrietta das Schlimmste befürchtete und die Eheleute ein Testament verfassten.

Zu den ausstehenden Schadensersatzforderungen kamen nun noch haushohe Rechnungen für Immanuels Betreuung rund um die Uhr. Und Immanuel konnte nicht mehr arbeiten. Sowohl in Schweden als auch in Russland waren ihm Anträge auf Rente kalt abgeschlagen worden. Er besaß nichts und stand immer noch vor Gericht.

Die nun folgenden Monate sollten von wachsender Verzweiflung in der Familie Nobel geprägt sein.

In Sankt Petersburg hatte Ludvig immer noch nichts zu tun. Er hatte sich bereits einmal verschuldet, um den Eltern zu helfen, und ohne neue Aufträge konnte er nicht viel ausrichten. Wie er schrieb, hatte er »einzig und allein Blini im Überfluss«. Robert seinerseits war zwar dabei, eine Nitroglyzerinfabrik in Finnland zu planen, aber mehr auch nicht. Alle Hoffnungen ruhten auf Alfred.

Die Krise nahm derartige Ausmaße an, dass die Familie in Stockholm kaum bemerkte, dass Ludvig und Mina Ende Januar eine Tochter bekamen.[1]

Zu allem Überfluss hatte Alfred auch noch Probleme mit der Sprengölproduktion bekommen, die immer noch auf dem Kahn im östlichen Mälaren stattfand. Die Tagesarbeit wurde von einem frisch examinierten Ingenieur, T. H. Rathsman, geleitet, den Smitt aufgegabelt und angestellt hatte. Der sechsundzwanzigjährige Rathsman arbeitete, so gut er konnte, draußen auf dem Schiff, doch in den ersten Wochen des neuen Jahres wurde plötzlich die ganze Region Stockholm von starker Kälte lahmgelegt. In seinen Tagesberichten beschreibt Rathsman, wie die Säuren zu Eis gefroren und das Nitroglyzerin »dickflüssig wie Brei« war. Alfred wurde klar, dass das nicht funktionierte. Der Bedarf an Nitroglyzerin war immer noch sehr groß und die Kunden zahllos. Wenn es ihnen gelingen sollte, dann mussten sie das Fabrikgebäude auf dem neu gekauften Grundstück in Vinterviken schnell in Betrieb nehmen.[2]

In diesem Punkt war Alfred ganz in den Händen seiner Finanziers – eine nicht sonderlich angenehme Situation. Es fehlte ihm an Geld und ebenso an Kontrolle über »sein« Unternehmen. Zwar stand ihm vom Nitroglyzerinunternehmen für sein schwedisches Patent eine große Summe in bar in Aussicht, doch die konnte nicht ausbezahlt werden, ehe der Verkauf richtig in Gang kam. Erst dann lief er nicht mehr Gefahr, dass »die Alten« ohne Mittel dastünden.

Wennerström und Smitt verbargen nicht ihre Ansicht, dass ihr Einsatz für das Unternehmen den der Familie Nobel in seiner Bedeutung übertraf. Diese Haltung sollte sich im Laufe der Zeit zu einem Stein des Anstoßes zwischen den Aktionären entwickeln. Zu allem Überfluss war es auch noch Kapitän Wennerström, der Alfreds ersten richtigen Verdienst organisierte, nämlich den Verkauf des Patents an Norwegen zu Beginn des Jahres 1865. Es sagt eine Menge über Alfreds Situation aus, dass es das erste und einzige Mal war, dass ihm Aktien und Einfluss in einem Unternehmen, welches aufgrund seiner Erfindung gegründet wurde, völlig egal waren. Er nahm alles in bar und erhielt 10 000 sehnsüchtig erwartete Reichstaler.

Es gab viele Löcher, die damit gestopft werden mussten. Vordringlich war, einen Teil von Immanuels Schulden zu begleichen, sodass die Eltern Luft bekamen und ihr Unterhalt zumindest für ein paar Monate gesichert war. Ein erleichterter Alfred konnte den Brüdern schreiben, der Vater wäre nun endlich etwas beruhigter.

Knapp die Hälfte des Norwegen-Geldes behielt er für sich. Ein Plan hatte Form angenommen. Alfred wollte sich außer Landes begeben. Er würde in weiteren Ländern Patente anmelden und diese für Geld und Beteiligungen an interessierte Firmen verkaufen. Wenn er es nur richtig anstellte, müsste eigentlich die schnelle Expansion des Eisenbahnwesens auf dem Kontinent bald die großen und kontinuierlichen Geldmengen in die Kasse bringen, die die Familie so dringend benötigte. Schließlich gab es darüber hinaus noch mehr Möglichkeiten, denn eigentlich müssten ausländische Grubenbetreiber mindestens ebenso begeistert von seiner neuen Sprengtechnik sein wie ihre schwedischen Kollegen.

Doch das musste vor allem schnell gehen. Und leicht würde es auch nicht werden. Er hatte ein paar Tausend Reichstaler, doch die würden ihn nicht weit bringen, wenn er auch noch, wie es sein Plan war, auf dem Kontinent eine Fabrik errichten wollte. Und an Kredite war ja nicht zu denken. Wie er an Robert schrieb, war das Beschaffen eines Kredits in Schweden unter den herrschenden Umständen »schwerer, als das Siebengestirn vom Himmel zu holen oder Münchhausens Mondbesteigung«.[3] Eines war Alfred klar: Diesmal würde er nicht in seinen Bart murmeln. Diesmal würde er richtig für seine Erfindung Dampf machen, obwohl er im Grunde ja alle Marktführung für »Humbug« hielt.

Während seiner Tournee durch Schweden mit dem Sprengöl war Alfred auf die Brüder Theodor und Wilhelm Winckler gestoßen, die an der Westküste einen Steinbruch besaßen, sich aber schon lange in Hamburg niedergelassen hatten, wo sie eine Firma für Baustoffe betrieben. Die Gebrüder Winckler hatten Alfred vorgeschlagen, doch sein Glück auch dort zu versuchen, und versprochen, ihm dabei zu helfen. Immanuel, der die Wincklers oberflächlich kannte, sagte, er glaubte, es seien gute Leute.

Hamburg war eine der pulsierendsten Handelsstädte Europas. Der große Hafen ermöglichte Handelsbeziehungen mit Hunderten von Ländern in aller Welt. Dort gab es Schiffs- und Eisenbahntransporte ins ganze Zentraleuropa. Hamburg war eine perfekte Basis für die internationale Expansion, bedeutend besser als Stockholm, fand Alfred Nobel.[4]

*

Der europäische Kontinent wurde nach wie vor von der internationalen Sicherheitsordnung, die mit dem Wiener Kongress 1815 geschaffen worden war, in einer Art friedlichem Schach gehalten. Der Krimkrieg hatte das Gebäude zwar heftig erschüttert, aber nicht alle Großmächte des Kontinents in die Kämpfe hineingezogen. Und das jüngst beendete dänisch-preußische Kräftemessen wurde wohl von den meisten als weitaus zu nebensächlich betrachtet, um die Grundkonstruktion ernsthaft zu gefährden.

Doch da kannten sie Otto von Bismarck nicht.

Die Friedensverhandlungen nach den Napoleonischen Kriegen waren von dem Ehrgeiz beseelt gewesen, das Aufkommen einer neuen kriegerischen Großmacht in Europa zu verhindern. Das Rezept dazu nannte sich Kräftegleichgewicht und kollektive Sicherheit. Es war die Strategie der verhandelnden Parteien in Wien gewesen, den Verlierer Frankreich nicht allzu hart zu bestrafen, um den Wunsch nach Rache zu verhindern, der am Ende alle zu Verlierern machen würde. Die Grenzen wurden im Grunde lediglich dorthin zurückgeschoben, wo sie vor den Eroberungskriegen gewesen waren. Ferner wurde um

Frankreich ein schützender Ring gestärkter und neutraler Staaten geschaffen.

Mit den deutschen Staaten war das Dilemma anders bestellt. Deutschland durfte weder zu stark noch zu schwach werden. Die Lösung, die man 1815 in Wien fand, war elegant. Es entstand nicht, wie viele gehofft hatten, eine deutsche Nation, sondern stattdessen konstruierte man einen »Deutscher Bund« genannten losen Zusammenschluss aus selbstständigen deutschen Staaten. Dazu gehörten auch Preußen, Österreich und um die dreißig weitere kleinere Staaten, darunter die »Freie und Hansestadt« Hamburg. Der Gedanke dahinter war, dass die beiden großen Staaten – Österreich und Preußen – einander in dieser gemeinsamen Interessensphäre ausbalancieren würden. Ansonsten fehlte es an den meisten Attributen, die eine Staatenbildung kennzeichnen, zum Beispiel einer gemeinsame Armee.

Es war eine geglückte Konstruktion. Der Deutsche Bund wurde gleichzeitig »zu stark, um von Frankreich angegriffen zu werden, aber viel zu schwach und dezentralisiert, um seine Nachbarn zu bedrohen«, schreibt Henry Kissinger in seinem Buch *Diplomacy* (1994). Kissinger hält mit seiner großen Bewunderung für das Fingerspitzengefühl der Wien-Verhandler nicht hinter dem Berg. Wenn die Siegermächte 1918 in Versailles ebenso klug gewesen wären, dann hätte es wahrscheinlich keinen Zweiten Weltkrieg gegeben, meint er.

Preußen und Österreich waren lange genauso willig zur Zusammenarbeit aufgetreten, wie die Friedensverhandler es gewünscht hatten. Doch im letzten Jahrzehnt hatte die Beziehung begonnen, Risse zu bekommen. Österreich hatte Preußens blühendem industriellem Wachstum nichts entgegenzusetzen, und das veränderte die Kräfteverhältnisse. Die Führungsposition, die Österreich für selbstverständlich genommen hatte, begann zu schwanken, und die Preußen, die sich früher schon über die hochnäsige Haltung der Österreicher geärgert hatten, gewannen immer stärkere Argumente.

Preußens lärmender Ministerpräsident Otto von Bismarck gehörte dazu. Schon als junger Diplomat in den 1850er-Jahren hatte er deutlich gemacht, wo er stand. Während seiner ersten Zeit im Deutschen Bund widersetzte sich Bismarck als Zeichen für Preußens ebenbürtigen Status der ungeschriebenen Regel, dass allein der österreichische Vorsitzende das Recht hatte, während der Besprechungen Zigarre zu rauchen. Das Zigarrendrama endete in einem Duell.

Im Frühling 1865 sollte Bismarck fünfzig Jahre alt werden. Drei Jahre zuvor vom preußischen König Wilhelm I. zum Ministerpräsidenten ernannt, war er bereits eine Legende. Bismarck war ein hochgewachsener Mann mit fülligem Walrossbart und immer höher steigendem Haaransatz. Er vibrierte vor Energie, hielt niemals mit seiner Meinung hinterm Berg und drückte sich zwischenzeitlich so schlagkräftig aus, dass den Leuten die Luft wegblieb. Er konnte ein fast magnetisches Charisma ausstrahlen, wenn er wollte, und manche priesen gar seinen Humor. Doch er war mindestens ebenso bekannt für die kühle, rücksichtslose Haltung, die gelegentlich seine Person prägte.

Von Anfang an hatte Bismarck sein (und Preußens) Ziel klar vor Augen. Wie viele andere wollte er ein geeintes Deutsches Reich sehen, dann aber ohne Österreich.

»[...] für beide ist kein Platz nach den Ansprüchen, die Oe[sterreich] macht, also können wir uns auf die Dauer nicht vertragen. Wir athmen einer dem andern die Luft von dem Munde fort, einer muss weichen oder vom anderen ›gewichen werden‹ ...«, schrieb Bismarck bereits 1853 in einem Brief.[5]

Für den preußischen Ministerpräsidenten war internationale Politik ein Spiel von Macht und Eigeninteresse, das ziemlich wenig mit politischen Werten und Prinzipien zu tun hatte. Oft analysierte er seine Handlungsalternativen in Spielbegriffen – was geschieht, wenn ich diesen Schachzug unternehme, diese Karte spiele? Was macht die Gegenseite dann?

Krieg war in Bismarcks Welt nur ein möglicher Spielstein unter anderen, wenn auch seiner Meinung nach der beste. Diese Einstellung, eine Verhöhnung des Friedensgeistes des Wien-Vertrags, war nichts, was er verbarg. Wie er es in seiner berühmten ersten Rede als Ministerpräsident ausdrückte: »Preußen muss seine Kraft zusammenfassen und zusammenhalten auf den günstigen Augenblick, der schon einige Male verpaßt ist; Preußens Grenzen nach den Wiener Verträgen sind zu einem gesunden Staatsleben nicht günstig; nicht durch Reden und Majoritätsbeschlüsse werden die großen Fragen der Zeit entschieden – [...] – sondern durch Eisen und Blut.«[6]

Die Kriegserklärung an Dänemark war ein typischer bismarckscher Spielzug gewesen, der erste in einer Dreierkombination, die er nach Ansicht einiger Historiker vermutlich schon von Anfang an im Kopf hatte. Man könnte sagen, dass Bismarck die Chance ergriff, als sie sich zeigte, seinen Stein zog und auf das beste Ergebnis hoffte. Mit dem dänischen Krieg gedachte er, einen Streit mit Österreich zu provozieren, der wiederum einen anderen Spielzug ermöglichen würde. Sein letztendliches Ziel: eine geeinte deutsche Nation, ohne Österreich.

Der Teil der Spielstrategie, der jetzt dran war, betraf die Machtverteilung in den von Dänemark eroberten Herzogtümern Schleswig, Holstein und Lauenburg. Im Frühjahr 1865, als Alfred Nobel Stockholm verließ, war die Spannung zwischen Preußen und Österreich bereits so stark, dass man sie mit Händen hätte greifen können. Bismarck wartete nur auf einen deutlichen *casus belli*, auf einen österreichischen Fehltritt oder was auch immer, der ausreichte, um den Krieg zu legitimieren, den er plante.

Alfred Nobel würde mitten in diesen Zirkus geraten, zu Beginn als außenstehender Betrachter in dem von Preußen unabhängigen Hamburg. Bisher hatte Alfred Nobel kein größeres Interesse für Bismarcks Kriegspläne gezeigt, weder als Erfinder noch als Unternehmer. Er hielt das Sprengöl als für die Kriegsindustrie ungeeignet, weil es die Waffe zerstörte. Für den Moment suchte er seine Kunden ausschließlich unter den Sprengern von Felsen.

Im Laufe der Zeit, auf der Höhe von Bismarcks drittem Spielzug, sollte sich die preußische Armee dennoch für die explosiven Erfindungen des kreativen Schweden interessieren. Und dann, als Bismarck mit seinen Kriegen fertig war, war in Europa nicht mehr viel vom Machtgleichgewicht übrig.

*

Anfang März 1865 nahm Alfred den Zug oder »das Eisenpferd«, wie er sagte, und fuhr durch ein noch unter Bodenfrost liegendes Schweden. Dadurch verpasste er die positiven Beurteilungen eines besonders geglückten Sprengversuchs am Tyskbagarbergen, denen Prinz Oscar beigewohnt hatte. »Der Berg schien sich zu erheben, und eine unfassbar große Menge Steine löste sich und wurde mit wirklichem Theatereffekt herumgedreht, sodass sich den zahlreichen Zuschauern ein Ausruf des Erstaunens entrang«, schrieb eine Zeitung und beschrieb, wie ein kolossaler Felsblock »leicht wie eine Feder« aus dem Berg hüpfte. Die Zeitung gratulierte »sowohl dem Erfinder als auch dem Tyskbagarebolaget zu diesem außerordentlich kräftigen Mittel«.[7]

Die Reise durch Schweden gestaltete sich als Prüfung. Alfred Nobel litt an »Eisenbahnkrankheit«, und ihm wurde oft übel, wenn die Waggons schaukelten. In Kopenhagen strandete er für vier Tage wegen eines Schneeunwetters, und es schien nahezu unmöglich, ein Schiff zu finden, das ihn über den vereisten Großen Belt bringen würde. Nach »viel Mühen und Rückschlägen« kam er endlich in Hamburg an. Er checkte in das relativ neu gebaute Hotel Victoria ein, das aus allen Fenstern einen Blick auf die künstlich angelegte Binnenalster bot.[8]

Auf den ersten Blick wirkte die Stadt Hamburg nicht wie eine sonderlich internationale Metropole. Von der Einwohnerzahl her war sie nur doppelt so groß wie das beschauliche Stockholm. Dennoch bedeutete der Umzug dorthin einen mächtigen Schritt in die Welt hinaus, und das hatte natürlich mit dem Hafen – immerhin der zweitgrößte Europas – zu tun. Hierher kamen Handelsschiffe von entfernten Reisezielen, von denen die meisten nur träumen konnten: Den einen Tag war es Australien, am nächsten das Kap der Guten

Hoffnung, Kalkutta oder China. Exotische Waren aus allen denkbaren Handelskolonien wurden gelöscht: Kokosnüsse, Baumwolle, Kakao und tropische Früchte.

Alfred kam in eine ungewöhnlich moderne europäische Stadt. Der verheerende Brand von 1842 hatte große Teile des Stadtzentrums von Hamburg in Schutt und Asche gelegt, darunter auch das Rathaus der Stadt und mehrere Kirchen. Im Grunde hatte man ein neues Zentrum aufbauen müssen, und die Architekten nutzten diese Gelegenheit. Hamburgs mittelalterliche Gassen wurden durch moderne großzügige Flächen, helle breite Straßen und offene Plätze ersetzt.

Am ansprechendsten war die Verwandlung der Kais um die Binnenalster gewesen, die jetzt zur vornehmsten Flaniermeile Hamburgs geworden war. Dort thronten die neuen Alsterarkaden mit ihren schönen venezianischen Bogen. Die Paradestraße Jungfernstieg hatte ebenfalls eine Metamorphose durchgemacht und war nun von eleganten Palästen im modernen neoklassizistischen Stil gesäumt. Dort befanden sich die Hotels, die Restaurants und die exklusiven Geschäfte. »Da schritten bedeutende Matronen mit stolzer Haltung und dicken Goldketten einher«, dichtete der schwedische Schriftsteller Claës Lundin, der zu dieser Zeit sehr oft Hamburg besuchte.

Lundin war fasziniert von dem »brausenden Kaufmannsleben« in Hamburg. »Wart Ihr an der Börse?« war, wie er sagte, die erste Frage, die ein Fremder Mitte der 1860er-Jahre von einem Hamburger gestellt bekam. »Kennen Sie unser Kloakensystem?« die andere.[9]

Die Gebrüder Wilhelm und Theodor Winckler hatten ihr Kontor nur wenige Minuten zu Fuß vom Jungfernstieg entfernt in einem fünf Stockwerke hohen Steinhaus an der Bergstraße 10, einem der wenigen Gebäude, die den Brand überlebt hatten. Alfred bekam einen Arbeitsplatz bei Winckler & Co. und konnte von dort aus die Arbeit aufnehmen. Die Brüder versprachen, ihm zu helfen, wenn er etwa Chemikalien bestellen musste, bevor er seine eigene Firma hatte eintragen lassen können, und Alfred legte im höchsten Tempo los. Die Patentanträge für mehrere Länder wurden auf den Weg gebracht und die

Fühler in andere Länder ausgestreckt: Österreich, Belgien, Spanien, Frankreich, England und vielleicht sogar die USA?[10]

Im April erhielt Alfred Nobel die Handelslizenz für Ausländer in Hamburg und konnte nun verstärkt deutsche Sprengfirmen ansprechen. Nach der ersten Probesprengung in einer Kupfergrube in Sachsen schrieb ein zufriedener Alfred nach Hause an Smitt, das Öl würde alle Erwartungen übertreffen. Er berichtete von dem »fassungslosen Erstaunen der Herren Deutschen, welche zunächst steif wie Soldaten und dann weich wie Wachs gewesen seien«.[11] Nach der nächsten Sprengung, in einer Ziegelfabrik vor den Toren Hamburgs, fanden die Superlative ihren Weg in die Zeitungen. Die *Hamburger Nachrichten* schrieben von der fantastischen Wirkung von Herrn Nobels »ungefährlichem« Sprengöl und konstatierte ihm eine »große Zukunft«.[12]

Doch die Aufträge ließen auf sich warten und damit auch das Geld. Die Hotelrechnung begann zu schmerzen. Im Frühling suchte Alfred eine billigere Wohnung und mietete sich bei einem Klavierbauer in der Großen Theaterstraße ein.

Alfred gefiel die Zusammenarbeit mit den Winckler-Brüdern, vor allem mit Theodor. »Hervorragender Kerl. [...] Ich bin wirklich erstaunt, wie richtig Papa ihn vom ersten Ansehen an eingeschätzt hat«, schreibt er an seinen Bruder Robert. Doch leider mangelt es auch den Wincklers an Geld. Die Lage war angespannt, weil die eifrige Marktführung, die Alfred nun betrieb, natürlich auch von einer raschen Produktion begleitet sein musste. Er war gezwungen, alle seine Aktien des schwedischen Nitroglyzerinunternehmens zu verpfänden, und hatte Schwierigkeiten, im Rahmen seines Budgets eine gute und sichere Fabrikanlage zu finden. Die Bergstraße 10 war einfach viel zu zentral gelegen.[13]

Die Wincklers boten eine Übergangslösung an. Sie besaßen draußen auf dem Hafengelände einige Lagergebäude, und dort waren keine Wohnhäuser in der Nähe. Alfred durfte einen der Holzschuppen mieten, und die Wincklers stellten ihm auch einige ihrer Arbeiter zur Verfügung. Dies alles geschah unter größter Geheimhaltung. Ein Antrag auf Zulassung war gestellt, doch als die Ablehnung kam, war Alfred Nobel bereits in vollem Gange. Schon bald war er bei einer Kapazität von fast hundert Kilo Sprengöl pro Tag. Hingegen lief, anders als der optimistische Theodor Winckler in Aussicht gestellt hatte, der Verkauf nur sehr zäh.[14]

Die Nachrichten, die ihn aus Stockholm erreichten, waren in finanzieller Hinsicht alles andere als beruhigend. Die Fabrik in Vinterviken war zwar eingerichtet und bereit, und die Produktion war in einem alten umgebauten Stall langsam angelaufen. Immanuels Zustand hatte sich auch ein wenig verbessert, doch konnte er immer noch nicht allein stehen oder gehen, ja er vermochte sich nicht einmal ohne Hilfe von anderen im Bett zu bewegen. Andrietta, die selbst unter Rückenschmerzen litt, gab ihrer Panik in diesem Frühjahr in einem Brief nach Hamburg Ausdruck. »Wie geht es mit Österreich, wird es da laufen, oder ist Schluss? Verzeih die Frage, aber ich bin ängstlich wegen des Geldes, das bald zu Ende sein wird. Hast du schon das Patent in Amerika bekommen?«[15]

Alfred war gestresst. Die Enttäuschung aus Andriettas Zeilen konnte nicht überhört werden. Er schrieb an Robert, der sich in Stockholm befand. Wenn es den Eltern so schlecht gehe, konnte dann nicht Robert den Konsul Smitt mit Alfreds Aktien als Sicherheit um einen Kredit angehen? Er versicherte dem Bruder, was offensichtlich für die Eltern bestimmt war, dass er viele Eisen im Feuer habe und dass er und Winckler hart an den Probesprengungen arbeiten würden. »Gott weiß, dass ich das so angeschoben habe, wie wir es zu Hause nie getan haben«, und »die Deutschen scheinen letztendlich anbeißen zu wollen«. Es würde einfach nur ein wenig dauern. Beschämt gestand Alfred, dass er gezwungen gewesen war, eine Kaution von 300 000 Reichstalern für seine provisorische »Fabrik« zu stellen, falls ein Unglück eintreffen würde. »Ich weiß wohl, mein guter Robert, dass ich zu hoch spiele. Aber was soll ich denn tun? Ich habe keine Mittel für den Bau einer Fabrik – außerdem braucht man in Deutschland viel Geld, denn Platz und Bauten sind teuer. Aber ich will auch nicht, dass der Alte mich untätig findet oder dass ihm das Geld ausgeht, jetzt, wo es so sehr gebraucht wird.«[16]

Ein verzweifelter Alfred fragte, ob Robert jemanden kenne, der ihm gegen hohe Zinsen (Alfred verwendete damals den umgangssprachlichen antisemitischen Begriff »Judenzins«) 10 000 Reichstaler leihen könne. Außerdem vertraute er seinem Bruder an, dass er erwogen habe, in die Öffentlichkeit zu gehen und »Papa Gerechtigkeit für seinen Anteil an den Erfindungen angedeihen zu lassen«, dass er aber damit gezögert habe, weil die daraus erwachsende Summe doch nur von den Gläubigern des Vaters verschlungen werden würde.

Je weiter man seinen Brief liest, desto mehr schmerzt es geradezu. Der zweiunddreißigjährige Alfred Nobel schreit förmlich nach Anerkennung, nach einem dankbaren Schulterklopfen von zu Hause und womöglich einem liebevollen »Wir wissen, Alfred, dass du tust, was du kannst, und vielleicht sogar noch mehr.«

Zwei Wochen später kommt der nächste Brief von Mutter Andrietta an Alfred. »Etwas Erfreuliches habe ich nicht [...] zu berichten. [...] Das Geld wird bald aus sein, mein letztes nämlich, und dann wird man am Hungertuch nagen.«[17]

Das war die denkbar schlechteste Ausgangslage für einen unerwarteten Angriff auf heimatlichem Boden. Doch so kam es. Ein Baumeister in Stockholm namens August Emanuel Rudberg hatte ein Patent für eine neue Art, Nitroglyzerin zum Explodieren zu bringen, angemeldet. Seine Idee war, von der Mündung des Bohrlochs aus ein Projektil in die Nitroglyzerinladung zu schießen.

Zunächst winkte Alfred ab. Das war zwar ein Witz, aber »die Idee ist nichtsdestotrotz sehr sinnreich und [ich] habe alle Achtung dafür«, schrieb er großzügig in einem Brief. Er wusste, dass sein Patent kurz gesagt alle Methoden schützte, wenn es darum ging, Nitroglyzerin zur Detonation zu bringen, indem man einen Explosionsimpuls zustande brachte. Alfred hatte bisher einen speziellen Anzünder oder Zündhut verwendet, der mit Schwarzpulver gefüllt war. Aber im Patent hatte er auch andere Lösungen abgedeckt.

Also äußerte er sich ironisch über Rudbergs frechen Versuch, die Idee zu stehlen. »Was würden die Leute denken, wenn ich, nachdem ich die Zeichensetzung in einem fremden Roman ›verbessert‹ hätte, ihn unter meinem Namen und zu meinem Vorteil veröffentlichen würde? Das wäre doch wirklich ein Lob wert – oder etwa nicht?«[18]

Als das Wirtschaftskollegium kurz darauf Rudberg das Patent erteilte, klang das allerdings anders. Alfred war unschlüssig. Eigentlich hatte er beschlossen, nicht nach Schweden zurückzureisen, ehe er den Verkauf in Hamburg in Gang gebracht hatte. Die Zukunft der Familie lastete auf seinen Schultern, und, wie er es ausdrückte, »woher sollten wir die Mittel für morgen nehmen, wenn nicht gegenwärtige Geschäfte sie erbrächten?« Doch was sollte er jetzt tun? Sie waren gezwungen, Rudberg wegen Patentverletzung zu verklagen.

Alfred bekam eine Abschrift des konkurrierenden Patents mit der Post zugeschickt. Er verglich es und erkannte, dass ein unerfahrener Richter es durchaus würde durchwinken können. Das plagte ihn. Bleiben oder nach Hause fahren und sein Patent verteidigen? So wie er die Situation in Hamburg einschätzte, müssten die finanziellen Schwierigkeiten der Familie in einigen Monaten gelöst sein, und bis dahin würde das Patentverfahren sicher noch laufen. »Ich würde gern nach Hause kommen, aber es ist unmöglich: Es würde uns alle in einen allgemeinen Konkurs führen, und wenn man ohne Kleider dasteht, dann hindert keine Gerechtigkeit einen Richter daran zuzuschlagen und die Allgemeinheit daran zu lachen.«

Er dachte, ein Esel würde sehen, dass er recht hatte. Doch er hatte zugleich das Gefühl, dass in Stockholm alles möglich war. Die Wut überkam ihn. »Wenn der [Prozess] verloren wird, dann ist das eine Ungerechtigkeit, die nur in unserem liebsten Schweden geschehen kann, wo Anwälte Heu futtern sollten und das Wirtschaftskollegium auf die Schulbank gehört.« Er riet Robert, »ein Rasiermesser erster Güte« als Anwalt zu beauftragen.

Alfreds Bauchgefühl stimmte. Der Prozess gegen Rudberg sollte fast ein Jahr währen, und am Ende verlor Alfreds Nitroglyzerin-Aktiengesellschaft. Möglicherweise wurde der Schlag dadurch abgemildert, dass Rudberg kurz darauf in Konkurs ging.[19] Doch in jedem Fall war diese Prüfung nur ein leiser Hauch gegen den Sturm, der noch kommen sollte.

*

In diesem Sommer plagten Alfred nicht nur unerwartete Konkurrenten, sondern auch ein anhaltender Schmerz in der linken Hälfte des Kopfes. Der Stress schien zusammen mit den allgemeinen Widrigkeiten die Symptome zu verschlimmern. Dass pochender Kopfschmerz eine bereits bekannte Nebenwirkung des Umgangs mit Nitroglyzerin war, schien ihm nicht in den Sinn zu kommen.

Eigentlich, so schrieb er, müsste er sich eine Kur gönnen, doch dazu war weder Zeit noch Geld vorhanden. Den Alten hingegen war dieser Luxus schon lange versprochen, wahrscheinlich für Geld, das Alfred aus dem Verkauf des norwegischen Patents beiseitegelegt hatte. In der unsicheren Lage, die herrschte, muss es ihn wegen der Ausgabe gegraut haben, aber die Eltern brauchten es, und wer sollte es sonst bezahlen? Von den Brüdern waren immer noch keine positiven wirtschaftlichen Signale zu vernehmen, sondern nur dicht aufeinanderfolgende Berichte über wachsende Familien. Im Frühjahr hatte auch Roberts Ehefrau Pauline eine Tochter geboren, die den Namen Ingeborg bekam. Als der Bildbeweis kam, fand Alfred, »das kleine Bündel« sehe süß und nett aus.[20]

In der Kleinstadt Norrtälje nördlich von Stockholm gab es ein Moorbad, das eine heilende Wirkung für Rheumatiker und Nervenschwache haben sollte. In dieser Saison war ein neues großes Warmbadehaus eröffnet worden. Dort sollten Andrietta und Immanuel im Sommer 1865 über einen Monat verbringen. »Gott, was haben wir unserem kleinen Alfred zu danken, dass wir hier sein und baden dürfen, was uns schon jetzt unleugbar gutgetan hat. Papachen kann noch nicht einen einzigen Schritt gehen, aber er meint selbst, dass er stärker geworden ist, und ich fühle mich auch etwas besser […] Wie traurig, dass du dich in so große Schulden versetzen musst, und noch zu solchen Bedingungen, aber wir möchten hoffen, dass etwas gehen wird …«, schrieb Andrietta nach wenigen Tagen im Kurbad an Alfred.

Sie schrieb, sie würde sich große Sorgen um ihn machen, sei aber ruhiger, seit sie wisse, dass sein Schweigen seine Ursache darin habe, dass er so viel auf Geschäftsreisen sei. »Mein armer Alfred, du hast es schwer, der du so viel arbeitest und strebst und keine Aussicht für deine Mühen hast, wo lauter verrückte Menschen sich querstellen […].«[21]

Mitten im Sommer erreichte sie eine Nachricht aus Paris, die großen Eindruck auf die Eltern in Norrtälje machte, als sie im Nachhinein davon im *Post- och Inrikes Tidningar*, dem offiziellen schwedischen Amtsblatt, lesen konnten.

Der Hintergrund waren einige Versuche, die Alfred Anfang Juni für das Unternehmen Vieille Montagne in den belgischen Gruben desselben Namens unternommen hatte. Der Grubendirektor Schwarzmann bei der schwedischen Grube des Unternehmens in Åmmeberg war es gewesen, der seinen belgischen Vorgesetzten begeistert von Nobels Sprengöl berichtet hatte. Bei den Versuchen hatten sich viele deutsche und belgische Akademiker von Rang zu den neugierigen Ingenieuren gesellt, und ihr Erstaunen war groß, als Alfred eine gusseiserne Platte, die eine Tonne wog, in vier große und mehrere kleinere Stücke zersprengte.[22]

Danach reiste Alfred mit zwei Stücken der gesprengten Gusseisenplatte in der Tasche weiter nach Paris.

*

Die Information über die Reise nach Paris habe ich aus einem Nebensatz in einem von Alfreds Briefen an Robert herausgelesen. Ich halte inne, denn in einem Zeitungsartikel von 1865 habe ich gelesen, dass die Französische Akademie der Wissenschaften in jenem Sommer eine Kommission zu Nobels Sprengöl einberufen hatte.

Die *L'Académie des Sciences* gehörte zu jener Zeit mit zum Feinsten, was es gab. Alfred Nobel bekam zu Lebzeiten nicht viele Bestätigungen auf diesem Niveau. Zwar behauptete er, dass ihn solcher Kram nicht scheren würde, doch mein Bauchgefühl sagt mir, dass er es in seinem tiefsten Innern doch tat. Wenn die Anerkennungen und Auszeichnungen in Alfred Nobels Welt Unsinn waren, warum verwendete er dann sein ganzes Vermögen darauf, eben solche zu schaffen?

Die französische Akademie der Wissenschaften residierte damals wie heute in einem schönen Palast aus dem 17. Jahrhundert an der Seine in Paris. Ich suche das majestätische Gebäude direkt gegenüber dem Louvre auf und durchsuche die alten Protokolle der Académie. Einen Alfred Nobel im Sommer 1865 finde ich nicht. Doch am erstaunlichsten ist eigentlich, dass Alfred Nobels Name fast überhaupt nicht in den Protokollen vorkommt, obwohl er später fast zwanzig Jahre lang in Paris leben sollte.

Was den Sommer 1865 betrifft, so liegt die Erklärung in einem schlichten Rechtschreibfehler. Alfred wurde im Protokoll versehentlich als NABEL gelistet, und so wäre mir seine erste große Anerkennung fast entgangen. Ich lese, was Alfred vorgetragen haben wollte, und wundere mich über das Beweismaterial, das er offensichtlich für die Gelehrten der Pariser Akademie dabeihatte. Wie ging das vor sich?

Es ist ein reiner Zufall, dass ich noch weiterkomme. Ein engagierter Hobbywissenschaftler schickt mir eine digitale Kopie einer amerikanischen Verkaufsbroschüre für Nobels Sprengöl, die zufällig ausgerechnet von 1865 ist. Zerstreut blättere ich sie durch, eine begeisterte Zeugenaussage nach der anderen. Auf Seite 31 prahlt man mit einem Erfolg in Frankreich. Dort, fast nicht zu sehen, findet sich eine übersetzte Abschrift eines kurzen Briefs an Alfred Nobel. Sie ist von einem Adjutanten des Kaisers Napoleon III. geschrieben und gezeichnet »CABINET DE L'EMPEREUR, PALAIS DES TUILERIES« im Juli 1865. Dass ich diesen Brief noch nicht vorher gesehen habe! Es hat also alles bei Napoleon III. angefangen.[23]

*

Das Gerücht vom Sprengöl hatte sich nach Frankreich verbreitet, und Alfred Nobel begehrte, vor Ort in Paris bei einem Adjutanten im Tuilerien-Palast empfangen zu werden. Er hieß Idelphonse Favé und hatte eine Vergangenheit beim Militär, doch bei Napoleon III. sorgte er auch für eine Reihe von Kontakten mit Wissenschaftlern, die für das Land von Nutzen sein könnten.

Alfred übergab Favé seine Eisenstücke und berichtete von den Erfolgen mit dem Sprengöl. Am Nationaltag selbst, dem 14. Juli, als Alfred immer noch in Paris weilte, kam eine schriftliche Antwort. Nun hatte Adjutant Favé mit Napoleon III. persönlich gesprochen. Der Kaiser hatte positiv reagiert und wollte eine Kommission einsetzen, die das Element untersuchen sollte, von dem Nobel behauptete, es könne das Schwarzpulver ersetzen. Der Adjutant schickte Nobel die Eisenstücke zurück und empfahl ihm, gleichzeitig Kontakt mit der französischen Akademie der Wissenschaften aufzunehmen.

Die Akademie war nun nichts für normale Sterbliche wie Alfred Nobel. Auf den montäglichen Versammlungen durften ausschließlich dort hineingewählte Wissenschaftler den übrigen Schlauköpfen etwas vortragen. Der Adjutant gab Alfred den Rat, sich an den berühmten Chemiker und Inhaber eine Stuhls Michel Eugène Chevreul zu wenden, den fast achtzig Jahre alten und höchst respektierten Nestor der Akademie.[24]

Alfred scheint diesen Rat befolgt zu haben. Und hatte sofort Erfolg. Schon beim Zusammentreffen der Französischen Akademie der Wissenschaften am 17. Juli verlas Professor Chevreul ein Schreiben von Monsieur »A. Nabel« vor den Mitgliedern. Dass er gleichzeitig Nobels Eisenstücke im Saal demonstrieren konnte, steigerte das Interesse noch.

Nach dem Vortrag ergriff ein anderes Mitglied, der Chemiker Théophile-Jules Pelouze, das Wort. Er wollte der Akademie deutlich machen, dass es keineswegs der Schwede »Nabel« gewesen sei, der das Nitroglyzerin erfunden habe. Das habe vielmehr der junge italienische Chemiker Ascanio Sobrero bereits 1847 getan, was in dem zuvor verlesenen Schreiben mit keiner Silbe erwähnt worden sei. Pelouze berichtete, dass Sobrero einst in seinem Labor in Paris gearbeitet habe. Selbst wenn das Element bisher keine praktische Anwendung gefunden habe, sollte das Nitroglyzerin doch gänzlich Sobrero zur Ehre gereichen, unterstrich Pelouze. Die fehlerhafte Schreibung des Namens Nobel bewirkte möglicherweise, dass Pelouze nicht erkannte, dass auch »Nabel« einmal in seinem Labor praktiziert hatte.

Nun hatte Alfred selbst niemals behauptet, das Nitroglyzerin selbst erfunden zu haben, sondern nur, dass es ihm mit seinem Zünder als Erstem gelungen war, das Element »von der Umgebung der Wissenschaft in die der Industrie« überführt zu haben. In den Zeitungen pflegte diese Unterscheidung jedoch meist zu verschwinden. In Turin hatte ein empörter Sobrero von einem Schweden hören müssen, der in Europa herumreiste und sein Nitroglyzerin als seine eigene Erfindung zum Verkauf anbot. Gewiss hatte Sobreros heftige Reaktion auch Professor Pelouze erreicht.

Die französischen Wissenschaftler hatten allerdings nicht dieselben Schwierigkeiten wie die Journalisten, wenn es darum ging, die Leistungen zu unterscheiden. Sie dachten nicht daran, Sobrero um seine Ehre zu bringen, verehrten aber Alfred Nobel gleichzeitig durch eine Eloge darauf, dass er wichtiges Wissen über die praktische Anwendung von Nitroglyzerin verbreitet habe.

Selbst die französische Akademie der Wissenschaften setzte eine Kommission ein, um die Bedeutung von Nobels Sprengöl zu untersuchen. Es ist unklar, ob diese mit der Napoleons zusammenarbeitete (oder dieselbe war), doch dass die Akademie der Sache damals zumindest größte Bedeutung beimaß, beweist, dass immerhin sechs Wissenschaftler aus unterschiedlichen Disziplinen der Kommission angehörten, darunter sowohl Pelouze als auch der mächtige Chevreul.

Der dreiunddreißigjährige Amateurchemiker Alfred Nobel hatte allen Grund, den Kopf hoch zu tragen, doch nach außen blieb er gelassen und dämpfte die Erwartungen der Umgebung. Laut Alfred war Frankreich normalerweise »das Heimatland der administrativen Langsamkeit«. Außerdem besaß der Staat das Monopol auf Schwarzpulver und war sicherlich nicht an irgendwelchen neumodischen Herausforderungen interessiert. An Robert schrieb er, dass er sich nicht zu viel erhoffe. Diese französischen Komitees »mit ihrer Krabbenart werden ½ Schritt im Jahr machen«, nicht mehr.[25]

Eine korrekte Analyse. Was Alfred Nobel und seinen Sprengstoff anging, würde erst Schwung in die Franzosen kommen, als Otto von Bismarck den letzten Spielzug in seiner Dreierkombination ausführte.

*

Die Akademie der Wissenschaften trat jeden Montagnachmittag um drei Uhr in einem dunklen Palastsaal unter der goldenen Kuppel des *Institut de France* zusammen. Die sechsundsechzig Mitglieder trugen schwarze Anzüge mit grünen Verzierungen und saßen entlang der Wände unter Porträts von historischen Giganten wie Lavoisier, Montesquieu, Voltaire und Rousseau. Sie waren in elf Sektionen unterteilt und umfassten gemeinsam das Bedeutendste auf dem jeweiligen Gebiet – Mathematik, Mechanik, Astronomie, Geografie, Physik, Chemie, Mineralogie, Botanik, Landwirtschaft, Anatomie und Zoologie, dazu Medizin und Chirurgie.

Die Stühle in der Akademie waren begehrt und darauf gewählt zu werden die höchste Ehre für einen französischen Wissenschaftler. Man erwartete von den Mitgliedern, dass sie im sparsamen Schein der Kerzen das Neueste auf ihrem Gebiet vorstellten, sich gegenseitig halfen, die Taten streng zu prüfen, und sie mit anderem bekannten Wissen verglichen. Allein wenn ein Bericht von der Akademie angenommen und in Betracht gezogen wurde, galt das schon als ein großer Erfolg für einen jungen Wissenschaftler. Wenn er, wie im Fall von Alfred Nobel, verlesen und damit in die Publikation *Comptes Rendus* aufgenommen wurde, dann war das noch etwas spannender. Ganz oben in der Belohnungshierarchie gab es die flotten jährlichen Preise.

Bis dato war die Akademie der Wissenschaften eine ausschließlich von Männern über Männer und für Männer betriebene intellektuelle Übung. Nicht einmal der Nobelpreis von Marie Curie 1903 sollte an der patriarchalen Struktur rütteln. Trotz dieses offenkundigen intellektuellen Handicaps gehörten die Montagstreffen im Palast an der Seine zum Nobelsten, was das Europa jener Zeit zur Beurteilung wissenschaftlicher Erfindungen zu bieten hatte.[26]

Die Aufgabe war mit der Zeit nicht leichter geworden. Mit jedem neuen spannenden wissenschaftlichen Fortschritt schien die Welt tausend neue Wissenschaftler zu bekommen. Und noch mal tausend. Viele beschäftigten sich mit derselben Sache und konnten unabhängig voneinander und doch ungefähr gleichzeitig zu neuen Erkenntnissen kommen. Langsam wurde es fast unmöglich, den Überblick über alles zu behalten und darüber, wer was getan hatte.

Viele Chemiker hatten weiterhin versucht, Daltons Hypothese von der Existenz eines kleinsten Teils, des Atoms, in jedem Element zu beweisen. Immer mehr waren trotz des fehlenden Beweises davon überzeugt. Man hatte sogar begonnen, sich dafür zu interessieren, wie diese Atome in dem Fall kombiniert sein würden. Der Begriff »chemische Verbindungen« tauchte auf, und Ende der 1850er-Jahre hatte ein italienischer Wissenschaftler den Unterschied zwischen Atomen und Molekülen herausgefunden. Im Laufe des Jahres 1865 sollte ein deutscher Chemiker das Molekül des Benzols untersuchen und dabei entdecken, dass die Kohlenstoffatome da einen Ring bildeten. Neue chemische Elemente wurden eigentlich jedes Jahr entdeckt, und man war bereits bei über fünfzig. Viele Chemiker bemühten sich, der erste zu werden, der die Logik verstand und alle Grundelemente systematisch in Tabellen einordnen konnte.

Auch die Physiker interessierten sich für die Atome, wenn auch mit einer anderen Ausrichtung. Für sie ging es bei dem Interesse an den Atomen meist um die in diesen Jahren so intensive Erforschung der Energie. Die Dampfmotoren hatten neues Licht auf diese Frage geworfen.

Der britische Braumeistersohn James Joule hatte schon 1840 die

Richtung gewiesen. Joules Freund und Mitarbeiter Lord Kelvin (damals noch William Thompson) hakte da ein und prägte für das, womit sich die beiden beschäftigten, den Begriff »Thermodynamik«. Ihr Schluss war, dass Wärme als ein Maß für die Geschwindigkeit angesehen sollte, mit der sich Atome und Moleküle in einem Element bewegten. Lord Kelvin hatte unter anderem eine Thermometerskala entworfen, die auf diese Idee gründete. Jetzt in den 1860er-Jahren einigten sich mehrere Wissenschaftler auf ein paar einfache, grundlegende thermodynamische Gesetze. Lord Kelvin hatte schon früh die Behauptung ausgesprochen, dass man mit diesen neuen Erkenntnissen das exakte Alter der Erde errechnen können müsste.

Es geschah so viel. Die Wissenschaft schien fast jedes Jahr mit Siebenmeilenschritten vorwärtszueilen.

An jenem Julitag, als Nobels Experiment mit dem Sprengöl auf der Agenda stand, diskutierte die Französische Akademie der Wissenschaften unter anderem die Farbe und Transparenz des Meerwassers, die Umdeutungen der mathematischen Gleichungen von Descartes und die spannende Frage, ob es eine elektrische und nicht nur eine chemische Komponente gäbe, die die heilende Wirkung des Mineralwassers (und den Auftrieb in Europas teuren Kurbädern) erklären könnte.

Sicherlich kannte Alfred Nobel die Namen mehrerer Mitglieder, nicht nur den seines alten Chemieprofessors aus Paris, Théophile-Jules Pelouze. Unter den aufgenommenen ausländischen Wissenschaftlern gab es ein paar alte Legenden, wie das deutsche Schwergewicht in der organischen Chemie Justus von Liebig und das kreative Physikgenie Michael Faraday, der immer noch auf die wissenschaftliche Anerkennung für seine bahnbrechende Erkenntnis der elektromagnetischen Felder wartete. Der Kollege, den er um Hilfe ersucht hatte, der schottische Physiker James Maxwell, hatte unlängst die Gleichungen veröffentlicht, die angeblich das, was Faraday über die unsichtbaren elektrischen und magnetischen Wellenbewegungen behauptet hatte, ausdrückten. In der französischen Akademie der Wissenschaften war man bereits ein paarmal dazu gekommen, Maxwells Gleichungen zu diskutieren, doch mehr noch nicht.

Maxwell, der später mit Faraday um den Titel »der größte Physiker seit Newton« wetteifern würde, war da nicht stehen geblieben. Er hatte sich in die Brust geworfen und in einer seiner jüngsten Publikationen hinzugefügt, dass seine Gleichungen auch erklärten, was Licht eigentlich sei. »Wir können kaum die Schlussfolgerung vermeiden, dass das Licht aus transversalen Wellenbewegungen desselben Mediums besteht, das Ursache elektrischer und magnetischer Phänomene ist.«[27] Er sollte recht behalten.

Unter den interessanteren, 1865 neu in die Akademie gewählten Mitgliedern sticht der Physiker Léon Foucault heraus. Er war zufällig einer der Wissenschaftler, welche die Lichtgeschwindigkeit berechnet hatten, und konnte mit seinem Ergebnis, das dem exakten Wert erstaunlich nahe kam, zur Stärkung von Maxwells Theorie über das Licht beitragen. Vierzehn Jahre zuvor hatte derselbe Foucault unter die Kuppel des Pariser Mausoleums Panthéon ein Pendel gehängt und gezeigt, dass die Erde um ihre eigene Achse kreist.

Andere der neuen Mitglieder würde Alfred Nobel später in ihrer Laufbahn bewundern, so zum Beispiel den dreiundvierzigjährigen Louis Pasteur. Dem war es gelungen, sich 1862 einen Stuhl in Mineralogie in der Akademie zu sichern, obwohl alle ihn als Chemiker betrachteten. Im Sommer 1865 hatte Pasteur soeben einen wichtigen Auftrag für Napoleon III. beendet, bei dem er im Übrigen mit demselben Adjutanten Kontakt gehabt hatte wie Alfred Nobel – Idelphonse Favé.

Bei Pasteurs Auftrag ging es um französischen Weinanbau, der von Schädlingen befallen war. Die Exportzahlen befanden sich im freien Fall, und Pasteur, der über Weinsäuren geforscht hatte, erhielt vom Kaiser den Auftrag, der Sache auf den Grund zu gehen. Sein Schluss war, dass die Winzer das Verfahren mit der Gärung, Luft und Bakterien nur sehr schlecht verstanden. Wenn der Wein auf 50 bis 60 Grad erhitzt würde, bekäme man die schädlichen Mikroorganismen in den Griff. Damit war die »Pasteurisierung« geboren und der erste große wissenschaftliche Triumph ihres Erfinders. Im Frühjahr war Pasteur in den kaiserlichen Palast eingeladen worden und hatte Napoleon III. unter dem Mikroskop zeigen dürfen, was sich in dem von Bakterien angegriffenen Wein alles so tummelte.

Der wachsende internationale Forschungseifer belebte die Konkurrenz und damit die Anforderungen. Alle waren sich einig, dass ein nicht zu unterschätzendes Maß an Fantasie und Kreativität die Voraussetzung für wissenschaftliche Erfolge war. Doch noch wichtiger war, sich Zeit zu nehmen. Wie dünn die Brieftasche auch war, durfte man als Wissenschaftler doch niemals Kompromisse bei der systematischen Erprobung machen. Pasteur zum Beispiel ließ seine Assistenten umfangreiche Experiment machen, ohne ihnen zu offenbaren, nach welcher Hypothese er arbeitete, um nicht Gefahr zu laufen, dass das Ergebnis von Wunschdenken verfälscht wurde. Er wollte keine Resultate öffentlich machen, ehe nicht alle Zweifel beseitigt waren, und wenn es nötig war, dann schuftete er mehrere Jahre dafür. Er wusste, dass kritische Konkurrenten jeden in Nullkommanichts vernichten konnten, der nicht genug Beweise vorlegte.[28]

Alfred Nobel nannte sich Ingenieur und möglicherweise Erfinder, doch nicht Wissenschaftler. Seine kreative Ader war ausgeprägt genug, doch für die andere Seite – die Sorgfalt und das systematische Erproben – hatte er nicht wirklich genug Zeit gehabt.

*

Der Schuppen der Gebrüder Winckler in Hamburgs Hafengebiet war kein idealer Platz für eine Nitroglyzerinfabrik. Gegen Ende des Sommers beschlich Alfred echte Sorge. Wincklers Lagerräume lagen direkt neben einer Holzhandlung, wo man Sägespäne verbrannte. Er vertraute zwar darauf, dass das Öl nicht einfach so explodieren würde, aber das Unglück in Stockholm hatte gezeigt, dass alles möglich war. Sowohl Alfred als auch die Gebrüder Winckler liefen mit der Angst im Nacken herum und hofften auf die Vorsehung.

Sie konnten das alles nicht länger im Geheimen betreiben. Aber in Hamburg schien es so gut wie unmöglich, eine Genehmigung zu bekommen. Alfred hatte es schon ein paarmal versucht und ebenso viele Ablehnungen bekommen. »Ich frage mich, wie es in der Sahara oder anderen Wüsten wäre«, stöhnte er in einem Brief.

Über die Gebrüder Winckler hatte Alfred Kontakt zu einem gewissen Dr. Christian Eduard Bandmann bekommen, der einer der angesehensten Anwälte in Hamburg war. Dieser Bandmann hatte ihm zu Beginn des Sommers geholfen, seine eigene Firma *Alfred Nobel & Co.* zu registrieren. Alfred legte sich Briefpapier mit dem Namen der Firma zu und ließ Werbebroschüren drucken. Mit einem Mal wirkte alles so viel professioneller.

Der Anwalt hatte einen Bruder, der in San Francisco niedergelassen war. Julius Bandmann, wie dieser hieß, könnte ihm mit der Patentanmeldung und der Markteinführung seines Produkts in den USA helfen. Die Korrespondenz mit dem kaiserlichen Palast in Paris und das Referat von der französischen Akademie der Wissenschaften wurde ins Englische übersetzt und dann zusammen mit anderen positiven Aussagen in einer angeberischen Werbebroschüre zusammengefasst, die an der amerikanischen Westküste verbreitet werden sollte. Formulierungen wie »ein wahrer Triumph für die Wissenschaft« und »keine Unfälle können geschehen« deuten an, dass Alfred seine Berührungsangst mit allem, was übertriebenes »Antreiben« bedeutete, überwunden hatte. Es hätte schließlich genügt, der realistischeren Hoffnung Ausdruck zu verleihen, dass es mit dem Sprengöl bedeutend weniger Todesopfer in den Gruben geben würde als mit dem Schwarzpulver.

In Hamburg hatte das Engagement des hoch angesehenen Anwalts Bandmann dazu geführt, dass sich viele neuen Türen öffneten. Zum einen wurde Bandmann Teilhaber und schoss eine beträchtliche Summe Geldes zu, weshalb es sich *Alfred Nobel & Co.* leisten konnte, nach einer Fabrik zu suchen, zum anderen wirkte seine juristische Fingerfertigkeit in schwierigen Genehmigungsprozessen Wunder. Allein sein Name machte schon vieles möglich.[29]

In der Freien Hansestadt Hamburg hegte man keine großen Sympathien für Preußen und seinen energischen Ministerpräsidenten Otto von Bismarck. Das ging zwar nicht so weit, dass die Hamburger in dem jüngst beendeten Krieg (in dem sogar Österreich an der Seite Preußens teilgenommen hatte) Dänemark unterstützt hätten, doch hinterher gab es nur wenige, die vorbehaltlos über den Triumph Preußens jubelten. In der Hamburger Presse wurde Bismarck regelmäßig als ein Feind bezeichnet. Man stellte bedauernd fest, dass der Krieg gegen Dänemark seine Stellung gestärkt hatte.

In der wachsenden Spannung zwischen den größten Staaten des Deutschen Bundes, Preußen und Österreich, wählte das unabhängige Hamburg tatsächlich die Seite Österreichs. Man hatte nicht vergessen, wie Preußen 1857, als die Bankenzusammenbrüche in den USA Tausende Unternehmen in der Handelsstadt in den Konkurs getrieben hatten, die Stadt im Stich gelassen hatte. Am Ende hatte sogar Hamburg als ganze Stadt am Rande des Ruins gestanden und die größeren Staaten um Wirtschaftshilfe angefleht. Preußen hatte mit einem kalten und harten Nein geantwortet. Österreich hingegen schickte postwendend den begehrten Kredit in Silberbarren, und Hamburg konnte sich wieder erholen.

Diese politischen Streitigkeiten sollten Alfred Nobel auf unterschiedliche Art in die Hände spielen.

Im Sommer 1865 befanden sich Preußen und Österreich in Verhandlungen um die Fürstentümer, die man von Dänemark erobert hatte. Die lagen sämtlich in der Nähe von Hamburg, wo die Sympathien für Österreich stark waren. Als die Verteilung Mitte August geregelt war, hatte Preußen Schleswig erhalten und Österreich Holstein. Das Fürstentum Lauenburg allerdings hing ein wenig in der Luft. Zunächst wurde eine Teilung vorgeschlagen. Später verkaufte Österreich seinen Anteil an Lauenburg Preußen, das um des häuslichen Friedens willen davon Abstand nahm, die Gegend zu annektieren, und stattdessen eine eher lockere »Personalunion« installierte.[30]

Nur wenige Wochen später ersuchte Alfred Nobel um eine Genehmigung für eine Nitroglyzerinfabrik just in Lauenburg. Dort gab es eine alte Lederfabrik, die 1860 stillgelegt worden war und seither zum Verkauf stand. Der Ort hieß Krümmel und wurde nur von den fünf Familien bewohnt, die einst in der Lederfabrik gearbeitet hatten. Krümmel lag so nahe an der Grenze, dass der nur wenige Kilometer entfernte größere Ort Geesthacht schon zu Hamburg gehörte.

Die Fabrik stand auf einem Abhang zur Elbe hinunter. Sie lag einsam und war von hohen Sanddünen geschützt, zugleich war der Welthandelshafen Hamburg nur eine kurze Schiffsreise entfernt. Und damit nicht genug der Vorteile. Alfreds Antrag würde außerdem von den Behörden in einem wirtschaftlich benachteiligten Staat bearbeitet, der bis vor ganz kurzer Zeit noch zu Dänemark gehört hatte und sich nun in einem bürokratischen Vakuum befand. Das bedeutete, dass ihm jegliche Kontroverse mit den Behörden in Hamburg erspart bliebe. Denn wenn es in Krümmel knallte, dann konnte man dort einfach nur schadenfreudig zur Grenze zeigen und feststellen, dass das Elend Preußen heimgesucht hatte und nicht Hamburg.

Wie erwartet war die Lauenburger Regierung bedeutend entgegenkommender. Man hob hervor, wie wichtig es war, in der Gegend Arbeitsplätze zu schaffen, und auch wenn man die Gefahr von Explosionen sah, war der Schluss doch, dass es eigentlich »keine umfassenden« geben dürfte. Im Gutachten wurde unterstrichen, dass ein »angesehener Jurist«, ein gewisser C. E. Bandmann, für diese Informationen bürgen würde. Alfred erhielt seine Genehmigung unter der Bedingung, dass er einen schützenden Erdwall um das eigentliche Fabrikgebäude herum errichtete.

Die fünf Familien in Krümmel jubelten. Die siebzehn Angestellten der Lederfabrik waren seit der Stilllegung arbeitslos gewesen. Nun würden sie in Alfred Nobels neuer Fabrik angestellt werden. Und der machte sich in der Gegend bald noch beliebter, indem er den Durchschnittslohn erhöhte, um sich alle kompetenten Arbeitskräfte, die er bekommen konnte, zu sichern.[31]

*

Das Interesse, das Alfreds Verkaufstouren zu wecken verstanden, war ermutigend, doch bisher machte es sich weder in Hamburg noch in Schweden als ein größerer Geldfluss in der Kasse bemerkbar. Die Aufträge waren klein und eher auf Experimentalniveau. Die Probesprengungen schienen lediglich höhere Kosten zu bedeuten, stellte Alfred resigniert fest. Schon bald sollte ein unerwartet magerer schwedischer Abschluss seine schlimmsten Befürchtungen bestätigen.

In dem baufälligen Geschäftsgebäude namens Familie Nobel war es stattdessen Ludvig in Sankt Petersburg, der diesmal für die positiven wirtschaftlichen Neuigkeiten stand. Gegen Ende des Sommers erhielt Alfreds Bruder in seiner Waffenwerkstatt eine sehnsüchtig erwartete Probebestellung von ein paar Hundert Granaten. So hatte er endlich nach Hause nach Stockholm reisen und Immanuel und Andrietta besuchen können und war jetzt auch auf dem Weg zu Alfred in Hamburg.[32]

Alfred freute sich auf Ludvigs Besuch. Die beiden hatten einiges zu besprechen. Im Laufe des Sommers hatte Vater Immanuel, wahrscheinlich mit Hilfe, einen Artikel über den Patentstreit mit Rudberg verfasst, in dem er behauptete, es sei *seine* Erfindung und sein »verletztes Recht«, um das es in dem Streit gehe. Alfred nahm diesen plötzlichen Anspruch von Immanuel sehr persönlich. Jetzt wollte er von Ludvig wissen, was »der Alte« damit meinte und ob er mit dem, was Alfred tat, unzufrieden sei. »Geschäfte mit der Familie sind immer schwierig. Ich sehne mich schon lange nach einem Familienrat«, schrieb er an Robert.[33]

Ludvig hatte im Frühjahr mit Fieber im Bett gelegen und war Ende September, als er bei Alfred vorbeikam, auf dem Weg zu einer Badekur in Oostende. Er brachte herzliche Grüße von den beiden Alten mit und konnte berichten, dass Immanuel ein wenig Bewegung in Arm und Bein wiedererhalten habe, aber immer noch ans Bett gefesselt war. Die Kur in Norrtälje hatte dem Vater gutgetan. Er hatte ein paar Kilo zugelegt, gesunde Farbe im Gesicht bekommen und war guter Laune. Mutter Andrietta war, wie Ludvig fand, so wie immer »unendlich freundlich und geduldig, denkt an alles und schafft alles«, obwohl ihr schlimmer Rücken sie beeinträchtigte.[34]

Alfreds Holzschuppen in Hamburg beeindruckte Ludvig wenig, aber als er Alfreds neu gekaufte Ausrüstung begutachtete und von seinen Plänen für die Fabrik in Krümmel hörte, ließ er sich vom Optimismus des Bruders mitreißen. Die Patentverkäufe in den USA klangen vielversprechend. Eine unerwartet quälende Sommerhitze hatte sich über Europa gelegt, und als Ludvig Ende September wieder abreiste, versuchte er, Alfred zu überreden, doch mit in die Kur zu kommen. Aber Alfred musste eine Rundreise nach Italien und Österreich unternehmen.

In Italien besuchte Alfred Turin, wo Ascanio Sobrero Professor an der Universität war. Es ist nicht bekannt, ob er Sobrero aufsuchte, um das Missverständnis in Paris zu klären, doch es ist recht wahrscheinlich. Als später die ganze Sache ins Rollen kam, würde Alfred dem Italiener eine Position in seiner Firma anbieten, die Ascanio Sobrero mit Freuden annahm.[35]

Die Sondierungen in den USA fielen mehr als vielversprechend aus. Gegen Ende Oktober besaß Alfred sowohl ein erteiltes Patent als auch ein Gebot von »einigen reichen Amerikanern« in New York. Sie wollten sein Patent für das Sprengöl und den Zündhut für 20 000 Dollar in bar (300 000 Euro heute) und 250 000 Dollar in Aktien kaufen. Nicht ohne Zufriedenheit stellte Alfred fest, dass er in Kürze nach New York würde reisen müssen, um alles zum Abschluss zu bringen.

Der Bruder von Anwalt Bandmann hielt in Kalifornien die Stellung. An der Ostküste der USA benutzte Alfred nun einen weiteren Kontakt von Anwalt Bandmann für seine Geschäfte, nämlich Oberst Otto Bürstenbinder, einen Geschäftsmann in New York. Alfred hatte ihn im Mai im Zusammenhang mit einem erfolgreichen Sprengversuch bei Hamburg kennengelernt. Leider war das eine Bekanntschaft, deren Rekrutierung er im Laufe der Zeit noch bereuen würde.[36]

Alfred war auf den nächsten Schritt vorbereitet. Schon bald sollte die Fabrikation in Krümmel anlaufen. Von dort aus würden sie das

Sprengöl mit Leichtigkeit via Hamburg über den Atlantik schiffen können. Vor dem USA-Abenteuer verbesserte Alfred zudem seine Verkaufschancen, indem er die wissenschaftliche Leuchtkraft des Sprengöls noch ein wenig aufpolierte. Mit Smitts Unterstützung warb und bezahlte er fünf Professoren in Stockholm dafür, ein paar Stunden darauf zu verwenden, die »Ungefährlichkeit« des Nitroglyzerins zu beweisen.

Die fünf Professoren warfen Glasflaschen mit Nitroglyzerin auf Steinbrüche und versuchten, das Öl anzuzünden, ohne dass ihnen das gelungen wäre. Sie imitierten Nobels Lieferroutinen und packten Blechflaschen mit Sprengöl in eine Holzkiste, die sie aus ein paar Metern Höhe auf einen Felsen schleuderten. Nichts geschah. Dann beendeten sie die Versuche, indem sie es »richtig machten«. Sie befüllten ein Sprengloch mit Öl, steckten eine Zündschnur hinein und schütteten eine Handvoll Schwarzpulver über das Loch, das sie anschließend mit Sand zudeckten. Als sie das zündeten, knallte es mit »erstaunlich großer« Wirkung, schrieben die Professoren in dem Gutachten, das im *Aftonbladet* veröffentlicht wurde.[37]

Alfred war sehr zufrieden über den signierten Bericht der Wissenschaftler. Gediegene Experimente, lobte er, »wie erstickend sie wohl für die Leute sein mögen, die so schreilüstern sind«.

Für Alfred Nobel scheint der wichtigste Name von den fünf der des Polarforschers und Professors für Mineralogie Adolf Erik Nordenskiöld gewesen zu sein. Er war ungefähr gleich alt wie Alfred, aber bereits ein Star. Nordenskiöld sollte die nächsten Jahrzehnte gleichsam ein Abonnement auf Erwähnungen in der französischen Akademie der Wissenschaften haben. Doch das Arrangement 1865 zwischen ihm und Alfred schaffte es nicht bis in die Annalen der französischen Genies. Bei den Experimenten ging es mehr um Gefallen und Gegengefallen, denn um unabhängige Forschung. Als Dank bot Alfred Nordenskiöld ein paar Aktien in der Nitroglyzerin-Aktiengesellschaft an.[38]

Die Wirklichkeit war schwerer zu beeinflussen, denn jetzt begannen einige Berichte über Unglücksfälle Alfreds Pläne zu stören. Zunächst einmal war da der Pole, der im Suff ein Glas Nitroglyzerin ausgetrunken hatte und vier Stunden später gestorben war. Dann kam die Nachricht von dem deutschen Schachtmeister, der versucht hatte, einen gefrorenen Block Nitroglyzerin mit einer Spitzhacke zu zerteilen. Der Polier war von der Explosion mehrere Meter in die Luft geschleudert worden und dann tot auf die Erde gefallen. Er hinterließ Ehefrau und fünf Kinder. »Das ist mir eine unangenehme Surprise. Das hatte ich nicht vorhergesehen«, schrieb Alfred Nobel an seinen Hauptaktionär Smitt.[39]

Aus Alfreds Sicht war die Ursache für die Unfälle meist Pech und unnötige Schlamperei und der Streit, der darauf folgte, somit irrational. »Es knallt an allen Ecken«, seufzte er und beklagte sich darüber, dass deutsche Eisenbahndirektoren Zugtransporte mit dem Sprengöl verboten hatten.

Zu allem Überfluss bekam er noch einen Unglück verheißenden Brief aus den USA. Als Alfred gerade meinte, alles sei in trockenen Tüchern für das umfassende Geschäft, erfuhr er, dass ein Amerikaner eine Klage gegen sein USA-Patent eingereicht hatte. Ein Oberst, der zuvor mit Unterwasserminen gearbeitet hatte, behauptete, die Sprengmethode mit Nitroglyzerin lange vor Alfred Nobel erfunden zu haben. Ein Patentstreit stand nun an, und es sah ganz so aus, als würden alle vielversprechenden USA-Pläne auf Eis gelegt, bis der Streit beigelegt war.

Der Name des Amerikaners ließ Alfred rotsehen: Oberst Taliaferro Preston Shaffner. »Dieser Mann ist ein Betrüger, der einen Meineid geleistet hat«, erklärte er empört Smitt und erzählte von Shaffners unangenehmem Besuch in Stockholm im Jahr zuvor.[40]

Alfred Nobel hatte nun so viele akute Probleme am Hals, dass verständlich ist, wenn ihn das Urteil gegen Vater Immanuel, welches in diesen Tagen vom Stockholmer Rådhus-Gericht verkündet wurde, nicht sonderlich beschäftigte. In Stockholm selbst versackte die Nachricht in der aufgewühlten Atmosphäre vor der entscheidenden Abstimmung des Reichstags über die Repräsentationsform im Dezember. So entging es wohl vielen Stockholmern, dass Immanuel Nobel für das tragische Unglück auf Heleneborg schließlich zu einer Geldstrafe und Schadensersatz verurteilt wurde.

Trotzdem war das Urteil eine Erleichterung. Das Gericht hatte ihn nicht schuldig gesprochen, das Unglück verursacht zu haben. Nicht einmal die Experten des Technologischen Instituts hatten zweifelsfrei feststellen können, ob Nitroglyzerin von selbst explodierte oder nicht. Immanuel Nobel und der Besitzer von Heleneborg, Burmester, wurden stattdessen verurteilt, weil sie in ihrer Unvorsicht den Tod von sechs Menschen verursacht hatten. Sie hatten ohne Genehmigung die Häuser vor Heleneborg zur Herstellung von Sprengstoff benutzt respektive vermietet, obwohl sie neben mehreren Wohnhäusern lagen. Immanuel wurde schadensersatzpflichtig und zu einer Geldstrafe verurteilt.[41]

*

Eine von Alfreds Nitroglyzerinflaschen war im frühen Herbst schon vor ihm über den Atlantik gereist. Ein junger Deutscher, der emigrieren wollte, hatte sie als Geschenk von einem Kaufmann in Hamburg in einer versiegelten Holzkiste mitbekommen. »Die kannst du verkaufen, wenn du es brauchst.«

Der Emigrant hieß Theodor Lührs und hatte sandfarbene Koteletten. Während der Überfahrt nach New York schlief er mit seinem Kopf auf der Kiste. Am 31. August 1865 hatte er sich im Hotel Wyoming an der Greenwich Street eingemietet, wo er sechs Wochen blieb. Die Kiste wurde in einen Gepäckraum neben der Bar des Hotels abgestellt und ab und zu vom Schuhputzer des Hotels als Fußstütze verwendet. Lührs hatte keine Ahnung, was in der Kiste war – irgendein chemisches Öl, hatte der Kaufmann gesagt. Als Lührs schließlich auscheckte, vergaß er die Kiste.

Mehrere Monate später, genauer gesagt am 5. November 1865, versammelten sich die Männer des Viertels wie üblich für einen frühen Drink in der Hotelbar des Wyoming. Da bemerkten sie, dass sich ein scharfer Geruch im Raum ausbreitete. Der Gestank wurde immer stärker, und bald konnte Lührs Kiste als Ursache ausgemacht werden. Der Portier sah eine rote Flamme aus der Kiste aufsteigen und schüttete zunächst einmal Wasser darüber. Dann trug er das Ding raus und warf es in den Rinnstein.

Sekunden später wurde das ganze südliche Manhattan von einer heftigen Explosion erschüttert. Fenster und Türen des Hotels wurden einfach rausgepustet, alles Glas zerbarst, und ein tragender Marmorpfeiler zerbrach in Stücke. Möbel wurden zerlegt, und draußen entstand ein großes Loch im Bürgersteig. Als alles wieder ruhig wurde, gab es im ganzen Viertel kein heiles Fenster mehr.

Vierundzwanzig Menschen lagen verletzt in und vor dem Hotel, und alle, die sich in der Nähe befanden, waren von dem Luftdruck umgeworfen worden. Wie durch ein Wunder überlebten alle. Später erfuhr Alfred Nobel von einer in Panik aufgelösten alten Frau, die sich im Hotel befunden und geglaubt hatte, das Ende sei da und ganz New York sei von der Erdoberfläche gesprengt worden.

Was war in der Kiste drin gewesen? Das Rätsel trieb die New Yorker Polizei mehrere Tage um. Die wenigen, die Wissen darüber besaßen – Shaffner und Alfreds Kontakt Otto Bürstenbinder –, hielten sich bedeckt. Es dauerte mehrere Tage, bis ein Chemiker das Rätsel löste, doch nicht einmal da wurde die Explosion direkt mit dem Schweden Alfred Nobel in Hamburg in Verbindung gebracht.[42] Da das großartige Telegrafenkabel unter dem Atlantik noch nicht vor Ort war, dauerte es eine Weile, bis die Nachricht deutsche Zeitungen erreichte. Erst gegen Weihnachten wachten die Polizeibehörden in Preußen auf und erkannten die Verbindung. »Nach Informationen ist die Person Nobel in Hamburg wohnhaft und betreibt dort auch eine Fabrik für Nitroglyzerin und die Sprengpatronen, die dazugehören«, schrieben sie an ihre Kollegen in Hamburg. War dies der Hamburger Polizei bewusst? Welche Vorsichtsmaßnahmen hatten sie ergriffen?[43]

Alfred verzweifelte. Er hatte gehofft, Zeit zu finden, über Weihnachten nach Stockholm zu fahren, um »ein paar Tage mit den Freunden zusammen zu sein, vor allem da ich weiß, dass es den Alten viel Freude bereiten würde«. Das war jetzt ein unmöglicher Gedanke.

Die Zeitungen füllten sich mit Artikeln. Alfred war erschüttert. Wie hatte das nur so schiefgehen können? Seine Sprengmethode sollte doch Leben schonen, nicht mehr Leben kosten. Er konnte nicht anders, als das Theater mit den Transporten und Unglücksfällen als unvermeidliche Nebeneffekte auf dem Weg anzusehen. Nichts konnte ihm die Überzeugung nehmen, dass er dabei war, etwas Großes zu unternehmen. Zwar deckten die Einkünfte immer noch nicht mehr als ein Drittel der Kosten für Reisen, Probesprengungen, Annoncen und Fabrikräume. Doch bald würde er »mehr ernten und sich weniger quälen«, wie er es ausdrückte. Bald würde er die Angst vor den alarmierenden Meldungen von Andrietta über die großen Kosten und geringen Einkünfte der Eltern loswerden.

»Weihnachten steht vor der Tür mit seinen Vergnügungen, Streitigkeiten und Ausgaben«, schrieb er gequält in seinem Weihnachtsbrief an Robert. Der Hauptaktionär in der Nitroglyzerin AG wurde mit wortreichen chemischen und logischen Erklärungen für die »rätselhaften Unglücksfälle« versehen. Die Erklärungen liefen alle darauf hinaus, dass die Rückschläge Ausnahmen waren, nicht die Regel. Von irgendwelchen Selbstentzündungen konnte keine Rede sein. Alfred meinte, es sei völlig unmöglich, das Öl gegen solches grobschlächtiges und fehlerhaftes Hantieren zu sichern. »Unbehaglich sind derweil dergleichen Ereignisse in hohem Maße. Das Seltsamste ist, dass hier wie auch in Schweden alle Unglücksfälle auf einmal kommen.«[44]

KAPITEL 7

Der Albtraum in New York

Es gab noch eine andere denkbare Laufbahn, von der Alfred insgeheim träumte und die er wie ein verborgenes Millionenkapital in sich trug. Er hatte immer noch seinen Stift, seine unwiderstehliche Sehnsucht zu schreiben. Würde das Talent tragen? Manchmal war er überzeugt davon: Wenn Alfred Bernhard Nobel für etwas gemacht war, dann Dichter zu werden.

Im nächsten Moment war schon der Zweifel da. Er errötete über seine eigene Überheblichkeit und verschlang stattdessen, was andere schrieben – bis er sich wieder daranwagte, es zu probieren.[1]

Die deutschsprachigen Schriftsteller hatten lange in dem Sturm und Drang der Romantik verharrt, den Alfred in Sankt Petersburg kennen- und lieben gelernt hatte. In den 1860er-Jahren dominierten die Dichter und Denker die deutsche literarische Bühne. Wer auf der Suche nach realistischen Romanen war, musste sich bei ausländischen Autoren in Übersetzungen umschauen. Einen deutschen Balzac gab es bisher noch nicht.

Alfred erstand während seiner Zeit in Hamburg einen Gutteil romantischer Lyrik und feuriger Balladen, oft in Ausgaben, die schon einige Jahre auf dem Buckel hatten. Zum Beispiel kaufte er die gesammelten Werke von Friedrich Schiller. Doch der lesehungrige Amateurchemiker war auch bereit, neue Wege zu beschreiten.

Einer der interessanten deutschen Schriftsteller, die Alfred in dieser Zeit entdeckte, stand selbst mit einem Bein in der Romantik. Doch in Jean Pauls Büchern schwang auch noch etwas anderes mit, eine scharfe Ironie, die typisch für seine Zeit war. Für ihn war das Leben ein Jammertal, und er wusste das Elend drastisch und effektvoll zu gestalten, wie um das Bedürfnis nach romantischer Wirklichkeitsflucht noch zu verstärken. Nicht umsonst wurde er als der Erfinder des Begriffs »Weltschmerz« bezeichnet.

Zu Beginn der 1860er-Jahre war Jean Paul mit mehreren Neuausgaben wieder ins Gespräch gekommen. Sein Weltschmerz wurde nun nicht mehr nur mit der privaten Geistesstimmung melancholischer Lyriker verknüpft, sondern war zur Bezeichnung des ganzen neuen Zeitgeistes geworden, der von den Deutschen Besitz ergriffen hatte und zu einer Strömung wurde, die auch an Alfred Nobel nicht unbemerkt vorübergehen konnte.

Der Pessimismus.

In seinem Buch *Weltschmerz* (2016) beschreibt der amerikanische Philosophieprofessor Frederick C. Beiser, wie in den Jahren, die Alfred Nobel in Hamburg und Geesthacht verbrachte, »die dunkle Wolke des Pessimismus schwer über Deutschland hing«. »Diese düstre und dunkle Geistesstimmung breitete sich weit aus. Sie beschränkte sich nicht auf die dekadenten aristokratischen Kreise; sie war auch in der Mittelschicht, unter Universitätsstudenten, Fabrikarbeitern und sogar bei den Lehrlingen zu finden. Der Pessimismus wurde rasch zur Mode, zum allgemeinen Gesellschaftston und zum Thema in literarischen Salons.«[2]

Im Zentrum dieses plötzlichen Steppenbrands aus Gegenwartsleiden stand der Philosoph Arthur Schopenhauer. Nach Jahrzehnten von Widerständen und Verachtung durch Kollegen hatte dieser, der schlagkräftige ungekrönte König der Misanthropie, einen ebenso unerwarteten wie glänzenden Durchbruch bei den deutschen Lesern. Das kam gerade noch rechtzeitig. Schopenhauer durfte ein paar Jahre als gepriesener und vielbesprochener Autor genießen, ehe man ihn 1860 tot in seinem Arbeitszimmer fand. Der philosophische Pessimismus sollte jedoch als die geistige Stimmungslage der Wahl über dem Rest des Jahrhunderts hängen.

Schopenhauers Durchbruch war zum Teil auch mit einer wachsenden Religionsskepsis in philosophischen Kreisen verknüpft. Rationalistische Denker hatten nicht nur weiterhin die Logik im Gottesbeweis infrage gestellt, sondern auch den heiligen Status der Bibel, das behauptete Alter der Erde und die geistige Dimension der menschlichen Seele in Zweifel gezogen. Aus dieser Welle der Religionskritik wurde ein neuer Blick auf das Böse in der Welt und den Sinn des Lebens geboren, und daraus wiederum der Pessimismus. Wie Beiser in *Weltschmerz* schreibt: »Wenn es keinen Gott gibt, dann gibt es auch keine Befreiung aus dem Bösen und dem Leiden dieser Welt. Aber wenn es keine Erlösung von dem Bösen und dem Leiden gibt, warum sollen wir dann überhaupt leben? Und so kehrt Hamlets alte Frage kraftvoller denn je wieder: ›Sein oder nicht sein?‹« Die Antwort lautete für immer mehr Menschen »nicht sein«.[3]

In dieser Situation gewannen Schopenhauers geschmeidige Aphorismen das Herz vieler Schwermütiger, vielleicht weil ihre ironische Tonlage noch einen Funken Hoffnung versprach. Schopenhauer beherrschte die Kunst, alles Menschliche mit einem Lächeln zu verurteilen. In einem Buch, das Alfred Nobel später kaufte, schrieb er über die Freundschaft: »Wahre, echte Freundschaft setzt eine starke, rein objektive und völlig uninteressierte Teilnahme am Wohl und Wehe des anderen voraus, und diese wieder ein wirkliches Sich-mit-dem-Freunde-Identifizieren. Dem steht der Egoismus der menschlichen Natur so sehr entgegen, dass wahre Freundschaft zu den Dingen gehört, von denen man, wie von den kolossalen Seeschlangen, nicht weiß, ob sie fabelhaft sind oder irgendwo existieren.« »Das Leben« ist, wie Schopenhauer kernig konstatierte, »ein Geschäft, das nicht die Kosten deckt.«[4]

Alfred sog alles auf. Mit der Zeit sollte er mit einigem Vergnügen in seinen Briefen eigene schwarzmalerische Aphorismen austeilen. Ein drastischer knurriger Pessimismus wurde etwas, was die Freunde mit ihm verbanden. Und auch in die belletristischen Versuche, die er vor der Umwelt versteckte, zog ein neuer mokanter Ton ein. Bald würde der dreiunddreißigjährige Alfred Nobel beginnen, an einem Roman zu arbeiten. Wenn er nur nicht so viel anderes zu tun hätte.

*

Oberst Shaffner meinte es ernst. Alfred war wegen Patentverletzung in den USA verklagt worden. Ende Januar musste er zum Kreuzverhör beim amerikanischen Konsul in Hamburg vorstellig werden: Wo, wann und wie war Nobel auf die Idee gekommen, Nitroglyzerin auf die Weise, wie er sie in seinem amerikanischen Patent beschrieben hatte, zur Detonation zu bringen? Wer war da zugegen gewesen?

Alfred erzählte es so, wie es gewesen war. Er erwähnte die entscheidende Bedeutung von Professor Zinin und beschrieb den Versuch von 1863 im Graben in Sankt Petersburg, als es ihm zum ersten Mal gelungen war, das Nitroglyzerin zum Explodieren zu bringen. Kapitän Wennerström, der zu denen gehörte, die Alfred geholfen hatten, das Nitroglyzerinunternehmen zu finanzieren, wurde auch als Zeuge vernommen, ebenso wie einige Grubenarbeiter aus Åmmeberg.[5]

»Die ganze Welt weiß, dass er ein Betrüger ist, aber das ändert nichts daran, dass der Ausgang des Prozesses höchst unsicher ist«, seufzte Alfred in einem Brief. Ende April sollte das Verfahren in New York eröffnet werden, und er erkannte, dass er wohl würde hinreisen müssen.[6]

Unglücklicherweise schwächelte auch das Unternehmen in Schweden schon seit einer Weile. Im November war Kapitän Wennerström als Geschäftsführer der Nitroglyzerin AG zurückgetreten und von einem Herrn Berndes auf dem Direktorenposten ersetzt worden. Als dieser Berndes kurz vor Weihnachten überraschend verstarb, stellte sich heraus, dass er binnen weniger Wochen fast ein Jahresgehalt aus dem Unternehmen abgezweigt hatte, ein großer Schaden in einer schon vorher problematischen Situation.

Kurz vor der Vernehmung in Hamburg erhielt Alfred zu allem Überfluss einen besorgniserregenden Brief von Mutter Andrietta. Der Ton war angestrengt munter, doch war ihre Pein zwischen den Zeilen herauszulesen. Immanuel sei übler Stimmung, schrieb sie. Seine Gesundung zog sich hin, und weil ihm langweilig war, würde er von seinem Bett aus ein wahnsinniges und fruchtloses Projekt nach dem anderen anleiern. Die Pflegerechnungen seien nach wie vor haushoch, und jetzt hätten sie auch noch eine größere Schuld an ihren Bruder Ludvig Ahlsell abzuzahlen. Noch sei es keine akute Gefahr, beeilte sie sich hinzuzufügen. Die Eltern würden sich zwei Monate noch vom Geld der Söhne über Wasser halten können, vorausgesetzt, dass Ludvig sein Versprechen hielt, im Februar eine Summe zu schicken. »Wir möchten hoffen, dass bis dahin mein lieber Alfred, wenn das Glück uns wohlgesinnt sein möge, etwas Vorteilhaftes zustande bringen kann.«

Zwei Monate? Die Lektüre kann auf den Sohn in Hamburg kaum beruhigend gewirkt haben.

Andrietta bedauerte die Sprengunglücke, die die Leute so verschreckt hatten. Sie fand, Alfred habe korrekt agiert, indem er die Beschuldigungen zurückgewiesen hatte, »die du am wenigsten von allen verdient hattest, ein schlechter Dank für so viel Mühe und Sorge. Wenn du dich nicht um die Sache gekümmert hättest, dann wäre sie immer noch ungelöst. [...] Mein armer Junge, der gegen so viel Streit und Widerstände zu kämpfen hat [...].«

Ihr gefiel der Gedanke nicht, dass Alfred bis nach Amerika reisen würde. »Sollte etwas Unvermutetes geschehen, so weiß ich doch, dass du, wenn du es kannst, uns in unserer Not hilfst. Oder wenn das Glück es will, dass du ein Patent verkauft bekommst, dann würden wir uns ein paar frohe Tage gönnen.« Andrietta unterstrich, wie wichtig es sei, dass der Sohn Geduld mit dem Vater zeige. »Mein lieber Alfred weiß wohl, dass die Kränklichkeit des Alten die größte Ursache für seine manchmal überreizte Stimmung ist.«[7]

Die »frohen Tage« schienen noch in weiter Ferne. In Stockholm war der Tunnel unter Södermalm zwar dank des Nitroglyzerins in

Rekordzeit fertiggestellt worden. Doch dieser Erfolg wurde zu einem Rückschlag, denn nach der Einweihung im Dezember 1865 flossen von dort keine Einnahmen mehr. Gleichzeitig berichtete Ludvig von dem wärmsten Winter in Sankt Petersburg in vierundzwanzig Jahren, was einen dramatisch ungünstigen Effekt auf den Verkauf seiner Kachelofen hatte. Niemand fror mehr in Sankt Petersburg. Es würde ihm schwerfallen, die Eltern im Februar zu unterstützen.

Viele Brände mussten gelöscht werden. Die Führungskrise in der Nitroglyzerin AG gehörte zu denen, die nicht warten konnten. Alfred und Ludvig hatten Robert schon vorher deswegen angegangen. Das formelle Angebot, einen »Disponentenposten« für das Unternehmen in Schweden einzurichten, war bereits formuliert, und von der Außenlinie versuchte Ludvig, seinen älteren Bruder zu überreden, Helsinki zu verlassen. »Ich glaube, mit Finnland ist nicht zu rechnen, ›es ist doch arm, wird so bleiben‹, doch ewig arm zu bleiben, stimmt nicht mit den Wünschen und Hoffnungen der Nobels überein«, schrieb Ludvig.[8]

Schließlich sagte Robert zu und machte sich bereit, mit seiner Familie – Pauline, dem bald dreijährigen Hjalmar und der kleinen Ingeborg, die im Frühjahr ein Jahr alt werden würde – nach Schweden zu ziehen.

*

Ein mit Arbeit überlasteter Alfred Nobel reiste Anfang April 1866 von Southampton nach New York. Er hatte gehofft, auf dem Weg in Schweden vorbeifahren zu können und wenigstens Andrietta und Immanuel zu sehen, doch das war nicht möglich. Immerhin konnte er vor dem Zusammentreffen mit Oberst Shaffner ein paar ermutigende Informationen aus Schweden mitnehmen. Graf Adolf Eugène von Rosen, der ehemalige Eisenbahnunternehmer, hatte Vater Immanuel aufgesucht und sich angeboten, Alfreds Agent für die Verbreitung des Sprengöls in Frankreich zu werden. Und das war nicht alles. Kurz vor Weihnachten hatte der Graf auch in dem Shaffner-Streit zu Alfreds Vorteil als

Zeuge ausgesagt. Vor einem öffentlich bestellten Notar in Stockholm hatte von Rosen detailliert beschrieben, wie er T. P. Shaffner im Herbst 1864 bei den Nobels auf Heleneborg kennengelernt hatte und dass der Oberst damals Fragen gestellt habe, die nach Von Rosen »ganz klar« bewiesen hätten, dass der Amerikaner zuvor nichts vom Nitroglyzerin gewusst habe.

Jetzt hatte der Graf noch bessere Neuigkeiten. Er hatte nämlich kürzlich den amerikanischen Gesandten in Stockholm getroffen, der ihm verraten hatte, dass Shaffner ihn nach dem Schwedenbesuch 1864 angeschrieben und gebeten habe, doch geheime Informationen über Nobels Sprengöl zu beschaffen. Der Brief an den Gesandten bewies, dass Shaffner, bevor er in Stockholm auf Alfreds Erfindung gestoßen war, keinerlei Kenntnis von Nitroglyzerin gehabt hatte. Von Rosen bot sich an, Shaffners Brief »abzufotografieren«, »auf dass der Schurke mit seiner eigenen Unterschrift geschlagen werden möge«.

Der bald siebzigjährige von Rosen erbot sich auch, an Alfreds Stelle nach Amerika zu reisen. Das wäre nur gut für seine Gesundheit, und in New York würde er zudem die Freude haben, seinen alten Freund John Ericsson, der inzwischen ein amerikanischer Nationalheld war, wiederzusehen.[9] Doch Alfred wusste, dass seine persönliche Anwesenheit vonnöten war.

Die USA hatten begonnen, sich nach dem vier Jahre währenden Bürgerkrieg wieder zu erheben, der mehr Opfer gefordert hatte als jeder der vielen Kriege, die amerikanische Soldaten später ausfechten sollten: über eine Million Tote und Verletzte. Ein Jahr war vergangen, seit General Robert E. Lee und die Südstaaten Anfang April 1865 kapituliert hatten. Kurz darauf, am 13. April, waren der General der Nordstaaten, Ulysses S. Grant, und seine siegestrunkenen Truppen vor jubelnden Volksmassen durch die Straßen von Washington marschiert. Überall wehte das Sternenbanner. Siegesfeuer wurden entzündet und Feuerwerk abgefackelt. Unzählige Fässer billigen Whiskeys wurden geleert.

Es war ein grenzenloser Triumph für den damals gerade wiedergewählten Präsidenten Abraham Lincoln. Die Union hatte überlebt, und vier Millionen Sklaven würden befreit werden.

Tags darauf, am Karfreitag 1865, hatte sich der Präsident ins Ford's Theatre begeben, um die Komödie *Our American Cousin* zu sehen. Der sechsundzwanzigjährige Schauspieler John Wilkes Booth, ein fanatischer Anhänger der Südstaaten, bekleidete keine Rolle in dem Stück, wohl aber in der Geschichte. Als das Gelächter im Saal ertönte, schlich er in die Präsidentenloge. Er streckte eine Pistole gegen Lincolns Hinterkopf und schoss, dann sprang er übers Geländer hinunter auf die Bühne und verschwand. Das Publikum, das zunächst meinte, der Schuss gehöre zum Stück, hörte ihn rufen: »Sic semper tyrannis!« (»So soll es immer den Tyrannen ergehen!«)

Der blutende Lincoln wurde bewusstlos in ein Pensionat auf der anderen Straßenseite gebracht, wo er am nächsten Morgen starb.

Der amerikanische Nationaldichter Walt Whitman hatte in diesem Frühjahr gerade eine Gedichtsammlung über den Bürgerkrieg fertiggestellt. Nach dem Mord ließ er alles liegen und verfasste mehrere neue Gedichte über den verstorbenen Präsidenten, den er über alles bewunderte.[10] Eines der bekannteren beginnt wie folgt:

O Käpt'n! mein Käpt'n! zu Ende unsre schlimme Reise,
Die Wolkendünste abgewettert, hielten siegreich wir die Preise;
Am Quai entlang der Glockenklang, des Volkes Jubel uns entgegen,
Die Augen folgen stetem Kiel, dem Schiffe grimm verwegen;
Doch Herz! O Herz! O Herz!
Ihr blut'gen Tropfen rot,
Wo hier auf Deck mein Käpt'n liegt,
Gefallen, kalt und tot.[11]

*

Alfred Nobel kam am Jahrestag von Lincolns Tod, dem 15. April 1866, in New York an. Alle amerikanischen Behörden waren an jenem

Wochenende geschlossen, um den ein Jahr zuvor verstorbenen Präsidenten zu ehren, und Lincolns Nachfolger Andrew Johnson empfing keinen Besuch.[12]

Viele Nordstaatler hatten auf harte Maßnahmen gegen die Rebellen in den Südstaaten gehofft, doch Andrew Johnson hatte sie damit überrascht, dass er den Verlierern Amnestien gewährt hatte. Alfreds Gegenpart im Patentprozess, der Südstaatler Taliaferro P. Shaffner, benötigte keine. Der Oberst hatte sich ungeniert der Kriegsentwicklung angepasst, die Seite gewechselt und unter anderem der Nordstaatenarmee seine Unterwasserminen angeboten.

Im Süden erwies sich der Wiederaufbau nach dem Krieg als monumentale Herausforderung. Ganze Städte und Plantagen waren niedergebrannt, Straßen und Eisenbahnverbindungen zerstört. Die Stadt New York war, abgesehen von einer Reihe gewalttätiger Proteste gegen den Krieg, nie auf dieselbe Weise Kriegsschauplatz gewesen. Doch ein Jahr nach Kriegsende waren rassistische Übergriffe immer noch Alltag für die Einwohner von New York. Arme Immigranten, die sich in den Slums in »Kleindeutschland« oder »Little Italy« drängten, fürchteten den Zuzug von aus der Sklaverei befreiten Afroamerikanern.

Im Frühjahr 1866 wanderten in diesen heruntergekommenen Teilen von Manhattan Cholerapatrouillen von Haus zu Haus und versuchten, die schlimmsten Zustände zu verbessern, in der Hoffnung, so eine Massenepidemie verhindern zu können. Nur einen Steinwurf von den ungesunden Slums lag New Yorks schickes Finanzquartier. Banken und Anwaltskanzleien waren nach dem Krieg wie Pilze aus dem Boden geschossen. Auf der Wall Street war das Gedränge während der Arbeitswoche groß, hier wurde geknufft und gestoßen, und um die Ecke auf dem Broadway fuhren Tausende von Pferdewagen. Wer versuchte, über diese Straße zu kommen – vielleicht um die Trinity-Kirche mit dem höchsten Turm New Yorks zu bewundern –, tat es auf eigene Gefahr.

Alfred Nobel begab sich zur 20 Pine Street, einer Parallelstraße zur Wall Street. Er würde bei Otto Bürstenbinder unterkommen, dem

New-York-Agenten, den er schon in Hamburg angestellt hatte. Bürstenbinder besaß ein paar Häuser weiter auch ein Büro, das Alfred benutzen konnte.[13]

Nicht alle der vielen neuen Glückssuchenden rund um die Wall Street hegten gute Absichten. Vielmehr hatte eine neue Generation das Geschäftsleben übernommen, »ein Volk frecher Spieler, Männer, die in mörderischem Ernst große Summen aufs Spiel setzten. Während der Nachkriegsjahre wurden diejenigen, die auf die Schattenseite der Wall Street gerieten, von einem fieberhaften Zuwachs, einer fehlenden Regulierung und einer politischen Führung in New York City elektrisiert, die zu dunklen Geschäften einluden«, schreiben Edwin Burrows und Mike Wallace in ihrem Prachtwerk *Gotham. A history of New York City*.[14]

Alfred Nobels Agent schien zu diesen Schattenfiguren zu gehören. Bürstenbinder hatte ohne Alfreds Wissen bereits einen vorläufigen Vertrag mit einigen amerikanischen Geschäftsleuten über das Sprengöl abgeschlossen. In diesem hatte sich Bürstenbinder selbst ein Viertel der zukünftigen Einnahmen zugeteilt, ebenso viel, wie Alfred Nobel erhalten sollte. Alfred musste bald erkennen, dass Bürstenbinder, ohne mit ihm zuvor zu sprechen, nicht nur den Firmennamen bestimmt, sondern auch Aktienbriefe gedruckt hatte.[15]

Doch nun war Sonntag, und das Finanzviertel lag still und verschlafen da. Alfred konnte sich, in frohem Unwissen über die Dramatik, die ihn erwartete, den Tag damit vertreiben, in der *New York Times* eine einseitige Rezension von Victor Hugos neuem Roman *Die Arbeiter des Meeres* zu lesen. Die Zeitung nannte den Franzosen »den populärsten lebenden Schriftsteller«.

*

Kurz nach Mittag am darauffolgenden Tag, Montag, dem 16. April, standen einige Spediteure auf dem Hinterhof eines Frachtunternehmens in San Francisco und inspizierten zwei neu angekommene Kisten. Diese waren auf dem Schiffstransport von New York beschädigt worden, und nun sollte herausgefunden werden, wer dafür die Verantwortung trug. Beide Kisten waren mit der nichtssagenden Aufschrift »merchandise« gekennzeichnet.

Um 13:15 Uhr knallte es. Eine starke Explosion ließ den Boden erzittern wie bei einem Erdbeben. Alles innerhalb eines Radius von fünfzehn Metern wurde in kleine Teile zersprengt, und bis einen Kilometer vom Unglücksort entfernt gingen die Fensterscheiben kaputt. »Fragmente von menschlichen Überresten wurden bald zwei Block weiter gefunden«, schrieben die Zeitungen hinterher. Siebzehn Menschen starben, und ebenso viele wurden schwer verletzt.

Schon am ersten Tag hatte man den Stoff Nitroglyzerin in Verdacht. Als alle Zerstörungen und die Leichenteile weggeräumt waren, vermochte man das Rätsel zu lösen. Die explodierte Kiste enthielt sehr richtig Nobels Sprengöl und war auf dem Weg zu einem Grubeningenieur in Kalifornien gewesen. Er hatte sie mithilfe eines gewissen Otto Bürstenbinder in New York aus Deutschland geliefert bekommen.

Schon bald war man auch in New York alarmiert. Gab es den gefährlichen Stoff auch in der Stadt? Der Feuerwehrchef erhielt von Bürgermeister John T. Hoffman den Auftrag, die Stadt durchsuchen zu lassen. Das Ergebnis konnte schon wenige Tage später präsentiert werden. Man hatte an mehreren Stellen in der Stadt große Mengen Nitroglyzerin gefunden. In einem Lagerhaus beim Zoll lagen ganze zwölf Kisten Sprengöl.

Am Morgen danach wurde Otto Bürstenbinder unter dem Verdacht festgenommen, das Nitroglyzerin nach Kalifornien geliefert zu haben, ohne die Ladung zu bezeichnen und ohne den Kapitän über den Inhalt der Kisten zu informieren. In einem scharf formulierten Schreiben zitierte Bürgermeister Hoffman den Feuerwehrchef zu einem Treffen und befahl ihm, die Personen, die dafür verantwortlich waren, dass es den Stoff in New York gab, mitzubringen.

Der Feuerwehrchef machte Alfred – Albert, wie er in der Eile versehentlich hieß – Nobel ausfindig, und die beiden fanden sich später am selben Tag beim Bürgermeister ein. Alfred versicherte, dass die zwölf Kisten im Lager des Zolls alles waren, was er und sein Agent Bürstenbinder bisher importiert hatten. Der Bürgermeister befahl dem Feuerwehrchef, diese Kisten sofort aus der Stadt zu bringen.

Artikel mit der Überschrift »The Nitroglycerine Panic« tauchten in den Zeitungen auf. In San Francisco wurde ein sofortiges Verbot aller Transporte von Nitroglyzerin erlassen, und in Washington hatte ein Mitglied des Kongresses bereits vorgeschlagen, die Herstellung und den Transport von Nitroglyzerin mit Strafe zu belegen.

Für Alfred Nobel war das alles ein Albtraum, und es sollte noch schlimmer kommen. Am Tag nach dem Treffen mit dem Bürgermeister wurde die erste Seite der *New York Times* von einer womöglich noch größeren Nitroglyzerinkatastrophe beherrscht.[16]

Die Explosion in Panama war zwar bereits Anfang April geschehen, doch erst jetzt erreichte die Nachricht New York und wurde in den Zeitungen mit der Nitroglyzerinpanik und Bürstenbinders Verhaftung zusammengebracht. Ein Frachtschiff, die *European,* hatte am Kai in Panamas Hafenstadt Colón (damals Aspinwall) gelegen, als sie ohne jede Vorwarnung in die Luft flog. Laut *New York Times* waren vermutlich über sechzig Menschen ums Leben gekommen, darunter der Kapitän mitsamt vielen Besatzungsmitgliedern und Schauerleuten. Es wurde von schrecklichen Szenen berichtet. »Ein Wolkenpilz aus Feuer und weißem Rauch erhob sich in die Luft und riss bis zu zwanzig oder dreißig Menschen vom Deck des Lastschiffs mit. Masten, Warenballen, Teile des oberen Decks [...] stiegen hoch und sanken in die roten Flammen und boten, laut denen, die sich weit genug entfernt befanden, um den Effekt wahrnehmen zu können, das schrecklichste, großartige Schauspiel, das man je bezeugt hat.«[17]

Schon bald stand fest, dass der Dampfer *European* siebzig Kisten Nitroglyzerin an Bord hatte. Mit einem Mal war der Patentstreit mit Shaffner Alfred Nobels kleinstes Problem. Erschrocken und gehetzt formulierte er einen Brief an den Redakteur der *New York Times*, welcher am 21. April 1866 in ganzer Länge abgedruckt wurde:

»Seit meiner Ankunft in dieser Stadt habe ich mit tiefem Bedauern von den beiden Unglücksfällen Nachricht erhalten, die in der jüngsten Zeit mit Nitro-Glyzerin geschehen sind. Alldieweil die Ursachen für diese Explosionen unbekannt sind, hoffe ich, verantwortliche und wissenschaftliche Instanzen davon zu überzeugen, dass Nitro-Glyzerin ein Element ist, das weniger gefährlich sowohl zu handhaben als auch herzustellen ist als Schwarzpulver. In diesem Anliegen plane ich, während ein paar Tagen eine Reihe von Experimenten durchzuführen, für die Zeit und Ort in Ihrer geschätzten Zeitung angekündigt werden sollen. Bis dahin erflehe ich respektvoll von der Allgemeinheit, mit ihrer Ansicht zurückzuhalten, zumal solche Experimente es möglich machen werden, sich klar selbst ein Urteil zu bilden.

Ihr demütiger Diener
A. NOBEL
New York, den 20. April 1866«

Die Vernehmungen mit Otto Bürstenbinder sollten sich über mehrere Wochen erstrecken. Er musste im Gefängnis bleiben, weil niemand die 2500 Dollar aus dem Ärmel schütteln konnte, die das Gericht als Kaution forderte. Am Mittwoch, dem 25. April, war Alfred Nobel an der Reihe, im Verfahren gegen Bürstenbinder auszusagen. Er muss unter Druck gestanden haben und nervös gewesen sein, denn seine Zeugenaussage wurde ein einziges Durcheinander aus Details und widersprüchlichen Aussagen. »Ich bin Chemiker, aber nicht von Beruf, von Beruf bin ich Diplomingenieur«, erklärte Alfred unter anderem. Er behauptete, dass Nitroglyzerin nicht als explosiver Stoff bezeichnet werden könne, weil es nur unter besonderen Bedingungen detonierte, bei 360 Grad Hitze (Fahrenheit) oder eben mit seiner Erfindung, dem Zündhut. Das Unglück in San Francisco sei wahrscheinlich durch unvorsichtiges Stauen verursacht worden, meinte er, sodass die Sägespäne in der Kiste Feuer gefangen hätten. Das Gericht möge doch zur Kenntnis nehmen, dass er »nicht alle Umstände zu kennen beansprucht, unter denen es [das Nitroglyzerin] explodieren wird«.

Sein Auftritt war nicht gerade ein umwerfender Erfolg. »Es ist durch und durch sicher, mit dem Nitroglyzerin zu hantieren, aber der Zeuge Nobel wusste nicht, unter welchen Umständen es explodiert«, lautete die ironische Zusammenfassung der *New York Times* hinterher.[18]

In San Francisco war der Westküsten-Agent Julius Bandmann sowohl empört wie enttäuscht. Er hatte große Mengen des Sprengöls entgegengenommen und sie in Champagnerflaschen umgefüllt. Jetzt konnte er niemanden finden, der die Flaschen lagern wollte, nicht einmal auf den Inseln vor der Stadt. Sie hatten alles in ein kleines Boot verfrachten und dies weit draußen in der Bucht von San Francisco vor Anker legen müssen. Die Fragen häuften sich, aber von Nobel kamen keine Antworten.

Bandmann und seine Kompagnons hatten in Teilen der Ladung mit Sprengöl einen Gestank von Schwefelsäure wahrgenommen. Als sie eine dieser Champagnerflaschen öffneten, entdeckten sie einen braunen Schaum obendrauf. »Könnte das womöglich eine Teilung des Öls sein? […] Warum gab das Öl einen zischenden Laut von sich, als der Korken entfernt wurde?Das sind wichtige Fragen für uns, und die müssen von Ihnen beantwortet werden können«, schrieb Bandmann an Alfred Nobel in New York. Der Westküsten-Agent fragte, ob Alfred jemals mit so altem Öl experimentiert hätte, wie sie es bekommen hatten, und ob es nicht unter solchen Umständen gefährlich würde.

Alfred war höchst gequält. Er hatte kaum Zeit, nachts zu schlafen, und wurde bis zur Schmerzgrenze vom »Dröhnen von Schlägen und Knallen und Unbehagen und vor allem Pech« bedrängt. Wie konnte alles nur so schiefgehen? Alle anderen Sendungen nach San Francisco und Mexiko waren schließlich unbeschadet angekommen. Und dann geschahen diese beiden Explosionen just zum Zeitpunkt seiner Ankunft in den USA. »Muss zugeben, dass wir Pech mit dem Nitroglyzerin haben«, schrieb er nach Hause nach Stockholm.[19]

*

Die Rettung kam aus unerwarteter Richtung. Charles Seely war Professor für analytische Chemie an der New York Medical School. Er war ein halbes Jahr zuvor nach der Explosion vor dem Wyoming Hotel vor Ort gewesen, weil er neugierig auf die chemische Analyse der Katastrophe gewesen war. Jetzt war er sich seiner Sache sicher. Anfang Mai fasste er seine Ergebnisse in einem Artikel in der angesehenen Zeitschrift *Scientific American* zusammen. Nitroglyzerin war keinesfalls ungefährlich. Alfred Nobel täuschte sich. Unter gewissen Umständen konnte sich das Sprengöl selbst entzünden, genau wie die unberechenbare Schießbaumwolle, mit der er selbst viel gearbeitet hatte.

Doch welchen Schluss sollte man daraus ziehen? Seely überraschte: »Viele meinen anzunehmen, dass nun, da Nitro-Glyzerin bewiesenermaßen ein gefährlicher Stoff ist, es nicht länger benutzt werden könne [...] Das Volk und der Kongress, nervös geworden durch eine vielleicht verständliche Panik, liegen hier jedoch falsch. Wir können uns nicht leisten, einen Stoff, der sich als so nützlich erwiesen hat wie das Nitro-Glyzerin, ungenutzt zu lassen; wir können nicht akzeptieren, dass unsere Wissenschaft und unser Erfindungsvermögen nicht Methoden finden werden, es sicher zu machen. Ich wage vorherzusagen, dass Nitro-Glyzerin binnen Kurzem als ungefährlicher angesehen wird als Schwarzpulver und es in entschiedenem Maße übertrumpfen wird: Innerhalb weniger Jahre wird der Jahresverbrauch von Nitro-Glyzerin in den Vereinigten Staaten auf eine Million Pfund steigen.«

Nun käme es darauf an, meinte der Professor, mit den aktuellen Risiken umzugehen, vielleicht für einige Zeit Transporte und Produktion aufzuschieben. Aber ein Verbot? Nein. »Sollen wir mit Rücksicht auf die Unwissenheit und die Gedankenlosigkeit, die in der Welt herrscht, auch scharfes Handwerkszeug und Dampf und Schwarzpulver verbieten? Lassen Sie uns lieber das, was wir jetzt als Unglücke bezeichnen, als Fingerzeige betrachten, aus denen es etwas zu lernen gibt, und etwas zu erfinden«, schrieb der Professor – Worte, die Musik in den Ohren von Alfred Nobel gewesen sein müssen.[20]

Die »überzeugenden Experimente« mit Nitroglyzerin, die er den New Yorker Bürgern in seinem Leserbrief versprochen hatte, fanden an einem Freitagnachmittag Anfang Mai statt. Ungefähr zwanzig Interessierte, zumeist Journalisten, Ingenieure und Wissenschaftler, wagten sich »nicht ohne Zittern« zu dem ausgesuchten Steinbruch an der Ecke 83rd Street und Central Park. Dort, aus sicherer Entfernung zu Manhattans Wohnvierteln, wollte Alfred Nobel ein für alle Mal beweisen, dass das überlegen starke Sprengöl »so kontrolliert und gelenkt werden kann, dass seine Kräfte der Menschheit zunutze kommen können«, wie eine Zeitung schrieb.[21]

Alfred war den Schilderungen zufolge mit »Zündhölzern, Zigarren [...] und einer gehörigen Portion Mut« ausgestattet. Er begann damit, eine Glasflasche mit Nitroglyzerin auf einen Felsen zu schleudern – ohne dass etwas anderes geschah, als dass die Glasflasche in tausend Teile zersprang. Damit niemand Zweifel über das wahre Potenzial des Sprengstoffs hegen konnte, löste er daraufhin eine echte Explosion mit einem Zündhut aus. Er erklärte seine Theorie über das Unglück in San Francisco, indem er vor den Augen des Publikums einen Nitroglyzerinkanister in eine Kiste mit Sägespänen legte und die Späne mit einer Zigarre anzündete. Es brannte stark, und das Öl explodierte. »Wenn das Öl in Sand gelegt worden wäre [...], dann wäre es nicht detoniert«, versicherte Nobel.

Dann zog er noch ein Ass aus dem Ärmel. Er hatte eine neue Methode erfunden, wie man das Sprengöl völlig ungefährlich für Transporte machen konnte. Indem man das Öl mit Methanol vermischte, könne man die Explosionsgefahr völlig bannen, behauptete Alfred gegenüber den Anwesenden.[22] Das war ein riskantes Manöver, denn zum ersten Mal gab Nobel zu, dass das reine Nitroglyzerin vielleicht nicht ganz so ungefährlich war, wie er sonst behauptet hatte.

Zwei Stunden lang experimentierte Alfred an dem Steinbruch. Hinterher waren die Meinungen geteilt. Wie die *Scientific American* schrieb, waren die meisten Zuschauer überzeugt. »Als die Experimente beendet waren, wurde keine Furcht bemerkt, sich in der Nähe des Öls zu befinden, und die Packungen wurden von einigen, die zu Anfang noch einen sehr respektvollen Abstand gehalten hatten, unbeschwert hantiert; es erinnerte an die antike Fabel vom Fuchs und dem Löwen.« Andere meinten, es gebe noch Zweifel. So stellte zum Beispiel die *Philadelphia Inquirer* fest, Nobels Argumentation passe nicht mit dem Verlauf eines der Unglücke zusammen: »Es ist offensichtlich, dass Mr. NOBEL noch nicht die Eigenschaften der furchterregenden Flüssigkeit begreift, die er erfunden hat. Seine Theorien mögen die Eigenschaften des Öls betreffend, wenn es frisch ist, korrekt sein, doch nach einiger Zeit macht es offensichtlich chemische Veränderungen durch, die es für die Lagerung und den Transport unsicher machen.«[23]

Alles stand auf der Kippe. Alfred Nobel selbst hegte einige Hoffnung. Es sei kein Wunder, dass »die hereinhagelnden Unglücksereignisse« die Allgemeinheit erschreckt hätten, doch mit den Experimenten in Manhattan habe er die besonders Besorgten beruhigt.[24] Jetzt kam es »nur noch« darauf an, die hysterischen Politiker in Washington zu zügeln.

*

Es ist nicht klar, wer zuerst die Stimme erhob und Verbot und Todesstrafe forderte. Laut einer Quelle soll es der Schwarzpulvermagnat Henry Du Pont gewesen sein, ein Konkurrent von Nobel. Auf jeden Fall setzte sich damals der Gedanke im Kongress fest.

Ich suche in digitalen amerikanischen Zeitungsarchiven. Eine Aussage von Du Pont über das Nitroglyzerin im Frühjahr 1866 kann ich nicht finden, dafür eine Notiz, dass ein Senator Chandler aus Michigan ein Transportverbot vorgeschlagen habe. Binnen weniger Minuten habe ich das richtige Senatsarchiv im Netz ausfindig gemacht. Ich maile auf gut Glück an die National Archives in Washington und rechne mal ganz eiskalt mit einer Wartezeit von mehreren Monaten. Doch so arbeitet man im Center for Legislative Archives nicht. Am selben Nachmittag liegt Chandlers handgeschriebene Originaleingabe vom 9. Mai 1866 als Scan in meinem Eingangskorb.

Die Handschrift ist freundlich gerundet, der Inhalt bestürzend.

*

Senator Chandler hatte mit seinem Gesetzesvorschlag nicht hinter dem Berg gehalten. Seiner Meinung nach beging jeder, der gegen das Nitroglyzerinverbot verstieß und so den Tod eines Menschen verursachte, ein schweres Verbrechen. Als Bezeichnung des Verbrechens schlug er vor: »Vorsätzlicher Mord«. Vorgeschlagene Strafe: »Tod durch Hängen«. Alfred Nobel muss Schnappatmung gekriegt haben, als er das las.[25]

Chandler war nicht der einzige Nitroglyzeringegner im Kongress, denn viele sympathisierten mit seinem Vorschlag, der nun vor den Handelsausschuss des Senats kam. Das war natürlich eine Katastrophe. Alfred Nobel musste zwischen Lobbysitzungen in Washington und den Vernehmungen in New York wegen des laufenden Verfahrens gegen Bürstenbinder in San Francisco hin und her eilen. »Hier ging es heiß her, das sage ich dir«, schrieb er an Robert. »Wenn ich statt in New York in San Francisco gewesen wäre, dann hätten die mich in Stücke gerissen. […] Der Kongress in Washington war außer sich und wollte die Fabrikation und den Verkauf des Öls voll und ganz verbieten und stimmte auch noch dafür, dass alles durch Hängen als Mord geahndet werden sollte.«[26]

In dieser dramatischen Lage trat unerwartet der verschlagene Oberst Shaffner zu Nobels Verteidigung auf den Plan. Am Mittwoch, dem 11. Mai, war Shaffner als Experte zur Zeugenaussage im San-Francisco-Verfahren gegen Otto Bürstenbinder aufgerufen worden. Shaffner behauptete, viele Jahre mit Nitroglyzerin gearbeitet zu haben, und beschwor einige hochdekorierte Nordstaatenhelden, darunter auch General Ulysses Grant, als Referenzen. Nobel hatte recht, konstatierte Shaffner. Das Nitroglyzerin war definitiv weniger gefährlich als

Schwarzpulver. Die Unfälle waren durch einen falschen Umgang mit dem Stoff verursacht worden.

Alfred saß im Saal und hörte zu. Von seinem Antagonisten bestärkt bat er um das Wort und erklärte der Versammlung, dass der Unterschied zwischen Schwarzpulver und Nitroglyzerin wie der zwischen einem Wildhund und einem zahmen Elefanten war, »Ersterer gefährlicher, Letzterer erschreckender, wenn er gereizt wird«.[27]

Irgendwo an dieser Stelle scheint sich die Beziehung zwischen den beiden Parteien verändert zu haben. Alfred erkannte eine Chance. Der Oberst Shaffner wohnte inzwischen in Washington, besaß ausgezeichnete Kontakte in den Kongress und glaubte an das Nitroglyzerin. Wie schwer greifbar und aalglatt Tal P. Shaffner auch wirkte, schien es in der bestehenden Situation doch besser, ihn für sich als gegen sich zu haben, überlegte Alfred. Außerdem hatte Shaffner dem Senat einen eigenen Vorschlag für sicherere Nitroglyzerintransporte vorgelegt, eine Art eines von Gips umgebenen Blechkanisters, für den er nun ein Patent anmeldete. Die Gipskanister und Nobels Methanollösung würden ja vielleicht ausreichen, um die Politiker zu bewegen, das Transportverbot noch einmal zu überdenken.

Am 16. Mai wurde entschieden. Shaffner überließ Nobel das USA-Patent, wenn er dafür für einen Dollar das Recht kaufen durfte, die Sprengmethode auf militärischem Sektor anzuwenden. So verwandelten sich die Feinde mit einem Mal in Kompagnons. Danach tauchten Shaffner und Nobel gemeinsam in Washington auf und führten Sprengexperimente vor, um die Allgemeinheit und die Politiker zu beruhigen.

Die Lobbyarbeit trug offensichtlich Früchte. Als der Handelsausschuss des Senats fertig verhandelt hatte, bestand zwar immer noch die Gefahr einer Kriminalisierung, doch die vorgeschlagene Verbrechensbezeichnung war zu »Totschlag« und das Strafmaß auf »Gefängnisstrafe nicht unter zehn Jahren« abgemildert worden. Eine Woche später wurde Bürstenbinder zudem aus dem Gefängnis entlassen. Das Gericht sprach ihn in allen Punkten von der Anklage frei, da es als bewiesen angesehen wurde, dass er verreist gewesen und deshalb gar nicht für den gefährlichen San-Francisco-Transport verantwortlich gewesen sein konnte.[28]

Der Druck ließ langsam nach. Doch Alfred Nobel hatte genug von Bürstenbinders falschem Spiel. Als er jetzt mit seinem gesicherten Patent weitermachte, um den Grundstein zu einem Unternehmen zu legen, der United States Blasting Oil Company, suchte er sich andere Partner aus. Er nahm Kontakt zu Israel Hall auf, einem Geschäftsmann, den die Familie schon seit ihrer Zeit in Sankt Petersburg kannte. »Außergewöhnlich tüchtige Person, und – was hierzulande wirklich unerhört und fast märchenhaft ist – ehrenhaft«, schrieb er im Juni von New York aus an Robert.

Der Sommer kam und schlug die amerikanische Ostküste mit lähmender Hitze. An einem Tag zählte man allein in New York hunderteinundsechzig Todesopfer. Alfred litt. Er reiste weiterhin nach Washington und zurück und vermochte nicht zu entspannen. Noch bis Ende Juni schien die Gefahr, dass jede Beschäftigung mit Nitroglyzerin in den USA kriminalisiert werden könnte, vollkommen realistisch.[29]

Im Nachhinein sollte Shaffner sich alle Ehre zuschreiben. Er sollte sogar behaupten, dass Alfred Nobel ohne ihn während seines USA-Besuchs definitiv im Gefängnis gelandet wäre. Dass der Oberst mehr Einfluss genommen hatte, als Alfred klar war, wurde, wenn nicht schon vorher, so doch spätestens am 28. Juni deutlich, als der Kongress schließlich das neue Nitroglyzeringesetz verabschiedete. Shaffner hatte dabei eine entscheidende Bedingung erfüllt bekommen: Nitroglyzerin durfte nur weiter transportiert werden, wenn das in den vergipsten Blechkanistern geschah, für die er selbst das Patent beantragt hatte.[30] Es sollte nicht lange dauern, bis der Oberst diese Sonderstellung ausnutzte, um den Schweden auszunehmen.

Vermutlich erkannte Alfred bereits als die Entscheidung kam, dass er hinters Licht geführt worden war und Shaffner durch die Hintertür versuchte, sich den größtmöglichen Anteil am Geschäft zu ergaunern. Zu dem Zeitpunkt war Alfred voll und ganz bewusst, dass in der »Neuen Welt« Ehrlichkeit keinesfalls am längsten währte. In Alfreds Augen waren die USA das Land, in dem »die Menschen fleißig sind, aber der Betrug allgemein so riesig ist, dass es alle Menschen erschreckt«. Eine Erfindung mit ehrlichem Geld vergolten zu bekommen sei unmöglich, schrieb er in einem Brief nach Hause. In New York hatte die Anzahl Schelmen »nie zuvor so reichlich floriert wie jetzt«.[31] Oder wie er es ein paar Monate später ausdrücken sollte: »Das einzig Seltsame mit den gegenwärtigen Gesetzen im Staat New York ist, dass eine Hälfte der Stadt nicht davon lebt, die andere Hälfte aufgrund falscher Behauptungen verhaften und verurteilen zu lassen.«[32]

Auch die Rückreise über den Atlantik Anfang August geriet stürmisch. Der Dampfer krängte heftig, Glas zerbrach, Alfred ging es nicht gut. Seine Gesundheit hatte durch all die Arbeit in extremer Hitze gelitten. Für nichts und wieder nichts. Über die bunten amerikanischen Aktien, die für seine Gesellschaft gedruckt worden waren, konnte er nur das Gesicht verziehen. Die taugten höchstens zum Futter eines Morgenrocks, war seine Meinung. Seine Verachtung gegenüber Menschen, die sich auf Kosten anderer bereicherten, wuchs noch. Und er sollte nie wieder einen Fuß auf amerikanischen Boden setzen.

Doch er musste schließlich einsehen, dass nicht alles von Betrug bestimmt war. Eine Erkenntnis hatte er gewonnen. Die vielen dramatischen Explosionen begannen sich zu einer unbarmherzigen Evidenzprüfung der Wirklichkeit auszuwachsen. Mindestens fünfundsiebzig Menschen hatten ihr Leben lassen müssen, ebenso viele waren schwer verletzt. Alfred konnte nicht länger behaupten, dass das Nitroglyzerin ungefährlich war, denn die Beweise für das Gegenteil waren überwältigend. Und eines war unausweichlich: Er musste das Sprengöl in seiner Anwendung sicherer machen.[33]

Die Idee mit dem Methanol hatte er ja schon. Sowie er diesen Geistesblitz im Mai gehabt hatte, hatte er Robert gebeten, eine Patentanmeldung in Schweden einzureichen und dabei Alfreds Unterschrift zu fälschen. Zugegeben, das war geschummelt, doch sie waren ganz einfach gezwungen, allen Schwindlern zuvorzukommen. Auf Alfreds

Drängen hin war Robert schon im Juli nach Hamburg und Krümmel gereist, um eine Reihe von Experimenten einzuleiten.[34]

Inzwischen war das Methanol nicht Alfreds einzige Idee. Er staubte auch noch einmal einen alten Gedanken ab, der plötzlich frisch erschien. Bei dem Experiment vor den Journalisten und Wissenschaftlern in New York hatte sie ihn schon einmal gestreift, als er im Steinbruch behauptet hatte: Wenn das Sprengöl anstelle von Sägespänen in Sand verpackt gewesen wäre, dann wäre die Katastrophe in San Francisco nie geschehen.

In seinen frühesten Patentanmeldungen hatte Alfred Nobel eine ganz ähnliche Methode erwähnt, nämlich dass man das Nitroglyzerin von einem porösen Element absorbieren lassen könnte. Vielleicht Kohle? Oder Sand? Er hatte das nur nicht weiterverfolgt. Jetzt kam es ihm sogar besser vor als die Geschichte mit dem Methanol.[35]

Die veränderte Wirklichkeit, die ihm in Hamburg begegnen sollte, machte neue Lösungen mehr denn je erforderlich.

KAPITEL 8

Neuer Sprengstoff im Werden

Während der Überfahrt nach Europa kam Alfred Nobel an einer Weltsensation vorbei. Nach zehn Jahren der Rückschläge und Enttäuschungen lag das geheimnisumwobene Telegrafenkabel zwischen Europa und Amerika endlich an seinem Platz. Und es schien zu funktionieren. Am Samstag, dem 4. August 1866, publizierte die *New York Times* die sensationelle Neuigkeit, ein Telegramm von Königin Victoria in London habe in nur elf Minuten Neufundland und die kanadische Regierung erreicht. Und man konnte alles lesen.

Diesmal drohte kein Scheitern. Wochenalte, von Schiffen überbrachte Nachrichten aus der »Alten Welt« waren schon bald Geschichte. Den im Sterben liegenden Michael Faraday erreichte die frohe Kunde, die eine indirekte ersehnte Bestätigung für seine Theorie von den elektromagnetischen Feldern war, gerade noch rechtzeitig, auch wenn es noch weitere Jahrzehnte dauern sollte, bis das allen wirklich klar war.[1]

Alfred hatte also New York in den letzten Tagen der Zeit verzögerter Nachrichten aus Europa besucht. Was wusste er also über all das, was sich zu Hause ereignet hatte? Da er den Krieg, der in seiner Heimat ausgebrochen war, nicht kommentierte, können wir das nicht sagen. Es ist zu vermuten, dass er über die Truppenbewegungen informiert war, aber dass er infolge der langsamen Kommunikation nicht wusste, ob die tatsächlichen Gefechte schon vorüber waren. Und nach allem zu schließen hatte er keine Ahnung, was in Krümmel geschehen war.

Im Juni hatten preußische Truppen das Fürstentum Holstein besetzt. Davon hatten die New Yorker Zeitungen berichten können. Durch den Frieden des vorhergegangenen Krieges war Holstein österreichisch geworden, was dazu geführt hatte, dass Otto von Bismarck dort den so herbeigesehnten Krieg gegen den ehemaligen Verbündeten führen konnte. Bismarck hatte lange von einem neuen von Preußen beherrschten Deutschen Bund geträumt, in dem der Rivale Österreich ein für alle Mal abgehängt wurde. Jetzt gelang ihm das in nur sieben Wochen.

Als Alfred Nobel am 11. August 1866 in Hamburg an Land ging, hatten die Krieg führenden Parteien bereits eine vorläufige Friedensvereinbarung getroffen. Preußen drängte Österreich aus der deutschen Gemeinschaft und bildete zusammen mit um die zwanzig bedeutend kleineren Staaten den Norddeutschen Bund.

Somit stand nur noch ein letzter Zug in Bismarcks europäischem Machtspiel aus. Der nächste Krieg würde bedeutend dramatischer ausfallen, doch dieses kurze Kräftemessen mit Österreich war dennoch, um den Professor für Geschichte David Blackbourn zu zitieren, »der entscheidende Moment in dem, was wir die deutsche Einigung nennen«.[2]

Der Sommerkrieg hatte in der freien Stadt Hamburg, wo die Sympathien trotz der geografischen Entfernung eher bei Österreich lagen, Sorgen hervorgerufen. Nach einer Zeit mit Zuckerbrot und Peitsche gab Hamburg Bismarck schließlich nach. Gegen Zusicherung großer Unabhängigkeit trat sogar die Hansestadt dem neuen Bund bei.[3]

Doch in Alfreds Abwesenheit hatte sich auch vieles andere verändert. Die Regierung in Preußen hatte begonnen, nach dem interessanten Sprengstoff Nitroglyzerin, über den so viel geschrieben wurde, zu schielen. Der Kriegsausbruch zu Sommerbeginn heizte das Interesse zusätzlich an. Offensichtlich wurde der Stoff von einem Schweden namens Nobel hergestellt, der ein Büro in Hamburg und eine Fabrik im preußischen Lauenburg besaß. Konnte das im Krieg Anwendung finden?, fragte man sich in der Armee. Gab es den gefährlichen Sprengstoff in der Stadt, und hatte Nobel wirklich eine Genehmigung dafür?, fragten sich Polizei und Feuerwehr sowohl in Berlin wie in Hamburg.

Kaum hatten sie diese Fragen zu formulieren begonnen, da gab es auch in Krümmel eine Explosion. Am 12. Juli fing ein provisorischer Holzschuppen Feuer, und das darin gelagerte Sprengöl detonierte mit einem gewaltigen Knall. Ein Arbeiter kam um, und die anschließende Empörung war groß. Die Regeln wurden verschärft, und hernach wurde eine militärische Eskorte für Nitroglyzerintransporte in den Städten und schwarze Warnflaggen auf den Schiffen verlangt. Jede private Lagerung wurde verboten.

Die preußische Armee unternahm mehrere Experimente mit dem brandaktuellen Sprengöl, beschloss dann aber, davon Abstand zu nehmen. Selbst in Kampfhandlungen schien der Stoff im Gebrauch viel zu unzuverlässig.

Alfred Nobel wurde in seiner Abwesenheit aufgefordert, sofort alles Nitroglyzerin von seinem Fabrikgelände in Krümmel zu entfernen. Er wurde wegen Verstoßes gegen die Regeln angeklagt und weil er mit der Produktion begonnen hatte, ehe die versprochene Fabrik fertiggestellt war, und das auch noch in einem provisorischen Holzschuppen mit Strohdach! Nobel habe das Vertrauen der Behörden missbraucht und gehöre »in strengster Hinsicht bestraft«, hatte es geheißen. Nichts von alldem scheint Alfred in die USA kommuniziert worden zu sein.[4]

Als er nach Europa zurückkehrte, war Alfred Nobel müde und erschöpft. Er träumte von ein paar Wochen in einem Kurbad, doch diese Pläne musste er schnell aufgeben.

*

Robert Nobel war nach seinen Experimenten mit dem Methanol in Krümmel nach Stockholm zurückgekehrt. In Hamburg wartete nun stattdessen Bruder Ludvig auf Alfreds Heimkehr. Ludvig war im Grunde auch auf dem Weg nach Stockholm, um unter anderem nach »dem Alten« zu sehen. Die Situation des Vaters machte ihm Sorgen. Immanuel spuckte fortwährend Ideen aus und wurde sauer, wenn er von seinen Söhnen kein Geld leihen durfte, um sie zu verwirklichen. Doch weder Ludvig noch Alfred konnten ja wohl Geld auf Unsinn verschwenden, wenn sie doch selbst keines hatten, nicht wahr? Robert zu fragen würde dem Vater nicht in den Sinn kommen.

Immanuels neuester Einfall war der Plan für eine neue schwedische Seeverteidigung, für die er erwartete, reichlich belohnt zu werden, und da hatte der Vater nun eine Idee präsentiert, die noch verrückter war als alle anderen. Er schlug vor, dass man Seehunde darauf dressieren sollte, Minen auszulegen. Ludvig seufzte. Doch gleichzeitig fühlte er sich hin- und hergerissen. So schrieb er später im Herbst an Robert: »Jetzt, da wir drei Brüder alle so gut wie selbstständig geworden sind, sollten die Alten wohl nicht mehr an Arbeit und Sorge um ihren eigenen Unterhalt denken müssen. Es ist wahr, dass Papa kein eigenes unabhängiges Kapital für sich selbst hat ansammeln können, aber er hat doch uns alle drei großgezogen, und das kann er durchaus als ein Kapital betrachten, von dem die Zinsen zumindest zu einem Teil ihm zufallen.«[5]

So sollte es vielleicht sein. Das Problem war nur, dass auch dieses Kapital noch nicht einmal annähernd dabei war, Zinsen zu produzieren.

Die Eltern hatten erwartet, dass Alfred aus New York mit Tausenden von Dollar zurückkehren würde. Mehrere Leute nährten dieselbe Hoffnung. In Alfreds Abwesenheit war die Firma der Gebrüder Winckler in Hamburg in Konkurs gegangen. Die Explosion und die darauffolgenden Forderungen der Behörden ließen Alfreds Kompagnon Theodor Winckler verzweifeln. Auch der Nobel & Co. fehlte es dringend an Kapital, und Nitroglyzerin war in Deutschland fast zu einem Schimpfwort geworden. Winckler hatte hohe Schulden aufnehmen müssen, und nun kam auch noch sein Kompagnon mit leeren Händen aus den USA zurück.[6]

Alfred musste sich wieder einmal in eine akute Rettungsaktion stürzen. Vom Fabrikgelände in Krümmel musste alles Nitroglyzerin augenblicklich verschwinden. Er verfuhr wie damals nach dem Unglück auf Heleneborg und mietete einen Kahn, den er auf der Elbe vor Anker legte. Dorthin zog er das Lager mit Sprengöl um und richtete auf dem Schiff auch gleich ein provisorisches Labor ein. Dann schrieb er an die Regierung des Herzogtums Lauenburg und leistete Abbitte. Das Unglück im Juli wäre nie geschehen, wenn er nicht unerwartet seinen Besuch in den Vereinigten Staaten hätte ausdehnen müssen. Leider war der Bau der Fabrik während seiner Abwesenheit zum Stillstand gekommen, und die Arbeiter in Krümmel hatten daraufhin, entgegen Alfreds ausdrücklicher Anweisung, begonnen, Sprengöl in dem provisorischen Schuppen herzustellen.

Doch nun sei alles unter Kontrolle, schrieb er in seinem Brief an die Behörden. Man müsse ihm keine weiteren strengen Strafen androhen. Es würde kein explosives Öl mehr von seiner Fabrik aus verschickt werden, darauf könnten sie sich verlassen, denn »eine einzige Abweichung davon würde meine ganze Glaubwürdigkeit vernichten«. Alfred Nobel versprach, all seine Kraft darauf zu verwenden, das Risiko von Explosionen aus der Welt zu schaffen. So informierte er die Behörden auch gleich darüber, dass es ihm bereits gelungen sei, eine solche Methode zu finden, die nach dem Prinzip verfuhr, das Öl chemisch umzuwandeln. Um die Sicherheit zu erhöhen, habe er darüber hinaus einen ausgebildeten Chemiker angestellt, einen Leutnant Dittmar von der preußischen Artillerie, der die Leitung der Fabrik übernehmen würde.

Alfred schloss seinen Brief mit dem Angebot an die Regierung, die neue Fabrik zu besichtigen, wenn sie fertiggestellt sein würde. Im gleichen Zug bat er um die Erlaubnis, bei dieser Besichtigung dann ein paar Experimente vorführen zu dürfen, welche die Besucher davon überzeugen würden, dass sein neues Fabrikat ungefährlich sei.[7]

Alfred Nobel war abgearbeitet, kränklich und in übler Stimmung, doch seine Strategie hatte er ganz klar vor sich. Jetzt setzte er sie in die Tat um. Die Methanollösung war bereits patentiert. Sie erforderte nicht mehr Arbeit und bedeutete auch keine großen Kosten. Die konnte er jetzt schon vorausschicken, um sein Gesicht zu wahren und die zukünftige Produktion zu retten. Auf diese Weise erkaufte er sich die Zeit, weiter an der Erfindung zu arbeiten, an die er eigentlich mehr glaubte: das Nitroglyzerin in einem porösen Material zu absorbieren. Er wollte keine Flüssigkeiten mehr transportieren. Er wollte den Sprengstoff in eine festere Form bringen.

Was jetzt geschah, sollte Alfred Nobel viele Jahre später in einem Gerichtsverfahren ganz sorgfältig auflisten. Er würde alte Briefe als Beweismaterial ausgraben und unter Eid bezeugen, wie genau es vor sich ging, als er sein wirklich großes Erfolgsprodukt erfand, das Dynamit. Der »zuverlässige« preußische Leutnant, den er angestellt hatte (und im darauffolgenden Jahr entlassen musste), würde ihn nämlich verklagen und behaupten, die Erfindung gehöre eigentlich ihm.

Beweise für das Gegenteil sollte es mehr als genug geben, aber dennoch setzte ihm dieser Angriff von Dittmar schwer zu. Noch so ein Gauner, nahm das denn nie ein Ende? Mit der Sturheit eines Irren hielt er an dem Prinzip fest, an das Gute im Menschen zu glauben, bis das Gegenteil bewiesen wäre. Doch mit jedem Verrat wurden die seelischen Schmerzen größer.

Die Unterlagen zum Prozess gegen Carl Dittmar werden im Riksarkivet in Stockholm aufbewahrt. Mithilfe dieser Dokumente und etwas Geduld kann man in gewisser Weise den verworrenen Weg zum Dynamit herausarbeiten. Aus Zeugenaussagen, Briefzitaten und Alfreds Notizen geht hervor, dass Theodor Winckler bereits im Sommer 1866 von ihm den Auftrag erhielt zu probieren, ob das Sprengöl in einem porösen Material absorbiert werden könnte, sodass es während des Transports nicht explodieren konnte. Zunächst war die Idee die, es dann später wieder aus dem Material herauszulösen.

Als Alfred Nobel die Fabrik in Krümmel kaufte, hatte Winckler seinem schwedischen Kompagnon den besonderen grau-weißen Sand gezeigt, den Kieselgur, von dem es in der Gegend reichhaltig gab. Kieselgur war ein ungewöhnlich poröses, von Kieselalgen gebildetes Bergmehl, das scheinbar jede Menge Flüssigkeit absorbieren konnte. Bisher hatte die Nobel & Co. es als Füllmaterial in den Kisten verwandt, in die man die Blechflaschen mit Nitroglyzerin verpackte. Zu diesem Zwecke bewahrten sie auf einem Dachboden große Mengen Kieselgur auf. Nun kamen sie bei Wincklers Sommerexperiment zur Anwendung.

Es hieß Daumen runter, vor allem für die Idee, nach dem Transport das Öl wieder aus dem Kieselgur herauszulösen. Unnötig umständlich und zu viel Verlust, lautete Wincklers Schluss.

Aber was, wenn sie gar nicht versuchten, das Öl wieder zu isolieren?[8]

Wie Alfred Nobel es unter Eid in dem Verhör wiedergibt, verwandte er im Herbst fast all seine Zeit auf Experimente mit verschiedenen porösen Materialien. Er verbrachte viel Zeit in Krümmel, nahm den Zug aus Hamburg und wechselte dann in Bergedorf, das ungefähr zwei Stunden Fahrt vom Fabrikgelände entfernt war, auf Pferd und Wagen. Meist blieb er mehrere Tage am Stück in Krümmel, dann wohnte er zusammen mit Dittmar und seiner Frau in der Direktorenvilla. Wenn er Zeit im Kontor in Hamburg verbringen musste, dann ging er ins Hotel.

Anfänglich mussten sie sich mit den Experimenten auf den Kahn beschränken. Die Alternativen zu Kieselgur wurden eine nach der anderen erprobt und verworfen: Sägespäne (»explodieren beim kleinsten Windzug«), Schießbaumwolle, Holzkohle, Papier – alles, was Alfred in den Sinn kam. Doch nichts war so gut wie der Verpackungssand, von dem sie zudem sehr viel auf Lager hatten.

Als Alfred sich entschieden hatte, probierte er unter anderem, Kieselgur und Nitroglyzerin in unterschiedlichen Verhältnissen zu mischen. Er fand heraus, dass ein Viertel Sand und drei Viertel Sprengöl die beste Mischung war. Dann war die Konsistenz des Teigs außerdem noch fast trocken. Der nächste Schritt war, sich zur richtigen Stärke der Zündhütchen vorzutasten. Er stellte fest, dass der neue Teig »verdammt schwer entzündlich« war, doch das Problem konnte man lösen.[9]

Die ganze Zeit bewegte sich Winckler ungeduldig im Hintergrund. Er machte Druck, das neue Produkt musste schnell auf den Markt.

Dittmar stieß in dasselbe Horn. Das Unternehmen schrie förmlich nach Einkünften, und Alfreds neue Sprengmasse konnte die Rettung bedeuten. Worauf wartete er denn noch? Doch Alfred Nobel ließ sich nicht beirren. Diesmal wollte er nicht im Nachhinein eine schmerzhafte Evidenzprobe am Hals haben. Keine weiteren unnötigen Todesfälle. Diesmal würde er nichts verkaufen, ehe er nicht selbst absolut überzeugt war.

Kurz vor Alfreds dreiunddreißigstem Geburtstag Mitte Oktober tauchte die Kommission der Lauenburger Regierung zur Inspektion in Krümmel auf. Da war er so weit gekommen, dass er den Besuchern nicht nur zeigen konnte, wie das Sprengöl sicherer wurde, wenn man es mit Methanol verdünnte. Er konnte auch die Sicherheit demonstrieren, die man erreichte, wenn man es in Kieselgur zu einer Masse vermengte.[10]

Im November hatte er seine Genehmigung. Die neue Fabrik wurde zugelassen und durfte jetzt in Produktion gehen, jedoch unter einer Bedingung: Alles Sprengöl musste vorm Transport nichtexplosiv gemacht werden. Die Kommission äußerte sich nicht darüber, welche Methode angewandt werden sollte. Zu diesem Zeitpunkt war jedoch die Kritik an der Methanol-Idee gewachsen. Der Geruch war durchdringend, die Leute kriegten Kopfschmerzen, und einige waren von Übelkeit heimgesucht worden und hatten sich übergeben müssen.[11] Es schien nur einen Weg nach vorn zu geben.

Dennoch hatte Alfred Nobel vor, nicht zu flüchtig vorzugehen und vorsichtig zu bleiben. Obwohl es ihm immer noch an Geld mangelte, das er den Eltern schicken konnte, mussten sie sich die Zeit nehmen, die nötig war. Und wer wusste, wenn die Sache in den USA wieder ins Laufen kam, dann konnten vielleicht sogar schon in einem Monat holterdiepolter 10 000 Dollar hereinsprudeln, »und dann kommen wir brillant klar«, schrieb er in dem Versuch, Robert zu beruhigen, nach Stockholm.[12]

*

In Schweden gab es keine Transportverbote. Robert Nobel reist mit dem Sprengöl in Flaschen herum, bisher noch ohne Zwischenfälle. Manchmal wurden seine Kisten von den Ladeflächen grob auf die Erde geworfen, einmal vergriff sich ein Arbeiter und benutzte das Nitroglyzerin, um Wagendeichseln und Schuhe zu schmieren. Wie durch ein Wunder geschah nichts.

In Vinterviken hatte Robert inzwischen einen neu angestellten Chemieingenieur an seiner Seite, den er immer mehr schätzte, ja fast wie einen Bruder mochte. Der zweiunddreißigjährige Alarik Liedbeck hatte zuvor schon mit Sprengstoffen gearbeitet. Er war ein großes Talent und überdies ein alter Freund von Alfred Nobel. Alfred pflegte ihn »Blondine« zu nennen, wegen seines hellen Haares und des freundlichen Gemüts.

Im Dezember weihte Alfred, angespornt von dem großen Interesse, das ihm bei einer Demonstration in preußischen Gruben begegnet war, die beiden in seine neue Idee ein. Er forderte sie auf, das auch in Vinterviken zu testen, dann allerdings mit Holzkohle, da es in Schweden kein Kieselgur gab. Roberts Begeisterung hinterher war überwältigend. »Ich sehe für diese Sache eine große Zukunft voraus und werde mich auf jede mögliche Weise für ihre schnelle Einführung einbringen«, schrieb er zurück.[13]

Alfred, der Robert gleichzeitig von einer weiteren belastenden Schiffsexplosion in Kenntnis setzen musste, war gerührt über die Unterstützung und das treue Engagement des Bruders. »Ich würde zwanzig Unglücksfälle für einen Freund nehmen, und dass wir mehr als Brüder sind, dass wir Freunde sind, das spüre ich wohl.«[14]

In Krümmel fühlte er sich zunehmend einsam und ausgeschlossen. Er wäre so gern über die Feiertage nach Stockholm und zur Familie gereist, doch nun war er gezwungen, ein weiteres Weihnachtsfest unter fremden Menschen zu feiern. Er spürte, wie die wenigen, denen er begegnete, sich ihm gegenüber frostig, um nicht zu sagen unfreundlich verhielten.

Nitroglyzerin. Alfred Nobel hatte den Eindruck, dass die Leute schon »die Hosen voll hatten«, wenn sie das Wort nur hörten. Sie mussten den Namen ändern. Das war ein wichtiger Punkt bei der Schaffung eines neuen, festeren oder sogar trockenen Sprengstoffs. Sie brauchten eine neue Bezeichnung, welche auch immer. An Robert und Liedbeck schrieb er, sie sollten den Sprengstoff »Neuschwarzpulver oder Riesenschwarzpulver oder Kukukurut oder Herkulin oder was ihr wollt nennen«. Nur nicht Nitroglyzerin. Ludvig, der auf Alfreds neue Erfindung mindestens ebenso enthusiastisch reagierte wie Robert, brachte später noch den Vorschlag »Nobelin« ein.[15]

Im Februar hatte der deutsche Erfinder Werner von Siemens der britischen Akademie der Wissenschaften, der Royal Society, eine neue Art eines elektrischen Generators präsentiert. Er nannte ihn Dynamo, nach dem griechischen Wort für Kraft, *dynamis*. Über die Neuigkeit wurde in den Zeitungen in aller Welt geschrieben, und auf der Weltausstellung in Paris später im selben Frühjahr wurde der erste »Dynamo« der Öffentlichkeit gezeigt. Alfred Nobel hat nie erzählt, wie er auf den Namen *Dynamit* gekommen ist. Aber er las Zeitungen. In jenem Frühjahr reiste auch er zusammen mit seinem Bruder Ludvig zur Weltausstellung nach Paris. Es spricht viel dafür, dass Alfred Nobel die Eingebung zu dem Namen von diesem neuen Generator bekam.[16]

Als Alfred im April 1867 das Patent für sein neues Produkt beantragte, nannte er es Dynamit. Zu dem Zeitpunkt hatte er den Sprengstoff weiterentwickelt. Um sein Dynamit leichter handhabbar zu machen, hatte er angefangen, die Masse zu runden Patronen entsprechend der Größe der üblichen Bohrlöcher zu formen. Damit es möglichst wenig klebte, wickelte er die Dynamitstäbe in eine Schicht aus Pergamentpapier.

Das britische Dynamitpatent wurde sein erstes. Anfang Mai 1867 hatte er es in der Hand und machte dann mit dem schwedischen weiter. Gegen Ende des Sommers legte Robert eine derartige Charmeoffensive vor der schwedischen Handelskammer hin, dass »die alten Jungs höchst lebendig wurden und eine lange Patentlaufzeit versprachen«. Am 19. September 1867 erhielt Alfred seinen schwedischen Patentbrief für »Dynamit oder Nobels Schwarzpulver«. Es hatte dreizehn Jahre Bestand.[17]

Wenn Wissenschaftshistoriker die wichtigsten Erfindungen der Geschichte aufzählen sollen, fehlt selten das Dynamit von 1867. Im Alter von knapp vierunddreißig Jahren hatte Alfred erreicht, was er sich in seiner Jugend erträumt hatte. Für die Erfindung des Dynamits sollte er in aller Zukunft im Gedächtnis bleiben, und das, weil er etwas Großes zustande gebracht hatte, etwas, von dem die meisten fanden, dass es zumindest in der Hauptsache »zum Nutzen der Menschheit« war.

Alfred Nobel selbst empfand das damals nicht ganz so. Er spürte, dass er mit Dynamit endlich auf der richtigen Spur war, doch begegneten ihm überall Vorsicht und Skepsis, Transportverbote und strenge Regeln. Wenn er Warenproben ins Ausland verschicken wollte, dann musste er das Dynamit Insektenpulver nennen und Etiketten mit der Aufschrift »echt persisch« aufkleben. Die Grubenarbeiter freuten sich über die größere Sicherheit, klagten aber darüber, dass das Dynamit nicht ganz so kraftvoll war wie das Sprengöl. In Stockholm verurteilte Immanuel das Dynamit schlechthin und war beleidigt, weil Alfred das Sprengöl so leichtsinnig aufgegeben hatte. Wollte er womöglich nur den Vater um seinen Anteil betrügen?[18]

Alfred wollte weiter Patentanträge stellen und in mehreren Ländern Produktionsfirmen einrichten, doch das stieß plötzlich Winckler und Bandmann sauer auf. Wenn das Dynamit transportsicher war, dann sollte doch wohl alles aus der Fabrik in Krümmel exportiert werden.

Sofern es Begeisterung über seine Arbeit gab, hörte er sie jedenfalls nicht. Das Geld blieb aus, und die Lage in seiner deutschen Firma war schlechter denn je. »Wenn sie [Nobel & Co.] sich durch die Schwierigkeiten in September und Oktober durchschlagen, dann wäre das ein Weltwunder«, schrieb Alfred im August 1867 an Robert. Und wenn die Nobel & Co. pleiteging, dann würde auch alles andere verloren gehen, sogar seine schwedischen Aktien und sein schwedisches Patent.

Im September erreichte ihn die tragische Nachricht, dass Theodor Winckler überraschend auf einer Geschäftsreise in Kalifornien an

Typhus gestorben war. Jetzt konnte Alfred Nobel fast nicht mehr. Er wollte nur noch die hoffnungslosen Geschäfte in Gang kriegen und dafür sorgen, dass alle, die Geld brauchten, es auch bekamen. Erst dann würde er sich endlich etwas Sinnvollem im Leben widmen können. Doch die lange Durststrecke schien kein Ende zu nehmen. Er stöhnte: »Ich wünsche nicht mehr als eine so weit unabhängige Stellung, dass ich ohne diese verdammten Sorgen anfangen kann, mich mit dem zu beschäftigen, was ich will.«[19]

*

Im Sommer 2016 fahre ich in einem blauen Skoda die Elbe entlang, auf dem Weg zu dem Ort, an dem Alfred Nobel das Dynamit erfunden hat. Hinter dem Steuer sitzt die Museumspädagogin Ulrike Neidhöfer. Sie ist die gute Seele in Sachen Industriegeschichte in der Kreisstadt Geesthacht.

»Sehen Sie sich um, hier gibt es fast nur Sand«, sagt sie mit einem Nicken über die Flusslandschaft. Die Kieselgur ist inzwischen ein wichtiges Produkt, und man wendet sie unter anderem an, um Öl zu filtern. Das Dynamit hingegen war lange Zeit ein regionales Schimpfwort. Alfred Nobel wurde für viele der Mann, der alles Elend auf die Region gezogen hat.

Ulrike Neidhöfer gehört zu denen, die hart gekämpft haben, um dieses Bild zu verändern.

»Niemand mochte sich an diese Geschichte erinnern. Es gab keinen Stolz«, erklärt sie.

Wir parken am Fährhaus von Krümmel, heute ein beliebtes Fischrestaurant. Hier wurde das Sprengöl für den Transport nach Hamburg auf Prahme geladen. Das alte Hauptgebäude der Dynamitfirma steht heute wie damals in fußläufigem Abstand dazu. Ich bekomme die Geschichte in kondensierter Form serviert und verstehe, wie es zu den starken Emotionen kam. Doch eigentlich haben sie gar nicht so viel mit Alfred Nobel zu tun.

Ein paar Weltkriege kamen dazwischen. Beide Mal wurde die Dynamitfabrik von Krümmel auf militärische Produktion umgestellt. Das bedeutet, dass Hitler hier eine seiner größten Munitionsfabriken hatte. Die Anlage erstreckte sich bis weit die bewaldeten Sandhügel hinauf und zählte, als sie am größten war, 19 000 Arbeiter, viele davon Zwangsarbeiter. In den letzten Monaten des Krieges warfen britische Flugzeuge achthundert Bomben über dem ganzen Fabrikgelände ab. Das Hauptgebäude und eine Bronzebüste von Alfred Nobel blieben übrig.

Nach dem Krieg kam die Trauer. Viele empfanden Scham darüber, dass die Sprengstoffe aus Krümmel so viel Tod verursacht hatten. Und die Angst zu bewältigen, war mindestens ebenso schwer. Was macht man mit einem ausgebombten Ort, an dem jahrzehntelang mit gefährlichen und explosiven Chemikalien hantiert worden war?

Die Antwort war, auf andere kontroverse Projekte zu setzen. In Krümmel baute Deutschland das atomgetriebene Schiff *Otto Hahn* – benannt nach dem Nobelpreisträger und Entdecker der Atomspaltung. (Was er nicht allein war. Das Nobelkomitee von 1944 ignorierte die entscheidende Rolle der Physikerin Lise Meitner bei dieser Entdeckung.) Dann wurde an dem Ort, wo einmal die Nitroglyzerinfabrik gestanden hatte, eines der größten Kernkraftwerke des Kontinents errichtet. Bis zur Abschaltung des Kernkraftwerks im Jahr 2009 sollten zwei ernste Unglücksfälle sowohl die Lokalbevölkerung als auch den schwedischen Betreiber Vattenfall in Unruhe versetzen.

Oje, denke ich, welche Prüfungen.

»Ja, lange hat man nur das Negative gesehen, die Opfer und die Probleme«, fährt Ulrike Neidhöfer fort.

»Das Positive und Wichtige, das es auch gab, wurde vergessen – dass nämlich hier in Krümmel und Geesthacht der Grund für den Nobelpreis gelegt wurde. Und hier sah ich meine Aufgabe.«

Wir stehen vor dem alten Hauptgebäude, das heute zu kleinen Wohnungen umgebaut worden ist. Die rote Ziegelsteinfassade sieht aus wie immer. Ich höre Vogelgesang und Kinderlachen und bemerke die Adresse: Nobelplatz.

»Aber wo ist denn die Bronzebüste?«

Wir fahren wieder zurück. Ich erfahre, dass die Büste, die den Bombenangriff unbeschadet überstanden hat, mit dem Hauptbüro der Dynamit Nobel AG nach Troisdorf in Nordrhein-Westfalen umgezogen ist. Doch Ulrike zeigt mir mit etwas Stolz die neue Kopie. Die Bronzebüste steht vor dem Stadtmuseum im Zentrum von Krümmel: »Alfred Nobel 1833–1896. Stifter der Nobelpreise – Gründer der Dynamitfabrik Krümmel. Erfinder des Dynamits 1866 in Geesthacht«.

Vor einigen Jahren wurde die Grundschule von Geesthacht in Alfred-Nobel-Schule umbenannt.

»Und wissen Sie, wie die Schulzeitung heißt?«, fragt Ulrike.

»Dynamit!«

*

Das Dynamit wurde zur Erlösung. Bald würde das Geld strömen, und Alfred Nobel würde ein für alle Mal seine finanziellen Sorgen hinter sich lassen. Bis jetzt war allerdings noch etwas Sand im Getriebe, und es zog sich hin. Ein ungeduldiger Alfred versuchte, jeden Strohhalm zu packen. Als Ludvig vorschlug, das neue Dynamit insgeheim als Kriegsmaterial an die russische Regierung zu verkaufen, zögerte er nicht. Ludvig hatte vor den Augen eines Artillerieoffiziers in Sankt Petersburg ein paar größere Eisenstücke mit Dynamit gesprengt. Der Offizier, ein alter Freund der Familie Nobel, erzählte seinem Chef, einem Petersburger General, davon. Dieser General wiederum hatte Zugang zum Verteidigungsminister, und schon schien der Ball ins Rollen gekommen.

Es fiel Alfred schwer, seine Begeisterung zu verbergen. Russland. Jetzt endlich würden die Dinge ins Laufen kommen, er wusste es. »Zunächst einmal hege ich eine große Vorliebe für Russland, dann glaube ich, dass, wenn wir sämtliche europäischen Staaten auf eine Waagschale legen und Russland auf die andere – dann wird es in dieser Sache mehr wiegen«, schrieb er an Robert.

Dieser erhielt nun den Auftrag, sich um alles zu kümmern, was mit

Dynamit für militärische Zwecke zu tun hatte. Alfred fuhr fort: »Wann hast du vor, nach Petersburg zu reisen? Glaube mir, es ist das einzige Land, in dem es sich lohnt, an der Sache zu arbeiten, weil man es nicht mit Schlafmützen zu tun hat.« Er schien den Gedanken zu genießen, den trägen Franzosen eine Nase zu zeigen. »Lass Haarspalter, Pedanten und Gauner in Ruhe auf ihren Pariser Lagern liegen: die entscheiden sich doch niemals, ehe sie nicht mal ›schmecken‹ durften [...] In Russland hingegen werden wir allen möglichen Wohlwollen und zudem noch vernünftige Leute antreffen.«[20]

Alfred dachte weiter über verschiedene Bomben nach – mit Blech oder Asphalt überzogen, oder warum nicht eine Bombe mit einer Gummiflasche Nitroglyzerin drin? Er schlug vor, man solle Bomben auf Schiffe abfeuern, »sodass sie im Bogen niederfallen und im Wasser explodieren«.[21] Er war wie neugeboren, energisch und ideenreich.

Doch die Stimmung veränderte sich bald. Im Dezember erhielt Robert während eines Geschäftsbesuchs in Kopenhagen ein Telegramm von der russischen Regierung mit der Aufforderung, sich unmittelbar in Sankt Petersburg einzufinden. Das Telegramm kam in einem Brief von Ludvig, und der russische Konsul in Kopenhagen war klug genug, zwischen den Zeilen zu lesen. »Als alter Freund muss ich dir sagen, dass dein Bruder ein Verfahren an den Hals bekommt, wenn du nicht schnell dorthin fährst. So was hat man schon gesehen«, sagte der Konsul.

Robert reiste in aller Heimlichkeit nach Sankt Petersburg. Sämtliche Kompagnons in Stockholm erfuhren erst hinterher, was er vorhatte. Vor Ort wurde er von einer betäubenden Winterkälte begrüßt, 30 Grad minus, und von intensiv herumschnüffelnden Industriespionen. Er musste seine Tonne mit Kieselgur verstecken, um das Geheimnis, das zu verkaufen er gekommen war, zu bewahren. Ein Geschäft kam allerdings nie zustande.[22]

Alfred wurde krank, wie so oft, wenn Widerstände auftraten. Er beschrieb seine Krankheit als »beschädigter inwendiger Kochapparat« und versuchte sein Unwohlsein mit kalten Leibbinden zu lindern, doch war er lange so gut wie arbeitsunfähig, und das besserte sich auch nicht, als weitere schlechte Nachrichten hereinströmten – diesmal aus England. Dreißig Blechgefäße mit einem unbekannten Schmieröl waren laut Zeitungen ein halbes Jahr lang in einem Bierkeller in Newcastle vergessen worden. Als man feststellte, dass sie Nitroglyzerin enthielten, wurde die Polizei gerufen, doch während der Beschlagnahme explodierten einige der Gefäße, und fünf Menschen kamen ums Leben. »Ursache: Dummheit. Folgen: Geschrei«, schrieb Alfred Nobel resigniert vom Krankenbett aus an Robert. Die britische Presse war in Aufruhr. Robert musste seinen Weihnachtsabend damit verbringen, einen ausführlichen (und etwas nuancierteren) Brief an die *Times* zu schreiben, in dem er unter anderem erklärte, die Ursache des Unglücks sei falscher Umgang mit dem Material.[23]

Alfreds Haltung fand jedoch bei manchen auch ein gewisses Verständnis. »Möglicherweise gibt es viele, die sich aus Herzensgrund wünschen, Mr Nobel hätte niemals gelebt«, schrieb eine britische Zeitung, fügte aber hinzu, dass man in dem Fall auch jenen Mönch genauso hart verurteilen müsse, der seinerzeit das Schwarzpulver erfunden hatte. Und ohne das wollte ja wohl niemand sein.

Möge 1868 ein besseres Jahr werden, dachte Alfred Nobel.[24]

Zu Anfang sah es ganz so aus, als würden seine Gebete erhört. Am 12. Februar beschloss die Schwedische Akademie der Wissenschaften, dass Vater und Sohn Nobel den jährlichen Letterstedtska-Preis erhalten sollten. Das war eine Belohnung für grundlegende Arbeiten auf den Gebieten der Wissenschaft, der Literatur oder der Kunst »oder für wichtige Entdeckungen von praktischem Wert für die Menschheit«. Immanuel erhielt den Preis für »seine Verdienste um die Anwendung des Nitroglyzerins im Allgemeinen« und Alfred »insbesondere für seine Erfindung des Dynamits«. Der Preis umfasste fast tausend Reichstaler (6000 Euro heute) oder wahlweise dieselbe Summe als Medaille und den Rest in Bargeld. Obwohl die Kasse leer war und die Eltern immer noch Probleme hatten, mit ihrem Geld auszukommen, wählten Immanuel und Alfred die Medaille.[25]

Alfred maß dem Preis eine große Bedeutung zu, doch hatte er auch ein schlechtes Gewissen. Dass ausgerechnet er den Preis erhielt, war selbstverständlich dem Mitglied der Akademie und Polarforscher Nordenskiöld zu verdanken, nahm er an. Nordenskiöld hatte ihnen schon vorher geholfen, und Alfred hatte lange beklagt, dass ihr »Konto gegenseitiger Dienste« auf seiner »Kreditseite vollkommen leer« sei. Jetzt schrieb er an seinen Kompagnon Smitt in Stockholm: »Seien Sie so gut und bedanken Sie sich bei Nordenskiöld in meinem Namen für die wohlgemeinte Belohnung seitens der Akademie.«

Nach der Bekanntgabe entfuhr Alfred auch der eine oder andere verärgerte Kommentar darüber, dass sein Vater auch bedacht worden war. Smitt reagierte auf die mangelnde Demut und erhielt eine zornige Antwort von Alfred. »Wie in aller Welt können Sie denken, dass ich mich darum schere, wie A. oder I. auf der Pajazzo-Liste der Schreiber oder des Publikums dargestellt werden? Da schätzen Sie mich völlig falsch ein.« Alfred erklärte, bei seinem Einwand gehe es nur um die formalen Probleme, die er nun, da der Vater in dem Zusammenhang genannt worden war, mit seinen Dynamitpatenten haben würde.

Er schrieb an Robert: »Kannst du es so arrangieren, dass Papa die gesamte Belohnung der Akademie bekommt, aber auf keinen Fall die für das Dynamit, denn das würde der Anstand verbieten.« Er erklärte, dass er, wenn das Dynamit mit dazugezählt werden würde, das Recht verliere, für seine eigene Erfindung eine Patentanmeldung einzureichen.[26]

*

Das Unglück in Newcastle sollte Alfred Nobels Pläne für Großbritannien nicht verändern. In seinen Augen waren die Britischen Inseln »ein Juwel, der ebenso viel wert ist, wie die gesamte übrige Welt«. Im späten Frühjahr 1868 fasste er Mut und reiste mit seinem frischen Patent und seinen Warenproben dorthin. Er musste auf der Hut sein. »Mit 50 Pfund Dynamit im Seesack herumzureisen und im Hotel zu wohnen, ist sehr riskant, denn wenn das der Polizei bekannt wird, dann kann mich das leicht 500 Pfund Strafe und zwei Jahre Festung kosten. Da ziehe ich doch eher die Festung der Ewigkeit in Form der Erde unter uns vor«, schrieb er in einem seiner vielen Briefe von der Reise.[27]

Alfred führte in Schottland, Wales und der schönen Grafschaft Devonshire an der Südspitze Englands Probesprengungen durch. Er meinte zu wissen, wie man Eindruck macht. »Es müssen echte Knaller in einem echten Steinbruch sein, viel Lärm, Eisensplitter, Zeitungsreporter, große Steinblöcke, die reißen, und vor allem ein gutes Mittagessen«, behauptete Alfred. Damit könnte man sogar einen »schottischen schneckenträgen Sinn zu so etwas wie einem Grinsen hinreißen, was als Kompliment gemeint ist«. Doch es half nicht. Die Geschäfte liefen immer noch zäh.

Widerstände und Kritik waren inzwischen ein so alltäglicher Bestandteil seiner Tage, dass Alfred kaum mehr etwas anderes erwartete. Dass er dennoch weiterkämpfte, hatte mit dem neuen Dynamit zu tun. Bald, schon bald würde die Welt begreifen, dass es ihm am Ende tatsächlich gelungen war, das Nitroglyzerin zu zähmen, dass er der Erste war, der »Wissen und Erfindungsvermögen« genug besessen hatte, um »diese Kräfte zur Verfügung zu stellen, zum Nutzen der Menschheit«.

Vom nächsten Rückschlag konnte er sich dennoch nur schwer erholen. Im Laufe weniger Sommerwochen geschahen drei neue ernste Sprengunfälle. In Belgien kam Alfreds lokaler Agent ums Leben, der ihm ein sehr lieber Freund geworden war. Nach der Todesnachricht war Alfred völlig außer sich, die Trauer zerriss ihm die Seele. »Kein einziges Ereignis bisher, außer dem auf Heleneborg, hat mich so erschüttert.«[28]

Sein persönlicher Verlust hätte sich noch vervielfachen können. Gegen halb drei Uhr am Donnerstag, dem 11. Juni, explodierte auch das Labor in Vinterviken. Vierzehn Menschen starben sofort, darunter zwei zwölf und dreizehn Jahre alte Mädchen. Als der schwarze Rauch sich gelegt hatte, standen nicht einmal mehr die Grundfesten des Labors. In der ganzen Umgebung lag Ziegelsteinstaub, und in zersplitterten Bäumen hingen Kleiderfetzen und ausgerissene Haarbüschel.

Der Werksmeister, Alfreds Freund Alarik Liedbeck, entging dem Tod um Haaresbreite. Er war auf dem Weg vom Wohnhaus zurück ins Labor und hatte eben die Eingangstür geöffnet, als es knallte. Schockiert musste er nun versuchen, das Feuer zu löschen und die sterblichen Überreste seiner Angestellten und deren Kinder einzusammeln.

Auch Robert Nobel hatte einen Schutzengel. Wenn er in Vinterviken arbeitete, wohnte er gewöhnlich in zwei vom Labor abgetrennten Zimmern. An diesem Tag hätte er eigentlich auch da sein sollen. Sein Plan war gewesen, am Morgen aus der Stadt abzufahren, sowie Pauline und die Kinder aus Vaxholm zurück wären. Zum Glück war die Familie verspätet.

Einen Monat später knallte es erneut in Vinterviken. Diesmal waren keine Todesopfer zu beklagen, doch das gesamte neue Fabrikgebäude lag in Trümmern. Die Zeitungen schrieben von schweren Verlusten für die Besitzer der Nitroglyzerin-Aktiengesellschaft.

Alfred Nobel pries gern Schweden als eines der wenigen Länder, in denen die Behörden keinen Ärger mit Transportverboten und Strafandrohungen machten. Selbst wenn die großen Gewinne immer noch durch Abwesenheit glänzten, war es Robert doch gelungen, den Verkauf sowohl von Sprengöl als auch von Dynamit in Gang zu bekommen. Das änderte sich plötzlich. Schon am 24. Juli 1868 erging eine erste Bekanntmachung seiner Königlichen Hoheit über ein Verbot, Nitroglyzerin zu verkaufen und zu transportieren, wenn auch mit einer gewissen Ausnahme für das angeblich sicherere Dynamit.

Diesmal musste Alfred den Kampf nicht allein ausfechten, sondern die schwedischen Grubendisponenten und Eisenbahndirektoren rückten zu seiner Verteidigung aus. Das Verbot, so hieß es, sei ein Schlag gegen ihre Unternehmen. Ohne Nobels Sprengstoffe würden sie Gefahr laufen, in große Schwierigkeiten zu geraten. Am liebsten würden sie das Sprengöl behalten, weil das neue Dynamit nicht einmal halb so effektiv war. Ein Hin und Her zwischen zufriedenen Benutzern und besorgten Behörden hub an.

Aber Alfred Nobel war misstrauisch. Er begann ernsthaft darüber nachzugrübeln, ob er für sein Leben die richtige Laufbahn gewählt hatte. In seinen dunkelsten Stunden fragte er sich, ob das Leben überhaupt noch lebenswert war. »Es liegt mehr Erfreuliches und Trost im Vertrauen auf eine ewige Ruhe als in ewigem Frohlocken«, philosophierte er in seinem Notizbuch.[29]

Sollte er sich vielleicht ein anderes Betätigungsfeld suchen?

*

Als er während der Reise durch Großbritannien im Frühsommer so niedergeschlagen war, kam Alfred Nobel mit einem älteren Priester ins Gespräch, dem er bei seinem Besuch in der Grafschaft Devonshire zufällig begegnete. Charles Lesingham Smith war Magister der Philosophie und Pfarrer in einer kleinen Gemeinde von Essex. Er unterrichtete an einem christlichen College Mathematik und pflegte ein leidenschaftliches Interesse für Literatur. Lesingham Smith hatte eine Sammlung romantischer Gedichte herausgegeben und unter anderem das Werk *Das befreite Jerusalem* des mittelalterlichen italienischen Dichters Tasso ins Englische übersetzt.

Alfred Nobel und Charles Lesingham Smith verbrachten zwei, drei Stunden miteinander. Der Pfarrer war überwältigt davon, in diesem Fremden, einem niedergeschlagenen schwedischen Ingenieur, »gleichzeitig so viel Geschmack wie Gelehrtheit« anzutreffen.[30]

Nach dem Sommer schickte Lesingham Smith seine Gedichtsammlung an Alfred nach Hamburg. Eines der Sonette des Pfarrers begann wie folgt: »Meine Seele glüht oft von einem starken Wunsch / etwas zu schaffen, was nicht so bald sterben wird [...]« und handelte von dem Streben nach Erfolg. Warum nach Ruhm streben, wenn die Lobesrufe einen im kalten Grab doch nicht erreichen?, fragte sich der Dichter.[31]

In seinem Antwortbrief lobte Alfred die Gedichte. Dann nahm er seinen Mut zusammen und legte die englische Version von »Ein Rätsel« (»A Riddle«) bei, das Gedicht, an dem er seit seiner Jugendzeit in Sankt Petersburg gefeilt hatte. Er bat um eine Stellungnahme und versicherte Lesingham Smith, dass er Kritik ebenso hochschätzen würde wie mögliches Lob.

Der Kontakt zu dem Pfarrer inspirierte ihn. Anscheinend nahm er in dem Zusammenhang auch seine Romanidee wieder auf und führte sie fort. Der Ansatz war ein entschieden anderer als bei dem Gedicht, das er Lesingham Smith geschickt hatte. In einem Versuch von scherzhaftem Zynismus begann Alfred damit, eine fingierte Statistik über die weiblichen Einwohner einer Stadt vorzustellen: »In der Hauptstadt X würde es 30 228 junge Frauenzimmer im Alter von 16–25 Jahren geben. Darunter 2 sowohl von Seele als von Körper her schön, 10 nur von der Seele her schön, 60 nur vom Körper her schön, 650 anmutige, 26 186 hässliche und 3320 ungewöhnlich hässliche.«

Hier wie in Sankt Petersburg bekommt man den Eindruck, dass Alfred Nobel von Dingen schrieb, die seinen eigenen Kopf bevölkerten. Wie sollte ein armer Mann unter all diesen Frauen diejenige finde, die ihm den »Mut, den Widerständen des Lebens und dem falschen Urteil der Menge zu trotzen,« schenken würde? Frauen, die zum »Gurren« und für Zärtlichkeiten passen, gab es im Überfluss, stellte er fest, aber »nur wenige sind es, die in unserer Seele zu lesen vermögen«.

Alfred stellte drei Schwestern aus den höchsten erdachten Schönheitsklassen vor. Zunächst die körperlich schöne Amalie, deren »Verstand nicht geübt war, denn sie hatte nie an etwas anderes als Behagen denken müssen«. Amalia war, so schrieb Alfred, von der Art wunderschöner Frau, die keinen Schritt tun konnte, ohne dass man davon träumte, sie ohne Kleider zu sehen. »Wenn ein zufälliger Regenschauer sie nötigte, den Saum ihres Kleides auch nur ein wenig zu heben, fuhr es wie ein elektrischer Strom des Genießens durch jede männliche Brust.« Doch mehr als das gäbe es nicht zu entdecken, warnte er. Amalia las keine Bücher, dachte keine eigenen Gedanken. »Man peilt selten tief, wenn das Äußere schön ist.«

Schwester Sophie war die »Seelenschöne«, die nicht hübsch genannt werden konnte. Sophie, so geht es aus Alfreds Schilderung hervor, war eine gebildete und redegewandte Frau, aber viel zu selbstaufopfernd und verzagt, um den richtigen spirituellen Gedankenaustausch möglich zu machen.

Schließlich stellte Alfred »die echte Perle« vor, die Idealfrau Alexandra. Zwar besaß sie ebenso wie Amalia schöne Formen und Grazie, doch ihre gesammelte Schönheit fand sich vor allem in der höheren Natur wieder, die aus ihrem Blick und aus ihrer Begeisterung, geadelt von ihrer »Seelentoilette« – Verstand, Bildung, Gefühl und Wissensdrang –, strömte.

Die überdeutliche Botschaft des Romanautors Alfred Nobel war, dass man der Einförmigkeit eines schönen Gesichts schnell überdrüssig wird, einer reichen Seele hingegen niemals. »Je mehr man darin liest, desto höher wächst das Interesse für das lebendige Buch dazu, denn nichts ist uns im Leben so teuer wie dessen Sprache. Und nur selten sind die Gesichter, die eine derart reiche Lektüre bieten wie Alexandras.«[32]

Alfred Nobel war bald fünfunddreißig Jahre alt. Es war offensichtlich, dass er sich sehnte und suchte.

Im Oktober 1868 traf ein neuer Brief von Pfarrer Lesingham Smith ein. Er hatte Alfreds langes Gedicht »A Riddle« gelesen und war begeistert. »Eure vornehmen Fähigkeiten werden Euch nicht mehr lang im kalten Schatten des Skeptizismus verharren lassen, falls Ihr Euch noch dort befindet«, ließ der Pfarrer Alfred wissen.

»Abgesehen von einigen Passagen darin, welche Euch inzwischen selbst zu reuen scheinen, freue ich mich, dass sie nicht zu der Hekatombe gehören, die Ihr ansonsten geschaffen. Die Gedanken sind so gediegen und brillant, wenn auch nicht immer wahr, dass kein Leser auch nur für einen Augenblick über Langeweile klagen oder ›das Klingen gleichartiger Zeilenabschlüsse‹ vermissen kann, ein wenig wie in ›Paradise Lost‹ [einem epischen Gedicht des Dichters John Milton aus dem 17. Jahrhundert]. Ich hätte es als das bewundernswerte Werk von einem Engländer angesehen, doch wird es noch bewundernswerter, wenn der Verfasser ein Ausländer ist.«

Lesingham Smith behauptete, unter den insgesamt vierhundertfünfundzwanzig Gedichtzeilen höchstens ein halbes Dutzend von mittelmäßiger Qualität gefunden zu haben. Wenn Alfred imstande sei, ein solches Gedicht auf Englisch zu schreiben, was würde er dann nicht erst auf Schwedisch zustande bringen? »Vor allem, wenn Ihr den richtigen Augenblick abwartet, wie Milton es getan hat, bis die Jahre die Erfahrenheit ausgedehnt haben.« Der Pfarrer schrieb, er würde ihn gern wiedertreffen. Alfred sei willkommen, ihn, wann immer er wolle, in Devonshire zu besuchen.[33]

Der Brief war für Alfred ein Licht in der Dunkelheit. Nach den schrecklichen Unglücken des Sommers gestaltete sich der Anstieg steiler denn je, und er erwog, alles aufzugeben. Da spielte es keine Rolle, dass Zeugenaussagen aus Vinterviken vermuten ließen, dass ein nachlässiger Fabrikarbeiter, der viele Male Sprengöl auf dem Fußboden verspritzt hatte, wahrscheinlich die Schuld trug. Er war bei dem Unglück ums Leben gekommen.

Gegen Ende November kam noch ein Rückschlag. Robert hatte durch einen Agenten neue Versuche unternommen, bei der französischen Regierung Interesse an dem Dynamit zu wecken. Wie Alfred es ausdrückte, hatten sie den Franzosen »fertig gebratene Tauben« ins Maul fliegen lassen. Dennoch lautete die Antwort Nein. Alfred fand, er habe mit allem Pech. Sein Leben und seine Unternehmungen waren immer noch, wie Schopenhauer geschrieben hatte, »ein Geschäft, das nicht die Kosten deckt«.

Er dachte an die aufmunternden Zeilen des Pfarrers. Lesingham Smith war ein gelehrter Mann, der Dante auf Italienisch zitierte und seinen Milton und seinen Byron beherrschte. Er hatte Alfreds Gedicht gründlich gelesen und auf einem gesonderten Papier Anmerkungen und Kommentare verfasst. Sein Lob hatte Bedeutung.

Alfred kopierte die Einleitung seines geplanten Romans und legte sie zusammen mit einem Brief in ein Kuvert:

»Mein guter Bruder Robert,
man wird so erschöpft von der Neuheitskrämerei und allem damit verknüpften Ungemach und Unbehagen, dass ich beschlossen habe, meine Kräfte in eine andere Richtung zu entwickeln. Mit so wenig Absatz wie unserem kann man keiner sicheren Zukunft entgegensehen, und möglicherweise werde ich dem Stift als Futterhaken vertrauen müssen, wenn ich nicht meine Lust nach Strängen in die Zügel schießen lassen will, die sich in letzter Zeit sehr bemerkbar gemacht hat.

Deshalb hätte ich sehr gern das Urteil einer kompetenten Person über die hier mitgeschickte Einleitung zu einer kleinen Schrift. Die Frage ist eine doppelte: 1) Ist das fehlerfreies Schwedisch? 2) Kann man es lesen, ohne Bauchschmerzen zu bekommen?

Falls der Graf Rosen sich in Stockholm aufhält, wüsste ich keine passendere Person, da er sehr gebildet ist. Ansonsten vielleicht Onkel Ahlsell oder einer von Wennerströms Bekannten. Dass ich nicht völlig von meiner eigenen Unfähigkeit überzeugt bin, möge entschuldigt werden, weil ich in jüngster Zeit von einem englischen Gelehrten und Schriftsteller die schönsten Ausführungen über ein paar kleine Gedichte auf Englisch erhalten habe, und da ich selbigem völlig unbekannt bin, dürfte der Wunsch zu schmeicheln hier nicht vorausgesetzt werden.

Mit herzlichen Grüßen
Dein Freund Alfred.«[34]

Er sollte noch weiter an dem Roman über die Schwestern Amalia, Sophie und Alexandra schreiben, denen auf unterschiedliche Art von einem reichen Fünfundzwanzigjährigen, einem Henrik Oswald, der Hof gemacht wurde. Alfreds Hauptpersonen bewegten sich in einer Welt, in der »keine Stunde vergeht ohne Händedrücken, Blicke, Seufzer, parfümierte Liebesbriefe, Aufblühen der Wangen, allgemeine Wallungen […]«.

Vor allem an dem Portrait von Alexandra, der unerreichten Schöngeistigen, der er denselben Namen gab wie der Geliebten in einem seiner Jugendgedichte, feilte Alfred ausdauernd. Er meinte zu wissen, wie die Küsse, die Vereinigung schmecken würde, und versuchte, das Gefühl eingehend zu beschreiben. Der Text vibrierte von seiner eigenen Sehnsucht, eine selbstständig denkende Lebenspartnerin zu finden, die seine Seele erkennen und lieben würde.

Manchmal ging er in seiner Verherrlichung zu weit. Dann strich er wieder. Unter anderem opferte er ein paar Zeilen, in denen Schopenhauer anklang: »Alexandra war eine poetische Seele; sie hatte die Meisterwerke der Literatur gelesen und bewundert. Der triviale Mensch lernt höchstens, daraus zu zitieren und nachzuäffen, der denkende hingegen, seinen Geschmack und seine eigene Schule auszubilden.«

Würde er jemals einer solchen Frau begegnen?

Seinem Romanentwurf gab er den Titel *Systrarna* (»Die Schwestern«). Auf dem Vorsatzblatt begann er zu schreiben: »Roman von Alf...«, strich das dann aber durch und ergänzte stattdessen: »Roman von Unbekannt«.[35]

NAT·
MDCCC
XXXIII
OB·
MDCCC
XCVI
ALFR·
NOBEL

TEIL 2

»Ich wäre so glücklich, wenn ich mich in irgendeiner Ecke zur Ruhe setzen könnte, um dort ohne große Ansprüche zu leben.«

ALFRED NOBEL, 1880

Im medizinischen Dunkel

Alfred Nobel hatte kein Vertrauen zu Ärzten. Das war ein Problem, denn er war – ebenso wie alle anderen – andauernd krank. Als ich an dieser Stelle meiner Recherche angelangt bin, habe ich schon eingesehen, dass Alfred Nobel keineswegs der extreme Hypochonder war, als der er oft beschrieben wurde. Andere klagten bedeutend mehr.

Nehmen wir nur mal Otto von Bismarck. In einer Biografie lese ich, dass kein Staatsmann, weder im 19. noch im 20. Jahrhundert, so viele Krankentage hatte und so viel gejammert hat wie der mächtige preußische Ministerpräsident. Alfred Nobel hingegen war nicht einmal in seiner eigenen Familie der Schlimmste. Sie alle tappten im völligen Dunkel, wenn sie Fieber oder Erbrechen bekamen. Wer hätte sich da nicht gefürchtet?

Vielleicht muss man hier, in diesen quälenden Folgen des Nichtwissens, die Erklärung für Alfred Nobels Interesse an der Medizin, das mit der Zeit immer größer wurde, suchen.

Mit Entsetzen lese ich über Ludvig Nobels Ohrenentzündung in Sankt Petersburg im Winter 1870. Mehrere Ärzte werden zurate gezogen. Sie verordnen Blutegel, die hinter die Ohren gesetzt werden (und Ludvig bekommt prompt an den Wunden, wo die Egel gesogen haben, eine Wundrose). Die Kur wird dann mit Abführmitteln, Kräutersalben und Alkoholtinkturen aus medizinischen Pflanzen fortgesetzt. Schließlich wird er dann mit »einer großen spanischen Fliege«, einem getrockneten Käfer, im Nacken behandelt.

Als junger Mann erstand Alfred in Sankt Petersburg viele Blutegel. Es ist nicht gesichert, ob er sich diese Gewohnheit auch in mittleren Jahren erhielt, als er ständig mit Rheumatismus, Fieber, Bronchitis und Verstopfung zu kämpfen hatte. Wenn er kränkelt, bekommt er »Sauerteiglaune«, vor allem wenn er »Ullrich rufen« muss, was so viel heißt, wie sich übergeben.

Einmal verletzt er sich übel, peinlicherweise bei einer kleineren Laborexplosion. Alfred erwähnt Brandwunden und brennende Augen. Die Sehne in einem Finger wird abgerissen, und der Knochen liegt offen. Der Arzt wird gerufen. Hinterher beschreibt Alfred, wie unbehaglich es war, als »der Doktor nach Glas oder anderen Dingen wühlte, von denen er glaubte, sie hätten sich in den Knochen getrieben, was aber nicht stimmte. Ich glaube, er wollte herausfinden, wie lange ich das aushalten konnte, ohne Aua zu brüllen«.[1]

Da kann man nur hoffen, dass sich die neue Sitte der sterilen Instrumente schon durchgesetzt hatte.

Alfred lässt durchblicken, er finde, Robert sei derjenige der Brüder, der am häufigsten ohne Grund klagt. Er behauptet, sein Bruder könne an ein und demselben Tag morgens Herzfehler, zum Frühstück Gicht, am Nachmittag Tuberkulose, am Abend Blutvergiftung und zur Schlafenszeit Krebs im Magen – alternativ in der Zunge, den Nieren oder der Brust – haben.

Zum Ende eines Sommers in den 1860er-Jahren ist Robert überzeugt davon, Lungentuberkulose zu haben, eine schreckliche Krankheit, deren Ursache damals noch niemand kannte und die im 19. Jahrhundert mehr Leben kostete als irgendeine andere Krankheit. Alfred versichert ihm, dass die Diagnose falsch ist und dass der Bruder einem Scharlatan von Arzt zum Opfer gefallen ist. »Ich bezweifle überhaupt nicht, dass ein unbeachteter Husten die Lungen angegriffen hat, aber eine kleine Reise in südlichere Gefilde […] wird die Sache wieder ins Lot bringen«, stellt Alfred entschieden fest. »Das mag ein schwerer Katarrh sein, aber vergiss nicht, dass von hundert Doctores mindestens 99 Nieten sind«, fährt er fort. »Willst du nicht mal Dampfbäder versuchen?«[2]

Robert überlebte, mit oder ohne Dampfbad.

War es wirklich so schlecht um die medizinischen Erkenntnisse bestellt?

*

In einem ehemaligen Gerichtsgebäude am Brunnsviken in Stockholm liegt der historische Stolz des Karolinska Institutets, die Hagströmer-Bibliothek. Der strenge Geruch von Leder schlägt mir entgegen, als ich den schönen Bibliothekssaal betrete. Hier werden Raritäten wie Carl von Linnés persönliches Exemplar von *Systema Naturae* (1735) aufbewahrt und die Erstausgabe von William Harveys Pionierwerk über den Blutkreislauf (1628). Hier gibt es vierzigtausend einzigartige medizinhistorische Werke, die meisten vor 1870 erschienen. Und hier sitzt heute wie an vielen anderen Tagen der preisgekrönte Professor und Schriftsteller Nils Uddenberg. Er hat kürzlich ein Werk in zwei Bänden über die Geschichte der Medizin herausgebracht.

Ich erzähle ihm von Ludvigs Behandlung mit Blutegeln von 1870. Nils Uddenberg schüttelt den Kopf.

»Das klingt ziemlich altmodisch und ist später, als ich dachte. Aber Blutegel waren die Form des Aderlasses, die am längsten überlebte. Da spielte ziemlich viel Magie eine Rolle. Die Egel waren eklig genug, um starke Emotionen zu wecken. Als der Schriftsteller Esaias Tegnér 1840 an Manie erkrankte, setzte man ihm Blutegel um den After. Fragen Sie mich nicht, warum.«

»Aber die medizinische Wirkung von Hokuspokus wird manchmal unterschätzt. Das hat wahrscheinlich ungefähr so funktioniert wie heute Placebos.«

Nils Uddenberg ordnet den bis dahin größten Erkenntnissprung in der Medizin historisch in den Jahrzehnten nach 1870 ein. Da wurde die antike Humoralpathologie, die Lehre, dass Krankheiten von einem Ungleichgewicht der Körpersäfte verursacht würden, endlich auf den Müllhaufen der Geschichte geworfen. Und damals wurde auch die Vorstellung aufgegeben, die verschiedenen menschlichen Organe würden von göttlichen Kräften gelenkt. In seinen letzten Lebensjahrzehnten durfte Alfred Nobel die schwindelerregende Zeit miterleben, in der die Medizin schlussendlich zur Naturwissenschaft wurde.

»Das ging blitzschnell, ein unglaublich dramatischer Wandel, und das war es wohl, was ihn beeindruckte«, argumentiert Nils Uddenberg.

Im Zentrum des Durchbruchs stand die Mikrobiologie, nämlich die Entdeckung, dass Bakterien die Ursache von vielen der tödlichen Krankheiten waren. Diese Entdeckung ist für Nils Uddenberg die größte in der Medizingeschichte überhaupt. Der Held in diesem Zusammenhang sollte der Franzose Louis Pasteur sein, der jedoch bis 1878 wartete, ehe er seine bahnbrechende Theorie vorstellte. Uddenberg überlegt eine Weile, ehe er feststellt, dass die einzige Entwicklung in der Medizingeschichte, die zumindest annähernd mit dieser durchgreifenden Umwälzung vergleichbar ist, die Alfred Nobel miterleben durfte, die Beschreibung der DNA im Jahr 1953 ist.

»Die Mikrobiologie hat alles verändert, von der Hygiene und den Wohnverhältnissen bis zum Krankheitspanorama selbst. Bis dahin waren die Menschen vor allem an Infektionskrankheiten gestorben, jetzt starben sie an Krebs. Auch die Chirurgie machte in dieser Zeit dramatische Fortschritte. Die Narkose war bereits erfunden und hatte komplizierte Operationen vereinfacht, doch fehlte noch die Erkenntnis, dass man sich auch die Hände waschen musste, weshalb es bis dahin keine rechten Erfolge gegeben hatte. Die stellten sich jetzt ein, und gleichzeitig hatte die Physiologie ihren großen Durchbruch, und man fand Methoden, die Körperfunktionen zu messen«, berichtet Nils Uddenberg.

»Alles das beförderte einen eher mechanischen Blick auf den menschlichen Körper, als wäre er eine Maschine mit einer bestimmten Mechanik. Und ab da befand man es allmählich auch für klüger, zum Arzt zu gehen, als es bleiben zu lassen«, stellt er lächelnd fest.

Doch ganz so weit war man noch nicht.

*

Manche behaupten, dass der Krieg, der für Alfred Nobel die Wende bedeuten sollte, wahrscheinlich nicht stattgefunden hätte – zumindest nicht zu der Zeit –, wenn die gesundheitliche Situation der Herrschenden eine andere gewesen wäre. Die Giganten, die sich bald auf dem Schlachtfeld gegenüberstehen sollten, Otto von Bismarck und der französische Kaiser Napoleon III., waren beide kränklich. Bismarck litt an Gallenbeschwerden und lag allzu oft nachts schlaflos. Er hatte Probleme, all das Essen zu verarbeiten, das er täglich in sich hineinstopfte (ganze Schinken, halbe Truthähne), obwohl er es mit mehreren Flaschen Champagner und Kognak herunterspülte. Als Folge davon war er auf pathologische Weise zornig, ging bei der kleinsten Kleinigkeit an die Decke und besaß überhaupt keine Geduld.

Mit den Nierensteinen von Napoleon III. war es noch schlimmer. Als 1870 die Schicksalsstunde nahte, sah er aus »wie ein Toter. Sein linker Arm war gelähmt, der Blick glasig und matt: er bewegte sich langsam und hinkend vorwärts und konnte nur durch stets höhere Dosen von Medikamenten aufrecht gehalten werden.« Schreckliche Schmerzen im Bauchraum machten ihn zum Kaiser, der nicht länger zu Pferd sitzen konnte.[3]

Ende Juni 1870, also kurz vor Kriegsausbruch, wurden die besten Ärzte Frankreichs gerufen. Ein Professor wagte es sogar, den Finger in den Anus von Kaiser Napoleon zu stecken und einmal zu fühlen. Er war schockiert über die Größe der Steine in den Harnleitern. Der Professor befahl eine sofortige Operation, doch der Hofchirurg lehnte ab. Er hatte im Jahr zuvor den französischen Kriegsminister operiert, der aber hinterher leider an einer Blutvergiftung gestorben war. Der Chirurg hatte die anderen Ärzte auf seiner Seite: »Wir können den Kaiser doch nicht behandeln, als wäre er ein gewöhnlicher Patient.«[4]

Man beschloss abzuwarten.

KAPITEL 9

»Der Appetit auf Dynamit ist im Wachsen begriffen«

Im Frühjahr 1870 waren die starken Spannungen zwischen Preußen und Frankreich nun bereits seit mehreren Jahren Gesprächsthema. Ein bekannter Journalist verglich die Länder mit zwei Expresszügen, die auf demselben Gleis aufeinander zurasten. Doch im Unterschied zu Bismarck war Napoleon III. im Grunde genommen eine friedliebende Natur. Ironischerweise hatte so ja auch alles seinen Anfang genommen – mit Napoleons freundlicher Haltung gegenüber dem preußischen Überfall auf Österreich im Sommer 1866. Damals hatte Bismarck den französischen Kaiser rechtzeitig vorher aufgesucht, um sich für den Fall eines Krieges der französischen Neutralität zu versichern. Napoleon begegnete ihm großzügig und gab Bismarck das Versprechen, keine Gegenforderungen zu stellen.

Doch als die preußische Kriegsmaschinerie kurz darauf Österreich zerstörte, reute es den französischen Kaiser. War Bismarck hier nicht ein wenig billig weggekommen? Napoleon würde doch zumindest als Dank für seine passive Haltung Belgien und Luxemburg annektieren können, nicht wahr? Doch da schnaubte Bismarck und ließ durchblicken, Napoleon III. würde sich verhalten »wie ein Kellner, der Trinkgeld verlangt«. So wurde nichts aus der Sache.[1]

Wegen dieser Demütigung verlangte so mancher Franzose einen militärischen Angriff als Vergeltung. Pikanterweise gehörte auch die Ehefrau Napoleons III., Eugénie, zu den geräuschvolleren Kriegshetzern. Bismarck habe schließlich Frankreich als einen mindestens ebenso großen Verlierer dastehen lassen wie Österreich. Doch Napoleon behielt die Nerven.

Bismarcks Erfolge hatten in den letzten Jahren die europäische Landkarte umfassend neu sortiert. All die alten, sorgsam ausbalancierten Machtgleichgewichte waren inzwischen Geschichte. In einem Versuch, die Position des einst mächtigen Habsburgerreiches zu retten, waren die geschlagenen Österreicher zwar eine Union mit dem Königreich Ungarn eingegangen, es war aber nichts mehr so wie früher.

Doch der ungeduldige Bismarck war noch nicht zufrieden. Sein Ziel war es, ein vereinigtes Deutsches Reich unter preußischer Herrschaft zu gründen, und dazu fehlte ihm noch ein wichtiges Puzzleteil. Bismarck wollte die süddeutschen Staaten, die im Krieg auf der Seite Österreichs gestanden hatten, mit dabeihaben. Die allerdings hatten sich bisher abwartend verhalten. Historiker streiten darüber, wie klar Bismarcks Kriegspläne im Frühjahr 1870 eigentlich wirklich waren. Doch niemand zweifelt daran, dass er wusste, welchen Einfluss ein Krieg mit Frankreich auf die sich abschottenden Südstaaten haben würde.

In jenem Frühjahr jedenfalls hatte ein schwer geprüfter Napoleon III. mit seinen Nierensteinen, seinen Harnwegen und seinem wankenden Kaisertum zu kämpfen. Die Brillanz und die Autorität der frühen 1850er-Jahre waren inzwischen wie weggeblasen, und die französischen Republikaner witterten Morgenluft. Es wurde von einer neuen Revolution geflüstert, Streiks und Volksaufläufe kamen Schlag auf Schlag, und in der Wahl 1869 (zur damals schwachen Volksvertretung, der »gesetzgebenden Versammlung« *Corps législatif*) hatte die liberale Opposition einen überragenden Sieg errungen. Der Boden unter dem kränklichen Kaiser schwankte erheblich.

Zudem lag inzwischen eine neue außenpolitische Demütigung wie eine schwarze Wolke über der kaiserlichen Residenz unter den Tuilerien. Äußerlich ging es dabei um Spanien und den vakanten spanischen Thron, doch auch darin waren Spuren von Otto von Bismarcks strategischem Genie zu erkennen.

Seit Königin Isabella von Spanien 1868 durch einen Militärputsch gestürzt worden war, hatte Napoleon III. versucht, einen Freund Frankreichs auf den Thron im Nachbarland zu bringen. Wenn der spanische Thron verloren ginge, würde das sowohl die Position Frankreichs als auch die persönliche Ehre des Kaisers schwer beschädigen. Doch hinter den Kulissen geschah nun genau das. Im Frühjahr 1870 erhielt insgeheim ein von einem Zweig der preußischen Königsfamilie abstammender Prinz das Angebot für den Thron.

Bismarck frohlockte. Dieser Spielzug war genau das, was er brauchte. Anfang Juli wurde die sensationelle Neuigkeit in Paris bekannt: Ein preußischer Prinz hatte das Angebot des spanischen Throns angenommen. Das wurde als vollkommen inakzeptabel angesehen. In der Pariser Presse explodierten die Forderungen nach Krieg.

Zeitlich fiel die Krise zufällig exakt in die Julitage, als Napoleon III. gerade die unangenehme ärztliche Untersuchung seiner Harnwege durchgemacht hatte. In der französischen Machtelite war der Kaiser normalerweise derjenige, der nach Erhalt von Frieden und Diplomatie strebte, doch jetzt war er nicht richtig in Form. So begann ein verworrenes Spiel, das damit endete, dass der diplomatische Gesandte Frankreichs in Preußen in den Kurort Bad Ems geschickt wurde, wo der preußische König Wilhelm I. den Sommer verbrachte. Der französische Gesandte hatte Order, mit Krieg zu drohen, wenn der König seine Unterstützung für einen preußischen Prinzen auf dem spanischen Thron nicht zurückziehen würde. Wilhelm I., dessen Begeisterung für das spanische Angebot nie auch nur annähernd so groß gewesen war wie die Bismarcks, hörte zu und entschied schließlich, den empörten Franzosen entgegenzukommen. Der betroffene Prinz zog daraufhin seine Zusage zurück.

Die Krise schien beigelegt, doch was ein diplomatischer Triumph für den gequälten Napoleon III. hätte sein können, wurde von der kriegslüsternen Stimmung in Paris sofort zermahlen. Eine plötzliche Kehrtwendung der Preußen – was für eine Garantie sollte das schon sein? König Wilhelm musste stärker unter Druck gesetzt werden und Frankreich wenigstens zusichern, dem spanischen Thron für alle Zeit zu entsagen.

Als dieser neue Sturm Fahrt aufnahm, wand sich Napoleon III. erneut in großen Schmerzen und hatte nicht mehr viel entgegenzusetzen. Nach allem zu schließen, war es stattdessen die weitaus kriegsfreudigere Kaiserin Eugénie, die im Tuilerien-Palast das Dirigat übernahm. Frankreichs Gesandter in Preußen erhielt Order, so schnell wie möglich ins Kurbad zurückzukehren. Die Eile nötigte den Gesandten dazu, den preußischen König während seines Morgenspaziergangs auf der Kurpromenade anzusprechen. Wilhelm I. war sowohl über den Zeitpunkt wie über die Tonlage empört. Er weigerte sich, den neuerlichen Forderungen der Franzosen zu entsprechen, und telegrafierte unmittelbar von dem Vorfall und seiner Entscheidung an Bismarck.

Bismarck, den das Verhalten des Königs zuvor geärgert hatte, erkannte seine Chance. Der Spindoktor in ihm spitzte nun das Telegramm Wilhelms I. so zu, dass die Botschaft härter und für die Franzosen demütigender klang, als sie es gewesen war. In seinen Memoiren beschreibt Bismarck, wie er erkannte, dass die Redaktion der so genannten »Emser-Depesche« und der Beschluss, sie zu veröffentlichen, auf den »gallischen Stier wirken müsse, wie ein rotes Tuch«.[2]

Vielleicht war diese kluge Planung eine beschönigende Darstellung, doch nicht so das Ergebnis. Am Nationaltag, dem 14. Juli, erreichte die demütigende Depesche die französischen Zeitungen. Tags darauf wurde die französische Mobilmachung beschlossen. Das Volk auf den Straßen brüllte »*À Berlin!*« und sang die Marseillaise. Am 19. Juli erklärte Frankreich Preußen den Krieg.

Die Schuldfrage beschäftigt die Historiker bis heute.

*

Anfang Juli 1870 war Alfred Nobel, der ebenfalls ein paar Wochen in einem Kurbad verbracht hatte, gerade in seine Fabrik im preußischen Krümmel zurückgekehrt. Er hatte eine Auszeit gebraucht. Es war ein Jahr voller Rückschläge gewesen, an die er sich allmählich gewöhnte, die aber dennoch kräftezehrend waren.

Am schlimmsten war das Unglück in Krümmel Ende Mai gewesen. Ein Fabrikgebäude war in die Luft gesprengt worden, und fünf Angestellte hatten ihr Leben verloren. Einer davon war der junge schwedische Chemiker Rathsman gewesen, der 1864 kurz nach der Explosion auf Heleneborg angestellt und gerade erst nach Krümmel gelockt worden war.

Ein betrübter Alfred Nobel nahm die Todesnachricht entgegen. Er versuchte verzweifelt, herauszufinden und zu erklären, was die Ursache für die Explosion gewesen war, doch da niemand der Anwesenden überlebt hatte, war das nur schwer festzustellen. Er selbst war nicht vor Ort gewesen. Für die örtlichen Behörden war es jedoch eine einfache Rechnung: Insgesamt drei Explosionen mit tödlichem Ausgang in Krümmel – das konnte kein Zufall sein. Gründliche Untersuchungen wurden eingeleitet und jede Produktion bis auf Weiteres verboten.[3]

Zu Hause in Stockholm litt Mutter Andrietta Höllenqualen, ehe klar war, dass Alfred unverletzt war. Sie war wegen der brandgefährlichen Unternehmungen ihres Sohnes ständig von Furcht getrieben. Nach jeder Explosion dankte sie Gott, wenn sie hinterher »diesmal den Jungen noch habe«.[4]

Gleichzeitig bereiteten die Geschäfte in den USA Alfred jede Menge Sorgen. Weder die Unternehmen an der Ostküste noch die im Westen hatten bisher nennenswert Fahrt aufgenommen, und jetzt waren die Firmen zudem in einen lang anhaltenden Streit wegen der Rechte an dem neuen Dynamitpatent geraten. Hier wechselte Oberst Shaffner ein weiteres Mal seine Strategie, und dies mit demselben Mangel an Gewissensqual wie zuvor. Nun behauptete er, der Erfinder des Dynamits zu sein – und zwar lange vor Alfred Nobel. Den Konkurrenten informierte er per Brief darüber, dass eine Klage gegen Nobel wegen Patentverletzung angestrengt worden sei.[5]

Alfred Nobel war jetzt sechsunddreißig Jahre alt. Seit seinem Durchbruch mit dem Dynamit waren mehrere Jahre vergangen, aber es deutete immer noch nicht viel darauf hin, dass ihm der Erfolg glücken würde. In Europa verbreitete sich das Verbot von Nitroglyzerintransporten von Land zu Land. Nur wenige schienen anzuerkennen, dass sein neues Produkt sowohl in der Anwendung als auch beim Transport entschieden sicherer war. Viele Grubenbesitzer sahen auch noch andere Gründe, Zweifel anzumelden. Alfred hörte, wie sie sich darüber beklagten, dass sein neues Dynamit zu schwach sei und nichts anderes als verdünntes Nitroglyzerin.[6] Im Frühjahr 1869 hatte er immer noch kein Geld übrig gehabt. »Es tut unfassbar weh, den Alten nicht helfen zu können«, seufzte er Ende März in einem Brief an Robert.[7]

Die Finsternis, die die Familie Nobel umgab, schien dichter denn je, denn kurz darauf ging das Leben von Bruder Ludvig durch eine Familientragödie in Stücke. Im Mai 1869 gebar seine Frau Mina eine Tochter, erkrankte aber an Kindbettfieber. Weniger als zwei Wochen später starben sowohl das Mädchen als auch Ludvigs geliebte Ehefrau, die nur siebenunddreißig Jahre alt wurde. »Die Erinnerung an den trauernden Ehemann und die mutterlosen Kinder an ihrem Sarg wird man nie loswerden«, schrieb eine Lehrerin in Sankt Petersburg an Robert.[8] Ludvig war außer sich vor Trauer. Und er machte sich Sorgen. Minas plötzlicher Tod ließ ihn mit der Verantwortung für den zehnjährigen Emanuel, den siebenjährigen Carl und die kleine dreijährige Anna allein. Wie sollte er das schaffen? Wie zog man Kinder groß?

Die Situation veranlasste ihn, sich an seine eigene Kindheit und die der Brüder zurückzuerinnern. Sie hatten es zeitweilig sehr schwer gehabt, ein Schulbesuch hatte nur mit Unterbrechungen stattgefunden, und sie hatten alle große Bildungslücken. Aber wäre es wirklich besser gewesen, wenn sie sorglos durchs Leben hätten gleiten können und sowohl Gymnasium wie Universität absolviert hätten? Im Grunde nicht, entschied Ludvig. »Das Unvollständige in unserer Erziehung hat vielmehr den Vorteil, dass es bei uns weder Wissenshunger noch Beurteilungsvermögen abgetötet hat«, philosophierte er in einem Brief an

In diesem Haus auf der Norrlandsgatan 9 in Stockholm wurde Alfred Nobel am 21. Oktober 1833 geboren. Der Eintrag im Geburts- und Taufregister zeigt, dass er zwei Tage später getauft wurde. Das Bild vom Haus wurde Anfang des 20. Jahrhunderts gemacht. Das Gebäude wurde 1937 abgerissen.

Die Familie Nobel in Sankt Petersburg. Oben: Immanuel und Andrietta, beide Anfang der 1830er-Jahre porträtiert. Die Atelierfotos der Söhne sind nicht datiert, doch wahrscheinlich wurden sie im Herbst 1850 gemacht. In jedem Fall sieht man Robert (oben) und Ludvig (unten). Links Alfred mit der kleinen Schwester Betty auf dem Schoß und rechts Emil.

KONGL. MAJ:TS
TILL SVERIGE OCH NORRIGE
ÖFVER-STÅTHÅLLARE
uti Kongl. Residence-Staden Stockholm

Rese-Pass
№ 4234
gällande för

anmodar alla vederbörande, att låta Innehafvaren häraf

Signalement:
Ålder
Längd Fot Tum
Växt
Hår
Panna
Ansigte
Ansigtsfärg
Ögon
Ögonbryn
Näsa
Mun
Haka
Serskilte kännetecken

född i
boende i
hvilken
St. Petersburg

fritt och obehindradt passera.
Stockholm den 21. Oktober Ett Tusen Åttahundrade fyratiotvå (1842)

Pass-Innehafvarens Namnteckning:

KONGL. MAJ:TS
TILL SVERIGE OCH NORRIGE
ÖFVER-STÅTHÅLLARE
öfver Dess Residence-Stad Stockholm.

Zwei der historischen Funde bei der Arbeit an diesem Buch. Im historischen Archiv des russischen Sicherheitsdienstes in Moskau fanden sich in erstaunlich gutem Zustand die schwedischen Pässe der Familie Nobel. Oben der Pass von Andrietta, Ludvig und Alfred von 1842, unten der von Immanuel Nobel von 1837.

Oben: Immanuel Nobels Aquarell über die Minensprengung am Fluss Ochta in Sankt Petersburg am 2. September 1842. Der Großfürst Michail Pawlowitsch und der vierundzwanzigjährige Sohn von Zar Nikolaus, Alexander (später Zar Alexander II.) sind Zeugen der Erprobung.
Unten: Alfred Nobel und sein älterer Bruder Ludvig Anfang der 1850er-Jahre.

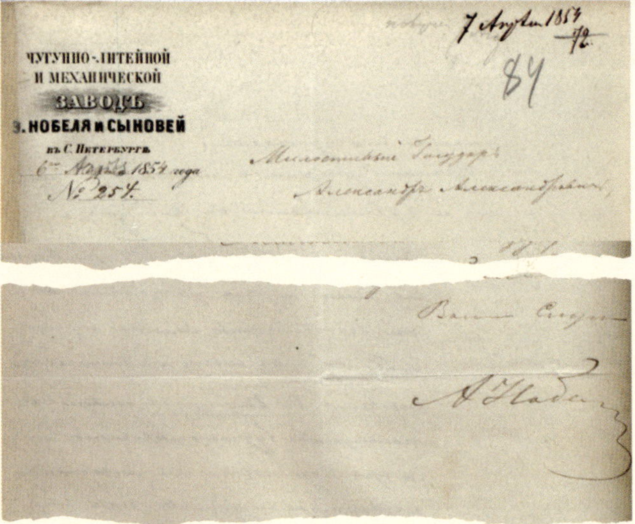

ЧУГУННО-ЛИТЕЙНОЙ
И МЕХАНИЧЕСКОЙ
ЗАВОДЪ
Э. НОБЕЛЯ и СЫНОВЕЙ
въ С. Петербургѣ

№ 254.

Милостивый Государь
Александръ Александровичъ,

Oben: In diesem Haus am Kai der Großen Nevka wohnte Alfred Nobel die längste Zeit während seiner zwanzig Jahre in Sankt Petersburg. Damals hieß die Adresse Petrogradskaya Naberezjnaja 20, doch im Zweiten Weltkrieg wurde das Haus abgerissen.
Unten: In einem russischen Archiv finden sich Briefe von Alfred Nobel an russische Behörden aus der Zeit des Krimkrieges, wie dieser von 1854 über die Ausführung von Valuta.

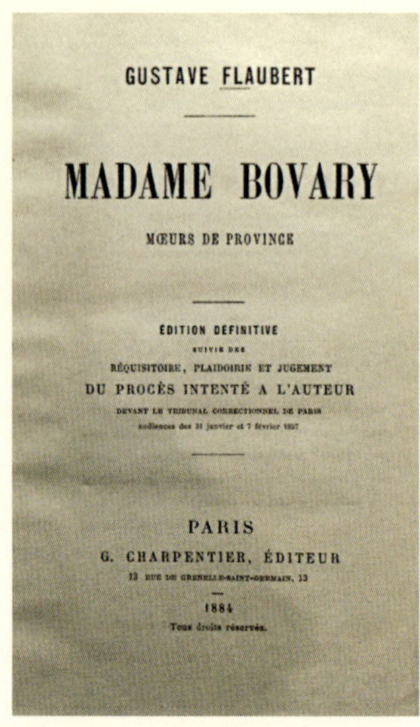

GUSTAVE FLAUBERT

MADAME BOVARY

MŒURS DE PROVINCE

ÉDITION DÉFINITIVE

SUIVIE DES

RÉQUISITOIRE, PLAIDOIRIE ET JUGEMENT

DU PROCÈS INTENTÉ A L'AUTEUR

DEVANT LE TRIBUNAL CORRECTIONNEL DE PARIS

audiences des 31 janvier et 7 février 1857

PARIS

G. CHARPENTIER, ÉDITEUR

13 RUE DE GRENELLE-SAINT-GERMAIN, 13

1884

Tous droits réservés.

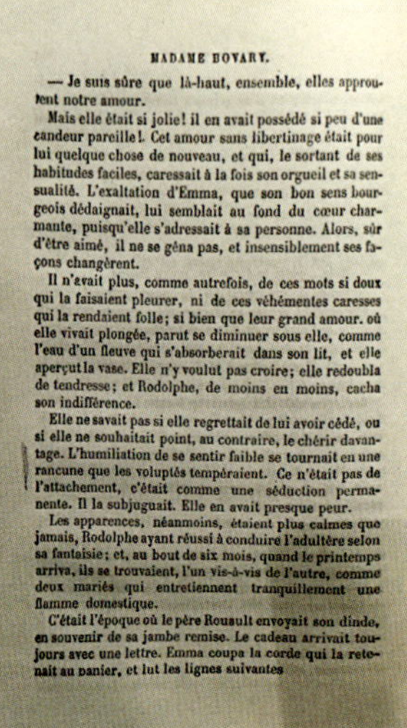

MADAME BOVARY.

— Je suis sûre que là-haut, ensemble, elles approuvent notre amour.

Mais elle était si jolie! il en avait possédé si peu d'une candeur pareille! Cet amour sans libertinage était pour lui quelque chose de nouveau, et qui, le sortant de ses habitudes faciles, caressait à la fois son orgueil et sa sensualité. L'exaltation d'Emma, que son bon sens bourgeois dédaignait, lui semblait au fond du cœur charmante, puisqu'elle s'adressait à sa personne. Alors, sûr d'être aimé, il ne se gêna pas, et insensiblement ses façons changèrent.

Il n'avait plus, comme autrefois, de ces mots si doux qui la faisaient pleurer, ni de ces véhémentes caresses qui la rendaient folle; si bien que leur grand amour, où elle vivait plongée, parut se diminuer sous elle, comme l'eau d'un fleuve qui s'absorberait dans son lit, et elle aperçut la vase. Elle n'y voulut pas croire; elle redoubla de tendresse; et Rodolphe, de moins en moins, cacha son indifférence.

Elle ne savait pas si elle regrettait de lui avoir cédé, ou si elle ne souhaitait point, au contraire, le chérir davantage. L'humiliation de se sentir faible se tournait en une rancune que les voluptés tempéraient. Ce n'était pas de l'attachement, c'était comme une séduction permanente. Il la subjuguait. Elle en avait presque peur.

Les apparences, néanmoins, étaient plus calmes que jamais, Rodolphe ayant réussi à conduire l'adultère selon sa fantaisie; et, au bout de six mois, quand le printemps arriva, ils se trouvaient, l'un vis-à-vis de l'autre, comme deux mariés qui entretiennent tranquillement une flamme domestique.

C'était l'époque où le père Rouault envoyait son dinde, en souvenir de sa jambe remise. Le cadeau arrivait toujours avec une lettre. Emma coupa la corde qui la retenait au panier, et lut les lignes suivantes

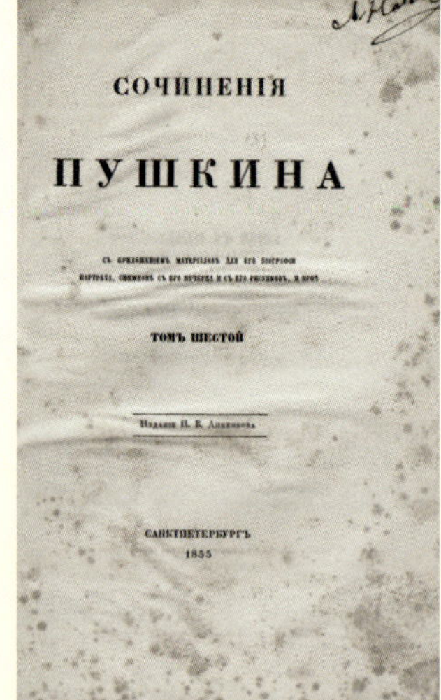

СОЧИНЕНІЯ

ПУШКИНА

ТОМЪ ШЕСТОЙ

САНКТПЕТЕРБУРГЪ

1855

Schon in jungen Jahren las Alfred Nobel viel, hier arbeitet er sich durch Puschkin auf Russisch und übersetzt es am Rand ins Schwedische. Eine Schulaufgabe vielleicht? Den »Skandal-Roman« *Madame Bovary* von Gustave Flaubert las er erst in den 1880er-Jahren, 30 Jahre nach seinem Erscheinen. Seine Lieblingsstellen markierte er am Rand.

Alfred Nobel im Alter von achtzehn Jahren.

You say I am a riddle — it may be
For all of us are riddles unexplained
Begun in pain, in deeper torture ended,
This breathing Clay what business has it here?
Some petty wants to chain us to the earth,
Some lofty thought to lift us to the spheres,
And cheat us with that semblance of a soul
To dream of Immortality, till Time
O'er empty vision draws the Closing veil,
And a new life begins — the life of worms,
Those hungry plunderers of the human breast.
So this Hope dwindles as we fathom Truth:
Forgotten to forget — and is that all?
To-day a man, with power to act and feel,
A mirror of the Universe, wherein
God and His works reflect, to center there
The focus of Intelligence; to-day
A heart which loves so deeply that it seems
As if that band, uniting soul to soul,

Alfred Nobel träumte davon, Schriftsteller zu werden, und schrieb schon in Jugendjahren heimlich Gedichte. Das Gedicht *A Riddle* (»Ein Rätsel«) liegt in verschiedenen Versionen im Riksarkivet in Stockholm. »Ein Gedicht, 1851 von mir geschrieben«, hat Alfred auf Französisch auf einem der Manuskripte notiert.

The Patent Bacillus
Comedy in Acts
Brown versus Servants of the Crown

Miss Lux, Counsel for the Plaintiff
Mr Right Solicitor " " "
The Attorney General Counsel for the Defendants
The Solicitor General Solicitor " " "
before Mr Justice Haze

Miss Lux May I with Your Lordship's graceful permission...
Mr. Justice Haze It is You that are graceful, Miss Lux.
Voice from the gallery And beautiful.
Miss Lux May I, ~~before entering on the subject of this case, explain in a few words what has prompted~~ me to ~~appear for the plaintiff~~. You are aware, my Lord that ... here to defend a true and noble cause against servants of the Crown that have infringed the plaintiff's patent right. ... I wish it to be clearly understood that, in this occasion, I render my services gratuitously, my only object and desire being to defend a ...
Mr. Justice Haze No one, Miss Lux, commands a higher esteem than Yourself
Miss Lux May it please Your Lordship, the plaintiff for whom I appear, is the patentee for a most important

Die Komödie *The Patent Bacillus* begann Alfred Nobel im Zusammenhang mit einem anstrengenden Patentprozess in den 1890er-Jahren.

Oben: Immanuel Nobel, umgeben von seinen Mitarbeitern irgendwann in den letzten Jahren in Sankt Petersburg. Ganz unten rechts die Söhne Ludvig und Alfred Nobel. Robert soll Nummer zwei von links ganz hinten sein.
Unten: Alfred Nobels Reiseschatulle.

Alfred Nobels zehn Jahre jüngerer Bruder Emil kam 1864 im Alter von zwanzig Jahren bei dem Sprengunglück auf Heleneborg um. Der Schären-Hof Heleneborg wie er um 1900 aussah.

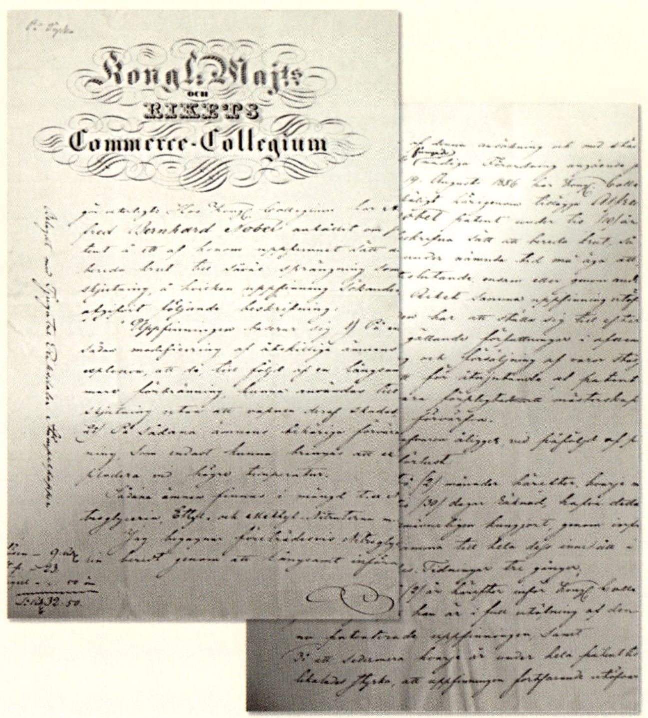

Kongl. Maj:ts
och
Rikets
Commerce-Collegium

Oben: Kurz vor seinem dreißigsten Geburtstag im Oktober 1863 erhielt Alfred Nobel das Patent auf eine Schwarzpulvermischung mit Nitroglyzerin. Dies war sein erstes schwedisches Patent.
Unten: Zeitgenössische Skizze über die Herstellung von Nitroglyzerin.

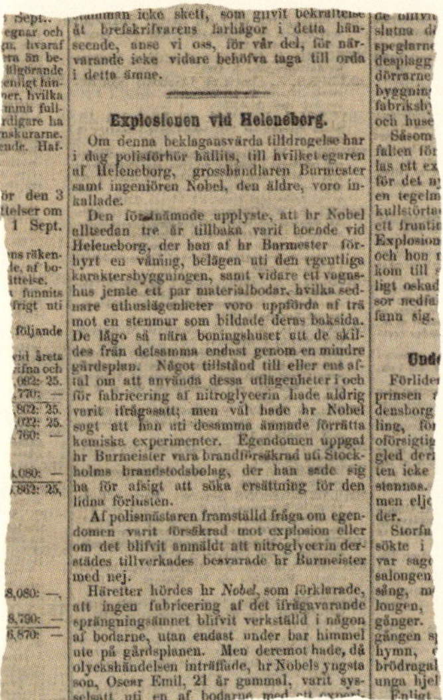

…händelse icke skett, som gifvit bekräftelse åt brefskrifvarens farhågor i detta hänseende, anse vi oss, för vår del, för närvarande icke vidare behöfva taga till orda i detta ämne.

Explosionen vid Heleneborg.

Om denna beklagansvärda tilldragelse har i dag polisförhör hållits, till hvilket egaren af Heleneborg, grosshandlaren Burmester samt ingeniören Nobel, den äldre, voro inkallade.

Den förstnämnde upplyste, att hr Nobel alltsedan tre år tillbaka varit boende vid Heleneborg, der han af hr Burmester förhyrt en våning, belägen uti den egentliga karaktersbyggningen, samt vidare ett vagnshus jemte ett par materialbodar, hvilka sednare uthuslägenheter voro uppförda af trä mot en stenmur som bildade deras baksida. De lågo så nära boningshuset att de skildes från detsamma endast genom en mindre gårdsplan. Något tillstånd till eller ens afal om att använda dessa utlägenheter i och för fabricering af nitroglycerin hade aldrig varit ifrågasatt; men väl hade hr Nobel sagt att han uti dessamma ämnade förrätta kemiska experimenter. Egendomen uppgaf hr Burmeister vara brandförsäkrad uti Stockholms brandstodsbolag, der han sade sig ha för afsigt att söka ersättning för den lidna förlusten.

Af polismästaren framställd fråga om egendomen varit försäkrad mot explosion eller om det blifvit anmäldt att nitroglycerin derstädes tillverkades besvarade hr Burmeister med nej.

Härefter hördes hr *Nobel*, som förklarade, att ingen fabricering af det ifrågavarande sprängningsämnet blifvit verkställd i någon af bodarne, utan endast under bar himmel ute på gårdsplanen. Men deremot hade, då olyckshändelsen inträffade, hr Nobels yngsta son, Oscar Emil, 21 år gammal, varit sysselsatt uti en af bodarne med ett experiment för…

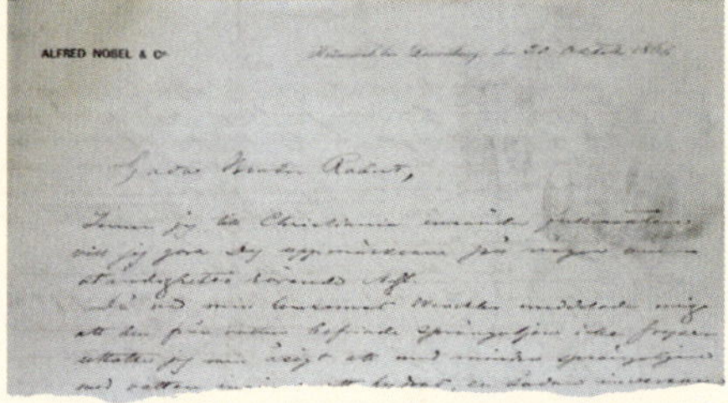

ALFRED NOBEL & Co

No. 242

Shares $100 each.

Incorporated under the laws of the State of New York.

The United States Blasting Oil Company

This Certifies that Alfred Nobel is entitled to Three Shares of the Capital Stock of The United States Blasting Oil Company, transferable only on the books of the Company in person or by Attorney on the surrender of this Certificate

New York January 17 1867

James Dunbar Secretary Israel Hall President

Im 19. Jahrhundert wusste man zu wenig über die besonderen Eigenschaften des Nitroglyzerins, um die Risiken vorhersehen zu können. Die Explosion auf Heleneborg kostete insgesamt sechs Menschen das Leben. Alfred Nobels Unternehmung in den USA (der Aktienbrief unten rechts) wurde noch schicksalhafter. Im Herbst 1866 erfand er in Krümmel vor Hamburg das sicherere Dynamit und schrieb über die Versuche an Robert (s. Brief).

Der amerikanische Erfinder und Hansdampf in allen Gassen Taliaferro Preston Shaffner war ein wiederkehrender Unruheherd in Alfred Nobels Leben.

Ende der 1860er-Jahre lernte Alfred Nobel den französischen Ingenieur Paul Barbe kennen, dessen Beharrlichkeit und schlauer Geschäftssinn von großer Bedeutung für den Durchbruch mit dem Dynamit war. Sie waren bis zu Barbes Tod 1890 Geschäftspartner.

Die Direktorenvilla in Krümmel, wo Alfred Nobel in den 1860er-Jahren eine Nitroglyzerin-Fabrik baute. Der Chemiker und Sprengstoffingenieur Alarik Liedbeck arbeitete viele Jahre für Alfred Nobel und war einer seiner engsten Freunde. Unter anderem baute er die Fabrik in Ardeer (unten).

Alfred Nobel im Alter um die vierzig.

Das Haus Nummer 53 an der Avenue Malakoff in Paris, das Alfred Nobel im Sommer 1873 kaufte, damals noch ohne den Ausbau mit Kuppel im linken Teil. 1891 bekam das Haus die Nummer 59, heute heißt die Straße Avenue Raymond Pouncaré.

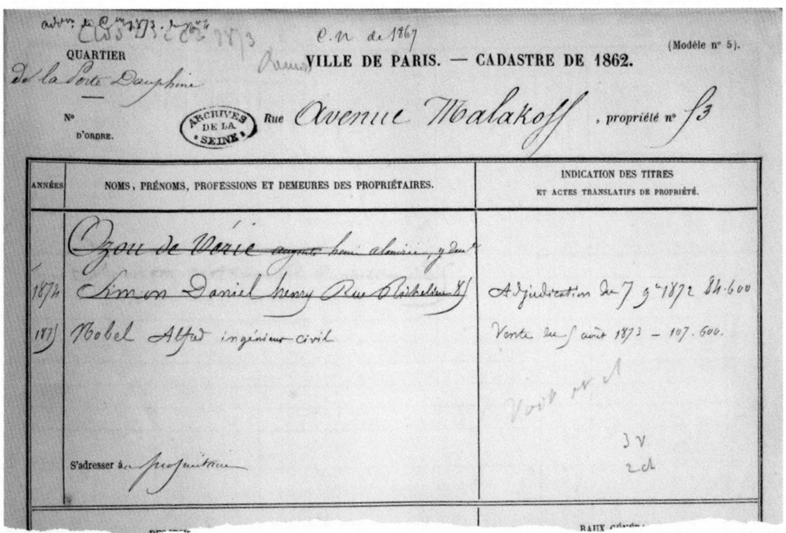

QUARTIER de la Porte Dauphine

(Modèle n° 5).

VILLE DE PARIS. — CADASTRE DE 1862.

N° D'ORDRE. Rue Avenue Malakoff, propriété n° 53

ARCHIVES DE LA SEINE

ANNÉES	NOMS, PRÉNOMS, PROFESSIONS ET DEMEURES DES PROPRIÉTAIRES.	INDICATION DES TITRES ET ACTES TRANSLATIFS DE PROPRIÉTÉ.
	~~Ozou de Verrie~~	
1872	~~Simon Daniel henry Rue Richelieu~~	Adjudication du 7 9bre 1872 84.600
1873	Nobel Alfred ingénieur civil	Vente du 5 août 1873 – 107.600.

S'adresser à la propriétaire

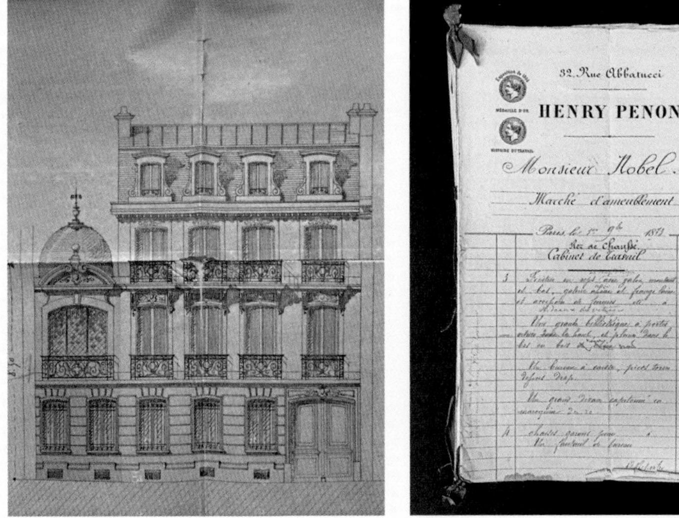

Für die Stadtvilla in Paris bezahlte Alfred Nobel 107.600 Franc. Der Kauf wurde im behördlichen Register vermerkt. Er beauftragte den damals angesagtesten Innenarchitekten Henry Penon und beantragte die Genehmigung, ein freies Grundstück links bebauen zu dürfen.

Oben: Der Wintergarten in Alfred Nobels Haus auf der Avenue Malakoff.
Unten: Die Einrichtungsskizzen von Henry Penon liegen in Paris. Hier eine von Alfred Nobel signierte Zeichnung. Sie zeigt die Täfelungen der Wände, die er für das Esszimmer und den großen Salon bestellte. Die Skizze hat Helena Höjenberg bei der Arbeit an diesem Buch gefunden.

Über die im Alfred-Nobel-Archiv vorliegenden Rechnungen kann man den Einrichtungsstil im Neurokoko, den er von Henry Penon bestellte, nachverfolgen. Es gab mehrere Statuen in Marmor und Bronze. Ganz unten ein Vorhangarrangement, das sich in den Rechnungen findet, und ein Vorschlag für ein Bett mit dem Monogramm »N«, das vielleicht in einem der Gästezimmer stand.

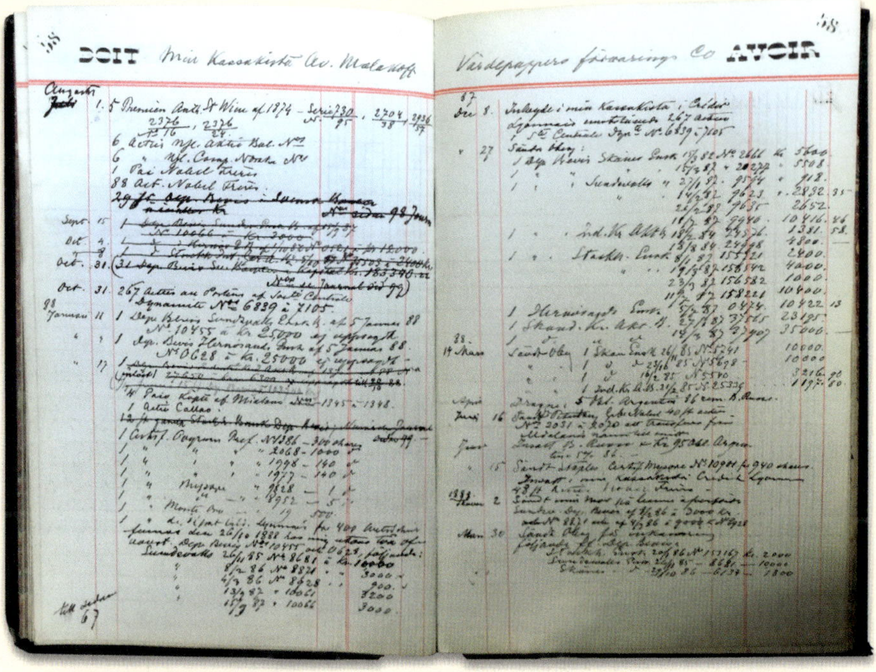

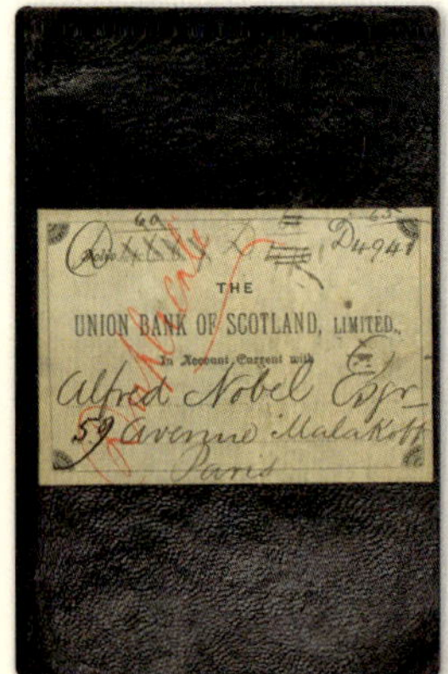

Alfred Nobel führte mehrere Kassenbücher. Hier hat er Wertpapiere notiert, die er in seinem Tresor auf der Avenue Malakoff hatte. Im Riksarkivet in Stockholm finden sich auch Bankbücher und Scheckfutterale.

Im Herbst 1878 schickte Alfred Nobel dieses neu aufgenommene Atelierfoto an Sofie Hess.

СВИДѢТЕЛЬСТВО

ИЗЪ КОННАГО ЗАВОДА РЫСИСТЫХЪ ЛОШАДЕЙ

АЛЕКСАНДРА НИКОЛАЕВИЧА

МИЛЛЕРА

CARTE D'EXPOSANT.

Signature du titulaire :

A. Nobel

Oben: Links Bertha von Suttner 1873, zwei Jahre bevor sie Alfred Nobel das erste Mal traf. Sofie Hess, rechts, ist auf diesem Foto noch keine zwanzig Jahre alt.
Unten: Rechnung eines Gestüts über den Einkauf russischer Pferde und die Eintrittskarte für den Aussteller Alfred Nobel zur Weltausstellung in Paris 1878.

Robert. »Was mich selbst betrifft, so glaube ich, dass das bisschen an moralischen und intellektuellen Werten, die ich vielleicht besitze, das Ergebnis jener Widerstände und Leiden ist, denen ich in früher Kindheit unsere liebe Mutter ausgesetzt sah und die ich später im Leben selbst erfahren habe«, fuhr Ludvig fort. »Wie will man so etwas den eigenen Kindern vermitteln?«[9]

Nun war es aber nicht nur die Fähigkeit, mit Widerständen umzugehen, die sich in der Familie Nobel vererbt hatten. Ludvig hätte hier durchaus auch die Fantasie und die Kreativität von Papa Immanuel erwähnen können, von denen alle drei Brüder ihren guten Teil abbekommen hatten. Inzwischen allerdings bekamen die Söhne meist Herzrasen, wenn der unbewegliche und von Langeweile gequälte Vater neue verrückte Projekte in Gang setzte. So wie kurz zuvor, als Immanuel (wahrscheinlich vom gerade stattfindenden Bau des Suezkanals inspiriert) allen Ernstes vorgeschlagen hatte, man solle einen Kanal durch Schweden und Norwegen graben, um den Golfstrom zur Ostsee umzuleiten und so »Skandinavien und Finnland zu wärmeren Ländern zu machen«.

»Der Alte sollte mal weniger streiten, denn ganz sicher braucht er Ruhe, sonst geht es mit seinem Verstand noch völlig durch«, stöhnte Alfred dazu. »Und was die Hitze für das arme Land [Finnland] angeht, so habe ich da mehr Zutrauen zu Kachelöfen und schönen Augen.«[10]

Doch man hätte nicht alle Ideen des alternden Immanuel von der Hand weisen sollen. Schweden machte schwere Zeiten durch. An mehreren Stellen des Landes herrschten nach Jahren der Missernten Hungersnöte. Das Elend trieb immer mehr Menschen dazu, in ihrer Verzweiflung in die USA auszuwandern. Immanuel hatte eine ganze Weile darüber nachgegrübelt, wie man die Arbeitslosigkeit in den Griff bekommen und damit das herrschende »Auswanderungsfieber« bekämpfen könne. Dabei feilte er an einer ganz neuen Industrie, die Tausende von Arbeitsplätzen bringen könnte. Seine Idee war, den Abfall beim Sägen von Holz, also übrig gebliebene Späne und dünne Holzscheiben, die jetzt einfach verfeuert wurden, zu benutzen. Dieser Abfall könnte zusammengeleimt werden und zu einem neuen, sowohl billigeren als auch stärkeren Baumaterial werden. Immanuels Liste über mögliche Anwendungsgebiete für das, was hernach Sperrholz genannt werden würde, nahm mehrere Seiten ein. Da gab es alles von Hutschachteln und Zigarrenkisten bis hin zu Badewannen und kleineren Fahrzeugen.

Vielleicht waren es die Särge, die seinen talentierten Vorschlag ins Hintertreffen geraten ließen. Ebenso wie sein Sohn Alfred war Immanuel von einer geradezu pathologischen Angst besessen, lebendig begraben zu werden. Nun erwähnte er neben anderen denkbaren Produkten einen Sperrholzsarg mit Luftlöchern, sodass »ein Scheintoter selbst von innen den Deckel abheben kann«. Sicherheitshalber sollte der Sarg dann mit »einem Klingelzug zu einer Glocke ausgerüstet werden«, schlug Immanuel vor.

Sein Sarg hat es, soweit bekannt, bisher noch auf keinen Markt geschafft. Aber Sperrholz oder *Plywood* wurde später eine weltumspannende Großindustrie. Leider nicht aufgrund von Immanuels Idee.[11]

*

Die Wende kam schließlich zufällig fast gleichzeitig für die beiden jüngeren Brüder Nobel. Es begann in Sankt Petersburg, wo Ludvig mitten in seiner großen Trauer einen neuen und vielversprechenderen Vertrag mit der russischen Regierung erhielt. Bismarcks Erfolge hatten den gesamten Kontinent in ein Aufrüstungsfieber versetzt, von dem auch Russland mitgerissen wurde. Ludvigs mechanische Werkstatt erhielt nun den Auftrag, hunderttausend Gewehre für die russische Armee umzubauen. Mit einem Mal wuchs die Firma so schnell, dass es in den Fugen knackte. Im Spätherbst 1869 war Ludvig dermaßen mit Arbeit überhäuft, dass er sich an seinen großen Bruder Robert wandte und fragte, ob dieser sich vorstellen könnte, Stockholm zu verlassen und stattdessen mit seiner Familie nach Sankt Petersburg zu ziehen. Jetzt gäbe es »Platz für uns beide«, lockte Ludvig ihn.

Er rannte offene Türen ein. Robert gefiel es schon eine Weile nicht mehr in der Nitroglyzerin-Aktiengesellschaft. Er hatte Probleme, mit dem barschen Hauptaktionär Smitt klarzukommen, und mit der Familie draußen in Vinterviken zu wohnen war laut Robert »wie Leben auf einem Vulkan«. Sein Lohn reichte kaum aus, und die Situation wurde auch nicht dadurch besser, dass die Angestellten in der Dynamitfabrik in seinen Augen ein Haufen Säufer und Idioten waren. Binnen eines Jahres war Robert nach Sankt Petersburg umgezogen, vom Lebensprojekt des einen Bruders zu dem des anderen.[12]

Wir wissen nicht, wie Alfred auf Roberts Umzug reagierte. Möglicherweise hatte er Verständnis für den Schritt. Robert hatte schon lange geklagt, die Arbeit in Vinterviken beeinträchtige seine körperliche und seelische Gesundheit. Außerdem ging es hier um keine dramatische Veränderung für Alfred. Die schwedische Fabrik war in seinen Bemühungen nicht mehr zentral. Allen Rückschlägen zum Trotz strebte er unverändert einen größeren internationalen Durchbruch an, und aus dieser Sicht war Schweden nur eine Bagatelle. Alfred Nobel war der Sohn seines Vaters. Er hatte definitiv nicht aufgegeben, sondern wollte den Kontinent, ja am liebsten die ganze Welt mit seinem Dynamit erobern. Das Wort »unmöglich« habe ihm noch nie gefallen, erklärte er in einem Brief.[13]

Er wünschte sich nur, seine Partner hätten etwas mehr von diesem Funken in sich. Seiner Ansicht nach lag da eines der Grundprobleme. Alfred war all diese Schwächlinge leid, die niemals etwas fertig bekamen, war die Speichellecker leid, die das Blaue vom Himmel herunter versprachen, aber den Schwanz einzogen, sowie er ihnen mal den Rücken drehte. Nicht einmal auf die Kompagnons in Krümmel schien man sich wirklich verlassen zu können.

Für Alfred sollte die Wende mit dem Krieg und dem Franzosen Paul Barbe kommen. Barbe war ganz entschieden ein anderes Kaliber, ein Wirbelwind. Sogar Alfred fiel es schwer, sein Tempo zu halten, wenn der erst einmal loslegte. Paul Barbe zögerte nicht. Er lieferte.

*

Er ist nicht leicht zu fassen zu kriegen, dieser Paul Barbe, der unvergleichliche Filmcharakter, der genau zur rechten Zeit in Alfred Nobels Leben einschwebt und dort mehr Platz einnimmt als die meisten anderen. Paul Barbe, der während der zwei Jahrzehnte, in denen sie einander kannten, jedes Jahr über hundert Briefe an Alfred geschrieben haben soll. In einem der wenigen Bücher über Alfred Nobel mit Fußnoten, nämlich Ragnhild Lundströms Doktorarbeit von 1974 über seine unternehmerischen Anstrengungen, lese ich, dass die Korrespondenz zwischen Barbe und Nobel die umfassendste im ganzen Nobelarchiv sein soll.

Ich plane eine großzügige Lesezeit ein, doch die Goldgrube bleibt ein Trugbild. In allen denkbaren Akten suche ich, konsultiere Experten und probiere Unmengen von möglichen Fehlsortierungen und tölpelhaften Erklärungen aus. Schließlich rufe ich die siebenundachtzigjährige Autorin der Abhandlung an, doch auch sie hat keine Ahnung, wo sich die Briefe von Paul Barbe, die sie einst lesen und zitieren konnte, heute befinden könnten.[14]

Barbes Briefe sind schlicht verschwunden, und leider ist das nicht der einzige Forschungsskandal in der Geschichte von Alfred Nobel.

Als Trost taucht eine ganz andere Barbe-Spur auf. Diese Geschichte spielt zu Beginn der 1990er-Jahre, als der berühmte Filmregisseur Vilgot Sjöman mit der Arbeit zu seinem Spielfilm über Nobel *Alfred* (1995) beginnt. Sjöman erkennt schnell den filmischen Wert von Paul Barbe und sucht einen Franzosen für die Rolle. Beim Casting in Paris stellt sich der Schauspieler und Schriftsteller Manuel Bonnet vor. Er hat ein paar erfolgreiche Komödien zu bieten und möchte die Rolle gern haben. Zu diesem Zweck hat er auf eigene Faust über Paul Barbe geforscht. Regisseur Sjöman erhält ein ganzes Dossier, am Ende sogar zwei, mit Hunderten einzigartigen Dokumenten aus den Polizei- und Militärarchiven in Paris.

Bonnets große Dokumentensammlung soll angeblich im Archiv der Nobelstiftung liegen. Doch wie sich herausstellt, ist das nicht der Fall. Vilgot Sjöman ist verstorben, und sein Privatarchiv ist noch nicht zugänglich gemacht.

Ich maile an einen Freund in Paris, damit er mir hilft, die Archive aus dem 19. Jahrhundert einzukreisen. Oder kann man diesen Bonnet ausfindig machen? Die Antwort kommt fast postwendend: »Spreche gerade mit Manuel Bonnet am Telefon – er hat das alles noch zu Hause!« Die nächste Mail lässt mich laut jubeln. »Er hat Zeit, heute Abend vorbeizuschauen, und bringt die ganze Riesenbibliothek mit!«[15]

Drei Jahre später dann erhalte ich Zugang zu Vilgot Sjömans Privatarchiv. Da finde ich eine Erinnerungsnotiz zu Bonnet und seiner fantastischen Recherche.

»Die Arbeit kann er ja wohl nicht ganz allein geleistet haben, oder?«, schreibt Vilgot Sjöman. »Da muss er einen fähigen Archivar bezahlt haben […]«

Da kannte Sjöman aber Manuel Bonnet nicht. Ob er die Rolle bekam? Nein.

*

Es ist nicht klar, wann Paul Barbe und Alfred Nobel sich zum ersten Mal begegnet sind, wahrscheinlich geschah es 1868 bei irgendeiner Probesprengung im Rheintal. Barbe war drei Jahre jünger als Nobel. Er sah nett aus, hatte runde, weiche Züge, dunkles Haar und einen lebendigen Blick und war, wenn man seiner eigenen Beschreibung glauben kann, in jungen Jahren ein physisches Prachtexemplar. Barbe besaß mehr von dem, was Alfred fehlte, so zum Beispiel ein Hochschulexamen von der École Polytechnique, eine reiche Frau und schließlich auch drei Töchter. In seinem frühen Lebenslauf finden sich auch ein paar Jahre als Berufsoffizier bei der französischen Artillerie.

Eigentlich hieß er François, und es bleibt ein Rätsel, warum ihn alle Paul nannten. Man sagte ihm eine glänzende Offizierskarriere voraus, doch verließ er das Militär Anfang der 1860er-Jahre, weil die Eisenfabrik seiner Familie ohne Direktor dastand. Das »Maison Barbe, Père et Fils et Cie, Maîtres de Forges« lag in dem kleinen Ort Liverdun in Lothringen nahe der preußischen Grenze. Paul Barbe und sein Vater besaßen mehrere Gruben und betrieben auch eine mechanische Werkstatt.

In den Zeugnissen pries man seine Intelligenz und seine naturwissenschaftlichen Fähigkeiten. Bei der wenigen Kritik, die es gab, ging es immer um den Charakter. Beim Militär wurde Barbe dafür kritisiert, dass er sich nicht genügend auf Details konzentrierte, und seine Zeit bei der Artillerie wurde von überraschend vielen Einträgen begleitet, dazu insgesamt vierzig Tage Kerker, wenn auch immer nur für kleinere Vergehen. Alfred sollte mit der Zeit feststellen, sein umtriebiger französischer Kompagnon habe »ein Gewissen, dehnbarer als Gummi elasticum«. Lange betrachtete er das lediglich als eine Randerscheinung.

Literatur? Poesie? Um so etwas scherte sich Barbe nicht.[16]

Im April 1870 unterzeichneten Alfred Nobel und Paul Barbe eine Vereinbarung zur Zusammenarbeit. Zu dem Zeitpunkt hatten sie über ein Jahr verhandelt und einen formellen Antrag auf Genehmigung gestellt, in Frankreich Dynamit herzustellen und zu verkaufen. Barbe hatte sich in der Nationalversammlung die Hacken abgelaufen, um die Stimmen von tonangebenden Abgeordneten zu gewinnen. Er hatte auch um eine Audienz beim Kriegsminister von Napoleon III. gebeten.

Sie hatten einen Plan. Wenn es ihnen gelingen würde, ein Loch in das französische Schwarzpulvermonopol zu sprengen, würde Barbe das Kapital für den Bau eines Fabrikgebäudes lockermachen, und Alfred würde ihm im Gegenzug eine Lizenz für sein Patent erteilen. Den Gewinn würden sie teilen.[17]

Einer der Volksabgeordneten, die schon früh dem energischen Dynamitlobbying seitens Barbe ausgesetzt waren, war der neue republikanische Senkrechtstarter Léon Gambetta, ein zweiunddreißigjähriger radikaler Anwalt, der im Jahr zuvor mit einem hingebungsvollen Plädoyer vor Gericht seinen Durchbruch gehabt hatte. Gambetta war förmlich zur Politik hinübergetragen worden und gehörte nun zu den schärfsten Stimmen der republikanischen Opposition gegen Napoleon III. Im Herbst 1870 wurde er nach einer »magnetischen« Rede vor den

Abgeordneten mit Huldigungen überschüttet. Manche Zeitungen lobten seine Rede als die beste, die jemals in dieser Versammlung gehalten worden sei.

Léon Gambetta erfreute sich großer Beliebtheit, und das, obwohl er eine schräge Figur in der Politik war, in seinem Benehmen ebenso struppig wie in seinem Äußeren. Außerdem sah er älter aus, als er war, schielte auf einem Auge und war etwas rundlich. Doch er elektrifizierte seine Umgebung. »Wenn der in Gang kommt, erinnert seine Mimik an die eines Operntenors. Und dennoch zeugt seine Eloquenz eher von einer warmherzigen und spontanen Naturbegabung. Die Volksmassen vergöttern ihn, die Frauen ebenso«, schreibt ein französischer Historiker über Gambetta, diesen Sohn eines italienischen Delikatessenhändlers, der sich, als Frankreichs Geschichte umgeschrieben werden sollte, in der ersten Reihe befand.

Gambetta stimmte im Juli 1870 für die Kriegserklärung, und er glaubte an einen Sieg. Er hatte den eifrigen Lobbyisten Barbe und sein Dynamit nicht vergessen.[18]

*

Paul Barbe war nicht der Mann, der den Mund geschlossen hielt, wenn eine gebratene Taube angeflogen kam. Nach der französischen Kriegserklärung gegen Preußen schraubte er seine Argumentation hoch. Kurzfristig wandte er den Blick von den Gruben und Eisenbahnbauten, auf die Alfred Nobel und er ansonsten am meisten hofften, auf andere Dinge: »Um erfolgreich gegen fremde Mächte kämpfen zu können, müssen unsere Armee und unsere Industrie Zugang zu all jenen Mitteln haben, mit denen unsere Nachbarvölker sich ausgerüstet haben. Das gilt in erster Linie für das Dynamit [...].«[19] Er versprach der französischen Regierung, dass die Dynamitproduktion innerhalb von drei Wochen in Gang sein würde.

Zwei Tage vor Kriegsausbruch schrieb Barbe an Alfred Nobel in Preußen und bat ihn, sich darauf vorzubereiten, den Chef der Krümmel-Fabrik sowie notwendige Maschinen zu übersenden. Alfred wurde ermahnt, seine Antwort zu verklausulieren, den Brief in ein gesondertes Kuvert zu legen und dieses an die französische Botschaft in London zu adressieren. Immerhin waren sie ja auf dem Weg in einen Krieg.

Doch Paul Barbe wurde mitten im Lauf gebremst. Ungefähr eine Woche später wurde er zur französischen Artillerie einberufen, und die Dynamitpläne mussten aufgeschoben werden. Der Offizier der Reserve Barbe sollte an den Kämpfen in Lothringen teilnehmen, wo die Franzosen schnell vor den überlegenen Preußen abtauchten. Schon Anfang August geriet Barbe in Kriegsgefangenschaft, doch gelang es ihm, eine willkürliche Entlassung zu erwirken gegen das Versprechen, sich nicht mehr am Krieg zu beteiligen. Er kehrte in die Fabrik in Liverdun zurück, von wo er erneut an Alfred Nobel schrieb. Jetzt wollte er Glyzerin und Säuren von Alfred in Preußen einkaufen, um zu Hause mit der Produktion von Dynamit für Frankreich zu beginnen.[20]

Aus Preußen? Mitten im lodernden Krieg? Was dachte sich der Kerl bloß?

Auch in Preußen war eine Veränderung in der Haltung gegenüber Alfred Nobels Dynamit zu bemerken. Die neue Fabrik war nach den neuen Sicherheitsforderungen der Behörden in Rekordzeit wiederaufgebaut worden. Als der Krieg kam, beschleunigte man den Abnahmeprozess. »Die Anwendbarkeit des Dynamits für Kriegszwecke, vor allem bei der Sprengung von Brücken und Pfahlwerken, lässt den naheliegenden Gedanken aufkommen, inwieweit es mit dem bevorstehenden Krieg mit Frankreich nicht angeraten wäre, die Dynamitfabrik in Krümmel schnellstmöglich ihren Betrieb wiederaufnehmen zu lassen«, hieß es in der Korrespondenz der Behörde.[21]

Eine Woche später war die Dynamitproduktion in Krümmel wieder in vollem Gang. Alfred Nobel ging in der Sache des jüngsten Unglücks straffrei aus, unter der Bedingung, dass er den Witwen und Waisen der getöteten Arbeiter mindestens die Hälfte des Jahreslohns zusicherte, den er den Männern gezahlt hätte.

Alfred scheint nie Probleme gehabt zu haben, wenn es notwendig war, über erwartete großpolitische Loyalitäten hinwegzusehen. Freudig legte er nun in Krümmel wieder los, während er insgeheim vorhatte, zu Barbe zu reisen, um auch die französische Produktion in Gang zu bringen. Doch als Lothringen in die Hände der Preußen fiel, hatte er sich noch nicht aufgemacht, und so musste er die Sache auf sich beruhen lassen.

Nach dem Kriegsausbruch begann sogar der zähe Dynamitwiderstand der britischen Regierung ins Wanken zu geraten. Alfreds Agent in London hatte lange um eine Ausnahme für das Dynamit gekämpft, für eine bedingte britische Lizenz für den Transport und auf lange Sicht auch für Herstellung. Als er nun auf den laufenden Krieg und das Interesse für Dynamit in anderen Ländern hinweisen konnte, kam die Lizenz postwendend von der Regierung.

Vielleicht wäre Nobels und Barbes politischer Spagat heikler gewesen, wenn das Dynamit als Munition in Kanonen und Gewehren gedacht gewesen wäre. Doch dafür war es nicht zu gebrauchen. Bei dem Kriegsinteresse für Alfreds Produkt ging es ausschließlich um die Möglichkeit, die Brücken und Eisenbahnlinien der Feinde wirkungsvoll zu sprengen. Auch das war eine Kriegshandlung, doch nicht mit derselben entscheidenden Bedeutung.

Wie auch immer, wuchs nun das Interesse an Alfreds neuem Sprengstoff dramatisch. Im August wurde das Dynamit in der Pariser Presse unter der Rubrik »Schwarzpulver des Feindes« geführt.[22]

*

Frankreich wurde eine unerwartet leichte Beute für die preußische Armee, was nur ganz wenig mit dem Zugang zu Dynamit zu tun hatte. Bismarcks Truppen waren schlicht besser ausgerüstet und organisierter. Innerhalb von zwei Wochen hatten die Preußen dreihunderttausend professionelle Soldaten vor Ort, zum Kampf bereit und in drei Armeen aufgeteilt. Die Franzosen hingegen mussten herumlaufen und nach Uniformen, Waffen und relevanten Karten suchen. Und Napoleon III., der darauf bestand, den Befehl persönlich zu übernehmen und seine Soldaten zu Pferde anzuführen, litt unter so schlimmen Schmerzen, dass er kaum im Wagen herumgefahren werden konnte.

Nach sechs Wochen war, was den Kaiser anging, alles vorüber. Am Freitag, dem 2. September 1870, verloren die Franzosen die Schlacht bei Sedan. Die preußischen Kräfte nahmen Napoleon III. und hunderttausend seiner Soldaten als Kriegsgefangene. Die Departements Alsace und Lorraine waren nicht länger französisch.

Kaiserin Eugénie war außer sich, als die Nachricht ungefähr einen Tag später Paris erreichte. »Ein Napoleon kapituliert nicht«, schrie sie enttäuscht.[23]

Die Republikaner in der Opposition reagierten anders. Das Kaisertum mochte gefallen sein und einem Waffenstillstand zugestimmt haben, aber nicht so Frankreich. Tausende Pariser gingen auf die Straße. Léon Gambetta führte die Abgeordneten an und schaffte es, die »Revolution«, die nun unvermeidlich geworden war, ohne Blutvergießen in den sicheren Hafen zu bringen. Der zweite und letzte französische Kaiser wurde abgesetzt. Stattdessen wurde eine provisorische Gemeinschaftsregierung mit einem älteren General als Regierungschef, doch mit Innenminister Gambetta als dem tonangebenden Anführer aufgestellt.

Am Abend des 4. September versammelte sich eine riesige Menschenmenge vor dem Rathaus, von wo aus Léon Gambetta die Dritte Französische Republik ausrief (die immerhin bis 1940 Bestand haben sollte). Einige Kilometer entfernt floh Kaiserin Eugénie durch einen unterirdischen Gang aus dem Kaiserpalast. Tags darauf setzte sie als Invalide verkleidet nach England über, wo sie ein halbes Jahr später mit dem freigelassenen Napoleon III. wiedervereint wurde.

Der berühmte Exilschriftsteller Victor Hugo, der 1852, als Napoleon III. sich zum Kaiser ausrief, zur Flucht gezwungen wurde, reiste derweil in die andere Richtung. Er hatte schon einige Wochen in Belgien an der französischen Grenze auf das Zeichen gewartet. Als er jetzt nach achtzehn Jahren im Exil wiederkehrte, wurde er wie ein republikanischer Held durch die Straßen von Paris getragen.

Der sechzig Jahre alte Victor Hugo zählte doppelt so viele Jahre wie Léon Gambetta, doch trotz der Zeit im Ausland kannte er den jungen Linkspolitiker mehr als nur beim Namen. Der kometenhafte Aufstieg Gambettas war zum Teil von den Söhnen des Schriftstellers aufgebaut worden, die ihn in ihrer oppositionellen Zeitschrift *Le Rappel* intensiv unterstützt hatten. Die Verbindung zwischen Hugo und dem charismatischen Gambetta ist hier nicht ohne Bedeutung. In den Pariser Kreisen, in denen die beiden sich bewegten, sollte der Name Alfred Nobel bald bekannt klingen. Und noch mehr als das: Beide würden den kreativen schwedischen Ingenieur kennenlernen.

Die Republik war ausgerufen. Jetzt musste Paris verteidigt und die Preußen aus Frankreich hinausgeworfen werden. Das Problem dabei war die katastrophale Bereitschaftslage in der Hauptstadt. Dort fehlte es an fast allem – Mannschaft, Disziplin, Proviant und nicht zuletzt Waffen. Eine der ersten Maßnahmen der neuen Nationalversammlung war, die Produktion und den Verkauf von Waffen wieder frei zuzulassen.[24]

Wie stand es denn nun mit dem Dynamit? Wo befand sich Paul Barbe?

Alfred Nobel war besorgt, denn Paul Barbe hatte seit über einem Monat nicht auf sein Telegramm geantwortet. Während dieser Zeit war die preußische Armee bis nach Paris vorgerückt. Seit Mitte September wurden die französische Hauptstadt und ihre zwei Millionen Bewohner belagert. Alfred wusste, dass die preußischen Behörden im laufenden Krieg alle Briefe öffneten und lasen, und es war anzunehmen, dass die französischen das ebenso taten. Ihm waren die Risiken bewusst. War etwas geschehen?

Erst im Oktober hatte er wieder Kontakt mit Barbe. Da aber hatte Alfred unerwarteterweise die preußische Polizei am Hals. Das war eine Kehrtwendung um hundertachtzig Grad von einem Tag auf den anderen: Plötzlich war er wieder im Zusammenhang mit dem Unglück in Krümmel wegen Totschlags angeklagt und lief Gefahr, zwei Jahre ins Gefängnis zu müssen. Außerdem wurde ihm ein temporäres Reiseverbot auferlegt.

Am Ende löste sich alles in Wohlgefallen auf, und es hieß, es habe ein bürokratisches Missverständnis vorgelegen. Doch für Alfred war das Ereignis eine demütigende Schikane seitens des »peitschenregierten Landes, in dem zu leben ich das Vergnügen und die Ehre habe«. Langsam war er Preußen wirklich leid. »Was soll man nun zu dem Erfolg der Deutschen sagen? Ich glaube, das wird sie teuer zu stehen kommen, denn eines Tages werden Österreich und Russland gemeinsam versuchen, den gefährlichen Nachbarn zu unterwerfen«, schrieb Alfred in einem Brief an Robert.[25]

In Frankreich hingegen geschahen spannende Dinge. Das wurde Alfred nicht erst deutlich, als er nun von Paul Barbe auf den neuesten Stand gebracht wurde. Im belagerten Paris hatte sich die Nationalversammlung geteilt und eine Delegation nach Tours gesandt. Als die Belagerung härter wurde und die telegrafischen Verbindungen abbrachen, beschloss man, Léon Gambetta, der inzwischen sowohl Innen- als auch Verteidigungsminister war, nach Tours zu schicken, wo er die Aufrüstung organisieren sollte. Kurz vor Mittag am 7. Oktober verließ Gambetta die Hauptstadt vom höchsten Punkt des Montmartre aus in einem Ballon, und es gelang ihm, wohlbehalten über die feindlichen Linien bis nach Tours zu kommen. »Im Ballon über die Feinde hinwegzufliegen, ist etwas Heroisches und Neues […] Die, welche Gambetta kennen, die sagen, er wird alles retten. Ihr Wort in Gottes Ohr!«, jubelte die radikale französische Starautorin George Sand (Aurore Dupin).[26]

Gambetta muss mitten im Tumult Paul Barbe erwischt haben. Schon Mitte Oktober konnte die Pariser Presse zwischen Kanonenlagern und Gewehrproduktion in der Hauptstadt die Neuigkeit verbreiten, dass Frankreich bald für die Herstellung von Dynamit bereit sein würde.

Paul Barbe gelang es, nach Tours zu kommen, um Gambetta zu treffen. Offenbar war Alfred Nobels Kompagnon abgebrüht genug, um die schwierige Lage auszunutzen und Forderungen nach persönlichen Erkenntlichkeiten zu stellen. Am 31. Oktober 1870 schlossen Gambetta und Barbe eine Absprache, es solle so schnell wie möglich eine Dynamitfabrik gebaut werden und der französische Staat solle hierzu den riesigen Kredit von umgerechnet hundert Millionen Kronen bereitstellen. Am selben Tag sorgte Gambetta dafür, dass der vierunddreißigjährige Paul Barbe zum Ritter der französischen Ehrenlegion ernannt wurde.[27]

Die Sache mit dem Dynamit lief an. Eine der größten Zeitungen von Paris widmete nun ihre komplette erste Seite einer Beschreibung der Erfindung des schwedischen Ingenieurs Alfred Nobel und ihrer Verdienste: »Das Dynamit, gestern noch unbekannt, aber mit einem Mal mit höchstem Lob überschüttet, ist eines der erstaunlichsten und erschreckendsten Mittel der Zerstörung […], dem das menschliche Hirn sein Geheimnis zu entreißen vermochte. Wie es scheint, ist es Frankreichs glückliches Schicksal, in genau dem Augenblick Nutzen aus dieser kraftvollen Hilfe zu ziehen, in dem seine Wirkung gegen den unversöhnlichsten Gegner, gegen den das Land je gekämpft hat, verwendet werden kann.«[28]

*

Die Belagerung von Paris sollte mehrere Monate andauern. Alfred Nobel hielt sich nach wie vor in Preußen auf, wurde jetzt aber unter höchster Geheimhaltung in die französische Aufrüstung miteinbezogen. In Paris und in Barbes Familienunternehmen in Liverdun wurde eine provisorische Dynamitproduktion eingerichtet. Beides waren kaum günstige Orte für eine größere und beständigere Dynamitfabrik. Stattdessen fiel die Wahl auf den kleinen Ort Paulilles nahe der spanischen Grenze, ideal gelegen an einem stillen Küstenstreifen, weit vom Krieg entfernt.[29]

Im Dezember wurde mit dem Bau der Fabrik in Paulilles begonnen. Alfred wollte sowohl dorthin als auch zu den Dynamitherstellern in Paris reisen, was während des Krieges ein besonders heikles Unternehmen war. Nach fünf Jahren in Krümmel lief er mit allem, was das mit sich bringen würde, Gefahr, von den Franzosen als Preuße behandelt zu werden. Vermutlich war dies einer der Gründe, warum er seinen Freund Alarik Liedbeck bat, ihn mit neuen schwedischen Papieren zu versorgen. Am Samstag, dem 10. Dezember, machte er sich auf den Weg. »Vielen Dank für den Pass. Ich reise heute Abend. Du weißt, wohin«, schrieb er am selben Tag an Liedbeck. Der Weihnachtsbrief an Robert zeugt von einer gewissen Unruhe. »Ich trete eine lange und unbehagliche Reise an, nicht ohne Risiken, aber das kann ich nicht ändern [...] Ich sehne mich sehr danach, dich treffen zu können, und würde so gern den Nachen gen Osten anstelle von Westen lenken [...].«[30]

Alfred scheint sein kleines Abenteuer mit einem Badeurlaub über die Weihnachtstage eingeleitet zu haben. Das nächste Mal meldet er sich Anfang Januar 1871 bei Freund Liedbeck in Schweden, und da befindet er sich in Niedersachsen. Er ist gestresst, der Zug nach Paris wird in wenigen Minuten abfahren. Schnell kritzelt Alfred seine Adresse in Paris hin: Mr Brüll, 58, Rue de la Rochefoucauld.[31]

Diese Adresse war eine ungeheuer heikle Information. Sie enthüllte, dass Alfred Nobel direkt auf dem Weg in die Höhle des Löwen war. Bei Achille Brüll handelte es sich um den Ingenieur, der von Barbe und der französischen Regierung ausgewählt worden war, die provisorische Herstellung von Dynamit in der Innenstadt des belagerten Paris zu verantworten. Brüll war ein alter Kommilitone von Paul Barbe, der nun in Paris einen Spezialtrupp von »Dynamiteurs« leitete.[32]

Ein unbarmherziger, bitterkalter Winter hatte sich mit Schneefall und Temperaturen von minus 20 Grad über das eingekesselte Paris gesenkt. Die Menschen froren und hungerten und mussten anfangen, Pferde, Katzen und Ratten zu schlachten, um zu überleben. Auch die Kamele und die beiden Elefanten des Pariser Zoos ereilte dieses Schicksal. Die Todeszahlen vervierfachten sich, und als das neue Jahr ein paar Tage alt war, ungefähr zur Zeit von Alfred Nobels Abreise aus Niedersachsen, leitete Bismarck zudem ein intensives Bombardement der Stadt ein. Moderne Krupp-Kanonen feuerten mehrere Wochen lang über zehntausend Projektile auf Paris – das war alle drei Minuten, wie jemand ausgerechnet hat. Die Schäden blieben begrenzt, doch der Terror war für die Pariser schwer zu ertragen. »Das Knallen der Projektile dröhnt wie Hammerschläge gegen meinen armen Kopf [...] Es ist unmöglich zu schlafen, unmöglich auch nur einen Augenblick zu ruhen«, klagte Léon Gambettas enge Freundin, die Schriftstellerin Juliette Adam, in deren literarischem Salon auch Alfred Nobel bald ein häufiger Gast sein sollte.[33]

Wir wissen nicht sicher, ob Alfred jemals während der Belagerung nach Paris vordrang. Aber wir wissen, dass er über kurz oder lang zur französischen Fabrikbaustelle nach Paulilles kam und dort bis Februar 1871 blieb – ein Reiseziel, das er in seinen Briefen sicherheitshalber nur »der Süden« nannte.[34]

In den abschließenden Kämpfen um Paris kam das lokal hergestellte französische Dynamit doch noch zur Anwendung, unter anderem bei der Schlacht von Buzenval am 19. Januar. »Die energische Verteidigung der Preußen hinderte die Nationalgardisten nicht daran, sich den Mauern um den Park [Buzenval] zu nähern und dort mithilfe von Dynamit große Löcher aufzusprengen«, berichtete die Zeitung *Le Gaulois* hierüber.[35]

Ein siegesgewisser Bismarck hatte da bereits sein Hauptziel mit dem Krieg erreicht. Die süddeutschen Staaten waren nun ganz und gar auf seiner Seite, und am 18. Januar wurde schließlich mit einer feierlichen Zeremonie das vereinte Deutsche Reich proklamiert, das Kaiserreich Deutschland mit dem preußischen König Wilhelm I. als Kaiser und Otto von Bismarck selbst als Reichskanzler. Um die Demütigung der Franzosen noch schlimmer zu machen, fand die Zeremonie im Spiegelsaal des Schlosses von Versailles statt. Bismarcks Triumph war total.

Zehn Tage später kapitulierte die Nationalversammlung gegen den Willen von Verteidigungs- und Innenminister Léon Gambetta. Er trat aus Protest zurück.

Die Kapitulation versetzte Paris in Aufruhr. Tausende begeisterte Nationalgardisten waren bereit gewesen, bis zum letzten Blutstropfen für die Hauptstadt (und für Frankreich) zu kämpfen. Nun fühlten sie sich verraten. »Sie befehlen den Rückzug wegen angeblichen Nebels, sie beenden den Kampf mit Toten und Verletzten als Vorwand! Möge die Geschichte sie verfluchen, wie Paris sie jetzt verflucht!«, tobt die Schriftstellerin Juliette Adam in ihrem Tagebuch.[36] Durch Frankreich ging ein Riss – auf der einen Seite standen jene, die den Krieg gegen die Deutschen fortführen wollten, auf der anderen die, welche einen schnellen Frieden wollten. Paris gegen den ländlichen Raum, Republikaner gegen konservative Royalisten.

Eine rasch einberufene Neuwahl endete mit einer überragenden Mehrheit für die Friedensbefürworter. Doch die Nationalgardisten in Paris weigerten sich, ihre Waffen abzugeben. Nachdem die neue Regierung sich auf eine monströse Reparationszahlung an Deutschland eingelassen und das Elsass und Teile von Lothringen geopfert hatte, brach der Bürgerkrieg aus. Nun hieß es, die Regierung in Versailles gegen die neu gegründete »Kommune« in Paris.

Erst jetzt wurde Paris zu einer Stadt der Ruinen. In der letzten blutigen Woche im Mai 1871 fielen Tausende auf den Straßen der Hauptstadt. Die Kommunarden legten in ihrer Verzweiflung Feuer an wichtigen Gebäuden in Paris, wie den Tuilerien, dem Rathaus, dem Palais Royal und Teilen des Louvre. Die eine oder andere Dynamitladung wurde abgefeuert. Nach ihrem blutigen Sieg sollte die Regierungsseite die Zerstörung von Paris zum Teil mit dem Dynamit verbinden, das die Kommunarden bewiesenermaßen benutzt hatten. »Diese illustren Lümmel, deren Name nun zu einer schrecklichen Geschichte zusammengefügt wird und deren Huldigung von einer Glorie aus Nitroglyzerin, Dynamit und Benzin umgeben ist …«, wie ein Befehlshaber es ausdrückte.[37]

Zu diesem Zeitpunkt war die Dynamitfabrik in Paulilles schon zwei Monate fertig. Früher im Mai hatte Paul Barbe Versailles besucht und der neuen Regierung demonstriert, wie Nobels Produkt funktionierte. Mit schwachem Ergebnis. Im Juni wurden die Waffengesetze verschärft und in Frankreich ein Verbot der nicht autorisierten Herstellung von Dynamit und anderen Sprengstoffarten verhängt.

Barbe und Nobel gelang es dennoch, ein weiteres Jahr in Paulilles mit ihrem Dynamit weiterzumachen. Ob das der Absprache mit Gambetta, Paul Barbes wirkungsvollem Geschwätz oder schlicht dem Durcheinander nach dem Krieg zu verdanken war, verschweigt die Geschichte. Und jetzt nahm das Unternehmen Fahrt auf. Der französisch-deutsche Krieg hatte binnen kurzer Zeit dem bis dahin unbeachteten Dynamit einen internationalen Ruf eingebracht. Als der Frieden kam, wurde deutlich, wie Alfred schrieb, dass »der Appetit auf Dynamit im Wachsen begriffen« war, und zwar auf den wichtigsten Märkten des Sprengstoffs, in Gruben und beim Eisenbahnbau. Vor dem Krieg war es Alfred Nobel gewesen, der den Leuten in den Ohren liegen und betteln musste. Nun wurde er aufgesucht und umgarnt.[38]

Jetzt schien nicht einmal der britische Markt mehr unmöglich. Nach vielen Sorgen und Enttäuschungen hatte Alfred im Laufe des Frühjahrs endlich mit seinem britischen Agenten John Downie einen Vertragsabschluss erreicht. Sie bildeten zusammen mit einer größeren Gruppe schottischer Geschäftsleute The British Dynamite Company Limited und suchten nun einen Platz, um in Schottland eine Dynamitfabrik zu bauen.[39] Außerdem hatte Österreich-Ungarn kurz vor dem Krieg den Bau einer provisorischen Fabrik vor den Toren von Prag genehmigt. Selbst wenn Barbes Schnellschuss in Paulilles einiges zu wünschen übrig ließ, sollte Alfred doch bald fünf europäische Dynamitfabriken besitzen.

Der historische Beschluss, einen Eisenbahntunnel mitten durch die Alpen zu bauen, gab weiteren Rückenwind. Bis dahin war es ein schweres und im Winter gelinde gesagt abenteuerliches Unterfangen gewesen, die Alpen von der Schweiz nach Italien zu überqueren. Diese Barriere zwischen Nord- und Südeuropa sollte nun mit einem fünfzehn Kilometer langen Tunnel – dem längsten der Welt – bezwungen werden. Der Schweizer, der die Ausschreibung gewonnen hatte, hielt eine Trumpfkarte in der Hand: Er wollte die neue Erfindung Dynamit benutzen.

Plötzlich sah es an vielen Stellen sonnig für Alfred Nobel aus, und diesmal sollte es auch so bleiben. In den folgenden Jahren kamen mehrere neue blühende Dynamitgesellschaften dazu, und Alfred konnte sich schnell an Gewinnzahlen von umgerechnet mehreren Millionen Kronen zu damaliger und bald auch zu heutiger Zeit gewöhnen.[40]

*

Immanuel und Andrietta Nobel wohnten immer noch in dem Haus auf Heleneborg in Stockholm. Sie hatten sich während des Krieges große Sorgen wegen Alfreds langem Schweigen gemacht. Immanuel, der ans Bett oder an den Rollstuhl gefesselt war, ging es immer schlechter. In der letzten Zeit hatten ihn schwere Krämpfe geplagt, und er konnte nicht länger den Stift halten, um zu schreiben.

»Tausend Dank für dein Versprechen, bald nach Hause zu kommen. Aber lass es nicht bei einem Versprechen bleiben, denn Mama zählt schon die Minuten, bis du kommst, und ich die Stunden. Daran erkennst du wohl, wie es uns geht«, ließ er einen Helfer im Herbst 1871 an Alfred schreiben.[41]

Vater und Sohn hatten seit vielen Jahren einen Vertrag, in dem Alfred für den Tag, an dem die Nitroglyzeringeschäfte ernsthaft in Gang kommen würden, Immanuel die Hälfte des Gewinns garantierte. Nun, als dieser Tag endlich da war, musste Alfred den Vater bitten, diesen Vertrag annullieren zu dürfen, um alle neuen Geschäftsverbindungen formell klären zu können. »Ich bin schon zufrieden, wenn ich nur die Zukunft eurer Mutter in Sicherheit sehe«, antwortete der kränkliche Vater. Als Kompensation bot Alfred seinen Eltern eine Jahresrente von umgerechnet mehreren Hunderttausend Kronen an, gleichbedeutend mit der Rente auf Lebenszeit, die Immanuel einst vom schwedischen König Karl XV. begehrt hatte, die ihm aber verweigert worden war.[42]

Alfred war nicht der Einzige, der hart arbeitete, um den Unterhalt der Eltern zu sichern. Der Bruder Ludvig in Sankt Petersburg trug seinen Teil zur wirtschaftlichen Versorgung bei, und alle Brüder bewiesen Fürsorge. Ungeachtet des Krieges schaffte es Alfred, seinen Freund

und Kompagnon Alarik Liedbeck zu bitten, zu Weihnachten mit Konfekt nach Heleneborg hinauszufahren. Im März 1872, als der siebzigste Geburtstag des Vaters nahte, reiste er nach Hause und besuchte ihn. Er fand den schwer geprüften Alten bei besserer Gesundheit vor und musste darüber lächeln, dass Immanuel wie immer von einer neuen Idee besessen war (diesmal war es Brennstoffversorgung), »um die der Schöpfer selbst ihn beneiden würde«.[43]

Doch im Laufe des Sommers verschlechterte sich Immanuels Zustand. Am Dienstag, dem 3. September 1872, dem Jahrestag des »Nobelschen Knalls« auf Heleneborg 1864, schlief er für immer ein. Eines Nachmittags in der darauffolgenden Woche konnten die Stockholmer dem langen Zug von Wagen folgen, der Immanuels sterbliche Überreste von Heleneborg zum Norra Kyrkogården brachte. Alfred schaffte es rechtzeitig, nach Stockholm zu kommen, und begleitete seinen Vater zur letzten Ruhe. Immanuel lag nun neben Emil in dem neuen Familiengrab auf dem Norra Kyrkogården, das Ludvig besorgt hatte.[44]

Die illustrierte Wochenzeitung *Svalan* veröffentlichte einen mehrere Seiten langen Nachruf auf Immanuel, der sich in Umfang und Lobgesang fast mit dem messen konnte, der über Karl XV. geschrieben wurde, als dieser eine knappe Woche später verstarb. Der Nekrolog über Immanuel war von einer engen Bekannten der Familie Nobel verfasst worden, der Redakteurin der *Svalan* Josefina Wettergrund, die mit »Lea« signierte. »Mehr als einmal rief Immanuel Nobel sein ›Heureka, ich habe es gefunden!‹ aus, und er häufte die eine Erfindung auf die nächste«, beschrieb es Lea. Sie malte ein Heldenporträt eines Genies, das »der Gegenwart große Dienste« geleistet habe und das »eine Ehre für unser Land« gewesen sei.

Normalerweise pflegte Lea zu dieser Zeit für Personenporträts und Kurzgeschichten einen jungen, armen Schreiberling anzuheuern. In der *Svalan* schrieb er ohne Signatur oder unterzeichnete lediglich mit einem S. Mit dieser Diskretion hatte es ein Ende, als der Schreiberling sieben Jahre später mit dem Roman *Das rote Zimmer* seinen Durchbruch hatte. Sein Name war August Strindberg.[45]

KAPITEL 10

»Gott segne Alfred mit einer netten Ehefrau!«

Alfred Nobels vierzigster Geburtstag nahte, und die Ermahnungen kamen immer dichter. Er war nun sowohl vaterlos wie auch unverheiratet, und sein Privatleben fing an, seinen Brüdern Sorgen zu machen. Natürlich, als junger Mann war er kränklich gewesen, aber jetzt war es doch wohl höchste Zeit für ihn, jemanden zu finden, mit dem er sein Leben teilen wollte. Als die Dynamitgeschäfte Fahrt aufgenommen hatten, gab es ja wohl selbst für Alfred alle Möglichkeiten, sich zur Ruhe zu setzen.

Doch der Bruder schien rastloser denn je, ständig unterwegs. Mal kam ein Telegramm aus Paris, mal aus Köln, Wien oder Glasgow. Dazwischen schien er sich zumeist in Paris aufzuhalten, doch näher als in der Direktorenwohnung in Krümmel bei Hamburg war Alfred einem festen Punkt in seinem Leben bisher nicht gekommen. Ludvig hatte zu seinem Entsetzen hören müssen, dass Alfred freiwillig einen Weihnachtsabend allein in einem Eisenbahnabteil verbracht hatte, obwohl er ihn zu sich nach Hause eingeladen hatte und obwohl Alfred geantwortet hatte, dass er hoffe, »auf einen Sprung« vorbeikommen und ihn besuchen zu können.

Wenn Alfred reiste, geschah das oft »auf einen Sprung«.

Ludvig fiel es schwer, die Priorisierungen seines Bruders nachzuvollziehen. Er hatte schon Frauen sagen hören, dass Alfred doch ein »gutes Ziel für einen glücklichen Ehemann« abgeben würde. Begriff er denn nicht, was er da verpasste? Der neununddreißigjährige Ludvig galt als ein attraktiver Mann mit seinen breiten Schultern, dem hellen, seelenvollen Blick und der optimistischen Aura, die er ausstrahlte. Als sich die schlimmste Trauer um seine Frau Mina gelegt hatte, war er einigen Frauen begegnet, die ihr Interesse, seine Einsamkeit zu lindern, mehr als nur angedeutet hatten. Das ging so weit, dass Bruder Robert ihn anscheinend gewarnt hatte, er sei als Witwer und Besitzer einer bedeutenden Fabrik eine gesuchte Beute für Glückssucherinnen auf dem Heiratsmarkt. »Ich finde nichts Schlimmes daran, dass man versucht, mich einzufangen. Das ist mir tatsächlich viel lieber, als wenn man mich gleichgültig findet«, antwortete Ludvig. »Die Liebe kann genauso warm sein, wenn sie von schönem Aussehen und jugendlichem Behagen hervorgerufen wird, wie wenn sie von der Würde und der gesellschaftlichen Stellung geweckt wird, die ein älterer Mann geben kann.«[1]

Anderthalb Jahre nach Minas Tod heiratete Ludvig wieder, und zwar Edla Collin, eine siebzehn Jahre jüngere Lehrerin an der schwedischen Schule in Sankt Petersburg. Es heißt, Edla habe sich in Ludvig verliebt, obwohl sie auf den ersten Blick fand, er gleiche wegen seines starken Haarwuchses einem Affen.[2]

Ludvig hatte Robert gebeten, sich um die Fabrik zu kümmern, und sich mit seiner neuen Ehefrau eine neun Monate lange Hochzeitsreise ans Mittelmeer gegönnt. In die Gesundheit gut investiertes Geld, versuchte er Alfred anzudeuten. Er konnte nicht verstehen, warum der Bruder weiterhin so hart arbeitete und aus dem Koffer lebte, obwohl er doch inzwischen viel besser situiert war.

Alfred trug seine Sehnsucht wie eine wachsende Last in sich. Später würde er beschreiben, wie er jahrelang nach einer Frau gesucht habe, »deren Herz sich mit seinem vereinen könnte«.[3] Er träumte davon, eine Frau zu treffen, die mehr war als ein schönes Äußeres, eine, die Bücher las und spannende Gedanken hegte, die in sein Bewusstsein schauen und seiner Philosophie auf demselben Bildungsniveau begegnen konnte. Weibliche Schönheit sprach ihn durchaus an, und ihre Anziehungskraft konnte ihn auch mal umhauen, aber Liebe hatte für ihn einen idealistischen Glanz. Er dichtete über die äußerste Ekstase einer gleichzeitig körperlichen und seelischen Vereinigung. Sollte er davon für den Rest seines Lebens ausgeschlossen sein?

So ungefähr waren, nach den Poesie- und Prosaversuchen zu schließen, seine Gedanken. Doch in seinen Briefen an die Brüder verriet Alfred mit keinem Wort diese Sehnsucht.[4]

Dennoch pflegte er kein selbst auferlegtes Mönchsdasein. Einmal beichtete er Robert einen Herbstabend in Hamburg, als Alfred, wie er behauptete, aus Mangel an Hotelzimmern nachgegeben und die »Gastfreundschaft« einer »sympathischen« Frau angenommen hatte, die diese ihm gegen Bezahlung anbot. »Hunderte Menschen sollen sich schon gezwungen gesehen haben, das zu tun. Schande über die, welche schlecht darüber denken«, schrieb er an Robert. Bei einer anderen Gelegenheit, als er sich im Grand Hôtel in Paris befand, schickte er an Alarik Liedbeck »herzliche Grüße von mir und Henriette« – ein Name, der später nie wieder auftaucht. Tiefere Einblicke in den amourösen Teil seines Lebens gewährt Alfred in den Briefen aus dieser Zeit nicht.[5]

Es erfordert echte Detektivarbeit, wenn man heute, einhundertvierzig Jahre später, Spuren von Alfred Nobels Gefühlsleben entdecken will. Als Ludvigs neue Frau Edla ihm zum ersten Mal begegnete, weckte seine Einsamkeit ihr Mitleid. Der jüngere Bruder ihres Ehemanns war schließlich weder abstoßend noch gemein, sondern im Gegenteil »liebenswert und einnehmend«. Alfred hatte das frischverheiratete Paar in Berlin getroffen und Edla eine schöne Tüte mit Geschenken überreicht (wir wissen nicht genau, welcher Art). Ludvig berichtete später, dass sie jedes Mal, wenn sie diese »Luxustüte« öffnete, ausrief: »Gott segne Alfred mit einer netten Ehefrau!« In seiner Antwort hob Alfred mal kurz den Vorhang: »Richte Edla meinen Dank aus und versichere sie, dass, sowie Gott Alfred mit einer kleinen Gattin segnet, die so nett ist wie sie, ich stark auf ihren Gegenbesuch rechne.«[6]

Die meisten, die ihn nicht näher kannten, gingen davon aus, Alfred Nobel, der zunehmend erfolgreiche Erfinder und Fabrikant, habe eine Familie. Zu Weihnachten konnte es Familienfotos von den Geschäftspartnern regnen, mit der Bitte um Gegenfotos von Alfred und seiner Frau. Man kann sich seine bedrückte Stimmung vorstellen, wenn er wie in einem Brief an seinen amerikanischen Anwalt Alfred Rix an Neujahr 1872, antworten musste: »Meine Ehefrau wird, wenn ich ein Wesen finde, das bereit ist, mein herumirrendes und riskantes Leben zu teilen, mehr als glücklich sein, Fotografien mit Frau Rix austauschen zu dürfen, doch bis dahin bin ich, wiewohl auch widerwillig, Junggeselle.«[7]

*

Die Stimmung zwischen Alfred Nobel und seinen deutschen Geschäftspartnern war inzwischen im Keller. Dafür gab es viele Gründe. Alfred hatte erkannt, dass der Patentstreit in den USA, der ihm ein weiteres Aufeinandertreffen mit dem Betrüger Shaffner eingebracht hatte, seinen Ursprung darin hatte, dass sein Partner Bandmann in Hamburg ihn hintergangen hatte. Bandmann hatte insgeheim seinem Bruder in Kalifornien das USA-Patent versprochen. Außerdem hatte Alfred das Gefühl, die Partner in Hamburg versuchten, ihn von der Einsicht in die Bücher ihres gemeinsamen Unternehmens fernzuhalten. Das ging so weit, dass man kaum mehr miteinander redete. In einem Brief stöhnte Alfred über ihre hinterhältigen Intrigen.[8]

Er war mit dem Kopf woanders. Die neue Zusammenarbeit mit dem umtriebigen Franzosen Paul Barbe hatte seine Perspektive verändert und sein Tempo angeheizt. Außerdem hatte er sich neue Gewohnheiten zugelegt. Alfred nahm auf seinen Reisen nun immer häufiger Quartier im Grand Hôtel am Boulevard des Capucines in Paris. Krümmel und Hamburg hingegen waren Orte, die er ab und zu besuchen musste, und mit dem amerikanischen Durcheinander wollte er sich am liebsten gar nicht befassen.

Die Deutschen hatten allen Grund, die Konkurrenz zu fürchten. Im Januar 1873 wurde aus der Fabrik von Alfred und den schottischen Teilhabern in Ardeer bei Glasgow das erste britische Dynamit ausgeliefert. Nobels britischer Geschäftspartner John Downie hatte eine einsame Sanddüne an der Atlantikküste gefunden, wo es laut Alfred »nicht einmal Nahrung für Kaninchen« gab. Alfred hatte Alarik Liedbeck als Verantwortlichen für den Bau der Fabrik und den Produktionsstart hingeschickt. Mehrere Frauen aus der Gegend wurden angeworben und in der Kunst, aus rot gefärbtem Pergament Dynamitpatronen zu fertigen, ausgebildet.

Gleichzeitig waren in Italien (Avigliana), Spanien (Bilbao) und in der Schweiz (Isleten) Patente angemeldet worden und Fabriken entweder im Bau oder bereits fertiggestellt. Das ärgerte die Deutschen, die am liebsten die ganze Produktion für den europäischen Markt in Krümmel haben wollten. Paul Barbes Eifer auf dem Kontinent hatte anfänglich auch Alfred Nobels normalerweise eher vorsichtige Haltung herausgefordert. Italien und Spanien waren schließlich wärmere Länder, was in dem Zusammenhang ein Risiko darstellte. Doch er gab nach.

Schon bald musste allen Beteiligten klar sein, dass für Alfred ab jetzt nur mehr die kreativen Pläne der Dampfwalze Paul Barbes galten. Barbe bekam immer mehr freie Hand, wobei ihre erste einfache Absprache den Grund dafür bot – Alfreds Beitrag waren die Patente, Paul Barbe besorgte das Kapital, und dann teilten sie den Gewinn. Jetzt wurde auf Hochtouren gearbeitet. Ende 1873 sollte ein immer wohlhabenderer Alfred Nobel Teilhaber in insgesamt fünfzehn Dynamitfabriken sein – neu auf der Liste waren Preßburg (Bratislava) im Königreich Ungarn, Köln in Deutschland und Trafaria in Portugal.[9]

Der Fabrikbau in Italien wurde zu einer heiklen Angelegenheit. Avigliana lag nur dreißig Kilometer westlich von Turin, wo der Erfinder des Nitroglyzerins Ascanio Sobrero immer noch lebte und arbeitete. Sobreros ursprüngliche Scham über das schreckliche Element, das er entdeckt hatte, war im Laufe der Zeit einem Zorn darüber gewichen, dass die Ehre für das Nitroglyzerin allzu oft nachlässig Alfred Nobel zugeschrieben wurde. Doch nach der Entwicklung des Dynamits hatte Sobreros Kritik nachgelassen, und er war neugierig geworden. In den letzten Jahren dann hatte der Italiener versucht, eine konkurrierende Sprengmasse mit Sand aus der Toskana herzustellen, was ihm allerdings nicht zufriedenstellend gelang.

Hier war ein Konflikt zu erwarten, doch Alfred Nobel bewies diplomatisches Geschick. Er löste die Spannung, indem er Ascanio Sobrero eine Stellung als Berater der Dynamitfabrik in Avigliana und ein großzügiges Honorar auf Lebenszeit anbot. Ein paar Jahre später wurde vor der italienischen Fabrik eine Büste von Sobrero errichtet. Alfred Nobel schrieb ihm und pries »die großartige Entdeckung, die der Welt geschenkt worden ist, und die so sympathischen Charakterzüge desjenigen, welcher ihr Erfinder ist«.[10]

Von den Ländern auf dem europäischen Kontinent blieb nun nur noch Frankreich, das beim Dynamit Widerstand leistete. Doch für einen Mann mit Paul Barbes Kontakten und seiner, falls nötig, dehnbaren Moral war keine Herausforderung zu groß.

*

Frankreich war nun also wieder eine Republik, wenn auch noch nicht alle konstitutionellen Formalitäten eingerichtet waren. Der Präsident hieß Adolphe Thiers, und im Frühjahr 1873 hielt er sich in Versailles auf, wo auch die Nationalversammlung tagte. Thiers genoss landesväterliche Popularität, nicht zuletzt moralisch wegen seiner resoluten Art, das Land nach der Niederlage im Krieg wieder aufzurichten. Sogar der führende Republikaner Léon Gambetta, dem es schwerfiel, Thiers blutige Auflösung der Pariser Kommune zu akzeptieren, stand nun hinter dem Präsidenten.

Thiers war ein autoritär veranlagter Monarchist, der doch, als es darauf ankam, für die Republik gestimmt hatte. Gambetta war der Linksdemagoge, der nach seiner Ankunft in der Nationalversammlung alle mit seiner pragmatischen Haltung überrascht hatte. Bisher kreiste die Führung des französischen Nachkriegsparlaments um diese beiden kompromissfreundlichen Herren. Das sollte sich bald ändern, doch nicht ehe Paul Barbe seine frechste Karte ausgespielt hatte.

Die Dynamitfabrik in Paulilles stand inzwischen still, gestoppt durch das Sprengstoffmonopol, das nach der Pariser Kommune eingeführt worden war. In der ersten Zeit hatten Barbe und Nobel trotzdem weitermachen können, doch schon bald wurden die Daumenschrauben angezogen und das dort produzierte und verkaufte Dynamit beschlagnahmt. Es gab nur einen Ausweg: Das Monopol musste unbedingt fallen.

Der Lobbyist Paul Barbe schritt ans Werk. Er hatte einen direkten Draht zur Macht: Léon Gambetta und seine moderaten Republikaner. Unzählige Male konnte Alfred nun in seinen Briefen berichten, wie er und Barbe »ihre Freunde unter den Abgeordneten« dazu gebracht hätten, in der Nationalversammlung verschiedene Vorschläge einzubringen. Natürlich besaß Barbe den Vertrag noch, den Gambetta mit ihm während des Krieges 1870 abgeschlossen hatte. Der wurde jetzt abgestaubt, und Barbe begehrte – offensichtlich mit Unterstützung von Gambetta – Schadensersatz vom französischen Staat. »Vorgestern hatten wir einen einflussreichen Abgeordneten, der dem Minister mit Interpellationen in der Kammer drohte, wenn sie die Geschäfte mit uns nicht regeln«, schrieb Alfred an Robert, »aber Thiers ist eine harte Nuss.«

Anfang März 1873 erhielt Alfred eine persönliche Audienz bei Präsident Thiers in Versailles, und gleichzeitig beschloss die Regierung zu prüfen, ob dem Dynamit eine Sonderregelung eingeräumt werden könnte. Um eine mögliche Ausnahme vom Monopol zu prüfen, sollte eine parlamentarische Kommission eingesetzt werden. Das war genau das Schlupfloch, das Barbe benötigte. Binnen Kurzem erhielt der neu eingesetzte Kommissionsvorstand ein unwiderstehliches Angebot. Wenn Nobel und Barbe ihre Genehmigung bekamen, dann sollte der Vorsitzende aus der Aktiengesellschaft, die sie dann gründen würden,

Gratisaktien im Wert von 100 000 Franc erhalten. Schon 1873 wurde ein Vertrag darüber zwischen den Parteien unterschrieben. Wahrscheinlich im Geheimen, darf man annehmen.[11]

Die Mühlen der französischen Bürokratie, die nach Alfred tausendmal schlimmer waren als die der russischen, sollten trotzdem noch ein paar Jahre mahlen. Doch wir dürfen annehmen, dass Barbe seinem schwedischen Geschäftspartner versicherte, dass die Sache bereits in trockenen Tüchern sei. Alfred Nobel hat den lebensentscheidenden Entschluss, den er nun fasste, nie kommentiert, doch unter den herrschenden Umständen erschien er sicher selbstverständlich: Im Sommer 1873 beschloss er, ein Haus zu kaufen, und dieses Haus sollte in Paris stehen.

*

Paris hatte eine der größten Stadtumwandlungen der Geschichte durchgemacht, seit Alfred Nobel dort zu Beginn der 1850er-Jahre Chemie studiert hatte. Bei seinen häufigen Besuchen war er sukzessive mit dem neuen, durch den Präfekten und Stadtplaner Georges-Eugène Haussmann inzwischen fast vollendeten modernen Pariser Stadtbild vertraut geworden. Enge schmutzige Gassen waren durch breite gerade Straßen ersetzt worden, Dunkelheit und stinkende Rinnsteine durch Licht und ein modernes Abwassersystem. Im neuen Paris gab es Bürgersteige, die großzügiger waren als zuvor die Straßen und jede Menge Platz sowohl für Bäume als auch Cafés und eine nie versiegende Menschenmenge boten. Und sogar von der Straße aus war plötzlich der Himmel zu sehen. Haussmanns miteinander harmonisierende Kalksteinfassaden mit ihren identischen »französischen Balkonen« konnten so von der Sonne angestrahlt werden, dass die Lichtreflexe von den Fenstern den Parisern in den Augen blendeten.

Das war sehr ansprechend. Trotzdem schimpften viele darüber, dass Haussmann so viel von dem alten, »richtigen« Paris hatte verloren gehen lassen.

Die Bauarbeiten hatten zwanzig Jahre gedauert, und die Pariser waren, was Staub und ständigen Lärm anging, hart geprüft. Und noch war nicht alles fertiggestellt. Als Alfred Nobel anfing, sich nach einem Haus umzusehen, hatte man zudem noch alle Hände voll zu tun, die vielen wichtigen Gebäude wiederaufzubauen, die während der Zeit der Pariser Kommune niedergebrannt worden waren. Das würde noch eine gute Weile in Anspruch nehmen. Das Rathaus an der neuen, großartigen Rue de Rivoli wurde erst 1882 fertig. Doch Haussmanns beliebte Parkanlage im Bois de Boulogne war nach dem Krieg schnell wiederhergestellt worden. Schon im Jahr darauf begrüßten neue Tiere und Plantagen die sonntäglichen Flaneure. Genau wie früher auch konnten sie ihre Kinder in von Straußen gezogenen Karren fahren oder auf Kamelen und Elefanten reiten lassen.

Alfred Nobel konzentrierte sich nun auch auf die Viertel um den Bois de Boulogne, nämlich die westlichen Vororte, wohin die Noblesse einst geflohen war, als die Enge und die gesundheitliche Lage im Zentrum katastrophal wurden. Im Zuge der Umgestaltung der Stadt waren diese eleganten Viertel zu Paris eingemeindet worden und bildeten jetzt das 16. Arrondissement der Stadt, das für seine luftigen Alleen und seine in Privatbesitz befindlichen *hôtels particuliers* (*townhouses* oder »Stadtvillen«) bekannt war. »Sein eigenes *hôtel* zu besitzen, wurde zu einem Zeichen von Erfolg, das eminente Symbol für ›bürgerliche Respektabilität‹«, wie es in einem Buch über die Geschichte dieses Stadtteils heißt.[12]

Im Sommer 1873 stand im alten Passy, nur eine Viertelstunde zu Fuß vom Triumphbogen und dem neuen Kreisel Étoile entfernt, ein solches *hôtel particulier* zum Verkauf. Die Straße hieß Avenue Malakoff (heute Avenue Raymond Poincaré) und war ironischerweise nach einer entscheidenden Schlacht im Krimkrieg der 1850er-Jahre benannt. Das Steinhaus, um das es ging, hatte zehn Jahre auf dem Buckel und war in der Haussmannschen Ästhetik gehalten. Es war vier Stockwerke hoch (wenn man die dachbodenartige oberste Etage mitzählt) und vier französische Balkone breit. Das Eingangsgewölbe war so breit, dass eine größere Kutsche hindurch- und in den Innenhof fahren konnte, wo praktischerweise ein Stall mit Platz für vier Pferde stand. Alles in allem umfasste die Immobilie über vierhundert Quadratmeter, den Wagenschuppen und den Haferboden über dem Stall mit eingerechnet. Der Preis war auf 107 600 Franc angesetzt.[13]

Am 1. August 1873 unterschrieb Alfred Nobel den Kaufvertrag und hatte nun zum ersten Mal in seinem Erwachsenenleben eine feste Adresse: 53, Avenue Malakoff, Paris. Offensichtlich zufrieden mit dem Kauf, bestellte er sogleich die notwendigen Renovierungen. Ein Fliesenleger erhielt den Auftrag, für einen Wintergarten einen Fußboden aus italienischem Marmor zu legen, und sofort wurde auch Henry Penon mit der Inneneinrichtung beauftragt, ein mit vielen Preisen ausgezeichneter Pariser Innenarchitekt und Polsterer. Penon war das Beste, was Paris auf diesem Gebiet zu bieten hatte. Alfred würde viel Geld und Energie in seine neue Behausung investieren.

Der Eingang lag links in der Durchfahrt und führte den Besucher in ein Vestibül, das mit dunklen Eichenpanelen verkleidet war. Dahinter richtete sich Alfred ein Büro ein. Er bestellte einen großen Schreibtisch und geräumige Bücherschränke mit Glastüren für die Bibliothek, die er sich nun endlich einrichten wollte. Eine breite Marmortreppe führte in den ersten Stock, der den gesellschaftlichen Teil der Wohnung ausmachte. Dort hinauf schleppte man bald einen neu gekauften Flügel aus Ebenholz und vergoldeter Bronze.

Aus Briefen geht hervor, dass Alfred Nobel sich gern in Details einmischte, Stoffe befühlte und Farben diskutierte. Für die Salons wählte er den Neorokokostil Ludwigs XV. mit viel schwarzem Holz und Golddekor, der der letzte Schrei war. Penon schlug Auslegeware vor, rote Gardinen in Seidenbrokat und kunstvoll drapierte Stoffe mit Golddetails entlang der Wände und Decken. Sofas und Sessel waren ebenfalls nach der neuesten Mode: dunkles Holz, bequeme helle Polsterung und eine Prise Troddel mit Fransen und Kantenbändern darum. Ins Esszimmer, das getäfelte Wände erhielt, hievte man einen schweren Tisch und Stühle für zehn Personen.

Die Eleganz und das Gefühl von überbordendem Tand passten

eigentlich nicht zu Alfreds zurückhaltender Persönlichkeit. Doch, falls die Bestellung eine Inneneinrichtung im mondänen Stil des Pariser Bürgertums gelautet hatte, traf Penon den Nagel auf den Kopf. Alfred hat sich anscheinend recht begeistert von den Exzessen des Innenarchitekten mitreißen lassen. Schon bald würde er das Interieur mit mehreren Statuen aus Marmor und vergoldeter Bronze vervollständigen. Wenigstens zwei von ihnen stellten Venus dar, die Göttin der Liebe und der weiblichen Schönheit.

Die Schlafzimmer im zweiten Stock bekamen einen etwas wohnlicheren Charakter, mit Himmelbetten und mit Kaschmir und blauem Leinen überzogenen Wänden. Alfred nannte das größte der Zimmer »Chambre de Monsieur«. Er entschied sich für ein Himmelbett, das am Abend zugezogen werden konnte, und dazu einen großen Kleiderschrank und einen Schreibtisch für akute Angelegenheiten. Die größte Sorgfalt wurde, zumindest wenn man die Kostenvoranschläge von Henry Penon ansieht, auf ein »Chambre à Coucher de Madame« aufgewandt, das Schlafzimmer der Frau. Für jene Madame, die Alfred sich offensichtlich für sein Pariser Leben vorstellte, bestellte er Rosetten und Blumenborten für Gardinen und Überwürfe. Die gepolsterte Chaiselongue sollte unten mit Volants verziert werden.

In der zwei Seiten langen Einrichtungsliste für »Madames« Schlafzimmer ist auch ein Posten versteckt, der eine Andeutung auf Alfreds Zukunftspläne macht und noch heute anrührend wirkt: Alfred bestellte für zweihundert Franc einen *chaise bébé*, einen Babystuhl.[14]

*

Im Laufe seines unsteten Lebens hatte Alfred viele grundlegende menschliche Bedürfnisse vernachlässigt. Dazu gehörten nicht zuletzt Freunde und soziale Netzwerke. Er würde weiterhin reisen, doch in der Zwischenzeit konnte er jetzt in seinem eigenen Zuhause Gäste empfangen. Also ließ er mehrere Gästezimmer im dritten Stock einrichten und begann, seine Briefe mit behutsamen Einladungen zu ergänzen –

»falls du zufällig vorbeikommst«, »ich habe viel Platz«, »Wann werde ich das Vergnügen haben, dich hier in Paris zu sehen?«.

Es ist nicht gerade leicht, die nächsten Freunde des nunmehr vierzigjährigen Alfred Nobel zu benennen. Die Wahrheit ist, dass es nicht viele waren. Den engsten Kontakt pflegte er zu seinen Brüdern und seinen Geschäftspartnern. Letztere scheinen jedoch selten etwas anderes gewesen zu sein als vor allem Arbeitskontakte, sogar Paul Barbe. Der Chemiker Alarik Liedbeck gehörte zu den Ausnahmen. Er war als Partylöwe und Frauenliebhaber bekannt, hatte aber auch andere Seiten. »Liedbeck mag ich immer mehr. Einen ehrenhafteren, herzlicheren und klügeren Menschen muss man bei Tag mit der Laterne suchen«, schrieb Alfred an Robert.[15]

Die drei Brüder hielten weiterhin ein Auge aufeinander. Nach dem Tod von Vater Immanuel hatte Ludvig sich einen zwar freundlich verpackten, aber dennoch deutlich erzieherischen Ton zugelegt, der die anderen, vor allem Robert, durchaus nervte. Ludvig hielt nicht damit hinterm Berg, dass Alfred seiner Meinung nach mal zur Ruhe kommen und sich eine Familie zulegen sollte. Und es war auch nicht zu übersehen, dass er Roberts sämtliche wilden Projekte leid war und dass der älteste Bruder niemals wirtschaftlich auf einen grünen Zweig kam. In der Zusammenarbeit zwischen den beiden hatte es in den letzten Jahren ziemlich geknirscht, das geht aus einem Brief an Robert hervor, in dem Ludvig versucht, die Wogen zu glätten: »[...] Die einzige Richtschnur für mein Handeln und Wünschen war, die brüderliche Liebe und Gemeinschaft sowohl zwischen uns als auch zwischen unseren Familien aufrechtzuerhalten. Fehler und Fehlkalkulationen haben demnach in allen menschlichen Unternehmungen schon vorkommen können, doch haben sie niemals die Wurzel des Gefühls erreichen können, das uns vereint, und dieses Gefühl [...] birgt Kraft und Erfolg, wenn wir uns beide in demselben Gefühl vereinigen, um dafür zu arbeiten, das Wohl unserer Familien zu sichern und den guten Ruf aufrechtzuerhalten, den der Name Nobel sich bisher wahrhaftig verdient hat«, schrieb Ludvig im Januar 1873.[16]

Die ausgestreckte Hand war notwendig. Ludvigs eigentliches Anliegen war nämlich, Robert ein neues Geschäftsprojekt anzubieten. Nach einem riesigen Auftrag von der russischen Armee für eine neue Art Gewehre hatte sich Ludvig mit dem Gewehrfabrikanten des russischen Staates zusammengetan und nördlich vom Ural eine Fabrik errichtet. Jetzt brauchten sie Walnussholz für die Gewehrkolben. Ludvig wusste, dass es im Kaukasus jede Menge Nussbäume gab. Könnte Robert sich vorstellen, mit der Unterstützung von Ludvigs Geld dorthin zu reisen und ein Geschäft aufzubauen? Vielleicht, so lockte der Bruder, könnte das ja zu »Unabhängigkeit und zukünftiger Befriedigung« für Robert führen.

Robert ging auf das Angebot ein und wollte in dem Fall in der Stadt Baku die Holzfabrik aufbauen. Dafür hatte er seine Gründe. Es schwirrten Gerüchte von einem intensiven Geschäftsboom gerade in Baku durch die Luft, die mit den Versuchen, in der Gegend Öl zu finden, zu tun hatten. Der russische Staat hoffte, die Abhängigkeit vom Weltmarktführer USA für Lampenöl, Fotogen, verringern zu können, und hatte kürzlich beschlossen, sein Monopol aufzugeben, um die Ölbohrungen zu intensivieren. Robert hoffte, diesen Aufschwung für Ludvigs Projekt ausnutzen zu können.

Doch Ende 1873 kehrte Robert mit ernüchternden Nachrichten nach Sankt Petersburg zurück. Die wenigen Walnussbäume waren entweder verrottet oder zu alt gewesen und das Projekt zum Scheitern verdammt. Er ließ sich von Ludvig 25 000 Rubel für seinen Zeitaufwand auszahlen und reiste daraufhin überraschenderweise den mühevollen Weg wieder zurück nach Baku. Dort hatten die privaten Ölunternehmer die Bohrtechnik nach amerikanischem Muster verfeinert. Im Juli 1873 war die erste große Quelle angebohrt worden. Plötzlich floss das Öl, und alle spürten, dass es da noch mehr zu finden gab.

Roberts Beschluss sollte das Leben der Brüder Nobel verändern. Wieder in Baku angekommen kaufte er eine kleine Raffinerie.

*

Der Dynamitfall nahm einen zähen Weg durch die französische Bürokratie. Alfred Nobel richtete sich derweil in Paris häuslich ein. Ganz sicher saß er im November 1873 während der stürmischen Dynamitdebatte auf dem Zuschauerrang. Der Applaus, die Buhrufe und die Rücktrittsforderungen spielten sich auf geradezu anarchistischem Niveau ab – ohne doch ein anderes Ergebnis zu bringen, als dass der Fall seine gemächliche Reise durch den Staatsapparat fortsetzte. Der Vorsitzende der Republikaner, Léon Gambetta, hielt den Ball flach. Den größten Jubel erntete ein Abgeordneter mit militärischem Hintergrund. Er schimpfte über die Behauptung, dass Dynamit lebensgefährlich sein sollte, und bot an, zur nächsten Sitzung ein wenig Sprengmasse mitzubringen und sie zu zünden.

»Um das Ministerium in die Luft zu sprengen!«, rief jemand.

In den Bänken breitete sich Gelächter aus.

»Sie können ganz ruhig sein, meine Herren, ich verspüre keinen Hang zum Selbstmord und noch weniger zum Mord«, antwortete der Berufsoffizier und versicherte, dass das Dynamit, so wie es sei, angezündet werden könnte, ohne dass etwas anderes geschehen würde, als dass sich ein sehr unangenehmer Geruch verbreiten würde.

Neues Gelächter.

Der Berufsoffizier nannte »den berühmten« Alfred Nobel mit größter Ehrerbietung und pries Paul Barbe als »Seine Eminenz«.[17]

Paul Barbe kannte halb Paris, und Alfred Nobel wurde nun in die republikanischen Kreise um Léon Gambetta eingeführt. Zu dieser Zeit war Paris die Stadt der zahlreichen Salons, literarische, politische oder lediglich aristokratische Wimmelveranstaltungen, auf denen sich ausgewählte Teile des Etablissements regelmäßig trafen und diskutierten. Einer der einflussreichsten Salons war der, den die »republikanische Königin« von Paris, Juliette Adam, jede Woche in ihrem Haus am Boulevard Poissonnière abhielt. »Mme Adam – mächtiger als alle Minister«, stellte zum Beispiel der Schriftsteller Gustave Flaubert fest. Wenn man Léon Gambetta treffen wollte, so hieß es, dann war es am besten, erst bei Juliette und ihrem zwanzig Jahre älteren Mann Edmond Adam zu suchen.[18]

Juliette Adam hatte einen Anteil an Gambettas Erfolg. Es wurde behauptet, sie habe das weggewaschen, was an ihm ungepflegt war, habe für gute Kleidung gesorgt und ihm und anderen jungen Republikanern aus ärmlicheren Vierteln beigebracht, wie man sich bessere Manieren aneignete. »Wir müssen mit der Vorstellung aufräumen, dass ihr Hottentotten seid«, ermahnte sie Gambetta. »In Belleville begehrt man auf und macht Revolution, in den Salons bildet man Regierungen.«[19]

Ihr Salon, der zu Anfang mehr literarisch ausgerichtet war, wurde nach Kriegsende der vielleicht wichtigste republikanische Treffpunkt der Stadt. Juliette Adam hatte es sich zur Aufgabe gemacht, die Generationsunterschiede zwischen Gambetta und anderen jüngeren Republikanern auf der einen und der älteren Garde mit Victor Hugo und ihrem eigenen Mann Edmond Adam auf der anderen Seite zu überbrücken.

Juliette Adam gehörte zu den gewichtigeren intellektuellen Kräften des zeitgenössischen Paris, sie interessierte sich ebenso leidenschaftlich für den wissenschaftlichen Fortschritt wie für Literatur und Politik. Sie war drei Jahre jünger als Alfred Nobel und galt mit ihren langen aschblonden Haaren, den blauen Augen und ihrer lebendigen Art als berückend schön. Mit ungefähr zwanzig Jahren hatte sie einen erfolgreichen Roman geschrieben und war in einige der wichtigsten Salons von Paris aufgenommen worden. Damals hatte die Schriftstellerin George Sand sie ins Herz geschlossen und die junge Juliette mehreren großen Schriftstellern jener Zeit vorgestellt: Guy de Maupassant, Gustave Flaubert, dem Russen Turgenjew (der nach Paris geflohen war) und nicht zuletzt Victor Hugo. Im Übrigen war es Hugo, der Juliette Adam ermunterte, ihr Tagebuch der Belagerung von Paris zu veröffentlichen.

Eine Einladung zu Juliette Adam stand hoch im Kurs. Alfred Nobel sollte viele davon erhalten. Wir können nicht genau sagen, wann er ihren prestigeträchtigen Salon zum ersten Mal besuchte, doch kann das nicht allzu lange gedauert haben. Ihr Werk *Die Belagerung von Paris* war eines der ersten Bücher, die Alfred kaufte, als er in die Avenue Malakoff gezogen war, und er schaffte auch einige der früheren

Werke von Juliette Adam an. Tatsache ist, dass es in der umfangreichen Bibliothek, die Alfred Nobel hinterließ, nur wenige Autoren gibt, die mit so vielen Titeln vertreten sind, wie Juliette Adam (die auch unter ihrem Mädchennamen »Lamber« veröffentlichte). Unter den französischen Autoren wird sie nur von Victor Hugo übertroffen.

Wahrscheinlich war es auch in diesen Kreisen, dass Alfred Victor Hugo kennenlernte, und zwar im Laufe der Jahre so gut, dass er manchmal zu dem großen Meister zum Mittagessen eingeladen wurde. Bald sollte Victor Hugo auch in die Avenue d'Eylau direkt um die Ecke von Nobel in der Avenue Malakoff ziehen.[20]

Juliette Adam empfing jeden Freitag auf dem Boulevard Poissonnière. Die Pariser Elite musste sich vier Treppen hinaufkämpfen und dann die Ellenbogen ausfahren, um sich in den Salon zu drängen, den Juliette modernisiert, in roten Samt gehüllt und mit Topfpalmen geschmückt hatte. Dann konnte man sich die Zeit mit Domino oder Kartenspiel vertreiben, bis die Gastgeberin sich zeigte. Juliette versuchte, Zurückhaltung zu üben, und pflegte damit anzugeben, dass sie die einzige Frau in Frankreich sei, die noch niemals eine Krinoline getragen habe. Dieser Demut zum Trotz war doch sie der Mittelpunkt, um den sich alles drehte. Sie »verführte ihre Umgebung mit einer natürlichen und begeisterten Ausstrahlung, die durch jene Art einfacherer Toilette, die teuer ist, unterstrichen wurde«, schreibt Anne Hogenhuis-Seliverstoff in ihrer Biografie über Juliette Adam.[21]

Alfred hegte immer noch seine literarische Sehnsucht. Er hatte weiterhin an dem Roman *Die Schwestern* und dem romantischen Traum von der perfekten Frau gefeilt. Juliette Adam besaß viel von dem, wovon Alfred fantasierte. Wir wissen nichts darüber, wie er dachte, und noch weniger, was er fühlte. Für diese besondere Beziehung waren die Hindernisse trotz allem zahlreich: Zum einen war Juliette Adam bereits verheiratet, zum anderen wurde gemunkelt, sie habe eine Affäre mit dem Charmeur Léon Gambetta. Dennoch wurde Alfred die Ehre zuteil, für die verbleibenden zwanzig Jahre, die er noch in Paris lebte, zu Juliette Adams großem Freundeskreis zu gehören.[22]

Wer Mitte der 1870er-Jahre nach Paris zog, der durfte vor Ort wichtige kulturelle Ereignisse erleben. Dies waren die Jahre, in denen einige junge Rebellen in der erstarrten französischen Kunstwelt begannen, gegen das Etablissement aufzubegehren. Tonangebend in dieser Gruppe waren die Künstler Auguste Renoir, Paul Cézanne, Edgar Degas und Claude Monet. Sie wendeten sich von der realistischen Präzisionsmalerei ab und zogen dickere Pinselstriche vor, um Bewegung, Gefühl und schnellen Eindruck hervorzubringen. Die Künstler trafen sich seit Langem schon regelmäßig in einem Café im Montmartre, und im April 1874 eröffneten sie in einem alten Fotoatelier auf dem Boulevard des Capucines eine eigene Ausstellung. Das Urteil der Pariser Kritiker fiel nicht gnädig aus. Der Name eines der Monet-Gemälde, *Impression, soleil levant* (1872), wurde aufgegriffen, um die simplen »Impressionisten« niederzumachen, deren Gemälde angeblich auch von »einem Affen, dem man einen Farbkasten gibt«, gemalt werden könnten.[23]

In den folgenden Jahren sollte es noch weitere »Impressionisten«-Ausstellungen geben. Doch noch 1878 konnte man ein Gemälde von Claude Monet auf Kunstauktionen für beschauliche hundertvierundachtzig Franc ersteigern, während die der offiziell anerkannten Künstler (viele von ihnen sind heute vergessen) für 10 000 bis 20 000 Franc verkauft wurden. Alfred Nobel kaufte viele Gemälde für sein neues Haus, doch an seinen Wänden hingen keine Impressionisten. Die Malerei hat ihn wohl nicht ebenso wie Literatur interessiert, denn er traf sich regelmäßig mit seinem Bilderverkäufer, um Werke auszuwechseln, wenn er ihrer leid war.

Der April 1874 war auch der Monat, in dem fünf berühmte Schriftsteller – Émile Zola, Gustave Flaubert, Ivan Turgenjew, Edmond de Goncourt und Alphonse Daudet – begannen, sich regelmäßig im Café Riche zu treffen. Sie wollten zusammen die erstarrte Welt der Literatur aufrütteln. Émile Zola, der ein Jugendfreund von Paul Cézanne war, hatte schon früh die künstlerischen Rebellen unterstützt und sich mit ihnen im Café am Montmartre getroffen. Die Schriftsteller waren mindestens ebenso frustriert wie die Künstler. Die Heldensagen aus dem Oberschichtmilieu hatten die französische Literaturszene immer noch fest im Griff. Das fanden die fünf Autoren bedauerlich, die selbst für anrührende, detaillierte Schilderungen der Wirklichkeit von gewöhnlichen Menschen standen. Sie wollten den Weg weitergehen, den Flaubert mit seinem Erfolgsroman *Madame Bovary* (1857) bereits eingeschlagen hatte.

Émile Zola setzte alle Energie darein, was der Bewegung schließlich den Begriff »Naturalismus« einbrachte. Zola hatte Ende der 1860er-Jahre mit dem Roman *Thérèse Raquin* seinen Durchbruch gehabt und nun begonnen, mit Stift und Notizbuch herumzureisen, um mit dokumentarischer Präzision die schmutzigeren Teile der französischen Wirklichkeit zu schildern: in den Lagerhäusern, den Gruben, den Freudenhäusern. Zola stellte die moralische Verkommenheit und das schmutzige und ungesunde Leben ins Zentrum. Schließlich würde er sogar so weit gehen, sein Schreiben »wissenschaftliche Experimente« zu nennen. Spätestens da wandte sich Alfred Nobel ab, nicht nur wegen der falschen Interpretation des Begriffs Wissenschaft. Alfred fand, Literatur solle vor allem den Menschen beibringen, wie sie leben sollten, und nicht mit eingehenden Details des Alltags an der Grenze der Belastbarkeit nach Profit jagen.

Es sollte zehn Jahre dauern, bis Alfred sich Bücher von Flaubert, Balzac und Stendhal anschaffte. Da schien er zumal gegen ihren Realismus keine Einwände mehr zu haben, zumindest äußerte er sie nicht. Er würde sich auch einige Werke von Émile Zola kaufen, doch damit war es genug. Zolas »zotigen« Schreibstil fand er abstoßend. Alfred konnte es sich auch nicht verkneifen, in dem Roman, den er schrieb, Kritik anzubringen an der »verdorbenen Tendenz, die in unseren Zeiten versucht, den Sittenverfall zu idealisieren und im Abschaum der Gesellschaft ihre Heldinnen sucht …«: »Mit ebenso viel Glück und weniger Schande könnten wir Perlen auf Müllhaufen suchen«.[24]

Für Alfred Nobel war die Poesie immer noch die höchste Kunstform. Leider fiel es ihm allerdings so ungeheuer schwer, selbst etwas zustande zu bringen, das seinen eigenen Ansprüchen genügte. Von Reimen wollte er nichts wissen, das war für ihn nur die Art der oberflächlichen Dichter, »metrischen Nonsens« überzupolieren. Aber was, wenn sein Talent nicht weiter reichte? Er träumte davon, ebenso brillante Blankverse wie Shakespeare zu verfassen, fand das, was er zu Papier brachte, aber nur selten lesenswert. Als die Frau eines britischen Bekannten Interesse zeigte, fasste er dennoch Mut und schickte ihr eine redigierte und verlängerte Version seines Gedichts »A Riddle« (»Ein Rätsel«), fügte aber einen ganzen Strauß Entschuldigungen hinzu. »So wie es jetzt aussieht, habe ich wahrscheinlich Nonsens und Blankverse in einem einzigartig langweiligen Durcheinander zusammengefügt. Wenn das so ist, seien Sie so gut, das Manuskript sogleich dem Feuer anzuvertrauen: Es soll Euch Pein und mir das Erröten ersparen«, schrieb er. »Ich erhebe nicht den geringsten Anspruch, meine Verse Poesie zu nennen; ich schreibe lediglich ab und zu, um meine Niedergeschlagenheit zu erleichtern oder mein Englisch zu verbessern.« Es ist nicht bekannt, was die Engländerin geantwortet hat.[25]

*

Es heißt, das Bestreben der Impressionisten im Jahr 1874 habe auch politische Ursachen gehabt. Die Künstler wollten auf die neue konservative Machtelite reagieren, die sich des Staatsapparates bemächtigt hatte. Die zersplitterten Monarchisten hatten sich zusammengerissen und schließlich vereint, um die neue Republik auf den Kopf zu stellen. Auf einen zukünftigen König konnten sie sich zwar nicht einigen, aber wenn sie für einen gemeinsamen Präsidentschaftskandidaten votierten, dann hatten sie eine eigene Majorität. In dem herrschenden konstitutionellen Vakuum zwang man Präsident Thiers eiligst, die Bühne zu verlassen, und nun trat der Monarchist Patrice de Mac-Mahon auf, ein General, der für die entscheidende Erstürmung von Fort Malakoff im Krimkrieg dekoriert worden war.

Der Machtwechsel bedeutete Umstellungen auf allen Ebenen. Der neue Präsident lehnte das Schloss Versailles ab und nahm stattdessen die Salons des Élysée-Palastes in Paris in Beschlag. Thiers' bescheidene Lebensart (seine Frau kaufte die Lebensmittel selbst) wurde gegen königliche Exzesse ausgetauscht, die das gesellschaftliche Leben in Paris veränderten und den Salons heftige Konkurrenz machten. Das Paar Mac-Mahon lud mehrmals die Woche zu grandiosen Diners mit vergoldetem Porzellan ein und hielt Bälle für Tausende von Personen ab.

Das war eine neue Art Gefechtseifer, die fast auf einen monarchistischen Coup hinauslief. Doch Anfang 1875, ungefähr zur selben Zeit, als die Nationalversammlung schließlich Barbes und Nobels ersehnte Ausnahmegenehmigung für das Dynamit durchwinkte, wurde die neue Verfassung für die Dritte Republik angenommen. Präsident Mac-Mahons führender Oppositionspolitiker in der Nationalversammlung sollte derselbe bleiben: Léon Gambetta.

Alfred Nobel war definitiv kein Royalist. Ganz bestimmt verspürte er dieselbe Freude darüber, dass die republikanische Verfassung gesichert war, wie darüber, dass der französische Dynamitmarkt endlich zur Bewirtschaftung freigegeben war. Ansonsten hatte das Jahr 1875 für Alfred in Moll begonnen. Im Januar hatte der Direktor der schottischen Fabrik, John Downie, versucht, eine Partie Dynamit unschädlich zu machen, für die er Reklamationen bekommen hatte. Downie, der sich in einer Hafenstadt in Irland befand, ging auf den Kai hinaus und zündete ein Feuer an, in das er die Patronen warf. Leider waren es etwas zu viele Patronen auf einmal. Die Explosion schleuderte Downie mit schweren Brandverletzungen ins Meer hinaus. »Was für ein Elend in der Welt. Downie ist nach einer durch mangelnde Vorsicht verursachten Explosion schwer verletzt«, schreibt Alfred Nobel, offensichtlich darum bemüht, sich selbst von der Verantwortung freizusprechen, an Alarik Liedbeck.

Erst ein halbes Jahr zuvor war Liedbeck selbst bei einer größeren Explosion in Vinterviken leicht verletzt worden – die größte Katastrophe für die schwedische Nitroglyzerin-Aktiengesellschaft seit dem Schlag auf Heleneborg 1864. Ein Presshaus explodierte, und zwölf Menschen verloren ihr Leben. In schwedischen Zeitungen erinnerte man an »die furchtbare Materie, die [...] unter dem Namen Dynamit lernen sollte, dem Willen des Menschen zu gehorchen und allein den Zielen, die dieser zu bestimmen bereit ist, zu dienen.« Jetzt, mit der Tragödie in Vinterviken, sei bewiesen, dass »auf den Gehorsam noch kein Verlass ist«. Liedbeck, der sich die Hand bei dem Versuch, das Fabriklager zu retten, schwer verbrannt hatte, blieb für den Rest seines Lebens halb taub. John Downie erlag später seinen Verletzungen.[26]

Als ihn die Nachricht von Downies tragischem Tod erreichte, befand sich Alfred in Paris. Das Haus an der Avenue Malakoff war fertig eingerichtet, doch die Salons waren ach so leer. Noch hatte Alfred keine kennengelernt, der gegenüber er sein schweres Herz hätte erleichtern, keine, der er sein neu eingerichtetes »Chambre de Madame« hätte zeigen können.

Die Einsamkeit zehrte an ihm. Er sehnte sich nach jemandem, mit dem er über die wichtigen Dinge des Lebens reden könnte, doch das war es nicht allein. Wenn er schon keine Frau kennenlernte, mit der er seinen Alltag teilen könnte, dann brauchte er zumindest jemanden, der für sein Zuhause sorgte. Und je etablierter er wurde, desto schwerer wurde es, das endlose tägliche Briefeschreiben allein zu absolvieren, das die Geschäfte verlangten. Er brauchte jemanden an seiner Seite, der ihm helfen könnte und der auch mehr Sprachen beherrschte als nur Französisch. In der Avenue Malakoff gab es schließlich Platz genug.

Lebenspartnerin oder Angestellte? Er beschloss, eine Anzeige aufzugeben.

*

Nur wenige Zeitungsannoncen haben es in der Weltgeschichte zu so viel Aufmerksamkeit gebracht und sind so oft zitiert worden wie jene, die Alfred Nobel nach seinem Umzug nach Paris in einer österreichischen Zeitung aufgab. Das liegt natürlich an der Person, die darauf antwortete: Bertha Kinsky, wie sie damals hieß, sollte im späteren Leben unter dem Namen Bertha von Suttner als eine der Begründerinnen der Friedensbewegung und Autorin des gefeierten Romans *Die Waffen nieder!* (1889) berühmt werden. Zudem sollte sie 1905 den Friedensnobelpreis erhalten. Jetzt, im Jahr 1875, war sie um die dreißig Jahre alt und Gouvernante in einer Familie höheren Standes in Wien.

Kaum jemand wird die historische Bedeutung dieser wenigen anonymen Zeitungszeilen infrage stellen. Das Zitat, das seit hundert Jahren wiederholt wird, stammt aus Bertha von Suttners Memoiren (1909), in denen sie behauptet, die Annonce wortgetreu wiederzugeben: »Ein sehr reicher, hochgebildeter, älterer Herr, der in Paris lebt, sucht eine sprachenkundige Dame, gleichfalls gesetzten Alters, als Sekretärin und zur Oberaufsicht des Haushalts.«

Bertha von Suttner schreibt nichts darüber, wie die Annonce angekündigt war, und schon gar nicht, in welcher Zeitung sie erschien. In der 1926 von der Nobelstiftung herausgegebenen ersten Biografie über Alfred Nobel wird dennoch aus unklaren Gründen das Jahr 1876 als Fakt angegeben. Im Laufe der Zeit hat man sich auch darauf geeinigt, dass die betreffende Zeitung wohl die aktuell wichtigste in Wien gewesen sein muss, die *Neue Freie Presse*.

Ende der 1990er-Jahre unternahm der Bibliothekar der Schwedischen Akademie eine Kraftanstrengung, um die wichtige Stellenanzeige zu finden. Er bat bei der Österreichischen Nationalbibliothek darum, alle Ausgaben der *Neuen Freien Presse* vom November 1875 bis zum Juni 1876 durchzusehen. Ergebnis: Keine derartige Annonce war zu finden.[27]

Seither sind in Österreich wie auch in vielen anderen Ländern alte Tageszeitungen digitalisiert und mit Suchfunktionen ausgestattet worden. Ich bestelle einen neuen Suchdurchgang, diesmal mit einzelnen Suchen für jeweils jedes einzelne Wort, das Bertha von Suttner zitiert hat. Doch nicht einmal nachdem ich die Suche auf die ganzen Jahre 1875 und 1876 erweitere, kann man irgendetwas finden, das auch nur annähernd der von Bertha von Suttner wiedergegebenen Formulierung ähnelt.

Treffer gibt es genug, und es tauchen mehrere vergleichbare Kleinanzeigen auf, aber nicht die richtige. Das Wort »Sekretärin« zum Beispiel war nicht sehr häufig. Es kommt in den beiden Jahren nur elfmal vor, und da ausschließlich als Teil eines Titels im laufenden Text und nicht als Bezeichnung für einen gesuchten Dienst. »Hochgebildeter« kam häufig vor, doch nannte sich niemand in einer Anzeige aus dieser Zeit selbst so. Die Wörter »sprachenkundige Dame« wiederum ergeben gar keine Treffer. Und so weiter.

Kann man deshalb festhalten, dass es die Anzeige nicht gab? Nein. Die digitale Suche kann uns Streiche gespielt haben. Und obwohl der größte Teil des Bestands der Österreichischen Nationalbibliothek eingescannt ist, kann man auch nicht ausschließen, dass genau diese Zeitung, in der die Anzeige stand, nicht dabei ist. Maximales Pech kommt vor.

Andere Hinweise tauchen auf. Bertha von Suttner datiert einige Jahrzehnte später in einem Brief das erste Treffen auf den Herbst 1875, und ich finde Briefe von Ludvig von Ende 1875, in denen er Alfreds Annonce erwähnt. »Alle interessieren sich sehr für deinen Haushalt und deine begehrte Wienerische хозяйка [ungefähr ›Hausdame‹]. Korrespondiert ihr nach wie vor?«, schreibt Ludvig. Nächstes Mal heißt es, Alfreds »Wienerannonce« sei ein ständiges Gesprächsthema in seiner Familie.[28] Das Jahr war somit 1875.

Ich bemerke, dass Ludvig in einem kurz darauf verschickten Brief dasselbe Wort »Hausdame« für seine eigene Frau Edla verwendet. Und ich denke, dass Bertha von Suttner ihre Memoiren 1909 schrieb, vermutlich ohne die Anzeige vor sich liegen zu haben und vermutlich bewusst oder unbewusst mit einer nachträglich korrigierenden Perspektive. Was, wenn die exakte Formulierung in der Annonce anders lautete?

Ein paar Wörter müssten aber doch stimmen. Bertha von Suttner erwähnt, sie hätte besonders darauf reagiert, dass Alfred Nobel sich in der Anzeige einen »älteren Herrn« genannt hatte, obwohl er doch erst zweiundvierzig Jahre alt war. Diese beiden Wörter müssten also zumindest dabei sein. Im Zeitungsarchiv erhalte ich zweiundsechzig Treffer im Jahr 1875 für die Kombination »älterer Herr«.[29] Allerdings kommt das

Wortpaar so gut wie nie in Stellenannoncen vor. Bei der Hälfte der Treffer geht es um Zeitungsartikel oder Wohnungsanzeigen, der Rest sind private Kontaktanzeigen. So sucht zum Beispiel ein älterer Herr eine rotblonde Frau für »ehrbare Korrespondenz«, ein anderer eine »hübsche und uneigennützige Frau mit eigener Wohnung«. Einige kommen gleich zur Sache und übertiteln ihre Annonce mit »Heirathsantrag«.

Es ist faszinierend, das alles zu lesen, doch die meisten Anzeigen können gleich aussortiert werden. Die Nachfrage nach Frauen mit einer irgendwie gearteten Bildung scheint nicht sonderlich groß gewesen zu sein. Der Auswahl zufolge wurden im Laufe des Jahres 1875 nur zwei Annoncen veröffentlicht, die zum einen die Wörter »älterer Herr« enthalten und zum anderen wenigstens entfernt an den Wortlaut erinnern, auf den Bertha von Suttner ihrer Behauptung nach geantwortet hat. Die eine wurde im zweihundert Kilometer von Wien entfernten Graz aufgegeben. Zu weit, um »Wienerannonce« genannt zu werden, entscheide ich.

Bleibt die siebenzeilige Annonce, die man am 11. Februar 1875 im *Illustriertes Wiener Extrablatt* lesen konnte und die an zwei darauffolgenden Tagen noch einmal erschien. Sie trägt die Überschrift »Antrag«:

»Ein älterer Herr, vermögend, sucht behufs geistiger Anregung die Bekanntschaft eines gebildeten hübschen Mädchens oder Witfrau, welche er mit Rath und That zu unterstützen bereit ist – eventuell, eine heirath nicht ausgeschlossen. Anträge unter ›Glück auf!‹«[30]

Könnte das die richtige Anzeige sein? »Gebildet« und »geistige Anregung« – die Annonce ist sehr ungewöhnlich, und sie enthält die Wörter »älterer Herr«. Der Zeitpunkt scheint passend, denn sowohl aus Ludvigs Brief als auch aus Berthas Memoiren geht hervor, dass sie eine längere Zeit mit Alfred korrespondierte, ehe sie sich trafen.

Jedenfalls erscheint mir diese Anzeige wahrscheinlicher als jene, die Bertha von Suttner wiedergegeben hat. Sie würde auch die unerwartet forsche Frage, die Alfred ihr stellte, begreiflicher machen. Während ich also auf die kritische Überprüfung warte, die den Grund aller wahrheitssuchenden Arbeit, nicht nur der Wissenschaft, bildet, wage ich zu behaupten, dass die Annonce vom 11. Februar 1875 tatsächlich die richtige sein *könnte.*[31]

*

Anfang 1875 befand sich die Österreicherin Bertha Kinsky in einer misslichen Lage. Sie war fast zweiunddreißig Jahre alt und immer noch unverheiratet. Sie hatte keine Geld und war, wenn man pingelig sein will, auch von keiner besonderen Herkunft. Bertha war eine strahlende Schönheit mit ihren langen Korkenzieherlocken, das war nicht das Problem. Und an Freiern hatte es ihr auch nie gemangelt. Doch gab es da etwas an ihrer Person, das unpassend wirkte, eine Eigenschaft, welche die meisten österreichischen Aristokraten definitiv nicht anziehend fanden.

Sie war zu belesen.

Bertha hatte es sich zur Gewohnheit gemacht, sich »Gräfin Kinsky« zu nennen, wahrscheinlich um auf diese Weise Zugang zu vornehmeren Kreisen zu erhalten. Formell war es auch die Wahrheit, doch lag die Wirklichkeit weit davon entfernt. Ihr adliger und recht alter Vater war nämlich einige Monate vor ihrer Geburt gestorben. Da Berthas Mutter keinen eigenen adligen Stammbaum besaß, reagierte die Familie sehr hart. Die schwangere Witwe wurde aus dem Haus getrieben, und man verweigerte ihr das Aufenthaltsrecht bei der gräflichen Familie. Als Bertha geboren wurde, wollte die Verwandtschaft ihres Vaters nichts von ihr wissen.

Sie wuchs mit ihrer Mutter und einem Vormund als sehr einsames Kind auf. Ihre einzige richtige Freundin, eine etwas ältere Cousine, hatte einen Vater mit einer großen Bibliothek. So verschwanden die Mädchen gemeinsam in der Welt der Bücher (wenn sie nicht von zu Hause ausrissen und Roulette spielten). Bertha behauptet in ihren Memoiren, dass sie bereits als Kind sowohl »[…] Victor Hugo, Schiller, *Jane Eyre* und *Onkel Toms Hütte*« gelesen habe. Sie liebte es, sich in das Konversationslexikon zu versenken. Nachdem sie nacheinander mehrere ausländische Kindermädchen gehabt hatte, sprach sie früh schon recht flüssig Französisch und Englisch.

Doch wie Bertha von Suttners Biografin Brigitte Hamann feststellt, gab es im Wien jener Zeit für eine Frau nur einen anerkannten Beruf: die Ehe. Bertha konnte kaum auf eine Ausnahme von dieser Regel hoffen. Ihre ersten Bälle wurden zu schockartigen Begegnungen mit den oberflächlichen Vorlieben der Gesellschaft. Spätestens dort erkannte sie, dass bei einer Frau abgesehen von Herkunft und Geld ausschließlich Kleider, Manieren und Toiletten eine Rolle spielten. »Die ›schwache‹, die ›schöne‹ Frau war begehrenswert, die ›anschmiegsame‹, die ›zum Manne aufschauende‹. Unbildung und Dummheit wurden nicht übel genommen, sondern sie galten als reizvoll, weiblich, tugendhaft und keusch«, schreibt Hamann.[32]

Bertha las dennoch weiter. Als sie 1873 dreißig Jahre alt wurde, hatte sie sich nach eigener Aussage durch alles von Shakespeare, Goethe und Hugo gearbeitet, dazu noch durch einige verstreute Werke, unter anderem von Alfred Nobels Favoriten Byron und Shelley. Spätestens da musste sie eingesehen haben, dass die Uhr tickte und der Blaustrumpf winkte. Ihr fehlte es immer noch sowohl an Herkunft wie an Geld, und mit dem Bildungsgepäck, das sie sich inzwischen zugelegt hatte, schienen ihre Möglichkeiten auf eine gute Heirat ausgeschöpft. Da ihre Mutter sie nicht länger versorgen konnte, musste sich Bertha Kinsky eine Arbeit als Gouvernante suchen. Sie wurde von dem wohlhabenden Baron von Suttner angestellt, damit sie sich um die vier halbwüchsigen Töchter der Familie kümmerte.

In dem großen Palast der von Suttners in Wien wohnte auch der dreiundzwanzigjährige Sohn Arthur, der Jura studierte. Während des Sommers verbrachte er viel Zeit mit den Schwestern und ihrer Gouvernante auf dem Landgut der Familie. Bertha verliebte sich rettungslos in den älteren Bruder ihrer Schülerinnen. »Selten wie weiße Raben sind solche Geschöpfe, die einen so unwiderstehlichen ›Charme‹ ausströmen, daß dadurch alle, jung und alt, hoch und gering, gefangen werden; Arthur Gundaccar war ein solcher«, schreibt Bertha in den

Memoiren. »Sein Charme«, so fährt sie fort, »[...] wirkt mit einer unerklärlichen und unwiderstehlichen magnetischen und elektrischen Kraft. [...] Im Zimmer ward es gleich noch einmal so hell und warm, wenn er eintrat.«

Wie sich zeigte, wurden die Gefühle erwidert. Arthur und Bertha begannen heimlich ein Verhältnis, das sie erstaunlich lange geheim halten konnten. Es dauerte ein paar Jahre, bis Mutter von Suttner ihnen auf die Schliche kam und dann außer sich war. Der Sohn Arthur durfte sich unter keinen Umständen mit einer mittellosen Frau verheiraten, die zudem sieben Jahre älter war und keinen adligen Stammbaum aufwies.

Bertha musste versprechen, sich eine neue Stelle zu suchen. Um sie anzutreiben, schob Frau von Suttner ihr eine Anzeige hin, die sie in einer Zeitung gefunden hatte. Nach Berthas Erinnerung soll sie dazu gesagt haben: »[...] das würde Ihnen vielleicht passen, wollen Sie hinschreiben?«[33]

*

In Paris hatte Alfred Nobel die Ruhe gefunden, wieder zu experimentieren. Das begann er recht vorsichtig in seinem eigenen Haus, obwohl das Laboratorium, das er einrichten wollte, noch nicht fertiggestellt war. Aber vermutlich hielt er sich, ebenso wie Paul Barbe, auch bei dem Geschäftspartner Achille Brüll auf, der während des Krieges schon einen Teil des Dynamits vor Ort in Paris hergestellt hatte.[34]

Alfred hatte eine neue Idee. Was wäre, wenn man den Effekt des Dynamits dadurch verbesserte, dass man den wirkungslosen Sand, die Kieselgur, gegen einen Sprengstoff austauschte? Im Frühjahr 1875 war er in die prestigereiche Royal Society of Arts in London eingeladen, um einen Vortrag über moderne explosive Stoffe zu halten, »On Modern Blasting Agents«. Da erwähnt er den Gedanken. Der lange Vortrag (das Manuskript umfasst vierundvierzig Seiten) wurde mit einer Silbermedaille der Britischen Akademie belohnt und blieb der einzige, den Alfred Nobel je hielt und der auch veröffentlicht wurde.[35]

Es war eine herrliche Zeit. Die Verkaufszahlen wiesen geradewegs in die Höhe, und Alfred hatte einen zweiundzwanzigjährigen französischen Chemiker, Georges Fehrenbach, angestellt, der ungewöhnlich vielversprechend zu sein schien. Das Energiebündel Barbe hatte in schnellem Tempo begonnen, in Frankreich Aktiengesellschaften zu gründen, und half gleichzeitig dabei, die Firmen in anderen Ländern zu Aktiengesellschaften zu machen (und sie in manchen Fällen auch zu fusionieren).[36]

Als würde das nicht genügen, hatte Alfred dank der Annonce noch eine anregende Korrespondenz mit einer österreichischen Frau begonnen. Alles schien sich zu fügen. Es war fast zu schön, um wahr zu sein.

Der frühe Briefwechsel zwischen Bertha Kinsky und Alfred Nobel ist nicht erhalten.[37] Als Bertha mehr als dreißig Jahre später die Geschichte erzählt, schreibt sie, dass, ehe sie sich trafen, »mehrere« Briefe zwischen den beiden hin und her gegangen seien. Schon bald erfuhr sie, dass es der Erfinder des Dynamits gewesen war, der die Anzeige aufgegeben hatte. Sie zeigte sich erstaunt darüber, dass er sowohl auf Englisch wie auf Deutsch und Französisch so elegant schrieb, obwohl er doch offensichtlich Schwede und in Russland aufgewachsen war. In ihren Memoiren erinnert sie sich an diese ersten Briefe als spirituell und witzig, doch mit einem Unterton der Schwermut. War er ein unglücklicher Mann?[38]

Ende August reiste Alfred für ein paar Wochen in ein bayerisches Kurbad, um seine »körperliche Erscheinung zu verpflastern«. Offensichtlich besuchte er daraufhin Wien und traf sich mit seiner Brieffreundin. Die Begegnung mit Bertha Kinsky scheint alle seine Erwartungen übertroffen zu haben. Danach schrieb er sich den starken Eindruck, den sie auf ihn gemacht hatte, in einem Brief an Alarik Liedbeck von der Seele. Alfred erzählt ihm unter Männern, von »[...] der aller süßesten kleinen Gouvernante, die ich kürzlich in Wien sah, und deren bloßes Aussehen alle Münder des gesamten männlichen Geschlechts wäßrig machen dürfte. Außerordentlich prima Qualität, nec plus ultra, wenn du so willst. Doch genug davon, obwohl es schwerfällt, das Thema zu verlassen.«[39]

Höchstwahrscheinlich wusste Liedbeck nichts von der »Wienerannonce«. Doch in Sankt Petersburg konnte Ludvig seine Neugier auf die Frau, die darauf geantwortet hatte, nicht verbergen. »Korrespondiert ihr immer noch?«[40]

Bertha von Suttner berührt das Treffen in Wien in ihren Memoiren nicht. Theoretisch kann Alfred dort natürlich auch eine andere Wien-Gouvernante getroffen haben, doch da der nächste Schritt der war, dass Bertha sich vom Geliebten ihres Herzens losriss und zu Alfred nach Paris reiste, scheint das unwahrscheinlich.

Mit den Puzzlesteinen, die wir haben, kann man den Zeitpunkt für Berthas Reise einigermaßen einkreisen. Sie muss zwischen dem 26. Oktober 1875 (als Alfred seinen Brief über das Treffen in Wien an Liedbeck schreibt) und den Tagen vor Weihnachten desselben Jahres (als Alfred einen traurigen Brief über ein »freudloses Weihnachten« an Ludvig schreibt) in Paris angekommen sein.

Diesen Besuch schildert Bertha in ihren Memoiren. Alfred Nobel holte sie am Bahnhof in Paris ab und brachte sie ins Grand Hôtel am Boulevard des Capucines, in dem er selbst so viele Male gewohnt hatte. Er berichtete ihr, sie könne bald in ein eigenes Zimmer an der Avenue Malakoff einziehen, das müsse jedoch erst noch in Ordnung gebracht werden.

Bertha erinnert sich des Weiteren, dass er einen sehr sympathischen Eindruck machte. Sie hatte sich einen alten und grauhaarigen Mann vorgestellt und war nun froh und überrascht darüber, dass der Erfinder des Dynamits so jung war. Aus der Erinnerung beschreibt sie den Alfred Nobel, den sie in jenem Herbst traf, als einen Mann kleiner als der Durchschnitt, mit dunklem Vollbart und »weder hässliche noch schöne Zügen«. Er wirkte schüchtern und hatte einen »etwas düsteren Ausdruck, nur gemildert durch sanfte blaue Augen […]«[41]

Bertha Kinsky durfte sich eine Weile im Hotel ausruhen, bis Alfred eine Stunde später zurückkehrte. Er lud sie erst zum Mittagessen im

Speisesaal des Hotels ein und dann zu einer Tour durch Paris in seiner Kutsche. Die Pferde zogen sie die Champs-Élysées entlang, und Bertha bekam auch das ihr zugedachte Zimmer an der Avenue Malakoff zu sehen. Nach all den Briefen kam ihr Alfred Nobel nicht wie ein Fremder vor. Die Gespräche wurden schnell lebendig und anregend, schreibt sie in ihren Memoiren. So trafen sie sich weiterhin jeden Tag für ein paar Stunden, und er ließ sie für einen Moment lang ihren Herzschmerz vergessen.

In diesen wenigen Tagen muss Alfred Bertha Kinsky sogar sein langes Gedicht »Ein Rätsel« gezeigt haben – ein auffälliger Vertrauensbeweis, wenn sein Plan tatsächlich gewesen wäre, lediglich eine Sekretärin zu engagieren. »Ein Denker, ein Poet!«, dachte Bertha und war immer mehr eingenommen von Alfred Nobels agilem Intellekt. Alfred »wußte so fesselnd zu plaudern, zu erzählen, zu philosophieren, daß seine Unterhaltung den Geist ganz gefangennahm«.[42]

Doch in der Einsamkeit des Hotelzimmers kamen ihr die Tränen. Bertha wand sich in Qualen, schrieb unzählige Briefe an Arthur in Wien und erhielt mindestens ebenso viele als Antwort.

Eines Tages nahm Alfred Nobel seinen Mut zusammen und stellte die Frage – ein wenig gewagt für einen schüchternen Mann, falls er in seiner Annonce lediglich nach einer Sekretärin und Haushälterin gesucht hatte.

»Sind Sie freien Herzens?«

Da konnte Bertha nicht mehr. Die ganze Geschichte brach aus ihr heraus, und Alfred tröstete sie, so gut er konnte. Er lobte sie für ihr mutiges Handeln und empfahl ihr dringend, nun allen Kontakt zu Arthur von Suttner abzubrechen. Er meinte, nun müsse sie Zeit vergehen lassen.

»Ein neues Leben, neue Eindrücke – und Sie werden beide vergessen – er vielleicht noch früher als Sie«, sagte Alfred, wie Bertha sich erinnert.

Doch so kam es nicht. Eine knappe Woche später begab sich Alfred Nobel auf eine Reise. Ein erneutes Telegramm aus Wien entschied die

Sache. Arthur von Suttner schrieb, er habe eingesehen, dass er ohne Bertha nicht leben könne. Sie müsste lügen, wenn sie sagte, ihr ginge es nicht genauso. Bertha Kinsky gab auf, schrieb einen Brief an Alfred Nobel und verließ Paris, ehe er zurück war.[43]

Ein halbes Jahr später heirateten Bertha und Arthur heimlich und flohen in den Kaukasus.

Zu jenem Weihnachten hatte Ludvig wie gewöhnlich versucht, Alfred nach Sankt Petersburg zu locken. Ludvig schrieb, er habe sich immer zurückgehalten, von einem Besuch in Sankt Petersburg zu reden, als Alfred noch auf Wanderschaft war und alle Aufmerksamkeit darauf richten musste, wirtschaftlich zu überleben. Aber nun, da er gut gestellt sei, könne er sich doch wohl ein wenig Ruhe gönnen und »gleichzeitig mir und den Meinen die Freude machen, dich ein wenig zu verwöhnen. Außerdem wäre es mir sehr teuer, dich sehen zu lassen, wie es mir geht und wie schön es ist, das Haus voller Leute und Kinder zu haben.«

Als ob Alfred das nicht wüsste.

Und wieder erwähnte Ludvig die besagte »Wienerannonce«. Und gab ihm noch den Rat, dass es selbst in Sankt Petersburg »Frauenzimmer« gäbe, die als »Vorstand deines Haushalts« infrage kämen, vor allem »wenn sie hörten, dass Bildung, Sprachkundigkeit und Talente die notwendigen Fähigkeiten seien, während Jugend und Schönheit nicht gefordert würden«.

Alfreds Antwort ist nicht erhalten, doch einige Tage später schrieb Ludvig einen weiteren Brief, in dem er die »traurigen Klänge von einem freudlosen Weihnachten« kommentierte, die der Bruder vermittelt habe. »Es klang traurig in meinem Herzen wider, als mir klar wurde, wie glücklich ich mit der Kinderschar um mich bin – und alle fragen, wenn ich davon spreche, dass der arme Onkel Alfred allein sitzt, warum er denn nicht herkommt, warum er denn nicht bei uns Weihnachten feiert. Ich habe keine Antwort darauf, doch in meinem Innern warte ich darauf, Nachricht zu bekommen, dass du auf dem Weg hierher seist.«

Ludvig erzählte, seine Kinder würden darum wetteifern, sich mit ihrem Onkel Alfred balgen zu dürfen, wenn er käme. Für das weihnachtliche Überraschungskonzert übten sie ein vierhändiges Klavierstück, und »ihre Augen leuchten beim Gedanken an den bevorstehenden Feiertag«, berichtete Ludvig und streckte ein weiteres Mal die Hand aus. »Jetzt, da ich weiß, dass du zu Hause in deinem Haus sitzt und keine beunruhigenden Geschäfte deine Gedanken umtreiben dürften, da widerstrebt es mir, dich allein zu wissen, ohne eine fürsorgliche Hand oder einen freundlichen Blick in der Einsamkeit.«

Doch Alfred Nobel blieb an diesem Weihnachten in Paris. Allein. Ludvigs Kindern schickte er als Weihnachtsgeschenk ein mechanisches Spielzeug, ein Liebespaar, das anfing zu tanzen, wenn man eine Feder aufzog.[44]

KAPITEL 11

Erfinderlust, Verliebtheit und medizinischer Durchbruch

Nach Bertha Kinskys plötzlicher Heimreise vergrub sich Alfred Nobel in der Arbeit. Inzwischen konnte er mehr Zeit auf Dinge verwenden, die ihm Spaß machten. In seinem Dasein gab es viele quälende Zwänge, wie zum Beispiel herumzureisen und den Betrieb in den Dynamitfabriken in Gang zu halten, Geschäfte zu diskutieren und die Buchhaltung zu überwachen. Das waren die Dinge, die Alfred Nobel langweilten. Er fühlte sich erstickt, war erschöpft und leicht zu verärgern, sowie diese Pflichten ihm die Zeit von dem stahlen, womit er sich eigentlich beschäftigen wollte – die Welt mit neuen Erfindungen vorwärtszubringen oder die alten zu verbessern, Ideen im Kopf herumfahren zu lassen und sich in der Spannung zu verlieren, die es bedeutete, sie in der Wirklichkeit auszuprobieren.

Jetzt hatte er etwas Vielversprechendes auf dem Tisch, woran er ziemlich lange gearbeitet hatte. Es war nämlich so, dass einige der Grubenbesitzer immer noch nicht aufgehört hatten, sich darüber zu beklagen, das Dynamit sei im Vergleich zu dem alten Sprengöl zu schwach. Das war der Preis, den man für die größere Sicherheit des Produkts bezahlte. Wenn das Nitroglyzerin in dem porösen Sand (Kieselgur) absorbiert wurde, dann dämpfte das seine Wirkung.

Doch es gab auch Sprengstoffe, die porös waren, zum Beispiel Schießbaumwolle. Konnte man die Sprengkraft erhöhen, indem man den Sand gegen Schießbaumwolle austauschte? Auf dem Papier klang das gut, aber wenn Alfred zusammen mit dem neu angestellten Chemiker Georges Fehrenbach experimentierte, dann wollte es nicht funktionieren. Die Schießbaumwolle sog das Nitroglyzerin ganz und gar nicht auf dieselbe Weise auf.

Eines Tages hatte Alfred sich in den Finger geschnitten. Er machte es wie immer und pinselte das flüssige Pflaster jener Zeit, Kollodium, auf die Wunde, das sich wie eine leimartige Haut verhielt. In der Nacht wachte er von den Schmerzen auf und pinselte noch etwas nach. Und da wurde ihm mit einem Mal klar, dass Kollodium ja tatsächlich aus Schießbaumwolle bestand, die nur in Äther und Alkohol aufgelöst war. Plötzlich war er hellwach. Er lief in sein Hauslaboratorium hinunter, holte eine Glasschale, mischte Kollodium an und versuchte, etwas Nitroglyzerin hinzuzusetzen. Als Fehrenbach am Morgen kam, konnte Alfred den Embryo seiner neuen Erfindung präsentieren: die Sprenggelatine.[1]

Es blieb noch unglaublich viel harte Arbeit zu tun, um die richtigen Mischungsverhältnisse zu finden, doch schon bald konnte Alfred eine erste Probe der neuen, eher gummiähnlichen Masse in einem Brief an Ludvig in Sankt Petersburg schicken. Vielleicht war die Transportmethode nicht sonderlich gut durchdacht, denn das Papier wurde durchtränkt, und Ludvig hatte, ohne lange nachzudenken, an seinen öligen Fingern geleckt, ehe ihm klar wurde, um was es sich da handelte, und er Panik bekam und sich eilig die Hände wusch.

Im ersten Monat des Jahres 1876 war Alfred Nobel sich seiner Sache sicher. Er hatte einen neuen Sprengstoff geschaffen, der »aller bekannten Konkurrenz« überlegen war. Kurz darauf hatte er das erste Patent auf die Gelatine (die dann auch oft Dynamit genannt werden sollte) erhalten. Diesmal fand Ludvig, der sich über die Neuigkeit freute, Alfred sollte es doch *Nobelit* nennen. Seit ungefähr einem Jahr versuchte er, Alfred zu helfen, auch in Russland die Genehmigung für eine Dynamitfabrik zu bekommen. Das war eine mühevolle Arbeit, und auch wenn Alfred das Gegenteil zu behaupten pflegte, übertraf die Trägheit der russischen Bürokratie immer noch die der französischen.[2]

Alfreds kreative Impulse breiteten sich nun spielerisch über alle denkbaren Gebiete, nicht nur die Sprengstoffe, aus. Er beantragte ein Patent in Deutschland auf eine Methode, Fleisch zu konservieren (indem man »Chemikalien in das Blut lebender Tiere einführt«), und in Frankreich auf einen »automatischen Bremsapparat« für Züge. Als Robert von dem großartigen Ölmarkt in Baku berichtete, begann er, Skizzen für eine »Gasölmaschine« zu zeichnen, die Ludvig begeistert ausrufen ließ, da würde er nicht nur mitfahren, sondern am liebsten »sowohl Maschinist wie Kutscher« sein wollen.[3]

Die Erfinderlust erinnerte an Vater Immanuel, doch der Mut, sich ungeachtet eigener Kompetenzen auf jedem Gebiet zu tummeln, war auch eine Zeitströmung. Der technische und naturwissenschaftliche Zukunftseifer erfasste nicht nur Menschen, die sich Wissenschaftler nennen konnten. Ein Mangel an Sachkenntnis hinderte niemanden, und jeder konnte sich Ingenieur nennen – mit Examen oder ohne.

Der Amerikaner Graham Bell zum Beispiel war ein knapp neunundzwanzigjähriger Taubstummenlehrer, der selbst niemals einen Schulabschluss abgelegt hatte. Seine Leidenschaft im Leben war, mit Klang zu experimentieren. Im Februar 1876 beantragte Bell ein Patent für einen Apparat, der über Draht Klänge senden konnte und nicht nur Klicks wie der Telegraf. Er nannte den Apparat Telefon. Und Thomas Alva Edison, der ein paar Jahre später die Welt mit der ersten stabil funktionierenden Glühbirne versah, war Autodidakt und frecher Innovateur in der Telegrafenindustrie mit höchstens ein paar Monaten geregeltem Schulbesuch hinter sich. Man sagt, Edison habe selbst niemals genug von Elektrizität begriffen, um erklären zu können, was da in dem glühenden Draht vor sich ging.[4]

Andere waren mit mehr Meriten ausgezeichnet, glitten aber auch sorglos über die Grenzen zwischen den Fachbereichen hinweg. Der Franzose Louis Pasteur zum Beispiel besaß seine wissenschaftlichen Expertenkenntnisse in Chemie, revolutionierte im Vorbeigehen aber zum Ärger vieler Mediziner zufällig auch noch die medizinische Forschung.

Alfred Nobel konnte sich nicht Wissenschaftler nennen. Das änderte nichts daran, dass sein Herz für die seriöse Forschung brannte und für die großen Genies, die den Weg aufgezeigt hatten. »Du wunderbarer Newton! Kaum jemand kann wie du Anspruch auf Unsterblichkeit erheben«, sang er das Loblied in einem seiner Gedichte aus dieser Zeit. »Obwohl viele sich über Newtons Genie ergehen, wissen doch nur wenige, wie viel seine Genialität uns hinterlassen hat.«[5]

Eines Tages nahm sein Freund Adolf Erik Nordenskiöld Kontakt zu ihm auf, der Spenden für eine Statue des großen schwedischen Chemikers Carl von Scheele sammelte. Nordenskiöld hatte Mitte der 1860er-Jahre die Freundlichkeit besessen, Alfreds Experimenten wissenschaftliches Gewicht zu verleihen, als die Schwierigkeiten mit dem Sprengöl begannen. Außerdem hatten sie eine Reihe von Geschäften zusammen gemacht. Seither hatte der Polarforscher mehrere erfolgreiche Expeditionen, unter anderem nach Spitzbergen, unternommen. Er war dabei, internationale Berühmtheit zu erlangen.

Alfred wollte gern Carl von Scheele huldigen, der ein paar Jahre zuvor gestorben war.

»Mein Bruder!«, antwortete er gerührt. »Unter den großen schwedischen Namen der Wissenschaft steht für mich von Kindheit an der von Scheeles gleich neben dem von Linné [...] Ehre sei euch allen, die an eine Statue für den Gedankensieger gedacht haben.«[6]

Auch Alfreds Brüder waren von der Erfindungslust beseelt. Robert Nobel hatte seinen zweiten langen Besuch in Baku beendet und war mit guten Nachrichten nach Sankt Petersburg zurückgekehrt. Für die Gegend hatte er zwar nicht viel gute Worte übrig – Baku war ein zugiger, abgelegener orientalischer Ort am Kaspischen Meer mit einem buntscheckigen Bevölkerungsgemisch aus Persern, Armeniern und Tataren, mit denen zu kommunizieren ihm schwerfiel. Es wurde behauptet, die Stadt sei eine lebendige Kreuzung zwischen Ost und West, doch im Staub konnte man weder irgendwelchen Bewuchs noch natürliche Einflüsse von der westlichen Welt erkennen. Aber das Öl, das ließ Roberts Augen leuchten.

Zehn Jahre zuvor hatte er sich daran versucht, Petroleumlampen in Finnland zu verkaufen, ein Projekt, das ihm nicht gerade Geld, aber doch einiges Wissen in Sachen Raffinerien eingebracht hatte. Robert erkannte, wie primitiv in Baku gearbeitet wurde. Als er seine Raffinerie kaufte, war er der Überzeugung, man könne die schlecht beleumundete »Baku-Soße« durchaus zu etwas Großem und Gewinnbringendem machen, wenn man nur eine modernere Gewinnung und bessere Reinigung einführte. Nun begann Robert, seine Kompetenz zu beweisen. Seine Verfeinerung erbrachte Öl von einer Qualität, die das der Konkurrenten um Längen übertraf. Robert Nobel »etablierte sich als der kompetenteste Raffinierer in Baku«, schreibt Daniel Yergin in seinem Buch *Der Preis* über die Geschichte des Öls.

Nobels verfeinertes Öl sollte bald den großen Importen von amerikanischem Petroleum für alle Lampen im winterdunklen Russland ein Ende bereiten. Zu dieser Zeit ging es auf dem Ölweltmarkt fast ausschließlich um die Rohware für Petroleumlampen. Bis dahin hatte der Mensch gerade mal den ersten vorsichtigen Schritt in die Fossil-Epoche gemacht, die dann die Klimakrise des 21. Jahrhunderts hervorbringen sollte.[7]

Ludvig wusste aus Erfahrung, dass Roberts Geschäftsideen mit gewisser Vorsicht zu genießen waren, doch diesmal war er nicht so skeptisch, vor allem nicht, seit Robert erzählte, dass er auch eigenes ausgezeichnetes Öl gefunden habe. Am Neujahrsabend 1875 schrieb Ludvig an Alfred:

»Ich denke immer daran, dass wir, d. h. du und ich, zusammen hinreisen sollten, um zu sehen, ob wir ihm nicht auf irgendeine Weise helfen können. Uns ist es schließlich gelungen, unabhängig zu sein, und wir sollten deshalb versuchen, Robert dabei zu helfen, denselben Stand zu erreichen. Denk deshalb mal über eine Reise nach Baku nach.«[8]

Ludvig sollte große Teile des Jahres darauf verwenden, darüber nachzugrübeln, wie Roberts Öl nach Zentralrussland transportiert werden könnte. Das nächste Problem waren die Finanzen, denn ein paar Millionen Rubel würden schon erforderlich sein, um die Ölgeschichte in Gang zu bringen. Kannte Alfred womöglich irgendwelche ausländischen Investoren? »Es ist jedoch nicht meine Absicht, dir in der Frage der Geldbeschaffung zur Last zu fallen«, schrieb er an Alfred.[9]

Ludvig reiste in diesem Jahr zweimal nach Kaukasien, doch gelang es ihm nicht, seinen jüngeren Bruder mit auf die Reise zu locken. Ludvig war enttäuscht. »Hast du dir etwa geschworen, nie wieder nach Russland zu kommen?«, fragte er Alfred resigniert.[10]

Alfreds Unwillen, Sankt Petersburg zu besuchen, wurde zu einer wachsenden Kluft zwischen den Brüdern. Ludwig konnte nur schwer darüber hinwegkommen, dass der Bruder, seit er die Stadt seiner Jugend verlassen hatte, nur einmal wieder dorthin zurückgekehrt war, und auch da nur eiligst, scheinbar recht ungeplant und zu einer Gelegenheit, als Ludvig selbst zufällig verreist gewesen war.[11] Ludvig konnte nicht umhin, immer wieder Salz in die Wunde zu streuen, als würde er nach einem Grund suchen, den er selbst akzeptieren könnte. Selbst besuchte er den Bruder, seit Alfred sich in Paris ein eigenes Haus gekauft hatte, mindestens einmal jährlich. Die ausbleibenden Gegenbesuche müssten, so schien Ludvig zu denken, mit schlechten Erinnerungen zu tun haben. Er bat Alfred, ihm doch das Glück zu gewähren, »zu versuchen, dir frohe und glückliche Tage in Petersburg zu bereiten, jenem Ort [...], der in den letzten Jahren, als du noch hier lebtest, so reich an Bitterkeit gewesen ist«.[12]

In Schweden war Ludvig seit einiger Zeit der berühmteste der Brüder. Schwedische Zeitungen konnten lange Artikel über den gemütlichen Fabrikpatron mit seiner großen Waffenfabrik und seinen tausend Angestellten in Sankt Petersburg schreiben. Robert und Alfred wurden in der schwedischen Öffentlichkeit oft lediglich die Brüder von Ludvig genannt oder die »anderen« Söhne von Immanuel Nobel.[13]

Das allerdings begann sich allmählich zu verändern, was an Ludvig nicht unbemerkt vorüberging. Er konnte nicht verbergen, wie beeindruckt er von Robert war, der mit seinem Öl »ein wirklich glänzendes

Ergebnis erlangt« hat. Dennoch tendierte Ludvig dazu, sein wirtschaftliches Engagement beim Öl als eine Art Wohltätigkeit darzustellen, wie ein brüderliches Opfer, um Roberts »Lebensgeister zu ihrer früheren Geschmeidigkeit« zu bringen.[14]

Selbst Alfreds Autorität war im Zuge seiner ständig wachsenden Verkaufserfolge gewachsen. Es kam vor, dass Ludvig und Alfred ihre Gewinne verglichen und sich ein gewisses Konkurrenzgefühl in die Briefe einschlich. Im Januar 1877 wurde Alfred Nobel zudem von Frankreichs Ministerpräsident Mac-Mahon zum Ritter der französischen Ehrenlegion ernannt. Er nahm die Auszeichnung mit gemischten Gefühlen entgegen. »Du fragst, ob ich eine Schwäche für Orden habe; das gewiss nicht, aber ich beginne, solchen Putz zu sammeln, derweil es immer noch um die Einführung der Sprengstoffe für Kriegsgebrauch geht, und da sind sie mir von Nutzen«, schrieb er in einem Brief an den schwedischen Kompagnon Smitt. Solche Genehmigungen »sind leichter gewonnen, wenn man zeigen kann, dass die Regierungen sie bereits als eine Sache, die eine Auszeichnung wert ist, erachtet haben«.[15]

Als die Brüder sich im Herbst 1877 in Berlin trafen, um die Sache mit dem Öl zu besprechen, hatte sich das Machtgleichgewicht zwischen ihnen definitiv verändert. Alfred hörte sich das an, was Ludvig und Robert ihm vorstellten, und beschloss dann, sich auf die eine oder andere Weise an ihrem Ölgeschäft zu beteiligen.[16] Danach fuhren Ludvig und seine ganze Familie mit Alfred nach Paris. Neben Ehefrau Edla bestand die Familie in diesem Frühjahr 1877 aus sieben Kindern, deren Alter sich von dem achtzehnjährigen Emanuel bis zu den knapp einjährigen Zwillingen Alexander und Peter (die beide einige Monate später starben) erstreckte. Sie blieben lange, zumindest lange genug für Ludvig, um zu bemerken, dass Alfred sich eine neue weibliche Bekanntschaft zugelegt hatte. Ludvig könnte sogar zumindest indirekt der Grund gewesen sein, dass dies geschah.[17]

*

Kein Ereignis in Alfred Nobels Leben ist so von Heimlichtuerei umwölkt wie seine Begegnung mit der achtzehn Jahre jüngeren Österreicherin Sofie Hess. Nach seinem Tod 1896 wurden große Anstrengungen unternommen, um ihre Existenz aus seinem Leben auszulöschen. Diejenigen, die eingesetzt worden waren, sein Erbe zu verwalten, fanden, sie würde Alfred Nobels Nachruhm beschmutzen. Also löste man das Problem mit einer Dosis Geschichtsklitterung. Mehr als fünfzig Jahre lang war die Wahrheit über das achtzehn Jahre währende Verhältnis mit höchster Geheimhaltung belegt. Alfred Nobel hatte keine Frau an seiner Seite. Punkt.

Freunde und Nahestehende wussten selbstverständlich von der stürmischen Beziehung, wenn nicht vorher, dann auf jeden Fall nach seinem Tod. Da drohte Sofie nämlich, sämtliche Briefe von Alfred Nobel zu veröffentlichen, wenn sie nicht Geld bekäme, und die Testamentsverwalter erkauften sich ihr Schweigen. Pikanterweise sind einige der Briefe noch in der ersten Biografie der Nobelstiftung von 1926 zitiert. Dort werden die Leser dazu verleitet zu glauben, Alfred Nobel habe sie an »eine Freundin« geschrieben.

Schließlich aber wurden die Lügen zu einer Belastung. Im Herbst seines Lebens quälte den den von Alfred Nobel in seinem letzten Testament benannten Testamentsvollstrecker Ragnar Sohlman das Gewissen. Sollte er die Wahrheit über Sofie Hess mit ins Grab nehmen, oder sollte er reden? In seinem Buch *Testamentet* (»Das Testament«), das zwei Jahre nach seinem Tod im Jahre 1948 erschien, erleichterte er schließlich sein Gewissen. Doch sollte es noch bis zur Mitte der 1990er-Jahre dauern, ehe so viele der Briefe veröffentlicht waren, dass man die Beziehung verfolgen und versuchen konnte, sie zu verstehen.

Es ist immer noch unklar, wann die beiden sich zum ersten Mal begegneten. Die oft wiederholte »Wahrheit« enthält doch mehr Annahmen als klare Hinweise. Das Einzige, was man auf den existierenden Dokumenten mit Sicherheit festmachen kann, ist, dass die Begegnung irgendwann zwischen Bertha Kinskys Abreise Ende 1875 und dem Spätsommer 1877 stattfand. Für Anfang September 1877 ist nämlich bewiesen, dass Sofie Hess und Alfred Nobel einander nicht nur als Freunde kannten.[18]

*

Alfred Nobel hatte schon lange vor dem missglückten Versuch mit Bertha, damals Kinsky, mit seinem schlechten Selbstvertrauen in Bezug auf Frauen gekämpft. Bertha von Suttner stellte später fest, er ginge unerklärlicherweise davon aus, dass Frauen ihn abstoßend fänden. Alfred Nobel begriff sich selbst als einen Mann, den sympathisch zu finden den meisten Frau schwerfiel.[19] Doch nun war der vierundvierzigjährige Erfinder von einer Sechsundzwanzigjährigen aus Wien betört worden, die in seiner Nähe nicht zu leiden schien.

Sofie Hess war als die älteste Tochter von Heinrich Hess, einem jovialen, aber wirtschaftlich geplagten Holzwarenhändler im jüdischen Viertel von Wien, aufgewachsen. Als Sofie fünf Jahre alt war, starb ihre junge Mutter am Kindbettfieber, und der Vater heiratete eine neue Frau. Die Familie zog in die dreihundert Kilometer entfernte mittelalterliche Stadt Cilli (das heutige Celje in Slowenien). Die Kinderschar wurde zahlreicher. Sofie litt, und Heinrich Hess gab später zu, dass die Stiefmutter nicht wirklich so liebevoll und freundlich gewesen sei, wie sie es hätte sein sollen. Die Stiefkinder nannten sie schlichtweg gemein.

Heinrich Hess war nicht reich. Die Familie war groß, und er versuchte sein Glück an der Börse. Als seine Anlagen floppten, wurde Sofie genötigt, von zu Hause auszuziehen und sich selbst zu versorgen. Wir wissen nicht, wie alt sie war, als sie wegging, sondern nur, dass es geschah und dass sie zu der Zeit noch nicht viele Schuljahre hinter sich hatte. In der Familiengeschichte steht, sie habe eine Anstellung in einer Konditorei angenommen.

Die Jahre eilten dahin, und dies offenbar zu ihrem großen Leidwesen. Sofie begann, sich als jünger auszugeben. Als Alfred Nobel sie dann schließlich kennenlernte, war sie fünfundzwanzig oder sechsundzwanzig Jahre alt, gab sich aber für zwanzig aus.[20] Da schätzte sie

Alfred Nobel falsch ein, denn der hätte die Wahrheit vorgezogen. Der Altersunterschied sollte ihn immer belasten.

Wie und wo begegneten sich die beiden? Ragnar Sohlman bot in seinem Buch eine Theorie an, die im Laufe der Jahre zur Wahrheit wurde, obwohl Sohlman betonte, wie unsicher er in der Sache war. Diese Theorie geht davon aus, dass Alfred Nobel sich im Spätsommer oder Herbst 1876 im Kurort Baden bei Wien Hals über Kopf verliebte, als er von Sofie Hess in einem Geschäft (Sohlman schlägt ein Blumengeschäft vor) bedient wurde. Das Problem ist nur, dass Alfred Nobel zu seiner Herbstkur 1876 nicht in Wien weilte, sondern im vierhundert Kilometer entfernten Karlsbad. Es scheint abgesehen davon auch nicht wahrscheinlich, dass er sich plötzlich an eine unbekannte Verkäuferin herangemacht haben sollte, wenngleich man das natürlich nicht ausschließen darf.

Der erste erhaltene Brief zwischen Alfred und Sofie ist nicht datiert, man kann ihn aber wegen der Geschäftsverhandlungen, die darin erwähnt werden, zeitlich in das erste Halbjahr 1877 einordnen.[21] Und was schrieb Alfred Nobel, dreiundvierzig, an Sofie Hess, sechsundzwanzig (von der er allerdings dachte, sie sei zwanzig)? Nun:

Mein liebes süßes Kindchen.
Es ist über Mitternacht und erst jetzt haben die Direktoren ihre dritte heutige Sitzung beendet. Was uns so in Anspruch nimmt ist wieder die alte Dir bewusste Geschichte. Morgen geht es nach Pressburg wo meine Anwesenheit noth tut. Ich finde alles hier entsetzlich vernachlässigt, und hätte, wenn es mir nicht so zuwider wäre, hier länger bleiben müssen. Ich fühle mich aber in Gesellschaft dieser Herren sehr unbehaglich und sehne mich weg und zurück. Sobald irgend möglich telegrafire oder schreibe ich Dir wo und wann wir zusammentreffen können; unterdessen grüßt Dich tausend mal recht herzlich und wünscht Dir alles Gute Dein ergebener
Freund
Alfred

Was kann man daraus lesen? Ganz gleich, ob der Brief nun der erste oder der dritte war, tragen die Zeilen doch Spuren einer neuen, vorsichtigen Beziehung. Am Inhalt kann ich sehen, dass Alfred sich, als er ihn schrieb, in Hamburg befunden haben muss. Es ist ohne Zweifel die Abscheu gegenüber seinen deutschen Geschäftspartnern, der er hier Ausdruck verleiht. Deutschland im ersten Halbjahr 1877 – da trafen sich Ende März oder Anfang April die Brüder Nobel in Berlin, um die Sache mit dem Öl gemeinsam zu besprechen.[22]

Es tauchen verschiedene Fakten aus meiner Recherche auf. Vor allem ein Nachname begegnet mir immer wieder. Aus der Korrespondenz zwischen Sofie und Alfred geht hervor, dass sie eine enge Freundin mit Namen Olga Böttger hat. Das ist eine interessante Information, denn ich erinnere mich von Briefen aus den 1860er-Jahren her, dass auch Ludvig Nobel einen guten Bekannten und Geschäftsfreund hatte, der Böttger hieß. Die Frauen der beiden unternahmen manchmal gemeinsame Reisen.[23]

Die Übereinstimmung des Namens wird noch interessanter, als ich in einem späteren Brief von Ludvig an Alfred lese, dass er Sofie Hess »doch kennt« (also scheinbar nicht nur durch Alfred). Sofie ihrerseits stellt Olga Böttger manchmal vor anderen als Alfreds »Nichte« vor. Letzteres ist nicht buchstäblich gemeint, deutet aber an, dass zwischen Olga Böttger und Ludvig Nobel eine Bekanntschaft existiert, die Sofie gern betont. Könnte dies eine Spur sein?[24]

Durch die Unterbrechungen in Alfreds Briefkopierbuch (das war, bevor er sich ein Schreibset für den Reisegebrauch anschaffte) kann ich schließen, dass er den Brief an Sofie zwischen dem 13. und dem 28. Mai 1877 geschickt haben muss.[25]

Ich sammle Mut für eine alternative Theorie: Sofie Hess war keine unbekannte Verkäuferin, jedenfalls nicht nur. Alfred Nobel wurde ihr direkt oder indirekt durch den Bruder Ludvig und seine Familie vorgestellt, möglicherweise im Anschluss an das Treffen der Brüder, als sie im Frühjahr 1877 über das Öl diskutierten. Es kann aber auch bei einer früheren Gelegenheit gewesen sein. (Diese Theorie erklärt jedoch nicht, warum Olga Böttger neben Sofie Hess eine der wenigen Privatpersonen ist, die in Alfred Nobels weltberühmtem Testament eine bedeutende Summe zugesprochen bekommt.)

Im Laufe von Frühjahr und Sommer 1877 begann sich etwas zwischen der jungen Sofie Hess und Alfred Nobel zu entwickeln. Das wissen wir mit Sicherheit. Dieses Etwas verursachte Alfred Unbehagen, und es ist offensichtlich, dass dies mit ihrem sehr jungen Alter zu tun hatte. Im September 1877 trafen sie sich in Wien, und das war wohl kaum das erste Wiedersehen. Ludvig jedenfalls war bereits so weit eingeweiht, dass er in Briefen aus der betreffenden Zeit schon so tun konnte, als würde er sich darüber beklagen, »enfant mamsell Sofie« hindere Alfred daran, ihn zu besuchen.

Alfred seinerseits scheint in dieser Situation das Bedürfnis verspürt zu haben, sich formell von dem Vorwurf freisprechen zu lassen, Sofie verführt zu haben. Wir können davon ausgehen, dass er ihr auf dem Treffen im September die folgende Aussage diktierte:

> *Ich bezeuge, dass Herr Nobel mich überredet hat, zu meinem Vater in Cilli zurückzukehren, und dass es nicht seine Schuld ist, wenn ich das nicht tue.*
>
> *Wien, den 10.9.77.*
> *Sofie Hess.*[26]

*

Das gemeinsame Ölprojekt der Brüder Nobel wurde auch in den kommenden Jahren vor allem von Ludvig und Robert aktiv betrieben. Alfred war das Bollwerk im Hintergrund. Er hatte Robert geholfen, eine Dampfpumpe aus England zu beschaffen, war ansonsten aber mehr distanzierter Beobachter. Ludvig hingegen widmete sich mit Haut und Haar dem Projekt. Er studierte und schrieb lange Aktennotizen über Pumpen, Transporte und Lagerung. Als er las, dass die Amerikaner in Pennsylvania Rohöl in Rohrleitungen, so genannten

»Pipelines«, transportierten, wurde ihm klar, wie veraltet es war, das Öl mittels Tonnen auf Pferdekarren zu transportieren. Über Alfred kam er in Kontakt mit dem Vorlieferanten der amerikanischen Ölproduzenten in Glasgow. Nobels neue Pipelines in Baku sollten ein Erfolg werden.

Leider wurde die Arbeit durch einen neuen Krieg verzögert. Nach mehreren Aufständen gegen die osmanische Regierung in Serbien und Bulgarien hatte sich Russland auf die Seite der Aufwiegler gestellt und Ende April 1877 dem Osmanischen Reich den Krieg erklärt. Die Kämpfe fanden zumeist auf dem Balkan und am Schwarzen Meer statt, lähmten aber auch Sankt Petersburg.

Baku wurde nie zum Schlachtfeld. In Georgien hingegen, wo die frischverheiratete Bertha von Suttner sich als Klavier- und Französischlehrerin durchzuschlagen versuchte, herrschte Krieg. Zusammen mit ihrem Ehemann organisierte Bertha Wohltätigkeitssammlungen für verletzte Soldaten und schrieb Artikel in österreichischen Zeitungen. Es wäre verlockend, diese Erlebnisse als den Beginn ihrer Friedensmission, mit der sie dann ja auch Alfred Nobel anstecken sollte, zu werten, doch sie selbst sagt, dass sie dort und damals überhaupt keinen Widerwillen gegen den Krieg empfand, sondern vielmehr mit dem russischen Kampf für die Sache der Slawen sympathisierte.

In Sankt Petersburg öffnete Ludvig sein Haus für die Herstellung von »Binden und Hemden für die Verletzten« und kaufte für die zahlreichen Näherinnen Stoff in großen Mengen. »Aber ach, wie lange hält das schon vor, wenn an einem Tag 15 000 Mann vom Krieg geholt werden«, klagte er Alfred bekümmert.[27]

Robert schuftete weiter schwer in Baku. In Briefen beschrieb er sich als von Petroleum und Schmieröl besudelt, völlig grauhaarig und mit jedem Tag fetter. »Bald bin ich genauso füllig wie unser seliger Vater«, schrieb er an Alfred. Seine Ehefrau Pauline und die vier Kinder – Hjalmar, fünfzehn, Ingeborg, dreizehn, Ludvig, zehn, und Thyra, fünf Jahre – waren nicht mit in den Kaukasus gekommen. Robert litt unter der Einsamkeit und der Trennung. Anfang 1878, als die Gründung der Firma bevorstand, war er missmutig.

»Es sind einzig allein die wissenschaftlichen und wirtschaftlichen Interessen an dem Thema, die mir meine Kräfte in diesem verdammten Baku erhalten«, klagte er Alfred. »Ludvig ist nie zufrieden, und mir scheint, als wäre er nicht ganz zufrieden, wenn auch ich in diesem Land – im heiligen Russland – etwas von Wert zustande brächte.« Robert verbarg seine Bitterkeit nicht. »Da hätte ich ja auch mein Brot verdienen können, wenn ich in Stockholm geblieben wäre, und meine Kinder hätten daraus sicher mehr gewonnen. Sie werden jetzt von einer Mutter aufgezogen, die gut wie ein Engel ist, aber keine der Eigenschaften besitzt, die für die Kindererziehung erforderlich sind.«[28]

Alfred hatte Mitleid mit Robert, der gezwungen war, es in diesem »grässlichen asiatischen Nest« auszuhalten. Deshalb eruierte er die Möglichkeit, eine größere Partie Wein nach Baku zu schicken, um ihn aufzumuntern. Jetzt, da er Geld hatte, freute es ihn, Geschenke zu verteilen und gute Stimmung zu verbreiten. Und da er schon mal dabei war, beschloss er, auch über die Kinder seiner Brüder etwas Freude auszuschütten. Jeder von ihnen bekam ein paar Aktien an dem deutschen Dynamitunternehmen.

Mutter Andrietta mit Geld zu bedenken war da schon schwieriger, denn die ließ es oft einfach auf der Bank verschimmeln. Alfred wollte ihr stattdessen einen Wagen und Pferde schenken, aber Ludvig befürchtete, das würde ihr nur noch mehr Sorgen bereiten.

So ging es weiter. Die Cousins und Cousinen wurden mit plötzlichen Weingeschenken überrascht, und da sie Alfred so bisher noch nicht kennengelernt hatten, geschah es manchmal, dass sie sich stattdessen bei Ludvig bedankten. Nach einer weiteren kostbaren Gabe an den ältesten Sohn Emanuel pries Ludvig Alfreds Güte. »Er [Emanuel] hat bisher erst so wenig tun können, um so etwas zu verdienen, aber ich weiß schon, dass du dein eigenes, großzügiges Herz befriedigst, und darin erkenne ich dich wieder.«[29]

Auch Ludvig war für seine Großzügigkeit bekannt. Im Jahre 1878 führte er in der Fabrik in Sankt Petersburg eine Gewinnbeteiligung ein und erfreute alle Angestellten mit einer bedeutenden Gratifikation.

In der Gewehrherstellung in Izjewsk, die Ludvig gemeinsam mit dem staatlichen Gewehrfabrikanten Peter Bilderling betrieb, war er bekannt dafür, dass er anständige Wohnungen für die Arbeiter und Schulen für ihre Kinder baute. Anders als Robert glaubte, konnte sich Ludvig auch an den Erfolgen anderer in seinem geliebten Russland erfreuen. Im Frühjahr 1878 jubelte Ludvig darüber, dass Robert in Baku einen riesigen Gewinn von 40 000 Rubel (heute knapp 400 000 Euro) eingefahren hatte. »Du kannst dir sicher denken, wie sehr das ihn erfreuen und seine Laune bessern wird«, schrieb Ludvig an Alfred. »Mich freut es auch sehr, aber hauptsächlich um seinetwillen, denn selbst bin ich ja derzeit so mit Geld überschüttet, dass 40 000 mehr oder weniger keine Auswirkungen auf meine Stimmung haben.«[30]

Doch als Robert als Ausgleich für seine aufopferungsvolle Arbeit in Baku einen größeren Aktienposten in der Ölgesellschaft haben wollte, sagte Ludvig Nein. Der Bruder musste sich mit einem jährlichen Honorar begnügen.

Damals hatte Ludvig gerade noch mehr Geld in das Ölgeschäft investiert, diesmal um das schwierige Transportproblem von Baku ins zentrale Russland zu lösen. Er hatte den ersten Tanker der Welt gezeichnet, die *Zoroaster*, und für viel Geld bei einer Werft in Motala in Schweden bestellt. Ludvig flehte Alfred an, auf die Vernunft des Bruders einzuwirken. »Wir sollten eine Einigung mit Robert wegen des Ausgleichs für seine Mühen treffen, aber Robert ist von so anspruchsvollem und unnachgiebigem Charakter, dass ich die Hilfe anderer benötige, um mit ihm zurechtzukommen […] Dein Beitrag wäre von großem Wert. Du weißt vielleicht, dass Robert sich bei der Bildung der Aktiengesellschaft übervorteilt fühlt, weil ich nicht einen gewissen Anteil an Aktien auf seine Rechnung als Ersatz für seine Mühen einsetzen wollte. Er denkt nicht daran, dass so etwas gesetzlich verboten ist, und zwar genau deshalb, weil es so oft missbraucht wird«, schrieb Ludvig im Juni 1878 in einem Brief.[31]

Alfred hatte ein gewisses Verständnis für Roberts Einstellung und musste dabei an die Lösung denken, die, grob betrachtet, er und Paul

Barbe ebenfalls pflegten, wo der eine für das Wissen stand und der andere fürs Kapital und jeder die Hälfte des Gewinns bekam. Doch natürlich hatte Robert auch keine Patente, die er der zukünftigen Ölgesellschaft *Naftabolaget Bröderna Nobel* hätte überlassen können.

Schließlich scheint Ludvig die Frage ganz unvermittelt aufgeworfen zu haben, und da vermied Alfred es, Partei zu ergreifen. Niemand wusste, wie das Engagement in Sachen Öl ausfallen würde. Das Baku-Unternehmen konnte ein glänzendes Geschäft werden, es konnte aber auch lediglich »Alltagsproportionen« annehmen. Wenn es gut ginge, dann würde Roberts Einsatz selbstverständlich reich belohnt werden, meinte Alfred. »Hingegen kann man natürlich mit Recht einwenden, dass das Unternehmen, wenn Robert sich selbst überlassen gewesen wäre, niemals so zur Reife gekommen wäre, doch dieser Schluss stützt sich nicht auf mathematische Beweise und ist anfechtbar.«[32]

Robert beklagte sich jedoch immer weiter, denn mit dem niedrigen Jahressalär war es seiner Ansicht nach »selbst in Baku unmöglich, so anständig zu leben, wie es erforderlich war, um eine größere Firma zu repräsentieren«, vor allem wenn man gleichzeitig in Stockholm die Erziehung der Kinder bezahlen musste.[33]

*

Die geschäftlichen Diskussionen wurden von den üblichen Litaneien der Brüder über die schwindende Gesundheit begleitet. Robert hatte Probleme mit dem Laufen und dem Sehen, Ludvig reiste gen Süden wegen seiner kranken Lunge, und Alfred plagte eine wiederkehrende Bronchitis. Zudem hatte er sich selbst eine neue Diagnose gestellt. Bei den Kopfschmerzen, unter denen er litt, müsste es sich um Rheumatismus handeln, dachte er. Seltsamerweise scheint er seine Beschwerden niemals mit dem täglichen Umgang mit Nitroglyzerin in Zusammenhang gebracht zu haben, obwohl schon seit den Tagen des Sprengöls vor dieser Nebenwirkung gewarnt worden war.

Im Frühjahr 1878 kämpften die Brüder wie gewöhnlich mit ihren Alltagskrämpfen. Wahrscheinlich wussten sie ebenso wie die meisten anderen nichts über die sensationelle medizinische Entdeckung, die damals der Französischen Akademie der Wissenschaften in Paris vorgestellt wurde und die alles verändern sollte.

Der französische Chemieprofessor Louis Pasteur hatte nach seinen Erfolgen mit dem kranken Wein in den 1850er-Jahren weiter über Mikroorganismen geforscht. Er war jetzt sechsundfünfzig Jahre alt und Professor für Chemie an der Sorbonne. Ein Schlaganfall Ende der 1860er-Jahre hatte ihn linksseitig gelähmt, doch sein Denk- und Arbeitsvermögen waren intakt. Lange Zeit hatte er darüber gegrübelt, ob die Mikroorganismen auch etwas mit ansteckenden Krankheiten zu tun haben könnten. Pasteur und seine Mitarbeiter experimentierten mit Bakterienzuchten der tödlichen Krankheit Milzbrand. Jetzt waren sie sich ihrer Sache so sicher, dass sie zum ersten Mal der Welt »La théorie des germes et ses applications à la Médecine et à la Chirurgie« (»Die Theorie von den Bakterien und ihren Eignungen für die Medizin und die Chirurgie«) vorstellten.

Am Montag, dem 29. April 1878, hielt Pasteur seinen Vortrag vor der Französischen Akademie der Wissenschaften, in der viele kritische Mediziner saßen, denen es nicht gefiel, dass ein Chemiker das Wort ergriff. Sie vertraten die Linie, dass Krankheiten von irgendetwas im Blut verursacht wurden oder durch Unterernährung oder vielleicht schlechte Luft, die von Kloaken oder Schlachthäusern verbreitet wurde. Doch Pasteur ließ sich nicht beirren. Vor den versammelten Mitgliedern verkündete er, sein Experiment würde eine ganz neue Welt eröffnen. »Dies ist der endgültige Beweis, dass es übertragbare, ansteckende, infektiöse Krankheiten gibt, deren natürliche Ursache ausschließlich in dem Vorkommen mikroskopischer Organismen zu finden ist«, erklärte er unter der goldenen Kuppel.[34]

Pasteur hatte recht. Trotzdem blieben die großen Schlagzeilen in den Zeitungen dieses Mal aus. Erst später, als der Franzose seine neu gewonnenen Erkenntnisse nutzte, um eine Impfung gegen Milzbrand und Tollwut zu entwickeln, wurde seine Forschung als eine Heldentat in alle Welt gekabelt.

Doch in Deutschland gab es einen gefeierten Wissenschaftler, der von Pasteurs Auftritt tief erschüttert war. Sein Konkurrent Robert Koch war der Ansicht, er selbst habe die Milzbrandbakterien zuerst entdeckt und Pasteur habe hier überhaupt nichts Neues vorgetragen. Der Rivalität zwischen den beiden fehlte es nicht an patriotischen Untertönen, und sie wuchs sich zu einer Art akademischer Fortsetzung des deutsch-französischen Krieges aus. Louis Pasteur und Robert Koch sollten im Laufe der Zeit jeder seinen Anteil an dem vielleicht größten Durchbruch in der Medizin, der Mikrobiologie, zugeschrieben bekommen, doch im Zweikampf zwischen den beiden war es zweifelsohne der Franzose, der mit dem Sieg vom Platz ging.

*

Im Sommer 1878 durfte die Welt den großen Sieger im französisch-deutschen Krieg, den aggressiven deutschen Reichskanzler Otto von Bismarck, in einer neuen und unerwarteten Rolle sehen: als Friedensvermittler.

Die brüchige Situation auf dem Balkan musste geklärt werden. Russland war als Sieger aus dem einjährigen Krieg gegen das Osmanische Reich hervorgegangen und hatte sich eine gute Ausgangsposition in den Friedensverhandlungen verschafft. Vielleicht ein wenig zu gut, fanden die übrigen europäischen Großmächte, nicht zuletzt Österreich-Ungarn und England. Sie wandten sich unter anderem dagegen, dass ein großräumiges Bulgarien wiederhergestellt werden sollte, und verlangten eine schnelle Rücknahme. Widerwillig akzeptierte Bismarck die Rolle als Friedensengel und lud zur Topkonferenz nach Berlin.

Otto von Bismarck hatte seine größten Tage als Staatsmann hinter sich. Er hatte sein Ziel erreicht, war der Mächtigste in Europa geworden und wurde zumindest die erste Zeit an der Heimatfront geschätzt.

Dennoch sah er überall Bedrohungen, und am schlimmsten war das revanchistische Frankreich. Wie sollte er nun auf dem außenpolitischen Schachbrett seine Figuren setzen?

Er hatte eine defensive Strategie gewählt. Bismarck erkannte, wenn er wichtige europäische Länder in einer Allianz zusammenfügte, dann würden feindliche Gegenmächte daran gehindert, dasselbe zu tun. Auf diese Weise konnten neue Allianzen das junge Deutsche Reich vor einem frühen Untergang schützen. Verhältnismäßig schnell nach dem Frieden mit Frankreich hatte Bismarck deshalb Kaiser Franz Josef von Österreich-Ungarn und Zar Alexander II. aus Russland nach Berlin eingeladen, wo sie ein neues Dreikaiserabkommen aus der Taufe gehoben hatten. Nur waren sich jetzt seine beiden Alliierten plötzlich spinnefeind.

Kurz nach dem Mittagessen am 13. Juni 1878 trafen die Außenminister der Großmächte und der Krieg führenden Länder in Bismarcks frisch renoviertem Berliner Palast ein. Der Berliner Kongress sollte die strahlendste Friedenskonferenz werden, seit Europas Führer sich nach dem Napoleonischen Krieg in Wien versammelt hatten.

Der Kongress dauerte einen Monat. »Freundliche Stimme, scharfe Zunge«, war das Urteil über Bismarck, der die Verhandlungen persönlich leitete. Das Ergebnis war, dass Russland gezwungen wurde zurückzuweichen. Bulgarien wurde verkleinert, und Österreich-Ungarn, das Sorge über den Panslawismus geäußert hatte, bekam Bosnien-Herzegowina als Protektorat zugeschlagen.

Der russische Zar empfand das Resultat von Bismarcks Berliner Kongress als einen demütigenden Angriff von jemandem, den er für einen Freund gehalten hatte. Das Dreikaiserabkommen war Geschichte, sollte aber noch ein paarmal zum Leben erweckt und von anderen Koalitionen begleitet werden. Die europäische Diplomatie sollte noch viele Jahre von diesen verworrenen defensiven Allianzen Bismarcks geprägt sein. Tatsache ist aber, dass sie zu einer unerwartet langen Periode des Friedens auf dem europäischen Kontinent beitrugen. Doch unter der Oberfläche köchelten starke Gefühle, die irgendwann, nämlich 1914, zu dem größten und blutigsten Krieg aufflammen sollten, den Europa bis dahin gesehen hatte.

So sah es aus, das politische Klima, in dem der Kampf für Frieden einer Bertha von Suttner und die Pläne für den Friedenspreis eines Alfred Nobel entstehen sollten. Doch bis dahin sollte es noch einige Jahre dauern.

*

Alfred Nobels Verhältnis zu der jungen Sofie Hess war keine flüchtige Verliebtheit. Der Ton in den Briefen, die Alfred während seiner Reisen an Sofie schrieb, wurde immer intimer. Im späten Frühjahr 1878 besuchte sie ihn in Paris und blieb dort, als er zu geschäftlichen Verhandlungen nach London reiste. Da waren sie einander so nah gekommen, dass sie seine Zahnbürste auslieh und er sich über die Tage ihrer Menstruation informiert hielt.

»Schreibe mir wie Du Deinen Tag zubringst, wohin Du spaziern fährst, was Du kaufst u.s.w. […]«, flehte Alfred aus der Einsamkeit des Westminster Palace Hotels in London im Mai 1878, während er gleichzeitig beklagte, eine plötzliche Explosion in der Fabrik in Ardeer würde ihn tags darauf zu einer eiligen Reise nach Schottland zwingen. Dort angekommen zog er sich auf sein Zimmer zurück, hörte den Wind vor dem Fenster pfeifen und träumte sich weg. »Liebes Sophiechen, […] [Ich] gedenke der angenehmen Stunden welche ich zuletzt in Paris verlebte. Wie geht es Dir, mein liebes, gutes Kind in der Abwesenheit des alten Brumbärs? Spinnt Deine Fantasie goldene Fäden der Zukunft oder wandert die junge Seele durch das Schatzkämmerchen des Gedächtnisses?« Er schloss mit dem »sehnlichen Wunsch dass es Dir wohl geht« und einem »Gute Nacht!«.

Alfreds Großzügigkeit kannte keine Grenzen. Sofie war manchmal niedergeschlagen, und es ging ihr schlecht. Im August, als er selbst mit Arbeit in Paris überhäuft war, finanzierte er ihr eine mehrere Wochen lange Badekur in Schwalbach bei Wiesbaden, mit bezahlter Gesellschaftsdame (die Sofie zweimal wechselte) und einer eigenen Köchin. Er wollte ihr sogar einen Arzt aus Paris schicken, damit der nach ihr sehe. Sowie er Zeit hatte, jagte er in Pariser Boutiquen herum, tauschte einen Mantel um, den sie gekauft hatte, und holte ein Kleid ab, das sie hatte umarbeiten lassen.

Doch dann bekam er plötzlich ein Telegramm von Sofie auf Französisch. Misstrauen und Eifersucht schlugen ihre Klauen in sein Herz. Wer hatte ihr damit geholfen? Alfred schrieb eine rasche Antwort: »Es gehört nicht sehr viel Scharfsinn um auszurechnen wer Deine an mich gerichtete französische Depesche aufgesetzt hat. Er schreibt ganz gut, macht aber doch Fehler.« Als Sofie der Frage auswich, wiederholte er sie mit Schärfe in seinem nächsten Brief: »Kläre mich doch auf, wenn Du kannst, wer Dein Französisches Telegramm an mich richtete oder vielmehr für Dich niederschrieb. Es ist dies ein wunder Punkt zwischen uns welcher stark an mein Vertrauen gerüttelt hat.«

Alfred konnte nicht umhin zu bemerken, dass Sofie selten Zeit hatte, vor Mitternacht an ihn zu schreiben. Briefe ließen manchmal drei Tage auf sich warten. Was machte sie da eigentlich? Er meinte in ihren Formulierungen Reue zu vernehmen. Hatte sie etwas getan, worüber sie nicht reden konnte? Hatte sie ihren Brummbären vergessen?

»Vergesse nur nicht im Rausch der Fröhlichkeit den Anstand und die menschliche Würde ohne welchen kein Weib eine wahre Gattin oder eine wahre Mutter werden kann«, schrieb er säuerlich.

Dann kam die Antwort – ihre Gesellschaftsdame hatte das Telegramm geschrieben. Alfred war von Zuversicht erfüllt, schrieb weiter jeden Tag einen Brief, manchmal sogar zwei, so wie er fand, dass es zwischen Liebenden sein müsse. Er sehnte sich. »So wie meine Gedanken zu Dir hin- und herfliegen möchte ich es selbst thun können.«

Er schickte ein Foto von sich selbst mit, und zwar ein in einem berühmten Fotoatelier bestelltes Porträt, das nicht nur für Sofie gedacht war. Im September stand der fünfundsiebzigste Geburtstag von Mutter Andrietta an, und Ludvig hatte vorgeschlagen, dass die Söhne ein Album für sie anfertigen sollten. Er hatte Alfred gebeten, sich darum zu kümmern. Das Album sollte Raum für Robert und Pauline mit vier Kindern sowie für Ludvig und Edla mit fünf Kindern haben. »Summe 13 Plätze«, hatte Ludvig geschrieben und es Alfred überlassen, für sich selbst zu bestimmen, »wie viele Plätze nötig sind«.

Wie viele Plätze? Alfred hatte das Problem aufgeschoben. Schließlich dann kam Ludvig ihm zuvor und entschied die Sache. Es würde vierzehn Plätze im Album geben, darunter einer für den einsamen Alfred.

Sofie? Sollte er es wagen, sie der Verwandtschaft vorzustellen? Er streckte einen kleinen Finger aus. »Falls Du ein gutes Kind bist und recht bald gesund wirst werde ich versuchen es so einzurichten, dass Du die Reise nach Stockholm mitmachen kannst.«[35]

Manchmal fand er, dass Sofie ihre gesundheitlichen Probleme übertrieb. Missmut und Müdigkeit hatten wohl oft nur damit zu tun, dass sie ihre Woche hatte, dachte er und versuchte, sie daran zu erinnern. »Du musst Dir stets sagen dass es in der Welt so viele tausend Menschen gibt welche kränker sind als Du und dazu auch ohne alle Stütze in der Welt dastehen«, schrieb er.

Am nächsten Tag dann konnte er aber trotzdem mehrere kostbare Stunden darauf verwenden, eine Flasche von einem speziellen Wasser der Franzensquelle zu finden, nur weil das angeblich besser für ihre Gesundheit wäre als das Wasser in Schwalbach. Und als das Wasser in Paris nicht zu bekommen war, bestellte er es mit Eilpost in Deutschland und schickte es dann weiter.

Doch Alfred hoffte nicht nur, Sofies Gesundheit im Kurort verbessern zu können, sondern auch ihre Bildung. Der Hintergedanke mit der Gesellschaftsdame war, dass Sofie Unterricht bekommen sollte. Es quälte Alfred, Briefe zu bekommen, in denen nicht einmal das Wort »Monsieur« richtig geschrieben war. Er hatte Bücher und Studium verordnet und fragte unentwegt, wie es damit ging. »Lernst du fleißig …?« Dann riet er ihr, einen Roman von Balzac zu kaufen, der leicht zu lesen sei. Er hieß *Memoiren zweier jungen Frauen.*

Doch bald war die Eifersucht wieder da: »Brummen will ich aber nicht, möchte aber gerne wissen ob Du von einer Engländerin oder von einem Engländer, oder von einem Deutschen der Englisch spricht, die schönen Ausdrücke von ›Darling‹ etc. gelernt hast«, schrieb er am 2. September 1878.

Alfred quälte sich. Was sollte er glauben? Vor seinem inneren Auge sah er all die Männer, die Sofie in Schwalbach umschwärmten. Das musste schon lange ohne sein Wissen so gegangen sein. So dumm wäre sie ja nicht, dass sie nicht einfach darüber schweigen würde. An eine Stockholm-Reise für Sofie war noch nicht zu denken.

Er hatte sich noch nie so einsam und alleingelassen gefühlt. Seine ganze Position im Pariser Gesellschaftsleben hatte er für sie aufs Spiel gesetzt. Sollte das der Dank sein? Am Ende reiste er nach Schwalbach und half Sofie und ihrer Gesellschaftsdame, in anderes Kurbad an der Atlantikküste umzuziehen.

Doch es war vergebens. Zurück in Paris war er wieder in derselben emotionalen Berg-und-Tal-Bahn gefangen. Sie hatte ihn bereits vergessen, dessen war er sich sicher. Natürlich vergnügte sie sich mit anderen. Sein Lebensmut sank. Und zu allem Überfluss hatte er auch noch das Haus voller Leute. Kaum waren Ludvig und seine Familie nach ihrem langen Frühjahrsaufenthalt abgereist, klopfte auch schon der Schwager des Bruders mit Anhang an die Tür. Natürlich hatte Alfred seine Haushälterin Elise, und die restlichen Bediensteten taten auch, was sie sollten, aber man musste sich doch trotzdem ständig um die Gäste kümmern, sie ins Theater ausführen und standesmäßig behandeln. »Am Tage rennen die Menschen hier herum, als wäre mein Haus ein Hotel, und lassen mich nie in Ruhe«, klagte er. Wenn er zu seiner Arbeit kommen wollte, musste er das zu »außergewöhnlichen Zeiten« tun.

Das ging so weit, dass Alfred sich sogar über seinen eigens ausgesuchten Chemiker Georges Fehrenbach ärgerte, weil der niemals auf die Idee kam, mal zu einer vernünftigen Zeit seinen Arbeitsplatz zu verlassen. Nicht einmal der Besuch seines guten Freundes und Kollegen Alarik Liedbeck machte ihm noch Freude. Liedbeck befand sich seit einiger Zeit in Paris und sollte unter anderem die Zeichnung für eine neue Fertigungsvorrichtung für die Sprenggelatine erstellen. Er hörte so schlecht, dass Alfred schreien musste, was ihn quälte. Der Partylöwe und Frauenheld Liedbeck lebte inzwischen ein glückliches Familienleben mit einer siebenundzwanzigjährigen Cousine, was möglicherweise auch zu Alfreds veränderter Stimmungslage beitrug.

Alfred Nobel war aus dem Gleichgewicht. Er brauchte Ruhe und Frieden. Nicht einmal das Stadtleben lockte ihn mehr, wie er Sofie erklärte. »Wie sich der Mensch doch verändern kann: vor Jahren sehnte ich mich nach der Weltstadt um das Treiben der Menschen anzuschauen und mitzumachen; heutzutage sehne ich mich immer weiter weg davon um die süße irdische Ruhe als Vorläufer der ewigen Ruhe zu genießen.«[36]

*

Beruflich genoss Alfred Nobel einen warmen steten Rückenwind. Die Patente für seine Sprenggelatine trudelten eins nach dem anderen ein, und das geschah ungefähr zur gleichen Zeit, als mehrere Dynamitpatente ausliefen. Auf diese Weise besaß er in den verschiedenen Ländern ein fortlaufendes Monopol, was die Einkünfte wohl kaum negativ beeinflusste. Doch nicht überall akzeptierte man diesen raffinierten Schachzug oder jubelte gar über den neuen Sprengstoff. In Großbritannien verlangte die Sprengstoffinspektion Unmengen neuer Tests.[37]

Doch an den meisten Orten wurde das neue Produkt begeistert aufgenommen. Als man bei den Arbeiten am Gotthardtunnel durch die Alpen das Dynamit gegen die Sprenggelatine austauschte, erhöhte sich die Bohrgeschwindigkeit von zwanzig auf fast dreißig Meter pro Tag.[38]

Paul Barbe und Alfred Nobel hatten einen länderübergreifenden technischen Rat, ein zentrales »Syndikat« in Paris, eingerichtet. Sie wollten damit eine bessere Kontrolle über die vielen Dynamitunternehmen (und Alfred mehr inneren Frieden) bekommen, indem die Unternehmen aus den verschiedenen Ländern sich bei Problemen dorthin wenden sollten, damit Alfred Nobel nicht mehr ständig über den Kontinent reisen musste. Deshalb befand sich übrigens auch Alarik Liedbeck in Paris. Alfred hatte ihn mit einer Stelle als technischer Berater des Syndikats gelockt.

Das Arrangement war allerdings kein sonderlich großer Erfolg. Die verschiedenen Dynamitunternehmen schienen viel mehr darauf ausgerichtet, miteinander zu konkurrieren, als zusammenzuarbeiten. Sie schlugen sich um Märkte, schraubten die Preise herunter und betrogen einander um Patente. So entstand zum Beispiel damals gerade ein großer Streit zwischen dem deutschen und dem britischen Unternehmen über die Lieferungen nach Australien.

Vielleicht hoffte Alfred auf eine Stärkung des Zusammengehörigkeitsgefühls aller internationalen Dynamitdirektoren durch die neue Weltausstellung, der bis dahin größten der Geschichte, die 1878 in Paris stattfand. Allerdings war Deutschland nicht unter den Ausstellern vertreten, und vielleicht war es auch nicht sonderlich durchdacht, dass Frankreich die Hälfte des Raumes in den Pavillons mit Beschlag belegte. Doch im Gedränge auf dem Marsfeld herrschte dennoch ein gemeinsamer Fortschrittsgeist. Der französische Bildhauer Auguste Bartholdi zeigte den Kopf der *Freiheitsgöttin*, der Statue, die das französische Volk den USA zum hundertjährigen Jubiläum der Unabhängigkeit schenken würde. Im schwedischen Pavillon wurden Funde von Adolf Erik Nordenskiölds früheren Polarexpeditionen gezeigt, und in dem amerikanischen konnte man Alexander Graham Bells neues Telefon besichtigen, das im Übrigen eine Goldmedaille errang. Ein russischer Ingenieur erregte Aufmerksamkeit, als er das Marsfeld mit dampfbetriebenen elektrischen Lampen erleuchtete und es schaffte, dass sie über eine Stunde lang brannten.

Alfred Nobel wohnte fußläufig zum Marsfeld. Er stand auf der Liste der Aussteller und konnte kommen und gehen, wie er wollte, war vom Angebot aber nicht sonderlich beeindruckt, nicht einmal von den Dampflampen. »Von außen und von innen strömt einem ein förmliches Lichtmeer entgegen. Denke Dir den ganzen unteren Raum mit Dampfmaschinen und anderen Maschinen ausgefüllt welche keinen anderen Zweck haben als das Gebäude von innen zu beleuchten. Schön ist es aber mir will die Sache für die allgemeine Beleuchtung doch nicht recht practisch erscheinen«, schrieb er an Sofie Hess, kurz bevor er nach Stockholm abreiste.[39]

Andrietta Nobel war von Heleneborg in eine Wohnung auf der Götgatan 32, in der Nähe des großen Verkehrsknotenpunkts Slussen, gezogen, leider jedoch mehrere Treppen hoch im Haus. Die Söhne hatten versucht, etwas anderes für sie zu finden, doch für die Feier ihres fünfundsiebzigsten Geburtstags war ihnen das noch nicht gelungen.

Die Witwe war in der letzten Zeit aufgelebt. Sie bewegte sich mehr draußen in der Stadt, und es kam vor, dass sie zum Abendessen in ein Restaurant ging oder das Theater und andere »Spektakel« besuchte. Doch alle drei Söhne mit ihren Familien zu beherbergen, das schaffte sie nicht, und dazu fehlte auch der Raum. Sie mussten sich im neuen Grand Hôtel am Blasieholmskajen einquartieren, wo, laut Alfred, »die Möbel vergoldet und das Essen verfault« war. Alfred bekam ein eigenes Zimmer mit Aussicht über Stockholms Gewässer, doch es dauerte nicht lange, da waren die Neffen da und lärmten herum. Nicht einmal den Schreibtisch hatte er für sich allein.[40]

Der Besuch der Brüder Nobel in der Heimatstadt weckte das öffentliche Interesse. Vor allem Ludvig wurde von Stockholmern mit lebhaften Geschäftsideen aufgesucht, denn auch in Schweden gab es kreative Erfinder: Es war das Jahr, in dem Gustaf de Laval die Milchzentrifuge erfand, die der Grundstein für das Großunternehmen Alfa Laval wurde. In einer Werkstatt auf der Drottninggatan in Stockholm hatte der zweiundzwanzigjährige Värmländer Lars Marcus Ericsson begonnen, eine Variante von Bells Telefon zu bauen – ein Unternehmen, das in den multinationalen Konzern LM Ericsson (Ericsson) münden sollte.

Andrietta genoss es, alle Kinder und Enkelkinder um sich zu haben. Die »Schiffsladung« Verwandter hatte volles Programm und machte die Mietkutscher der Stadt mit ihren umfangreichen Wagenbuchungen glücklich. Stockholm hatte ebenso wie Paris von Pferden gezogene

Straßenbahnen bekommen, doch die Nobels entschieden sich dafür, sich eigene Equipagen zu gönnen. Cousins luden zu Abendessen ein, Frühstücke und Mittagessen folgten aufeinander. Und natürlich gehörte eine Tour raus nach Vinterviken zur Dynamitfabrik dazu.

Der Geburtstag am 30. September erfreute mit schönem Wetter. Familie Nobel hatte ein stattliches Fest für Andrietta organisiert. Sie bekam ihr Album und einen stattlichen Schwung Blumen. Zum großen Geburtstagsessen mit der gesamten Verwandtschaft und vielen Freunden am Abend hatten sie das elegante Restaurant Hasselbacken auf Djurgården gebucht. Wer wollte, konnte vom Strömparterren-Park in der Stadtmitte mit dem Dampfschiff dorthin fahren. Ludvig und Alfred teilten sich die Rechnung, die am Ende über tausend Kronen betrug, oder fast 60 000 Kronen (6000 Euro) nach heutigem Geldwert.[41]

Die Freundin und Schriftstellerin Josefina Wettergrund, bekannt als »Lea«, trug mit einem langen Geburtstagsgedicht auf Andrietta zum Fest bei. Darin ging es viel um die große Freude ihres Lebens, die Söhne:

Männer sind sie nun, haben die Welt erlebt
Und deren Schule erfahren in eigener Weise.
Mit Mutterliebe und mütterlich' Gebet
Warst du mit ihnen auf dieser Reise.
Graue Strähnen tragen sie in den Haaren,
Aber ach! Es sind doch »deine Buben«,
Deine Herzenskinder, wie als sie klein noch waren.[42]

Alfred wurde warm ums Herz, als er Andriettas Glück sah. Die Brüder meinten, er sei ihr »Goldjunge«. Dennoch fiel es ihm schwer, während der Feierlichkeiten wirklich anwesend zu sein. Er mochte den Stress nicht, das Essen bereitete ihm Übelkeit, und seine Kopfschmerzen wurde er auch nicht los, obwohl er dem Rauchen ebenso wie dem Wein entsagte. Die Beziehung zu Sofie ließ ihm auch keine Ruhe. Hatte sie ihn vergessen? Wollte er, dass sie ihn vergaß? In den letzten Wochen hatte Sofie angefangen, *ihn* zu beschuldigen, er würde hinter anderen Frauen herlaufen. Unsinnig, fand Alfred.

Eines Abends hatte er Nasenbluten, als er an Sofie schrieb. Im Brief behauptete er, ein Tropfen Blut sei auf seinem Briefpapier gelandet, und der Fleck, den sie da sähe, sei ein Beweis für seine Unruhe über das »Sorgenkind«. Hundert Jahre später sollte der Schriftsteller P. O. Sundman den Brief durch einen Kriminaltechniker untersuchen lassen. Es stellte sich heraus, dass es sich wirklich um einen Blutfleck handelte, dass Alfred jedoch geschummelt hatte. Wenn der Blutstropfen von der Nase gefallen wäre, hätte der Fleck viel größer sein müssen. Alfred Nobel muss das Blut mit einer Stiftspitze oder einer Pipette dort platziert haben.

Der Brief spiegelt den inneren Kampf zwischen Vernunft und Gefühl wider, den Alfred in diesen Tagen mit sich ausfocht. Er war bald fünfundvierzig Jahre alt. Sie waren kein passendes Paar. Er versuchte, das Sofie zu erklären: »[Ich] habe lange Jahre jemand gesucht an dessen Herz sich das meinige finden möchte. Das darf aber kein einundzwanzigjähriges Herz sein dessen Weltanschauung und Seelenleben mit dem meinigen wenig oder gar keine Gemeinschaft hat.«

Dann reuten ihn seine Worte, und er schickte liebevolle Küsse und beteuerte, dass er sich nach ihr sehne.[43]

*

Im Oktober 1878 wohnte Sofie Hess in einer eigenen Wohnung in Paris, die Alfred Nobel für sie gemietet hatte. Die lag nicht weit von seiner entfernt auf der Rue Newton in der Nähe der Champs-Élysées. Es ist möglich, dass sie schon im Frühjahr dorthin gezogen war, doch wissen wir sicher, dass es im Spätherbst der Fall war.

Ihre Wohnung war nämlich der Ort des Skandals, der nun eintraf.

Nach dem Fest in Stockholm reisten Alfreds Brüder von Stockholm nach Paris, um die Weltausstellung zu sehen. Als Erster war Robert da, in Gesellschaft von Ludvigs inzwischen neunzehnjährigem Sohn Emanuel. Alfred stellte den beiden Sofie vor und reiste dann nach London.

Emanuel Nobel stattete der »Begleiterin« seines Onkels am Tag vor seiner Heimreise einen Höflichkeitsbesuch ab. Emanuel war ein gut aussehender junger Mann, mit den hellen Zügen seines Vaters, zurückgekämmtem Haar und flauschigen Koteletten. Als er sich verabschieden wollte, hörte er zu seinem Erstaunen, wie Sofie ihn bat, über Nacht zu bleiben. Er war vollkommen fassungslos. Das konnte nicht anders interpretiert werden denn als erotische Einladung. Wie Emanuel sich hinterher erinnerte, fielen die Worte wie folgt: »Ach, draußen regnet es. Sie müssen heute Nacht hierbleiben.« Bedrückt nahm er Abschied.[44]

Später dann in Alfreds Haus erzählte Emanuel seinem Vater, der eben in Paris angekommen war, davon. Ludvig war entsetzt. Man durfte nicht zulassen, dass eine solche Frau Alfred umgarnte. Er entschied sich für einen groben Bruch der Etikette: Er würde Sofie während seines Paris-Besuchs gar keinen Besuch abstatten. Das würde vielleicht ein Denkzettel für sie sein. Außerdem beschloss er, ein paar Worte der Warnung an Alfred zu richten, ohne fürs Erste exakt zu enthüllen, was geschehen war.

Der Bruder war immer noch verreist, also schrieb Ludvig einen Brief. Er begann damit, Alfreds Gastfreundschaft zu preisen und ihn wie üblich zu ermahnen, sich doch weniger um Geschäfte zu kümmern, sondern mehr mit Gymnastik für seinen Körper zu sorgen. Dann würde er mehr »Behaglichkeit und Gesundheit« in sein Leben bringen. Aber, fuhr Ludvig fort, »Behaglichkeit ist für dich bekanntermaßen nicht dort zu finden, wo du sie jetzt suchst. Wirkliche Behaglichkeit gibt es nur unter achtenswerten Frauen aus guten Familien. Unglück berechtigt sicher zu Mitleid, doch ist es allein die weibliche Tugend und Würde, die jene Achtung erzeugt, die wir Frauen so gern erweisen. Verzeih mir, bester Alfred, dass ich ein Sujet berührt habe, bei dem du selbst mich nicht um Rat gebeten hast.« Ludvig erklärte, er habe bewusst Sofie nicht besucht, um »sie nicht in ihren Hoffnungen und ihrem Streben zu bestärken, dich fürs Leben zu binden. Verzeih mir diese Indiskretion, aber das Bruderherz meint es gut.«[45]

Alfred Nobels Reaktion ist nicht erhalten, doch kann man sich leicht vorstellen, wie er sich fühlte, zumal nach all der Qual, die er in den letzten Monaten durchgemacht hatte. Er muss um Details gebeten haben, und er kann Sofie nicht vorenthalten haben, was er erfahren musste. Dass er sehr empört war, geht aus den Umständen hervor. Sofie Hess schrieb zwei Briefe an Emanuel, in denen sie sich verteidigte und ihn bat, die kompromittierende Anschuldigung zurückzunehmen. Ihr Brief ist nicht erhalten, hingegen seine Antwort. Der Neunzehnjährige erachtete es für gut, sich zurückzuhalten. Er gab wortgetreu ihren Satz darüber, dass er als Folge des Regens über Nacht bleiben solle, wieder, erklärte sich aber bereit, seine Anschuldigung zurückzunehmen, falls er ihre Worte missverstanden haben sollte.

Für Alfred saß der Stachel tief und war dadurch kaum geringer geworden. Auf irgendeine Weise gelang es den beiden, über die akute Krise hinwegzukommen, und nicht einmal Ludvig sollte auf lange Sicht seine Distanz zu Sofie aufrechterhalten.

Im Riksarkivet in Stockholm liegt ein nicht datierter Brief von Sofie Hess an Alfred Nobel, der mit dieser Sache zu tun haben kann (wenn er sich nicht auf ein ähnliches Drama ein paar Jahre später bezieht). Sofie schreibt an Alfred, sie könne beweisen, dass die Anschuldigung falsch sei. Wenn Alfred sie dennoch verlassen würde, dann wisse sie nicht, wohin sie gehen sollte. Sie sei einsam in der Welt und habe »keine lebendige Seele«, an die sie sich wenden könne, außer Alfred, den sie so sehr liebe und ohne den sie nicht leben könne. Niemals habe sie gedacht, er könne sich so verhalten, wie er es getan habe (wie, das wissen wir leider nicht). Sie würde das »weiß Gott« nicht verdienen, doch würde er darauf bestehen, so würde sie ihn natürlich von allen Verpflichtungen lossagen. Dann müsse sie versuchen, sich selbst in ihrer »grässlichen Verfassung« durchzubringen, sich ein kleines Zimmer besorgen und einen Dienst in einem Haus annehmen. Die Geschenke, die sie bekommen habe, würde sie sofort zurücksenden.

Sofie spie aus, wie unglücklich sie war, wiederholte, dass sie nicht verstehen könne, warum Alfred so hart gegen sie sei, und das völlig ohne Grund. Sie sei schließlich seinetwegen nach Paris gezogen. »Warum ich diesen Schritt unternahm, es war nicht für eine Lustreise, sondern weil ich mich zu Dir hingezogen fühlte, ich liebte Dich bereits da.«

Die Worte müssen ihn weichgemacht haben. Alfred Nobel war nicht der Mensch, der seine Verpflichtungen einer jungen Frau gegenüber vergaß, in die er so vernarrt war und die ihm so »angenehme Stunden« bereitet hatte. Vor allem nicht, wenn es womöglich zuträfe, dass sie unschuldig war.[46]

*

Im Herbst 1879 genehmigte der russische Zar die Gesellschaftsgründung für *Naftabolaget Bröderna Nobel*, die Öl-Aktiengesellschaft der Gebrüder Nobel. Großaktionäre waren Ludvig Nobel, der Aktien für 1,6 Millionen Rubel (über sechzehn Millionen Euro heute) gezeichnet hatte, und sein Kompagnon Peter Bilderling, der 930 000 Rubel eingesetzt hatte. Alfred begann vorsichtig und investierte 115 000 Rubel. Darüber hinaus war Ludvig auch Robert mit einem Posten Aktien entgegengekommen.

»Mit Robert haben sich die Dinge […] endlich geklärt, und ich glaube, er ist jetzt zufrieden und dürfte zugänglicher sein«, schrieb Ludvig an Alfred. »Er hat jetzt einen Anteil im Unternehmen von 150 000 Rubel, wodurch die Zukunft seiner Familie gesichert ist.«[47]

Gleichzeitig kam aus Baku die alarmierende Meldung, das Leben des ältesten Bruders sei in Gefahr. Robert war plötzlich an einer schweren Erkältung erkrankt, die nicht als Hypochondrie abgetan werden konnte. Er hatte hohes Fieber, geschwollene Lymphknoten und, nach den Krankenberichten, die Ludvig erreicht hatten, eine geschwollene Milz. Die Mitarbeiter in Baku glaubten nicht, dass er überleben würde, doch nach ungefähr einer Woche erholte er sich. Erschöpft und schwach versuchte Robert, die Arbeit wieder aufzunehmen. Doch war er so schwer mitgenommen, dass die Brüder entschieden, er solle nach Schweden reisen und sich dort wieder kurieren.

Ludvig seinerseits hatte alle Hände voll zu tun mit Krankheiten in der eigenen Familie. Sie hatten beschlossen, den Winter über in Stockholm zu bleiben, um eine anständige Behandlung für Tochter Mina zu sichern. Sie litt unter einer chronischen Tuberkulose »mit Rückgratverkrümmung«. Als wäre das nicht genug, steckte sich die Kleinste, Selma, die erst ein halbes Jahr alt war, während des Schwedenbesuchs mit Wundrose an und starb.

Selbst achtete Ludvig mehr denn je darauf, sich um seinen Körper und seine Gesundheit zu kümmern. Tägliche Krankengymnastik, gern mit Massage, war sein Rezept. Auch wurde er nie müde, in dieser Sache bei seinen Brüdern zu missionieren. Immerhin waren sie nicht allzu fern mit dem Schöpfer der Heil- und Krankengymnastik, Pehr Henrik Ling, verwandt. An diese Verbindung wurde Alfred ständig erinnert, weil sein Freund Alarik Liedbeck zufällig der Neffe von Fechtmeister Ling war.

Sitz nicht zu lange am Schreibtisch!, konnte Ludvig ihn ermahnen. Du musst dich bewegen! Wenn kein Masseur in der Nähe sei, könne man dieses Detail auch selbst lösen, riet er Alfred. »Ich nehme einen gewöhnlichen Spazierstock, rund und glatt, etwa einen Finger dick. Ich fasse beide Enden mit den Händen und lege ihn hinter den Nacken. Nun kann ich den Stock leicht mit mehr oder weniger Druck von oben nach unten rollen lassen und auf diese Weise eine Bewegung erzeugen, die das Blut nach unten zwingt [...].«[48]

*

Auf der Avenue Malakoff hatte Alfred Nobel endlich sein Labor fertig eingerichtet. Dort unternahm er nun die allerersten Versuche, den Anwendungsbereich für seine Sprengstoffe zu erweitern.[49] Er wollte in die Kriegsindustrie. Das Dynamit taugte ja nicht als militärische

Waffe, doch vielleicht konnte man ja die Sprenggelatine in diese Richtung entwickeln.

Zu dieser Zeit versuchten viele Erfinder und Chemiker, das große Problem zu lösen, das mit der Anwendung von Schwarzpulver in Gewehren und anderen militärischen Waffen verbunden war. Wenn die Soldaten schossen, entstand nämlich eine Rauchwolke, die zum einen die Sicht erschwerte, zum anderem dem Feind offenbarte, wo sich der Schütze befand. Alfred Nobel hoffte, als Erster eine Lösung zu finden.

In England hatte ein Professor Frederick Abel die Sprenggelatine mit großem Lob überschüttet, als Alfred sein britisches Patent bekam, und sie schlicht einen »vollendeten Sprengstoff« genannt. Abel hatte selbst mit Schießbaumwolle gearbeitet und unter anderem das Patent auf einen modifizierten derartigen Sprengstoff erhalten. Abel war ein Mann mit zwei Gesichtern, der großzügig mit der einen Hand gab, was er im Verborgenen mit der anderen wieder zurückholte. Nun pries er Alfred, während er gleichzeitig hinter den Kulissen dafür sorgte, dass die britische Sprengstoffinspektion der Sprenggelatine ihr grünes Licht für den britischen Markt verzögerte. So hatte Abel sich auch verhalten, als es um das Dynamit ging.

Doch Alfred Nobel vertraute darauf, dass Abel jetzt auf seiner Seite stehe. Die beiden begannen eine Zusammenarbeit, die darauf angelegt war, ein rauchfreies Pulver für militärische Gewehre und Granaten zu entwickeln, vielleicht mit der Sprenggelatine als Basis. Das brachte für Alfred viele Reisen nach England und Schottland mit sich, manchmal mit, aber meist ohne Alarik Liedbeck und Georges Fehrenbach im Schlepptau. Die einsam gelegene Fabrik in Ardeer, die Liedbeck aufgebaut hatte, war ideal für diese Art von Versuchen. Alfred konnte während seiner Besuche ein kleines zweistöckiges Steinhaus in der Nähe bewohnen, doch gewöhnte er sich nie recht an das Klima. Er drohte gern damit, nach London zu fahren und nie wiederzukommen, und mit der Zeit wurden die Besuche in Ardeer auch immer seltener.[50]

»Stelle Dir unabsehbare Sandhügel vor, unbewohnt und unbelebt«, schrieb Alfred im Juni 1879 an Sofie. »Es ist eine wunderliche Sandwüste, wo der Wind immer braust und häufig heult, und die Ohren mit Sand verstopft, welcher sogar wie ein feiner Regen in den Zimmern herumfliegt. Darin liegt nun die Anlage wie ein großes Dorf, und die meisten Gebäude verstecken sich hinter Sandhügel. Einige hundert Schritte weiter liegt der Ocean, und zwischen uns und Amerika ist nichts als Wasser dessen mächtige Wellen mitunter prachtvoll toben und wogen.«[51]

Ardeer lag vor Glasgow, was von London aus eine zehnstündige Zugreise bedeutete, zehn oft stille Stunden in den Erste-Klasse-Abteilen, in denen Alfred fuhr. Die Bahn hatte nicht in jeder Hinsicht die Menschen einander näher gebracht. Natürlich verringerte sie den Abstand in Europa, doch nicht zwischen den Passagieren, vor allem nicht in den abgetrennten Erste-Klasse-Abteilen. Hier legte sich unerwartete Stille auf die Menschen. »Vor der Ausbildung der Omnibusse, Eisenbahnen und Straßenbahnen im 19. Jahrhundert waren die Menschen überhaupt nicht in der Lage, sich minuten- bis stundenlang gegenseitig anblicken zu können oder zu müssen, ohne miteinander zu sprechen«, zitiert Wolfgang Schivelbusch in seinem Buch *Geschichte der Eisenbahnreise* den Soziologen Georg Simmel.

Das lernte man jetzt. Es war, als würde die aufgelockerte Stimmung der Postkutschen sich in Luft auflösen, als sie zu »Kupees« in Zügen umgewandelt wurden. Schivelbusch zitiert einen gelangweilten Passagier: »Es gibt kein Gespräch, kein gemeinschaftliches Gelächter, nichts als eine lastende Stille, die von Zeit zu Zeit unterbrochen wird, wenn ein Reisender seine Uhr hervorzieht und ungeduldig etwas vor sich hin murmelt [...].« Nicht einmal die Zeit war den Passagieren gemeinsam. Zwischen den Städten in ein und demselben Land konnten sie sich immer noch um eine Viertelstunde, manchmal mehr, unterscheiden, was alle Fahrpläne hinfällig machte.[52]

Alfred lernte, die Ruhe und Einsamkeit während der Reisen zu genießen. Er versank in seinen Büchern. Auf der Zugfahrt hinauf nach Ardeer im Frühsommer 1879 pflügte er durch Victor Hugos bissiges Pamphlet über den Staatscoup von Napoleon III. im Jahre 1852, das er

»sehr gut geschrieben« fand. Während des Lesens musste Alfred sich oft die Augen reiben. Die Abteile waren mit dunklem Holz eingerichtet, und in vielen Zügen stand nur der unsichere Schein von flackernden Laternen zur Verfügung.[53]

Das sollte sich ändern. Schon bald würde die Welt buchstäblich vom Dunkel ins Licht kommen und nie wieder so aussehen wie vorher. Am Neujahrsabend 1879 stellte der amerikanische Erfinder Thomas Alva Edison zum ersten Mal öffentlich seine revolutionäre elektrische Glühlampe vor. Er hatte sein ganzes Labor in New Jersey und die Gebäude ringsum mit neuen Glühbirnen ausgestattet. Die Allgemeinheit strömte dorthin. Sonderzüge mussten eingesetzt werden. Alle wollten die magisch erleuchteten Häuser sehen.

Es war nicht die erste elektrische Lampe der Geschichte, aber die erste, die eine ganze Nacht lang hell leuchten konnte. Bald würde diese Zeit vervielfacht werden. Das Geheimnis war, dass es Edison gelungen war, fast alle Luft aus der Kugel zu pumpen. Außerdem hatte er einen besseren Glühdraht gefunden. Eine Massenproduktion war zum Greifen nahe.

Als der Sturm sich nach der Neujahrsdemonstration in New Jersey gelegt hatte, soll der Erfinder die Worte von Ewigkeitswert geäußert haben: »Wir werden die Elektrizität so billig machen, dass nur noch die Reichen Kerzen anzünden.«[54]

KAPITEL 12

In Zeiten von Bruderzwist, Liebeskrise und Friedensträumen

Zu Neujahr 1880 lag die französische Hauptstadt unter einer dicken Schneedecke. Die winterliche Kälte brachte das Alltagsleben zum Erliegen, aber von den Schlittschuhtouren auf der gefrorenen Seine sollte man noch lange lyrisch schwärmen. In Erinnerung an das Jahr, in dem man in Paris auf dem Wasser gehen konnte, wurden sogar Medaillen geprägt.

Dann kamen das Tauwetter und der nervenzehrende Eisbruch. Die Behörden beschlossen, diesen Prozess zu beschleunigen. Schließlich wohnte nicht umsonst der Erfinder des Dynamits, Alfred Nobel, in der Stadt. Sprengpatrouillen wurden losgeschickt, einige Dynamitladungen wurden abgefeuert, und riesige Eisschollen, groß wie ganze Stadtviertel, begannen, sich unter den Brücken zu lösen. Schon bald war die Katastrophe da. Die Schollen rissen die Anleger von Dampfschiffen mit, große Kohlevorräte versanken, und eine Zeit lang fürchtete man sogar, dass die Pariser Brücken von den so dramatisch ausgelösten Naturkräften niedergemacht würden. Und die Bewohner von Paris waren von dem Gerücht geschockt, es seien angeblich sogar die großen Weinlager in Bercy gefährdet.[1]

In Russland war das Dynamit in noch schlechteren Ruf geraten. Das

Land war von einer Serie von Bombenattentaten aus Protest gegen den inzwischen zweiundsechzigjährigen Zar Alexander II. heimgesucht worden. Der Zar war nicht mehr der liberale und reformorientierte Regent, den Alfred Nobel in seinem Jugendgedicht gepriesen hatte. Der repressive Polizeistaat, den er nach einem Mordversuch Mitte der 1860er-Jahre errichtet hatte, begann immer mehr, der Schreckensherrschaft seines Vaters Nikolai I. zu gleichen. Unter den Liberalen war die Unzufriedenheit bereits übergekocht, und als der Friedensverhandler Bismarck 1878 Russland um den Triumph gegen die Türken brachte, liefen auch noch die Panslawisten Amok.

Besonders heiß kochten die Emotionen unter den Aktivisten der Terrorzelle, die sich im Sommer 1879 im Kurort Lipetsk trafen. Elf an der Zahl waren sie und einig in ihrem Beschluss: Zar Alexander II. sollte ermordet und das Imperium zerschlagen werden. Nun waren elf Terroristen sicherlich keine große Armee, doch sie wussten, dass es noch nie leichter gewesen war, einen Staatsstreich zu verüben. Jetzt gab es nämlich eine Mordwaffe, die nicht einmal die große Leibwächterschar des Zaren stoppen konnte. »Denn jetzt gab es Dynamit. Die neueste Technik, moderne Methoden, der neue Sprengstoff, den der Schwede Nobel 1867, ein Jahr nach dem ersten Attentat auf den russischen Zaren, erfunden hatte«, schreibt der russische Historiker Edvard Radzinskij in seiner Biografie von Alexander II.[2]

Das Dynamit war die Lösung. Es würde der Revolution den Weg bahnen, beschloss die russische Terroristenzelle, die den Namen *Narodnaja Wolja* (»Volkswille«) annahm. Ein Kurier wurde in die Schweiz geschickt, um den Sprengstoff zu kaufen und nach Russland zu schmuggeln. Dieser Umweg rettete wahrscheinlich sowohl das Ansehen wie auch die Freiheit von Ludvig Nobel, den örtlichen Dynamitagenten für Bruder Alfred, der seit Jahren schon die russischen Behörden belagerte, um eine Genehmigung für die Errichtung einer Dynamitfabrik zu erhalten.

Das erste Attentat der Terroristen missglückte. Der Zar wechselte in letzter Sekunde den Zug, und stattdessen wurde ein Güterwagen mit

Obst in die Luft gesprengt. Nun stand der zweite Versuch an, und diesmal waren die Terroristen besser vorbereitet. Die »Narodnaja Wolja« hatte Kontakt zu einem oppositionellen Schreiner aufgenommen, der im Winterpalast arbeitete. Er wohnte im Keller direkt unter dem Speisesaal des Zaren, lediglich das Zimmer der Leibwächter lag noch dazwischen. Besser konnte es nicht sein.

Der Schreiner begann, jeden Morgen eine kleine Lieferung Dynamit entgegenzunehmen. Mit den Rationen schlich er dann in sein Zimmer. Die Terroristen hatten ausgerechnet, dass es über hundert Kilo Dynamit erfordern würde, um das Granitgewölbe zu durchbrechen und die Zarenfamilie auszulöschen. Der Schreiner schaffte eine große Kiste an und versteckte die Lieferungen unter einigen Schichten Kleider. Zu Neujahr 1880 hatte er hundertzehn Kilo Dynamit in der Kiste gesichert.

Am Donnerstag, dem 5. Februar 1880, war es so weit. Um 18 Uhr sollten der Zar und seine Söhne im Speisesaal versammelt sein. Der Schreiner bestückte seine Kiste mit dem von den Terroristen selbst gebastelten Zünder. Als das Dynamit einmal damit verbunden war, hatte er eine Viertelstunde Zeit, um nach draußen zu verschwinden. Er blieb auf dem Palasthof stehen und wartete, während der Schnee im Abenddunkel dichter fiel.

Der Explosion war gewaltig, aber das Ergebnis nicht das von den Terroristen erhoffte. Die Zarenfamilie war verspätet. Sie wollten gerade zum Speisesaal gehen, als sie davon überrascht wurden, dass der Fußboden sich wie bei einem Erdbeben hob, die Gaslampen ausgelöscht wurden, der Raum sich mit Rauch füllte und sich ein widerlicher Schwefelgeruch ausbreitete. Alexander II. und seine Söhne kamen ohne eine einzige Schramme davon. Im Raum der Leibwächter eine Etage darunter hingegen herrschte ein einziges Chaos aus Blut und verstreuten Körperteilen. In der Stadt machte sich Panik breit, und schon bald ging das Gerücht, unter dem ganzen Zentrum würde Dynamit liegen. Sankt Petersburg verwandelte sich in eine Stadt in Angst.

Eine halbe Stunde zu Fuß vom Winterpalast entfernt wohnte der

Schriftsteller Fjodor Dostojewski in einer einfachen Wohnung. Er hatte seine oppositionellen Zeiten hinter sich und war inzwischen mehr ein orthodoxer Zarist. In diesem Jahr der vielen Attentate 1879/1880 schrieb er an dem Roman, der sein letzter werden sollte: der Serienroman *Die Brüder Karamasow*, für viele das größte Meisterwerk Dostojewskis. In den Tagen nach der Bombe im Winterpalast 1880 soll er angeblich einem Freund gegenüber die Überlegung geäußert haben, seinen Lieblingscharakter Aljoscha Karamasow in einen revolutionären Terroristen zu verwandeln. »Und mein reiner Aljoscha tötet dann den Zaren«, soll Dostojewski gesagt haben.[3]

Ludvig Nobel war erschüttert über den Mordversuch. Seine palastähnliche Privatvilla lag zwar in bedeutendem Abstand vom Zentrum der Macht, doch wenn jemand in Sankt Petersburg mit dem Dynamit in Verbindung gebracht werden konnte, dann er. Die Pläne für eine Dynamitfabrik in Russland konnten sie jetzt erst einmal vergessen, informierte er seinen Bruder Alfred, und das, obwohl jeder wüsste, »dass all das Dynamit, das bei den Revolutionären entdeckt wurde, heimlich hergestellt wurde [...] Dummheit ist hier in allem unser schlimmster Feind.«[4]

Ein Jahr später, am 1. März 1881, sollte es den Terroristen gelingen. Da wurde eine Bombe in den Wagen des Zaren geworfen, als dieser durch Sankt Petersburg rollte. Alexander II. wurde mit weggesprengten Beinen in den Winterpalast getragen, wo er starb. Sein Nachfolger wurde sein Sohn Alexander III.

Die Dramatik in Sankt Petersburg passte in ein düsteres Muster. Alfred Nobel hatte sich daran gewöhnt, dass seine Entwicklungen, wenn sie überhaupt Aufmerksamkeit bekamen, doch häufiger verspottet denn gepriesen wurden. Ganz im Gegensatz zu seinem langjährigen Freund, dem fast gleichaltrigen Polarforscher Adolf Erik Nordenskiöld. Das galt besonders für das Frühjahr 1880. Im Herbst 1879 war es Nordenskiöld nach vielen Schwierigkeiten gelungen, die Durchsegelung der Nordostpassage zu vollenden. Er war mit seinem Schiff *Vega* von Tromsø in Norwegen gestartet, war dann oberhalb von ganz

Asien und durch die Beringstraße gesegelt. Während seiner Rückreise durch den Suezkanal nach Europa wurde der schwedische Polarforscher überall wie ein Held gefeiert.

Nach einem königlichen Fest in London wurden Nordenskiöld und sein Kapitän, Leutnant Louis Palander, im April in Paris erwartet. »Lasst uns also Nordenskiöld feiern, den Held des Tages, den Bannerträger der Wissenschaft«, lautete das Ende eines langen Artikels im *Figaro* vor der Ankunft.

Alfred Nobel hatte sich beeilt, einen Brief auf den Weg zu bringen. Würde der Weltumsegler sein Haus an der Avenue Malakoff nicht einem tristen Hotel vorziehen? »Wie du weißt, bin ich Junggeselle, und ihr könntet ebenso ungeniert sein wie an Bord der weltbekannten *Vega*. Kleine Räume und große Herzlichkeit ist alles, wozu ich einladen kann, aber die Anführer von Kultur und Wissen sind immer anspruchslos, und dass du im Besonderen das bist, weiß ich schließlich aus Erfahrung.«[5]

Am Morgen des 2. April 1880 stieg Nordenskiöld am Gare du Nord aus dem Zug. Er trug ein Fernglas über der Schulter und den Hut in der Hand. Die Journalisten bemerkten das aufgeknöpfte Jackett, den nicht gebundenen Schlips und einen lebendigen Blick hinter dem vergoldeten Binokel: »Alles an ihm atmet Aktivität und Energie«, schrieb *Le Figaro*.

Alfred Nobel war vor Ort, ebenso ein Empfangskomitee aus sowohl wissenschaftlichen wie weltlichen Potentaten. Ja, ich habe vor, noch einmal ins Eismeer zu fahren. Nein, ich glaube nicht, dass man bis zum Nordpol vordringen kann, das ist ein unrealistischer Traum, sagte der Polarforscher der Presse.

Die Volksmenge draußen ließ Nordenskiöld lautstark hochleben, als er gemeinsam mit Palander und Nobel in Alfreds wartenden Landauer stieg. In der Ruhe der Avenue Malakoff angekommen, lud Alfred erst mal zu einer Tasse Schokolade und etwas Zeit zum Ausruhen ein, bevor das umfangreiche Huldigungsprogramm begann, das seinesgleichen suchte. Viertausend Pariser skandierten »Hoch lebe Schweden, hoch lebe Nordenskiöld«, als der Polarforscher am selben Abend im Cirque d'Hiver eine wissenschaftliche Goldmedaille entgegennahm. Tags darauf hatte Präsident Jules Grévy, der Republikaner, der im Jahr zuvor auf den Monarchisten Mac-Mahon gefolgt war, eine ganze Stunde für Gespräche mit dem schwedischen Helden, Kapitän Palander und deren Freund Nobel reserviert.

Die Ehrenlegion verstand sich von selbst. Zudem lud der Präsident zu einem offiziellen Abendessen zu Nordenskiölds Ehren im Élysée-Palast ein, das erste und letzte, an dem Alfred Nobel je teilnehmen sollte. Alfred erhielt einen Ehrenplatz am Tisch, nur drei Plätze rechts vom Präsidenten. Grévy war bedeutend bescheidener als sein Vorgänger, was die ganze Veranstaltung prägte. Böse Zungen behaupteten, der Präsident ließe seine Ehrengäste konsequent Hungers sterben.[6]

Nordenskiöld sollte dann später auch stattdessen das Festbankett der skandinavischen Kolonie im Luxushotel Continental als den Höhepunkt der offiziellen Feierlichkeiten bezeichnen. Alfred Nobel war einer der Arrangeure des Abends. Hundert besonders ausgewählte Gäste, darunter der junge Prinz Oscar von Schweden-Norwegen, arbeiteten sich durch ein Siebzehn-Gänge-Menü, das von der wunderbaren Eisbombe Vega gekrönt wurde. Im Saal waren schwedische und norwegische Flaggen drapiert, und die lange Wand mit einem großen Gemälde vom lorbeerbekränzten und von zwei Delphinen getragenen Bug der *Vega* dekoriert. Eine neu geschaffene Büste von Nordenskiöld stand auf einer gewaltigen Säule gerade gegenüber. Für die Unterhaltung sorgte niemand Geringeres als die weltbekannte Sopranistin Kristina Nilsson, die neue Jenny Lind. Das ganze Arrangement erinnerte mehr an die grandiosen Nobelfeste heutiger Zeit als an die zurückhaltende Lebensart, die Alfred Nobel, wie die Freunde wussten, vorzog.

Kristina Nilsson wohnte im Hotel und hatte eine zehn Meter lange schwedische Flagge aus ihrem Fenster gehängt. Am nächsten Tag empfing der Weltstar Nordenskiöld, Palander und Nobel zu Gesang im kleinen Chambre in ihrer Suite. Das war ein großer Augenblick für das

Trio. Nach fünfzehn Jahren der Tourneen um die Welt übertraf die Berühmtheit der neuen Nachtigall fast die Nordenskiölds. Sie konnte sich unter anderem damit brüsten, dass der Komponist Peter Tschaikowsky ihre Stimme und den »idealen Typ weiblichen Behagens«, den sie verkörperte, gepriesen hatte. Alfred schickte nach dem Besuch einen Korb Blumen und erhielt ein freundliches Dankeschön der Sängerin, die ihn gern zum Abendessen einladen wollte.

Während der letzten Tage des Paris-Aufenthalts stellte Alfred Nobel den Polarhelden in seinen privaten Kreisen vor. Nordenskiöld verlieh dem wöchentlichen Empfang im republikanischen Salon von Alfreds Freundin Juliette Adam Glanz. Und als der Schriftsteller Victor Hugo Nobel und seinen berühmten Gast zum Abendessen einladen wollte, beschloss Nordenskiöld, einen Tag länger zu bleiben. Juliette Adam und der berühmte Chemiker Marcellin Berthelot schlossen sich an, ebenso wie Hugos Geliebte und seine Enkelin. Es wurde ein langer Abend auf der Avenue d'Eylau. Zum Dessert hielt Victor Hugo eine Rede über die verschiedenen Arten, der Menschheit zu dienen. Die größte, so beteuerte er, seien Einsätze wie der Nordenskiölds, die die Völker einander näher brachten und auf diese Weise »der Zivilisation und dem Fortschritt« dienten.[7]

Nordenskiöld war überwältigt. Während der Reise mit der *Vega* zurück nach Schweden schickte er zwei Walrosszähne an Alfred Nobel und bat ihn, sie mit Inschriften zu versehen und der schönen Kristina Nilsson und Victor Hugos Enkelin Jeanne Lockroy als Geschenke zu überreichen. Alfred selbst wurden Stücke aus dem morsch gewordenen Kiel der *Vega* und von Asiens Nordspitze zur Erinnerung versprochen.

Danach schrieb der Polarforscher eine lange Nachricht über den französischen Empfang an König Oscar II. Nordenskiöld war im Januar zum Kommandeur des Nordstern-Ordens ernannt worden. Jetzt fand er, der König solle auch Alfred Nobel, »den Schöpfer der großartigen, für unseren Bergbau so außerordentlich wichtigen Nitroglyzerinindustrie« auszeichnen. Er erwähnte dem König gegenüber, wie Alfred Nobel sie in seinem Haus hatte wohnen lassen, mit freiem

Zugang zu Bedienung und Equipage, und dass sie zu einem Mittagessen Gäste ihrer Wahl frei hatten einladen dürfen. Er wies darauf hin, dass Nobel »durch Genialität und Hartnäckigkeit« eine Weltindustrie und ein Vermögen von fünf bis sechs Millionen Kronen (ungefähr dreißig Millionen Euro heute) aufgebaut hatte. Er »sollte [...] seit Langem schon Gegenstand einer Anerkennung durch sein Vaterland gewesen sein«.

Einen Monat später wurde Alfred Nobel zum Ritter des Nordstern-Ordens ernannt. Alfred wusste, wer dahinterstand. »Herzlichen Dank für alle freundliche Erinnerung und für alles Wohlwollen, das du mir seit deiner Abreise von hier hast zukommen lassen«, schrieb er an Nordenskiöld. »Vielen Dank für die Nordspitze Asiens und *Vegas* Kielstück, ein wertvoller Schmuck, geziert durch seine Einfachheit. *Vegas* Boden scheint ebenso wurmzerfressen wie meine Nase, hat allerdings den Vorzug historischer Bedeutung.«[8]

*

Der Alltag mit Bruderzwist und Patentprozessen hatte ihn schnell wieder. Robert Nobel war immer noch nicht darüber hinweggekommen, dass Ludvig eine Aktiengesellschaft gegründet hatte, in der er selbst, der Schöpfer von Nobels Öl, nur einen Hungerlohn bekam. Ludvigs neue technische Lösungen passten ihm auch nicht. Er war nach einigen Monaten der Ruhe im Kurbad nach Baku zurückgekehrt, aber seine garstige Laune war unverändert. Im Frühjahr 1880 gerieten die älteren Brüder vollends aneinander. Beide wandten sich in unterschiedlichen Graden der Verzweiflung an Alfred in Paris.

»Mit Robert ist wieder alles furchtbar«, schrieb Ludvig. »Er ist von einer Laune, die Rauch und Feuer sprüht, und ich übertreibe nicht, wenn ich über seine Art, mich und meine Mitarbeiter zu behandeln, sage, dass er beißt und tritt. [...] Seine Briefe an mich sind wirklich gemein, voller Bitterkeit, Hohn und Hass.« Robert hatte angedeutet, Ludvig habe ihn ausgenutzt, erfuhr Alfred. Jetzt sei es genug, schrieb

Ludvig, er sei es leid, der »Nachsichtige und Edelmütige zu sein und immer in allem geduldig zu sein«.[9]

Roberts Brief an Alfred war von etwas anderer Natur. Offensichtlich hatte die schwere Fieberkrankheit im vorigen Jahr den Bruder nachdenklich gemacht. »Guter Bruder Alfred«, begann Robert. »Während aller Lebenszeiten habe ich die innigste Bruderliebe für Dich gehegt und Zeit und Abstand haben dieselbe auch nicht verändern können. Da Du immer mein am meisten geliebter Bruder warst und bist, habe ich in dem Testament, das ich kürzlich aufgesetzt habe, mir die Freiheit genommen, dich zugleich mit Öberg & Ahlsell zum Vormund meiner Kinder zu ernennen [...].«

Robert erklärte seine Situation. Er hatte sieben Jahre seines Lebens der anstrengenden Ölproduktion in Baku gewidmet, doch jetzt verlangte das Unternehmen mehr Kräfte, als er noch zu opfern imstande war. Er war ständig kränklich, weder Gedärme noch Milz funktionierten, »wodurch ich mich beständig zutiefst unglücklich fühle«. Robert gab zu, dass er sich wohl etwas zu häufig zu Wutausbrüchen über Mitarbeiter, die seiner Ansicht nach nicht alles gaben, hinreißen ließ, doch das wäre nur, weil er in die Ölfirma so unendlich engagiert sei. »Das wird missverstanden und schafft mir Feinde«, fuhr Robert fort. »Ich habe mir deshalb oft den Tod gewünscht – aber der will, wie es scheint, mich noch nicht der Freude zu leben berauben.« Offensichtlich gerührt schloss er den Brief mit den Worten: »Denke ab und zu mal an deinen barschen, aber dir innerlich zugewandten Bruder Robert.«[10]

Später in diesem Jahr verließ Robert Nobel Baku für immer und zog nach Hause nach Schweden. Das Personal, das Robert »unseren Herrn« zu nennen pflegte, dankte ihm bei einem Besuch im Jahr darauf mit einem ebenso gefährlichen wie fantastischen Feuerwerk.[11]

In Ludvigs Kopf gediehen groß angelegte Pläne für Naftabolaget Bröderna Nobel. Nach dem Erfolg mit dem Tanker *Zoroaster* bestellte er vier neue Dampfschiffe, und einen Monat später erhöhte er die Bestellung auf zehn. Er wollte »das Eisen schmieden solange es heiß ist und Concurrence vorbeugen«, wie er an Alfred schrieb. Schließlich sah alles so vielversprechend aus. Sie machten bereits Gewinne, und die großen Investitionen gedachte er im folgenden Jahr mit einer neuen Aktienemission zu finanzieren. Ob Alfred dabei sein wolle und, wenn ja, mit wie viel Geld?, fragte Ludvig.

Doch Alfred hatte andere Sorgen. Sein Mitarbeiter aus der Zeit um 1866 in Krümmel, Leutnant Carl Dittmar, war in die USA emigriert. Dort hatte er plötzlich Alfred verklagt und behauptet, das Dynamit sei seine Erfindung. Der Angriff setzte Alfred schwer zu, der die bittere Erfahrung machen musste, wie schwer es war, in einer Kaskade von Lügen sein Recht zu beweisen. Die Tatsache, dass der wichtigste Zeuge, der damalige Kompagnon Theodor Winckler, seit vielen Jahren tot war, erleichterte die Sache nicht gerade. »Es überkommt mich ein Schauder wenn ich denke wie leicht der Name eines rechtschaffenen Mannes gebrandmarkt werden kann, und wie leicht es ist ihn von sein Vermögen zu bringen«, schrieb er an Sofie Hess während der Verhandlungen in Hamburg im Juli 1880.

Lange sah es so aus, als würde er in diesem Verfahren unterliegen. Ein von Panik geschüttelter Alfred schrieb an Liedbeck und versuchte ihn dazu zu bringen, sich an Details zu erinnern, an einzelne Kommentare und Korrespondenzen. »Ich habe [Robert] das neue Schwarzpulver gezeigt, und wir haben Experimente gemacht, warst du damals dabei?« Die Unruhe versetzte seinen Magen in Aufruhr, sodass er kaum essen konnte. Eine Zeit lang war er überzeugt, das Ende sei nahe. Doch schließlich wendete sich alles, und er gewann das Verfahren, gestützt auf ein paar ausgegrabene Briefkopien und sein altes schwedisches Patent von 1864.

Der Betrug verletzte Alfred Nobel zutiefst. Die Frustration, die er während der demütigenden Zeugenverhöre in Hamburg empfunden hatte, überschritt bei Weitem seine Schmerzgrenze. Der Dittmar-Prozess wurde für ihn der Tropfen, der das Fass zum Überlaufen brachte. Er wollte seine Energie nicht mehr auf die falschen Dinge verschwenden. »Haben sich einmal diese Processgeschichten abgewickelt so bin ich fast entschlossen mich ganz aus dem Geschäftsleben zurück zu ziehen«, schrieb er an Sofie Hess. »Für mich weniger als für irgend jemand passt das Getöse der Welt und ich wäre so glücklich mich in irgend eine Ecke zu Ruhe setzen zu können, um dort zu leben ohne große Pretensionen, aber auch ohne Kummer und Qual.«[12]

*

Alfred Nobel und die junge Sofie Hess hatten es geschafft, die Krise nach dem Debakel mit Alfreds Neffen Emanuel im Herbst 1878 zu klären. Sofie wohnte nach wie vor in Paris. Im Sommer 1880 mietete Alfred eine neue Wohnung für sie an der Avenue d'Eylau an, nicht weit von Victor Hugo und Juliette Drouet, die seit fast fünfzig Jahren Hugos Partnerin war. Sofie konnte kaum klagen: Die Wohnung hatte zwei Salons, einen abgetrennten Speisesaal, drei Schlafzimmer und ein Büro. Sie konnte im Hof einen Stall beanspruchen und drei Mansarden für die Bediensteten. Und Alfred ließ vor ihrem Einzug alles renovieren.[13]

Ihre Beziehung war immer noch nicht selbstverständlich. Alfreds Ansicht konnte sich in den Briefen, die er während seiner Reisen an Sofie schrieb, blitzschnell ändern. Auf der einen Seite sehnte er sich nach ihr, schickte »innigste« Küsse und wollte ihr »Brummbär« sein, auf der anderen Seite schämte er sich für ihren Mangel an Bildung und Stil. Während des Dittmar-Prozesses nannte er sich den »Dich liebenden Alfred« und schrieb, dass er mehr denn je fühle, wie verliebt er in sie sei. Einige Monate später dann konnte er sie beschuldigen, sie habe seine geistige Kraft »ausgehöhlt«, ihn dumm, linkisch und in Konversationen mit gebildeten Menschen unterlegen gemacht. Dafür könne man Sofie aber wirklich keinen Vorwurf machen, da sie sich auf so etwas nicht verstehe, fügte er dann säuerlich hinzu. »Du begreifst nur was Dir selber passt. Du bist nicht fähig einzusehen dass ich seit Jahren aus reinem Edelmuth mich, d. h. meine Zeit, meine Pflichten, mein geistiges Leben, mein Ansehen welches immer auf dem Umgang mit Menschen beruht, meinen ganzen Verkehr mit der gebildeten Außenwelt, und schließlich auch meine Geschäfte, für ein unverständiges und muthwilliges Kind hinopfere, welches nicht einmal fähig ist darin eine Großmuth zu erblicken.«[14]

Im Grunde seines Herzens war Alfred überzeugt davon, dass es auf lange Sicht das Beste für beide Partner wäre, wenn Sofie einen anderen träfe, dass sie »die wahre und wahrhaftige Hingebung eines redlichen Mannes« gewänne. Es sei ebenso falsch, dass sie ihr junges Leben an einen kläglichen alten Mann verschwende, so wie es auch falsch war, dass er zu einem Umgang so weit unter seinem intellektuellen Niveau gezwungen sei. Er konnte geradeheraus schreiben, dass er sich nach einem »intimen Zusammenleben« mit jemandem sehnte, der ihn verstand, und dass diese Person nicht Sofie sei.

Zwischen den Gewehrsalven war die ganze Zeit die Hingabe da, die zärtlichen Küsse, die süßen Grußworte – liebes Sofferl, »mein kleines Herzenskind«. Es kam vor, dass er im Sommer auf seine Briefe in die Kurorte schrieb: »Wohlgeboren Frau Sophie Nobel«. Es war, als wolle er niemals die Hoffnung aufgeben, dass Sofie eines Tages das Licht der Bildung schauen und verwandelt als geistig Ebenbürtige an seiner Seite erscheinen würde.[15]

Die anfänglichen Reaktionen der Brüder hatten seine Pein im Zusammenhang mit dieser Beziehung nicht gerade verringert. Nach Ludvigs harten Worten über Sofie im Herbst 1878 hatte Alfred Mut gefasst und Robert um Rat gefragt. Auch der älteste Bruder war nicht gerade beeindruckt von seiner »kleinen Flamme«. Robert hatte versprochen, Sofie eine zweite Chance zu geben und beim nächsten Treffen mehr auf ihre Vorzüge zu achten, warnte Alfred aber davor, die Gefühle mit sich durchgehen zu lassen, »denn das wäre eine Schwäche, die dem Mann nicht passieren darf«. Roberts Ansicht nach dürfe jeder so handeln, »wie es ihn am besten gelüstet, doch im reifen Alter möge der Verstand das einzige Entscheidende sein, sonst droht die Reue«. Ungeschehen sei das Beste, meinte Robert. Zu den Misslichkeiten des Lebens würde nun einmal gehören, dass Menschen »Spielbälle sind, von denen die Natur lediglich Zucht fordert, alles andere ist Beiwerk«.[16]

Doch später scheinen beide Brüder ihre größten Vorbehalte aufgegeben zu haben. Alfred konnte nunmehr frohe Sommergrüße aus Karlsbad oder Franzensbad erhalten, wo entweder Robert oder Ludvig mit Sofie zusammengetroffen war. Er selbst entschied sich, lieber in andere Kurorte zu reisen, meist in das von ihm bevorzugte Aix-les-Bains. Als Sofie fragte, warum er sie nie dorthin einlud, antwortete er, das sei, um Tratsch zu vermeiden. Er schob das auf die puritanischen Direktoren aus Schottland, die manchmal dorthin kamen. Alfred erinnerte sich, wie schlecht die über einen britischen Kollegen gesprochen hatten, der »eine ähnliche und wirklich entschuldbare Affäre« gehabt hatte. Diesem Risiko könne er sich nicht aussetzen. »Der Mensch besitzt viele Goldmünzen oder kann viele erwerben, aber er hat nur einen einzigen Namen, und den so fleckfrei wie möglich zu bewahren, ist jeder sich schuldig.«[17]

Der Sinnesumschwung scheint eine Last von Alfreds Schultern genommen zu haben. Vor allem Ludvigs veränderte Haltung zu Sofie war eine Erleichterung. Im Sommer 1882 war die Beziehung so weit verbessert, dass Ludvig sogar an Alfred schrieb und seine »gute« Sofie pries, die für seine Frau exklusive Schildpattkämme besorgt habe. Während der Kur in Karlsbad überraschte Sofie Ludvig mit einem Geburtstagsbesuch, der ihn enorm freute. Ludvig antwortete, indem er Sofie zu Weihnachten desselben Jahres einen Hund, Bella, schenkte, von dem Alfred genauso begeistert war wie Sofie selbst. »Ich muss errötend gestehen, dass das kleine Wesen selbst mir Freude macht, da es sehr fröhlich ist, und ich sehe nichts so gern wie Freude um mich«, schrieb er an den Bruder.[18] Ludvig und Sofie begannen sogar, einander zu schreiben, doch da hatte Alfred Sorge, dass die Blase platzen könnte. »Es ist sehr gut von Ludvig dass er Dich aufforderte ihm zu schreiben, aber vergiss ja nicht dass Dein Styl viel zu wünschen übrig lässt und bemühe Dich recht kurz zu schreiben, und doch etwas Denkendes hineinzuflicken«, ermahnte er Sofie.

Gleichzeitig scheint er selbst bemerkt zu haben, dass Sofie einiges von seiner »Ausbildung« angenommen hatte und eine sowohl tüchtigere als auch fleißigere Briefeschreiberin geworden war. Der Stil war immer noch nicht gut, doch machte sie inzwischen viel weniger Fehler. Besonders freute ihn, dass sie gesellschaftliches Engagement entwickelte und einen Artikel über den jüngst begonnenen Bau des Panamakanals in Südamerika für ihn ausschnitt. »Ich habe schon davon gehört. Das ist eine wirklich großartige Sache«, schrieb er zurück.[19]

Der Kanal in Panama wurde von dem weltberühmten französischen Unternehmer Ferdinand de Lesseps gebaut, dessen zehnjährige Bemühungen um den Suezkanal Ende der 1860er-Jahre mit einer Eröffnung gekrönt worden war, bei der der Champagner in Strömen floss. Alfred Nobel konnte kaum ahnen, welche Bedeutung Lesseps' neues Projekt für ihn haben würde.

*

Alfred Nobel hatte sich lange nach etwas Besserem als dem kleinen Hauslabor in der Avenue Malakoff gesehnt. In dicht bebauten Gegenden mit Nitroglyzerin zu experimentieren war schlicht alles andere als eine sichere Angelegenheit. Nun beschäftigte ihn außerdem die Idee, einen Sprengstoff zu entwickeln, der in militärischen Waffen verwendet werden könne. Dafür brauchte er Zugang zu einem Schießstand.

Alfred sah sich in der Gegend um. An der Grenze zwischen den Vororten Sevran und Livry, östlich von Paris, lag die staatliche französische Schwarzpulverfabrik mit einem dazugehörigen Schießstand. Sevran, eine Siedlung aus dem Mittelalter, war ein verschlafenes Dorf mit dreihundert Einwohnern, Kirche, Marktplatz und ein paar Bauernhöfen. Es war an ein dichtes Netz von Zugverbindungen aus Paris angeschlossen, und von dem Kanal neben dem Bahnhof aus konnten Schiffe bis in die Mitte der Hauptstadt fahren.

Im Frühjahr 1881 stand ein Gutshof aus dem 18. Jahrhundert am äußeren Rand von Sevran zum Verkauf. Das Gut bestand aus einem großen Wohnhaus mit Billardzimmer, mehreren Salons und insgesamt zehn Schlafzimmern. Zum Grundstück gehörten zudem eine Gärtnerwohnung, Gewächshäuser, ein Küchengarten, Ställe und mindestens ein Hektar Land. Alfred Nobel unterschrieb den Kaufvertrag im März und beschloss, auf dem Hinterhof ein größeres Labor aus Ziegelstein zu errichten.

Dort, nur einen Kilometer von der staatlichen Schwarzpulverfabrik entfernt, würden Alfred und sein Assistent Georges Fehrenbach von nun an mit ihren Experimenten arbeiten. Das taten sie auch schon, ehe das ansprechende Laborgebäude fertiggestellt war. Man kann annehmen, dass Alfred Nobel die Wahl des Ortes nicht ohne Hintergedanken getroffen hatte. In der Schwarzpulverfabrik nebenan wurde immer noch ausschließlich das rauchige Schwarzpulver hergestellt. Alfred Nobels Plan war, als Erster auf der Welt ein rauchfreies Schwarzpulver für Gewehre und Kanonen zu erfinden. Wenn das gelang, würde der französische Staat es gern zuerst erproben.[20]

Alfred legte sich neue Laborgewohnheiten zu. Wenn die Zeit es erlaubte, reiste er früh am Morgen mit dem Zug von Paris, nahm ein Mittagspaket in seiner Aktentasche mit und kehrte nicht vor dem späten Abend nach Hause zurück. Manchmal übernachtete er auch in Sevran. Briefe aus jener Zeit zeugen davon, dass er sich sehr wohlfühlte. Am liebsten hätte er alle Zeit in seinem neuen Labor verbracht, doch leider wurde er unentwegt mit anderen Problemen überhäuft.

Der französische Kompagnon hatte eine längere Zeit in Hamburg verbracht, wohin Alfred Nobel ihn geschickt hatte, um die deutsche Aktiengesellschaft aufzuräumen. Alfred hatte deutliche Hinweise darauf erhalten, dass seine dortigen Geschäftspartner, Dr. Bandmann und C. F. Carstens, die Firmenkasse privat genutzt hatten. Als Barbe Anfang 1881 nach Frankreich zurückkehrte, waren sowohl Bandmann als auch Carstens aus dem Feld geräumt.[21]

In Frankreich hatte der Dynamitverkauf gewaltig zugenommen. Die ausgerüstete Fabrik in Paulilles war topmodern und wurde als die beste im ganzen Nobel-Imperium angesehen. Außerdem scheint Alfred Nobel von den Bemühungen seines Bruders Ludvig zur Schaffung anständiger Bedingungen für die Angestellten inspiriert worden zu sein. Dieser hatte inzwischen in dem von Krankheiten heimgesuchten Baku begonnen, ein Wohnviertel, »Villa Petrolea«, mit hygienischen und modernen Wohnungen für die Arbeiter und ihre Familien zu bauen. Diese Idee wurde nun für Paulilles kopiert, wo ein Wohnkomplex mit sauberen und neuen Dreizimmerwohnungen errichtet wurde, die man den Angestellten kostenlos anbot. Zudem hatte man auch gerade die Genehmigung erhalten, nach Ludvigs Muster eine Schule in der Gegend zu eröffnen. Kopfschmerzen, Herzprobleme und Explosionen – es war riskant, aber zumindest sozial verlockend, in Paulilles mit Nitroglyzerin zu arbeiten.[22]

Die französische Dynamitaktiengesellschaft von Barbe und Nobel profitierte sehr von ihrer alten Ausnahmeregelung vom staatlichen Monopol auf Sprengstoff. Aber der Staat wurde zu einem immer stärkeren Konkurrenten, und zudem war Ende der 1870er-Jahre noch ein privater Herausforderer auf dem Dynamitmarkt aufgetaucht. Das Konkurrenzunternehmen gehörte einem Ingenieur und alten Freund von Paul Barbe, Geo Vian. Es dauerte nicht lange, da begannen Barbe und Vian insgeheim gemeinsame Pläne zu schmieden. Sie besprachen die Bedingungen einer Fusion, an der sie selbst viel Geld verdienen würden, und spielten dann Alfred Nobel und den übrigen Vorstandsmitgliedern der Dynamitgesellschaft Theater vor. Das war ein raffinierter Bluff, der, als er aufgedeckt wurde, Alfred zutiefst verletzte. Als wäre das nicht genug, hatte Barbe auch noch insgeheim ein Tochterunternehmen in England gegründet, das in der Schweiz hergestelltes Dynamit importieren und mit Nobels schottischer Fabrik konkurrieren sollte.[23]

Alfred wusste schon lange, dass Barbes Vorstellung von Gewissen sehr dehnbar war und dass er hier mit einem schlauen, aber auch dreisten Spieler zusammenarbeitete. Das hatte er lange im Griff gehabt, doch seit sich der Kompagnon mit dem skrupellosen Geo Vian zusammengetan hatte, schienen alle Dämme gebrochen zu sein. Alfred bemerkte in mehrfacher Hinsicht eine Persönlichkeitsveränderung bei Barbe.

Barbe selbst, der inzwischen Witwer war, behauptete, er sei, seit auch noch seine beiden Eltern 1882 kurz hintereinander gestorben waren, vom Lebensüberdruss, »dem Spleen gepackt« worden.[24] Alfred fand nicht, dass dies den moralischen Verfall entschuldigte, den er gleichzeitig konstatieren musste. In einem Brief an Robert stöhnte er über Barbe, der »in der letzten Zeit ganz und gar den Anstand verloren hat und anfängt, Konkurrenz gegen die Firmen zu machen, die er selbst gegründet hat. Ich bin auf offene Feindschaft mit ihm gefasst.« Barbe gegenüber hielt er nicht hinterm Berg mit dem, was er dachte: »Da Ehrlichkeit aufgehört hat, akzeptabel zu sein, wird es kein gutes Verhältnis geben [...], sondern stattdessen Streit bis zum Äußersten«, schrieb Alfred an ihn.[25]

Wundersamerweise blieb es jedoch bei der Androhung. Die beiden setzten ihre Zusammenarbeit fort, vermutlich weil es Alfred Nobel schwerfiel, auf Paul Barbes Geschäftssinn zu verzichten. Ohne die Entlastung durch ihn hätte er gar keine Zeit im Labor gehabt. Das wusste Alfred, und es machte ihm Angst.

Vielleicht hätte er anders gedacht, wenn er von dem neuerlich geweckten Interesse der französischen Sicherheitspolizei an den Herren Barbe und Vian gewusst hätte. Die Berichte, die der Geheimdienst im Jahr 1882 einforderte, waren noch nicht sonderlich alarmierend, doch von da an sollte das Duo unter besonderer Beobachtung stehen. Vian erhielt sogar in seiner Wohnung Besuch von Geheimagenten.[26]

*

Léon Gambetta war nach wie vor tonangebend in der französischen Politik. Viele waren erstaunt, dass er sich nach Mac-Mahon nicht zum Präsidentschaftskandidaten hatte aufstellen lassen. Immerhin war es trotz allem Gambetta gewesen, der den vorigen Präsidenten praktisch abgesetzt hatte. Stattdessen war er Sprecher der Nationalversammlung geworden und kürzlich sogar Premierminister in einer erstaunlich kurzlebigen (sechsundsechzig Tage) Regierung.

Frankreich wechselte damals die Regierungen wie die Bürger die Hemden, doch alle drehten sie sich doch um das pragmatisch-republikanische Lager Gambettas, die sogenannten Opportunisten. Sie sahen es als ihre Aufgabe an, alles, was Frankreich unter Napoleon III. ausgemacht hatte, auszurotten. Pressefreiheit und Versammlungsfreiheit wurden eingeführt. Der Einfluss der katholischen Kirche sollte bekämpft werden. »Der Klerus – da habt ihr den Feind!«, hatte Gambetta ausgerufen. Als die französische Schule 1882 reformiert wurde, machte man sie nicht nur obligatorisch und gratis. Noch wichtiger war, sie für säkular zu erklären. Sämtliche religiösen Bestandteile des Unterrichts flogen raus.[27]

Frankreichs säkulare Welle war in ihrer Kraft außergewöhnlich, doch auch andere Länder waren von wachsender antikirchlicher Stimmung geprägt. Die Positionen der Naturwissenschaften waren radikal auf dem Vormarsch und stellten die alles entscheidende Frage: Wie sah die Rolle der Religion nach Darwin aus? Wer brauchte einen Schöpfer, wenn die Naturwissenschaftler meinten, die Existenz bis zum kleinsten Bestandteil herunter erklären zu können? Bald sollte der deutsche Philosoph Friedrich Nietzsche die Welt schockieren, indem er in einem neuen Buch verkündete: »Gott ist tot!«[28]

Alfred Nobel, für den diese Art des Philosophierens Unterhaltung war, widmete dieser Frage in seiner Kammer viele Gedanken. War der Atheismus wirklich die Alternative? In seinem Gedicht »Gedanken in der Nacht« schrieb er während dieser Jahre: »[…] gab es keinen Beginn? Wird es eine zukünftige und eine vergangene Unendlichkeit der Welten geben, in ständiger Bewegung, ohne schaffenden Ursprung? So kann es nicht sein […].« Wie groß seine Wissenschaftsträume auch gewesen sein mögen, war Alfred Nobel doch ein Kind der Romantik. Mit dem »kalten und unfruchtbaren Credo« der Atheisten konnte er nicht sympathisieren. Seiner Ansicht nach konnte man eine mystische Kraft im Dasein ausmachen, eine Kraft, die zum Beispiel Atome zusammenhalten und das Eisen dazu bringen konnte, von Magneten angezogen zu werden. »Diese Kraft ist es, die entfernte Sonnen in stiller Bewegung dort hält, wo ihre Bahn verläuft, sie macht die Leere in der lenkenden Hand der Natur aus«, dichtete Alfred.

Diese Kraft zu verstehen und zu interpretieren, war schon schwerer. Die Fragen der Menschen, so Alfred, überschritten »die Grenze, wo die Vernunft nachgeben muss«. Selbst weigerte er sich, die Kraft und die »universelle Seele«, die er sich dachte, mit Gott gleichzusetzen. Alfred Nobel war definitiv kein Mann der Kirche. Das elende Erbe von »unglückskrächzenden Pfaffen« würde niemals irgendwelche Nebel um den Ursprung der Dinge vertreiben, stellte Alfred in seinem Gedicht fest.[29]

In den republikanischen Kreisen um Juliette Adam und ihren Salon traf Alfred Nobel auf viele Gleichgesinnte, die so wie er überzeugt antikirchlich eingestellt waren. Das galt nicht zuletzt für die Gastgeberin selbst. Wenn Alfred in Paris war, besuchte er gern an den Mittwochen Juliette Adam. Ihr Salon hatte sich in den letzten Jahren verändert. Am auffälligsten war vielleicht, dass ihr früherer Bannerträger, der mächtige Léon Gambetta, nicht mehr dort auftauchte.

Das berühmte Paar hatte sich kurz nach dem Tod von Juliette Adams Ehemann Ende der 1870er-Jahre gestritten. Über die Ursache wurde viel spekuliert. Die frischverwitwete Juliette Adam soll danach gestrebt haben, die Frau an Gambettas Seite zu werden, was allerdings nicht Gambettas Vorstellungen entsprach. Außerdem waren die beiden auf diametral entgegengesetzten Positionen in der Außenpolitik gelandet. Gambetta hatte zum Erstaunen vieler begonnen, in dem ehemaligen Erzfeind Bismarck, der in der letzten Zeit eine harte Kampagne gegen den Einfluss der katholischen Kirche in Deutschland betrieben hatte, einen Seelenverwandten zu sehen. Juliette Adam fand, das sei ein historischer Verrat seitens Gambettas. Keine noch so große Verachtung der Kirche könne motivieren, dass man die Jagd nach Revanche gegen den Kriegshetzer Bismarck aufgab, meinte sie. Der Riss zwischen den beiden sollte bis zu Gambettas plötzlichem Tod am Neujahrsabend 1882 bestehen bleiben.

Juliette Adam sah ihre Alternative in Russland. Nach den schmachvollen Friedensverhandlungen in Berlin 1878 flossen dort die Antipathien gegen Bismarck über. Juliette Adam war der festen Ansicht,

Frankreich solle sich im Kampf gegen Bismarck mit Russland verbünden. Sie verstärkte ihr außenpolitisches Engagement und gründete eine Zeitschrift, *La Nouvelle Revue*, die Frankreichs Bedürfnis nach Revanche zum Hauptthema hatte. Neben anderen ließ sie dort den Bruder des Zaren einen Artikel über den russisch-türkischen Krieg und Bismarcks Verrat verfassen. Juliette Adam flirtete so intensiv und ungeniert gen Osten, dass die französische Sicherheitspolizei ihren Bewegungen zu folgen begann. Im Februar 1882 reiste sie nach Sankt Petersburg. Die Polizei schnitt Zeitungsnotizen darüber aus, wie sie »in der russischen Gesellschaft die schmeichelhaftesten Beurteilungen entgegennehmen durfte«.[30]

Immer mehr Russen und immer weniger Republikaner besuchten ihren literarischen Salon. Nun wurden auch Frauen willkommen geheißen, und Juliette Adam erweiterte bewusst ihren Kreis auf Wissenschaftler, Unternehmer und Militärs. Alfred Nobel muss sich dort immer mehr zu Hause gefühlt haben, und es ist deutlich, dass der Kontakt zwischen ihm und der Gastgeberin in diesen Jahren enger wurde. Als der berühmte französische Chemiker Marcellin Berthelot die Leitung ihrer Zeitschrift abgab, bot sie Alfred Nobel an, ihn zu ersetzen (was er nicht tat).

Im Frühjahr 1882 wurde bei einer Explosion in Baku der Tanker *Nordenskiöld* der Brüder Nobel völlig zerstört. Juliette Adam schrieb an Alfred. »Ich lese in einer russischen Zeitung, dass Sie Ihre *Nordenskiöld* verloren haben und die Explosion fünf Menschen getötet hat. Ich empfinde eine sehr starke Sympathie für Sie und nehme mir gern die Freiheit, Ihnen dies jedes Mal, wenn ich meine, dass es Ihnen guttun kann, aufs Neue zu versichern, als Beweis für das warme Interesse, das ich sowohl für Ihren Anlass zu Freude wie auch für Ihre Sorgen hege.«[31]

*

Die Tragödie mit der *Nordenskiöld* war zu dieser Zeit nicht das einzige Problem in Baku. Der Ölpreis war gefallen, und das Interesse an Ludvig Nobels neuer Emission war minimal. Die Einkünfte konnten längst nicht mehr die Ausgaben decken. Im Januar 1883 begann Alfred Nobel ernsthaft Unrat zu wittern. Da nämlich bat Ludvig um Hilfe, um schnell eine größere Verbindlichkeit an ein Bankhaus tilgen zu können, und das, obwohl Alfred in den letzten Jahren über eine Million Franc zugeschossen hatte. Er bat um Einblick in die Rechnungsbücher.

Ludvigs Bericht war eine unangenehme Überraschung für Alfred. Wie war es möglich, dass die Ölgesellschaft allein im Jahr 1882 fast dreizehn Millionen Rubel Verlust gemacht hatte? Wenn er das in französische Franc umrechnete, waren es vierunddreißig Millionen oder der gesamte Börsenwert seines französischen Unternehmens. Binnen eines Jahres und ohne sichere Einnahmen? »Eure Situation erscheint mir sehr ernst«, schrieb Alfred zurück. Er beschloss, sofort nach Sankt Petersburg zu reisen.

Vor Ort bei Ludvig war er, wenn das überhaupt möglich war, noch entsetzter. Die Existenz des Naftabolaget Bröderna Nobel war bedroht, die Finanzen ein einziges Durcheinander. Der Bruder und seine Direktoren hatten viel zu schnell viel zu groß angelegt investiert, fand Alfred, und mit dieser Meinung hielt er auch nicht hinterm Berg. Als er wieder abreiste, hatte er allen einen gehörigen Schrecken eingejagt.[32]

*

Es erfordert Geduld, die Gefühle in der tiefgehenden Krise zwischen Ludvig und Alfred Nobel im Frühjahr 1883 auszugraben. Die schlimmsten Briefe finden sich in verschnürten Kartons tief unten in den Katakomben des Riksarkivet in Stockholm. Aus irgendeinem Grund kamen sie nicht unter den eingescannten Briefkopien vor, die normalerweise herausgegeben werden. Ich habe ein gewisses Verständnis für den Archivar, der aufgegeben hatte (oder entschied, den Einblick in die Briefe zu beschränken). In einigen wenigen Monaten des Jahres 1883 schickte Ludvig Nobel hundertsechs lange Briefe und eine unbeschreibliche Menge blauer Telegramme an seinen Bruder Alfred. Das ist doppelt so viel Korrespondenz wie in den drei vorhergegangenen Jahren zusammen.

Vergilbte, hauchdünne Blätter zeugen immer noch vom Temperament der Brüder. Manchmal hat Ludvig den Stift so fest aufgedrückt, dass man immer noch seine Verzweiflung erahnen kann, die ihn umtrieb, als er das Papier beschrieb. Und Alfred hat sich, obwohl er vor Zeitmangel fast zusammenbrach, mindestens ebenso lange, sogar noch am Rand vollgekritzelte Litaneien abgerungen.

Ich versuche, die wichtigsten Komponenten in den Gefühlsstürmen herauszulösen, und schreibe sie in mein Notizbuch: Angst, Scham, Wut, Dankbarkeit und verletzter Stolz. Einen warmen Grundton brüderlicher Fürsorge kann man auch erkennen, selbst wenn der sich nur selten durchsetzen darf.

Da ich die Berichterstattung über die Familie in den schwedischen Tageszeitungen nachverfolgt habe, weiß ich, dass Ludvig Nobel immer noch als der Große der beiden galt. Wenn in diesen Jahren irgendwelche Artikel über die Familie Nobel publiziert werden, dann drehen sie sich um Ludvig und seine erfolgreiche Ölfirma in Baku. Es wird behauptet, Ludvig Nobel dominiere den russischen Ölmarkt. Die Brüder, die zu dem Firmennamen gehören, werden nach wie vor als Beiwerk erwähnt, Robert noch öfter als Alfred.

Es muss für den so hoch angesehenen Ludvig Nobel eine Prüfung gewesen sein, plötzlich von seinem jüngeren Bruder wie ein Schuljunge gemaßregelt zu werden. Vor allem da er gegen seinen Willen von Alfreds Geld abhängig geworden war.

Wie vermögend war Alfred Nobel zu dieser Zeit? Im Riksarkivet habe ich seine privaten Monatsberechnungen über seinen Besitz, inklusive der Häuser, für genau dieses Frühjahr 1883 gefunden. Die Summe beträgt um die achtzehn Millionen Franc (ungefähr achtzig Millionen Euro heute), und damit mehr als doppelt so viel wie zu der Zeit, als Nordenskiöld ihn drei Jahre zuvor besucht hatte.

Achtzehn Millionen Franc entsprachen damals ungefähr sieben Millionen Rubel. Das merkt man sich am besten für das, was später noch kommt.

*

Alfred Nobel war bewusst übertrieben hart aufgetreten, um »einen gesunden Schrecken für gefährliche Bedrängnis einzujagen«. So zornig war er in Wirklichkeit gar nicht. Ludvig wusste es nicht, aber Alfred hatte ganz und gar nicht vor, lediglich die akuten Mittel für die Bankverbindlichkeit, über die sie gesprochen hatten, vorzustrecken. Sowie er wieder in Paris wäre, würde er versuchen, all die Millionen zu beschaffen, die fehlten. Alfred war immer noch über die Unvorsichtigkeit empört, aber Ludvig war schließlich sein Bruder.[33]

Ludvig war nach Alfreds Besuch eingeschüchtert. Die harten Worte schmerzten, und es fiel ihm schwer, mit dem offenkundigen Misstrauen des Bruders fertigzuwerden. Ganz so schlimm war die Lage ja wohl nicht, oder? Naftabolaget Bröderna Nobel hatte immerhin binnen nur weniger Jahre eine einzigartige Marktposition erlangt, und das vor allem dank ihm. Ludvig fasste wieder Mut und schrieb in verletztem Tonfall, dass er es sich anders überlegt habe. Er wolle wirklich nicht, dass der Bruder noch mehr Geld in ein Unternehmen investierte, an das er nicht glaubte.

Der Brief war kaum auf den Weg gebracht, da bekam Ludvig ein überraschendes Telegramm von Alfred. Der jüngere Bruder bot ihm plötzlich einen Kredit über vier Millionen Franc an. Er hatte das Geld in Paris mit Dynamit-Aktien als Sicherheit privat ausleihen können, berichtete er. Jetzt dürfte das Ölunternehmen ja wohl alle Stürme ausreiten können, schrieb ein gut gelaunter Alfred im nachfolgenden Brief. Prüfungen sollte man solidarisch schultern, lautete die unterschwellige Botschaft. Sollte alles den Bach runtergehen, »dann müssen wir eben Kartoffeln und Hering essen, anst[elle] deines üppigen Kaviars. Und obwohl der im Mund schmilzt, glaube ich doch, dass die erstgenannte Nahrung auf lange Sicht sowohl für den Magen wie auch für die Geldbörse gesünder ist.«[34]

Ludvig fiel aus allen Wolken. Er war ebenso erstaunt wie dankbar darüber, dass Alfred »aus Freundschaft und reinen brüderlichen Gefühlen« bereit war, sich so viel Mühe zu machen und ein so großes Opfer zu bringen. Er sog das wiedergewonnene Vertrauen ein. Der unerwartete Kredit konnte doch nichts anderes bedeuten, als dass der Bruder seine Meinung über die Lage des Unternehmens geändert hatte. Er bedankte sich und fügte hinzu, dass das Angebot des Bruders »von unschätzbarem Wert für mich ist, indem es Ruhe und Sicherheit bereitet [...] Wenn es möglich wäre, meine Liebe und Achtung für dich zu vergrößern, dann hättest du dir nun wohl einen rechtmäßigen Anspruch darauf verschafft.« Er versprach, Alfred zum Direktor in der Ölgesellschaft zu machen, damit »alle sehen können, dass ›Gebrüder Nobel‹ nicht nur Ludvig Nobel bedeutet«.[35]

Die Meinung geändert? Alfred ging an die Decke. Absolut nicht, bemerkte er säuerlich in seiner Antwort. Mit einer überstrapazierten Kreditlinie und völlig fehlendem Reservekapital hing doch das gesamte Ölunternehmen an einem seidenen Faden. Begriff Ludvig das nicht? Was wäre im Fall einer Katastrophe? Er sah sich gezwungen, noch einmal den Ernst der Lage zu beschwören, und einen Direktorenposten wollte er nicht haben.

Kurz darauf, zur Konfirmation von Ludvigs Tochter Anna, kam ein großes Paket mit Geschenken für Ludvigs sämtliche Kinder von Alfred. Und Ende April konnte Ludvig selbst erstaunt einen handgenähten Mantel aus Paris in Empfang nehmen. Die Bruderliebe bestand fest, aller Krise zum Trotz – so das stille Signal.

Alfred Nobel war sich der Kürze seiner Zündschnur bewusst. »Dass ich mit explosiven Stoffen arbeite, ist nur vernünftig, denn es mangelt mir nicht an eigener Explosivität. Ich kann wütend werden, sodass die Funken stieben, doch währt es bloß eine halbe Stunde«, wie er später an Ludvig schrieb.[36] In diesem Frühjahr sollte er mehrere Briefe bereuen und das auch gegenüber Ludvig eingestehen. Er würde die Ausbrüche damit entschuldigen, dass seine Nerven derzeit besonders »erschüttert« seien, weil er gleichzeitig mit drohenden fortgesetzten Schwierigkeiten mit den Behörden in Großbritannien umgehen müsse. Tatsache sei, dass das englische Unternehmen, in dem er fast ein Drittel seines Vermögens habe, ebenfalls von Konkurs bedroht sei, behauptete er.

Der älteste Bruder Robert, der diesmal nicht an dem Streit beteiligt war, schlug vor, dass sie alle drei gemeinsam nach Baku reisen sollten. Alfred antwortete: »Das Einzige, was mich dorthin locken könnte, wäre Gesellschaft – deine und vielleicht auch Ludvigs –, aber diese wasserlose, zugestaubte, ölverdreckte Wüste selbst bietet mir nichts Verlockendes. Ich will mit Bäumen und Büschen leben – stummen Freunden, die meine Nervosität respektieren.« Er bat ihn, seinen ältesten Sohn Hjalmar von »seinem alten Onkel, der mit verfaulten Zähnen, ausgefallenem Haar und vom Grübeln angenagtem Hirn nur noch eine alte zerschlissene Ruine ist, zu grüßen.«[37] Er war nicht in Form.

Gegen Ende Mai hatten sich die Finanzen im Ölunternehmen stabilisiert. Als die Kreditgeber plötzlich wieder lächelten, schaute Ludvig auf die dramatischen Monate zurück und versuchte, sich zu einer ehrlichen Reaktion zu sammeln. An Alfred schrieb er: »Wenn ich über all dies in einem triumphierenden Ton spreche, dann sollst du nicht denken, dass ich nicht Platz in meinem Herzen habe für den Dienst, den du mir erwiesen hast [...] Leider hat jede Medaille ihre zwei Seiten. Die Sorge, die du gehegt hast, das Misstrauen, das deine Seele ergriffen hat, wirft lange Schlagschatten, die nicht verschwinden werden, ehe nicht unsere Sonne hoch über den Horizont gestiegen ist.«[38]

Dieses Nachtreten verkrafteten Alfreds Nerven nicht. »Dass ich so entgegenkommend bin, beruht keineswegs auf Vertrauen in das Geschäft. Vielmehr nehme ich an, dass ihr noch einige Monate lang sehr schwere Zeiten haben werdet, und je mehr ich von eurer Finanzierung sehe, desto ängstlicher werde ich. Das ganze Jahr über hat ein echtes Damoklesschwert über euch gehangen, und noch ehe du aus der schlimmsten Klemme heraus bist, denkst du schon darüber nach, eure Schwierigkeiten zu vergrößern! […] Ich sage wie Risler Aîné in [Alphonse] Daudets Roman: J'ai pas confiance [Ich habe kein Vertrauen].«[39]

Daraufhin beruhigte Alfred sich ein paar Wochen lang und versuchte anschließend, sich noch einmal und in ruhigerem Ton zu erklären. Seine harte Kritik war nicht dazu gedacht, »die Bewunderung, die Dein Riesenwerk in Russland hervorruft und hervorrufen muss«, zu verringern. Alfreds Meinung nach ließ sich ihr Streit auf eine einzige einfache Frage reduzieren: »Du baust erst und holst dann die Mittel ein, ich hingegen schlage vor, in Zukunft immer erst die Mittel zu beschaffen und danach zu vergrößern.«[40]

*

Mitten in dem anstrengenden Bruderzwist erhielt Alfred ein Päckchen aus Georgien, das seine Laune zeitweilig hob. Bertha von Suttner wohnte immer noch mit ihrem Arthur im Kaukasus. Sie hatten ihr gemeinsames Glück gefunden, auch wenn die Prüfungen im selbst gewählten Exil zahlreich waren. Das Paar versuchte, sich zu versorgen, indem es Artikel in westlichen Zeitungen schrieb oder Sprach- und Klavierunterricht hab, doch das Ergebnis war mager, und das Leben richtete sich danach. »Es gab Tage, nicht so viele, aber schon einige, an denen wir kein Abendessen bekamen, aber Tage, an denen wir nicht scherzten, einander zärtlich berührten oder lachten – solche Tage gab es nicht«, schreibt Bertha von Suttner in ihren Memoiren.

Die von Suttners lebten spartanisch, bekamen aber kaum das Geld für die Miete zusammen. Wenn Geld übrig war, kauften sie Bücher und Zeitungen, die sie dann gemeinsam lasen, mit dem ausgesprochenen Ziel, einander bei der geistigen Entwicklung zu helfen. »Wir lernten zwei Freudenanlässe kennen, die wir vorher nicht gehabt hatten; die Freude, sich zusammen wohlzufühlen, und die Freude in intellektuellen Beschäftigungen.«

Sie lebten Alfred Nobels Traum.

Nach einem erfolgreichen Fortsetzungsroman hatte Bertha von Suttner kürzlich den letzten Schritt getan und ein anspruchsvolles philosophisches Essay veröffentlicht. Im April 1883 landete *Inventarium einer Seele* mit einem Gruß aus Tiflis bei Alfred Nobel in Paris. Aus dem Antwortbrief zu schließen, war es hier, dass der Kontakt zum ersten Mal wieder aufgenommen wurde. Alfred war überwältigt. »Ich bin immer noch hingerissen von Ihrem ausgesuchten Buch«, schrieb er in seiner Antwort. »Welch ein Stil und welche lebendigen philosophischen Gedanken. Tausend Dank für das Vergnügen, das ich gehabt habe, Euch zu lesen!« Er dachte an die Tage in Paris 1875 zurück. Als er mit den üblichen Höflichkeitsphrasen endete, fügte er hinzu, die tiefe Zuneigung, die er empfinde, sei »von einer Erinnerung und einer Bewunderung, die niemals ausgelöscht werden kann,« geweckt worden.[41]

Es war eine veränderte Bertha von Suttner, die ihm in dem Buch begegnete. Sie hatte die Klassiker der Romantik hinter sich gelassen und stürzte sich stattdessen auf alles Moderne. Bertha liebte das ehrlich Widerwärtige in Zolas Naturalismus mit demselben Feuer, wie Alfred Nobel es verachtete. Wahrheit um jeden Preis war ihr neues moralisches Ideal. Im Streit zwischen Kirche und Wissenschaft ergriff sie selbstverständlich Partei gegen die Metaphysik und für das Beweisbare und Wahre.

Charles Darwin war einer der neuen Hausgötter von Bertha von Suttner. Wie so viele andere hatte sie die Evolutionslehre zur Basis ihrer gesamten Gesellschaftsperspektive gemacht. Sie war zu einer fortschrittsoptimistischen Hobbyphilosophin geworden, überzeugt davon, dass sich nach den Naturgesetzen alles konsequent zum Besseren entwickeln musste. Die Evolution erklärte nicht nur die Schöpfung des Menschen. So wie Bertha von Suttner es sah, war sie unaufhörlich im Begriff, die Menschlichkeit zu immer höheren Graden der Verfeinerung anzutreiben, vom Bestialischen zum Humanen, vom Hass zur Liebe.

Die Naturgesetze galten auch in der Existenz zwischen Nationen, meinte Bertha von Suttner in ihrem Buch. Sie erklärte, es gebe einen evolutionären Prozess des Friedens, ein »allmähliches Ausrotten der Krieg führenden Stämme durch friedliebende Nationen; ein Aussterben des Völkerhasses durch Umsichgreifen kosmopolitischer Ideen«. Alles das verlief, so meinte sie, in einer ständigen natürlichen Entwicklung auf einen ewigen Frieden zu.

Das war definitiv nicht dieselbe Bertha von Suttner, die noch einige Jahre zuvor den Mut der russischen Soldaten im Krieg gegen die Türken gepriesen hatte.

Ein Passus schien sich fast an Alfred Nobel persönlich zu richten. Bertha beschreibt andere Prozesse, die zum Frieden führen könnten, und gibt der Hoffnung Ausdruck, dass »einst die Erfindung von immer gewaltigeren Zerstörungsmaschinen, welche endlich imstande wären, mittels eines [...] elektrodynamischen oder magnetischexplosiven Apparats ganze Armeen auf einmal zu vernichten, dadurch die ganze Strategik aufheben und das Kriegführen überhaupt zur Unmöglichkeit machen werde«.[42]

Bertha von Suttner hatte die große Mission ihres Lebens gefunden: die Arbeit für den Frieden.

*

Es gibt eine »Wahrheit«, die in vielen Büchern und Artikeln über Alfred Nobel wiederholt wird. Sie betrifft Bertha von Suttner und wurde bereits 1926 in der ersten Biografie der Nobelstiftung etabliert. Sie lautet wie folgt: Die Behauptung, Bertha von Suttner habe Nobel zu seinem Friedenspreis inspiriert, ist falsch, »in jedem Fall eine hohe Übertreibung«, und sei nur von Suttner selbst vorgebracht worden.

Man ahnt das Lächeln von oben herab. Wie konnte Bertha von Suttner glauben, dass es ihre einfachen Gedanken gewesen sein könnten, die den großen Alfred Nobel beeinflusst hatten? »Nobels Schwärmerei für einen ewigen Frieden unter den Völkern geht auf seine früheste Jugend zurück«, stellte man fest und behauptete, Nobel sei, seit er in Sankt Petersburg die Gedichte des friedensbejahenden Dichters

Shelley verschlungen habe, Pazifist gewesen. Damals, 1926, hieß es, man würde in Nobels Briefen aus der Zeit danach merken, »wie dieses Zukunftsbild ständig vor ihm herumgeistert«.[43]

In seinem schmalen Standardwerk *Alfred Nobel* (1960) geht Erik Bergengren noch weiter. Für ihn ist der Friedensgedanke eine angeborene Eigenschaft des Schöpfers des Nobelpreises. Alfred Nobel sei, so behauptet Bergengren, ein Mensch gewesen, der Streit und aggressive Mitmenschen verachtete. Also, ist sein Schluss, trug er einen konstitutionellen Widerwillen gegen jeden Krieg in sich. Die Friedensliebe soll, laut dieser Version, von Geburt an in Alfred Nobels Wesen gelegen haben – soll heißen, lange vor seiner Begegnung mit Bertha von Suttner.

Da bin ich anderer Ansicht.

Natürlich kann man scharfe pazifistische Formulierungen aus der Feder des jungen Alfred finden. Während des Amerikanischen Bürgerkriegs 1865 griff er Präsident Lincolns massives Schlachten von Menschen in einem Gedicht an (was ihn nicht daran hinderte, gleichzeitig Minen an die Kriegführenden verkaufen zu wollen). Auch der Gedanke, dass es das äußerste Ziel mit effektiven Waffen sein müsse, Kriege sinnlos zu machen, war für Alfred nicht neu, als er das Buch von Bertha von Suttner aufschlug. Den hatte schließlich Vater Immanuel bereits in den 1840er-Jahren als moralische Verteidigung für seine Konzentration auf Sprengminen formuliert. Es wäre seltsam, wenn der gesprächige Immanuel diese Argumentation seinem Sohne gegenüber nicht wiederholt hätte. Es kann sogar so gewesen sein, wie Bertha von Suttner es viel später in ihren Memoiren schreibt, dass Alfred nämlich diesen Gedanken während ihres kurzen Besuchs in Paris 1875 erwähnte. Vielleicht schickte sie ihm ja deshalb jetzt das Buch.

Dennoch möchte ich behaupten, dass erst jetzt, im Frühjahr 1883, Alfred Nobels ernsthafte Gedankenarbeit um den Frieden in Gang kommt. Und ich möchte zudem behaupten, dass Bertha von Suttners gerade veröffentlichtes Buch zweifellos die wichtigste Inspirationsquelle dazu war. In *Inventarium einer Seele* stellt sie zum ersten Mal ihre Friedensphilosophie vor. Sämtliche Briefe, in denen Alfred Nobel über die Friedensfrage nachdenkt, sind nach seiner Lektüre dieses Buches geschrieben. Ich bin fast seine gesamte Korrespondenz in den Jahrzehnten zuvor durchgegangen. Eines weiß ich: Wenn Alfred Nobel in diesen Jahren einen Traum formuliert, so gilt der nicht dem Frieden. Paradoxerweise handelt er eher davon, wie man eine militärische Anwendung für seine Sprengstoffe finden könnte.

Im Frühjahr 1883 ist ihm das immer noch nicht gelungen. Weder das Dynamit noch die Sprenggelatine haben irgendeine nennenswerte militärische Bedeutung bekommen. Doch inzwischen ist er seinem Ziel näher gekommen. Wenn alles seinen Gang geht, werden die Armeen der Welt bald mit Alfred Nobels rauchfreiem Schwarzpulver ausgestattet sein. Er muss sein Produkt nur noch in ein paar weiteren Experimenten verfeinern.

In der Friedensfrage sollten Bertha von Suttner und Alfred Nobel sich nicht immer in der Wahl der Mittel einig werden und so auch nicht über die Notwendigkeit eines Preises. Doch es ist Bertha, die im Frühjahr 1883 den inneren evolutionären Prozess bei Alfred in Fahrt bringt, der ihn schließlich dazu veranlasst, einen Friedenspreis für denjenigen zu schaffen, »der am meisten oder am besten auf die Verbrüderung der Völker und die Abschaffung oder Verminderung stehender Heere sowie das Abhalten oder die Förderung von Friedenskongressen hingewirkt« hat.

Ich bin überzeugt davon, dass Alfred Nobel niemals auf die Idee gekommen wäre, Bertha von Suttners Rolle in dieser Sache zu verkleinern. Seit seiner frühen Jugend nährte er grenzenlose Bewunderung für intellektuelle Frauen. Man könnte fast sagen, dass diese Ehrerbietung angeboren war, ein Teil seiner Konstitution.

*

Alfred Nobels Privatleben hatte nur wenig Ähnlichkeit mit der geistig überhöhten Zweisamkeit, die Bertha von Suttner in Tiflis genoss. Im Sommer 1883 war seine Korrespondenz mit Sofie Hess von wachsendem Ärger bestimmt. Sie tourte durch die verschiedenen Kurorte – ein paar Wochen in Karlsbad, ein paar in Franzensbad –, lebte wie eine Königin, klagte aber über Einsamkeit. Alfred bestellte Medikamente für sie, organisierte per Telegramm die zwölf Flaschen Tokajer, die sie sich gewünscht hatte, und versuchte, auch noch einen Besuch bei ihr einzurichten. Sie bekam Lust darauf, eine Unterkunft im österreichischen Bad Ischl zu finden, und er begann sofort zu recherchieren.

Ihre Ausgaben führte er in seinem Kassenbuch unter der liebevollen Bezeichnung »Der Troll«.

Meist zeigte er sich zärtlich und verständnisvoll, vor allem wenn er wusste, dass sich ihre »unpässlichen« Tage näherten. Doch manchmal riss ihm auch der Geduldsfaden. »Ob Du nach Montreux reisen sollst um dort den Winter zuzubringen darüber lässt sich ja noch sprechen. Jedenfalls ist in Paris keine Kälte noch und wird auch lange nicht kommen. Findest Du es nicht überhaupt drollig dass Du hier eine Wohnung hast. Den ganzen Sommer bist Du weg und nun willst Du auch den Winter nicht hierher kommen.«

Alfred schrieb, dass er es leid sei, wie ein Kindermädchen durch ganz Europa zu reisen. Das sei eine »fürchterliche Lage welche mich in einigen Jahren um 20 Jahre gealtert hat«. Sofie dürfe wohnen, wo sie wolle, wenn sie sich nur mal zur Ruhe setzen könnte. »Findest Du dass ich des gezwungenen Reisens nicht genug habe ohne mir noch außerdem die ewige Reiserei mit Dir aufzubürden?«[44]

Während der Zugfahrten las er. Zu Weihnachten hatte er eine Gedichtsammlung des Schriftstellers Viktor Rydberg geschenkt bekommen, den er als einen Seelenverwandten betrachtete. Doch den jüngsten Stern am Himmel im Heimatland, »Schwedens Zola« oder den inzwischen vierunddreißigjährigen August Strindberg, hatte Alfred immer noch nicht in seinem Bücherregal.

Strindberg hatte drei Jahre zuvor mit der Gesellschaftssatire *Das rote Zimmer* einen krachenden Durchbruch als Romanautor erfahren und danach weitere Satiren in journalistischer Form geschrieben. In dem Buch *Det nya riket* (»Das neue Reich«) war er der schwedischen Wirklichkeit mit seinen ätzenden Kommentaren und persönlichen Angriffen zu Leibe gerückt, mit der Folge, dass er von denjenigen, denen die Betroffenen wichtiger waren als er, kielgeholt wurde. Im Herbst 1883 verließ der Starautor zusammen mit Ehefrau Siri von Essen und den beiden Kindern in aller Heimlichkeit das Land. Um in Ruhe arbeiten zu können, hieß es. Im Oktober kamen sie in Paris an, wo sie drei Monate blieben. Die Familie zog in eine zugige Pension in Passy, nur eine Viertelstunde Fußweg von Alfred Nobel entfernt.

August Strindberg hatte eben eine gesellschaftskritische Gedichtsammlung fertiggestellt, die Mitte November 1881 in die Buchhandlungen kommen sollte. Es deutet einiges darauf hin, dass es die Furcht vor den Reaktionen darauf war, die Strindberg zu seiner Flucht aus Schweden veranlasste.

Zufällig nahm Alfred Nobel in einem der Gedichte eine Hauptrolle ein. Es hieß »Folkupplagan« (»Volksausgabe«). Strindberg hatte ein rebellisches Poem verfasst, offensichtlich inspiriert vom terroristischen Anschlag auf Zar Alexander II. Darin stellte er Nobels Dynamit als den Retter des unterdrückten Volkes dar.

Wenn Könige woll'n Völker schlagen,
dann braucht man Kugeln und Kanonen.
Kanonen, die von Macht dir sagen,
die kosten aber Millionen.
Wenn's Volk den König will erschießen,
dann hat es nur das Dynamit,
Kanonen kosten viele Piepen,
doch arm der Held, der wird Bandit.
[…]
Nobel, nur selten preist man dich!
Weil die Erfindung manchmal sehr
mit Schreien macht bemerkbar sich,
und Politik ist ihr Odeur.
Die weiße Salve hat geheilt
von Stock und Fessel manche Wunde.

Obwohl nach Zollverbot man schreit,
frei macht sie bei Königen die Runde.

Bald hat sie befreit die Reußen,
schlägt manchen Nagel in den Sarg.
Wenn die Welt kein großes Preußen
werden soll, elend, blutig, karg,
dann bist es du, der die Meriten kriegt,
dass auf der Erde wir noch gehn.
Weiß wie Schnee ist Dynamit,
wie Unschuld und Arsen!

Es nicht klar, ob August Strindberg wusste, dass er zum Zeitpunkt der Publikation seines Gedichtbandes so nahe bei Alfred Nobel wohnte. Ziemlich klar hingegen ist, dass der schwedische König Oscar II. die Gedichtsammlung las, in der die »Volksausgabe« zu den deutlichsten unter zahlreichen Angriffen auf ihn gehörte. »Widerwärtig«, lautete sein Kommentar. Experten halten es für wahrscheinlich, dass die heftige Reaktion des Königs zu den Anfeindungen gegen Strindbergs nächstes Buch *Giftas* (»Heiraten«) beitrug und »damit zu den Widrigkeiten, die Strindberg für die restlichen 1880er-Jahre auf dem literarischen Markt erlebte«.[45]

In die Abteilung interessanter Kuriosa gehört, dass August Strindberg ein knappes Jahr später unter Pseudonym für die Mitwirkung an Juliette Adams Zeitschrift *La Nouvelle Revue* angestellt werden sollte.[46]

*

Nicht jeder betrachtete die Verdienste des Dynamits in derselben Weise wie August Strindberg. In Großbritannien lief es zäh. Der Sprengstoffinspektor Majendie hatte die britische Herstellung von Sprenggelatine mit einem Stopp belegt, und das schottische Unternehmen »Nobel Explosives« litt unter Zahlungsschwierigkeiten. Im Herbst 1883 musste

Alfred eilig einiges an Kapital flüssigmachen. Er wandte sich an den Bruder Ludvig, der nach dem Chaos des Frühjahrs etwas Luft hatte. Leider schwierig, antwortete Ludvig.

Alfred, der inzwischen einen großen Teil seines Vermögens in der Ölfirma hatte, sah sich genötigt, Verständnis zu zeigen. Das Ergebnis war eine achtundzwanzigseitige Abhandlung über die finanzielle Situation der Naftabolaget Bröderna Nobel, mit Ratschlägen und Tipps im Anhang. Die schickte er Anfang Dezember nach Sankt Petersburg. Das hätte er nicht tun sollen. Ludvigs Antwortbrief rauchte vor Zorn.

»Wenn du wüsstest, wie unendlich weh mir diese unnötigen Erklärungen getan haben, dann würdest du Mitleid mit mir empfinden und mich in Ruhe lassen. Du hast in deiner Auflistung ein paar Kleinigkeiten vergessen, nämlich dass ich die Sache besser einschätzen könnte als du, dass ich selbst vollkommenes Vertrauen in das Unternehmen hatte und habe, dass ich immer die volle Verantwortung dafür übernommen habe [...] Sei so gut und beherzige das, wenn du mal wieder das Bedürfnis hast, über die Vergangenheit nachzugrübeln; geh einfach davon aus, dass vor dem Geschäftsmann und dem Buchhalter noch der Mensch mit Herz und Ehrgefühl steht, in der festen Absicht, seine Pflicht zu tun. [...] Ich bin so empört über all die Unannehmlichkeiten, denen ich ausgesetzt bin, dass ich ganz krank bin.«[47]

Für Ludvig waren Alfreds pingelige Auflistungen »Paroxysmen der Gemeinheit«. Erst nach einer Weile erkannte er, dass Alfred wirklich Geld für seine eigenen Geschäfte benötigte. »Sei nächstes Mal einfach aufrichtiger!« Ludvig regelte die Sache und schrieb dann, er hoffe, dass sie bald wieder zu dem »so natürlichen Gefühl, das einem die brüderliche Liebe immer eingeflößt hat,« zurückkehren könnten. Er beruhigte sich so weit, dass er sogar Alfred für alle Mühe, die er gehabt, und alle Hilfe, die er der Ölfirma hatte zukommen lassen, danken konnte. »Ich hoffe, Du wirst keine unangenehmen Gefühle von den vergangenen Kämpfen zurückbehalten«, schrieb er. »Dass der Sieg unserer sein wird und der Name Nobel in Ehren gehalten wird, das ist mein Ziel ebenso wie Deines.«[48]

In Stockholm versuchte die achtzigjährige Andrietta Nobel zu verstehen, was zwischen den Brüdern los war. Sie stritten um Geschäfte, mehr erfuhr sie nicht. Alfred hatte sie wie üblich zu ihrem Geburtstag im September besucht. Sie erinnerte sich mit Wärme daran, wie herrlich es gewesen war, einfach dazusitzen und ihn in aller Ruhe anzusehen. Liebevoll betrachtete sie die Silbervase, die er ihr geschenkt hatte, und gedachte mit Dankbarkeit der Übersendung von 3000 Kronen, die ein paar Wochen zuvor gekommen waren. Dank Alfred konnte sie im Überfluss leben und sich und ihre Freundinnen mit Theaterbesuchen und Rundfahrten in der Kutsche unterhalten. »Es würde mich freuen, sehr bald ein paar Zeilen von dem zu bekommen, von dem du weißt, dass ich ihn am meisten liebe«, schrieb sie unverblümt an Alfred. Zu Weihnachten trafen noch mehr Geschenke von Alfred ein, darunter auch welche für die Nichten und Neffen, die Kinder der Cousins und »das ganze Tutti«. Andrietta dachte wieder an die geschäftlichen Streitigkeiten, die die Söhne plagten. »Aber sag mir bloß, wie du, der so viel Wichtiges zu bedenken hat, es auch noch schaffst, so liebevoll fürsorglich zu sein«, schrieb sie an ihren jüngsten Sohn.[49]

Alfreds eigener fünfzigster Geburtstag im Oktober scheint hingegen im Tumult untergegangen zu sein.

Ludvig Nobel durfte bald die heiß ersehnte und wohlverdiente Ehre genießen. Im Jahr 1884 veröffentlichte der britische Schriftsteller und Russland-Korrespondent Charles Marvin ein ehrgeiziges Buch über die russische Ölindustrie. Er lobte »die beiden außergewöhnlichen Schweden« Robert und Ludvig Nobel in den Himmel. Sie hätten durch ihre Genialität die gesamte russische Öl-Industrie revolutioniert und nichts weniger als einen großen industriellen und technischen Schatz geschaffen, stellte Marvin fest.

Im Herbst 1884 reiste Ludvig nach Baku, wo das Personal ihm für die jetzt fertiggestellte Arbeiterstadt »Villa Petrolea« huldigte. Im Clubhaus spielte das »Nobelsche Orchester« den Ehrenmarsch der Björneborgarna, während dankbare Angestellte Ludvig auf einem Königsstuhl durch den Saal trugen.[50]

Auch Alfred Nobel blieb nicht ohne Ehrbezeugungen. Mitte April 1884 bekam er ein Telegramm von Adolf Erik Nordenskiöld: »Gratuliere zur Wahl in Schwedens gefeierte Wissenschaftsakademie [die Königliche Schwedische Akademie der Wissenschaften].« Alfred war überrascht. In seiner Antwort schrieb er, das käme ebenso unerwartet wie erfreulich. »Diese hohe Auszeichnung, die ich allein deinem einflussreichen Wohlwollen zu verdanken habe, habe ich so wenig verdient, dass es mich erröten lässt. Ich betrachte deine und deiner Kollegen Fürsprache als eine Belohnung für das wenige, das ich habe ausrichten können, jedoch als Ermunterung für zukünftige Tätigkeit. Wenn es mir mit einem solchen Ansporn nicht gelingen mag, für die Sache des Fortschritts von irgendeinem Nutzen zu sein, dann will ich meine geistige Armseligkeit in irgendeiner abgelegenen Ecke der Welt lebendig begraben.«[51]

Ansonsten verhielt sich Alfred den allgemeinen Ehrenbezeigungen der Gesellschaft gegenüber skeptisch. Die Verteilung der Medaillen wirkte so willkürlich. Er pflegte zu sagen, er sei wegen seiner persönlichen Bekanntschaft mit einem ehemaligen französischen Minister in die französische Ehrenlegion aufgenommen worden, und den schwedischen Nordstern-Orden habe er seiner Köchin zu verdanken (oder ihrer ausgezeichneten Beköstigung hochwohlgeborener – soll heißen Nordenskiölds – Mägen). Als die Baku-Firma ihn ehren und einen Tanker *Alfred Nobel* nennen wollte, schnaubte er nur. »Dagegen sprechen schwerwiegende Einwände. Zunächst einmal ist ein Schiff weiblich [...], und Ihr beteuert, sie sei sowohl hübsch als auch gut getrimmt, dann würde es doch ein schlechtes Omen bedeuten, sie nach einem alten Wrack zu benennen.« Und einmal erfuhr Alfred, dass ein Porträt über ihn (ebenso wie das seines Vaters und die seiner Brüder) in einer Publikation über herausragende schwedische Industrielle erscheinen sollte. Da bat er den Verleger, ihn herauszunehmen, denn er habe »keine Berühmtheit und auch keinen Geschmack für dergleichen Tratsch«.[52]

Allgemeiner Ruhm war eine Sache. Mit den wissenschaftlichen Anerkennungen verhielt es sich anders. Alfred Nobel grämte sich darüber, dass keine der Auszeichnungen, die er erhalten hatte, als Anerkennung für den Wert seiner einzelnen Erfindungen betrachtet werden konnte. Wenn sein Arbeitseinsatz kleingeredet wurde, konnte er heftig reagieren. Einmal hatte der Direktor der österreichischen Dynamitgesellschaft in einer Informationsbroschüre behauptet, Alfred Nobel habe das Dynamit zufällig erfunden. Diese Verunglimpfung seiner Leistung ließ der Erfinder nicht unbemerkt stehen.[53] Auch als er 1882 keine Einladung zur Einweihung des Gotthardtunnels erhielt, obwohl es seine Erfindung des Dynamits war, die den Bau möglich gemacht hatte, reagierte er verbittert. Erkannte denn niemand den großen Nutzen, den er der Menschheit gebracht hatte?[54]

Im Jahr 1885 schloss sich ganz Frankreich zur Lobpreisung des Chemikers Louis Pasteur zusammen – eine Huldigung, die in ihrer direkten Verbindung zu einer wissenschaftlichen Leistung ganz nach Alfred Nobels Geschmack gewesen sein muss. Louis Pasteur war der Wissenschaftler, der 1878 mit der Entdeckung der Rolle der Mikroorganismen bei der Verbreitung ansteckender Krankheiten Medizingeschichte geschrieben hatte. Nun hatte er eine funktionierende Impfung gegen Tollwut entwickelt, und es war ihm gelungen, das Leben zweier infizierter französischer Jungen zu retten. Als Pasteur den Impfstoff in der Französischen Akademie der Wissenschaften vorstellte, wurde er mit anhaltendem Applaus begrüßt. »Einer der größten Fortschritte, die es in der Medizin gegeben hat«, stellte der Vorsitzende der Akademie fest. »Pasteur erschien als eine Art Zauberer, und in seinen letzten Lebensjahren war er der am meisten verehrte Wissenschaftler der Welt«, schreibt Nils Uddenberg in seinem Buch über die Geschichte der Medizin.[55]

Ende Mai 1885 starb die dreiundachtzigjährige Nationalikone Victor Hugo. Man ehrte den Schriftsteller mit einem Staatsbegräbnis. Der Katafalk mit seinem geschmückten Sarg stand auf dem *lit-de-parade* unter dem Triumphbogen und wurde mit kaiserlichen Salutschüssen geehrt. Zwei Millionen Menschen – das entsprach der gesamten Bevölkerung von Paris zu jener Zeit – folgten dem Trauerzug, als seine sterblichen Überreste zur letzten Ruhe gebettet wurden.

Alfred Nobel war teuren Ehrenbezeugungen für tote Menschen »die doch nichts mehr fühlen« gegenüber skeptisch. Ehre und Geld sollten lieber an die Lebenden gehen, meinte er, an diejenigen, die der Menschheit immer noch von Nutzen sein konnten. Er selbst hatte im Februar desselben Jahres Victor Hugo mit einem Telegramm zum Geburtstag seine Ehrerbietung ausgesprochen, als der Schriftsteller noch unter ihnen weilte. »Hoch lebe der große Meister, und möge er in vielen noch kommenden Jahren die Welt hinreißen und seine großartigen Gedanken über die universelle Liebe zum Nächsten verbreiten«, schrieb Alfred in dem Telegramm.

Wegen einer Reise verpasste Alfred Nobel Victor Hugos prächtiges Begräbnis. Er schrieb einen Kondolenzbrief an Hugos Partnerin Juliette Drouet, in dem er sein tiefes Bedauern darüber ausdrückte, nicht an den Ehren teilnehmen zu können. »Doch in meiner Einsamkeit habe ich die Trauer der Familie empfunden und geteilt, vor allem die Eure und von Mlle Jeanne Hugo [Hugos Enkelin], denn das weibliche Herz trägt doppelten Trauerflor.«[56]

*

Alfred Nobel hatte nun die fünfzig vollendet, aber sich seinen jugendlichen Entdeckergeist bewahrt. Er wollte mehr, und er wollte Besseres, aber die Geschäfte und die Bürokratie um die vielen Unternehmen nahmen Unmengen von Zeit in Anspruch. Er fühlte sich gejagt und wurde krank vor Nervosität, wenn er es nicht schaffte, in seinem Labor zu sein, um weiter an dem rauchfreien Schwarzpulver zu arbeiten. Und gleich danach warteten noch viele andere Ideen, derer er sich annehmen wollte. In der letzten Zeit hatte er Skizzen für einen »Apparat zur Betäubung mit Äther und Chloroform« angefertigt und »eingehend« über ein neues »stark wirkendes Desinfektionsmittel« nachgedacht.[57]

Der Kompagnon Paul Barbe drängte darauf, die vielen Nobel-Unternehmen zusammenzulegen. In den letzten Jahren hatte ihre Beziehung Risse bekommen, doch Barbes Idee, einen Nobel-Trust, einen multinationalen Konzern, zu schaffen, fühlte sich für Alfred Nobel zunehmend verlockend an. Wenn er nur mehr Zeit für seine Experimente abzweigen könnte und wenn nur die Nobel-Unternehmen aufhören würden, sich gegenseitig in den gemeinsamen Ruin zu kannibalisieren.

Im Frühjahr 1884 hatte Alfred die Vorstände der Dynamitunternehmen für gemeinsame Überlegungen in die Avenue Malakoff eingeladen, und seither tuckerten die Verhandlungen über eine gemeinsame Holding stetig weiter. Im Krebsgang, wenn man einem frustrierten Alfred Nobel glauben kann, der nichts lieber wollte, als sich von »Firmenklagen und anderem Teufelszeug« zurückzuziehen und sich von allem, was Direktorenangelegenheiten hieß, zu befreien. »Ich besitze keinen Funken kommerzielle Fähigkeit und habe auch nie den Schein erweckt, das zu tun«, schrieb er an einen der Verhandler des britischen Unternehmens. Auch Vorstand des Trusts wollte er nicht werden, das erklärte er, gleich nachdem die ersten Absprachen getroffen worden waren. Wenn die Union stünde, würde er »auf einem Jahr vollständiger Freiheit von allen Arten kommerzieller Abwägungen bestehen, Zeit, die ich ausschließlich technischen und wissenschaftlichen Fragen zu widmen gedenke. Unter solchen Umständen glaube ich, es wäre eher angeraten, in Eigenschaft einer Senior Nichtexistenz Hamlets Vater den Posten anzutragen.«[58]

Die kreative Freiheit, die lange wie eine Fata Morgana gewirkt hatte, schien nun in Reichweite. Alfred begriff, dass der eine oder andere die Sache falsch auslegen könnte. An einen Freund in Stockholm schrieb er: »Wenn ich sage, dass ich wie ein altes Fräulein auf Rente leben will, dann muss ich wohl hinzufügen, dass ich nicht vorhabe, mich auf die faule Haut zu legen, sondern dass ich nur ein mehr wissenschaftliches denn industrielles Gebiet wähle.«

Ein Hindernis gab es auf dem Weg noch. Er hatte in der Rettungsaktion für Naftabolaget Bröderna Nobel Dynamitaktien nicht nur beliehen, sondern auch für große Beträge verkauft. Dieses Geld würde er jetzt brauchen, und es wäre immer noch schwer freizubekommen. Inzwischen hatte er doppelt so viel Geld in Ölaktien wie in Dynamitaktien angelegt. In manchen Dynamitgesellschaften besaß er nur zwei bis drei Prozent der Aktien.[59]

*

Alfred Nobel war nahe daran, sich seinen beruflichen Lebenstraum zu erfüllen, doch das galt nicht für sein Privatleben. Die Fernbeziehung zu Sofie Hess war im Laufe des vergangenen Jahres aus dem Ruder gelaufen – zumindest sah Alfred es so. Es kursierten Gerücht über Sofies extravagantes Leben in den Kurorten, und Alfred hatte das Gefühl, die Leute würden hinter seinem Rücken über ihn lachen. Er bereute zutiefst, dass er selbst auch daran mitgewirkt hatte, dass sie seinen Namen benutzte. Sofie würde niemals »Frau Nobel« werden, wie er es manchmal auf die Kuverts schrieb. Sie kompromittierte ihn und beschmutzte seinen Namen.

Im Sommer 1884 nannte sich Alfred nicht mehr ihren »Brummbären«. Das Wort »Liebende« verschwand aus den Briefen, und im Frühjahr danach kündigte er ihre Wohnung in Paris, weil sie sowieso nie dort war. Das bedeutete jedoch nicht, dass er sich aus seiner Verantwortung stahl. In helleren Stunden konnte er immer noch freundlich und fürsorglich sein und sie sein »liebes kleines Täubchen« nennen. Wenn Sofie Bergluft wollte, dann mietete er ihr ein Haus in Südtirol, um dann eines im österreichischen Bad Ischl zu kaufen. Er war besorgt um ihre Gesundheit.

Doch die meiste Zeit war er jetzt verbittert und spitz, manchmal geradezu gemein. Aus den Briefen vom Herbst 1884 geht klar hervor, dass er Dinge gehört hatte und gekränkt war. Verdachtsmomente, die bisher lediglich angedeutet worden waren, formulierte er nun konkret aus. Er warnte Sofie, »mit dem vielen herumbummeln mit Verehrern kommst Du nur auf schiefe Wege [...] Ich bedaure dass Du das nicht einsiehst aber mit Deinem Gehirn ist nichts anzufangen«, schimpfte er enttäuscht in einem Brief vom September 1884. Im nächsten dann war er sich sicher, dass sie wieder jemanden gefunden habe, der »Dir dort die Zeit vertreibt und Dich neue Gelegenheit giebt mich zu compromettiren«. Gedemütigt lief er in Paris herum und kaufte nach ihren Listen ein – exklusive Weine, Mäntel, Kleider, Handschuhe, Rüschen und Schleier. Dabei wusste er nicht immer, an welchen ihrer vielen Erholungsorte er die Pakete oder auch die in dichter Folge ausgestellten Schecks über mal 1500 Gulden, mal 2500 Franc schicken sollte.

Die Verschwendung ekelte ihn an. Schließlich hatten sie sich darauf geeinigt, dass sie ihre Zeit und sein Geld darauf verwenden würde, sich zu bilden. Nun waren sieben Jahre vergangen, und Sofie stand immer noch an der derselben Stelle. Sie arbeitete nicht, las nicht, schrieb nicht, dachte nicht nach. Und Alfred schleuderte in seinen Briefen giftige Pfeile. Sogar der Hund Bella sei verständiger, ja hätte eine Medaille dafür verdient, dass er schneller Französisch lernen würde als sie – konnte er schreiben. Er nannte Sofie ein »erwachsenes Baby« ohne Taktgefühl und Verstand. Und manchmal schrieb er auch, ihre mangelnde Bildung und ihre billige Art würden ihn herabwürdigen.

»In meinen Jahren macht sich jedem das Bedürfnis fühlbar jemand um sich zu haben für den man lebt und den man lieb gewinnen kann. Es hätte nur an Dir gelegen diese Person zu sein aber deinerseits hast Du alles nur denkbare gethan um ein solches Verhältnis unmöglich zu machen«, schrieb er in einer wütenden Abrechnung.[60]

Wir wissen nicht, was Sofie darauf antwortete. Der nächste erhaltene Brief von ihr an Alfred ist mehrere Jahre später, nämlich 1891, datiert.

*

Wann und wie sind die Briefe von Sofie Hess an Alfred Nobel aus den ersten Jahren verschwunden? Ziemlich lange glaube ich noch, dass Alfred sich ihrer vor seinem Tod entledigt hat. Doch in Erik Bergengrens umfangreicher Faktensammlung aus den 1950er-Jahren finde ich eine Überlegung, die in eine andere Richtung weist. In einem Brief an die Nobelstiftung gibt Bergengren seine übersichtliche Beurteilung aller Briefe von Sofie ab: »In den ersten Jahren mögen sie so süßen und sanften und bewundernden Tons sein, doch in den letzten zehn Jahren gibt es doch keinen Brief, der nicht die Bitte um Geld für diversen Luxus enthält ...«

In den »letzten zehn Jahren«? Mit den sanftmütigen Elogen der »ersten Jahre« müsste damit die Sammlung ihrer erhaltenen Briefe mindestens zwölf Jahre umfassen. Doch die Briefe von Sofie an Alfred, die erhalten und publiziert sind, stammen aus einer Zeitperiode von fünf Jahren, nicht mehr.

Während der Arbeit zu seinem Film über Alfred Nobel (1995) erforschte der Regisseur Vilgot Sjöman das Schicksal dieser Briefe. Er fand heraus, dass es dem Schriftsteller P. O. Sundman gelungen war, eine ungewöhnliche Ausnahme zu erwirken, als er Ende der 1970er-Jahre versuchte, ein Buch über Alfred Nobel zu schreiben: Er erhielt die Erlaubnis, die Schachteln des Riksarkivet mit den Originalbriefen zwischen Sofie und Alfred mit nach Hause zu nehmen (!).

Sundman hatte einen Konkurrenten, Sigvard Strandh, der zur gleichen Zeit aus technikhistorischer Sicht über Alfred schrieb. Auch Strandh war an den Briefen interessiert, doch die Aufforderungen des Riksarkivet an Sundman, die Schachteln zurückzubringen, blieben erfolglos. Vielleicht lag es daran, dass sich die Originalbriefe eine Zeit lang auch nicht mehr bei Sundman befanden, der mit mehreren Übersetzern für die auf Deutsch abgefassten Briefe arbeitete.

Im Unterschied zu Sundman war Strandh nach vier Jahren mit seinem Buch fertig. Da jubelte Sundman in einem Brief an einen Freund: »Aber an die Briefe an Sofie Hess ist der Strandh nicht gekommen, denn die lagen bei mir!«

Dann brachte er die Schachteln ins Riksarkivet zurück. Es wäre kaum verwunderlich, wenn da nichts gefehlt hätte, aber wohl kaum die Ernte von dreizehn Jahren Korrespondenz.[61]

*

Alfred mochte sein Scheitern mit Sofie Hess gar nicht richtig ansehen. In einem Brief an seine Schwägerin Edla schreibt er sich seine Frustration vom Leib: »Welch ein Kontrast bei uns beiden. Du, umgeben von Liebe, Freude, Lärm, pulsierendem Leben, fürsorglich und umsorgt, zärtlich und von Zärtlichkeit umfangen, verankert in der Zufriedenheit; ich, herumirrend, kompass- und steuerlos wie ein aufgegebenes und verrottetes Lebenswrack, ohne helle Erinnerungsbilder aus der Vergangenheit, ohne die falsche, aber doch schöne Beleuchtung der Zukunft […] ohne Familie, die unser einziges folgendes Leben nach diesem ist.«[62]

Ende Juli 1885 bekam Alfred eine weitere kalte Dusche. Die setzte ihm derart zu, dass er, laut eigener Aussage, mehrere Stunden lang in seiner Kutsche herumfahren musste, um sich zu beruhigen, ehe er zum Stift greifen konnte. Dann lautete seine Botschaft an Sofie wie folgt: »Sei ganz aufrichtig zu mir und gebe mir genau Aufklärung darüber wie sich Dein neues Leben zu gestalten verspricht.« Er schloss mit den Worten »Dein rasch vergessener Alfred«.

In den 1990er-Jahren reiste der Regisseur Vilgot Sjöman während der Vorbereitungen zu seinem Film nach Wien und traf dort Olga Böhm, die Enkelin von Sofie Hess, die ihm einen bisher unbekannten und undatierten Brief zeigte. Darin beschrieb ein unbekannter Mann Sofie Hess ein unerwartetes und peinliches Zusammentreffen mit Alfred Nobel in einem Zug. Alfred hatte den Briefschreiber mit den Gerüchten konfrontiert, die über ihn und Sofie umgingen. Offensichtlich sah sich der Liebhaber gezwungen zu gestehen. Das Zusammentreffen war derart erschütternd, dass der Mann daraufhin sofort seine Beziehung zu Sofie Hess beendete.[63]

War das vielleicht das Ereignis, auf das Alfred Bezug nimmt?

Vilgot Sjöman erhielt bei der Gelegenheit auch Zugang zu einer Familienschrift, in der die Schwester von Sofie Hess gesagt haben soll, dass Sofie »Alfred Nobel mit jedem einzelnen Kellner betrogen« habe. Was immer die Ursache für die kalte Dusche war, so veranlasste sie doch Alfred Nobel, einen Privatdetektiv zu beauftragen. Er wollte wissen, ob Sofie schon in Paris so draufgängerisch gelebt hatte, wie sie es nun in den Kurorten und in Wien zu tun schien.[64]

Die billigen Kränkungen scheinen Alfred Nobels Sehnsucht nach geistiger Stimulierung vergrößert zu haben. Alfred erinnert sich an einen Brief, den er vor einiger Zeit von Bertha von Suttner erhalten hat. Sie und ihr Ehemann Arthur von Suttner waren völlig verarmt von Arthurs Eltern gnädig wieder aufgenommen worden und aus dem Kaukasus zurück nach Österreich gezogen. Mitte August 1885 befand sich Alfred Nobel, immer noch bedrückt von dem, was mit Sofie geschehen war, in Wien. Er fragte nach Bertha von Suttner, erhielt aber den Bescheid, dass sie sich auf dem Familiengut Harmannsdorf befände. Dorthin wagte er nicht zu gehen. Stattdessen schrieb er, ihr Buch *Inventarium einer Seele* immer noch in Erinnerung, einen Brief an sie:

»Wie glücklich ich bin zu hören, dass Ihr froh und zufrieden darüber seid, endlich in ein Land zurückgekehrt zu sein, welches Ihr umhegt, und ausruht von den Kämpfen, für die ich eine so grenzenlose Sympathie empfinde! Was gibt es Euch über mich zu berichten – ein Schiffbrüchiger, der Jugend, Freude und Hoffnung beraubt? Eine leere Seele, deren ›Inventarium‹ eine leere Seite ist – oder grau.«[65]

Die Friedensfrage war hochaktuell. Im Jahr 1885 hatten neue Spannungen auf dem Balkan Kriegsangst in Europa verbreitet. Der Panslawismus stand hier wieder im Mittelpunkt, und die Großmächte rüsteten angeblich für den zu erwartenden Zusammenstoß auf. Am heißesten kochten die Gefühle in Russland und Großbritannien hoch, doch in dem komplexen Balanceakt der europäischen Großpolitik war die Gefahr natürlich groß, dass auch die jüngste Dreierallianz Bismarcks aus Deutschland, Österreich-Ungarn und Italien mit hineingezogen werden würde.

Alfred Nobel berührte die Kriegsdrohung in einem Brief an seinen Bruder Ludvig – nun in dem friedlicheren Ton, der wieder zwischen ihnen herrschte. Er befürchte jeden Tag eine Kriegserklärung, schreibt er und sah voraus, dass der europäische Krieg, der unter Umständen vor der Tür stehe, länger und von schwereren Folgen werden würde als der französisch-deutsche Krieg, den er selbst aus nächster Nähe miterlebt hatte. »Unsere kleinen Interessen werden darunter leiden, aber wer vermag schon an die Geldbörse zu denken, wenn das Weltherz blutet«, meinte Alfred.

In Alfred Nobels Argumentation war ein neuer Ton eingezogen. Am selben Tag schrieb er an einen Geschäftskontakt, dass sein Zukunftstraum nunmehr vor allem von Ruhe und Frieden handeln würde. »Ich werde immer philosophischer [...] Je mehr ich die Kanonen heulen höre, je mehr ich das Blut fließen sehe, die Plünderungen legalisiert und den Revolver sanktioniert sehe, desto ausgeprägter und stärker wird dieser mein Traum.« Ein paar Monate später war er noch deutlicher in seiner diplomatischen Vision und schrieb, dass er mehr denn je wünsche, »einen beruhigenden Frieden sehen zu dürfen, der sich über unserer kleinen explosiven Welt ausbreitet«.[66]

Wie Alfred Nobel seine eigene neue Erfindung in diesem Zusammenhang betrachtete, verriet er nicht. Das rauchfreie Schwarzpulver, sein erster strikt militärischer Sprengstoff, war immer noch ein Geschäftsgeheimnis. Draußen in Sevran schuftete der Chemiker Fehrenbach an den letzten Details. Alfred Nobel hatte bereits 1879 begonnen, an der Idee zu arbeiten, ja im Grunde hatte er, schon seit er 1863 ernsthaft mit dem Sprengstoff zu arbeiten begonnen hatte, die Idee einer Schwarzpulvermischung mit Nitroglyzerin im Kopf gehabt. Doch das hatte Zeit gebraucht, und diesmal wollte er, sowohl was die Feinarbeit als auch was die Patentanmeldung anging, sorgfältig vorgehen. Im Juli 1885 konnte Alfred es aber doch nicht lassen, die Erwartungen bei dem britischen Professor für Chemie, Frederick Abel, einem der wenigen Eingeweihten, anzufeuern. »[...] Ich kann Euch im Vertrauen verraten, dass ich Ihnen bald einen Explosionsstoff für Granaten anbieten kann, dessen Kraft und Sicherheit Euch überraschen wird. Es ist keine Flüssigkeit.«[67]

Vielleicht hatte er sich das rauchfreie Schwarzpulver als einen Schritt in der Waffenevolution vorgestellt, die nach Bertha von Suttners von Darwin inspirierten Philosophie alle Kriege beenden sollte. Vielleicht machte er einen Unterschied zwischen einem Idealzustand und der krassen Wirklichkeit. Oder war er möglicherweise einfach inkonsequent? Wie auch immer, es gab für dieses Mal keinen großen Krieg in Europa. Die Welt atmete auf, und Alfred Nobel konnte in Ruhe seine Munition verfeinern. Doch am Himmel hing eine dunkle Wolke. Im Sommer 1885 hatte ein französischer Sprengstoffingenieur ein Konkurrenzprodukt entwickelt.[68]

Paul Vieille war beim staatlichen französischen Schwarzpulverunternehmen Service des Poudres et Salpêtres angestellt, das nur einen Kilometer von Alfred Nobels Labor in Sevran eine Fabrik und eine Schießbahn unterhielt. Vieille hatte seit einem Jahr im Labor der Firma in Paris mit einem anderen Schwarzpulver experimentiert, und auch das sollte rauchfrei sein. Er arbeitete genau wie Alfred mit Schießbaumwolle, doch ohne Zusatz von Nitroglyzerin.

Ende 1884 hatte Paul Vieille seine ersten praktischen Ergebnisse vorweisen können. Sein Schwarzpulver war jetzt so weit, dass es in Gewehren erprobt wurde. Im Laufe des Jahres 1885 hatte Vieille deshalb unter größter Geheimhaltung seine Arbeit nach Sevran verlegt, wo ein neues Labor fertiggestellt worden war.[69] Einer von beiden würde als Erster mit einer neuen Sensation – dem rauchfreien Schwarzpulver – auf dem Weltmarkt erscheinen. Nun hatte Alfred Nobel es sehr eilig – die Frage ist nur, ob er das wusste.

Das freiere Dasein als Forscher, von dem er träumte, rückte immer näher. Die Fusionierung der Dynamitgesellschaften würde bald in trockenen Tüchern sein. Zur Durchführung des Geschäfts brauchte er nur noch das Geld aus dem Ölunternehmen in Sankt Petersburg. Alfred hatte Ludvig weiterhin geholfen, und nun lag über die Hälfte seines Vermögens, mindestens 9,5 Millionen Franc, in Baku gebunden.

Doch Ende 1885 befand sich der Preis für Öl auf dem Weltmarkt nach einer Überproduktion wieder in freiem Fall. Es wurde von einer Krise der Ölindustrie gesprochen. Schon bald erreichte das hartnäckige Gerücht, Naftabolaget Bröderna Nobel habe die Zahlungen eingestellt, die europäischen Börsen. Es wurde allgemein befürchtet, dass das Unternehmen auf den Ruin zuliefe.

KAPITEL 13

»Größter Fehler: Keine Familie zu haben«

Ob Alfred Nobel wohl selbst die vielen Widersprüche in seiner Person wahrnahm? Er war der Mann, der von einem »rosa schimmernden Frieden« träumen konnte, während er gleichzeitig all seine Kraft darauf verwandte, effektivere Munition für die Armeen der Welt zu produzieren. Er verachtete die Kirche und ihre »unglückskrächzenden Pfaffen«, leistete aber eine großzügige Spende an die schwedisch-norwegische Sofiagemeinde in Paris.[1] Er konnte Ludvigs Kreditkarusselle verurteilen und ihm stur finanzielle Unterstützung verweigern, nur um kurz darauf bedeutend mehr zu geben, als der Bruder verlangt hatte. Zornig verbot er Sofie Hess, seinen Namen zu benutzen, und schrieb doch selbst weiterhin fröhlich »Madame Sophie Nobel« auf die Briefe, die er ihr schickte.

Alfred Nobel strebte danach, der Menschheit zu nutzen, doch ließ er kaum eine Gelegenheit aus, sich selbst für untauglich zu erklären.

Die Freunde bemerkten, dass der nun dreiundfünfzigjährige Alfred Nobel erschöpft, geradezu schwach aussah. Sein Bart hatte graue Strähnen, und er ging leicht gebeugt, was den Eindruck verstärkte, er sei verhältnismäßig klein gewachsen. Häufig musste er ein Pincenez auf die Nase klemmen, um sehen zu können, wenn er arbeitete, und es ist nicht ganz ausgeschlossen, dass er bereits den Stock angeschafft hatte, mit dem ihn seine Nichten und Neffen immer verbinden sollten. Er war anspruchslos unterwegs, zumeist in einem einfachen schwarzen Gehrock. Viele hielten ihn eher für einen Arbeiter, der sich schick angezogen hatte, als für den wohlhabenden Großunternehmer, der er war.

Über seinem Wesen hing ein Hauch von Wehmut, und der helle durchdringende Blick war von Ernst geprägt. Der Alfred Nobel mittleren Alters war kein charismatischer Salonmagnet. Vielmehr konnte er beim ersten Handschlag mürrisch, angespannt und fast schüchtern wirken. Doch hinter der Fassade vibrierte es nur so von Eifer und Engagement, sodass man ihn auch nervös und überdreht finden konnte. Ihm war eine rasche, eigenartige Spiritualität zu eigen, die er gern mit drastischem, an Sarkasmus grenzendem Humor versah.

Fühlte er sich in einer Gesellschaft wohl und entspannte, wurde er schnell zum Mittelpunkt, wenn er sich wild zwischen Schwedisch, Französisch, Englisch und Deutsch und manchmal, wenn auch seltener, Russisch hin und her bewegte. »Eine Stunde mit ihm zu plaudern, war ebenso ein seltener Genuss wie auch eine erschöpfende Anstrengung, denn es galt auf der Hut zu sein und ihn bei seinen unerwarteten Kehrtwendungen und abrupten Paradoxien nicht aus den Augen zu verlieren. Wie eine Schwalbe vorm Wind flog er von einem Thema zum nächsten, und in dem schnellen Flug seiner Gedanken schrumpfte der Erdball und die Abstände schmolzen zu Kleinigkeiten zusammen«, sollte der Entdeckungsreisende Sven Hedin später über Alfred Nobel schreiben. »Mit ihm über Welt und Menschen, über Kunst und Leben, über die Probleme von Zeit und Ewigkeit zu reden, war ein geistiger Hochgenuss«, erinnert sich Bertha von Suttner.[2]

Anderen fiel es schwerer, seinen wilden Assoziationsreisen zu folgen. Der Patentingenieur Hugo Hamilton fand Alfred Nobel »grotesk originell« und außerdem »klein und ungewöhnlich hässlich«. Hamilton aß manchmal im Restaurant Hasselbacken in Stockholm mit Nobel und Nordenskiöld zu Abend. In seinen Memoiren berichtet er, wie

Alfred bei einer Gelegenheit überlegt hatte, man sollte besondere Häuser für Selbstmörder bauen. Da würden Menschen, die sich das Leben nehmen wollten, freundliche Hilfe bei ihrem Unternehmen erhalten, anstatt gezwungen zu sein, »sich die Kehle auf alle möglichen unangenehmen Weisen durchschneiden zu müssen«. Aus diesem Nobel quollen seltsame Ideen, das war nicht gerade üblicher Small Talk, fand Hamilton.[3]

Die Gäste, die Alfred in die Avenue Malakoff einlud, waren erstaunt über die Fürsorge und den Überfluss, der ihnen zuteilwurde. Noch lange sollten sie die aufwendigen Abendessen bei Nobel erinnern, die exklusiven Jahrgangsweine und die frischen exotischen Früchte aus Afrika, deren Namen die meisten noch nicht einmal gehört hatten. Doch er selbst lebte einfach und hielt oft Diät. Von zu viel Wein bekam er Magenreißen, und so begnügte er sich oft mit ein paar Tropfen in seinem Wasserglas. Den Kassenbüchern zufolge schien er fast völlig mit den früher so regelmäßig gerauchten Zigarren aufgehört zu haben, doch der fortgesetzte Einkauf von Zigaretten und Zigarettenspitzen verrät, dass er mit dem Rauchen nicht ganz Schluss gemacht hatte.[4]

Alfred grübelte viel über Sinn und Zweck des Lebens. Eines Tages ließ der Pastor der schwedischen Sofiagemeinde Emil Flygare von sich hören und bat um finanziellen Beistand für einen bedürftigen Landsmann in Paris. Alfred verdoppelte die angefragte Summe. Er schätzte Pastor Flygare und nutzte die Gelegenheit, in seinem Antwortbrief seine Gedanken zu den Domänen des Pastors zu erproben:

> *»Unsere religiösen Ansichten sind vielleicht mehr formell als wirklich unterschieden, denn wir sind ja beide einig, dass man seinen Nächsten so behandeln sollte, wie man selbst von ihm behandelt werden will. Und ich gehe sogar noch einen Schritt weiter, denn ich empfinde eine Abscheu vor mir selbst, die ich meinem Nächsten gegenüber nicht hege.*
>
> *Was hingegen meine theoretischen Anschauungen in Sachen Religion angeht, so gebe ich zu, dass sie deutlich vom gebahnten Weg ab-*

weichen. Eben weil ›die Fragen hoch über uns liegen‹, weigere ich mich, deren Lösung durch Menschenverstand zu erkennen. Auf religiöse Weise zu wissen, was man glauben sollte, ist ebenso unmöglich wie die Quadratur des Kreises, doch zu unterscheiden, was man nicht glauben kann, liegt ganz und gar nicht außerhalb der Grenzen des Möglichen. Diese Grenze überschreite ich nicht. Jeder, der gedacht hat, muss schließlich einsehen, dass uns ein ewiges Rätsel umgibt, und darauf gründet sich alle wirkliche Religion. Was man durch den Schleier des Allvaters sieht, ist das Nichts, was man zu sehen meint, hängt von individueller Fantasie ab und sollte sich deshalb auf individuelle Ansicht beschränken. Doch nun verirre ich mich auf dem Gebiet der Metaphysik, anstatt, was die Wahrheit ist, für den herzlichen Brief zu danken und zudem meine warme Zuneigung und ausnehmende Hochachtung zu versichern.«[5]

*

In der winterlichen Kälte kämpfte Alfred mit Atemwegsinfektionen. Früh am Morgen nahm er entweder den Zug, oder er warf sich doppelte Pelzdecken über und ruckelte in seinem von schnellen russischen Rappen gezogenen Zweispänner hinaus nach Sevran ins Labor. Spät am Abend kehrte er auf demselben Weg zurück. Zusammen mit Georges Fehrenbach probierte er sich mit dem rauchfreien Schwarzpulver voran. »Probierte« war das richtige Wort. Von einer wissenschaftlichen Arbeit konnte immer noch keine Rede sein, sondern nur von einer endlosen Serie »sachkundiger handwerksmäßiger Methoden«. Der Wissenschaftshistoriker Seymour Mauskopf, der die Experimente von Nobel und Fehrenbach näher studiert hat, nennt die beiden »kreative Handwerker« und meint, dass der Erfolg mehr auf Nobels »außerordentlicher Intuition« dafür, was funktioniert, beruhte.[6]

An Geduld mangelte es ihm nicht. Ein weiteres Jahr dauerte es, ehe sie überhaupt Ergebnisse erhalten hatten, von denen Alfred Nobel meinte, sie würden einer Öffentlichkeit standhalten. Da hatte der Franzose Paul Vieille schon sein konkurrierendes rauchfreies Schwarzpulver »Poudre B« in der französischen Armee eingeführt.

Doch wer den Weltmarkt erobern sollte, war nach wie vor eine offene Frage. Alfred Nobel hoffte sehr auf das Interesse der britischen Professoren Frederick Abel und James Dewar. Sie verliehen seinen laboratorischen Mühen willkommenen wissenschaftlichen Glanz und könnten einen wichtigen Markt eröffnen. Er sorgte dafür, sie auf dem Laufenden zu halten.[7]

Die Tage vergingen im Klirren der Retorten und dem Rauschen der Bunsenbrenner. Alfred hatte ständig Kopfschmerzen vom Nitroglyzerin und arbeitete zwischenzeitlich mit kalten Bandagen um den Kopf. Wenn er nach Hause nach Paris kam, warteten dort zwanzig bis dreißig Briefe auf Beantwortung. Seine so genannte Freizeit bestand zu einem ungesund großen Teil aus schriftlichen Geschäftsstreitigkeiten. Die reine Folter, fand Alfred. Die Dynamitgesellschaften konnten einfach nicht aufhören, sich über den Trust, den sie bilden sollten, zu streiten.[8]

Und dann warteten die Probleme mit Sofie. Er empfand Verantwortung für sie und hatte die Hoffnung noch nicht aufgegeben. Was war die Wahrheit und was nur gemeiner Tratsch? Er schwankte. »Ich bitte Dich, mich nicht wieder hinters Licht zu führen«, schrieb er manchmal und verurteilte Sofie wegen ihrer unverschämten Art, die Bediensteten zu behandeln. »[…] Schlage in Deinem Meyer'schen Conversations Lexikon (hast viel darin gelesen???!!!) den Artikel Menschenwürde, lese viel und denke noch mehr darüber nach …« Doch ebenso schickte er ihr am laufenden Band Schecks mit hohen Summen. Über ihre Bestellungen aus den Boutiquen in Paris führte er nach wie vor Buch. Das Kassenbuch füllte sich: »Miete Troll, 1400«, »Troll im Brief, 3000«, »Weinrechnung Troll 930«, »Troll bar, 2600«, »3 Hüte, 362«, »Troll Ohrgehänge Saphir und Brillanten 2000«. Manchmal konnten die Kontraste groß sein: »Handschuhe Troll 114«, »Handschuhe für mich 1,75«.

Die Zahlungen an Sofie Hess gehörten zu den am allerhäufigsten vorkommenden Posten in Alfred Nobels Kassenbuch. Sie entsprachen ungefähr einem Drittel seiner privaten Ausgaben.

»Mir mangelt etwas das ich nie gefunden und wohl nie finden werde. Häuslichkeit in einem gebildeten, anständigen und mir zusagenden Kreise«, seufzte er resigniert, wenn er sich gekränkt fühlte. Doch dann dauerte es nicht lange, ehe wieder die Zärtlichkeit und sogar der »Brummbär« in den Briefen an Sofie auftauchten. Konsequenz war nicht gerade die starke Seite von Alfred Nobel.[9]

Und dann kam noch die Sorge über Ludvigs Geschäfte hinzu. Anfang 1886 hatte sich das Gerücht über die Zahlungsschwierigkeiten von Naftabolaget Bröderna Nobel bis in die ausländischen Zeitungen hinein vorgearbeitet. Alfred kam zu Ohren, dass die Leute mit Hinweis auf sein Engagement in dem Ölunternehmen gewarnt wurden, *ihm* Kredit zu geben. Wieder forderte er von Ludvig den Finanzplan ein. Diesmal war er beruhigt. Ludvig schien mit seiner Einschätzung recht zu haben, dass es sich um eine vermutlich vom Ölkonkurrenten Rothschild eingefädelte, ungewöhnlich bösartige Verleumdungsstrategie handelte.[10]

Von der kreativen Freiheit, die Alfred sich erträumte, war nicht viel zu erkennen. Er musste immer noch herumreisen, die eine Woche nach Berlin, die nächste nach London, die wieder nächste nach Turin. Doch manchmal konnte er zumindest in Gedanken das »verdammte« Thema Sprengstoff verlassen und Projekte auf ganz anderen Gebieten anpeilen. Medizin fand er sehr spannend. War es nicht fantastisch zu sehen, wie oft Chemie und Medizin in dieser Zeit ineinandergriffen?

Alfred versuchte, einen ihm bekannten Arzt für eine gemeinsame Forschung über Lungentuberkulose zu gewinnen. Der größte Konkurrent von Louis Pasteur, der deutsche Bakteriologe Robert Koch, hatte vier Jahre zuvor die Tuberkelbakterien identifizieren können, doch es gab immer noch kein Heilmittel gegen die lebensbedrohliche Krankheit. Koch, von Pasteurs Erfolgen mit der Tollwutimpfung unter Druck gesetzt, versuchte alles, doch es sollte ihm nicht gelingen. Es dauerte bis 1921, ehe eine Tuberkuloseimpfung zum ersten Mal an Menschen erprobt werden konnte.

Alfred Nobel fand, man sollte versuchte, ob das Gas Kohlenmonoxid nicht einen Effekt auf die Tuberkulose haben könnte. Der Arzt war jedoch nicht so begeistert.[11] Wenn nur der Trust und das rauchfreie Schwarzpulver bald in trockenen Tüchern wären, dachte Alfred, dann würde er ganze Tage in seinem Labor in Sevran mit solchen anregenden, fachübergreifenden Arbeiten verbringen.

*

Zwanzig Minuten dauert es mit dem Nahverkehrszug RER von der Stadtmitte in Paris raus in den Vorort Sevran. An einem nebligen Novembertag 2015 reise ich dorthin. Alfred Nobels liebster Rückzugsort, das Labor, auf das er so stolz war, soll es angeblich noch geben. Mit Graffiti bedeckte Mauern wischen vorm Fenster vorbei, dazwischen das ein oder andere ausgebrannte Autowrack, dann fährt der Zug in den schönen Bahnhof von Sevran ein, eines der wenigen Gebäude, das aus Alfred Nobels Zeit noch erhalten ist.

Der Vorort ist von dreihundert Einwohnern auf heute 50 000 angewachsen. Die Arbeitslosigkeit reicht an die 19 Prozent, und die Menge an Gewaltverbrechen ist dreimal so hoch wie im ganzen Land. Armut und Marginalisierung haben ein derartiges Ausmaß, dass der Bürgermeister von Sevran vor ein paar Jahren in einem Zelt vor der Nationalversammlung in den Hungerstreik ging, um einen höheren Beitrag für Frankreichs Problemregionen zu erkämpfen.

Sevran gehört auch zu den Orten in Frankreich, die wegen islamistischer Rekrutierungsoffensiven in Verruf geraten sind. Im letzten Jahr hat die französische Sicherheitspolizei ihre Bewachung intensiviert, und das nicht ohne Grund. Am Tag nach meinem Besuch hier wird Paris von sechs zusammenhängenden Terrorattentaten mit islamistischem Hintergrund erschüttert. Einhundertdreißig Menschen kommen ums Leben.

Alfred Nobels Immobilie mitten in Sevran steht noch. Das Wohnhaus ist, nachdem er es verkauft hatte, zum Gemeindebüro geworden und das bis heute geblieben. Eine Plakette an der Wand ehrt den früheren Besitzer. Ich gehe um den gerundeten Anbau herum, in dem

Nobel seinen Billardraum hatte, der heute der Trausaal der Gemeinde Sevran ist. Dort, hinter einem grünen Zaun liegt es, Alfred Nobels geliebtes Laboratorium.

Das Gebäude sieht mitgenommen aus. Ziegelsteine haben sich von der Fassade gelöst, zerbrochene Fenster sind durch Sperrholzreste in allen Nuancen ersetzt worden. Ich kämpfe mich durch wucherndes Gebüsch zu einer halb offen stehenden Eisentür auf der Rückseite und schlängele mich hinein. Der rissige Zementboden ist von zersplittertem Fensterglas und einer unglaublichen Menge Müll bedeckt: kaputte Holzhocker, windschiefe Stühle, verstaubte alte Getränkedosen und zerrissene Kartons. Von der eingefallenen Decke baumeln Neonröhren von rostigen Halterungen.

Der Pressechef der Gemeinde Sevran versichert mir später, dass Nobels Labor in naher Zukunft renoviert werden wird. »Alfred würde wahrscheinlich genauso denken wie ich, nämlich dass Sie andere Sorgen haben«, bin ich versucht zu antworten.

Hier wollte Alfred Nobel alle seine Träume verwirklichen. Aber es kam nicht dazu. Ich stoße an das rostige Skelett eines antiquierten PC. Ein demoliertes Büfett in dunklem Holz weckt Assoziationen an das 19. Jahrhundert. Es fällt schwer, hier nicht sentimental zu werden. Was ist nur geschehen?

Es wird noch dauern, ehe ich das ganze Bild klar sehen kann.[12]

*

Die tiefe Krise, in die das Ölunternehmen dann doch noch geriet, kam für Alfred Nobel aus heiterem Himmel. Der Umschwung geschah dermaßen plötzlich. Ludvig hatte behauptet, wieder bei Kasse zu sein. Im Sommer 1886 wagte Alfred auf diesem Hintergrund, Ludvig zu bitten, ihm einen Teil seines geliehenen Geldes wieder zurückzuzahlen. Der Trust zwischen den deutschen und den britischen Dynamitgesellschaften war endlich ausgehandelt, und Alfred brauchte für die erforderlichen Aktienkäufe Zugang zu seinem Geld.[13] Er hatte alles andere flüssiggemacht und seine schwedischen Dynamitaktien verschleudert. Doch es reichte nicht, und jetzt war Eile geboten.

Ludvig widersetzte sich. Warum ausgerechnet jetzt? Der Sommer war die schlimmste Zeit im Ölgeschäft, und außerdem befand sich der Markt in einer neuen Klemme mit Überproduktion und Preisverfall, schrieb er an Alfred. Ein industrielles Unternehmen war kein simples Kapitalgeschäft. Es erforderte Geduld, wenn es bis in die nächste Generation überleben sollte, schärfte er dem Bruder in säuerlichem Ton ein. Und dann schob er noch ein empfindliches Argument nach: »Ein kinderloser Mann wie du wird dazu wahrscheinlich eine ganz andere Auffassung haben als der, welcher wie ich eine große Familie hat.«[14]

Alfred begriff gar nichts. Jetzt hatte er sich schon mehrere Male durchgerungen, um Bröderna Nobel vor dem Konkurs zu retten. Natürlich würde er sein Geld nicht zurückverlangen, wenn er es nicht dringend bräuchte. Was glaubte Ludvig denn?

Alfreds Aktien im Ölunternehmen waren nun ungefähr sieben Millionen Franc wert. Die zu veräußern hatte er nicht vor. Er brauchte einfach die 1,3 Millionen Franc, die er darüber hinaus *geliehen* hatte. Frustriert schrieb er an Robert und warnte ihn. Alfred nannte Ludvig den »Kopflosesten«, der jemals mit einem Unternehmen auf diesem Niveau gearbeitet hatte. »Ich habe schon lange geahnt, dass das [russische Geschäft] mit eiligen Schritten bergab geht«, schrieb Alfred. Diese Wahrheit wolle er Robert nicht vorenthalten. Alfred, der allein lebte und nur wenige Bedürfnisse hatte, würde es wohl überleben können, sein Vermögen zu verlieren. »Für Dich hingegen ist die Frage sehr ernst«, schrieb Alfred. Kurz darauf hat Robert seine 150 000 Franc aus dem Ölgeschäft zurückverlangt.[15]

Ludvig war verzweifelt. Wollten ihn nun Alfred und Robert beide im Stich lassen? Eine grenzenlose Verbitterung erfasste ihn. Ludvig zog den Schluss, die Brüder würden gegen ihn konspirieren und damit den Feinden des Unternehmens, »den deutschen Juden« (lies: dem Konkurrenten Rothschild), in die Hände spielen. Er schrieb einen zehnseitigen Brief in aufgebrachtem Ton an Alfred. »Was kann natürlicher sein als mein Verlangen, dass ihr beide, die ihr mit mir zusammen das Geschäft gegründet habt und deren Namen es trägt, es nicht aufgebt, sondern euch einfach ruhig verhaltet, bis die Zeiten wieder besser sind?« Ludvig versicherte, er wolle wirklich seine Schulden an sie bezahlen und lieber sein Haus verkaufen, als mit ihnen zu streiten, aber »in Petersburg gibt es ja keine Käufer für gar nichts«. Verstanden sie denn nicht, dass »alle industrielle Unternehmung in Konjunkturen verlief? […] auf die fetten Jahre folgen magere; das darf einen vernünftigen Menschen nicht misstrauisch stimmen, sodass er bloß daran denkt, sich selbst für den Augenblick zu retten.«[16]

Roberts Ansinnen bedeutete für Ludvig keine finanzielle Katastrophe. Der geringe Anteil des älteren Bruders bedrohte das Unternehmen nicht. Aber Alfred? Ludvig betete auf Knien, dass der seine Forderungen stehen lassen würde, und bot ihm seine Häuser in Sankt Petersburg als Sicherheit an. Die waren, trotz des schwankenden Marktes, keine schlechte Kompensation. Ludvigs palastähnliche zweistöckige Villa an der Newka hatte fast neunhundert Quadratmeter mit Büro, Wintergarten und einem der ansprechendsten Salons der Stadt.

Angebot angenommen, antwortete Alfred kühl. Er machte Ludvig klar, dass er es nur als eine Frage der Zeit ansähe, dass die Ölfirma in Konkurs ginge. Der Bruder könne ja wohl nicht annehmen, dass Alfred sich »selbst in Armut stürzen will, um dem Unternehmen zu helfen, etwas langsamer als sonst pleitezugehen«. Der Ton zwischen den beiden war jetzt eisig.

Du entscheidest, konterte Ludvig. Wenn du willst, dass ich den Kredit jetzt zurückbezahle, verkaufe ich sofort meine Häuser, zu welchem Preis auch immer. Lass es mich einfach wissen!

Auf diese letzte Nachricht antwortete Alfred nicht. Ludvigs ältester Sohn Emanuel, der jetzt im Geschäft seines Vaters mitarbeitete, versuchte, mit milderem Tonfall in die Korrespondenz einzugreifen. Natürlich müssten die Schulden zurückgezahlt werden, sagte er, das Problem sei schlicht, dass Alfred und Ludvig gleichzeitig Geld bräuchten. »Ich kann klar erkennen, dass Ihr beide, sowohl Du als auch Papa, in einer schwierigen Lage seid.«[17]

Ein paar Wochen später kamen Ludvig und Alfred in London zusammen. Das Treffen endete in einer Katastrophe. Alfred reagierte sich darüber in einem Brief an Robert ab. Wenn jemand hier in die Geschäfte Gefühle gemischt hätte, so wäre das jedenfalls nicht er, unterstrich er. Er wolle jetzt einfach nichts mehr direkt mit Ludvig zu tun haben. Der Bruder habe sich in London »äußerst kränkend und grob« verhalten. Er, Alfred, habe schon viele geschäftliche Konflikte erlebt, doch »nie zuvor oder seither bin ich mit einer derartigen Rücksichtslosigkeit behandelt worden. Das hindert mich in keiner Weise, ihm behilflich zu sein, doch am liebsten sähe ich, wenn das durch eine andere Hand geschähe.«[18]

Die Brüder wurden vom Dominoprinzip gerettet. Im Oktober 1886 wurde in London die *Nobel-Dynamit Trust Company* gegründet, die ein großer Erfolg wurde. Alfred konnte seine Kapitalforderung an Ludvig zurückziehen, denn sein Kapitalbedarf erwies sich als viel geringer als befürchtet. Außerdem bekam die Bröderna Nobel AG in Russland auch etwas von dem Glanz ab. Alfreds Erfolg wirkte, wie Ludvig es ausdrückte, wie »ein elektrischer Stoß« auf die russischen Finanzleute. Eben wurden der Bröderna Nobel noch alle Kredite verwehrt – jetzt erhielten sie plötzlich Angebote.

Als Ludvig einen Monat später Alfred in Paris besuchte, war die Stimmung wie ausgewechselt. »Es tat meinem alten Herzen gut, das frühere brüderliche Vertrauen ganz wiederhergestellt zu sehen. Briefe sind kalte Dinge, ein mündliches Gespräch hingegen gibt bedingungslos wieder, was in der Tiefe liegt, und dass dies warm und gut ist«, schrieb Ludvig in seinem Dankesbrief. »Dein Brief hat mich mehr erfreut, als du dir vorstellen kannst«, antwortete Alfred. »Wir stehen beide auf dem nach außen geneigten Boden des Lebens, und es ist doch keineswegs, wenn es öfter schon des Lebens Nacht vorspiegelt, dass die Neigung zu Kleinigkeiten sich einstellen kann, die fast immer der Grund für alles ist, was Streit heißt. Was mich betrifft, lebe ich eigentlich in absolutem Frieden mit allem und allen, außer mit meinem eigenen Inneren und seinen ›Geistern aus Niflheim‹. Am allerwenigsten will ich Streit mit dir, und wenn ein Schatten zwischen uns gelegen haben mag, so ist der schon lange dem ›Es werde Licht‹ des Herzens gewichen.«[19]

Letzteres bedeutete wohl, die Wahrheit ein wenig zu überdehnen, aber was spielte das schon für eine Rolle?

*

Bertha und Arthur von Suttner waren auf dem Weg nach Paris. Sie wollten Stadtluft atmen. Zwei Jahre lang hatten sie die Tristesse auf dem einsam gelegenen und Anfang 1887 sogar eingeschneiten Familienschloss Harmannsdorf ausgehalten. Arthurs Verwandte waren stockkonservativ. Sie lebten alle Karikaturen der österreichischen Aristokratie, die sich Bertha aus therapeutischen Gründen schon von der Seele geschrieben hatte. Auf Harmannsdorf scherte man sich weder um Liberalismus noch um Literatur und definitiv nicht um moderne Friedensgedanken und soziale Philosophien, wie sie Bertha und Arthur nach ihrer Bildungsreise erfüllten. Als Arthurs Mutter Berthas Exemplare der Bücher von Émile Zola fand, verbrannte sie diese unter Protest.[20]

In Paris angekommen, schickte Bertha ein Billett an Alfred Nobel. Er lud sie sofort in sein, mit ihren Worten, »süßes kleines Haus« an der Avenue Malakoff ein. Bertha fand, Alfred sei grau geworden, ansonsten aber völlig unverändert. Er zeigte ihnen sein kombiniertes Arbeitszimmer mit Bibliothek, das immer noch, nach Berthas Geschmack, recht einfach möbliert war und von einem großen Schreibtisch dominiert wurde. Alfred zeigte dem interessierten Arthur sein Hauslabor. Zufrieden registrierte Bertha, dass auch Alfred seine Lektüre seit dem letzten Mal vertieft zu haben schien. Die Bücherregale waren voller Philosophie und Poesie, mit den gesammelten Werken des »Lieblingsdichters« Lord Byron an einem Ehrenplatz. Sie bewunderten das Gemälde des Ungarn Michael von Munkácsy, das Alfred über das Sofa hatte hängen lassen. Er versprach ihnen, die Pariser Adresse des Künstlers für sie herauszubekommen.

Das Abendessen war sehr ansprechend. Bertha und Arthur bemerkten vor allem die ausgezeichneten Weine, die Alfred aus dem Keller heraufholen ließ, seltene Jahrgänge des Château d'Yquem und Johannisberger. Dieser Luxus passte so gar nicht zu seiner ansonsten anspruchslosen Person.

Nach dem Essen wurde der Kaffee in dem kleinen Wintergarten serviert, der direkt hinter dem Speisesaal lag. »Alles in diesem kleinen Palast war klein, sogar der große Empfangssalon mit seinen Malachit-Möbeln und einem sehr kleinen, roten und mit gedämpftem rotem Licht beleuchteten Musikzimmer daneben«, erinnert sich Bertha von Suttner später. Dort stand ein schöner Flügel.[21]

Sie hatten viel zu besprechen. Bertha hatte soeben ein Buchmanuskript beendet: *Das Maschinenzeitalter*. Hier ging sie in neun philosophischen Texten hart mit dem engstirnigen Nationalismus ins Gericht, der sich unter dem Namen »Patriotismus« wie eine Seuche über das zeitgenössische Europa auszubreiten schien. Wie konnte man nationalen Egoismus idealisieren, wenn »ethnischer Altruismus« so offenkundig ein höheres menschliches Entwicklungsstadium war, fragte Bertha von Suttner, »ebenso wie die Liebe zum Nächsten beim Menschen eine dem Eigeninteresse weit überlegene Eigenschaft ist«.[22]

Die Frage war hochaktuell. Die Spannungen zwischen Europas Großmächten hatten seit Nobels und von Suttners letztem Kontakt kaum abgenommen. So war immer deutlicher geworden, dass Bismarcks realpolitische Koalitionsversuche ihre ausgleichende Kraft verloren hatten, nicht zuletzt, da der neue russische Zar Alexander III. den Vorschlägen des deutschen Reichskanzlers wesentlich ablehnender gegenüberstand, als der ermordete Vater es getan hatte. Bismarck ging davon aus, dass es nur eine Frage der Zeit sei, bis Russland sich Frankreich annähern würde, und er tat, was er konnte, um diese Allianz zu verzögern. Doch es waren neue Zeiten. Laute Nationalisten wurden in einem Land nach dem anderen zu Meinungsmachern, und es entging niemandem, am allerwenigsten Bismarck, dass sich die Kriegsrhetorik aus den meisten Ländern gegen Deutschland richtete. Am schlimmsten war es in Frankreich.

Alfred nahm Bertha und Arthur von Suttner zu seiner Freundin, der Schriftstellerin Juliette Adam, mit, die ihren neuen Salon auf dem Boulevard Malesherbes in Paris eingeweiht hatte. Die Gastgeberin empfing sie in einem samtroten Kleid mit langer Schleppe und Diamanten in der hohen Frisur. Zu der jugendlichen Spiritualität, welche die Einundfünfzigjährige immer noch ausstrahlte, war ein majestätischer Zug hinzugekommen. Einnehmend, fand die sieben Jahre jüngere Bertha von Suttner.

Schriftsteller, Künstler, Geschäftsleute und Politiker drängten sich in dem kleinen Haus. Bertha war entsetzt, als sie die Gespräche hörte. Juliette Adam war eine flammende Patriotin und hatte sich als eine der stärksten Stimmen für eine französische Revanche gegen Deutschland hervorgetan. In ihrer Zeitschrift *La Nouvelle Revue* hatte sie sich schon lange für eine Allianz zwischen Frankreich und Russland ausgesprochen. Bertha bemerkte, dass viele ihrer Gäste derselben Ansicht zu sein schienen. Sie vernahm, wie euphorisch sie verkündeten, dass der ersehnte Krieg schon bald näher rücken würde. »Schon haßte ich den Krieg mit Inbrunst – und dieses leichtfertige Tändeln mit seiner Möglichkeit schien mir ebenso gewissenlos wie urteilslos«, stöhnte sie hinterher.[23]

Ein paar Tage später besuchte das Paar von Suttner den Dichter Alphonse Daudet. Dort wurde Bertha klar, dass es neben allen Kriegshetzern in Paris auch eine Friedensfraktion gab. Ähnliche pazifistische Gruppierungen schien es sowohl in England als auch in Italien, ja in noch mehr Ländern zu geben. »Die Nachricht elektrisierte mich«, schreibt Bertha von Suttner in ihren Memoiren.

Als Arthur und sie später im Frühjahr ins österreichische Harmannsdorf zurückkehrten, holte sie ihr Buchmanuskript hervor und fügte ein Kapitel über internationale Friedensarbeit hinzu. »Wenn *ich* nichts davon wusste, dann nahm ich mal an, dass meine Leser auch dieses neuen Phänomens unkundig waren«, erklärte sie später.

Bertha von Suttner glaubte nicht länger an die abschreckende Wirkung des Wettrüstens auf den Kriegswillen der Länder. Im Gegenteil drohte es die Menschheit auszurotten, meinte sie. »›Für die höchsten Güter der Menschheit‹ – diese beliebte Kriegsantreibungsphrase hätte doch den Sinn verloren, wenn nach der Schlacht nicht nur keine Güter, sondern auch keine Menschen mehr übrig blieben«, schrieb sie in ihrem Zusatz zum Buch *Das Maschinenzeitalter*.[24]

*

Am Mittwoch, dem 20. April 1887, wurde an der deutschen Grenze ein französischer Polizeikommissar festgenommen, der angeblich der Spionage verdächtigt wurde. Frankreichs Präsident Jules Grévy gelang es, ihn freizubekommen, doch löste die deutsche Festnahme einen nationalen Proteststurm aus, der die französische Regierung zum Rücktritt zwang. Als Ende Mai die Ministerliste der neuen Regierung präsentiert wurde, fand sich Paul Barbe, seit zwanzig Jahren Alfreds Kompagnon, auf dem Posten des Landwirtschaftsministers.

Paul Barbe war 1885 über eine Liste der radikalen Republikaner in die Nationalversammlung gewählt worden. Auf das Angebot hin, Minister zu werden, hatte er blitzschnell die Partei hin zu den eher nach der Mitte orientierten Opportunisten gewechselt. Schwach, fanden die Radikalen. »Für mich war seine Wahl recht angenehm«, schrieb Alfred an Ludvig. »Meine Vorhersage ist somit eingetroffen, denn ich habe das am selben Tag vorausgesehen, als er in die Kammer gewählt worden ist. Er besitzt ein Führungsvermögen, das ein Blinder erkennen kann. Ich glaube, er wird binnen Kurzem Premier-, Außen- oder Kriegsminister, drei Posten, für die er ausgezeichnet passen würde. Glaub nur nicht, dass er das Land in einen unvorbereiteten Krieg schicken wird; er ist keine Spur nervös und übereilt nichts und weiß auch die Stärke des Gegners einzuschätzen.« Alfred Nobel sah in der neuen

Machtposition von Barbe nur Vorteile. Es »erlaubt mir, trotz der Böswilligkeit und Dummheit der Behörden, eventuell Verschiedenes hier vorangebracht zu bekommen«, heißt es im Brief an Ludvig.[25]

Nun konnte Alfred erleben, wie Menschen, von denen er noch nie gehört hatte, Kontakt zu *ihm* aufnahmen, um politische Vorteile zu bekommen. Er selbst dachte in denselben Bahnen. Keiner der beiden Kompagnons scheint irgendetwas Unethisches daran gefunden zu haben, Barbes Ministerposten für die eigenen Geschäfte auszunutzen. Fast täglich schrieb Alfred an Minister Barbe, der laufend über die Schießübungen mit dem rauchfreien Schwarzpulver unterrichtet wurde. »Ich werde Sie informieren, wenn der Moment zum Handeln da ist und Druck von hoher Ebene, sogar sehr hoher Ebene, umgesetzt und gut platziert werden kann«, schrieb Alfred an Barbe.[26] Den neuen Sprengstoff hatte er *Ballistit* genannt.

Alfred dachte dabei nicht nur an den französischen Markt. Paul Barbe war auch in die immer noch nicht verwirklichten Pläne zu einer Dynamitfabrik in Russland eingeweiht. Über Ludvig und Emanuel versuchte Alfred zudem, die russische Regierung für das rauchfreie Schwarzpulver zu interessieren. Draußen in Sevran hatte Fehrenbach mit Schießübungen mit dem Pulver in russischen Gewehren begonnen. Wenn sie Erfolg haben würden, dann war der Gedanke der, das russische Filetstück durch drei zu teilen: Ludvig, Alfred und Paul Barbe. Das bedeutete, dass Paul Barbe, seines Zeichens Minister in der französischen Regierung, gedachte, sich privat ein Scherflein zu verdienen, indem er eine neue militärische Munition an ein anderes Land, nämlich Russland, verkaufte. Gleichzeitig wartete er auf das Signal von Alfred, seinen Kollegen, den französischen Kriegsminister, zu den Schießübungen nach Sevran einladen zu können, auch dies in der Hoffnung auf eine Bestellung. Weder er noch Alfred scheinen darüber nachgedacht zu haben, inwieweit ein solches Doppelspiel sicherheitspolitisch bedenklich war.[27]

Ehrlicherweise war es inzwischen hauptsächlich Ludvigs ältester Sohn, der achtundzwanzigjährige Emanuel, der das Ölunternehmen sowie die Dynamit- und Schwarzpulverkontakte in Sankt Petersburg leitete. Um die Maschinenfabrik in Sankt Petersburg kümmerte sich der jüngere Bruder Carl. Die letzte Geschäftskrise hatte stark an Ludvigs Kräften gezehrt, und nun vertrieb er sich seine Zeit damit zu versuchen, sich in Kurorten zu erholen. Die Gefäßkrämpfe hatten sich verschlimmert, und die Luftröhre war nicht in Ordnung. Es wurden ihm Brunnen, Bäder und Inhalationen verschrieben. Alfred legte eine gewisse Schärfe in seine Worte, als er die Söhne bat, Ludvig in Zukunft von allen Geschäftsstreitigkeiten fernzuhalten.[28]

Offensichtlich schenkte die Rehabilitation Ludvig Zeit, nachzudenken und einen Blick zurück auf sein Leben und das seiner Familie zu werfen. Er hatte eine Idee, für die er Alfred erwärmen wollte. Sollten sie nicht eine Biografie ihres Vaters, Immanuel Nobel, verfassen? Alfred reagierte ablehnend. Wer hatte schon Zeit, Biografien zu lesen?, fragte er. Wer würde sich allen Ernstes für einen solchen Mist interessieren? Abgesehen davon lag Alfred mit seinen Verpflichtungen so weit zurück, dass er das unmöglich schaffen konnte, wenn es über einen »Steckbrief« hinausgehen sollte. Er nannte Ludvig ein Beispiel:

»Alfred N. – armseliges Halbleben; hätte von menschenfreundlichem Arzt erstickt werden sollen, als er pfeifend seinen Eintritt ins Leben vollzog. <u>Größte Verdienste.</u> Die Fingernägel sauber zu halten und niemals jemandem zur Last zu liegen. <u>Größter Fehler.</u> Keine Familie, keine gute Laune und keinen guten Magen zu haben. <u>Größter und einziger Anspruch.</u> Nicht lebendig begraben zu werden. <u>Größte Sünde.</u> Dem Mammon nicht zu huldigen. <u>Bedeutende Ereignisse in seinem Leben.</u> Keine.«

»Ist damit nicht genug gesagt?«, fragte Alfred mitten in den intensivierten Schwarzpulvergeschäften.[29]

Seine Freude darüber, einen französischen Minister im Unternehmen zu haben, währte nicht lange. Im Oktober 1887 kochte ein Korruptionsskandal hoch, der zwei Monate später dazu führte, dass auch die neue französische Regierung zurücktreten musste. Der Schwiegersohn von Präsident Jules Grévy hatte insgeheim für teures Geld aus seinem Büro im Élysée-Palast heraus Medaillen für die Ehrenlegion und andere Auszeichnungen verkauft. Diese Krise zwang auch den Präsidenten zum Rücktritt, und im Dezember 1887 wurde ein anderer Republikaner, der Straßenbauingenieur Sadi Carnot, zum neuen französischen Präsidenten gewählt – ein Amt, das er die folgenden sieben Jahre innehaben würde.[30]

Der scheidende Landwirtschaftsminister Paul Barbe, der in der oppositionellen Presse als mindestens ebenso korrupt wie der Schwiegersohn des Präsidenten dargestellt wurde, nahm wieder seinen Platz in der Nationalversammlung ein.[31] Dort fand er schnell neue Methoden, sich durch seine Machtposition zu bereichern. Alfred Nobel sollte noch viele Gründe haben, seine großen Worte über Barbes Person zu bereuen.

*

»Größter Fehler: Keine Familie zu haben«, hatte Alfred über sich selbst an Ludvig geschrieben. Das einsame Leben an der Avenue Malakoff plagte ihn mehr denn je. Er war zu der schmerzhaften Einsicht gelangt, dass die Einzigen, die sich wirklich um ihn scherten, die Bediensteten seien, die für ihre Aufopferung bezahlt wurden. In seinem Zuhause gäbe es ein Vakuum, das er scheinbar nur mit Grübeln ausfüllen könne. Könne man sich ein traurigeres Lebensschicksal vorstellen? War das die Anerkennung, die er für all sein Schuften und für all das Wohlwollen, das er seinen Mitmenschen entgegenbrachte, erhielt?[32]

Im Laufe des Jahres hatten zwei Ereignisse mehr als alles andere dazu beigetragen, seinen Lebensmut zu trüben. Beide hatten mit Sofie Hess zu tun, und bei beiden ging es um Enthüllungen, die Alfred ebenso schockierten wie kompromittierten. Es hatte im Mai angefangen. Alfred hatte Sofie schon lange gefragt, warum ihre Ausgaben so extrem hoch seien. Er konnte nicht begreifen, was in ihrem täglichen Leben derart viel kostete. Nicht einmal luxuriöse Gewohnheiten konnten das erklären. Wie er sich in einem strengen Brief im März 1886 ausdrückte: »Noch sind keine drei Monate verstrichen und mit dem hier beigefügten hast Du schon Fr. 29 810 verschlungen [circa 100 000 Euro heute]. Ich glaube fast, wie ich Dich kenne, das Du nichts zurücklegst aber mir will es scheinen als ob ganz Ischl dort sich auf meine Kosten Renten machte. Das ist ja eine förmliche Aussaugerei.«[33]

Ein knappes Jahr später wurde offenbart, dass Sofie zehn Jahre lang ihren Vater und seine ganze Familie mit Alfreds Geld versorgt hatte. Ihre Freundin Olga Böttger war es, die schließlich das Geheimnis verriet. Alfred hatte die junge Olga mehr und mehr zu schätzen gelernt. In einem Brief erklärte er, warum: »Denn seit ich sie besser kennengelernt habe, habe ich bei ihr ungewöhnlichen Verstand gepaart mit viel Takt und Feingefühl gefunden. Sie wird mit der Zeit eine sehr interessante und begabte Persönlichkeit und stellt einen eigentümlichen Kontrast zu ›der Gans‹ dar, deren Begleiterin sie ist.«[34]

»Die Gans« – ja, das war Sofie.

Sofies Vater, Heinrich Hess, versuchte, die Situation zu retten. Er entschuldigte sich peinlich berührt, unterstrich Sofies edle Motive, pries Alfreds ritterliche Einstellung und sprach schlecht über Olga. Die Erklärung für die Zahlungen war ebenso einfach wie anrührend: Der Vater hatte kein Geld, und »ohne ihre [Sofies] Hilfe wäre ich möglicherweise nicht mehr am Leben«. Er fügte hinzu, was die Gerüchte über eine Affäre mit einem »Dr H« [ein Dr. Hebentanz] anginge, so habe sich Sofie nur einsam gefühlt, »ein intimes Verhältnis, war das sicher nicht«.

Alfred war unbeirrbar. Per Telegramm ließ er mitteilen, dass Sofie nun schnellstmöglich die Villa in Ischl, die er ihr gekauft hatte, räumen solle. Sie wurde darüber unterrichtet, dass sie ihren Platz in seinem zukünftigen Testament verwirkt habe, was den Vater veranlasste, Alfred kaltherzig zu nennen. Heinrich Hess bat auf Knien darum, dass Alfred wenigstens den Rausschmiss zurücknehmen möge.

»Bedenken Sie […] welchen Skandal das hier verursachen würde, so Knall auf Fall vor die Tür gesetzt zu werden, nach zehn Jahren eines intimen Verhältnisses«, flehte der Vater. »Wo man doch weiß, dass

Sie damit meine Familie ruinieren, mich in Wien unmöglich machen [und] mich in die Verzweiflung treiben.«[35]

Alfred wurde weich und verlängerte die Frist bis September. Im Oktober, als Sofie ins Hotel umgezogen war, kam der nächste Schlag. Da empfing Alfred ein anonymes Telegramm von ihrem »vorigen Verehrer« (wahrscheinlich »Dr H«). Es ist schwer, aus Alfreds diesbezüglichem Brief zu lesen, was das Telegramm enthielt, doch offensichtlich konnte er danach Sofie noch einer (oder mehrerer) weiteren Lügen überführen. »Du treibst es viel zu bund und baust viel zu viel auf meine Langmuth. Es ist dumm von Dir denn wo findest Du im Leben eine Stütze wenn Du die meinige verlierst«, schrieb Alfred im Oktober 1887 an Sofie.

Traurig erinnerte er sich daran, dass er einmal »etwas von wahrer Weiblichkeit« in ihr gesehen habe. Er wisse, dass Sofie in ihrem tiefsten Innern gutherzig sei, und es sei diese warme Weiblichkeit gewesen, die ihn angezogen hatte und wegen der er ihr zu viel verziehen und vergeben habe. Wenn sie nur nicht seinen Namen »besudelt« hätte, dann hätten sie wohl gut miteinander auskommen können, obwohl es ihr in seinen Augen sowohl an Talent als auch an Verstand fehle. Doch mit ihrem unvernünftigen und rücksichtslosen Verhalten würde sie leider eine Wüste um sich herum schaffen, schrieb Alfred. »Und so vergeht Dein Leben ohne Stütze, ohne wahre Liebe und Anhänglichkeit, mit geschminkten Wangen, blöden Putz und Hohlheit in Herz und Seele.«[36]

Nun schrieb er »Troll x Verwandtschaft« unter die Summen im Kassenbuch. Die Kosten für 1888 beliefen sich auf 99 830 Franc – ein Drittel von Alfreds Ausgaben überhaupt. Die Zahlungen an seine Mutter, die sagte, sie würde dank Alfred im Überfluss leben, blieben im selben Jahr bei knapp 10 000.[37]

*

Hier muss ich jetzt einmal innehalten. Es wird zunehmend belastend, Alfred Nobels Beziehung zu Sofie Hess zu verfolgen. Wie soll man nur sein seltsames Verhalten interpretieren? Ich versuche, die Gefühlsausbrüche in den Briefen auszublenden und die Lage sachlich zu betrachten.

Gewisse Umstände sprechen dafür, dass Alfred Nobel eher verantwortungsbewusst war und nicht verrückt oder selbstzerstörerisch. Er wusste, er trug zum Teil selbst die Schuld daran, dass Sofie sich in der Grauzone der Sittlichkeit befand. In der bürgerlichen Gesellschaft des ausgehenden 19. Jahrhunderts errichtete man moralische Fassaden. Sex außerhalb der Ehe passte nicht in das feine, ehrbare Leben, vor allem nicht für Frauen. Unverheiratete junge Frauen durften sich kaum allein und ohne Überwachung bewegen, schon einen Knöchel zu entblößen wurde als unpassend angesehen. Nach der Heirat trat dann der Ehemann als Vormund der Frau ein, er war für ihren Unterhalt verantwortlich und der Garant für ihr Ansehen.

Die strengen Fassaden wurden mit einer gehörigen Portion Doppelmoral aufrechterhalten. Selbst in den prächtigsten Familien konnten junge unverheiratete Männer ermahnt werden, sich, bevor sie heirateten, bei Prostituierten »die Hörner abzustoßen«.

Niemand kann sicher sagen, ob Sofie Hess und Alfred Nobel eine sexuelle Beziehung hatten. Ein »intimes« Zusammensein kann gewiss auch etwas anderes bedeuten, und das gilt auch für »Geliebte«, wenngleich ich das nicht glaube. Bei der Nobelstiftung quälte man sich mit den Hinweisen auf körperliche Nähe zwischen den beiden. »Wohl gab es immer ein bisschen Petting und vielleicht auch Versuche, eine größere Intimität zu vollziehen«, argumentierte Erik Bergengren bei seiner Faktensuche in den 1950er-Jahren. Die Antwort vom damaligen Vorsitzenden der Nobelstiftung lautete: »Dass seine [Alfreds] vernunftmäßige Reaktion auf die kleine Gans in Konflikt mit seinem maskulinen Instinkt geriet, ehrt ihn geradezu und muss wohl nicht unbedingt eine Diskussion darüber veranlassen, inwieweit das Verhältnis ›vollzogen‹ wurde oder nicht.«

Ganz gleich, wie die Erotik sich ausdrückte, ist doch deutlich, dass Alfred Nobel eine moralische Verantwortung für Sofie Hess empfand, selbst als die Gefühle – oder die Anziehung – nachgelassen hatten. Schon früh signalisierte er, dass Sofie sich gerne mit einem anderen verheiraten könne. Aber sie, bevor das geschehen wäre, schutzlos dastehen zu lassen, hätte Alfred sicherlich unanständig gefunden. Offensichtlich scherte er sich nicht darum, was diese Art Verhältnis ihn kostete, weder finanziell noch durch seelische Prüfungen.

*

Ende Oktober 1887 lag Alfred seit über einer Woche krank in seinem Haus an der Avenue Malakoff. Die böse Lunge wollte sich nicht bessern, und jetzt schmerzte sogar das Herz, klagte er Sofie. »Wenn man mit 54 Jahren so vollkommen einsam in der Welt steht und ein bezahlter Diener für den meisten freundlichen Umgang steht, dann wachsen traurige Gedanken, trauriger als die meisten glauben. Ich lese in den Augen meines Dieners, wie leid ich ihm tue, aber kann ihn das natürlich nicht merken lassen.«[38]

In seinem Bücherregal hatte er eine der neuesten Sammlungen von Kurzgeschichten des aktuellen Erfolgsautors Guy de Maupassant. Die las er mit dem Stift in der Hand. Eine Passage in der Kurzgeschichte »Das Glück« traf ihn: »Plötzlich vernimmt man das schreckliche Elend des Lebens, die Isolierung aller, die Nichtigkeit aller Dinge und die schwarze Einsamkeit im Herzen, das sich wiegt und sich selbst bis zum Tod mit Träumen betrügt.«[39]

Alfred zog am Rand der Seite einen Strich und schrieb *bien*.

Auf seinem Gut in Sevran dröhnte es jetzt täglich von den Schießproben. Anfang November 1887 kam der britische Chemieprofessor Frederick Abel mit Alfred dorthin, um die Ergebnisse zu bewundern. Es war nicht das erste Mal, dass er Paris aus diesem Anlass besuchte, und Alfred war stolz über das Interesse des renommierten Professors und nannte ihn den »besten Mann des Kriegsministeriums«. Er hoffte, mit Unterstützung von Abel sogar auf dem englischen Markt grünes Licht für sein neues Schwarzpulver zu bekommen. Es sah wirklich vielversprechend aus.

Abel war inzwischen geadelt worden und titelte nun »Sir Frederick«. Er war ein paar Jahre älter als Alfred Nobel und machte einen gutmütigen Eindruck, mit warm spielendem Blick und riesigen grauen Koteletten, die wie Gardinenpüschel von seinen babyrunden Wangen hingen. Zehn Jahre zuvor hatte Sir Frederick ein übles Spiel gespielt und die Lancierung des Dynamits in England verzögert. Doch diese Uneinigkeiten waren Geschichte. Alfred hatte das Gefühl, dass sie nun vertrauensvoll zusammenarbeiteten. Sonst hätte er den Professor wohl kaum mit zu den immer noch geheimen Experimenten in Sevran mitgenommen.

Doch einige Wochen später musste Alfred hören, dass Sir Frederick in einem öffentlichen Vortrag in London von seinem neuen Schwarzpulver berichtet hatte. Er war bestürzt. Das, was er mit Abel in Sevran besprochen hatte, war selbstverständlich vertraulich, wie konnte der Professor nur so etwas tun? Alfred versuchte, sich damit zu beruhigen, dass Sir Frederick nicht genug wusste, um ihn reinlegen zu können. Der Professor kannte ja nicht einmal die exakte Schwarzpulvermischung. Doch Alfred warnte dennoch den Chef der *Nobel Explosives* in Glasgow, Thomas Johnston, und schärfte ihm ein, dass sie vorsichtig sein müssten und dass alles mit dem neuen Schwarzpulver »extremely confidential« sei. Sollten sie vielleicht schnell ein Patent in Großbritannien beantragen?[40]

Das hatte Alfred noch nicht getan. Er hasste die Patentbürokratie. Das würde nur eine Menge Ärger machen, und er wusste schließlich sehr gut, dass es fast unmöglich war, die Patente so zu formulieren, dass sie ausreichenden Schutz gewährten. Den Antrag zu früh zu stellen war fast immer schlimmer als zu spät. Er sagte gern, dass man im Normalfall gezwungen war, in einem Land mindestens zwölf Patentanträge zu stellen, um irgendetwas zustande zu bringen, das eine Form von Schutz bedeutete, dass es aber in den meisten Fällen einfach nur illusorisch war. Ironisch hatte er vorgeschlagen, dass man das Patentsystem umbenennen und »Besteuerung von Erfindern zur Ermunterung von Parasiten« nennen sollte.[41] Im Falle des rauchfreien Schwarzpulvers hatte er bisher erst einen Patentantrag in Frankreich gestellt. Da wurden die Experimente durchgeführt, und da war die Gefahr, dass das Geheimnis bekannt werden würde, am größten.

Musste er jetzt vielleicht umdenken? Sie beschlossen, dass Johnston schnellstmöglich auch in Großbritannien einen Antrag für das Patent auf das rauchfreie Schwarzpulver stellen sollte.[42] Schließlich mussten sie auch die Kriegsgefahr berücksichtigen. »Ich glaube nicht an einen bevorstehenden Krieg zwischen Russland und Deutschland/Österreich. Aber man tut sicher gut daran, sich vorzubereiten. Bismarck will Russland schwächen, und da Kaiser Wilhelm I. seine Ansichten absolut teilt, riskiert Europa, im Laufe von 1888 den Geruch von Schwarzpulver wahrzunehmen«, schrieb er Mitte Dezember 1887 an Barbe.[43]

Ob es die Friedensinteressen oder die geschäftlichen Belange waren, die Alfreds Gedankenwelt bei dieser Analyse beherrschten, kann man nicht erkennen.

*

Die Naturwissenschaft hatte in diesem Jahrhundert so große Fortschritte gemacht, dass der ein oder andere schon meinte, die Wissenschaft nähere sich einer Grenze der Sättigung. Viele wichtige Fragen schienen bereits beantwortet. Wissenschaftler hatte den Unterschied zwischen Atomen und Molekülen offengelegt, und immer mehr waren überzeugt, dass das Atom, der allerkleinste Baustein der Natur, unteilbar sei. Zwar wartete die Welt immer noch auf einen wissenschaftlich haltbaren Beweis für die Existenz des Atoms, doch Zweifel gab es nicht mehr. Schon in den 1860er-Jahren hatte der Russe Dimitrij Mendelejew seine chemische Tabelle, das Periodische System, entworfen, in das er alle bekannten Grundelemente nach dem Atomgewicht einordnete. Seither hatten Wissenschaftler weiterhin neu entdeckte Grundelemente in die Lücken, die er frei gelassen hatte, einsortiert. Es herrschte die Überzeugung, alles wäre endgültig klar, wenn die Tabelle erst einmal ausgefüllt war.

Mit den Bakterien verhielt es sich ebenso. Louis Pasteur hatte eine Mauer durchbrochen, als er 1878 sie und ihre Rolle in der Verbreitung von Krankheiten identifizierte. Seine Kollegen hatten danach in derselben Richtung weitergearbeitet und immer mehr neu entdeckte Ansteckungsherde hinzugefügt: 1879 die Gonorrhöbakterien, 1880 Lepra, 1882 Tuberkulose, 1883 Diphtherie, 1884 Cholera und Wundstarrkrampf. Es schien, als würde man auch schon bald den Ansteckungen ein Ende setzen können. Und in der Physik hatte sich James Maxwells Theorie von den elektromagnetischen Wellen mehrere Jahrzehnte gehalten, auch wenn nur wenige ernsthaft glaubten, dass man Elektrizität ohne Draht übertragen könnte. Man ging davon aus, dass der von Maxwell beschriebene Vorgang durch eine Art Leck in den Elektroleitungen hervorgerufen worden sei.

Doch in den folgenden Jahrzehnten sollte vieles auf den Kopf gestellt werden und sich neue Welten auftun. Es erwies sich, dass die »kleinsten« Atome kleinere Partikel in sich trugen. Man fand andere Mikroorganismen, Viren, die kleiner als Bakterien waren, aber dennoch ansteckende Krankheiten verbreiteten. Und bald sollte die weitere Forschung über den Elektromagnetismus die Physik von Grund auf erschüttern. Das Arbeitsfeld der Wissenschaft schien unendlich. Wenn man eine Tür öffnete, fanden sich dahinter Tausende neue.

Mehrere zukünftige Nobelpreisträger betraten die Bühne. Dies war die Zeit, als die Anatomen Camillo Golgi und Ramón y Cajal (Nobelpreis 1906) die Nervenzellen des Gehirns lokalisierten. Und in Russland forschte der Physiologe Iwan Pawlow (Nobelpreis 1904), der den bedingten Reflex entdeckte. Pawlow lockte seine Hunde mit Fressen und bewies, dass, wenn er bei jeder Fütterung eine Glocke läutete, am Ende der Glockenschlag allein ausreichte, um die Magensäfte der Hunde fließen zu lassen.

Alternative Sichtweisen (niemals mit dem Nobelpreis belohnt) drängten ebenfalls vor. Dies waren die Jahre, in denen die Pariser in das Hospital für Geisteskranke Salpêtrière pilgerten, um den schlagkräftigen Neurologen Jean-Martin Charcot zu sehen, der während seiner öffentlichen Vorlesungen Hysterie mittels Hypnose heilte. Ein Jahr zuvor hatte der Österreicher Sigmund Freud ein halbes Jahr als Praktikant bei dem Orakel Charcot verbracht. Zurück in Wien, begann er seine eigene alternative Behandlung psychischer Symptome zu entwickeln: die Psychoanalyse. Alfred Nobel glaubte nicht groß an die Hypnose. »Wahrscheinlich liegt diese, ebenso wie das Lesen der Zukunft durch Seherinnen, im Bereich der Betrügerei«, schrieb er in einer philosophischen Betrachtung.[44]

*

Ludvig Nobel war persönlich mit Dimitrij Mendelejew, dem Schöpfer des periodischen Systems, bekannt. Mendelejew hatte sich früh für die Ölgewinnung interessiert und den Ölmagnaten Nobel mehrmals in Baku besucht. Ein erfreuter Ludvig hatte großen Nutzen aus der »Reklame« gezogen, die das Engagement des berühmten Chemikers automatisch mit sich brachte.[45]

Doch nun besaß der sechsundfünfzigjährige Ludvig keine Kraft mehr, um weiter an der Front der wissenschaftlichen Forschung in der Ölbranche mitzuarbeiten. Er hatte nicht einmal Ruhe, sich wirklich darüber zu freuen, dass sich der Ölmarkt stabilisiert hatte. Seine Gesundheit ließ ihn im Stich. Während eines Besuchs in Cannes Anfang 1888 wurde er sehr schwer krank. Das Herz, sagten die Ärzte. Ludvig glaubte etwas anderes.

»Bin seit vierzehn Tagen mit Malariafieber krank gelegen, seit gestern völlig fieberfrei, alle Symptome beruhigen meine Sinne«, telegrafierte Ludvig am 10. März an Alfred. Doch mit seinem Zustand ging es immer wieder stark auf und ab. Schon bald erging ein ängstlicher Ruf von Robert an Alfred. Er hatte den schwer mitgenommenen Bruder besucht und ihn den Wunsch ausdrücken hören, auch Alfred zu sehen. Beeile dich, denn der Ausgang ist unklar, lautete Roberts Botschaft. Von Ludvigs Frau Edla kamen deutliche Nachrichten. Er solle schnellstens nach Cannes reisen, wenn er seinen Bruder noch einmal sehen wolle.

Alfred kam am 6. April 1888 zusammen mit seiner Nichte Anna in Cannes an. Da schien Ludvig bereits wieder auf dem Weg der Besserung zu sein, und Alfred konnte Robert beruhigen, ehe er wieder nach Hause reiste. Doch gegen die schwere Verstopfung der Herzkranzgefäße, unter der der Bruder litt, war die damalige Kunst der Ärzte machtlos. Ludvigs Kräfte waren am Ende, und er wurde wieder schwächer. Ein paar Tage später nahm Alfred die Todesnachricht in Paris entgegen. »Papa ist heute ruhig und still um 2 Uhr eingeschlafen«, telegrafierte Sohn Carl am 12. April.[46]

Ludvigs Ableben fand Aufmerksamkeit in der Presse. »Mit Ludvig Nobel verliert Schweden einen seiner edelsten Söhne, der im Ausland dem schwedischen Namen Achtung und Ehre zuteilwerden ließ«, hieß es in den Stockholmer Zeitungen. In Frankreich gab es eine schicksalhafte Verwirrung, nachdem mehrere Zeitungen, darunter auch *Le Figaro,* davon ausgegangen waren, dass es Alfred Nobel sei, der da gestorben war.

»Ein Mann, der nur mit großen Schwierigkeiten als ein Wohltäter der Menschheit betrachtet werden kann, starb gestern in Cannes. Es ist Herr Nobel, der Erfinder des Dynamits. Herr Nobel war Schwede«, stand auf der ersten Seite der Zeitung.[47]

Alfred Nobel hatte *Le Figaro* abonniert. Wie er selbst reagierte, ist nicht bekannt, doch strömten an jenem Sonntag viele Trauernde zu seinem Haus. Am folgenden Tag wurde eine Berichtigung gedruckt. »Es war ein Fehler, dass die Zeitungen den Tod von Herrn Nobel, dem Erfinder des Dynamits, bekannt gaben. Es war vielmehr sein Bruder, der seiner langen Krankheit erlegen ist. Der Erfinder des Dynamits hingegen, seit vielen Jahren in Paris ansässig, erfreut sich guter Gesundheit und hat gestern selbst in seinem Palast an der Avenue

Malakoff die vielen Freunde begrüßt, die von den düstren Neuigkeiten, die an jenem Morgen um seine Person verbreitet worden waren, erschrocken waren.«[48]

Die Schriftstellerin und Salongastgeberin Juliette Adam befand sich in Marseille. Sie tat einen Seufzer der Erleichterung und schrieb an Alfred: »Ich habe große Angst bekommen, und es ist eine wirkliche Freude für mich, an diesem Morgen erfahren zu dürfen, dass die Nachricht von Ihrem Tod falsch war. Eure ergebene Juliette Adam.«[49]

Ludvig Nobel wurde Ende April 1888 in Sankt Petersburg begraben. Über zweitausend Menschen nahmen an dem Trauerzug teil und stützten die Witwe Edla und Ludvigs zehn noch lebende Kinder (acht waren verstorben): Emanuel (neunundzwanzig), Carl (sechsundzwanzig) und Anna (zweiundzwanzig) aus der Ehe mit Mina Nobel sowie Mina (fünfzehn), Ludvig A. (vierzehn), Ingrid (neun), Marta (acht), Rolf (sechs), Emil (drei) und Gösta (anderthalb) aus den siebzehn Jahren mit Edla Nobel. Die Sankt-Katharina-Kirche war ganz in Schwarz gehüllt. Ludvig Nobels Sarg wurde auf einem Wagen durch die Stadt zum Smolensker Friedhof am Hafen gebracht.

Alfred war auf dem Weg zur Beerdigung gewesen, doch Carl hatte ihm versehentlich das falsche Datum genannt. In Hamburg sah er ein, dass er es niemals rechtzeitig schaffen würde, und so kehrte er um. Er bat Emanuel, einen Kranz »von großer Dimension« von ihm auf Ludvigs Sarg zu legen. Auch Robert nahm nicht teil, in seinem Fall aus gesundheitlichen Gründen. Er kurierte sich in Florenz aus, wo die Trauer ihn »in nervöses Weinen, das Stunden« währte, versetzte.[50]

Edla vermisste Ludvigs Brüder unter der Trauergemeinde, doch hinterher schrieb sie auf Papier mit schwarzem Trauerrand einen warmherzigen Brief an Alfred.

»Ich will dir für dein Wohlwollen mir persönlich gegenüber danken, aber noch viel mehr, dass du den letzten Wunsch meines verblichenen Gatten, dich zu sehen und mit dir zu sprechen, erfülltest. Ich kenne die Natur eures Gesprächs nicht, aber ich weiß, dass das Missverständ-

nis, das sich zwischen euch geschlichen hatte, seinen reinen Sinn beschwerte, und dass es ihm eine Erleichterung war, dich zu sehen und vielleicht auszugleichen, was unausgeglichen war.«[51]

NAT·
MDCCC
XXXIII
OB·
MDCCC
XCVI
ALFR·
NOBEL

TEIL 3

»Es wäre fast schade, wenn ich jetzt abkratzen würde, wo ich so besonders interessante Sachen zu tun im Begriff bin.«

ALFRED NOBEL, 1894

Die unendliche Aufgabe der Wissenschaft

Alfred Nobel war von den Atomen fasziniert, doch starb er, noch ehe die Teilchenphysik geboren war. Er verpasste die bahnbrechende Quantenphysik, Albert Einstein und die Relativitätstheorie. Die Anziehungskraft zwischen den Atomen schrieb Alfred einer »mystischen Kraft« von metaphysischer Art zu, wahrscheinlich weil zu seinen Lebzeiten weder Elektronen noch chemische Verbindungen bekannt waren. Die Beschreibung des DNA-Moleküls 1953 hätte ihn fassungslos gemacht, ebenso wie die Atomteilung. Die letzte große mit dem Nobelpreis belohnte Sensation, die Entdeckung des Higgs-Teilchens 2021, hätte er wahrscheinlich kaum begreifen können.

Ende des 19. Jahrhunderts glaubten die Bannerträger der Wissenschaft, dass nun alles erforscht sei. Wie sie sich täuschten.

Sara Strandberg ist einundvierzig Jahre alt und Wissenschaftlerin für Teilchenphysik an der Stockholmer Universität. Sie kann damit angeben, dass sie »fast einen sechstausendstel Nobelpreis« erhalten hat. Sara ist nämlich eine der vielen Wissenschaftler*innen am CERN-Laboratorium in der Schweiz, die bei der Suche nach dem Higgs-Teilchen dabei war. Wir treffen uns an einem Tag im Mai 2019 in Stockholm, und zwar im runden Architektentraum des »Fysikum«, das ein optisches Teleskop auf dem Dach hat. Am Anschlagbrett hängt das spektakuläre Bild von einem Schwarzen Loch im All, das kürzlich die Welt staunen machte.

»Alfred Nobel wäre sicher von all dem, was nach seinem Tod passiert ist, überwältigt gewesen«, sagt Sara Strandberg, als wir die Treppen zu ihrem Arbeitszimmer hinaufsteigen.

Ich habe Sara gebeten, mir so einfach wie möglich den mit Nobelpreisen gepflasterten Reiseweg der Teilchenphysik vom späten 19. Jahrhundert bis zum Higgs-Fund im CERN zu erklären. Sara findet es sehr traurig, dass Alfred Nobel im Jahr, bevor all die lustigen Sachen anfingen, starb. Er hat nie erfahren, dass man in das »unteilbare« Atom eindringen und dort noch kleinere Teile finden konnte. Er hat die sensationelle Entdeckung des Elektrons 1897 verpasst, und er durfte nicht erleben, wie man zehn Jahre später den kleinen Atomkern fand.

Anfang der 1930er-Jahre kam der nächste große Wissenssprung, als die Physiker erkannten, dass nicht einmal der Atomkern unteilbar war. Da drin gab es noch kleinere Teile – Protonen und Neutronen.

»Wenn man eine Zeitreise in die 30er-Jahre unternehmen würde, dann glaube ich, die Leute dort würden sagen, dass sie das Gefühl haben, ziemlich fertig mit allem zu sein. Sie hatten das perfekte Modell geschaffen. Atome bestanden aus Elektronen, Protonen und Neutronen. Und damit Punkt«, erklärt Sara.

Auch sie täuschten sich. Einige Jahre später wurde alles wieder umgeworfen. Andere Physiker entdeckten, als sie die kosmische Strahlung beobachteten, das Myon. »Wer hat denn das bestellt?«, rief der spätere Nobelpreisträger Isaac Rabi aus.

»Das Myon passte überhaupt nicht ins Muster. Dieses Teilchen kam als ein Schock. Es machte eine völlig neue Richtung in der Teilchenphysik auf«, berichtet Sara Strandberg.

Mit dem Myon wurde den Wissenschaftlern klar, dass es mehr Elementarteilchen gab als die, aus welchen die Atome und die gewöhnliche Materie aufgebaut sind. Viele dieser Teilchen existieren für so kurze Zeit, ja sie können im Millionstel einer Sekunde zerfallen, dass die Wissenschaftler gezwungen waren, eine andere Richtung einzuschlagen – nämlich sie zu schaffen, um sie zu entdecken. In den 1950er- und 60er-Jahren bauten die Physiker so genannte Teilchenbeschleuniger. Da begann man, verschiedene Teilchen aufeinanderprallen zu lassen, um noch mehr Teilchen, die die Welt noch nicht kannte, zu bilden und auf diese Weise zu identifizieren.

»Man hat sehr viel gefunden, einen ganzen Teilchenzoo, wie wir immer sagen. Alles wurde plötzlich so kompliziert, was für einen Physiker, der Sachen einfacher und immer einfacher machen will, sehr frustrierend ist«, erklärt Sara.

Als die Wissenschaftler das neue Teilchenchaos als verschiedene Kombinationen einer geringen Anzahl kleinerer Bausteine erklären konnten, stellte sich eine gewisse Ordnung ein. Diese fast unmessbar mikroskopisch kleinen Teilchen nannte man Quarks, nach einem Ausdruck in James Joyces Roman *Finnegans Wake*. Die Quarks sind so klein, dass es bis heute technisch nicht möglich ist herauszufinden, ob sie sich ihrerseits aus noch kleineren Bestandteilen zusammensetzen.

Sara holt ein Teilchenschema in der Größe einer Kreditkarte heraus, damit ich den Rest verstehe. Die Hilfstabelle zeigt das »Standardmodell« der Physik dafür, wie wir (im Moment) glauben, die Materie und den Aufbau des Universums beschreiben zu können. Ich schaue verstohlen auf das Kästchenmuster mit Teilchen, das die Wissenschaftler im Laufe der Jahre ausgefüllt haben. Nach den winzig kleinen Up- und Downquarks, die Protonen und Neutronen im kleinsten Innern der Atome aufbauen, haben die Wissenschaftler sukzessive andere hinzugefügt: Charmquarks, Strangequarks, Bottomquarks und Topquarks. Mir wird ein bisschen schwindelig, denn gleichzeitig spricht Sara jetzt über die Wechselwirkung und zeigt auf die nächste Familie von Elementarteilchen, die anders heißen und zwischen den verschiedenen Teilchen Naturkräfte vermitteln.

Wer hat gesagt, dass Physiker es gern einfach haben?

Besonders erwähnt sie die Photonen, die Lichtteilchen, die Botenträger für den Elektromagnetismus sind.

»Bevor man die entdeckte, dachte man das Licht als eine Welle, aber das Licht ist auch ein Teilchen. Wenn zwei elektrisch geladene Teilchen einander abtasten, dann tauschen sie untereinander Photonen aus.«

Ich halte inne. Das war es also, was die Wissenschaftler nicht wussten, als sie Ende des 19. Jahrhunderts versuchten, den Elektromagnetismus zu verstehen. Aber nun ist Sara schon ganz rechts in der Tabelle. Da versteckt sich das wichtige Higgs-Teilchen, nach dem man Jahrzehnte suchte und für das man einen neuen, noch stärkeren Beschleuniger bauen musste, um überhaupt eine Chance zu haben, es zu finden. Das Higgs-Teilchen ist für die Masse in den Teilchen verantwortlich. Mit ihm ist die Standardtabelle vollendet.

Sara legt die Karte weg.

»Da möchte man doch wie in den 30er-Jahren sagen: Wie gut, jetzt sind wir fertig. Aber wir wissen schon seit Langem, dass dieses Modell nur fünf Prozent der Energie des Universums erklärt. Der Rest ist so genannte Dunkle Materie und Dunkle Energie. Da stochern wir momentan noch im Nebel.«

Fünfundneunzig Prozent nicht erklärt? Das ist ja schwindelerregend, aber Sara Strandberg sieht wirklich begeistert aus. Das Experiment, an dem sie im CERN teilnimmt, läuft noch bis 2037. Sara brennt darauf, nach neuen Teilchen zu suchen oder nach Abweichungen in den Eigenschaften des Higgs-Teilchens, die eine Tür ins Unbekannte öffnen können. Ihr Eifer lässt mich an Alfred Nobel in seinen am meisten inspirierten Momenten denken. Oder an Marie Curie, eines von Sara Strandbergs großen Vorbildern.

Auf dem Weg hinaus bewundere ich ein futuristisches Kunstwerk, das Saras fünfjähriger Sohn aus bunten Perlen und Garn gebastelt hat.

»Was das darstellt? Eine Teilchenkollision.«

*

Ebenso verblüfft, wie Alfred angesichts der naturwissenschaftlichen Sprünge gewesen wäre, so erschrocken, glaube ich, wäre er über die dahinhinkende Gleichstellung auf dem Gebiet im 21. Jahrhundert gewesen. Als Physikerin gehört Sara Strandberg immer noch zu einer kleinen Minorität. Die Liste von Nobelpreisträgern für Physik und Chemie sieht aus wie die Mitgliederliste in einem betagten Herrenclub. Von insgesamt dreihundertneunundachtzig Nobelpreisen gingen acht an Frauen, und davon hat Marie Curie zwei der Preise 1903 und 1911 bekommen (und ihre Tochter einen 1935).

Als Donna Strickland 2018 für ihre kurzen Laserpulse belohnt wurde, war sie die erste weibliche Nobelpreisträgerin in Physik in fünfundfünfzig Jahren (!).

Der Physik- und der Chemiepreis werden von der Königlichen Akademie der Wissenschaften in Stockholm vergeben. (Die Akademie vergibt seit 1969 zu Alfred Nobels Gedächtnis auch den Preis für Wirtschaftswissenschaften der Sveriges Riksbank. Der Wirtschaftspreis war in Alfred Nobels Testament jedoch nicht vorgesehen.) Als ich ein paar Tage später den prächtigen Sezessionssaal betrete, in dem jedes Jahr die Pressekonferenzen über den Nobelpreis abgehalten werden, wird mir klar, dass es in der Akademie fast genauso schlimm war. Meine Fremdenführerin heißt Christina Moberg und ist emeritierte Professorin für organische Chemie. Sie ist dreißig Jahre älter als Sara Strandberg und war bis vor einem Jahr die Sprecherin der Akademie der Wissenschaften (genannt *Preses*). Als sie 2015 eintrat, war sie erst die dritte Frau auf diesem Posten in der bald dreihundertjährigen Geschichte der Institution. Doch man kann vielleicht einen Traditionsbruch erahnen, denn alle drei Frauen sind nach 1994 ernannt worden.

»Wie Sie sehen, dominierten die Männer«, erklärt Christina und macht eine Bewegung über die vielen Porträts in vergoldeten Rahmen, die im Saal an den Wänden hängen.

Bis vor einem Jahr arbeitete Christina Moberg daran, das Gleichgewicht herzustellen. Man vertiefte sich in die Geschichte und grub die erste Frau in der Akademie aus, die bereits zur Zeit von Carl von Linné 1748 hineingewählt worden war. Eva Ekeblad, die der Welt zeigte, wie man Branntwein aus Kartoffeln herstellte, ist jetzt gemalt worden und hängt neben dem Gründer der Akademie in der Porträtgalerie.

Preses der Akademie der Wissenschaften ist die Person, die jedes Jahr die Nobelpreis-Entscheidung absegnet, doch die Nobelkomitees und die Fachbereiche sind es, die die Vorbereitungen treffen und mögliche Preisträger vorschlagen. Auch da weht ein neuer Wind. In den letzten Jahren hatte sowohl das Physik- als auch das Chemiekomitee eine Frau als Sprecherin.

Christina Moberg betont jedoch, dass sie sich in ihren drei Jahren als *Preses* über einen anderen Trend mehr Gedanken machen musste. Sie hat gesehen, wie eine Verachtung der Wissenschaft und Faktenresistenz einen immer stärkeren Rückhalt in der Gesellschaft bekommen haben. Noch schlimmer wurde es nach all den Fake News und den wissenschaftsfeindlichen Aktionen während der Präsidentschaftswahl in den USA 2016. Als Beispiel führt sie ihr eigenes Forschungsgebiet, die organische Chemie, an. In den letzten hundert Jahren sind die Chemiker immer geschickter darin geworden, chemische Verbindungen zu synthetisieren – also im Reagenzglas Stoffe herzustellen, die es in der Natur gibt. Doch dabei begegnet ihnen immer noch viel Unwissenheit, meint Christina Moberg.

»Viele glauben, es sei gefährlich, wenn man einen natürlichen Stoff synthetisch herstellt, obwohl er aus denselben Molekülen besteht. Man vergisst leicht, dass die giftigsten Stoffe, die es gibt, in der Natur gebildet wurden.«

Der wachsende Mangel an Respekt vor Wahrheit und Fakten verlangt eine Gegenreaktion, findet Christina Moberg. Kürzlich forderte sie in einer wichtigen Rede vor der Königlichen Akademie eine neue Zeit der Aufklärung. Sie ermahnte die Mitglieder, zu kämpfen und nicht stillschweigend zuzusehen, wenn die Wissenschaft an Boden verliert.

Ich denke, dass es mit der Wissenschaft wahrscheinlich so ist wie mit der Demokratie – sie muss von jeder Generation neu gewonnen werden, um zu bestehen.

»Der Nobelpreis ist in diesem Kampf ungeheuer wichtig«, sagt Christina Moberg, ehe wir uns verabschieden. »Er ist schließlich zur großen jährlichen Huldigung der Wissenschaft und der Aufklärung geworden.«

KAPITEL 14

Ein Triumph der Aufklärung

Im Sommer 1888 rüstete sich Paris für die triumphale Weltausstellung, die Frankreich im Jahr darauf zum hundertsten Jahrestag der Revolution 1789 ausrichten würde. Andächtig verfolgten die Pariser das vornehmliche Prestigeobjekt der Ausstellung, den Bau des dreihundert Meter hohen Turmes von Gustave Eiffel auf dem Marsfeld, der der höchste der Welt werden sollte. In der letzten Zeit war die öffentliche Meinung ein wenig umgeschlagen. Nachdem der Beitrag von Eiffels Büro im Architektenwettbewerb den ersten Preis eingefahren hatte und der Bau seiner modernen Eisenkonstruktion 1887 begonnen worden war, waren die Zeitungsspalten voll von den höhnischen Protesten der Kulturelite gewesen. Eiffels Beitrag sei eine Beleidigung für Paris, ein ebenso groteskes wie vulgäres Schrottgestell, meinten viele. Doch im Juni 1888 war die Schar derer, die sich stattdessen an der Eleganz und Perfektion erfreuten, gewachsen. Und ja, manchmal fiel sogar das Wort Schönheit.

Neugierige wallfahrten in der Sommerhitze zum Marsfeld, um zu sehen, wie das Wunderwerk wuchs, und um die minutiöse Detailarbeit mit dem »Spinnennetz« aus Eisen zu bewundern. Alfred Nobel kommentierte den Bau nicht, doch wir können davon ausgehen, dass er mit seiner Kutsche daran vorbeifuhr. Er »spazierte« sehr gern mit seinem Wagen durch Paris, und der Ort, an dem der Turm errichtet wurde, lag nur wenige Fahrminuten von der Avenue Malakoff entfernt. Im Juni waren bereits die Eckpfeiler zu einem ersten Absatz zusammengefügt, und noch ehe der Sommer zu Ende war, würde auch der zweite Absatz fertiggestellt sein. Dann fehlte »nur noch« der hundertfünfundachtzig Meter hohe, graziös schmaler werdende Turm.

Als der Turm neun Monate später eingeweiht wurde, sollte er zum fantastischsten Bauwerk der Gegenwart erklärt werden. Der Eiffelturm wurde zum Triumph der Aufklärung, des Humanismus, der Republik, der Demokratie und natürlich der Wissenschaft erklärt. Vor allem der Wissenschaft.[1]

Gustave Eiffel war kurz zuvor auch an einem anderen französischen Großprojekt beteiligt gewesen, nämlich dem Bau eines Kanals durch Panama, der den Atlantik mit dem Pazifik verbinden sollte. Da, beim Panama-Projekt, kreuzten sich die Wege der gleichaltrigen Ingenieure Nobel und Eiffel, denn auch Alfred Nobel, oder besser gesagt seine französische Dynamitgesellschaft, war eben zu dem komplizierten Unterfangen hinzugezogen worden.

Der Unternehmer hinter dem Panamakanal hieß Ferdinand de Lesseps. Er hatte Ende der 1860er-Jahre im Laufe seiner Arbeit mit dem Suezkanal in Frankreich Heldenstatus erlangt, doch in Panama stieß er auf einige Widerstände. Die Arbeiter erkrankten laufend an Malaria und Gelbfieber. Außerdem hatte der inzwischen alt gewordene Lesseps die komplizierten Bodenverhältnisse völlig falsch eingeschätzt. Unendliche Mengen Erde und Berg mussten weggegraben und weggesprengt werden. Es ging nicht voran, und die Zeit lief davon. Lesseps, der den Investoren auf 1888 einen fertigen Kanal versprochen hatte, befand sich in einer üblen Situation.

Das Engagement des geachteten Eiffel wurde zu einer Rettungsleine, das Dynamit zu einer anderen. Eigentlich hätten die Panama-Bauer die potenten Sprengstoffe, die sie benötigten, vorteilhafter in den USA kaufen können. Dass das Elend mit dem Panamakanal dennoch so nah an Alfred Nobel herankam, lag an seinem Kompagnon Paul Barbe. Im Sommer 1888 aber hatte Alfred noch keine Ahnung, wie tief sein Geschäftspartner in die Randbereiche der Gesellschaftsmoral hinabgestiegen war. Er hatte genug mit anderem Elend zu tun.

*

Es geschah um zwei Uhr nachts. Es war Mitte Juli, die Hitze drückend. Alfred Nobel lag und schwitzte in einem Hotelzimmer in Wien, und zu Anfang begriff er gar nicht, was ihm da passiert war.

Er mochte Wien, die Stadt mit den schönen Barockfassaden und den von Blumen duftenden Esplanaden der stattlichen Ringstraße. Dass er Wien nicht mehr so oft besuchte, lag einfach am Tratsch. Er hielt inzwischen nicht mehr hinter dem Berg damit, dass er einen Privatdetektiv damit betraut hatte herauszufinden, ob die üblen Gerüchte weitere Verbreitung gefunden hätten. »Es freut mich Dir sagen zu können dass Dir in Paris nichts schlechtes nachgesagt wird«, vertraute er Sofie Hess an. »Noch«, war er sicherlich versucht hinzuzufügen.

Jetzt, im Juli 1888, befand sich Sofie im Badeort Ischl, wo sie kein Haus mehr besaß und der Tratsch womöglich noch viel schlimmer war. Alfred war in die österreichische Hauptstadt gekommen, um ihr zu helfen, eine neue Wohnung zu finden. Das Leben im Hotel befleckte sowohl ihr wie auch sein Ansehen.

Eine Hitzewelle machte den Auftrag anstrengend. Alfred las Zeitungsannoncen und fuhr mit Mietkutschen in der Stadt und den Vororten herum. Sein Ärger wuchs. In nur wenigen Tagen hatte er mehr gute und billigere Wohnungen gefunden als Sofie, ihr Bruder und ihr Vater das innerhalb eines ganzen Jahres zustande gebracht hatten. Einige der Häuser lagen zwar zwanzig Minuten mit Pferd und Wagen vom Zentrum entfernt, doch er hatte auch ausgezeichnete Stadtwohnungen markiert, die weitaus weniger kosteten, als die Verwandtschaft von Sofie gemeldet hatte.

Alfred wohnte in dem palastartigen Hotel Imperial im Zentrum, nach zeitgenössischen Reiseführern eines der luxuriösesten Wiener Quartiere. Mitten in der Nacht erwachte er plötzlich und fühlte sich krank, und mehr noch, völlig kraftlos. Es war ihm unmöglich, zu klingeln oder gar zur Tür zu gehen. »So musste ich mehrere Stunden zubringen ganz, ganz allein und ohne zu wissen ob es nicht meine letzte war«, beschrieb er Sofie den Zustand, als er wieder auf den Beinen war.

Alfred erkannte dann, was es gewesen war: Herzkrampf, dieselbe Krankheit, die auch seinen Bruder Ludvig das Leben gekostet hatte. Er sah es als eine Erinnerung daran, »wie unglücklich es ist niemand um sich zu haben dessen menschens freundliche Hand einem dereinst die Augen schließt und ein sanftes, wahres Trostwort zuflüstert. Einem solchen Menschen muss ich mir aufsuchen und wenn nicht anders siedele ich nach Stockholm zu meiner Mutter über«, schrieb er an Sofie.

Der Sensenmann hatte sich offenbar bereit gemacht, auch ihn zu holen. Er hätte es wissen müssen. Schon im Herbst hatten die Ärzte ihn wegen seines Gesundheitszustands gewarnt und ihm vollkommene Ruhe empfohlen. Hatte er sich daran gehalten? Nein.[2]

*

In Sankt Petersburg befand sich Alfreds neunundzwanzigjähriger Neffe Emanuel Nobel in tieferer Trauer, als die meisten ahnten. Ludvig war so viel mehr als ein zärtlicher Vater für ihn gewesen. Emanuel hatte einen unschätzbaren Freund verloren, vor dem er niemals irgendwelche Geheimnisse gehabt hatte. »Es ist nicht oft, dass Eltern Freundschaft und ein kameradschaftliches Verhältnis zwischen sich und den Kindern zu schaffen vermögen, doch das hatte der jugendliche Sinn meines Vaters für uns Geschwister sämtlich aufrechtzuerhalten gewusst«, erklärte er Alfred gleich nach Ludvigs Tod.[3] Nun sollte er den Platz des Vaters einnehmen. Eine schwere Verantwortung.

Äußerlich erinnerte Emanuel durchaus an Ludvig und dadurch auch an seinen Namenspatron, Großvater Immanuel – dieselben ebenen, schönen Züge, dieselbe helle Ausstrahlung. Doch hatte er weniger von dem cholerischen Temperament geerbt und überhaupt nichts von der technischen Begabung. Emanuel war angeblich viel zu nett und zeigte eher Talent für Wirtschaft und Administration.

Emanuel Nobel lebte allein. Genau wie sein Onkel Alfred sollte er sein Leben lang Junggeselle bleiben. Glücklicherweise hatte er Unterstützung von seinem jüngeren und technisch begabteren Bruder Carl, der jetzt zum Chef der Maschinenfabrik in Sankt Petersburg befördert worden war. Auch auf seinen Cousin Hjalmar, Roberts fünfundzwanzigjährigen Sohn, konnte er sich verlassen. Der hatte ein Praktikum in Baku gemacht und Ludvig Nobel so beeindruckt, dass man ihn eingestellt hatte.[4] Doch Emanuels größte Sicherheit war immer noch Onkel Alfred in Paris, der ihn und seine Geschwister seit Kindertagen mit Liebe und Geschenken überschüttet hatte. Emanuel erinnerte sich an all die Überraschungspakete aus Paris und die wohlüberlegten Weihnachtsgeschenke, die kamen. In letzter Zeit waren Eisenbahnen und Puppen zumindest für die Älteren durch Schmuck und Armbanduhren ersetzt worden – es war, als habe Alfred sie immer in seinen Gedanken.

Auf seinem Sterbebett hatte Ludvig seinen Sohn gebeten, ihn von dem schlechten Gewissen wegen der Schulden gegenüber Alfred zu befreien. Als Sicherheit für den Millionenkredit, den das Ölunternehmen noch nicht hatte zurückzahlen können, wollte Ludvig einen Teil seiner Ölaktien auf den Bruder übertragen. Leider hatte Emanuel ein neues, größeres Problem. Der Kredit der Ölgesellschaft bei der russischen Reichsbank war gefährdet. Nach dem Todesfall hatte die Bank deutlich gemacht, dass ihr Vertrauen auf der starken persönlichen Stellung von Ludvig Nobel beruht hatte. Emanuel kannten sie nicht, deshalb war eine neue Sicherheit erforderlich, wenn der Kredit bestehen sollte. Man hatte einen Vorschlag: Wenn Ludvigs Bruder Alfred Nobel, der zweitgrößte Anteilseigner des Unternehmens, seinen gesamten Aktienbesitz als Sicherheit geben könnte, dann wäre das Problem aus der Welt.

Emanuel wusste, wie heikel diese Frage war, aber er muss dennoch gedacht haben, dass Alfred Verständnis für die bedauernswerte Lage haben würde, in der er sich befand. Sonst hätte er niemals gewagt, das

Ansinnen an den Onkel weiterzuleiten. Emanuel versuchte, es in ein paar Worte vom »Zusammenhalt der Nobelschen Familie« einzuwickeln.[5]

O nein, nicht schon wieder, lautete Alfreds Reaktion. Der Zorn aus dem Streit mit Ludvig brach wieder auf. »Ich sehe nicht ein, aus welchem Grund ich meine Aktien für die Interessen eines Unternehmens einsetzen sollte, das mir doch nichts anderes als unfassbaren Verlust eingebracht hat«, schrieb er in der Antwort. Begriff Emanuel nicht, dass er sein halbes Vermögen darin hatte? Nein, es würde nichts daraus werden, wenn er nicht erst einmal bessere Informationen über die Risiken bekäme. »Aber ich kann schon so viel sagen, dass ich auf keinen Fall in meinen Transaktionen mit dem Unternehmen zu dem Sentimentalitätsgeschäftsgebaren zurückkehren will, das mir bisher so viel Streit, Unmut und Verluste beschert hat.«

Alfred machte klar, dass es in Zukunft keine mündlichen Absprachen »unter Freunden« mehr geben würde, sondern dass alles schriftlich festgehalten würde. »Das Wort gilt so viel und mehr als das Gesetz, aber wir sind alle sterblich, und in solch ernsten Fragen darf man sich nicht auf Spinnweben verlassen.«[6]

Emanuel versuchte es noch einmal. Er versprach, Alfreds Aktien würden nur den Herbst über als Pfand dienen.

»Dasselbe ist mir beteuert worden, als ich – ich glaube, es war 1882 – dem Unternehmen 1,6 Millionen Rubel überlassen habe, die ich nie zurückbekommen habe«, antwortete Alfred. Er klärte den Neffen darüber auf, dass seine einzige Berührung mit dem Ölunternehmen die gewesen sei, es mehrere Male vor dem Ruin zu retten, »große Wunden zu überpflastern und schreckliche Löcher zu füllen«. Er habe das Geschäft weder »gegründet noch geführt noch schlecht geführt«. Emanuel möge bitte entschuldigen, aber in das Baku-Geschäft zu investieren wäre für Alfred die reinste Lotterie.

Telegramme und Briefe wechselten sich ab. Harte Worte fielen, doch es endete wie gewöhnlich. Schließlich gab Alfred seine Erlaubnis. Er ließ alle Aktien verpfänden, unter der Bedingung, dass er sie vor Jahresende zurückbekäme. »Du nimmst in Wahrheit eine große Last von mir«, antwortete ein erleichterter Emanuel.[7]

Der Neunundzwanzigjährige wurde bald warm im Geschäft. Auf der Gesellschaftsversammlung im Sommer 1888 setzte Emanuel den Beschluss durch, im Namen seines Vaters einen wissenschaftlichen Preis zu stiften. Der »Ludvig Nobels Preis« sollte für die besten Forschungsstudien oder Erfindungen in der russischen Ölbranche und Metallindustrie verliehen werden, und dies an jedem fünften Jahrestag von Ludvigs Tod. Es dauerte noch ein paar Jahre, ehe dieser erste Nobelpreis der Welt Wirklichkeit wurde, doch die Initiative wurde mit Respekt und Interesse wahrgenommen.

Im Herbst statteten Zar Alexander III. und Maria Fjodorowna der Naftabolaget Bröderna Nobel in Baku einen Besuch ab. Emanuel war der Gastgeber. Der kaiserliche Glanz übertrug sich reichhaltig, sowohl auf ihn persönlich als auch auf das Unternehmen. Emanuel versprach dem Zaren, russischer Bürger zu werden, und der Zar seinerseits verlieh ihm seine erste russische Medaille.[8]

*

Eine nun beginnende internationale Hochkonjunktur sollte Alfred Nobels Vermögen in die Höhe schießen lassen, dessen Wert in den kommenden zwei Jahren von zwanzig auf fast dreißig Millionen Franc stieg (womit er nach heutiger Rechnung erstmals die Grenze zum Euro-Milliardär überschritt).[9] Schon vorher hatte sich sein Ruf als grenzenlos reicher und zudem großzügiger Mann sowohl in Schweden als auch in Frankreich gefestigt. Auf der Avenue Malakoff lagen die Bettelbriefe stapelhoch, und es fiel ihm immer schwerer, die Anfragen abzuarbeiten. Es sagte gern, wenn man alle verlangten Beträge zusammenrechnen würde, dann würden sie locker seinen gesamten Besitz überschreiten. Das meiste war außerdem in den Firmenanteilen festgelegt, weshalb er, so gerne er vielleicht wollte, nicht zu allem Ja sagen konnte. Gleichzeitig wusste er aber auch, wie eine verminderte

Zuwendung aufgefasst werden konnte und dass ihn die Verschmähten als kaltherzig und kleinkariert betrachten würden. Weil er es liebte, andere mit Geschenken zu erfreuen, schmerzte ihn das.[10]

Er wusste, dass seine Hilfsbereitschaft oft ausgenutzt wurde. Manchmal verspürte er das Bedürfnis, sich zu erklären. »Von drei Schweden, die nach Paris kommen, haben durchschnittlich zwei das Gefühl, ihre Zeit verschwendet zu haben, wenn sie nicht versuchten, mich für sich selbst oder andere um Geld anzugehen. Der Schluss, den ich daraus ziehe, ist, dass sie mich entweder für einen Falschmünzer halten oder glauben, mein Wohlwollen trage den Stempel der Dummheit. Letzte Annahme ist vielleicht nicht unbegründet, doch hindert sie mich nicht daran zu bremsen, wenn der Missbrauch ein gewisses Maß erlangt hat und für mich selbst bedrohlich wird, und da ich halbe Sachen verabscheue, bremse ich dann mit allem Ernst, sodass meine Freundlichkeit gegenüber meinen Mitkreaturen zum Stillstand kommt. Nach einiger Zeit, in der sich meine Geldbörse füllen und meine Galle leeren konnte, werde ich wieder freundlich sein und all die wirklichen und die betrügerischen Kassenlöcher aufsuchen«, schrieb er 1888 an einen dieser »Bettler«.[11]

Alfred war sich auch bewusst, dass Geldspenden eine gewisse Verantwortung mit sich brachten. Bei vielen der Bettelbriefe ging es um die Unterstützung schwedischer künstlerischer Talente – ein Bildhauer hier, eine Sängerin da, die von Erfolg in Paris geträumt hatten, dann auf gut Glück hingereist waren und sich jetzt nicht versorgen konnten. Wenn er anfing, Unterstützung zu zahlen, konnte das als Bestätigung aufgefasst werden, dass die Lebensentscheidung der Betroffenen die richtige gewesen sei. Ein paar Jahre zuvor hatte er den Fehler gemacht, ein Fräulein Backman mit einem Zuschuss »zur Veredelung der Kunst« zu unterstützen. Zu spät erkannte er, dass ihre Stimme das überhaupt nicht hergab und ihre Familie schon lange alles versucht hatte, sie wieder nach Hause zu bekommen. Dieses Fräulein Backman hatte ihre Zeit in Paris verschwendet, und dazu hatte er einen Beitrag geleistet.

Dergleichen mahnte ihn zur Zurückhaltung. Danach wollte er, wie er es ausdrückte, nicht noch mehr »Talentlose auf Irrwege« leiten. Deshalb machte er es sich zur Gewohnheit, zunächst zu untersuchen, ob die behaupteten einzigartigen Qualitäten auch von anderen als solche aufgefasst wurden. In dunkleren Stunden konnte er auch schmerzhaft geradeheraus sein: »Bewahre mich vor diesen Goldsaugern, die ihre Anlagen durch das Vergrößerungsglas der Eigenliebe betrachten.«[12]

Doch oft genug kam er den Menschen entgegen. Nicht nur die engsten Verwandten bekamen seine Großzügigkeit zu spüren. Dankesbriefe strömten herein, von einer Witwe aus Trosa, einem Kinderkrankenhaus in Stockholm, einem Frauenhaus in Wien und vielen, vielen mehr. »Von den Armen und mir selbst in aufrichtiger Dankbarkeit«, schrieb ein gewisser Staaff in Paris, der 3000 Franc für sein Wohltätigkeitsprojekt erhalten hatte (circa 130 000 Kronen/13 000 Euro). Als ein großer Brand, der größte überhaupt je in Schweden, im Juni 1888 Sundsvall in Schutt und Asche gelegt hatte, wurde der vermögende Erfinder in Paris aufgesucht. Alfred Nobel antwortete: »Ich schwärme nicht für diese Art Wohltätigkeit, die ganze Städte ins Auge fasst, denn sicher wäre es einfacher und zielführender, wenn der Staat solche Verluste ausgleichen würde. Doch abgesehen davon will ich mich nicht abwenden und lege einen Scheck über 1000 Franc für die Sache bei.«[13]

*

In Paris hatte sich Paul Barbe ein eigenes kleines Spielfeld geschaffen. Als der Trust zwischen den englischen und den deutschen Dynamitgesellschaften endlich in trockenen Tüchern war, bildete er mit Alfred Nobels Zustimmung ein weiteres Konsortium, eine Holding, welche die französischen, italienischen und schweizerischen Dynamitfirmen zusammenfasste. »Barbe-Gesellschaft« oder »die lateinische Gruppe« firmierte unter dem offiziellen Namen *Société Centrale de Dynamite*. Barbe holte mehrere seiner republikanischen Parlamentskollegen in den Vorstand. Da gab es unter anderem einen Senator mit Namen

Alfred Naquet sowie den alten Freund und Sprengstoffingenieur Geo Vian, der schon 1882 zusammen mit Barbe versucht hatte, Alfred Nobel hinterhältig in eine Fusion zu locken.[14]

Senator Naquet hatte einen verhältnismäßig guten Ruf, ganz im Gegensatz zu dem Geschäftsmann Émile Arton, den der Senator Barbe für »seinen« neuen Dynamit-Trust empfahl. Arton lebte unter falscher Identität. Ursprünglich stammte er aus Straßburg, hatte aber zwanzig Jahre in Brasilien verbracht, wo er ein beeindruckendes Talent für die Manipulation von Parlamentariern und Geschäftsleuten durch Lobbying und Erpressung bewiesen hatte. Unter anderem wurde behauptet, Arton habe einen Stall ausschweifender Schauspielerinnen unterhalten, die gegen Bezahlung Machthaber verführten, gefolgt von kompromittierenden Briefwechseln, um dann zu drohen, diese öffentlich zu machen.

Nachdem er wegen Betrugs angeklagt worden war, hatte dieser Arton kürzlich aus Brasilien fliehen müssen. In Paris baute er sich einen neuen Stall auf, und allem Anschein nach war es eine von Artons Schauspielerinnen gewesen, die Senator Naquet 1886 dazu gezwungen hatte, Arton zu einer Anstellung bei der Dynamitgesellschaft zu verhelfen. Naquet wusste, dass Barbe sehnsüchtige Blicke zum Kanalbau in Panama warf, gierig darauf, das »lateinische« Dynamit dort absetzen zu können. Wir könnten Arton nach Panama schicken, riet ihm Naquet, und so kam es. Unbegreiflich, wenn man bedenkt, was für einen Ruf Arton hatte, aber vielleicht war das ja gerade das Verlockende.

Wie genau Émile Arton den Panama-Vertrag für den lateinischen Dynamit-Trust sicherte, ist unklar. Auf jeden Fall beeindruckte der Erfolg Paul Barbe ebenso wie die kriselnde Leitung des Panama-Unternehmens in Paris. Die Situation der Kanalbauer wurde zunehmend kritisch. Die endlose Reihe von Ausgaben und Krediten in Millionenhöhe war auf lange Sicht nicht tragbar. Sie brauchten zusätzlich sechshundert Millionen Franc, um das Projekt zu Ende zu bringen. Um dahin zu kommen, war eine neue große Anleihenemission notwendig.

Das Panama-Unternehmen hatte sich zwei Millionen Prämienobligationen für französische Kleinsparer vorgestellt. Doch die Sache hatte einen Haken. Die Finanzierungsreform setzte voraus, dass die Nationalversammlung ein besonderes Gesetz annahm, und von politischer Seite hatten die brüchigen Pläne des Panama-Unternehmens bisher nur negative Reaktionen geweckt. Das musste sich ändern, dachte sich der für die Finanzen Zuständige des Unternehmens in Paris. Er beschloss, den schlüpfrigen Erfolgsagenten der Dynamitgesellschaft anzuheuern, von dem man wusste, dass er es verstand, Dinge in die Tat umzusetzen. Émile Arton wurde mit einem ordentlichen Sack Geld als Schmiermittel versorgt.

Später sollte sich herausstellen, dass nicht weniger als hundertvier Parlamentarier auf diese Weise »überredet« wurden, im Frühjahr 1888 für das Gesetz zur Panama-Emission zu stimmen. Mit am leichtesten zu bestechen war Alfred Nobels Kompagnon Paul Barbe, der gegen Bezahlung sowohl seine eigene als auch die Zustimmung vieler anderer Abgeordneter für das Unternehmen einbrachte. Kein Wunder, dass das Gesetz durchging. Während des extrem heißen Sommers 1888 konnten der französischen Öffentlichkeit zwei Millionen Panama-Obligationen angeboten werden. Das Kanalunternehmen versicherte den Kleinanlegern, die Platzierung sei extrem günstig, weil der historische Moment bald da sein werde. Schon im Juli 1890 würde der Panamakanal fertig sein und für den Verkehr geöffnet werden. Der Eindruck, der erweckt wurde, war, dass, wer die Chance ergriff und die Obligationen kaufte, schon in relativ kurzer Zeit viel Geld verdienen würde.

Natürlich verriet das Unternehmen nichts von den gekauften Parlamentariern, die schon jetzt völlig ohne Risiko Fantasiebeträge eingeheimst hatten. Paul Barbe gehörte zu denen, die am meisten bekamen. Am Dienstag, dem 17. Juli 1888, bat er einen der Angestellten der Dynamitgesellschaft, mit ihm zur Banque de France in Paris zu kommen. Barbe forderte den Mitarbeiter auf, seine allergrößte Aktentasche mitzubringen. Und zwar leer. Vor Ort holte Barbe dann fünf Schecks über insgesamt 550 000 Franc (knapp 25 Millionen Kronen/2,5 Millionen Euro) heraus, die vom Finanzverantwortlichen des Panama-Unternehmens ausgestellt worden waren. Barbe bat den Mitarbeiter, sie zu signieren und sich das Geld auszahlen zu lassen. »In dem Moment, in dem ich die Schecks in Händen hatte, war er mir ständig dicht auf den Fersen«, würde der Mitarbeiter viele Jahre später vor Gericht aussagen.[15]

Die Geldbündel füllten die gesamte Aktentasche aus. Draußen wartete Barbes Equipage. Das Duo fuhr weiter zu einer anderen Bank, wo der größere Teil des kriminell erschlichenen Geldes eingezahlt wurde.

Sieben Monate später ging das Panama-Unternehmen in Konkurs. Hunderttausende Kleinanleger wurden ruiniert, und in den Bankkontors spielten sich verzweifelte Szenen ab. Doch zunächst wurde die Katastrophe immer noch nur als ein gewöhnlicher Konkurs beschrieben, das Unternehmen hatte ganz einfach Pech gehabt. Mehrere Jahre lang wussten nur Eingeweihte von dem schmutzigen Spiel hinter den Kulissen.[16]

Als der Panama-Skandal schließlich bekannt wurde, gehörte Alfred Nobel zu denen, die am meisten schockiert waren.

*

Gegen Ende des heißen Sommers 1888 war der Eiffelturm sowohl über Notre-Dame als auch das Pantheon und den Invalidendom hinausgewachsen und wurde, obwohl er erst halb fertig war, zum höchsten Gebäude von Paris. Ein paar Viertel entfernt begann Alfred Nobel zur gleichen Zeit ein eigenes Bauprojekt. Er ersuchte eine Genehmigung, um auf das unbebaute Stück Grund, das zwischen seinem Haus und dem Nachbargebäude lag, einen Anbau setzen zu dürfen. Diese Erweiterung seines Hauses wollte er mit einer schönen Kuppel krönen und betraute damit einen Architekten von den Champs-Élysées. Sein Plan war überdies, den Wintergarten im ersten Stock um ein Gewächshaus und eine »Pflanzengalerie« zu erweitern. Er bestellte bei einem Blumenhändler auf dem Boulevard Haussmann einen Wald aus Kokospalmen, Buschpalmen und Farnen.[17]

Im August rückten die Arbeiter an. Den Herbst über floh Alfred vor dem Lärm raus nach Sevran. Gemeinsam mit Fehrenbach unternahm er weiterhin Schießübungen mit seinem »Ballistit«, sowohl mit dem Gewehr als auch mit Kanonen. Es kam die Zeit des Wartens. Im Laufe des Jahres hatte er sich das Patent sowohl in Belgien als auch in England und Italien gesichert, doch welches Land würde die erste Bestellung aufgeben?

Die britische Regierung hatte im Laufe des Sommers ein besonderes Sprengstoffkomitee, das »Explosives Committee«, eingesetzt, das den Auftrag hatte, das beste rauchfreie Schwarzpulver auf dem Markt auszusuchen. Im Oktober kam die Anerkennung, auf die Alfred gewartet hatte. Das britische Regierungskomitee bat ihn, Proben von seinem Ballistit einzusenden. »Das rauchfreie Schwarzpulver ist in der gesamten zivilisierten Welt akzeptiert worden«, schrieb er guter Dinge an die Neffen in Sankt Petersburg.[18]

Wenn nur bald die Produktion und der Verkauf in Gang kämen. Momentan hatte Alfred sehr große Ausgaben. Der Ausbau der Avenue Malakoff schien eine bedeutend größere Sache zu werden, als er angenommen hatte. »Möglichst wenig umbauen ist wie Du merken kannst, gute Weisheitsregel«, schrieb er mahnend an Sofie Hess, die sich im Oktober 1888 schließlich für eines der Häuser entschieden hatte, das sowohl der Vater als auch Alfred bevorzugten.

Die Reisen in Sachen Immobilie in Wien fielen mit einem unerwarteten Tauwetter in der gelinde gesagt komplizierten Beziehung zwischen Alfred und Sofie zusammen. Vielleicht hatte dies mit Alfreds Nahtoderlebnis zu tun oder mit seiner freundlichen Geste, Sofie ein neues Haus zu kaufen. Alfred hatte sich, trotz der Angst vor höhnischen Blicken hinter seinem Rücken, sogar einige Tage nach Ischl gewagt. Noch merkwürdiger war, dass er hinterher eingesehen hatte, dass er sich tatsächlich zurücksehnte. Sofie war schließlich während seines Besuchs »wirklich fast die ganze Zeit recht brav« gewesen. Alfred bemerkte mehrere Anzeichen für eine positive Veränderung. Dazu gehörte auch, dass Sofie nun immer öfter kleine Briefe schrieb und dies auch noch in einigermaßen anständigem Französisch. »Nun noch viele herzlichste Grüße an das kleine Kröterl welche zur Perle werden wird wenn nur erst der Verstand emporblicken und die Launen untergehen werden«, schrieb er, nicht ohne hinzuzufügen: »Gesegnet sei dieses fast unmögliche und jedenfalls unglaubliche Ereignis.«

Sofies neues Haus lag in Döbling am nördlichen Rand von Wien. Sie schickte alle Zeichnungen und den Kaufvertrag an Alfred nach Paris. Er begutachtete sie und gab Anweisungen. Als alles fertig war, gratulierte er der »Hausbesitzerin« offensichtlich mit einem Blumenstrauß. »Offengestanden sehne ich mich sehr die kleine herzige Kröte bald wiederzusehen.«[19]

Bertha und Arthur von Suttner besuchten Wien nicht sonderlich oft. Es war strapaziös, sich von dem abgelegenen Schloss Harmannsdorf in die Stadt zu bewegen. Doch im Oktober 1888 war Bertha zufällig dort. In einem Blumenladen erfuhr sie, dass Herr Nobel in Paris sich verheiratet habe und dass es nunmehr eine »Madame Nobel« gäbe – zumindest interpretierte sie das so.

Bertha schrieb einen Brief an Alfred und fragte, ob sie ihm gratulieren dürfe. Absolut nicht, antwortete Alfred. »Haben Sie wirklich allen Ernstes geglaubt, dass ich hingehen und mich verheiraten würde, und das auch noch, ohne Sie darüber in Kenntnis zu setzen?« Er versicherte ihr, es gebe in seinem Leben keine »Geliebte«. Alles sei ein Missverständnis. Der Kommentar im Blumenladen müsse sich auf seine Schwägerin bezogen haben, stellte er fest.

»Da haben Sie also die Erklärung zu der geheimen und mystischen Verheiratung. Alles in dieser schnöden Welt erhält übrigens am Ende seine Erklärung, außer dem Magnetismus des Herzens, welchem dieselbe Welt ihr Dasein und ihre fortgesetzte Existenz zu verdanken hat. Manchmal scheine ich unter Mangel an ebendiesem Magnetismus zu leiden, weil es keine Madame Nobel gibt und in meinem Falle Amors Pfeile schlechten Ersatz durch Kanonen finden.«[20]

*

Dieser »Magnetismus des Herzens« tauchte in Alfred Nobels Gedanken und Träumen ständig wieder auf. Zumindest, wenn man den Romanentwurf *Systrarna* (»Die Schwestern«) betrachtet, den er weiterhin vor der Welt verbarg, was auch für den Rest seines Lebens so bleiben würde. Da platzierte Alfred seine Charaktere in erotisch aufgeladene Situationen (zumindest nach den Maßstäben des 19. Jahrhunderts) – ein flatternder Rock, der Schimmer eines nackten Knöchels, ein Schuh, der sich löst, die Wade in Seidenstrümpfen und dann die Lippen, alle diese magnetisch glühenden Lippen in Alfreds zusammengepuzzelten Zeilen. »Klarer und klarer wird das stumme Bejahen, kürzer und kürzer wird der Abstand zwischen Mund und Mund, röter und röter färbt sich die Wange, höher und höher hebt sich der Busen, schwächer und schwächer klingen die Ermahnungen der Mutter, bis sie ganz und gar vergessen sind und das Mädchen machtlos, liebkosend und liebkost im Arm des Geliebten liegt«, dichtete Alfred Nobel.

Er scheint sich wieder und wieder die Sehnsucht von der Seele geschrieben zu haben, die seine Gedanken erfüllte. Als wolle er mit dem Stift erleben, was er im wirklichen Leben nicht erreichen konnte: voll und ganz Mensch zu sein, tiefe Verliebtheit zu empfinden und ein willenloses Opfer seiner Attraktionen zu werden. Alfred Nobel schreckte nicht einmal davor zurück, weibliche Erregung zu schildern. Möglicherweise erdachte er aus Gründen des Anstands den Trick, die Frauen ihren Ehebruch im Schlaf begehen zu lassen. »Sie fühlte sich sanft auf ein Bett aus Rosen gelegt; sie fühlte sich in Adonis' Arme geschlossen, seine Lippen trafen auf ihre; sie tat einen tiefen, tiefen Seufzer und fühlte sich so zutiefst glücklich, dass sie davon erwachte.«

Enttäuschung. Aber Alfred fand eine Lösung. Er erteilte dem fragenden Ehemann das Wort, der davon erwacht war, dass seine Frau im Schlaf redete.

»Erzähl mir, wie weit gingst du mit Adonis.«
»Genauso weit wie wir unlängst«, flüsterte sie und verbarg ihr Gesicht an seiner Brust.
»Hast du Widerstand geleistet?«
Ein Kuss als Antwort.[21]

Das waren für die damalige Zeit gewagte Zeilen, doch muss man ehrlicherweise sagen, es war keine große Literatur, die der Welt da entgangen ist. Ob er vielleicht selbst erkannte, dass es nicht trug?

Alfred Nobel hatte davon geträumt, sich einen Namen als Schriftsteller zu machen, aber so wie sein Leben sich gestaltete, gab es keine Möglichkeit, die Zeit zu erübrigen, die er gebraucht hätte, um dieses Ziel zu erreichen. Ab und zu konnte er ein paar Gedichtzeilen auf die letzten Seiten eines Labornotizbuchs kritzeln. Viel mehr wurde es nicht. Der Romanentwurf *Systrarna*, an dem er mindestens fünfzehn Jahre gefeilt haben muss, umfasste, als er sich von seinen Hauptpersonen verabschiedete, nur dreiundachtzig Buchseiten.

Bertha von Suttner hatte schon früher im Jahr nach Paris geschrieben und Alfred Nobel gebeten, einige seiner philosophischen Betrachtungen in Druck zu geben. Alfred hatte sich gewehrt. Ihr Brief kam gerade während der letzten schweren Wochen seines Bruders Ludvig an. Was er auch schreiben würde, es würde doch nichts anderes als Mist werden, so angestrengt und bedrückt, wie er sei.[22]

Doch die Idee verlockte ihn. Bald begann er ein paar philosophische »Briefe« in einem Labornotizbuch zu skizzieren, doch ohne einen Adressaten zu nennen. »Du willst philosophieren. Philosopherom«, begann er und benutzte seinen ersten Brief als Entschuldigung für sich. Irgendwelche einzigartigen Gedanken dürfe man von ihm nicht erwarten. Das meiste müsse wohl als eine persönliche Spiegelung der Philosophen betrachtet werden, die er gelesen hatte. In seiner Bibliothek standen sowohl Immanuel Kant und Arthur Schopenhauer als auch John Stuart Mill, Baruch de Spinoza, Herbert Spencer und Auguste Comte. Selbstverständlich hinterließen die ihre Spuren.

Alfred entschied, seinen zweiten Brief mit Immanuel Kant zu beginnen, dessen Stil er als so schwer empfand, dass »nach seiner ›reinen Vernunft‹ der Leser sich nach Unvernunft sehnt«. Doch einen wichtigen Punkt hatte Kant, fand Alfred: Alle Weltanschauung ist und bleibt individuell. Eine absolute Wahrheit existiert nicht, und deshalb könne auch Alfred – wie er feststellte – sie in seinen philosophischen Skizzen nicht liefern. Was war denn überhaupt Vernunft und was Wahnsinn? Nicht einmal auf diese Frage gab es eine letztgültige Antwort. Als Beispiel nannte er Alexander Graham Bells Erfindung des Telefons, das in der letzten Zeit kräftig auf dem Vormarsch war. Alfred gehörte selbst noch nicht zu der exklusiven Schar, die sich einen privaten Apparat angeschafft hatte, doch in Paris entstanden immer mehr Telefonzellen, und in Frankreich näherte man sich den 12 000 Abonnenten auf vierzig Millionen Einwohnern. »Hätte im vorigen Jahrhundert jemand die Möglichkeit formuliert, über eine Entfernung von 1000 Kilometern sprechen zu können, dann wäre er von Personen mit der damaligen gesunden Vernunft als Wahnsinniger bezeichnet worden.«[23]

Er fand es heikel, den Wert der Gedanken und Eindrücke eines einzelnen Menschen zu beurteilen. Alfreds Ansicht nach ging es beim Denken nur um den Strom des Blutes durchs Gehirn. Wie leicht dieses System manipuliert werden konnte, sah man schließlich deutlich, wenn Menschen »Haschisch« oder Alkohol zu sich nahmen, argumentierte er. Deshalb sei ein gesundes Maß an »Universalzweifel« immer zu empfehlen, wenn es um abstraktes Denken gehe.

Vieles von dem, was wir über die Welt zu wissen glauben, baut auf logische Vernunft und Wahrscheinlichkeitskalkül, meinte Alfred. »Niemand wagt zu bezweifeln, dass sich die Erde weiterhin um die Sonne und um ihre Achse drehen wird; dass die Sonne uns wie bisher mit Licht und Wärme versorgen wird; dass Menschen und Tiere dazu ausgesucht sind, geboren zu werden und zu sterben; dass die Schwerkraft nicht aufgehoben wird; dass das Meer sich nicht verflüchtigen oder explodieren wird; dass Eisen nicht flüssig wird und Quecksilber nicht fest; dass der Mond nicht auf die Erde gesprungen kommen wird. Und doch gibt es für diese und vergleichbare Annahmen keine absoluten Beweise.«

Nach diesen Vorreden kommt Alfred in einem dritten Brief zum Kern seiner eigenen Weltanschauung. Er beginnt damit, auf Distanz zu allen Religionen und von Menschen geschaffenen Göttern zu gehen. Die Geschichte würde schließlich beweisen, dass die meisten Religionen nur erfunden worden seien, um Menschen zum Gehorsam zu zwingen, schreibt er. Hingegen glaubt er an die Existenz einer Urkraft des Lebens, ein »Attraktionsphänomen«.

Sein Lieblingsbeispiel war das Atom. Die moderne Chemie hatte eben bewiesen, dass diese »kleinste unteilbare Einheit« eine besondere Lebenskraft besaß. Entweder wurden Atome in einer chemischen Vereinigung, Moleküle, zueinander gezogen, oder sie stießen sich voneinander ab. Warum? Eine Manifestation des Lebens, meint Alfred, gleich der Anziehung, die zwischen Menschen entstehen kann. »Ist nicht dieses Begehren, womit Elemente vereint werden, eine Art Lebensphänomen ebenso wie unsere Sympathien? Und die elektrische und magnetische Polarität, sind sie nicht nur eine andere Form von dem, was wir Liebe und Hass nennen! Schon diese erstaunliche Analogie zwischen so genannten toten und lebendigen Impulsen wirft beim denkenden Menschen die Frage auf, inwiefern das physische und das psychische Leben miteinander verwandt sein mögen.«

In seinem Roman hatte er sich ein wenig romantischer ausgedrückt: »So wie die Liebe uns zu einer geliebten Brust zieht, so strebt der Magnet nach seinem entgegengesetzten Pol.«

In dieser Anziehungskraft erkannte er das Geheimnis des Schöpfungswunders. Nach Alfred Nobels Ansicht bedeutete die Fähigkeit zu chemischer Vereinigung, dass die Atome mit einer selbstständigen »schaffenden Neigung« ausgerüstet waren, die zur Entwicklung der Schöpfung betrug. Es muss ihn selbst überrascht haben, denn die Philosophie in ihm fand kein besseres Wort für diese Kraft als »Göttlichkeit«. Oder, wie er schrieb: »Nehmen wir an, dass die kleinste Lebenszelle, die wir Atom nennen, in unendlicher Anzahl vorhanden ist und dass sie alle zu einem lebendigen Ganzen beitragen, das niemals begonnen hat und niemals aufhört, so haben wir eine größere Göttlichkeit vor uns als menschlicher Gedanke fassen kann, und verglichen damit kommen uns die kleinen dogmatischen Götter vor wie Ungeziefer des Gedankens.«[24]

Der Mann, der meinte, es fehle ihm am »Magnetismus des Herzens«, hatte genau das, nämlich die Anziehungskraft zwischen Menschen und zwischen den Elementen der Natur, zu einer Urkraft des Lebens entwickelt und überhöht. Der Mann, der alle erfundenen Götter der Menschen verachtete, hatte sich einen ebensolchen geschaffen. Aber die Friedensphilosophie, die Bertha von Suttner vermutlich im Sinn gehabt hatte, als sie an Alfred Nobel schrieb, scheint er selbst zu diesem Zeitpunkt überhaupt nicht priorisiert zu haben.

*

Alfreds Bibliothek in der Avenue Malakoff wuchs mit jedem Jahr. Er kaufte französische und deutsche Handbücher für Chemie, zwei Dutzend internationale Werke über Elektrizität und Hans Magnus Melins Bibelübersetzung in Fraktur mit Bildern von Gustave Doré. Er schaffte sich ein Buch über das Gehirn an, eines über die neu entdeckten Mikroorganismen und eines über Massage gegen Migräne. Doch vor allem erstand er Romane und Gedichtsammlungen. Die Belletristik beanspruchte über die Hälfte des Platzes auf seinen Regalbrettern. Zu dieser Zeit schienen ihn französische und nordische Autoren am meisten interessiert zu haben. Irgendwelche neuen Briten, die sich mit den Hausgöttern Byron, Shelley und Shakespeare messen konnten, scheint er nicht gefunden zu haben.

Spät hatte sich Alfred Nobel doch noch den französischen Realisten angenähert. Mehrere Jahrzehnte nach ihrem ersten Erscheinen kaufte er Balzacs und Stendhals Klassiker in Neuausgaben. Kurz zuvor hatte er auch mit dem Stift in der Hand eingehend Gustave Flauberts *Madame Bovary* gelesen, den Untreue-Roman, der dem Autor eine Klage vor Gericht wegen »Unmoral« einbrachte (er wurde freigesprochen). Kernige Formulierungen über die Kraft der Attraktion unterstrich Alfred, zum Beispiel als Flaubert Emma Bovary zwischen Reue über den Ehebruch und Sehnsucht nach mehr schwanken lässt: »Die Erniedrigung, sich schwach zu fühlen, wendete sich in einen Groll, der von der Wollust abgemildert wurde. Es war kein Liebesband, es war wie eine ununterbrochene Verführung.« Mit einem kurzen Strich markierte er die Stelle, an der die Frau des Bürgermeisters verkündet, dass »Madame Bovary sich kompromittiert«.[25]

Außerdem stand die dritte Auflage von Henrik Ibsens berühmtem Ehedrama *Nora oder Ein Puppenheim* in Nobels Regal, in dem Nora Helmer ihren Mann verlässt. Inzwischen gab es dort mehrere Stücke des norwegischen Dramatikers. Doch der große schwedische Naturalist August Strindberg übte nach wie vor keine größere Verlockung auf Alfred Nobel aus. Von allen berühmten Werken Strindbergs hatte er bisher erst eines angeschafft: *Die Leute auf Hemsö* (1887). Nicht einmal das viel verkaufte Debüt *Das rote Zimmer* (1879) interessierte ihn. Unter den schwedischen Autoren zog er immer noch »den letzten Romantiker« Viktor Rydberg vor und möglicherweise den Dichter Carl Snoilsky. Im Jahr 1888 hatte er in der schwedischen Buchhandlung Librairie Nilsson auf der Rue de Rivoli von beiden Autoren Gedichtsammlungen erstanden.

In Paris feierte ansonsten die russische Literatur mit Blitz und Donner ihren Durchbruch. Die Zeitschrift *Vogue* hatte 1886 die russische Romantik zum »literarischen Ereignis des Jahres« ausgerufen, und 1888 erreichten die französischen Übersetzungen vor allem von Leo Tolstoi und Fjodor Dostojewski Rekordzahlen. Tolstoi sollte bald als der berühmteste Schriftsteller der Zeit auf die Weltbühne segeln. Alfred Nobel kannte ihn bereits. Ein paar Jahre zuvor hatte er Tolstois gesammelte Werke bei seinem Neffen Emanuel auf Russisch bestellt, darunter die großen Romane *Krieg und Frieden* (1869) und *Anna Karenina* (1876). Allerdings verriet er nie, was er von Tolstois Romanen hielt.[26]

*

Der Monat Dezember bedeutete immer ewig lange Ausgabenlisten in Alfred Nobels Kassenbüchern, und 1888 war da keine Ausnahme. Verwandte, Pariser Bekannte und die Ehefrauen von Kollegen nahmen Platz zwischen all den Handschuhen, Hüten und Diamanten des »Trolls«: »Frau Thorne Weihnachtsgeschenk (japanische Panneaux)«, »Frau Roux (Stift und Bleistift elegant«), »Bariés Kind (Puppe)«, »Brülls Junge (Geschichte Frankreichs)«. In diesem Jahr verschickte er mindestens sieben größere Blumenarrangements mit Weihnachtskarte unter anderem an Juliette Adam.[27]

Mutter Andrietta in Stockholm erhielt wie gewöhnlich eine größere Aufbesserung der Kasse für die Weihnachtsfeierlichkeiten und darüber hinaus Geld, das für Weihnachtsgeschenke für ihre Freunde und Bediensteten gedacht war. Alfred hatte ein schlechtes Gewissen. Er wusste, dass die Mutter große Stücke auf ihn hielt und wie wichtig seine Besuche waren. Dennoch hatte er es nur ganz kurz im September nach Schweden geschafft, als Andrietta fünfundachtzig Jahre alt wurde. Die schwedische Winterkälte hielt ihn aus gesundheitlichen Gründen davon ab, zu Weihnachten zu kommen. Er wollte am liebsten die Pein vermeiden, »den Raureif in den Adern zu spüren«.

Alfred versuchte, seine Unzulänglichkeit auf andere Weise auszugleichen. Ein Jahr zuvor hatte er von einem jungen, talentierten Schweden, der gerade von sich reden machte, ein gemaltes Porträt bestellt. Anders Zorn, wie der Künstler hieß, hatte in einer schönen Gouachemalerei Andriettas ausdrucksvollen, aber milden Blick eingefangen. Das Werk zierte nun eine der Wände in ihrer Wohnung an der Hamngatan in Stockholm.

Besonders glücklich war Andrietta in dem Jahr gewesen, als Alfred ihr zu Weihnachten eine kostbare Porzellanvase mit Monogramm geschickt hatte, zu der Liedbeck dann die Blumen geliefert hatte. Weihnachten 1888 schenkte er seiner Mutter ein Armband mit zwei kleinen Porträts von sich selbst.

»Die süßeste Idee, die man sich nur denken kann, ganz meines Alfreds würdig«, jubelte Andrietta in ihrem Dankesbrief. »Jugend und

Mannesalter beide schön, keine Spur vom alten Mann findet sich dort, ebenso wenig wie im Original, diese lieblichen Bilder anzuschauen, wird mein tägliches Vergnügen sein, das wärmt das alternde Herz, ebenso wie das ihnen innewohnende schöne Gefühl, dich zu besitzen, mein jüngster und unschätzbar geliebter Sohn, der seiner Mutter das Leben lang so viele gute und glückliche Jahre beschert hat [...] Danke, danke, mein Liebster, für all die Freude. Ein solcher Sohn ist der Mutter Stolz.«[28]

Alarik Liedbeck pflegte immer um Weihnachten herum nach Andrietta zu schauen. Am Tag vor Heiligabend konnte er Alfred beruhigende Nachrichten senden. »Deine Mutter ist so gesund, wie man es bei ihrem Alter nur begehren kann, und von immer noch fast unverminderter Seelenkraft.«[29]

Doch Alfred sorgte sich mehr um seinen eigenen, seiner Vermutung nach bevorstehenden Tod als um den seiner Mutter. Der Tod des Bruders hatte seine Angst vor dem Sterben verstärkt. »Ich fühle mich mitunter sehr, sehr schwach und fühle stark die Vorboten der Abenddämmerung. Benutze daher die Zeit ehe ich hinwegziehe auf die kürzeste und doch die weitheste Fahrt«, schreibt er im Januar 1889 an Sofie Hess.[30]

Die Gedanken formten sich zu einem Beschluss. Er konnte nicht länger warten. Alfred musste ein Testament schreiben. Am 3. März 1889 nahm er Kontakt zu seinem Ratgeber für Finanzen in Stockholm, Carl Öberg, auf und bat ihn, sich bei einem Anwalt nach einem passenden Testamentsformular zu erkundigen. »Ich bin grauhaarig, innerlich abgetakelt und muss an die Vorbereitung für den Fall meines Abdriftens denken«, erklärte er Öberg.

Offensichtlich weckte die Frage bei dem Freund einiges Nachdenken. Im nächsten Brief versuchte Alfred, ihn zu beruhigen. »Was das Testament betrifft, so denke ich einfach nur daran, weil es schon längst geschehen sein sollte. Man weiß ja nie, wann man ins Chaos wandert, und ein gewisses Pflichtgefühl ermahnt uns, sowohl für vorhersehbare als auch für unvorhersehbare Ereignisse vorzusorgen.«[31]

KAPITEL 15

Personenakte 326 der Sicherheitspolizei: Alfred Nobel

»Man weiß ja nie, wann man ins Chaos wandert«, hatte Alfred Nobel an seinen Freund Carl Öberg geschrieben. In Wirklichkeit war er gerade auf dem Weg mitten in ein Chaos, wenn auch etwas anderer Natur. Vor den Mauern seines Anwesens in Sevran bewegten sich rätselhafte Gestalten. Sie waren von der Gendarmerie geschickt. Und sie stellten Fragen.

Anscheinend fing es wie reine Routine an. Das Innenministerium hatte ein neues Dekret zur schärferen Kontrolle von Ausländern in Frankreich formuliert. Wer etwas Verdächtiges sah, sollte es an die Präfekturen melden. Am Neujahrsabend 1888 statteten deshalb einige Gendarmen dem Anwesen in Sevran einen Besuch ab. Ihr Bericht fiel so alarmierend aus, dass der Präfekt eine Kopie davon ans Innenministerium in Paris schickte. Die Gendarmen informierten über einen gewissen Herrn Nobel, schwedischer Staatsbürger, der in Sevran heimlich Sprengstoffe herstellte. Die Detonationen hatten für Unruhe gesorgt. Ein halbes Jahr zuvor waren in der Nachbarschaft mehrere Fensterscheiben durch eine Explosion zerbrochen worden. Nobel hatte die Schäden unmittelbar beglichen, aber war es nicht seltsam, dass ein Ausländer so etwas mitten in Frankreich tun durfte?

Nobel sei ein geheimnisvoller Herr, berichteten die Gendarmen. Mit den Nachbarn hatte er nichts zu tun, und er ließ außer dem örtlichen Gärtnermeister auch niemanden auf das Gelände. Selbst tauchte der Schwede nur höchst unregelmäßig in Sevran auf. Ein Mitarbeiter namens Fehrenbach, von Nobel »der Ingenieur« genannt, schien hingegen jeden Tag dort zu arbeiten. In der letzten Zeit war Nobel öfter gekommen und hatte mehrere Herren dabei, die allesamt in der Umgebung unbekannt gewesen waren. Sie hatten viele Schüsse abgefeuert.

Der Innenminister leitete den Bericht an die französische Sicherheitspolizei, *Sûreté générale*, weiter, die zu der Zeit eine Abteilung in seinem eigenen Ministerium bildete. Ende Januar 1889 erging der Befehl: Mehr Informationen einholen! Hat das betreffende Individuum Genehmigung für gefährliche Tätigkeiten? Wenn nicht, bitte Unterlagen beschaffen, »um diesen Fremden ausweisen zu können!«[1]

*

Die Dokumente der Sicherheitspolizei sind hundertfünfundzwanzig Jahre alt und an den Rändern schon leicht brüchig. Sie sind alle handgeschrieben und bilden ein anständiges Bündel in der ausgeblichenen Personenakte, die den Titel »326 NOBEL, Alfred« trägt.

Die Schlagworte in der verschnörkelten Handschrift: »Vertraulich«, »Spionage?«, »Beschreibung!«.

Bis heute waren diese Geheimdienstberichte unbekannt.

Es ist ein durchweg grauer Novembertag 2015. Ich befinde mich in den *Archives Nationales*, dem französischen Staatsarchiv im Pariser Vorort Saint-Denis. Der historische Fund ist eben in einer unansehnlichen dunkelgrauen Archivbox in den Lesesaal getragen worden. Vorsichtig hebe ich die Personenakten eine nach der anderen heraus. Alfred Nobels Name ist mitten im Stapel zu erkennen. Seine Akte ist eine der ältesten. Sie umfasst dreiunddreißig Dokumente und insgesamt fünfundsiebzig Seiten.

Dass Alfreds Dossier erst jetzt gefunden wurde, hat seine Erklärung.

Als die Deutschen im Zweiten Weltkrieg Paris besetzten, nahmen sie alle mit Geheimhaltung belegten Akten der französischen Sicherheitspolizei mit. Im Frühjahr 1945 wurde die deutsche Kriegsbeute russisch, und Tausende von französischen Akten wurden für fünfzig Jahre in Moskau versteckt gehalten. Erst nach dem Ende der Sowjetunion wurden sie nach Paris zurückgebracht, jetzt mit russischen Archivstempeln versehen.

Es dauerte eine Weile, das Russische zu deuten und die notwendigen Umsortierungen vorzunehmen. Deshalb galt es lange als gesichert, dass es in Frankreich keine Polizeidokumente über Alfred Nobel gäbe. Ich erinnere mich immer noch an meinen inneren Jubel, als mein neu gewonnener Freund in Paris, der Schauspieler und Researcher Manuel Bonnet (der damals in dem schwedischen Film über Nobel so gern die Rolle des Paul Barbe übernommen hätte), sich meldete. Manuel hatte mir versprochen, die Sache zu untersuchen. Jetzt gratulierte er: »Sie sind da! In den ›Fonds des Moscou‹ [den Moskau-Akten]«.

Die Nobel-Dokumente liegen ordentlich nach Datum sortiert. Die Blätter sind unregelmäßig vergilbt und verschieden groß, die Stempel zahlreich. Ganz oben im Stapel finde ich den Neujahrsbericht der Gendarmerie. Der Staub des 19. Jahrhunderts schlägt mir entgegen, als ich lese.

*

Der Geheimdienstauftrag, Alfred Nobel betreffend, landete im Schoß des »Spezialkommissars« Morin. Der arbeitete bei der Eisenbahnpolizei am Gare de l'Est in Paris – damals der Deckmantel für das geheime Spionagenetzwerk der französischen Sicherheitspolizei. Kommissar Morin fuhr selbst mit nach Sevran, um sich unter größter Diskretion mehr Informationen bei Nachbarn und Nobels Angestellten zu beschaffen. Auch in die Avenue Malakoff schickte er Polizeiinspektoren in Zivil.

Am 5. Februar 1889 reichte Morin einen ersten Geheimdienstbericht über Alfred Nobel ein. Die Informationen in Kurzform: Alleinstehend.

Schwede. Relativ neu gebautes Haus in Paris. Sehr reich, besitzt mehrere Häuser im Ausland. Luxuriöser Zweispänner. Eine Menge Dienstboten beiderlei Geschlechts. Hat einen vorteilhaften Ruf in dem Viertel, in dem er wohnt. Bekannt als der Erfinder des Dynamits. Lebt sehr gut von Zinsen und empfängt viele Besucher. In Sevran ist er immer in Gesellschaft eines gewissen Fehrenbach zu sehen, siebenunddreißig Jahre alt, in Paris geboren und bekannt als ein »vortrefflicher Patriot«. Fehrenbach ist ebenso wie Nobel Chemieingenieur. Das Anwesen in Sevran wird für Schießversuche genutzt.[2]

Anfang Februar erhielt Morin einen neuen Tipp, diesmal vom französischen Kriegsministerium. Ursprünglich kam der Hinweis vom Militärgouverneur in Paris, der Informationen von der staatlichen Schwarzpulverfabrik in Sevran erhalten hatte, wonach der Schwede Nobel versuche, das Staatsgeheimnis um Paul Vieilles rauchfreies Schwarzpulver zu stehlen. Nach einigen weiteren Wochen der Ermittlungsarbeit war der Geheimagent Morin ganz sicher, dass es sich genau so verhielte. Aus Sevran wurde ihm gemeldet, dass Angestellte von Nobel plötzlich weggefahren oder auf rätselhafte Weise mehrere Tage lang abwesend gewesen waren. »Das könnte darauf hindeuten, dass man versucht, alles kompromittierende Material für den Fall einer Hausdurchsuchung zu beseitigen.«[3]

Der zweite Geheimdienstbericht wurde am 23. Februar geliefert und trug die Überschrift »Die Affäre Nobel«. Jetzt waren Morins Informationen umfassender. Er berichtete, dass Nobel jeden Morgen mit dem Zug anreiste und nicht vor sechs Uhr abends nach Hause zurückkehrte. Die Schießübungen auf seinem Anwesen waren in den letzten sieben bis acht Monaten intensiviert worden. »Ich habe selbst gestern, 22. Februar, den ganzen Nachmittag eine Art Trommelfeuer gehört, so als ob ein ganzes Bataillon Soldaten das Schießen übte.« Die Agenten erfuhren, dass Nobel einen Granatwerfer besäße, große Projektile, die richtig gut zu sehen seien, wenn sie in den Himmel geschossen würden. Die Schießversuche fanden ununterbrochen statt, auch an Sonn- und Feiertagen.

Getreu den Anweisungen hatten sie versucht, die Angestellten zu verhören, jedoch mit unzureichendem Ergebnis. Der Laborjunge, zwanzig Jahre alt, floh und wollte nichts sagen. Sein Vater war bei der staatlichen Schwarzpulverfabrik angestellt, »ein bemerkenswertes Zusammentreffen, bedenkt man den gegen Nobel gerichteten Verdacht«, schrieb Morin. Aus dem Gärtnermeister, fünfundfünfzig Jahre alt, kriegten die Agenten auch nichts raus. Morin meinte zu wissen, warum. »Es ist ein Befehl ergangen: Schweigen und schwindeln!« Vier Frauen, zufällig zum Schneiden von Schwarzpulver angestellt, waren doch etwas gesprächiger. Zwei von ihnen waren mit dem Laborjungen verwandt oder hatten mehrere nahe Verwandte, die bei der staatlichen Schwarzpulverfabrik angestellt waren, berichtete der Agent.

Die Geheimdienstler am Gare de l'Est versammelten sich danach zu einer Schlussbeurteilung. An die Sicherheitspolizei im Innenministerium schrieben sie:

»Nach dieser minutiösen Befragung und einer sorgfältigen Analyse der Ergebnisse sind wir persönlich davon überzeugt, dass Herr Nobel aktiv versucht, explosive Stoffe für den Kriegsgebrauch zu erfinden; seine fortwährenden Versuche und wechselnden Schießübungen sprechen dafür. Aber wir glauben auch, dass er sich in Sevran-Livry installiert hat, um möglicherweise das ›Lebel‹-Pulver [Vieilles Pulver, Poudre B] auszuspionieren. Die Nähe zur staatlichen Schwarzpulverfabrik, die Wahl der Angestellten, die geheimen Reisen, obwohl man sich überwacht fühlt, alles das überzeugt uns von dem Standpunkt.« So der Bericht an die Sicherheitspolizei im Innenministerium.

In einem separaten Schreiben empfahl der Spezialkommissar Morin, das Kriegsministerium über die Details zu informieren, »um dem für die nationale Verteidigung so riskanten Stand der Dinge ein Ende setzen zu können«.[4]

Alfred Nobel hingegen erfuhr nichts. Nach einigen Wochen begann er zwar zu begreifen, dass irgendetwas seltsam sei. Im März 1889 schrieb er, er würde sich »verfolgt und schikaniert« fühlen. In einem Brief an den Arbeitspartner in Großbritannien, Professor Sir Frederick

Abel, drückte er sich genauer aus: »Vor ein paar Tagen sind von einem Mann, der sich als der Detektiv-Polizei zugehörig ausgab, einige sehr seltsame Befragungen an mein Labor in Sevran gerichtet worden.«[5]

Die Situation war absurd. Das Kriegsministerium wurde aufgefordert einzugreifen, doch in Wirklichkeit stand der französische Kriegsminister Charles de Freycinet Alfred Nobels Schwarzpulverexperimenten weder unwissend noch misstrauisch gegenüber, sondern war im Gegenteil sehr neugierig und interessiert. Wie der israelische Wissenschaftshistoriker Yoel Bergman in einer neuen Studie (2017) gezeigt hat, hatte Freycinet im Dezember 1888 an Nobel geschrieben und ihn gebeten, Proben von seinem Ballistit ans Ministerium zu schicken.[6] Frankreich wollte wie alle anderen Länder auch das beste Schwarzpulver haben. Nobel seinerseits wollte Umsatz machen. Er hatte bereits lange Zeit dafür gesorgt, die französische Regierung über sein Produkt informiert zu halten, nicht zuletzt während der Zeit seines Kompagnons Paul Barbe als Minister.

Im Februar 1889, nach einiger Korrespondenz zu technischen Dingen, schickte Alfred die gewünschten Schwarzpulverproben an das französische Kriegsministerium. Im beiliegenden Brief schrieb er stolz, das Ballistit gebe nunmehr überhaupt keinen Rauch mehr von sich.[7]

Es war ein einziges Durcheinander. Während die Agenten der Sicherheitspolizei in Zivil um Nobels Heim und sein Labor strichen, um ein gefährliches Komplott gegen den französischen Staat aufzudecken, bereitete das Kriegsministerium also ein Probeschießen mit dem geheimen Sprengstoff des angeblichen Industriespions vor. Diese Tests sollte übrigens derselbe Paul Vieille durchführen, den Alfred Nobel angeblich ausspionierte. Das Kriegsministerium informierte dabei Alfred über Zeit und Ort des Probeschießens, vermutlich damit er selbst zugegen sein konnte.[8] Aus ungeklärten Gründen drang diese Information nicht bis zur Sicherheitspolizei im Innenministerium durch. Möglicherweise gab es einen Zusammenhang mit der wachsenden Rivalität und Uneinigkeit zwischen den Ministerien, was eben die Überwachung von Ausländern anging.

Kriegsminister Freycinet hatte Alfred Nobel klargemacht, dass der Beschluss, das Ballistit zu testen, keine Garantien für einen Ankauf bedeutete. Die Schießproben in diesem Frühjahr waren auch kein besonderer Erfolg. Nobels Schwarzpulver war kraftvoll, doch die Franzosen fanden, es würde die Gewehrläufe zu sehr abnutzen.

Der Beschluss lautete, das französische Kriegsministerium wolle den richtigen Augenblick abwarten. Vielleicht würde Nobels Schwarzpulver ja in Kanonen besser funktionieren.[9]

*

Zwei der rätselhaften Herren, »in der Umgebung unbekannt«, die in der letzten Zeit Schießübungen in Sevran besucht hatten, waren die britischen Professoren Frederick Abel und James Dewar. Alfred Nobel war kürzlich gebeten worden, Proben des Pulvers auch nach Großbritannien zur Begutachtung zu schicken, und aus Nobels Korrespondenz geht hervor, dass sich die drei in dieser Zeit oft sowohl in Paris als auch in London getroffen haben.

Alfred war offenkundig begeistert über diese Zusammenarbeit mit den renommierten Akademikern, und die britische Bestellung von Schwarzpulver hatte ihn alle Vorsicht verlieren lassen. Abel und Dewar erfuhren jetzt im Detail, wie er seine Komposition verfeinert hatte, um bestehende Probleme zu eliminieren. Er schmeichelte und erniedrigte sich, sagte, er würde den Briten, wann und wo sie wollten, zur Verfügung stehen. »Wenn ich sehe, wie sehr alle diese Angelegenheiten Ihnen am Herzen liegen, beginne ich zu glauben, das Kriegsministerium sei Ihr Herzenskind, für das Sie unendliche Mühe walten lassen. Die Menschen müssen blind sein, die das nicht erkennen«, schrieb er aufmunternd im Februar 1889 an Sir Frederick Abel. Im nächsten Brief lobte er James Dewar, nannte ihn »die Freundlichkeit selbst« und unterstrich, es sei für jemanden wie Alfred »eine Ehre und ein Vergnügen«, mit ihnen zusammenarbeiten zu dürfen. In solch kompetenter Gesellschaft seien die kleinen persönlichen Unstimmigkeiten, die sie möglicherweise gehabt haben könnten, wie weggeblasen, stellte Alfred fest.[10]

Eines Tages im Mai erfuhr er, dass Sir Frederick Paris besucht hatte, ohne ihn darüber zu informieren. Alfred war missgestimmt, und ein paar Tage später teilte ihm sein juristischer Ratgeber in London mit, Sir Frederick Abel und James Dewar hätten kürzlich ein britisches Patent für eine Verbesserung des Ballistits beantragt. Was war das? Warum hatten sie ihn nicht einmal gefragt? Schließlich hatten sie diese Verbesserungen gemeinsam diskutiert. Alfred schrieb an Dewar und wies darauf hin, dass er ihnen beiden und der britischen Sprengstoffkommission gegenüber mit vollständiger Offenheit und Ehrlichkeit agiert habe. Wenn sie ihn nur von ihren Plänen in Kenntnis gesetzt hätten, hätte er ihnen erklärt, wie dumm es war, kleine Verbesserungen patentieren zu lassen und damit Geschäftsgeheimnisse zu offenbaren.[11]

Alfred Nobel war erschüttert. Dennoch scheint er sich zusammengerissen und das Unternehmen der Freunde lediglich als ein Missverständnis gedeutet zu haben. Es gab noch kein Patent auf Papier. Abel und Dewar hatten es wahrscheinlich nur gut gemeint, und Alfred war nicht der Mann, der eigenes Prestige und Reichtum über alles stellte. Wie er einen Monat später an Dewar schrieb: »Ich habe Mitwettbewerbern gegenüber zwei Vorteile, dass der Wunsch, Geld zu verdienen und Lobeshymnen zu erhalten, mir völlig egal ist [...] Ich bin von Illusionen begeistert. Manchmal ist die Blase mehr wert als die Substanz, weil sie leichter zu tragen ist [...].«[12]

In diesem Stadium begnügte sich Alfred damit, die Patentbeschreibung zu erhalten. Dann ging er zum üblichen sozialen Small Talk über und erkundigte sich nach Dewars Rheumatismus. Er bekannte, dass seine eigene Gesundheit inzwischen so heruntergekommen sei, dass er darüber nachdenke, sich auf eine einsame Insel zurückzuziehen, wo er »nie mehr auch nur den Vornamen einer Explosion« hören müsse.

Außerdem informierte Alfred den Freund darüber, dass die Weltausstellung auf dem Pariser Marsfeld gerade eröffnet worden sei.

»Sie soll sehr groß sein. Ich hoffe, ich werde die Zeit haben, sie zu besuchen.«[13]

*

Gustave Eiffel wurde rechtzeitig fertig. Am Nachmittag des 1. April 1889 stand er zusammen mit einem Dutzend Honoratioren und Journalisten, die sich als einzige der hundertfünfzig Gäste der Einweihungsparty auf der zugigen Wendeltreppe bis ganz nach oben gewagt hatten, hoch oben auf seinem Turm. Triumphierend wickelte Eiffel eine fünf Meter lange französische Flagge mit den in Gold eingewebten Initialen R. F., *République Française*, aus. Langsam zog er sie an dem Fahnenmast des Turms hoch, während die kleine Schar spontan die Marseillaise zu singen begann. Eiffels Chefingenieur ergriff das Wort: »Wir salutieren der Flagge von 1789, die unsere Väter mit großem Stolz trugen, die so viele Siege errangen und so große Fortschritte in Wissenschaft und Humanität erlebten. Wir haben versucht, ein passendes Monument zu errichten, um den großen Tag 1789 zu ehren, deshalb die kolossalen Proportionen des Turmes.« Dann knallten die Champagnerkorken.[14]

Die Feststimmung hielt sich bis zur Eröffnungszeremonie der Weltausstellung am 5. Mai. Paris war in Ekstase. Auf den Straßen wurden Eiffeltürme als Regenschirmgriff, Manschettenknöpfe und Uhren verkauft. Der Turm war genau das starke Symbol für die Fortschritte der Menschheit geworden, wie man gehofft hatte, »… eines der erfolgreichsten unter den Weltwundern, über das die Welt sich je gewundert hat«, jubelte die *New York Tribune*. Die Journalisten, einheimische ebenso wie ausländische, wetteiferten darum, Eiffels Schöpfung zu etwas Größerem als nur einer Ingenieursleistung zu erheben. »Die in den Fries des Eiffelturms im ersten Stock in Gold eingravierten Namen waren nicht die der Herrscher, sondern französischer Wissenschaftler, deren Fähigkeiten die Welt vorwärtsbrachten. Der Turm war elegant, mächtig und verspielt, doch seine wichtigste Botschaft in einer Welt, wo immer noch Könige und Königinnen über große Gebiete herrschten, war politisch«, wie die Journalistin und Schriftstellerin Jill Jonnes in ihrem Buch *Eiffel's Tower* schreibt.[15]

Gustave Eiffel selbst legte Wert darauf, nicht nur die symbolische, sondern auch die in höchstem Maße praktische Bedeutung des Turmes für die Wissenschaft zu unterstreichen. Er sah ein einzigartiges Forschungslabor in dreihundert Meter Höhe. Dort sollte man sich meteorologischen und astronomischen Beobachtungen, allen möglichen physikalischen Experimenten und, natürlich, der Erforschung der Windverhältnisse widmen können. Der Nutzen des Turms für die Menschheit war in seinen Augen das vielleicht stärkste Argument dafür, die ganze Konstruktion nicht wie ursprünglich geplant nach zwanzig Jahren wieder abzubauen.[16]

Dort, im wissenschaftlichen Fortschrittseifer der Zeit, wollte sich auch Alfred Nobel am liebsten aufhalten. In diesem Frühjahr war er frustrierter als sonst. »Diese verdammten explosiven Stoffe, die man im besten Fall als niedere Mordinstrumente ansehen kann, hindern mich daran, so viel anderes von großem, sowohl industriellem wie auch wissenschaftlichem Interesse auszuführen«, stöhnte er gegenüber dem Freund Alarik Liedbeck. Als die Weltausstellung auf Hochtouren lief, konnten noch mehr Menschen seine Ausbrüche von Enttäuschung erleben: »Ich möchte ein ganzes Jahr von gänzlicher Ruhe zu Erholung brauchen, und mich mit Wissenschaft nur als Liebhaberei nicht als Geschäft abgeben. Wann diese goldene Zeit eintrifft das wissen jedoch die Götter.«[17]

Über dreißig Millionen Menschen sollten die Weltausstellung besuchen, bevor sie Ende Oktober beendet war. Wenn es eine Attraktion gab, die sich in der Bedeutung mit dem Eiffelturm messen konnte, so war das der Pavillon, in dem der Vater der Glühbirne, der Amerikaner Thomas Alva Edison, seine neueste Erfindung, den Phonographen (den Vorgänger des Plattenspielers), vorstellte. Edisons Stand war leicht zu finden. Er hatte die Form einer gigantischen Lichtinstallation aus elektrischen Lampen in allen Größen und Farben. Elektrische Beleuchtung war immer noch ein Luxus, den sich nur wenige leisten konnten. Alfred Nobel gehörte zu den Pionieren und installierte im Laufe des Jahres 1889 die ersten elektrischen Lampen in seinem Haus an der Avenue Malakoff.

Mitten in diesem Edisonschen Lichtmeer thronten fünfundzwanzig Exemplare des neuen Wunderwerks des amerikanischen Erfinders: eine Holzkiste mit einem Wachszylinder, die Laute einspielen konnte. Im Herbst kam der berühmte Edison selbst nach Paris, um sie vorzustellen. Die Erfindung hatte schon einige Jahre auf dem Buckel, aber zur Weltausstellung war es Edison gelungen, sie zu einem anwendbaren Diktiergerät weiterzuentwickeln. Die Besucher standen ewig Schlange, um gegen einen Obolus ein paar kurze Worte sagen zu dürfen und dann ihre eigene Stimme hinterher abgespielt zu hören.

Alfred Nobel notierte und dachte nach. Einige Jahre später würde es eines seiner größten letzten Projekte sein, Edisons Konstruktion zu studieren und eine Verbesserung zu entwerfen: einen Phonographen, der im Unterschied zu dem von Edison »den Klang vollkommen klar und fehlerfrei wiedergibt«.[18]

*

Der zweiundvierzigjährige Thomas Alva Edison war ein Weltstar. Der deutsche Physikprofessor Heinrich Hertz, der zehn Jahre jünger war, arbeitete hingegen im Verborgenen. Dennoch war sein jüngster Forschungsdurchbruch eine mindestens ebenso große Weltsensation. Hertz war auf die Theorie des alten Meisters James Maxwell über elektromagnetische Wellen fixiert. Mehrere Jahre lang hatte er daran gearbeitet, der Erste zu sein, der sie experimentell zeigte.

Hertz' Durchbruch kam, als er begriff, dass er zwei Apparate bauen musste, einen Sender und einen Empfänger, um die Wellen zu entdecken. Der »Sender« bestand aus einem zwischen zwei Metallkugeln gespannten Draht, durch den ein elektrischer Funken hin- und hergeschickt wurde. Der »Empfänger« war ein Leitungsdraht, der zu einem

Quadrat oder Kreis geformt war, den Hertz durchschnitt. Wenn eine elektromagnetische Welle vom Sender den Empfänger erreichte, dann müsste es in dem Zwischenraum an der Stelle, die er durchschnitten hatte, Funken geben. In dem Fall war die Elektrizität völlig ohne Drähte zwischen den Apparaten gewandert.

Hertz gelang der Versuch. »Die Funken, die [...] im Empfänger festgestellt werden konnten, sind mikroskopisch kurz, kaum ein hundertstel Millimeter lang. Sie währen nur circa eine millionstel Sekunde. Natürlich erscheint es fast unwahrscheinlich und unmöglich, dass sie sichtbar sein sollten, doch in einem völlig dunklen Raum sind sie für das Auge, das sich an die Dunkelheit gewöhnt hat, sichtbar. An diesem dünnen Draht hing der Fortgang des Experimentes«, berichtete er in einer Rede in Heidelberg 1889.[19]

Hertz konnte Maxwells These bekräftigen, dass diese elektromagnetischen Wellen sich mit derselben Schnelligkeit bewegten wie das Licht. Er zog Sender und Empfänger immer weiter auseinander und erkannte, dass die elektromagnetischen Wellen sich selbst in einem größeren Saal mit fünfzehn Meter Abstand zwischen den Apparaten wiedertreffen konnten. Hertz' Entdeckung sollte die Welt verändern, doch in welcher Weise, das erlebte er selbst nicht mehr. Nur wenige Jahre später starb der erst sechsunddreißigjährige Physikprofessor an einer Blutvergiftung.

Im Jahr nach seinem Tod sollte ein italienischer Physiker mit irischer Herkunft an der Stelle übernehmen, wo Hertz hatte aufhören müssen. Guglielmo Marconi probierte, ob man mit Hertz' Wellen telegrafische Mitteilungen ohne Draht übertragen könnte. Zunächst gelang es ihm über achthundert Meter. Einige Jahre später konnte er den drahtlosen Telegrafen über eine Distanz von anderthalb Meilen zum Funktionieren bringen. Hertz' Wellen wurden zu Radiowellen umbenannt, und Jahrzehnte später konnten sie über den ganzen Erdball verschickt werden.

Guglielmo Marconi erhielt 1909 zusammen mit dem deutschen Physiker Karl Ferdinand Braun den Nobelpreis für Physik. Sie wurden für »ihren Beitrag zur Entwicklung der drahtlosen Telegrafie« ausgezeichnet.[20]

*

Der Alarm der Agenten der französischen Sicherheitspolizei hatte immer noch keine Reaktion ausgelöst. Das kann an den doppelten Interessen des Kriegsministeriums an der »Affäre Nobel« gelegen haben oder auch daran, dass die Weltausstellung allen Sauerstoff in der Hauptstadt verschlang.

Spezialkommissar Morin allerdings hatte den Fall noch nicht zu den Akten gelegt. Im Sommer 1989 verbrachte er Teile seiner Arbeitszeit am Gare de l'Est mit eingehender Zeitungslektüre. Interessante Notizen schnitt er aus, klebte sie auf ein Papier und schickte sie an seine Vorgesetzten. Am 3. Juli stutzte er. In einer der Pariser Zeitungen stand zu lesen, die deutsche Regierung habe soeben Alfred Nobels rauchfreies Schwarzpulver für die Nutzung freigegeben.

Morin zückte die Schere. Im Folgeschreiben an den höchsten Chef der Sicherheitspolizei drückte er sich so deutlich aus, wie er nur konnte: »[...] wenn diese Information korrekt ist, steht außer jedem Zweifel, dass das neue Pulver, mit dem die Deutschen ausgerüstet wurden, von dem schwedischen Chemiker Nobel mit Beistand eines französischen Ingenieurs, Herrn Fehrenbach, in Sevran-Livry entwickelt, vorbereitet und ausprobiert worden ist, nur wenige Schritte von unserer staatlichen Pulverfabrik entfernt.« Für den Fall, dass dem Chef der Ernst dieser Information entgangen sein sollte, wies Morin auf den Geheimdienstbericht hin, den er im Februar geschickt hatte. Eine Woche später schnitt er auf dieselbe Weise ein kurzes Telegramm aus Sankt Petersburg mit der Information aus, es würde erwartet, dass auch die russische Regierung in Kürze Nobels Pulver freigeben würde.[21]

Die Wahrheit gestaltete sich allerdings nicht ganz so subversiv. In beiden Fällen handelte es sich um für Alfred Nobel vielversprechende Interessensbezeugungen, doch bisher nicht viel mehr. Emanuel Nobel war Anfang Juni überraschend zu einem russischen General in Sankt Petersburg gerufen worden. Von Zar Alexander III. war ein Befehl gekommen, so schnell wie möglich für die russische Armee rauchfreies Schwarzpulver zu besorgen. Auf direkte Aufforderung hin hatte Alfred deshalb zwei Kilo Ballistit zusammen mit Fehrenbach an den russischen Militärattaché in Paris geschickt. In Deutschland verhielt es sich mit der Sache womöglich noch komplizierter.[22]

Für Spezialkommissar Morin hingegen waren zwei fremde Länder zwei zu viel. Und es sollten noch mehr werden. Anfang August 1889 gelang es Alfred Nobel schließlich, seinen allerersten Liefervertrag für das Ballistit zu unterschreiben, doch weder mit Deutschland noch mit Russland, sondern mit Italien, dem Alliierten des Erzfeindes Bismarck und deshalb in den Augen vieler Franzosen ein mindestens ebenso verhasstes Land. Er verkaufte sogar das Patent.

Da brach die Hölle los. Versah ein französisches Unternehmen den Erzfeind mit einzigartiger Munition? In der Presse wimmelte es von Anklagen, nicht gegen Alfred Nobel persönlich, sondern gegen den lateinischen Dynamit-Trust mit Sitz in Paris. Paul Barbe sah sich genötigt, ein Dementi zu schreiben. »Der Vorstand der *Société Centrale de Dynamite* bedauert, dass gewisse Zeitungen, ohne Fakten zu kontrollieren, abscheuliche Anklagen gegen unser Unternehmen, rauchfreies Schwarzpulver betreffend, empfangen [und verbreitet] haben. Die Wahrheit ist, dass die *Société Centrale de Dynamite* Nobels Patent auf rauchfreies Schwarzpulver nicht besitzt und dass die Gesellschaft niemals in Verhandlungen mit irgendeiner Regierung zum Verkauf dieses Pulvers hat eintreten können noch eingetreten ist.«[23]

Es besaß ja nicht das Unternehmen das Patent, sondern Alfred Nobel.

*

Auf der geschäftlichen Ebene hatte Alfred seinen Neffen Emanuel weiterhin kurzgehalten. Im Hintergrund spukte die Beziehung zum verstorbenen Bruder Ludvig. Er hatte sich vom Sterbebett seines Bruders unter gegenseitigen Zärtlichkeitsbezeugungen entfernt. Doch die Wahrheit war, dass er während des letzten Lebensjahres des Bruders Probleme mit Ludvig gehabt hatte. Ein Jahr nach Ludvigs Tod erzählte er einem der Direktoren des Ölunternehmens, einem begabten Mann, den Alfred hoch achtete, wie es ihm ums Herz war. Er fühlte sich gezwungen, kein Blatt vor den Mund zu nehmen, weil von ihm verlangt worden war, sich mehr in das Ölunternehmen einzubringen, um die Lücke, die Ludvig hinterlassen hatte, zu füllen.

Der Brief war so heikel, dass die Nobelstiftung ihn noch in den 1950er-Jahren als »nicht zum Zitieren geeignet« ansah. So schrieb der unzensierte Alfred Nobel 1889:

»Mein verstorbener Bruder sagte gern, dass er ausschließlich mit Personen verwandt sei, die er mochte. Ohne soweit gehen zu wollen, würde ich doch der Meinung sein, dass Verwandtschaft ohne lange Intimität eine ziemlich imaginäre und konventionelle Größe ist.

Meine Bekanntschaft mit meinem verstorbenen Bruder war sehr äußerlich. Ich muss, vielleicht zu meiner Schande, bekennen, dass er mir fremder war als die meisten Personen, mit denen ich näheren Umgang hatte. Sie können aus diesem Bekenntnis schließen, dass es eigentlich lediglich Großzügigkeit von meiner Seite war, was mich dazu veranlasste, ungeheure Aufopferungen zu unternehmen und mich selbst in bedeutende Zwänge zu begeben, um seine und die mehr als bedrohte Lage seines Unternehmens zu retten. Beliamin [ein anderer Öldirektor] schätzte den Verlust, den ich dadurch erlitten habe, auf 1,5 Millionen Rubel, und wenn man alles zusammenrechnet, nehme ich an, dass er ziemlich richtiglag.

Wäre mir lediglich Undankbarkeit begegnet, dann hätte ich es für natürlich gehalten und mich sogar noch über die Stabilität der Naturgesetze gefreut; doch was ich erfuhr, war weitaus schlimmer als Undank, und außerdem geschahen Eingriffe in meine Rechte, die man kaum benennen kann, aus Angst, dass einem nicht geglaubt würde. Alles das ist vergeben und vergessen, solange es vergessen werden kann, denn für die Erinnerung gibt es keinen Schwamm wie für Griffeltafeln. Doch der Eindruck bleibt und mahnt, alle Arten Geschäftsverhältnisse unter Verwandten auf ein Minimum zu reduzieren.

Aufgrund dieser Ansicht fiel es mir schwer, auch wenn meine Zeit es hergeben und meine Fähigkeiten es erlauben würden, meinem sehr sympathischen, angenehmen und in allem vertrauenerweckenden Neffen zu helfen. Jede Art von Geschäften mit Verwandten schwant mir ein Samen zu ewigem Unbehagen zu sein […].«[24]

Alfred wusste, dass Emanuel sich darüber beklagte, dass er nicht immer als finanzielle Unterstützung dastand, wenn es erforderlich war. Doch es gab Gründe dafür, dass er bis auf Weiteres alle Anfragen ablehnte. Er musste Stellung beziehen.

Seine warmherzigen Gefühle für die Kinder des Bruders in Sankt Petersburg blieben davon allerdings unberührt. Und sie beruhten auf Gegenseitigkeit. Alfred verfolgte von Paris aus, wie Emanuel schuftete, und je länger das ging, desto beeindruckter war er von der Kapazität des Neffen. Der Verkauf verdoppelte sich, der Gewinn wuchs, und im November 1889 entschied die russische Reichsbank, dass dem Namen Emanuel Nobel dieselbe Kreditwürdigkeit gewährt werden sollte wie dereinst dem Ludvig Nobels. Das war eine fantastische Anerkennung (die darüber hinaus schließlich das von Onkel Alfred verpfändete Aktienkapital freigab).

Alfred war stolz wie ein Vater. Das Verhalten der Reichsbank »zeugt sowohl von dem Vertrauen, das der Gesellschaft entgegengebracht wird, und noch mehr von dem, das man dir erweist. Du hast den Karren wie ein wahrer Mann durch die Schwierigkeiten gelenkt, und wie man hier sagt ›a tout seigneur tout honneur‹ [Ehre, wem Ehre gebührt]«, schrieb er an Emanuel.[25]

Im Grunde genommen hatte er dasselbe Vertrauen. Alfred sollte das Ölunternehmen niemals aufgeben. Und er sollte niemals weder

Emanuel noch seine vielen Geschwister oder deren Cousins und Cousinen, Roberts Kinder, aus seinen Gedanken lassen. Sie gehörten zum Liebsten, was er besaß.

*

Alfred Nobel fühlte sich ausgeschlossen, missverstanden, betrogen und ungeliebt. Die Angriffe in der Presse gegen das italienische Schwarzpulvergeschäft hatten ihm schwer zugesetzt, und auch die zärtlichen Töne, die für eine kurze Zeit zwischen ihm und Sofie Hess wieder erklungen waren, verstummten. Ihre Freude über die neue Wohnung währte nicht sonderlich lange. Schon bald beklagte sie sich und wollte sich etwas Netteres besorgen, und Alfred ging an die Decke wegen ihres, wie er es nannte, »Schlösserwahns«. »Wie würde sich nur so ein kleines, unselbstständiges, untalentirtes, kaum nothdürftig erzogenes Wesen in einem Palais ausnehmen? [...] Kleine Vögel, wie dick sie auch seien, gehören in kleine Käfiche hinein«, schimpfte er in einem Brief. »Und dann ... kaufen könnte man ja die ganze Welt wenn man nicht zahlen müsste.« Stattdessen sollte Sofie sich mal ein wenig von der Einfachheit aneignen, die sein eigener Leitstern war. »Glaube mir wenn Du nicht in einfacher Weise glücklich sein kannst durch prahlerische Wohnungen gelingt es Dir nicht.«

Er schämte sich auch nicht, ihre jüdische Herkunft zu verhöhnen. »Die Israeliten haben sehr gute Eigenschaften welche ich stets anerkenne aber unter allen eigennützigen und rücksichtslosen Menschen sind sie die eigennützigsten und rücksichtslosesten.« Es geschah nicht besonders häufig, aber in den kommenden Jahren sollten in ein paar von Alfreds Wutausbrüchen antisemitische Töne vorkommen. »... denn meiner Erfahrung nach thut ein Israelit nie etwas aus Güte, sondern nur aus Eigennutz oder Prahlsucht«, konnte er an Sofie schreiben, wenn er empört war. Glaubte sie im Ernst, dass er vorhabe, weiterhin »eine große jüdische Gemeinde und noch außerdem Stritzis [Spitzbuben] zu versorgen?«[26]

Alfred Nobel war nun nicht der Einzige, der sogar im Alltag Begriffe wie »Judenzins« und »Judenbankiers« benutzte.

*

War der aufgeklärte Alfred Nobel Antisemit? Dieser Frage muss nachgegangen werden, weil es in Briefen, vor allem zwischen den Brüdern, eine Reihe von Aussprüchen gibt, die im Druck wiederzugeben ich gezögert habe. Hierher gehören die zahlreichen Ausfälle Ludvigs gegen die »Juden« Rothschild in der Ölindustrie und zum Beispiel Roberts Brief an den Sohn Hjalmar 1886: »Je mehr man die Juden kennenlernt, desto weiter will man von ihnen weg; nicht umsonst werden sie als Ungeziefer angesehen.« Und hierher gehört auch Alfreds Art, wieder und wieder Sofie als Trägerin minderwertiger »israelitischer« Eigenschaften zu beschimpfen. Ich habe auch einen Brief gefunden, in dem Alfred schreibt, dass »Unser Herr« wohl »eine Vorliebe für die Juden hatte«, weil sie »den Tieren am nächsten« stünden. Auch wenn er dann hinzufügte: »Dies ist möglicherweise gar nicht meine Meinung, aber ich schreibe es, um Roberts judenhassendes Herz zu erfreuen.«[27]

Die antisemitischen Bemerkungen sind nicht zahlreich. Obwohl ich den größeren Teil der Zehntausenden von erhaltenen Briefkopien von Alfred Nobel durchgeschaut habe, habe ich doch nicht mehr als ungefähr zwanzig gefunden. Eine ist schon zu viel, aber wie soll man das interpretieren?

Ich rufe den Historiker Lars Andersson von der Universität Uppsala an, der seine Doktorarbeit über antisemitische Stereotype jener Zeit geschrieben hat. Lars Andersson ist nicht großartig schockiert, als ich die Zitate vorlese. Er erklärt, dass antisemitische Aussprüche, über die wir heute stolpern – so wie zum Beispiel die der Brüder Nobel –, in den 1890er-Jahren keineswegs dasselbe Gewicht hatten.

»Es gehörte zum Normalen. Es gab einen selbstverständlichen Salonantisemitismus, in dessen Zug man ziemlich viel sagen konnte, ohne dass es als kontrovers betrachtet wurde. Selbst Liberale und Sozialdemokraten konnten grobe antisemitische Kommentare äußern, ja und das bis in die 1920er-Jahre hinein. Erst als der Nationalsozialismus sich breitzumachen begann, wurde das unmöglich.«

Laut Lars Andersson wählten die führenden Juden in dieser Zeit meist die Strategie zu schweigen und zu leiden. Manchmal bekamen sie sogar Briefe mit antisemitischen Kommentaren von Freunden und Kollegen, ohne dass dies als problematisch angesehen wurde oder zu einem Grund wurde, den Kontakt abzubrechen.

»Natürlich ist es ungeheuer seltsam, dass so viele der herausragenden Personen dieser Zeit, die in allen anderen Dingen originell und selbstständig waren, sich in der Wahl ihrer Feindbilder so extrem konventionell und gedankenlos verhielten.«

*

Kurz zuvor im selben Jahr hatte Alfred das zweifelhafte Vergnügen gehabt, einen weiteren von Sofies Liebhabern kennenzulernen. Er nannte ihn »Hebentanz No. II«, nach dem ersten. Diesmal gestand Sofie. Schriftlich. Alfred war außer sich. »Warum hast Du auch zu der hässlichen alles verdeutenden Lüge gegriffen statt mir dem gegen alle wohlwollenden offen alles zu sagen. Ich werfe Dir nichts anderes vor als diese ewige hässliche Lüge und dass Du stets mit raffiniertestes Teuflichkeit gesucht hast mich der Lächerlichkeit auszusetzen.« Dass sie zu allem Überfluss den Liebhaber Alfred vorgestellt hatte, »[...] deutet auf eine so niedere Gesinnung dass es mir mitunter weh thut um was ich für Dich gethan«.[28]

Im Laufe des Herbstes sank Alfred Nobels Stimmung in nachtschwarze Dunkelheit. Seine Güte und sein Langmut wurden wieder und wieder ausgenutzt – die Menschen schienen nachgerade darin zu wetteifern, ihm »das Leben zu vergiften«. Wenn Alfred an die Zukunft dachte, empfand er hauptsächlich Gleichgültigkeit. Nichts, was ihn zukünftig ereilen würde, konnte schlimmer sein als das, was schon geschehen war. »Bald wird man mich nicht mehr wundern können, denn ich lebe so einsam, dass sogar das Gerede unbewusst an mir vorübergeht«, schreibt er im September 1889 an Sofie. »Und nur im letzten Schlaf werde ich gereinigt werden von aller Schmiererei die man mir so unschuldig angeklebt hat.«[29]

Er hatte das Testamentsformular nicht vergessen. Der Anwalt, der es schickte, hatte ihm empfohlen, doch die Stockholmer Hochschule nicht zu vergessen, die gerade zehn Jahre alt geworden war. Alfred hatte versprochen, es zu erwägen. Ansonsten war überhaupt nichts selbstverständlich. Er kannte nur einen einzigen Menschen, der ihn wirklich liebte, und zwar so sehr, dass ihre Augen leuchteten, wenn sie ihn erblickte, so sehr, dass er es kaum begreifen konnte. Mutter Andrietta würde ihn wahrhaftig vermissen, die anderen würden zumeist »nach etwa hinterlassenen Goldstücken« Ausschau halten. In seinen traurigsten Stunden sah Alfred vor sich, wie er sterben würde mit nur »einer alten Dienstseele um mich, der sich dabei die ganze Zeit fragt, ob ich ihm wohl etwas hinterlassen habe«.[30]

Er war froh, diesen Herbst trotz seiner angeschlagenen Gesundheit nach Stockholm fahren und Andriettas Geburtstag feiern zu können. Das würde wohl der letzte sein, ehe ihr Lebenslicht für immer erlosch, glaubte er. Im November war es nah daran, dass er noch einmal hinfuhr, obwohl er eigentlich bettlägerig war. Aus Stockholm kam die alarmierende Nachricht, Andrietta sei krank geworden sei, und er hatte schon die Reise vorbereitet, als neue, beruhigende Nachrichten folgten. Andrietta sei »vollends wiederhergestellt«, erfuhr er. Alfred beschloss, sein eigenes Leben nicht unnötig zu riskieren, und blieb in Paris.

In dem zu Beginn des Jahres geschriebenen Testament hatte er eine unkonventionelle Lösung gewählt, die er in einem Brief wie folgt beschreibt: »Übrigens werden die lieben Menschen in dieser Beziehung eine eigenthümliche Enttäuschung erleben und ich freue mich im Voraus über die weiten Augen die sie öffnen werden und die vielen Schimpfworte womit sie die Abwesenheit des Geldes kennzeichnen werden.«

Was sie gesagt hätten und wie sie reagiert hätten, erfuhr die Welt nie, ebenso wenig, auf welche Weise er vorgehen wollte, um »die lieben Menschen« alles Geldes zu berauben. Noch ehe das Jahr 1889 zu Ende war, würde Alfred Nobel verraten, dass sein allererstes Testament nicht mehr existierte.

Er hatte es zerrissen.[31]

KAPITEL 16

Die Waffen nieder!

Ende November 1889 erhielt Alfred Nobel mit der Post ein Buch. Es hieß *Die Waffen nieder!*, und diesmal hatte Bertha von Suttner sich dafür entschieden, aus der Anonymität herauszutreten,, obwohl weibliche Autorennamen angeblich die Leser vergraulten. Alfred freute sich über die Geste, schämte sich aber. Während des vergangenen Jahres hatte er mehrere Briefe von Bertha bekommen, auf die zu antworten er noch nicht geschafft hatte. Das war das unvermeidliche Ergebnis eines chaotischen Alltags und einer ständig wachsenden Menge an Post. Inzwischen bekam er manchmal über fünfzig Briefe täglich.

Diesmal antwortete er postwendend und mit, wie es scheint, einem Augenzwinkern: »*Die Waffen nieder!* Das ist also der Titel Ihres neuen Romans, den zu lesen ich sehr neugierig bin. Aber Sie bitten mich, dafür Werbung zu machen: ist das nicht ein wenig grausam, denn was haben Sie sich denn gedacht, wo ich mein Schwarzpulver in einer Welt des universalen Friedens absetzen soll?«

Dann scherzte er weiter mit Vorschlägen für andere notwendige Aufräumarbeiten, für die Bertha sich gut auch engagieren könnte: Nieder mit dem Elend, nieder mit alten Vorurteilen, nieder mit alten Religionen, Ungerechtigkeiten und Scham!

Alfred Nobel hegte Hochachtung für Bertha von Suttner, und das beruhte auf Gegenseitigkeit. Unzählige Male hatte sie versucht, ihn auf Schloss Harmannsdorf einzuladen, wo sie mit ihrem Arthur lebte. Bisher war Alfred nicht aufgetaucht. Doch das, so beteuerte er jetzt, läge nicht am mangelnden Willen. Vielmehr würde er ungeheuer gern hinreisen, nur um ihre Hände drücken zu können und ihr dafür zu danken, dass sie sich immer noch an ihn erinnerte. »Doch die Freiheit ist für mich ebenso unerreichbar wie der Eiffelturm; ich sehe sie beide […], und um dorthin zu kommen, benötigt man sowohl Zeit wie auch Flügel.«[1]

Leider sollte es dauern, ehe er es schaffte, Bertha von Suttners Buch zu lesen. Alfred war eine tragische Fehleinschätzung unterlaufen, als er einige Wochen zuvor davon Abstand nahm, seine kranke Mutter zu besuchen. Die Formulierung »vollends wiederhergestellt« konnte nicht mit derselben Sicherheit aufgefasst werden, wenn die Schwerkranke sechsundachtzig Jahre alt war. Das hätte ihm klar sein müssen.

Am Samstag, dem 7. Dezember 1889, starb Alfred Nobels Mutter Andrietta, bis zuletzt im Vollbesitz ihrer geistigen Kräfte, still in ihrer Wohnung auf der Hamngatan in Stockholm. Alfred machte sich überstürzt auf den Weg ins winterdunkle Schweden, wo die Zeitungen auf den Todesfall und die berühmten Trauernden aufmerksam machten. »Noch selten hat es wohl ein besseres Verhältnis zwischen Mutter und Söhnen gegeben, als dies hier der Fall war«, stellte *Dagens Nyheter* fest.[2]

Stockholm war von Nebel und Schneeregen heimgesucht worden. Am Tag der Beerdigung wurde der blumengeschmückte Sarg von Roberts und Alfreds Mutter in die Jacobs Kyrka gebracht, nur einen Katzensprung von der Schule entfernt, die sie als Kinder besucht hatten. Ironie des Schicksals war, dass die Presse ein weiteres Mal verwechselte, welcher der Brüder noch lebte. Dort hieß es nun, der (verstorbene) Ludvig sei es gewesen, der an Roberts Seite in der großen Prozession gegangen sei. Eine Berichtigung erfolgte nie.[3]

Ein trauernder Alfred Nobel schrieb auf der Rückreise an Bertha von Suttner: »Ich komme aus Stockholm, wo ich einen letzten Abschied von meiner armen, lieben Mutter genommen habe, die mich auf eine Weise liebte, die es heute nicht mehr gibt, da die Eile des Lebens unsere Gefühle zerschlagen hat.« Er stieg in einem Hotel in Berlin ab und verbrachte den Weihnachtsabend allein auf seinem Zimmer, »nicht unähnlich dem unverzichtbaren Kaminbesorger und Hotelaufpasser«.

In Paris wuchs der Poststapel immer höher. Dort lag ein Dankesbrief von Sofies Vater für die schönen Weihnachtsgeschenke, die Alfred an Sofies Neffen und Nichten geschickt hatte. Bald landeten dort auch einige begeisterte Zeilen vom Freund Alarik Liedbeck, der berichten konnte, dass der Sohn Pehr von nichts anderem sprach als von dem Dampfschiff, das Alfred ihm geschenkt hatte. »Mein lieber Freund! Solche Geschenke sind doch viel zu großartig für unseren einfachen Jungen [...] Danke für deine überbordende Güte gegen ihn!«

Die Schriftstellerin und Salongastgeberin Juliette Adam hatte einen, wie gewöhnlich in ihrer schwer lesbaren, netten Handschrift verfassten, Kondolenzbrief geschickt. »Noch ein Trauerfall, lieber Monsieur, welchen Prüfungen Sie ausgesetzt sind. Ich selbst habe alle die Meinen verloren. Ich habe niemand anders mehr als meine Kinder, nicht einen einzigen Verwandten, und ich weiß, was Trauer bedeutet. Meine wärmste Anteilnahme in Ihrer großen Betrübnis.«[4]

*

Das Erbe von Andrietta musste verteilt werden. Das Einzige, was Alfred haben wollte, war das Porträt, das Anders Zorn gemalt hatte, und einige der Geschenke, die er aus Paris geschickt hatte – eine Uhr, ein silberner Korb, das Armband mit seinem doppelten Porträt und die Porzellankanne mit Monogramm. Er erinnerte sich auch an die Auszeichnung von der Schwedischen Akademie der Wissenschaften, die er sich 1861 mit seinem Vater teilen musste. »Die Letterstedtska-Medaille könnte auch mir zufallen. Ich verstehe die Absicht meiner Mutter mit der Aufschrift, sie gehöre Alfred Nobel, sehr gut. Meine Mutter wusste von vielem, was der Außenwelt unbekannt war«, schrieb er an seinen Cousin Adolf Ahlsell, der sich um die Haushaltsauflösung kümmerte.

Geld wollte er nicht behalten, obwohl das meiste des recht ansehnlichen Vermögens seiner Mutter von ihm stammte. Jedoch wollte er entscheiden, wie sein Drittel des Erbes eingesetzt werden sollte. Zuallererst dachte er an einen Wohltätigkeitsfonds im Namen von Andrietta Nobel. Ansonsten gab es viele Verwandte und Freunde, die etwas Geld gebrauchen konnten. Ludvigs vaterlose Kinder würden ja selbst erben, aber Roberts Sprösslinge würden leer ausgehen. Sie waren insgesamt finanziell nicht so gut gestellt. Alfred wollte gerne jedem der vier – Hjalmar (sechsundzwanzig), Ingeborg (vierundzwanzig), Ludvig (einundzwanzig) und Thyra (siebzehn) eine größere Summe davon geben. Doch zunächst war er gezwungen, seinen Bruder zu konsultieren, was immer riskant war. Beim ersten Treffen in Sachen Haushaltsauflösung war der hitzige Robert streitlustig gewesen. So war er nun einmal. Alfred mochte ihn trotzdem sehr.[5]

Robert war jetzt einundsechzig Jahre alt. Seit einigen Jahren gehörte ihm der Hof Getå am Bråviken vor Norrköping, wohin er sich zurückgezogen hatte. Dort arbeitete er an einigen eigenen Patenten, kümmerte sich aber hauptsächlich um den Besitz. Er legte neue Wege an, baute sieben (!) Gewächshäuser und einen Pavillon mit fantastischer Aussicht über das Wasser, »sicher eine der schönsten in Mittelschweden«, nach einem lokalhistorischen Werk. Im Ort wurde er als fast scheu angesehen und lief unter dem Namen »der arme Nobel«.[6]

Die Brüder hatten nicht so engen Kontakt wie früher. Alfred hatte nicht die Zeit, und Roberts zunehmende Gesundheitsprobleme ließen ihn von längeren Reisen ganz Abstand nehmen. Außerdem konnte er nicht mehr allzu gut sehen. Doch kürzlich hatte Alfred das Dampfschiff nach Getå genommen, um seinen Bruder zu besuchen, und in ihren Briefen verliehen sie auch ab und zu ihrer gemeinsamen Sorge um das Ölunternehmen in Russland Ausdruck. Robert schien über den Stand der Dinge empörter zu sein, obwohl sein restlicher Anteil im Vergleich mit dem von Alfred verschwindend klein war.[7]

Alfreds Initiative mit dem Erbe fiel auf guten Boden. »Danke, lieber Bruder Alfred, für deine Schenkungen an meine Kinder, die du damit überglücklich machst«, schrieb Robert in seiner Antwort. Er habe selbst den Gedanken gehabt, fügte er hinzu, doch leider fiel es ihm schwer, sich von seinem »kleinen Kapital« zu trennen. Doch, so der Bruder, gäbe es einen Haken mit Alfreds Geschenk. »Ich versuche auf jede Art, sie an Sparsamkeit und Einfachheit zu gewöhnen, das Einzige, was einen Menschen unabhängig machen kann – oder zumindest weniger zum Sklaven seiner eigenen wirtschaftlichen Gewohnheiten. Wenn sie nun frei über das Kapital, das du ihnen überlässt, verfügen können, dann werden die entgegengesetzten Gefühle auf eine harte Probe gestellt.« Deshalb schlug Robert vor, die Kinder sollten das Geld irgendwo zu einem jährlichen Zins einzahlen.

Was sollten sie mit dem Familiengrab machen? Alfred wollte einen Erinnerungsstein – »schön, aber nicht prätentiös oder protzig« und »ohne mystische Symbole« – errichten. Das Porträt der Mutter, des Vaters und des Bruders Emil sollten in kleinen Medaillons eingefügt werden, und »aus symmetrischen Gründen« sollte man Platz für »den, der als Nächster dorthin kommt, ich meine, für meine alte wurmzerfressene Wenigkeit« freihalten. Er wollte am liebsten kein Porträt für sich, denn es wäre »nachgerade jämmerlich, etwas oder jemand in der buntscheckigen Ansammlung von 1400 Millionen zweibeinigen entschweiften Mitaffen zu sein, die auf unserem herumsausenden Erdprojektil herumlaufen. Amen.«[8]

Es endete damit, dass die Idee mit dem Porträt insgesamt verworfen wurde.

Robert setzte durch, dass Andriettas bewegliche Habe an den Meistbietenden verkauft werden sollte. Alfred gefiel der Gedanke nicht, doch bald wurde für eine Hausauktion in der Hamngatan 20 annonciert. Alles wurde versteigert, von Zuckerzangen über persische Teppiche bis hin zu Boudoirspiegeln und einem Doppelbett aus Mahagoni im Imperialstil.[9]

Das Gerücht von dem Erbe verbreitete sich. Ein Professor für Mathematik an der Stockholmer Hochschule (heute Universität Stockholm) meldete sich bei Alfred Nobel. Er hieß Gösta Mittag-Leffler und flehte nun Alfreds »bekanntes Interesse für die mechanischen und mathematischen Wissenschaften« und wahrscheinlich noch mehr seine Brieftasche an. Die Sache war die, dass es der Hochschule gelungen war, ein einzigartiges mathematisches Talent aus Sankt Petersburg, die wohlbekannte Sonja Kowalewskaja, zu gewinnen. Nun hatte Kowalewskaja ein neues gutes Angebot ihrer Heimatstadt erhalten, was sie offenbar annehmen wollte. »Für Schweden wäre es ein sehr großer Verlust, wenn sie uns nun verlassen würde«, schrieb Mittag-Leffler. Wenn Nobel sich vorstellen könne, zu einer würdigen Professur an der Stockholmer Hochschule beizutragen, würde sie sicherlich bleiben.

Alfred antwortete aus Paris und erwähnte seine Pläne für einen Wohltätigkeitsfonds. Der würde jedoch den Namen seiner Mutter tragen und deshalb in seinen Inhalten ihren und nicht seinen bevorzugten Interessen folgen. Mathematikprofessuren gehörten nicht dazu. Auch hatte Alfred noch andere Einwände. »Ich glaube, dass Frau Kowalewskaja, die persönlich zu kennen ich die große Ehre habe, besser nach Petersburg als nach Stockholm passt«, schrieb er. »Frauenzimmer finden in Russland einen weiteren Horizont, und Vorurteile – dieser europäische Sauerteig – sind dort auf ein Minimum reduziert. Frau Kowalewskaja ist nicht nur eine ausgezeichnete Mathematikerin, sondern darüber hinaus eine äußerst begabte und sympathische Persönlichkeit, der man gerne wünscht, nicht mit gestutzten Flügeln in einem begrenzten Käfig sitzen zu müssen.«

Nach einiger Zeit verbreitete sich das Gerücht, dass Mittag-Leffler und Nobel um das Herz von Sonja Kowalewskaja buhlen würden. Es wurde behauptet, diese Rivalität sei der Grund dafür, dass Nobel der Mathematik an der Stockholmer Hochschule gegenüber so geizig gewesen sei (und später auch, warum der Mathematik kein Nobelpreis verehrt wurde). Doch wenn man Mittag-Lefflers Biografen Arild Stubhaug glauben kann, war dies nicht der Fall. Mittag-Leffler und Nobel pflegten unterschiedliche Auffassungen über die beste Wahl der Laufbahn für

Kowalewskaja, doch von einem Dreiecksdrama konnte keine Rede sein. Sie waren nur zufällig zwei Männer mit einer für ihre Zeit ungewöhnlich hohen Wertschätzung der intellektuellen Kapazität von Frauen.[10]

Nicht von allen Frauen, sollte man vielleicht hinzufügen.

*

Nach der Geschichte mit dem neuen Liebhaber hatte Alfred Nobel Sofie Hess klargemacht, dass ihr Verhältnis »wohl« abgeschlossen sei. Er stellte harte Bedingungen. Wenn sie sich treffen sollten, dann müsse es in Zukunft an einem neutralen Ort, nicht in Wien, geschehen. Doch Alfreds unstete Haltung war fast pathologischer Art. Einige Monate später reiste er trotzdem hin und scheint den Besuch zudem genossen zu haben, er dankte ihr dafür, sich wirklich ausgeruht zu haben. Sofie hatte eine Wohnung gemietet (die Alfred bezahlte). Die war viel zu groß, doch hinterher würde Alfred sie dennoch dafür loben, wie praktisch und nett sie das geregelt hatte. »Was da hauptsächlich noch mangelt, das wäre zwei Ehemänner – einen für Dich und einer für die Bella [den Hund]«, schrieb er hinterher, wie um die Distanz aufrechtzuerhalten.

Alfred hatte Bertha von Suttners Roman *Die Waffen nieder!* mitgenommen. Im Orientexpress zurück nach Paris konnte er endlich ungestört darin lesen. Er wurde in Suttners detailreiche Darstellung der Schrecken und Leiden des Krieges hineingezogen, die durch stark berührende Szenen vom Dänisch-Preußischen und dem Französisch-Deutschen Krieg verstärkt wurden. Sicherlich hat er über ihr Gedicht vom Wechselgesang der Großmächte gelächelt:

Meine Rüstung ist die defensive,
Deine Rüstung ist die offensive,
Ich muß rüsten, weil du rüstest,
Weil du rüstest, rüste ich,
Also rüsten wir,
Rüsten wir nur immer zu.

Im Schlussplädoyer der Hauptfigur Martha sprach Berthas Stimme. Es ging beim Appell darum, dass man Friedenskämpfer bräuchte, »welche die Menschheit aus dem langen Schlaf der Barbarei erwecken wollen und tatkräftig, zielbewußt sich zusammenscharen, um die *weiße Fahne* aufzupflanzen. Ihr Schlachtruf ist: ›Krieg dem Kriege‹, ihr Losungswort – das einzige Wort, welches noch imstande wäre, das dem Ruin entgegenrüstende Europa zu erlösen – heißt: ›Die Waffen nieder!‹«[11]

Alfred war, als er nach Hause kam, immer noch angeregt von der Lektüre. Anfang April 1890 ging seine Reaktion per Post an das Schloss Harmannsdorf in Österreich ab:

Liebe Baronin und Freundin!
Ich habe eben die Lektüre Ihres bewundernswerten Meisterwerks beendet. Es gibt angeblich 2000 Sprachen – das wären 1999 zu viel –, aber sicher ist, dass es keine gibt, in die Ihre ausgezeichnete Arbeit nicht übersetzt und dann gelesen und bedacht werden darf.

Wie lange Zeit haben sie gebraucht, dieses Wunderwerk zu erschaffen? Das dürfen sie mir erzählen, wenn ich die Ehre und das Glück habe, Ihre Hand zu drücken – die Hand dieser mutigen Amazone, die so tapfer einen Krieg gegen den Krieg führt.

Dennoch liegen Sie falsch, wenn sie rufen »die Waffen nieder«, denn Sie benutzen Sie ja selbst, und ihre Waffen – der Charme ihres Stils und die Größe ihre Ideen – werden viel weiter führen als Gewehre, --- [Kanonen] und alle anderen Werkzeuge der Hölle.

Yours forever and more than ever
A. Nobel[12]

*

Während Alfred Nobels Reise nach Wien hatte das französische Innenministerium wieder seine Waffen gegen den seltsamen Schweden entsichert, dessen Schießübungen und Schwarzpulverherstellung vor den Toren von Paris im Jahr zuvor Anlass so vieler Verdächtigungen gewesen waren. Laut einem Telegramm hatte die Nobelfabrik in Italien (Avigliana) eine Bestellung der italienischen Regierung über 450 000 Kilo Ballistit erhalten. Alfreds Kompagnon Paul Barbe wurde mit neuen Fragen unter Druck gesetzt. Produzierte sein Dynamitkonsortium *Société Centrale de Dynamite* rauchfreies Schwarzpulver für die Frankreich feindlich gegenüberstehende Dreifachallianz (Deutschland, Österreich-Ungarn und Italien)? Die italienische Nobelfabrik gehörte schließlich zu seinem Trust.

Barbe duckte sich weg. Die Anfeindungen in der Presse wurden immer schärfer. »Was soll man von Herrn Alfred Nobel glauben, ausländischer Chemiker – hospes hostis [feindlicher Gast] sagt die antike Maxime – von uns beschützt, mit Fürsorge und Sympathien überhäuft, zum Offizier der Ehrenlegion ernannt? Was soll man glauben von seinen französischen Deputierten [Paul Barbe und seinen Vorstandsvorsitzenden] […], die in aller Ruhe im Schatten unserer Schwarzpulverfabrik in Sevran ihr rauchfreies Schwarzpulver studieren, dasselbe rauchfreie Schwarzpulver, das in diesem Moment bereits die Gewehre befüllt und sie über eine Vertragslaufzeit von zwölf Jahren […] auch weiterhin befüllen wird, die gegen uns gerichtet werden?«, schrieb ein empörter Journalist in der republikanischen *Le Radical*.[13]

Einige Tage später kamen Informationen über eine größere Lieferung von Projektilen an den Bahnhof in Sevran. Adressat: Alfred Nobel. In der Sicherheitsabteilung des Innenministeriums holte man seine Personenakte hervor und wischte den Staub von den Geheimdienstberichten des vorangegangenen Jahres. Es sah so aus, als ob Nobel eine größere Schießanlage habe, und das immer noch ohne Genehmigung? Jetzt ging es schneller. Der Innenminister ermahnte den Präfekten der Region, unmittelbar einzugreifen und Nobel zu befehlen, mit seinen Sprengstoffen und Waffen Schluss zu machen. Der Präfekt sollte nicht zögern, »einen offiziellen Bericht gegen den Verbrecher auszustellen«.

Der Präfekt gehorchte. In einem Empfehlungsschreiben drohte er Nobel mit rechtlichen Maßnahmen, wenn die Tätigkeit nicht augenblicklich eingestellt würde.[14]

Alfred Nobel, der gerade noch neue Schwarzpulverproben an das französische Verteidigungsministerium geschickt hatte, war ebenso schockiert wie erstaunt. Er riss sich zusammen und schrieb eine Antwort. Höflich erklärte er, dass er in Sevran keineswegs Sprengstoffe produziere, sondern ein Forschungslabor unterhielte, in dem nur äußerst kleine Mengen verwendet wurden. Wie war es möglich, dass diese seine Forschung plötzlich als nicht mehr erlaubt angesehen wurde? Der Verteidigungsminister selbst habe schließlich Proben bei ihm bestellt, und das Verteidigungsministerium habe zudem die Freundlichkeit besessen, einen Teil der Rohware dazu zu liefern. Die Waffen, die er besäße, habe er im Übrigen in einem Geschäft in Paris gekauft, und da habe er nun wirklich nicht wissen können, dass das verboten sei, fuhr er ironisch fort.

Doch, so Alfred Nobel, würde er sich natürlich nach dem Befehl des Präfekten richten und umgehend seine wissenschaftlichen Studien beenden. Selbstverständlich würde er um Erlaubnis ersuchen. Wenn er die nicht bekäme, so bitte er um freies Geleit, seine gesamte Ausrüstung ins Ausland umzuziehen.[15]

Die Panik, die ihn ergriffen hatte, offenbarte Alfred nur den Nächsten in seiner Umgebung. Die schmerzhafte Wahrheit war ja, dass ihm zwei Jahre Gefängnis drohten. Außerdem war die Rede von einer Hausdurchsuchung gewesen. Die Polizei konnte – in Sevran wie in Paris – jeden Moment auftauchen. Was würden sie finden? Alfred schrieb vertraulich an seinen Freund Alarik Liedbeck in Stockholm. Er besaß Dokumente, die heikel sein könnten, wenn die Polizei sie in die Hände bekam, zum Beispiel der Bescheid der englischen Regierung über die Versendung von Gewehren. Dürfte er die bei Alarik deponieren?

Die nächsten Tage sollte Alfred damit verbringen, »jede Spur von explosivem Stoff zu vernichten und [...] Waffen zu zerstören, darunter sogar den Mörser für die Dynamit-Erprobung«.[16]

Als Kriegsminister Charles de Freycinet kurz darauf über das Eingreifen in Sevran informiert wurde, versuchte er den Ernst der behaupteten Verbrechen Nobels abzuschwächen. Kein Wunder, denn er wusste ja sehr wohl davon. Selbst sah er »nicht das geringste Problem« mit Nobels Forschung, schrieb er an das Innenministerium. Doch habe es wohl ein Ausmaß angenommen, weswegen der Schwede sich die notwendigen Genehmigungen besorgen müsse, meinte Freycinet. Letzteres war gleichbedeutend mit einem geflüsterten: Lass es sein! Denn die Bedingungen für eine Produktionsgenehmigung auf Nobels Gelände in Sevran waren im Prinzip unmöglich zu erfüllen.[17]

Am Dienstag, dem 13. Mai, brach in der Dynamitfabrik in Avigliana ein Brand aus. Dreiundzwanzig Menschen kamen ums Leben, und durch den Aufruhr hinterher erfuhr die französische Presse Neues vom Drama in Sevran. Die Nachricht, dass die französische Regierung die Produktion von Nobels rauchfreiem Schwarzpulver verboten hatte, verbreitete sich wie ein Lauffeuer und in so zugespitzter Form, dass Alfred das Hauptkontor der französischen Dynamitgesellschaft bitten musste, ihm keine weiteren Artikel zu schicken. Es ginge ihm schon schlecht genug. Zeitungsreporter seien das schlimmste Ungeziefer, das es gebe, stellte er später fest. »Im Vergleich dazu sind Läuse ein Segen […] könnte man für diese zweibeinigen Pestmikroben ein Ausrottungspulver anschaffen, dann wäre das eine große Wohltat.«[18]

Es kamen sogar fremdenfeindliche Ausfälle gegen Alfred vor. »Herrn Nobel betreffend, was bedeutet das für uns? Schwede […], Preuße, Bayer, wir können keinen Unterschied bei den Fremden machen, die unsere Gastfreundschaft benutzen und missbrauchen!«, meinte ein Autor. Es half nichts, dass Paul Barbe in einem langen Antwortartikel zu erklären versuchte, dass eine Produktion von Sprengstoff nicht verboten werden könnte, weil sie eigentlich niemals existiert habe.[19]

Eine Erkältung zwang Alfred, mehrere Tage an der Avenue Malakoff im Bett zu liegen. Er warf sehnsuchtsvolle Blicke aus dem Fenster, wo der Sommer und das Grün Einzug gehalten hatten. Er sollte außer Landes reisen, vor allen »Gemeinheiten« in den Zeitungen fliehen. Niemand wollte ihn anhören, nicht einmal solche, die die Wahrheit kannten, wie der Kriegsminister und der Direktor der staatlichen

Schwarzpulverfabrik in Sevran. Alfred hatte den schwedischen Envoyé Carl Lewenhaupt gebeten, Kontakt zu dem Direktor aufzunehmen und ihn zu bitten, sich zu den Anklagen gegen Nobel zu äußern. Doch der Direktor weigerte sich, in die Öffentlichkeit zu gehen. Der Kriegsminister hatte klargemacht, dass sie sich nicht in die Pressedebatte einmischen würden.

Alfred wünschte sich weit, weit weg. So schnell wie möglich würde er abreisen, »und wer Paris mit Wonne den Rücken zukehren wird, das bin ich«, schrieb er an Sofie Hess. »[...] es wird sich durch das, was mir hier zugestoßen ist manches anders gestalten.«[20]

Am Ende kam er auch tatsächlich los, auf eine Reise scheinbar ohne Ziel – erst nach Turin, dann nach Wien und von dort wie auf der Flucht nach Dresden. Das vielversprechende Sommergrün hatte sich schnell in immer schlechtes Herbstwetter verwandelt. Alfred fror in seinen dünnen Sommerkleidern, rief aber dennoch Dresden zu seiner Lieblingsstadt aus, so schön und so freundlich. Hier gab es keine französischen Journalisten, keine herumschwirrenden österreichischen Tratschwespen. »Dresden ist auch so eine Art kleines geräuschloses Venedig wo mich niemand kennt und wo ich endlich von dem Strapazen etwas ausruhen konnte«, schrieb er an Sofie.

Er fuhr weiter nach Schweden, musste aber auf halbem Weg umdrehen und wegen der nächsten Krise nach London eilen. »Es handelt sich um eine Schurkerei von ganz unglaublicher Frechheit und welche mir vieles Unheil anstiftet. Ruhe bekomme ich erst im Grabe und auch das wohl nicht, denn ich habe so das Vorgefühl dass man mich lebendig begraben wird.«[21]

*

Alfred hatte schon lange eine wachsende Sorge über Sir Frederick Abels und James Dewars Antrag auf ein Patent für ein eigenes rauchfreies Schwarzpulver, das sie *Cordite* nannten, verspürt. Ihr »neues« Produkt war schließlich in vielerlei Hinsicht eine Kopie von Alfreds

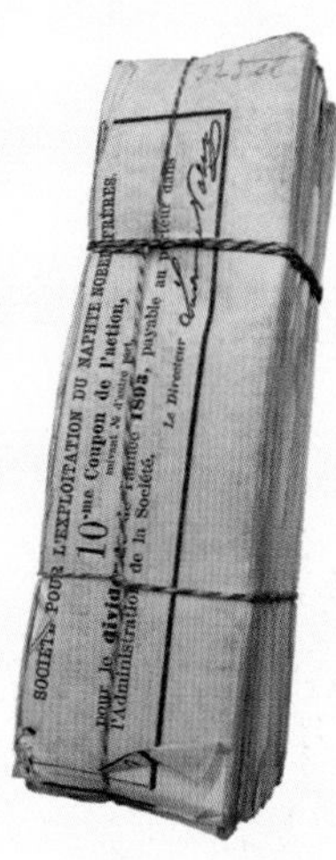

Robert Hjalmar Nobel war Alfreds vier Jahre älterer Bruder. Mitte der 1870er-Jahre kaufte er eine kleine Raffinerie in Baku (unten), die dann zu Russlands größtem Ölunternehmen, Naftabolaget Bröderna Nobel, wurde. Alfred Nobel war ein wichtiger Teilhaber, oben einige seiner Aktiencoupons.

Sofie Hess lebte mondän auf Alfred Nobels Kosten. Alfred schimpfte mit ihr, wenn sie sich Frau Nobel nannte, schickte aber durchaus auch Briefe unter diesem Namen an sie.

Le Président de la République
et Madame Jules Grévy
prient Monsieur
Nobel, Ingénieur
de leur faire l'honneur de venir dîner
au Palais de l'Elysée
le Mardi 6 Avril à 7 heures ½
R.S.V.P.

Oben: Bei der intellektuellen Salongastgeberin und Publizistin Juliette Adam war Alfred Nobel ein steter Gast.
Unten: Anlässlich des Besuchs des Polarforschers Adolf Erik Nordenskiöld in Paris 1880 wurde Nobel zum französischen Präsidenten eingeladen.

Im Frühjahr 1881 kaufte Alfred Nobel einen Herrensitz in Sevran, eine kurze Zugreise östlich von Paris. Dort ließ er ein großes Labor für seine Experimente einrichten. Im Wohnhaus (links) befindet sich heute die Gemeindeverwaltung von Sevran, das Labor (rechts) ist verfallen.

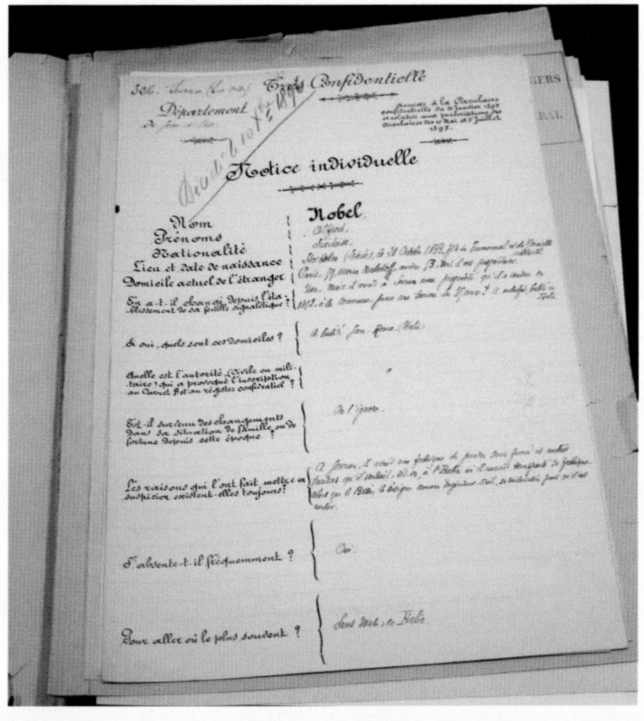

Très Confidentielle

Département

Notice individuelle

Nom	Nobel
Prénoms	Alfred
Nationalité	Suédoise
Lieu et date de naissance	[illegible]
Domicile actuel de l'étranger	Paris [illegible]
En a-t-il changé depuis l'établissement de sa feuille signalétique?	[illegible]
Si oui, quels sont ces domiciles?	[illegible]
Quelle est l'autorité (civile ou militaire) qui a provoqué l'inscription au Carnet B et au registre confidentiel?	
Est-il survenu des changements dans sa situation de famille, ou de fortune depuis cette époque?	On l'ignore.
Les raisons qui l'ont fait mettre en suspicion existent-elles toujours?	[illegible]
S'absente-t-il fréquemment?	Oui.
Pour aller où le plus souvent?	[illegible]

Die Akte der französischen Sicherheitspolizei über Alfred Nobel aus den 1890er-Jahren gehört zu den historischen Funden dieses Buches. Sie fand sich unter den Tausenden französischer Geheimdienstakten, die nach dem Zweiten Weltkrieg in Moskau landeten.

Ludvig Immanuel Nobel war zwei Jahre älter als Alfred und der einzige der Brüder, der bis ans Ende seines Lebens in Russland lebte.

LE FIGARO

Entrevue avec M. Crispi

ration artistique de Pille, Quinsac, Heidbrinck, etc.

HORS PARIS

Un homme qu'on ne pourra que très difficilement faire passer pour un bienfaiteur de l'humanité est mort hier à Cannes.

C'est M. Nobel, inventeur de la dynamite.

M. Nobel était Suédois.

Oben: *Le Figaro* erklärte versehentlich Alfred Nobel im April 1888 für tot, als jedoch sein Bruder Ludvig gestorben war. »Ein Mann, der nur mit großen Schwierigkeiten als ein Wohltäter der Menschheit betrachtet werden kann, starb gestern in Cannes«, schrieb die Zeitung.
Unten: Ludvigs ältester Sohn Emanuel war neunundzwanzig Jahre alt, als er nach dem Tod des Vaters die Verantwortung für das Familienunternehmen schulterte.

Der berühmte schwedische Künstler Anders Zorn malte dieses Porträt in Gouache von Alfred Nobels Mutter Andrietta im Jahr 1886.

»Was haben Sie sich denn gedacht, wo ich mein Schwarzpulver in einer Welt des universalen Friedens absetzen soll?«, schrieb Alfred Nobel augenzwinkernd an Bertha von Suttner, als diese ihm 1889 ein Exemplar ihres Romans *Die Waffen nieder!* schickte. Das Buch war auch namensgebend für ihre Zeitschrift zur Friedensfrage, die sie regelmäßig an Alfred Nobel schickte.

Oben: Im Sommer 1888 nahm der Eiffelturm vor der Weltausstellung in Paris allmählich Gestalt an.
Unten: Zeitgenössisches Straßenbild aus der französischen Hauptstadt.

Im April 1891 kaufte Alfred Nobel die damalige »Villa Patrone« in San Remo mit weitläufigem Grundstück zum Mittelmeer. Hier ist der Erfinder und Artillerist Wilhelm Unge (rechts) bei Nobel auf Arbeitsbesuch.

Während seiner Aufenthalte in San Remo unternahm Alfred Nobel mit seinen russischen Pferden und seiner eleganten Kutsche gern Ausflüge ins Umland. Hier sieht man ihn vor der römischen Brücke in Taggia, zehn Kilometer nordöstlich von San Remo.

Alfred Nobel erhielt von der italienischen Regierung die Erlaubnis, von seinem Grundstück in San Remo aus eine Schießrampe ins Mittelmeer zu errichten. Unten am Wasser baute er zudem ein Badehaus. Ein gut ausgestattetes Labor war auch bald eingerichtet.

Ruhepause im Park der Villa in San Remo. Das Foto könnte aus dem November 1894 stammen, als Alfred Nobel in einem Brief eigens erwähnte, dass er »Frauenzimmerbesuch am Hals« habe – man weiß nicht, von wem.

Oben: Ballistit-Rakete.
Unten: Das Aluminiumboot *Mignon*, das Alfred Nobel 1892 in Zürich bauen ließ und später nach Schweden überführte.

Oben: Roberts Kinder Ludvig, Ingeborg und Hjalmar Nobel standen Alfred Nobel in seinen letzten Lebensjahren nahe.
Unten: Der Herrensitz in Björkborn, den Alfred zusammen mit der Fabrik in Bofors, Värmland, 1894 erwarb.

Der Künstler und Professor an der Kunstakademie Emil Österman malte dieses Porträt von Alfred Nobel im Labor zwanzig Jahre nach dem Tod des Stifters.

1893 stellte Alfred Nobel den damals dreiundzwanzigjährigen Ragnar Sohlman ein, der nach seinem Tod 1896 den Auftrag bekam, zusammen mit Rudolf Lilljequist sein Testamentsverwalter zu werden. Damals war Sohlman erst sechsundzwanzig Jahre alt.

Porträtfoto, das Alfred Nobel 1896 im letzten Sommer in Schweden machen ließ. Auf die Rückseite schrieb er einen Gruß an seinen Mitarbeiter Ragnar Sohlman.

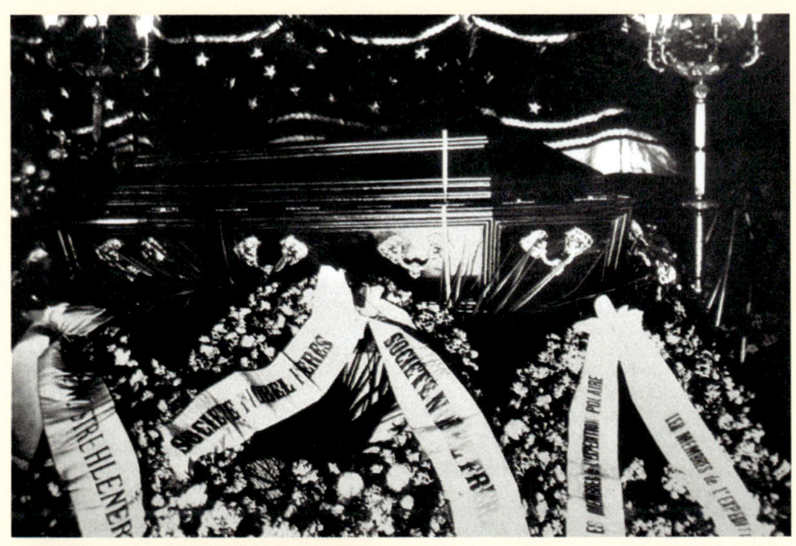

Alfred Nobels Sarg bei der Trauerfeier in der Storkyrkan in Stockholm am 29. Dezember 1896. Unten seine Totenmaske und das Nobelsche Familiengrab auf dem Norra Kyrkogården in Stockholm, wo auch Immanuel, Andrietta und Emil begraben sind. Als Alfred begraben wurde, lag auch Robert dort, dessen Grab aber später verlegt wurde.

N:o 73. År 1897 den 5 Februari uppvist vid vittnesförhör inför Stockholms Rådstufvurätts Sjette Afdelning; betygar ex officio.
Jacob Kinders.

Lösen En krona ant. å prot.

Testament

Jag undertecknad Alfred Bernhard Nobel förklarar härmed efter moget betänkande min yttersta vilja i afseende å den egendom jag vid min död kan efterlemna vara följande:

Mina brorssöner Hjalmar och Ludvig Nobel, söner af min Broder Robert Nobel, erhålla hvardera en summa af Två Hundra Tusen Kronor;

Min Brorson Emmanuel Nobel erhåller Tre Hundra Tusen och min Brorsdotter Mina Nobel Ett Hundra Tusen Kronor;

Min Broder Robert Nobels döttrar Ingeborg och Tyra erhålla hvardera Ett Hundra Tusen Kronor;

Fröken Olga Boettger, för närvarande boende hos Fru Brand, 10 Rue St Florentin i Paris, erhåller Ett Hundra Tusen Francs;

Fru Sofie Kapy von Kapivar, hvars adress är känd af Anglo-Oesterreichische Bank i Wien är berättigad till en lifränta af 6000 Florins Ö.W. som betalas henne af sagde Bank och hvarföre jag i denna Bank deponerat 150,000 Fl. i Ungerska Statspapper.

Herr Alarik Liedbeck, boende 26 Sturegatan, Stockholm, erhåller Ett Hundra Tusen Kronor

Fröken Elise Antun, boende 32 Rue de Lubeck, Paris, är berättigad till en lifränta af Två Tusen Fem Hundra Francs. Dessutom innestår hos mig för närvarande Fyratio åtta Tusen Francs henne tillhörigt Kapital som äfven skall henne återbetalas;

Herr Alfred Hammond, Waterford, Texas, United States, erhåller Tio Tusen Dollars;

Fröknarne Emmy Winkelmann och Marie Win-

[illegible]
Abraham Unger.

Erste Seite von Alfred Nobels Testament, unterzeichnet und bezeugt am 27. November 1895 in der Schwedisch-Norwegischen Gesellschaft in Paris.

Kronprinz Gustaf Adolf überreicht Wilhelm Röntgen den Nobelpreis für Physik anlässlich der Nobelpreisvergabe in der Musikaliska Akademien am 10. Dezember 1901.

Die schwedische Nobel-Medaille wurde von Erik Lindberg entworfen, die norwegische von Gustav Vigeland. Sie wurden erst zur Preisvergabe 1902 fertig. Der lateinische Text: geboren 1833, gestorben 1896.
Die Nobel-Medaille ist eine eingetragene Marke der Nobelstiftung.

Ballistit. Die ganze Geschichte war sehr merkwürdig, denn schließlich hatten sie doch mehrere Jahre im Guten zusammengearbeitet.

Zunächst hatte er versucht, das Problem beiseitezuschieben, weil er nicht sah, wie ihnen das Manöver glücken könnte. Gleichzeitig kannte er so gut wie kaum jemand die vielen Fallgruben der Patentwelt. Das beunruhigte ihn zutiefst. Hatte er irgendwo eine Lücke übersehen? Zuletzt hatten die englischen Professoren klargemacht, sämtliche Geschäftsaktivität müsse in Zukunft nach ihren Bedingungen geschehen. Da war die Stimmung eisig geworden.

Es ist schwer festzumachen, welche »Schurkerei« es genau war, die Alfred Nobel im Juni 1890 nach London rief. Hatte es vielleicht mit dem ersten, jetzt gewährten Cordite-Patent zu tun? Seine britischen »Freunde« hatten unter anderem ein Patent darauf beantragt, dass ihr Schwarzpulver in Stränge, »*cordes*«, gepresst werden sollte und nicht wie das von Alfred in kleine »Makkaroni«. Völliger Quatsch, fand Alfred. Oder ging es um die Produktion selbst, die in einer Fabrik in Waltham Abbey inzwischen in Gang gekommen war? Laut Alfred hatten die Briten darüber hinaus *ihn* der Patentverletzung in den USA bezichtigt.[22]

Wie auch immer war Alfred Nobel auf dem Weg in den anstrengendsten und schlichtweg »infamsten« Patentprozess seines Lebens. Fünf Jahre sollte es dauern, bis er abgeschlossen war.

Die Situation betrübte ihn unendlich. Er suchte Trost in dem viel besprochenen Science-Fiction-Roman *Looking Backward* des Amerikaners Edward Bellamy (1888), der sich über hundert Jahre in die Zukunft hinweg abspielt. »Lies Bellamy!«, schrieb Alfred an Emanuel in Sankt Petersburg. Da »wirst du sehen, dass es im Jahr 2000 kein Geld und keine Sorgen mehr gibt und alle zweibeinigen Tiere [in Alfred Nobels Sprache das Wort für Menschen] auf Rosen gebettet sind«.[23]

Doch Alfred Nobel war geläutert. Er besaß eine fast übernatürliche Fähigkeit, sich wieder aufzurappeln und wieder und wieder trotz schlimmen Betrugs und Hindernissen festen Boden unter die Füße zu bekommen. Natürlich half es ihm, zu den wohlhabendsten Personen

Europas zu gehören. Außerdem funktionierte seine sarkastische Haltung als ein wirkungsvoller Panzer gegen die Umwelt. Doch in seinem Innern war er äußerst empfindsam. Und traurig.

Legt man das Tausend-Teile-Puzzle, das Alfred Nobels Leben war, zusammen, dann wird deutlich, dass der doppelte Schlag, den er im Frühjahr und Sommer 1890 versetzt bekam, ein Wendepunkt war. Nicht in dem Sinne, dass er zusammenbrach und aufgab – im Gegenteil. Vielmehr scheint es da und dort gewesen zu sein, als er sich entschied, nicht länger zu warten. Eine sorgenfreie »Goldader« würde sich niemals finden lassen. Wenn er je noch das Ziel seiner Träume erreichen wollte, dann konnte er sich nicht von elenden Geschäftsstreitigkeiten und politischen Intrigen ruinieren lassen. Nein, er musste hier und jetzt die Macht über seine Zeit und sein Geld gewinnen. Alfred sehnte sich danach, wirklich etwas zu leisten, jemand zu sein, über den man wegen des großen Nutzens, den er der Menschheit erwiesen hatte, sprach. Er wollte sein Vermögen und seine Hirnkapazität der Wissenschaft widmen.

In einer der ersten Initiativen sammelte er etwas, was einer programmatischen Erklärung gleicht. Der Brief wurde im Juli 1890 geschrieben und ging an den befreundeten Arzt, den Alfred Nobel zuvor schon für eine Forschungszusammenarbeit zum Thema Lungentuberkulose hatte gewinnen wollen. Der Freund hieß Axel Winckler und war Brunnenarzt in Bad Gastein und außerdem ein Sohn eines der Brüder Winckler, mit denen Alfred fünfundzwanzig Jahre zuvor in Hamburg zusammengearbeitet hatte. Alfred Nobel schrieb wie folgt:

»Haben Sie viel Zeit und haben Sie Freude an Forschung rein wissenschaftlicher Natur, also auf dem Gebiet der Physiologie respektive der Medizin? Wenn das der Fall wäre, könnten wir vielleicht eine kleine Association gründen. Medizin und Chemie gehen heute auf eine Weise ineinander über, dass Mediziner und Chemiker eigentlich gemeinsame Sache machen sollten. Hinzu kommt, dass ich unglaublich interessiert an Physiologie und Bakteriologie bin und dass ich hoffe, wenn-

gleich ich Laie bin, doch einige Innovationen vorschlagen zu können. […] Ich verfüge über Mittel, und in meinen Augen hat Geld, solange es reicht, um die Unabhängigkeit zu sichern, nur Wert, wenn es angewendet wird, um die Aufgabe der Wissenschaftler zu erleichtern und ihr zu nutzen.«[24]

Dr. Axel Winckler und seine Frau gehörten zu denen, die regelmäßig kostbare Weihnachtsgeschenke von Alfred Nobel erhielten. Es muss ihm widerstrebt haben, den Mann, den er »den Wohltäter meines Vaters und meiner selbst« nannte, zu enttäuschen. Doch er fühlte sich unzureichend für die große Forschungsaufgabe, die Alfred im Sinn zu haben schien. Zwar besaß er ein Universitätsexamen, doch Bakteriologie und Physiologie beherrschte er überhaupt nicht. Mit dem Studium von Literatur würde er beitragen können, doch nicht mehr, lautete seine Antwort.[25]

In der Zwischenzeit war Alfred nach Stockholm gereist, um den Wohltätigkeitsfonds zu verwirklichen, den er sich für das Erbe der Mutter Andrietta ausgedacht hatte. 100 000 Kronen (heute 6 Millionen Kronen/600 000 Euro) wollte er auszahlen, die Hälfte für das neue Kinderkrankenhaus Samariten und die andere Hälfte an das Karolinska Institutet für »Stipendien oder Beiträge zur experimentellen Medizin oder genauer gesagt der physiologischen Abteilung, für die ich mich sehr interessiere«. Im Brief an Robert erklärte er, warum. Man solle auf Physiologie setzen, »denn es ist besser Krankheiten vorzubeugen, als sie zu heilen«.[26]

*

In Stockholm erreicht Alfred Nobel eine unerwartete Todesnachricht aus Paris. Hinterher erzählten die Kollegen, es sei Paul Barbe den ganzen Tag gut gegangen. Gegen halb vier sei er wie immer mit der Tagespost in der Hand im Büro der Dynamitgesellschaft an der Rue d'Aumale aufgetaucht. Plötzlich sank er in einen Sessel, klagte über Übelkeit und bat um ein Glas Wasser, das er sich übers Gesicht verspritzte. Die Angestellten eilten zu einem Arzt, doch als sie zurückkehrten, war Barbe bereits bewusstlos. Weder Kompressen noch Aderlässe halfen.

Am Dienstagabend, dem 29. Juli 1890, tat der vierundfünfzigjährige Paul Barbe seinen letzten Atemzug.

»Monsieur Barbe starb, wie er immer leben wollte – bei der Arbeit«, sagte der Redner bei der Erinnerungsstunde in der Nationalversammlung. »Er brannte das Lebenslicht von allen Seiten herunter«, schrieb Alfred an Robert, als ihn die Nachricht in Stockholm erreichte.

Alfred schaffte es nicht rechtzeitig nach Paris zurück für die groß angelegte Beerdigung, die mit Ministern und Militärs, Musikkapelle, Fahnenträgern und vielen Tränen in der Kirche Notre-Dame-de-Lorette stattfand. Ein Berg von Blumenkränzen. Fünfhundert Menschen folgten im Anschluss Barbes Sarg zum Friedhof Père Lachaise, und auf den Bürgersteigen verbeugten sich die Passanten respektvoll. Auch mehrere Agenten von der Sicherheitspolizei waren zugegen. »Keine nennenswerten Vorkommnisse«, hieß es hinterher in einem der Polizeiberichte.[27]

Eine erschütterte Vorstandsgruppe trat einige Tage später vor die Presse. Das Führungstrio Gilbert Le Guay, Alfred Naquet und Geo Vian würde gemeinsam das Dynamitunternehmen leiten. Alle wurden sie als besonders respektable französische Mitbürger betrachtet. Gilbert Le Guay und Alfred Naquet waren beide Senatoren. Geo Vian sollte bald als Ersatz für Barbe in die Nationalversammlung gewählt werden. Alfred Nobel war noch Vorstandsmitglied, lehnte aber auch jetzt eine aktive Position in der *Société Centrale de Dynamite* ab. Er hatte sich mit Barbe darauf geeinigt, dass er sich in seinem aktiven Engagement auf den anderen, den britisch-deutschen Trust konzentrieren würde, und so sollte es auch bleiben. Doch er versprach den Franzosen, sie weiter zu unterstützen, wenn das erforderlich wäre.[28]

Le Guay, Naquet und Vian hatten immer noch die Chance, als die loyalen Musketiere der Frontfigur Alfred Nobel in die Geschichte einzugehen. Der respektvolle Ton in manchen der Briefe von Alfred lässt vermuten, dass er hoffte, es würde sich in diese Richtung entwickeln.

*

Roberts vier Kinder waren wie erwartet überglücklich, als sie von Alfreds Geschenk erfuhren. Ihr Onkel hatte die Sache raffiniert gelöst. Nichten und Neffen erhielten je ein Revers über 20 000 Kronen (circa 1,3 Millionen/130 000 Euro heute), Geld, das sie bei Alfred persönlich festgelegt hatten und von dem sie jährlich sechs Prozent Zinsen ausgezahlt bekamen. Das bedeutete 1200 Kronen pro Jahr, eine Summe, die zu jener Zeit den Jahreslohn eines Industriearbeiters überstieg. Nach und nach sollte Alfred zudem die Zinsen nach oben »abrunden«, manchmal um mehr als das Doppelte.[29]

Doch Onkel Alfred tat noch mehr als das. Er übernahm eine besondere Verantwortung für Wohl und Wehe von Roberts Kindern, insbesondere für die Tochter Ingeborg, die sehr zart und nervenschwach war. Sein Heim stand allen erwachsenen Nichten und Neffen offen, und er war in den kommenden Jahren wie eine Art zusätzlicher Vater für sie. Abwechselnd zogen sie zu ihm nach Paris, »spazierten« durch die Stadt, fuhren hinter »den rassigen Pferden vom Onkel« her und versuchten, Französisch zu lernen. In diesem Herbst sollte er Ludvig, der eben das Examen auf der Technischen Hochschule in Stockholm gemacht hatte, zu einer Chemieausbildung in Zürich verhelfen. Sowohl Hjalmar als auch Ludvig waren immer wieder bei Alfred angestellt, und Ingeborg gönnte er eine langwährende Erholungskur im Badeort Arcachon. Alfred steckte ihnen außerdem schöne Geschenke zu, wie zum Beispiel eine goldene Uhr, die Ludvig vor Studienbeginn in Zürich erhielt.[30]

Ab und zu schlossen sich auch Emanuel, Carl und Anna aus Sankt Petersburg an – Ludwigs Kinder aus erster Ehe. Sie hatten auch als Erwachsene noch lange einen engen Kontakt zu Alfred gehabt. Roberts Kinder hingegen lernten ihren Onkel erst jetzt richtig kennen. Sie mochten, was sie von seiner Energie, seiner Begabung und seiner Zärtlichkeit sahen, rieben sich an seinem Ordnungssinn und seiner beherrschten Haltung, genossen aber immer, wenn er weich wurde und lachte oder witzige Ideen hatte. Zwar konnte er übertrieben streng und autoritär sein, vor allem wenn er krank war. Doch in seiner Großzügigkeit gab es eine Wärme, die ihnen nicht entging.[31]

Auch Alfreds Spenden an das Karolinska Institutet und das Kinderkrankenhaus Samariten wurden wohl registriert. Ein Dozent aus Stockholm kam angereist, um den großen Spender in Paris zu treffen. Er war fassungslos, als Alfred ihm den Text über die verschiedenen medizinischen Forschungsprojekte vorlegte, die er gern in Gang bringen wollte. Der Dozent konnte sich nicht erinnern, je einem so intelligenten und interessanten Menschen begegnet zu sein und schon gar nicht jemandem mit so vielen »ebenso originellen wie genialen [...] Ideen auf dem Gebiet der Physiologie«.

Unter anderem wollte der Spender einen jungen Physiologen unterstützen, der an seinen Ideen arbeiten sollte. Der Dozent dachte sofort an seinen frisch berufenen Adepten Jöns (J. E.) Johansson und leitete den Tipp weiter. Alfred Nobel sei »Junggeselle, wohnhaft in Paris und vielfacher Millionär«, schrieb er hinterher begeistert an den achtundzwanzigjährigen Johansson. Außerdem habe Nobel ein ganzes Labor in einem Vorort von Paris, das jetzt leer stand und das er, falls er zusage, zur Verfügung haben würde.[32]

Jöns Johansson kam im Oktober 1890 nach Paris und blieb fünf Monate. Bei dem Auftrag ging es um Bluttransfusionen. Mediziner hatten schon lange versucht, Blut sowohl von Tieren zu Menschen als auch zwischen Menschen zu übertragen. Bisher war das nicht geglückt, was unter anderem daran lag, dass Blut außerhalb des Körpers gerann. Alfred Nobels Idee war, das Blut durch bestimmte Röhrchen zu schicken, um die »Blutkugeln« vor dem Gerinnen zu schützen.

Jöns Johansson durfte die medizinischen Instrumente kaufen, die er benötigte. Von Alfred Nobel kriegte er im Labor von Sevran nicht viel zu sehen, doch arbeitete er mit dem Chemiker Georges Fehrenbach zusammen, der nicht mehr so viel zu tun hatte. Offensichtlich blieb der Erfolg jedoch aus, und als Johansson im Frühjahr eine Stelle am Karolinska Institutet angeboten wurde, kehrte er nach Stockholm zurück.

Es sollte bis 1901 dauern, ehe der Österreicher Karl Landsteiner (ironischerweise ein Cousin von Sofie Hess) entdeckte, dass das Problem mit den Bluttransfusionen daher rührte, dass Menschen verschiedene Blutgruppen haben. Für diese Entdeckung erhielt er 1930 den Nobelpreis für Medizin.

Jöns Johansson sollte später Professor am Karolinska Institutet werden und Vorsitzender des Komitees, das den Nobelpreis in Medizin vergibt.[33]

*

Weihnachten 1890 feierte Alfred Nobel in Paris und zum ersten Mal seit seiner Kindheit wie in einer Familie. Hjalmar, Ludvig und Ingeborg leisteten ihm an der Rue Malakoff Gesellschaft. Sie steckten schwedische Flaggen an seinen prächtigen Weihnachtsbaum, der ansonsten sparsam mit Kerzen und Lametta geschmückt war.

Die Renovierung der Villa war gerade fertiggestellt. Allen Verfolgungen zum Trotz wollte Alfred sie auf keinen Fall verlassen. Er wollte eine feste Adresse in Paris behalten. Wenn es allerdings mit den Sprengstoffen weitergehen sollte, würde er sein Labor ins Ausland verlegen müssen. Eine Zeit lang hatte er an Finspång in Schweden gedacht, wo es eine gute Schießanlage gab, doch nun gingen die Überlegungen in eine andere Richtung. Nach Neujahr reiste Alfred Nobel gen Süden.

Bei einem der neuen Projekte, für die er brannte, ging es um Aluminium. Er hatte bemerkt, wie billig dieser Rohstoff geworden war, und tauschte nun Briefe darüber mit Sofie Hess' Schwager Albert Brunner aus. Brunner hatte Alfred von einer Aluminiumfabrik erzählt, die direkt bei Zürich lag. Konnte man womöglich Gewehre aus Aluminium herstellen? Alfred mochte Albert Brunner, der mit Sofies

Schwester Amalie verheiratet war, und er besuchte das Paar gern, wenn er auf seinen Zugreisen nach Italien vorbeikam.[34]

Dank des Gotthardtunnels, der einst mit Nobels Dynamit möglich geworden war, fiel es nicht schwer, von Zürich nach Italien zu fahren. Außerdem wäre es logisch, das neue Labor in das Land zu legen, das sein Schwarzpulver gekauft hatte. Also reiste Alfred hin, um sich umzusehen. Die italienische Dynamitfabrik lag in Avigliana bei Turin. Wenn man eine Linie von Avigliana direkt nach Süden zog, landete man in San Remo, einer der Perlen der italienischen Riviera. Dorthin, nach San Remo, war Alfred Nobel unterwegs, als ihn der nächste Schlag traf.[35] Die Neuigkeit war schwer zu verkraften: Sofie Hess war schwanger. Vater unbekannt.

Das Gerücht hatte ihn schon kurz vor Neujahr erreicht. Jetzt kam die Bestätigung von Sofie. Zwar hatte er ihr einen Ehemann gewünscht, und gewiss war ihre Beziehung seit Langem schon aus dem Ruder gelaufen. Doch es gab Grenzen. Sie lebte von seinem Geld und gab sich immer wieder als seine Frau aus. Und jetzt erwartete sie ein Kind von einem anderen.

Wie oft war er nicht schon außer sich gewesen? Wie viele Male hatte er nicht seiner Verbitterung und seiner Enttäuschung über die Unzulänglichkeiten ihrer Person Ausdruck verliehen? Trotzdem gingen die Demütigungen weiter. »Du und H … um nicht zu sagen Du und mehrere, habt euch mir gegenüber mit einer Rücksichtslosigkeit und Nichtachtung benommen für welche keine Milderungsgründe zu finden sind und welche nur Menschen mit außerordentlich niedriger Gesinnung fähig sind«, schrieb Alfred an Sofie mit Gruß an den Liebhaber »H«, der, wie er annahm, der Vater war.[36]

Er wurde von Resignation erfasst. An Neujahr stellte Alfred nur lakonisch fest, dass Sofie »auf einem völlig wahnsinnigen Weg gelandet« sei, und beklagte ihren Mangel an Ehrgefühl. »Ein Kind hat man nur dann gerne wenn man den Vater gerne hatte oder doch wenigstens nicht missachten muss.«

Danach verstummte er. Ungewöhnlich lange. Stattdessen schrieb nun Sofie – die ersten erhaltenen Briefe von ihrer Hand seit vielen Jahren: »Oh, mein höchster Wunsch, ein Kind zu bekommen, ist mir völlig verdorben worden durch so viele Vorwürfe und Beleidigungen [...] Ich habe keine Freude im Leben, lieber Alfred, u. Deine Härte in diesem Zuge macht mich ganz krank.«[37]

Alfred antwortete nicht. Sofie flehte ihre Schwester und ihren Schwager, Amalie und Albert Brunner, an. Könnten sie, die auf so gutem Fuß mit Alfred stünden, ihm nicht schreiben und ihn bitten, ihr den Fehltritt zu verzeihen? Sie weigerten sich. »Ich habe es nicht fertiggebracht, denn es war mir zuwider, an Ihr edles, gutes Herz zu appellieren, weil sie sich so schwer vergangen hat, und ein solcher Fehltritt lässt sich nicht entschuldigen«, schrieb Amalie Brunner später an Alfred.

Alfred fuhr weiter nach San Remo. Als ein Notruf kam, dass Sofie große Schulden habe, schickte er nur einen kurzen Brief. »Die beiliegenden Scheine sind Italiener.«[38]

*

Es ist immer noch nicht geklärt, warum Alfred sich dafür entschied, sein Labor nach San Remo zu verlegen. Dass er Italien im Sinn hatte, ist verständlich, aber warum San Remo? Ich habe die Kopien seiner Briefe gründlich gelesen und kann nicht erkennen, dass er, ehe er 1891 dorthin fuhr, seinen Freunden oder seinen Geschäftskontakten gegenüber San Remo ein einziges Mal erwähnt hätte.

Ich starte eine Suchaktion nach »San Remo« in schwedischen Zeitungen während der Jahre, bevor Alfred Nobel seine palastähnliche Villa dort kauft. Wie alle Winternester der Aristokratie an der Riviera scheint die Stadt vor allem für seine Gäste von den Höfen Europas berühmt gewesen zu sein. Noch 1890 ist San Remo in schwedischen Augen vor allem der Ort, an dem Kaiser Friedrich III. von Deutschland 1888 krank wurde und kurz darauf starb. Ich sehe in den Artikeln, dass Eugénie, die Witwe Kaiser Napoleons III., ungefähr zur gleichen Zeit wie Alfred Nobel mit einigen Prinzen im Gefolge dorthin reiste. Im April 1891, als

Alfred den Kaufvertrag unterschrieb, konnte man sie über ihren Stock gebeugt gemächlich den Strand entlangschreiten sehen.

Schwedische Zeitungsleser erfahren, dass San Remos Ärzte zu einer Krisensitzung zusammengerufen wurden, um aus Gründen der Ansteckungsgefahr in den Wintern die Invasion von Tuberkulosekranken zu stoppen. Unter der Rubrik »Das Opfer einer Spielleidenschaft« wird von einem gut gekleideten russischen Adligen berichtet, der sich im Januar 1881 am Strand von San Remo selbst erschossen hat. Aus dem Abschiedsbrief ging hervor, dass der Mann 800 000 Rubel verspielt hatte und nun wollte, dass sein Name für allezeit vergessen würde. Geschah das im nahe gelegenen Monte Carlo? Aber auch San Remo besaß ein Casino, in dem Alfred Nobel bald Mitglied sein würde.

Ein zeitgenössischer Reisejournalist klagt darüber, dass über der Atmosphäre in San Remo etwas »geschäftsmäßig [...] Schweres und Gedrängtes« liege. »Charakteristisch für den Ort ist, dass die meisten, die von dort kommen, über die prächtigen Läden reden, aber nur äußerst wenige von seiner Schönheit. Auf den Hängen, wo die Villa Kaiser Friedrichs einen vorrangigen Platz einnimmt, bläst der Wind milde und rein, doch über der großen Promenade am Meer regnet der Eisenbahnruß.«

Geschäft und Gedränge – das klingt nicht gerade nach einem Paradies für Alfred Nobel. Und doch war es dort, »im Eisenbahnruß« am Strand, wo er im Frühjahr 1891 seine Zelte aufschlug.

Im April 2015 reise ich dorthin. Villa Nobel liegt immer noch hinter ihrem Eisengatter, aber die Straße ist in Corso Felice Cavallotti umbenannt worden. Das Haus liegt inzwischen mitten in der Stadt, nicht wie damals am ländlichen Außenrand. Ich vergleiche es mit den Fotos aus Nobels Zeit. Das Gebäude, das heute ein Museum ist, sieht fast unverändert aus. Derselbe runde Turm, dieselbe schönen arabisch-römisch beeinflussten Details. Man muss die behutsam renovierte Fassade nur bewundern.

Die Salons hallen majestätisch wider. Einige der Möbel stammen angeblich noch aus Nobels Zeit, doch es wird nicht ganz klar, welche.

Ich steige die eleganten Treppen hinauf und hinunter und schätze: Die Villa muss definitiv größer gewesen sein als das inzwischen abgerissene Haus in Paris.

Dennoch begreife ich es erst, als ich eine Tür in den Garten hinaus finde. Und ich verfluche den Reisejournalisten aus den 1890er-Jahren, der die Palmen von San Remo vergaß. Der das azurblaue Wasser, die exotischen Pflanzen, die Apfelsinen, Zitronen und Bananen vergaß. Der die Kamelienbäume und tatsächlich sogar die Blumen vergaß.

Wie konnte er nur die Blumen vergessen?

*

Vermutlich war das Grundstück entscheidend: sechstausend grünende Quadratmeter direkt zum Meer hinab. Villa Patrone, wie die Immobilie hieß, als Alfred sie kaufte, war eine von vielen Luxusvillen mit dazugehörigem Park, die in der Gegend um San Remo errichtet worden waren, seit die Eisenbahn angekommen war und der Wintertourismus zu explodieren begann.

Alfred gab dem Haus den Namen »Mio Nido«, mein Nest, taufte es aber in »Villa Nobel« um, als jemand darauf hinwies, dass ein Nest voraussetzte, dass man zu zweit sei.

Und schon war sein nächstes großes Bau- und Einrichtungsprojekt im Gang. Da er es nicht lassen konnte, sich in die Details einzumischen, nahm das seine Zeit eine ganze Weile in Anspruch. Manche umfassenden Veränderungen mussten erfolgen. Alfred erhielt die Genehmigung, zwei Viadukte über die Eisenbahn zu bauen, deren Trasse das untere Stück des Grundstücks durchschnitt. Auf diese Weise konnte er das Stück Land entlang des Strands auch nutzen. Als er beim Kauf zuschlug, muss er vor seinem inneren Auge schon die lange Schießrampe ins Wasser hinaus gesehen haben und sicherlich auch das Badehaus. Beides sollte rasch verwirklicht werden – die Schießrampe mit Sondergenehmigung der italienischen Regierung. Im Park oberhalb der Eisenbahn wollte er, abgesehen von allen Blumenplantagen, von denen er geträumt hatte, ein Labor und ein Gewächshaus mit großen Glasfenstern errichten. Er beeilte sich, die Zeichnungen in Auftrag zu geben.

Alfred übernahm die Möbel im Wohnhaus, dazu auch den Billardtisch im Erdgeschoss, renovierte aber, wo nötig, bestellte neue Fußböden und ein »Strahlbad« (Dusche). Er kaufte japanische Lampen, japanische Holzmalereien und japanische Bronzestatuetten sowie ein Sofa aus Ebenholz und Perlmutt. Chinesische Vasen und ausgestopfte Tiere – scheinbar wollte Alfred seinen italienischen Salons einen asiatischen Touch verleihen.

Aus Paris wurden achtundzwanzig Gemälde gebracht, darunter ein Carl Larsson und Anders Zorns Porträt von Andrietta. Gasleuchten wurden gegen elektrische ausgewechselt, und der Weinkeller wurde mit mehreren Hundert Flaschen gefüllt. Später würde auch Alfreds Butler aus Paris, Auguste Oswald, mit umziehen.[39]

Im Juli brachte Sofie Hess ein Mädchen zur Welt, das den Namen Margrethe erhielt. Zu dem Zeitpunkt hatte Alfred zögerlich einen gewissen Briefwechsel wieder aufgenommen. Er schrieb sogar, dass er es nicht für ausgeschlossen hielte, zu kommen und sie ein paar Tage zu besuchen.

Die Einrichtungstätigkeiten in San Remo fielen zufällig mit einer deutlichen Abnahme der Dramatik um Alfred Nobels rauchfreies Schwarzpulver in Frankreich zusammen. Deutschland nahm das Ballistit noch nicht an, Russland zögerte weiterhin, England war immer noch ein Rattenloch für ihn, und nicht einmal Schweden sollte in diesem Stadium den Erfinder damit erfreuen, das Pulver für seine Armee einzukaufen.[40]

Das bedeutete allerdings nicht, dass die Großmächte aufgehört hatten aufzurüsten.

*

Die Wandlung des deutschen Reichskanzlers Otto von Bismarck vom Kriegsprovokateur zum außenpolitischen Allianzgründer hatte den großen Krieg fast zwei Jahrzehnte lang von Europa ferngehalten (während Bismarck zu Hause die Sozialisten jagte). Jetzt war er weg von der Macht in Deutschland. Indirekt hatte das mit Kaiser Friedrich III. und seiner schweren Erkrankung in San Remo zu tun. Friedrich III. hatte nur neunundneunzig Tage regieren können, ehe er an Kehlkopfkrebs starb und sein erst neunundzwanzigjähriger Sohn Wilhelm den Thron übernahm. Kaiser Wilhelm II. hatte eine ganz andere Agenda als sowohl sein Vater wie auch sein Großvater und Otto von Bismarck. Und dazu war er auch noch schrecklich launisch.

Wilhelm II. war Bismarcks vorsichtige Allianzen leid. Der geheime Nichtangriffspakt, den der Reichskanzler Ende der 1880er-Jahre mit Russland getroffen hatte, gefiel ihm überhaupt nicht. Wilhelm II. wollte ein starkes, gefürchtetes und aufgerüstetes Deutschland. Er war streitlüstern und aggressiv. Also brach er die Absprache mit Zar Alexander III., und im März 1890 zwang er Bismarck zum Rücktritt.

Schon jetzt waren die Konsequenzen spürbar. Was Bismarck am meisten gefürchtet hatte, eine Allianz zwischen Russland und Frankreich, rückte immer näher. Ende Juli 1891 besuchte die französische Flotte die Festung Kronstadt in Sankt Petersburg. Die Franzosen wurden vom russischen Volk wie Brüder empfangen, und der ansonsten recht konservative Zar Alexander III. erstaunte alle, als er »mit entblößtem Haupt die Marseillaise anhörte«. Im August wurde eine erste Absprache zwischen den Ländern über gemeinsame Beratungen in allen Themen, die den Frieden gefährden könnten, getroffen.[41]

Diese Entwicklung wurde von Alfred Nobels Freundin, der Schriftstellerin und Salongastgeberin Juliette Adam, begeistert gefeiert, gehörte sie doch zu den entschiedensten prorussischen Lobbyisten in Paris. Juliette Adam war die treibende Kraft hinter der neu gebildeten russischen Freundschaftsvereinigung »La Société des amis de la Russie.« Beim Gegenbesuch der russischen Flotte animierte sie französische Frauen, Blumengrüße für die russischen Marinesoldaten vorzubereiten.[42]

Juliette Adam und Alfred Nobel hielten weiterhin Kontakt. Sie pflegte ihm Karten zu verschiedenen Vorstellungen zu schicken. Er unterstützte einige ihrer Initiativen, darunter neuerdings auch einen wissenschaftlichen Freundeskreis. Inwiefern er sich auch für den russischen Freundeskreis interessierte, ist nicht ganz klar. Zudem riskierte er, in dieser Frage zwischen die Fronten der beiden intellektuellen Amazonen in seinem Freundeskreis zu geraten – der Revanchistin Juliette Adam und der Pazifistin Bertha von Suttner. Von ihnen beiden stand er Bertha bedeutend näher.

Die beiden Frauen waren persönlich miteinander bekannt, doch knirschte es durchaus zwischen ihnen. Juliette Adam weigerte sich, die Friedensartikel zu lesen, die Bertha von Suttner schickte, und ihre Zeitschrift *La Nouvelle Revue* ignorierte, solange es ging, *Die Waffen nieder!*, das große Werk der Österreicherin. Als schließlich nach zehn Jahren doch ein Artikel über das Buch auftauchte, reagierte Bertha von Suttner mit einem Satz auf der Rückseite einer Visitenkarte: »Eine loyalere Widersacherin kann man nicht sein. Danke«, schrieb sie an Juliette Adam.[43]

Bertha von Suttner brannte vor Kampfeswillen. *Die Waffen nieder!* war ein anständiger Erfolg geworden und mahnte zu weiterem Tun. Sie schrieb Aufrufe in Zeitungen und war gut darin, Potentaten für ihre Sache zu gewinnen. Alfred Nobel pries ihr »eloquentes Plädieren gegen den schrecklichsten der Schrecken – den Krieg«, wenn es seinen Weg in französische Zeitungen nahm.[44]

Im Oktober 1891 erhielt Bertha eine Reaktion von dem weltberühmten russischen Schriftsteller Leo Tolstoi, die sie nicht wieder vergessen würde. Sie hatte Tolstoi die russische Ausgabe ihres Buches geschickt und ihn gebeten, »zwei Zeilen« zur Unterstützung der Friedenssache zu schreiben. Seine Antwort übertraf alle ihre Erwartungen: »Ich hege große Bewunderung für Ihre Arbeit und glaube, dass die Publikation Ihres Romans ein gutes Omen ist. Dem Verbot der Sklaverei ging das berühmte Buch voraus, das von einer Frau geschrieben wurde, Mrs Beecher Stowe [*Onkel Toms Hütte*]. Gebe Gott, dass Ihrem Buch ein Verbot des Krieges folgen möge.«[45]

Tolstoi war nicht der Einzige, der die Bedeutung des Buches erkannte. Laut Bertha von Suttners Biografin Brigitte Hamann wurde *Die Waffen nieder!* einer der erfolgreichsten Romane des 19. Jahrhunderts, der in die meisten Sprachen übersetzt wurde. Über Nacht wurde die internationale Friedensarbeit auf der politischen Tagesordnung weit nach oben katapultiert.

Bertha bat auch Alfred Nobel um Unterstützung. Sie wollte die »Österreichische Friedensgesellschaft« gründen und brauchte einen Zuschuss zur Kasse, um im November zu einem großen Friedenskongress nach Rom reisen zu können. Alfred war großzügig und schickte 2000 Franc (fast 80 000 Kronen/8000 Euro heute), obwohl er nicht so richtig verstehen wollte, wofür die Friedensfreunde so viel Geld brauchten. »Ich glaube, da fehlt nicht das Geld, sondern das Programm«, schrieb er an Bertha. »Abrüstung zu fordern, heißt fast, sich lächerlich zu machen, ohne dass jemand Gewinn davon hat«, fuhr er fort. »Und einen unmittelbaren Schiedsgerichtshof zu fordern, hieße, sich mit tausend vorgefassten Meinungen anzulegen und ein Widersacher der ganzen Angelegenheit zu werden.«

Stattdessen schlug er vor, dass Bertha und ihre Friedensfreunde moderat vorgehen sollten, zum Beispiel damit anzufangen, die europäischen Regierungen zu bitten, sich zu verpflichten, ein Jahr lang von allen feindlichen Handlungen abzusehen. Einen solchen kurz währenden Friedenspakt müssten eigentlich alle eingehen können. Danach dann sollte der Pakt in kleinen Schritten verlängert werden, und schon hatte man einen langwährenden Frieden, argumentierte Nobel. Schon bald erhielt er eine Antwort, in der die Kosten für die ideelle Arbeit aufgezählt wurden – Reisen, Flugblätter, Reklame und Arbeitszeit. Stolz beschrieb Bertha, welch ein Erfolg ihre Friedensorganisation bis dahin gewesen war: Kommen Sie doch auch nach Rom, es werden schöne Tage.«[46]

Alfred zögerte. Er befand sich in Paris. »Sehr gern wäre ich auf dem Friedenskongress dabei gewesen, der heute in Rom eröffnet wird; aber die Zeit lässt es leider nicht zu. Selbstverständlich bin ich Mitglied, und meine alte Freundin Suttner ist zur Vorsitzenden der österreichischen Sektion gewählt worden«, schrieb er im November an Roberts Sohn Ludvig, der in Zürich studierte und ihm immer mehr ans Herz wuchs.[47]

*

Es dauerte, bis die große Villa in San Remo zum Einzug bereit war. Alfred Nobel hatte gehofft, seine Neffen und Nichten über Weihnachten dorthin einladen zu können, doch erst an Neujahr konnte er sie mit seinen neuen russischen Pferden am Bahnhof empfangen. Draußen herrschte reinstes Sommerwetter. Trotzdem setzten am Neujahrstag 1892 Ingeborg und ihre kleine Schwester Thyra die Weihnachtsmützen auf, als sie die Weihnachtsgeschenke verteilten, die sie dabeihatten. Alfred bekam einen schön gefertigten Rahmen für das Porträt von Andrietta. Er seinerseits war ihnen gegenüber so herzlich, dass sie richtig verlegen wurden. »Weißt du, ich glaube, dass es dem Onkel gefallen hat, junge Leute um sich zu haben, die solchen kindischen und netten Putz aufführten, um die Feststimmung zu heben«, schrieb Ludvig hinterher an seine Mutter Pauline.

Alfred lobte die Kinder in einem Brief an Robert: »Sie besitzen alle, aber besonders Ludvig und Ingeborg, eine Anspruchslosigkeit, die bezaubernd ist und die das entschuldigt, was du ›gefühlsduselig‹ nennst. Teils, weil ich selbst mein ganzes Leben lang gegen übertriebene Empfindsamkeit habe kämpfen müssen, teils, weil ich mir sage, dass Gedanken und Gefühle gleichberechtigte Äußerungen des menschlichen Nervensystems sind, muss ich die Gefühlssucht in Schutz nehmen.« Er gestand dem Bruder, dass Ingeborgs »Kränklichkeit« eine schwere Herausforderung für ihn bedeutet hatte. Eine Zeit lang befürchtete er, die Nichte würde an Hysterie leiden. Alfred, der ansonsten Hypnosebehandlungen gegenüber skeptisch war, hatte sogar den berühmten Charcot am Salpêtrière-Krankenhaus in Paris konsultiert, der allerdings nicht die kleinste Spur von Hysterie bei Ingeborg hatte feststellen können. Robert erfuhr, dass seine Tochter gesünder aussähe, die dunklen Ringe unter den Augen wären verschwunden, dass aber Alfred meinte, sie würde ein Jahr der Ruhe brauchen, um sich »zu erholen«.[48]

Der inzwischen vierundzwanzigjährige Chemiker Ludvig wurde in mehrere von Alfreds Projekte eingebunden. Er bekam den Auftrag, das Labor in San Remo einzurichten, und Alfred übertrug ihm auch eine Reihe von chemischen Versuchen, vor allem jene, bei denen es um Aluminium ging. Nach einem Tipp von Emanuel hatte Alfred die Idee gefasst, ein aus Aluminium gefertigtes Boot zu bestellen – ein kühnes Unterfangen, das Ludvig ebenfalls überwachen sollte.

Der getreue französische Chemiker Georges Fehrenbach hatte nicht mit nach Italien kommen wollen. Stattdessen hatte Alfred einen Engländer, Hugh Beckett, eingestellt, aber alles war noch in den Kinderschuhen. Er schrieb an den Neffen Ludvig, dass er fand, er habe »das Zeug«, und dass er gern in San Remo arbeiten dürfe, zumindest zeitweise. »Eine dauerhafte Beschäftigung möchte ich dir nicht versprechen, aus dem Grunde, dass ich prinzipiell dagegen bin, nahe Verwandte in einer Art Verhältnis zu mir zu haben, welches deren Unterordnung unter mich oder andere erfordert.«[49]

Als Alfred für eine Fortsetzung des Patentstreites wieder nach London gerufen wurde, war ein anderer Neffe, der dreiunddreißigjährige Emanuel Nobel, an seiner Seite. Die Verhandlungen in der so genannten Cordite-Affäre waren zum Erliegen gekommen, und man bereitete nun eine Anklage wegen Patentverletzung vor. Das war keine leichte Sache in einem Fall, in den auch die britische Regierung verflochten war. Doch die Professoren Abel und Dewar hatten ihr alternatives rauchfreies Schwarzpulver im Ausland patentiert und sahen keinen anderen Ausweg.

Alfred hasste alles, was mit Klagen, Patentstreitigkeiten und Anwälten zu tun hatte. Aus Erfahrung wusste er, dass die Wahrheit wie auch die Lügen gleich große Chancen hatten zu siegen und dass die Einzigen, die an dieser Art von komplizierten Zusammenstößen verdienten, die Anwälte waren – ganz gleich, wie die Sache ausging. Der Schlag, den ihm Abel und Dewar versetzt hatten, ließ ihn bereits »Hamlet imitieren und mich fragen: sein oder nicht sein ... ein verurteilter und verfluchter Erfinder«.[50]

Zu allem Überfluss war er gezwungen, in der Sache Sofie Hess einen Anwalt einzuschalten. Sie behauptete, trotz Alfreds regelmäßiger Unterstützung bis über beide Ohren verschuldet zu sein. Im Januar 1892 hieß es, sie habe »ihre letzte Brosche verpfändet«, im Februar, sie wolle sich umbringen. »Du bringst mich lieber Alfred nicht nur zur Verzweiflung sondern zwingst mich Hand an mich anzulegen u was geschieht dann mit meinem armen Kinde, welche einer so traurigen Zukunft entgegen sieht«, schrieb sie ihm.

Die ganze Sache ging so weit, dass Sofies Schwester und Schwager, die Eheleute Brunner, Alfred vorgeschlagen hatten, Sofie unter Vormundschaft zu stellen. Alfred bat Sofie, ihm sämtliche unbezahlten Rechnungen zu schicken, und war bestürzt. Er fand »sehr nette Posten Champagner, Burgunder, Sherry, Chartreuse, Benedictin, Curacao, Caviar (57 Flaschen Wein und Liköre in 49 Tagen). – Sehr lehrreich«. Alfred rechnete aus, dass Sofie Hess in den vergangenen vier Jahren über 450 000 Franc (circa zwanzig Millionen Kronen/zwei Millionen Euro heute) verbraucht hatte. »Sie hat das Gehirn einer Fünfjährigen im Körper einer mehr als Dreißigjährigen«, schrieb er im Brief an den Anwalt.[51]

Es war, als würde der bald neunundfünfzigjährige Alfred Nobel in zwei Welten leben: auf der einen Seite die vielen elenden Ereignisse der Wirklichkeit, auf der anderen Seite die Träume, Projekte, die ihm Freude und Hoffnung machten und mit denen nicht mehr länger zu warten er sich selbst gelobt hatte. In diesen Träumen ging es nicht nur um Chemie und Medizin, sondern in höchstem Maße auch um Literatur.

*

Auf leeren Blättern in einem Labornotizbuch hatte Alfred jetzt eine Liste von fünfzehn belletristischen Werken zusammengestellt, Prosa wie Lyrik, die er schreiben oder aus dem Versteck holen und fertigstellen wollte. Da waren der Roman über die drei Schwestern, das Gedicht »Ein Rätsel«, aber auch, soweit wir wissen, noch nicht begonnene Titel wie »Glaube und Unglaube«, »Krankheit und Heilung« sowie »Den Tod am Hals«.

Auf der Liste stand auch das Gedicht »Ob ich geliebt habe?« mit den anrührenden Zeilen: »Ob ich geliebt habe? Ach, deine Frage weckt / Aus meiner Erinnerung manch lieblich Bild / Aus Einsamkeit geträumt, was das Leben nicht gegönnt / Aus Liebe genährt, die in ihrer Jugend verblichen / Du weißt nicht, Du, wie die Wirklichkeit Schabernack treibt / Des jungen Herzens ideelle Welt / Wie Widerstand, betrogene Hoffnung und düstre Gedanken / Den Glanz des Lebens verdunkeln; deine junge Seele / Sieht die Welt rein im Spiegel der Fantasie / Oh, mögest Du niemals ihr nacktes Dasein schauen müssen [...]«.[52]

Alfred Nobel behielt sein Standbein in Paris, und vielleicht war es die neue französische Begeisterung für nordische Literatur, die ihm literarische Hoffnungen machte. Der Erfolg der exotischen russischen Romane Ende der 1880er-Jahre hatte die Neugier der Franzosen für fremde literarische Welten geweckt, was wiederum den Weg für die Skandinavier bahnte.

Zuerst kam Henrik Ibsen. Émile Zola sollte die Ehre zuteilwerden, die Bühne für den norwegischen Dramatiker bereitet zu haben, dessen Stern nach den Premieren von *Gespenster* 1890 und *Die Wildente* und *Hedda Gabler* 1891 schnell am Pariser Himmel emporstieg. Ibsens Durchbruch brachte eine skandinavische Welle auf der französischen Theater- und Literaturbühne mit sich. Der Norweger Bjørnstjerne Bjørnson, der große Teile der 1880er-Jahre in Paris verbracht hatte, wurde plötzlich ein bedeutender Name, obwohl seine Bauernerzählungen eher in die national-romantische Richtung gingen.

In Schweden verfolgte ein neidischer August Strindberg die Entwicklung. Er hatte viele Jahre davon geträumt, Paris mit seinen Theaterstücken und Romanen »zu erobern«, und kämpfte immer noch hart in dieser Sache. Im Sommer 1891, mitten in der Zeit der Scheidung von Siri von Essen, war auf Französisch ein Buch von ihm über die Beziehungen zwischen Frankreich und Schweden erschienen, und Juliette Adam, zu der er seit seiner Pariser Zeit zu Beginn der 1880er-Jahre Kontakt hatte, veröffentlichte eine freundliche Rezension.[53] Doch Strindbergs echter Durchbruch in Frankreich sollte noch bis Januar 1893 auf sich warten lassen, als sein »naturalistisches Trauerspiel« *Fräulein Julie* viel beachtete Premiere in der französischen Hauptstadt hatte.

Alfred Nobel pendelte zwischen San Remo und Paris, doch waren es immer noch Frankreich und die französischen Zeitungen, woher er seine wichtigsten literarischen Einflüsse und Empfehlungen nahm. Kürzlich hatte ein bedeutender französischer Kritiker, Paul Ginisty, eine Reportagereise in den Norden unternommen, um die spannende skandinavische Literatur einzufangen. Er besuchte Kristiania (Oslo) und Stockholm, sah Stücke von Ibsen auf Norwegisch und gewährte in seinem Artikel, der im November 1891 veröffentlicht wurde, dem interessanten Strindberg viel Raum.

Ginistry teilte die schwedische Literatur in zwei Strömungen: »l'école idéaliste«, die Schule der idealistischen Schriftsteller mit zum Beispiel Viktor Rydberg und Carl Snoilsky, und »l'école réaliste«, die realistischen Schriftsteller mit den Beispielen August Strindberg und Viktoria Benedictsson.[54] Alfred Nobel bevorzugte eindeutig die erstgenannte Schule. Als er später die Bedingungen für seinen Nobelpreis für Literatur formulierte, machte er klar, dass er an denjenigen gehen sollte, der »das Vorzüglichste in idealistischer Richtung geschaffen« habe.

Der norwegische Schriftsteller Bjørnstjerne Bjørnson bekam den Nobelpreis 1903. Sowohl Ibsen als auch Strindberg gingen leer aus.

*

Alfred Nobels Wirklichkeit entfernte sich immer weiter von den Idealen seiner Träume. Im Sommer 1892 hätte er wirklich nicht noch mehr Sorgen gebraucht, aber genau die sollte er bekommen. Die Geschichte wiederholte sich. Auch in diesem Jahr war er auf dem Weg nach Schweden, als ihn ein Telegramm erreichte, das ihn zur Umkehr nötigte. Diesmal kam es aus Paris.

Der »lateinische Trust«, die Société Centrale de Dynamite, war Opfer eines schweren Betrugs geworden. Fast fünf Millionen Franc fehlten in der Kasse (circa zwanzig Millionen Euro heute). Das war ein Viertel des gesamten Kapitals der Gesellschaft. Alfred Nobel war zutiefst beunruhigt. Einen Moment lang meinte er, ruiniert zu sein, und bat, halb im Scherz und halb ernst, um eine Anstellung als Chemiker bei der deutschen Gesellschaft.

Der Verdacht richtete sich sofort gegen Émile Arton, den eiskalten Agenten, der einige Jahre zuvor der Panama-Gesellschaft geholfen hatte, die Nationalversammlung zu bestechen. Nach dem Konkurs der Panama-Gesellschaft hatte Paul Barbe ihn auf einen Direktorenposten im Dynamitkonsortium gerettet. Jetzt war Arton ebenso spurlos verschwunden wie die vielen Millionen. Und wo war eigentlich der Geschäftsführer Gilbert Le Guay?

Einige Tage später ging Guay selbst zur Polizei und beteuerte seine Unschuld. Er behauptete, von Arton hinters Licht geführt worden zu sein, wurde aber trotzdem festgenommen und ins Gefängnis gesteckt. Kurz darauf wurde auch der Kassierer der Gesellschaft festgenommen. Der Skandal, der sich nun entwickelte, wurde unter dem Namen »Die Dynamitaffäre« in den Zeitungen ausgebreitet.

Alfred Nobel sah die Sache ziemlich schnell klar. Le Guay hatte über lange Zeit falsche Schecks in Artons Namen ausgefüllt, die Letzterer dann eingelöst hatte, woraufhin beide sich das Geld unter den Nagel rissen. Indem sie den Kassierer der Gesellschaft mit einer Lohnerhöhung bestachen, war es ihnen gelungen, die Verringerung des Kapitals zu verbergen. Alles das berichtete Nobel bereits in den ersten Tagen, als er von der Presse interviewt wurde. Le Guay sei alles andere als unschuldig. »Eins ist sicher, keine dieser abgezweigten Summen ist in der Buchführung der Société Centrale de Dynamite aufgeführt«, sagte Alfred Nobel.

Alfred hatte großes Vertrauen in Le Guay gehabt. An einen Freund schrieb er, Le Guay sei eine Person, die Senator gewesen war und Präfekt, die den Kommandeursstatus der Ehrenlegion innehatte und »mit den meisten der Minister engen Umgang hatte« – wer sollte etwas anderes als Gutes von ihm denken?

Schon bald stellte sich heraus, dass der Komplize Émile Arton, nachdem er einen letzten Blankoscheck an sich selbst ausgestellt hatte, ins Ausland abgetaucht war. Den Herbst über sollte er von zwei Seiten gejagt werden. Da, besser spät als nie, wurde nämlich auch die Bestechungsaffäre der Panama-Gesellschaft enthüllt, einer der größten französischen Skandale des 19. Jahrhunderts, in welcher der Schurke Arton ebenfalls eine zentrale Rolle gehabt hatte. Unter den Namen der Parlamentarier, deren Stimmen er angeblich für das Geld der Panama-Gesellschaft gekauft hatte, wurde nun die gesamte frühere Führungsriege der Dynamitgesellschaft genannt: der verstorbene Paul Barbe ebenso wie Geo Vian und Alfred Naquet. Dazu natürlich der Geschäftsführer Le Guay.

Es war keine fröhliche Zeit für Alfred Nobel, nicht nur weil alle seine französischen Musketiere als mehr oder weniger kriminell entlarvt worden waren. Zudem wurde von ihm verlangt, die verschwundenen Millionen zurückzuzahlen – eine Drohung, die am Ende abgewendet werden konnte, indem man das Loch in der Gesellschaftskasse stattdessen mit Obligationsanleihen stopfte.

Émile Artons Schatten führte die französische Polizei mehrere Jahre lang an der Nase herum. Mal wurde er unter falschem Namen in Tanger, dann in Calais, Rom oder Montenegro gesichtet. Eine Zeit lang wurde behauptet, er sei in einem Zugabteil in Budapest ermordet aufgefunden worden. Émile Arton wuchs zu einer Legende. »Immer dieser Arton«, hieß es in den Zeitungen. »Wo ist Arton? Überall und nirgends!«

Neun Monate nach der Enthüllung fand in Paris das Gerichtsverfahren statt. Der Geschäftsführer Gilbert Le Guay bekam fünf Jahre Gefängnis, der Kassier drei. Arton wurde in Abwesenheit zu zwanzig Jahren Strafkolonie verurteilt. Erst Ende 1895 wurde er in London entdeckt, festgenommen und nach Paris überstellt.[55]

*

In Sankt Petersburg verfolgte Emanuel Nobel das Sommerdrama in Paris von 1892 mit besonderer Unruhe. Er brauchte Hilfe, zögerte aber, Alfred mit seinen Sorgen zu belasten, da der Onkel an seinen eigenen genug zu tragen hatte. Das Ölgeschäft hatte einige gute und ertragreiche Jahre gehabt, da drückte der Schuh nicht. Aber das Unternehmen stand im Grunde still. In Baku war eine heftige Choleraepidemie ausgebrochen, und seine Angestellten waren wie gelähmt vor Angst. Die halbe Stadt hatte bereits die Flucht ergriffen.

Emanuel wandte sich an ein bakteriologisches Institut in Sankt Petersburg und schickte drei Ärzteteams mit Desinfektionsmittel zu seinen Angestellten. Die Kranken wurden isoliert, alles Wasser wurde abgekocht, und niemand durfte rohes Obst essen. Es sah ganz so aus, als wäre der Einsatz erfolgreich. In Baku waren die Leute von Nobel lange Zeit die Einzigen, die weiter auf den Ölfeldern arbeiten konnten.

Auch der Cousin Hjalmar Nobel war in Kaukasien vor Ort. Er war zunächst vor der Cholera geflohen, doch dann war ihm seine Verantwortung bewusst geworden, und er war zurückgekehrt. Emanuel hatte sich schon lange an Hjalmar gestört. Er fand, der Cousin habe keinen Unternehmergeist und gehe mit Geld leichtsinnig und unvorsichtig um. Schon mehrmals hatte er Alfred gebeten, ein ernstes Wort mit ihm zu reden. Hjalmar seinerseits hatte deutlich gemacht, dass er Emanuel für einen »prächtigen Jungen« hielte, aber am liebsten nicht geschäftlich mit ihm zu tun haben wollte.

Alfred hatte die schlechte Stimmung zwischen den Cousins bereits bemerkt und sah darin einen weiteren Beleg dafür, dass man seine

Verwandten nicht anstellen sollte. Er selbst mochte beide und nannte Hjalmar »den fröhlichsten der Nobels«.[56]

Die Herausforderungen des Ölunternehmens (und der Neffen) in Baku erweckten den Wissenschaftler in Alfred zu neuem Leben. Er erinnerte sich an die alte Idee, Kohlenmonoxid gegen Lungentuberkulose einzusetzen, und schlug Emanuel eine Reihe von Experimenten vor. Man sollte Kohlenmonoxid gegen Cholera einsetzen, vielleicht indem man kleine Bakterienkulturen behandelte, die man auf Kartoffelscheiben auftrug, schlug Alfred vor. Emanuel wandte sich an dasselbe bakteriologische Forschungsinstitut wie zuvor, das Institutet för experimentell medicin in Sankt Petersburg. Alfred erhielt laufend Berichte über die Experimente. Versucht Salzsäure stattdessen, schrieb er im August, als das Kohlenmonoxid keine Erfolge zu erbringen schien.

Dann bekam er die Idee, vielleicht dem Institut in Sankt Petersburg Geld zu spenden. Alfred telegrafierte an Emanuel. Er wollte 10 000 Rubel (circa 100 000 Euro heute) für bakteriologische Experimente verschenken. Das Telegramm kam zufällig am selben Tag an, als Emanuel den Vorsitzenden und Wohltäter des Instituts, Prinz von Oldenburg, zu einem Abendessen treffen sollte. Hinterher berichtete Emanuel seinem Onkel von dem außerordentlichen Prinzen, der nicht nur ein freundlicher Mann sei, sondern auch »ein bemerkenswerter Fürst der Gegenwart, da er über ein wirklich großes und lange angespartes Vermögen verfügt, das er zum Wohle der Menschheit einsetzt«.[57]

Bald hatte Alfred einen neuen Vorschlag zur Bekämpfung der Cholera, den er in Druckschrift in einem Briefentwurf an einen unbekannten Botschafter zusammenfasste. Die Choleraepidemie beweise, dass nicht einmal die zivilisierten Gesellschaften der 1890er-Jahre Maßnahmen vorhielten, um die Ansteckung über Landesgrenzen hinweg aufzuhalten, erklärte Alfred. Warum sollte man nicht logisch denken, fuhr er fort, und gefährliche todbringende Epidemien wie Brände betrachten? Wenn man Erfolg haben wollte, dann musste man sie früh bekämpfen und Epidemien augenblicklich bei der ersten Entdeckung einer Ansteckung ersticken.

Alfred schlug vor, dass man eine internationale Belohnung aussetzen sollte. Diese sollte an Personen gehen, die eine gefährliche Ansteckung so früh in ihrem Verlauf entdeckt hatten, dass sie schnell bekämpft oder isoliert werden konnte. Ganz gleich, wie groß die Summe sei, die für diesen Zweck bereitgestellt würde, wäre sie doch im Vergleich zu den großen menschlichen Gewinnen unbedeutend, argumentierte Alfred Nobel.

Sein Vorschlag, dessen war er sich bewusst, setzte eine internationale Absprache voraus. Doch wenn das aufgeklärte Land des Botschafters sich für ein solches System würde aussprechen können, dann sei Alfred überzeugt davon, dass »alle zivilisierten Länder – aus reinem Eigeninteresse – sich beeilen würden, diesem großzügigen Beispiel zu folgen«.[58]

Hier hatte Alfred Nobel zum ersten Mal den Gedanken an einen Preis gehegt. Wenn die Cholera-Belohnung Wirklichkeit geworden wäre, hätte sie vielleicht seinen Namen tragen können.

*

Mitten in den elendigen Nachrichten des Sommers 1892 gab es endlich mal eine gute Neuigkeit: Die Fabrik in Zürich hatte das Aluminiumboot fertiggestellt, das Alfred Nobel bestellt hatte. Er gab ihm den Namen *Mignon* (»niedlich« oder »hübsch«). *Mignon* war eine recht bemerkenswerte Schöpfung, eine zwölf Meter lange, zigarrenförmige Lustjacht mit Motor, die er hoffte, später nach San Remo mitnehmen zu können.[59]

Ende August sollte sich die Friedensbewegung zu einem neuen Weltkongress versammeln, diesmal in der schweizerischen Hauptstadt Bern, nur hundertzwanzig Kilometer von Zürich entfernt. Alfred beschloss, Bertha von Suttner zu überraschen und sie zu einer Bootsfahrt einzuladen. Sie hatte ihm weiterhin oft und viel über ihren Friedenseinsatz geschrieben und ihn gedrängt, doch einmal nach Österreich zu kommen und sie zu besuchen. Sie sprudelte vor Arbeitseifer und meinte selbst, dass »die Frage der Kriegsabschaffung in letzter Zeit doch enorme Fortschritte gemacht« habe. Alles, was sie noch benötigten, sei »Geduld und noch 4 oder 500 Jahre. [...] dann wird man mit Dynamit nur mehr Felsen sprengen«, verkündete sie ihrem Freund.[60]

Alfred reiste nach Bern. Der Kongress wurde im großen Saal des Rathauses abgehalten, und im Gewühle waren mindestens vier zukünftige Nobelpreisträger zu erkennen – neben der Baronesse von Suttner selbst (1905) auch Jean-Henry Dunant (1901), Frédéric Passy (1901) und Élie Ducommun (1902). Alfred entdeckte die Baronesse während einer Essenspause im Hotel und schickte seine Karte durch einen Kellner zu ihr. Bertha von Suttner war freudig überrascht und eilte in den Salon hinaus, wo Alfred wartete.

»Sie haben mich gerufen«, sagte er, »hier bin ich. Aber sozusagen inkognito. Ich möchte mich nicht am Kongress beteiligen und keine Bekanntschaften machen, nur etwas Näheres von der Sache hören. Erzählen Sie, was ist bisher geschehen?«

Er kehrte noch am selben Abend nach Zürich zurück und hatte auch Bertha und Alfred von Suttner eingeladen, nach dem Kongress zwei Tage auf seine Kosten in der Stadt zu verbringen. Er lockte sie mit dem entzückenden Hotel *Baur au Lac*, in dem er selbst wohnte, und mit einer Bootstour über den Zürichsee. Sie nahmen die Einladung an. »Wie ein glänzendes Silberspielzeug glitt das graziös gebaute Ding über die ebenso silberglänzende Wasseroberfläche. Kein Segel, keine Dampfmaschine, nur ein winziger Petroleum-Motor, und bemannt nur von einem einzigen Maschinist [...]«, erinnert sich Bertha von Suttner einige Jahre später in einem Artikel.

»Wir saßen zurückgelehnt, in bequemen Bordstühlen mit weichen Plaids bedeckt, ließen das Zauberpanorama der Ufer an uns vorübergleiten und sprachen über tausend Dinge zwischen Himmel und Erde.« Ob sie gemeinsam ein Buch schreiben sollten? Durchaus, entschieden Alfred und Bertha. Sie würden ihre klugen Köpfe zusammentun und eine Kampfschrift schreiben gegen alles Böse und gegen alles Elend und alle Dummheit, die die Welt kannte. »Doch wie so viele

Projekte wurde auch dieses nicht Wirklichkeit«, schrieb Bertha von Suttner im selben Artikel.[61]

In diesen Tagen in Zürich sahen sie einander zum letzten Mal.

Die »Österreichische Gesellschaft der Friedensfreunde« der Baronesse durfte eine weitere Spende von 2000 Franc von Alfred Nobel entgegennehmen. Jetzt erwähnten mehrere Zeitungen das Besondere daran, dass ein »Erfinder von Kriegsmaschinen« die Friedensbewegung unterstützte. Möglicherweise war das Alfred ein wenig unangenehm. Er hatte Bertha von Suttner klargemacht, dass, selbst wenn er sich dem Ziel ihres Kampfes begeistert anschloss, er doch nicht vollkommen von der Strategie überzeugt war, die sie gewählt hatte, um es zu erreichen. »Meine [Dynamit-]Fabriken werden vielleicht dem Krieg noch früher ein Ende machen als Ihre Kongresse«, erklärte Alfred, wenn man Bertha von Suttners Memoiren glauben darf. »An dem Tag, da zwei Armeekorps sich gegenseitig in einer Sekunde werden vernichten können, werden wohl alle zivilisierten Nationen zurückschaudern und ihre Truppen verabschieden«, fuhr er fort. Doch das war nicht Alfreds einzige Überlegung. Nach ihrem Treffen in Zürich entschied er, jemanden die Wahl des Weges der Friedensbewegung untersuchen zu lassen.[62]

Während des Sommers 1892 hatte Alfred Nobel eine Bitte von nicht weniger als drei hochrangigen schwedischen Diplomaten erhalten. Sie baten allesamt für einen türkischen Diplomaten, der verabschiedet worden war und jetzt ohne Arbeit in Paris lebte. Könnte Alfred Nobel ihm möglicherweise eine Anstellung in einem seiner Unternehmen verschaffen?

Alfred Nobel hatte versprochen, über die Sache nachzudenken. Nach den Tagen in der Schweiz schrieb er an jenen Aristarchi Bey. Er berichtete von dem Friedenskongress in Bern und von der großen Ansammlung kompetenter Personen, die seiner Meinung nach mit ziemlich lächerlichen Vorschlägen gekommen waren. Würde die Forderung nach unmittelbarer Abrüstung und unwiderrufliche Schiedsgerichte nicht dem Ziel entgegenwirken?

Er bot dem arbeitslosen türkischen Diplomaten eine vorübergehende Anstellung an. Der Auftrag bestand darin, ihn über die europäische Friedensarbeit unterrichtet zu halten und selbst Artikel zu dem Thema zu schreiben. Aristarchi Bey erfuhr, dass Alfred Nobel »sehr glücklich« wäre, wenn er »die Arbeit des Friedenskongresses befördern« könne, und für ein solches Ziel würde er auch keine Kosten scheuen. Bey schritt sofort zu Werk und produzierte einige analysierende Berichte.[63]

Bertha von Suttner hatte versprochen, dem wissensdurstigen Alfred mit Lesetipps beizustehen. Sie bat den belgischen Juristen Henri La Fontaine (Friedensnobelpreis 1913), eine Liste mit Büchern zur Friedensfrage an Alfred Nobel zu schicken. Der Belgier legte eine einigermaßen unverhüllte Ermahnung bei: »Ich habe mich schon immer gefragt, warum diejenigen, die auf dem kommerziellen und industriellen Gebiet Erfolg hatten, nichts schaffen, wenn es darum geht, das Volk vom militaristischen Albtraume zu befreien.«[64]

Das muss Alfred getroffen haben, und in dem Brief, den er an La Fontaine schrieb, kann man eine Verteidigungshaltung erahnen. Ein »Erfinder von Kriegsmaschinen« könne durchaus dem Frieden dienen. Es sei nicht einmal sicher, dass er den Ast absägen müsse, auf dem saß. La Fontaine erfuhr, dass Alfred Nobel ernsthaft begonnen hatte, sich mit der Friedensfrage zu beschäftigen, unter anderem mithilfe eines »intelligenten Diplomaten«. Der habe herausgearbeitet, dass die Abrüstungsforderung und Schiedsgerichtshöfe nur schwer durchzusetzen sein würden, da sie den Eigeninteressen der Regierungen zuwiderliefen. Stattdessen hatte er einen anderen Vorschlag erarbeitet: »Ich beginne zu glauben, dass die einzige wirkliche Lösung eine Konvention wäre, in der alle Regierungen sich verbinden, um kollektiv jedes Land zu verteidigen, das angegriffen wird«, schrieb Alfred Nobel an La Fontaine.[65]

Einige Wochen später entwickelte er die Gedanken in einem Brief an Bertha von Suttner. »Lassen Sie uns alles vereinfachen und davon ausgehen, dass alles besser ist als Krieg«, begann Alfred und stellte seine Lösung vor:

»Man sollte die bestehenden Grenzen akzeptieren und erklären, dass, wer auch immer angreift, das geeinte Europa gegen sich hat. Das würde ja keine Abrüstung bedeuten, und ich weiß nicht einmal, ob die überhaupt wünschenswert wäre. Eine neue Tyrannei […] bewegt sich in der Finsternis, und man meint ihr Grollen schon von weitem zu hören. Aber der Frieden, garantiert durch den Respekt, den die Kraft der vereinten Armeen dem Friedensstörer entgegen hält, bringt schnell eine Entspannung mit sich. Jahr für Jahr wird man sehen, wie die Kräfte der verschiedenen Armeen langsam aber sicher abnehmen, weil sie nur noch in solchen Ländern eine Existenzberechtigung haben werden, die zur Hälfte aus Opfern und zur Hälfte aus Mördern bestehen.«[66]

Bertha von Suttner war nicht beeindruckt. Am Weihnachtsabend 1892 nahm sie sich die Zeit für eine Antwort. Sie rümpfte die Nase über Alfreds Einwände und meinte, die Kritik gegen Abrüstung und Schiedsgerichte wäre unter »uns Professionellen« der Friedensbewegung bereits wohlbekannt. Außerdem hätten sie den Gegenbeweis auf dem Kongress in Bern erbracht. Bertha versprach dafür zu sorgen, dass Alfred die Kongressberichte erhielt, dann könne er selbst lesen.

Persönlich freute sie sich stattdessen über die andauernden Fortschritte im Friedenskampf. Vielleicht ging es da nur um kleine Samenkörner, das musste sie zugeben, und das in einer Zeit, in der das Kriegsgetöse überall wuchs. Bertha von Suttner nannte den neuen deutschen Zorn, den wachsenden Antisemitismus und allerhand reaktionäre Intrigen als Beispiele. Sie hatten wirklich einen harten Streit gegen das Böse auszufechten. War es da nicht fantastisch zu wissen, dass sie die allerbesten, klügsten und klarsichtigsten Kräfte der Gegenwart mit sich habe? Solange sie konnten, würden sie hart kämpfen, um den Drachen zu töten. »Vielleicht dürfen wir den Tag des Sieges herannahen sehen.«[67]

Bertha von Suttners Weihnachtsbrief an Alfred Nobel glühte vor Streitlust. Alfred, der es besonders schätzte, wenn Menschen es wagten zu widersprechen, war beeindruckt. In der Sache hatte er seine Meinung nicht geändert. Doch von Berthas Leidenschaft angesteckt ersann er eine neue Idee, die, wie er hoffte, ihr gefallen würde. Sie erinnerte zu guten Teilen an die Belohnung, die er kürzlich vorgeschlagen hatte, um die Cholera auszurotten. An Neujahr 1893 stellte er sie der Baronesse vor:

> *»Ich möchte testamentarisch einen Theil meines Vermögens als Preis bestimmen, der alle fünf Jahre (sagen wir sechsmal im Ganzen, denn wenn es in dreißig Jahren nicht gelungen ist, das gegenwärtige System zu reformieren, müßte man einfach zur Barberei zurückkehren) Jenem oder Jener zuzusprechen wäre, welcher oder welche die Friedfertigung Europas um den größten Schritt vorwärts gebracht hat.«*[68]

Was Bertha von Suttner antwortete? Sie senkte den Daumen. Ein Preis sei keine wirksame Waffe im Friedenskampf, schrieb sie an Alfred. Oder wie sie es formulierte: »[…] Diejenigen, die für den Frieden arbeiten, brauchen keine Belohnungen, sondern Ressourcen.«[69]

KAPITEL 17

Ein »Wohltäter der Menschheit« mit Heimweh

Ende 1892 wurde der weltberühmte Wissenschaftler Louis Pasteur siebzig Jahre alt, und viele Länder bereiteten Ehrungen für den ungekrönten König der Bakteriologie vor. An Alfred Nobel trat die Schwedische Ärztegesellschaft mit der Frage heran, ob er Geld für eine offizielle schwedische Huldigung des »größten Wohltäters der Menschheit« spenden wolle.

Die Idee war, eine schwedische Pasteur-Medaille in Gold prägen zu lassen. Das erste Exemplar sollte dem Wissenschaftler persönlich an seinem Geburtstag überreicht werden. Danach sollte die Medaille als Belohnung für »herausragende Untersuchungen und Arbeiten auf dem Gebiet der Bakteriologie und der Hygiene« verliehen werden. Nobels Antwort fiel allerdings nicht so aus, wie von der Ärztegesellschaft erwartet. »Ich bin überzeugt davon, dass Pasteur selbst sämtliche Manifestantien dahin wünscht, wo der Pfeffer wächst«, schrieb Alfred Nobel und meinte, dass diese Art der Aufmerksamkeit den Franzosen nur anöden würde. Pasteur würde bereits »alle Ordenssterne und Bändchen der Welt« besitzen, die er auf »Brust, Bauch oder Rücken« tragen könne. Nein, wenn der Franzose geehrt werden solle, dann glaubte Alfred Nobel mehr an die andere Idee der Ärztegesellschaft, nämlich in seinem Namen einen Fonds zur Förderung der Wissenschaften zu stiften.[1]

In Frankreich ging das Pasteur-Fieber immer noch mit starken patriotischen Tönen einher. Deutschland mochte den Krieg 1870/71 gewonnen haben, doch in der Forschung hatte Frankreich seine schöne Revanche gehabt. Der alte Pasteur stand unverrückbar wie ein unsterblicher Kriegsheld im wissenschaftlichen Wettrüsten zwischen den Ländern, das seit Kriegsende stattgefunden hatte. Doch sein schlimmster Konkurrent, der deutsche Bakteriologe Robert Koch, war ihm auf den Fersen. Kürzlich hatte Koch den ersten Impfstoff der Welt gegen Tuberkulose hergestellt. Das »Tuberkulin«, wie Koch es nannte, hätte eine beeindruckende Antwort auf Pasteurs Tollwutimpfung sein können. Leider erwies es sich jedoch als wirkungslos und sollte seinem Erfinder eher Schande bringen. Dennoch sollte Koch 1905 den Nobelpreis für seine sonstige Tuberkuloseforschung erhalten.

Schon bald jedoch richtete sich das Scheinwerferlicht (und eine beeindruckende Sammlung Nobelpreise) stattdessen auf die Physikwissenschaft in den beiden Ländern. Deutsche und französische Wissenschaftler erzielten in den kommenden Jahren große Durchbrüche. Den Startschuss allerdings für die Revolution in der Physikwissenschaft gab ein Brite. Bereits Ende der 1870er-Jahre war es William Crookes gelungen, ein verfeinertes Vakuumrohr herzustellen, was der Forschung zur Elektrizität und zu elektromagnetischen Wellen ganz neuen Schwung gab. Platzierte man in einem solchen Rohr eine negative und eine positive Elektrode, dann konnte man den elektrischen Strom als grünblaues Licht an der Glaswand erkennen. Aus was für Partikeln bestanden diese Strahlen? Wohin gingen sie? Allmählich eröffnete sich eine neue Welt.

Anfang der 1890er-Jahre laborierten Physiker in vielen Ländern mit der Crookes-Röhre, auch Schattenkreuzröhre genannt. Bald sollte der Deutsche Wilhelm Röntgen (Nobelpreis 1901) von sich hören lassen. Der Brite Joseph John Thomson (Nobelpreis 1906) konnte mithilfe der Schattenkreuzröhre zeigen, dass das Atom keineswegs das kleinste unteilbare Element der Welt war. Und Ende 1892 arbeitete eine fünfundzwanzigjährige Polin hart in den Schulungslaboratorien der Sorbonne, um all diese spannenden Neuigkeiten aufnehmen zu können. Maria Sklodowska (später Curie) sollte eine der äußerst wenigen und die einzige Frau überhaupt werden, der es gelang, *zwei* Nobelpreise zu erobern.

Bis hierhin wies das Leben der jungen Marie Sklodowska gewisse Ähnlichkeiten mit dem der Baronesse von Suttner auf. Marie hatte sich mit ehrgeizigen autodidaktischen Studien sowohl der Physik, der Mathematik als auch der Literatur und Soziologie beschäftigt, doch zu Hause in Polen waren Frauen von den Universitäten ausgeschlossen. Stattdessen hatte sie sich als Gouvernante in einer Familie auf dem Lande verdingt und sich ebenso wie Bertha von Suttner in den Sohn der Familie verliebt. Doch Marie Sklodowskas Liebesgeschichte endete unglücklich, was ein Grund dafür war, dass sie beschlossen hatte, nach Paris zu gehen.

Marie Sklodowska wusste, was sie konnte. Sie war überzeugt davon, dasselbe Recht wie ein Mann zu besitzen, an der Universität zu studieren, und dieselben Chancen zu reüssieren. In Paris wurde das möglich. Am siebzigsten Geburtstag von Louis Pasteur, dem 27. Dezember 1892, versammelte sich die französische und internationale Wissenschaftselite im Amphitheater der Sorbonne, um den Meister zu ehren. Die fünfundzwanzigjährige Marie Sklodowska stand da nur wenige Monate vor ihrem Examen an der Sorbonne. Unter lauten Ovationen wurde der kränkliche Pasteur von Frankreichs Präsident Sadi Carnot auf die Bühne geleitet. Die Reden wollten kein Ende nehmen.

Frankreich ehrte Pasteur mit einer großen Goldmedaille. Die sollte, gemäß der Inschrift auf der Rückseite, als eine Gabe von der »dankbaren Wissenschaft und Menschlichkeit« betrachtet werden.[2]

*

Wann und wie kam Alfred Nobel die Idee zu seinen Preisen? Eine Erklärung hat er nicht hinterlassen. Alles, was wir wissen, ist, dass er im Januar 1893 zum ersten Mal von dem Gedanken an einen Friedenspreis an Bertha von Suttner schreibt – im Übrigen das einzige Mal in der Vielzahl von Briefen, die ich gelesen habe, dass er in irgendeiner Weise den Nobelpreis erwähnt.

Als er kurz darauf seine Testamentsverwalter zum ersten Mal zusammenruft, sind es mehr Preise geworden, die auch mehr wissenschaftlich ausgerichtet sind. Zu dem Zeitpunkt hatte Alfred Nobel seine Idee in Druckschrift in einem Dokument zusammengefasst, das bis heute das erste »erhaltene« Testament von Nobel genannt wird, obwohl niemand mehr weiß, wo es sich befindet.

Man kann nicht ausschließen, dass die Ehrung von Louis Pasteur mit hineinspielte. Doch die Entscheidung, einen Fonds zur Förderung wissenschaftlicher Fortschritte zu stiften, kann natürlich genauso gut Ausdruck eines spontanen Einfalls gewesen sein, den er hatte, als er an Bertha von Suttner schrieb, oder auch, als er die Idee mit dem Cholera-Preis hatte. Es gibt Anzeichen dafür, dass sich Alfred Nobel lange mit der Idee eines Preises getragen hat, vielleicht sogar seit dem Entschluss in Sankt Petersburg 1888, einen Wissenschaftspreis zum Gedenken an den Bruder Ludvig einzurichten. Sein erster Vorschlag war schließlich – genau wie bei dem Preis für Ludvig – ein alle fünf Jahre verliehener Friedenspreis.

Es gibt noch viele andere mögliche Inspirationsquellen. Alfred Nobel hatte achtzehn Jahre in Paris gelebt, wo die Akademie der Wissenschaften für ihre zahlreichen prestigeträchtigen Preise berühmt war. Einige von ihnen waren international, und mehrere deckten höchst unterschiedliche Gebiete ab, wie es ja auch der Nobelpreis tun sollte. Alfred Nobels französischer Konkurrent Paul Vieille erhielt einen von ihnen, den Prix Leconte, als 1889 der Streit um das rauchfreie Schwarzpulver auf seinem Höhepunkt war. Ob das ein Stachel war, der Nobels Gedankenwege beeinflusste? In der Ausrichtung eines anderen Preises, des Prix Montyon, findet sich die Formulierung »zum Nutzen der« – in diesem Fall der Sittlichkeit.

Es bleibt bei mehr oder weniger gut begründeten Ratespielen, und wir können uns nur in einer Sache sicher sein: Alfred Nobel wollte nichts kopieren. Er wollte radikal sein und herausstechen, nicht nur mit der Größe des Preisgeldes. Von Anfang an machte Alfred klar, dass der Preis ebenso gut an Frauen wie an Männer gehen konnte, weil er eben an die Allerbesten gehen sollte. Das allein war schon eine Revolution.

Warum also wollte er den Preis schaffen? Die Antwort auf diese Frage liegt in den Myriaden von Ereignissen, Erfahrungen und Umständen begründet, die das Leben eines Menschen ausmachen.

Ein paar Jahre bleiben noch. Alles ist möglich.

*

Am Dienstag, dem 14. März 1893, versammelte Alfred Nobel vier Freunde in der Avenue Malakoff. Ihnen stand eine wichtige Aufgabe bevor: Sie sollten sein neuestes Testament bezeugen. Das erste hatte er schon in dem Jahr, in dem er es geschrieben hatte, wieder zerrissen.

Der Erfinder Thorsten Nordenfelt war einer der Gerufenen. Er brachte seinen Bruder mit. Nordenfelt, der sich mit U-Booten und Torpedos beschäftigte, hatte immer wieder mit Alfred zusammengearbeitet und war kürzlich aus London nach Paris gezogen. Der Physiotherapeut Sigurd Ehrenborg, der Mann hinter der neu gegründeten Schwedisch-Norwegischen Gesellschaft in Paris, war ebenfalls eingeladen. Ehrenborg war ein Mann mit Walrossbart und »großen gastronomischen Einsichten«. Er hatte allen Grund der Welt, sich für Alfred einzusetzen, der wenige Monate zuvor Mitglied der Gesellschaft geworden war. Im Testament, das sie unterzeichnen sollten, war ein nicht geringer Posten für Ehrenborgs »lebensfreudigen«, aber ach so mittellosen Club vorgesehen.[3]

Ehrenborg brachte einen der Norweger aus der Gesellschaft als vierten Testamentszeugen mit. Die Stimmung zwischen den beiden Unionsländern Schweden und Norwegen war in Paris bedeutend besser als in den jeweiligen Heimatländern, wo die radikalen norwegischen

Nationalisten begonnen hatten, eine eigene Flagge ohne das Unionszeichen und eigene Diplomaten im Ausland zu fordern. Alfred Nobel selbst war zu der Zeit Norwegen gegenüber eher freundlich gestimmt. Die norwegische Armee hatte sein rauchfreies Schwarzpulver angenommen, was bis dahin noch nicht einmal die Schweden getan hatten. Doch nun, im März 1893, erhielt das norwegische Parlament in seinem Testament dennoch keinen Auftrag.

Alfred Nobel hatte vermieden, in dem Dokument, das er den Freunden an diesem Dienstag in der Avenue Malakoff vorlegte, irgendwelche Summen zu nennen. Stattdessen hatte er sein Vermögen in Prozentzahlen ausgedrückt. Ein Fünftel sollte an zweiundzwanzig namentlich benannte Verwandte und Freunde gehen, man weiß nicht, welche. Darüber hinaus sollten die Schwedisch-Norwegische Gesellschaft in Paris und Bertha von Suttners Friedensorganisation in Österreich kleinere prozentuale Anteile erhalten, ebenso die Hochschule von Stockholm und das dortige Krankenhaus. Das Karolinska Institutet (KI) in Stockholm ebenso, doch da gab Nobel detaillierte Hinweise, wie das Geld angewendet werden sollte. Das KI sollte einen Fonds bilden und alle drei Jahre die Zinsen als »Preisgeld für die wichtigste und bahnbrechendste Entdeckung oder Erfindung auf dem Gebiet der Physiologie und der ärztlichen Kunst« vergeben.

Als dies abgehandelt war, blieben noch fast zwei Drittel des Vermögens. Diesen Topf wollte Alfred Nobel der Akademie der Wissenschaften in Stockholm zur Verfügung stellen. Das Geld sollte in einen Fonds eingebracht werden, bestimmte er, und in diesem Fall sollten die Zinsen *jedes Jahr* als Preis für »die wichtigsten und bahnbrechendsten Entdeckungen oder gedanklichen Arbeiten auf dem weiten Gebiet des Wissens und des Fortschritts« vergeben werden. Die Physiologie und die Medizin hatten ihren eigenen Preis bekommen und sollten hier nicht miteingerechnet werden, doch ansonsten sollte die Akademie der Wissenschaften breit angelegt denken. Nur einen Vorbehalt hatte Alfred, dies mit einem klaren Wink an Bertha von Suttner: Bei der Wahl des Preisträgers sollte die Akademie diejenigen, denen es gelungen sei, einem europäischen Friedenstribunal Gehör zu verschaffen, »besonders beachten«.[4]

Um wie viel Geld mochte es gehen? Alfred Nobels viele Ausbrüche wirtschaftlicher Panik im Laufe der Jahre erscheinen im Nachhinein etwas übertrieben und in erster Linie durch vorübergehende Liquiditätsengpässe verursacht worden zu sein. Er war immer noch einer der größten Aktionäre sowohl in der Ölgesellschaft Bröderna Nobel wie auch in den beiden Dynamit-Trusts. Er besaß Immobilien in mehreren Ländern, und die Tantiemen für die vielen Patente strömten weiter. Als man nach Alfred Nobels Tod alles zusammenrechnete, lag die Endsumme bei knapp dreiunddreißig Millionen schwedischen Kronen (ungefähr 220 Millionen Euro heute).

Doch zu dem Zeitpunkt hatte Alfred Nobel sein Testament ein weiteres Mal umgeschrieben, und der arme Ehrenborg bekam überhaupt kein Geld für seinen armen Pariser Club.

*

Reichtum bedeutete Freiheit. Alfred Nobel genoss es, auf eigenen Beinen zu stehen und frei seine Schwingen auf dem »Gebiet des Fortschritts« erproben zu können, ohne wie früher die komplizierten Dynamitunternehmen einbinden zu müssen. Er schüttelte so viele förmliche Verpflichtungen von sich ab, wie er nur konnte, und in San Remo wartete sein neues Labor auf ihn.

Alfred Nobel sagte oft, wenn er im Jahr tausend Ideen hätte und nur eine einzige davon in die Wirklichkeit umsetzbar sei, wäre er schon zufrieden. Und tausend war keine Übertreibung. »Im Nobelschen Hirn spukt eine unnormale Anzahl von Bildern herum, die wir Ideen nennen«, schrieb er einmal an Robert. Er pflegte die Angewohnheit, Projektlisten zu schreiben. Eine der späteren Listen trug den Titel »Auszuprobieren & Auszuarbeiten« und enthielt sechsundneunzig erdachte chemische und technische Projekte. Bei den meisten davon handelte es sich um reine Laborversuche, doch Alfred listete auch Dinge wie

»Telegrafie mit unsichtbaren Zeichen«, »lokale Wärmestrahlung als Heilmittel« und »Einführung von Eiskellern im Süden« auf. Bei einem Projekt ging es um künstliche Diamanten, bei einem anderen darum, zu »versuchen, ob nicht die Impfung mit dem Blut von jemandem, der von Scharlach [und] Typhus geheilt ist, Vakzine gegen dieselbe Krankheit« ergibt.[5]

Bei vielen Projekten ging es um Kanonen, Raketen und Projektile. Im Frühjahr 1893 drehten sich Alfred Nobels Gedanken größtenteils um »den fliegenden Torpedo«. Er hatte jüngst eine Zusammenarbeit mit Wilhelm Unge begonnen, einem schwedischen Erfinder und ehemaligen Artilleristen mittleren Alters, der versuchen wollte, ein Projektil mit einer Rakete zu verbinden. Kampfraketen dieser Art waren zwar durchaus schon erprobt worden, doch die Herausforderung bestand darin, sie wirklich treffsicher zu machen. Alfred Nobels Träume flogen fast ebenso hoch wie die Raketen. Er begann, sich umzuhören, ob er nicht in Schweden für »seine Arbeiten in militärischer Richtung« eine Schießanlage kaufen könnte.

Eine etwas konkretere Idee war, aus Schießbaumwolle – einer der explosiven Rohwaren in seinem Ballistit – künstliches Gummi und Leder zu gewinnen. Auch an Kunstseide glaubte er, während er gleichzeitig mehrere Bücher über die Geheimnisse der Elektrizität durcharbeitete und über neue Lampenkonstruktionen nachgrübelte. In all diesem bunten Treiben war eine ganz neue Freude zu erkennen. Alfreds Briefe begannen Arbeitseifer und Energie auszustrahlen. Er wirkte wie ein neu geborener Immanuel Nobel, manchmal fast ebenso jovial. Wenn sich die Herzbeschwerden bemerkbar machten, klang es nun anders: »Es wäre fast schade, wenn ich jetzt abkratzen würde, wo ich so besonders interessante Sachen zu tun habe.«[6]

Im April 1893 besuchte Professor Axel Key vom Karolinska Institutet San Remo. Key war davon ausgegangen, dass Alfred Nobel in wärmere Gefilde gezogen war, um sich im Herbst des Lebens auszuruhen, erkannte jedoch, als er das Labor besichtigte, dass es sich genau andersherum verhielt. Axel Key, der Nobel noch nie zuvor getroffen hatte, bewunderte die Pracht des »Feenschlosses« des Erfinders und den üppigen Park mit all seinen Rosen, Zitronen und Apfelsinen. Dieser Überfluss passte gar nicht zu Nobels zurückhaltender Persönlichkeit. »Einfach, uneitel und offen empfing er mich mit größter Freundlichkeit«, berichtete Key in einem Brief an seine Frau. Er wurde des Abends in die dunkle Villa Nobel eingeführt und beschrieb fasziniert, wie »die elektrische Beleuchtung aufflammte, während [wir] durch die wunderbaren Säle und Zimmer schritten«. Hinterher konnte der Professor kaum alle Gerichte aufzählen, zu denen er geladen worden war, und ebenso wenig die ausgesuchten Weine. »Nach dem Diner der superbste Mokka und dazu Zigarren, aber was für Zigarren!!!« Key hatte eine ganze Hand voll davon mit ins Hotel nehmen dürfen.

Alfred Nobel stellte dem Professor einige seiner Ideen zur Medizin vor, und dieser lobte seine Spende nach dem Tod von Mutter Andrietta. »Er war wirklich gerührt und freute sich wie ein Kind, als ich [...] ihm zeigte, welchen außerordentlichen Nutzen wir von seinem Fonds hatten«, berichtete Axel Key. Zum Abschluss wurde der Professor auf eine nächtliche Fahrt mit Alfreds russischen Rappen geladen. Key erfuhr, dass die Pferde in der Stunde ganze dreißig Kilometer rennen konnten. »Jetzt ging es los. Draußen war es pechschwarz, aber ein Paar prächtiger Lampen verbreitete eine fantastische Beleuchtung über die nächste Umgebung mit ihren Gärten und Villen, alles huschte in einem eigentümlichen mystischen Schimmer vorüber, als wir durch die Dunkelheit flogen [...] Bald hörte ich das Meer auf der einen Seite der Straße brausen, und auf der anderen Seite wurden fantastische Klippen beleuchtet, die auch oft über uns hingen.«

Als sie sich am Hotel trennten, hatte Alfred Nobel Key verraten, dass er in seinem Testament das Karolinska Institutet bedacht hatte. Doch von einem Preis sprach er nicht.[7]

Kurz darauf erhielt Alfred Nobel eine Nachricht, die seine Unternehmungslust noch steigerte. Die Philosophische Fakultät der Universität Uppsala wurde dreihundert Jahre alt, und man hatte beschlossen, ihn auf den Jubiläumsfestlichkeiten im Herbst zum Ehrendoktor zu ernennen. Alfred, der normalerweise nicht viel auf Medaillen und Auszeichnungen gab und die meisten seiner Orden lose in einem Schuhkarton aufbewahrte, war offensichtlich erfreut. Er drückte seine tiefe Dankbarkeit über den »ehrenvollen«, wenn auch unverdienten Titel aus und betrachtete ihn als eine Ermunterung zu fortgesetztem Streben. »Die wahren Siege der neuen Zeiten – die Siege über Unwissenheit und Grobheit – sind von den Universitäten ausgegangen, und jeder denkende Mensch sollte deshalb deren Einsätze bejubeln. Es wäre mir sehr teuer, dies in Uppsala tun zu können«, schrieb er in seinem Antwortbrief.[8]

Als der Neffe Emanuel Nobel in diesem Sommer Paris besuchte, wurde er mit den vielen neuen und höchst originellen Ideen des Onkels überschüttet. Hinterher fühlte er sich leer. Im Vergleich mit Alfred wirkten andere Menschen so öde und engstirnig. Traf das womöglich auch auf ihn selbst zu?

Ihm war das Los zuteilgeworden zu versuchen, einige der neuen Einfälle des Onkels in die Wirklichkeit umzusetzen. Darunter die Spende von 10 000 Rubel an das Forschungsinstitut von Prinz Oldenburg in Sankt Petersburg. Diese Spende war für einige medizinische Experimente gedacht. Zum Teil wollte er untersuchen, ob man Blut zwischen Tieren übertragen könne, indem man Adern abschnitt und sie direkt miteinander verband. Außerdem wollte er die Verbindung zwischen dem Giftgehalt im Urin und gewissen Krankheiten ergründen sowie eine allgemeine Studie über die Funktionen der Milz anregen. Stolz bezog sich Alfred auf die ermunternden Reaktionen auf seine Vorschläge von »Schwedens größter Autorität innerhalb der Physiologie«, Professor Axel Key am KI. Er hoffte, die beiden Institute könnten zusammenarbeiten.[9]

Für Emanuel bedeutete der Auftrag eine willkommene Unterbrechung. Er befand sich in seinem Ölgeschäft mitten in einer langwährenden Auseinandersetzung mit der amerikanischen Standard Oil und den französischen Rothschilds, die zwischen feindseligem Preisdumping und hinterhältigen Kartellverhandlungen hin und her wechselte.

Die fröhlichen Briefe von Alfred waren Lichtblicke. Dazu gehörte auch Alfreds unterhaltsame Korrespondenz mit dem Entdeckungsreisenden Sven Hedin, von der er Emanuel freundlicherweise eine Kopie geschickt hatte. Hedin war in jungen Jahren Hauslehrer in Baku gewesen und hatte auch Ludvig Nobel kennengelernt. Jetzt nutzte er die Gelegenheit, bei Emanuel und Alfred um Geld für seine Abenteuer in Asien zu betteln. Aus den Antwortzeilen strahlte Alfreds großartige Laune: »Höchst verehrter Herr Doktor! Seit die Elektrizität und in ihrem Schlepptau auch die Gedanken in einer Viertelsekunde um die Welt reisen können, hege ich eine souveräne Verachtung für die lumpigen Dimensionen unseres Globus. Daraus folgt, dass ich mich noch weniger als früher für Entdeckungsreisen interessiere, denn was kann schon auf einem so kleinen Ball groß entdeckt werden? Als Beweis für meine außerordentliche Inkonsequenz möchte ich jedoch bekennen, dass ich das lebendigste Interesse für Entdeckungen auf einem viel kleineren Weltkörper hege, nämlich dem Atom, seiner Form, seiner Bewegungen, seines Schicksals [...].«

Dennoch legte Alfred 2000 Franc für Hedins Expedition in das Kuvert. »Langsam fange ich an, ernsthaft Respekt vor unserem König zu haben, denn ich glaube, er ist der einzige Stockholmer, der mich noch nicht um Geld angegangen ist oder es auch nur versucht hat«, schrieb Alfred in seinem Brief an Emanuel, dessen Geschwister und Kollegen. Er verhöhnte Hedin, der den Segen des Königs in seinem Bettelbrief hervorgehoben hatte. »*Tant pis* für Hedin, denn sonst hätte er mehr von mir bekommen.«[10]

*

Es stimmte, dass sich Alfred Nobel, mal abgesehen von den Polarexpeditionen seines Freundes Nordenskiöld, bisher nicht sonderlich um Entdeckungsreisen geschert hatte. Ebenso wenig kommentierte er je die kolonialen Raubzüge der europäischen Großmächte in Afrika. Der Roman, den er jetzt in seinem manischen Arbeitseifer anzulegen begann, hieß zwar *I ljusaste Afrika* (»Im hellsten Afrika«) – mit einem deutlichen Hieb gegen das jüngste Angeberbuch des britischen Kolonisten Henry Morton Stanley, das den Titel *Im dunkelsten Afrika* (1890) trug. Doch aus den erhaltenen Fragmenten geht hervor, dass Alfred mehr ein allgemeinpolitisches Manifest plante. Die Hauptperson schafft es nicht einmal nach Afrika, doch auf der Reise dorthin bezieht der radikale Alfred Nobel Stellung zu mehreren der brennendsten Fragen seiner Zeit.

Der Entwurf zu *I ljusaste Afrika* ist als Leseerlebnis betrachtet eine Prüfung, aber interessant für den, der Alfred Nobel kennenlernen möchte. Hier lässt er sein Alter Ego, den linksliberalen Avenir, in langen Dialogen mit dem stockkonservativen Erzähler der Geschichte argumentieren. »Ich bin kein Sozialist«, sagt Avenir bei einer Gelegenheit, »aber in einer Gesellschaft stehen das Individuum und das Kollektiv in unaufhörlichem Wechsel, und wenn der Staat die Rechte des Individuums falsch auffasst, dann missbraucht und untergräbt er auch seine eigenen.« Avenir geht hart mit der Alleinherrschaft ins Gericht und zeigt sich entsetzt über ererbte Königsthrone und Vermögen. Etwas ohne Anstrengung zu bekommen sei nie sinnvoll. »Wo die Impulse fehlen, beginnt man zu vegetieren«, schreibt der Schriftsteller Alfred Nobel. »Man kann leicht berechnen, wie viel ein Vermögen in Francs oder Kronen bedeutet, doch seine Valuta in Vergnügen ist schon schwieriger zu kalkulieren. Sicher ist, dass ein großes Erbe für viele ein Unglück ist und dass junge Menschen mit unendlichen Finanzressourcen oft zu den verlorensten auf der Erde gehören.«

Er erhob auch seine Stimme für ein Wahlrecht der Frauen zu den gleichen Bedingungen wie das der Männer. Alfred Nobel ärgerte sich über die oft unverdiente übergeordnete Stellung der Männer in der Gesellschaft. Einer seiner Nichten gegenüber scherzte er einmal, er meine, er sei vor langer Zeit »im Stadium der Seelen- und Zellenwanderung« ein Mädchen gewesen und deshalb würde er ihre Situation so gut verstehen. Wenn Frauen mit naturwissenschaftlichen Ambitionen sich an ihn wandten, dann antwortete er immer und versprach mindestens Empfehlungen. »Die Gesellschaft legt den gebildeten Frauenzimmern immer noch so viele Hindernisse in den Weg, dass man es als Ehre ansehen muss, ihnen zu Diensten sein zu können«, schrieb er in einem Brief. Doch galt diese Überzeugung nicht für alle – das Codewort war »gebildet«. Als ein Rentenfonds für Krankenschwestern um finanzielle Unterstützung bat, musste man hören, dass Alfred fand, »Frauenzimmer, die Kranke ohne Bezahlung versorgen, tun das unvergleichlich viel besser als angestelltes Personal«.[11]

Das Codewort »gebildet« zog auch eine Grenze für Alfred Nobels demokratische Ambitionen. Ein allgemeines Wahlrecht war für ihn nicht vorstellbar, wenn man dem Romanentwurf glauben mag. Diese Macht wollte er nur »gebildeten« Frauen und Männern zugestehen. Es würde ja auch wohl niemand auf die Idee kommen, dem Vater und dem Kind denselben Einfluss in einer Familie zu geben, argumentierte der Schriftsteller Alfred Nobel.

Sein Ideal war ein gewählter Präsident mit ebenso großer Begabung wie Macht, ein Staatschef, der unter der kritischen Beobachtung starker, gewählter Gouverneure stand. Und der Presse. Alfred konnte ätzende Kommentare gegen Journalisten loswerden, doch hier im *Ljusaste Afrika* hebt er die entscheidende Rolle der freien Presse in der idealen Gesellschaft hervor.

Die Überlegungen waren von dem Vormarsch der Arbeiterbewegung in Europa geprägt. In einem Land nach dem anderen hatten sich sozialdemokratische Parteien gegründet, und in Schweden zum Beispiel gab der Parteivorsitzende Hjalmar Branting (Nobelpreis 1921) in der Debatte immer stärker den Ton an, auch wenn ein Platz im Reichstag noch mehrere Jahre entfernt lag. Mit der Zeit sollte sich Alfred Nobel selbst Sozialdemokrat nennen, »wenn auch mit Zurückhaltung«. Im Sommer 1893 schlug der sozialpolitische Pionier Nobel vor, dass an »dem Tag, an dem die Welt wirklich zivilisiert wird, diejenigen, die noch nicht arbeiten können – die Kinder – und diejenigen, die nicht mehr arbeiten können – die Alten –, das Recht auf eine staatliche Rente erhalten werden. Das wäre voll und ganz gerecht und außerdem einfacher als man denkt.«[12]

Bertha von Suttner gehörte zu denen, die – wenn man ihren Briefen an Alfred glauben kann – sich über die wachsende sozialdemokratische Bewegung freuten. Sie hatte das Gefühl, dass Europas Sozialdemokraten, vor allem die der nordischen Länder, im Kampf um den Frieden hinter ihr standen. Auf der anderen Seite war die erfolgsorientierte Bertha auch den Anarchisten gegenüber, die das damalige Europa mit Terrorattacken und Bombenanschlägen terrorisierten, nicht vollkommen negativ eingestellt. Auch deren Erfolge dienten ihrer Sache. Je mehr sie bombten, desto intensiver wurde der Traum vom Frieden bei den betroffenen Menschen.[13]

Von Suttner hatte Alfred Nobel schon lange in den Ohren gelegen, er solle doch seinen Einsatz für den Frieden in eine größere Öffentlichkeit bringen. Einige Zeitungen hatten das Skurrile daran, dass ein Erfinder von Kriegswaffen sich der Friedensbewegung angeschlossen hatte, ins Visier genommen, doch Bertha fand, er solle sich selbst zu Wort melden. Zu diesem Zweck hatte sie Alfred mit dem Kassier der französischen Friedensgruppe, dem Journalisten und Erfinder Aristide Rieffel zusammengebracht. Rieffel hatte schon mehrmals gedrängt, zunächst um Alfred dazu zu bringen, im *Le Figaro* zu schreiben, dann um die Genehmigung zu erhalten, einen Artikel über ihn schreiben zu dürfen. Alfred mochte Rieffel, wollte aber keine große Öffentlichkeit. Bei ihren Zusammentreffen hatten die beiden deshalb meist über Erfindungen gesprochen. Rieffel hatte sich Gedanken über die Ballone der Zukunft gemacht. Alfred hingegen glaubte aber an eine andere Art Fluggeräte, die es so machten wie die Vögel, indem sie erst eine rasche Schnelligkeit erreichten, um dann mit stillstehenden Flügeln zu gleiten. »Was Vögel können, können Menschen auch«, schrieb er hernach an Rieffel.[14]

Die Attentate der Anarchisten häuften sich. Zwischen Sommer 1892 und Sommer 1894 detonierten allein in Paris elf Bomben. Stimmen wurden laut, die schärfere Dynamitgesetze verlangten, und da endlich durfte Rieffel seinen Artikel veröffentlichen. Er erhielt den Ehrenplatz ganz links auf der ersten Seite des *Figaro* vom 16. November 1893 mit fast zwei Spalten. »Jedes Mal, wenn ein Dynamitattentat ausgeführt wird, gibt es einen Mann auf der Welt, der zutiefst verärgert und betrübt ist, weil er selbst ein Feind der Gewalt ist: Das ist der Erfinder des Dynamits, der schwedische Ingenieur Alfred Nobel«, begann Rieffel.

Durch seinen devoten Ansatz wurde der Artikel peinlich. Rieffel schrieb, wie Nobel der Menschheit eine Kraft habe schenken wollen, um Tunnel und Felsen zu sprengen, jetzt aber gezwungen sei mit anzusehen, wie diese von Kriminellen missbraucht wurde, um zu töten. Er erzählte von Nobels »liebenswerter« und bescheidener Persönlichkeit, von seinem Leben zwischen den Blumen in San Remo und seinem brennenden Interesse für den Frieden. Alfred, der Kosmopolit, der in so vielen Ländern gelebt hatte, dass er »internationale Konflikte objektiv« beurteilen könne, soll gesagt haben, er wolle »alle Armeen abschaffen«.

Rieffel argumentierte, wenn man das Dynamit für die Unglücke verantwortlich machte, dann müsse man auch den Dampf und das Feuer abschaffen. Stattdessen sollte man doch im Gedächtnis behalten, dass diese Erfindungen mehr Gutes als Böses mit sich brachten. Er endete mit: »Deshalb müssen wir über den Erfinder des Dynamits wie über jeden anderen Erfinder auch sagen: Dies ist ein Wohltäter der Menschheit.«[15]

*

Im Herbst 1893 hatte Johan Wilhelm Smitt Kontakt zu Alfred Nobel aufgenommen. Smitt war der vermögende »König von Kungsholmen«, der 1864 mit Kapital zur ersten Sprengstoffgesellschaft in Stockholm beigetragen hatte. Jetzt bat er für einen jungen Verwandten um einen Job – den Sohn seiner Cousine, den dreiundzwanzig Jahre alten Ragnar Sohlman.

Alfred hatte schon lange erwogen, einen sprachkundigen Sekretär anzustellen, und aus dem Brief ging hervor, dass der junge Sohlman drei Jahre in den USA gelebt hatte. Das klang vielversprechend. Außerdem wies sein Lebenslauf ein Examen in Chemie auf, einige Sommerpraktika in der Dynamitfabrik in Vinterviken und eine längere Zeit in einer Sprengstofffabrik in den USA auf. Zurzeit arbeitete er im schwedischen Pavillon auf der Weltausstellung in Chicago, wollte aber gern nach Hause zurückziehen.

Ragnar Sohlman war der jüngere Bruder des Chefredakteurs des *Aftonbladet*, Harald Sohlman. Der Vater der beiden, August Sohlman, hatte dieselbe Position innegehabt, war aber 1874, als Ragnar erst vier Jahre alt war, auf tragische Weise ertrunken. Ragnar selbst hatte für die Zeitung unter anderem aus dem Kaukasus Reportagen geschrieben und natürlich auch über Baku berichtet. Er war zufällig Kommilitone und Freund von Robert Nobels Sohn Ludvig. »Ich [habe] mir gedacht, dass du vielleicht Anwendung für den jungen Mann finden könntest«, schrieb Smitt.

Alfred musste nicht lange nachdenken, hatte er doch gerade in dieser Zeit eine extreme Arbeitsbelastung. Er ließ mitteilen, dass Sohlman eine Anstellung und 5000 Kronen im Jahr bekommen könne, wenn er sofort käme.

Ende Oktober kam Ragnar Sohlman in Paris an. Er wusste nichts darüber, was man von ihm erwartete, und nicht einmal, wo er arbeiten würde – in Paris, San Remo oder irgendwo anders in Europa. Alfred Nobel empfing ihn in der Avenue Malakoff. Ragnar sah eine große Persönlichkeit, einen zutiefst originellen Menschen, der die Dinge mit den Augen des Erfinders betrachtete und »nicht wie sie sind, sondern wie sie sein sollten«. Nobel war gescheit und schien von schwindelerregender Allgemeinbildung. Nobel seinerseits sah vermutlich einen reservierten, allzu korrekten jungen Mann mit hellem Haar und beneidenswert schönen Gesichtszügen. Ragnar hegte manchmal einen übertriebenen Respekt für ältere Autoritäten. Als die Zeit mit Alfred vorüber war, sollte er bereuen, in Gegenwart seines Chefs nicht entspannter gewesen zu sein, doch vor solch einem geistigen Giganten fühlte er sich mickrig.[16]

Sie kamen auf Religion zu sprechen, und Alfred verspottete wie gewöhnlich sowohl die Kirche als auch das Christentum. Ragnar, der so schwach gewirkt hatte, antwortete mit einem ehrlichen Bekenntnis zu seinem christlichen Glauben. »Da beschloss ich, ihn anzustellen, denn ich fand, er war ein Mann, der fest zu dem stand, was er für richtig hielt«, erzählte Alfred Nobel später.[17]

Ragnar Sohlman durfte damit anfangen, Alfreds Büchersammlung in Paris zu ordnen. Dann wurde er nach San Remo geschickt, wo sich Alfred bald einfinden wollte, um mit den Vorbereitungen für das Gerichtsverfahren in Großbritannien zu beginnen.

Rein formell trafen hier vor Gericht nicht Alfred Nobel und die beiden britischen Professoren Frederick Abel und James Dewar aufeinander. Alfred hatte sein Ballistit-Patent in die Gesellschaft Nobel Explosives eingebracht, die ihrerseits den Direktor der staatlichen Cordite-Fabrik wegen Patentverletzung angezeigt hatte. In der Praxis aber war Alfred in höchstem Maße persönlich berührt. Es ging um seine Ehre. Und um sein Geld.

Schon am Neujahrstag 1894 begann die Sorge zu mahlen. Alfred bekam »diese rheumatischen Teufel zu Besuch in den Herzmuskeln«. Traurige Nachrichten aus Sankt Petersburg trugen dazu bei, die Stimmung zu drücken. Der Neffe Carl Nobel war plötzlich verstorben, wahrscheinlich an Diabetes. Ragnar Sohlman sollte schnell lernen, die Reaktionen seines Chefs auf Widerstände, nicht zuletzt beruflicher Art, zu lesen. Wenn alles gut lief, war Alfred harmonisch und wohlwollend. Blieben die Erfolge aus, wurde er krank, fühlte sich alt und nutzlos und freute sich, dass er »gute Freunde hatte, die ihn nach seinem Tod verbrennen würden«.[18]

Anfänglich hatte Ragnar seine Probleme mit den Gemütswandlungen. Er wohnte in San Remo nicht in der Villa Nobel, wurde aber oft zum Essen dorthin eingeladen. Das war freundlich gemeint, doch ehrlich gesagt hatte Ragnar nicht sonderlich viel für diese Abende übrig.

Alfred konnte »wie ein einziges Nervenbündel« und in seinen seltsamen Gedankengängen gefangen sein. »Sein Äußeres ist rot«, schrieb Ragnar in einem Brief nach Hause, »[...] will, wie er sagt, vier Dinge abschaffen: Religion, Nationalität, Erbe, Ehe. [...] Seine größte Inkonsequenz ist vielleicht, dass er, der den Krieg als einen Fluch und eine kolossale Dummheit betrachtet, ständig dabei ist, seine Zerstörungskräfte zu vervollkommnen.«[19]

Ansonsten ging es Ragnar gut. Wenn Alfred vor Ort war, wurden die Arbeitstage lang und intensiv, aber wenn er wegfuhr, kehrte Ruhe ein. Sein Kollege, der englische Chemiker Hugh Beckett, war äußerst sympathisch und die Landschaft magisch. Ragnar hatte schon von den Spalieren der Villa Nobel Rosen gepflückt und seiner Mutter nach Hause geschickt. Als am Neujahrsabend bekannt wurde, dass Ragnar sich mit seiner norwegischen Freundin Ragnhild Ström verlobt hatte, lud Alfred zu einem Souper mit Haselhühnern aus Sankt Petersburg. »Ja, Herr Sohlman soll wissen, wenn ich damals, als ich jung war, nicht so kränklich gewesen wäre, dann hätte ich dasselbe getan«, sagte er und überreichte ihm fünfundzwanzig Aktien aus dem Dynamit-Trust als Verlobungsgeschenk. Ragnar wurde weich. Alfred Nobel war ein seltsamer, aber sehr fürsorglicher Mensch, das musste er zugeben.[20]

Kurz vor der Abreise zum Prozess in London erzählte Alfred Ragnar, dass er sich eine »Schießbahn« in Schweden gekauft habe. Das war eine fast komische Untertreibung. Nach einem halben Jahr der Sondierungen und Verhandlungen hatte Alfred zugeschlagen und das verlustgeschwächte Eisenhüttenunternehmen Bofors in Värmland gekauft – mit Kanonenwerkstatt, Schmelzofen, Stahlgießerei, Walzwerk und Schmiede. Bofors war viel mehr als nur eine »Schießbahn«. Es war ein Ort für groß angelegte Projekte. Ragnar Sohlman erhielt den Auftrag, ein Labor zu entwerfen.[21]

Alfred Nobel war als Zeuge zum Patentverfahren in London geladen. Seine Erwartungen waren nicht hoch, er wusste, dass er starke Kräfte herausforderte und viele seine Klage wegen Patentverletzung als eine Bedrohung für Großbritanniens Recht auf die beste Verteidigung auffassten. Während der Verhandlungen im Herbst hatten sich dennoch einige einflussreiche Briten auf seine Seite gestellt. Ein Parlamentsabgeordneter im Unterhaus hatte sich erdreistet, das Gerichtsverfahren den »Cordite-Skandal« zu nennen, und ohne Umschweife Abel und Dewar bezichtigt, sie hätten Nobels Erfindung gestohlen. Der Abgeordnete ging noch weiter. Er klagte die Professoren an, aus ihrem Regierungsauftrag im Sprengstoffkomitee des Verteidigungsministeriums private Gewinne gezogen zu haben.[22]

Das komplizierte Gerichtsverfahren zog sich über mehrere Wochen hin und schlängelte sich laut Presse wie eine träge Boa zwischen unbegreiflichen technischen Feinheiten hindurch. Genau wie Alfred gefürchtet hatte, kreiste es hauptsächlich um ein Detail in seinem Patent. Er hatte geschrieben, dass die Schießbaumwolle (die Nitrozellulose) in seinem Ballistit »von der wohlbekannten löslichen Art« sein solle. In Abels und Dewars Patent für Cordite hingegen wurde als Ingredienz »nicht lösliche« Nitrozellulose angegeben.

Vor Ort im Zeugenstand versuchte Alfred zu argumentieren, dass es zwischen löslicher und nicht löslicher Schießbaumwolle keinen großen Unterschied gäbe. Auch andere bestätigten diese These, fanden aber kein Gehör. Resigniert notierte Alfred, niemand würde sich um all die Dokumente, die er mitgeschleppt hatte, scheren. Nicht einmal die Briefe, die verlesen wurden und zeigten, wie alles vonstattengegangen war, hatten irgendeinen Einfluss. Im Gerichtsverfahren ging es um eine Patentverletzung. Der Richter stellte fest, es gebe bewiesenermaßen einen entscheidenden Unterschied zwischen den patentierten Produkten. Das Mauseloch blieb offen. Abel und Dewar gewannen den Prozess.

So ein Humbug, solche Parasiten, seufzte Alfred hinterher. Genauso gut hätte man über die Gerechtigkeit das Los werfen können, fand er. Das würde weniger Zeit und Geld kosten und die Chancen kaum verringern.[23]

Die Londoner Zeitung *Pall Mall Gazette* jedenfalls stand auf seiner Seite. »Mr. Nobel hegte in seiner Kommunikation mit dem Komitee für Sprengstoffe keinen Gedanken daran, dass er es mit möglichen Rivalen um ein Patent zu tun haben könnte. Die Briefe, die verlesen wurden, waren äußerst freundlich und vertraulich, und niemand hätte aus dieser Lektüre geschlossen, dass Sir F. Abel und Professor Dewar sich mit dem Gedanken trugen, selbst ein Patent darauf anzumelden, während sie die ballistischen Eigenschaften lobten und Verbesserungen vorschlugen.«[24]

Noch war das letzte Wort nicht gesprochen. Doch sie mussten ein Jahr auf die Entscheidung der höchsten Instanz, dem House of Lords, warten.

*

Der Ankauf von Bofors hatte neue Gefühle in Alfred Nobel geweckt: Heimweh. Das alte Heimatland Schweden lockte ihn mehr, als er erwartet hatte. Seit er selbst während der kurzen Zeit in den 1860er-Jahren in Stockholm gewohnt hatte, hatte sich so viel verändert. Schweden mit seinen Unternehmen war jetzt eine pulsierende Nation, die mit großen Schritten in die zweite industrielle Revolution unterwegs war. Die Papierindustrie und die Sägewerke blühten, und in der Eisenverarbeitung machte man den Schritt zu neuen, moderneren Produktionsmethoden. Aber das Gefühl eines neuen Frühlings sollte vor allem von den ersten »Tüftlerindustrien« ausgehen. Da waren die Telefone von Lars Magnus Ericsson und die revolutionären Milchzentrifugen. In Västerås hatte der Ingenieur Jonas Wenström kürzlich eine Methode erfunden, wie man Elektrizität den langen Weg von den Flüssen in Norrland zu den Fabriken im Süden transportieren konnte. Die Allmänna Svenska Elektriska Aktiebolaget, ASEA, stand vor einer großen Zeit.[25]

Das war eine Umgebung, in der sich Alfred Nobel wohlfühlen würde.

Politisch befand sich das Heimatland in einem mühsamen Ringen zwischen Liberalen und Protektionisten. Die Proteste dagegen, dass immer noch erst ein Viertel der mündigen Männer in Schweden das

Wahlrecht für den Reichstag besaß, wurden zahlreicher. Frauen durften nicht wählen, arme Leute schon gar nicht, und im Großen und Ganzen eigentlich niemand von den vielen Industrie- und Landarbeitern. Der konservative König Oscar II., der nunmehr seit zwei Jahrzehnten auf dem Thron saß, tat sein Bestes, den Gegenwind schlicht abzuwettern.

Alfred Nobel hatte sich eine eigene Fabrik gewünscht. Nun hegte er große Pläne für Bofors und wollte vor allem auf Waffenteile setzen und die Kanonenwerkstatt ausbauen – so schrieb er an die Leitung des Unternehmens. Doch die Umstellung sollte langsam vonstattengehen. Die fünfhundert Angestellten der Eisenhütte mussten sich keine Sorgen um ihre Jobs machen. Außerdem berichtete der neue Besitzer, er wolle ein großes Labor einrichten, das er privat finanzieren würde. Das sollte am besten in der Nähe des Herrensitzes der Eisenhütte im ein paar Kilometer entfernten Björkborn liegen. Alfred versicherte, dass der Herrensitz vor seinem ersten Besuch nicht in Ordnung gebracht werden müsse. Er sei ein anspruchsloser Mensch. Alles, was er brauche, sei ein Bett, ein Bücherschrank und eine gute Küche – nicht weil er verwöhnt sei, sondern weil er Magenprobleme habe.[26]

Er beschloss zu versuchen, sein geliebtes Aluminiumboot *Mignon* nach Schweden zu überfahren, weil es sich auf den schwedischen Seen besser als im Mittelmeer machen würde.[27]

Im Juni kamen die Neffen Hjalmar und Emanuel nach San Remo. Das Verhältnis der beiden Cousins stand nach wie vor nicht zum Besten. Emanuel hatte behauptet, er wolle Hjalmar im Ölunternehmen zurückhaben, doch Hjalmar hatte das Gefühl, dass der Cousin der Frage aus dem Weg gehen und ihn in den laufenden Kartellverhandlungen auf Abstand halten wolle. Hjalmar hatte im Leben noch nicht richtig Fuß gefasst. Momentan konnte er höchstens auf einen Bürojob in Antwerpen oder in einem Austerngeschäft in Arcachon hoffen. Er fühlte sich wie das schwarze Schaf der Familie.

Onkel Alfred rettete ihn und bot ihm stattdessen eine Anstellung in Bofors an, wo er Hilfe bei einem neuen Ansatz in der Kanonenherstellung und bei der Möblierung des Herrensitzes benötigte. Der Onkel schloss nicht einmal einen Platz in der Direktion für Hjalmar aus, solange dieser sich ein bisschen »Kanonenwissen« aneignete.[28]

Alfred wollte bald nach Schweden reisen, doch erst musste er noch sein Privatleben aufräumen. Die Situation mit Sofie Hess war eskaliert, und Alfred hatte schließlich beschlossen, andere Saiten aufzuziehen. Das Ergebnis wurde am 10. Juli 1894 im Amtsblatt der *Wiener Zeitung* verkündet. Die Gerichtsbehörde Wiens gab bekannt, dass Fräulein Sofie Hess, Adresse Kärtnerring II, »wegen Verschwendungssucht« unter Vormundschaft gestellt worden sei. Als Vormund war der Direktor der Dynamitgesellschaft in Wien, Herr Julius Heydner, eingesetzt worden.

Über den Boten Heydner teilte Alfred Sofie mit, sie müsse von jetzt an mit 6000 Gulden im Jahr (circa 50 000 Euro heute) auskommen. Sofie war die zehnfache Summe gewohnt.

Die Sache mit Heydner war eine drastische Lösung, doch Alfred hatte keine Wahl. Der Anwalt, den er zuerst beauftragt hatte, hatte den schlechten Geschmack besessen, eine Affäre mit Sofie Hess anzufangen. Und ihre Verschwendung hatte nicht aufgehört. Im Frühsommer waren sowohl von Sofies Schwester als auch von ihrem Vater alarmierende Briefe gekommen. Danach ließ sich Sofie nach wie vor teure Kleider nähen, als ob nichts geschehen sei. Das könne nur in einer Katastrophe enden.

Die Anzeige zeigte Wirkung. Am selben Tag schrieb eine verzweifelte Sofie Hess an Alfred und stellte klar, dass, wenn er sie loswerden wollte, er sofort 200 000 Gulden (circa 1,6 Millionen Euro heute) zahlen müsse. Und im Übrigen habe sie vor zu heiraten. »Was für eine Unverschämtheit!«, schrieb Alfred auf Deutsch auf den oberen Rand des Briefes.[29] Dann fuhr er mit dem jungen Sohlman im Schlepptau nach Schweden.

Ragnar Sohlman gefiel seine Arbeit immer besser. Wie Alfred schon vermutet hatte, lernte er hier wirklich zu denken. Nur war es die ganze Zeit so unglaublich viel, dass ihm schwindelig wurde. Er hatte von Anfang an geahnt, dass die Arbeit abwechslungsreich sein und sich auf die unterschiedlichsten Gebiete erstrecken würde – Chemie, Physik, Elektrizität, Medizin »und ich weiß nicht, was noch alles«. Und das war auch im Grunde in Ordnung. In San Remo musste er mit Kautschuk, Lederersatz, Kunstseide, Legierungen, »Doppelkanonen«, lautlosen Gewehren und allen möglichen Projektilen experimentieren – und dies in einem Ausmaß, das die Nachbarsfamilie Rossi wegen Gefahr für die Umwelt klagen und Alarm schlagen ließ. Während eines Kurzbesuchs in Schweden hatte er zu Professor Key am Karolinska Institutet laufen und Urinproben von Fieberkranken, Nierenleidenden und Syphilispatienten abholen müssen, um das »Vergiftungsniveau« zu messen.

Das waren abrupte Wechsel, und Ragnar war auch nicht der Einzige, den Alfred Nobel beschäftigt hielt. In Stockholm arbeitete Wilhelm Unge weiter an dem »fliegenden Torpedo«, ein schwedischer Instrumentenbauer in Paris hatte von Alfred den Auftrag bekommen, Thomas Alva Edisons jüngsten Erfolg, den Phonographen, zu verbessern. Alfred meinte, eine Lage Firnis auf der Rolle könnte die Lautqualität verbessern, und bestellte bei Edisons Unternehmen einen Apparat.[30]

In Schweden hatte sich Alfred Nobels Ruf als Risikokapitalgeber verbreitet. Im Spätsommer 1894 besuchte er für ein paar Tage Stockholm und empfing im Grand Hôtel geneigte Unternehmer und Erfinder. Bei einer solchen Gelegenheit lernte er die jungen Brüder Birger und Fredrik Ljungström kennen. Fredrik, der erst neunzehn Jahre alt war, würde das Zusammentreffen nie vergessen. Alfred saß am Frühstückstisch, als die Brüder einen steifen Herrn im formellen Gehrock ablösten. Fredrik errötete und bereute das Leinenjackett, den plustrigen weißen Kragen und die kurzen Hosen. Er sah ja aus wie Lord Byron! Doch er machte sich unnötig Sorgen.

»Da saß nun der kleine, anspruchslose Mann, umgeben von vergoldeten Möbeln, und vor ihm verbeugte sich ein Diener, der ihm auf einem Silbertablett ein weich gekochtes Ei und ein paar Scheiben geröstetes Brot brachte«, schreibt Fredrik Ljungström in seinen Erinnerungen.

Alfred Nobel sah von seinem Teller auf und musterte den neunzehnjährigen Fredrik von Kopf bis Fuß. »Was für einen netten Anzug der Ingenieur trägt. Wo kann man so etwas bekommen?« Fredrik entspannte sich. »Mit diesen Worten und dem freundlichen, verständnisvollen Lächeln gewann er für alle Zeiten mein Herz.«

Es war der Beginn einer langen und vielversprechenden geschäftlichen Zusammenarbeit. Die Brüder Ljungström waren auf die neue Fahrradwelle aufgesprungen und hatten ein dreirädriges Rad entwickelt, bei dem man vorn einen Passagiersitz oder einen Lastenträger anbringen konnte, das »Svea-velociped«. Alfred Nobel hörte interessiert zu und sagte zu – auch wenn er selbst nie Fahrradfahren lernte.[31]

Die persönliche Chemie, die zwischen Alfred und den Brüdern Ljungström herrschte, hatte sich dagegen zwischen ihm und Ragnar Sohlman immer noch nicht richtig eingestellt. Alfred Nobel versuchte oft, seinem jungen Mitarbeiter zu zeigen, wie hoch er ihn schätzte. Als Ragnar Anfang September 1894 seine Ragnhild heiratete, schickte Alfred ein Telegramm an »meinen Mitarbeiter und Freund« und gratulierte den Frischvermählten mit einer Verdoppelung von Ragnars Lohn. »Ich möchte hoffen, dass Sie mich in der Zukunft immer bereitwillig finden werden, die Verdienste anderer anzuerkennen«, schrieb er in einem Folgebrief dazu. Bei einer anderen Gelegenheit sagte Alfred, dass »wenn jemand so durch und durch Gesundes wie Herr Sohlman willig ist, mir ein wenig Freundschaft zu leihen, ich das gern annehme und sehr dankbar dafür bin«. Alfred sollte Ragnar vor anderen als »einen seiner wenigen Lieblingsmenschen« bezeichnen, und mit der Zeit war klar für ihn, dass er ihn »ungefähr auf dieselbe Weise wie einen jungen Verwandten« betrachtete.[32]

Ragnar war da nicht so sicher. Die Arbeit interessierte ihn, aber er fand, Alfred sei ungeheuer schwer zu lesen. Nach dem Prozess in London wurde sein Chef fast krankhaft misstrauisch und warf Ragnar manchmal vor, er würde Informationen weitergeben. Es störte Ragnar, wie nervös und verärgert Alfred sein konnte, wenn er nicht sofort alle seine Ideen verstand. Es konnte geschehen, dass Ragnar, so fürsorglich sein Chef sonst auch war, in Briefen ihre Beziehung als »unerträglich« beschrieb, nur um im nächsten Moment wieder eine tiefe Wertschätzung für ihn zu empfinden.

Außerdem hatte Ragnar das Gefühl, dass Alfred ihn für ein bisschen zugeknöpft hielt. Einzelne Kommentare verstärkten in ihm den Eindruck, sein Chef sei »ein Viveur in vollster Bedeutung des Wortes (wie man es wohl nur in Frankreich sein kann)«. Dieses Gerücht war wohl übertrieben, doch hatte Ragnar das Gefühl, in der Richtung nicht viel bieten zu können.[33] Der Neffe Hjalmar war da von anderem Kaliber. Zwischen ihm und Alfred hatte sich ein lockerer, kameradschaftlicher Ton eingefunden, durchaus mit »Viveur«-Einschlag. Nachdem Alfred in jenem Herbst in Aix-en-Provence gewesen war, schrieb er dem Neffen, dass er sich wirklich habe ausruhen können, »denn ich befand mich zwischen zwei Feuern; ich meine, zwei Frauenzimmern; das eine schön und willig, von dem ich nichts wollte, das andere kaum schön, das ich wohl wollte, aber nicht rankommen konnte […] Aber ich scherze natürlich«, fügte er hinzu und verwies auf sein hohes Alter.[34]

Zurück in San Remo schickte Alfred Hjalmar Anweisungen zur Einrichtung des Herrensitzes in Björkborn. Im Schreibzimmer wollte er englische Ledermöbel haben und im Schlafzimmer ein Bett aus Ulmenholz. Es durfte aber nicht irgendein Bett sein. Alfred brauchte »dicke Matratzen, feines Leinen und Kissen, die nicht aus Stacheldraht sind […] Die Breite des Bettes nicht in schwedischen Maßen, die nur für ausgemergelte Klappergestelle gemacht zu sein scheinen.« Den Salon stellte er sich völlig einfach und anspruchslos vor, »ohne jede Art von Luxus«, oder auch »sehr fein […], um Militärattachés oder Gäste zu empfangen, die man nicht vermeiden kann«.

Einige Wochen später kamen noch weitere Ideen. Alfred wies darauf hin, dass seine männlichen Freunde, »solange ich es mir leisten kann«, guten Tabak rauchen dürften, und zwar überall im Haus, »vor allem auf dem WC«, weshalb kein besonderes Rauchzimmer vonnöten sei. Außerdem habe er eingesehen, dass ein unverheirateter Mann wie er nicht nur *ein* Damengastzimmer haben dürfe. Das Ansehen verlange mindestens zwei. Außerdem hatte er noch einmal über die Möbel im Gästezimmer nachgedacht. Für das »anmutige – meist hässliche – Geschlecht« wollte er bemalte oder lackierte Schlafzimmermöbel. Die Betten in allen Zimmern sollten dergestalt sein, dass »selbst hässliche Menschen auf dem Rücken liegen können, ohne dass ein Drittel der Hüften über den Bettrand hinausschaut«. Er hatte nichts gegen einen roten Salon und wollte sowohl einen Billardtisch als auch ein Klavier anschaffen. »Ein Billardtisch ist auf dem Lande eine Ressource und in jeder Hinsicht den Karten vorzuziehen.«

Er endete damit, Hjalmar zu bitten, auch für Ragnar Sohlman und seine norwegische Frau eine passende Wohnung zu suchen.[35]

*

In der täglichen Flut von Bettelbriefen tauchten nun mehrere Namen auf, an die sich Alfred Nobel in seinem dritten und endgültigen Testament erinnern würde. Da war der arme Militärangehörige Gaucher in Nîmes, den Alfred viele Jahre zuvor in Paris kennengelernt hatte. Dieser sollte nach Madagaskar versetzt werden und stand nun vor der schweren Wahl, entweder Frau und Kinder zu verlassen oder zu kündigen und vor dem Nichts zu stehen. Dieser Offizier aus Nîmes, der einen anderen Beruf wollte, muss ein enger Freund gewesen sein, denn er sandte warme Küsse von Alfreds »kleiner Patentochter«. Ein Alfred Hammond aus Texas ließ von sich hören und erinnerte Alfred an die guten alten Zeiten, als sie »ihre Luftschlösser bauten«. Hammond schrieb, dass er es hasse, in einer so teuren Freundschaftsbeziehung Geld anzusprechen, doch eine Missernte im Jahr zuvor habe ihn in wirtschaftliche Not gebracht.

In dem Stapel Briefe tauchten auch Fräulein Winkelmann und ihre Mutter auf. Sie scheint Alfred in Sankt Petersburg kennengelernt zu haben, doch nun lebte die Familie in Berlin, wo sie Alfred ihr Haus zu öffnen pflegte. Die Winkelmanns hatten ihn im Frühjahr in Paris besucht, und Alfred hatte die Mädchen auf eine Einkaufstour durch die

Hauptstadt geschickt, die sie so schnell nicht wieder vergessen sollten. Er pflegte sie ordentlich zu verwöhnen.[36]

Die zukünftigen Miterben vereinten sich mit diversen Spendenvorschlägen und unzähligen weiteren anonymen Notrufen auf Alfreds Tisch. Im November 1894 wurde Alfred Nobel gefragt, ob er sich an der Statue für John Ericsson, den weltberühmten schwedisch-amerikanischen Erfinder, den er in seiner Jugend in New York kennengelernt hatte, beteiligen würde. John Ericsson war einige Jahre zuvor gestorben, und seine sterblichen Überreste waren in einem feierlichen Akt nach Stockholm überführt worden. Alfred beteiligte sich mit fünfhundert Kronen an der Statue. »Meine natürliche Neigung ist es, weniger die Toten zu ehren, die nichts mehr fühlen und denen unsere Marmorhuldigungen gleichgültig sein müssen, als vielmehr den Lebendigen zu helfen, die Not leiden. Doch keine Regel ohne Ausnahme«, schrieb er im begleitenden Brief.[37]

Gegen Ende 1894 begann es, wie Alfred Nobel es ausdrückte, in der Welt »nach Schwarzpulver zu riechen«. Während des Sommers war zwischen China und Japan Krieg ausgebrochen, und die Kämpfe hörten nicht auf. Im November starb der russische Zar Alexander III. an einer Nierenkrankheit. Wie sich sein unvorbereiteter und relativ unreifer Sohn, der sechsundzwanzigjährige Zar Nikolaus II., in der Weltpolitik verhalten würde, stand in den Sternen.[38]

Bertha von Suttners Begeisterung für den Friedenskampf in ihren Berichten an Alfred war dennoch ungebremst. Etwas traurig war sie jedoch darüber, dass aus ihrem gemeinsamen Buchprojekt bisher nichts geworden war, doch wie sie in einem Brief im Oktober 1894 schrieb: »Wenn ich ihre Handschrift auf einem Kuvert sehe, reiße ich es mit fröhlich klopfendem Herzen auf, denn ich erwarte immer, dass sie schreiben: ›meine Freundin, ich werde kommen und mit ihnen arbeiten‹«. Im November 1894 war sie über die Nachricht bestürzt, dass ein gewisser Turpin eine neue, noch tödlichere Granate für den Gebrauch in Kriegen erfunden habe. So etwas würde Alfred doch wohl nie tun, oder? »Wenn Sie eine solche Maschine erfinden sollten, dann bin ich überzeugt davon, dass sie nur ein einziges Ziel haben würde, nämlich den Krieg unmöglich zu machen und auf diese Weise die edelste aller Erfindungen zu werden.«[39]

In ihrem Brief erinnerte Bertha daran, dass es nur noch fünf Jahre waren bis zur Jahrhundertwende. Wenn die Friedensbewegung sich im gehabten Tempo entwickeln würde, dann müssten sie die offizielle europäische Friedensherrschaft auf der Weltausstellung 1900 in Paris ausrufen können. Die nordischen Länder seien weiterhin eine starke Stütze im Kampf, berichtete sie und fragte, ob er wisse, dass die dänische Regierung soeben entschieden habe, das Friedensbüro in Bern mit öffentlichen Mitteln zu fördern. »Friedensbudgets – das ist etwas Neues. Man beginnt unsere Institution als ›gemeinnützig‹ zu betrachten«, schrieb Bertha von Suttner.[40]

Unter den nordischen Ländern war Norwegen eine Klasse für sich. Mehrere Jahre zuvor hatte das norwegische Storting einen Friedensappell an den schwedischen König gerichtet. Das norwegische Parlament hatte verlangt, dass jeglicher Streit zwischen Norwegen und fremden Mächten von nun an friedlich vor einem Schiedsgericht gelöst werden sollte. Dieses Verlangen war von den schwedischen Behörden mit einem Lächeln zurückgewiesen worden, doch die norwegischen Friedensaktivisten gaben deshalb nicht auf.[41] Kurz zuvor hatte Bertha von Suttner einen inspirierenden Brief von dem norwegischen Schriftsteller und Friedenskämpfer Bjørnstjerne Bjørnson erhalten, den sie im Brief an Alfred »ein Genie aus dem Norden, so wie Sie« nannte.

Bjørnstjerne Bjørnson gehörte nicht nur zu den Sympathisanten der Friedensbewegung, sondern stand auch an der Spitze der norwegischen Kampagne gegen die schwedische Oberherrschaft. Nun versprach er Bertha, dass Norwegen, wenn es dem Land erst gelungen sei, sich von Schweden loszumachen, an die Spitze der Abrüstung treten und seine Armee in eine einheimische Polizei umwandeln würde. »Ein Beispiel predigt stärker als tausend Apostel!«, wie er an Berta von Suttner schrieb.

Die Mehrheit der Norweger habe den Glauben an die Segnungen

des Krieges verloren, erklärte Bjørnson weiter. In Schweden verhalte es sich anders. Dort rüste man in großem Stil auf. »Die allgemeine Meinung in Schweden – so sagt man mir – droht Norwegen mit Krieg, weil es die Kontrolle über seine eigenen Angelegenheiten gewinnen möchte. Schweden würde uns gerne durch Krieg dazu erziehen, gute Kriegskameraden zu werden.«

»Bitte, kommen Sie und arbeiten Sie mit uns«, wiederholte Bertha von Suttner gegenüber Alfred Nobel. »Ich arbeite, ich kämpfe, ich habe den Glauben [...] und ich habe, trotz großer Sorgen und Hindernisse, Ruhe in meiner Seele.«[42]

*

Zu seinem Geburtstag im Oktober hatte Alfred von Ingeborg, der ältesten Tochter seines Bruders Robert, Viktor Rydbergs *Römische Tage* bekommen. Das Buch gefiel ihm sehr, und er lobte Rydbergs »Seelenadel und Formschönheit«. Für die neunundzwanzigjährige Ingeborg, die viele Jahre lang nervenschwach und kränklich gewesen war, hatte sich das Leben gewandelt. Sie hatte schließlich einen Mann kennengelernt, den sie liebte, und im Laufe des Sommers hatten die beiden geheiratet. Ingeborg verbarg Alfred nicht, dass sie meinte, ihm »diesen Wendepunkt in meinem dunklen Dasein« zu verdanken. Sie erinnerte ihn daran, wie sie sich gegenseitig getröstet hatten. »Ich erinnere mich so gut an Blick und Tonfall in deiner Stimme, als DU einmal genau das hier sagtest: ›Ach, wenn Onkel Alfred doch so lange leben möge, dass er dieses kleine Ding richtig glücklich verheiratet sehen möge.‹« Jetzt war sie dort angekommen.

Alfred fühlte für Ingeborg eine besondere Verantwortung. Vor mehreren Jahren schon hatte er Robert versprochen, sich besonders um Ingeborg zu kümmern. Das hatte alles von Wohnung bis zu teuren Rechnungen für Behandlungen und Erholungsreisen bedeutet. Ingeborg meinte nun zu wissen, dass ihre Nervenprobleme in »Erschöpfung, Druck und Düsternis zu Hause« ihren Grund gehabt hätten, während Alfred mit seiner erzieherischen Haltung einen »stärkenden« Einfluss auf ihre empfindsame Seele gehabt habe. Sie nannte ihn ihren »Parisonkel« und »durch und durch freundlichen Lebenskamerad«. Jetzt hoffte sie, ihren »Schutzpatron« in ihrem eigenen Zuhause versorgen zu können.[43]

Pauline, Ingeborgs Mutter, bat ihren Sohn Hjalmar, Alfred besonders für seine »unbegreifliche Fürsorge und Güte« gegenüber Ingeborg zu danken. Auch von seiner Schwägerin Edla in Sankt Petersburg kamen herzerwärmend lobende Zeilen. »In all den Jahren habe ich Ingeborg nicht bei so guter Gesundheit, so zuversichtlich und fröhlich gesehen. Dein Beitrag zu ihrem Glück wird dir sicherlich an Petri Tür zugutegehalten werden.«[44]

Die Nichten und Neffen gründeten nun am laufenden Meter eigene Hausstände. Roberts Sohn Ludvig war nach Stockholm gezogen und hatte sich mit Valborg, der Tochter der Schriftstellerin Lea Wettergrund, verlobt. »Die Kleinen«, wie Alfred sie nannte, planten im Sommer zu heiraten. Nichte Anna in Sankt Petersburg, die Tochter von Bruder Ludvig, hatte sich mit dem Geologen Hjalmar Sjögren in Baku verheiratet. Sie waren nach Nynäshamn umgezogen, und Alfred diskutierte mit diesem Sjögren eifrig über ein Geschäft in Sachen Eisenerzfunde in Norrland. Hjalmar Nobel sollte noch viele Jahre Junggeselle bleiben und für Alfred bei Bofors arbeiten, doch wussten sie alle, wenn sie ein Heim suchten, konnten sie auf den Onkel rechnen.

»Wir haben dem Onkel für fast alles, was wir jetzt mit solcher Freude unser Eigen nennen dürfen, zu danken«, schrieben Ludvig und Valborg, als sie in ihre neue Wohnung auf der Kammakaregatan in Stockholm eingezogen waren.[45]

KAPITEL 18

Der Patentskandal, der Ballon und das letzte Testament

Im Februar 1895 sollte das Patentverfahren in London, der Cordite-Skandal, wie einige es nannten, schlussendlich vor dem House of Lords entschieden werden. Diesmal entschied sich Alfred dafür, das Gerichtsverfahren aus der Entfernung zu verfolgen. Er beurteilte die Chancen zu gewinnen als minimal, und da er sich in San Remo befand, sah er keinen Sinn darin, nur um wieder einmal gedemütigt zu werden, bis nach London zu reisen. Schlecht gelaunt erinnerte er seinen britischen Anwalt an die Szenerie vom vorigen Jahr. »Die Richter gründeten ihre Entscheidungen hauptsächlich auf Vermutungen, welche Absichten Nobel haben könnte, was seltsam anmutet, da Nobel sich im Zeugenstand einfand und man ihm zumindest Fragen zu diesen Punkten hätte stellen können.«[1]

Doch die Sache ließ ihn wohl kaum kalt. Schon die Zeit davor war albtraumhaft gewesen, weil der Streit um Sofie Hess weiterging. Ihr Vormund, der Dynamitdirektor Julius Heydner, hatte auf verletzende Weise angedeutet, Alfred sei es gewesen, der Sofie an Luxus gewöhnt habe, sodass er auch die Schuld an Sofies unglücklicher Entwicklung trage. Wie solle Heydner ihr nun Sparsamkeit beibringen können, wenn sie es doch »jahrelang gewohnt gewesen war, verschwenderisch zu sein«?

Unfassbar unverschämt, fand Alfred. »Ich bin selbst so einfach in meiner ganzen Lebensführung, dass anständige Menschen, die mit mir Umgang haben, nur Anspruchslosigkeit lernen können«, schrieb er im Antwortbrief an Heydner. Alfred machte klar, er habe Sofie »weder verführt noch entführt« und habe nun definitiv genug. »Ob sie heiratet oder nicht, gesund oder krank ist, lebt oder stirbt, ist mir vollkommen gleichgültig.«[2]

Sofies künftiger Ehemann und Vater ihrer Tochter, der Rittmeister Nicolaus Kapy von Kapivar, benahm sich, wenn das überhaupt möglich war, sogar noch frecher. Er war fünf Jahre jünger als Sofie, und auch er befand sich in wirtschaftlichen Nöten, weil er sich hatte scheiden lassen müssen. Kurz bevor der Cordite-Fall entschieden werden sollte, schrieb Kapy an Alfred und erklärte ihm, wie schwer es zu ertragen sei, »sich mit der Mätresse eines anderen zu verheiraten«. Alfred könne nicht erwarten, dass er das gratis tun würde. Um sich in dieses Schicksal zu fügen, wollte der Rittmeister sichergestellt haben, dass »Sofie ebenso wie Frau Kapy in Zukunft ihre gegenwärtige Apanage erhalte und diese nach ihrem etwaigen Ableben an ihre gegenwärtigen Kinder übergehe«.

Ein fassungsloser Alfred schrieb an Sofies Vormund: »Bester Herr Heydner! Hauptmann K.s ungenierte Forderung, dass ich seine außerehelichen Kinder auf Lebenszeit mit einer Rente versehen solle, ist wirklich ein Witz.«[3] Einige Monate später lud das zukünftige Paar Kapy von Kapivar Alfred zu seiner Hochzeit in Budapest ein. Er lehnte ab.

Der Vormund Heydner fand die ganze Situation allmählich auch unangenehm. Er empfahl Alfred, alle seine Briefe von Sofie zurückzufordern, weil er die Gefahr sah, dass diese gegen ihn verwendet werden könnten. Alfred winkte ab. Er erklärte Heydner, seine Briefe an Sofie stellten, von einigen einzelnen Ausnahmen abgesehen, nichts anderes als überzeugende Beweise dar, wie geduldig und großzügig er gewesen sei.[4]

Alfred Nobel hatte gut daran getan, nicht nach London zu reisen. Auch vor dem House of Lords wurde das Patentverfahren um Cordite und Ballistit auf eine Frage von »löslicher« respektive »unlöslicher« Nitrozellulose im Patent reduziert. Der Anwalt der Nobelgesellschaft sagte, es gebe hier keinen chemischen Unterschied. Warum musste Nobel es dann im Patent präzisieren?, wandten die Richter ein. Die Cordite-Seite wurde von dem Vorwurf freigesprochen, das Patent verletzt zu haben, und die Ballistit-Seite, also Alfred Nobel, musste für die Gerichtskosten aufkommen.

Bei einigen der Lords fand sich dennoch ein Gefühl des Unbehagens darüber ein, inwiefern die Entscheidung gerecht und rechtens gewesen war. Verfolgte man die Zeitlinie, dann war offensichtlich, dass Abel und Dewar Alfreds Patent gründlich gelesen hatten und schlau genug gewesen waren, ein Detail zu finden, das sie verändern konnten, ohne die Wirkung des Sprengstoffs dadurch zu beeinträchtigen. »Es ist ganz natürlich, dass ein Zwerg, dem es gelungen ist, auf die Schultern eines Riesen zu klettern, etwas weiter sehen kann als der Riese selbst«, drückte es einer der Lords aus. »Ich kann in diesem Fall nicht anders, als mit dem ursprünglichen Patentinhaber Sympathie zu empfinden. […] Man würde wünschen […], dass dies auf eine solche Weise geschehen möge, dass nicht Mr. Nobel des Werts eines außerordentlich wichtigen Patents verlustig geht.«[5]

Im kühl gewordenen San Remo nahm Alfred die traurige Nachricht mit Fassung entgegen. Ein Artikel in der Zeitschrift *Pall Mall Gazette* ein paar Tage später machte ihm fast gute Laune. Unter der Signatur »an Inventor« durfte ein Chemiker große Teile der ersten Seite beanspruchen, um das Cordite-Urteil sowohl von chemischer als auch von moralischer Seite her vollständig zunichtezumachen. Dieser »Inventor« verlangte, man solle jetzt das Licht auf »die Herren Abel & Dewar« richten, die bewiesenermaßen ihre behördliche Stellung ausgenutzt hatten, um die Idee von Alfred Nobel zu stehlen.

»Jetzt wird der gerechte Kampf eröffnet. Abel und Dewar stehen vor einer Zielscheibe, wo man sie mit ihrem eigenen Schmutz bewirft«, schrieb ein gut gelaunter Alfred an Emanuel in Sankt Petersburg. »Allmählich finde ich die Sache unterhaltsam und gedenke selbst beizutragen.« Auch Alfreds juristischer Beistand in dem Prozess profitierte vom Stimmungsumschwung des Erfinders. »Die pekuniäre Seite der Sache war für mich immer von geringer Bedeutung, und das umfassendere juristische Interesse [...] hat durch einen Verlust des Prozesses viel mehr zu gewinnen, als wenn wir siegreich gewesen wären«, konstatierte Alfred. Als eine Zeitung ihn zum moralischen Sieger ausrief, bat er sie, öffentlich zu machen, dass er bereit sei, 5000 Pfund für »zukünftige Patentmärtyrer« zu spenden.[6]

Alfred fühlte sich inspiriert. Im Schreibzimmer der Villa Nobel schrieb er nun an einem Theaterstück weiter, das er begonnen hatte, eine Komödie, die alle Patentverfahren von Grund auf verhöhnte. Alfred nannte sie *The Patent Bacillus* und ließ sie auf dem »High Court Theatre« spielen. Außerdem schickte er einen fröhlichen Brief an Hjalmar in Bofors. »Hier war es auch sehr kalt, doch der hiesige Billardtisch ist eisfrei!«[7]

Als die Nachbarfamilie Rossi nicht aufhörte, über die Risiken mit den Experimenten zu klagen, löste er das Problem, indem er einfach ihr Haus kaufte.

*

Alfred Nobel war immer noch guter Laune, als er Ende Mai 1895 hinauf nach Schweden und nach Bofors reiste. Der Gedanke, dass er jetzt eigene Fabriken in Schweden hatte, wo er sowohl experimentieren als auch groß angelegte Produktionen starten konnte, regte ihn ungeheuer an. Wäre nicht die Winterkälte gewesen, wäre er bereits im Februar, als das Labor fertig war, nach Bofors gereist.

Auch der alte Freund Alarik Liedbeck war wieder dabei. Er wohnte zwar noch in Stockholm, half, wenn nötig, aber mit Zeichnungen, Tests und Ratschlägen. Im Winter war Alarik schwer krank gewesen, was Alfred sehr erschreckt hatte, denn, wie er hinterher schrieb, »die Zahl echter Freunde im Leben wird an den Fingern EINER Hand gerechnet«. Kürzlich hatten Alfred und Alarik gemeinsam ein schwedisches

Patent für ein ganz neues »progressives« raucharmes Schwarzpulver beantragt. Das neue Schwarzpulver war eine für Alfred umwälzende Innovation, sein erster Sprengstoff überhaupt *ohne* Nitroglyzerin. Gleichzeitig wollte Alfred den Freund Liedbeck auch an seinen Versuchen mit künstlichem Gummi beteiligen. Genau wie Immanuel in den 1830er-Jahren glaubte Alfred an den Erfolg seines Gummis für eine umfassende Produktion von allem: von Gurten und Sohlen bis hin zu Regenmänteln in Bofors.

Wilhelm Unge hatte mit seinen fliegenden Projektilen weitergemacht, bekam aber jetzt auch den Auftrag, eine neue Panzerplatte zu fertigen, die bedeutend dicker war als die bisherige. Falls jemand nach dem Grund fragte, hielt Alfred eine Antwort bereit, die Bertha von Suttner gefallen hätte. »Obwohl ich für alles Neue schwärme, hege ich doch eine große Vorliebe für dickere Panzerung, denn je größere Summen verrückterweise hinausgeworfen werden, desto schneller beenden wir das größte aller Verbrechen, das Krieg heißt.«

Eine zufällige Beobachtung von Alfred über die Trägheit im Sinneseindruck des Auges hatte darüber hinaus sowohl für Liedbeck wie Unge und auch Sohlman neue Arbeit bedeutet. Alfred hatte irgendwo gelesen, dass das Bild auf der Netzhaut immer eine Zehntelsekunde brauchte, bis es da war, und fand nun, man müsse diesen Effekt ausnutzen können. Seine Idee war, »die Wirkung des Lichts zu vervielfachen, indem man den Lampenspiegel mehr als zehn Schlag in der Sekunde rotieren« ließ, um so eine »Sparanordnung für Licht« zu schaffen.[8]

Kein Wunder, dass Ragnar Sohlman schwindlig wurde.

Im Sommer 1895 hatte Alfred Nobel seinen jungen Favoriten frei aussuchen lassen, ob er lieber in Italien oder in Schweden arbeiten wollte. Als Sohlman Bofors wählte, machte Alfred ihn zum Vorstand seines Laboratoriums, oder des »Labbis«, wie sie es in schwedischer Verkleinerungsmanier oft nannten. Ragnar und Ragnhild zogen nach Värmland, und Alfred bekam Gelegenheit, die norwegische Frau seines Mitarbeiters kennenzulernen. Er bat Ragnhild, ihn zu beraten, welche norwegischen Schriftsteller für die Bibliothek auf Björkborn angeschafft werden sollten. Ragnhild nannte Bjørnson, was auf fruchtbaren Boden fiel. »Richte deiner Frau aus, dass ich dabei bin, mich zu verlieben, nicht in Bjørnson, aber in seine Schriften«, schrieb Alfred während einer Reise im darauffolgenden Jahr an Sohlman.[9]

Alfred Nobel schien sich in Bofors zu Hause zu fühlen, und er blieb ungewöhnlich lange in Schweden. Dennoch begegnete er seinen Arbeitern unerwartet reserviert. Alfred war nicht der Typ, der herumschlenderte und über den Tag in den Werkstätten mit den Leuten plauderte. Stattdessen ging er sonntags hin, wenn die Arbeiter ihn nicht sehen konnten – als habe er Scheu vor ihnen, stellte Ragnar Sohlman fest. Eines Sonntags überredete er einen etwas unwilligen Alfred, mit in die Kirche zu kommen. Ragnar war erstaunt zu sehen, dass sein Chef sein eigenes privates Psalmenbuch mitgenommen hatte, das er während der Messe eifrig studierte. Hinterher entdeckte Ragnar, dass das »Psalmenbuch« einen kleinen Band von Voltaire umschloss. »Es ist mir in der Kirche gar nicht so lang geworden, wie ich dachte«, sagte Alfred Nobel.[10]

Dass Alfred vorhatte, sich in Bofors einzurichten, wurde im Juni deutlich, als er sich an Emanuel in Sankt Petersburg wandte und drei teure russische Orloff-Pferde bestellte. Emanuel ging gründlich zu Werk. Er wählte zwei schwarze Wagenpferde und einen »grauen Einspänner« aus und fuhr mit ihnen selbst auf Probe, ehe er sie Alfred übersandte. Die Pferde, die Emanuel »ruhig, solide und nicht scheu« fand, trugen die russischen Namen Wojewoda, Woron und Witia – der Heerführer, der Rabe und der Sieger. Wollte Alfred vielleicht auch eine kleine russische Droschke mit Verdeck haben? Die waren in Sankt Petersburg gerade Mode.

Im Dorf sollten Alfred Nobels neue Pferde »die Urstromer« genannt werden, und der elegante russische Wagen wurde mindestens ebenso legendär. Alfred versah ihn mit elektrischen Lampen und einem Telefon zwischen Wagencoupé und Kutschbock. Er rollte schnell und fast lautlos auf seinen Gummireifen, die Alfred hatte machen lassen, durch den Ort.[11]

Die jungen Fahrradbrüder in Stockholm trugen zu seinem neuen Vergnügen in Schweden bei. »Es macht Freude, mit Menschen zusammenzuarbeiten, die von solcher bedeutenden Fähigkeit und einer solchen wahren Anspruchslosigkeit sind wie die Herren Ljungström«, schrieb Alfred ihnen. Im Laufe des Sommers besuchte er ihre Werkstatt auf dem Drottningholmsvägen. Fredrik Ljungström erinnerte sich hinterher, wie Alfred angehalten und ihnen von einer Frau, die mit ihren Körben am Wegesrand saß, Apfelsinen gekauft hatte. »Das hier waren sehr gute Apfelsinen. Ich glaube nicht, dass ich in meinem Garten in San Remo so schöne habe«, soll Alfred gesagt haben. Sie führten ihm das neue Fahrradmodell auf einer Schotterstrecke vor. Eine der Herausforderungen war, selbst steile Hügel ohne Anstrengung hinauffahren zu können. Fredrik wurde bei der Demonstration so schmutzig, dass er Alfred Nobel nicht die Hand geben konnte, als sie sich trennten. »Das macht nichts. Sauber ist nur die Hand, die nicht arbeitet«, sagte Alfred.[12]

*

Von all den Projekten, die Alfred Nobel in seinen letzten Lebensjahren mit Geld unterstützte, weckte keines solche Aufmerksamkeit wie die Nordpolexpedition von Ingenieur Andrée.

Salomon August Andrée war Chefingenieur der schwedischen Patentbehörde und hatte sich ungefähr ein Jahr zuvor einen französischen Ballon angeschafft, mit dem er unter anderem über die Ostsee geflogen war. Dieser Ballon interessierte Alfred Nobels alten Freund, den Entdeckungsreisenden Adolf Erik Nordenskiöld. Irgendwann Anfang 1894 hatte dieser Andrée gefragt, ob man Ballons nicht für Beobachtungen bei Polarexpeditionen benutzen könnte. Warum nicht der Erste sein, der mit einem Ballon zum Nordpol fliegt?, war Andrées Antwort gewesen.

Ein Jahr später stellte Andrée seinen Plan in einem Vortrag vor der Königlichen Akademie der Wissenschaften vor. Sowie er fertig war, erhob sich der normalerweise schwer zu begeisternde Nordenskiöld und spendete enthusiastischen Beifall. Bei den übrigen Mitgliedern allerdings war der Zweifel größer. Im März 1895 beschloss die Akademie, Andrée keine finanzielle Unterstützung für die Ballonreise zum Nordpol zu bewilligen. Doch Nordenskiölds unverbrüchlicher Eifer hielt das Interesse an Andrées Ballonprojekt dennoch am Leben. Der berühmte Polarforscher ließ sich in schwedischen wie in französischen Zeitungen interviewen. Es ist nicht sicher, welche Kontakte daraufhin geknüpft wurden, doch als entscheidend für die Umsetzung des Projekts in die Tat erwies sich Nordenskiölds wohlhabender Freund in Paris, Alfred Nobel.

Im Mai 1895 beschloss Alfred Nobel, als Hauptfinanzier in das Projekt einzusteigen und die Hälfte der Kosten für Andrées Expedition zu übernehmen. Diese erste Spende wurde in Schweden wie im Ausland zum Weckruf. Alle Zweifel wurden beiseitegefegt, und die spannende Ballonfahrt zum Nordpol wurde zum großen Gesprächsthema. Nobels Beitrag war so großzügig, dass Andrée beschloss, die Ballonexpedition schon im folgenden Jahr, nämlich 1896, durchzuführen. Das inspirierte auch andere, und schon bald brachte sich König Oscar II. mit ungefähr der Hälfte von dem, was Nobel eingesetzt hatte, ins Spiel.[13]

Man stelle sich vor, dass Schwedens Andrée den Norweger Fridtjof Nansen mit seiner Eismeerexpedition schlagen könnte! Zu dieser Zeit war Nansen seit bald zwei Jahren mit seinem Schiff *Fram* in arktischen Gewässern (und im Eis) unterwegs, und es war keineswegs sicher, ob er je zurückkommen würde.

Alfred Nobel wollte mit mehr als Geld zum Ballonprojekt beitragen. Im September schrieb er an Andrée und brachte die Idee auf, sie sollten nicht zuletzt aus Sicherheitsgründen Brieftauben mit auf die Expedition nehmen. In Nordrussland gab es viele Tauben, die mit der winterlichen Kälte klarkamen. Von seinem französischen Freund in der Friedensbewegung, Aristide Rieffel, besorgte Alfred außerdem ein Rezept für Firnis, das er an Andrée schickte. Er hoffte, das könnte zum Abdichten des Ballons verwendet werden.[14]

Es ist nicht ausgeschlossen, dass dieses gemeinsame Engagement in der Ballonsache dazu beitrug, dass Alfred Nobel jetzt Hjalmar den Auftrag gab, König Oskar II. nach Bofors einzuladen. Alfred wollte die Majestät in seine großen Pläne für die Waffenindustrie in Bofors einweihen. Der Besuch erfolgte am 18. September 1895 im Zusammenhang mit einer der Reisen des Königs nach Norwegen. Emanuel Nobel kam sogar aus Sankt Petersburg, um bei dem Spektakel anwesend zu sein, auch wenn er behauptete, es habe ihn mehr gelockt, Alfred zu sehen als den schwedischen König.

Gegen halb zehn Uhr am Morgen kam Oscar II. mit dem Zug in Bofors an und wurde selbstverständlich mit einem Dynamitsalut empfangen. Alfred, Hjalmar und Emanuel warteten zusammen mit einer Handvoll lokaler Ehrengäste auf dem Bahnsteig. Sie boten dem König und seinem Kriegsminister Plätze hinter den neuen Rappen in Alfreds neuem russischem Wagen mit Verdeck an. Die Sonne schien, und die Unionsflaggen wehten den ganzen Weg vom Bahnhof bis zum ersten Halt in den Werkstätten für den königlichen Besuch. Die politisch heiklen Fahnen vergoldeten auch die Fahrt weiter hinaus nach Björkborn. Auf der Brücke über den Timsälven hatte Alfred eine besondere Ehrenpforte errichten lassen.

Im Gutshaus der Fabrik war zum Mittagessen gedeckt. Alfred hatte eine Wagenladung mit Blumen, Palmen und Kamelien für die Ausschmückung des Speisesaals bestellt, und in all dem Grün hingen nun »zahlreiche kleine elektrische Lampen«. Es wurden elf Gerichte serviert, darunter Kaviar, Forelle, Rinderfilet und Haselhuhn mit Gänseleber. Alfred Nobel dankte in seiner Rede »Ihrer Majestät« für den Besuch, der alle in Bofors, »von der Leitung bis zum niedrigsten Arbeiter«, zu äußersten Anstrengungen antreiben würde, um »dem König und dem Vaterland zu dienen«. Oscar II. antwortete, er erhebe persönlich »sein Glas auf die gesamte Familie Nobel, aus der viele Mitglieder eine Ehre für Schweden waren und sind und dem schwedischen Namen in der ganzen Welt zur Ehre verholfen« hätten.

Es war grandios. Es war, als hätte Alfred für einen Moment seinen

Abscheu gegenüber allem königlichen Gekrieche vergessen und zufällig in eines der zukünftigen Nobel-Bankette hineingeschaut.

Aber sie mussten schnell essen. Nach ungefähr einer Stunde reiste der König wieder ab.[15]

*

Alfred Nobel fand, dass sein altes Vaterland in einigen Punkten ein wenig aufgerüttelt gehörte. So war er nicht sonderlich zufrieden mit den Unterkunftsmöglichkeiten, die Stockholm Reisenden zu bieten hatte. Als er im Oktober 1895 zurück in Paris war, sondierte er die Möglichkeit, das Grand Hôtel zu kaufen, um ihm eine komplette Aufrüstung angedeihen zu lassen. Es könne nicht akzeptiert werden, dass hier Möbel standen, die »aus der Zeit der Sintflut« stammten, meinte Alfred. Doch als er den Preis hörte, zog er sich zurück. »Alles, was ich will, ist, dass Stockholm, welches eine schöne Stadt ist, ein schönes und zeitgemäßes Hotel bekommt«, schrieb er an einen Geschäftsfreund.[16]

Kurz darauf wurde Alfred Nobel von seinem französischen Freund, dem Friedensaktivisten Rieffel, angesprochen, der nun in Belgien wohnte. Zusammen mit einigen etwas verrückteren Friedensfreunden verhandelte Rieffel darum, eine belgische Zeitung zu kaufen, deren Redakteur er dann selbst werden wollte. Nun bot er Alfred an, sich in dieses Projekt einzukaufen und sein Partner zu werden. Rieffel lockte mit der Möglichkeit, mit einer Zeitung als Basis wichtige internationale und soziale Fragen vorantreiben zu können.

Alfred, der sich in Paris befand, gefiel die Idee, aber Belgien? Er entschuldigte sich mit Geschäften, die Millionen verschlingen würden, und sagte Nein. Stattdessen schrieb er am selben Tag an Hjalmar in Schweden. »Ich hege schon lange den Wunsch, Besitzer oder zumindest Hauptaktionär des *Aftonbladet* zu werden.« Er bat den Neffen, auf »sehr diskrete Weise« das Terrain zu sondieren. Es durfte unter keinen Umständen bekannt werden, dass es Alfred Nobel war, der hier fragte. Die Diskretion war erforderlich, denn der Chefredakteur des *Aftonbladet* hieß schließlich Harald Sohlman und war Ragnars älterer Bruder.

Ungefähr eine Woche später erhielt Hjalmar, der sich inzwischen im Hotel Rydberg in Stockholm befand, per Telegramm neue Instruktionen: »Die wichtigste Bedingung für einen Kauf wäre, dass ich Besitzer von mindestens achtzig Prozent der Aktien würde, am liebsten aber von allen. Alfred.« Offenbar ging es nicht so einfach, denn bald kam das nächste Telegramm aus Paris, diesmal auf Französisch: »Muss nicht *Aftonbladet* sein. Zum Beispiel *Dagens Nyheter* oder eine moderne Provinzzeitung.«[17]

Hjalmar war der Überzeugung, Alfreds Zeitungsinteresse rühre daher, dass er in der Verteidigungsfrage Meinungen bilden wollte, um so die Bestellungen bei Bofors in Schwung zu bringen. »Da täuschst du dich«, erklärte der Onkel. »Eine Zeitung in meinen Händen würde eher das Gegenteil davon bewirken. Es ist eine Eigenschaft von mir, niemals meine Privatinteressen in die Betrachtung einfließen zu lassen. Mein Standpunkt als Zeitungsbesitzer wäre da der folgende: Kämpft gegen die Aufrüstung und andere Überbleibsel aus dem Mittelalter, aber sorgt dafür, wenn es denn sein muss, dass die Produktion im Land geschieht«, schrieb Alfred. Er wies darauf hin, wenn es eine Branche gäbe, die vom Ausland vollkommen unabhängig sein müsse, dann wäre das doch die Armee.

Damit Hjalmar ihn nicht falsch verstand, fasste er seinen Plan zusammen: »Ich will ganz einfach eine Zeitung haben, um eine sehr liberale Tendenz in die Redaktion zu blasen und zu stopfen. Sauerteig gibt es schon – den muss man in einem Land, wo die Intelligenz des Volkes 500 Prozent über der seiner Staatsführung liegt, nicht noch vergrößern.«[18]

*

Alfred Nobels neue Gefühle für Schweden bezogen auch die Literatur mit ein. Zu seinem Geburtstag im Oktober 1895 schickte Ingeborg wieder ein Buch eines schwedischen Schriftstellers, passenderweise aus Alfreds neuer Heimatregion Värmland. »Hast du schon einmal Selma Lagerlöf kennengelernt?«, fragte Alfred kurz darauf in einem Brief an Hjalmar. »Ingeborg hat mir ihre *Gösta Berlings Saga* geschickt. Lies es: Das Buch ist höchst originell, und obwohl der Gang der Handlung weniger logisch ist als die Natur, so ist der Stil doch von einem Reiz, den man nicht genug loben kann.«[19]

Selma Lagerlöfs Nobelpreis von 1909 ist, neben dem des Norwegers Bjørnstjerne Bjørnson 1903, einer der wenigen, bei denen wir sicher sein können, dass Alfred Nobel ihn selbst für gut befunden und unterstützt hätte. Er las ihren Debütroman in einem Paris, in dem das Interesse der letzten Jahre für skandinavische Schriftsteller und Dramatiker schnell wieder abgenommen hatte. Eine xenophobisch ausgerichtete französische Kulturstimmung ging auf Abstand zur ausländischen Literatur, die auf den Buchmarkt geschwemmt war. Vor allem die skandinavischen Beiträge wurden inzwischen als fremd und schlichtweg schädlich betrachtet.

August Strindberg war zurück in Paris. Er hatte nach der erfolgreichen Premiere von *Fräulein Julie* 1893 auch Ende 1894 für das Stück *Der Vater* in den Pariser Zeitungen begeisterte Rezensionen bekommen. Die meisten Kritiker standen auch dem Scheidungsroman *Plädoyer eines Irren,* der in seiner französischen Fassung (*Le Plaidoyer d'un fou*) im Januar 1895 erschienen war, positiv gegenüber. Doch diese »Skandalschrift« von Strindberg trug gleichzeitig zu der neuen französischen Skepsis gegenüber nordischen Schriftstellern bei. »Das ist ganz einfach abscheulich«, wie Bertha von Suttner an Alfred Nobel schrieb, als sie es las.[20]

Alfred kaufte sich *Le Plaidoyer d'un fou*, kommentierte es aber nie.

Im Laufe des Jahres 1895 sollte sich der verarmte und kränkliche August Strindberg auf eine ganz neue Lebensaufgabe werfen: die Wissenschaft. Von seiner Pension in Montparnasse war es nicht weit zur

Universität Sorbonne, wo er es schaffte, sich einen Laborplatz zu beschaffen (und vielleicht auf dem Flur auch Marie Curie begegnete). Strindbergs Experimente weckten jedoch größeres Interesse in okkulten Kreisen als in wissenschaftlichen. Es scheint sein Ehrgeiz gewesen zu sein, etablierte wissenschaftliche Wahrheiten zu erschüttern, indem er den Einfluss geistiger Mächte dazumischte. Das waren Gedanken, die im zeitgenössischen Paris ankamen, wo sich eine neuromantische Jahrhundertwendestimmung eingenistet hatte. Immer mehr Menschen argumentierten, die Wissenschaft könne nicht alles erklären und man dürfe ihr nicht erlauben, die Welt zu regieren, denn sie würde ja die geistigen und moralischen Dimensionen des Daseins übersehen.

In ihrem Buch über Marie Curie hebt die Autorin Susan Quinn zwei beachtliche Initiativen in diese Richtung hervor, die beide 1895 in Frankreich publiziert wurden. Der französisch-ungarische Kulturredakteur Max Nordau warnte in seinem Buch *Dégéneration* vor dem menschlichen Preis des technischen Fortschritts. Er meinte, wenn die Entwicklung im selben Tempo weiterginge, sei die Prognose düster. Dann würden die Menschen des ausgehenden 20. Jahrhunderts in nervenaufreibenden Millionenstädten leben, wo man ständig telefonierte und »die Hälfte seiner Zeit in Eisenbahnabteilen oder Flugmaschinen« verbrächte. Die Menschheit müsse schon jetzt Widerstand leisten, die Städte verlassen, die Eisenbahnschienen herausreißen, private Telefone verbieten und den Nerven wieder Ruhe gönnen, so die Ansicht von Max Nordau.

»Die Wissenschaft ist bankrott«, behauptete der Schriftsteller Ferdinand Brunetière in einer anderen Diskussion dieses Jahres. Er hatte eine Audienz beim Papst bekommen und benutzte das Treffen hinterher zu einer Art Jahresabschluss des ersten Jahrhunderts der anspruchsvollen Wissenschaft. »Die Physik und die Naturwissenschaften haben uns versprochen, das Mysterium abzuschaffen. Aber nicht nur haben sie es nicht abgeschafft, wir können darüber hinaus erkennen, dass es ihnen auch nicht gelingen wird. Sie sind nicht imstande […], die einzigen Fragen zu stellen, die von Bedeutung sind; die die Herkunft des Menschen berühren, [...] sein Verhalten und sein zukünftiges Schicksal«, schrieb Brunetière, der fand, es sei an der Zeit, wieder mehr auf den Papst und die Kirche zu hören.[21]

Nicht zuletzt in Paris gewannen die Fortschrittskritiker und Wissenschaftsgegner Gehör. Viele wollten etablierte Wahrheiten erschüttern. In der Oktober-Nummer der anerkannten Kulturzeitschrift *Mercure de France* fand sich einer von August Strindbergs »wissenschaftlichen« Artikeln. Strindberg versuchte sich an der These, dass es keine chemischen Grundelemente gebe und auch keine zusammengesetzten Elemente, sondern dass die Elemente sich nur durch ihre Qualität unterschieden. Auf den ersten Blick sah Strindbergs Artikel gelehrt aus. Er war voller chemischer Formeln und komplizierter Begriffe. Doch das war natürlich Hokuspokus. Betont symbolträchtig wurde behauptet, der Artikel sei am selben Tag veröffentlicht worden, an dem der größte Wissenschaftler, Louis Pasteur, verstarb.

Alfred Nobel las Strindbergs Artikel und berichtigte die Formeln am Rand. Seine Pläne, eine Zeitung zu kaufen, gestalteten sich schwierig. Doch wer die Welt in eine rationale und fortschrittsfreundliche Richtung beeinflussen wollte, der hatte mehrere Eisen im Feuer. »Ich übereigne meine disponiblen Mittel vorzugsweise der Förderung wissenschaftlicher Interessen mit internationalem Horizont«, schrieb Alfred als Antwort auf einen Bettelbrief aus dieser Zeit.[22]

*

Am Mittwoch, dem 27. November 1895, hatte Alfred Nobel wiederum vier Freunde gebeten, ihm einen Dienst zu erweisen. Er hatte ein neues Testament geschrieben und brauchte dafür Zeugen. Das alte Testament wollte er nicht mehr.

Die Freunde trafen sich in den neuen Räumen der Schwedisch-Norwegischen Gesellschaft auf der Chaussée d'Antin mitten in Paris, wo der Tabakrauch schon schwer in den Gardinen des Salons hing. Auch diesmal hatte Alfred den Vorsitzenden der Gesellschaft Sigurd

Ehrenborg und seinen Freund und Erfinderkollegen in der Waffenbranche Thorsten Nordenfelt gebeten, dabei zu sein. Die anderen beiden Geladenen waren Ingenieure, die auf Kunstseide spezialisiert waren. Robert Strehlnert hatte in San Remo für Alfred mit der Seide gearbeitet, und Leonard Hwass war ein schwedischer, in Paris ansässiger Chemiker. Alle außer Nordenfelt waren zwischen zwanzig und dreißig Jahre jünger als Alfred Nobel.[23] Sigurd Ehrenborg muss der obligatorische Punsch im Hals stecken geblieben sein. Im vorigen Testament sollte seine Gesellschaft nach heutigem Wert mindestens zwanzig Millionen Kronen bekommen. Diesmal wurde sie nicht einmal genannt.

Neunzehn Verwandte und Freunde waren angegeben. Im vorigen Testament von 1893 hatten sie sich ein Fünftel des Vermögens teilen dürfen. Wenn man annimmt, dass die Verteilung zwischen ihnen in beiden Testamenten ungefähr gleich war, hatte Alfred damals mindestens eine halbe Million Kronen für jeden der sechs ältesten Nichten und Neffen (andere Kinder der Brüder waren nicht berücksichtigt) veranschlagt, was ungefähr fünfunddreißig Millionen Kronen heute entspricht. Im jetzt vorliegenden Testament waren die Summen für die Kinder seiner Brüder nicht auch nur annähernd so groß. Jetzt wollte Alfred ihr Erbe um zwei Drittel verkleinern. Sie sollten sich zusammen drei Prozent seines Vermögens teilen, eine Million Kronen (circa siebzig Millionen heute).

Außerdem wollte Alfred den Neffen mehr geben als den Nichten, die in diesem letzten Testament kleinere Anteile erhielten als zum Beispiel Sofie Hess. Alfred gab fast ebenso viel an Sofies verarmte Freundin Olga Böttger. Von den Freunden wurde nur Alarik Liedbeck genannt, und auch er bekam fast ebenso viel wie die Nichten.[24] Seinen Zeugen gegenüber sagte Alfred, er finde, die Kinder der Brüder hätten im vorigen Testament zu viel bekommen. »Im Grunde meines Herzens bin ich Sozialdemokrat, wenn auch moderat; vor allen Dingen halte ich große, ererbte Vermögen für ein Unglück, das nur zur Abstumpfung des Menschengeschlechts führt. Wer im Besitz eines größeren Vermögens ist, sollte deshalb nicht mehr als einen kleinen Teil an seine Verwandten übergehen lassen.«[25]

Nun waren ungefähr anderthalb Millionen Kronen verteilt, und daraufhin setzte Alfred Nobel den ganzen Rest seines Vermögens, über dreißig Millionen Kronen, für einen neuen, internationalen Preis aus. Er wollte, dass alle seine Aktien und Immobilien verkauft und die Einnahmen in »sicheren Wertpapieren« angelegt würden. Die Zinsen sollten jedes Jahr als ein Preis »denen zugeteilt werden, die im verflossenen Jahr der Menschheit den größten Nutzen geleistet haben«.

Immer wieder »Nutzen der Menschheit« und »Wohltäter der Menschheit«.

In diesem Testament legte Alfred Nobel das ganze Gewicht auf den Preis und vermied den Umweg über Spenden an Institutionen. Er schrieb, dass die Zinsen des Vermögens in fünf gleich große Teile für fünf verschiedene, jährlich zu vergebende Preise aufgeteilt werden sollten. Drei davon waren naturwissenschaftlich und sollten an die wichtigsten Entdeckungen in der Physiologie oder Medizin, Chemie und Physik gehen. Darüber hinaus wollte er einen Literaturpreis schaffen für den, der »das Vorzüglichste in idealistischer Richtung geschaffen hat«, und auch die Friedensarbeit hatte er nicht vergessen.

Im Laufe des Herbstes hatte Bertha von Suttner noch mehr ihrer Friedensdokumente an Alfred geschickt und darüber hinaus eine emotionale Aufforderung an ihn formuliert: »[...] werfen Sie alle diese Schriften in den Papierkorb, aber bewahren Sie in der Tiefe Ihres Herzens eine Stimme, die sagt: hier ist eine Frau, die trotz der Gleichgültigkeit und des Widerstands, die ihren Ideen begegnen, ihre Aufgabe vertritt, und es ist eine Frau, die Vertrauen in [Sie] hat.«[26]

Alfred Nobels Formulierung zum Friedensnobelpreis wurde lang und schien nun alle denkbaren politischen Friedenslösungen zu umfassen. Er schrieb, dieser fünfte Preis sollte an den, »der am meisten oder am besten auf die Verbrüderung der Völker und die Abschaffung oder Verminderung stehender Heere sowie das Abhalten oder die Förderung von Friedenskongressen hingewirkt« habe, gehen.

Der Unterschied zum ersten Testament war groß. Diesmal hatte Alfred Nobel die zukünftigen Preisträger zu seinen neuen Haupterben gemacht. Institutionen kamen lediglich als Vergebende des Preises vor. Die meisten davon waren eine selbstverständliche Wahl. Alfred schenkte der Schwedischen Akademie der Wissenschaften und dem Karolinska Institutet immer noch sein Vertrauen. Dass »die Akademie in Stockholm« den Auftrag erhielt, seinen Literaturpreis zu vergeben, war auch nicht sonderlich überraschend, wenn man bedenkt, welche etablierte Position die Svenska Akademien zumindest national gesehen auf diesem Gebiet innehatte.

Eine Überraschung waren Norwegen und das Storting. Alfred hat nie erklärt, warum er wollte, dass das Storting die Verantwortung für die Vergabe des Friedensnobelpreises übernähme. Doch nur wenige Parlamente in Europa hatten mehr Engagement in der Friedensfrage gezeigt. Im Jahr 1895 hatte das Storting außerdem einen akut drohenden Krieg abgewehrt. Wegen der norwegischen Forderungen nach eigenen Konsulaten im Ausland hatte Schweden im Frühjahr seine Truppen an der norwegischen Grenze mobilisiert. Im Juni dann beschloss das Storting, die Forderungen zurückzunehmen, um einen bewaffneten Konflikt zu vermeiden – ein Manöver, das möglicherweise Eindruck auf Alfred Nobel gemacht hat. Oder vielleicht fand er es auch sinnvoll, die Verantwortung für die Vergabe des Friedenspreises einem Land ohne eigene Außenpolitik zu übertragen?[27] Doch was auch immer er dachte, hier hatte er eine politische Bombe in sein Testament geschrieben.

Schließlich machte Alfred Nobel deutlich, dass seine Preise international waren und an den »Würdigsten« auf jedem Gebiet gehen sollten, ganz gleich woher »er« kam. Diesmal hob er die Frauen nicht wie voriges Mal gesondert hervor, aber es ist schwer vorstellbar, dass er nicht Bertha von Suttner beim Formulieren seiner Instruktionen zum Friedenspreis im Sinn hatte.

Die vier Testamentszeugen wussten genug von Alfred Nobels Vermögen, um zu begreifen, dass die Preissummen astronomisch ausfallen würden. Und das, erklärte Alfred, sei auch so gedacht. Er wollte mit seinen Preisen Nutzen schaffen, nicht nur Ehre verbreiten, und da reichten keine kleinen Summen. Im Unterschied zu Ingenieuren wie ihm selbst verdienten Wissenschaftler und Idealisten nur selten viel Geld mit ihrer wichtigen Arbeit. Er wollte ihnen die Freiheit geben, nicht über Geld nachdenken zu müssen. Nur so würden sie alle ihre Kraft darauf verwenden können, weiterhin der Menschheit zu dienen.

Das Testament wurde von den Zeugen beglaubigt. Der enttäuschte Sigurd Ehrenborg und seine Schwedisch-Norwegische Gesellschaft wurden mit 2000 Kronen für den Kauf eines Flügels getröstet.[28]

*

Die soeben noch verhöhnte Wissenschaft sollte ihren Kritikern mit neuen Entdeckungen antworten, und das noch vor dem Ende des Jahres 1895. Wilhelm Röntgen war ein deutscher Professor für Physik, der bis dahin noch nicht viel Wesens um sich gemacht hatte. Im November 1895 experimentierte er spätnachts mit elektrischem Strom und Vakuumröhren in seinem Labor. Wie viele andere Physiker zu dieser Zeit fragte er sich, was das für Strahlen waren, die die Glaswand des Vakuumrohrs grün-blau leuchten ließen.

Röntgen arbeitete allein. Von den Experimenten anderer wusste er, dass die »X-Strahlen«, wie er sie nannte, durch eine dünne Metallfolie im Vakuumrohr hindurchkommen konnten, ohne Löcher zu hinterlassen. Konnten die Strahlen auch die Glaswände durchdringen? Röntgen kleidete die Innenseite des Kolbens mit schwarzer Pappe aus, verdunkelte das Labor und schaltete den Strom ein. Der Kolben blieb immer noch dunkel. Er war enttäuscht – bis er weiter weg im Raum ein Licht entdeckte. Dort bewahrte er einen Papierschirm auf, den er manchmal in Experimenten verwendete. Der Schirm war mit einem Mittel bestrichen, das selbstleuchtend wurde, wenn es von den Strahlen getroffen wurde. Jetzt sah er zu seinem Erstaunen, dass der Schirm in der Dunkelheit leuchtete.

Röntgen versuchte, ein tausend Seiten dickes Buch und einen dicken Holzblock dazwischenzuhalten. Der Schirm leuchtete trotzdem. Bald konnte er in einem ersten wissenschaftlichen Bericht verkünden, dass, wenn man »die Hand zwischen den Entladungsapparat und den Schirm hält, man die dunkleren Schatten des Handknochens in dem fast unbedeutend dunklen Schattenbild der Hand« erkennt.[29]

Im Januar versetzte die Nachricht von seinen X-Strahlen die Welt in Erstaunen. Das Bild vom Handknochen der Frau Röntgen verbreitete sich wie eine Sensation in der internationalen Presse. Das war ein Forschungsdurchbruch von einer solchen Dimension, dass kaum jemand Wilhelm Röntgen den Platz streitig machen konnte, als es 1901 so weit war, dass man den ersten Nobelpreis für Physik vergeben konnte. »Hier spricht man von nichts anderem als den Röntgenstrahlen. Man meint sogar, dass man bald versteckte Briefe wird fotografieren können [...]«, schrieb im Februar 1896 ein Freund aus Berlin an Alfred Nobel. »Röntgen, das ist doch *magnifique*, nicht wahr?«, jubelte Bertha von Suttner in einem anderen Brief an Alfred.[30]

Als im selben Monat vor der französischen Akademie der Wissenschaften von Wilhelm Röntgens fantastischer Entdeckung berichtet wurde, hatte der französische Physiker Henri Becquerel eine Eingebung. Könnte es nicht auch andersherum sein? Könnte das Element, das selbstleuchtend wurde, diese Strahlen nicht auch selbst erzeugen? Becquerel probierte mehrere Elemente aus, doch ohne Erfolg, und meinte schon, auf dem falschen Weg zu sein. Doch im Februar 1896, als er Uransalze untersuchte, hatte er einen Treffer. Wie sich herausstellte, sonderte Uran spontan ähnliche Strahlen ab wie die bei Röntgen.

Henri Becquerel hatte die Radioaktivität entdeckt.

Im großen Tumult um die Röntgenstrahlen erhielt Becquerels Entdeckung nur wenig Aufmerksamkeit. Doch der achtundzwanzigjährigen Marie Sklodowska, inzwischen Curie, entging sie nicht. Sie hatte ihr Examen an der Sorbonne abgelegt und sollte bald über ein Thema für eine Doktorarbeit nachdenken. Marie hatte sich in einen französischen Physiker verliebt, der Pierre Curie hieß. Im Sommer zuvor hatten die beiden geheiratet.

Marie und Pierre Curie verlockte das Schweigen um Becquerels fantastische Entdeckung, und sie begannen bald in einem provisorischen Labor in der Schule, wo Pierre unterrichtete, weiterzuexperimentieren. So entdeckten Marie und Pierre Curie das Polonium und das Radium und durften sich den 1903 vergebenen Nobelpreis für Physik mit Henry Becquerel teilen.

*

Im Januar 1896 lag Alfred Nobel krank in San Remo und antwortete kaum auf Briefe. Sein Herz machte Probleme, und Alfred war gezwungen gewesen, einige Ärzte zu konsultieren, was er normalerweise am liebsten vermied. Er gab nicht viel auf deren Ratespiele. Der eine stellte die Diagnose »rheumatische Gicht« und der andere »gichtiger Rheumatismus«, beklagte sich Alfred. Doch die Blumengrüße zu Neujahr wurden wie üblich ausgeliefert. Beim Neffen Ludvig und seiner Frau Valborg in Stockholm klingelte es an der Tür, und »der allerbezauberndste Blumenkorb« wurde hereingetragen. Die herrlichen Rosen »sahen aus, als seien sie von einer Zaubermacht in einem Wimpernschlag unbeschadet von der Riviera hierhergebracht worden«. Von Juliette Adam kam ein überschwänglicher Dankesbrief. Sie bedauerte, dass sie sich so selten sähen.[31]

Die Herzprobleme zwangen Alfred, fünf Wochen lang vor Anker zu liegen, verärgert, müde und niedergeschlagen. Er war nun zweiundsechzig Jahre alt, und die Kräfte reichten nicht mehr für das unstete Leben, das er führte. Er konnte nicht mehr »die Hälfte seines Lebens auf der Eisenbahn« verbringen.

So fasste Alfred Nobel zwei Beschlüsse: Er trat aus dem Vorstand des französischen Dynamit-Trusts zurück, und er nahm Kontakt zu einem Makler auf, um das Haus auf der Avenue Malakoff zu verkaufen. Inzwischen hielt er sich ohnehin so selten in Paris auf, und vielleicht würde er ja das Küchenpersonal dazu bringen können, mit nach Bofors zu kommen.[32]

Kurz vor Weihnachten hatte Alfred eine sprachkundige Sekretärin aus Schweden eingestellt, um bei der Korrespondenz entlastet zu werden. Sie dürfe nicht zu schön und auch nicht zu jung sein, hatte er an Ludvig und Valborg geschrieben, die versprochen hatten, eine Kandidatin auszusuchen. Die zweiunddreißigjährige Sofie Ahlström hatte so gute Referenzen, dass Valborg wirklich hoffte, sie möge »ausreichend hässlich« sein. Das scheint jedoch nicht der Fall gewesen zu sein. Zwar gab Alfred mangelnde Sprachkenntnisse als Grund dafür an, als er sie bereits im Januar wieder entließ, doch wie er einem Freund schrieb, hätte er sie als Haushälterin behalten können, wenn sie nicht »viel zu jung und vor allen Dingen zu jugendlich gewesen wäre, als dass eine solche Stellung von bornierten und tratschlüsternen Menschen nicht missgedeutet werden würde«. Hinterher schrieb er an Fräulein Ahlström von ihrer sanften Weiblichkeit und den Qualen, die er seit ihrer Abreise in seinem Herzen habe. Sie sollten sich noch weiterhin Briefe schreiben, unter anderem über eines der Theaterstücke des Norwegers Henrik Ibsen: »Wir waren uns nicht über *Peer Gynt* einig, was mich nicht daran hindert, in Ihrem Schreiben Spuren einer enthusiastischen und poetischen Seele zu bewundern. Versuchen Sie, sich diesen Schatz bis zur Dämmerung des Lebens zu bewahren«, schrieb Alfred.[33]

Um sich die Zeit zu vertreiben, begann er ein neues Drama. Das Werk stand als *Cenci* auf seiner Liste von Projekten, sollte aber den Namen *Nemesis* nach der Rachegöttin erhalten. Genau wie sein Lieblingspoet aus Jugendzeiten Shelley wollte er ein Stück über die Tragödie aus dem 16. Jahrhundert um die legendäre Beatrice Cenci schreiben, die eingesperrt und von ihrem eigenen Vater vergewaltigt worden war, ihn dann durch einen gedungenen Mörder töten ließ, um zu entfliehen, und schließlich selbst hingerichtet worden war.

Alfred bekam vier schrecklich Akte über die Themen Terror, inzestuöser Übergriff und brutaler Mord zusammen. Seine *Nemesis* war mit groben Angriffen auf Rom und den »scheinheiligen« Katholizismus – »den schrecklichsten der Gräuel« – aufgeladen. Was er schuf, war tatsächlich genau die rohe Schilderung der moralischen Verderbtheit der Gesellschaft, die er mit seiner Formulierung über die »idealistische Richtung« aus seinem Literaturpreis raushalten wollte. Die Intrige in *Nemesis* war sehr weit davon entfernt, wie ein idealistisches Leben geführt werden sollte.[34]

Bertha von Suttner nahm zu Alfred Kontakt auf, als er gerade an dem Stück arbeitete. Sie brauchte immer noch mehr Geld, als sie hereinbekam, und es fiel ihr schwer, die großzügige Spende des Freundes an die entsetzliche Ballonexpedition von Ingenieur Andrée zu akzeptieren. Einmal hatte Alfred gesagt, er sei jederzeit bereit, 200 000 Franc für die Friedensarbeit zu erübrigen, wenn er nur wüsste, ob das Geld wirklichen Nutzen brächte. Daran erinnerte sie ihn nun etwas süffisant. Alfred verteidigte sich. Wenn die Ballonexpedition gelingen würde, dann wäre sie ohne Frage von Nutzen und würde die Welt vorwärtsbringen. Das würde dann nur eine Generation oder zwei dauern, erklärte er scherzhaft. Die Nachrichten von großen Welteroberungen würden nämlich Gefühle und Intellekt werdender Mütter weiterentwickeln. Das würde sich auf die Kinder übertragen, und auf diese Weise bahne man den Weg zu besseren Gehirnen und damit zu Frieden in zukünftigen Generationen.

Bertha stöhnte. Was für ein Blödsinn. Im nächsten Brief entwarf sie ein Bild von ihren jeweiligen Weltverbesserungsplänen, um zu zeigen, wie verrückt Alfred dachte. Setzte man auf »Plan Suttner«, würde man das erste Friedenstribunal bereits zur Jahrhundertwende eröffnen können. Folgte man hingegen »Plan Nobel«, würde man zum selben Zeitpunkt lediglich die Ballonunternehmung des Ingenieurs Andrée feiern können. Nur wenige verbesserte Gehirne würden den Krieg überleben, der zwischenzeitlich ausgebrochen wäre und auch danach immer wieder ausbrechen würde. Alfreds Entwurf würde der Welt frühestens im Jahr 3000 Frieden bringen, meinte Bertha von Suttner.

Alfred wechselte das Thema. »Ich habe eine Tragödie geschrieben«, gestand er im nächsten Brief und hob den Vorhang zu seinem Stück über Beatrice Cenci. »Die Widerwärtigkeit des Inzest ist soweit abgemildert, dass es nicht einmal ein puritanisches Publikum schockieren würde«, schrieb er. Das Stück solle, so dachte er, einen »recht guten szenischen Effekt« haben.[35]

Bertha von Suttner war begeistert. Sie erinnerte sich an die Glut in einem Gedicht, das Alfred Nobel ihr vor vielen Jahren gezeigt hatte. Wollte er, dass sie das Stück übersetzte und am Burgtheater in Wien unterbrächte? Bertha nannte eifrig mögliche Schauspieler, entwarf eine Werbestrategie und kühlte erst ab, als Alfred erwähnte, dass er in dem Drama »die Priesterschaft hart« angehe. Das, so viel wusste Bertha von Suttner, würde in Wien niemals durchgehen.

Doch Alfred selbst hegte große Pläne für sein Stück *Nemesis*. Zum ersten Mal war es ihm gelungen, ein literarisches Werk abzuschließen. Er sprudelte vor Zufriedenheit, als er dem Neffen Ludvig berichtete, er habe ein Theaterstück verfasst – »ein Trauerspiel, das sage ich dir, und zwar traurig wie der T-l selbst [...] Wenn ich nach Stockholm komme, werde ich Valborg bitten, es zu kritisieren und zu revidieren. Der Bühneneffekt ist gut und könnte vielleicht überempfindlichen Frauenzimmern eine Ohnmacht bescheren.«[36]

*

Im Frühjahr 1896 rückte Ingenieur Andrées Ballonfahrt zum Nordpol näher, und der in Frankreich hergestellte Ballon aus chinesischer Seide wurde auf dem Marsfeld in Paris gezeigt. Alfred Nobel, der wieder gesund war, fuhr für einige Tage nach Paris. Andrée sollte eine Kamera auf der Ballonfahrt dabeihaben. Die Aussicht ließ alle schwindeln, die schon Andrées Fotos von Stockholm vom Ballon Svea aus bewundert hatten. Würden sie zu sehen bekommen, wie der Nordpol von oben aussah?[37] In Alfred wuchs eine Idee. Er grübelte darüber nach, ob man nicht eine ferngesteuerte Kamera auf andere Weise hochschicken und Fotos aus der Luft machen könnte. Zum Beispiel mit einer Rakete.

So wurde eines von Alfred Nobels allerletzten Forschungsprojekten geboren. Solche Luftbilder wären zur Erstellung von topografischen Karten sinnvoll, meinte er. Also brach er nun Wilhelm Unges Versuch mit den »fliegenden Projektilen« ab, die unendlich viel mehr gekostet als gebracht hatten, und beauftragte stattdessen seinen alten Mitarbeiter Georges Fehrenbach in Paris mit dieser neuen Idee. Alfred wollte, dass er mit einer kleinen Rakete oder möglicherweise auch mit einem Ballon eine Kamera hochschoss. Die Kamera sollte mit einem Fallschirm versehen sein und in hoher Höhe von der Rakete gelöst werden, ein paar Belichtungsmessungen durchführen und dann sanft hinuntersegeln.[38]

Am 7. Juni 1896 legte die *Virgo* der Andrée-Expedition von einem mit Flaggen geschmückten Göteborg ab. Fünfzigtausend Menschen drängten sich an allen erdenklichen Plätzen, um einen Blick auf die Helden werfen und unter lauten Hurrarufen zum Abschied winken zu können. Ingenieur Andrée hatte seinen Hauptsponsor Alfred Nobel stetig über das Projekt auf dem Laufenden gehalten. Nun dankte er ehrerbietig für Alfreds großartige Unterstützung und hoffte innerlich, dass »Ihr die Befriedigung erhalten möget, das Werk vollendet zu sehen, zu dem Ihr den Grundstein gelegt habt«.

Alfred Nobel antwortete mit einem Telegramm, das den drei Teilnehmern der Expedition bei der Ankunft in Tromsø überreicht werden sollte. »Meine herzlichsten Grüße und besten Wünsche dem ehrenvollen und großartigen Triumvirat im Dienste des Wissens.«[39]

*

Sein Ziel war es gewesen, die Zahl der erschöpfenden Reisen zu reduzieren, doch Alfred konnte nicht lange widerstehen. Im Juni ging es wieder nach Schweden. Es gelang ihm, sich einen ganzen Monat in Bofors aufzuhalten, doch Mitte Juli zog das Tempo wieder an mit Berlin, London und Paris binnen weniger Wochen. Alles war wie immer.

Als er Schweden verließ, schob Alfred noch einen kurzen Besuch bei seinem Bruder Robert auf Getå vor Norrköping dazwischen. In aller Kürze, fand Roberts jüngste Tochter Thyra. Der Alltag auf Getå konnte für eine Dreiundzwanzigjährige quälend langweilig sein, und jeder Besuch munterte auf. Nachdem Alfred eilig abgereist war, schrieb sie einen Brief und dankte innig für »die freundliche kleine Spur seiner gewöhnlichen Güte, die der Onkel für mich hinterlassen hat«. Bei dieser Spur handelte es sich um die wiederkehrenden halbjährlichen Auszahlungen, die das Dasein von Thyra und ihren Geschwistern so viel heller machten. »Wohl ist Getå ein außerordentlicher Fleck auf Erden, doch kann ich nicht leugnen, dass ich dem Onkel in Gedanken einen Seufzer des Wohlbehagens und der Dankbarkeit sende, da ich dank dem Onkel und den modernen Verbindungen zwischenzeitlich in der Lage bin, ihn gegen etwas dichter bebaute Gegenden tauschen zu können.«

Robert würde Anfang August siebenundsechzig Jahre alt werden und war gerade »erfrischt« von einer kürzeren Reise nach Kalmar zurückgekehrt. Auch ihn hatte Emanuel kürzlich mit einem »ausnehmend stattlichen« russischen Hengst erfreut. Robert sei ungewöhnlich guter Stimmung, berichtete Thyra. »Er ist nun wirklich gänzlich gesund, und auch wenn er zwar das Gegenteil behauptet, so gibt es doch niemanden, der ihm wirklich zu glauben scheint.«

Zwei Wochen später wurde Alfred in Paris von einem Telegramm von Roberts Frau Pauline überrascht. »Robert verstarb heute Nacht plötzlich und unerwartet ohne Leiden.«[40]

Alfred beeilte sich, zum Begräbnis nach Schweden zurückzukehren. Von unterwegs telegrafierte er Hjalmar. Sie sollten Robert obduzieren lassen und seine Pulsadern aufschneiden, riet Alfred, denn »in meiner Familie neigt man zum Scheintod«. Er teilte auch Ragnar Sohlman den traurigen Grund für seine Heimreise mit. »Ich, der unvergleichlich schwächste unter den Brüdern, hänge nun, wenn auch in schlechtem Zustand, noch hier, während die anderen bereits im Schoße der Ewigkeit ruhen.«[41]

Der nächste Rückschlag kam auch per Telegramm, Ende August aus Tromsø vom Nordpolarmeer an Alfred geschickt. Drei Wochen lang hatten Ingenieur Andrée und seine Mitreisenden mit dem gefüllten Ballon auf richtige Winde gewartet. Jetzt waren sie gezwungen, aufzugeben und nach Hause nach Schweden zu reisen, schmachvoll, da fast gleichzeitig Fridtjof Nansen im Triumph von seiner Eismeerexpedition zurückgekehrt war. Hauptsponsor Nobel bewies großes Verständnis. Er lud Andrée zu einem Mittagessen auf Björkborn ein und gratulierte ihm zu dem klugen Entschluss, keine unnötigen Risiken einzugehen. Alfred versicherte, dass der Abenteurer auch für den nächsten Versuch, den Nordpol im Ballon zu erreichen, auf seine finanzielle Unterstützung rechnen könne. »Ein Ballon, so dicht wie möglich, Reisekameraden mit demselben Mut und demselben eisernen Willen wie der Anführer sowie ein wenig Entgegenkommen von Äolus [...], und alles wird sicher gut gehen«, schrieb Alfred an Andrée.[42]

*

In den letzten Monaten seines Lebens füllte das Drama *Nemesis* Alfred Nobels Gedanken aus. Valborgs Mutter, die Schriftstellerin Josefina Wettergrund (Lea), war das Manuskript mit rotem Stift durchgegangen. Hauptsächlich hatte sie Schreibfehler berichtigt, was Alfred freute. Er wollte keine größeren Eingriffe in den Text sehen, weil er lieber »mit eigenen Flügeln herumdümpelte, als mit denen von anderen zu fliegen«.

Während des Besuchs in Bofors hatte er Ragnhild Sohlman gefragt, ob sie *Nemesis* ins Norwegische übersetzen würde. Er hatte vor, das Stück in Norwegen herauszubringen, um sich von »schwedischer Zensur und vaterländischem Sauerteig« fernzuhalten. Doch jetzt, auf dem Weg nach Paris, hatte er es sich anders überlegt und nahm das Drama stattdessen mit dorthin. Der Büroassistent eines Geschäftsfreundes half ihm, es auf Maschine zu schreiben.[43]

Nur ein Anliegen blieb Alfred Nobel noch in Schweden. Es war von schmerzhaftem Charakter, und zwar ging es um eine gewisse Sofia Arrhenius, geborene Rudbeck. Sofia hatte sich mit dem Chemieprofessor an der Stockholmer Hochschule, Svante Arrhenius, verheiratet, doch die Ehe war kürzlich in die Brüche gegangen. Sofia war radikal und wollte studieren, während ihr ehemaliger Mann sich eine Hausfrau vorstellte. Svante Arrhenius war ein aufgehender Stern. Im Frühjahr 1896 hatte er einen viel beachteten Artikel publiziert, indem er berechnete, wie die steigenden Emissionen von Kohlendioxid in der Luft das Klima auf der Erde beeinflussen könnten. Fossile Brennstoffe seien eine potenzielle Quelle für solche Effekte, schrieb der vorausschauende Arrhenius, der 1903 den Nobelpreis für Chemie bekommen sollte.[44]

Sofia Arrhenius musste für sich sorgen. Sie konnte ein Examen in Physik und Chemie vorweisen und hatte eine Zeit lang in Bofors gearbeitet. »Haben Sie nicht irgendwelche vorbereitenden Untersuchungen, die ich übernehmen könnte?«, hatte sie Alfred Nobel in einem Brief gefragt. Noch ehe Alfred Nobel im Oktober 1896 nach Süden verschwand, gab er der geschiedenen Sofia einen bezahlten Forschungsauftrag über Wärmestrahlung in verschiedenen Arten von Glas.[45]

Auf der Reise nach Kopenhagen bekam Alfred Gesellschaft von Fredrik Ljungström. Der Erfolg mit dem »Svea-Fahrrad« hatte angehalten. In England war mit Alfreds Hilfe eine Firma gegründet worden, und man hoffte, dass es bald eine Fahrradfabrik geben würde. »Als die Fähre über den Sund ging, wanderten wir im vertraulichen Gespräch im Nieselregen auf Deck auf und ab [...] Mit Freude hörte ich ihn Strophen aus der *Frithjofs Sage* zitieren. Beim Anlegen in Kopenhagen trennten wir uns [...], um uns nie wiederzusehen. Das Blut in meinen alten Adern wird mir warm, wenn ich an ihn denke«, schrieb Fredrik Ljungström sechzig Jahre später in seinen Erinnerungen.[46]

Eigentlich war Alfred Nobel auf dem Weg nach San Remo, legte aber einen Zwischenhalt in Paris ein. Da fing das Herz wieder an, Probleme zu machen. Er konsultierte mehrere Ärzte, und man empfahl ihm eine neue Medizin. »Das klingt ja wie Ironie des Schicksals, dass mir Nitroglyzerin zur Einnahme verordnet wird. Sie nennen es Trinitrin, um Apotheken und Publikum nicht zu verschrecken«, schrieb Alfred erheitert an Ragnar Sohlman. Er erwähnte nicht, dass die Ärzte gesagt hatten, er hätte Blutgerinnsel, die lebensbedrohlich seien.

Ragnar schickte neue Proben von dem nitroglyzerinfreien Schwarzpulver. Alfred lobte ihn und sagte voraus, dass das neue rauchfreie Schwarzpulver sein altes einfach aus dem Rennen werfen würde. Er freue sich wirklich darauf, schrieb er, »die eigene Ware töten zu dürfen«.[47] Die Kinder seines Bruders schrieben ihn wegen der praktischen Dinge an, die nach Roberts Tod erledigt werden mussten. Sie freuten sich, dass Alfred den Wunsch geäußert hatte, er wolle, wenn er zurückkäme, zusammen mit Pauline, Thyra und Hjalmar eine Wohnung in Stockholm mieten. Ludvigs Frau Valborg, die wie ihre Mutter oft und gern reimte, erfreute Alfred zu seinem dreiundsechzigsten Geburtstag mit einem Gedicht:

Den 21. Oktober 1896
Für Onkel Alfred!
Oktober ist wohl düster,
Oktober manchmal graut,
Und doch es mich gelüstet,
Sein Lob zu singen laut.
[…]
Eine Gabe er geborgen,
so teuer ist sie, und so gut;
Lieb uns allen die geworden
Und diese Gabe – das bist du![48]

Alfred blieb über einen Monat in Paris. Er hatte es sich zur Gewohnheit gemacht, über sein bevorstehendes Hinscheiden zu klagen. Doch jetzt, da es angebracht erschien, legte er Selbstmitleid und jeden schicksalsträchtigen Tonfall gänzlich ab. Vielmehr schaute er nach vorn. Er bestellte hundert Flaschen Bordeaux für Björkborn und versprach Ingenieur Andrée, die letzten 10 000 Kronen für die nächste Expedition zu überweisen. Außerdem fand er eine passende Druckerei in Paris für sein Stück *Nemesis*.

Im November besuchte er den neuen Pastor der schwedischen-norwegischen Gemeinde Nathan Söderblom, der ihn um einen Zuschuss zu einem skandinavischen Krankenhaus in Paris angefleht hatte. Söderblom sah jünger aus als seine dreißig Jahre, und in Paris fanden manche, er mache einen etwas kindlichen Eindruck. Doch Nathan Söderblom wurde später Erzbischof der Schwedischen Kirche und ein Theologe von Weltrang. Er sollte 1930 den Friedensnobelpreis für seine Bemühungen, die Christenheit zu einen, erhalten.

Nathan Söderblom war im Frühjahr 1894 mit seiner frischgebackenen Ehefrau, der vier Jahre jüngeren Anna, in Paris angekommen. Alfred Nobel wurde schnell in seine Sammelaktionen für arme Schweden in der Stadt hineingezogen, und jetzt wollte der Pastor ein Krankenhaus bauen. Die Söderbloms wohnten im vierten Stock eines Hauses in der Nähe des Parc Monceau. Alfred machte nicht viel Aufhebens um sich, als er dort erschien. Mit seiner anspruchslosen Kleidung und seiner kränklichen Gestalt passte er gut zu den anderen Armen, die, nicht um zu geben, sondern um etwas zu bekommen, in dem engen Vorraum warteten.

Söderblom und Nobel sprachen über die Finanzierung des Krankenhauses. Alfred fragte nach Kostenvoranschlägen und versprach, wie Söderblom später angab, »eine bedeutende Grundlage«. Doch Alfred hatte auch noch ein anderes Anliegen. Er wollte jemanden finden, der die Fahnen seines Stücks Korrektur lesen könnte. Nathan schlug seine Ehefrau Anna vor, und so kam es. Als sie angefangen hatte zu lesen, empfahl sie ihrem Mann, schnellstmöglich einige Schriften über »den Unterschied zwischen Religion und dem Missbrauch von Religion« an Nobel zu schicken.[49]

Der Pastor war von dem in die Jahre gekommenen Erfinder fasziniert. Ein kreatives Genie, ohne Zweifel, doch mit etwas Bizarrem und Bemitleidenswertem in seiner Person. Nobel zeigte eine überraschend große Seele, und Söderblom fand, dass sie einander sogar auf einer geistigen Ebene erreichten. Später sollte Nathan Söderblom behaupten, Nobel sei von einer tiefen Frömmigkeit gewesen.[50]

Mitte November saßen die beiden bei einem großen Bankett der Schwedisch-Norwegischen Gesellschaft nebeneinander. Schwedens neuer Generalkonsul Gustaf Nordling sollte feierlich auf seinem Posten begrüßt werden. Alfred Nobel hatte sich neben Söderblom gesetzt, um weiter über das geplante »Musterkrankenhaus« zu plaudern. Er sagte, er hoffte, dass dort »alle Ressourcen der Wissenschaft« zur Anwendung kommen würden, und zeigte, so Söderblom, Interesse für Forschung in der neuen Rassenbiologie.[51]

Möglicherweise plagte Alfred ein schlechtes Gewissen darüber, dass er die Schwedisch-Norwegische Gesellschaft aus seinem Testament gestrichen hatte. Einige Tage nach dem Bankett schrieb er nämlich einen großen Scheck für den Einkauf neuer Möbel und Teppiche aus. Das Geld reichte für eine ganze Speisesaal-Ausstattung in Walnuss, Sessel im englischen Clubstil, zwei große orientalische Teppiche und elektrische Deckenlampen. »Dank deiner Großzügigkeit wird es hier oben in der Gesellschaft richtig ›ursnobistisch‹ werden«, schrieb der Vorsitzende Sigurd Ehrenborg später an Alfred Nobel.

Der Physiotherapeut Ehrenborg machte sich Sorgen um seinen kränklichen Wohltäter wegen dessen bevorstehender Reise nach Italien. Er nannte ihm den Namen eines Kollegen in San Remo und empfahl jeden Tag zu einer bestimmten Zeit eine Massage. »Das wird deinem Herzen und der Verdauung des Essens sowie dem Blutkreislauf guttun.«[52]

Selbst Bertha von Suttner ließ von sich hören. Im letzten Brief hatte Alfred die schweren Herzprobleme erwähnt, von denen er, der »im bildhaften Sinne kein Herz« habe, heimgesucht sei. Diese Nachricht betrübte sie. Aber wie könne Alfred denn behaupten, dass er kein Herz habe? Nichts könne falscher sein. Bertha von Suttner zählte alle konkreten Erfolge der Friedensbewegung auf. »Ich hätte nichts tun können, nichts von alldem, ohne die Hilfe, die Sie mir haben zuteil werden lassen.« Sicherheitshalber unterstrich sie das Wort »Sie« viermal. »Ich bitte euch mit gefalteten Händen, zieht niemals eure Unterstützung zurück, niemals, nicht einmal auf der anderen Seite des Grabes, das auf uns alle wartet.«[53]

*

Alfred Nobel reiste nach San Remo ab, wo sein Butler Auguste Oswald und der Chemiker Hugh Beckett warteten. Oswald und Beckett waren Alfreds Launen und Krankheitsanfälle gewohnt, doch diesmal fanden sie, dass er sich schnell erholt habe. Er war sogar ungewöhnlich gesund und sagte, er wäre guter Dinge.

Alfred stürzte sich mit großem Eifer auf neue Laborexperimente – so wie immer, mit Arbeitstagen vom frühen Morgen bis in den späten Abend. Er behauptete, sich jugendlich zu fühlen, und in diesen Tagen hatte er sogar angefangen zu reiten, berichteten Oswald und Beckett hernach.[54]

Er benahm sich wie jemand, der soeben dem Tod von der Schippe gesprungen war.

Alfred folgte Ehrenborgs Rat und engagierte dessen Kollegen für tägliche Behandlungen. Der Physiotherapeut massierte »die Leber, die Milz und den Kopf«, und nach einer solchen Kur fühlte sich Alfred plötzlich schlecht. Er schickte seine Visitenkarte an einen Arzt und bat ihn vorbeizukommen.

Kurz nach dem Mittagessen am Dienstag, dem 8. Dezember, untersuchte Dr. Ulisse Martennieri Alfred Nobel in dessen Arbeitszimmer in der Villa Nobel. Alfred klagte über Kopfschmerzen auf der linken Seite, die in den Hals hinunter ausstrahlten. Die hatte er schon mehrere Tage gehabt und bereute nun, dass er nicht vor dem Beginn der Massage den Arzt konsultiert hatte. Er wusste schließlich, dass er Blutgerinnsel hatte. Der Arzt verschrieb ihm einige Kapseln mit einer Kokainmischung. Alfred brachte ihn zur Tür und wirkte im Übrigen überhaupt nicht sonderlich krank.

Um fünf Uhr am Nachmittag wurde Doktor Martennieri erneut in die Villa Nobel gerufen. Diesmal war die Lage akuter. Alfred Nobel lag im Bett. Sein rechter Arm war plötzlich gelähmt gewesen, ein Zustand, der zwanzig Minuten währte, ehe er ihn wieder bewegen konnte.

»Kann es das Blutgerinnsel sein?«, fragte Alfred.

»Ja, doch das sollte nicht so groß sein. Sie haben ja Bewegung und Gefühl im Arm zurückgewonnen«, antwortete der Arzt. Dennoch blieb er einige Stunden zur Beobachtung. Dann ordnete er an, alle zehn Minuten einen Eisbeutel an den Kopf zu drücken, und versprach wiederzukommen.

Fünfundvierzig Minuten später ging ein neuer Alarm von der Villa Nobel ein. Der Butler Auguste Oswald ließ ausrichten, dass es Herrn Nobel wieder schlechter gehe. Als der Arzt kam, war Alfreds ganze rechte Seite gelähmt, und er konnte nicht mehr sprechen. Sein Gesicht war verzerrt.

Das war wohl eine Blutung, kein Gerinnsel, dachte Martennieri und setzte fünf Blutegel auf Alfreds Schläfenknochen. Er rief einen Kollegen dazu und blieb an der Seite des Patienten. Dienstag, der 8. Dezember 1896, neigte sich seinem Ende zu. Während der Nacht verschlechterte sich Alfred Nobels Zustand, tags darauf konnte er nicht mehr schlucken, und am Mittwochabend fiel er ins Koma. Die Ärzte erklärten, es gebe keine Hoffnung mehr. »Um zwei Uhr morgens am 10. Dezember schlief Herr Nobel still und ohne Todeskampf ein«, schrieb Doktor Martennieri in seinem Bericht.

Alfred Nobel musste seine Tage genau so beenden, wie er sie gelebt hatte. Allein. Er wurde von dem Schicksal heimgesucht, das er sich in traurigen Stunden als das erdenklich Schlimmste ausgemalt hatte: dem Tod zu begegnen, nur von Menschen umgeben, die für ihre Aufopferung bezahlt worden waren, von der ewigen Ruhe umschlossen zu werden, mit nur »einer alten Dienstseele um mich, der sich dabei die ganze Zeit fragt, ob ich ihm wohl etwas hinterlassen habe«.

Auf dem Schreibtisch in seinem Arbeitszimmer fand man einen nicht beendeten Brief an Ragnar Sohlman, in dem es um nitroglyzerinfreies Schwarzpulver ging. Auch Alfred Nobels Kassenbuch lag da, mit dem allerletzten Ausgabeposten seines Lebens: »Diverse Wohltätigkeit. 500 Franc.«[55]

ALFR·
NOBEL
NAT·
MDCCC
XXXIII
OB·
MDCCC
XCVI

TEIL 4

»Das Testament bleibt eine prächtige Erinnerung an die Liebe zur Menschheit.«

LE FIGARO, 7. JANUAR 1897

Alles Licht auf Norwegen – und den Frieden

Es ist nicht ohne, in den Tagen nach dem Fünfzig-Kilometer-Lauf am Holmenkollen nach Oslo zu reisen. Selten zeigt der alte Unionszwist zwischen Schweden und Norwegen so deutlich seine Stacheln wie bei wichtigen Ski-Wettkämpfen. Als ich Anfang März 2019 die Henrik-Ibsens-gate entlangspaziere, muss ich daran denken, wie viele Schweden damals, 1897, die Neuigkeit von Alfred Nobels Friedenspreis als demütigend empfanden. Man kann das eigentlich nur mit einem Dreifachsieg der Norweger auf den Brettern vergleichen – und das bei in Schweden stattfindenden Olympischen Spielen.

Das Norwegische Nobelinstitut liegt seit über hundert Jahren in einem schönen Jugendstilhaus nahe dem Schlosspark in Oslo. Das Haus wird als schwedisches Territorium betrachtet. Während des Zweiten Weltkriegs wagten die deutschen Besatzer nicht, das Haus zu betreten, aus Angst, sich plötzlich in Schweden zu befinden. Schon beim Blitzangriff 1940 hatte Norwegen einen gewissen Nutzen von Alfred Nobel. Früh am Morgen des 9. April fuhren deutsche Kreuzer mit Tausenden Soldaten den Oslofjord hinaus. An der Festung Oscarsborg standen drei norwegische Kanonen von 1893, geladen mit Nobels rauchfreiem Schwarzpulver Ballistit. Ein paar Volltreffer später war das vorderste deutsche Schiff, die *Blücher*, versenkt.

Der Direktor des Nobelinstituts, Olav Njølstad, hat sein Büro direkt neben dem Allerheiligsten, dem Konferenzraum, in dem die fünf Vorsitzenden des norwegischen Nobelkomitees jedes Jahr ihre Entscheidungen fällen. Wir schauen hinein. Der Raum ist in Dunkelgrün gehalten. In dem ovalen Mahagonitisch spiegelt sich ein Kristallleuchter. An der Wand alle Friedenspreisträger in stilvollen Rahmen.

Vor einigen Wochen fand genau hier die erste Grobsortierung für den Preis 2019 statt. Dreihundert Friedenspreisnominierungen, eine der höchsten Zahlen überhaupt, sind zu einer Shortlist mit weit weniger Namen zusammengeschrumpft. Wie viel genau da stehen, darf ich nicht erfahren, jedenfalls sind es mehr als die üblichen »fünf bis zehn Prozent der Nominierten«.

»In dieser Runde fallen die anderen weg, aber nominiert ist nominiert. Wenn in der Welt etwas passiert, könnten sie wieder auftauchen – bis zum letzten Moment«, erklärt Olav Njølstad, der auch der Sekretär des norwegischen Nobelkomitees ist.

Alfred Nobels Friedenspreis bekam sofort nach seiner Bekanntgabe im Januar 1897 politische Bedeutung. Das norwegische Selbstbild wurde gestärkt. Man zog den Schluss, dass der jüngst verstorbene Spender fand, der kleine Bruder Norwegen in der Union sei ein progressiveres, demokratischeres und mehr auf den Frieden ausgerichtetes Land als Schweden.

»Das ist interessant, denn im Storting war die Stimmung damals eigentlich überhaupt nicht pazifistisch«, erklärt Olav Njølstad.

»Norwegen unterstützte die Friedensbewegung, doch der Unionskonflikt hatte sich ja verschärft, und die 1890er-Jahre wurden zu einer der stärksten Aufrüstungsperioden in der norwegischen Geschichte. Das Storting veranschlagte große Summen für den Bau von Festungen, um im Fall eines bewaffneten Konflikts Schweden widerstehen zu können.«

Die Verantwortung für Nobels Friedenspreis gab Norwegen die Chance, die Rolle der selbstständigen Außenpolitik zu spielen, die ihm die Union ansonsten unmöglich machte. Das war eine Öffnung, die man ausnutzen würde. Der wichtigste Staatsrat des Landes setzte sich ins erste Nobelkomitee, und wie der Nobelpreisforscher Ivar Libaek gezeigt hat, kam es bis zur Auflösung der Union 1905 vor, dass man das

Nobelinstitut insgeheim nutzte, um die Sache Norwegens unter europäischen Staatsmännern zu verbreiten.

Das Storting stellt immer noch die fünf Mitglieder des Nobelkomitees, doch heute dürfen keine aktiven Politiker mehr hineingewählt werden. Der Wendepunkt kam in den 1930er-Jahren, als der Friedenspreis dem deutschen Pazifisten Carl von Ossietzky verliehen wurde, der im Konzentrationslager der Nationalsozialisten saß. Mit norwegischen Staatsräten im Nobelkomitee wurde der Preis von einem wütenden Hitler als ein Regierungsbeschluss aufgefasst.

Die Preisrichter in Oslo mussten sich gleichwohl an starke Reaktionen gewöhnen, vor allem wenn die Auszeichnung einmal nicht an klare »Friedensverfechter« geht. In den letzten fünfzig Jahren sind neue Dimensionen hinzugekommen, wie zum Beispiel die Arbeit für Menschenrechte und Demokratie. Auch die Klimaforschung hat sich inzwischen qualifiziert. Olav Njølstad erinnert daran, dass diese breite Ausrichtung bereits beim ersten Nobelpreis 1901 vorhanden war. Da wurde der Preis zwischen Friedensarbeit (Frédéric Passy) und humanitärer Arbeit (Rotes Kreuz) aufgeteilt, Letzteres mehr mit Hinweis auf Alfreds Formulierung von der »Verbrüderung der Völker«.

Njølstad holt das erste, noch handgeschriebene Register über »eingegangene Schriften« 1897–1901 hervor. Ich blättere neugierig. Die ersten Vorschläge für den Friedenspreis gingen bereits im Januar 1897 ein. Drei Amerikaner und ein Russe bewarben sich unmittelbar um einen Nobelpreis für sich selbst. Bertha von Suttner schlug sich, soweit ich sehen kann, nie selbst vor, wurde jedoch im Laufe des ersten Preisjahres 1901 mehrfach zur Nominierung vorgeschlagen. Doch sie schrieb ans Nobelkomitee und protestierte gegen den Entschluss, Organisationen zu den möglichen Preisempfängern zu zählen. Sie wies darauf hin, dass sie Alfred Nobel gekannt habe und deshalb wisse, dass er sich das überhaupt nicht auf diese Weise gedacht habe. Er habe die Einsätze kreativer Individuen für die Menschheit hervorheben wollen.

»Und dachte sie da nicht an sich selbst? Und das mit Recht?«, frage ich.

Olav Njølstad nickt zustimmend und zeigt mir dann den Schlussbericht des Nobelkomitees mit der »Shortlist« von 1901. Daraus geht hervor, dass man für diesen ersten historischen Friedenspreis zehn Männern und drei Institutionen in der Auswahl hatte. Bertha von Suttners Name war nicht dabei.

*

Bertha von Suttner hoffte, den Frieden auf der Erde bis zur Jahrhundertwende 1900 verwirklicht zu sehen. Und Alfred Nobel dachte ursprünglich, sein Preis müsse längstens dreißig Jahre lang existieren, bis der Frieden da wäre. Im Frühjahr 2019 sind wir immer noch nicht an diesem Punkt. Was ist schiefgegangen?

Ich fahre zur Universität Uppsala, um einen der erfolgreichsten Friedens- und Konfliktforscher zu treffen. Professor Peter Wallensteen hält die beliebte Vorlesung mit dem Titel »Ursachen des Friedens«. Als wir uns treffen, hat er gerade darüber gesprochen, was von Siegern in einem Krieg verlangt wird, damit der Frieden stabil bleibt. Die Grundvoraussetzung dafür ist, dass der Verlierer mit Respekt und Würde behandelt wird.

»Es ist faszinierend zu sehen, wie viele schlechte Sieger in Kriegen es gibt«, sagte Peter Wallensteen zu den Studentinnen und Studenten und nannte ein vielsagendes Beispiel, wie die Rachsucht nach dem Französisch-Deutschen Krieg 1870/71 sowohl in den Ersten als auch in den Zweiten Weltkrieg Eingang fand.

Hinterher setzen wir uns in das Studentencafé. Peter Wallensteen hat Verständnis für meine Frage.

»Ja, es wird wohl noch eine Weile dauern, ehe wir Friedensforscher unsere Arbeit niederlegen können. Aber wir sind unbestechlich. Keiner hat aufgegeben. Wir stecken unsere Ziele nur einfach nicht mehr so hoch, wie Bertha von Suttner es tat. Ich bin schon zufrieden, wenn wir die Anzahl Kriege herunterfahren und einen Weg zur Abrüstung finden können.

Peter Wallensteen beschäftigt sich seit den 1960er-Jahren mit der Friedensforschung und betreibt eine bekannte Datenbank über Konflikte in der Welt. Er beschreibt die Kriegsentwicklung nach dem Zweiten Weltkrieg in Wellen. Bis zum Ende des Kalten Krieges 1990 stieg die Anzahl bewaffneter Konflikte in der Welt stetig. Danach folgte ein langwährender und stabiler Rückgang, der erst 2003 wieder abflachte. Acht Jahre später ging die Kurve plötzlich wieder bergauf, mit mehr und mehr Kriegen, eine Steigerung, die seit 2014 weiter eskaliert. Er nennt die Kriege in Syrien, im Jemen, in Libyen und im Kongo als Beispiele.

»Heute sind wir wieder da, wo wir 1990 waren, mit fünfzig laufenden Konflikten in der Welt«, sagt Peter Wallensteen, und ich meine, einen Seufzer zu hören.

Zwei Weltkriege sind ein düsteres Fazit für Alfred Nobel. Aber Peter Wallensteen meint dennoch, dass der Friedenspreis von großer positiver Bedeutung für den Frieden ist.

»Alfred Nobel hat eine ganz neue Perspektive auf die Friedensfrage geschaffen. Es war der erste Friedenspreis der Welt und darüber hinaus ein internationaler, allein das schon war neu und originell.«

Der Nobelpreis setzte den Frieden hoch auf die internationale Tagesordnung, und dort blieb er. Natürlich gibt es einige Friedenspreisträger, die auch ein Friedensforscher lieber nicht auf der Liste hätte. Wallensteen nennt Henry Kissinger und Le Duc Tho 1973, eine Friedensabsprache, die seiner Meinung nach von einer »zynischen Bombenkampagne« erzwungen wurde. Doch er findet, dass man nicht mit Scheuklappen auf die Spezifizierungen im Testament schauen sollte. Schiedsgerichte und Friedenskongresse haben an Bedeutung verloren, und Nobel drückte sich offen genug aus, um selbst moderne Friedenseinsätze einzubeziehen, meint Peter Wallensteen.

»›Die Verbrüderung der Völker‹ ist ein ausgezeichneter Begriff, der viel umfassen kann. Menschenrechte gab es in Nobels Welt nicht, ebenso wenig die Klimafrage. Die Welt erhält neue Anlässe für Konflikte, und wenn Sie mich fragen, so meine ich, dass man zum Beispiel auch Korruption miteinbeziehen sollte.«

Peter Wallensteen schlägt vor, dass wir einen Friedensspaziergang unternehmen. Das macht er immer mit seinen Studenten. Uppsala nennt sich »Stadt des Friedens«, und schon bald schlendern wir zwischen Erinnerungstafeln für verschiedene Friedenspreisträger herum.

»Doch der Frieden ist niemals das Werk einer Person. Er ist per definitionem eine kollektive Aufgabe«, betont Peter Wallensteen.

Wir bleiben vor dem erzbischöflichen Dekanat stehen, dem ehemaligen Wohnhaus des Friedenspreisträgers 1930. Er ist als Bronzestatue direkt daneben dargestellt, ein selbstbewusster Mann mit Priestermantel und Kreuz auf der Brust.

Sein Name? Ja genau, Nathan Söderblom.

KAPITEL 19

»Eine großartige Anerkennung«

Sowie sich Alfred Nobels Zustand verschlechterte, hatte der Butler Auguste Oswald den ältesten Neffen telegrafiert. Auch Ragnar Sohlman in Bofors wurde alarmiert. Sie reisten allesamt nach San Remo, Sohlman mit dem Zug noch am selben Tag. Ab Nässjö hatte er Gesellschaft von Hjalmar Nobel. Während eines Aufenthalts in Kopenhagen am 10. Dezember erreichte sie die Todesnachricht. »Es wird wohl eine traurige Reise werden, doch fühlt es sich dennoch am richtigsten an, unterwegs zu sein«, schrieb Ragnar an seine Ragnhild.[1]

Emanuel Nobel war als Erster vor Ort. Er und der Butler Auguste holten die anderen mit Alfreds Equipage am Bahnhof von San Remo ab. Als er zur Villa Nobel kam, sah Ragnar ein neu gebautes Haus auf dem Gelände. Auguste verriet, dass Alfred vorgehabt hatte, Ragnar und Ragnhild mit einem eigenen Haus für die vielen Arbeitsbesuche zu überraschen. Die Trauer über all das, was nicht mehr sein würde, überwältigte Ragnar. Drei Jahre lang hatte er in Alfred Nobels Gedankenwelt gelebt. Jetzt war es zu Ende. Er ging zur Schlafkammer des Toten hinauf. »Zutiefst ergreifend, unseren Freund und Wohltäter auf diese Weise wiederzusehen. Das Gesicht hat begonnen, sich zu verändern und sieht gealtert aus«, schrieb er an Ragnhild.[2]

Auf dem Schreibtisch fand Ragnar einen kurzen Brief, Alfred Nobels letzten, der an ihn, Ragnar, gerichtet war.

»Leider ist meine Gesundheit wieder so schlecht, dass ich mit Mühe ein paar Zeilen schreiben kann, doch ich melde mich, sobald ich kann, zu den Themen, die uns interessieren. Ergebener Freund A. Nobel.«

Im Haus brach eine gewisse Unruhe aus. Hjalmar und Emanuel suchten nach dem Testament des Onkels, fanden aber nur ein altes von 1893, auf das Alfred »aufgehoben am 27. November 1895« geschrieben hatte. Erst als sie einen Tag später den Verwahrungsschein von der Stockholms Enskilda Bank fanden, kehrte Ruhe ein. Das Testament wurde lokalisiert und in Stockholm eröffnet, sodass die dringendsten Punkte Hjalmar und Emanuel telegrafiert werden konnten.

Dazu gehörte die Information, dass Alfred, der schreckliche Angst davor gehabt hatte, lebendig begraben zu werden, wollte, dass man seine Pulsadern aufschnitt. Ein erstaunter Ragnar Sohlman erfuhr überdies, dass Alfred ihn, zusammen mit einem ihm unbekannten schwedischen Ingenieur namens Rudolf Lilljequist, zum Testamentsvollstrecker ernannt hatte. Der Ingenieur betrieb eine elektrochemische Fabrik in Bengtsfors, in die Alfred Nobel kürzlich Geld investiert hatte. Soweit Ragnar wusste, waren die beiden sich nicht oft begegnet, doch Lilljequist pflegte dieselbe internationale Ausrichtung wie Alfred und sprach am liebsten Englisch. War es vielleicht deshalb? »Verstehe Telegramm nicht. Ist mein Name im Testament erwähnt?«, antwortete der Ingenieur, als Ragnar ihm die Neuigkeit überbrachte.[3]

Der schwedisch-norwegische Konsul in San Remo versiegelte alle Zimmer. Man nahm eine Totenmaske von Alfreds Gesicht, die als Modell für eine Büste gedacht war. Sein Leichnam wurde dann mit einem schwarzen Grabtuch in einen Eichensarg gelegt und im Erdgeschoss der Villa aufgebahrt. Bald war er von herrlich duftenden Blumenkränzen bedeckt.

Die neue Verantwortung lastete schwer auf den Schultern des jungen Ragnar Sohlman. »Ich für meinen Teil möchte ja am liebsten Alfred Nobels unvollendete Ideen vollenden, weiß jedoch nicht, inwieweit das Testament etwas darüber enthält«, schrieb er an seine Mutter.[4]

In Paris hatte der junge Pastor Nathan Söderblom gerade einen Brief nach San Remo geschickt. Wie Alfred ihn gebeten hatte, listete er die veranschlagten Kosten für das skandinavische »Musterkrankenhaus« auf, das im November bei ihrem Gespräch Thema gewesen war und für das Alfred Nobel eine großzügige Beteiligung versprochen hatte. Von den spannenden Forschungsideen erfüllt, an denen Alfred ihn während des Banketts hatte teilhaben lassen, bot der Pastor ihm einen Platz im Projektkomitee an.

Doch sein Brief kam zu spät. Jetzt wurde Söderblom stattdessen nach San Remo gerufen, um eine Trauerfeier auszurichten. Zu Hause in Paris war die Ehefrau Anna Söderblom gerade dabei, eine neue Korrektur von Alfreds Drama *Nemesis* anzufertigen. Nathan Söderblom schnappte sich vor der Abreise ein Exemplar. Vor dem Fenster tanzte die Rhônelandschaft vorbei, während er las und an seiner Rede arbeitete. *Nemesis* war ein seltsames, geradezu ketzerisches Stück. Aber würde er ihm vielleicht doch etwas Brauchbares entnehmen können? Um halb vier Uhr am Morgen war der Pastor im Hotel in San Remo und »schlief zu den regelmäßigen Seufzern des Mittelmeers ein«.

Die Sonne schien, als tags darauf kurz nach Mittag die Andacht in der Villa Nobel gehalten wurde, in der Ruhe »zwischen den schützenden Bergen und den blauen, sonnenbestrahlten Wellen des Mittelmeers«, wie es der poetische Söderblom formulierte. Vor der kleinen versammelten Schar sprach der Pastor von Alfred Nobels geistiger Kraft und von »den Siegen, die er im Dienst der Menschlichkeit errungen hatte«. Ihn dauerte der einsame Mann, der dem Tod ohne »die Hand eines Sohnes oder einer Ehefrau auf seiner erkaltenden Stirn« hatte entgegentreten müssen. Der Pastor meinte, bezeugen zu können, dass Alfreds Sinn bis ins Letzte warm und gefühlvoll geblieben sei, ohne Spuren der »Verhärtung«, die allzu viel Geld mit sich zu bringen pflegte. »Im Tod gibt es keinen Unterschied zwischen dem vielfachen Millionär und dem Kätner, zwischen dem Genie und dem Einfältigen. Wenn das Schauspiel beendet ist, sind wir alle gleich«, verkündete Pastor Söderblom.

Im Laufe des Vormittags war er an Alfreds Arbeitszimmer vorbeigekommen und hatte eine schöne Bibel gefunden, »fleißig gelesen, abgenutzt und mit vielen Unterstreichungen«. Söderblom muss in seiner Überzeugung bestärkt worden sein. Er flocht in seine Rede nämlich ein Zitat aus *Nemesis* ein, das aus seinem Zusammenhang gerissen den Toten als gläubig erscheinen ließ. Pastor Söderblom las die Worte über Alfreds Sarg, die der Dramatiker Nobel einem gedungenen Mörder in den Mund gelegt hatte: »Still stehst du vorm Altar des Todes! Das Leben hier und das Leben danach sind ein ewiges Rätsel; doch seine verlöschende Glut weckt uns zur heiligen Andacht und bringt jede andere Stimme als die der Religion zum Schweigen. Die Ewigkeit hat das Wort.«

Danach reihte sich Nathan Söderblom in die Prozession zum Bahnhof ein. Draußen war es dunkel geworden. Eine Musikkapelle spielte Chopins Trauermarsch, und die Straßen waren von einer »großen Menschenmenge« gesäumt, die in der Lokalzeitung von dem Tod gelesen hatte. Dort wurde er als langjähriger Gast in der Stadt beschrieben, bekannt für seine wohltätigen Spenden, ein Freund der Arbeiter, der diese oft »für einen Tag bezahlte, an dem sie nicht arbeiten konnten«.

Ragnar Sohlman hatte sich dafür eingesetzt, dass Alfreds Sarg mit dem Zug nach Schweden gebracht werden sollte. Er wusste, dass sein Chef sich zunehmend mit dem Heimatland verbunden gefühlt hatte, und er wusste auch, dass Alfred Nobel in Schweden für immer »unter unsere großen Männer gerechnet« werden würde.

An seinem Platz im Abteil nahm Nathan Söderblom sein Notizbuch heraus. Schnell skizzierte er die Szene. »6.54 nach Genua. Der Leichnam fährt im selben Zug. Alle standen sie dort. Ich rief Adieu! Sie bogen mit den Karossen in die Dunkelheit ein.« In Genua angekommen, fasste er den Tag auf einer Briefkarte an seine Frau zusammen. »Es war eine schöne Leichenfeier im Haus des rührenden alten Mannes. Ich habe Französisch und Schwedisch gesprochen.«[5]

Auch Hjalmar Nobel verließ San Remo kurz darauf. Er fuhr zurück nach Schweden und zum Weihnachtsfest der Familie auf Getå, nur um dort eine neuerliche Familientragödie erleben zu müssen. Drei Tage vor Weihnachten brach die jüngste Schwester Thyra mitten in der Weihnachtsbäckerei zusammen und wurde einige Stunden später für tot erklärt.

Die Familie Nobel hatte nun noch vor der Jahreswende zwei schwedische Begräbnisse zu arrangieren.

Ragnar und Emanuel blieben noch ein paar zusätzliche Tage in San Remo, lange genug, um die Abschrift des Testaments entgegenzunehmen, die mit der Post geschickt worden war. Man kann Emanuels Enttäuschung spüren. Der Anteil der Verwandtschaft war mit jedem Testament kleiner geworden und nun im Vergleich zu dem großen Vermögen auf ein Spottgeld reduziert. Auch Ragnar war bekümmert. Was sollte mit Bofors passieren, und was würde aus den Labors und allen Experimenten werden? Er konnte nicht erkennen, dass dafür eine einzige Krone veranschlagt worden war.

Emanuels Sorge galt zunächst und vor allem der Ölgesellschaft in Russland. Alfred war immer noch einer der größten Aktionäre. Sollte sein gesamtes Aktienportfolio nun verkauft werden, um einen gigantischen Preisfonds zu bilden, wäre die Kontrolle über die Ölfirma in Gefahr. Gleichzeitig lag es ihm fern, sich gegen den letzten Willen von Onkel Alfred zu stellen.

Ragnar und Emanuel setzten sich in den Zug nach Stockholm. Sie verstanden sich gut und waren ein wenig vom gleichen Geist, korrekt und freundlich. Emanuel versicherte Ragnar, dass seine persönliche Freundschaft fest stünde, auch wenn die Herausforderungen mit der Arbeit am Testament Zerwürfnisse hervorrufen würden. Er ermahnte Ragnar, seinen Standard zu erhöhen und während der anstehenden Rundreisen in Europa gute Hotels auszuwählen. Ein Vertreter der Familie Nobel konnte nicht in zu einfachen Umständen verkehren, argumentierte er. Sie trennten sich in der gemeinsamen Überzeugung, dass sie eine »freundschaftliche Arbeit« zustande bringen mussten.[6]

In den Tagen vor dem Begräbnis in Stockholm traf Ragnar Sohlman den anderen Testamentsvollstrecker zum ersten Mal. Rudolf

Lilljequist war bedeutend älter als Ragnar und sowohl sprachlich als auch wirtschaftlich gewandter. Nach einem kurzen Gespräch erkannten sie, dass sie auch juristische Spitzenkompetenz benötigen würden. Also suchten sie den Hofratsassessor Carl Lindhagen auf dem Valhallavägen auf. Der Sechsunddreißigjährige war höchst erstaunt, als die Testamentsvollstrecker vor der Tür standen, zögerte aber nicht. Ragnar und Rudolf sahen sich in der Wohnung, die nun die Vertretung des Sterbehauses darstellen würde, um und fragten, ob sie ein Telefon würden installieren dürfen. Ein gut gelaunter Carl Lindhagen marschierte gleich mal in die Buchhandlung und bestellte das dicke französische Gesetzbuch.[7]

*

Der Inhalt des Testaments war der Allgemeinheit immer noch unbekannt, als Alfred Nobel am 29. Dezember in Stockholm zur letzten Ruhe gebettet wurde. In den Zeitungen waren vereinzelte Gerüchte über eine wissenschaftliche Stiftung aufgetaucht, doch die meisten erwarteten wohl wie selbstverständlich einen Goldregen für die Nichten und Neffen. Auch die Erinnerung von Ingenieur Andrée an Alfreds versprochene Unterstützung der nächsten Ballonexpedition zum Nordpol war in den Spalten gelandet.

Die Storkyrkan war in Palmen und Lorbeerblätter gehüllt und »in einen Blumengarten südländischer Anmutung verwandelt«, wie eine Zeitung schrieb. Zypressen säumten den Gang zwischen den Kirchenbänken, und im Chor sah man Maiglöckchen, Tulpen und Hyazinthen. Über dem mit schwarzem Tuch bedeckten Sarg schwebte eine Friedenstaube. Man zählte über hundert Blumenkränze.

Das Arrangement war ein Meer der Düfte, das lediglich die vierzig verwelkten Blumengebinde, die mit dem Sarg aus San Remo gekommen waren, darunter die letzten Grüße der Dynamitgesellschaft, mit »dem Gestank der Vergänglichkeit« durchbrachen. Auf verblichenen Schleifen waren Inschriften in Silber und Gold »in den unterschiedlichsten Sprachgewändern« zu sehen. Unzählige Kronleuchter ließen den Kirchenraum erstrahlen.

Die Allgemeinheit hatte stundenlang Schlange gestanden, um die wenigen nicht reservierten Plätze zu ergattern. Als sich die angekündigte Zeit, 15 Uhr, näherte, war das Viertel schwarz von Menschen und das Durcheinander aufreibend. Entlang der Bürgersteige glänzten die Polizeihelme.

Die Glücklichen, die sich mit Hilfe ihrer Ellenbogen hereingekämpft hatten, durften hören, wie der Priester in seiner Trauerrede Alfred Nobel »einen unserer größten Söhne des Landes« nannte. Eine Opernsängerin sang Teile aus Verdis Requiem und richtete, dem Bericht der Zeitungen zufolge, »Worte des Trostes an die Brüder des Entschlafenen«, ehe der Sarg seine drei Schaufeln Erde bekam. Auch diesmal konnten die Journalisten nicht auseinanderhalten, wer in der Familie Nobel noch lebte und wer tot war.

Die Volksmenge stand da, als der Sarg unter Orgelgebraus und Glockenklang herausgetragen wurde. Lange Reihen von Menschen säumten die Straßen während der stillen Reise des Leichenzuges nach Norrtull. Dort wurde die Kutsche von reitenden Fackelträgern begrüßt. Eine Allee aus Marschallen erleuchtete den Weg zum Krematorium auf dem Norra Kyrkogården. Man würde den Instruktionen im Testament folgen. Ganz zuletzt, nach den Details mit den Pulsadern, hatte Alfred gewünscht, dass, »wenn das Geschehen und deutliche Anzeichen des Todes von kompetenten Ärzten bezeugt worden, die Leiche in einem so genannten Krematoriumsofen verbrannt wird«.[8]

*

Als erste berichtete die Zeitung *Nya Dagligt Allehanda* von dem Preis. Emanuel Nobel war äußerst verärgert, als er schon am 2. Januar, kurz bevor er wieder Richtung Sankt Petersburg reisen wollte, den vollen Text des Testaments in der Zeitung lesen musste. Ragnar Sohlman ging es ebenso. Alle Beteiligten hätten eine längere Zeit des Schweigens gebrauchen können. Sie hatten es noch nicht einmal geschafft, unter Alfreds Papieren in San Remo und Paris nach ergänzenden Informationen zu suchen. Die Allgemeinheit war wohl mehr erstaunt darüber, dass diese große Neuigkeit nicht zuerst im *Aftonbladet* stand. Dessen Chefredakteur Harald Sohlman war ja schließlich der Bruder des Testamentsvollstreckers Ragnar Sohlman und deshalb sicherlich voll informiert.

Der Text schlug wie eine Bombe ein. Die Größe der Stiftung war für die meisten, die versuchten, den Überschlagsrechnungen der Zeitungen zu folgen, unbegreiflich. Alfred Nobels gesamtes Vermögen wurde auf fünfunddreißig bis fünfzig Millionen Kronen geschätzt. Von dieser Summe sollten offenbar mindestens neun Zehntel an den Fonds und die fünf Nobelpreise fallen. Zahlen wurden hin und her gespielt und landeten schließlich bei schwindelerregenden 150 000 bis 200 000 Kronen pro Preisträger, was mindestens zwanzig Jahresgehältern eines durchschnittlichen Professors entsprach. Das bedeutete, dass jeder einzelne Nobelpreis doppelt so viel wert war wie die totale jährliche Preissumme der Französischen Akademie der Wissenschaften.

»Die absolut größte Stiftung, die je von einem einzelnen Menschen vorgenommen wurde, um die kulturelle und ideelle Entwicklung der Menschheit zu fördern«, lobte das *Svenska Dagbladet*. Die Zeitung stellte eine Verbindung zu den Olympischen Spielen her, die im Sommer zuvor in Athen als internationale Wettkämpfe wieder zum Leben erweckt worden waren. Der Nobelpreis würde ein jährlicher olympischer Wettstreit um »das höchste jeglicher menschlicher Produktion« sein, schrieb die Zeitung.[9]

Dagens Nyheter äußerte sich mindestens ebenso lyrisch. »Eine schöneres Denkmal als das, welches Alfred Nobel sich durch dieses Testament errichtet hat, ist von keinem einzelnen Mann je hinterlassen worden«, schrieb die Zeitung. Doch *DN* hielt auch warnende Worte für die ausgewählten Institutionen, die die Preise vergeben sollten, bereit. Der edle Auftrag würde hohe Ansprüche an Einsicht, Urteilsvermögen und Unparteilichkeit stellen. Intrigen und Koketterien dürften absolut nicht vorkommen. »In beiden Fällen war Alfred Nobel sehr fordernd, nicht zuletzt im letzten«, schrieb *DN* und stellte damit die Kompetenz der Schwedischen Akademie und ihre Eignung für die Aufgabe infrage. Hatte Alfred Nobel nicht womöglich eine andere »Akademie in Stockholm« gemeint?[10]

Der frischgebackene sozialdemokratische Reichstagsabgeordnete Hjalmar Branting kam direkt zur Sache. Die Schwedische Akademie sei ein Witz, meinte er. »Dieser altmodische Klüngel aus Pfaffen und Proselyten, der alljährlich das Gelächter der Stockholmer auf sich zieht [...] ist wohl so ziemlich die inkompetenteste Gemeinschaft, die man für die jährliche Vergabe eines Riesenpreises von 200 000 Kronen für die beste europäische Literatur hätte finden können!«, schrieb er in der Zeitschrift *Socialdemokraten*. Branting stand auch der Preisidee als solcher skeptisch gegenüber. Er überschrieb seinen Text »Großartiges Wohlwollen – großartiger Missgriff« und erinnerte daran, dass Nobels Vermögen eigentlich »die Frucht der stetig voranschreitenden Arbeit der Massen« sei und deshalb Nobels Angestellten gehören sollte. War man auf gesellschaftliche Fortschritte und Nutzen der Menschheit aus, dann wären doch soziale Reformen viel passender. »Ein Millionär, der stiftet, hat persönlich alle Achtung verdient, doch besser ist es, die Millionen und Stiftungen zu vermeiden«, meinte Branting.[11]

Die schärfste Kritik kam vom konservativen *Göteborgs Aftonblad*, das in Nobels Testament einen doppelten Verrat am Vaterland sah. Nobels Millionen würden in Schweden gebraucht, meinte die Zeitung. Den Preis international zu machen würde bedeuten, bewusst andere Länder dem Vaterland vorzuziehen. Doch am schlimmsten war die Entscheidung, den Friedenspreis vom norwegischen Storting vergeben zu lassen. Damit hätte Alfred Nobel Schwedens Recht, sich zu verteidigen, infrage gestellt, weil er »einen Teil seines Vermögens der Erleichterung norwegischer Separatistentraktate und dem Anfeuern des norwegischen Hochmuts gegenüber Schweden zur Verfügung gestellt hat!«[12]

Nicht nur für die konservativsten schwedischen Nationalisten war die Wahl Norwegens für den Friedenspreis schwer zu verkraften. Die Spannungen zwischen den Unionsländern waren das große Streitthema, und die norwegische Friedensbewegung wurde als eine reine Provokation gegen Schweden aufgefasst, nicht zuletzt nach der Krise 1895. Es erstaunt kaum, dass auf der anderen Seite der Grenze die Gefühle genau entgegengesetzt waren. »Eine großartige Anerkennung«, schrieb *Verdens Gang*. »Alfred Nobel war ein glühender Friedensfreund, und in seiner für Norwegens Storting so ehrenvollen Entscheidung wagen wir eine vertrauensvolle Anerkennung von dessen Arbeit für die Sache des Friedens zu sehen.«[13]

Auf Harmannsdorf in Österreich brach Jubel aus, als das Testament schließlich bekannt wurde. Bertha von Suttner hatte ihren Freund tief betrauert, der im Laufe der Jahre Tausende Franc an ihre Friedensorganisation gestiftet hatte. Doch sie war auch enttäuscht. Als die Wochen vergangen und nichts über Geld für den Frieden im Testament ruchbar wurde, begann sie die Hoffnung aufzugeben. »Kränkung, dass Nobel die Friedenssache vergessen«, vertraute sie am Neujahrstag 1897 ihrem Tagebuch an.

Einige Tage später verbreitete sich die Nachricht vom Nobelpreis über die Welt, und Bertha von Suttner wurde mit Gratulationen überschüttet. »Ich bin im höchsten Maße erfreut über diese eklatante Genugtuung und Förderung für die Sache; sehe dabei auch, daß mir eine Summe zufallen muß, was mich natürlich auch sehr freut […] Schlafe schlecht vor Aufregung«, schrieb sie in ihr Tagebuch.[14]

Sie verfasste einen langen, warmherzigen Artikel über ihre persönlichen Erinnerungen an Alfred Nobel. Er wurde kurz darauf auf der ersten Seite der österreichischen *Neuen Freien Presse*, der damals vielleicht wichtigsten Zeitung in Mitteleuropa, veröffentlicht.[15]

Unter den übrigen internationalen Reaktionen auf das Testament hätte wohl die im *Le Figaro* Alfred Nobel besonders Freude gemacht. Endlich erhielt er seine große Revanche. Die Verunglimpfungen gegen ihn in der fehlerhaften Nachricht nach dem Tod von Bruder Ludvig waren nun wie weggeblasen. »Das Testament […] bleibt ein prächtiges

Denkmal für die Liebe zur Menschheit und garantiert in dieser Eigenschaft, dass Herrn Alfred Nobels respektierter Name nicht in Vergessenheit geraten wird.«[16]

*

Dafür, dass es eines der bekanntesten Dokumente der Welt ist, hat Alfred Nobels handgeschriebenes Testament in den letzten hundert Jahren ein stilles Dasein gefristet. Nachdem alle Streitigkeiten schließlich ausgefochten waren und der Preis vergeben werden konnte, wurde das Blatt Papier wieder zusammengefaltet und in seinen Umschlag zurückgesteckt. Das berühmte Testament war nämlich ein recht unansehnliches Dokument. Alfred Nobel hatte seinen letzten Willen auf einem ganz einfachen Briefpapier ohne Siegel oder Stempel festgehalten. Er benutzte die gebräuchlichste Sorte schwarzvioletter Tinte.

Nicht wirklich repräsentabel, räsonierte man offensichtlich.

Kurz vor der ersten Preisvergabe 1901 wurde der Umschlag mit dem Testament in den Tresor der neu gebildeten Nobelstiftung gelegt. Da sollte es, abgesehen von diversen Umzügen, über hundert Jahre liegen bleiben. Bis zum Frühjahr 2015 sollte es dauern, ehe das Original, das weltberühmte Dokument, zum ersten Mal im Nobelmuseum in Stockholm der Allgemeinheit gezeigt wurde.

Zu dem Zeitpunkt hat selbst der Geschäftsführer der Nobelstiftung, der ehemalige Chef der Reichsbank Lars Heikensten, Nobels Testament noch nicht im Original gesehen. Ein paar Stunden vor der Ausstellungseröffnung darf er einen ersten Blick auf das Dokument werfen. Das geschieht im stilvollen Versammlungsraum auf der Sturegatan, die Stimmung ist feierlich. Lars Heikensten hat sich auf den Stuhl des Vorsitzenden vor ein Ölgemälde mit Alfred Nobels Porträt gesetzt. Auf dem Tisch stehen Schalen mit in Goldpapier gewickelten Nobelpreismedaillen aus Schokolade.

Das Testament wird in einer altmodischen Dokumentenmappe gebracht. Der Mitarbeiter zieht sich Archivhandschuhe an, ehe er das

Blatt Papier vorsichtig herauszieht. Es ist erstaunlich gut erhalten. Das Papier ist dünn und nur leicht vergilbt. Die Falten sind deutlich zu erkennen, und man sieht Spuren von Daumenabdrücken. Lars Heikensten holt tief Luft.

»Das fühlt sich an, als würde man vor den Goldreserven der Reichsbank stehen.«

Er hält seinen Zeigefinger ein Stück über das Papier und folgt Alfreds gleichmäßiger Handschrift. Als er die wichtigsten Worte laut liest, klingt seine Stimme ein wenig rau.

»Mit meinem verbleibenden realisierbaren Vermögen soll auf folgende Weise verfahren werden: das Kapital, das von den Nachlassverwaltern in sichere Wertpapiere angelegt wurde, soll einen Fonds bilden, dessen Zinsen jährlich als Preis an diejenigen ausgeteilt werden sollen, die im vergangenen Jahr der Menschheit den größten Nutzen erbracht haben.«

*

Die Inventarisierung des Nachlasses begann in Paris. Ragnar und Ragnhild Sohlman quartierten sich zusammen mit einem von der Nachlassverwaltung beauftragten Buchhalter in einem Hotel an den Champs-Élysées ein. Alfred Nobel hatte in seinem Testament geschrieben, er gehe davon aus, dass Ragnar derjenige sein würde, der die meiste Zeit in die praktische Arbeit investieren würde. So kam es auch. Der andere Testamentsvollstrecker, Rudolf Lilljequist, hatte sein Unternehmen zu versorgen und war nicht so leicht abkömmlich. Stattdessen schickte er dem neuen schwedisch-norwegischen Generalkonsul in Paris, Gustaf Nordling, dem jovialen Holzwarenhändler, dessen Einstand Alfred Nobel bei einem Bankett erst zwei Monate zuvor gefeiert hatte, eine Vollmacht.

Die Siegel an der Villa an der Avenue Malakoff wurden erbrochen, und die langwierige Inventarisierung begann: Zimmer um Zimmer, vom Gaskronleuchter im Eingang über die Tabakdose auf dem

Schreibtisch bis zum Pianino aus Birnenholz im Wintergarten. Sie listeten alles von Salonmobiliar über Marmorbüsten bis zu Tischdecken und Tellern auf, notierten Sofas aus Seidenbrokat, Taburetten aus Perlmutt sowie Teppiche aus dem Fell von Tigern, Bären oder russischen Ziegen. Im Keller an jenem Tag: 882 Weinflaschen der edelsten Sorte, darunter 287 Château Haut-Brion. Dazu fünfhundert leere Flaschen und ein Haufen Steine.[17]

Am wichtigsten waren natürlich die französischen Wertpapiere, die in allen möglichen Banken in Paris lagen.

Generalkonsul Gustaf Nordling war warmherzig, praktisch veranlagt und hatte Durchsetzungskraft. Er verschaffte nun Ragnar Sohlman einen Kontakt zu französischen Anwälten. Die Rechtslage war nicht eindeutig. Es bestand die Gefahr, dass französische Gerichte Alfred Nobel als in Paris wohnhaft betrachten würden. In diesem Fall würden Anfechtungen des Testaments nach französischem Recht geprüft werden, und schon die formalen Mängel, die unklaren Formulierungen über die Erben, würden genügen, um es für ungültig zu erklären. Sämtliche Wertpapiere, die Alfred besaß, selbst die ausländischen, könnten dann auch in Frankreich steuerpflichtig werden.

Um das Testament zu retten, mussten sie die französischen Behörden davon überzeugen, dass Alfred Nobel seinen juristischen Wohnort in Schweden hatte. Die Anwälte meinten, dass Stockholm nicht akzeptiert werden würde. Zwar war Alfred dort das letzte Mal angemeldet gewesen, 1842, doch da war er ja nur neun Jahre alt gewesen. Sie mussten sich etwas Stichhaltigeres ausdenken. Björkborn, dachte Ragnar Sohlman. Auch dort war Alfred nicht angemeldet, doch hatte er da eine Wohnung.

Es gab noch mehr formale Probleme. In Frankreich genügte Alfred Nobels Formulierung im Testament nicht aus, um Sohlman und Lilljequist das Recht zu erteilen, über sein Vermögen zu verfügen. Es war ein offizielles schwedisches Dokument erforderlich, welches bewies, dass die beiden berechtigt waren. Wie sich herausstellte, war ein solches jedoch nicht so einfach zu bekommen. Das Problem wurde mit einer Eingabe gelöst, die Generalkonsul Nordling selbst schrieb und abstempelte. In dieser beglaubigte er, dass die Testamentsvollstrecker nach schwedischer Rechtspraxis das Recht hätten, die Versiegelung eines Sterbehauses zu erbrechen und über die Besitztümer des Toten zu verfügen. Er schrieb, dass Sohlman und Lilljequist die komplette Inventarisierung in Frankreich durchführen dürften, ohne die Erben hinzuzurufen.[18]

Alfred Nobels Verwandte sollten später einiges gegen diese Interpretation schwedischer Praxis einzuwenden haben. Schließlich bedeutete diese Vorgehensweise auch, dass Nordling sich selbst eine Vollmacht ausstellte. Zudem geschahen in Stockholm zur selben Zeit noch andere Dinge, die die Nichten und Neffen und deren Familien tief verletzten.

*

Die fachkundigen Tipps der französischen Anwälte zu den Problemen um Alfred Nobels Wohnort veranlassten Sohlman und Lilljequist zu einer neuen Herangehensweise. Im letzten Moment beschlossen sie, das Testament nicht nur vor einem Gericht in Stockholm registrieren zu lassen, sondern auch vor dem Kreisgericht im värmländischen Karlskoga, wo Bofors lag. Es musste ihnen gelingen, Alfreds schwedische Staatsbürgerschaft zu beweisen, sonst war die gesamte Preisstiftung in Gefahr.[19]

Das Stockholmer Rådhus als zuständiges Amtsgericht prüfte das Testament zuerst. Man hatte einige der Zeugen von der Unterzeichnung in Paris 1895 hinzugerufen. Die lasen aus Aufzeichnungen vor und bestätigten einander im Großen und Ganzen aus ihren Erinnerungen das, was Alfred über seinen letzten Willen gesagt hatte. Einer erinnerte sich, dass Alfred die Änderung damit begründet hatte, dass er fand, die Nichten und Neffen hätten im vorigen Testament zu viel Geld erhalten. Zwei gaben auch seine Worte wieder, dass er »im Grunde seines Herzens Sozialdemokrat« sei und große ererbte Vermögen als ein Unglück ansähe.

Falls das Testament insoweit unklar wirkte, so sei das jedenfalls Alfreds Absicht gewesen, meinten die Zeugen darüber hinaus. Für Alfred Nobel war persönliches Vertrauen wichtig gewesen. Er pflegte allen seinen Auftragnehmern bei den Details große Freiheit zu lassen. Der Grund dafür, dass Alfred schwedische wissenschaftliche Institutionen als Preisgeber gewählt hatte, wurde auch berührt. Er sollte gesagt haben, er habe »in Schweden den größten Prozentsatz ehrlicher Menschen angetroffen« und gehe deshalb davon aus, dass man in Schweden seinen letzten Willen »mit größerer Redlichkeit als woanders« respektieren würde.

Ein dritter Zeuge, der Alfred Nobel über das Testament hatte sprechen hören, es jedoch nicht selbst bezeugt hatte, fügte hinzu, Alfred habe ihm gesagt, dass er lieber sein Geld an »Träumer, denen es schwerfällt, sich im Leben durchzuschlagen«, vermachen würde als an einen »Menschen der Tat«. Der Seidenfabrikant Strehlnert, der sich bei Alfreds Tod in San Remo befunden hatte, war derjenige, der die Frage um die »Akademie in Stockholm« beantworten konnte. Es gäbe dort keine verborgene Botschaft, sagte er aus, sondern Alfred habe die Schwedische Akademie immer so genannt.[20]

Der heikelste Punkt waren die Ansichten zum Recht der Neffen auf Anteile am Erbe. Besonders brisant wurde es, als der Seidenfabrikant Strehlnert sein geschriebenes Manuskript verließ und behauptete, Alfred Nobel habe ihm gegenüber Enttäuschung über das Testament seines Bruders Robert ausgedrückt. Er sagte, Alfred hätte sich seinerzeit darüber geärgert, dass der Bruder alles seiner Witwe und seinen Kindern vermacht habe, obwohl er im Grunde dieselbe Auffassung über ererbte Vermögen gehegt habe wie Alfred.[21]

Roberts noch lebende Kinder, Hjalmar, Ludvig und Ingeborg, nahmen das sehr übel auf. »Rücksichtslos!«, schrieb ein empörter Ludvig hinterher an seinen alten Kommilitonen und Freund Ragnar Sohlman. Wie konnte Strehlnert, ein Fabrikant, der ihren Onkel nur flüchtig gekannt hatte, sich eine solche Aussage anmaßen. Empört wies Ludvig darauf hin, dass Robert ganz und gar nicht so reich gewesen war. »Onkel [Alfred] vererbt ja ungefähr genauso viel an seine Neffen wie Robert [an seine Kinder].« Er protestierte dagegen, dass die Testamentszeugen und der juristische Vertreter des Nachlasses bewusst einen Ton anschlügen, der den Eindruck vermitteln würde, »die Nobelsche Verwandtschaft und insbesondere R [Roberts] Familie seien im Begriff, das Testament umzuwerfen, um Anteile am Vermögen an sich zu reißen«.[22]

Im Hintergrund begannen Hjalmar Nobel und Ingeborgs Mann, Carl Ridderstolpe, die Sache in ihrem Sinne voranzutreiben. Der russische Zweig der Familie verhielt sich ruhiger. Dort agierte Emanuel, der eher an einer einvernehmlichen Lösung interessiert war, als Sprecher für fast alle Verwandten. Doch mit einer wesentlichen Ausnahme: Emanuels Schwester war nun verheiratet und wohnte in Schweden. Ihr Ehemann (in jener Zeit gleichbedeutend mit Vormund) dachte nicht daran, sich seinen Anteil an Alfred Nobels Vermögen einfach so entgehen zu lassen.

»Wenn wir nur mit Emanuel und Hjalmar oder Dir zu tun hätten, dann stünden die Dinge sicher anders«, schrieb Ragnar in seiner Antwort an Ludvig. Er erklärte, er wünsche persönlich nichts mehr, als die Testamentsfrage »auf freundschaftlicher und vernünftiger Grundlage« zu klären. Sein einziger Vorbehalt war, dass der Auftrag, den er von Alfred erhalten hatte, nicht kompromittiert werden dürfe. »Emanuel Nobel hat mich seiner persönlichen Freundschaft in allen Fällen versichert, selbst wenn wir im Laufe der Sache zusammenstoßen sollten. Würdest Du nicht dasselbe tun wollen?«

Ludvig versicherte Ragnar, dass seine Freundschaft feststehe, und dies fast gleichgültig, was geschehen würde. »Aber ich möchte nur sagen, wenn Du Strehlnert frei hausieren gehen lässt und Lindhagen die Freiheit gibst, unser Ansehen vor der Allgemeinheit herabzusetzen, dann wage ich nicht für meine Gefühle einzustehen.«[23]

*

Emanuel Nobel hatte eine ihm teure Aufgabe zu erledigen. Eben war ein Probeumbruch des fertig korrigierten Theaterstücks *Nemesis* gekommen, Alfreds erstes und einziges abgeschlossenes literarisches Projekt. Emanuel wollte die Arbeit zu Ende führen und seinem verstorbenen Onkel so posthum die zusätzliche Würdigung zuteilwerden lassen, ein gedrucktes literarisches Werk mit seinem Namen verbinden zu können.

Emanuel wusste von der Rolle, die Pastor Nathan Söderblom und seine Frau in diesem Prozess gehabt hatten. Könnten sie vielleicht die Arbeit mit dem Druck beschleunigen? Ragnar Sohlman dachte in ähnlichen Bahnen und bestellte nun auf Rechnung des Nachlasses hundert gedruckte Exemplare, die an Alfreds engste Freunde verteilt werden sollten. Auch er wandte sich an Nathan Söderblom. Mitte Februar 1897 reiste Emanuel nach Paris, unter anderem um sich mit Ragnar Sohlman zu beraten. Da bot er an, den Pastor von den Stapeln frisch gedruckter Exemplare des Theaterstücks zu befreien. Würde Söderblom so freundlich sein, sie an Emanuels Hotel zu schicken?

Doch Nathan Söderblom wurde von Zweifeln geplagt. Er hatte alles gelesen. Er erkannte, wie leicht Alfreds Drama missverstanden werden könnte. Gewiss gab es im Text ein Pathos für »Gerechtigkeit und Wahrheit«, doch hatte das Stück auch »ekelhafte« und schlicht »abscheuliche« Passagen. Er konnte viele Stellen nennen, an denen Alfred Nobel definitiv die Grenze überschritten hatte. Was schlimmer war: Nathan Söderblom begriff, dass *Nemesis* als des Verblichenen »Verdammungsurteil über die römische Kirche« aufgefasst werden würde. Das war nicht gut. Der Pastor scheint nicht darüber nachgedacht zu haben, dass dies vielleicht genau die Botschaft war, die Alfred Nobel aussenden wollte.

Stattdessen teilte er Emanuel Nobel seine Einwände mit. Wenn man Nathan Söderbloms dreißig Jahre später aufgeschriebenen Erinnerungen glauben kann, so war Emanuel schließlich seiner Ansicht. *Nemesis* sollte aus Rücksicht auf Alfreds Nachruf nicht in der Öffentlichkeit verbreitet werden. Die hundert frisch gedruckten Bücher blieben in der

Wohnung des Pastors in der Rue Maleville in Paris. Kurz darauf sorgte dieser dafür, dass die gesamte Auflage makuliert wurde. Drei Exemplare wurden ausgenommen, eines davon schnappte sich Ragnar Sohlman und behielt diese einzige gedruckte *Nemesis*-Ausgabe sein ganzes Leben lang als Erinnerung.[24]

*

Alles stand auf der Kippe. Französisches oder schwedisches Recht? Alfred Nobel war seit seinem neunten Lebensjahr nirgends gemeldet gewesen. Sollte er nun als wohnhaft in Paris, Stockholm oder Bofors angesehen werden? Nichts war selbstverständlich. Die Gefühle waren überbordend.

Emanuel Nobel wurde von Verwandten unter Druck gesetzt, die fanden, das Testament müsse selbstverständlich angefochten werden. Auch er war beunruhigt. Nach der Nachricht von dem großen Preisfonds, der gegründet werden sollte, waren die Aktien des Ölunternehmens gefallen. Ein schneller Verkauf von Alfreds sämtlichen Beteiligungen wäre eine Katastrophe. Emanuel schrieb an Ragnar Sohlman, der nach San Remo gefahren war, um dort die Inventarisierung zu beginnen, und vereinbarte ein schnelles Treffen in Paris. Sie diskutierten weiter in dem freundlichen vernünftigen Ton, den sie schon während der Zugreise von San Remo angeschlagen hatten. Ragnar bat Emanuel abzuwarten. Er versprach, eine vernünftige Lösung zu finden, die keine forcierten Aktienverkäufe zwingend notwendig machen würde. Emanuel schien beruhigt.[25]

Eines Abends organisierte Generalkonsul Nordling für sie ein Zusammentreffen mit einem französischen Journalisten. Einige französische Zeitungen hatten üble Kommentare über Alfred Nobel verbreitet, hatten ihn hart und egoistisch genannt. Dieses Bild sollte nun mit einem Artikel in der Zeitschrift *Le Temps* zurechtgerückt werden. Wer war nun also Alfred Nobel als Person?, fragte der Journalist. Ein Mann der Aufklärung und Philosoph? Oder war er vielmehr ein Dilettant, eine Art Mephistopheles, der die Menschheit im Grunde verachtete? War das Testament, um das so viel Aufhebens gemacht wurde, ein Ergebnis von Nobels Überzeugung oder seiner Ironie entwachsen? »Nobels Freunde gestatten nicht einmal, dass man diese Frage stellen kann«, schrieb er in seinem Artikel. »Nobel war selbstverständlich eine eigensinnige und rätselhafte Person, doch war er von sehr edlem und freundlichem Herzen. Herr Sohlman, ein junger Skandinavier, intelligent und nachdenklich, dessen blaue Augen das tiefe Wasser in den Fjorden seines Heimatlandes zu spiegeln scheinen, sagte mit ernster Stimme zu mir: ›Ich werde Ihnen einige Briefe geben, die Ihnen mit exaktem Datum Herrn Nobels Seele erschließen werden.‹«[26]

Während des Treffens mit dem französischen Journalisten notierte ein erleichterter Ragnar Sohlman, dass Emanuel Begeisterung für den Ehrgeiz des Onkels mit den fünf Preisen zeigte. »In gewisser Weise hat er hierdurch ausdrücklich Stellung für das Testament bezogen«, beschrieb es Ragnar Sohlman später. Gleichzeitig verschwieg Emanuel nicht, dass der Nachlassverwalter damit rechnen müsse, dass einige der Verwandten in Schweden eine Anfechtung erwogen. Der Konsul Gustaf Nordling und die französischen Juristen warnten Sohlman. Mit der drohenden Anfechtung über ihrem Haupt mussten sich die Vollstrecker beeilen. Alle Besitztümer in Frankreich mussten so schnell wie möglich abgewickelt werden, um zu verhindern, dass der Testamentsstreit vor ein französisches Gericht kam. Sohlman rief den juristischen Berater Carl Lindhagen für weitere Gespräche nach Paris.

Ende Februar 1897 verließ Lindhagen ein immer noch in Eis und Schnee liegendes Schweden für ein Paris, wo auf den Boulevards bereits die Kastanien knospten. »In dieser Frühjahrsstimmung wurde der weitere Feldzug für die Inventarisierung erwogen und geplant. In der Zwischenzeit wurde alles Sehenswerte in der großen Stadt, sowohl in ihrer gehobenen wie auch ihrer weniger gehobenen Welt, besichtigt, das alles unter der sachkundigen und großzügigen Führung von Konsul Nordling«, schrieb er in seinen Memoiren.[27]

Sie beschlossen, sich, falls das nötig werden sollte, auf ein schnelles

Handeln vorzubereiten. Konsul Nordlings Dokument über die »schwedische Gerichtspraxis« öffnete den Testamentsvollstreckern die Türen der französischen Banken, wobei der eine der beiden, Lilljequist, meist von Gustaf Nordling selbst vertreten wurde. In den kommenden Wochen wurden die vielen verstreuten Wertpapiere zusammengefasst, sodass der gesamte französische Teil von Alfred Nobels Vermögen in drei Bankfächern ein und derselben Bank, des Comptoir d'Escompte, lagen. Später sollte der schwedische Zweig der Verwandtschaft Nobel die Testamentsvollstrecker beschuldigen, aufgrund von »falschen Dokumenten« eigenmächtig gehandelt zu haben.[28]

Der französische Artikel in *Le Temps* wurde übersetzt und ausgewählte Teile davon auch in Schweden publiziert. Hjalmar Nobel war empört. »Weißt du, wer private Briefe meines verstorbenen Onkels den Zeitungen überlässt? Ist das mein Cousin Emanuel?«, schrieb er an Ragnar Sohlman. Hjalmar schärfte ihm ein, dass Alfreds Briefe auf keinen Fall herausgegeben werden durften, ohne dass die gesamte Verwandtschaft, alle, die den Namen Nobel trugen, ihre Erlaubnis erteilt hätten. »Seine privaten Briefe gehören der Allgemeinheit ebenso wenig wie seine Alltagskleider«, betonte Hjalmar.[29]

Er konnte nicht wissen, wie brennend aktuell gerade diese Frage war. Anfang März 1897 fand das abschließende Treffen über die französische Inventarisierung des Nachlasses statt – immer noch, ohne dass einer der Verwandten dazugebeten worden wäre. Der Plan der Testamentsvollstrecker war, nur wenige Wochen später den gesamten Besitz von Alfred Nobel aus der Villa an der Avenue Malakoff unter den Hammer zu bringen. Die Neffen wurden per Brief dazu eingeladen. Sie konnten wählen, ob sie eilig nach Paris kommen oder mitteilen wollten, wenn es etwas Besonderes gäbe, das sie für sich behalten wollten.

Ludvig Nobel antwortete gutmütig, dass sie gern für ihn das Speisebesteck mit Perlmuttgriff und Goldmonogramm ersteigern sollten. »Onkel Alfreds Stock, den er immer benutzte, wäre auch schön zu haben.« Seine Schwester Ingeborg war bestürzt. Sie schrieb an Ragnar und erklärte ihm, wie empört Alfred gewesen war, als die Besitztümer seiner Mutter auf einer Auktion verkauft werden sollten. Damals hatte die Verwandtschaft immerhin das meiste ersteigern können. »Wie es sich für jemanden anfühlt, die in diesem Heim, das jetzt verkauft werden soll, wie eine Tochter einher ging, mag Herr Sohlman vielleicht ahnen. Selbstverständlich gibt es vieles in diesem Haus, in dem ich so oft gewohnt habe, womit ich gern das eigene Heim verzieren würde, aber jetzt ist es wohl zu spät, um auch nur einen Teil davon zu retten«, schrieb sie empört.

Ingeborg protestierte zudem scharf dagegen, dass die Kleider des Onkels »wie die eines einfachen Kätners« versteigert werden sollten. Wenn es noch Zeit gäbe, etwas von dem zu retten, auf das sie Wert legte, dann würde sie gern den persischen Teppich, den Alfred von ihrem Vater Robert bekommen hatte, und Onkel Alfreds Pelz aus Robbenfell haben.[30]

Unter der schwedischen Verwandtschaft wuchs der Ärger. Es verbreitete sich der Eindruck, dass Sohlman und Lilljequist sich viel zu große Freiheiten herausnahmen, und in Stockholm begannen die Verwandten sich darauf vorzubereiten, das Testament anzufechten. In einem gemeinsamen Entwurf zum Handeln stellten sie schwarz auf weiß zusammen, warum sie das tun wollten. Ihr Ziel war nicht, Alfreds Grundgedanken aufzuhalten, doch wollten sie die Preisvergabe auf »einen vernünftigeren Grund« stellen und nur wirklich »epochale Werke« auszeichnen. Außerdem wollten sie, dass mit der Verwandtschaft verbundene Unternehmen wie Bröderna Nobel, Bofors und die Nitroglyzerin-Gesellschaft vom Preisfonds ausgenommen würden und die Aktien stattdessen unter den Verwandten verteilt würden.

Als einen wichtigen Zusatz unterstrichen sie unisono, eine mögliche Anfechtung dürfe nicht als ein Verrat an Alfred verstanden werden. »Der Wille des Erblassers und die Ziele sollen in allen Hauptpunkten von den Verwandten respektiert werden«, hieß es im Entwurf.[31]

Es brodelte an mehreren Stellen. Zur gleichen Zeit reiste Ragnar Sohlman nach Stockholm, wo er zusammen mit Rudolf Lilljequist König Oscar II. aufsuchen und ihm als eine Geste ein gebundenes

Exemplar von Alfred Nobels Testament überreichen wollte. Sie hatten vom Rådhus eine offizielle Abschrift bestellt. Zu spät entdeckten sie, dass die Abschrift den Stempel »Gebühr eine Krone« trug, eine nicht sehr geglückte Formulierung, wenn man an das norwegische Unabhängigkeitsbestreben und die Kritik am Friedenspreis dachte. Die beiden erkannten, wie symbolisch provozierend es von demjenigen aufgefasst werden könnte, der faktisch die »Krone« in der Union Schweden-Norwegen aufhatte. Was, wenn der König das übel nahm? Vielleicht würde er sogar das Geschenk des Testaments als böses Omen betrachten.

Oscar II. war höflich und entgegenkommend. Und er versprach, ihnen in der Testamentsangelegenheit, so gut er konnte, beizustehen. Doch war er auch ganz offen und verwandte einen großen Teil der eine halbe Stunde währenden Audienz darauf, Sohlman und Lilljequist klarzumachen, wo er in der »norwegischen Frage« stand. Im Klartext: Der König betrachtete es als Schmach, dass das die Union verachtende norwegische Storting den Auftrag erhalten hatte, den Friedenspreis zu vergeben.[32]

Als sie das Schloss verließen, konnten sie sich der Unterstützung seiner Majestät nicht ganz sicher sein.

KAPITEL 20

»Ein Kampf um Millionen«

Ragnar Sohlman blieb nach der Audienz beim König nicht lange in Stockholm. Ein unerwartetes Telegramm veranlasste ihn, wieder zurück nach Paris zu eilen. Der Alarm kam von Generalkonsul Nordling. Er informierte Sohlman darüber, dass Hjalmar und Ludvig Nobel zusammen mit ihrem Schwager, Ingeborgs Mann Graf Carl Ridderstolpe, nach Paris gekommen waren. Sie wollten untersuchen, ob sie etwas dadurch gewinnen könnten, den Prozess gegen das Testament in Frankreich zu betreiben.

Ragnar wusste, was das bedeutete. Es bestand die Gefahr, dass das Trio Erfolg haben und damit den Auftrag, den er selbst erhalten hatte, – Alfred Nobels Wünsche im Testament zu schützen – zunichtemachen konnte. Nun mussten er und Nordling schnell handeln, wenn es gut gehen sollte. Die Wertpapiere mussten aus Frankreich herausgeschafft werden, ehe die Verwandten mit der Gerichtsbarkeit zu Streich kamen.

Glücklicherweise hatten sie sich vorbereitet. Das gesamte französische Vermögen von Alfred Nobel war jetzt an ein und demselben Platz versammelt. Am einfachsten wäre es gewesen, die Bank zu bitten, die Wertpapiere ins Ausland zu überführen. Doch dann bestand die Gefahr, Aufmerksamkeit und das Interesse der französischen Steuerbehörden zu erregen. Eine andere Idee, die man erwog, war, Ragnar Sohlman hin und her pendeln zu lassen, erst ein paarmal mit Aktien und Obligationen nach London, dann einige Touren nach Stockholm mit Staatspapieren. Diese Lösung wurde jedoch als zu umständlich und außerdem unnötig riskant verworfen.

Da blieb nur die Möglichkeit, die Wertpapiere in versicherten Postpaketen mit dem Zug zu verschicken. Es gelang ihnen, die maximale Versicherungssumme auf zweieinhalb Millionen Francs pro Paket zu verhandeln, und dann begannen sie ihr Tagwerk. Die Idee war, dass Ragnar Sohlman zusammen mit Nordling und dem schwedischen Buchhalter, den die Nachlassverwalter angestellt hatten, die Transporte durch Paris erledigen würde. Ragnar bewaffnete sich mit einem Revolver.

Jeden Tag holten sie Wertpapiere für zweieinhalb Millionen Franc im Kassenschrank der Bank ab und legten sie in einen Koffer. Der wurde dann mit einer Pferdedroschke zum schwedischen Generalkonsulat im achten Arrondissement gebracht. Ragnar Sohlman saß, aus Angst vor einem Überfall, mit geladenem Revolver dicht neben dem Koffer.

Im Konsulat registrierten sie die Papiere, packten sie in Bündel und versiegelten das Postpaket. So diskret wie möglich und »unter Berücksichtigung besonderer Vorsichtsmaßnahmen« fuhren sie daraufhin zum Gare du Nord. Dieselbe Droschke, derselbe Revolver.

Die Wertpapiere wurden in der »Finanzexpedition« des Bahnhofs abgegeben. Größere Teile des Vermögens würden dann von dort mit Zug und Schiff weiter zum Londoner Kontor von Alfred Nobels schottischer Bank weitertransportiert werden. Dort war das Geld sicher. In England hatten nämlich, wie der Jurist Lindhagen es ausdrückte, »ausländische Wertpapiere ebenso wie ausländische Personen Asylrecht«. Diese Routine wurde mehrere Tage hintereinander durchgeführt. Ragnar schrieb nach Hause an seine Ragnhild, er würde, wenn sie sich das nächste Mal sahen, »spannende Sachen« und fast »romanhafte Episoden« berichten können.[1]

Gleichzeitig geschahen in der Nähe andere spannende Sachen, die im Unterschied zu den Werttransporten die neugierigen Massen anzogen. Direkt vor Paris testeten zwei der Assistenten von Ingenieur

Andrée, darunter Knut Fraenkel, später Teilnehmer der Expedition, einen neuen französischen Ballon für den zum Sommer hin geplanten Versuch, den Nordpol zu erreichen. Zu Ehren ihres großen Stifters und Landsmanns hatten sie den Ballon *Nobel* getauft.[2]

An einem dieser Tage des Paketepackens bekam Gustaf Nordling Besuch in seinem Büro. Es waren Hjalmar und Ludvig Nobel zusammen mit Graf Ridderstolpe, die den schwedischen Generalkonsul aufsuchten, um die Frage von Alfred Nobels Wohnort und der Gültigkeit seines Testaments zu klären. Nur wenige Meter davon entfernt, in einem der hinteren Räume des Konsulats, standen Ragnar Sohlman und der Buchhalter und verpackten Wertpapiere. Der Generalkonsul verriet kein Wort, weder über Sohlmans Gegenwart im Konsulat noch darüber, womit sie beschäftigt waren. Nordling verabschiedete sich von den Verwandten, dann schlüpfte er in die Droschke und schaukelte wieder mit Sohlman, dem Revolver und weiteren zweieinhalb Millionen Franc Richtung Gare du Nord.

Als ein paar Tage später die allerletzte Sendung auf den Weg gebracht war, bekam Nordling ein schlechtes Gewissen. Eigentlich sollten die Verwandten doch erfahren, was sie getan hatten, oder? Der Generalkonsul lud Hjalmar, Ludvig und Graf Ridderstolpe zu einem, wie er es nannte, »Friedens- und Versöhnungsessen« ein. Er erteilte Ragnar Sohlman den Auftrag, zu passender Gelegenheit während des Essens die Bombe platzen zu lassen.

Die Gesellschaft traf sich bei Noël Peter's, einem der besseren Restaurants von Paris. Sie feierten bei Ente und Seezunge, und die anfänglich leicht gedrückte Stimmung stieg, je mehr die erstklassigen Weine abgearbeitet wurden. Zum Kaffee brachte Hjalmar Nobel die Frage über Alfreds eigentlichen Wohnort auf. Er berief sich auf die französischen Juristen, die sie konsultiert hatten, und versuchte Ragnar Sohlman davon zu überzeugen, dass es ja wohl kaum Bofors sein konnte und eigentlich auch nicht San Remo. Alfreds einziger natürlicher und juristisch haltbarer Wohnort sei vielmehr Paris gewesen, meinte Hjalmar. Dort hatte er de facto achtzehn Jahre lang gelebt und besaß immer noch ein großes Haus mit Angestellten. Das würde bedeuten, dass die Gültigkeit des Testaments vor einem französischen Gericht geprüft werden müsse, argumentierte Hjalmar Nobel.

Darüber kann man diskutieren, antwortete Ragnar Sohlman. Doch die Frage sei nunmehr lediglich von theoretischem Interesse, fuhr er fort, da alle Wertpapiere von Bedeutung bereits aus Frankreich herausgebracht worden seien.

Diese Nachricht rief um den Tisch wahrscheinlich einigen Wirbel hervor. Zuerst wollte Hjalmar ihm nicht glauben. Fassungslos, so dürfen wir annehmen, hörte er den Generalkonsul Nordling bestätigen, dass dies der Fall war.[3]

Da wir ausschließlich Ragnar Sohlmans Erinnerungen an die Situation kennen, wissen wir nicht genau, wie die Geschwister Nobel und ihr Schwager reagierten, und noch weniger, was sie wirklich gesagt haben. In Sohlmans zurückhaltender Bürokratenprosa sind alle Spuren von Gefühlen getilgt. Doch den Inhalt kann man nicht überhören: Wir sehen uns vor Gericht!

*

»Das Nobelsche Testament. Die Erben beginnen sich zu bewegen«, lautete eine Überschrift im *Aftonbladet* Anfang April 1897. Das war nicht übertrieben. Der Gegenangriff, der jetzt begann, kann rückblickend als die gut geplante Zündung einer Rakete in drei Schritten bezeichnet werden. Der erste Schritt geschah bereits in Paris. Die Antwort auf Ragnar Sohlmans und Gustaf Nordlings frechen Coup mit den Wertpapieren war nämlich, dass sich Hjalmar und Ludvig unmittelbar an die französischen Behörden wandten und verlangten, Alfred Nobels Vermögen in Paris sollte beschlagnahmt werden. Das geschah auch, aber da das meiste schon weg war, galt die Beschlagnahmung im Großen und Ganzen lediglich der Villa auf der Avenue Malakoff. Sie unternahmen dann dieselben Schritte sowohl in Deutschland wie in England, im letzteren Fall jedoch ohne Erfolg.

Die schwedischen Verwandten agierten nun, wie man später zugeben würde, in »gut überlegter Kriegsmanier«.[4]

Ragnar Sohlman hatte sich in der Zwischenzeit nach San Remo begeben, um die Inventarisierung dort fortzuführen. Er überwachte das Verpacken von Alfred Nobels Büchersammlung und Laborausrüstung, während er gleichzeitig an Hjalmar Nobel schrieb und versuchte, den heranrauschenden Zug aufzuhalten. Ragnar erwähnte seine »sehr grundlegende« Diskussion mit Emanuel und unterstrich, dass er in Alfreds Auftrag handle und keine persönlichen Interessen in der Sachfrage hege. Im Gegenteil wolle er mit dem schwedischen Familienzweig am liebsten denselben freundschaftlichen Umgang erreichen wie mit dem russischen. Er drückte sich ungefähr so aus wie gegenüber Ludvig. »Das wäre ja alles gut gegangen, wenn wir z. B. nur mit Emanuel und dir allein zu tun hätten. Doch habe ich sehr schnell gemerkt, dass dies nicht der Fall sein würde.«[5]

Hjalmar kam ihm nicht entgegen. Aus Dokumenten, die ich bei der Arbeit an diesem Buch gefunden habe, geht hervor, dass Hjalmar, Ludvig und Graf Ridderstolpe sich gleich nach ihrer Rückkehr aus Paris im Grand Hôtel in Stockholm mit einem von Schwedens renommiertesten Juristen trafen. Ernst Trygger war Professor für Prozessrecht und Reichstagsabgeordneter. Politisch bewegte er sich im konservativen Lager, wo alle Ansätze, die schwedisch-norwegische Union zu schwächen, mit Hauen und Stechen bekämpft wurden. Er gehörte zu denjenigen, die den Auftrag zur Vergabe des Friedenspreises an Norwegen als eine politische Drohung gegenüber Schweden betrachteten, und war deshalb von Anfang an dem Testament gegenüber ebenso kritisch wie die schwedischen Verwandten Nobels.

Der Kontakt zu Trygger war durch Hjalmar Sjögren, dem Mann und Vormund der Cousine Anna, vermittelt worden. Dieser kam gemeinsam mit Hjalmar und Ludvig zum Grand Hôtel, und damit war das Quartett, das die Interessen des schwedischen Nobel-Zweigs betreiben würde, komplett. Sie berichteten Professor Trygger, dass sie in der Frage des Erbes ein Gerichtsverfahren anstreben, die Preisstiftung im

Testament verändern und mehr von Alfred Nobels Hinterlassenschaft zum eigenen Gebrauch erhalten wollten. Sie meinten, für diese Forderung gute Gründe zu haben, weil Alfred Nobel ihrer Meinung nach »bei der Aufsetzung des Testaments nicht vollkommen normal« gewesen sei.[6] Das Verwandtenquartett stellte damit die einhellige Versicherung der Testamentszeugen, dass der Onkel seinen letzten Willen »in vollem Verstand und aus freiem Willen« unterzeichnet habe, infrage. Sie sollten sich jedoch später dafür entscheiden, eben diese Frage nicht weiterzubetreiben.

Gleichzeitig waren sie bedacht darauf, die jubelnde allgemeine Meinung, die nach aller medialen Aufmerksamkeit die fünf Nobelpreise bereits als Tatsache betrachtete, nicht unnötig herauszufordern. Wenn sie die Multimillionenstiftung zu hart angingen, würde, wie Trygger es ausdrückte, sich »die allgemeine Meinung in der ganzen Welt« auf sie stürzen, »ein Sturm des Unwillens« ausbrechen und »Wogen aufschaukeln, denen zu trotzen nicht angenehm« werden würde.[7]

Wie Professor Trygger selbst sich einige Jahre später erinnerte, empfahl er dem Verwandtenquartett stattdessen, den juristischen Prozess schrittweise zu verfolgen. Sie würden mit einer Klage beginnen, die darauf zielte, die formelle Frage zu klären, soll heißen, vor welchem Gericht und in welchem Land das Testament verhandelt werden musste. Wenn das entschieden war, könnte das Quartett sich für das größere Ziel rüsten, nämlich das Testament selbst anzugreifen, und das mit der unterschwelligen Vorgabe, im Hauptprozess »einen Vergleich« zu schließen.[8]

Doch niemand könne ausschließen, dass bereits die erste Klage zur Folge haben würde, dass man das ganze Testament für ungültig erklärte. Das galt vor allen Dingen, wenn entschieden werden sollte, dass Alfreds Wohnort in Paris gewesen sei.

Die schwedischen Verwandten wählten eine Lösung aus dem Modell, das Trygger vorschlug. Das wurde bereits von Anfang an in den Zeitungen als ein »arrangiertes« Scheinmanöver bezeichnet. Anna Sjögren und ihr Mann, die überhaupt nicht im Testament bedacht waren, erhoben Klagen gegen Hjalmar und Ludvig Nobel, die umso mehr erhalten hatten. Die Sjögrens verlangten eine Umverteilung des Erbes mit Rücksicht auf Annas Erbrecht. Die Verhandlung wurde sowohl in Stockholm als auch in Karlskoga anberaumt, doch als die verschiedenen Vertreter der Verwandten in den Gerichtssälen das Wort erhielten, wurde mit aller wünschenswerten Deutlichkeit klar, dass keiner von ihnen sich sonderlich um die Sachfrage, nämlich die Aufteilung von Erbteilen untereinander, scherte. Sie wollten vor allem die Frage klären, ob das Gericht überhaupt berechtigt sei, eine Entscheidung zu treffen.

Ragnar Sohlman war überrascht. Erst behaupteten die Verwandten, das Verfahren gehöre nach Frankreich, und dann das? »Ich verstehe eure gegenwärtige Prozedur überhaupt nicht«, schrieb er an Hjalmar Nobel und wiederholte seinen Wunsch, alles auf freundschaftliche und friedliche Weise zu regeln. Er informierte Hjalmar, dass er nach dem freundlichen Gespräch mit Emanuel ein Dokument über notwendige klarstellende Entscheidungen im Testament erstellt habe.

»Wie du wohl einsehen wirst, empfinde ich keinerlei Befriedigung darin, genötigt zu sein, gegen euch zu agieren und zu prozessieren, und würde es am liebsten vermeiden, sofern ihr nicht die Haltung einnehmt, dass es unsere Pflicht als Vollstrecker sein müsse, uns ›zu schlagen‹. Ich für meinen Teil würde am liebsten so schnell wie möglich von diesen Sachen wegkommen, die ohne großes Interesse für mich sind, und mit der Verwirklichung von Herrn Alfred Nobels Ideen zur Frage von Schwarzpulver und Gummi usw. fortfahren.

Auf der anderen Seite bitte ich dich zu bedenken, dass ein von euch begonnenes Gerichtsverfahren wahrscheinlich sehr viel unbehaglicher für euch sein wird, die ihr direkt an der Sache interessiert seid, als für uns, die stets außen vor stehen werden.«[9]

Wohin also gehörte Alfred Nobel? Stockholm, Paris oder Bofors? Die französischen Anwälte hatten Ragnar Sohlman klargemacht, dass die französischen Behörden Stockholm nicht als Alfred Nobels Wohnort akzeptieren würden, da er dort seit seiner Kindheit nicht gemeldet gewesen war. Sohlman und Lilljequist würden deshalb große Probleme bekommen, sollte der Testamentsstreit vor dem Rådhus, dem Stockholmer Amtsgericht, landen. Dann nämlich bestünde die Gefahr, dass das Gerichtsverfahren schließlich doch in Paris enden würde.

Wenn aber auf einen anderen Ort als Bofors und das Gericht in Karlskoga entschieden werden würde, dann war nicht sicher, ob Alfred Nobels letzter Wille verwirklicht werden könne.

*

Um den »Sturm des Unwillens« zu vermeiden, den die schwedischen Verwandten Nobel für den Fall fürchteten, dass sie ihre Stimme gegen Onkel Alfreds Testament erhoben, war öffentliches Deckungsfeuer vonnöten. Auch hier stand ihnen Professor Ernst Trygger zu Diensten. »Ein Kampf um Millionen«, nannte er die dreiteilige Artikelserie, die Mitte April 1897 anonym jeweils als Leitartikel in der Zeitung *Vårt Land* (»Unser Land«) veröffentlicht wurde. Schon bald war es ein offenes Geheimnis, wer die Artikel geschrieben hatte.

»Ein Kampf um Millionen«, war eine Verteidigungsrede für das Recht der Verwandtschaft Nobel, sich einzumischen. Der Medienjubel über die Nobelpreise habe schlicht viel zu früh eingesetzt, meinte Trygger. Betrachte man das Testament näher, so sei die Stiftung vermutlich juristisch unmöglich durchzuführen. Die Regeln waren nämlich derart, dass ein Testament ungültig wurde, wenn die bezeichneten Erben ihr Glück nicht spätestens sechs Monate nach dem Todesfall beanspruchten. Dieser Zeitpunkt war nun bald erreicht, aber es würde niemals geschehen, behauptete der Juraprofessor. Die gigantische Stiftung habe schließlich bisher noch keinen Empfänger.

Nicht einmal wenn die Nobelpreisträger der Zukunft vor der Deadline (10. Juni 1897) höchstpersönlich auf schwedischem Boden erscheinen würden, wäre das Problem gelöst. Sie konnten ja nirgends hingehen. Bisher hatte nämlich noch kein schwedisches Gericht die Wirksamkeit des Testaments festgestellt.

Der einzige vernünftige Ausweg aus der komplizierten Situation sei der, den Verwandten die Verfügungsgewalt zu übertragen, befand Trygger. Es sei nicht akzeptabel, dass die Testamentsvollstrecker ohne ein gesetzliches Verfügungsrecht weiterhin mit diesen Multimillionenbeträgen herumwirtschaften durften. Trygger fühlte in dieser schweren Situation mit den Verwandten Nobel und schob die Schuld für das ganze Durcheinander auf den toten Alfred Nobel. Wie hatte er in einer so wichtigen Frage nur so unklar und nachlässig sein können?[10]

Die Artikel hinterließen tiefen Eindruck, nicht zuletzt in den schwedischen Institutionen – der Schwedischen Akademie, dem Karolinska Institutet und der Königlichen Akademie der Wissenschaften –, die laut Alfred Nobel die Preise vergeben sollten. Ebenso wie das Norwegische Storting hatten sie in diesen Tagen einen Brief von Ragnar Sohlman und Rudolf Lilljequist erhalten. Die Testamentsvollstrecker benötigten einen formellen Bescheid, dass die genannten Institutionen, die die Preise vergeben sollten, den Auftrag Alfred Nobels auch annahmen. Abgesehen von allem anderen gab es einen grundlegenden Umstand, um den Sohlman und Lilljequist nicht herumkamen: Wenn die bedachten Institutionen ablehnten, würde das Testament ungültig bleiben.

Sohlman und Lilljequist baten alle vier Institutionen um Namen von jeweils zwei Repräsentanten für die notwendigen Verhandlungen. Alle, die das Testament gelesen hatten, erkannten, dass man den Gedanken der Nobelpreise nicht würde in die Tat umsetzen können, ohne den Text zu vervollständigen oder vielleicht auch umzudeuten.[11]

Die scharfe juristische Verurteilung des Testaments in *Vårt Land* verbreitete unter vielen von denen Unruhe, die jetzt auf die wichtigen Fragen der Testamentsvollstrecker antworten sollten. Wenn die Preisstiftung juristisch nicht haltbar war, wäre es dann nicht vielleicht besser, sich schnell und großzügig mit der Verwandtschaft zu einigen?

Der eigene Jurist der Testamentsvollstrecker, Carl Lindhagen, erkannte die akute Notwendigkeit einer Drohkulisse und schrieb zwei lange Antwortartikel in *Dagens Nyheter* – auch diese für die Leser anonym. Unter anderem wies er darauf hin, dass man keineswegs eine bestimmte Person als Erben benötige, zumindest nicht in Schweden. Es wäre sehr gut möglich, zum Beispiel eine Stiftung zu gründen. Lindhagen versuchte, seine Argumentation strikt juristisch zu halten, doch leider schien der Ärger über die Handlungsweise der schwedischen Verwandtschaft durch. »[...] man muss schon zugeben, dass diese zumindest mit einem dicken Fell versehen sein müssen, um ihre Strategie auf diese Weise durchzuziehen, ohne sich zu schämen. Doch ganz gleich, ob sie später auf weichen Banknotenbündeln oder den Steinhaufen zerbrochener Illusionen landen werden, eines steht fest: Was immer sie dadurch gewinnen, der Ruf eines Helden ist es nicht.« Lindhagen wies die Forderung der Verwandtschaft, die Verwaltung der Millionen übernehmen zu wollen, mit einem Messerstich zurück: »Da würde sich der Tote wohl in seinem Grabe herumdrehen!«

Unnötig aggressiv, fand Ragnar Sohlman, als er bei Konsul Nordling in Paris die Artikel las.[12]

*

Die Scheingerichtsverfahren, wie manche sie nannten, fanden Mitte April statt. In der Presse machte man sich über die knifflige Frage lustig, was diese ersten Erbstreitigkeiten eigentlich zum Ziel hatten. Wohin gehörte ein Verfahren über das Testament von Alfred Nobel? In dieser Runde standen sich das Rådhus in Stockholm und das Kreisgericht Karlskoga (Bofors) gegenüber.

Man wiederholte gewisse Grundfakten: Der Multimillionär war sein ganzes Leben lang schwedischer Bürger, doch seit seinem neunten Lebensjahr nirgends gemeldet gewesen, auch nicht im Ausland. Da gäbe es zwei schwedische Regelwerke, auf die man zurückgreifen könne – eines für Landstreicher und eines für Armenhäusler. Wenn man Alfred als Landstreicher klassifizieren würde, dann wäre die letzte Meldeadresse entscheidend, also Stockholm. Würde er hingegen als Armenhäusler definiert, dann müsste man danach gehen, wo er sich befunden hatte und wo er sich hätte melden müssen, was wiederum auf Bofors hinwies. Landstreicher oder Armenhäusler? »Das ist die große Frage, auf der der Besitz von 35 Millionen beruhen *könnte*«, schrieb die Zeitung *Arbetet.*[13]

Die Verwandten hofften, dass beide Gerichte sich für nicht zuständig erklären würden. Das konnte die Chancen erhöhen, das Testament für ungültig zu erklären, und zwar mit oder ohne französische Prüfung. In Karlskoga protestierten sie dagegen, dass sich das Kreisgericht überhaupt mit dem Fall beschäftigen wollte. Alfred Nobel sei das letzte Mal 1842 bei seiner Mutter in Stockholm gemeldet gewesen. Wenn er in Schweden überhaupt irgendwohin gehörte, dann in die Hauptstadt, argumentierten die Verwandten.

Die Testamentsvollstrecker erhielten das Recht, sich zu äußern. Sie hatten tief in Präjudizen gegraben und meinten, bei der schwierigen Frage des Wohnorts gehe es nicht nur darum, wo Alfred gewohnt, sondern auch, wo er seine Arbeit gehabt habe. Sie reichten eine Erklärung des Disponenten der Fabrik in Bofors ein, die bewies, dass er dort seit 1894 entlohnter Vorstandsvorsitzender gewesen war und eine Majorität der Aktien besaß. Außerdem hatte er dort eine Dienstwohnung gehabt, die zur Fabrik gehörte. Gewiss war es richtig, dass sich Nobel über lange Perioden im Ausland befunden hatte, doch auf Björkborn hatte er in Vollzeit Dienstboten angestellt. Er hatte den Herrensitz auf eigene Kosten möbliert und hielt im Stall drei eigene Pferde mit dazugehörigen Equipagen. Er bezahlte sogar einen Kutscher.

Wenn Alfred Nobel in Schweden irgendwohin gehört hatte, dann selbstverständlich nach Bofors, nicht nach Stockholm, argumentierten die Testamentsvollstrecker. Die Aufzählung der Länge seiner Besuche in Bofors sei in diesem Zusammenhang irrelevant, denn seine zahlreichen Reisen durch Europa seien mit Blick auf die breite, international aufgestellte Geschäftstätigkeit, der Nobel nachgegangen war, nur natürlich.

Sohlman und Lilljequist zogen das längere Hölzchen. Ende April 1897 lehnte das Amtsgericht Stockholm die Zuständigkeit für ein Verfahren um Alfred Nobels Testament ab. Das Kreisgericht in Karlskoga hingegen erklärte sich für zuständig. Die erste Bedrohung der Gültigkeit des Testaments war abgewehrt worden, doch man musste mit einer Berufung rechnen, und die französische Gefahr war immer noch nicht völlig gebannt. Außerdem herrschte keine Klarheit darüber, wie die den Preis vergebenden Institutionen sich verhalten würden.[14]

*

Vier Monate waren vergangen, seit der Inhalt von Alfred Nobels Testament bekannt geworden war. Noch immer war das norwegische Storting die einzige der ausgewählten Institutionen, die ungeteilte und sogar lautstarke öffentliche Begeisterung gezeigt hatte. Anfang April 1897, als die Testamentsvollstrecker formell die Frage nach Nobels Auftrag gestellt hatten, ehrte der Präsident des Storting, John Lund, den Stifter mit einer Gedächtnisrede im Parlament. Die Abgeordneten erhoben sich beim Zuhören von den Bänken. »Unser Volk hat einen besonderen Grund, sich an Nobel zu erinnern, wegen der Anerkennung, die er Norwegen erwiesen, und wegen des Vertrauens, das er seiner Nationalversammlung geschenkt hat«, sagte Lund und beschrieb mit Stolz die besondere Aufgabe, die den Norwegern in der Arbeit für Frieden auf der Erde erteilt worden war. »Das hier wird ein Baustein werden, der niemals verwittert, sondern unveränderlich stehen wird«, proklamierte der Präsident des norwegischen Storting.[15]

Doch Sohlman und Lilljequist mussten alle Institutionen auf ihre Seite bringen, wenn die Preisvergabe verwirklicht werden sollte. In diesem Prozess erwies sich der Jubel der Norweger nicht nur als vorteilhaft, und manche Ovationen waren schlechter als andere. Der Schriftsteller Bjørnstjerne Bjørnson zum Beispiel wurde nach seinen vielen unionskritischen Pamphleten als Schwedens schlimmster Feind betrachtet. Kaum war die Nachricht vom Friedenspreis öffentlich, als

Bjørnson sich schon selbst einen Teil der Ehre dafür zuschrieb, dass Nobel ihn überhaupt geschaffen hatte. Solche Aktionen brachten in Stockholm die nationalen Gefühle in Wallung. In den konservativen Kreisen Schwedens war die Furcht groß, Norwegen könnte den Friedenspreis ausnutzen, um sich selbstständig außenpolitischen Einfluss zu verschaffen, und beginnen, Schweden zu bekämpfen, indem es »die im republiksüchtigen Norwegen einheimischen Friedensmissionsapostel« ins weltpolitische Licht rückte. Solche Ängste gab es laut Sohlman bis weit in die Regierungskreise hinauf. Und er kannte auch die Meinung des Königs der Union Oscar II.

Es ging das Gerücht, das einleitende Gerichtsverfahren der Verwandten über den Wohnort ziele eigentlich darauf ab, den Friedenspreis zu stoppen.[16] Ragnar Sohlman musste den Eindruck abschwächen, dass der Friedenspreis ein norwegischer nationaler Triumph war und nicht, was eigentlich die Wahrheit war, eine Eloge an die internationale Friedensbewegung. Er hatte gehofft, Bertha von Suttner auf Schloss Harmannsdorf aufsuchen zu können, um eine breitere Perspektive zu gewinnen, doch die Zeit reichte nicht. Er bat sie, eine Kopie des Briefes zu schicken, in dem Alfred zum ersten Mal den Friedenspreis erwähnt hatte, und er betonte in seiner Post ihre Bedeutung für die Ausformung des Preises, die nun vor ihnen lag. »Selbstverständlich betrachte ich uns – die Vollstrecker – lediglich als Instrument zum Sammeln von Ratschlägen von Personen in der Leitung der Friedensbewegung – und vor allem von Ihnen, Madame«, schrieb er an Bertha von Suttner.[17]

Bei den schwedischen Institutionen, die als Preisrichter erwählt waren, herrschte größere Skepsis. Die Schwedische Akademie war eine hundert Jahre alte Kulturorganisation, die zu jener Zeit mächtig um ihr Ansehen kämpfte. In den Zeitungen wetteiferten satirische Journalisten darum, den verstaubten Literaturgeschmack und die antiquierten Zeremonien der »Achtzehn«, nämlich der achtzehn Mitglieder, zu verhöhnen. Am schlimmsten verfuhr man mit dem ständigen Sekretär Carl David af Wirsén, dem nachgesagt wurde, er klammere sich an uralten Literaturidealen fest und schreibe lächerliche Verse. Wirsén lag mit fast allen modernen schwedischen Schriftstellern im Streit, die in den letzten Jahrzehnten auf der Bühne erschienen waren, darunter Gustaf Fröding, Selma Lagerlöf, Verner von Heidenstam und August Strindberg.

Der bloße Gedanke, dass Wirsén und seine Pinguine entscheiden sollten, welche Literatur die beste der Menschheit sei, rief auf dem Parnass Belustigung hervor. Die Schwedische Akademie sei doch schon vollauf beschäftigt mit ihren »Gedichtproben der allerniedrigsten Ordnungen«.

Selbst unter den »Achtzehn« gab es Kritiker, die wegen mangelnder Kompetenz von dem Preis Abstand nehmen wollten. Der Auftrag würde nur eine Menge Unannehmlichkeiten mit sich bringen, »Druck, Ränke, Unzufriedenheit und Verleumdung«, fand jemand. Außerdem schien er so gut wie unmöglich zu erfüllen. In der Presse wurde darüber gewitzelt, dass die Schwedische Akademie in neunzehntausend Beiträgen ertrinken würde, die zu sortieren zweihunderteinundneunzig Angestellte allein drei Monate brauchen würden, vorausgesetzt, dass sie siebzehn Stunden am Tag arbeiteten.

Nobel hatte in seinem Testament lediglich »die Akademie in Stockholm« geschrieben. Nun meinten die Gegner, ob man diese heiße Kartoffel nicht zum Beispiel der Vitterhetsakademi – der Königlichen Akademie für Literatur, Geschichte und Kulturdenkmäler – weiterreichen könnte.

Doch Ragnar Sohlman hatte einen Trumpf im Ärmel. Er war schon von Kind auf per Du mit Carl David af Wirsén und nannte ihn »Onkel«, weil die Familien befreundet gewesen waren. Außerdem hatte Ragnar zusammen mit Wirséns Sohn Mathematik studiert und deshalb viel Zeit im Hause Wirsén verbracht, sowohl in der Stadt als auch im Sommerhaus auf Dalarö. Nun nahm er früh Kontakt zu Wirsén auf und gewann ihn für die Preisidee. Unter anderem erwähnte Sohlman, dass er sich ein Netzwerk aus ausländischen Akademien vorstellen könnte, das beim Auswahlprozess unterstützend wirken würde.

Nun beschloss der ständige Sekretär der Schwedischen Akademie, Carl David af Wirsén, intern *für* den Nobelpreis zu kämpfen. Wenn die Schwedische Akademie sich einem solchen Auftrag verweigerte, dann würde die Stiftung womöglich insgesamt verfallen, warnte er die übrigen siebzehn Mitglieder. Dann würden auch die »exzeptionelle Anerkennung« und die »exzeptionellen Vorteile«, die Nobel den »literarischen großen Männern des Kontinents« schenken wolle, verschwinden. Wirsén sah einen Sturm der Entrüstung und des Unwillens über die Schwedische Akademie ziehen, eine Entrüstung, in welche die Akademiemitglieder kommender Generationen sicherlich einstimmen würden. Man konnte einfach nicht zulassen, meinte Wirsén, dass »sich die Akademie aus Gründen der Bequemlichkeit einer in der Weltliteratur einflussreichen Stellung verweigerte«.

Der Beschluss über den Nobelpreis ging in die Abstimmung. Wirséns Lager erhielt zwölf Stimmen und siegte.[18]

Den wenigsten Problemen begegneten die Testamentsvollstrecker im Karolinska Institutet. Der Rektor Axel Key hatte ja schon früher mit Alfred Nobel wegen einer Zuwendung Kontakt gehabt. Und auch Professor Key war mit der Familie Sohlman persönlich bekannt. Key hätte zwar eine neuerliche Spende bevorzugt, doch vorausgesetzt, dass die Ergänzungsbestimmungen, die Sohlman versprach, Wirklichkeit werden würden, konnten die Testamentsvollstrecker darauf rechnen, dass sich das Karolinska Institutet des Preises in Physiologie oder Medizin annehmen würde.

Zwei wichtige Stellungnahmen standen noch aus – die des Königs und die der Akademie der Wissenschaften. Ragnar Sohlman kannte die schweren Vorbehalte Oscars II. Deshalb war es eine große Erleichterung und ein halber Sieg, als der Beschluss von »Königl. Majest.« schließlich lautete, der Justizkanzler solle sich der Aufgaben annehmen, die für die Durchführung von Nobels Testament erforderlich waren.

Nun hing alles an der Königlichen Akademie der Wissenschaften, die sowohl den Preis für Chemie als auch den für Physik auf ihren

Tisch bekommen hatte. Einer der Oppositionellen in der Schwedischen Akademie, der Historiker Hans Forssell, war zufällig auch Mitglied in der Akademie der Wissenschaften. Er gehörte dem Komitee an, das die Antwort an Sohlman vorbereiten sollte, und führte seinen Kreuzzug gegen den Nobelpreis auch hier fort. Der Bescheid ließ auf sich warten.

Als der Fall dann schließlich verhandelt werden sollte, lag eine positive Aussage des Komitees auf dem Tisch. Die Akademie der Wissenschaften sollte mit ungefähr denselben Vorbehalten wie die anderen zustimmen – so lautete der Schluss. Doch während der Diskussion machte der verschlagene Forssell einen unerwarteten Einwand, der den Vorschlag abschoss. Die Akademie der Wissenschaften könne sich doch wohl nicht gut über Alfred Nobels Preise äußern, ehe das Testament rechtliche Gültigkeit erlangt habe, oder? War das nicht schlicht illegal?

Das führte bis auf Weiteres zu einem Nein, und damit war alles genauso unsicher wie zuvor.[19]

*

Emanuel Nobel, der entscheidende Mann des russischen Zweigs, hatte sich von den Aktionen der schwedischen Verwandten distanziert. Dieser Haltung war er immer noch treu, hatte aber inzwischen ein anderes Problem am Hals. Der schwedisch-norwegische Generalkonsul in Sankt Petersburg wurde nervös wegen möglicher Ermahnungen aus Stockholm, wenn er keine Maßnahmen für den Teil von Alfred Nobels Vermögen ergriff, der sich in Russland befand. Die stillschweigende Vereinbarung zwischen Emanuel und Ragnar über einen verantwortungsbewussten Verkauf der Ölaktien konnte in Gefahr sein.

Ragnar Sohlman beschloss, nach Russland zu reisen, um die Diskussion vor Ort zu führen. Er nahm einen der früheren Kanzlisten der Ölgesellschaft als Übersetzer und Assistent mit. Als sie zum Kai kamen, wurden sie von Hjalmar Nobel und Graf Ridderstolpe überrascht, die von dem Kanzlisten über die Reise informiert worden waren. »Du reist nach Petersburg – da reise ich mit«, verkündete Hjalmar Nobel laut Ragnar Sohlmans aufgezeichneten Erinnerungen.

Während der Schiffsreise war die Stimmung angespannt, und das wurde auch nach der Ankunft in der russischen Hauptstadt nicht besser. Ragnar wusste, dass die Beziehung zwischen Hjalmar und Emanuel problematisch war, was sich nach Alfreds Tod nicht gerade gebessert hatte. Das gegenseitige Misstrauen machte die Luft zum Schneiden dick, und Hjalmar Nobel forderte, kaum erstaunlich, bei allen Zusammentreffen zwischen Emanuel und Ragnar während seines Besuchs dabei sein zu können. Es gelang ihnen, die Formalitäten um die russische Inventarisierung zu klären, doch die Testamentsdiskussion musste auf Eis gelegt werden.[20]

Der Besitz in San Remo war jetzt inventarisiert und bereit zum Verkauf. Vierunddreißig Seiten sorgfältiger Preisveranschlagungen über alles, von den verzierten Straußeneiern im chinesischen Salon bis zu den Gesellschaftsspielen im Turmzimmer, lagen fertig geschrieben vor.[21] Ragnar Sohlman war wieder nach Hause gezogen und hatte sich im Erdgeschoss des Herrensitzes auf Björkborn ein Büro für die Nachlassverwaltung eingerichtet. Die Pattsituation um das Testament belastete ihn. Nicht nur dass die Akademie der Wissenschaften ihnen Knüppel zwischen die Beine warf, nun hatten auch noch die Verwandten wie erwartet Einspruch gegen die Zuständigkeit des Kreisgerichts Karlskoga erhoben. Ihm war klar, dass sie ihren Versuch, das Testament für ungültig zu erklären, bis in die letzte Instanz treiben würden. Anfang Juli 1897 baten Sohlman und Lilljequist deshalb einige ausländische Juristen und Berater zu einem Treffen im Hotel Rydberg in Stockholm. Dabei argumentierten mehrere für einen schnellen Kompromiss mit den schwedischen Verwandten als beste Lösung. Man musste das Problem aus der Welt schaffen.

Ragnar Sohlman begann vorsichtig, die Möglichkeiten zu sondieren, lief jedoch gegen eine Wand. Der Vorschlag, den er vom Sprecher der Verwandten erhielt, war der, dass die Testamentsvollstrecker das

Testament für ungültig erklären lassen sollten, damit die Erben alles bekämen. Im Gegenzug würden sich die schwedischen Verwandten verpflichten, den größeren Teil des Vermögens dem Nobelpreis zur Verfügung zu stellen. Als Ragnar sich bei Ludvig Nobel meldete, bekam er zu hören, dass die Verwandtschaft mindestens die »Familienpapiere« behalten wollte – sämtlich Dynamitaktien, Ölaktien, Bofors und das Haus in Paris. Das entsprach einem Drittel von Alfred Nobels Vermögen. Ausgeschlossen, antwortete ein empörter Ragnar Sohlman, und damit ging die Freundschaft zu Ludvig in die Brüche.[22]

Gleichzeitig begann es in Frankreich beunruhigend zu grummeln. Ein französisches Gerichtsverfahren war in Gang gekommen. Das Verfahren berührte den Testamentsdisput eigentlich nur indirekt, sollte aber dennoch den Kern der Sache treffen. Der französische Dynamit-Trust verlangte Patenteinnahmen zurück, von denen das Unternehmen behauptete, sie seien fälschlicherweise an Alfred Nobel ausgezahlt worden. Die Patente würden ja dem Unternehmen gehören, behauptete man.

Sohlman und Lilljequist hatten versucht, den Forderungen mit den Waffen der Nobel-Verwandtschaft zu begegnen, und hatten die Zuständigkeit des französischen Gerichts, das Verfahren zu betreiben, angefochten. Alfred Nobel habe seinen Wohnort schließlich in Schweden, erklärten die Testamentsvollstrecker. Doch nun kam die Nachricht, dass sie in erster Instanz verloren hatten. Als Grund gab das Gericht an, dass Nobel ein Haus in Paris besessen hatte. Sie waren deshalb gezwungen, Berufung einzulegen, um eine weitere französische gerichtliche Überprüfung des Testaments zu vermeiden. Sohlmans und Lilljequists französischem Anwalt sollte es später gelingen, den französischen Prozess mit einem ungewöhnlich eloquenten Plädoyer niederzuschlagen. Ein peinlich berührter Sohlman konnte im Nachhinein lesen, wie der Anwalt die Villa an der Avenue Malakoff zu einer einfachen Übernachtungsgelegenheit heruntergeredet und Bofors zu einem schwedischen »Schloss« mit weitläufigen Ländereien aufgeblasen hatte. Besonders viel Pulver verschoss der Anwalt bei der Beschreibung von Nobels »magnifiquer Equipage und dem Stall mit russischen Trabern«. Selbst meinte er, dass es die Pferde gewesen seien, die das Gericht hätten umschwenken lassen.[23]

In Schweden war die Situation deutlich komplizierter. Wie eine Ironie des Schicksals gingen die schönen schwarzen Traber eines Tages Anfang Juli beim Bahnhof von Bofors durch, und die »magnifique« Equipage fiel um. Ragnar Sohlman stürzte heraus, verletzte sich den Rücken und brach sich zwei Rippen. Nachdem der Schock sich gelegt hatte, erbot sich Hjalmar Nobel, die unbändigen Pferde zu kaufen, weil er »sich in sie verliebt« habe. Er kaufte auch Alfreds berühmten Wagen mit den Gummireifen.

Alfred Nobels Unternehmungen wurden nun allmählich in alle Winde verstreut. Die vielen Projekte, für die er gebrannt hatte, erwartete ein neues Schicksal. Während des Sommers weckte der Kompagnon Strehlnert auf einer Stockholmer Ausstellung große Aufmerksamkeit mit der künstlichen Seide, während die Brüder Ljungström bald erfahren mussten, dass die Nachlassverwalter sich gezwungen sahen, die Fahrradfirma in Konkurs gehen zu lassen.

Am 9. Juli publizierten die Zeitungen ein Telegramm aus Tromsø. Nach den jüngsten Berichten von der Nordpolexpedition von Ingenieur Andrée war der Ballon bereit, am 8. Juli Richtung Nordpol zu starten. »Die gesamte Westküste von Spitzbergen ist eisfrei.«[24] Die drei Abenteurer sollten nie zurückkehren.

*

Am Dienstag, dem 30. Oktober 1897, wurden Alfred Nobels Erben zur gesammelten Inventarisierung auf den Herrensitz in Björkborn gerufen. Nur Hjalmar Nobel tauchte auf. Im Schlepptau hatte er einen juristischen Berater mit Vollmacht von den übrigen Familienmitgliedern auf Roberts Seite: seine Witwe Pauline Nobel, Ludvig Nobel und das Ehepaar Graf Ridderstolpe. Andere Erben ließen nichts von sich hören.

Alfred Nobels Vermögen war auf neun Länder verteilt. Die Gesamtrechnung endete bei über dreiunddreißig Millionen Kronen (2,1 Milliarden nach heutigem Geldwert). Einige Abzüge für Steuern und Schulden mussten geleistet werden, und der Anteil der mit Namen genannten Erben (1,3 Millionen Kronen) würde abgezogen werden, aber die letztendliche Summe für den Preisfonds landete dennoch bei über einunddreißig Millionen Kronen.

Nobels Preis konnte der größte der Welt werden, wenn sein letzter Wille berücksichtigt werden würde, ja vermutlich selbst dann, wenn die Verwandten die Oberhand gewinnen und den Betrag und seine Ausformung würden bestimmen können. Sie wollten sich nicht Alfreds Träumen widersetzen. Sie waren aber der Ansicht, dass diese Träume, selbst wenn ein Drittel des Vermögens für die Erben gerettet würde, immer noch ausgezeichnet verwirklicht werden könnten.

Noch hatten sie nicht aufgegeben. Hjalmar Nobel und der juristische Berater reichten einen Widerspruch ein. Dass sie nach Björkborn gekommen waren, dürfe – so betonten sie – keineswegs dahingehend interpretiert werden, dass sie die Inventarisierung gutheißen würden. Die Testamentsvollstrecker hätten ihre Befugnisse überschritten, als sie den französischen Besitz durchgegangen seien, ohne dass einer der Verwandten zugegen sein konnte, und im Übrigen sei die gerichtliche Frage noch nicht entschieden. Das Testament habe noch keine Wirksamkeit.

Die Einwände der Verwandten verhinderten nicht, dass die Inventarisierung eingereicht und beim Kreisgericht Karlskoga registriert wurde. Doch ihr Widerspruch wurde zu einer Nachricht, die sich verselbstständigte, die Flügel bekam und sich auch außerhalb Schwedens verbreitete. Auf Schloss Harmannsdorf verfolgte eine erwartungsfrohe Bertha von Suttner alles, was mit der edlen Stiftung ihres Freundes Alfred geschah. Als sie von den Einwänden der Verwandten gegen das Testament hörte, bekam sie Sorge, dass alles vorbei sein könnte. »Das ist doch fatal. Daß Nobel, der mein Freund war, mir den Preis zugedacht, das weiß ich wohl – hätte er's nur einfacher und klarer gemacht«, schrieb sie im Dezember 1897 in ihr Tagebuch.[25]

Doch die Verwandten waren nicht die einzige Herausforderung für Ragnar Sohlman. In Österreich war die einundvierzigjährige, jetzt geschiedene Mutter eines kleinen Kindes, Sofie Hess, zum Leben erwacht. Sie stand immer noch unter Vormundschaft, hatte aber weiterhin große Schulden gemacht, die sie durch das Verpfänden von Schmuck zu begleichen versuchte. Kurz vor Neujahr 1897 kam von einem Anwalt, zu dem sie Kontakt aufgenommen hatte, ein Brief an die Nachlassverwalter von Alfred Nobel. Sofie habe Ansprüche, hieß es, und sie könne angeblich beweisen, dass Alfred Nobel sie während ihres achtzehn Jahre dauernden Verhältnisses als seine Frau anerkannt habe. Und sie sei bereit, das alles gerichtlich feststellen zu lassen, wenn die Nachlassverwalter sich nicht gütlich mit ihr einigen wollten.

Sofie Hess erwähnte überdies, sie besitze eine größere Sammlung an Briefen von Alfred Nobel. Ihre finanziellen Verhältnisse seien derzeit so schwierig, dass sie sich möglicherweise gezwungen sähe, die Publikationsrechte für diese Briefe zu verkaufen.

Diese Drohung schaffte Unbehagen. Was stand in den Briefen? Ragnar Sohlman konnte die Sache nicht einfach ignorieren, also schickte er ein Telegramm an Emanuel in Sankt Petersburg, dem Einzigen in der Verwandtschaft Nobel, mit dem er noch entspannt kommunizieren konnte. Emanuel war nicht erstaunt. Er hatte selbst mehrere Bettelbriefe bekommen, sowohl von Sofie als auch von ihrem Vater. Bisher hatte er nicht darauf reagiert, doch diese Sache mit den Briefen warf ein neues Licht auf die Sache. »Ich glaube nicht, dass die Briefe, die hier infrage kommen, als Liebesbriefe oder als solche betrachtet werden können, die Alfreds Ruf kompromittieren würden. Doch bin ich geneigt anzunehmen, dass sie von paradoxer Natur sind«, schrieb er an Ragnar.

Emanuel warnte, die Briefe könnten zum Teil von unpassendem und mokantem Inhalt sein, was wiederum Alfred lächerlich machen könnte. Sein Rat war, die Briefe zu kaufen und zu vernichten. »Die Russen nennen einen Testamentsvollstrecker, wenn man es wörtlich nimmt, einen Berater der Seele, und dieses Wort hat noch eine größere

Weite, nämlich indem es einem solchen Berater auch aufträgt, für den guten Ruf des Verblichenen zu sorgen«, argumentierte Emanuel. Unter diese Beschreibung würde der Ankauf der Briefe fallen. Er machte klar, dass der russische Zweig der Familie keine Einwände gegen ein solches Geschäft hegen würde.

Ragnar bezahlte 12 000 österreichische Gulden (ungefähr eine Million Kronen nach heutigem Geldwert) für Alfred Nobels Briefe an Sofie Hess. Er versiegelte sie und versteckte sie im Archiv der Nobelstiftung.[26]

*

Der juristische Ärger zog sich aufgrund all der Berufungsanträge lange hin. Mit einer Entscheidung des Obersten Gerichtshofs darüber, ob Alfred Nobels Testament vor dem Kreisgericht in Karlskoga behandelt werden dürfe oder nicht, rechnete man nicht vor dem Frühjahr 1898. Doch es sah vielversprechend aus. Das Oberste Gericht hatte die Sache zur Entscheidung angenommen.[27]

Ragnar Sohlman und Rudolf Lilljequist begannen insgeheim bereits mit vorbereitenden Treffen mit den Institutionen, die Nobel für die Preisvergabe ausgewählt hatte. Ein Repräsentant der immer noch zögerlichen Akademie der Wissenschaften durfte als Privatperson dabei sein, als notwendige Modifikationen des Testamentstextes ausgehandelt wurden. Unter anderem kam man überein, dass Alfreds Formulierung »im verflossenen Jahr« nicht buchstäblich interpretiert werden sollte, sondern lediglich als ein Streben danach, das Neueste und Beste zu belohnen. Zudem musste man berücksichtigen, dass es oft einige Jahre dauerte, ehe der Wert eines wissenschaftlichen Fortschritts bewiesen werden konnte. Der Vorschlag, dass die Preise in zwei oder höchstens drei Teile aufgeteilt werden könnten, wurde auch bereits hier ins Protokoll aufgenommen.[28]

Man brachte es auf vier Treffen, ehe die schwedischen Verwandten den Kampf auf ein neues Level hoben. Der Streit um die Gerichte und ihre Zuständigkeiten war nur ein Versuchsballon gewesen, stellte die Presse fest. Was sich jetzt abspielte, war der richtige »Verwandtenangriff« auf das Testament von Alfred Nobel.

Anfang Februar 1898 reichten Robert Nobels Nachfahren und das Paar Sjögren Klage gegen alle ein, die sich überhaupt mit dem Fall, der Alfred Nobels »Testament« genannt wurde, befasst hatten. Das Dokument, unter das Alfred seinen Namen gesetzt habe, würde keiner näheren Untersuchung standhalten, behauptete man. Die großen Stiftungen hatten keine Empfänger, und im Testament stand auch nichts darüber, wer nach der Inventarisierung den Nachlass verwalten würde. Laut Gesetz sollte Alfred Nobels Hinterlassenschaft deshalb von seinen nächsten Erben verwaltet werden. Doch, fügten die Verwandten hinzu, um Missverständnisse zu vermeiden, wollten sie schon jetzt deutlich machen, dass es nicht ihre Absicht sei, den Nobelpreis zu verhindern. Sie wollten definitiv »den Hauptgedanken in Dr. Nobels Testament verwirklichen«.

Der schwedische Familienzweig der Nobels verklagte alle, die sich eine Rolle in dem Testamentsfall angeeignet hatten, für den es ihrer Meinung nach keine gesetzliche Grundlage gäbe – die Vollstrecker, die Preisinstitutionen, den schwedischen Staat und seine Königliche Majestät. Sicherheitshalber wurde der »Verwandtenangriff« sowohl in Stockholm als auch in Karlskoga eingereicht.[29]

Emanuel Nobel befand sich in Stockholm, als die Nachricht kam. Er war starkem Druck ausgesetzt gewesen, sich hinter die Klage zu stellen, und das nicht nur von seinen Verwandten. Es war keine leichte Entscheidung, die er hier zu treffen hatte. Vor seiner Abreise hatte er in Petersburg seine Halbgeschwister versammelt und ihnen erklärt, wie ihr Vormund die Sache sah und wie falsch er es fand, den letzten Willen von Onkel Alfred zu verhindern oder einzuschränken. Doch wollte er wissen, was die Geschwister dachten, jetzt, da alles sich zuspitzte. Er hatte ihre Unterstützung erhalten.

Deshalb suchte er in Stockholm Kontakt mit Ragnar Sohlman, unter anderem schriftlich. In einem vorläufigen Dokument bot Emanuel nun seine freundschaftliche Zusammenarbeit in Sachen Testament gegen einen verantwortungsvollen Verkauf der Ölaktien an, der garantierte, dass die Familie nicht die Kontrolle an Bröderna Nobel verlor. Emanuel nahm auch an zwei der vorbereitenden Treffen mit den Preisvergabe-Institutionen teil. Dort bot er seine Zusammenarbeit an, machte aber gleichzeitig klar, dass Änderungen oder Zusätze zum Testament nicht infrage kämen, ehe nicht sämtliche Erben, auch der schwedische Zweig, sie zuerst gutgeheißen hätten.[30]

Dennoch wurde weiter Druck auf ihn ausgeübt. Eines Tages im Februar wurde er zu König Oscar II. gerufen, der Emanuel Nobels Haltung überhaupt nicht verstehen konnte. Der König hatte seine Auffassung im Grunde nicht geändert, und sein Ärger über den norwegischen Friedenspreis war aller Wahrscheinlichkeit nach noch gewachsen, seit das Storting den verhassten Friedenspropagandisten Bjørnstjerne Bjørnson in sein erstes Nobelkomitee gewählt hatte. Dem König war die Sache wichtig. Begriff Emanuel denn nicht, dass er als der bedeutendste Vertreter der Familie Nobel nun alle Möglichkeiten hatte, diese verrückte Preisidee zu stoppen, die doch nur Kontroversen erzeugen würde?

»Ihr Onkel ist von Friedensfantasten, vor allem Frauenzimmern, beeinflusst worden«, behauptete der König laut Emanuel.

Oscar II. meinte, dass es unter allen Umständen Emanuels Pflicht gegenüber seinen Geschwistern sei, deren Interessen nicht von Alfreds verschrobenen Ideen zerschlagen zu lassen. Es schiene ja schon rein juristisch unmöglich, die Preise ins Leben zu rufen.

Emanuel antwortete, er habe nicht vor, seine Geschwister der Gefahr auszusetzen, in der Zukunft von Wissenschaftlern den Vorwurf zu hören, sie hätten sich Mittel angeeignet, die eigentlich der Wissenschaft zugedacht waren.[31] Als seinem russischen Diener zu Ohren kam, dass Emanuel dem schwedischen König widersprochen hatte, begann er, ihre Flucht aus dem Land vorzubereiten. In Russland war es das, was man tat, wenn man dem Zaren getrotzt hatte.

Ragnar Sohlman war beeindruckt. Ihm wurde klar, dass Emanuel

Nobels Entschlossenheit entscheidend für das Gelingen sein konnte. Erleichtert schrieb er an Bertha von Suttner, die Entscheidung des russischen Zweigs, die Klage nicht zu unterstützen, würde garantieren, dass Alfred Nobels letzter Wille zumindest mit einem Teil des Vermögens erfüllt werden könnte.

Im April errangen die Testamentsvollstrecker einen weiteren Sieg. Da entschied der Oberste Gerichtshof, dass das Verfahren um Alfred Nobels Testament vor dem Kreisgericht von Karlskoga verhandelt werden sollte und nirgends anders. Doch das würde noch dauern. Die norwegischen Regeln der Gerichtsbarkeit wiederum zwangen das Gericht, das Verfahren Nobel dort bis Oktober 1898 aufzuschieben.[32] Diese Bedenkzeit konnte klug ausgenutzt werden – oder auch nicht.

*

Es weckte eine gewisse Erheiterung, dass der junge Ragnar Sohlman, gerade als der abschließende Streit über Nobels Testament anbrach, zum Militärdienst einberufen wurde. »Es ist wohl hart und ein merkwürdiges Geschick, dass ausgerechnet du, der Alfreds Friedensgedanken bewerkstelligen und für die Abschaffung des Militarismus eintreten soll, selbst während einer laufenden Arbeit in dieser Richtung Krieg spielen und im Militärrock unter Soldaten sein musst«, schrieb Emanuel an Ragnar.[33]

Vor Ort beim Königlichen Leibregiment in Kumla reagierte der Oberst auf Ragnars Nachnamen und fragte ihn, ob er der Sohn von dem Sohlman sei, der mit dem Nobelschen Nachlass zu tun habe. Nein, das bin ich, antwortete der junge Ragnar. Als das Erstaunen verflogen war, sorgte der Hauptmann dafür, dass Sohlman einen guten Raum im Regiment und ein Büro mit Telefon bekam. Er erhielt die Erlaubnis, die Märsche zu schwänzen, wenn das erforderlich sein sollte.

In der ersten Zeit herrschte zwischen den Parteien Schweigen. Emanuel hörte überhaupt nichts von seinen Cousins und Cousinen und wollte nur ungern derjenige sein, der den ersten Schritt unternahm.

Die Initiative musste wie üblich von Ragnar Sohlman ausgehen. Er legte Anfang Mai mithilfe des Juristen Lindhagen in Stockholm los.[34]

Vieles sprach für schnelle Verhandlungen. Die Verwandten hatten in der letzten Zeit viele Rückschläge erlitten und dürften in ihrem Verhandlungswillen zugänglicher geworden sein, argumentierten die Testamentsvollstrecker. »Das Spiel ist aus« für sie, wie Jurist Lindhagen es ausdrückte. In Wirklichkeit hatten die Verwandten die ganze Zeit einen Vergleich zum Ziel gehabt, zumindest wenn man der Strategie folgte, die der Juraprofessor Ernst Trygger ihnen ein Jahr zuvor vorgelegt hatte. Wenn sie vorher nur genügend lärmten, dann würden sie vielleicht richtig weit kommen.[35]

Zwischen Feldübungen und Exerzieren trieb Ragnar Sohlman die Verhandlungen voran. Es ging über alle Erwartungen gut. Eine gewisse Kampfesmüdigkeit war zu erkennen. Im Grunde genommen wollte niemand die Entscheidung über Alfred Nobels Testament einem Richter überlassen, und die Verwandten wollten auf keinen Fall den Untergang des bereits sagenumwobenen Nobelpreises auf dem Gewissen haben.

Ende Mai 1898 konnte Ragnar Sohlman um Erlaubnis ersuchen, die erste Vergleichsregelung mit Anna und Hjalmar Sjögren zu unterschreiben. Gegen 100 000 Kronen aus dem Nachlass zogen sie alle ihre Ansprüche zurück. Sechs Tage später war es Zeit für die nächste Vereinbarung und eine weitere Reise nach Stockholm. Roberts Nachfahren hatten mehr verlangt und begnügten sich nicht mit Geld. Sie wollten auch einen garantierten Einfluss auf den Nobelpreis. Die Absprache sollte ihnen beides geben: 1,5 Millionen insgesamt sowie formell Einfluss darauf, wie der Nobelpreis ausgestaltet werden würde.[36]

Nach vielen Monaten des intensiven und bitteren Kampfes war das Gerichtsverfahren im Oktober beendet. Über einunddreißig Millionen Kronen waren für Alfred Nobels Preise gesichert worden. Sowohl die Testamentsvollstrecker als auch die Verwandten waren zufrieden.

»Ich kann dir nur aufs Herzlichste zu dem Friedensschluss gratulieren und bin überzeugt, dass du vollkommen richtig gehandelt hast«, schrieb Emanuel Nobel hinterher lobend an Ragnar.[37]

Ragnar Sohlman war erst achtundzwanzig Jahre alt und eigentlich im Umgang mit Justiz und Wirtschaft nicht geübt. Alfred Nobel hatte eine fast unmögliche Aufgabe auf seine schmalen Schultern gelegt. Doch genau wie der Stifter es vorhergesehen hatte, war der zarte Chemiker zur treibenden Kraft in diesem ganzen dramatischen Prozess geworden. Ragnar Sohlman hatte die schwere Aufgabe mit Hartnäckigkeit, Kreativität und Mut gelöst.

Alfred Nobel hatte gute Gründe gehabt, ihn einen seiner wenigen »Lieblingsmenschen« zu nennen.

KAPITEL 21

Die Blicke richten sich auf Schweden und Norwegen

Am Sonntag, dem 24. März 1901, versammelten sich die schwedischen Verwandten Nobel am Familiengrab in Stockholm. Frühling lag in der Luft, alle trugen dünne Mäntel. Auf dem Zaun schmolzen Schneereste.

Obwohl der Onkel Alfred hier ruhte, waren sie doch nicht seinetwegen gekommen. Der gewaltige Kranz war für seinen Vater Immanuel Nobel gedacht, dessen hundertster Geburtstag in Gegenwart diverser Reporter und Sprengstofftechniker feierlich begangen werden sollte.

Die Zeremonie auf dem Norra Kyrkogården begann um Mittag. Die Brüder Hjalmar und Ludvig Nobel sind auf einem Pressefoto festgehalten, Seite an Seite vor dem Granitobelisk mit der kernigen Inschrift: NOBEL.

Ein Cousin sprach von Immanuel und dem Nitroglyzerin. Der Pfarrer reimte.

Jetzt ist dein Jahrhunderttag
Und dein Name steht im Glanz
Dass man dir zueignen mag
Dankbar den Gedächtniskranz.

Der Glanz, von dem hier die Rede war, hing vor allen Dingen mit dem Sohn Alfred Nobel und seiner großen Stiftung zusammen. Schon bald würde er fünf Jahre tot sein. Das lange Schweigen hatte ausländische Pressestimmen schon fragen lassen, was denn mit dem berühmten Nobelpreis geschehen sei. War alles nur ein Märchen?

Jetzt, im März 1901, ging es endlich los. Die Nominierungen für die ersten fünf Nobelpreise strömten herein. Die Vergabe war auf den Todestag von Alfred Nobel am 10. Dezember 1901 gelegt worden, der hernach der »Nobeltag« genannt werden würde.

»Die Friedensverfechterin« Bertha von Suttner konnte sich kaum beherrschen. Sie brauchte das Preisgeld wirklich, sowohl für den Frieden als auch für das Schloss, was sich die Familie nicht länger leisten konnte. Jahr um Jahr hatte sie besorgt ihr Revier bewacht. »Denke viel an Nobelpreis«, bekannte sie bereits 1898, als der Streit mit den Verwandten bekannt wurde, in ihrem Tagebuch.

Doch die Konkurrenz war größer geworden. Im August desselben Jahres trat der russische Zar Nikolai II., Befehlshaber der damals größten Armee der Welt, mit einem unerwarteten Schachzug in der Friedensfrage in Erscheinung. Der Zar wollte persönlich die Initiative zu einer großen Friedenskonferenz ergreifen, um das Wettrüsten zwischen den Ländern zu beenden. Im internationalen Friedenspreis-Gebrumm, das darauf folgte, wurden die Namen des Zaren und Bertha von Suttners immer häufiger zusammen genannt. Ein Problem, wie Bertha ihrem Tagebuch anvertraute: »Ich fühle, wie in letzter Zeit mein Name reklamehaft durch die Welt schwirrt, wie das auf viele verletzend wirken muss. – Komme *ich* in den Verdacht, daß ich meine Verdienste selber herausstreiche, daß ich an Reklame mitarbeite, dann wird nächst Rußland – der *Storthing* auf mich böse.«

Die Konferenz des Zaren fand 1899 in Den Haag statt. Die Friedensbewegung konnte endlich einen großen Durchbruch verzeichnen. Jetzt wurde das Haager Tribunal gegründet, das ersehnte Schiedsgericht, und mehrere internationale Konventionen über Krieg und Kriegsverbrechen wurden unterzeichnet. Bertha von Suttner war selbstverständlich in Den Haag vor Ort und sorgte dafür, gesehen zu werden. Sie hielt im Centralhotel einen Salon, in dem auf einem Tisch in auffälliger Position ein Porträt von Alfred Nobel stand. Der Hinweis entging niemand. Trieb sie es zu weit? Als eine Verwandte von Bertha in Den Haag mit einer Luxusequipage herumfuhr, machte sie sich ernsthaft Sorgen. So etwas signalisierte viel Geld. Die Verwandte habe »mit dem taktlosen Viererzug vielleicht den Nobelpreis verdorben«, schrieb Bertha von Suttner in ihr Tagebuch.

Im Oktober 1900 besuchte Emanuel Nobel Schloss Harmannsdorf. Da bekam Bertha von Suttner bestätigt, dass die Norweger Emanuel gebeten hatten herauszufinden, ob Zar Nikolai den Nobelpreis akzeptieren würde. Doch nun, da die Preisvergabe bevorstand, war Bertha von Suttners Selbstvertrauen dennoch ungebrochen. »Ich glaube, ich werde ihn am Ende bekommen. Mache schon ein paar Pläne dafür. Er wird geteilt werden, deshalb wenig. Genug, um für mein Alter zu sorgen. Das ist gut«, schrieb sie ins Tagebuch.[1]

Als das norwegische Nobelkomitee die Liste im April 1901 schloss, war Bertha von Suttner von vielen vorgeschlagen worden, wenn nicht gar von den meisten. Sie gehörte *nicht* zu den vielen, die sich selbst vorgeschlagen hatten.[2]

*

All die Preis-Millionen von Alfred Nobel hatten ein Zuhause bekommen. Seit dem Sommer 1900 gab es die neue Nobelstiftung, sowohl juristisch als auch praktisch, mit dem Testamentsvollstrecker Ragnar Sohlman als Vorstandsvorsitzendem. Das Büro lag auf der Norrlandsgatan 6, nur fünfzig Meter von dem Haus entfernt, in dem Alfred Nobel 1833 geboren worden war. Das schwarze Schild aus Glas war so diskret, dass die meisten daran vorübergingen. Journalisten, die anklopften, wurden von dem Geschäftsführer Santesson empfangen, der sämtliche Walnussmöbel Alfred Nobels aus dem Arbeitszimmer in Bofors hierher verfrachtet hatte. In den Bücherschränken die Bücher des Stifters, im Tresor das inzwischen häufig angefasste Testament.[3]

Die Nobelstiftung hatte ihre fünf Satelliten. Das waren die besonderen Nobelkomitees der preisvergebenden Institutionen, welche die Arbeit machen sollten. Die Vorschlagslisten wuchsen im Laufe eines jeden Jahres. Erdrückend viele wollten ihren eigenen Einsatz zum Nutzen der Menschheit hervorheben. So ersuchte ein Italiener zum Beispiel um den Literaturpreis für einen Aufsatz über die beste Methode, Leichenberge loszuwerden. Am Ende wurde entschieden: Um den Nobelpreis bewarb man sich nicht, sondern man musste vorgeschlagen werden.[4]

In einer Reihe von Punkten kollidierte das allgemeine Bild von Nobels Testament mit den Uminterpretationen, die verhandelt worden waren. Wenn der Physikpreis nach dem größten Nutzen für die Menschheit im vergangenen Jahr oder »verflossenen Jahr«, wie Nobel geschrieben hatte, vergeben werden sollte, hätte der Preisträger 1901 der Deutsche Max Planck sein müssen, der im Dezember 1900 seine revolutionäre Quantentheorie vorgestellt hatte. Doch Planck musste bis 1918 warten oder, besser gesagt, bis die Menschheit es geschafft hatte, die Bedeutung der Quantenphysik zu begreifen. Stattdessen erhielt der große Fixstern der Physik der letzten Jahre, sein Landsmann Wilhelm Röntgen, mit Abstand die meisten Empfehlungen für seine bahnbrechende Entdeckung der Strahlen aus dem Jahr 1895.[5]

Mit einem gewissen Beben erwartete die Kulturelite die Entscheidung der Schwedischen Akademie über den Literaturpreis. Die Unannehmlichkeiten hatten sich fortgesetzt. Als die Akademie ihre Verordnungen für den Nobelpreis präsentierte, wirkte es wie etwas, das ein Sechzehnjähriger zwischen zwei Bieren in seiner Schulkneipe hätte verfassen können. Die »Achtzehn« waren vielleicht imstande, kleine Stipendien an arme schwedische Poeten zu verteilen, aber den größten zeitgenössischen Schriftsteller der Welt zu adeln?

Allerdings wurde die Wahl von 1901 als so selbstverständlich betrachtet, dass es der Schwedischen Akademie wohl ohne Anstrengung gelungen sein würde, das Land nicht lächerlich zu machen. Die ganze Welt rechnete damit, dass der russische Schriftsteller Leo Tolstoi der erste Nobelpreisträger für Literatur sein würde.

Die neue Nobel-Bibliothek der Schwedischen Akademie bog sich unter den Tausenden von neuen ausländischen Lederbänden, die in aller Eile angeschafft worden waren. Die Nachricht, dass ein Bote für einen Großeinkauf nach Russland geschickt worden war, verhieß Gutes. Trotzdem ging es schief. Als die »Achtzehn« ihre Liste von fünfundzwanzig Kandidaten vorliegen hatten, war Leo Tolstois Name nicht einmal unter den Nominierten. Hingegen Émile Zola, ein anderer hochgelobter Autor, den Alfred Nobel jedoch selbst verachtet hatte. Wie sich herausstellen sollte, teilte die Schwedische Akademie diese Einstellung. Das »Geistlose, oft grob Zynische in Zolas Naturalismus« würde nicht zu der »idealen« und veredelnden Literatur passen, die Nobel habe auszeichnen wollen, meinten die »Achtzehn«.

Zum allgemeinen Entsetzen fiel die Wahl stattdessen auf einen der erstarrten Hausgötter des ständigen Sekretärs Wirsén, einen vergessenen »zweitrangigen« französischen Poeten namens Sully Prudhomme. Ausländische Kulturredakteure schüttelten erstaunt den Kopf. Ein edler Geist in Nobels »idealischer« Richtung – ja vielleicht, doch könne einem jeder, der gezwungen wurde, dieses Mittelmaß zu lesen, leidtun, hieß es. Wenn nun Tolstoi nicht gepasst hatte, dann gab es ja bessere, schlicht nordische Namen, unter denen man hätte wählen können – Henrik Ibsen vielleicht oder Bjørnstjerne Bjørnson?

Zweiundvierzig schwedische Kulturpersönlichkeiten schrieben aus Protest einen offenen Brief an den verschmähten Leo Tolstoi. In diesem distanzierten sie sich von der verrückten Entscheidung der Akademie, welche Schweden nur mit Scham überziehen würde. Sie machten sowohl dem Schriftsteller als auch allen ausländischen Urteilenden klar, dass für das schwedische Volk und seine Kulturelite Tolstoi der selbstverständliche erste Nobelpreisträger sei. Unter den Unterzeichnenden waren große schwedische Schriftstellernamen wie Hjalmar Söderberg, Selma Lagerlöf, August Strindberg, Verner von Heidenstam und Ellen Key, dazu die Künstler Carl Larsson, Anders Zorn und Bruno Liljefors.[6]

Im darauffolgenden Jahr wurde Leo Tolstoi nominiert, aber nicht gewählt. Die »Achtzehn« lobten zwar den Roman *Anna Karenina*, fanden aber, dass einige von Tolstois anderen Schriften allzu »unreif und irreführend« seien. Ihnen gefiel seine anarchistische Kritik an Kirche und Staat nicht, ebenso wenig wie seine »Kulturfeindlichkeit und Einseitigkeit«. Die Schwedische Akademie konnte auch nicht ertragen, dass Tolstoi »unter Verordnung eines aus dem Zusammenhang mit einer höheren Ordnung losgerissenen Naturlebens den Stab über alle Kultur gebrochen hat«. Zudem führte man auch Tolstois Reaktion auf den ausgebliebenen Nobelpreis 1901 an. Da hat der russische Schriftsteller behauptet, er sei froh, von der Belohnung verschont geblieben zu sein, denn Geld könne doch »nichts anderes als Böses hervorbringen«.[7]

*

Als der Dezember kam und sich der erste Nobeltag näherte, waren die Namen von den meisten Preisträgern ein offenes Geheimnis. Lediglich das Friedenskomitee in Kristiania (Oslo) verhielt sich bis zum Schluss mucksmäuschenstill. Dennoch stieg die Spannung. Die Nobelpreisträger würden jeder über 150 000 Kronen bekommen (fast 9 Millionen Kronen nach heutigem Geldwert). Das war unerhört. »Schon sind die Blicke der zivilisierten Welt auf Schweden und Norwegen gerichtet. Aus Stockholm und Kristiania wird bald der Goldregen fallen, der das Feld des Geistes befruchten soll«, schrieb der französische *Le Figaro* am 4. Dezember. Die Zeitung fuhr fort: »Nobels nach dem Tod gezeigte Großzügigkeit erstreckt sich in alle Länder und in alle Zukunft. Sie ist beständig und universell […] Der Erfinder, der der Kriegskunst und leider auch den öffentlichen Morden so schreckliche Zerstörungswerkzeuge an die Hand gegeben hat, hat seinen Reichtum den friedlichen Künsten gewidmet. Er hat sich und sein Land mit Ehre bedeckt.«[8]

Am Vormittag des 9. Dezember kamen der weltberühmte Physiker Wilhelm Röntgen und der Preisträger für Medizin, Emil von Behring, mit dem Nachtzug aus Süden in Stockholm an. »Sie sind im Grand Hôtel eingekehrt«, berichteten die Zeitungen eifrig und schickten ihre Zeichner in den Speisesaal. Der Röntgen umgebende Glanz verursachte den Stockholmern weiche Knie, Emil von Behring kannten sie kaum. Sein Medizinpreis war für das Karolinska Institutet eine Methode, die Bakteriologie mit den größten medizinischen Durchbrüchen des 19. Jahrhunderts zu belohnen, obwohl der Meister selbst, Louis Pasteur, fünf Jahre zuvor gestorben war. Bestimmt war Pasteurs Erzfeind Robert Koch sauer darüber, übergangen worden zu sein, doch 1901 betrachtete man von Behrings Beitrag zum Nutzen der Menschheit schlicht als größer. Sein Serum gegen Diphtherie hatte Tausende Leben gerettet und »den Ärzten eine siegreiche Waffe im Kampf gegen Krankheit und Tod geschenkt«, wie es in der Begründung hieß.

Der Chemiepreisträger Jacobus Henricus van't Hoff kam gegen Abend mit dem Zug aus Holland, drängelte sich wie jeder alltägliche Reisende über den Bahnsteig und übernachtete bei einem schwedischen Kollegen. Van't Hoff, der einzige Preisträger ohne Bart, wurde für die Entdeckung der Gesetze belohnt, die osmotischen Druck steuern, und war, wenn man der Berichterstattung glaubt, der charismatischste und unterhaltsamste der drei. Der in die Jahre gekommene Poet Prudhomme erschien überhaupt nicht. Er lag »krank von Nervenschmerzen in einem französischen Ort auf dem Lande«.[9]

Am Nobeltag war Stockholm in grau-tristes Dezemberdunkel gebettet. Nichts strahlte, nicht einmal einige blau-gelbe schwedische Flaggen. »Bei jedem unwichtigen Namenstag für ein Prinzenkind werden alle Flaggen gehisst, aber nicht, wenn in derselben Stadt die Nobelpreise vergeben werden. Und das Interesse der großen Allgemeinheit war dann auch entsprechend«, klagte die Zeitung *Socialdemokraten*.

Die Preisvergabe sollte in der Musikalischen Akademie am Nybroviken stattfinden. Bereits eine halbe Stunde vor der angekündigten Zeit stieg das Gemurmel in den Bankreihen an. Es würde voll besetzt sein,

1300 Personen in Fracks und gedeckten langen Kleidern, »Damen ohne Hut«. Der Saal erstrahlte von »Ordenssternen und anderen Ehrenzeichen«, und vorn mitten auf dem Podium stand die neue Büste von Alfred Nobel, die nach seiner Totenmaske und dem letzten Foto von ihm modelliert worden war. Die Bühne war in blauen Stoff mit Goldmuster gehüllt, der Saal mit Palmen und Lorbeerblättern dekoriert.[10]

Von den parallel stattfindenden Festlichkeiten in der Freimaurerloge von Kristiania kamen Nachrichten per Telegramm, sowohl nach Stockholm als auch an die glücklichen Auserwählten. Der erste Friedenspreis überhaupt sollte zwischen dem Franzosen Frédéric Passy, dem bald achtzigjährigen Pionier der internationalen Friedensbewegung, und dem Gründer des Roten Kreuzes, dem Schweizer Henri Dunant, geteilt werden. Der halbe Preis ging an den Frieden, die andere Hälfte an die humanitäre Arbeit. »Dieser Preis, gnädige Frau, ist Ihr Werk, denn Sie sind es, durch die Herr Nobel in die Friedensbewegung eingeweiht worden [ist]«, schrieb Dunant hinterher an die zutiefst enttäuschte Bertha von Suttner. Sie würde bis 1905 warten müssen, ehe sie ihre Belohnung erhielt.[11]

Die Preisträger, die nach Stockholm gereist waren, trafen früh vor Ort in der Musikalischen Akademie ein. In der Menge wurden sowohl die Verwandten Nobel als auch der Testamentsvollstrecker Ragnar Sohlman gesehen. Das allgemeine Gemurmel verstummte kurz nach 19 Uhr abrupt, als der Dirigent der Hofkapelle Ludvig Normans pompöse Festouvertüre anstimmen ließ.

König Oskar II. hatte ausrichten lassen, dass er verhindert sei. Stattdessen schritten der schwedische Kronprinz Gustav Adolf (später Gustav V.) und Prinz Eugen auf die Bühne. Sie mussten sich damit begnügen, Urkunden zu überreichen, da die Goldmedaillen mit Alfred Nobels Porträt nicht rechtzeitig fertig geworden waren. Lobreden und Chorgesang lösten einander ab. Die einzige Abweichung vom Programm trat ein, als der ständige Sekretär der Schwedischen Akademie Wirsén das Publikum mit einem langen, selbst gebastelten Reim überraschte.

Im Anschluss daran begaben sich hundertdreißig besonders ausgewählte Herren zum Bankett ins Grand Hôtel. Die Damen waren nicht willkommen.

Tags darauf schilderte die Presse detailliert den Rummel. Einige Zeitungen machten sich über Wirséns unerwartetes Gedicht lustig. »Der kleinkarierte Sekretär der Achtzehn war es, der im Namen der schwedischen Preisgeber mit poetischer Hilfspfarrer-Stimme ein sehr prosaisches und erbärmliches Peinlichkeitsgedicht jammerte«, war in *Arbetet* zu lesen. Die Zeitung wies besonders auf den einleitenden Vers »des armen majestätskriecherischen, lutherisch-päpstlichen Schafs« hin. Der Hohn muss geschmerzt haben, denn Carl David af Wirsén hatte sich wirklich angestrengt und fand sicher, er hätte ein ausgesprochen hervorragendes Stimmungsbild für die allererste Nobelpreisvergabe der Geschichte entworfen:

Nicht wünschte man die Last, danach nicht strebte man,
die schwer auf Schwedens Schultern ward gelegt
Verantwortung ließ zittern manchen Mann
Da nun die Welt auf Schwedens Urteil sieht
Was in Naturerforschung am tiefsten ist gewesen
Was von höchster Medizinkunst man irgend hat gelesen
Welch schönste Dichtkunst in welchem Land –
Den Preis bekommt all' Jahr aus schwed'scher Hand.[12]

EPILOG

Über ein Jahrhundert später

Die Sattelschlepper aus San Remo kommen wie üblich eine Woche vor dem Nobeltag an. Die 48 000 eigens bestellten Blumen werden schnell in ein dezemberkaltes Stockholm ausgeladen und in einem Gewächshaushangar beschnitten und gewässert. Die Dekorationen sind bereits im August vor Fernsehkameras erprobt worden. Dieses Jahr besteht die Lieferung unter anderem aus Rosen, Chrysanthemen, Nelken, Amaryllis, Eukalyptus und einer riesigen Menge Grünpflanzen.

Dreizehn eilige Floristen sind für den längsten Arbeitstag des Jahres gerufen worden. Die Hälfte der Kisten aus San Remo geht in eine dreißig Meter lange Blumenwand bei der Preisvergabe, der Rest wird zur Ausschmückung des Nobelbanketts beiseitegeschafft. An der Wand im Gewächshaus hängt dasselbe Maskottchen wie jedes Jahr – eine große Goldmedaille aus Plastik mit Alfred Nobels Konterfei.

In den letzten Stunden rennen die Floristen wie flinke Mäuse im Konzerthaus herum, sprayen und zupfen müde Blätter. Die Trompeter üben Fanfaren. Internationale Fernsehsender testen Kamerawinkel. Die Nobelpreisträger des Jahres üben die richtige Verbeugung, erst vor dem König und dann vor den Nobelpreiskomitees.

Im Hintergrund steht wie jedes Jahr eine patinierte Gipskopie der Büste, die nach Alfred Nobels Totenmaske gefertigt worden war.

Drüben im Stadshuset haben vierzig Leute vom Servicepersonal neun Stunden lang geschuftet und die Tische gedeckt, sind mit Linealen und Schnüren durch die Blaue Halle herumgeschossen, um die Millimeterpräzision zu sichern. Dreizehnhundert Gäste bedeuten über fünftausend Gläser und fast ebenso viele Nobelteller mit Goldrand. Zehntausend Stück frisch geputztes Silberbesteck bilden rechte Winkel zu den Blumendekorationen.

Fünfundvierzig Eliteköche kämpfen in der Küche ein paar Treppen höher. Sie haben das Nobelmenü seit Februar geplant. Dreizehnhundert gleich große Wachteln sind für den Hauptgang aufgezogen worden, der schwarze Knoblauch ist monatelang zur Perfektion fermentiert worden. Jetzt rollen die Köche neuntausend Kugeln aus eingelegten Winteräpfeln und stecken sie in kleine Krustaden aus Rettich und Bärlauchmayonnaise. Sie sollen auf den Vorspeisentellern einen hübschen Halbkreis um eine auf Kohlenfeuer gebackene Terrine aus Kaisergranaten und Jakobsmuscheln bilden.

Der Küchenchef holt Luft. Wie immer denkt er, dass es es Wahnsinn ist, so ein extrem ambitioniertes Essen für so viele Menschen. Aber es ist das Nobelbankett, das Fest der Feste. Sie erhöhen das Tempo.

Um halb sechs Uhr ist der letzte Festmarsch nach der Preisverleihung verklungen. Die Bankettgäste begeben sich in den Schneeregen hinaus. Sie eilen zu gecharterten Bussen, besorgt, was das Wetter mit Frisuren und Paillettenträumen anstellen könnte.

In der Blauen Halle warten alle auf die Prozession der Ehrengäste und atmen derweil den Duft exklusiver Parfüms ein. Die Reporter der Abendzeitungen gehen in Stellung, um die Kleider des Jahres zu beurteilen. Fernsehkommentatoren lesen Zuschauerfragen, spüren die Stimmung ab und zittern vor der viereinhalb Stunden währenden Direktübertragung eines Abendessens.

Fanfaren. Das Schurren von dreizehnhundert Stühlen. Alle erheben sich.

*

Draußen hat es plötzlich gefroren. Unter den Füßen knirscht es, als ich über das Gras auf dem Norra Kyrkogården gehe. Sternklarer Himmel, ansonsten ein höchst gewöhnliches schwedisches Dezemberdunkel, vor allen Dingen hier bei Alfred Nobels Grab. Der Granitobelisk erhebt sich wie eine schwarzgraue Riesenrakete ins Dunkel. Sein Name ist kaum zu erkennen.

Ich habe den minutiösen Plan des Banketts in der Hand und schiele auf die Uhr. Gleich wird König Carl XVI. Gustaf wie schon so viele Jahre zuvor und viele Jahre hernach sein Glas auf den großen Stifter erheben.

Die Vorsitzenden der Nobelstiftung haben wie jedes Jahr am Morgen das Grab besucht. Der handgeflochtene Lorbeerkranz, den sie abgelegt haben, hat eine dünne Eisschicht bekommen, und die Fackeln sind erloschen. Nächstes Jahr könnten sie sich vielleicht mal ein richtiges Grablicht leisten, denke ich und versuche, der Fernsehübertragung im Handy zu folgen. Gerade wird der Champagner ausgeschenkt. Ich lasse die Kandelaber des Ehrentischs ein wenig Licht über das Grab streuen. Das Abendessengemurmel muss mit dem Dröhnen der Autobahn neben dem Friedhof wetteifern.

Nur noch wenige Minuten bleiben. Ob Alfred Nobel das alles missfallen hätte? Ich glaube nicht. Er hat immer großzügig eingeladen, die Anspruchslosigkeit betraf mehr sein Privatleben. Er wollte die Lebenden ehren, nicht die Toten.

Jetzt erhebt sich der König, ergreift das Mikrofon. Ich lege meine Hand auf den Grabstein und halte das Handy hin. Dreizehnhundert erwartungsfrohe Gäste haben Taittinger Brut Reserve im Glas. Der König räuspert sich.

»Ladies and Gentlemen, I would like you all to join me in a toast to honor the great donor, Alfred Nobel!«

»Siehst du«, flüstere ich in die Dunkelheit, »du warst gar nicht so einsam, wie du dachtest.«

Was geschah dann?

Juliette Adam wurde hundert Jahre alt und starb erst 1936. Ihren Salon schloss sie Ende der 1890er-Jahre, und ein paar Jahre später verließ sie auch die Zeitschrift *La Nouvelle Revue*. Die hatte ihre Bedeutung verloren. Mit dem Ersten Weltkrieg kam die Revanche gegen Deutschland, für die Juliette Adam so lange gekämpft hatte. Doch später hatte das einen bitteren Nachgeschmack für sie. So viele Tote und dennoch keine Lösung. Und wohin sollte das deutsche Bedürfnis nach Revanche führen?

Sofie Hess lebte allein mit ihrer Tochter Margrethe. Sie finanzierte sich in Wien mit Hilfe der Zinsen auf Lebenszeit, die ihr in Alfred Nobels Testament zugedacht worden waren, doch nach dem Ersten Weltkrieg waren die ungarischen Staatspapiere, die Alfred für diesen Zweck ausgesucht hatte, wertlos. Als Sofie 1919 starb, befand sich ihre Tochter Margrethe in großer Not und schrieb an die Nobelstiftung. Sie war zu dem Zeitpunkt Kriegswitwe und selbst alleinerziehende Mutter. Ragnar Sohlman sorgte dafür, dass mehrere Lebensmittelpakete aus Stockholm geschickt wurden.

Emanuel Nobel gelang es, den Aktiensturz in der Ölgesellschaft, den der Testamentsstreit ausgelöst hatte, zu wenden. Gegen Ende der 1890er-Jahre kam eine Hochkonjunktur, und beide Nobel-Unternehmen in Russland blühten auf. Nach der Revolution 1917 verlor die Familie alle russischen Vermögen, und Emanuel floh als Bauer verkleidet nach

Schweden. Die ausländischen Vermögen reichten aus, dass er bis zu seinem Tod 1932 gut in Schweden leben konnte. Emanuel Nobel wurde 1911 Mitglied der Königlichen Akademie der Wissenschaften.

Hjalmar Nobel sollte sich darauf verlegen, Ackerland und Immobilien zu kaufen und zu verwalten, unter anderem den Herrensitz Klagstorp vor Skövde. Als Ingenieur interessierte er sich für modernen Schiffsbau und wurde Besitzer unter anderem der Motorjachten *Arona* und *Atala*. Er heiratete spät, bekam vier Kinder und starb 1956.

Ludvig Nobel, Roberts Sohn, kaufte ein größeres Stück Land in Båstad und baute ein Villenviertel für Badegäste, das 1907 fertiggestellt wurde. Er wurde als der »König von Båstad« bekannt und legte in den 1920er-Jahren die berühmten Tennisplätze, Hotels und Restaurants des Ortes an. Bis 1913 war er der Direktor des Båstad Badhotellet und starb 1946. Ludvig und Valborg hatten drei Kinder.

Ingeborg Ridderstolpe (geb. Nobel) wohnte bis zum Tod ihres Mannes Carl von Frischen Ridderstolpe 1905 in Giresta in Västmanland. Das Paar hatte einen Sohn, der im Alter von einem Jahr starb. Ingeborg zog daraufhin nach Stockholm und widmete ihr Leben der Wohltätigkeit. Unter anderem kaufte sie den Hof Framnäs bei Gränna und bestimmte in ihrem Testament, dass er ein Ferienheim für Bedürftige werden sollte. Ingeborg starb 1939.

Ragnar Sohlman war von 1898 bis 1919 Betriebsleiter der Bofors Nobelkrut und entwickelte Alfred Nobels neues Schwarzpulver weiter. Außerdem wurde er Kommerzienrat und Chef des Industriebüros am Kommerzkolleg. Sohlman saß die ersten sechsundvierzig Jahre im Vorstand der Nobelstiftung und war von 1936 bis 1946 ihr Vorstandsvorsitzender. Er starb 1948. Vierundvierzig Jahre später kam Ragnars Enkel, Michael Sohlman, auf den Posten des Vorsitzenden der Nobelstiftung.

Bertha von Suttner wurde am Nobeltag 1902 Witwe, als ihr geliebter Arthur im Alter von nur zweiundfünfzig Jahren starb. Sie setzte ihre intensive Friedensarbeit allein fort und erhielt 1905 den Friedensnobelpreis. Das geschah, nachdem Emanuel Nobel den Schriftsteller Bjørnstjerne Bjørnson aufgesucht und klargestellt hatte, dass Alfred Nobel, wie er es verstand, bei der Stiftung des Friedenspreises zuallererst Bertha von Suttner in Gedanken gehabt hatte. Bertha von Suttner starb am 21. Juni 1914, eine Woche vor den Schüssen von Sarajevo, die den Ersten Weltkrieg auslösten. Zu dem Zeitpunkt stand sie mitten in der Planung eines Friedenskongresses in Wien für den August desselben Jahres.

Danksagung

Ich habe mein Leben dem erzählenden und investigativen Journalismus in verschiedenen Formen gewidmet. Die Arbeitsmethoden ins 19. Jahrhundert zurückzuversetzen wirkte wie eine große Herausforderung. Nicht in meiner wildesten Fantasie hätte ich mir vorstellen können, dass ich so weit und einem Geschehen von vor einhundertfünfzig Jahren so nahe kommen würde. Mein erster und tief empfundener Dank geht deshalb an die technische Entwicklung, die es möglich gemacht hat, 2018 in Stockholm zu sitzen und in Nullkommanichts amerikanische Kongressdokumente von 1866 anzufordern oder Momentaufnahmen vom Drama in einem Pariser Stadtviertel während der Belagerung 1871. Um nur zwei Beispiele von mehreren Hundert zu nennen.

Ein Projekt dieser Größenordnung kann man nicht ohne erschöpfende, grundlegende Arbeit durchführen. Ich war schon immer eine Langstreckenläuferin, aber das Buch über Alfred Nobel hätte ich ohne die Hilfe, die mir zuteilgeworden ist, niemals ins Ziel gebracht. Am liebsten würde ich über jeden von euch eine lange Erzählung schreiben, so viel Wärme, Freude und Interesse ist mir entgegengeschlagen. Doch die Schar ist so groß geworden, dass ich meine Gefühlsausdrücke beschränken muss. Ihr wisst alle, wie viel ihr mir bedeutet habt.

Zahlreich ist die Gruppe von Researchern und Übersetzern, die mir in den dreieinhalb Jahren, die ich an dem Buch gearbeitet habe, über kürzere und längere Aufträge zur Seite standen. Ein großes Dankeschön von Herzen: Vitalij Ananjev, Pia Axelsson, Jurij Basilov, Clarissa

Blomqvist, Diana Bologova, Karin Borgkvist Ljung, Clemens Bornsdorf, Michail Druzin, Mikael Edelstam, Edoardo Folli, Peter Handberg, Rainer Knapas, Douglas Knutsson, Julia Kolesova, Oleg Ljubeznikov, Viktor Löfgen, Elisabeth Löfstrand, Andrej Mamajev, Linn Nordlander, Alexander Puech, Nestor Santonen, Cecilia Tengmark und Mauro Zamboni.

Ich bin unendlich dankbar, dass so viele sich für Interviews zur Verfügung gestellt und mich mit so wichtigen Faktenunterlagen oder Bildern versehen haben. Vor allem verneige ich mich vor Lars M. Andersson, Yoel Bergman, Charlotta Boström, Patrice Bret, Wolf-Rüdiger Busch, Ulf Peter Busse, Abdullah Kh. Daudov, Christiane Demeulenaere, Alberto Guglielmi, Pau Hansen, Vladimir Lapin, Ivar Lidbaek, Jochen Meder, Anders Moberg, Christina Moberg, Anders Lundgren, Seymour Mauskopf, Olav Njølstad, Robert Nobel, Eckardt Opitz, Lars-Erik Paulsson, Panu Savolainen, Sara Strandberg, Göran Sundmar, Liv Astrid Sverdrup, Nils Uddenberg, Leonid Vyskochkov, Peter Wallensteen, Philip Wahren, Britta Åsbrink und Anders Öhgren.

Manche haben alles getan und noch mehr, mit einem Einsatz, für den ich nicht weiß, wie ich jemals dafür danken soll. Ich denke vor allem an den außergewöhnlichen Beistand, den ich von Helena Höjenberg und Manuel Bonnet in Paris erhalten habe. Eine besondere Eloge geht auch an Ulrike Neidhöfer vom Förderkreis Industriemuseum Geesthacht e. V.

Die Archiv- und Bibliotheksangestellten in aller Welt erhalten meinen persönlichen Nobelpreis. Ein ganz besonderes Dankeschön an Lena Ånimmer im Riksarkivet und Vadim Azbel im Centrum för Näringslivhistoria sowie an alle in der Kungliga Biblioteket in Stockholm und im Stockholms Stadsarkiv. Ein herzliches Dankeschön auch an Lena Milton vom Schwedischen Biografischen Lexikon.

Bei der Nobelstiftung und im Nobelmuseum in Stockholm ist man allen meinen Fragen und Wünschen mit großer Offenheit und Respekt vor meiner Integrität begegnet. Besonderen Dank an Lars Heikensten (der mir half, meine alte Buchidee abzustauben) sowie Olov

Amelin, Eva Cory, den verstorbenen Åke Erlandsson, Gustav Källstrand, Ulf Larsson, Jonna Petterson, Annika Pontikis und Margrit Wettstein. Einen persönlichen Dank auch an Michael Sohlman für wichtige Beiträge.

Es war nicht leicht, eine Finanzierung für das Projekt zu bekommen. Ohne die großzügige Unterstützung des Jubiläumsfonds der Riksbanken und bedeutende Vorschüsse vom Norstedts Verlag wäre das Unternehmen niemals möglich gewesen. Mein Lektor Stefan Hilding glaubte an das Buch vom ersten Moment an und brachte es ins Ziel. Außerdem hatte ich das Vergnügen, mit einem Redakteur von Weltklasse, Lars Molin, und mit einem Designer mit einzigartigem Gefühl, Pär Wickholm, zusammenarbeiten zu können.

Ein großes kollektives Dankeschön richte ich an alle, die ich während des Schreibens in großen und kleinen Dingen habe konsultieren können. Dass so viele es auch noch geschafft haben, das ganze Manuskript oder Teile davon zu lesen, manche mit dem Blick des Faktenprüfers, war von unschätzbarer Hilfe. Ein besonderer Dank an Eva Apelqvist, Henrik Berggren, Bo Brander, Anders Carlberg, Simon Edvardson, Elias Eriksson, Helene Granström, Ewa Göransson, Nina Hofvander, Helena Höjenberg, Julia Kolesova, Ants Nuder, Olof Petersson, Ewa Stenberg, Lena Ten Hoopen, Nils Uddenberg und Lars Ericson Wolke.

Für etwaige Fehler, die sich dennoch eingeschlichen haben, trage ich allein die Verantwortung.

Diejenigen, die mir am allernächsten stehen, haben vieles von den Rückschlägen abfangen müssen, die einem in einem Projekt dieser Größenordnung unweigerlich begegnen. Es ist mir ein Rätsel, wie sie ihre Begeisterung haben bewahren können. Ich bin meinen Töchtern Johanna und Sara ewig dankbar, die mich mit Liebe überschüttet haben und mir immer Kraft gegeben haben weiterzumachen. Und auch meiner Mutter Sonja, die alles gelesen hat und täglich mein wichtiges Bollwerk war.

Und last, not least: Danke, Pär, dass du immer an meiner Seite bist. Ohne deine grenzenlose Unterstützung wäre dieses Buch niemals geschrieben worden.

Stockholm, den 6. Juni 2019
Ingrid Carlberg

Endnoten

Prolog

Die Schilderung beruht hauptsächlich auf den Berichten in *Aftonbladet* (AB), *Dagens Nyheter* (DN) und *Svenska Dagbladet* (SvD) im Dezember 1896, Ragnar Sohlmans Buch *Ett testamente* und Henry Mosenthals Artikel über Alfred Nobel in *The Nineteenth Century 1898*. Der jüngere Erfinder war Fredrik Ljungström.

Teil 1:
»Alles das stand in meiner Gedankenblase: dann zerplatzte sie.«

Die geheimen Träume und Kapitel 1 »Ich habe mit dem Zaren über die Versuche von Nobel gesprochen«

Entscheidend für die Schilderung der Stockholmer und der Petersburger Zeit waren meine zentralen Funde vor allem in russischen Behördenarchiven. Dazu gehören der Pass von Immanuel Nobel und die Berichte vom Komitee für Unterwasserminen des Zaren. Für Alfred Nobels Kinder- und Schulzeit habe ich Staffan Tjernelds *Stockholmsliv*, Claes Lundins und August Strindbergs *Gamla Stockholm*, Raoul F. Boströms *Ladugårdslandet och Tyskbagarbergen blir Östermalm*, Arthur Nordéns *Jacobiternas gamla skola* und Karl Linges Artikel über die Volksschule in Stockholm vor 1842 benutzt. Die Bedingungen für Andrietta und die Kinder habe ich mithilfe von Eva-Lis Bjurmans und Lars Olssons *Barnarbete och arbetarbarn* sowie Hedenborg und Morell (Hg.) *Sverige – en social och ekonomisk historia* erläutert.
Für die Beschreibung der Geschehnisse der ersten gemeinsamen Zeit der Familie Nobel in Sankt Petersburg habe ich in unerwartet weiten Teilen auf Quellen aus erster Hand aufbauen können, die ich vor allem in russischen Archiven gefunden habe – das Militärhisto-

rische Archiv (RGVIA), das Marinehistorische Archiv (RGAVMF), das Russische Staatsarchiv (GARF), das Zentrale historische Stadtarchiv (TsGIA) und das Historische Archiv des Russischen Staates (RGIA). Das Sicherheitspolizeiliche Archiv im RGVIA war eine Goldgrube. Der russische Publizist Arkady Melua hat in achtzehn Bänden Dokumente über Nobels Tätigkeit in Russland gesammelt, die jedoch hauptsächlich die Zeit nach dem Wegzug von Alfred Nobel betrafen und deshalb für dieses Buch nicht zentral waren. Man freut sich, wenn man für Kontextbeschreibungen ein Buch wie William L. Blackwells *Beginnings of Russian Industrialization 1800–1860* findet. Für die Beschreibung der städtischen Milieus habe ich Reiseberichte, Bücher und Artikel über die Geschichte des Viertels gelesen, vor allem Jevgenij Grebenkas zeitgenössische Schilderung »The Petersburg Quartier« in einer berühmten russischen Anthologie von 1845, doch auch neuzeitliche Artikel wie Isachenkos und Pitanins »Litejnaja storona« sowie Vasiljevas und Kropowas »Petersburgskaja storona«. Sehr wichtig für die historische Darstellung war Aleksandra Jewgenjewna Awerjanowas kulturhistorische Expertise von 2016 von Alfred Nobels angeblichem Elternhaus. Meine Hauptquellen für das allgemeine politische und historische Geschehen in Russland und Sankt Petersburg sind Solomon Volkows *St. Petersburg: A Cultural History*, Kees Boterbloems *A History of Russia and its Empire*, Paul Bushkovitchs *A Concise History of Russia*, Bruce W. Lincolns *Nicholas I. Emperor and Autocrat of All the Russians*, sowie nicht zuletzt Simon Sebag Montefiores *Die Romanows. Glanz und Untergang der Zarendynastie 1613–1918*. Die Erzählung ist ferner durch meine Interviews mit dem Professor für Geschichtswissenschaft Leonid Wladimirowich Wyskochow, Experte für die Zeit von Nikolaus I., sowie mit Professor Wladimir Lapin, Experte für russische Militärgeschichte, beide Sankt Petersburg. Die Geschichte des Schwarzpulvers baut auf die Grundliteratur in G. I. Browns *Explosives. History with a bang* auf. Die romantische Philosophie und ihre Stellung in Russland wird ausgehend von mehreren Werken geschildert, darunter Isaiah Berlins *Russian Thinkers*, Svante Nordins umfassendes *Filosoferna. Den moderna världens födelse och det västerländska tänkandet 1776–1900*, Sarah Pratts *Russian Metaphysical Romanticism. The Poetry of Tiutchev and Boratynskii* und Hugh Roberts *Shelley and the Chaos of history*. Nikolai Zinins Laufbahn und Tätigkeit in Sankt Petersburg habe ich durch Galina Kichiginas Buch *The Imperial Laboratory. Experimental Physiology and Clinical Medicine in Post-Crimean Russia* eingefangen. Mit Hilfe von Übersetzern haben ich außerdem G. V. Bykows Abschnitt »Organische Chemie – die Kazanschule« in *Studien der organischen Chemie*, sowie Zelenins und Solods Artikel über »Nikolaj Nikolajewitj Zinin« in einer historisch-biografischen Sammlung lesen können.

Die italienische Architektin Paola Maria Delpiano hat ein schönes Buch über Ascanio Sobrero geschrieben, das ich neben Sigurd Nauckhoffs Artikel *Sobreros nitroglycerin och Nobels sprägnolja*, G. W. MacDonalds *Historical papers on modern explosives* und G. I. Browns *Explosives. History with a bang* benutzt habe, um die Entwicklung des Nitroglyzerins zu beschreiben. Die Stimmung in Paris 1850–51 ist von Büchern wie Victor Furnels fast zeitgenössischem *Ce qu'on voit dans les rues de Paris* und Aimee Boutins *Filles et lieux de Plaisir à Paris au XIXe siècle* bereichert worden. Pierre Pinons *Atlas du Paris Haussmannien. La ville en heritage du second empire a nos jours* war von unschätzbarem Wert.

Kapitel 2
Auf der Jagd nach einem höheren Sinn

Es sollte in Alfred Nobels Leben viele Kurortbesuche geben, dieser erste in Franzensbad darf hier das Geschehen einleiten, und zwar mit Unterstützung vor allem von Roswitha Schiebs *Böhmisches Bäderdreieck, Literarischer Reiseführer*, des damaligen Kurarztes Lorenz Köstlers *Ein Blick auf Eger-Franzensbad in seiner jetzigen Entwicklung* (1847) und einer Besuchsschilderung von 1858 im AB Karl Kullberg: »Franzensbad, en skizz«, *Aftonbladet* 15. Mai 1858. Stockholms und Schwedens Entwicklung: Lennart Schöns *En modern svensk ekonomisk historia*, Marianne Råbergs *En framtid för Stockholm? Storstadens framväxt under industrialismen*, K. V. Tahvanainens *Telegrafboken. Den elektriske telegrafen i Sverige 1853–1996* sowie Lars Berggrunds und Sven Bårströms *De första stambanorna. Nils Ericsons storverk* (2014). Nils Uddenbergs medizingeschichtliches Werk *Lidande och läkedom II.* ist hier durch Roy Porters *Blood and guts: A short history of medicine* und William Bynums *Science and the practice of medicine in the nineteenth century* ergänzt worden. Neben Trevol Royes *The great Crimean war 1854–56* habe ich auch Orlando Figes *Crimea. The last crusade* sowie Rosamund Bartletts Biografie *Tolstoy – A Russian life* und Leo Tolstois Sewastopol-Zyklus verwendet. Simon Sebag Montefiores *Die Romanows. Glanz und Untergang der Zarendynastie 1613–1918* und Solomon Volkovs *St. Petersburg. A cultural history* waren wichtige Ergänzungen. Die Schilderung von Darwin baut, abgesehen von den wissenschaftlichen Übersichtswerken, auf Charles Darwins eigenes *Von der Entstehung der Arten*, Nora Barlow (Hg.) *The autobiography of Charles Darwin* und Stellan Ottossins *Darwin. Den försynte revolutionären* und David Quammens *Den motvillige mr Darwin. Ett personligt porträtt av Charles Darwin och hur han utvecklade sin evolutionsteori* auf. Im Abschnitt zur Literatur haben *A history of russian literature* von Victor Terras und Göran Häggs lesenswerte *Världens litteraturhistoria* wichtige Beiträge geliefert, ebenso wie Åke Erlandssons beeindruckendes Werk *Alfred Nobels bibliotek. En bibliografi.* Im SBL habe ich Anhaltspunkte für Personenporträts wie Adolf Eugène von Rosen und Anton Ludvig Fahnehjelm gefunden.

1 Der Preis für Wirtschaftswissenschaften der Schwedischen Reichsbank zu Alfred Nobels Erinnerung kam 1968 dazu. Der Preis wurde 1969 zum ersten Mal vergeben.
2 Andrée unternahm 1897 zusammen mit zwei Begleitern den Versuch, den Nordpol mit einem Ballon zu überqueren. Das Unternehmen scheiterte schon nach wenigen Stunden, die Ballonfahrer mussten auf dem Packeis notlanden und kamen alle bei dem Versuch ums Leben, zu Fuß über das Eis zurück nach Süden zu gelangen.
3 Erik Bergengren (EB) an die Nobelstiftung, 28.10.1956, EB-arkivet, NA.
4 Ebd.
5 S & S (1926), zit. S. 107. Fant (1991) enthält fast den ganzen Brief. Sjöman (2001) geht einen Schritt weiter und versucht, das gesamte Dokument wiederherzustellen (S. 228 ff.), mit Zensurmarkierungen, Durchstreichungen und allem.
6 Lundgren (2017), S. 303.
7 Royle (2000), zit. S. 158; Nobel-Oleinikoff (1952), S. 65; Bericht des Generalgouverneurs von Kronstadt Den an den Kriegsminister, 19.06.1854, RGVAMF, F 317, Op.1, D345; Sebag Montefiore (2017), S. 508 (Zarenfamilie sah das Schiff).

8 In Alfred Nobels Testament steht, dass der Preis, den er stiften möchte, an diejenigen gehen soll, »die im verflossenen Jahr der Menschheit den größten Nutzen geleistet haben«.

Kapitel 3
Allmählicher Abschied von Russland

Die Hauptquelle in diesem Kapitel ist die neu zugängliche Sammlung der »Griechischen Dame«, auch »Tresormappen« genannt, NA. Zuvor war das Geschehen dieser Zeit recht unbekannt. Mit Hilfe des finnischen Historikers Rainer Knapas habe ich auch den Nebel um eine gewisse Olga de Fock von der Karelischen Halbinsel lichten können (zwei PM für dieses Buch benutzt, *Sumpula bruk* und *Släkten Fock*), die nun in Alfred Nobels Leben auftaucht. Die Unternehmungen der Familie Nobel haben sich weiter in die Zeitungen hineingearbeitet, was es möglich machte, den Handlungsverläufen näher zu kommen. Die politische Umwandlung in Schweden in den 1860er-Jahren wird, abgesehen von Bo Stråths *Sveriges historia 1830–1920* (2012) mit Unterstützung von Louis De Geers *Minnen* (1892), Sven Erikssons Buch *Carl XV.*, Stig Ekmans *Slutstriden om Representationsreformen* und Per Ohlssons *100 år av tillväxt. Johan Gripenstedt och den liberala revolutionen* geschildert. Für die Ereignisse in Stockholm sind auch Lars Ericsson Wolkes *Stockholms historia under 750 år* und Per Erik Lindorms Buchfilm *Stockholm genom sju sekler* benutzt worden. Für die Personenporträts: das schwedische SBL (Karl XV. Oscar I. Louis De Geer und Johan Wilhelm Smitt) sowie das russische RBS (zum Beispiel die Fakten um General Eduard Totleben).

1 Briefe von AN an RN, 1861–1862, u. a. 01.04.1862, NA; Korrespondenz über die Unterstützung für Nobels mechanische Fabrik 1860–1862. (Russisch), RVGMF, F 18, Op.2, D 1740.
2 RN an PN, 12.03.1860 und 27.03.1861, NA.
3 AN an RN, 1.04.1862; RNs Problem s. RN an PN, 1860–1863, NA.
4 Verkauf des Schiffes, Annonce in *Helsingfors Tidningar*, 03.01.1860, das Schiff hieß *Kryloff*; LN an RN, 25.10.1861 (Heizungsleitungen); RN an PN 1860–1861 (aufgeschobene Hochzeit), NA.
5 RN an PN, 31.10.1859, 21.02.1860, 11.06.1860, 20.01., 06./24.02 1861 und 04.04.1861; LN an RN, 18.11.1861 (zit), NA.
6 AN an RN, 01.04.1862, NA; LN an RN, 05.10.1861 (zit.), sowie AN an RN, 01.04.1862, NA.
7 AN an RN, 01. April 1862, Brief von LN an RN, 25. Oktober 1861, NA (Zit.); RN an PN, 21. Mai 1860.
8 AN an RN, 1. April 1862, Brief von LN an RN, 25. Oktober 1861; AN an Olga de Fock, 10. Oktober 1862, BII:2, ANA, RA; Erlandsson (red.) (2006), S.13 (Zitat über Ranthorpe); Knapas (unpubl.).
9 A. Lizogub an AN, 20. April, 8. Mai und 22. Juni 1896, ANA, BII:2, RA.
10 Die Informationen darüber, wer zuerst Nitroglyzerin mit Schwarzpulver gemischt hat, gehen auseinander. Laut Strandh (1983), S. 37, war es AN, doch laut AN (Patentverhör 1874), in S & S (1926), war es IN Anfang 1862. (Es kann jedoch doch frühestens im

Winter 1862/63 gewesen sein). AN war jedoch der Erste, der pulverisiertes Schwarzpulver mit Nitroglyzerin gemischt hat.

11 S & S (1926), S. 298; undatierter Brief von AN an RN, der aus dieser Zeit stammt, NA. Es existiert die oft wiedergegebene Information, dass Alfred Nobel im Jahr 1861 nach Paris reiste und für Immanuels verschiedene Sprengstoffversuche einen Kredit über 100 000 Franc erwirkte. Siehe z. B. Mosenthal (1898), S. 529 und Molinari. E. und Quartieri, F. (1913), S. 49. Doch können keine Fakten diese Behauptung stützen, und aus zeitgenössischen Briefen und Artikeln geht hervor, dass Immanuel zu dieser Zeit nicht mit solchen Beträgen umging.

12 LN an RN, 25. Oktober 1861, NA; RN an PN, 17. April 1861 und AN an RN, 1. April 1862, NA.

13 LN an RN, 1. Oktober 1862, NA; Tolf (1977), S. 42 f.

14 Boeterbloem (2014), S. 108.

15 Remini (2006), S. 140 ff.

16 Erlandsson (red.) (2006), S. 96.

17 AN an RN, 11. April 1862, NA.

18 AN an RN, 11. April 1862, NA; auch Figes (2010), S. 345.

19 RN an PN, 2. Februar 1863, NA; AB, 29. Januar 1863.

20 AN an RN, 11. April und 12. Juni 1862; S & S (1926), S. 109 (Betty Eldes Bekanntschaft mit J. W. Smitt) und NDA, 12. März 1863 (ihre Wohltätigkeit); RN an PN, Herbst 1862, NA.

21 RN an PN, 5. November 1862, 28. Dezember 1862 und 15. März 1863. Zu der Sache gehört, dass Robert auch eifersüchtig auf Emil war, von dem er meinte, er würde sich mit Pauline zu gut verstehen. Nobel-Oleinikoff (1952), S. 103.

22 Brief an IN vom Generalstabsoffizier Hugo Raab, 10. Dezember 1862, NoA, A8, LLA.

23 RN an PN, 28. Februar 1863, NA.

24 Laut AB, 23. April 1863 war 1 Rubel = 2,59 Riksdaler. Danach die Umrechnungstabelle des Myntkabinettet für Riksdaler.

25 AN, Entwurf zum Brief an »Wansowitch«/General Totleben, 7. Juli 1863, ANA, ÖII:6, AN Entwurf zum Brief an IN, 1. Mai 1864, ANA, BI:1, RA; EB an die Nobelstiftung, 17. Januar 1957 (Ersuchen um Reisepass aus Russland), EB-arkivet, NA. ANs Stockholmbesuch und eilige Rückreise gehen auch aus ANs Briefen an RN in dieser Zeit hervor.

26 Information über Fund der Kopie von Alfreds Reisepass, 6. Mai 1863, mit Genehmigung, Russland zu verlassen, 17. Januar 1857, EB-arkivet, NA. Leider ist die Kopie verloren.

27 AB, 12. Und 30. Mai 1863; Brown (2010), S. 87; IM Brief an AN, 3. Juli 1863; AN Brief an RN, 1. Juni 1863, NA (Zit.).

28 AN, Entwurf zu Brief an IN, 1. Mai 1864, ANA BI:1, RA; AN an RN, 1. Juni 1863, NA.

29 De Geer (1892), S. 243 f. (Zit.)

30 AB, 29. Mai 1863.

31 AN Entwurf für Brief an IN, 1. Mai 1864, ANA BI:1, RA; *Norrbottens-Kuriren*, 28. Mai 1863 (das Gerücht).

32 AN, Entwurf zu Brief an »Wansowitch«/General Totleben, 7. Juli 1863, ANA, ÖII:6, sowie AN Entwurf zu Brief an IN, 1. Mai 1864, ANA, BI:1, RA. Auch S & S (1926), Bilaga 8 und 10. In mancher Richtung gibt es die Information, dass das Experiment in Sankt

Petersburg 1862 durchgeführt wurde. Der korrekte Zeitpunkt erschließt sich aus der Ereigniskette in ANs Brief an IN, 1864, wie auch aus dem ältesten Patentverhör in S & S (1926) Bilaga 10.

33 Brief von IN an AN, 3. Juli 1863, ANA, EI:4, RA.

34 Laut Randnotiz in NDA kam AN am 30. Juli 1863 aus Sankt Petersburg an. Laut Passjournal (Överståthållarämbetets arkiv, CXV a:65 und a:66, SSA) ersuchte AN jedoch um Pass für Auslandsreise bereits am 29. Juli 1863 und gab da an, dass er bereits am 13. Juli mit russischem Pass in Stockholm angekommen sei.

35 AB, 13. Und 14. Juli 1963; Meldeinformation für IN, 1864, SSA. Schweden führte das metrische System erst 1878 ein.

Kapitel 4
Der Vateraufstand

Auch in diesem Kapitel sind Quellen aus erster Hand vorherrschend – private Briefe, zeitgenössische Zeitungsartikel und Notizen von Behörden. Im Bemühen, den Ereignissen und Milieus näher zu kommen, habe ich eine reiche Flora von spezialisierter Sekundärliteratur gefunden, aus der ich mich bedienen konnte. Dazu gehört Birgit Lindbergs Buch *Malmgårdarna i Stockholm*, Mårten Raschs Band *Boklådarna och stallpalatset vid Norrbro*, der zeitgenössische *Ny-adress-kalender und vägvisa inom hufvudstaden Stockholm*. Hierher gehört auch Bertil Waldéns Gedächtnisschrift *Vieille Montagne. Hundert Jahre in Schweden 1857–1957* und Sigurd Nauckhoffs zwei technikhistorische Betrachtungen, *Sprängämnen och tändmedel i der svenska bergsbruket under de sista hundra åren* von 1919, sowie *Sobreros nitroglycerin och Nobels sprängölja* von 1948. Für die Schilderung der schwedischen Literaturszene zu Beginn der 1860er-Jahre habe ich Lars Lönnroths und Sven Delblancs (Hg.) *Den svenska litteraturen Genombrottstiden*, Göran Häggs *Den svenska litteraturhistorien* sowie Birthe Sjöbergs und Jimmy Vulovics (Hg.) *Bibelns lära om Kristus: provokation och inspiration* benutzt. Die Bestsellerautorin Marie Sophie Schwartz ist von Gunlög Kolbe im *Personhistorisk årsbok* (2004) porträtiert worden. Auch hier verlasse ich mich auf Louis De Geers *Minnen* und Sven Erikssons *Carl XV.* als Gesamtwerke, wenn es um Schweden und den Dänisch-Preußischen Krieg geht. Tom Standages *The victorian internet* und David Bodanis' *Eletricitet* haben zur Schilderung des Atlantikkabels beigetragen.

1 Meldeinformation zu Burmester, 1861 und 1862, SSA; GHT 5. September 1864 (Beschreibung von Heleneborg); AB 2. Juni 1860; Mietvertrag zwischen Burmester und Nobel, 1. April 1861, Stockholms rådhusrätts arkiv, avdelning 3, brottmål, 1864, A1:44, SSA. Der Tote war Salomon Ludwig Lamm.

2 ANs Patent 1863 und 1864, in S & S (1926), Bilaga 3 und 5. (Die Wachsfabrik gehört Lars Johan Hierta); INs Meldeinformation 1863–1865, SSA; AB und NDA, 5. und 6. September 1864 (Informationen aus Polizeiverhören zu den Nebengebäuden).

3 AB 6. August 1863; *Dalpilen* 8. August 1863 (Versuche draußen); S & S (1926), Bilaga 8 und 10, S. 291; AN Brief an RN, 28. September 1863, NA; AN Entwurf zum Brief an IN, 1. Mai 1864, ANA, BI:1, RA; ANs Patentbrief, 6. Oktober 1863 (Anschlag 14. Oktober 1863), in: Immanuel Nobels arkiv, NoA, C1, LLA; *Härnösandsposten* 14. Oktober 1863.

4 Erlandsson (Hg.) (2006), S. 26; Erlandsson (2002), S. 22; www.oversattarlexikon.se
5 Lönnroth & Delblanc (1999), S. 67; Sjöberg & Vulovic (Hg.) (2012), S. 7 f., S. 29–35, S. 61–73; Hägg (1996), S. 284. Fredrik Böök zit. in Sjöberg & Vulovic (Hg.) (2012), S. 72.
6 Erlandsson (Hg.) (2006), Zit. S. 78.
7 Adelsköld (1900), S. 375; NDA, 6. November 1863, AB, 6. November und 18. November 1863, NWT, 9. Dezember 1863; S & S (1929), S. 122 f.; Strandh (1983), S. 39.
8 IN Brief an AN, 3. Juli 1863, NA; Waldén (1957), S. 57; EB Brief an Nobelstiftung, 22. August 1957, NH-pärmarna, NA.
9 Zeugenaussage von Pehr Wilhelm Jansson, in S & S (1926), bilaga 10; AN Briefentwurf an IN, 1. Mai 1864, ANA BI:1, RA.
10 AB, 29. Dezember 1863.
11 Briefentwurf über den Beschluss in NoA, A1, LLA. L.1.
12 AB 2. Mai 1864. Die Antwort wurde von CARL unterschrieben und vom Vorsitzenden des Komitees B. von Platen; russische Sondierungen, s. z. B. *Falköpings tidning*, 19. März 1864.
13 LN an RN, 23. Oktober 1863, NA. Ingenieur Nobel, Petersburg, als Reisender angemeldet 28. Januar, NDA. Er wieder in Petersburg 14. Februar (2. Februar), laut Datierung eines Briefes an Robert.
14 Brief von LN an RN, 26. Oktober 1863. Robert besaß die Firma *Aurora* zusammen mit einem Finnen namens A. F. Sundgren, der die Frontfigur des Unternehmens sein musste, weil Robert Ausländer war. S & S (1926), S. 80.
15 RN an AN, 1864, wiedergegeben in S & S (1926), S. 80 f.
16 LN an RN, 16. Februar 1864, NA.
17 Ludvigs Patent, 25. Februar 1864, im Original sowie LNs Brief über das Patent, 26. Dezember 1863, NoA, C1, LL.
18 Adresse, s. Brief an Robert, 19. Dezember 1864. Es ist unklar, wann im Laufe des Jahres Alfred umzog. Briefe aus dem Frühjahr 1864 deuten bereits da auf Abende allein in einem Zimmer in der Stadt hin.
19 AN Briefentwurf an IN, 1. Mai 1864, ANA BI:1, RA, sämtliche Zitate. (Übrige Teile des Briefes sind in der laufenden Erzählung wiedergegeben); S & S (1926), S. 107 (nicht herabwürdigend für eine Seite), RN Brief an LN, Herbst 1864, NA (Stimmung zwischen AN und IN).
20 S & S (1926). S. 82; AN Brief an RN, 30. Mai 1864, NA.
21 AB, 27. Mai 1864; Erlandsson (Hg.) (2006), S. 103.
22 Marie Sophie Schwartz hat 1857 vier Novellen mit dem Titel *Qvinnan såsom näringsidkare* (»Die Frau als Wirtschaftsbetreibende«) herausgegeben. Es ist symptomatisch, dass ihre offizielle Biografie im SBL lediglich als ein Teil in der ihres Mannes (Gustaf Magnus Schwartz) enthalten ist.
23 Brief von AN an RN, 30. Mai 1864, NA.
24 Patent 10. Juni 1864, S & S (1926), bilaga 5.
25 Waldén (1957), S. 36–59; Brief zwischen AN und Otto Schwarzmann, S & S (1926), bilaga 9; AB, 27. Juni 1864.
26 Alfreds Rückkehr, s. AB 7. Juli 1864; Hertzman, s. Information von IN in NDA 5. September 1864; S & S (1926), S. 131; Nauckhoff (1919), S. 27.
27 Nauckhoff (1948), S. 103.

28 Feilitzen (1949).
29 Shaffner (1858).
30 www.nobelprize.org. Die Preisträger hießen Henrik A. Lorentz und Pieter Zeeman.
31 Shaffner (1859), S. 840 (Zit.); *The Bennington Banner*, 12. August 1880.
32 PoIT, 22. August 1864; SD, 3. September 1864 (für 2. September).

Kapitel 5
Der Nobelsche Knall

Hier ist das Geschehen so dramatisch und verdichtet, dass ich mich nicht zuletzt aus Gründen der Spannung fast ausschließlich an die Quellen aus erster Hand wie Gerichtsprotokolle und zeitgenössische Presse (vor allem für Milieu und Stimmung) gehalten habe. Doch möchte ich besonders den Fund von Olof von Feilitzens Betrachtung *Carl XV och Jefferson Davis. En episod från 1864* nennen, der mir wichtige Puzzlesteine für die Erzählung über Tal P. Shaffners Schwedenbesuch lieferte, sowie das nicht veröffentlichte Manuskript *Nitroglycerinaktiebolagets historia 1864–1964*, das ich in Vilgot Sjömans privatem Archiv (in der KB) fand. Die Übersichtswerke über Stockholm und die Geschichte der Wissenschaft sind dieselben wie zuvor erwähnt.

1 Die Schilderung der Explosion und der Dramatik der ersten Tage danach baut auch im Folgenden auf PoIT, NDA, AB und GP, 3. und 5. September 1864; Polizeiverhöre und Polizeiberichte, Gerichtsverfahren, Archiv des Stockholmer Rådhusrätts, avdelning 3, brottmål, 1864, A1:44, SSA. Zeitangaben differieren. In Emil Nobels Todesanzeige wird der Zeitpunkt 10:30 Uhr für die Explosion angegeben, AB, 9. September 1864.
2 AB, 3. September 1864 (Zit.).
3 1 skålpund = 425 g, Anm. d. Ü.
4 Nobel, A., »Explosionen på Heleneborg, den 3. Sept. Till Redaktionen af Aftonbladet!«, AB, 7. September 1864. Alfred Nobel konstatiert am Ende des Artikels, dass höchstens 30 Skålpund Nitroglyzerin der 300 explodiert seien, der Rest sei »unverbrannt« herumgeschleudert worden. Sicherlich versuchte er zu beruhigen, doch die Wirkung blieb wohl die entgegengesetzte.
5 AB, 9. September 1864; Nobel-Oleinikoff (1952), S. 82.
6 LN an RN, 8. August 1864; AB, 24. August 1864, sowie S & S (1926), S. 81. Robert kam Anfang Oktober in Hamburg an, *Hamburger Nachrichten* (HN), 10. Oktober 1864; Brief LN an RN, 30. September 1864, russ. Zeit, d. h. 12. Oktober 1864.
7 AB, 10. September 1864 und 12. September 1864 (das Wetter).
8 Feilitzen (1949), S. 119–125; EB-arkivet, 16. September 1956, NA (»kolorierte Blüte«); S & S (1926), S. 115; AB, 20. September 1864.
9 Feilitzen (1949), S. 122; S & S (1926), S. 116; RN im Hotel Rydberg, s. »Resande« in AB, 24. August 1864; Régis Cadier, s. Mats Rehnbergs biografischer Artikel im *Gastronomisk kalender* (1982/1983).
10 Zeugenaussage, Oberst Shaffner betreffend, Adolf Eugène von Rosen, 6. Dezember 1865, ANA, FIV:12, RA (mit James Campbells Signatur (!)); S & S (1926), S. 116. In S & S wird behauptet, IN habe 200 000 Dollar für das amerikanische Patent verlangt. Da soll

Shaffner 10 000 spanische Dollar angeboten haben und von IN die Antwort erhalten haben, er sei »mit überhaupt nichts zufrieden«. In von Rosens Zeugenaussage unter Eid fehlt diese Information. Sie widerspricht auch späteren Informationen in Briefen von Shaffner an Campbell.

11 Feilitzen (1949), S. 120–125 (Zit. S.124); Matrikel över Kongl. Maj:ts Orden, 1861-, Liste über »Commendeurer av Kongl. Svärsorden«, RA; Lenk (1945), S. 291–304; *To the history oft he american dynamite-companies,* unveröff. Interndokument, ANA, FIV:12, RA; von Rosen Brief an IN, 1. März 1866, ANA, FIV:12, RA.

12 NDA, 21. September 1864; AB, 24. September 1864.

13 AB, 11. Oktober 1864; NDA, 10. Oktober 1864; Gerichtsprotokoll, Stockholms rådhusrätts arkiv, avdelning 3, brottmål, 1864, A1:44, SSA. (Burmester wurde auch wegen Bruchs der Verfassung angeklagt, die Herstellung von Schwarzpulver betreffend und Nobel für Übertretung der Bauverordnung.)

14 GP, 26. September 1864; AN an RN, 19. Dezember 1864, NA; LN an RN, 28. September und 19. Oktober 1864, NA. (RN war in Petroleumgeschäften nach Hamburg gereist, Anfang November dann wieder in Stockholm.)

15 Brown (2010), S. 111.

16 O. Schwarzmanns Bericht an die Firma Vieille Montagne, 13. Oktober 1864, in: Bergström/Andrén, *Nitroglycerinaktiebolagets historia 1864–1964,* unveröff. Manuskript in Vilgot Sjömans Archiv, KB, sowie Strandh (1983), S. 49; S & S (1926), S. 111; Nauckhoff (1948), S. 117 f.; PoIT, 19. Oktober 1864. Der Verantwortliche hieß Leutnant G. W. von Francken; NDA, 9. August 1864; AN im Brief an RN, 24. Januar 1865 (Hierta).

17 AB, 9. Januar 1862; Munthe (1965), S. 222; Sohlman (1983), S. 13 f.; SBL, Artikel über Johan Wilhelm Smitt; Pilze, s. z. B. Annonce in NDA, 4. Mai 1864. Arrhenius, O., *Utkast till en biografi över J. W. Smitt,* in Axel Paulins Sammlung, SBL, RA. Es geht aus einem Briefwechsel zwischen den Brüdern Nobel hervor, dass sie ihn Wilhelm Smitt nannten. Smitt war einer der größten Stifter der Stockholmer Hochschule und hat in seinem Testament bedeutende Summen für die Kungliga Tekniska Högskolan ausgewiesen (mit Ragnar Sohlman als Testamentsvollstrecker).

18 Nobel, Alfred, »Prospectus öfver de fördelar Bolaget genom Nobelska patent kan ernå« (»Entwurf über die Vorteile, die das Unternehmen durch Nobelsche Patente erlangen kann«), Abschrift, wiedergegeben in: Bergström/Andrén (unveröff. Manuskript). Die Aktienverteilung 1864 war: JWS 32 St., CW, AN und IN jeweils 31 St.

19 LB Brief an RN, 30. September 1864; *Hamburger Allgemeine* (HA), 10. Oktober 1864.

20 Edholm (1945), S. 122.

21 RN an LN (undat.), wiedergegeben in S & S (1926), S. 111 f. Die erste Vorstandssitzung des Unternehmens fand am 28. November 1864 statt.

22 S & S (1926), S. 111; Bergengren (1960), S. 42; Strandh (1983), S. 49 f.

23 Protokoll der Verhandlung vom 21. November 1864 im Stockholms rådhusrätts arkiv, avdelning 3, brottmål, 1864, A1:44, SSA.

24 Marsh/Marsh (2000), S. 27, 313–319. Das Prinzip der Homöopathen: Similia similibus curentur, »Ähnliches sollte mit Ähnlichem geheilt werden«.

25 AN an Ragnar Sohlman (RS), 25. Oktober 1896, Sohlman (1983), S. 54.

26 Uddenberg (2015), S. 57–93; Kean, Sam, »Phineas Gage. Neuroscience's Most Famous Patient«, *Slate Magazine,* 6. Mai 2014.

27 AN an RN, 19. Dezember 1864; GP, 14. Dezember 1864.
28 Nobel-Oleinikoff (1952), S. 125.
29 AN an RN, 19. Dezember 1864.
30 AN an RN, 19. Dezember 1864 und 24. Januar 1865, NA; S & S (1926), S. 82 (finnisches Patent).
31 GP, 14. Dezember 1864.
32 Bergström/Andrén (unveröff.), S. 21. Strandh (1983) behauptet, dass es Alfred gewesen sei, der einen Tipp bekommen und das Grundstück Ende Januar 1865 gefunden habe. Bergström/Andrén können jedoch auf die Kaufhandlung verweisen. Bereits am 21. Januar hatte die Nitroglyzerin-Gesellschaft Erlaubnis in Vinterviken Nitroglyzerin herzustellen.
33 Ärztliches Attest, 30. Januar und 16. April 1864, Stockholms rådhusrätts arkiv, avdelning 3, brottmål, 1864, A1:44, SSA. Manche Verhandlungen wurden verschoben, und das Verfahren ging bis zum 20. November 1865. Immanuel wurde von verschiedenen Beratern vertreten.

Kapitel 6
»Es knallt an allen Ecken«

Alfred Nobel begibt sich nach Hamburg, und die Researcherin folgt ihm. Ich durfte mein Schuldeutsch mit Werken wie Hans-Dieter Looses *Hamburg. Geschichte der Stadt und ihrer Bewohner*, Eckart Klessmanns *Geschichte der Stadt Hamburg*, sowie Mathias Gretzschels und Sven Kummereinckes *Hamburg Zeitreise* herausfordern. Ein echter Fund als Quelle war Claës Lundins *I Hamburg. En gammal bokhållares minnen från 1871*, das einen Besuch in Hamburg 1864 schildert. Die großpolitische Einordnung basiert auf Henry Kissingers *Diplomacy* und David Kings *Vienna 1814*. Für das Porträt von Bismarck stütze ich mich auf Jonathan Steinbergs *Bismarck. A life* (deutsch: *Bismarck. Magier der Macht* (2011)) und James Wycliffe Headlams *Bismarck and the Foundation of the German Empire*, für die deutsche zeitgenössische Gesellschaftsgeschichte habe ich David Blackbourns *The long nineteenth century: a history of Germany 1780–1918* bemüht.

Es hieß lange, dass keine offiziellen Dokumentationen über Alfred Nobels frühe Jahre in Hamburg und Krümmel mehr existieren würden. Mein Besuch bei der Museumspädagogin Ulrike Neidhöfer lehrte mich, dass es die durchaus gibt, dass sie aber schwer zusammenzubringen wären – einerseits, weil sie auf mehrere Städte verteilt sind, und teils, weil sie in alter, schwer zu lesender deutscher Handschrift geschrieben sind. Doch beim Besuch in Geesthacht habe ich den Historiker Prof. Eckardt Opitz aus Hamburg interviewt. Er hatte einen Ordner dabei. Opitz war kürzlich herumgereist und hatte alle Nobel-Dokumente kopiert und hatte sie auch in lesbares Deutsch transkribiert. Außerdem habe ich die Sammlungen des Förderkreises Industriemuseum Geesthacht benutzt. Für die Ereignisse in Geesthacht gibt es viele ausgezeichnete Quellen, so Wolf-Rüdiger Buschs und William Boeharts Anthologie über Alfred Nobel *Ein Traum ohne Ende*, Karl Grubers *Alfred Nobel. Die Dynamitfabrik Krümmel – Grundstein eines Lebenswerks* und *Geesthacht. Eine Stadtgeschichte.* Maurice P. Croslands *Science under control: The French academy of sciences 1795–1914* ist meine Hauptquelle für diesen Abschnitt.

1 AN Brief an RN, 24. Jan. 1865, NA; Nobel-Oleinikoff (1952), S. 85; LN Brief an RN, 31. Jan. und 13. Feb. 1865, NA. Laut Brief erhielt die Tochter den Namen Rosa Helvira Charlotta. Sie wurde nur zwei Jahre alt.

2 AN an Smitt, 24. Okt. 1864 und 14. Feb. 1865, ANA, ÖII:2, RA; Nauckhoff (1948), S. 111.

3 Lundström, S. 20; LN an RN, 22. Jan. (schwed. Zeit 3. Feb.) 1865; AN an RN, 24. Jan. 1865; Strandh (1983), S. 49 (nicht bezahlen). Smitts Smitt und Wennerströms Gebaren, IN an AN, 23. Feb. 1866, ANA, EII:4, RA; AN an RN, 1. März 1865, NA (Zit.).

4 AB, 24. Sep. 1864 (Humbug); AN an RN, 2. och 6. Juni 1865, NA; AN an Smitt, 14. März, 19. März und 27 Juni 1865, ANA, ÖII:2, RA.

5 Headlam (1899), S. 46; Steinberg (2012), S. 172 (Zit.)

6 Steinberg (2012), S. 251/252 (Zit. Bismarck 30. Sept. 1862).

7 GHT. 15. März 1865, Nacukhoff (1948), S. 118.

8 EB-arkivet, 24. Sept. 56; HN, 31. März 1865 (Notiz über Reisende); Opini (1997), S. 30.

9 Lundin (1871), S. 1–7 (Zit.).

10 Gretzschel & Kummereincke (2013), S. 182 (Haus blieb laut Karte unbeschädigt); Foto von der Bergstraße 10, ehe das Haus 1908 abgerissen wurde, im Archiv vom Förderkreis Industriemuseum, Geesthacht; Lundström (1974), S. 23 ff.

11 Handelslizenz s. Registrierung der Firma Alfred Nobel & Co., Hamburger Handelsregister, 21. Juni 1865; AN an JW Smitt, 20. April 1865, ANA, ÖII:2, RA. Alfred Nobel schreibt den Namen »Winckler«, wie im Hamburger Adressbuch 1866. In fast aller Literatur über Nobel wird der Name jedoch »Winkler« geschrieben.

12 HN, 10. Mai 1865. Bei diesem Versuch begegnete Alfred Nobel Otto Bürstenbinder, seinem zukünftigen Agenten für die USA (s. Werbebroschüre von Bandmann, Nielsen & Co. (1865) unten).

13 Große Theaterstraße 44, s. AN an Smitt, 1. und 20. April 1865, ÖII:«, RA. Hausbesitzer: der Klavierfabrikant Börs, laut Hamburger Adressbuch 1866; AN an RN, 2. Juni 1865, NA.

14 Wincklers Lagerräume lagen in Hammerbrook. Lundström (1974), S. 23 ff.; AN an Smitt, 19. März und 2. Juni 1865 (Zit.), ANA, ÖII:2, RA; über den Holzschuppen, s. Beschreibung in LN an RN, 22. Sept. 1865, NA; alle Aktien verpfändet, s. AN an RN, 18. Aug. 1865, NA.

15 AN an Smitt, 20. April 1865, ANA, ÖII:2, RA; Andrietta Nobel (AnN) an AN, 27. Mai 1865 (Zit.), ANA, EI:4, RA; Nauckhoff (1948), S. 111.

16 AN an RN, 6. und 12. Juni 1865, NA.

17 IN und AnN an AN, 16. Juni 1865, ANA, EI:4, RA.

18 AN an unbekannt, 2. Juni 1865, in: Nauckhoff (1948), S. 101.

19 AN an RN, 2./4. und 12. Juni 1865, NA; Nauckhoff (1948), S. 100; Bergström & Andrén (unveröff.), S. 30.

20 AN an RN, 18. Aug. 1865, NA.

21 Johansson, Sara, *Societetsparken i Norrtälje – nulägesanalys och utvecklingsförslag* (»Der Sozietätspark in Norrtälje – Gegenwartsanalyse und Entwicklungsvorschläge«) Examensarbeit an der Schwedischen Landwirtschaftsuniversität, 2011, S. 4; AnN an AN, 5. Juli 1865 (fehlerh. Schreibg., es steht 1856, sollte auch der 5. Aug. sein), ANA, EI:4, RA; Dauer des Aufenthalts, s. Protokoll des Rådhusrätt, SSA.

22 Bergström & Andrén (unveröff.), S. 9; Figuier (1866), S. 149 ff.

23 Die Autorin dankt Philip Wahren, Stockholm, der ihr diese Broschüre von 1865 schickte.

24 Abschrift d. Briefs von Oberst Favé, dem Adjutanten des Kaisers, an Alfred Nobel, 14. Juli 1865, eng. Übers. in: *Nobel's Patent Blasting Oil (nitro-glycerine)*, Werbebroschüre von Bandmann, Nielsen & Co. (1865); Paris, s. auch AN Brief an RN, 18. Aug. 1865, NA.

25 L'Académie des Sciences, *Comptes Rendus,* 17. Juli 1865; Figuier (1866), S. 149–171, sowie Guareschi, Icilio (Hg.) und Sobrero, Ascanio (1914), S. 15; Brief an RN, 18. Aug. 1865 und 10. Feb. 1866.

26 Crosland (1992), S. 1, 76–84 und 258.

27 Gribbins (2002), S. 431 (Zit.).

28 »Académie des sciences, état des membres en 1865«, PM bes. für dieses Buch von Historikerin Christiane Demeulenaere gefunden; Robbins (2001, E-Book), S. 36–67.

29 AN an RN, 18. Aug. und 16. Sept. 1865, NA; Auszug aus dem Handelsregister Hamburg, 21. Juni 1865; Broschüre von Bandmann, Nielsen & Co. (1865): Lundström (1974), S. 24 (Bandmann trug 25 000 Mark in einem Halbjahr bei).

30 Gasteiner Konvention, 14. Aug. 1865; Busse (2001); Opitz (2007), S. 46.

31 »Bericht des Gerichts Gülzow vom 11. Oktober 1865, betreffend das Gesuch des Fabrikanten Alfred Bernhard Nobel in Hamburg um Ertheilung einer Concession zur Anlage einer chemischen Fabrik auf dem Krümmel«, Landesarchiv Schleswig-Holstein (LAS), Abteilung 309 (im privaten Archiv von Prof. Eckardt Opitz, EO-Archiv); S & S (1962), S. 134; Busse (2001).

32 AN an RN, 18. Aug. 1865, NA; LN an RN, 26. Juli und 15. Sept. 1865, NA.

33 AN an RN, 16. Sept. 1865, NA.

34 LN an RN, 15. Sept. 1865, NA. Man darf vermuten, dass Alfred dieselbe Information erhielt.

35 LN an RN, 22. Sept. und 19. Nov. 1865, NA; S & S (1926), S. 114; Delpiano (2011), S.28.

36 AN an Smitt, 30. Okt. 1865, ANA ÖII:2, RA; Werbebroschüre von Bandmann, Nielsen & Co. (1865), S. 20. Das Patent wurde am 6. Oktober bewilligt, wurde aber nicht vor dem 24. Oktober ausgestellt, s. Vorgang in ANA, F IV:12, RA.

37 AB, 11. Okt. 1865.

38 AN an Smitt, 28. Okt. 1865, 9. Jan. 1866 und 27. Mai 1866 (»deine und Nordenskiölds Sache«), ANA ÖII:2, RA. Nordenskiöld wird manchmal in der Nobel-Literatur als ein »Jugendfreund« von Alfred Nobel bezeichnet. Die Männer wuchsen jedoch in verschiedenen Ländern auf.

39 AN an Smitt, 28. Okt. und 6. Nov. 1865, ANA, ÖII:2, RA. Auch GHT, 30. Nov. 1865, Notiz über Schachmeister.

40 AN an Smitt, 16. & 30. Nov. 1865, ANA, ÖII:2, RA.

41 Urteil 20. November 1865, Verfahren Nr. 223, Stockholms rådhusrätts arkiv, avdelning 3. Brottmål 1864, A1:44.

42 »Explosion in Greenwich Street«, *NYT*, 6. Nov. 1865; Shaplen (1958); Seely, Charles A., »Nitro-glycerin – the cause of its premature explosion«, *Scientific American,* 5. Mai 1866 (die Geschichten unterscheiden sich ein wenig in den Details).

43 Brief vom Königl. Polizei Präsidium der Haupt- und Residenzstadt Berlin an das Polizei-Amt der Hanse-Stadt Hamburg, 4. Dez. 1865, Staatsarchiv Hamburg (SH), EO.

44 AN an Smitt, 15. Dez. 1865 und 1. Jan. 1866; AN an RN, 4. Juli und 18. Dez. 1865, NA.

Kapitel 7
Der Albtraum in New York
und Kapitel 8
Neuer Sprengstoff im Werden

Alfred Nobels Vorliebe für schwarzseherische und sarkastische Aphorismen überraschte mich, bis mir klar wurde, dass er zur großen Zeit des philosophischen Pessimismus in Hamburg lebte. Frederick Beiers *Weltschmerz. Pessimism in German philosophy 1860–1900* hat zu meinem Versuch beigetragen, diese Tendenz zu schildern. Ebenso Arthus Schopenhauers *Aforismer i levnadsvishet* (deutsch: Aphorismen zur Lebensweisheit), die Alfred in seiner Bibliothek hatte. Göran Häggs *Världens litteraturhistoria* und Gunnar Fredrikssons leicht zugängliches *Schopenhauer* trugen ebenfalls dazu bei. Die Informationen über die dramatische Geschichte der USA in den Jahren vor Alfreds Ankunft habe ich auf John Keegans *The American civil war*, Robert Reminis *A short history of the United States: From the arrival of the native American tribes to the Obama presidency*, Martha Jodes *Mourning Lincoln* und Philip van Doren Sterns *The man who killed Lincoln. The story of John Wilkes Booth and his part in the assassination* zurückgegriffen. Für die Schilderung von New York habe ich wieder Mike Wallaces und Edwin Burrows Klassiker *Gotham. A history of New York City to 1898* bemüht. Außerdem hatte ich das Glück, im Netz den Artikel *Walking tour of 1866 New York* von James Nevius zu finden. Hamburg und Deutschland werden auch hier über die Werke eingefangen, die ich in Kapitel 6 nenne. Der zeitgenössische Artikel des Chemiker Charles Seely über Nitroglyzerin im Scientific American 1866, Robert Shaplens Beitrag über Alfred Nobel im New Yorker 1958 und das unveröffentlichte Manuskript *To the history of the American dynamite-companies* waren wertvoll, um dem amerikanischen Drama näher zu kommen.

1 AN an RN, 24. Nov. 1868, ANA.
2 Beiser (2016), Zit. S. 1; über Weltschmerz, s. Rasch, in: Ritter (HG.) (2004) Band XII, S. 514–515.
3 Beiser (2016), Zit. S. 7.
4 Schopenhauer, *Parerga und Paralipomena I*, 488 und: *Die Welt als Wille und Vorstellung*, Kap. 46 »Von der Nichtigkeit und dem Leiden des Lebens«. Fredriksson (1995), Zit. S. 160.
5 S & S (1926), bilaga 10. Klage, AN an CW, 10. Jan. 1866, ANA, ÖII:2, RA.
6 AN an RN, 18. Dez. 1865, NA.
7 AnN an AN, 16. Jan. 1866, ANA, EI:4, RA.
8 LN an RN. 18. Jan., 14. Feb., 21. Okt. 1866, NA. Das Zit. über Finnland stammt aus: J.L.Runeberg, *Fähnrich Stål* (Vårt land)
9 IN an AN, 23. Feb. 1866, ANA, EI:4, RA; van Rosens Zeugenaussage, ANA, FIV:12, RA.
10 Folsom & Price (2005), S. 91f; Reynolds (2005), S. 19.
11 Zit. nach: Whitman, Walt – *Grasblätter*. Ü.: Jürgen Brôcan. Hanser Verlag, München 2009. S. 418.
12 NYT, 14.&15. April 1866.
13 RN an Smitt, 7. Juni 1866, ANA ÖII:2, RA. Büroraum: 32, Pine Street, wo später die United States Blasting Oil Company ihren Sitz hatte.

14 Burrows & Wallace, S. 911 (Zit.).
15 *To the history of the American dynamite-companies* (unveröff. Manus.), ANA, FIV:12, RA.
16 *San Francisco Bulletin* (SFB), 17. April 1866; *NYT* 17., 19., 21. April 1866; *NYT,* 21. April 1866; *Commercial advertiser,* 20. April 1866.
17 *NYT,* 21. April 1866.
18 *NYT* (Zit.) und *NYT,* 26. April 1866.
19 Bandmann an AN, 30. April 1866; S & S (1926), bilaga 11; AN an Smitt, 8., 15. Mai 1866, ANA ÖII:2, RA.
20 Seely, SA, May 5, 1866.
21 *NYT,* 7. Mai 1866.
22 *NYT,* 5. Mai 1866, *NYT,* 7. Mai 1866, SA, 12. Mai 1866.
23 SA, 12. Mai 1866; *Philadelphia Inquirer*, 8. Mai 1866.
24 AN an Smitt, 25. Mai 1866, ANA ÖII:2, RA.
25 Chandler, Zachariah, *A bill to regulate the transportation of nitroglycerine or glycerin oil*, 9. Mai 1866, SEN39A-E3, U.S. Senate Committee on Commerce, 39th Congress, 1st Session, RG 46, National Archives. Auch im *New York Daily Herald*, 10. Mai 1866.
26 AN an RN, 28. Juni 1866, NA.
27 *Evening Post*, New York, Law Reports, 11. Mai 1866.
28 Brief von Tal. P. Shaffner an United States Blasting Oil Co., 9. Nov. 1866, ANA, FIV:12, RA; U.S. Senate Committee on Commerce, 39th Congress, 1st Session, RG 46, National Archives
29 AN an RN, 28. Juni, 2. Aug. 1866; Strandh (1983), S. 77 f.
30 Der Gesetzentwurf wurde an den Präsidenten geschickt, der ihn am 3. Juli 1866 unterzeichnete, Shaplen (1958), S. 18.
31 AN an RN, 28. Juni 1866 (Zit. 1); AN an Smitt, 27. Mai 1866 (Zit. 2) Alfred benutzt das Wort »skälmar« (Schelmen).
32 Ebd.; AN an Wait, 8. Sept. 1866, wiedergeg. Im EB-arkivet, 15. Juli 1956. Zu Shaffners Agieren, s. u. a. Brief von Tal. P. Shaffner an United States Blasting Oil Co., 9. Nov. 1866, ANA, FIV:12, RA und *To the history …* ANA, FIV:12, RA:
33 AN an RN, 28. Juni, 2. Aug. 1866, ANA ÖII:2, RA.
34 Ebd.; RN an Smitt, 7. Juni 1866, ANA ÖII:2, RA.
35 Der Zeitpunkt für den Versuch mit porösem Material wird von den Zeugenaussagen im Prozess Dittmar vs. Rix & Doe, US Circuit Court, 1880 eingekreist, ANA, FIII:9, RA (auch ANs persönliche Recherche). Theodor Winckler (TW) erhielt im Juli 1866 den Auftrag, die Methode zu testen. Alfred schließt sich ihm an, als er im Aug. 1866 zurückkehrt. Siehe auch das Patentersuchen 4. Mai 1864 in S & S (1926), bilaga 4. Laut AN wurde die Methode im Jan. 1864 in einem Patent gesichert.

Kapitel 8

1 Bodani (2005), S. 90; Standage (1998), S. 81–87; NYT, 4. Aug. 1866. AN an RN, 2. Aug. 1866 vom Dampfschiff *Herman-New Foundland.*
2 Blackbourn (2003), S. 184 (Zit.).

3 1867 trat Hamburg ein.

4 Brief von Spritzenmeister Repsold in Hamburg an einen Senator Petersen, 10. Mai 1866, und Bericht der Kommission über modifiziertes Nitroglyzerin für militärische Zwecke, 30. Aug. 1866, Staatsarchiv Hamburg; Bericht vom Gericht Gülzow an die Regierung Lauenburg, 30. Juli 1866 (über die Explosion vom 12. Juli 1866) und 24. Aug. 1866; Brief an das Gericht Gülzow von der Regierung Lauenburg, 9. Aug./ 1. Sept. 1866; Landesarchiv Schleswig (LAS) Abt. 309, Nr. 23135, EO. Es gibt Informationen über eine Explosion in Krümmel im April oder Mai 1866, doch hier wird nur das Unglück vom 12. Juli genannt.

5 LN an RN, 2. Okt. 1866/2. April 1867, NA.

6 AN an RN, 24. Aug. 1866 u. 23. Feb. & 20. April 1867, NA; TW an AN, 12. & 28. April und 3. Mai 1866, S & S (1926), S. 139 f.

und Lundström (1974), S. 25.

7 AN an RN, 2. Aug. 1866 (Badeort); Strandh (1983), S. 79 (Kahn); ANs Brief an die Regierung Lauenburg, 7. Sept. 1866, Landesarchiv Schleswig (LAS), EO (Zit.).

8 Brief von AN an RN, 27. Sept. 1866, NA (Laune); Zeugenaussage und andere Unterlagen von *The Giant Powder Company vs The California Powder Works et al.*, Circuit Court of the United States, District of California und *Carl Dittmar vs Alfred Rix and George I. Doe*, US Circuit Court, Southern District of New York, 1880. ANA FIII:9, RA.

9 ANA FIII:9, RA (ebd.), dazu HN, 31. Aug. & 3. Sept. 1866; AN an RN, 6. & 10. Feb. 1867, NA (Zit.).

10 ANA FIII:9, RA (ebd.). Über Alfreds Vorsicht, s. seine handgeschriebenen Kommentare zur Zeugenaussage.

11 Bericht der Besichtigung durch Gericht in Gülzow, 30. Okt. 1866; Brief von der Regierung Lauenburg an AN, 3. Nov. 1866, LAS, Abt. 309, EO; Bericht von der Kommission über modifiziertes Nitroglyzerin für militärische Zwecke, 30. Aug. 1866, SH, in EO, Hamburg. Über Übelkeit, s. auch AN Brief an RN, 11. Dez. 1866, NA.

12 AN an RN, 23. Okt. 1866, NA.

13 Adelskiöld (1900), S. 456 ff. RN an AN, 27. Sept. & 25. Dez. 1866, NA.

14 AN an RN, 21. Dez. 1866, NA.

15 AN an RN, 11., 21. Dez. 1866 und 7. Jan. 1867; LN an RN, 22. Mai 1867, NA.

16 Sigurd Nauckhoff im Brief an den Intendenten des Tekniska Museet Torsten Althin, 23. März 1941, F175–1, Tekniska museets arkiv, TA.

17 RN an Smitt, 28. Aug. 1867, ANA, ÖII:2, RA; S & S (1926), bilaga 1 u. 2; AN an RN, 19. Sept. 1867, NA.

18 AN an RN, 23. Feb., 25. Mai u. 5. Sept. 1867, NA; Strandh (1983), S. 80.

19 TW an AN, 17. Juni 1867, laut Lundström (1974), S. 27; AN an RN, 21. & 24. Aug., sowie 17. & 26. Okt. 1867, NA.

20 AN an RN, 26. & 29. Okt., 4., 21. & 23. Nov. 1867, NA. Artillerieoffizier: Carl August Standertskjöld. Artilleriechef: Alexander Barantsov.

21 An an RN, 27. Nov. 1867, NA.

22 RN an Smitt, 12. Dez. 1867, 1. Feb & 5. April 1868, ANA ÖII:2, RA.

23 AN an RN, 26. Dez. 1867; ANs Brief an The Times, in: *Newcastle Journal*, 28. Dez. 1867.

24 *Morning Journal* (London), in: *The Stirling Observer*, 26. Dez. 1867; AN an Smitt, 31. Dez. 1868, ANA, ÖII:2, RA:

25 Protokoll der Vetenskapsakademien, 12. Feb. 1868, Teknik och industrihistoriska arkivet, F175:1, TA.
26 AN an Smitt, 5. März u. 27. Juni 1868, ANA, ÖII:2, RA; AN an RN, 24. Feb. & 9. März, 1868, NA.
27 AN an J. Norris, 1. Sept. 1868, in: Lundström (1974), S. 29; AN an Smitt, 30. Mai 1868, ANA, ÖII:2, RA.
28 AN an RN, 14. Juni 1868, NA; AN an Smitt, 27. Juni 1868, ANA, ÖII:2, RA.
29 AB, 12. & 13. Juni sowie 17. Juli 1868; PoIT, 25. Juli 1868. Bescheinigung (Abschrift) von C. E. Nordström. Norra stambanan, 30. Juli 1868, NoA, C:1, LL; S & S (1926), S. 143 ff.; Aphorismus aus Romanentwurf *Systrarna* (»Die Schwestern«), s. u.
30 Lesingham Smith an AN, 19. Aug. & 6. Okt. 1868, ANA, Ö:116, RA; Lesingham Smith (1844); *The Examiner*, London, 29. Nov.1851 (Tasso). Sie trafen sich in der Stadt Tavistock.
31 Lesingham Smith (1844), S. 44.
32 Erlandsson (Hg.) (2009). Zit, s. S. 35 ff., 49 f., 55 f.
33 Lesingham Smith an AN, 6. Okt. 1868, ANA, Ö:116, RA.
34 AN an RN, 24. Nov. 1868, NA.
35 Erlandsson (Hg.) (2009), S. 17 und 20. AN schrieb über viele Jahre an dem Roman *Systrarna* (»Die Schwestern«). Es ist nicht bewiesen, dass es eben die Einleitung zu *Systrarna* war, die er an Robert schickte, doch dieser Romanentwurf ist der einzige, der zu diesem Zeitpunkt passt. Wie Robert reagierte, wissen wir nicht.

Teil 2
»Ich wäre so glücklich, wenn ich mich in irgendeiner Ecke zur Ruhe setzen konnte, um dort ohne große Ansprüche zu leben.«
Alfred Nobel, 1880

Im medizinischen Dunkel

1 LN im Brief an RN, 1. Feb. 1870, NA (spanische Fliege); AN an RN, 8. Aug. 1868 (Sauerteiglaune) und 25. März 1870 (Zit.).
2 AN an SH, Aug. 1879, in: Sjöman (1995), S. 176; AN an RN, 3. Juli & 4. Aug. 1868.
3 Wetzel (2001), S. 22 (Zit.); Bresler (1999), S. 355 (Zit.).
4 Bresler (1999), Zit. S. 355.

Kapitel 9
»Der Appetit auf Dynamit ist im Wachsen begriffen«

Der Krieg zwischen Frankreich und Preußen ließ das Interesse an Alfred Nobels Dynamit wachsen und seine Einkünfte in die Höhe schießen. Zudem ist dieser Konflikt ungeheuer faszinierend als Kriegsdrama. In der Literatur wird der Verlauf der Ereignisse variierend dargestellt. Ich habe auf mehreren Ebenen Quellen zusammengeflochten, um sowohl Überblick als auch Nähe zu erhalten. Neue Werke: Das Standardwerk Georges Duby (Hg.) *Histoire de la France des origines à nos jours*, Fenton Breslers *Napoleon III. A life*, David Wetzels *A duel of giants. Bismarck, Napoleon III and the origins of the Franco-Prussian war*, Jonathan Steinbergs *Bismarck. A life* (deutsch: Bismarck. Magier der Macht (2011)), Jasper Ridleys *Napoleon III and Eugénie* sowie Èric Anceaus *Aux Origines de la Guerre de 1870* und Robert Tombs' *Les deux sièges de Paris* in der ausgezeichneten Anthologie des Musée de l'Armée (Paris, 2017). Zeitgenössische Schilderungen (durch das fantastische digitale Archiv Gallica des BNF gefunden): Juliette Lamber (Adam), *Le siège de Paris*, Prosper-Olivier Lissagaray, *Les huit journées de mai derrière les barricades* (1871) und Le Petit Journal *La Défense de Paris. Rapport Officiel* (1870). Und richtig gejubelt habe ich, als ich den gedruckten Folder von Paul Barbe über das Dynamit aus dem Mai 1870 gefunden habe.
Die Schilderung des französischen politischen Dramas gründe ich vor allem auf Dubys Standardwerk, Pierre Antonmatteis *Gabetta, héraut de la République*, Vincent Duclerts *1870–1914, La République Imaginée, Histoire de France* und Anne Hogenhuis-Seliverstoff, *Juliette Adam 1836–1936*. Bei der Recherche um Paul Barbe habe ich den großen Vorteil gehabt, mit Manuel Bonnet in Paris arbeiten zu dürfen, der mir seine umfangreiche Dokumentensammlung geschickt hat, sowie mit der freien Journalistin und Researcherin Helena Höjenberg, ebenfalls in Paris.

1 Bresler (1999), S. 338 (Zit.).
2 Wetzel (2001), S. 158 (Zit.).
3 AN an Carl Åmark, 22. Juni 1870, n: S & S (1926), bilaga 17, sowie 8. Juni 1870, ANA, ÖII:2, RA; Busch (2001), S. 115 ff.; Polizeibericht und »Bericht des Apothekers G. Moritz«, 13. Juni 1870, LAS, EO.
4 AN an Frau Tingberg, Nobel-Oleinikoff (1952), S. 93.
5 Tal. P. Shaffner (TPS) an The Giant Powder Company, 29. Juli 1869, ANA, FIV:12, RA; und AN an TPS, 9. Juni 1869, ANA, BI:1, RA.
6 Nauckhoff (1948), S. 128. Am 11. Aug. 1869 nahm z. B. das britische Parlament den Nitroglycerine Act an, der alle Verhandlungen stoppte.
7 AN an RN, 22. März 1869, NA.
8 Nobel-Oleinikoff (1952), S. 126.
9 Nobel-Oleinikoff (1952), S. 126 (Zit.); Ludvigs Bekenntnis, 19. Mai 1869, NA; LN an RN, 20. Mai 1869 & 24. Jan. 1870, NA. Ludvig hatte Hilfe mit den Kindern durch die Hausmutter Selma Scharlin, Tochter von INs Freund aus Åbo von 1838, Johan Scharlin.
10 AN an RN, 23. Nov. 1868, NA; AN an RN, 10. Dez. 1870, NoA, B:1, LL.
11 IN, *Försök till anskaffande af arbetsförtjenst, till förekommande af den nu, genom brist deraf tvungna utvandringsfebern* (1870), NoA, A:9, LL; S & S (1926), S. 72.

12 LN an RN, 22. April & 4. Nov. 1869, NA; Nobel-Oleinikoff (1952), S. 107. Ludvig deutet im Herbst 1869 eine Wende an. RNs Umzug ist auch durch Ludvigs Hochzeitsreise erklärt, während der RN die Firma leitete. Doch die Briefe 1869 beweisen, dass der Vorschlag vorher kam.

13 AN an RN, 25. März 1870, NA.

14 Lundström, Ragnhild, *Alfred Nobel som internationell företagare* (»AN als internationaler Unternehmer«), Acta Universitatis Upsaliensis (1974).

15 Vielen Dank an die freie Journalistin Helena Höjenberg, Paris.

16 Zeugnis aus Paul Barbes (PB) Personenakte, Service Historique de la Défense, der Autorin zur Verfügung gestellt von Manuel Bonnet, Paris (im Folgenden Manuel Bonnets Sammlung MBS genannt), s. auch in Vilgot Sjömans Privatarchiv, KB; Bret (1996); Barbe (1870); S & S (1926), S. 114 (Zit.)

17 Absprache zwischen PB und AN, /./10. April 1870, ANA, FVIII:4; Lundström (1974), S. 48. Genannt ist Kapital in der Höhe von 200 000 Franc.

18 Hogenhuis-Seliverstoff (2001), S. 78 (Zit.).

19 Barbe (1870), S. 117 (Zit.).

20 PB an AN, 3. Aug. 1870, in: Lundström (1974), S. 50. PB wurde am 30. Juli 1870 einberufen, s. Dienstbericht in der Unterlage für den Chevalier de la Légion d'honneur 1870, Digitales Archiv der Ehrenlegion, Database Léonore, Archives Nationales, www2.culture.gouv.fr. Er hatte an der Verteidigung der Festung in Toul teilgenommen, war aber, laut Brief an AN, bereits am 3. Aug. Kriegsgefangener. PB verbreitete ein anderes Bild, s. AN an RN, 9. Nov. 1870, und gerierte sich als »der hauptsächliche Verteidiger von Toul«. Er behauptete, es sei sein Verdienst, dass »die Festung sich ohne jede reguläre Garnison 47 Tage lang hielt«.

21 Brief von Dr. Völckers an die Königlich Herzogliche Regierung in Ratzeburg, 17. Juli 1870, LAS, EO.

22 Busch (2001), S. 115 ff.; AN an Alarik Liedbeck (AL), 30. Aug. 1870, ANA, ÖII:5, RA; Lundström (1974), S. 38 f. Le Figaro (LF), 11. Aug. 1870.

23 Bresler (1999), S. 376 (Zit.).

24 Auch Ross (1999), über Victor Hugo (VH) das Waffendekret 4. Sept. 1870, wiedergeg. In: Procès-Verbal, Assemblée National (AssN), 29. Mai 1871. Léon Gambetta (LG) hatte die Söhne von VH verteidigt, als ihre oppositionelle Zeitung *Le Rappel* verklagt wurde. *Le Rappel* unterstützte LG in der Wahl 1869.

25 Bei der Anklage ging es nicht um ANs Handeln bei der Explosion, sondern um die Produktionsmethode (die ihm von den preußischen Behörden aufgezwungen wurde, laut AN an AL, 15. & 30. Okt. 1870, ANA, ÖII:5. RA; AN an RN, 5. Sept. (Zit.) & 9. Nov. 1870, RNA, B:1, ÖÖ.

26 Duclert (2014), S. 45 (Zit.).

27 *Le Petit Journal* (LPJ), 19. Okt. 1870; Lundström (1974), S. 50 f. (Absprache); PBs Ernennung zum Ritter der Ehrenlegion, 31. Okt. 1870, Bescheid und Einschreibungszertifikat in der Database Léonore, Archives Nationales. (Der »Kriegsminister« hinter dem Beschluss war seit dem 10. Okt. ausgerechnet Léon Gambetta.

28 LPJ, 29. Okt. 1870.

29 AN Brief an AL, 31. Okt. 1870, mit der Information, dass er mit PB nach Prag gereist ist und über die neue österreichisch-ungarische Filiale; Lundström (1974), S. 52.

30 AN an AL, 10. Dez. 1870, ANA, ÖII:5, RA; AN an RN, 24. Dez. 1870, NoA, B:1, LL.
31 AN an AL, zwei Briefe, 7. Jan. 1871, ANA, ÖII:5, RA.
32 Lundström (1974), S. 51. Lundström zitiert Brief PB an AL, der auch verschwunden ist.
33 Lamber (Adam), S. 388 f.
34 AN an AL, 8. März 1871 & 13. Juli 1871, ANA, ÖII:5, RA, »vor meiner Abreise aus Paulille im Februar«.
35 *Le Gaulois*, März 1871.
36 Adam (1873), S. 395 (Zit.).
37 Lissagaray (1871), S. 306 (Zit.).
38 Lundström (1974), S. 52; AN an AL, 13. Juli 1871, ANA, ÖII:5 (Zit.).
39 Die Fabrik in Paulilles schloss kurz im Aug. 1871, s. AN an AL, 14. Aug. 1871; Lundström (1974), S. 40 ff. AN sollte 900 Aktien für sein Dynamitpatent bekommen, dazu das Recht, 300 B-Aktien zu decken. 2 400 B-Aktien wurden schottischen Financiers angeboten. Die 300 gaben AN die Hälfte.
40 Salomon Ib, *Hålet genom Alperna* (»Das Loch durch die Alpen«), *Världens Historia* 1/2010; Lundström (1971), S. 132.
41 Nobel-Oleinikoff (1952); IN an AN, 23. Sept. 1871 (N-O datiert hier falsch), ANA, E1:3.
42 IN an AN, 4. Okt. 1871, ANA, E1:3 RA; neuer Vertrag vom 2. Dez. 1871, ANA, FVIII:4.
43 AN an RN, 6. April 1872, NA, RNA B:1, LL.
44 Laut Zeitungen war nur einer von INs Söhnen zugegen. Es sind keine Briefe darüber erhalten, aber aus AN an AL, 26. Sept. 1872, ANA, ÖII:5 geht hervor, dass AN gerade in Stockholm gewesen war. Über das Grab, s. LN an RN, 25. April 1870 (Emils Grab verlegen). Der Grabplatz wurde am 14. Mai 1870 gekauft, Interview Anders Öhgren, Friedhofsverwaltung Stockholm.
45 Svalan. Weckotidning för familiekretsar, 20. Sept. 1872; Eklund (1930). Leas Tochter heiratete später RNs Sohn Ludvig.

Kapitel 10
»Gott segne Alfred mit einer netten Ehefrau!«

Alfred Nobel zog in ein verändertes Paris, das ich unter anderem mit Hilfe von Pierre Pinons *Atlas du Paris Haussmannien* und *Paris pour mémoire. Le livre noir des destructions Haussmanniennes* sowie des zeitgenössischen Reiseführers *The pink guide for strangers in Paris* (1874) eingefangen habe. Das Viertel, in das er zog, ist historisch geschildert in *Le 16e, Chaillot, Passy, Auteuil, Métamorphose de trois villages* und in Philippe Sigurets *Chaillot Passy Auteuil Le Bois de Boulogne. Le sezième arrondissement.* Die Beschreibung des Hauskaufs und des Hauses gründet auf Zeichnungen und Inventarlisten in Archives de Paris sowie Rechnungen in Alfred Nobels Archiv im Riksarkivet. Die Geschichte von den Ölgeschäften der Brüder Robert und Ludvig im Kaukasus gründe ich auf Daniel Yergins *The prize. The epic quest for oil, money and power*, Charles Marvins frühes *The region of the eternal fire* von 1884, Robert W. Tolfs *Tre generationer Nobel I Ryssland* und Brita Åsbrinks *Ludvig Nobel: Petroleum har en lysande framtid.* Das Salonleben in Paris in den 1870er-Jahren ist ausgezeichnet geschildert in Anne Martin-Fugiers *Les salons de la IIIe République*, hier noch ergänzt durch Saad Morcos Abhandlung und Anne Hogenhuis-Seliverstoffs

Biografie von Juliette Adam sowie Graham Ross' Buch *Victor Hugo*. Für die französische zeitgenössische Geschichte und Literaturszene habe ich abgesehen von zuvor erwähnten Standardwerken Jean-Yves Tadié (Hg.) *La littérature francaise* und *The Cambridge History of French Literature* bemüht. Hier kommt der erste Auftritt von Bertha von Suttner. Ihre eigenen Memoiren von 1909 und Brigitte Hamanns Biografie *Bertha von Suttner: Ein Leben für den Frieden* bilden den Grundstock dieser Schilderung.

1 AN an RN, 24. Dez. 1870, NoA, B:1, LL; LN an RN, 15. Juni 1870 (Zit.).
2 Nobel-Oleinikoff (1952), S. 154.
3 AN an Sofie Hess (SH), 28. Sept. 1878, ANA, ÖI:1, RA.
4 Erlandsson (Hg.) (2006) und (2009).
5 AN an RN, 6. Sept. 1869, NA; AN an AL, 13. Juni 1872, ANA, ÖII:5. Schönheit sprach ihn an, s. AN an AL, 26. Okt. 1875, ANA, ÖII:5, RA.
6 LN an AN, 8. Okt. 1870, NoA, B:1, LL & 24. Juli 1871, ANA, E1:3, RA; AN an RN, 18. Okt. 1871, NoA, B:1, LL.
7 AN an Alfred Rix, 15. Jan. 1872, ANA, BI:1, RA:
8 AN an AL, 2. Sept. 1872, ANA, ÖII:5, RA. Das fortgesetzte amerikanische Drama ist fast unmöglich auf vernünftigem Raum wiederzugeben. Ich habe mich entschieden, das nicht zu tun, da weder das Land noch der Markt für Alfred Nobels späteres Leben eine Rolle spielen. AN gewann beide Patentprozesse um das Dynamit in den USA 1880, sowohl den Prozess gegen Tal. P. Shaffner als auch den gegen Carl Dittmar. TPS und die US Blasting Company (Ostküste) wurden hernach ausmanövriert, ein neues Unternehmen wurde gebildet (Atlantic Giant Powder Company), und zwischen diesem und Julius Bandmann Firma an der Westküste wurde eine Absprache getroffen. AN blieb »skeptischer und stillschweigender« Teilhaber bis 1885, s. Bergengren (1960), S. 48–52.
9 Bergengren (1960), S. 106; Lundström (1974), S. 44 und 57–80; AN an AL, 4. März 1873, ANA, ÖII:5, RA. Die deutschen Kompagnons waren zwei: Dr. Christian Eduard Bandmann und, nach Theodor Wincklers Tod, C. F. Carstens. Liedbeck war nach den Briefen vom Frühjahr 1872 bis zum Frühjahr 1873 in Ardeer.
10 Delpiano (2011), S. 28; S & S (1926), S. 120 f. Sobrero bekam 5 000 Lire jährlich.
11 Lundström (1974), S. 54 f., S. 58; AN an RN, 19. Jan & 2. Feb. 1872, NoA, B:1, LL (Zit.).
12 Siguret (1982), S. 187 (Zit.).
13 Ville de Paris, Cadastre de 1862, D1P40677, Archives de Paris (AP); Sommier Foncier, DQ181713, AP; Dossier de Voirie, VO 11 1992, AP.
14 Kostenvoranschläge und Rechnungen für Einrichtung, ANA, FVII:6 & 7, sowie G:7, RA; de Mosenthal (1898). Besonderer Dank an die freie Journalistin Helena Höjenberg und die Kunsthistorikerin Sandrine Zilly, Paris.
15 AN an RN, 6. April 1872, NoA, B:1, LL; Strandh (1983), S. 141.
16 LN an RN 17./29 Jan. 1873, in: Åsbrink (2001), S. 27.
17 Journal Officiel (JO), 15. Nov. 1873, Protokoll 14. Nov. 1873, BNF Gallica.
18 Morcos (1961), S. 122 (Zit.).
19 Martin-Fugier (2009), S. 65 (Zit.).
20 Erlandsson (2002), S. 114–125; AN an SH, 4. Sept. 1881 & 23. Juni 1882, ANA, ÖI:1, RA (Gesellschaft bei Victor Hugo); Ross (1997). Victor Hugo zog 1878 in die Avenue

d'Eylau 130, heute Avenue Victor Hugo. Morcos (1961) schreibt, VH sei kein regelmäßiger Gast bei JA gewesen. Hogenhuis-Seliverstoff (2009) gibt jedoch ein Treffen zwischen Gambetta (LG) und VH in JAs Salon im November 1873 wieder. In Martin-Fugier (2009) wird ein Abendessen bei VH im Juni 1875 beschrieben, bei dem LG, JA und Edmond Adam (EA) zugegen waren.

21 Hogenhuis-Seliverstoff (2009), S. 69 (Zit.).

22 In ANA gibt es viele Karten und Briefe von JA, der letzte datiert 1896.

23 Duby (Hg.) (1999), S. 221, Zitat aus Le Figaro 1875.

24 AN Brie an AL, 2. April 1889, ANA, ÖII:5, RA; Erlandsson (Hg.) (2009), S. 26 (Zit.). AN besaß zwei Bücher von Flaubert, fünf von Balzac sowie Stendhals *Gesammelte Werke* in zehn Bänden.

25 AN an eine Mrs. Granny (undat.), ANA, BII:2, RA, von Åke Erlandsson (ÅE) zeitlich eingeordnet in die erste Zeit an der Avenue Malakoff.

26 DN, 27. Mai 1874; NDA, 28. Mai 1874; GP, 30. Mai 1874 (Zit.); AN an AL, 10. März 1875, ANA, ÖII:5, RA; Strandh (1983), S. 107 f. Die Explosion in Vinterviken geschah am 26. Mai 1874.

27 ÅE, Material zur Pariser Weltausstellung 2001, NMA. »Ein sehr reicher, hochgebildeter, älterer Herr, der in Paris lebt, sucht eine sprachenkundige Dame, gleichfalls gesetzten Alters, als Sekretärin und zur Oberaufsicht des Haushalts.«

28 LN an AN, 16. Nov. & 14. Dez. 1875, ANA, E1:3, RA.

29 ANNO, Österreichische Nationalbibliothek (anno.onbc.ac.at), eigene sowie zwei bestellte Suchen (Nov. 2015 und Jan. 2018).

30 »Ein älterer Herr, vermögend, sucht behufs geistiger Anregung die Bekanntschaft eines gebildeten hübschen Mädchens oder Witfrau, welche er mit Rath und That zu unterstützen bereit ist – eventuell, eine heirath nicht ausgeschlossen. Anträge unter ›Glück auf!‹ an die Exp. bis 16. d.M. 3537.«

31 ANNO, s. o.; Bertha von Suttner (BvS) an AN, 29. Okt. 1895, Original in UN Archives, Genève, hier aus der Briefsammlung in Biedermann (2001).

32 Genauer: Gräfin Kinsky von Chinic und Tettau. Von Suttner (1909, E-Book), S. 11; Hamann (2015), S. 22 (Zit.).

33 Von Suttner (1909, E-Book), S. 130 (Zit.).

34 Im Frühjahr 1877 bestellt AN z. B. Zeichnungen für Brüll, Avenue Rochefoucault 58. Das Labor ist erst im Dez. 1878 fertiggestellt, s. AN an AL, 10. Dez. 1878, ANA, ÖII:5, RA.

35 EB an NH und NS, 12. Juli 1955, bilaga C, EB-arkivet, NA.

36 Die französische Aktiengesellschaft Société Générale pour la Fabrication de la Dynamite wurde am 17. Juni 1875 gegründet. In den übrigen Ländern dauerte die Firmenumstrukturierung länger. Die italienischen (1873) und die spanischen Firmen waren von Anfang an Aktiengesellschaften. Die deutschen und die österreichisch-ungarischen Firmen wurden 1876 in der Deutsch-Österreichisch-Ungarischen Dynamit-Actien-Gesellschaft fusioniert. Die Schweizer Société Anonyme Dynamite Nobel wurden 1875 gegründet und die British Dynamite Company wurde 1876 in die Nobel's Explosives Company umgewandelt. ANs Kompagnons hatten in den meisten Gesellschaften außer der britischen Aktien. ANs Eigentümeranteile variierten, doch hatte er nirgends eine eigene Majorität, s. Lundström (1974).

37 In Bertha von Suttners Privatarchiv bei den United Nations Archives in Genf ist die

Korrespondenz mit 1200 Briefempfängern erhalten, darunter AN, doch keine Briefe aus den 1870er-Jahren. In ANs Kopierbüchern aus dieser Zeit finden sich fast keine Privatbriefe.

38 Von Suttner (1909, E-Book), S. 130.

39 AN an AL, 26. Okt. 1875, ANA, ÖII:5, RA (Zit.); Sjöman (1995), S. 21. (Sjöman hat die Buchung gefunden, Bayerischer Hof, Bad Kissingen, ab 27. Aug. 1875).

40 LN an AN, 14. Nov. 1875, ANA, E1:3, RA.

41 Von Suttner (1909, E-Book), S. 133. BvS erinnert sich an den Parisbesuch als erstes Treffen mit AN. Das widerspricht AN an AL, 26. Okt. 1875; »Freudloses Weihnachten« in: LN an AN, 19. Dez. 1875, ANA, EI:3, RA. Laut Hamann musste sie sich, als sie nach Hause kam, ein halbes Jahr versteckt halten, ehe sie und Arthur heirateten. Das stimmt auch mit dem Zeitpunkt überein. Die Hochzeit fand am 12. Juni 1876 statt.

42 BvS an AN, 29. Okt. 1895, in: Biedermann (2001), S. 160.

43 BvS an AN, 29. Okt. 1895, in: Biedermann (2001), S. 160. Von Suttner (1909, E-Book), S. 128–131, Zit. S. 128; Hamann (2015).

44 LN an AN, 14./26. Dez, und 19./31. Dez. 1875, ANA, E1:3, RA. Ludvig hat die Annonce wahrscheinlich nicht gesehen und kommentiert sie wohl so, wie Alfred sie ihm beschrieben hat. Das mag zukünftige Forschung zeigen.

Kapitel 11
Erfinderlust, Verliebtheit und medizinischer Durchbruch

Der Briefwechsel zwischen Alfred Nobel und Sofie Hess wurde zum ersten Mal in seiner Gesamtheit in Vilgot Sjömans *Mitt hjärtebarn* (1995) herausgegeben. Erika Rummel kam 2017 mit einer englischsprachigen Ausgabe der Briefsammlung *A Nobel Affair, The Correspondence between Alfred Nobel and Sofie Hess.* Die Originalbriefe auf Deutsch gibt es in ANA, EII:5 sowie ÖI:1–5, RA, sie sind aber zum Teil schwer zu lesen, weshalb ich die publizierten Briefausgaben benutzt habe. Beide sind jedoch unvollständig, da die Briefe von Sofie vor 1891 nicht erhalten sind. Grundsätzliche Werke zur Medizingeschichte habe ich durch Patrice Debrés Biografie *Louis Pasteur* sowie Louise Robbins' *Louis Pasteur and the hidden world of microbes* ergänzt. In der Schilderung der Weltlage habe ich James Jolls *The origins of the first world war* zu meinen Unterlagen hinzugefügt. Die Weltausstellung in Paris ist im zeitgenössischen (1878) *Les Merveilles de L'Exposition de 1878* sowie auf der Website www.expositions-universelles.fr eingefangen. Die Schilderung des Durchbruchs mit der Glühbirne gründet vor allem auf Paul Israels *Edison. A life of invention.* Die Schilderung der Entwicklung in Baku gründet auf zuvor genannte Literatur. Dasselbe gilt für den Abschnitt über Bertha von Suttners Leben in dieser Zeit.

1 AN Brief an James Thorne (JT), 1880er-Jahre, in: Strandh (1983), S. 167 und Åsbrink (2010), S. 57.

2 LN an AN, 16. Nov. 1876, ANA, E1:3, RA. (Schwedisches Patent, 8. Juli 1876). AN an Smitt, 17. Feb. 1876, ANA, ÖII:2, RA (Zit.); LN an AN, 2. Feb. 1876.

3 AN im Brief, 26. Juni 1876, EB-arkivet, 19. Juli 1956; S & S (1926), S. 185 (Bremsapparat); LN an AN, 21. Feb. 1876, ANA, E1:3, RA (Gasölmaschine).

4 Ingenieurstitel ohne Examen, s. z. B. Nordisk Familjebok (1910).
5 *Tankar i natten/Night-thoughts*, Erlandsson (Hg.) (2006), S. 112. Laut ÅE »um 1880«.
6 AN an Adolf E. Nordenskiöld (AEN), 24. Okt. 1874, Adolf Erik Nordenskiölds arkiv (AENA), Inkomna brev, 1850–1901, E 01:18, KVA. Alfred fügte hinzu: »auch kommt es mir nicht sonderlich gerecht vor, dass Berzeliis Gedenkstein [...] im ersten Raum kam.«
7 Yergin (1991), Zit. S. 58.
8 LN an AN, 31. Dez./12. Jan. 1875/76, ANA, El:3, RA. Åsbrink (2001) gibt als Datum den 31. Okt. an und für die Sprache Russisch, doch der Brief im Riksarkivet ist auf Schwedisch und wie oben datiert.
9 LN an AN, 17. Okt. 1876, ANA, EI:3, NA.
10 LN an AN, 5. Dez. 1876, ANA, EI:3, RA (Zit.). Ludvig reiste zusammen mit Emanuel im April sowie im Oktober hin, s. LN an AN, 17. Okt. 1876, ANA, EI:3, NA.
11 AN an RN, 13. Feb. 1872, NoA, B:1, LL, in »Petersburg« gewesen.
12 LN an AN, 30. Dez. 1877, ANA, EI:3, RA.
13 S. z. B. Artikel nach Immanuel Nobels Tod und Begräbnis im September 1872.
14 LN an AN, 29. Nov. 1876, ANA, EI:3, RA.
15 LN an AN, 20. Aug. 1877, ANA, EI:3, RA; Ehrenlegion, Kopie von Entscheidung über Alfred Nobel, La grande chancellerie de la Légion d'Honneur, Paris (AN wurde 1882 aufgenommen); AN an Smitt, 1. Nov. 1876, ANA, ÖII:2, RA.
16 AN an AL, 1. Mai 1877, ANA, ÖII:5, RA; Åsbrink (2001), S. 32; S & S (1926), S. 88.
17 Emanuel, 18, Carl, 14, Anna, 11, Mina, 4, Ludvig, 3, Alexander und Peter, 1 Jahr im Juli 1877; s. LN an AN, 8. Nov. 1878, ANA, EI:3, RA, wo Ludvig darauf hinweist, dass er Sofie Hess kennt. Der erste Kommentar über Sofie Hess, den ich finde, ist in LN an AN, 7./19. Sept. 1877, wo LN »enfant mamsell SOFIE« erwähnt. RN reiste sofort weiter nach Baku, s. AN an AL, 21. April 1877, ANA, ÖII:5, RA.
18 Sohlman (1983), S. 117 f.; Sjöman (1995), S. 86 f.
19 Von Suttner (1909, E-Book), S. 128.
20 Sjöman (1995), S. 13–16 und 204 f.
21 Diskussionen über die Sprenggelatine in Pressburg, s. z. B. AN an Isidor Trauzl, 22. Juni 1877, ANA, BI:1, RA.
22 AN an AL aus Köln, 21. April 1877, ANA, ÖII:5, RA. AN erwähnt, dass die drei Brüder sich kurz zuvor in Berlin getroffen haben.
23 Sie hatten privaten Kontakt. Ludvigs verstorbene Frau Mina reiste mit einer »Frau Böttger« nach Paris, LN an RN, 24. Aug. 1867.
24 Rummel (2017) behauptet, Sofie Hess hätte Olga Böttger 1881 zuerst Alfred Nobel vorgestellt, doch in den Briefen erwähnt AN OB bereits 1879: über Alfreds »Nichte« s. AN an SH, 30. Nov. 1890. Rummel interpretiert Brief 178 falsch. AN meint, dass SH behauptet habe, OB sei mit *ihm* verwandt.
25 Dem Aufenthalt gehen einige fordernde Briefe von Alfred an die Gesellschaft in Hamburg voraus. Zurück in Paris schreibt er außerdem an den Chef der Dynamitfabrik eben in Pressburg, um eine beim Treffen aufgekommene Frage weiterzuverfolgen.
26 In: Sjöman (1995), S. 26.
27 RN an AN, 7./19. März 1876, RNs Kopiebuch, in Robert Nobels digitaler Sammlung (RNDS); Brief an AN von Clyde Tube Works in Glasgow, u. a. 16. April 1877, ANA, EI:3, RA; LN an AN, 7. Sept. 1877, ANA, EI:3, RA:

28 RN an AN, 17. April 1876, NA; RN an AN, 21. Jan. 1878, RNDS.
29 AN an AL, 21. April 1877, ANA, ÖII:5, RA (»grässliches asiatisches Nest«); LN an AN, 8. Jan. 1878, ANA, EI:3 (Wein), RA; AN an Pauline Nobel, 23. Feb. 1878, NA (Aktien); LN an AN, 30. Juli 1877 (Pferde), 23. April 1878 (Verwandte) und 8. Nov. 1878 (Zitat Emanuel), ANA, EI:3, RA; AN an Carl Öberg (CÖ), 18. April 1878, EB-arkivet, 28. Nov. 1957.
30 LN an AN, 20. März & 15. Mai 1878, ANA, EI:3, RAM Åsbrink (2010), S. 43.
31 LN an AN, 2o. Juni 1878, ANA, EI:3, RA.
32 AN an LN, 25. Juli 1879, BI:1, RA.
33 AN an LN, 25. Juli 1879, BI:1, RA; RN an LN, 13. Okt. 1878, RNDS.
34 Pasteur, Joubert et Chamberland, 29. April 1878 (Zit.).
35 AN an SH, Mai–Sept. 1878, in: Sjöman (1995), S. 96–112; AN an PN, 17. Feb. 1876, NA (wahre Gattin); LN an AN, 30. Juli 1877 & 24. Aug. 1878, ANA, EI:3, RA (Album). Ludvig fügte hinzu »aber wenn du mehr Karten setzen willst, schadet das ja nicht«.
36 AN an SH, Mai–Sept. 1878, in: Sjöman (1995), S. 96–112; Strandh (1983), S. 142; RN an AN, 17. April 1876, RNDS. Die Haushälterin Elise wird in LN an AN, 20. Jan. 1878, ANA, EI:3, RA genannt.
37 Nach einer parlamentarischen Ermittlung zur Sicherheit dauerte es in England bis 1881, ehe man die Genehmigung, Sprenggelatine herzustellen, erhielt. In Spanien drohten die Juristen der Gesellschaft mit einem Gerichtsverfahren, wenn sie die Sprenggelatine nicht gratis bekämen. S. Strandh (1983), S. 112/150.
38 PB an AN. 6. Dez. 1879, EB-arkivet, 4. Feb. 1957, NA; Lundström 1974), S. 134.
39 Sjöman (1995), S. 107.
40 LN an AN, 30. Juli 1877, 21. Sept. 1878, NA; AN an SN 22.–30. Sept. 1878, in: Sjöman (1995), S. 113–119.
41 AB, 30. Sept. 1878; LN an AN 21. Sept. 1878 (Ausgaben für »Davidson«, der das Lokal Hasselbacken betrieb); Lundin (1987), S. 55. Schweden führte die Münzeinheiten Krone und Öre 1873 ein.
42 Gedicht von Josefina Wettergrund zu Andrietta Nobels 75. Geburtstag, NA, hier die Briefsortierung von ÅE, NMA.
43 LN an AN 1. Sept. 1876 (»Goldjunge«); AN an SH 22.–30. Sept. 1878, in: Sjöman (1995), S. 113–119.
44 EN an SH 16. Jan. 1879, in: Sjöman (1995), S. 29.
45 Zit. in LN an AN 8. Nov. 1878.
46 AN an SN 1878, in: Sjöman (1995), S. 26–32; RN an LN 13. Okt. 1878, RNDS LN an AN 8. Nov. 1878, ANA, EI:3, RA; Nobel-Oleinikoff (1952), S. 130 (Foto von Emanuel).
47 Tolf (1977), S. 106; LN an AN 2. Aug./14. Aug. 1879, ANA, EI:1, RA. Wenn die Zahlen divergieren, wähle ich diejenige, die am ehesten der Zeit entspricht. Die Gesellschaftsordnung wurde am 15. Mai 1879 festgelegt. Aktienkapital: drei Millionen Rubel. Es gab mehrere Teilhaber, doch keiner brachte so große Summen ein wie LN und PB. Alfred würde seinen Beitrag später vergrößern.
48 LN an AN 15. Mai 1878, 6. Feb., 3. April, 15. April, 25. April und 17. Juli 1879, Nobel-Oleinikoff (1952), S. 610; EB-arkivet, 16. Sept. 1955, NA. IN und Pehr Henrik Ling waren laut EB verwandt.

49 S & S (1926), S. 170; Bergengren (1960), S. 109. Gemäß einer Notiz im Laborjournal sollte der erste Versuch am 15. April 1879 unternommen werden.
50 Lundholm, C, Old Ardeer, ANA, ÖII:6, RA.
51 AN an Frederick Abel (FA) 15. April 1879, BI:1; RA; S & S (1926), S. 169; Larsson (2010), S. 57 ff.; AN an SH, 4. Juni 1879, in: Sjöman (1995), S. 122 f. Er vergaß zu erwähnen, dass dort bei aller Einsamkeit noch über hundert Angestellte waren.
52 Schivelbusch (2000), Zit. S. 57; Kullander (1994), S. 88.
53 Brief an SH 3. Juni 1879, in: Sjöman (1995), S. 121. Nobel muss Napoleon Le Petit (1852) gelesen haben; Kullander (1994), S. 84.
54 Israel (1998), S. 186ff.; *New York Herald* (NYH), 4. Jan. 1880. Das berühmte Zitat ist eine Zusammenfassung des Originaltons, einer Antwort auf die Frage, wie billig elektrisches Licht werden kann: »After the electric light goes into general use, none but the extravagant will burn tallow candles.«

Kapitel 12
In Zeiten von Bruderzwist, Liebeskrise und Friedensträumen

1 »Bref från Paris«, GP, 9. Jan. 1880.
2 Radzinskij (2007), S. 297 (Zit.).
3 Radzinskij (2007), Zit. S. 328. Der Tischler hieß Stepan Chalturin.
4 LN an AN 14. März 1880, ANA, EI:3, RA.
5 AN an Nordenskiöld 19. März 1880, AENA, KVA.
6 Einladungskarte und Platzierung, ANA, EII:4, RA.
7 SBL, Artikel über Kristina Nilsson; Erlandsson (2009), S. 242. Die Schreibungen Christina Nilsson und Christine Nilsson kommen vor, doch in der Presse schrieb man 1880 Kristina.
8 AEN an Oscar II. 15. April 1880, ANA, EII:2, RA; AEN an AN 10. & 15. April 1880, ANA, EII:2, RA; Kung Mai:ts ordensarkiv, matriklar, SE/KH/1/6 (1880–1899); AN an AEN 14. Mai 1880 & 10. April 1881, AEN, Inkomna brev, 1850–1901, E 01:18, VAA (das Erinnerungsstück brauchte ein Jahr).
9 LN an AN Mai 1880 in: Åsbrink (2010), S. 59; LN an AN 12. Aug. 1880, ANA, I:3, RA.
10 RN an AN, Mai 1880, RNDS.
11 K.W. Hagelins Erinnerungen, Nobel betreffend, F 175:2, TMA.
12 AN an AL 25. Juni 1880, ANA, ÖII:5, RA; AN an SH 23. Juni 1880, in: Sjöman (1995), S. 128 f. Verfahren The Giant Powder Company vs The California Powder Works et al, Circuit Court of the United States, District of California und Verfahren Carl Dittmar vs Alfred Rix and George I. Doe, US Circuit Court, Southern District of New York, 1880. ANA FIII:9 RA.
13 AN an SH 6. Juli 1880, Sjöman (1995), S. 131; Larsson (2010), S. 167. Der Vertrag wurde am 29. Mai unterzeichnet. Die Wohnung wurde vom 1. Juli 1880 gemietet, jedoch bis zum Herbst renoviert.
14 AN an SH 5. Dez. 1880, Sjöman (1995), S. 133.
15 Briefe von AN an SH während 1881 und 1882, Sjöman (1995), S. 128–159; Umschlag an »Frau Sophie Nobel« in ANA, EI:4, RA.

16 RN an AN, 22. Juni 1879, RNDS.

17 AN an SH, 21. Sept. 1882, Sjöman (1995), S. 157.

18 AN an LN 24. Juli 1882, ANA, BI:3, RA; LN an AN 4. Aug. 1882, ANA EI:3, RA; AN an LN 5. Jan. 1883 in: Sjöman (2001), S. 316.

19 AN an SH 26. Aug. 1881 & 16. Juli 1882 in: Sjöman (1995), S. 140 und 150.

20 Unterlagen zum Verkauf 1892, Archives Departementales des Yvelines (2K829), MB; AN an SH 17. Aug. 1881, Sjöman (1995), S. 137. Die französische Behörde Service des Poudres et Salpêtres betrieb die Schwarzpulverfabrik in Sevran-Livry und darüber hinaus ein Labor in der Stadtmitte von Paris. Paul Vieille entwickelte sein Schwarzpulver in Paris, nicht in Sevran. Erst 1885 wurde die Produktion nach Sevran verlegt, s. Bergman (2009).

21 Strandh (1983), S. 161 f.; AN an SH 17. Juli 1882, Sjöman (1995), S. 138; Lundström (1974), S. 124 ff. Die deutsche Aktiengesellschaft firmierte eine Zeitlang unter der Abkürzung DAG. Barbe und Nobel hatten, laut Lundström, praktisch die Mehrheit im Aufsichtsrat der Gesellschaft.

22 Lundström (1974), S. 177; La Dynamiterie de Paulilles (2016), S. 31 f.; Clément, Praca und Deliau (2018), S. 31. Über Villa Petrolea, s. z. B. Åsbrink (2001), S. 100.

23 Lundström (1974), S. 180–183.

24 AN an SH 23. Aug. 1882, in: Sjöman (1995), S. 152 (Zit.), skrupellos, s. Brief von AN an Cuthbert 30. Jan. 1885, EB-arkivet. *Le Spleen* war der Titel einer Gedichtsammlung (1868) des französischen Lyrikers Charles Baudelaire.

25 AN an RN 14. April 1883, ANA, BI:3, RA; AN an Barbe 15. April 1882, in: Fant (1995), S. 166.

26 Personenakten für Paul Barbe und Geo Vian, BA 945/ 288206 und BA 294/216392, APP.

27 Duby (Hg.) (1987), S. 154–161. In Frankreich ist »la laïcité«, die Abwesenheit von religiösem Einfluss im Staat, immer noch zentrale Voraussetzung.

28 Watson (2018), S. 34 f.; Nordin (2016), S. 811 f.; Nietzsche schrieb dies 1882 in *Die fröhliche Wissenschaft*, aber der Durchbruch kam, als er es in *Also sprach Zarathustra* (1883) noch einmal wiederholte.

29 Erlandsson (Hg.) (2006), S. 105–114.

30 Personenakte Juliette Adam, E A 29/186 236, APP.

31 JA an AN undat. (Direktoren) sowie 21. Juni 1882, ANA, EII:3, RA.

32 AN an LN 6. Feb. 1883 und AN an RN, 2. April 1883, ANA BI:3, RA. Information über Börsenwert in: Lundström (1974), S. 224.

33 LN an AN 5./17. März 1883, ANA, EI:3, RA; AN an LN 1. Mai 1883, ANA BI:3, RA. Alfred brachte über den Kredit hinaus auch den Warenkredit in Ordnung, über den sie in Sankt Petersburg gesprochen hatten.

34 LN an AN 16./28. März 1883, ANA, EI:3; AN an LN 30. März 1883, ANA, BI:3, RA (Zit.).

35 LN an AN 16./28. März, 31. März/12. April und 3./15. April 1883, ANA, EI:3, RA.

36 AN an LN 2. April und 1. Mai 1883, ANA, BI:3, RA; AN an LN 21. Okt. 1883, ANA, BI:3, RA.

37 LN an AN 7./19. April und 28. April/10. Mai, 1883, ANA, EI:3, RA; AN an RN 2. April und 1. Mai 1883, ANA, BI:3, RA.

38 LN an AN 15./27. Mai 1883, ANA, EI:3, RA.

39 AN an LN 20. Mai 1883, ANA, BI:3, RA.

40 AN an LN 8. Juni 1883, ANA, BI:3, RA.

41 AN an BvS 28. April 1883, in: Biedermann (2001), S. 76.

42 Zitat aus »Inventarium einer Seele«, in: Hamann S. 64 und 64/65.

43 S & S (1926), S. 217. In seinem Essay über den Friedenspreis (1950) anerkennt August Schou (der damalige Direktor des Norwegischen Nobelinstituts) BvSs Bedeutung für ANs Friedensgedanken, meint aber, dass ihre unterschiedlichen Auffassungen über die Mittel dagegen sprechen, dass sie Einfluss auf die Formung des Friedenspreises gehabt habe. Fredrik S. Heffermehl (2011) argumentiert, dass es im Gegenteil AN gewesen sei, der die Idee zur Friedensarbeit in BvS gelegt habe (als sie sich 1875 trafen), gewährt ihr aber eine entscheidende Rolle für die Schaffung des Friedenspreis. BvS schreibt jedoch in ihren Memoiren, noch 1877–1878 während des Türkischen Krieges keinerlei Widerstand gegen Krieg empfunden zu haben. Sie wurde in den Kampf für »die Befreiung der slawischen Brüder« hineingezogen und unterstützte die Soldaten.

44 AN an SH 21. Sept. 1883, in: Sjöman (1995), S. 165.

45 Strindberg (1995), *Dikter på vers och prosa. Sömngångarnätter på vakna dagar och strödda tidiga dikter*, Übers. hier: Susanne Dahmann. Der Kommentar des Redakteurs und Literaturwissenschaftlers James Spens, S. 322 und 368 der Originalausgabe. *Giftas* erschien am 27. Sept. 1884 (die deutsche Ausgabe: »Heiraten« 1910).

46 In *La Nouvelle Revue* veröffentlichte Juliette Adam Essays über Städte – *Société de Berlin, Société de Londres etc.* – unter dem kollektiven Pseudonym Paul Vasili. Strindberg begann unter diesem Pseudonym an einer Société de Stockholm für »Mme Adam« zu schreiben, s. Brief an Albert Bonnier 14. Juni 1885, s. Eklund (1956), S. 104. Der Artikel scheint nicht mehr zu existieren, aber Strindberg erhielt 1892 Honorar von *La Nouvelle Revue.*

47 LN an AN 11. Dez. (Zit.), 16. Sept. und 7. Okt. 1883, ANA, EI:3, RA. Alfred bat um 500 000–700 000 Franc.

48 LN an AN 11. Dez. und 19. Dez. (2 St.), 1883, ANA, EI:3, RA.

49 AnN an AN, 18. Nov. 1883 und 18. Jan. 1884, ANA, EI:4, RA.

50 Marvin (1884), S. 199–226; Jangfeldt (1998), S. 206 (unnummerierte Seite).

51 AEN an AN, 13. März 1884, ANA, EII:2, RA; AN an AEN, 15. März 1884, AENA, E01:18, KVA.

52 Zitate aus AN an Isidor Trauzl (IT), 2. April 1885, EB-arkivet, 6. Okt. 1956, NA; Åsbrink (2001), S. 53; AN an P. B. Eklund 16. Juli und 23 Okt. ANA, Bl:3, RA.

53 Bergengren, SvD, 7. Dez. 1958. AN korrigiert die Information über Zufall im Brief an IT 2. März 1881 und an V. D. Majendie, 7. Juli 1883. Beide Briefe werden ganz im Artikel zitiert.

54 AN an Berger, 6. Juni 1882, EB-arkivet, NA.

55 *Le Figaro*, 27. Okt. 1885; Robbins (2001, E-Book), S. 101; Uddenberg (2017), S. 261.

56 S & S (1926), S. 244 f.; AN an Victor Hugo 26. Feb. 1885, ANA, BI:5, RA; AN an Juliette Drovot 10. Juni 1885, ANA, BI:5, RA.

57 AN an Georges Fehrenbach (GF) 10. Feb. 1884 und AN Labornotiz 16. Aug. 1884, EB-arkivet, 19. Juli 1956, NA.

58 Lundström (1974), S. 223–257; AN an PB 5. Juli 1885, ANA, BI:4, RA (Krebsgang);

AN an James Thorne 3. Dez. 1884 und 6. April 1885 (Zit.), ANA, BI:4, RA. Bei dem Treffen ging es um die Gesellschaft auf dem Kontinent und die britische Gesellschaft. Die schwedische war in den Verhandlungen nicht inbegriffen.

59 AN an Carl Öberg (CÖ) 24. Juli 1885, ANA, BI:4, RA; Lundström (1974), S. 54; Lundström (1971), S. 133.

60 Sjöman (1995), S. 34 und 176–184. Zit. S. 179 und 181.

61 Sjöman (1995), S. 270–272.

62 AN an Edla Nobel (EdN) 7. Sept. 1884, in: Bergengren (1960), S. 158.

63 Sjöman (1995), S. 62 ff. und 188 (Zit.).

64 Sjöman (1995), S. 66 (jeder einzelne Kellner).

65 AN an BvS 17. Aug. 1885, in: Biedermann (Hg.) (2001), S. 77.

66 AN an LN 30. April 1885, ANA EI:3, RA; AN an de Méran, 30. April 1885, ANA, BI:4, RA (Zit. 1); AN an Thorne, 17. Jan. 1886, ANA BI:4, RA (Zit. 2).

67 AN an FA 27. Juli 1885, ANA, BI:4, RA.

68 AN an CÖ 24. Juli 1885, ANA, BI:4, RA.

69 Bergman (2009), S. 40–60; »Le séjour et les travaux d'Alfred Nobel á Sevran 1878 –1891« und »La Siècle de la Poudrerie«, a. a., (Vieille in Paris 1884 und Produktion in Sevran 1885). Vieilles Schwarzpulver erhielt den Namen Poudre B. Laut Bergman (2009) testeten die Franzosen bereits 1885 ein rauchfreies Schwarzpulver genau wie das von AN, verwarfen es aber wieder, da es angeblich die Gewehrläufe anfraß. Die Detailinformationen sind wichtig, da später gegen AN Anklage wegen Spionage erhoben wurde.

Kapitel 13
»Größter Fehler: Keine Familie zu haben«

Die Schilderung des Dynamitattentats in Russland baut auf Edvard Radzinskijs *Alexander II. Den siste store tsaren* auf, doch auch auf Simon Sebag Montefiores zuvor erwähntes Buch über die Romanows und Paul Bushkovichs *A concise history of Russia.* Alfred Nobels Kauf des Hauses in Sevran erhält durch mehrere lokalhistorische Artikel und Schriften Nähe und Farbe, wie Edmond Lemonchois *Sevran-en France d'hier et d'aujourd'hui,* Louis Ménards *»Historique de la Poudrerie de Sevran-Livry«, »La Siècle de la Poudrerie« und den Artikel »Le séjour et les travaux d'Alfred Nobel à Sevran 1878–1891«.* Für Paulilles gibt es entsprechende informative Texte wie »La Dynamiterie de Paulilles. Une histoire, une usine et des hommes 1870–1991«. Yoel Bergman hat über das Ballistit geforscht und neue Informationen über Alfreds Arbeit mit dem Sprengstoff beigetragen, unter anderem in der Studie *Paul Vieille, Cordite & Ballistite.* Die Schilderung von Nordenskiölds Besuch baut auf Artikel in schwedischen und französischen Tageszeitungen vom 31. März bis zum 9. April 1880 auf. August Strindberg fange ich in der Zeit des Nobel-Gedichts durch Gunnar Brandells *Strindberg – ett författarliv* ein, sowie in Torsten Eklunds (Hg.)*Strindbergs brev (Vol. III och V)* und mit Hilfe der Nationalausgabe von Strindbergs *Gesammelten Werken* mit Kommentaren *(Dikter på vers och prosa, del 15).* Hier tauchen die ersten Briefe der Korrespondenz zwischen Alfred Nobel und Bertha von Suttner auf. Sie sind in der Originalsprache (meist Französisch oder Deutsch) von

Edelgard Biedermann in *Chère Baronne et Amie. Cher Monsieur et Ami. Der Briefwechsel zwischen Alfred Nobel und Bertha von Suttner* (2001) herausgegeben. Alfred Nobels Originalbriefe an Bertha von Suttner finden sich in der United Nations Library, Genf, sowie in den Kopiebüchern, ANA, RA. Bertha von Suttners Briefe liegen in ANA, EII:2, RA. Ich habe sowohl Biedermann als auch die handgeschriebenen Briefe benutzt.

1 PoIT 11. Aug. 1882, 10 000 Franc.
2 Mosenthal (1898); Bergengren (1960), S. 152–160; Hedin (1950), S. 210 (Zit.); von Suttner (1909, E-Book), S. 128, Zit. nach Hamann, S. 40. AN spendete u. a. 10 000 Franc, s. PoIT, 11. Aug. 1882.
3 Hamilton (1928), S. 186 f. Hamilton schrieb über AN, es habe »[...] seltsam Vertrocknetes und Verzerrtes über seinem Aussehen gelegen«. Hamilton konnte AN offenbar überhaupt nicht leiden.
4 Hamann (2015); Mosenthal (1898); ANA, G5, RA (Zigarren- und Zigarettenkauf in Kassenbüchern).
5 AN an Emil Flygare (EF) 20. Nov. 1885, ANA, B1:4, RA.
6 Mosenthal (1898) (Gewohnheiten); Mauskopf (2014), S. 103–149. Alfred nahm auch oft den Zug.
7 AN an Frederick Abel (FA) und James Dewar (JD) in dieser Zeit, s. ANA, B1:4, B1:5, B1:6, RA.
8 AN an Hoffer 20. März 1886, NH-pärmarna 1956, NA.
9 ANs Kassenbücher, ANA, G:5, RA, z. B. Juli 1885, Nov. 1886, Juni, Juli und Dez. 1888; AN an SH, 28. März 1886, in: Sjöman (1995), S. 195.
10 Briefwechsel zw. AN und LN, AN und RN, AN und Lagerwall, Jan. und Feb. 1886, ANA, EI:3 und B1:4, RA.
11 AN an Kurarzt Axel Winckler 29. Dez. 1886, ANA, B1:5, RA. »das verdammte Thema Sprengstoff«, AN an AL 2. April 1889, ANA, B1:7, RA.
12 Carlberg (2015).
13 Die Bildung des Trusts ist kompliziert. Erst wurden mehrere deutsche Dynamit-Gesellschaften in einer Union zusammengefasst. Dann kamen Verhandlungen zwischen dieser deutschen Allianz und der britischen Nobel's Explosives Company, die 1886 in die Nobel-Dynamite Trust Company mündeten. Die französischen, spanischen und schweizer-italienischen Gesellschaften bildeten daraufhin einen eigenen Trust, die Société Centrale de Dynamite. Für detaillierte Informationen s. Lundström (1974). Die schwedische Dynamit-Gesellschaft gehörte nicht zu diesen Trusts.
14 LN an AN 3. Juni 1886, ANA, E1:3, RA.
15 AN an RN 23. Juli 1886, ANA, B1:5, RA; LN an RN 8. Aug. 1886, NA. Die Brüder vermischen die Valuta. Robert verlangte 6 000 Pfund, was ungefähr 150 000 Franc entsprach. Zu dieser Zeit ist ein Franc ungefähr doppelt so viel wert wie ein Rubel.
16 LN an AN 15. Aug. 1886, ANA, E1:3, RA.
17 Åsbrink (2001), S. 178; EN an AN 5. Sept. 1886, ANA, E1:2, RA.
18 Åsbrink (2001), S. 124 f.
19 LN an AN 3. Nov. 1886, ANA, E1:3, RA; AN an LN 13. Nov. 1886, in: Åsbrink (2001), S. 126 f. und Larsson (2010), S. 145.
20 Hamann (2015). Der Roman über die österr.Aristokratie hieß *High Life* (1886).

21 Hamann (2015); von Suttner (1909, E-Book), S. 166 f.; von Suttner (1897) (Zit.): AN an BvS 22. Jan. 1888, in: Biedermann (2001), S. 79 f. Alfred erwähnte das Wiedersehen nicht.
22 Hamann (2015).
23 Zit.: Hamann (2015); von Suttner. Memoiren (1909, E-Book), S. 169.
24 Hamann (2015), Zit. aus: *Das Maschinenzeitalter*, S. 281.
25 Notizen in *L'Intransigeant* Juni 1887, Paul Barbes Personenakte, BA 945, 288 206, APP; AN an LN 2. Juni 1887, ANA, B1:6, RA.
26 AN an PB 12. Juni und 4. Aug., ANA, B1:6, RA.
27 S. AN an PB, z. B. 4. Okt. und 30. Okt. 1887, ANA, B1:6, RA sowie EN an AN, z. B. 22. Mai und 2. Juni 1887, ANA, E1:2, RA.
28 Åsbrink (2001), S. 128; Oleinikoff (1952), S. 326; S & S (1926), S. 94. AN an EN 19. Jan. 1887, TsGIA, F 1258, Op 2, D 225.
29 AN an LN 27. Mai 1887, ANA B1:6, RA.
30 Premierminister der Regierung, welcher Paul Barbe angehörte, war Maurice Rouvier.
31 *L'Intransigeant*, 10. Okt. 1887. (Information darüber, dass PB privates Geld von der Ölindustrie erhalten und Nahestehende mit Orden versorgt hat.)
32 S. z. B. AN an SH 10. Sept. 1886 und AN an SH 31. Okt. 1887, in: Sjöman (1995), S. 196 und 212 sowie AN an LN 1. Nov. 1887, ANA, B1:6, RA.
33 AN an SH 28. März 1886, in: Sjöman (1995), S. 196.
34 AN an RN 4. Juni 1886, ANA, B1:5, RA.
35 Heinrich Hess (HH) an AN 18. Mai, 25. Mai und 28. Juli 1887, in: Sjöman (1995), S. 204 ff.; auch ANA, EII:6, RA. »Dr H« war ein Dr. Hebentanz aus Pest, s. Brief von AN an SH 1. Sept. 1889, in: Sjöman (1995), S. 251. HH behauptete, Alfred habe Dr. H. angeboten, sich mit Sofie zu verheiraten, es sich dann aber anders überlegt, da der Mann ein Abenteurer sei, s. undat. HH an AN, wahrscheinlich Okt. 1887, in: Sjöman (1995), S. 210.
36 AN an SH »Ende Okt.«, 31. Okt. und 13. Nov. 1887, in: Sjöman (1995), S. 211 ff.
37 ANA, G5:7, RA.
38 AN an SH undatiert, »Ende Okt. 1887«, 31. Okt. und 14. Nov. 1887, in: Sjöman (1995), S. 211ff; AN an PB, 30. Okt. 1887, RA.
39 »Le Bonheur« in Maupassants *Contes du jour et de la nuit* (1885).
40 AN an Thomas Johnston (TJ), 20. und 26. Nov. 1887, ANA, B1:6, RA.
41 AN an AL 17. Jan. 1886, ANA, B1:4, RA.
42 AN an TJ 20. und 26. Nov. 1887, ANA, B1:6, RA. Zit. 20. Nov.
43 AN an PB 16. Dez. 1887, ANA, B1:6, RA. Alfred schreibt allerdings »Guillaume II«, d. h. Wilhelm II., doch im Dezember 1887 hieß der deutsche Kaiser Wilhelm I.
44 Erlandsson (Hg.) (2009), S. 216.
45 Åsbrink (2001), S. 42; LN an AN 15./27. Nov. 1881, ANA E1:3, RA.
46 LN an AN 10. März 1888, ANA, EI:4, RA (transkr. Karin Borgkvist-Ljung, RA); RN an AN 27. März und 12. April 1888, ANA, E1:4, RA; Edla Nobel (EdN) an AN, 22. März 1888, ANA, E1:1, RA und 20. April 1888, ANA, E1:4, RA; CN an AN 12. April 1888, ANA, E1:1, RA. Die Herzkrankheit »Gefäßkrampf«, *Angina Pectoris*, war 1888 nicht unbekannt.
47 AB, 14. April 1888; *Le Figaro*, 15. April 1888. Will man ganz genau sein, so stand die

halbe Notiz auf Seite 1, die andere Hälfte auf S. 2. Le Matin, Le Gaulois und Gil Blas bemerkten nur kurz und fehlerhaft, dass der Erfinder des Dynamits M. Nobel verstorben sei, kommentierten aber seine Unternehmen weder positiv noch negativ. In der Literatur wird behauptet, Alfred sei »der Kaufmann des Todes« genannt worden, doch diese Formulierung konnte nirgends gefunden werden.

48 *Le Figaro*, 16. April, 1888. AN steht auf der Liste der Abonnenten, s. *Le Figaro*, 3. Juni 1887.

49 JA an AN 19. April 1888, ANA, EII:3, RA

50 Nobel-Oleinikoff (1952), S. 328f und 342; EN an AN 14. April 1888, ANA, E1:2, RA; RN an PN 20. April 1888, i Åsbrink (2001), S. 132.

51 EdN an AN 20. April 1888, ANA, E1:4, RA; AN an EN 26. April 1888, ANA, B1:6, RA.

Teil 3
»Es wäre fast schade, wenn ich jetzt abkratzen würde, wo ich so besonders interessante Sachen zu tun im Begriff bin.«
Alfred Nobel, 1894

Kapitel 14
Ein Triumph der Aufklärung

1 S. auch www.pariszigzag.fr/histoire-insolite-paris/photo-construction-tour-eiffel. 1959 wurde der Turm mit einem Fernsehmast um 24 Meter erhöht.

2 AN an SH, »Juli«, »Juli/Aug.« und 15. Okt. 1888, in: Sjöman (1995), S. 225 ff. und 234; das zeitgenössische Wien, s. z. B. Morton (1980, E-Book); Hotel Imperial, s. www.famoushotels.org; AN an BvS 6. April 1888, in: Biedermann (2001), S. 81 f. (ärztl. Rat).

3 EN an AN 14. April 1888, ANA, E1:2, RA.

4 LN an AN 3. Juni 1886, ANA, E1:3, RA.

5 EN an AN 6. Mai 1888, ANA, E1:2, RA. Die Verteilung der Aktien war laut EN an AN 17. Mai 1888: LN 5 040 000 Rubel, AN 3 344 500 Rubel, Bilderling 1 419 500 Rubel und Polnaroff 1 Million. Insgesamt 10 804 000 Rubel. ENs Datierung ist mal gregorianisch, mal julianisch.

6 AN an EN 12. Mai 1888, ANA, B1:6, RA.

7 EN an AN 17. Mai und 22. Mai 1888, ANA, E1:2, RA; AN an EN 19. Mai und 2. Juni 1888, ANA, B1:6, RA.

8 Statuten für Ludvigs Preis, angenommen von der »Kaiserlichen Russischen Technischen Gesellschaft« 1891, in: Sittsev, V. M. und Koloss, S. M. Ludvig Nobels Todestag inföll 31. März/12. April; http://ludvignobel.ru/history; Åsbrink (2001), S. 134 f.

9 Lundström (1971), S. 135.

10 AN z. B. an »Schmidt« 28. Juli 1888 und an Welinder 11. März 1890, ANA, B1:7, RA.

11 AN Brief an »Herrn Janzon«, Paris, der um Hilfe für einen Bildhauer gefleht hat, 10. April 1888, ANA, B1:6, RA.

12 AN an Fräulein Backman, 6. Juli und 8. Aug. 1885, ANA, B1:4 resp. B1:5, RA; AN an Dr. Lagerwall 28. Juli 1885, ANA, B1:4, RA; AN an »Herrn Janzon« 10. April 1888, ANA, B1:6, RA (»Goldsauger«).
13 S. Sammlung mit »Bettelbriefen« (die doch hauptsächlich Dankesbriefe enthält), ANA, EII:3, RA; AN an den Fragesteller, 4. Juli 1888, ANA, B1:6, RA.
14 Nicht zu verwechseln mit La Société Generale pour la Fabrication de la Dynamite (die französische Gesellschaft); Lundström (1974), S. 248 f.; Vian-Barbe.
15 Zit. aus der Zeugenaussage des Mitarbeiters Chevillards in: *L'Intransigeant*, 9. Okt., 1892. Finanzchef war Baron Jacques de Reinach.
16 Auch die Personenakten von Émile Arton und Paul Barbe, APP.
17 Dossier de voirie, VO11 1992, AP; NA, FVII: 6 und 7, RA. Großer Dank an Helena Höjenberg für die Durchsicht der Pflanzenrechnungen.
18 AN an SH Herbst 1888, 8. Aug., 15. Aug., 26. Okt. und 6. Nov. 1888, in: Sjöman (1995), S. 230 f. und 238; AN an den Waffenentwickler Thorsten Nordenfeldt (TN) 29. Mai 1888, ANA, B1:6, RA; Carl Nobel (CN) an AN 21. Dez. 1888, ANA, E1:1, RA (offenbar Alfreds Worte); Mauskopf (2014), S. 103–149.
19 AN an SH 4. Aug., 8. Aug., 26. Okt., 27. Okt., 6. Nov. und 23. Nov. 1888, in: Sjöman (1995), S. 230–237 ff. Adresse in Döbling: Hirschgasse 61.
20 AN an BvS 6. Nov. 1888, in: von Suttner (1909, E-Book). Laut BvS war »Frau Nobel« in Nizza gewesen, was Anlass für den Hinweis an z. B. EdN sein kann. Doch das geschieht in eben jenen Tagen, als Alfred Sofie Hess zu dem neuen Haus gratuliert. Alfred schickte oft Blumen und schrieb ab und zu an Sofie als »Madame Sophie Nobel«. Es ist aber doch erkennbar, dass er die ganze Beziehung verleugnet.
21 Erlandsson (Hg.) (2009), Zit., S. 52 und 83 f.,dazu gestrichenes Material in Fußnoten, z. B. S. 232. Die Intrige in *Systrarna*, s. Kap.8.
22 AN an BvS 6. April 1888, in: Biedermann (Hg.) (2001), S. 82.
23 ANA, BII:2, RA, auch in: Erlandsson (Hg.) (2009), S. 195–223, Zit. S. 200; Société Génerale des Téléphones, Telefonbücher 1882–1888, BHP; Wieviorka (2015), S. 19 und 306. Die Essays sind nicht datiert, aber der zeitl. Zusammenhang mit BvS' Anfrage wird dadurch gestärkt, dass Alfred in einem Brief an sie desselben Jahres (1888) den »Magnetismus des Herzens« erwähnt.
24 ANA, BII:2, RA, auch Erlandsson (Hg.) (2009), Tit. S. 201, 209 und 213.
25 Flaubert (1888), Alfred Nobels Exemplar, NMA.
26 Erlandsson (2002); Einkauf, s. Rechnungen, ANA, G7, RA; Duby (Hg.) (1987), S. 215; Hägg (2000), S. 494 ff.; AN an EN 1. Jan. 1885, TsGIA, F 1258, Op 2, D 225. Dostojewski kommt in Alfred Nobels Bibliothek nicht vor. Doch las er Turgenjew, der in Paris lebte und 1883 starb.
27 Alfred Nobels Kassenbücher, ANA, G5:7, RA.
28 Raureif, s. AN an RN 23. Sept. 1892, in: Fant (1995), S. 74; AnN an AN 21. März 1889, 25. Jan. 1887 und 11. Jan. 1889, ANA, EII:1, RA. Anders Zorns Gemälde datiert 1886.
29 AL an AN 23. Dez. 1888, ANA, EII:2, RA.
30 Ebd.; AN an SH, Jahreswechsel 1888/89, in: Sjöman (1995), S. 245.
31 AN an CÖ, 3. März und undat. März 1889, ANA, B1:7, RA.

Kapitel 15
Personenakte 326 der Sicherheitspolizei: Alfred Nobel

Die Weltausstellung in Paris mit der Einweihung des Eiffelturms wurde das konkurrenzlos deutlichste Symbol für den wissenschaftlichen Fortschrittssog am Ende des 19. Jahrhunderts. Ich baue in diesen Teilen auf Jill Jonnes' starkes *Eiffel's tower. The thrilling story behind Paris's beloved monument and the extraordinary world's fair that introduced it* und Louis Devances *Gustave Eiffel. La construction d'une carrière d'ingénieur.* Alfred Nobel war selbstverständlich beeindruckt. Doch kam ihm Gustave Eiffel in dem zeitgenössischen Skandal um den Panamakanal ein wenig zu nah, den ich mit Hilfe von Jean Bouviers *Les deux scandales de Panama* und Jean-Yves Molliers *Le Scandale de Panama* schildere. Die Personenakte der französischen Sicherheitspolizei zu Alfred Nobel in den Archives Nationales in Paris war die reinste Goldgrube, um das Drama, das ihn aus Paris vertrieb, zu verstehen und zu schildern.

1 Rapport de la gendarmerie de Vaujours au préfet de Seine-et-Oise, 31. Dez. 1889; Le préfet de Seine-et-Oise au président du Conseil, ministre de Intérieur (Charles Floquet), 16. Jan. 188; Direction de la Sûreté au commissaire spécial Morin, 24. Jan. 1889 und Le ministre de l'Intérieur au préfet de Seine-et-Oise, Fonds de Moscou (FM), Dossier Nobel Alfred, 7382, cote 19940464/88 (DNA), Archives Nationales (AN). Der Befehl über Informationen ging an die Agenten bei der Eisenbahnpolizei, dem Präfekten unterstellt. Im Bericht der Gendarmen wird auf den Beschluss der Überwachung von Ausländern hingewiesen,der doch in anderen Quellen auf später datiert ist.
2 Renseignements concernant un sieur Nobel, 5. Feb. 1889, FM, DNA AN.
3 Le général Saussier, gouverneur militaire de Paris, au ministre de la Guerre, 2. Feb. 1889; Le Marie de Sevran au sous-préfet de Seine-et-Oise, 13 Feb. 1889, FM, DNA, AN.
4 Renseignements concernant le nommé Nobel, 23. Feb. 1889, FM, DNA, AN.
5 AN an FA 26. März 1889, ANA, B1:7, RA.
6 Bergman (2017).
7 AN an General Mathieu 16. Feb. 1889, ANA, B1:7, RA.
8 Bergman (2017).
9 Laurent (2009), S. 388 ff.; Bergman (2017).
10 AN an FA 10. Feb. und 5. Mai 1889; AN an JD 12. und 25. März, ANA, B1:7, RA.
11 AN an JD 8. und 10. Mai 1889; AN an Thorne 18. Mai 1889, ANA, B1:7, RA.
12 AN an JD 21. Juli 1889, ANA, B1:7, RA (sehr schwer zu lesen), auch in: EB-arkivet, 3. Aug. 1956, NA.
13 AN an JD 8. Mai 1889, ANA, B1:7, RA.
14 Jonnes (2010, E-Book), S. 90 (Zit.).
15 Ebd., S. 113 (Zit.).
16 L'utilité scientifique de la Tour, www.toureiffel.paris
17 AN an AL 2. April 89, ANA, B1:7, RA; AN an SH 14. Mai 1889, in: Sjöman (1995), S. 248.
18 Rechnung elektrische Lampen, ANA, G1:7, RA; Korrespondenz zwischen AN und C. W. Schmidt (CWS), Paris, 1893–1896, ANA, FVI:6, RA, Zit. aus AN an CWS 25. Nov. 1893.
19 Bodanis (2005), Zit. S. 100.

20 www.nobelprize.org (Zit.)
21 Ausschnitt aus Gil Blas, 3. Juli 1889, FM, DNA, AN; S. auch *Le Figaro*, 28. Juni 1889.
22 EN an AN 3. Juni 1889, ANA, B1:7, RA; Bergman (2017); AN an General Fedorov, den russischen Militärattaché, 29. April 1889, ANA, B1:7, RA. AN hatte seit 1887 Kontakt zu diesem Fedorov.
23 *Le Temps*, 21. Sept. 1889, i FM, DNA, AN.
24 AN an Ivar Lagerwall (IL) 26. März 1889, ANA, B1:7, RA.
25 AN an EN 13. Nov. 1889, ANA, B1:7, RA.
26 AN an SH undat. 1889 und »Herbst 1890«. Sjöman (1995), Zit. S. 244, 248 und 278.
27 LN an AN 15. Aug. 1886, ANA, EI:3, RA; RN an Hjalmar Nobel (HN) 15. März 1886, Abschrift in: NMA; AN an AL 6. Mai 1890, ANA, ÖII:5, RA.
28 AN an SH undat. Frühjahr, 1. Sept., 4. Sept. und 11. Nov. 1889, in: Sjöman (1995), S. 248–255, Zit. S. 249 und 252.
29 AN an SH Ende 1889, in: Sjöman (1995), S. 252–255, Zit. S. 252, 254 und 255.
30 S & S (1926), S. 249 f.; AN an SH 29. Aug. 1882 (AnN vermissen), 1. Sept. und 11. Nov. 1889, in: Sjöman (1995), S. 154, 251 und 255.
31 AN an SH 1. Sept. 1889 und 11. Nov. 1889, in: Sjöman (1995), S. 251 und 255.

Kapitel 16
Die Waffen nieder!

Die Details des Millionenbetrugs, der in Frankreich unter dem Namen »die Dynamitaffäre« lief, habe ich aus den betreffenden Polizeiakten des Historischen Archivs der Polizeipräfektur Paris, dem Urteil im Cour d'Assises 1893, sowie aus der zeitgenössischen Presse und aus Alfred Nobels Briefen zusammengepuzzelt.Bei der Schilderung des Umzugs nach San Remo war mir Giovanni Lottis *Nobel a Sanremo* von großem Nutzen, das ich um Details aus Alfreds Briefen, Möbelbestellungen und Inventarlisten ergänzt habe. In diesem Kapitel habe ich über bisher erwähnte Werke hinaus George Kennans *The fateful alliance. France, Russia and the comings of the first world war* und, für den skandinavischen literarischen Durchbruch in Frankreich Stellan Ahlströms *Strindbergs erövring av Paris* benutzt.

1 AN an BvS 24. Nov. 1889, ANA, EII:2, RA und Biedermann (2001), S. 85 f. Über 50 Briefe am Tag, AN an RN 29. Juli 1893, in: Fant (1995), S. 360.
2 DN, 9. Dez. 1889. Todesanzeige u. a. in AB und NDA 10. Dez. AnN hatte eine Wohnung auf der Hamngatan 20.
3 Die Beerdigung fand am 16. Dezember um 14.00 Uhr statt, SvD, AB und DN, 16. und 17. Dezember 1889.
4 HH an AN 24. Dez. 1889, in: Sjöman (1995), S. 260; AL an AN 1. Jan. 1890, ANA, EII:2, RA; JA an AN undat., ANA, EII:3, RA.
5 AN an AA 19. Jan. 1890 (auch Roberts Laune) und RN an AN 24. Feb. 1890, ANA, E1:4, RA. Alfred wollte ca. 100 000 Kronen für den Wohltätigkeitsfonds stiften, ca. 6,5 Millionen Kronen heute. Roberts Kinder bekamen letztendlich jeder 20 000 Kronen, oder ungefähr 1,3 Millionen Kronen heute.

6 Goldkuhl (1954), S. 13 f. (Zit.). Laut Pachtdauer im Rotemansarkivet, SSA, zog RN am 24. Sept. 1889 von Stockholm nach Getå. Der Hof wurde 1884 gekauft, und die Familie wohnte auch vorher schon eine Weile dort. So ersuchte Robert z. B. um ein Patent für »Methoden, Putz an Häusern anzubringen«, SvD 25 Nov. 1890.

7 Robert klagt über Alfreds kurzen Besuch, s. z. B. RN an AN 23. Aug. 1892, NMA; AN an »Mein bester Herr« 28. Aug. 1889, datiert Getå (Besuch 1889); AN an RN 29. Juli 1893, in: Fant (1995), S. 90 und 360; Roberts Empörung, s. z. B. AN an SH Aug. 1888, in: Sjöman (1995), S. 229 und EN an AN 5. Aug. 1888, ANA, EI:2, RA; EN an AN 17. Mai 1888 (Robert kein großer Aktieninhaber), ANA, EI:2, RA.

8 RN an AN 24. Feb. 1890, ANA, E1:4, RA; AN an Adolf Ahlsell (AA) 19. Jan., 30 Jan. und 7. Feb. 1890, ANA, EI:4, RA.

9 AB, 5. April 1890. Die Auktion fand am 15. April 1890 statt.

10 Gösta Mittag-Leffler (GM-L) an AN 22. Feb. 1890, ANA, EII:4, RA, Zit. 1; AN an GM-L 1. März 1890, ANA, B1:7, RA, Zit. 2; Stubhaug (2007), S. 426. Die Stockholmer Hochschule war die Institution, für die ANs Testamentsanwalt sich im Jahr zuvor ausgesprochen hatte.

11 AN an SH April 1890, in: Sjöman (1995), S. 265 (Passagiere); von Suttner (1890), Zit. S. 230 und 453.

12 AN an BvS 1. April 1890, in: Biedermann (2001), S. 88. Alfred Nobel nannte die zeitgenössischen Fabrikanten von Gewehren und Kanonen: »les Lebel, les Nordenfelt, les de Bange«.

13 Le Radical, 22. Feb. 1890, Ausschnitt in: FM, DNA, AN.

14 Le ministre de l'Intérieur au préfet de Seine-et-Oise, 15. April 1890, FM, DNA, AN; Le préfet de Seine-et-Oise au ministre de l'Intérieur, 17. April 1890, FM, DNA, NA.

15 AN an Präfekten in Seine-et-Oise 19. April 1890, FM, DNA, AN; Streit im Parlament s. AN an EN 23. April 1890, ANA, B1:7, RA, auch *Journal Officiel de la République française* (JO), 9. März 1890, Chambre des députés. Comptes rendus in extenso des débats parlementaires. Séance du 8. mars.

16 AN an AL 21., 23. und 27. April 1890, ANA, ÖII:5, RA, Zit. 27. April. AN auch an EN über das Drama 23. April 1890, ANA B1:7, RA.

17 Le ministre de la Guerre (Freycinet) au ministre de L'Interieur, 5. Mai 1890, FM, DNA, AN. Forderungen: hohe Wälle und einen Abstand von 500 Metern zu jeder Bebauung, u. a. s. AN an AL 27 April 1890, ANA, ÖII:5, RA.

18 AN an Ivar Lagerwall (IL) 4. Dez. 1892, ANA, B1:8, RA.

19 SD, 21. Mai 1890 und NDA, 12. Juni 1890 (Avigliana); *L'Estafette*, 20. Mai 1890 und 24. Mai 1890 (Barbe); *L'Écho de Raincy*, 8. Juni 1890, (Ausfälle gegen AN), Barbes Personenakte, BA 945, APP. *L'Écho de Raincy* erschien in der Nähe von Sevran, somit ein besonders heikler Angriff.

20 Carl Lewenhaupt (CL) an AN 1. Juni 1890, ANA, EII:4, RA; AN an SH Mai 1890, in: Sjöman (1995), S. 268.

21 AN an SH 17., 20. und 25. Juni 1890; Sjöman (1995), S. 269 f.

22 Mauskopf (2014), S. 125, Sorge, s. AN an PB, z. B. 6. Dez. 1889, ANA, B1:7; RA; Strandh (1983), S. 164ff.; Bergengren (1960), S. 118 ff.; AN an AL 21. Juni 1890, ANA, ÖII:5, RA.

23 AN an SH 7. Juli 1890, in: Sjöman (1995), S. 271 f.; AN an EN, ANA, BI:7, RA (Bellamy-Zitat).

24 AN an Axel Winckler (AW) 17. Juli 1890, ANA, B1:7, RA. Alfred im Innern empfindsam, s. z. B. Brief an RN 8. Jan. 1892, in: Fant (1995), S. 358.

25 AW an AN 12. Jan. und 18. Juli 1890, ANA, EII:2, RA.

26 AN an AA 1. Aug. 1890, ANA, EI:4, RA; AN an RN 21. Juni 1890, ANA E1:2, RA. Alfred bestimmte auch einen Teil seines Erbes von Andrietta für notleidende Schweden in Paris. Außerdem erhielten seine beiden Laborassistenten in Paris eine Summe, Roberts Kinder bekamen jedes 20 000 Kronen und auch einige Cousins und Cousinen erbten noch etwas Geld.

27 La concentration, 10. Aug. 1890 (PBs Tod), Barbes Personenakte, BA 945, APP; Chambre des députés. Séance du 31 juillet, JO, 1. Aug. 1890; AN an RN 2. Aug. 1890, ANA, EI:2, RA; La Lanterne, 3. Aug. 1890, Artikel auf: www.amis-des paulilles.fr (Beerdigung). Alfred in Sthlm, s. AN an AA 1. Aug. 1890, ANA, EI:4, RA.

28 La Concentration, 17. Aug. 1890, Barbes Personenakte, BA 945; Vian, BA 1294 und Le Guay, BA 1150, APP; AN an Le Guay 15. Okt. 1890, ANA, B1:7, RA.

29 Sechs Prozent Zinsen entsprach dem Jahreslohn eines Eisenbahnarbeiters 1919, wahrscheinlich war es im Jahr 1890 noch mehr. Der Jahreslohn für einen Knecht betrug 1890 mit Kost und Logie rund 450 Kronen. (Historiska lönedatabasen HILD, Göteborgs universitet). Alfred zahlte an die Nichten und Neffen zweimal jährlich 600 Kronen aus. Im Dezember 1891 »rundete« er zum Beispiel Ludvigs Zinsen auf, von 840 Franc (umger. 600 Kronen) auf 2 000 Franc.

30 AN an AA 12. Dez. 1890 (Verantwortung für Ingeborgs Pflege), ANA, E1:4, RA; Ludvig Nobel, Roberts Sohn (LNy) an PN 31. Dez. 1890, NA (schwache Nerven); LNy an PN 8. Sept. und 1. Nov. 1890, NA.

31 Frei nach den Briefen der Neffen und Nichten, z. B. LNys Brief an Pauline 1. Nov., 16. Nov. und 12. Jan. 1890.

32 Sven von Hofsten an JJ Sept. 1890, ANA, ÖII:4, RA. Jöns Johansson hieß eigentlich Johan Erik.

33 AN und GF an JJ Okt. 1890–März 1891, ANA, ÖII:4, RA; Uddenberg (2015), S. 272 ff. Alfred Nobel stellte sich Röhrchen in einer geschmolzenen Masse aus »Borax und Natriumfluorid« vor.

34 LNy an PN 12. Jan. 1891, NA; EN an AN 15. Jan. 1892 (feste Anschrift); AN an TN 29. April 1890, ANA, B1:7 (Finspång); AN an AL 2. und 15. Jan. 1891, ANA ÖII:5, RA; AB an AN 20. Jan. 1891, ANA, EII:6, RA, auch Sjöman (1995), S. 79.

35 LNy an PN 1. Feb. 1891, NA; AN an LNy 6. Feb. 91, INA, C:1, LL

36 AN an SH Nov. und Dez. 1890; Sjöman (1995), S. 282–291, Zit. S. 290.

37 AN an SH 1. Jan. 1891; SH an AN, 1. Feb. 1891; Sjöman (1995), S. 292 ff.

38 Amalie Brunner (AmB) an AN 8. April 1891; AN an SH 10. Feb. 1891; Sjöman (1995), S. 295.

39 Axel Key an Selma Key 19. April 1893, ANA ÖII:6, RA; »Inventaire de la Villa Mio Nido á San Remo«, AN April 1891, ANA, G2:3, RA; Zeichnungen, San Remo, Alfred Nobels Sterbhus arkiv (ANS), FII:1, RA; AN an einen M. »Benecke« (schwer zu entziffern), San Remo, 15. Juni, 2. Juli und 29. Sept. 1891; AN, Listen von Sachen mit nach San Remo, Sept. 1891 und 16. Nov. 1891, ANA, B1:8, RA. Wein, s. z. B. AN an E. Dignimont & Fils, 6. Dez. 1892, Bestellung von 155 Flaschen Wein in plombierten Kartons; Lotti (1980), S. 53–73.

40 LNy an PN 30. Juli 1891, NA; AN an SH 17. Juli 1891; Sjöman (1995), S. 303. Margrethe wurde am 14. Juli 1891 geboren; Deutschland, Mauskopf (2014); Russland, s. z. B. EN an AN, 4. Apr. 1892; Schweden, Nachricht in AL an AN 24. März 1892. Später gewann das Ballistit an Boden und wurde außer in Italien auch in Deutschland und den skandinavischen Ländern angewandt, s. Mauskopf (2014).

41 Zit. aus Nordisk familjebok (1904); Journal de France, S. 1762; Duby (Hg.) (1991), S. 166 f.

42 *Le Figaro*, 10. Sept. 1890 und 12. Sept. 1893; Morcos (1961), S. 195–211.

43 JA an AN 31. Dez. 1890, ANA, EII:3, RA; Hogenuis-Seliverstoff (2001), S. 255 f., Zit. S. 256.

44 AN an BvS 14. Sept. 1891.

45 von Suttner (1909, E-Book), S. 210. Tolstoi schrieb auf Französisch.

46 Hamann (2015); AN an BvS 31. Okt. 1891, ANA, EII:2, RA und Biedermann (2001), S. 92; BvS an AN 4. Nov. 1891, ANA, EII:2, RA, auch in Biedermann (2001), S. 93.

47 AN an LNy, 9. Nov. 1891, INA, C:1, LL.

48 LNy an PN 1. Feb. 1892 (LNy benutzt das Wort Putz (Sperenzien)); Axel Key an Selma Key, 19. April 1893, ANA ÖII:6, RA (russische Pferde); AN an RN 8. Jan. 1892, in: Sjöman (2001), S. 322.

49 LNy an PN 17. Feb. 1892, NA; AN an LNy 21. Feb. und 5. März 1892, INA, C:1, LL; EN an AN 8. Sept. 1891, ANA EI:2, RA.

50 S. z. B. AN an TJ 19. Jan. 1892 und AN an Kraftmeier 11., 18. und 23. März 1892, ANA, B1:8, RA.

51 SH an AN 16. Jan. und 21. Feb. 1892, in: Sjöman (1995), S. 307 und 310; AmB an AN 11. Jan. 1892, ANA, EII:6, RA; Sjöman (1995), S. 306; AN an Maximilian Barber (MB), Zit. 23. Feb. 1892 (wahrscheinlich nicht abgeschickt) ANA, EII:6, RA, in: Sjöman (1995), S. 68; AN an MB 24. Feb. 1892, ANA, EII:6, RA, in: Sjöman (1995), S. 68.

52 ANs undat. Titulierung »Litteratur und poesi« (»Literatur und Poesie«), ANA, BII:2, RA. Die Werke, nummeriert: 1. Tre systrarna (»Die drei Schwestern«), 2. Döden på halsen (»Den Tod am Hals«), 3. Sot och Bot (»Krankheit und Heilung«), 4. Hon (»Sie«), 5. Gåtan (»Das Rätsel«), 6. Om jag har älskat (2 motsatser) (»Wenn ich geliebt hätte (2 Gegensätze)«), 7. Det gifves drömmar (»Es warden Träume gegeben«), 8. Cenci, 9. Andlig uppfostran (»Geistige Erziehung«), 10. Predikningar (»Predigten«), 11. Tro och otro, (»Glaube und Unglaube«) 12. Två på halsen (»Zwei am Hals«), 13. Wonder (»Wunder«), 14. I saw two rose-buds (»Ich sah zwei Rosenknospen«), 15. …

53 Kuriosa: August Strindberg veröffentlichte kurz darauf den Artikel »Vad är Ryssland? (Qu'est-ce que La Russie?)« in JAs Zeitschrift (1. Feb. 1892). Er teilte JAs Ansichten. JAs Vorstellung in der Zeitschrift: »M. August Strindberg […] ist einer der herausragendsten demokratischen Schriftsteller Schwedens, was seine Einschätzung Russlands von besonderem Interesse sein lässt.«. S. Ahlström (1956), S. 147.

54 Ahlström (1956), S. 7–30 und S. 108–158. Ginistys Artikel wurde am 16. Nov. 1891 in *La République Française* veröffentlicht.

55 Personenakten für Émile Arton (BA 937) und Gilbert LeGuay (BA1150), APP; Artikel in *L'Intransigeant* über die Entdeckung und Verhaftung 23. Juni, 24. Juni und 1. Juli 1892, FM, DNA, AN (AN-Zit. 24. Juni); Mollier (1991), S. 522 ff.(Liste bestochener

Parlamentarier); AN an Ristori 1. Nov. 1892, in: Sohlman (1983), S. 75 f.; Bergengren (1960), S. 116 (Obligationsanleihen); Urteil des Cour d'Assises, 15. Feb. 1893, AP (sowie Notiz in Le 19e Siècle, 2. Juli 1893, BA937, APP, über das Urteil gegen Arton in seiner Abwesenheit). Das erste Gerichtsverfahren im Panama-Skandal fand auch Anfang 1893 statt. Der Finanzchef Jacques de Reinach hatte da Selbstmord begangen. Ferdinand de Lesseps wurde zunächst zu fünf Jahren Gefängnis verurteilt und Gustave Eiffel zu zwei, doch keiner von beiden musste die Strafe ableisten. Regeringen trat zurück, ein Minister erhielt eine Gefängnisstrafe, in beiden Verfahren herrschten antisemitische Untertöne, die im Dreyfuss-Skandal einige Jahre später dann laut wurden.

56 EN an AN 30. März, 20. April, 7. Juni, 10. Juni und 30. Juli 1892, ANA, EI:2, RA; Åsbrink (2001), S. 139 f.

57 EN an AN 30. Juli, 8./16./17. Aug. 1892, ANA, EI:2, RA.

58 AN an »Monsieur l'Ambassadeur«, 26. Okt. 1892, ANA, ÖII:6, RA. Alfred schrieb auf Französisch, es ist unklar, an wen, möglicherweise an den russischen Botschafter.

59 AN an Escher Wyss & Cie, Zürich, 3. Juli 1892, ANA, B1:8, RA; Strand (1983), S. 249 (12 m lang); Larsson (2010), S. 66; AN an Mr Naville 20. Feb. 1893, ANA, BI:9, RA.

60 BvS an AN 2. Juni 1892, in: Biedermann (2001), S. 104.

61 BvS in *Neue Freie Presse*, 12. Jan. 1897 (Zit.), von Suttner (1909, E-Book), S. 277.

62 Ebd.; Hamann (2015), S. 192; AN an Aristarchi Bey (AB), 5. Sept. 1892, ANA, B1:8, RA. BvS gibt 1909 an, dass sie hier zum ersten Mal über einen Preis gesprochen hätten. Dem wird jedoch durch ihre Reaktion auf ANs Idee eines Friedenspreises im Januar 1893 widersprochen. Ich stütze mich deshalb auf die zeitgenössischen Briefe vor den im Nachhinein aufgeschriebenen Schilderungen.

63 AN an AB 5. Sept. 1892, ANA, B1:8, RA; S & S (1926), S. 223 f.; ABsBriefe und Berichte in ANA, EII:7, RA. Er bekam 15 000 dafür, dass er ein Jahr lang für AN zur Verfügung stand.

64 Henri La Fontaine (HLF) an AN 11. Okt. 1892, ANA EII:2, RA.

65 AN an HLF 15. Okt. 1892, ANA B1:8, RA.

66 AN an BvS 6. Nov. 1892, ANA, B1:8, RA, auch Biedermann (2001), S. 115.

67 BvS an AN 24. Dez. 1892, ANA, EII:2, RA, auch Biedermann (2001), S. 118 f.

68 AN an BvS 7. Jan. 1893, Original in der United Nations Library, Genève, Kopie in ANA, B1:8, RA. Der Brief ist ursprünglich auf Französisch geschrieben, diese deutsche Übersetzung stammt von Bertha von Suttner. In: Biedermann, S. 123.

69 BvS an AN 27. Jan. 1893, ANA, EII:2, RA, auch Biedermann (2001), S. 124 f.

Kapitel 17
Ein »Wohltäter der Menschheit« mit Heimweh

1 Die Einladung der Schwedischen Ärztegesellschaft an Spender, ANA, EII:4, RA; S & S (1926), S. 245. Alfred Nobels möglicher Beitrag ist unbekannt.

2 AB, 9. Dez. 1892 (Zit.).

3 Svenska klubben in Paris, en jubileumsskrift (»Der schwedische Club in Paris, eine Jubiläumsschrift«) (1952), Zit. S. 10 und 12.

4 S & S (1926), S. 250 ff.; AN an AL 13. Okt. 1892, ANA, ÖII:5, RA; AN an LN 8. Okt. 1892, NA.

5 Tausend Ideen, s. Steckzén (1946), S. 150; Projektliste aus ANA, BII:2, RA; AN an RN 29. Juli 1883, in: Fant (1995), S. 361.

6 AN an Wilhelm Unge (WU), z. B. 16. Sept., 30. Sept. und 10. Okt. 1892, ANA, BI:8, RA; AN an Fabriksdirektor Ekman, Finspång (»militärische Richtung«) und AN an »My Dear Sir« (Bücher), 5. Juli 1893, ANA, BI:9, RA; AN an AL 9. Mai 1894, ANA, ÖII:5, RA (Zit.).

7 Axel Key an Selma Key 19. April 1893, ANA, ÖII:6, RA; AN an EN 21. Juni 1893, ANA EI:2, RA (über medizinische Ideen gesprochen).

8 AN an »Hochverehrtesten Herrn Professor« 10. Mai 1893, ANA ÖII:6, RA. AN versprach, bei der Verleihung im Sept. zugegen zu sein, doch befand er sich laut Briefdatierungen in Aix-en-Provence.

9 AN an EN 21. Juni, 29. Juni und 8. Aug. 1893, ANA, EI:2, RA.

10 Tolf (1977), S. 160 f.; Yergin (1991), S. 70 f.; AN an Sven Hedin 17. Juli 1893, ANA B1:9, RA; AN an EN, ANA EI:4, RA.

11 Erlandsson (Hg.) (2009), Zit. S. 173 und 174; AN an Ingeborg Nobel (InN) 28. Aug. 1894, NMA; AN an Fräulein Öberg 17. Juni 1894, ANA BI:9, RA; AN an den Rentenfonds, 4. März 1896, ANA EII:3, RA.

12 S & S (1926), S. 252; AN an Lavatelli 30. Mai 1893, ANA, BI:9, RA.

13 S. z. B. BvS an AN 11. April 1894, auch Biedermann (2001), S. 142 f.

14 Rieffel an AN 5. Sept. und 18. Okt. 1892, ANA, EII:2, RA; AN an Rieffel 8. Dez. 1892, ANA, B1:8, RA (8. Dez., Abschrift im EB-arkivet, 15. Juli 1956, NA.)

15 Le Figaro, 16. Nov. 1893; Quinn (1996), S. 136 (elf Bomben); Gil Blas, 12. Nov. 1893 (verschärfte Dynamit-Vorschriften).

16 RS an Hulda Sohlman (HS) 2. Nov. 1893, Ragnar Sohlmans arkiv, L10a:19, KB; Sohlman (2014), S. 121; Sohlman (1983), S. 53.

17 Fredrik Ljungströms (FL) Erinnerungsnotizen, EB-arkivet, 17. Okt. 1955, NA.

18 RS an HS 5. Mai 1894, RSA, L10a:19, KB.

19 Sohlman (2014), S. 130 f.

20 RS an HS 30. Nov. 1893, 3. und 25. Jan. 1894 RSA, L10a:19, KB.

21 RS an HS 6. Jan. 1894, RSA, L10a:19, KB; Sohlman (2014), S. 137; Steckzén (1946), S. 143 ff. Das Unternehmen hieß beim Ankauf AB Bofors-Gullspång. Alfreds erste Alternative war Finspång, doch er fand die Anlagen dort zu altmodisch.

22 *London Daily News* und *Morning Post*, 12. Sept. 1893. Das Patentverfahren in Chancery Division Fand zwischen dem 30. Januar und dem 14. Februar 1894 statt. Am Court of Appeal wurde im Juli 1894 Berufung eingelegt, jedoch mit demselben Ergebnis. Im Februar 1895 kam das Verfahren dann vor das House of Lords.

23 *Sheffield Evening Telegraph*, 31. Jan. 1894 (Nobel sagt aus); AN an TJ 2. Jan. 1895, ANA BI:9, RA (Zeitverschwendung); Mauskopf (2014); AN an TJ 20. April 1894, EB-arkivet, 10. Juli 1956, NA; AN an Carl Lundholm (CL), 21. Juni 1894, ANA, BI:9, RA.

24 *Pall Mall Gazette*, 15. Feb. 1894.

25 AN an AEN 11. April 1894, AENA, E01:18, KVA (Heimweh).

26 AN an Leitung von Bofors-Gullspång, 27. März 1894, ANA, BI:8; AN an Jonas Kjellberg, Disponent in Bofors (JK), 19. Nov. 1894, ANA, BI:9, RA; AN an JK 27. März und 9. Mai 1894, ANA, BI:8, RA.

27 Die *Mignon* wurde auf ALs Rat an Finnboda Slip geschickt, s. AL an AN 12. Mai 1894, ANA, ÖII:5; RA. Das Schicksal des Schiffes ist ab da unklar. Im Frühjahr 1896 dachte AN darüber nach, es zu verkaufen, s. Brief 10. April 1896, ANA, BI:10, RA.
28 Hjalmar Nobel (HN) an RN 20. Mai 1894, NA; HN an RN 22. April 1894, NA. (»Oh, wärest du weiß wie ein Schwan, machte es dich sofort zu einem schwarzen Mohr«, zitierte er aus den »Gluntarna«); HN an RN 17. Juni 1894, NA; AN an HN 24. Okt. 1894, NA.
29 Kopie der Zeitungsseite, ANA, EII:6, RA. Die benutzten Worte sind »Kuratel« und »Kurator«; SH an AN 10. Juli 1894, ANA, EII:5, RA; Sjöman (1995), S. 70. In der Zeitung wird der Name »Sophie« geschrieben. Alfred verwendete sowohl »Sofie« als auch »Sophie«.
30 RS an HS 19. Nov. 1893 und 20. Mai 1894, RSA, L10a:19, KB; Sohlman (2014), S. 144; RS an AN 1. März 1894, ANA, EII:1, RA; Sohlman (1983) S. 30; AN an W. Schmidt u. a. 1893–1896, ANA, FVI6, RA und AN an WS, B1:8, 9 und 10, RA.
31 FLs Erinnerungsnotizen, EB-arkivet, NA; Strandh (1983), S. 278 ff.; AN an Mavor (anderer Fahrradpartner), 10. Mai 1896, ANA, B1:10, RA (kann nicht Fahrrad fahren). Der Kontakt wurde vom Geschäftsmann Charles Waern (CW) vermittelt, der auch bei dem Projekt dabei war.
32 AN an RS 3. Sept. 1894, ANA, BI:9, RA; Sohlman (1983), S. 19 und 54.
33 RS an HS 16. April 1895 und 16. Okt. 1894, RSA, L10a:19, KB; RS an HS, Pfingsten 1894, Sohlman (2014), S. 144.
34 AN an Hjalmar 4. Okt. 1894, ANA, BI:9, RA. »Natürlich mache ich Witze, denn du weißt sehr gut, dass ein 60-jähriger Josef vor Potifars Weib Ruhe haben würde, Jüdin, die sie war.«
35 AN an HN 4. und 24. Okt. 1894, ANA, BI:9, RA; AN an HN 2. Dez. 1894, BA:9, RA.
36 Brief von Gaucher an AN, i EII:3, von Alfred Hammond an AN, EII:4 und von Emma, Marie und Claire Winkelmann an Alfred, EII:4, dazu Quittungen der Einkäufe.
37 AN an Major Adelsköld 9. Nov. 1894, ANA, BI:9, RA.
38 AN an EN 29. Okt. 1894, ANA, BI:9, RA; EN an AN 1. Juni 1895, ANA, EI:2, RA.
39 BvS an AN 28. Nov. 1894; Biedermann (2001), S. 151 f.; Eugène Turpin entdeckte 1886, dass Pikrinsäure ein starker Sprengstoff ist, und ist Namensgeber.
40 BvS an AN 11. April 1894; Biedermann (2001), S. 142 f. »Des budgets de la Paix – c'est du nouveau. On commence á accorder á notre institution caractère d'utilité ublique.«
41 »Voldgiftadressen«, 5. März 1890, s. Garbo, Gunnar, »Fredsaktivisme på Stortinget«, *Dagbladet* 15. April 2004.
42 Bjørnson an BvS 20. Juli 1894, in: von Suttner (1909, E-Book), S. 318f; BvS an AN 1. Sept. 1895 (»Genier aus dem Norden«), 28. Okt. 1894 und 28. Nov. 1894, in: Biedermann (2001), S. 157 und 150 ff.; auch Garbo, Gunnar, »Fredsaktivisme på Stortinget«, *Dagbladet* 15. April 2004.
43 Erlandsson (Hg.) (2006), S. 40 (Rydberg); InN an AN Juli 1893, 3. Okt., 17. Okt. 1894 und 7. Jan. 1895. InN heiratete den Grafen Carl Ridderstolpe am 28. Aug. 1894. Sie zogen zunächst nach Strömsholm, »vier Stunden westlich von Stockholm«.
44 PN an HN 23. Aug. 1894, NMA; EN an AN 6. Okt. 1894, ANA, EI:4, RA.
45 Nobel-Oleinikoff (1952), S. 109 f.; Sjögren, s. z. B. AN an HS 4. Okt. 1894, ANA, BA:9, RA sowie 9. März und 5 Juli 1895, Hjalmar Sjögrens arkiv, W 4, KVA; LN an AN 18. Okt. 1895, NA, C1, LL.

Kapitel 18
Der Patentskandal, der Ballon und das letzte Testament

Für die wissenschaftliche Einrüstung dieses Kapitels sind die Quellen um Patrice Debrés große Biografie von Louis Pasteur, Susan Quinns *Marie Curie. A life* und Friedrich Dessauers *Röntgens upptäckt*, Letzteres mit der Wiedergabe von wichtigen Originaldokumenten. Hier hat Ragnar Sohlman seinen ersten bedeutungsvollen Auftritt, ich beziehe mich hier auf Sohlmans eigenes Buch *Testamentet*, die selbst herausgegebene Briefsammlung seines Enkels Staffan Sohlman *Ragnar Sohlman – Baku, Chicago, San Remo* sowie den Originalbriefwechsel zwischen Sohlman, seiner Verlobten/Frau und seiner Mutter im Ragnar Sohlmans arkiv in der KB. Die Studie des Wissenschaftshistorikers Seymour Mauskopf *Nobel's explosives company, limited v Anderson* war, neben Alfred Nobels Briefen und britischen Zeitungsartikeln, meine Hauptquelle für die Schilderung des schwierigen Patentprozesses um Cordite und Ballistit. In S. A. Andrées *The Beginning of Polar Aviation 1895–1897* habe ich detaillierte Unterlagen für die frühe Phase der Ballonexpedition gefunden, an der Alfred Nobel beteiligt war. Für den Kauf von Bofors und den Besuch des Königs war Birger Steckzéns *Bofors. En kanonindustris historia* von 1946 eine wichtige Quelle. Für Norwegens Rolle in der internationalen Friedensbewegung und die Bedeutung des Friedensgedankens für die Probleme in der Union habe ich mir Unterstützung bei Oscar J. Falnes Buch *Norway and the Nobel peace prize* von 1938 sowie Øivind Stenersen, Ivar Libaek und Asle Sveens *Nobels fredspris. Hundre år for fred* geholt. Fredrik S. Heffermehl legt in seinem *Nobels fredspris. Visionen som försvann* eine kritischere Gegenwartsperspektive an.

1 AN an TH 2. Jan. 1895, ANA, BI:9, RA.
2 AN an Julius Heydner (JH) 16. Okt. 1894, in: Sjöman (1995), S. 72 ff.
3 Nicolaus Kapy von Kapivar (NKK) an JH 30. Jan. 1895 und AN an JH 9. März 1895, in: Sjöman (1895), S. 80 f.
4 NKK an JH 30. Jan. 1895 und AN an JH 9. März und 30. Okt. 1895, in: Sjöman (1995), S. 80 ff.
5 Mauskopf (2014), S. 139ff; Lord Justice Kay, in: S & S (1926), S. 175.
6 *Pall Mall Gazette*, 6. März 1895; AN an EN 10. März 1895, ANA, BI:9, RA; AN an Timothy Warren (TW) 10. März 1895, ANA, BI:9, RA; AN an den Redakteur des Daily Chronicle, 9. März 1895, ANA BI:9, RA.
7 Entwurf zum Patent Bacillus, in ANA, BII:2, RA; AN an HN 18. März, ANA, BI:9, RA.
8 AN an AL 22. Jan. 1895, ANA; ÖII:5, RA; Steckzén (1946), S. 166 (Labor fertig); AN an AL 22. Jan., 6. Feb. (echte Freunde), ANA, BI:9 und ÖII:5, RA; AN an EN 13. Juni 1895, ANA, BI:9, RA; AN an M. Wiberg 26 Feb. 1895, ANA, B1:9, RA (Zit. Je größere Summen); Strandh (1983), S. 265 f.; Erste Labornotiz zum neuen Schwarzpulver 6. April 1894, s. NH-pärmarna, 5. Sept. 1956, NA.
9 Sohlman (1983), S. 52 ff.; AL an RS 1. April 1895, ANA, ÖII:2, RA (Labor); S & S (1926), S. 194.
10 Anekdote, die Rolf Sohlman Erik Bergengren am 20. Juli 1955 erzählt hat, EB-arkivet, NA.
11 Sohlman (2014), S. 159 f.; EN an AN 20. Juni 1895; EBs Kartenregister (Pferdenamen),

NA; »Kutsche des Erfinders«, *Upsala Nya Tidning*, 25. April 1898; *Karlskoga tidning*, Mai 1898, zit. in EB-arkivet, 11. Jan. 1957, NA.

12 AN an FL 12. März 1896, ANA, BI:10, RA; FLs Erinnerungsnotizen, EB-arkivet, NA. (FL endete mit: »… die schmutzig sind«, aber er muss sich eigentlich verschrieben haben); AN an Mr. Julien, Paris, 3. Feb. 1896, ANA, B1:10, RA (Malakoff verkaufen); AN an CW 3. Nov. 1895, ANA, B1:10, RA. (Das Fahrrad wurde auf dem »Besvärsbacken« an der Pustegränd auf Söder ausprobiert, »Stockholms steilster Hügel«).

13 Sollinger (2005), S. 89–97. Die größten Spender: Alfred Nobel 65 000 Kronen, der Hof 30 000 Kronen, der Geschäftsmann Oscar Dickson, 30 000 Kronen.

14 AN an Salomon August Andrée (SAA) 18. Sept. und 22. Sept. 1895, ANA, BI:10, RA.

15 EN an AN 28. Juli 1895, ANA, EI:2, RA. SvD 18. Sept. und 19. Sept., AB 19. Sept. und *Nya Wermlandstidningen* (NWT) 19. Sept. 1895; Stecksén (1946), S. 163 ff.; russische Pferde und Wagen, s. Bericht der *Karlskoga tidning* 1898, EB-arkivet, 11. Jan. 1957, NA.

16 AN an Leonard Weylandt 19. und 21. Okt. 1895, ANA, BI:10, RA. Alfred fand, dass das Grand Hôtel, das Restaurant Hasselbacken und das neu gebaute Hotel des Bankiers Wallenberg in Saltsjöbaden zu einem Unternehmen zusammengeführt werden sollten.

17 Aristide Rieffel (AR) an AN 31. Okt. 1895, EII:4, RA; AN an AR und AN an HN 5. Nov. 1895, ANA, BI:10, RA; AN an HN um den. 21. Nov. und um den 24. Nov. 1895, ANA, BI:10, RA.

18 AN an HN 7. Dez. 1895, ANA, BI:10, RA.

19 AN an HN 29. Okt., ANA, BI:10, RA.

20 Strindberg (1999), S. 587 ff.; BvS an AN 12. Aug. 1894, in: Biedermann (2001), S. 146. (Sie las eine frühere deutsche Ausgabe.)

21 Nordau (1993), Zit. S. 541; Brunetière, Ferdinand, »Après une visite au Vatican«, *Révue des deux mondes*, 1895–01, Zit. S. 99.

22 Strindberg, August, »Introduction à une chimie unitaire. Première esquisse«, *Mercure de France*, Okt. 1895, Alfred Nobels Björkborns arkiv (ANBA); AN an Direktor E. Hörnell 22. Okt. 1895, ANA, B1:10, RA.

23 Svenska klubben (1952), S. 10, 14 und 17; SBL (Strehlnert) und EB-arkivet, NA (Hwass).

24 Die 20 000 Kronen, die Roberts Kinder bereits bekommen hatten, kommen in dieser Berechnung nicht vor. Alfred gab auch an die, den meisten unbekannten, hier aber schon zuvor erwähnten Hammond, die Fräulein Winckelmann und Frau Gaucher sowie Georges Fehrenbach Geld. Er versah seinen gegenwärtigen und ehemaligen Diener Auguste Oswald sowie den ehemaligen Gärtnermeister Jean Lecof mit kleinen Renten. Elisa Antun, die eine Rente und ihr noch ausstehendes Kapital ausbezahlt bekam, ist schwer nachzuverfolgen, doch wahrscheinlich handelt es sich um Alfred Nobels ehemalige Haushälterin in Paris.

25 Protokoll, Stockholms Rådstugurätt, 5. Feb. 1897, *Protokoll hållna vid sammanträden för öfverläggning om Alfred Nobels testamente*, bil B, Nobelstiftelsen (1898).

26 BvS an AN 26. Sept. 1895, in: Biedermann (2001), S. 159.

27 BvS an AN 1. Sept. 1895, in: Biedermann (2001), S. 157.

28 Alfred Nobels Testament: www.nobelprize.org; S & S (1926), S. 250–257; SE an AN 16. Dez. 1895, ANA, EII:3, RA.

29 Röntgens Bericht vor der Physikalisch-medicinischen Gesellschaft in Würzburg, Über eine neue Art von Strahlen, 1895, in: Dessauer (1895), S. 56 ff.

30 Claire Winkelman an AN 23. Feb. 1896, ANA, EII:4, RA; BvS an AN 7. Feb. 1896, in: Biedermann (2001), S. 168 f.
31 LN an AN 1. Jan. 1896, NA, C1, LL; ANA, EII:3, RA.
32 AN an Mr. Président 12. Jan. 1896, ANA, B1:10, RA; AN an Mr. Julien, Paris, 3. Feb. 1896, ANA, B1:10, RA; Sohlman (1983), S. 48.
33 AN an Frau Tamm 29. Jan. 1896, EB-arkivet; AN an Sofie Ahlström (SoA) 30. Jan. 1896, ANA, BI:10, RA, sowie undat. 1896, ANA ÖII:6, RA. Valborg Nobel (VN) an AN 12. Nov. 1895, NoA, C:1, LL. SoA wurde dann als Sekretärin bei den Testamentsverwaltern eingestellt.
34 *Nemesis*, Drama in vier Akten, ANA, BII:1, RA; Sjöman (2001), S. 69–92.
35 Korrespondenz AN–BvS, Jan.–April, in: Sjöman (2001) S. 98–106.
36 AN an LNy, ANA, B1:10, RA.
37 SAA an AN (Seide) 23. Dez. 1895, ANA, FVIII:1, RA; Johannesson, Lars, »Die Geschichte vom Ballon Svea«, Stadtwanderungen/Stockholms stadsmuseum, 13/1990, S. 19–25.
38 Alfred Nobels technische Beschreibung, 7. Mai 1896 und AN an GF bl.a. 1. Juli 1896, ANA, BI:10, RA; Sohlman (1983), S. 34.
39 SAA an AN, 26. Mai 1896, ANA, FVIII:1, RA; Arbeit, 8. Juni 1896; AN an Andrée, Ekholm und Strindberg, Sommer 1896, ANA, BI:10, RA.
40 TyN an AN, Getå 23. Juli 1896, NA, C:1, LL; RN an HN 8. Nov. 1895, NMA; Reisende, tidningen Kalmar, 17. Juli 1896; PN an AN 7. Augusti 1896, ANA, EI:4, RA.
41 AN an HN resp. RS 11. Aug. 1896, ANA, BI:10, RA.
42 Telegram SAA an AN 24. Aug. 1896; Sohlman (1983), S. 39; s. auch Telegramm von AN an SA undat. Okt. 1896 und Brief 30. Okt. 1896, RA. Andrées Expedition startete dann 1897. Die drei Mitglieder der Expedition kamen um, ohne den Nordpol erreicht zu haben.
43 AN an Lea 6. Aug. 1896, in: Sjöman (2001), S. 128; Sohlman (1983), S. 52. Der Geschäftskontakt war C.H. Waern, s. Sjöman (2001), S. 130.
44 Arrhenius (1896), S. 237–276 (der Begriff »Gewächshauseffekt« wurde 1909 von dem Physiker Robert Wood geprägt); Crawford (1996), S. 123 ff.(Ehe).
45 Korrespondens SAA–AN, 10. Sept., 29. Sept., 30. Sept., 13. Okt., 4. Nov. und 12. Nov. 1896, ANA, EII:4, RA.
46 Strandh (1983), S. 282–286; FL minnesanteckningar, NA.
47 AN an RS 25. Okt. 1896, in: Sohlman (1983), S. 54; AN an RS 28. Okt. 1896, EB-arkivet, 26. Jan. 1957; Martennieri, Ulisse, »Bericht über Mr. Alfred Nobels Krankheit und Tod«, EB-arkivet (1896), NA; Alfred Nobels Kassenbuch, 1896, ANA, G5, RA.
48 LN an AN 17. Okt. 1896, NoA; C:1, LL; VN an AN 21. Okt. 1896, ANA, ÖII:6, RA.
49 AN an verehrten Bruder 20. Nov. 1896, ANA, B1:10, RA (Wein); AN an C. H. Waern 7. Nov. 1896, in: Sjöman (2001), S. 130; AN an SAA 11. Nov. 1896 (10 000 kr), ANA, B1:10, RA; Nathan Söderblom (NS) an AN 13. Nov. und 9. Dez. 1896, ANA, EII:3, RA; Söderblom (2014), S. 15 f. (kindlich); Schwedisch-Norwegische Unterstützungsgesellschaft an AN 28. März 1895, ANA, EII:3, RA (Arme); Söderblom, Nathan, Manuskript an Alfred Nobel und Friedenssache, 11. Dez. 1930, Nathan Söderbloms Sammlung, UUB; Hemmets Magasin, Sveriges Radio, 1947 (Zit.).
50 Söderblom (1930); Sjöman (2001), S. 164.

51 Söderblom (1930); *Sydsvenska Dagbladet*, 20. Nov. 1896 (Bankett). Söderblom gibt ein Fest für König Oscar II. am 1. Dez. 1896 an. Doch am 1. Dez. 1896 hatte AN Paris verlassen. Das Bankett für Nordling hingegen wurde am 14. Nov. 1896 gehalten. Daran nahmen sowohl Alfred Nobel als auch Nathan Söderblom teil (Zeitungsbericht), es war das bisher größte Fest in der Geschichte der Gesellschaft.

52 Sigurd Ehrenborg an AN 17. Nov., 20. Nov. und 25. Nov., ANA EII:3, RA; AN an SE 18. Nov. 1896, ANA, BI:10, RA.

53 AN an BvS, 21. Nov. 1896 und BvS an AN, 28. Nov. 1896, in: Biedermann (2001), S.191 ff. Alfred verließ Paris am 26. Nov. 1896, s. AN an Smitt, 26. Nov. 1896, ÖII:6, »reise heute nach San Remo«.

54 Sohlman (2014), S. 153

55 AN an SH 11. Nov. 1889, in: Sjöman (1995), S. 255; Martennieri (1896), NA; Alfred Nobels Kassenbuch, 1896, ANA, G5, RA

Teil 4
»Das Testament bleibt eine prächtige Erinnerung an die Liebe zur Menschheit.«
Le Figaro, 7. Januar 1897.

Kapitel 19
»Eine großartige Anerkennung«

Das Tagebuch von Pfarrer Nathan Söderblom *Resan till San Remo 15–19/12 1896* ist eine schöne zeitgenössische Quelle zusätzlich zu seiner veröffentlichten Rede an Alfred Nobels Sarg und dem Entwurf zu seiner farbenkräftigen Rede bei der Nobelpreisvergabe 1930, *Alfred Nobel och fredssaken*. Ansonsten habe ich die Ereignisse mit Unterstützung von Ragnar Sohlmans *Ett testamente* und seiner Korrespondenz, aber auch von Carl Lindhagens *Memoarer* eingefangen. Die Briefe der Verwandtschaft Nobel waren wichtig, um zu zeigen, dass die Geschichte nicht so schwarz-weiß ist, wie sie oft dargestellt wird. Gustav Källstrand von der Nobelstiftung hat zwei gute Bücher über den Prozess geschrieben, die ich auch benutzt habe – seine Doktorarbeit *Medaljens framsida. Nobelpriset i pressen 1897–1911* sowie *En kvistigare kalkyl. Nobelstiftelsens historia 1896–1932* (noch nicht publiziert), an dem er mich in Manuskriptform hat teilhaben lassen. Wie immer bin ich die zeitgenössische Presse durchgegangen, die hier besonders bedeutsam war. Die erhaltene Besitzauflistung von Alfred Nobel, die im Archiv des Bezirksgerichts Karlskoga liegt, war sowohl hier wie auch an anderen Stellen im Bericht wertvoll.

1 RS an Ragnhild Sohlman (in spe) (RagS) 10. Dez. 1896, RSA, L10a:20, KB; RS an HS 13. Dez. 1896, RSA, L10a:19, KB.

2 RS an RagS undat. Sonntag (13. Dez.) 1897, in: Sohlman (2014), S. 153 f.

3 Sohlman (1983), S. 124 f.; Lindhagen (1936), S. 246.

4 RS an HS Dez. 1896, Sohlman (2014), S. 154.

5 Söderbloms Rese nach San Remo 15.–19. Dez. 1896, Rede am Sarg (Tal und skrifter 1930) sowie Alfred Nobel und die Friedenssache; Il Pensierodi Di Sanremo, 18. Dez. 1896; Sohlman (2014), S. 156.

6 RS an LNy, 7. März 1897, ANSA, EI:1, RA.

7 Sohlman (1983), S. 130; Lindhagen (1936), S. 246. Die offizielle Testamentseröffnung fand am 30. Dez. 1896 in Gegenwart von vier Personen statt, wahrscheinlich den beiden Testamentsvollstreckern zusammen mit Hjalmar und Emanuel Nobel. Doch da hatten diese bereits eine Abschrift gelesen.

8 *Stockholmstidningen* 30. Dez. 1896; DN 29. Dez. 1896; ANs Testament.

9 EN an RS 27. Dez. 1896, ry kal, ANAS, EI:1, RA; *Socialdemokraten,* 4. Jan. 1897 (nicht AB); Källstrand, S. 11 (20 Jahreslöhne); Sohlman (1983), S. 131; SvD, 4. Jan. 1897.

10 DN, 4. Jan. 1897.

11 *Socialdemokraten,* 4. Jan. 1897.

12 *Göteborgs Aftonblad,* 21. Jan. 1897.

13 Zit. in AB, 4. Jan. 1897.

14 Hamann (2015), S. 225.

15 Ebd.; von Suttner, *Neue Freie Presse,* 12. Jan. 1897 (der Inhalt ansonsten dort wiedergegeben, die Erinnerungen gehören ins Reich der Geschichte).

16 *Le Figaro,* 7. Jan. 1897.

17 Inventarisierung, 30. Okt. 1897, Karlskoga häradsrätts arkiv, FII:54. ULA.

18 Sohlman (1983), S. 140 ff.; Lindhagen (1936), S. 260 f.

19 Sohlman (1983), S. 138 ff.; Zu der Zeit musste ein Testament registriert (geltend gemacht) werden, um Gültigkeit zu erlangen.

20 Protokoll, Stockholms Rådstugurätt, 5. Feb. 1897, i Protokoll hållna vid sammanträden för öfverläggning om Alfred Nobels testamente, bil B, Nobelstiftelsen (1898).

21 AB, 5. Feb. 1897.

22 LNy an RS, 18. Feb. 1897, ANAS, EI:1, RA.

23 LNy an RS 7. März 1897, ANAS, EI:1, RA.

24 Sjöman (2001), S. 170–175. RS Exemplar von Nemesis liegt in ANA, BII:1, RA.

25 Sohlman (1983), S. 144 ff.

26 Brisson, Adolphe, Autour d'un testament, Le Temps, 19. Feb. 1897.

27 Sohlman (1983), S. 145 ff.; Lindhagen (1936), S. 260 (Zit.).

28 Sohlman (1983), S. 143, »falsche Dokumente« und 149.

29 HN an RS 27. Feb. 1897, ANAS, EI:1, RA.

30 InN an RS 7. März 1897, ANAS, EI:1, RA.

31 Entwurf zu Bedingungen für Einspruch, 16. März 1897, NoA, C1, LL. Eine der Bedingungen, die in dieser Phase getroffen wurden, war, dass der Einspruch von allen Mitgliedern der Verwandtschaft ausgesprochen werden musste.

32 RS an RagS, 26. März 1897, RSA, L10a:20, KB. In »Ett testamente« schreibt RS, dass sie damals niemals mit dem König gesprochen hätten. Aus dem Brief an Ragnhild aus dieser Zeit ergibt sich jedoch das Gegenteil.

Kapitel 20
»Ein Kampf um Millionen«

Zwei im Nobelschen Archiv in Lund gefundene Dokumente werfen ein neues Licht auf die Strategie der schwedischen Verwandtschaft in der Testamentsfrage. Das eine ist ein Entwurf zur Klageschrift *Utkast till villkor för överklagan* vom März 1897, das andere ein Brief des Anwalts Ernst Trygger an Ludvig Nobel von 1899, der seine Beratung eben dazu betrifft. Die Schilderungen der Ereignisse in diesem Kapitel werden von mehreren neuen Quellen aus erster Hand bereichert, vor allem die Unterlagen zum Prozess vor dem Bezirksgericht Karlskoga und die protokollierten Besprechungen über das Testament, die die Vollstrecker im Januar 1897 einleiteten. Ansonsten sind die wichtigen Grundquellen dieselben wie im ersten Kapitel.

1 Sohlman (1983), S. 160 ff.; Lindhagen (1936), S. 262 (Asylrecht); RS an RagS 1. April 1897, RSA, L10a:20, KB.
2 SvD, 24 März 1897. Der Ballon, mit dem Andrée und seine beiden Begleiter sich dann am 11. Juli 1897 tatsächlich auf die Reise machten, von der sie nie wiederkehrten, hieß *Örnen* (»Adler«).
3 Sohlman (1983), S. 160–168. Hjalmar behauptet fehlerhafterweise 17 Jahre.
4 Sohlman (1983), S. 170 f. und 184.
5 RS an HN 8. April, 1897, NMA.
6 Ernst Trygger (ET) an LNy 21. Feb. 1899, NA, C1, LL; Utkast an villkor för överklagan, 16. März 1897, NoA, C1, LL.
7 ET i Vårt Land, 14. April 1897, in: Källstrand (2012), S. 82.
8 ET an LNy 21. Feb. 1899, NA, C1, LL.
9 RS an HN 12. und 16. April 1897, NMA.
10 Källstrand (2012), S. 80 ff.; *Vårt Land* 14., 15. und 17. April 1897, in: Källstrand (2012), S. 180.
11 Sohlman (1983), S. 180; AB, 3. April 1897 (Text im Brief).
12 DN, 24. April 1897; Sohlman (1983), S. 182.
13 Arbetet, 17. April 1897.
14 *Protokoll vid urtima ting*, Karlskoga häradsrätt, 14. April 1897, Karlskoga häradsrätts arkiv, A1b-5, ULA; DN, 28. April 1897.
15 AB, 6. April 1897.
16 Bjørnson, s. *Sydsvenska Dagbladet*, 12. Jan. 1897; RS an BvS 4. Feb. 1897 und 13. April 1898, Bertha von Suttner Papers, UN Archives, Geneva; GHT, 12. Apr. 1897; GA, 19. Juli 1897, (Friedensmissionsapostel).
17 RS an BvS 4. Feb. 1897 und 13. April 1898, Bertha von Suttner Papers, UN Archives, Geneva.
18 Sohlman (1983), S. 188 f.; Källstrand (2012), S. 192; Källstrand, S. 75 ff.; Carlberg, DN 17. April 2018; GA, 23. Jan. 1897.
19 Sohlman (1983), S. 193ff; S & S (1926), S. 258 f.; Källstrand, S. 74 f.; Die formellen Beschlüsse, den Auftrag anzunehmen, ergingen am 26. April (Stortinget), 28. Mai (Svenska Akademien), 29. Mai (Karolinska Institutet) und 30. Juni 1897 (Vetenskapsakademien).

20 Sohlman (1983), S. 196 ff.
21 Inventarisierung, 30. Okt. 1897, Karlskoga häradsrätts arkiv, FII:54. ULA. Das Haus in San Remo wurde an Max Philipp, den damaligen Chef des Dynamit-Unternehmens in Hamburg, verkauft.
22 Sohlman (1983), S. 201 f.
23 Sohlman (1983), S. 296 f.
24 Sohlman (1983), S. 203 f.; *Socialdemokraten,* 9. Juli 1897; HN an RS 7. Aug. 1897, sowie Unbekannt an RS 8. Aug. 1897, ANAS, EI:1, RA; SvD, 9. Juni 1897 (Seide); Sohlman (1983), S. 215 (Fahrradfirma).
25 Inventarisierung, 30. Okt. 1897, a.a.; Hamann (2015), S. 228.
26 Sohlman (1983), S. 117; EN an RS 5. Jan. 1898, ANAS, EI:1, RA; Sjöman (1995), S. 84 ff.
27 S. z. B. AB, 8. Juli 1897 und 7. April 1898.
28 *Protokoll hållna vid sammanträden för öfverläggning om Alfred Nobels testamente,* 11. Jan., 26. Jan. und 1. Feb. 1897, Nobelstiftelsen (1898).
29 Karlskoga häradsrätts arkiv, A1a: 160, ULA; DN, 7. Feb. 1898
30 *Protokoll hållna vid sammanträden för öfverläggning om Alfred Nobels testamente,* 11. Feb. 1898; Sohlman (1983), S. 231 ff.
31 Sohlman (1983), S. 236 ff. Über den Ärger über Bjørnson, s. RS an BvS 13. April 1898.
32 AB, 7. April 1898; Sohlman (1983), S. 230; RS an BvS 13. April 1898.
33 EN an RS 3. Juni 1898, ANAS, EI:1, RA.
34 Sohlman (1983), S. 241; RS an RagS, Brief aus dem Militärdienst, Sohlman (2014), S. 163–167.
35 Lindhagen (1936), S. 270; Ernst Trygger an LN 21. Feb. 1899, NA, C1, LL.
36 Lindhagen (1936), S. 270 ff.; Källstrand, S. 87.
37 EN an RS 3. Juni 1898, ANAS, EI:1, RA.

Kapitel 21
Die Blicke richten sich auf Schweden und Norwegen

Im Archiv des Norwegischen Nobelinstituts (DNN) sind die eingegangenen Texte und Protokolle über den Friedenspreis bewahrt. Die Literatur zum Friedenspreis von Kapitel 17 ist auch hier die Grundquelle und bekommt Gesellschaft von Ivar Libaeks reicher Schriftenserie über das erste Jahr des Friedenspreises, herausgegeben vom DNN. Im Jahre 1950 gab die Nobelstiftung *Nobelprisen 50* år heraus, eine Jubiläumsschrift mit sehr wertvollem Quellenmaterial für diese erste Zeit. Die Wahl des Literaturnobelpreisträgers 1901 der Schwedischen Akademie löste viele Diskussionen aus, und ich habe mich hierin auf *Nobelpriset i litteratur 1901–1920* (Hg. Bo Svensén) der Schwedischen Akademie gestützt sowie auf Kjell Espmarks *Det litterära Nobelpriset. Principer och värderingar bakom besluten*, Helmer Långs *De litterära Nobelprisen 1901–1983* und Per Rydéns Biografie von Carl David af Wirsén, *Den framgångsrike förloraren.*

1 Hamann (2015), S. 228 ff.; Davis (1962), S. 36 f.; SvD 31. Mai 1899.
2 *Indkomne skrivelser 1897–1901 Nobels fredspris, Prisuddelingskomiteen und Det Norske Stortings Nobelkomité, Redegjørelse for Nobels Fredspris,* No. 1, 1901, Det Norske Nobel-

instituts (DNN), Oslo. Zu dem ersten norwegischen Nobelkomitee gehörten die Politiker der Linken Johannes Steen, Jørgen Løvland und John T. Lund sowie der radikale Schriftsteller Bjørnstjerne Bjørnson und Norwegens Reichsstaatsanwalt Bernhard Getz, s. Libaek (2000).

3 DN, 10. Juli 1901.

4 Källstrand (2012), S. 260; DN, 12. Nov. 1901.

5 Gribbins (2002), S. 509 f.; Källstrand (unveröff.), S. 122 ff.; Max Planck nahm seinen Preis erst 1919 entgegen.

6 DN, 3. Okt. und 4. Nov. 1901; Svensén (Hg.) (2001), S. 3–13; Rydén (2010), S. 581; Lång (1984), S. 26 ff.; Källstrand (unveröff.), S. 143 und 211.

7 Svensén (Hg.) (2001), S. 12 und 31; Espmark (1986), S. 24 f.

8 Wiedergeg. in: SvD, 7. Dez. 1901.

9 Nobelstiftelsen, Nobelprisen 50 år (1950); SvD, DN und Aftonbladet, 10. Dez. 1901. Der Preisträger für Chemie wohnte zu Hause bei Svante Arrhenius, der informell derjenige war, der seine Auszeichnung betrieben hatte.

10 SvD, DN und AB, 10. und 11. Dez. 1901; *Socialdemokraten*, 12. Dez. 1901.

11 Hamann (2015), S. 231.

12 SvD, DN und AB, 10. und 11. Dez. 1901.

Quellen und Bibliografie

Im Riksarkivet in Stockholm (das Schwedische Nationalarchiv) findet sich das Alfred Nobel arkiv (Alfred-Nobel-Archiv) und Alfred Nobel sterbhus arkiv (das Alfred-Nobel-Nachlass-Archiv). Diese insgesamt zwanzig Regalmeter stellen die wichtigsten Quellen für dieses gesamte Buch dar. Die Dokumente aus dem Nachlass von Immanuel Nobel und Teile der Dokumente aus dem Nachlass von Robert Nobel findet man im Nobelska arkivet (dem Nobelschen Archiv) in Lund, eine Materialsammlung, die ich auch eifrig benutzt habe. Ein Teil der Briefe, die zwischen den Brüdern geschrieben wurden, wurden niemals im Archiv bewahrt, aber später eingefangen. Hier ist die »Grekiska damens samling« (»Die Sammlung der griechischen Dame«) bedeutsam. In den 1970er-Jahren ersteigerte eine griechische Diplomatenehefrau auf einer Auktion in Stockholm einen Korb Kleider und fand darin Hunderte von Originalbriefen von Alfred und Ludvig Nobel. Ende der 1990er-Jahre wurden diese Briefe an eine Auktionsfirma in Stockholm gegeben, von der Nobelstiftung aufgekauft und in den Tresor gelegt. Andere verstreute und später gefundene Briefe sind unter den Namen »Resväskesamlingen« (»Koffersammlung«) und »Antikvariatssamling« (»Antiquariatssammlung«) geläufig und waren zur Zeit meiner Recherche in den Archiven der Nobelstiftung und des Nobelmuseums zugänglich. Diese Sammlungen sind in keiner der vorangegangenen Biografien benutzt worden, auch nicht in Kennet Fants *Alfred Bernhard Nobel* (1995). Briefe und Telegramme waren die Telefongespräche, E-Mails und SMS des 19. Jahrhunderts, man kann sich die Menge, die davon ausgetauscht wurde, kaum vorstellen. Einige davon sind immer noch unentdeckt. Ich freue mich darauf, diese Schilderung durch mögliche zukünftige Funde oder durch Dinge, die ich übersehen habe, zu ergänzen.

Eine wichtige ergänzende Quelle für das gesamte Buch war Erik Bergengrens über viele Jahre durchgeführte und größtenteils unveröffentlichte Recherche, die ich hier das EB-arkivet (»EB-Archiv«) genannt habe. Die beiden Biografien, welche die Nobelstiftung erarbeitet bzw. bestellt hat, *Alfred Nobel och hans släkt* (»Alfred Nobel und seine Familie«) (1926) und Erik Bergengrens *Alfred Nobel* (1960) können aufgrund der verzerrten Auswahl nicht eigenständig bestehen, sind aber faktenreich. Ludvig Nobels Tochter Marta Nobel-Oleinikoff verfasste 1952 eine private Familienchronik, *Ludvig Nobel och hans verk* (»Ludvig Nobel und sein Werk«), die ebenfalls von Bedeutung war. Unter später erschienenen Titeln möchte ich vor allem Vilgot Sjömans gut recherchiertes V*em älskar Alfred Nobel?* (»Wer liebt Alfred Nobel?«) von 2001 hervorheben.

Zu den Übersichtwerken, die ich für den kontextreichen Teil der Geschichte eingehend zurate gezogen habe, sind Bo Stråths *Sveriges historia: 1830–1920* (»Schwedens Geschichte:

1830-1920«). Lennart Schöns *En modern svensk ekonomisk historia* (»Eine moderne schwedische Wirtschaftsgeschichte«), John Gribbins *Science: A History*, Thomas Cumps *A Brief History of Science* und Nils Uddenbergs *Lidande & Läkedom II, Medicinens hisotria från 1850–1950* (»Leiden& Heilen II. Die Geschichte der Medizin von 1850-1950«). Übrige kontextuelle Quellen variieren und werden in den jeweiligen Kapiteln angegeben.

Neben der Literatur ist das *Svenskt Biografiskt Lexikon* meine Hauptquelle für die Schilderung der Schweden in Alfred Nobels Umkreis. Entsprechende Lexika in anderen Ländern werden angegeben, wo sie benutzt wurden. Für Milieus, zeitgenössisches Material und Wetter habe ich mich digitaler Zeitungsarchive bedient, die es in der einen oder anderen Form in sämtlichen betroffenen Ländern gibt (mit höchst unterschiedlichen Suchmöglichkeiten). Für die Jahre in Schweden waren die Wetterbeobachtungen auf Informationen aus der Database Stockholm Historical Weather Observations gestützt, mit denen mich Anders Moberg vom Bolin Centre for Climate Research großzügig versorgt hat.

Die Umrechnung von Geldwerten ist eine Geißel in dieser Flora aus ausländischen historischen Valutavarianten. Ich habe den vom Kungliga Myntkabinettet empfohlenen Umwandler benutzt, der von Professor Rodney Edvinsson an der Stockholmer Universität entwickelt wurde (www.historia.se). Im 19. Jahrhundert lag der Julianische russische Kalender zwölf Tage hinter dem Gregorianischen, der unter anderem in Schweden benutzt wurde. Oft wurden beide Daten angegeben, »4./6. Dezember 1837«. Wenn nicht anders angeben, werden hier russische Daten für Ereignisse in Russland angegeben und gregorianische für andere.

Die Anmerkungen selbst sind auf die mit Alfred Nobel verbundenen Quellen konzentriert, kontextuelle Quellen erhalten nur bei Zitaten eine Endnote. Die Zitate aus dem 19. Jahrhundert sind durchweg vorsichtig modernisiert worden.

Zeitschriften, die vorkommen, sind in den Endnoten wie folgt abgekürzt worden: *Aftonbladet* (AB), *Dagens Nyheter* (DN), *Göteborgs Aftonblad* (GA), *Göteborgs-Posten* (GP), *Göteborgs Handels- och Sjöfartstidning* (GHT), *Hamburger Nachrichten* (HN), *Hamburger Allgemeine* (HA), *Neue Freie Presse* (NFP), *New York Times* (NYT), *New York Herald* (NYH), *New York Tribune* (NYTr), *Nya Dagligt Allehanda* (NDA), *Nya Wermlandstidningen* (NWT), *Post och Inrikes Tidningar* (PoIT), *San Francisco Bulletin* (SFB), *Scientific American* (SA), *Stockholms Dagblad* (SD), *Svenska Dagbladet* (SvD). (Französische Zeitungsnamen sind in den meisten Fällen kurz genug. Britische, russische und italienische kommen nicht ebenso häufig vor.)

Anmerkung der Übersetzerin für die deutsche Ausgabe: Alfred Nobel sprach und schrieb fließend Deutsch. In der deutschen Ausgabe sind daher natürlich alle auf Deutsch erreichbaren Quellen verwendet worden. Dies gilt vor allem für die Briefe von Alfred Nobel an Sofie Hess, mit der er auf Deutsch korrespondierte. Diese Briefe wurden mir dankenswerterweise von der Autorin zur Verfügung gestellt, die sie ihrerseits sowohl als Original, wie auch in der durch Vilgot Sjöman besorgten Maschinenabschrift aus dem Nobelarchiv eingescannt besaß. Etwaige Unebenheiten in der Rechtschreibung sind aus den Originalen übernommen.

Mit Bertha von Suttner korrespondierte Alfred Nobel hauptsächlich auf Französisch. Für die Tagebucheintragungen von Bertha von Suttner und die Zitate aus ihren Werken haben wir die jeweiligen deutschen Originalquellen verwendet (s. Literaturverzeichnis).

Bibliografie

Bücher

Adam, Juliette (siehe auch Juliette Lamber) – Le siège de Paris. Journal d'une parisienne, Michel Lévy. Frères, 1873

Adelsköld, Claes – Utdrag ur mitt dagsverks- och pro diverse-konto, Albert Bonniers förlag, 1900

Ahlström, Stellan – Strindbergs erövring av Paris, Almqvist & Wiksell, 1956

Almquist, Helge – Marsoroligheterna i Stockholm, 1848, särtryck ur Samfundet, St. Eriks Årsbok, 1942

Almqvist, Carl Jonas Love – Det går an, faksimil av 1839 års upplaga med författarens egna kommentarer, Bokgillet, 1965

Alnaes, Karsten – Historien om Europa. Uppbrott 1800–1900, Albert Bonniers förlag, 2006

Anbinder, Tyler – City of dreams. The 400-year epic history of immigrant New York, Houghton Mifflin Harcourt, 2016

Anceau, Éric – Aux origines de la guerre de 1870, in France Allemagne(s) 1870–1871, La Guerre, La Commune, Les Mémoires. Gallimard, Musée de l'Armée, 2017

Andersson, Sven – De första ångbåtarna Åbo-Stockholm: ett hundraårsminne, Åbo akademi, Sjöhistoriska museet vid Åbo akademi, 1996

Antonmattei, Pierre – Gambetta, héraut de la République, Editions Michalon, 1999

Averjanova, Aleksandra Jevgenjevna – Dokument rörande resultat från den statliga expertundersökningen av kulturarvsobjektet beläget på adressen Sankt Petersburg, Petersburgskaja nabereszjnaja, 24, 2016, Ryska kulturministeriet (kulturhistorisk granskningsrapport angående Alfred Nobels födelsehus)

Åsbrink, Brita – Ludvig Nobel: »Petroleum har en lysande framtid«. En historia om eldfängd olja och revolution i Baku, Wahlström & Widstrand, 2001

Bahr, Johan Fredrik – Anteckningar om Ryssland under ett vistande i Petersburg och en utflygt till Moskva, gedruckt bei L J Hierta, Stockholm, 1838

Baird, Julia – Victoria. The queen, Random House, 2016

Barbe Paul (Hg.) – La dynamite. Substance explosive inventée par M. A. Nobel, ingénieur suédois. Collection de documents, Imprimerie Viéville et Capiomont, 1870

Barlow, Nora (Hg.) – Charles Darwin: Mein Leben 1809–1882, Insel Verlag, 2008

Bartlett, Rosamund – Tolstoy, A Russian life, Houghton Mifflin Harcourt, 2011
Beiser, Frederick C. – Weltschmerz. Pessimism in German philosophy, 1860–1900, Oxford University Press, 2016
Bell, Madison Smartt – Lavoisier och kemin: den nya vetenskapens födelse i revolutionens tid, Nya Doxa, 2005
Bergengren, Erik – Alfred Nobel: Eine Biographie, Bechtle Verlag, 1965
Berggrund, Lars / Bårström, Sven – De första stambanorna. Nils Ericsons storverk, Sveriges Järnvägsmuseum, 2014
Berlin, Isaiah – Russian thinkers, The Hogarth Press, 1978
Biedermann, Edelgard (Hg.) – Der Briefwechsel zwischen Alfred Nobel und Bertha von Suttner. Georg Olms Verlag, Hildesheim 2001
Bjurman, Eva Lis / Olsson, Lars – Barnarbete och arbetarbarn, Nordiska museet, 1979
Blackbourn, David – The long nineteenth century: a history of Germany, 1780–1918, Oxford University Press, 1998
Blackwell, William L. – The beginnings of Russian industrialization 1800–1860, Princeton University Press, 1968
Bladh, Christine – Månglerskor. Att sälja från korg och bod i Stockholm, 1819–1846, Kommittén för Stockholmsforskning, 1991
Bladh, Mats – Ekonomisk historia, Europa, Amerika och Kina under tusen år, Studentlitteratur, 2011
Boberg, Stig – Carl XIV Johan och tryckfriheten, 1810–1844, Göteborg 1989
Bodani, David – Elektricitet, Månpocket, 2005
Boehart, William – Geesthacht. Eine Stadtgeschichte, Kurt Viebranz Verlag, 1997
Boehart, William / Busch, Wolf-Rüdiger – Ein Traum ohne Ende, Beiträge über das Leben und Wirken Alfred Bernhard Nobels aus dem Jubiläumsjahr 2001 in Geesthacht, LIT Verlag, 2001
Boström, Raoul F. – Ladugårdslandet och Tyskbagarbergen blir Östermalm, Trafik-nostalgiska förlaget, 2008
Boterbloem, Kees – A history of Russia and its Empire, Rowman & Littlefield Publishers, 2014
Boutin, Aimee – City of noise. Sound and nineteenth century Paris, University of Illinois Press, 2015
Bouvier, Jean – Les deux scandales de Panama, René Juillard, 1964
Brandell, Gunnar – Strindberg – ett författarliv, Del 3, Paris, till och från: 1894–1898, Alba, 1983
Ders. – Strindberg – ett författarliv, Del 2, Borta och hemma: 1883–1894, Alba, 1985
Brandell, Gunnar / Browaldh, Tore / Eriksson, Gunnar / Strandh Sigvard / Tägil Sven – Nobel och hans tid. Fünf Essays, Atlantis, 1983
Bremer, Fredrika – England om hösten år 1851, P. A. Norstedts & Söner förlag, 1922
Bresler, Fenton – Napoleon III. A life, HarperCollins, 1999
Brown, George I. – Explosives. History with a bang, The History Press, 2010
Burgwinkle, William / Nicholas Hammond / Emma Wilson – The Cambridge History of French Literature, Cambridge University Press, 2011
Burrows, Edwin G. / Wallace, Mike – Gotham. A history of New York City to 1898, Oxford University Press, 1999

Bushkovitch, Paul – A concise history of Russia, Cambridge University Press, 2012
Busse, Ulf-Peter – Zwischen politischen Zwängen und ökonomischen Chancen, in Boehart/Busch (Hg.), 2001
Bykov, Georgii V. – Organitjeskaja chimija – Kazanskaja sjkola chimikov-organikov. Issledovanija po istorii organitjeskoj chimii (»Organische Chemie – die Kazanschule«, in: Studien der Geschichte der organischen Chemie«), Förlaget »Nauka«, 1980
Bynum, William F. – Science and the practice of medicine in the nineteenth century, Cambridge University Press, 1994
Cantor, Geoffrey – Religion and the Great exhibition of 1851, Oxford University Press, 2011
Church, William Conant – The life of John Ericsson. Vol I, Charles Scribner's sons, 1890
Clément Gilles / Praca, Edwige / Deliau Philippe – Paulilles. L'Avenir d'une mémoire, Editions Trabucaire, 2018
Crawford, Elisabeth – Arrhenius. From Ionic Theory to the Greenhouse Effect, Science History Publications, 1996
Crosland, Maurice P. – Science under control: The French academy of sciences 1795–1914, Cambridge University Press, 1992
Crump, Thomas – A brief history of science as seen through the development of scientific instruments, Robinson, 2002
Dahlström Svante – Åbo brand 1827. Studier i Åbo stads byggnadshistoria intill 1843, Åbo tryckeri och tidnings aktiebolag, 1929
Danius, Sara – Den blå tvålen. Romanen och konsten att göra saker och ting synliga, Albert Bonniers förlag, 2013
Dardel, Fritz von – Minnen. Andra delen, P. A. Norstedts & Söner förlag, 1911
Darwin, Charles – Die Entstehung der Arten durch natürliche Zuchtwahl, Reclam, 1995
Davies, Norman – Europe. A history, HarperPerennial, 1998
Davis, Calvin Dearmond – The United States and the first Hague peace conference, Cornell University Press, 1962
Debré, Patrice – Louis Pasteur, Flammarion, 1994
Delpiano, Paola Maria – Viaggio intorno alla dinamite Nobel, editris, 2011
Dessauer, Friedrich – Röntgens upptäckt, Natur och Kultur, 1955
Devance, Louis – Gustave Eiffel. La construction d'une carrière d'ingénieur, Éditions Universitaires de Dijon, 2016
Doren Stern, Philip van – The man who killed Lincoln. The story of John Wilkes Booth and his part in the assassination, Jonathan Cape, 1939
Duby, Georges (Hg.) – Histoire de la France des origines à nos jours, Larousse, 1999
Ders. (Hg.) – Histoire de la France de 1852 à nos jours, Larousse, 1987
Duclert, Vincent – La République Imaginée 1870–1914, Histoire de France, Berlin, 2014
Edholm, Erik af – På Carl XVs tid, Norstedts, 1945
Ekbom, Torsten – Europeiska konserten, Bonniers, 1975
Eklund, Torsten (Hg.) – Strindbergs brev, Volym III. April 1882–1883, Bonniers, 1952
Ders. (Hg.) – Strindbergs brev, Volym V. 1885-juli 1886, Bonniers, 1956
Ekman, Stig – Slutstriden om Representationsreformen, Svenska Bokförlaget/Norstedts, 1966
Elrod, Richard B. – The concert of Europe: A fresh look at an international system, World Politics, Vol. 28, No. 2, 1976

Ericson Wolke, Lars – Stockholms historia under 750 år, Historiska Media, 2001
Eriksson, Monica – Brandskydd, Stockholms brandskydd och brandkår under gångna tider, Stockholms brandförsvar, 1992
Eriksson, Sven – Carl XV, Wahlström & Widstrand, 1954
Erlandsson, Åke – Alfred Nobels bibliotek. En bibliografi, Atlantis, 2002
Ders. (Hg.) – Dikter av Alfred Nobel, Atlantis, 2006
Ders. (Hg.) – Alfred Nobel. Berättelser och filosofiska brev, Atlantis, 2009
Espmark, Kjell – Det litterära Nobelpriset. Principer och värderingar bakom besluten, Norstedts, 1986
Falnes, Oscar J. – Norway and the Nobel peace prize, Columbia University Press, 1938
Fant, Kenne – Alfred Bernhard Nobel, Norstedts, 1995
Feldman, Burton – The Nobel prize. A history of genius, controversy, and prestige, Arcade Publishing, 2012
Fierro, Alfred – Histoire et dictionnaire de Paris, Robert Laffont, 1996
Figes, Orlando – Crimea. The Last Crusade, Allen Lane, 2010
Figuier, Louis – L'Année Scientifique et Industrielle, Librairie de Hachette, 1866
Figurovskij, N.A. / Solovjov, Ju.I. – Nikolaj Nikolajevitj Zinin. (Nikolaj Nikolajevitj Zinin, eine biografische Skizze), Verlag der Wissenschaftsakademie, Moskau, 1957
Fjeld, Odd – Norsk artilleri 1814–1895, Forsvarsmuseet, 2019
Folsom, Ed / Price, Kenneth – Re-scripting Walt Whitman, Blackwell Publishing, 2005
Fournel, Victor – Ce qu'on voit dans les rues de Paris, E Dentu, 1867
Frank, Joseph – Dostoevsky. A writer in his time, Princeton University Press, 2012
Fredriksson, Gunnar – 20 filosofer, Norstedts, 1995
Ders. – Schopenhauer, Bonniers, 1996
Friman, Helena / Söderström, Göran – Stockholm. En historia i kartor och bilder, Bonnier Fakta, 2010
Geer, Louis De – Minnen, P A Norstedt & Söners förlag, 1892
Glinka S. F. – Personliga minnen av N.N. Zinin, in Figurovskij och Solovjov (1957), bilaga 10
Gogol, Nikolaj – Der Newskij-Prospekt, in Petersburger Novellen, dtv Verlagsgesellschaft, 2002
Goldkuhl, Carola – Getå och Kolmården. Natur, historia, färdvägar, Norrköpings Tidningars AB, 1954
Gonzalez-Quijano, Lola – Capitale de l'amour. Filles et lieux de Plaisir à Paris au XIXe siècle, Vendémiaire, 2015
Grebenka, Jevgenij – The Petersburg quarter, in Nekrasov, Nikolaj (Hg.), Petersburg. The physiology of a city, 1845, Northwestern University Press, 2009 (übersetzte Neuausgabe)
Gretzschel, Matthias – Hamburg: Kleine Stadtgeschichte, Verlag Friedrich Pustet, 2016
Gretzschel, Matthias / Kummereincke, Sven – Hamburg Zeitreise, Hamburger Abendblatt, 2013
Gribbin, John – Science: A history, Penguin, 2002
Gruber, Karl – Alfred Nobel. Die Dynamitfabrik Krümmel – Grundstein eines Lebenswerks, Flügge Printmedien
Guareschi, Icilio / Sobrero Ascanio – Memorie scelte di Ascanio Sobrero, Associazione chimica industriale di Torino, 1914
Haffner, Sebastian – Von Bismarck zu Hitler. Ein Rückblick, Droemer, 2015

Hägg, Göran – Den svenska litteraturhistorien, Wahlström & Widstrand, 1996
Ders. – Världens litteraturhistoria, Wahlström & Widstrand, 2000
Hamann, Brigitte – Bertha von Suttner. Ein Leben für den Frieden, Piper, 2015
Hamilton, Hugo – Hågkomster: strödda anteckningar, Bonnier, 1928
Headlam, James Wycliffe – Bismarck and the foundation of the German empire, 1899
Hedenborg, Susanna / Morell, Mats – Sverige – en social och ekonomisk historia, Studentlitteratur, 2006
Hedin, Sven – Stormän och kungar. Förra delen, Fahlcrantz & Gummelius, 1950
Heffermehl, Fredrik S. – Nobels fredspris. Visionen som försvann, Leopard förlag, 2011
Hellberg, Carl Johan (posthum) – Ur minnet och dagboken om mina samtida personer och händelser efter 1815 inom och utom fäderneslandet, Iwar Häggströms boktryckeri, 1870
Hodes, Martha – Mourning Lincoln, Yale University Press, 2015
Hogenhuis-Seliverstoff, Anne – Juliette Adam 1836–1936, L'Harmattan, 2001
Homberger, Eric – New York City. A cultural history, Interlink Books, 2015
Ders. – The historical atlas of New York City. A visual celebration of 400 years of New York City's history, 2005
Houte, Arnaud-Dominique – Le triomphe de la République 1871-1914, Seuil, 2014
Israel, Paul – Edison: A life of invention, John Wiley & Sons, 1998
Jangfeldt, Bengt – Svenska vägar till S:t Petersburg, Wahlström & Widstrand, 1998
Järbe, Bengt – Dofternas torg. Hur Packartorget blev Norrmalmstorg, Byggförlaget, 1995.
Joll, James – The origins of the First world war, Longman, 1984
Jonnes, Jill – Eiffel's tower. The thrilling story behind Paris's beloved monument and the extraordinary world's fair that introduced it, Penguin Random House, 2010 (E-book)
Källstrand, Gustav – Medaljens framsida. Nobelpriset i pressen 1897–1911, Carlssons, 2012
Kantor-Gukovskaja Assja – Pri dvore russkich imperatorov. Proizvedenija Michaja Zitji iz sobranij Ermitazja (Am russischen Zarenhof), Katalog zur Ausstellung in der Eremitage, 2005
Keegan, John – The American civil war, Vintage Books, 2010
Kennan, George Frost – The fateful alliance: France, Russia, and the coming of the First world war, Pantheon Books, 1984
Kichigina, Galina – The imperial laboratory. Experimental physiology and clinical medicine in post-Crimean Russia, Editions Rodopi, 2009
King, David – Vienna, 1814: how the conquerors of Napoleon made love, war, and peace at the congress of Vienna, Harmony Books, 2008
Kissinger, Henry – Diplomacy, Touchstone, 1994
Kleberg, Carl-Johan (Hg.), Långholmen. Den gröna ön, Stockholmia förlag, 1998
Klessmann, Eckart – Geschichte der Stadt Hamburg, Die Hanse, 2002
Kolbe, Gunlög – Marie Sophie Schwartz, August Strindberg och det moderna genombrottet, Personhistorisk årsbok, 2004
Koppman, Georg / Weimar, Wilhelm / Milach, Rafal / Luczak, Mical – Hamburg in Fotografien 1870-1914, Historische Museen Hamburg, 2015
Köstler, Lorenz – Ein Blick auf Eger-Franzensbad in seiner jetzigen Entwicklung, Wien, 1847
Kullander, Björn – Sveriges järnvägs historia, Bra Böcker, 1994

Lagerqvist, Lars O. – Karl XIV Johan – en fransman i Norden, Prisma, 2005
Lagerqvist, Lars O. / Wiséhn, Ian / Åberg, Nils – Ryska statsbesök i Sverige och mindre officiella visiter samt några svenska besök i Ryssland, Kungliga Myntkabinettet, 2004
Lamber, Juliette (Mme Edmond Adam) – Le siège de Paris. Journal d'une parisienne, Michel Lévy Frères, 1873
Lång, Helmer – De litterära Nobelprisen 1901–1983, Bra bok, 1984
Langlet, Eva – 1834. Året då koleran drabbade Stockholm, Recito förlag, 2011
Larsson Ulf – Alfred Nobel. Nätverk och innovationer, Nobelmuseum, 2010
Laurent, Sébastien – Politiques de l'ombre, Fayard, 2009
Lemonchois, Edmond – Sevran-en France d'hier et d'aujourd'hui, Société historique du Raincy et du pays d'Aulnoye, 1981
Lenk, Torsten – Two U.S. political gifts of arms. The history of the gifts, Band 3, Heft 10, Livrustkammaren, 1945
Lewes, George H. – Ranthorpe, Leipzig, 1847
Lincoln, W. Bruce – Nicholas I. Emperor and autocrat of all the Russians, Northern Illinois University Press, 1989
Lindberg, Birgit – Malmgårdarna i Stockholm, Natur och Kultur/LTs förlag, 2002
Lindhagen, Carl – Memoarer, Albert Bonniers förlag, 1936
Lindorm, Per-Erik – Stockholm genom sju sekler, Sohlmans, 1951
Lindskog, Carin – Ferdinand Tollin som Stockholmsskildrare, Samfundet S:t Eriks Årsbok, 1934
Lönnroth, Lars / Delblanc, Sven – Den svenska litteraturen. Genombrottstiden. Albert Bonniers förlag, 1999
Loose, Hans-Dieter (Hg.) – Hamburg. Geschichte der Stadt und ihrer Bewohner, Hoffmann und Campe, 1982
Lotti, Giovanni – Nobel a Sanremo, Administrazione Provinciale di Imperia, 1980
Lotti, Giovanni und Antonella – Nobel a Sanremo, Umberto Allemandi & Co, 2009
Lundgren, Anders – Kunskap och kemisk industri i Sverige i 1800-talets Sverige, Arkiv förlag, 2017
Lundin, Claës – En gammal stockholmares minnen, Stockholm, Hugo Gebers förlag, 1904
Ders. – I Hamburg. En gammal bokhållares minnen, Stockholm, 1871
Ders. – Nya Stockholm, Gidlunds faksimilupplaga, 1987
Lundin, Claës / Strindberg, August – Gamla Stockholm. Anteckningar ur tryckta och otryckta källor, Stockholm 1882
Lundström, Ragnhild – Alfred Nobels förmögenhet, i Ur ekonomisk-historisk synvinkel. Festskrift tillägnad professor Karl-Gustaf Hildebrand 25.4, Scandinavian university books, 1971
Dies. – Alfred Nobel som internationell företagare. Den nobelska sprängämnesindustrin 1864-1886, Uppsala universitet, 1974
Lysholm, Gustaf Adolf – Livet på Ladugårdslandet. Ur magister Ekenbergs dagbok från 1833, Albert Bonniers förlag, 1968
MacDonald, George W. – Historical papers on modern explosives, London, 1912
Martin-Fugier, Anne – Les salons de la IIIe République. Art, littérature, politique, Perrin, 2009

Marvin, Charles – The region of the eternal fire. An account of a journey to the petroleum region of the Caspian in 1883, W H Allen and Co, 1884

Melua, Arkady N. – Documents of life and activity of the Nobel family 1801–1932, Sankt Petersburg, 2009

Millqvist, Folke – Gummiindustrins framväxt i Sverige, Daedalus, Tekniska museets årsbok 1988

Molinari, Ettore / Quartieri, Ferdinando – Notices sur les Explosifs en Italie, Publication de la Société Italienne des Produits Explosifs, fransk upplaga, 1913

Mollier, Jean-Yves – Le scandale de Panama, Fayard, 1991

Monas, Sidney – The third section. Police and society in Russia under Nicholas I, Harvard University Press, 1961

Montefiore, Simon Sebag – Die Romanows: Glanz und Untergang der Zarendynastie 1613–1918 (Ü.: Gabriele Gockel), S. Fischer Verlag, 2016

Montelin, Gösta – Tysk litteratur i historisk framställning, P. A. Norstedts & Söner, 1923

Morcos, Saad – Juliette Adam, Le Caire, 1961

Morton, Frederic – A nervous splendor: Vienna, 1888-1889, 1980 (E-book)

Morton, Timothy (Hg.) – The Cambridge companion to Shelley, Cambridge University Press, 2012

Munthe, Arne – Västra Södermalm från mitten av 1800-talet, Församlingshistoriekommittén i Sancta Maria Magdalena och Högalids församlingar, 1965

Murray, John – A hand-book for travellers in Denmark, Norway, Sweden and Russia, London, 1838

Napier, Charles – History of the Baltic campaign of 1854, Richard Bentley, 1857

Nerman, Gustaf – Stockholm för sextio år sedan, Albert Bonniers boktryckeri, 1894

Nobel, Alfred – Dikter (mit einer Einführung von Åke Erlandsson), Atlantis, 2006

Ders. – Berättelser och filosofiska brev (mit einer Einführung von Åke Erlandsson), Atlantis, 2009

Nobel-Oleinikoff, Marta – Ludvig Nobel och hans verk: en släkts och en storindustris historia, Stockholm, 1952

Nobelstiftelsen – Nobelprisen 50 år, Forskare. Diktare. Fredskämpar, Sohlmans, 1950

Nordau, Max – Degeneration, University of Nebraska Press, 1993 (1895)

Nordén, Arthur – Jacobiternas gamla skola. 300 år i Vasa Realskolas gestalt, Stockholm, 1959

Nordenskiöld, Israel Paul – Edison. A life of invention. John Wiley & Sons, 1998.

Nordin, Svante – Filosoferna. Den moderna världens födelse och det västerländska tänkandet 1776–1900, Natur & Kultur, 2016

Odelberg, Axel – Äventyr på riktigt. Berättelsen om upptäckaren Sven Hedin, Norstedts, 2008

Ohlsson, Per T. – 100 år av tillväxt. Johan August Gripenstedt och den liberala revolutionen, Timbro, 2012

Olsson, Bernt / Algulin, Ingemar – Litteraturens historia i världen, Norstedts akademiska förlag, 1995

Opini, Udo – Zu Gast im Alten Hamburg, Hugendubel, 1997

Opitz, Eckardt – Otto von Bismarck als Minister für Lauenburg. Ein Beitrag zur Regionalgeschichte, in Kleine Bismarck-Studien, Helmut-Schmidt-Universität/Universität der Bundeswehr, Hamburg, 2007

Ottosson, Stellan – Darwin. Den försynte revolutionären, Fri tanke, 2016

Paul, David – John Ericsson and the engines of exile, Chandler Lake Books, 2007 (E-Book)

Pauli, Herta E. – Alfred Nobel: Dynamite king, architect of peace, L. B. Fischer, New York, 1942

Peterson, Hans-Inge – Medicinens historia. En koncentrerad aktuell översikt från forntid till framtid, Warne förlag, 2013

Pinon, Pierre – Atlas du Paris Haussmannien. La ville en héritage du second empire à nos jours, Parigramme, 2016

Ders. – Paris pour mémoire. Le livre noir des destructions Haussmanniennes, Parigramme, 2012

Porter, Roy – Blood and guts: A short history of medicine, Penguin Books, 2002

Pratt, Sarah – Russian metaphysical romanticism: The poetry of Tiutchev and Boratynskii, Stanford University Press, 1984

Quammen, David – Den motvillige mr Darwin. Ett personligt porträtt av Charles Darwin och hur han utvecklade sin evolutionsteori, Adoxa, 2006

Quinn, Susan – Marie Cure. A life, Da Capo Press Inc, 1996

Råberg, Marianne – En framtid för Stockholm? Storstadens framväxt under industrialismen …, Stockholms stadsmuseum, 1976

Radzinskij, Edvard – Alexander II. Den siste store tsaren, Norstedts, 2007

Rasch, Mårten – Boklådorna och stallpalatset vid Norrbro, Bokvännerna, 1972

Remini, Robert V. – A short history of the United States: From the arrival of native American tribes to the Obama presidency, HarperCollins, 2009

Reynolds, David S. – Walt Whitman, Oxford University Press, 2005

Ridley Jasper – Napoleon III and Eugénie, Constable, 1979

Ritter, Joachim et al. – Historisches Wörterbuch der Philosophie, Schwabe, 2004

Robbins, Louise E. – Louis Pasteur and the hidden world of microbes, Oxford Portraits in Science, 2001 (E-Book)

Roberts, Hugh – Shelley and the chaos of history. A new politics of poetry, Pennsylvania State University Press, 1997

Ross, Graham – Victor Hugo, Picador, 1997

Royle, Trevor – Crimea. The great Crimean war 1854–1856, 2000

Rudstedt, Gunnar – Långholmen. Spinnhuset och fängelset under två sekler, Skrifter utgivna av Institutet för rättshistorisk forskning, Rättshistoriskt bibliotek, 1972

Rummel, Erika – A Nobel affair, The correspondence between Alfred Nobel and Sofie Hess, University of Toronto Press, 2017

Rydén, Per – Den framgångsrike förloraren. En värderingsbiografi över Carl David af Wirsén, Carlssons, 2010

Sandström, Birgitta – Emma Zorn, Norstedts, 2014

Santesson, Gunnar O.C.H – Släkten Santesson från Långaryd, 1982

Schieb, Roswitha – Böhmisches Bäderdreieck, Literarischer Reiseführer, Deutsches Kulturforum Östliches Europa, 2016

Schivelbusch, Wolfgang – Geschichte der Eisenbahnreise. Fischer Taschenbuchverlag, Frankfurt am Main, 2000. S. 71

Schmid, Susanne – Shelley's German afterlives 1814–2000, Palgrave Macmillan, 2007

Schön, Lennart – En modern svensk ekonomisk historia. Tillväxt och omvandling under två sekel, SNS Förlag, 2000

Schopenhauer, Arthur – Aphorismen zur Lebensweisheit: Vollständige Ausgabe, Insel Verlag, 1976
Schou, August – Fredsprisen, i Nobelprisen 50 år. Forskare Diktare Fredskämpar, Sohlmans, 1950
Schück, Henrik / Sohlman, Ragnar – Alfred Nobel och hans släkt. Minnesskrift utgiven av Nobelstiftelsens styrelse, 1926
Schwartz, Marie Sophie – Geburt und Bildung, (Ü.: Dr. Otto gen. Rewentlow), Frank'sche Verlagshandlung, Stuttgart 1863
Shaffner, Tal P. – The telegraph manual, Pudney & Russel Publishers, New York, 1859
Ders. – The war in America, being an historical and political account of the southern and northern States, showing the origin and cause of the present secession war, 1862
Ders. – Memorial to congress, US Senate, 1858
Shaplen, Robert – Alfred Nobel. Adventures of a pacifist, särtryck ur The New Yorker, Nobelstiftelsen, 1958
Shaw, David W. – The sea shall embrace them. The tragic story of the steamship Arctic, The Free Press, 2002
Siguret, Philippe – Chaillot Passy Auteuil Le Bois de Boulogne. Le Seizième Arrondissement, Henrie Veyrier, 1982
Sjöberg, Birthe / Vulovic, Jimmy – Bibelns lära om Kristus: provokation och inspiration, Absalon, 2012
Sjöman, Vilgot – Mitt hjärtebarn. De länge hemlighållna breven mellan Alfred Nobel och hans älskarinna Sofie Hess med en biografisk studie av Vilgot Sjöman, Natur & Kultur, 1995
Ders. – Vem älskar Alfred Nobel? Natur & Kultur, 2001
Söderblom, Omi – I skuggan av Nathan, Verbum, 2014
Söderblom, Nathan – Tal och Skrifter. Fjärde delen, Världslitteraturens förlag, 1930
Sohlman, Ragnar – Ett testamente, Atlantis, 1983
Sohlman, Staffan (Hg.) – Ragnar Sohlman – Baku, Chicago, San Remo, Författares bokmaskin, 2014
Sollinger, Günther – S.A. Andrée. The beginning of Polar aviation 1895–1897, Russian Academy of Sciences, 2005
Spåren efter Nobel – Årsbok för Riksarkivet och Landarkiven, 2001
Standage, Tom – The Victorian internet, Phoenix, 1998
Stanley, Henry Morton – Im dunkelsten Afrika. (Ü.: H. von Wobeser), Leipzig, 1890
Steckzén, Birger – Bofors. En kanonindustris historia, Stockholm, 1946
Steinberg, Jonathan – Bismarck. Magier der Macht, (Ü.: Klaus-Dieter Schmidt), Ullstein Verlag, 2016
Stenersen, Øivind / Libæk, Ivar / Sveen, Asle – Nobels fredspris. Hundre år for fred, Cappelen, 2001
Stowe, Charles Edward – Harriet Beecher Stowe. The story of her life, Houghton Mifflin Company, 1911
Strandh, Sigvard – Alfred Nobel. Mannen, verket, samtiden, Natur & Kultur, 1983
Stråth, Bo – Sveriges historia 1830–1920, Norstedts, 2012
Strindberg, August – Samlade verk 15. Dikter på vers och prosa, Norstedts, 1995
Ders. – Werke in zeitlicher Folge, Insel Verlag 1985

Stubhaug, Arild – Att våga sitt tärningskast. Gösta Mittag-Leffler 1846–1927, Atlantis, 2007
Suttner, Bertha von – Memoiren, Severus Verlag, 2013
Dies. – Die Waffen nieder, Europäische Verlagsanstalt, 2016
Svensén, Bo (Hg.) – Nobelpriset i litteratur 1901-1920, Svenska Akademien, 2001
Tadié, Jean-Yves (Hg.) – La littérature française, Gallimard, 2007
Tahvanainen, K. V. – Telegrafboken. Den elektriska telegrafen i Sverige 1853-1996, Telemuseum, 1997
Terras, Victor – A history of Russian literature, Yale University Press, 1991
The Poetical Works of Rev. Charles Lesingham Smith, Deighton, Cambridge och Parker, 1844
Thuselius, Olav – The man who made the Monitor. A biography of John Ericsson, naval engineer, McFarland & Company, 2007
Tjerneld, Staffan – Nobel. En biografi, Bonniers, 1972
Ders. – Stockholmsliv. Första bandet. P. A. Norstedt & Söners förlag, 1949
Tolf, Robert W. – Tre generationer Nobel i Ryssland, Askild & Kärnekull Förlag, 1977
Tombs, Robert, Les deux sièges de Paris, in France Allemagne(s) 1870–1871. La Guerre, La Commune, Les Mémoires, Gallimard, Musée de l'Armée, 2017
Tolstoi, Lew – Sewastopol (Nachdruck), dearbooks, 2014
Uddenberg, Nils – Lidande & läkedom II, Medicinens historia från 1800-1950, Fri Tanke, 2015
Västerbro, Magnus – Svälten, Albert Bonniers förlag, 2018
Volkov, Solomon – St. Petersburg: A cultural history, Free Press Paperbacks, 1997
Wahlbäck, Krister – Jättens andedräkt: Finlandsfrågan i svensk politik 1809-2009, Atlantis, 2011
Waldén, Bertil – Vieille Montagne. Hundra år i Sverige 1857–1957. Minnesskrift, Vieille Montagne, 1957
Watanabe-O'Kelly, Helen (Hg.) – The Cambridge history of German literature, Cambridge University Press, 1997
Watson, Peter – Den gudlösa tidsåldern, Fri Tanke, 2018
Wawro, Geoffrey – The Franco-Prussian war. The German conquest of France in 1870-1871, Cambridge University Press, 2003
Wetzel, David – A duel of Giants. Bismarck, Napoleon III and the origins of the Franco-Prussian war, The University of Wisconsin Press, 2001
Whitman, Walt – Grasblätter. (Ü.: Jürgen Brôcan). Hanser, 2009.
Wieviorka, Olivier (Hg.) – La France en Chiffres de 1870 à nos jours, Perrin, 2015
Woodham-Smith, Cecil – Florence Nightingale 1820–1910, Forum, 1952
Yergin, Daniel – Der Preis: Die Jagd nach Öl, Geld und Macht. (Ü.: Gerd Hörmann), S. Fischer Verlag, Frankfurt am Main 1991.
Zacke, Brita – Koleraepidemien i Stockholm, Monografier utgivna av Stockholms kommunalförvaltning 32, 1971
Zelenin, Kirill N. / Solod, O.V – N. N. Zinin – utjitel A. Nobelja. Nikolaj Nikolajevitj Zinin. Istoriko-biografitjeskijotjerk (N. N. Zinin. Alfred Nobels Lehrer, in Nikolaj Nikolajevitj Zinin, Historisch-biografische Sammlung), Kazan, 2016

Ausgewählte Artikel

Veröffentlicht

Arrhenius, Svante – »On the influence of carbonic acid in the air upon the temperature of the ground«, Philosophical Magazine and Journal of Science, April 1896

Bergengren, Erik – »Nobel och dynamiten«, Svenska Dagbladet, 7 dec 1958

Bergman, Yoel – »Fair chance and not a blunt refusal. Understandings on Nobel, France, and ballistite in 1889«, Vulcan, Volume 5: Issue 1, 2017

Ders. – »Paul Vieille, codite & ballistite«, ICON, Vol. 15, 2009

Bret, Patrice, – »La Compagnie Financière Nobel-Barbe et la création de la Société Central de Dynamite (1868–1896)«, 1996, halshs.archives-ouvertes.fr/halshs-00002881

Brunetière, Ferdinand – »Après une visite au Vatican«, Révue des deux mondes, 1895–1901

Carlberg, Ingrid – »Alfred Nobel misstänktes för spioneri«, DN, 6 dec 2015

Dies. – »Inget upprörde Alfred Nobel så mycket som intriger, kotterier och humbug«, DN, 17 april 2018

Cronquist, Werner – »Alfred Nobel, hans far och hans bröder«, Ord & Bild, 1898

Ders. – »Nobelarnas moder«, Idun, nr 6, 1897

Eklund, Torsten – »Strindbergs verksamhet som publicist, 1869–1880«, Samlaren. Tidskrift för svensk litteraturhistorisk forskning, 1930

Elrod, Richard B – »The concert of Europe: A fresh look at an international system«, World Politics, Vol. 28, No. 2, 1976

Exposition Universelle de 1878, á Paris, Royaume de Suède, registre, classe 8, nr 94

Feilitzen, Olof von – »Carl XV och Jefferson Davis. En episod från 1864«, Personhistorisk tidskrift, 2–3, 1949

Garbo, Gunnar – »Fredsaktivisme på Stortinget«, Dagbladet, 15 april 2004

Isatjenko V. N. & Pitanin, V. G. – »Litejnaja storona«, Izdatelstvo Ostrov, 2006

Johannesson, Lars – »Berättelsen om ballongen Svea«, Stadsvandringar/Stockholms stadsmuseum, 13/1990

Johansson, Sara – »Societetsparken i Norrtälje – nulägesanalys och utvecklingsförslag«, examensarbete vid Sveriges lantbruksuniversitet, 2011

Kean, Sam – »Phineas Gage. Neuroscience's most famous patient«, Slate Magazine, 6 maj 2014

Kullberg, Karl – »Franzensbad – en skizz«, Aftonbladet, 15 maj 1858

»La Siècle de la Poudrerie«, kronologi i Sevran, Citoyens de Demain, Editions Franciade, 1990

Le Journal du siège de Paris, publié par »Le Gaulois«, specialutgåva mars 1871, BNF/Gallica

»Le séjour et les travaux d'Alfred Nobel á Sevran 1878–1891«, En Aulnoye, Jadis, no 3, 1974

Libaek Ivar – »Et Nobelinstitutt eller ›Revue Nobel‹? Konflikter i den förste Nobelkomiteen«, DNNs skriftserie, vol 1, no 1, 2000

Linge, Karl – »Folkundervisningen i Stockholm före 1842«, Samfundet S:t Eriks Årsbok, 1912

Lissagaray, Prosper-Olivier – »Les huit journées de mai derrière les barricades«, Petit Journal, 1871

Marsh, N. und Marsh, A. – »A Short History of Nitroglycerine and Nitric Oxide in Pharmacology and Physiology«, Clinical and Experimental Pharmacology and Physiology, 27, 2000

Mauskopf, Seymour – »Alfred Nobel, 'Creative Bricoleur' who invented a smokeless military powder (ballistite)«, in Objects of Chemical Inquiry, Ursula Klein & Carsten Reinhardt (red.), Sagamore Beach, Mass, Science History, 2014

Ders. – »Nobel's Explosives Company, Limited, v Anderson«, 1894, Jose Bellido (red.), Landmark Cases in Intellectual Property Law, Oxford, Hart Publishing, 2017

Matz, Erling – »Riskfylld resa mellan Stockholm och Åbo. Sveriges viktigaste postväg gick över havet«, Populär Historia, nr 2/1996.

Mosenthal, Henry de – »The inventor of dynamite«, The Nineteenth Century, vol. XLIV, 1898

Nauckhoff, Sigurd – »Sobreros nitroglycerin och Nobels sprängolja, Daedalus, 1948

Ders. – »Sprängämnen och tändmedel i det svenska bergsbruket under de sista hundra åren«, särtryck ur Teknisk tidskrift, 1919

Nevius, James – »A Walking Tour of 1866 New York«, ny.curbed.com, 27 juli 2016

Nilsson, Göran B – »Den samhällsbevarande representationsreformen«, S. 198–271, Scandia, 2008

Nobel, Alfred – »Explosionen på Heleneborg den 3 sept. Till Redaktionen af Aftonbladet!«, Aftonbladet, 7 september 1864

Pasteur, Joubert und Chamberland – »La théorie des germes et ses applications à la Médecine et à la Chirurgie«, Comptes rendus des séances de l'Académie des Sciences, 29 april 1878, BNF/Gallica

Rehnberg, Mats – »Régis Cadier – den franska matkulturens främste företrädare i Sverige under 1800-talet«, Gastronomisk kalender, 1982/1983

Salomon, Ib – »Hålet genom Alperna«, Världens historia, 1/2010.

Seely, Charles A – »Nitro-glycerin – the cause of its premature explosion«, Scientific American, 5 maj 1866

Sittsev V.M und Koloss S.M – »Pervaja nautjnaja konferentsija ›Dinastija Nobelej i razvitie nautjnogo i promysjlennogo potentsiala Rossii. Istorija i sovremennost‹ (Die erste wissenschaftliche Konferenz »Die Nobeldynastie und die wissenschaftliche und industrielle Entwicklung in Russland«. Geschichte und Neuzeit), Ekonomitjeskie strategii (Wirtschaftliche Strategien), nr 7, 2005

Statistiska Centralbyrån – »Att förlora ett litet barn«, Välfärd, 1/2012

Strindberg, August – »Introduction à une chimie unitaire. Première esquisse«, Mercure de France, oktober 1895
Suttner, Bertha von – »Erinnerungen an Alfred Nobel«, Neue Freie Presse, 12. Januar 1897
Svalan. Weckotidning för familiekretsar, 20 sep 1872 (runa över Immanuel Nobel)
Vasiljeva, G und Kropova R – »Peterburgskaja storona«, Leningradskaja panorama, nr 5, 1987

Unveröffentlicht

Arrhenius, O. – Utkast till en biografi över J W Smitt, i Axel Paulins samling, SBL, RA
Bergström & Andrén – Nitroglycerinaktiebolagets historia 1864–1964, outgivet maskinskrivet manus i Vilgot Sjömans arkiv, KB
Källstrand, Gustav – En kvistigare kalkyl. Nobelstiftelsens historia 1896–1932, manus under utgivning
Lundholm, C. – Old Ardeer, minnesskrift, ANA, ÖII:6, RA
Nobel, Alfred – Prospectus öfver de fördelar Bolaget genom Nobelska patent kan ernå, avskrift återgiven i Bergström & Andrén
Nobel, Anna – Immanuel Nobel (levnadsteckning), ANA, EI:4, RA
Nobel, Immanuel – Försök till anskaffande af arbetsförtjenst, till förekommande af den nu, genom brist deraf tvungna utvandringsfebern (1870), NoA, A9, LL

Sonstige

L'Academie des Sciences, Paris, Compte Rendues.
Chandler, Zachariah – »A bill to regulate the transportation of nitroglycerine or glycerin oil«, 9 maj 1866, SEN39A-E3, U.S. Senate Committee on Commerce, 39th Congress, 1st Session, RG 46, National Archives
La Dynamiterie de Paulilles. Une histoire, une usine et des hommes 1870–1991, Comité de Banyuls-sur-Mer, 2016
Hamburger Adressbuch, 1866
Journal de la France et des Français. Chronologie politique culturelle et religieuse de Clovis á 2000, 2001
Journal officiel de la République française
Les Merveilles de L'Exposition de 1878, Librairie Illustrée, Paris, 1878
Le 16e, Chaillot, Passy, Auteuil, Métamorphose des trois villages. La Société Historique d'Auteuil et de Passy, 1991
Le Livre d'Or des Salons, 1888-1892
Nobel's Patent Blasting Oil (nitro-glycerine), reklambroschyr från Bandmann, Nielsen & Co, San Francisco, 1865
Ny adress-kalender och vägvisare inom hufvudstaden Stockholm, P A Huldbergs förlag, 1864
Official catalogue of the Great Exhibition of the works of Industry of all Nations, London, 1851

The pink guide for strangers in Paris, presented by the Hotel de Saint-Pétersbourg, 1874

Polovtsev, A. A. – Russkij biografitjeskij slovar (Russisches Biografisches Lexikon), digital version, www.rulex.ru

Porträttgalleri af Svenska industriens män, P A Eklund, 1883

Protokoll hållna vid sammanträden för öfverläggning om Alfred Nobels testamente, 11 jan, 26 jan och 1 feb 1897, Nobelstiftelsen, 1898

Ryssländska arkivet, Fäderneslandets historia i vittnesutsagor och dokument 1700–1900-talen, Studia »Trite« Nikity Michalkova, Moskva 1955

Sta Katarina svenska kyrka, historisk skrift utgiven av församlingen i Sankt Petersburg, 2015

»**Statistik öfver Sverige, grundad på offentliga handlingar**«, Hörbergska boktryckeriet, 1844

Stockholms adresskalender

Stockholms belysning, utgiven med anledning af Gasverkets femtioåriga tillvaro, den 18 december 1903, K L Beckmans boktryckeri, Stockholm.

Svenska klubben i Paris, en jubileumsskrift, Svenska Dagbladet, 1952

Svenska litteratursällskapet i Finland, Biografiskt lexikon för Finland. Volym 2. Ryska tiden, Atlantis, 2009

Société Génerale des Téléphones, telefonkataloger 1882–1888, Bibliothèque Historique de Paris (BHP)

The Giant Powder Company vs The California Powder Works et al, Circuit Court of the United States, District of California und Carl Dittmar vs Alfred Rix and George I. Doe, US Circuit Court, Southern District of New York, 1880. ANA FIII:9 RA

Archive

Öffentliche Archive

Archives de l'Académie des sciences, Paris
Archives de la préfecture de police, Paris (APP)
Archives Nationales, Paris (ANP)
Archives de Paris (AP)
Bibliothèque historique de Paris (BHP)
Bibliothèque Nationale de France (BNF)
Centrum för näringslivshistoria (CN), Stockholm
Gosudarstvennyj archiv Rossijskij Federatsii (Ryska federationens statsarkiv), Moskva (GARF)
Institut national d'histoire de l'art, Paris
Kungliga Biblioteket (KB), Stockholm
Kungliga vetenskapsakademiens arkiv (KVA)
Landesarchiv Schleswig-Holstein (LAS)
Landsarkivet (LL), Lund
Nobelska arkivet (NoA)
National Archives, Washington
New York Historical Society
Riksarkivet (RA), Stockholm
Alfred Nobels arkiv (ANA)
Alfred Nobels sterbhus arkiv (ANS)
Rossijskij gosudarstvennyj istoritjeskij archiv (Das staatlich-russische Historische Archiv), Sankt Petersburg (RGIA)
Rossijskij gosudarstvennyj vojenno-istoritjeskij archiv (Das staatlich-russische Militärhistorische Archiv), Moskva (RGVIA)
Rossijskij gosudarstvennyj archiv vojenno-morskogo flota (Das staatlich-russiche Marinehistorische Archiv), Sankt Petersburg (RGAVMF)
Service Historique de la Défense, Vincennes
Stockholms stadsarkiv (SSA)
Staatsarchiv Hamburg (SH)
Tekniska museets arkiv, Stockholm

Tsentralnyj gosudarstvennyj istoritjeskij archiv (Das Zentrale Historische Staatsarchiv), Sankt Petersburg (TsGIA)
United Nations Library, Genève (UNL)
Bertha von Suttner Papers (BvSP)
Uppsala universitets arkiv (UUA)
Uppsala landsarkiv (UL)
Österreichische Nationalbibliothek

Private Archive

Alfred Nobels Björkborns arkiv (ANBA)
Archiv des Förderkreises Industriemuseum Geesthacht (FIA)
Nobelstiftelsens arkiv (NA)
Nobelmuseets arkiv (NMA)
Manuel Bonnets dokumentsamling (MBS)
Professor Eckardt Opitz Dokumentensammlung (EO)
Robert Nobels digitala samling (RNDS)
Svenska klubbens arkiv, Paris

Bildnachweise

Bildseite 1
Oben: Nobelstiftelsen; Unten: Stadsarkivet, Stockholm
Bildseite 2
Nobelstiftelsen
Bildseite 3
RGVIA, Moskau
Bildseite 4
Nobelstiftelsen
Bildseite 5
Oben: Nobelstiftelsen; Unten: RGAVMF, Sankt Petersburg
Bildseite 6
Riksarkivet
Bildseite 7
Nobelstiftelsen
Bildseiten 8-10
Riksarkivet/Nobelstiftelsen
Bildseite 11
Oben: Nobelstiftelsen, unten: Stockholm Stories
Bildseite 12
Oben: Landsarkivet, Lund/Foto Ingrid Carlberg; Unten: Nobelstiftelsen
Bildseite 13
Oben: Nobelstiftelsen; Unten li.: Aftonbladet/Kungliga Biblioteket; Mitte re.: Nobelstiftelsen/Foto Ingrid Carlberg; Unten re.: Riksarkivet
Bildseite 14
Nobelstiftelsen
Bildseite 15
Nobelstiftelsen
Bildseite 16
Oben: Nobelstiftelsen; Unten: Royal Commission on the Ancient and Historical Monuments of Scotland
Bildseite 17
Nobelstiftelsen
Bildseite 18
Tekniska museet, Stockholm
Bildseite 19
Oben: Archives de Paris/Foto Ingrid Carlberg; Unten li.: Archives de Paris/Foto Ingrid Carlberg; Unten re.: Riksarkivet/Foto Helena Höjenberg
Bildseite 20
Oben: Nobelstiftelsen; Unten: Collection Jacques Doucet, l'Institut national d'histoire de l'art, Paris/Foto Helena Höjenberg
Bildseite 21
Collection Jacques Doucet, l'Institut national d'histoire de l'art, Paris/Foto Helena Höjenberg
Bildseite 22
Riksarkivet/Foto Ingrid Carlberg
Bildseite 23
Nobelstiftelsen
Bildseite 24
Oben li.: Wikimedia Commons; Oben re.: Nobelstiftelsen; Unten li.:

Riksarkivet; Unten re.: Nobelmuseet, Karlskoga
Bildseite 25
Oben li.: Nobelstiftelsen; Oben re.: Riksarkivet/Foto Ingrid Carlberg; Unten: Landsarkivet, Lund
Bildseite 26
Nobelstiftelsen/Riksarkivet (Brief)
Bildseite 27
Oben: Wikimedia Commons/Félix Nadar; Unten: Riksarkivet
Bildseite 28
Oben: Nobelstiftelsen; Unten: Ingrid Carlberg
Bildseite 29
Archives Nationales, Paris/Foto Helena Höjenberg
Bildseite 30
Nobelstiftelsen
Bildseite 31
Oben: BNF, Paris; Unten: Nobelstiftelsen
Bildseite 32
Nobelstiftelsen
Bildseite 33
Nobelstiftelsen
Bildseite 34
Rare Historical Photos
Bildseiten 35-38
Nobelstiftelsen
Bildseite 39
Oben: Tekniska museet, Stockholm; Unten: Nobelstiftelsen
Bildseite 40
Oben: Robert Nobel, privat; Unten: Nobelstiftelsen
Bildseiten 41-43
Nobelstiftelsen
Bildseite 44
Oben: Nobelstiftelsen; Unten li.: Nobelstiftelsen/Foto Gabriel Hildebrand; Unten re.: Wikimedia Commons
Bildseite 45
Nobelstiftelsen
Bildseite 46–47
Post-Tidningen/Nobelstiftelsen
Bildseite 48
Nobelstiftelsen. Die Nobel-Medaille ist eine von der Nobelstiftung eingetragene Marke.

Der Verlag hat sich bemüht, alle Rechteinhaber ausfindig zu machen, verlagsüblich zu nennen und zu honorieren. Sollte uns dies im Einzelfall aufgrund des Zeitablaufs und der schlechten Quellenlage bedauerlicherweise einmal nicht möglich gewesen sein, werden wir begründete Ansprüche selbstverständlich erfüllen.

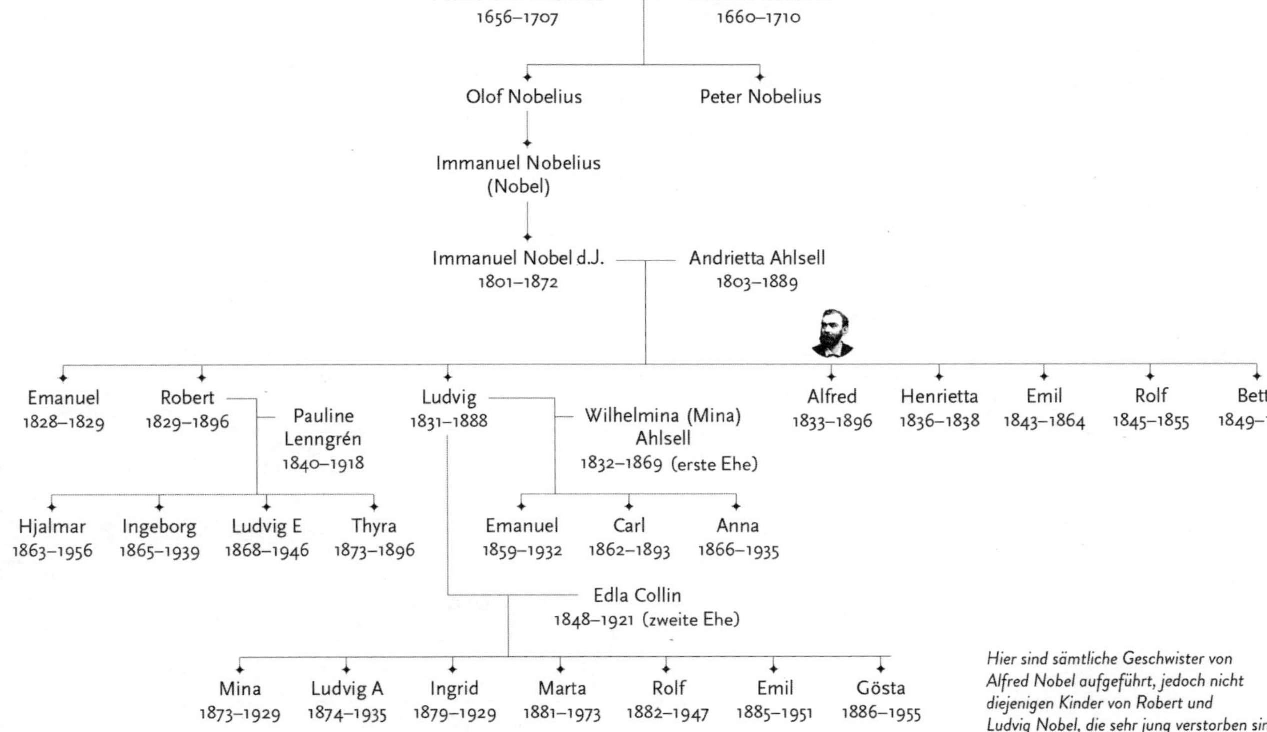

Hier sind sämtliche Geschwister von Alfred Nobel aufgeführt, jedoch nicht diejenigen Kinder von Robert und Ludvig Nobel, die sehr jung verstorben sind.

Personenregister

Sachregister

det utmärktaste i idealisk rigtning; och en del åt den som har verkat mest eller bäst för folkens förbrödrande och afskaffande eller minskning af stående arméer samt bildande och spridande af fredskongresser. Priset för fysik och kemi utdelas af Svenska Vetenskapsakademien; för fysiologiska eller medicinska arbeten af Carolinska Institutet i Stockholm; för litteratur af Akademien i Stockholm samt för fredsförfäktare af ett utskott af fem personer som väljas af Norska Stortinget. Det är min uttryckliga vilja att vid prisutdelningarne intet afseende fästes vid någon slags nationalitetstillhörighet sålunda att den värdigaste erhåller priset antingen han är Skandinav eller ej.

Till Exekutorer af dessa mina testamentariska dispositioner förordnar jag Herr Ragnar Sohlman, bosatt vid Bofors, Vermland, och Herr Rudolf Liljequist, 31 Malmskilnadsgatan, Stockholm och Bengtsfors i närheten af Uddevalla. Som ersättning för deras omsorg och besvär tillerkänner jag Herr Ragnar Sohlman, som antagligen kommer att egna mesta tid deråt, Ett Hundra Tusen Kronor, och Herr Rudolf Liljequist Femtio Tusen Kronor.

Min förmögenhet består för närvarande dels i fastigheter i Paris och San Remo; dels i värdepapper förvarade i Union Bank of Scotland Ld i Glasgow och London; i Crédit Lyonnais, Comptoir National d'Escompte och hos Alphen, Messin & Co i Paris; hos fondmäklaren M. V. Peter & Banque Transatlantique, afvenledes i Paris; hos Direction der Disconto-Gesellschaft samt Joseph Goldschmidt & Cie i Berlin; i Ryska Riksbanken samt hos Herr Emmanuel Nobel i Petersburg; i Skandinaviska Kredit Aktiebolaget i Göteborg och Stockholm,

År 1897 den 15 Juni blef detta testamente för bevakning efter aflidne ingeniören doktor Alfred Bernhard Nobel ingifvet till Stockholms Rådhusrätts första afdelning, hvarvid ordinerades såsom i protokollet under § 136–141 finnes; betygar på Rådhusrättens vägnar: Ex officio: Per Lundberg i Enskilda Banken i Stockholm samt i min Kassakista 59 Avenue Malakoff, Paris; och dels i utestående fordringar, patenter, mig tillkommande patentafgifter eller så kallad royalty, med mera, hvarom utredningsmännen finna uppgift i mina papper och böcker.

Detta testamente är hittills det enda gilltiga och upphäfver alla mina föregående testamentariska bestämmelser om sådane skulle förefinnas efter min död.

Slutligen anordnar jag såsom varande min uttryckliga önskan och vilja att efter min död pulsådrorna uppskäras och att sedan detta skett och tydliga dödstecken af kompetenta läkare intygats liket förbrännes i så kallad crematorium.

Paris den 27 November 1895

Alfred Bernhard Nobel

att Herr Alfred Bernhard Nobel med fullt förstånd och af fri vilja undertecknat detta dokument, som han förklarat vara sin yttersta vilja intygas af oss på engång närvarande vittnen –

Sigurd Ehrenborg
f.d. löjtnant
Paris: 86 Boulevard Haussmann

Thos Nordenfelt
Konstruktör
8 Rue Auber Paris

R. W. Strehlenert
Ingenieur-Civil
4 Passage Caroline

Leonard Hwass
Civil-Ingenieur
Passage Caroline 4
Paris.

Uppvisat vid bouppteckning hos Stockholms Rådstufvu Rätts första Afdelning den 9 Februari 1897.

Ex officio

Betyg: [illegible] Enkrona [illegible]

[illegible]

Die schwedische Originalausgabe erschien 2019 unter dem Titel
»Nobel: den gåtfulle Alfred, hans värld och hans pris«
im Verlag Norstedts, Stockholm.

Penguin Random House Verlagsgruppe FSC® N001967

1. Auflage
Deutschsprachige Erstausgabe Oktober 2023

Neumarkter Straße 28, 81673 München
Redaktion: Antje Steinhäuser, München
Umschlaggestaltung: semper smile, München
Umschlagmotiv: © The Nobel Foundation, Stockholm
Satz: Uhl + Massopust, Aalen
Druck und Einband: CPI books GmbH, Leck
JT · Herstellung: sc
Printed in the EU
ISBN 978-3-442-77365-7

www.btb-verlag.de
www.facebook.com/penguinbuecher